Synoptische Meteorologie

Andreas Bott

Synoptische Meteorologie

Methoden der Wetteranalyse und
-prognose

3. Auflage

Andreas Bott
Bonn, Deutschland

ISBN 978-3-662-67216-7 ISBN 978-3-662-67217-4 (eBook)
https://doi.org/10.1007/978-3-662-67217-4

Die Deutsche Nationalbibliothek verzeichnet diese Publikation in der Deutschen Nationalbibliografie; detaillierte bibliografische Daten sind im Internet über http://dnb.d-nb.de abrufbar.

Springer Spektrum
© Der/die Herausgeber bzw. der/die Autor(en), exklusiv lizenziert an Springer-Verlag GmbH, DE, ein Teil von Springer Nature 2012, 2016, 2023
Das Werk einschließlich aller seiner Teile ist urheberrechtlich geschützt. Jede Verwertung, die nicht ausdrücklich vom Urheberrechtsgesetz zugelassen ist, bedarf der vorherigen Zustimmung des Verlags. Das gilt insbesondere für Vervielfältigungen, Bearbeitungen, Übersetzungen, Mikroverfilmungen und die Einspeicherung und Verarbeitung in elektronischen Systemen.
Die Wiedergabe von allgemein beschreibenden Bezeichnungen, Marken, Unternehmensnamen etc. in diesem Werk bedeutet nicht, dass diese frei durch jedermann benutzt werden dürfen. Die Berechtigung zur Benutzung unterliegt, auch ohne gesonderten Hinweis hierzu, den Regeln des Markenrechts. Die Rechte des jeweiligen Zeicheninhabers sind zu beachten.
Der Verlag, die Autoren und die Herausgeber gehen davon aus, dass die Angaben und Informationen in diesem Werk zum Zeitpunkt der Veröffentlichung vollständig und korrekt sind. Weder der Verlag noch die Autoren oder die Herausgeber übernehmen, ausdrücklich oder implizit, Gewähr für den Inhalt des Werkes, etwaige Fehler oder Äußerungen. Der Verlag bleibt im Hinblick auf geografische Zuordnungen und Gebietsbezeichnungen in veröffentlichten Karten und Institutionsadressen neutral.

Planung/Lektorat: Simon Shah-Rohlfs
Springer Spektrum ist ein Imprint der eingetragenen Gesellschaft Springer-Verlag GmbH, DE und ist ein Teil von Springer Nature.
Die Anschrift der Gesellschaft ist: Heidelberger Platz 3, 14197 Berlin, Germany

Das Papier dieses Produkts ist recyclebar.

Vorwort zur dritten Auflage

Fünf Jahre nach dem Erscheinen der zweiten Auflage des vorliegenden Lehrbuchs im Jahr 2016 haben sich wieder zahlreiche Änderungswünsche ergeben, die eine Neuauflage des Buchs für angebracht erachten lassen. Dieses Mal handelt es sich jedoch weniger um strukturelle Modifikationen, die bei der Herstellung der zweiten Auflage den Schwerpunkt bildeten, vielmehr wurden einzelne Abschnitte inhaltlich überarbeitet bzw. aktualisiert.

So erfolgte eine vollständige Revision der Abschnitte zur Radar- und Satellitenmeteorologie. Zur besseren Veranschaulichung der quasigeostrophischen Hebungsantriebe wurde in Kap. 6 ein Anwendungsbeispiel neu hinzugefügt. Die im Laufe der Jahre bekannt gewordenen Fehler konnten entfernt werden. Des Weiteren fand eine technische Bearbeitung zahlreicher Abbildungen statt, um auch hier eine möglichst einheitliche Struktur zu erhalten.

Bei der Erstellung der Neuauflage durfte ich erfreulicherweise erneut auf die tatkräftige Unterstützung der Mitglieder meiner Arbeitsgruppe (die AGBler) zurückgreifen. Hier bedanke ich mich insbesondere bei Herrn Mark-Andree Demers, der mir alle neu in das Buch aufgenommenen Wetteranalysekarten in hervorragender Weise anfertigte. Auch inspirierten mich zahlreiche während der Lehrveranstaltungen aufkommende Fragen und Diskussionen, einige Textpassagen zum besseren Verständnis nochmals neu zu formulieren.

Ebenfalls danke ich wiederum meiner Frau Dipl.-Met. B. Bott für viele anregende Diskussionen und das sorgfältige Korrekturlesen des Buchs. Schließlich gebührt mein besonderer Dank dem Team des Springer Verlags für die Unterstützung und Betreuung während der Entstehung der dritten Auflage.

Bonn Andreas Bott
Dezember 2022

Vorwort zur zweiten Auflage

Die im April 2012 erschienene erste Auflage des Buchs hat beim Leser erfreulicherweise eine sehr positive Resonanz gefunden. Da es sich hierbei um ein Lehrbuch handelt, das als Grundlage zu den an der Universität Bonn stattfindenden Lehrveranstaltungen der synoptischen Meteorologie dient, ist es selbstverständlich, dass dessen Inhalt kontinuierlich überarbeitet und aktualisiert wird. Die dabei vorgenommenen Modifikationen des Textes resultieren aus der ständigen Arbeit mit dem Buch, sie sind aber auch auf zahlreiche Änderungsvorschläge der Studierenden während und nach den Lehrveranstaltungen zurückzuführen. Nachdem auf diese Weise in den vergangenen Jahren der Inhalt des Buchs an mehreren Stellen teilweise erheblich geändert worden ist, entstand der Wunsch, eine zweite Auflage anzufertigen. Dieses Anliegen wurde von Springer direkt befürwortet, wofür ich dem Verlag sehr dankbar bin.

Den wichtigsten Überarbeitungsschwerpunkt stellt zweifelsohne die Behandlung der isentropen potentiellen Vorticity (PV) dar. Hierbei sollte in erster Linie der in den letzten Jahren ständig wachsenden Bedeutung des sogenannten PV-Denkens in der synoptischen Meteorologie verstärkt Rechnung getragen werden. Um die Leistungsfähigkeit der PV-Analyse zur Beschreibung atmosphärischer Prozesse besser zu veranschaulichen, wurde nicht nur das entsprechende Kapitel nahezu vollständig umgeschrieben, sondern auch einige andere Kapitel um Anwendungsbeispiele aus der PV-Perspektive erweitert. Ein besonderes Anliegen bestand auch darin, die zentrale Rolle des ageostrophischen Winds in der atmosphärischen Dynamik noch deutlicher hervorzuheben. Dazu wurde das vierte Kapitel in weiten Teilen überarbeitet und erweitert, so dass jetzt eine theoretische Grundlage vorliegt, die als gemeinsame Basis für die Ableitung der quasigeostrophischen und der semigeostrophischen Theorie sowie der Sawyer-Eliassen-Zirkulation dient. Ebenso sollte die zentrale Bedeutung der hochtroposphärischen Starkwindbänder für die atmosphärische Dynamik stärker betont werden, so dass in der vorliegenden Auflage des Buchs eine ausführlichere Beschreibung der charakteristischen Eigenschaften des polaren und subtropischen Jetstreams erfolgt.

Bei der detaillierten Analyse der präsentierten Wetterlagen konnte auch dieses Mal wieder auf das ausgezeichnete Kartenmaterial des Internetanbieters wetter3.de zurückgegriffen werden. Dafür bedanke ich mich herzlich bei den beiden Betreibern von wetter3.de, Dipl.-Met. R. Behrendt und Dipl.-Met. H. Mahlke. Weiterhin gebührt mein ausdrücklicher Dank der Firma WetterOnline Meteorologische Dienstleistungen GmbH, die seit vielen Jahren eng mit dem Meteorologischen Institut der Universität Bonn kooperiert. Die unter wetteronline.de im Internet präsentierten umfangreichen Messwerte meteorologischer Größen sind für die Wetteranalyse von herausragendem Wert. Darüber hinaus bin ich wiederum den Mitarbeitern meiner Arbeitsgruppe zu großem Dank für die tatkräftige Unterstützung während der Erstellung des Buchs verpflichtet. Besonders hervorheben möchte hierbei die sehr hilfreichen Beiträge von M. Sc. A. Kelbch und M. Sc. M. Langguth. Meiner Frau Dipl.-Met. B. Bott danke ich erneut für ihre überaus konstruktiven Anregungen, die entscheidend zum Gelingen dieses Vorhabens beigetragen haben. Schließlich bedanke ich mich für die ausgezeichnete Zusammenarbeit mit M. Behncke-Braunbeck und B. Saglio vom Springer-Verlag.

Bonn
Februar 2016

Andreas Bott

Vorwort zur ersten Auflage

Der Mensch besaß schon immer ein lebhaftes Interesse am Wetter und dessen künftiger Entwicklung, da viele seiner Aktivitäten in starkem Maße vom Wettergeschehen beeinflusst werden. Heutzutage beginnt dies bei der Planung von Freizeitaktivitäten, geht über kommerzielle Interessen in der Landwirtschaft, der Tourismusindustrie, der Schifffahrt, dem Straßen- und Luftverkehr bis hin zur existenziellen Bedeutung der Wettervorhersage beim Auftreten von Extremereignissen, wie heftigen Unwettern, tropischen Wirbelstürmen, starken Monsunniederschlägen oder langanhaltenden Dürreperioden.

Seit man weiß, dass die in der Atmosphäre ablaufenden Prozesse auf physikalischen Gesetzmäßigkeiten beruhen, versucht man, den atmosphärischen Zustand mit Hilfe der diese Gesetze formulierenden mathematischen Gleichungen zu beschreiben und zu prognostizieren. Mittlerweile ist es möglich, durch aufwendige Computerberechnungen dieses atmosphärische Gleichungssystem numerisch zu integrieren und dadurch das Wetter über einen gewissen Zeitraum und mit relativ hoher Genauigkeit vorherzusagen.

In diesem Zusammenhang erscheint eine Klärung der Begriffe „Wetter" und „Wettervorhersage" angebracht. Unter Wetter versteht man den Zustand der Atmosphäre an einem bestimmten Ort und zu einer bestimmten Zeit, der durch verschiedene meteorologische Parameter, wie Temperatur, Luftdruck, Feuchte, Wind, Strahlung, Bewölkung, Niederschlag etc., beschrieben wird. Folglich handelt es sich bei der Wettervorhersage um die Prognose der raumzeitlichen Änderungen dieser Parameter. Das bedeutet insbesondere, dass hierbei detaillierte Angaben über den tageszeitlichen Verlauf aller meteorologischen Größen gemacht werden müssen, und zwar in einer räumlichen Auflösung, in der die lokale Heterogenität der verschiedenen Parameter angemessen abgebildet wird. So ist beispielsweise eine mehrwöchige oder gar -monatige Vorhersage der Temperatur nur in Form von Tagesmittelwerten für ganz Deutschland nicht als eine Wetterprognose zu verstehen. Vielmehr handelt es sich hierbei um eine Abschätzung des langfristigen Witterungsverlaufs.

Seit einigen Jahrzehnten besteht ein Schwerpunkt meteorologischer Forschung darin, herauszufinden, über welche Zeiträume eine Wettervorhersage theoretisch möglich ist. Nach heutigem Wissensstand geht man davon aus, dass dies höchstens für etwa zwei Wochen der Fall sein kann. Alle deutlich über diesen Zeitraum hinausgehenden Wetterprognosen entbehren entweder jeder wissenschaftlichen Grundlage, oder sie sind allenfalls als eine Witterungsprognose anzusehen. Die Ursachen für die zeitliche Limitierung von Wettervorhersagen werden gleich zu Beginn dieses Buchs näher diskutiert.

Trotz der mittlerweile vorliegenden Möglichkeiten, das Wetter über mehrere Tage relativ gut zu prognostizieren, hat das Interesse am Phänomen Wetter und dessen künftiger Entwicklung nichts an Bedeutung verloren. Im Gegenteil, bei einem kurzen Blick ins Internet gewinnt man schnell den Eindruck, dass dort nicht nur die Anzahl der kommerziellen Anbieter von Wetterinformationen permanent zunimmt, sondern auch die Diskussionsforen zum Thema Wetter. Auf der anderen Seite fällt auf, dass zumindest im deutschsprachigen Raum in den letzten Jahren nur relativ wenige Lehrbücher zum Themengebiet der synoptischen Meteorologie erschienen sind.

Diese Gegebenheiten waren eine wichtige Motivation dafür, das vorliegende Lehrbuch zu erstellen, dessen Schwerpunkt auf der Beschreibung großräumiger Wetterereignisse liegt, die der sogenannten synoptischen Skala zugeordnet werden. Die Einschränkung auf den Großraum Europa hat zur Folge, dass außereuropäische Wetterphänomene, wie die Tropenmeteorologie, die Meteorologie der Südhalbkugel oder die für Nordamerika typischen Wettersituationen, nur am Rande erwähnt werden.

Die Tatsache, dass die in der Atmosphäre ablaufenden Prozesse auf physikalischen Gesetzmäßigkeiten beruhen und mit entsprechenden mathematischen Gleichungen formuliert werden können, wird nicht als lästig, sondern als äußerst hilfreich angesehen, so dass im vorliegenden Buch intensiv von der Möglichkeit Gebrauch gemacht wird, das mathematische Gleichungssystem zur Interpretation der Vorgänge heranzuziehen. Da es jedoch nicht das Ziel war, alle benutzten Gleichungen immer vollständig herzuleiten, richtet sich das Buch vornehmlich an Studierende und solche Personen, die bereits über gewisse mathematische Grundkenntnisse zur Beschreibung meteorologischer Prozesse verfügen.

Im ersten Teil des Buchs werden zunächst die wichtigsten, den thermo-hydrodynamischen Zustand der Atmosphäre wiedergebenden, mathematischen Gleichungen kurz zusammengefasst, bevor sie dann im zweiten Teil des Buchs zur Interpretation synoptisch-skaliger Prozesse verwendet werden. Hierbei wird jedoch ständig versucht, die Ergebnisse und Schlussfolgerungen theoretischer Ableitungen anhand von Fallbeispielen zu veranschaulichen. In den meisten Fällen sind die hierfür verwendeten Wetterkarten nicht eigens dafür erstellt worden. Vielmehr war es ein wichtiges Anliegen, hierzu, wenn möglich, Karten zu benutzen, die für jeden Interessenten frei verfügbar sind. Auf diese Weise soll der Leser dazu animiert werden, zusätzlich zu den im Buch beschriebenen Wettersituationen selbstständig auch andere ähnliche Wetterlagen zu suchen, um das Gelernte weiter zu vertiefen.

Deshalb wurde bei der Auswahl der Wetterkarten häufig auf das im Internet frei verfügbare Angebot von Wetterinformationen der Firma wetter3.de zurückgegriffen. Dieses von Dipl.-Met. R. Behrendt und Dipl.-Met. H. Mahlke betriebene Internetportal (https://www.wetter3.de) bietet eine Fülle von unterschiedlichen Wetterkarten, die insbesondere für die synoptische Interpretation von Wetterlagen eine enorme Bereicherung darstellen. Daher gebührt an erster Stelle mein Dank den beiden Betreibern von wetter3.de, insbesondere aber Herrn Mahlke, der alle im Buch benutzten Wetterkarten, die von wetter3.de stammen, noch einmal eigens in der benötigten technischen Qualität nachproduziert und mir zur Verfügung gestellt hat.

Weiterhin gilt mein spezieller Dank Herrn Dipl.-Met. J. Hoffmann, Mitarbeiter der Firma WetterOnline Meteorologische Dienstleistungen GmbH (https://www.wetteronline.de), der mich seit mehreren Jahren in den am Meteorologischen Institut der Universität Bonn gehaltenen Vorlesungen zur Synoptik und Wetterbesprechung aktiv unterstützt. Darüber hinaus bin ich den Mitarbeitern meiner Arbeitsgruppe zu großem Dank verpflichtet, nicht nur für die kritische Durchsicht des Manuskripts, sondern auch für die spürbare Entlastung in vielen Belangen des universitären Alltags. Erst dadurch wurde mir der Freiraum zur Arbeit am vorliegenden Buch ermöglicht. Hier sind zu nennen: Dipl.-Phys. Dr. V. Küll, Dipl.-Met. W. Schneider, Dipl.-Met. C. Thoma, Dipl.-Met. M. Übel, B. Sc. S. Knist sowie insbesondere B. Sc. A. Kelbch, der mich bei der Lösung der unterschiedlichsten technischen Probleme immer tatkräftig unterstützte. Schließlich gilt ein besonderer Dank meiner Frau Dipl.-Met. B. Bott, deren zahlreiche fachliche Anmerkungen bei der Erstellung dieses Buchs eine unentbehrliche Hilfe darstellten.

Bonn   Andreas Bott
März 2012

Inhaltsverzeichnis

1 Einführung 1
   1.1 Historische Entwicklung der Meteorologie 2
   1.2 Raumzeitliche Skalen atmosphärischer Phänomene 3
   1.3 Das Vorhersageproblem 4
   1.4 Datenassimilation, numerische Wettervorhersage 10

2 Wetterbeobachtungen 15
   2.1 Messmethoden 16
       2.1.1 Bodenbeobachtungen 16
       2.1.2 Radiosondenmessungen 18
       2.1.3 Messungen über dem Meer 19
       2.1.4 Flugzeugmessungen 19
       2.1.5 Satellitenmessungen 19
   2.2 Wolken, Klassifikation und Eigenschaften 20
   2.3 Radarmeteorologie 23
   2.4 Satellitenmeteorologie 31
       2.4.1 Die Kanäle im solaren Spektralbereich 32
       2.4.2 Die Kanäle im terrestrischen Spektralbereich 34
       2.4.3 Beispiel für die Interpretation von Satellitenbildern 39

3 Mathematische Beschreibung atmosphärischer Prozesse 45
   3.1 Skalare und Vektoren 45
   3.2 Differentialoperatoren 47
   3.3 Koordinatensysteme 49
       3.3.1 Das geographische Koordinatensystem 49
       3.3.2 Die Tangentialebene 50
       3.3.3 Die generalisierte Vertikalkoordinate 51
       3.3.4 Die Tangentialebene mit physikalisch definierten Horizontalkoordinaten 54
   3.4 Das prognostische Gleichungssystem 57
       3.4.1 Die thermo-hydrodynamischen Zustandsvariablen 58

		3.4.2 Ideale Gasgleichung und Kontinuitätsgleichungen	59
		3.4.3 Die Wärmegleichung	61
		3.4.4 Die Bewegungsgleichung	65
	3.5	Skalenanalyse der Bewegungsgleichung	67

4 Grundlagen der Dynamik und Thermodynamik 73
  4.1 Hydrostatische Instabilität 74
  4.2 Schichtungsstabilität und Temperaturadvektion 78
  4.3 Barotropie und Baroklinität 79
  4.4 Horizontale Gleichgewichtswinde 83
    4.4.1 Der geostrophische Wind 83
    4.4.2 Der Gradientwind 85
    4.4.3 Der Reibungswind 87
    4.4.4 Der zyklostrophische und der antitriptische Wind 89
  4.5 Der thermische Wind 89
  4.6 Der ageostrophische Wind 91
    4.6.1 Approximationsformen der horizontalen Bewegungsgleichung 92
    4.6.2 Der ageostrophische Wind bei horizontaler Bewegung . . . 98
    4.6.3 Der Einfluss der Vertikalbewegung auf $\mathbf{v}_{ag}$ 101
    4.6.4 Geostrophische Antriebe ageostrophischer Bewegungen . . 102
  4.7 Trajektorien und Stromlinien 106
  4.8 Die vertikale Neigung von Druckgebilden 112

5 Kinematik horizontaler Strömungen 117
  5.1 Die lokale Geschwindigkeitsdyade 117
  5.2 Divergenz und Vorticity 121
  5.3 Die Vorticitygleichung 127
  5.4 Trägheitsinstabilität und dynamische Instabilität 133
    5.4.1 Trägheitsinstabilität 134
    5.4.2 Dynamische Instabilität 136

6 Die quasigeostrophische Theorie 141
  6.1 Die Grundannahmen der quasigeostrophischen Theorie 142
  6.2 Die quasigeostrophischen Modellgleichungen 143
    6.2.1 Der erste Hauptsatz der Thermodynamik 145
    6.2.2 Die Vorticitygleichung 145
    6.2.3 Die ω-Gleichung 148
  6.3 Analyse quasigeostrophischer Hebungsantriebe 151
  6.4 Die Trenberth-Form der ω-Gleichung 158
  6.5 Die Q-Vektor-Form der ω-Gleichung 161
  6.6 Vergenzen des Q-Vektors in Wetteranalysekarten 169
  6.7 Stabilitätsbetrachtungen 173

7	**Die potentielle Vorticity**	175
	7.1 Definition und Erhaltungseigenschaften der PV	176
	7.2 Charakteristische Werte der PV	179
	7.3 Diabatische Prozesse	182
	7.4 Das PV-Invertierungsprinzip	185
	7.5 Fernwirkungen von PV-Anomalien	192
8	**Die globale Zirkulation**	197
	8.1 Thermisch direkte und indirekte Zirkulation	198
	8.2 Vereinfachtes Schema der globalen Zirkulation	200
	8.3 Jetstreams und Jetstreaks	207
	8.3.1 Der Subtropenjetstream	208
	8.3.2 Der Polarfrontjetstream	210
	8.3.3 Weitere atmosphärische Starkwindfelder	220
	8.4 Luftmassentransformationen	221
	8.5 Europäische Großwetterlagen	227
	8.6 Wetterlagen unter dem Einfluss unterschiedlicher Luftmassen	235
	8.6.1 Nordwestlage	235
	8.6.2 Ostlage	237
	8.6.3 Südwestlage	240
9	**Rossby-Wellen**	245
	9.1 Raumzeitliche Variabilität planetarer Wellen	246
	9.2 Barotrope Wellen	255
	9.3 Die Wellenverlagerung aus der PV-Perspektive	257
	9.4 Barokline Wellen	259
	9.5 Das Zweischichtenmodell – barokline Instabilität	264
	9.5.1 Das Zweischichtenmodell	264
	9.5.2 Barokline Instabilität	266
	9.5.3 Energetische Betrachtungen	270
	9.6 Stabilitätsverhalten barokliner Wellen	273
	9.6.1 Neutrale und gedämpfte Wellen	274
	9.6.2 Instabile Wellen	289
	9.7 Zeitliche Änderungen der Phasenverschiebungen	295
	9.8 Wellenstabilitäten aus der PV-Perspektive	298
10	**Zyklonen und Antizyklonen**	305
	10.1 Zyklogenese und Antizyklogenese	306
	10.1.1 Die Drucktendenzgleichung	307
	10.1.2 Die Verlagerung der Druckgebilde	310
	10.1.3 Vergenzen in der Höhenströmung	311
	10.1.4 Klassifikation von Zyklogenesen	313
	10.1.5 Zyklogenese an einer Frontalwelle	315
	10.1.6 Auflösung der Druckgebilde – Ekman-Pumping	318

10.2	Die Polarfronttheorie 321
	10.2.1 Der Lebenszyklus einer Idealzyklone 322
	10.2.2 Kalte und warme Okklusion 325
	10.2.3 Teiltiefs und Zyklonenfamilien................... 325
	10.2.4 Kritische Anmerkungen zur Polarfronttheorie 329
10.3	Weitere Zyklonenmodelle 331
	10.3.1 Das Shapiro-Keyser-Zyklonenmodell............... 331
	10.3.2 Das STORM-Zyklonenmodell 333
10.4	PV-Analyse und Zyklogenese 335
	10.4.1 Kurzwellentrog 335
	10.4.2 Leezyklogenese 338
	10.4.3 Rapide Zyklogenese 341

11 Fronten und Frontalzonen 357
11.1 Die Front als Diskontinuitätsfläche 358
11.2 Kinematische Eigenschaften von Fronten 360
11.3 Ana- und Katafronten 370
11.4 Fronten und Conveyor Belts 375
  11.4.1 Die Warmfront 376
  11.4.2 Die Ana-Kaltfront 379
  11.4.3 Die Kata-Kaltfront 382
  11.4.4 Die Okklusionsfront 387
11.5 Frontogenese 392
11.6 Die Sawyer-Eliassen-Zirkulation 400
11.7 Frontenanalyse 406
11.8 PV-Analyse an der Polarfont 410
  11.8.1 Dry Intrusion und Tropopausenfaltung 410
  11.8.2 Cutoff-Prozess 419

12 Mesoskalige meteorologische Prozesse 431
12.1 Gewitter 432
  12.1.1 Einzel-, Multi- und Superzellen 433
  12.1.2 Voraussetzungen für die Gewitterbildung 436
12.2 Mesoskalige konvektive Systeme 439
  12.2.1 Größenordnungen und Formen 439
  12.2.2 Squall Lines 440
  12.2.3 Konvergenzlinien 444
12.3 Nebel 449
  12.3.1 Entstehungsmechanismen 450
  12.3.2 Nebelprognose 452

Literatur 457

Stichwortverzeichnis 475

Einführung 1

Meteorologie ist die Wissenschaft, die sich mit den in der Erdatmosphäre ablaufenden physikalischen und chemischen Vorgängen auseinandersetzt. Der Begriff „Meteorologie" ist auf das altgriechische Wort $\mu\epsilon\tau\epsilon\omega\rho o\lambda o\gamma\acute{\iota}\alpha$ (Lehre von den in der Luft schwebenden Dingen) zurückzuführen. Der Schwerpunkt meteorologischer Forschung liegt auf der Untersuchung physikalischer atmosphärischer Prozesse, während die Atmosphärenchemie erst in den letzten Jahrzehnten zunehmend an Bedeutung gewonnen hat und daher ein sehr junges Forschungsgebiet der Meteorologie darstellt. Als wissenschaftliches Handwerkszeug meteorologischer Forschung dienen in erster Linie mathematische Gleichungen, mit denen die physikalischen Gesetzmäßigkeiten der untersuchten atmosphärischen Phänomene beschrieben werden. Deshalb ist die Meteorologie den mathematischen Naturwissenschaften zuzuordnen und kann als Teilgebiet der Geowissenschaften verstanden werden.

Unter synoptischer Meteorologie versteht man den Teilbereich der Meteorologie, in dem, basierend auf Messungen und Beobachtungen meteorologischer Größen, Wetterkarten erstellt werden, die zur Analyse und Diagnose des momentan in einem großräumigen Bereich[1] vorliegenden thermo-hydrodynamischen Zustands der Atmosphäre dienen. Mit Hilfe dieser *Analysekarten* kann zusätzlich zur Diagnose des momentanen Wetterzustands eine kurzfristige Wetterprognose von einigen Stunden erstellt werden. Etymologisch ist der Begriff „Synoptik" auf das altgriechische Wort $\sigma\acute{\upsilon}\nu o\pi\sigma\iota\varsigma$ (Übersicht, Überblick, Zusammenschau) zurückzuführen.

Um Wettervorhersagen über mehrere Tage zu erhalten, werden mit Hilfe aufwendiger Computerberechnungen Wetterkarten erstellt, die den erwarteten zukünftigen atmosphärischen Zustand wiedergeben. Diese *Prognosekarten* lassen sich mit den gleichen synoptischen Methoden wie die Analysekarten interpretieren, so dass hierdurch eine *Wettervorhersage* über einen Zeitraum von mehreren Tagen möglich wird. Heutzutage wird auch diese längerfristige Wettervorhersage als Bestandteil der synoptischen Meteorologie angesehen.

---

[1] Was hierunter zu verstehen ist, wird weiter unten erklärt.

© Der/die Autor(en), exklusiv lizenziert an Springer-Verlag GmbH, DE, ein Teil von Springer Nature 2023
A. Bott, *Synoptische Meteorologie*, https://doi.org/10.1007/978-3-662-67217-4_1

1.1 Historische Entwicklung der Meteorologie

Die Anfänge der meteorologischen Forschung reichen zurück bis in die Antike. In seiner Abhandlung „Meteorologie" versuchte Aristoteles (384–322 v. Chr.) die vielfältigen in der Atmosphäre ablaufenden Prozesse zu erklären. Dieses Werk beinhaltet bereits eine plausible Darstellung des hydrologischen Zyklus im System Erde–Atmosphäre. Zunächst konnte es sich bei der Meteorologie jedoch nur um eine rein beobachtende Wissenschaft handeln, denn es gab noch keine Methoden, mit denen meteorologische Größen, wie beispielsweise die Temperatur oder der Luftdruck, gemessen werden konnten. Erst im 15. Jahrhundert wandelte sich die Meteorologie von einer rein beobachtenden zu einer messenden Wissenschaft. In dieser Zeit wurden die wichtigsten meteorologischen Messinstrumente erfunden.

Der italienische Architekt und Mathematiker Leon Battista Alberti (1404–1472) baute um 1450 das erste, auch als *Windplatte* bzw. *Platten-Anemometer* bezeichnete *Anemometer*. Leonardo da Vinci (1452–1519) gilt als der Erfinder des Hygrometers zur Messung der Luftfeuchte, während im Jahr 1613 Galileo Galilei (1564–1642) den Anspruch erhob, das Thermometer erfunden zu haben. Das erste Quecksilberbarometer wurde von Evangelista Torricelli (1608–1647) entwickelt. Ausführliche und sehr interessante Darstellungen der näheren historischen Zusammenhänge zu den Erfindungen meteorologischer Instrumente sind in einem von Middleton (1969) verfassten Buch zu diesem Thema nachzulesen.

Erst nachdem die Möglichkeiten geschaffen waren, wichtige meteorologische Parameter zu messen, konnte damit begonnen werden, systematisch meteorologische Aufzeichnungen zu erstellen, die vor allem für die heutige Klimaforschung von großer Bedeutung sind. Im Jahr 1816 schlug der Physiker Heinrich Wilhelm Brandes (1777–1834) erstmals vor, die weiträumig gewonnenen Wetterdaten in einer Karte zusammenzufassen. Ein großes Problem bei der Erstellung der ersten synoptischen Wetterkarten bestand in den langen Laufzeiten der Post. Die Erfindung des Telegrafen im Jahr 1837 durch Samuel Morse (1791–1872) brachte eine erhebliche Erleichterung der Echtzeitverarbeitung von Beobachtungsdaten. Seit 1876 wurden von der Deutschen Seewarte in Hamburg die ersten täglich erscheinenden Wetterkarten veröffentlicht.

Anfangs war das meteorologische Messnetz noch ausschließlich auf Bodenbeobachtungen beschränkt. Gegen Ende des 19. Jahrhunderts erfolgten die ersten aerologischen Messungen mit Ballonen und Drachen, seit dem ersten Weltkrieg auch mit Flugzeugen. Einen Meilenstein in der meteorologischen Forschung stellte die Entwicklung der *Radiosonde* gegen Ende der 1920er Jahre dar, die eine routinemäßige vertikale Vermessung der Atmosphäre ermöglichte. Das nun vorliegende dreidimensionale Bild des thermo-hydrodynamischen atmosphärischen Zustands führte schnell zur Neuformulierung bestehender Modellvorstellungen, wie z. B. der *Polarfronttheorie*. Die seit Mitte der 1930er Jahre eingesetzte Radartechnik ist als ein weiteres wichtiges Instrument der Wetterbeobachtung zu nennen. Schließlich sind heutzutage Beobachtungen der Erdatmosphäre durch Satelliten als modernste und umfassendste meteorologische Messmethode anzusehen.

1.2 Raumzeitliche Skalen atmosphärischer Phänomene

Atmosphärische Prozesse können auf unterschiedlichsten räumlichen und zeitlichen Skalen ablaufen. Diese reichen von wenigen Zentimetern und Sekunden turbulenter Wirbel bis hin zu mehreren 1000 Kilometern räumlicher und einigen Wochen zeitlicher Erstreckung der großräumigen atmosphärischen Wellensysteme. Die unterschiedlichen Skalen einzelner atmosphärischer Phänomene haben zur Folge, dass hierbei mitunter auch verschiedene physikalische Vorgänge bedeutend sind oder nicht. Beispielsweise können zur Untersuchung großskaliger Tiefdruckgebiete mikroturbulente Mischungsvorgänge außer Acht gelassen werden, während die *Corioliskraft* bei der Entwicklung von Kleintromben keine Rolle spielt. Die in Abschn. 3.5 vorgestellte *Skalenanalyse* bietet eine elegante Möglichkeit, das mathematische Gleichungssystem den jeweils zu untersuchenden atmosphärischen Phänomenen anzupassen. Eine detaillierte mathematische Auseinandersetzung mit der skalenabhängigen numerischen Modellierung atmosphärischer Strömungen ist z. B. in Klein (2010) zu finden.

Aufgrund der großen raumzeitlichen Unterschiede atmosphärischer Phänomene erscheint es sinnvoll, verschiedene *Skalenbereiche* einzuführen, denen die einzelnen Prozesse dann zugeordnet werden können. Basierend auf den horizontalen Ausmaßen der wichtigsten in der Atmosphäre beobachteten Phänomene, schlug Orlanski (1975) eine Einteilung in drei unterschiedliche Skalen vor, welche er als *Makroskala* (> 2000 km), *Mesoskala* (2–2000 km) und *Mikroskala* (< 2 km) bezeichnete. Weiterhin unterteilte er jede dieser drei Skalen in Unterbereiche, nämlich die Makro-α und Makro-β Skala, die Meso-α, Meso-β und Meso-γ Skala sowie die Mikro-α, Mikro-β und Mikro-γ Skala. Es ist leicht einzusehen, dass die verschiedenen horizontalen Skalen einzelner Prozesse eng mit unterschiedlichen zeitlichen und vertikalen Skalen verbunden sind.

Abb. 1.1 zeigt schematisch die in diesem Buch verwendete Einteilung der Atmosphäre in die drei von Orlanski vorgeschlagenen Skalenbereiche, wobei die Makroskala als *synoptische Skala* bezeichnet wird und den oben angesprochenen großräumigen Bereich definiert, in dem in der synoptischen Meteorologie die Wetteranalyse und -prognose normalerweise erfolgt. Häufig wird die synoptische Skala nur als die Makro-β Skala (2000–10 000 km) angesehen, während die Makro-α Skala (> 10 000 km) als *planetare Skala* bezeichnet wird. Auch die Abgrenzung der synoptischen Skala gegen die Mesoskala muss nicht exakt bei 2000 km erfolgen. Schließlich bleibt zu erwähnen, dass für die Meso-α Skala (200–2000 km) auch gelegentlich der Begriff *sub-synoptische Skala* verwendet wird.

In der Abbildung sind weiterhin unterschiedliche Felder eingezeichnet, die eine grobe Abschätzung der Skalenbereiche verschiedener atmosphärischer Phänomene wiedergeben. Im Einzelnen handelt es sich um (Bluestein 1992):

A) Staubteufel
B) Cumulus Wolken, Tornados, Wind- und Wasserhosen
C) Böenfronten, Gewitter, Mesozyklonen
D) Land-Seewind Zirkulation, Berg- und Talwind Zirkulation, Niederschlagsbänder

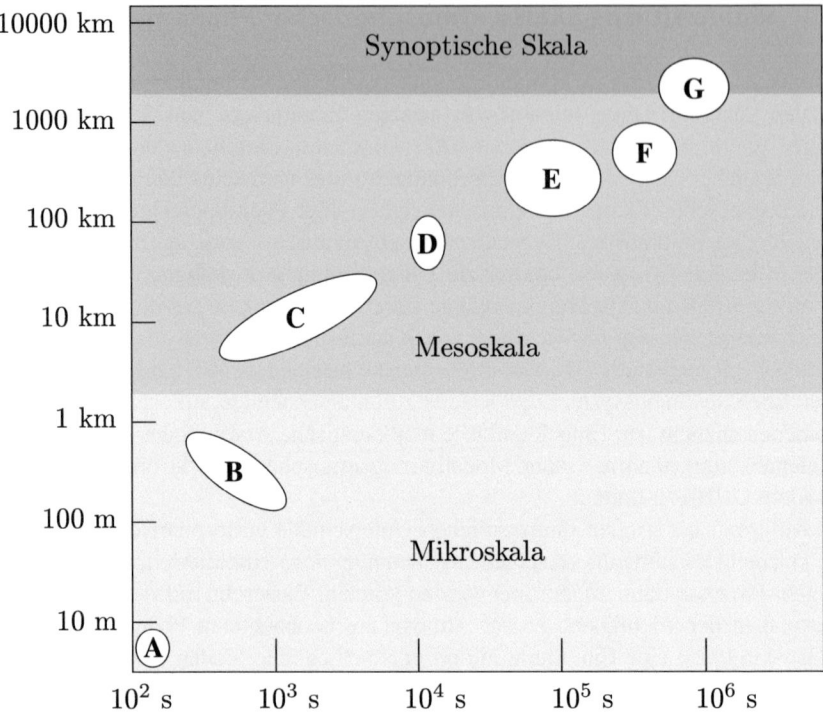

Abb. 1.1 Raumzeitliche Größenordnungen atmosphärischer Phänomene

E) Mesoskalige konvektive Systeme, Low Level Jets, Drylines
F) Tropische Zyklonen, Jetstreams, Bodenfronten
G) extratropische Zyklonen und Antizyklonen, Tröge und Rücken in der Westwindzone

Was unter den hier aufgelisteten Phänomenen jeweils zu verstehen ist, wird im weiteren Verlauf dieses Buchs noch erklärt.

1.3 Das Vorhersageproblem

Vom mathematisch-physikalischen Standpunkt aus gesehen kann das Problem der numerischen Wettervorhersage als Lösung einer Anfangswertaufgabe angesehen werden. Unter der Annahme, dass der thermo-hydrodynamische Zustand der Atmosphäre zu einem gegebenen Zeitpunkt an allen Orten bekannt ist und außerdem alle benötigten Randbedingungen als Funktion der Zeit vorliegen, wie z. B. die Intensität der Sonnenstrahlung, die Konzentrationen der für den atmosphärischen Strahlungshaushalt relevanten Substanzen in der Luft, die Wechselwirkungen zwischen Erdoberfläche und Atmosphäre etc., ließe sich die zukünftige Entwicklung des Wetters durch die numerische Lösung der für alle thermodynamischen *Zustandsvariablen* vorliegenden prognostischen Differentialgleichungen berechnen. Die Realität zeigt jedoch, dass nach einer relativ kurzen Zeit die so erzeugte Wetterprognose immer schlechter wird, bis sie ab einem gewissen Zeitpunkt so sehr von dem tatsächlich eintretenden Wetter abweicht, dass sie als vollkommen unbrauchbar angesehen werden kann. Dieses, auf den ersten Blick enttäuschende Verhalten der numerischen Wettervorhersage hat vielerlei Ursachen.

Zunächst kann man davon ausgehen, dass der Anfangszustand der Atmosphäre nie vollständig vorliegen kann. Der Grund hierfür liegt einerseits an der unzureichenden Abdeckung des dreidimensionalen atmosphärischen Raums mit Messwerten, andererseits aber auch an den mit Fehlern behafteten Messungen. Hierbei spricht man von der *Unschärfe der Anfangsbedingungen*. In der Praxis versucht man, dieses Defizit fehlerhafter und fehlender Anfangswerte mit geeigneten Mitteln zu mindern. Das geschieht u. a. mit Hilfe der am Ende dieses Kapitels näher beschriebenen *Datenassimilation*. Ein weiteres Problem besteht darin, dass es nicht möglich ist, das prognostische Gleichungssystem so zu formulieren, dass alle in der Atmosphäre ablaufenden physikalischen Prozesse mathematisch exakt wiedergegeben werden. Vielmehr müssen diese Vorgänge aufgrund ihrer Komplexität mit Hilfe sogenannter *Parametrisierungen* approximativ im Gleichungssystem berücksichtigt werden. Dies wird als *Unschärfe der Modellformulierung* bezeichnet.

Wären die Unschärfen der Anfangsbedingungen und der Modellformulierung die beiden einzigen Probleme, die einer langfristigen Vorhersagbarkeit des Wetters im Wege stehen, dann bestünde zumindest die Hoffnung, dass man durch fortlaufende Verbesserung der Messdichte und -techniken sowie durch eine ständige Verbesserung der Parametrisierungen physikalischer Prozesse die Güte der numerischen Wettervorhersage immer weiter erhöhen könnte. Hierdurch würde man zwar das Vorhersageproblem nicht vollständig lösen, aber vielleicht käme man an einen Punkt, an dem man das Wetter für mehrere Wochen oder gar Monate in ausreichender Qualität vorhersagen könnte. Es zeigt sich jedoch, dass auch dies nicht möglich ist, denn die Atmosphäre ist ein *chaotisches System*, dessen Entwicklung nach einer gewissen Zeit nicht mehr vorhersagbar ist.

In seiner berühmten Publikation über das Verhalten deterministischer nichtperiodischer Strömungen untersuchte Lorenz (1963a) das einfache dissipative System von drei gekoppelten nichtlinearen gewöhnlichen Differentialgleichungen zur Beschreibung der Konvektion. Er konnte zeigen, dass die Lösungen ab einem gewissen Zeitpunkt nicht mehr vorhersagbar waren. Es stellten sich zwei Bereiche ein, um die sich die Lösungen in chaotischer Weise herum bewegten, was als *Lorenzattraktor* bezeichnet wird. Insbesondere führte eine infinitesimale Änderung der Anfangsbedingungen zu einem vollständig anderen Lösungsverhalten des *Lorenzsystems*. In diesem Zusammenhang prägte Lorenz den Begriff des *Schmetterlingseffekts*. Hierunter verstand er, dass es wegen des chaotischen Verhaltens der Atmosphäre grundsätzlich möglich ist, an einem beliebigen Ort der Erde durch den Flügelschlag eines Schmetterlings einen gewaltigen Sturm an einem anderen Ort der Erde auszulösen.

Aus seinen Ergebnissen schloss Lorenz, dass das atmosphärische Gleichungssystem nur über einen bestimmten Zeitraum den Zustand der Atmosphäre deterministisch vorhersagen kann. Nach diesem Zeitraum wird das Verhalten der Atmosphäre mehr und mehr chaotisch und damit nicht mehr prognostizierbar. Deshalb kann die Atmosphäre als ein *deterministisch-chaotisches System* bezeichnet werden. Lorenz schätzte die *deterministische Vorhersagbarkeit* großskaliger Systeme auf etwa zwei Wochen ein. Hieraus folgt, dass Wetterprognosen, die über den Zeitraum der deterministischen Vorhersagbarkeit hinausgehen, entweder überhaupt nicht möglich sind, oder mit anderen Methoden erstellt werden müssen. Hier bieten sich stochastische Ansätze an, auf die im Folgenden kurz eingegangen wird.

Ein wichtiges Anliegen der numerischen Wettervorhersage bestand zunächst darin, die Anfangsbedingungen immer genauer zu formulieren, gleichzeitig aber auch die mathematisch-physikalische Komplexität der Modelle ständig zu erhöhen. Tatsächlich gelang es hierdurch in den ersten Jahrzehnten der numerischen Wettervorhersage, die Prognosequalität fortlaufend zu verbessern. Heute kann man davon ausgehen, dass mit deterministischen Modellen eine brauchbare Wettervorhersage bis zu etwa einer Woche erstellt werden kann. Das gilt natürlich nicht für alle Vorhersagemodelle oder jede Wettersituation. Denn nach wie vor existiert das Problem der Unschärfen von Anfangsbedingungen und Modellformulierung. Ein prominentes Beispiel für das Versagen der deterministischen Wettervorhersage ist der *Wintersturm „Lothar"*, der am 26.12.1999 in Europa verheerende Schäden anrichtete. Dieser Orkan wurde von den Wettervorhersagemodellen des Deutschen Wetterdienstes (DWD) wegen Problemen bei der Datenassimilation nicht korrekt prognostiziert (Wergen und Buchhold 2002).

Um Wettervorhersagen für längere Zeiträume zu erhalten, müssen probabilistische Ansätze verfolgt werden. Bei der deterministischen Wettervorhersage wird mit Hilfe eines einzigen Modelllaufs für jede Variable zu einem bestimmten Raum-Zeitpunkt genau ein Wert errechnet. Im Gegensatz dazu werden bei der *probabilistischen Vorhersage* mehrere Modellläufe oder *Ensemblevorhersagen* durchgeführt. Jeder dieser Modellläufe liefert andere Ergebnisse, d. h. die Werte aller Variablen erhalten eine gewisse Varianz (*Spread*). Erwartungsgemäß wird der Spread mit zunehmender Zeit immer größer. Statt eines einzigen Vorhersagewerts für eine bestimmte Modellvariable erhält man beim probabilistischen Ansatz eine Wahrscheinlichkeitsdichteverteilung. Hieraus können weit mehr Aussagen gewonnen werden als aus einem einzigen Wert des deterministischen Modells. Gegenüber der deterministischen Methode liefert die Ensemblevorhersage folgende Vorteile:

- Verbesserung der Prognosequalität und des Vorhersagezeitraums durch Erstellung einer Mittelwertvorhersage
- Quantifizierung der Vorhersagegüte durch die Varianz des Ensembles
- Quantifizierung der Vorhersageunsicherheit mit Hilfe der Ensembleverteilung
- Abschätzung der wahrscheinlichsten Lösung des Ensembles über dessen Modalwert
- Identifikation alternativer Lösungsmöglichkeiten durch Einteilung der Ensemblevorhersagen in unterschiedliche Gruppen

1.3 Das Vorhersageproblem

- Gefahrenabschätzung von Extremereignissen
- Kosten-Nutzen Abschätzungen basierend auf der Wahrscheinlichkeitsprognose

Natürlich stellt sich die Frage, auf welcher Basis man die verschiedenen Modellsimulationen einer Ensemblevorhersage erzeugt. Um die Auswirkungen der Unschärfe der Anfangsbedingungen zu verringern, bietet es sich an, die einzelnen Läufe durch Variation der Anfangsdaten zu unterscheiden. Bei den sogenannten *Monte Carlo Verfahren* werden die Anfangsfelder rein zufällig variiert. Es erscheint jedoch angebracht, diese Variation nur in gewissen Grenzen zuzulassen, die beispielsweise durch die Größe der Messfehler oder Abweichungen vom klimatologischen Mittelwert gegeben sind.

Eine relativ kostengünstige Alternative zu den Monte Carlo Verfahren stellt das *lagged average forecasting* dar. Hier unterscheiden sich die einzelnen Modellläufe durch unterschiedliche Anfangszeiten, zu denen die Simulationen gestartet werden. Da im Routinebetrieb der Wetterdienste ohnehin die Prognosen mehrmals am Tag erstellt werden, können die sowieso vorliegenden Modellergebnisse zur Ensembleauswertung herangezogen werden. Allerdings erhält man auf diese Weise nur eine beschränkte Anzahl von Ensemblemitgliedern, da es natürlich nicht möglich ist, beliebig weit auseinander liegende Anfangszeiten zu wählen. Vielmehr sollten die Anfangszeiten der einzelnen Simulationen innerhalb eines Zeitintervalls liegen, das kleiner ist als die Größenordnung der zeitlichen Entwicklung synoptischer Systeme (s. Abb. 1.1). Eine Möglichkeit, die Unschärfe der Modellformulierung zu berücksichtigen, besteht darin, die numerischen Simulationen mit verschiedenen Vorhersagemodellen durchzuführen.

Die hier beschriebenen Ensembletechniken liefern jedoch häufig unbefriedigende Ergebnisse. Die Hauptschwäche der Verfahren besteht darin, dass sie einen viel zu geringen Spread erzeugen. Das gilt insbesondere für das Wetter in den Tropen. Ein zu geringer Spread bedeutet, dass das tatsächlich eintretende Wetter mit zunehmender Zeit aus der Bandbreite der Modellvorhersagen herauslaufen kann. Je früher das der Fall ist, umso schlechter ist die Ensemblevorhersage. Die systematische Erzeugung eines zu geringen Spreads kann daran liegen, dass das Ensemble zu wenige Mitglieder hat, oder dass Parameter variiert werden, die nur geringen Einfluss auf die zeitliche Entwicklung der Atmosphäre haben und somit nicht zum Spread beitragen. Ein großes, bis heute noch nicht gelöstes Problem der Ensemblewettervorhersage besteht darin, in den Ensembles nur solche Mitglieder zu berücksichtigen, die auch tatsächlich zum Spread beitragen.

Buizza et al. (2005) verglichen die Ergebnisse von drei verschiedenen Ensemblevorhersagesystemen miteinander. Hierbei handelt es sich um ein vom Meteorological Service of Canada (MSC) betriebenes Monte Carlo System, bei dem zusätzlich zu den Anfangsbedingungen auch die physikalischen Parametrisierungen variiert wurden. Weiterhin wurden das vom *NCEP* (National Centers for Environmental Prediction) benutzte *Breeding of Growing Modes* Modell und die vom *ECMWF* (European Centre for Medium-Range Weather Forecasts) eingesetzte *Singular Vector Method* zum Vergleich herangezogen. Bei beiden Verfahren versucht man auf jeweils unterschiedliche Weise, durch gezielte Auswahl der Anfangsstörungen nur solche Mitglieder im Ensemble mitzuführen, die tatsächlich einen Einfluss auf den Spread haben. Aus den Untersuchungen von Buizza et al. ergab sich, dass alle Modelle einen zu geringen Spread erzeugten. Außerdem erwies es sich als notwendig, nicht nur die Anfangswerte, sondern auch die physikalischen Parametrisierungen zu variieren. Insgesamt gesehen produzierte das ECMWF Modell die besten Ergebnisse. Jedoch lieferten das NCEP Modell in den ersten Tagen und das MSC Modell nach zehn Tagen die besten Vorhersagen.

Abb. 1.2 zeigt die Ergebnisse einer Ensemblevorhersage, die mit 50 Einzelsimulationen des ECMWF Globalmodells gerechnet wurde. Zusätzlich zu den Einzelvorhersagen sind in den Abbildungen der Kontrolllauf (rote gestrichelte Linie) und der sich aus allen Läufen ergebende Mittelwert (rote durchgezogene Linie) dargestellt. Im oberen Bild sind die zwölftägigen Zeitreihen der Temperatur in 850 hPa für den Modellgitterpunkt Essen dargestellt, beginnend am 04.10.2007 00 UTC. Deutlich sieht man, wie sich die anfangs noch dicht beieinander liegenden Kurven allmählich mehr und mehr voneinander unterscheiden. Nach zwölf Tagen Prognosezeit schwanken die Temperaturen der Einzelläufe zwischen $\pm 10\,°C$ um den Mittelwert von etwa 5 °C.

In den vier unteren Bildern sind die 528, 552 und 576 gpdm Isohypsen dieses Ensemblelaufs nach 12, 60, 108 und 156 Stunden (von oben links nach unten rechts) wiedergegeben. Auch hier ist deutlich zu erkennen, wie die anfänglich praktisch noch übereinander liegenden Linien mit der Zeit immer weiter voneinander abweichen, bis sie gegen Ende des Prognosezeitraums zu einem scheinbar chaotischen Durcheinander führen. Während der Kontrolllauf nach zehn Tagen Simulationszeit im Vergleich zu den übrigen Ensemblemitgliedern keine besondere Aussagekraft mehr besitzt, stellen die roten durchgezogenen Kurven mehr oder weniger einen klimatologischen Mittelwert dar, der im Wesentlichen von der Konfiguration und den strukturellen Eigenschaften des zugrundeliegenden Vorhersagemodells abhängt. In diesem Zusammenhang spricht man auch von dem *Modellklima*, das durch den Mittelwert der Ensemblevorhersage nach einem längeren Prognosezeitraum erzeugt wird.

Zusammenfassend lässt sich sagen, dass die probabilistische Wettervorhersage eine spürbare Verbesserung gegenüber der deterministischen Vorhersage darstellt. Dies äußert sich sowohl in einer höheren Vorhersagequalität als auch in längeren Prognosezeiträumen. Dennoch gelingt es auch hiermit nicht, eine langfristige Wetterprognose über deutlich länger als zwei Wochen zu erstellen, so dass die von Lorenz (1963a) gemachten Feststellungen bezüglich der Vorhersagbarkeit des Wetters auch bei Verwendung modernster Prognosetechniken nach wie vor nichts von ihrer Aussagekraft verloren haben.

1.3 Das Vorhersageproblem

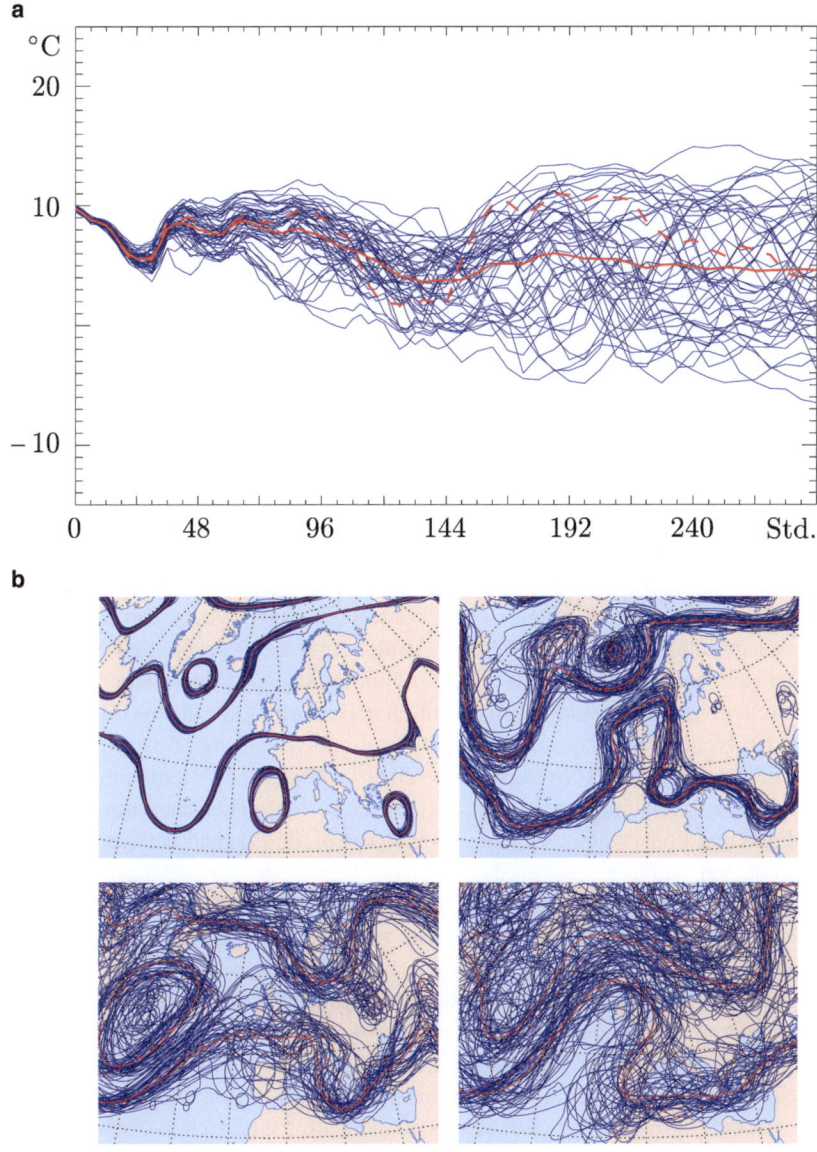

Abb. 1.2 Ensemblevorhersage mit dem Globalmodell des ECMWF. **a** Zeitreihe der Temperatur in 2 m Höhe für den Gitterpunkt Essen, **b** Isohypsen im 500 hPa Niveau zu den Vorhersagezeiten 12, 60, 108 und 156 Stunden. Mit frdl. Unterstützung von J. Keller, Universität Bonn

1.4 Datenassimilation, numerische Wettervorhersage

Wie bereits erwähnt, kann die numerische Wettervorhersage als Lösung eines Anfangswertproblems betrachtet werden. Dies bedeutet, dass zu einem bestimmten Anfangszeitpunkt alle prognostischen Variablen an allen Gitterpunkten des Vorhersagemodells vorgegeben werden müssen. Mit den im nächsten Kapitel dargestellten Beobachtungs- und Messmethoden lassen sich zwar umfangreiche Datensätze gewinnen, es liegt jedoch auf der Hand, dass diese bei Weitem nicht ausreichen, um die geforderte vollständige Abdeckung des dreidimensionalen atmosphärischen Raums mit Anfangswerten zu erreichen, d. h. die Lösung der Anfangswertaufgabe stellt ein unterbestimmtes Problem dar. Hinzu kommen die schon früher angesprochenen Messfehler und eventuell auftretende Inkonsistenzen verschiedener Modellparameter. Das gilt beispielsweise für das vertikale Windfeld, das nicht direkt messbar ist, sondern indirekt aus anderen Parametern abgeleitet werden muss. Großräumige Vertikalbewegungen sind betragsmäßig sehr klein, so dass hierbei durch geringe Ungenauigkeiten schnell Vorzeichenfehler entstehen können mit der Folge, dass z. B. in einem Gebiet großräumige Absinkbewegungen anstatt der tatsächlich vorliegenden Hebungsvorgänge analysiert werden. Dies kann zu Inkonsistenzen mit der beobachteten Wolken- und Temperaturverteilung führen.

In den Anfängen der numerischen Wettervorhersage wurde das Problem der Datenassimilation eher als eine lästige Zusatzaufgabe angesehen. Seit einigen Jahren hat man jedoch erkannt, dass eine möglichst genaue Abschätzung des atmosphärischen Anfangszustands von essentieller Bedeutung für eine erfolgreiche numerische Wettervorhersage ist. Entsprechend haben sich die Anstrengungen der verschiedenen nationalen Wetterdienste verstärkt, komplexe Datenassimilationsverfahren operationell einzusetzen. Das Ziel dieser Verfahren besteht darin, einen vollständigen und konsistenten dreidimensionalen Anfangszustand der Atmosphäre zu ermitteln, um dadurch das bereits früher als *Unschärfe der Anfangsbedingungen* bezeichnete Problem zu minimieren. Zusätzlich zu den vorliegenden Wetterbeobachtungen werden hierbei auch Kurzfristvorhersagen früherer Modellläufe herangezogen.

Nach den anfangs zunächst vielfach zum Einsatz kommenden *Nudging Verfahren* oder der *Optimum Interpolation Methode* haben sich in den letzten Jahren zunehmend variationelle Datenassimilationsverfahren durchgesetzt. Das Grundprinzip der variationellen Datenassimilation besteht darin, durch Minimierung von Kostenfunktionen den wahrscheinlichsten atmosphärischen Anfangszustand abzuschätzen. Von den verschiedenen Wetterdiensten werden dreidimensionale (3D-VAR) oder vierdimensionale (4D-VAR) Verfahren (mit drei Raumdimensionen und der Zeit als vierter Dimension) verwendet, wobei letztere als deutlich leistungsfähiger eingestuft werden, allerdings auch mit einem enorm hohen numerischen Aufwand verbunden sind. Eine detaillierte Beschreibung der Variationsanalyse kann an dieser Stelle nicht erfolgen. In der vom DWD herausgegebenen Fortbildungszeitschrift *promet* wurden im Jahr 2002 die zum damaligen Zeitpunkt in den verschiedenen Vorhersagemodellen des DWD verwendeten Assimilationsverfahren

1.4 Datenassimilation, numerische Wettervorhersage

vorgestellt (Wergen 2002, Wergen und Buchhold 2002, Schraff und Hess 2002). Nähere Informationen über die aktuell beim DWD zum Einsatz kommenden Datenassimilationsverfahren sind im Internet erhältlich[2].

Nachdem die synoptischen Analysekarten erstellt wurden, lässt sich damit eine Wetteranalyse und -diagnose vornehmen. Weiterhin gelingt es hiermit, eine Wettervorhersage für einen sehr kurzen Zeitraum von 0–2 Stunden, das *Nowcasting* durchzuführen. Um jedoch eine Wetterprognose über mehrere Tage erhalten zu können, muss das zur Beschreibung atmosphärischer Prozesse dienende prognostische Gleichungssystem numerisch gelöst werden (s. Abschn. 3.4). Gemäß einer Vorgabe der *World Meteorological Organization* (WMO) bezeichnet man Wettervorhersagen über einen Zeitraum bis zu 12 Stunden als *Kürzestfristvorhersage*, während es sich bei einer Prognose für 12–72 Stunden um eine *Kurzfristvorhersage* handelt. Schließlich spricht man bei einer Prognose für den Zeitraum zwischen drei und zehn Tagen von einer *Mittelfristvorhersage*. Darüber hinausgehende Prognosezeiträume, die auch als *Langfristvorhersagen* bezeichnet werden, betrachten in erster Linie das Verhalten unterschiedlicher Wetterparameter bezüglich ihrer *Anomalien*, d. h. ihrer Abweichungen vom klimatologischen Mittelwert. Somit unterscheiden sich diese klimatologisch orientierten Vorhersagen klar von den bis zur Mittelfristvorhersage reichenden Wetterprognosen, bei denen nicht die Mittelwerte unterschiedlicher atmosphärischer Zustandsvariablen, sondern deren raumzeitliche Entwicklungen detailliert berechnet werden.

In numerischen Wettervorhersagemodellen wird das Vorhersagegebiet in Gitterboxen unterteilt, für die jeweils die raumzeitlichen Mittelwerte der atmosphärischen Zustandsvariablen berechnet werden. Zur Erfassung kleinräumiger Prozesse ist eine möglichst feine Auflösung des Modellgitters erstrebenswert. Außerdem sollte das hochauflösende Gitter idealerweise die gesamte Erde umspannen. Dem Wunsch, ein globales Modellgebiet mit sehr feiner raumzeitlicher Gitterauflösung zu benutzen, steht als beschränkender Faktor die endliche Leistungsfähigkeit der zur Verfügung stehenden Computer gegenüber. Da der Rechenaufwand sehr stark mit der Anzahl der Gitterpunkte anwächst, eine Wetterprognose für einige Tage aber in wenigen Stunden Rechenzeit fertiggestellt werden muss, ist es notwendig, die Zahl der Modellgitterpunkte der Kapazität des Rechners anzupassen.

Eine weitere Möglichkeit, das Gitterpunktsproblem zu lösen, besteht darin, zunächst ein globales Modell mit relativ geringer räumlicher Auflösung zu verwenden und in dieses Modell ein hochauflösendes Regionalmodell für das gewünschte Vorhersagegebiet einzubetten. Bei der operationellen Wettervorhersage haben sich diese *Nestingverfahren* als sehr erfolgreich herausgestellt. Das Nesting von Modellen lässt sich auch in mehreren Stufen durchführen. Die zur Zeit im Routinebetrieb des DWD eingesetzte *Modellkette* besteht aus drei Vorhersagemodellen mit jeweils unterschiedlichen räumlichen Gittermaschenweiten und Vorhersagezeiträumen. Den Anfang der Modellkette bildet das seit Anfang 2015 verwendete Globalmodell *ICON* (ICOsahedral Nonhydrostatic). Dessen horizontale Gitterstruktur besteht aus auf der Erdkugel platzierten Dreiecksgittern (Ikosaeder) mit einer Git-

---
[2] https://www.dwd.de/DE/leistungen/nwv_icon_tutorial/.

termaschenweite von 13 km. Vertikal werden die untersten 75 km der Atmosphäre in 90 Schichten unterteilt. In das globale ICON Modell ist das Regionalmodell *ICON-EU* eingebettet mit einer horizontalen Gittermaschenweite von 6.5 km und einer vertikalen Gitterauflösung von 60 Schichten für die untersten 22.5 km der Atmosphäre. Das von ICON-EU abgedeckte geographische Gebiet erstreckt sich zwischen 23.5°W–62.5°O und 29.5°N–70.5°N. Schließlich ist das *ICON-D2* Modell mit einer horizontalen Gitterauflösung von 2.2 km und 65 vertikalen Schichten in ICON-EU genestet. Das Modellgebiet von ICON-D2 umfasst Deutschland, Österreich, die Schweiz und die Benelux-Staaten.

Mit dem Globalmodell ICON werden täglich um 00 und 12 UTC Wettervorhersagen für bis zu 180 Stunden erstellt, zwei weitere um 06 und 18 UTC beginnende Modellläufe erzeugen Prognosen von 120 Stunden. Bei diesen Zeitangaben handelt es sich jeweils um die numerischen Anfangszeiten der Modellsimulationen. Die Vorhersagezeiten von ICON-EU betragen bei vier um 00, 06, 12, und 18 UTC startenden Modellläufen jeweils 120 Stunden und bei weiteren vier Modellläufen (03, 09, 15 und 21 UTC) 30 Stunden. Die im Drei-Stundenrythmus (00, 03, 06, 09, 12, 15, 18, 21 UTC) mit ICON-D2 erzeugten Vorhersagen erstrecken sich jeweils über den relativ kurzen Zeitraum von nur 48 Stunden. Längere Prognoseszeiten würden aufgrund der geringen horizontalen Modellerstreckung nur wenig Sinn ergeben.

Mit ICON-D2 werden auch die operationellen Ensemblevorhersagen des DWD produziert (*ICON-D2 EPS*). Das Modell verfügt über 20 Ensemblemitglieder. Diese werden durch Variationen der Anfangs- und Randbedingungen, der Bodenfeuchte sowie der Parametrisierungen physikalischer Prozesse erzeugt. Für die Generierung verschiedener Anfangs- und Randbedingungen werden unterschiedliche Globalmodelle herangezogen. Weitere Informationen zur Wettervorhersage-Modellkette des DWD sind im Internet zu finden[3].

Ähnlich zur Modellkette des DWD wird auch bei Forschungseinrichtigungen oder Wetterdiensten anderer Länder verfahren. Ein international weit verbreitetes Wettervorhersagesystem besteht aus dem mesoskaligen *WRF* (Weather Research and Forecast) Modell[4], eingebettet in das *Globalmodell GFS* (Global Forecast System)[5] der National Centers for Environmental Prediction (NCEP), USA.

Abschließend wird noch kurz das Visualisierungssystem *NinJo* angesprochen. Hierbei handelt es sich um ein sehr umfangreiches Verfahren zur graphischen Darstellung der unterschiedlichsten meteorologischen Daten, wie Bodenbeobachtungen, Radiosondenmessungen, Radarkomposits, Satellitenbilder oder Wetteranalyse- und -prognosekarten. Die Stärke dieses von mehreren Wetterdiensten (Dänemark, Deutschland, Kanada, Schweiz) entwickelten Systems besteht darin, verschiedene Wetterdaten in nahezu beliebig vielen übereinander liegenden Schichten am Bildschirm gleichzeitig graphisch darstellen zu können. Hierdurch wird eine wesentliche Aufgabe der synoptischen Meteorologie erheblich erleichtert, nämlich das gleichzeitige Betrachten (die „Zusammenschau") unterschiedlicher

---

[3] https://www.dwd.de/DE/leistungen/modellvorhersagedaten/.
[4] https://www.mmm.ucar.edu/weather-research-and-forecasting-model.
[5] https://www.ncei.noaa.gov/products/weather-climate-models/global-forecast.

synoptisch relevanter Informationen, um so einen Gesamteindruck des momentanen atmosphärischen Zustands zu erhalten. In einer Ausgabe der Zeitschrift *promet* des DWD aus dem Jahr 2011 wird das NinJo-System eingehend beschrieben. Nähere Einzelheiten hierzu sind ebenfalls im Internet erhältlich[6].

---

[6] https://www.ninjo-workstation.com.

Wetterbeobachtungen 2

Zur Erstellung der für synoptische Betrachtungen notwendigen Wetteranalysekarten müssen die den atmosphärischen Zustand beschreibenden meteorologischen Größen, wie Temperatur, Luftfeuchte, Luftdruck, Windgeschwindigkeit und -richtung, an allen Punkten des dreidimensionalen atmosphärischen Raums zu einem bestimmten Zeitpunkt vorliegen. Wünschenswert wäre eine möglichst dichte globale Überdeckung mit Messdaten. Um dies zu ermöglichen, müssen zahlreiche Probleme gelöst werden. Hierzu zählen neben rein technischen Schwierigkeiten, die beispielsweise bei der Datengewinnung über dem Meer oder an entlegenen Orten über Land entstehen, auch logistische Herausforderungen, wie eine möglichst zeitgleiche und schnelle Übermittlung der Daten oder eine weltweite zeitliche Koordination der Messungen. Zusätzlich existieren in einigen Ländern kulturelle, politische oder sprachliche Hindernisse, durch die operationelle Messungen erschwert oder mitunter unmöglich gemacht werden.

Um diese schon seit Beginn der großräumigen meteorologischen Messungen bekannten Probleme zu lösen, wurde im Jahr 1873 die *Internationale Meteorologische Organisation* (IMO) gegründet. Ein wesentliches Ziel der IMO bestand in der Organisation und Koordination eines weltweiten Austauschs von Wetterinformationen durch internationale Kooperationen der nationalen Wetterdienste. Im Jahr 1950 ging aus der IMO die *WMO* hervor, die eine Einrichtung der Vereinten Nationen ist. Zu den synoptisch relevanten Aufgaben der WMO zählt u. a., die Einrichtung und den Erhalt von meteorologischen Messstationen sowie von Systemen zum schnellen Datenaustausch weltweit zu unterstützen und zu fördern. Hierzu gehören auch die Definition und Überwachung der Einhaltung internationaler Standards bei der Datengewinnung.

Als Kern der WMO-Programme existiert seit 1963 die Einrichtung *World Weather Watch*. Deren Hauptziel besteht in der Impleemntierung und Koordination von Standardverfahren im Bereich von Messmethoden und -techniken, von gemeinsamen Telekommunikationsverfahren sowie der Darstellung von Beobachtungsdaten in einer international sprachunabhängigen Form.

2.1 Messmethoden

Innerhalb des World Weather Watch Programms der WMO wurde das *Global Observing System* (GOS) eingerichtet mit der Aufgabe, Beobachtungen des atmosphärischen Zustands, die zur Wetteranalyse, -vorhersage und Klimaüberwachung dienen, weltweit allen Mitgliedern der WMO frei zur Verfügung zu stellen. GOS besteht aus den folgenden Beobachtungskomponenten:

2.1.1 Bodenbeobachtungen

Das bedeutendste Instrument zur Gewinnung meteorologischer Messdaten bilden die synoptischen Beobachtungsstationen über Land, von denen weltweit gegenwärtig etwa 11 000 existieren. Die Daten werden entweder durch *Augenbeobachtungen* ermittelt, mit Messinstrumenten und bei *Terminablesungen* erfasst, oder mit Hilfe von Registriergeräten aufgezeichnet. Hierzu benötigt man ein Messfeld, das hinsichtlich der Größe, Bodenbeschaffenheit etc. gewissen, von der WMO vorgegebenen Anforderungen genügen muss. Auf einem solchen Messfeld befinden sich die *Thermometerhütte* mit verschiedenen Thermometern, (Maximum, Minimum, Feuchte), ein Niederschlagsmesser und -schreiber, Erdbodenthermometer, Sonnenscheinschreiber und eventuell ein 10 m hoher Windmast. Die Datenerhebung erfolgt weltweit einheitlich zu den *synoptischen Terminen*. Als Standardbeobachtungszeiten gibt es die *prinzipiellen synoptischen Termine*, 00 und 12 UTC (*Universal Time, Coordinated*), die synoptischen Haupttermine, 00, 06, 12, 18 UTC und die *synoptischen Zwischentermine*, 03, 09, 15, 21 UTC. In schwer zugänglichen Regionen wurden teilweise automatische Wetterstationen eingerichtet.

Basierend auf den Vereinbarungen der WMO existiert für amtliche Wetterstationen ein Beobachtungs- und Messprogramm, mit dem weltweit stündlich (dreistündlich) oder an Flughäfen halbstündlich folgende Parameter gewonnen werden:

- Windrichtung, Windgeschwindigkeit und Böen
- Lufttemperatur in 2 m Höhe
- Taupunkttemperatur
- Luftdruck in Stationshöhe, meistens auf Meeresniveau reduziert
- Betrag und Art der dreistündigen Luftdrucktendenz
- Horizontale Sichtweite
- Momentaner Wetterzustand
- Wetterverlauf in den vergangenen sechs Stunden
- Wolkenhöhe, Wolkengattung und Bedeckungsgrad
- Besondere Wettererscheinungen

Weiterhin werden einmal täglich folgende Angaben gemacht:

- Niederschlagshöhe
- Gesamtschneehöhe

- Neuschneehöhe
- Maximum und Minimum der Lufttemperatur in 2 m Höhe
- Minimum der Lufttemperatur in 5 cm Höhe
- Erdbodentemperaturen in 5, 10, 20, 50, 100 cm Tiefe
- Erdbodenzustand
- Sonnenscheindauer

Von Küsten- und Seestationen wird zusätzlich gemeldet:

- Temperatur der Wasseroberfläche
- Wellenhöhe und -periode
- Angaben über Meereis

Die an den verschiedenen synoptischen Stationen gewonnenen Beobachtungs- und Messdaten werden im *Stationsmodell* zusammengefasst und in der *Bodenanalysekarte* eingetragen. Beim Stationsmodell handelt es sich um ein von der WMO international eingeführtes Verfahren zur Darstellung der an einer synoptischen Station gemessenen Wetterdaten. Man unterscheidet zwischen Landstationen und Schiffsmeldungen sowie zwischen manueller und maschineller Eintragung.

Abb. 2.1 zeigt die verschiedenen Parameter, die bei einer maschinellen Eintragung eines Stationsmodells angegeben werden. Bei manueller Eintragung erscheinen zwar die gleichen Parameter, allerdings werden sie etwas anders um den Stationskreis herum angeordnet. An der Position des Windpfeils kann man erkennen, ob es sich um eine maschinelle oder eine manuelle Eintragung handelt. Bei manueller Eintragung endet im Gegensatz zu Abb. 2.1 die Spitze des Windpfeils senkrecht am Rand des Stationskreises, dessen Zentrum mit der Position der Wetterstation übereinstimmt. Bei maschineller Eintragung liegt der Windpfeil tangential am Stationskreis, und der Berührungspunkt von Windpfeil und Stationskreis entspricht der Position der Wetterstation. Luftdruckangaben erfolgen in Zehntel hPa, Temperaturwerte sind in Grad Celsius angegeben. Bei Schiffsmeldungen werden außerdem die Wassertemperatur (in Zehntel Grad Celsius) sowie Kurs und Geschwindigkeit (in kn) des Schiffs eingetragen.

Die Angaben des Stationsmodells werden zu den synoptischen Terminen mit Hilfe des *Synop-Schlüssels* gemacht. Dieser dient zur kompakten Darstellung verschiedener Wetterparameter im Stationsmodell mit Hilfe bestimmter Codes und Symbole, die entsprechenden Tabellen der WMO entnommen werden können. Man findet sie aber auch im Internet[1]. Die schwarze Fläche innerhalb des Stationsmodellkreises gibt den gesamten Bedeckungsgrad an (Code N in Abb. 2.1), ein Strich bedeutet zusätzlich 1/8 Bedeckungsgrad. Die Windgeschwindigkeit wird in Knoten (kn) eingetragen. Hierbei bedeutet ein kleiner Strich 5 kn, ein großer Strich 10 kn und ein schwarzes Polygon (bei manueller Eintragung Dreieck) 50 kn.

---

[1] z. B. https://www.met.fu-berlin.de/~stefan/fm12.html.

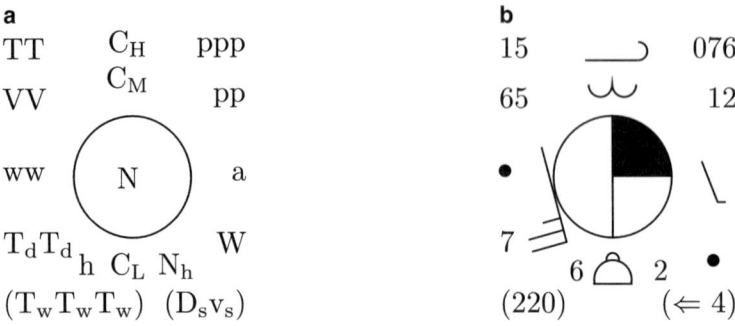

Abb. 2.1 Maschinelle Eintragung im Stationsmodell. **a** Codes, **b** Beispiel einer Eintragung. Angaben in Klammern erfolgen nur bei Schiffsmeldungen

2.1.2 Radiosondenmessungen

Weltweit existieren etwa 1300 aerologische Stationen, an denen üblicherweise zu den prinzipiellen synoptischen Terminen Radiosondenaufstiege zur Messung von Vertikalprofilen der meteorologischen Parameter Temperatur, Luftfeuchte und Luftdruck durchgeführt werden. Die mit einem Ballon von ca. zwei Meter Durchmesser gestarteten Radiosonden senden ihre Daten mittels eines Kurzwellensenders an die aerologische Bodenstation. Durch Anpeilen einer Radiosonde können zusätzlich Aussagen über den Wind in größeren Höhen gemacht werden. Messdaten sind bis zu 30 km Höhe möglich. Die international geforderten Messniveaus sind: 1000, 850, 700, 500, 400, 300, 250, 200, 150, 100, 70, 50, 30, 20, 10 hPa.

Radiosondenmessungen werden üblicherweise in *thermodynamische Diagrammpapiere* eingetragen. Mit Hilfe von bereits in diese Diagramme eingezeichneten Kurvenscharen unterschiedlicher Größen, wie Isobaren, Isothermen, Trockenadiabaten, Feuchtadiabaten oder Linien mit konstantem Sättigungsmischungsverhältnis, lassen sich zahlreiche zum aktuellen Zeitpunkt geltende Aussagen des atmosphärischen Zustands gewinnen. Hierzu zählen beispielsweise verschiedene Indizes zur Beschreibung der atmosphärischen Stabilität, die vertikale Scherung des horizontalen Winds u. a. Es gibt unterschiedliche Arten von thermodynamischen Diagrammpapieren, die jeweils bestimmte Vor- und Nachteile besitzen. In den USA ist das *Skew T-log p Diagramm* weit verbreitet, während in Deutschland häufig das *Stüve-Diagramm* verwendet wird. Näheres zu den charakteristischen Eigenschaften der gängigsten thermodynamischen Diagrammpapiere kann z. B. in Zdunkowski und Bott (2004) nachgelesen werden.

2.1.3 Messungen über dem Meer

Über den Ozeanen werden meteorologische Daten auf Schiffen und mit Hilfe fester und driftender Bojen gewonnen, wobei zusätzlich zu den üblichen Parametern noch die Meerwassertemperatur, die Wellenhöhe und -periode beobachtet werden.

2.1.4 Flugzeugmessungen

Eine ständig wachsende Anzahl von Linienflugzeugen liefert Messungen von Temperatur, Luftdruck und Wind entlang der Flugrouten.

2.1.5 Satellitenmessungen

Seit den 1960er Jahren werden Satelliten zur Beobachtung des Wetters herangezogen. Es gibt zwei verschiedene Arten von Satelliten: *Polarumlaufende Satelliten* umkreisen die Erde in 800–1500 km Höhe und überfliegen dabei jedes Gebiet der Erde zweimal pro Tag. Da sich die Satelliten über einer bestimmten geographischen Position immer zur etwa gleichen Ortszeit befinden, spricht man von *sonnensynchroner Umlaufzeit*.

Geostationäre Satelliten befinden sich in einer Umlaufbahn von ca. 36 000 km über dem Äquator und bewegen sich mit der gleichen Winkelgeschwindigkeit wie die Erde, d. h. sie sind ortsfest, was als *erdsynchrone Umlaufbahn* bezeichnet wird. Diese Satelliten liefern in bestimmten Zeitabständen Bilder der gesamten vom Satelliten aus sichtbaren Erdoberfläche. Aufgrund der Kugelgestalt der Erde wird diese lediglich zwischen ca. 70°S und 70°N überdeckt.

Zur Geräteausstattung der Satelliten gehören hochauflösende *Radiometer*, die Bilder in unterschiedlichen sichtbaren und infraroten Spektralbereichen aufnehmen.

Mit geeigneten Methoden, den sogenannten *Retrievalverfahren*, lassen sich hieraus Informationen über Wolken, Meerestemperatur, Temperatur- und Feuchteprofile etc. erhalten. Eine genauere Betrachtung der mit Wettersatelliten gewonnenen Informationen erfolgt in Abschn. 2.4.

2.2 Wolken, Klassifikation und Eigenschaften

Wolken entstehen, wenn Wasserdampf in der Atmosphäre kondensiert oder resublimiert. Sie bestehen somit aus Wassertröpfchen, Eisteilchen oder Mischformen von beiden. Da Wolkenbildung immer mit bestimmten thermo-hydrodynamischen Prozessen in der Atmosphäre verbunden ist, eignen sich *Wolkenbeobachtungen* in ausgezeichneter Weise zur Interpretation des momentanen Wetterzustands und seiner erwarteten kurzfristigen Weiterentwicklung. Um verschiedene Wolkenbeobachtungen miteinander vergleichen zu können, werden die Wolken klassifiziert. Die erste *Wolkenklassifikation* wurde bereits im Jahr 1803 von dem englischen Pharmakologen und Apotheker Luke Howard veröffentlicht. Howard unterschied die vier Grundarten *Cirrus (Federwolke)*, *Stratus (Schichtwolke)*, *Cumulus (Haufenwolke)* und *Nimbus (Regenwolke)*. Diese Einteilung stellt auch heute noch die Grundlage der gültigen Wolkentypisierung dar.

Die Klassifikation der Wolken geschieht anhand ihres Erscheinungsbilds, ihrer Form, Größe und Gestalt. Des Weiteren beobachtet man ihre Schattenstellen und die optischen Effekte, die sie hervorrufen. Von der WMO wurde eine verbindliche Einteilung der Wolken in vier *Wolkenfamilien* vorgenommen (WMO 1990). Danach unterscheidet man zwischen *hohen*, *mittelhohen* und *tiefen Wolken* sowie Wolken, die sich aufgrund ihrer hohen vertikalen Erstreckung über mehrere dieser drei *Wolkenstockwerke* erstrecken. Die von der geographischen Breite abhängige Höhenlage der Wolkenstockwerke ist in Tab. 2.1 wiedergegeben.

Die vier Wolkenfamilien werden in zehn *Wolkengattungen* unterteilt. Deren Namen, Abkürzungen und kurze Beschreibungen sind in Tab. 2.2 aufgelistet. Bei den Wolkengattungen unterscheidet man noch verschiedene *Wolkenarten*. Hinzu kommen weitere Unterscheidungsmerkmale, die zu einer noch feineren Aufgliederung in *Wolkenunterarten* führen, welche ihrerseits noch Sonderformen und Begleitwolken besitzen. Diese detaillierte Wolkenklassifikation ist hier nicht wiedergegeben, stattdessen wird auf den internationalen Wolkenatlas der WMO verwiesen. Aber auch im Internet findet man zahlreiche Seiten mit ausführlichen Beschreibungen

Tab. 2.1 Höhenlage der Wolkenstockwerke in Abhängigkeit von der geographischen Breite. Quelle: WMO (1990)

Wolkenstockwerk	Polargebiete	Gemäßigte Breiten	Tropen
Hohe Wolken	3–8 km	5–13 km	6–18 km
Mittelhohe Wolken	2–4 km	2–7 km	2–8 km
Tiefe Wolken	0–2 km	0–2 km	0–2 km

2.2 Wolken, Klassifikation und Eigenschaften

Tab. 2.2 Unterteilung der vier Wolkenfamilien in zehn Wolkengattungen, deren Abkürzungen und kurze Beschreibung. Quelle: WMO (1990)

Stockwerk	Gattung	Abkürzung	Beschreibung
Hoch	Cirrus	Ci	Federwolken
	Cirrocumulus	Cc	Kleine Schäfchenwolken
	Cirrostratus	Cs	Hohe Schleierwolken
Mittel	Altocumulus	Ac	Grobe Schäfchenwolken
	Altostratus	As	Mittelhohe Schichtwolken
Tief	Stratocumulus	Sc	Haufenschichtwolken
	Stratus	St	Tiefe Schichtwolken
Mehrere	Cumulus	Cu	Schönwetter-Haufenwolken
	Cumulonimbus	Cb	Gewitterwolken
	Nimbostratus	Ns	Regenwolken

der Wolkenklassifikation und umfangreichen Fotogalerien zu den unterschiedlichen Wolken[2].

Wolkenbildung ist in der Regel mit Vertikalbewegungen und Feuchteänderungen in der Atmosphäre verbunden, so dass das Auftreten unterschiedlicher Wolkenformen Auskunft über dynamische Prozesse und die thermodynamische atmosphärische Struktur gibt. Häufig entstehen bestimmte Wolken auch aus anderen Wolkengattungen, den sogenannten *Mutterwolken*. Im Folgenden wird eine sehr kurze und daher auch unvollständige Beschreibung und Zusammenfassung möglicher Entstehungsmechanismen der verschiedenen Wolkengattungen gegeben, die weitgehend auf den Ausführungen im WMO Wolkenatlas basiert. Nähere Einzelheiten zu der sehr komplexen Thematik der Wolkendynamik sollten der weiterführenden Literatur entnommen werden (z. B. Ludlam 1980, Houze 1993, Cotton et al. 2011).

Cirrus ist eine faserige, weiße und federartige Wolke, die vollständig aus Eiskristallen besteht. Cirren können durch Herauswehen aus dem Amboss eines Cumulonimbus oder durch *Virga-Bildung* anderer Wolken[3], wie beispielsweise Cirrocumulus oder Altocumulus, entstehen. Gelegentlich sind sie auf Verdunstungsprozesse in räumlich heterogenen Cirrostratus Feldern zurückzuführen. Schließlich besteht die Möglichkeit der Cirrusbildung bei turbulenten Durchmischungsvorgängen, wobei die Turbulenz häufig auf starke Windscherungen in der hohen Atmosphäre zurückzuführen ist.

Cirrocumulus ist eine flockenartige Eiswolke, die als weißer Fleck oder als Feld mit mehr oder weniger zusammenhängenden einzelnen Wolkenteilen auftritt. Diese Wolke kann durch konvektive Prozesse in wolkenfreier Atmosphäre oder durch Umbildung anderer Wolken, wie Cirrus, Cirrostratus oder Altocumulus entstehen. Gelegentlich beobachtet man linsenförmige Cirrocumuli (*Cirrocumulus lenticularis*), die sich bei der Überströmung einzelner Berge und der damit verbundenen Hebung feuchter Luftschichten bilden.

---

[2] z. B. https://www.wolkenatlas.de, https://www.raonline.ch.
[3] d. h. Niederschlag, der aus der Wolke fällt, den Erdboden aber nicht erreicht.

Cirrostratus ist eine milchige lichtdurchlässige Eiswolke, die den Himmel entweder vollständig oder zu großen Teilen überdeckt. Die faserig oder glatt aussehende Wolke entsteht wie alle anderen stratiformen Wolken meistens durch großräumige Hebungsprozesse, bei denen feuchte Luft zur Kondensation gebracht wird. Daher ist das Aufziehen von Cirrostratus Bewölkung oft ein gutes Indiz für das Herannahen einer Warmfront. Eine weitere Möglichkeit zur Bildung eines Cirrostratus besteht im Zusammenwachsen von Cirren oder Cirrocumuli zu einem ausgedehnten Wolkenfeld.

Altocumulus ist eine weiße oder gräulich erscheinende ballenförmige Wolke, die, ähnlich wie Cirrocumulus, in Flecken oder Feldern mit mehr oder weniger zusammenhängenden einzelnen Wolkenteilen auftritt. Altocumulus entsteht durch Konvektion oder turbulente Bewegungen im mittleren Wolkenstockwerk, kann aber auch durch Umbildung anderer Wolken, wie Altostratus oder Nimbostratus hervorgehen, wenn gleichzeitig eine Labilisierung der mittleren Atmosphäre einsetzt. Insgesamt besteht eine große Ähnlichkeit zwischen Altocumulus und Cirrocumulus Wolken.

Altostratus ist eine gleichmäßig grau erscheinende wenig lichtdurchlässige Wolke, die beim großräumigen Aufgleiten von Luftmassen in der mittleren Atmosphäre entsteht und den Himmel meistens ganz oder zumindest größtenteils überdeckt. Altostratus kann sich aber auch aus zunehmendem Cirrostratus oder abnehmendem Nimbostratus heraus entwickeln.

Stratocumulus ist eine grau aussehende Schichtwolke mit deutlichen ballenförmigen Strukturen, die die Wolke unterschiedlich hell und dunkel aussehen lassen. Diese Wolkenform kann bei großräumiger Hebung und damit einhergehender Labilisierung einer Stratusschicht gebildet werden. Häufig beobachtet man ausgedehnte Stratocumulusfelder am Oberrand der atmosphärischen Grenzschicht, wenn diese durch eine starke Inversion von der darüberliegenden freien Troposphäre abgekoppelt ist. Weiterhin besteht die Möglichkeit, dass Stratocumuli sich aus anderen Wolkengattungen (Altocumulus, Nimbostratus) heraus entwickeln.

Stratus ist eine gleichmäßig grau aussehende großflächige Schichtwolke, die meistens durch Abkühlung der unteren atmosphärischen Luftschichten entsteht. Bei winterlichen Inversionslagen bildet sich häufig stratiforme Bewölkung, die mitunter auch hochnebelartig sein kann. Weiterhin besteht die Möglichkeit, dass stratiforme Bewölkung aus absinkendem Stratocumulus oder aufsteigendem Bodennebel resultiert.

Cumulus ist eine vertikal unterschiedlich hochreichende und horizontal relativ gering ausgedehnte Wolke mit blumenkohlartiger Struktur, deren Ränder klar zu erkennen sind. Die Bildung dieser Wolke ist meistens auf Konvektionsprozesse zurückzuführen, die z. B. bei starker sommerlicher Erwärmung der atmosphärischen Grenzschicht ausgelöst werden. Cumuli können sich auch aus Stratocumulus oder Altocumulus Wolken heraus entwickeln.

Cumulonimbus ist eine vertikal sehr hochreichende, Niederschlag bildende dunkle Gewitterwolke, die zudem eine sehr große horizontale Ausdehnung besitzen kann. Im oberen Bereich ist die Wolke vereist, was man gut an ihrer faserigen Struktur erkennen kann. Das horizontale Ausströmen der in den Wolkenaufwindbereichen nach oben strömenden Luft führt dort zu der für Gewitterwolken charakteristischen *Ambossform*. In den meisten Fällen entstehen Cumulonimben durch fortwährende und sich ständig intensivierende Entwicklungen von Cumuli. Manchmal bildet sich ein Cumulonimbus aber auch aus einer anderen Wolkenform heraus (Stratocumulus, Nimbostratus).

Nimbostratus ist eine grau und dunkel aussehende Regenwolke mit unscharfen Konturen, die durch großräumige, sich über weite Höhenbereiche der Atmosphäre erstreckende Aufgleitvorgänge entsteht. Diese Wolkenform kann aber auch aus Altostratus oder Cumulonimbus hervorgehen.

2.3 Radarmeteorologie

Der Einsatz von Radartechnologien stellt heutzutage einen unverzichtbaren Bestandteil zur Beobachtung des aktuellen Wetters dar. Neben dem sogenannten *Windprofiler*, mit dem die Vertikalverteilung des horizontalen Winds ermittelt werden kann, und dem *Wolkenradar* zur Bestimmung der Wolkenhöhe ist das *Niederschlags-* oder auch *Regenradar* als das bedeutendste *Wetterradar* anzusehen. Hiermit ist eine flächendeckende Niederschlagserfassung möglich, die nicht nur unverzichtbar für das *Nowcasting* von Niederschlagsereignissen und Unwettern ist, sondern auch wesentliche Informationen zur *Datenassimilation* liefert.

Das Wort Radar, das ursprünglich ein Akronym für **r**adio **a**ircraft **d**etection **a**nd **r**anging war,[4] deutet darauf hin, dass diese Technik zunächst für militärische Zwecke entwickelt wurde. In den 1940er Jahren erkannte man jedoch bereits, dass hiermit auch Niederschlagsteilchen detektiert werden können. Das Prinzip der Radardetektion besteht darin, dass ein Sender eine elektromagnetische Welle einer bestimmten Wellenlänge emittiert. Radargeräte arbeiten bei Wellenlängen zwischen 10 m und 0.1 cm, was einem Frequenzbereich von 30 MHz bis 300 GHz entspricht. Die vom Sender emittierte Welle wird von einem Zielobjekt zum Empfänger zurückgestreut. Aus dem Zeitversatz zwischen gesendeter und reflektierter Welle lässt sich die Entfernung des Zielobjekts ermitteln.

Es gibt verschiedene Typen von Radargeräten. Beim monostatischen Radar sind Sender und Empfänger in einem Gerät untergebracht, d. h. sie benutzen die gleiche Antenne. Beim bistatischen Radar bestehen Sender und Empfänger aus zwei Geräten, die an unterschiedlichen Orten aufgestellt sein können. Multistatische Radare besitzen mehrere Empfänger. Kohärente Radare sind Geräte, bei denen eine feste Phasenbeziehung zwischen den verschiedenen emittierten Signalen besteht. Ist dies nicht der Fall, dann spricht man von inkohärentem Radar. Das ausgesendete Signal kann dauerhaft sein (kontinuierliches Radar) oder nur pulsartig (Pulsradar). Bei Niederschlagsradaren handelt es sich in der Regel um monostatische kohärente Pulsradare, die im Frequenzbereich 4–8 GHz, dem sogenannten C-Band, betrieben werden.

---

[4] mittlerweile steht Radar für **r**adio **d**etection **a**nd **r**anging.

In den nationalen Wetterdiensten wurden zunächst nur einfache *Reflektivitätsradare* eingesetzt, mit denen lediglich die flächenhafte Verteilung und Intensität des Niederschlags erfasst werden kann. Aus dem Verhältnis zwischen empfangener und ausgesandter Leistung lässt sich mit Hilfe der *Radargleichung* die Intensität des Niederschlags bestimmen. Diese Gleichung lässt sich als Funktion der *Radarreflektivität Z* formulieren, welche das sechste Moment der Größenverteilung der Niederschlagsteilchen darstellt und in der Einheit dBZ gemessen wird[5]. Das Radargerät sendet das Signal nur in einem sehr kleinen Raumwinkel von etwa 1° aus. Zur Erfassung des gesamten Halbraums rotiert das Gerät und führt die Messungen in unterschiedlichen Elevationswinkeln durch. Dieser Vorgang wird auch als *Volume Scan* bezeichnet.

Seit den 1960er Jahren wurde damit begonnen, die Niederschlagsbeobachtungen mit Hilfe von *Doppler-Radaren* durchzuführen. Bei diesen Geräten wird der *Doppler-Effekt* ausgenutzt, um den bezüglich des Radarstandorts radialen Anteil der Geschwindigkeit der Hydrometeore zu messen. Zu dieser Zeit erforschte das NSSL (National Severe Storms Laboratory) der NOAA (National Oceanic and Atmospheric Administration, USA) bereits Möglichkeiten, mit Hilfe von *polarimetrischen Niederschlagsradaren* (dual-polarisation radar), die Polarisationseigenschaften der reflektierenden Hydrometeore zu deren detaillierterer mikrophysikalischer Charakterisierung auszunutzen. In den 1980er Jahren wurden in den Industrienationen die ersten nationalen Radarnetze installiert, die eine flächendeckende operationelle Überwachung des Niederschlags ermöglichten. Im Jahr 1987 begann der DWD mit dem Aufbau des deutschen Radarverbunds, der bis zum Jahr 2000 abgeschlossen wurde und in den letzten Jahren zu einem System von derzeit 17 polarimetrischen Doppler C-Band Radargeräten modernisiert wurde.

Die Auswertung der mit Niederschlagsradaren gewonnenen Daten liefert eine sehr große Fülle unterschiedlicher Informationen, die natürlich von der Verwendung eines bestimmten Radartyps abhängt. Eine vollständige Auflistung und Beschreibung aller in der Literatur zu findenden *Radarprodukte* würde an dieser Stelle zu weit führen. Deshalb werden im Folgenden nur die wichtigsten, hauptsächlich im operationellen Betrieb zur Verfügung gestellten Radarprodukte vorgestellt. Für detailliertere Informationen zur Radarmeteorologie wird auf die weiterführende Spezialliteratur verwiesen (z. B. Battan 1973, Bogush 1989, Atlas 1990, Skolnik 1990, Sauvageot 1992, Doviak und Zrnic 1993, Rinehart 2004, Meischner 2004).

Mit einem *gewöhnlichen Niederschlagsradar* kann die räumliche Verteilung des Niederschlags ermittelt werden. Wie bereits erwähnt, erhält man dieses dreidimensionale Bild, indem man bei unterschiedlichen, jeweils konstanten Elevationswinkeln das Radar horizontal rotieren lässt. Dabei muss jedoch die Krümmung der Erdoberfläche berücksichtigt werden. Diese führt dazu, dass ein horizontal (Elevationswinkel 0°) ausgerichtetes Radar im Abstand von 100 km Streuteilchen detektiert, die sich bereits in 800 m Höhe über der Erdoberfläche befinden. Bei 200 km Abstand beträgt die Höhe 3100 m und bei 400 km Abstand bereits 12 500 m. In der

---

[5] 1 dBZ $= 10 \log_{10}(Z/Z_0)$ mit $Z_0 = 1 \, \text{mm}^6 \, \text{m}^{-3}$.

2.3 Radarmeteorologie

PPI-Darstellung (PPI: plan position indicator) werden die Daten gezeigt, die bei konstantem Elevationswinkel als Funktion des Azimutwinkels gewonnen wurden.

Ein Beispiel für eine PPI-Darstellung ist in Abb. 2.2a wiedergegeben. Diese Messung erfolgte am 25.11.2009 15.15 UTC mit dem Niederschlagsradar des Meteorologischen Instituts der Universität Bonn (*MIUB*). Die an der linken Seite dargestellte Farbkodierung gibt die Reflektivität Z und die daraus abgeleitete Regenrate R wieder. Im vorliegenden Beispiel erkennt man ein schwaches, zu einer Kaltfront gehörendes Regenband, das sich von Südwesten nach Nordosten erstreckt und Regenraten von weniger als $3\,\text{mm}\,\text{h}^{-1}$ aufweist. Die in unmittelbarer Nähe des Radarstandorts (Mittelpunkt der PPI-Darstellung) sichtbaren höheren Reflektivitätswerte sind auf Echos von festen Gegenständen (Häuser, Bäume, orographische Strukturen etc.) zurückzuführen und haben keine meteorologische Bedeutung. Diese auch als *Clutter* bezeichneten Reflektivitäten fester Ziele stellen Störsignale dar, die mit geeigneten Mitteln aus den Darstellungen herausgefiltert werden können.

Außer der PPI-Darstellung gibt es die Möglichkeit, vertikale Querschnitte bei konstantem Azimutwinkel zu erzeugen. Diese Darstellungsart wird als *RHI-Darstellung* (RHI: range height indicator) bezeichnet. Hieraus lässt sich eine horizontale Verteilung der Reflektivitäten ermitteln, die man auch *CAPPI-Darstellung* (CAPPI: constant altitude plan position indicator) nennt. Bei dieser Methode werden alle Beiträge der Reflektivitäten einzelner RHI-Darstellungen zusammengefasst, die in einen vorgegebenen Höhenbereich fallen. Eine weitere Möglichkeit, Radarreflektivitäten zu visualisieren, besteht in der MAX-CA PPI-Darstellung. Hier werden die vertikalen Maximalwerte in einer horizontalen Verteilung und gleichzeitig die Horizontalverteilungen der Maxima in Vertikalschnitten wiedergegeben.

Neben der Flächenverteilung von Niederschlägen lassen sich bereits aus den Reflektivitäten erste Rückschlüsse auf die Niederschlagsart ziehen. Zur Unterscheidung zwischen Schnee und Regen macht man sich die unterschiedlichen dielektrischen Eigenschaften von Wasser und Eis zunutze. Diese führen dazu, dass Schneeflocken eine deutlich geringere Reflektivität besitzen als Regentropfen. In dem Zusammenhang ist das *Bright-Band* von besonderem Interesse, das manchmal auch als *helles Band* bezeichnet wird. Dieses stellt eine Zone stark erhöhter Reflektivitäten dar und markiert die Schmelzschicht innerhalb der Atmosphäre.

Die Ursache für das Auftreten eines Bright-Bands besteht darin, dass fallende Schneeflocken zwar relativ groß sind, jedoch wegen der unterschiedlichen dielektrischen Eigenschaften von Eis und Wasser geringere Reflektivitäten erzeugen als gleichgroße Wasserteilchen. Beginnen die Schneeflocken zu schmelzen, dann wird zuerst deren äußere Oberfläche mit einer Wasserhaut überzogen. In diesem Moment verhalten sie sich beim Streuprozess wie sehr große Regentropfen, so dass sie relativ hohe Reflektivitäten liefern. Nachdem die Schneeflocken vollständig geschmolzen sind, bilden sie mehr oder weniger kugelförmige Regentropfen, die viel kleiner sind und eine höhere Fallgeschwindigkeit besitzen als die ursprünglichen Schneeflocken, so dass sie wieder geringere Reflektivitäten erzeugen. Das Bright-Band wird vornehmlich bei stratiformem Niederschlag beobachtet. Es befindet sich üblicherweise etwa 200–500 m unterhalb der 0 °C Grenze und besitzt eine vertikale Er-

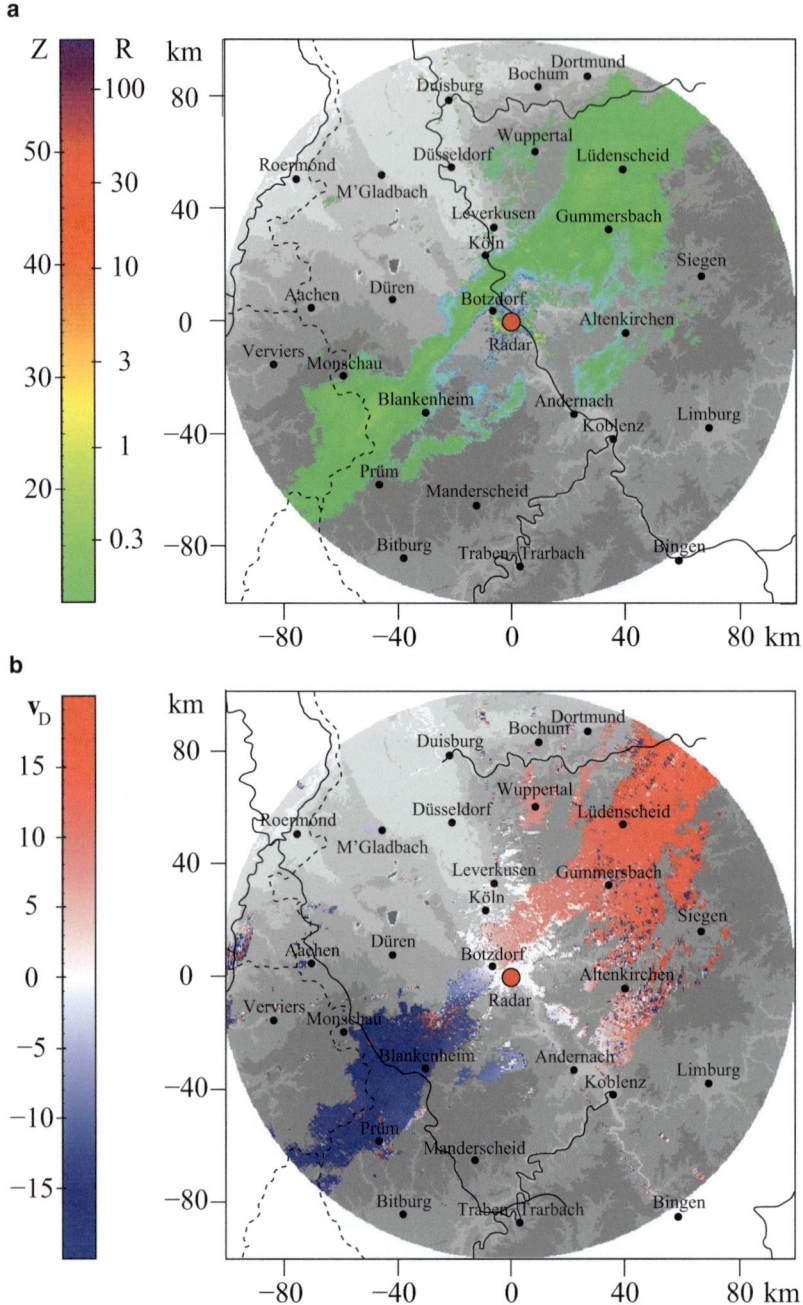

Abb. 2.2 PPI-Darstellung des MIUB Niederschlagsradars vom 25.11.2009 15.15 UTC. **a** Radarreflektivität Z in dBZ und zugehörige Regenrate R in mm h^{-1}. **b** Dopplergeschwindigkeit $\mathbf{v}_D$ in m s^{-1}

2.3 Radarmeteorologie

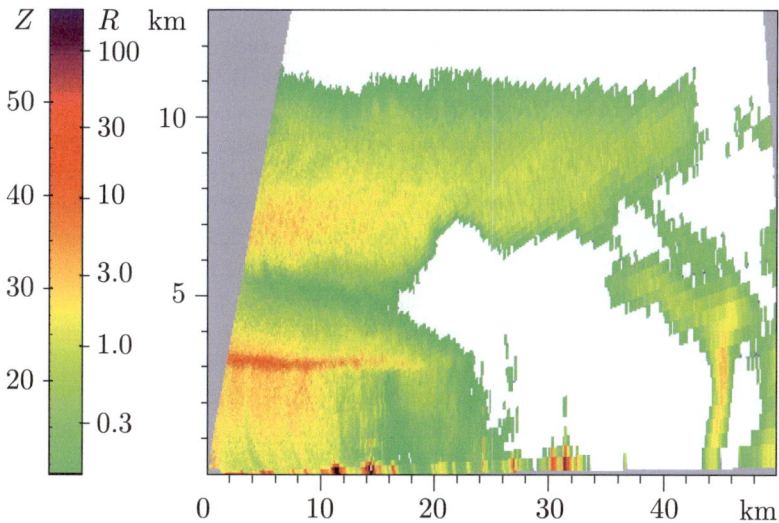

Abb. 2.3 RHI-Darstellung des MIUB Niederschlagsradars vom 17.07.2004 18.50 UTC mit einem Bright-Band in 3000–3500 m Höhe im Abstand bis zu 20 km vom Radarstandort. Z: Radarreflektivität in dBZ, R: Regenrate in mm h^{-1}

streckung von ca. 300 m. Bei der Ermittlung der Niederschlagsrate müssen die aus dem Bright-Band resultierenden Überschätzungen korrigiert werden. Abb. 2.3 zeigt eine RHI-Darstellung des MIUB Niederschlagsradars vom 17.07.2004 18.50 UTC. In einer Schicht etwa 3000–3500 m über dem Radarstandort erkennt man deutlich erhöhte Reflektivitäten (rötliche Farben), welche die dort liegende Schmelzschicht kennzeichnen.

Mit Hilfe eines Doppler-Radars kann die Radialgeschwindigkeit der Hydrometeore relativ zum Radarstandort bestimmt werden. Auf diese Weise lassen sich Aussagen über die Zugrichtung und -geschwindigkeit von Niederschlagsgebieten gewinnen. In Abb. 2.2b sind die Dopplergeschwindigkeiten des Niederschlagsgebiets zu sehen. Blaue Flächen stammen von Hydrometeoren, die sich auf den Radarstandort zu bewegen, rote Flächen kennzeichnen Bewegung vom Radarstandort weg. Weiße Flächen bedeuten keine Bewegung relativ zum Radarstandort. Linien mit konstanter Dopplergeschwindigkeit werden auch als *Isodops* bezeichnet. Somit bewegt sich in diesem Beispiel das Niederschlagsband in nordöstliche Richtung.

Neben diesen relativ einfach interpretierbaren Radarbildern gibt es auch Situationen mit komplexen Verteilungen der Dopplergeschwindigkeiten. Insbesondere können aufgrund der Höhenabhängigkeit der empfangenen Signale Aussagen über die vertikale Änderung der Windrichtung gewonnen werden. Ein sich mit der Höhe im Uhrzeigersinn drehendes Windfeld wird eine mehr oder weniger S-förmige Form der Isodops liefern, umgekehrt entsteht eine spiegelverkehrte S-Form bei nach links mit der Höhe drehenden Winden. Ebenso lässt sich der an Fronten beobachtete *Windsprung* in der Dopplerverteilung oft leicht erkennen. Um die teilweise sehr komplexen Strukturen von Doppler-Radarbildern besser verstehen und interpretieren zu können, lassen sich mit Hilfe von Computersimulationen aus vorgegebenen Windfeldern Dopplerverteilungen generieren (Brown und Wood 2007).

Bei hohen Windgeschwindigkeiten können, abhängig von der Abtastfrequenz des Radars, *Aliasing-Effekte* auftreten, die dazu führen, dass sich in einem Gebiet bei Überschreitung der maximalen Geschwindigkeitswerte deren Vorzeichen ändert. Im gegebenen Beispiel der Abb. 2.2b sieht man dies an den roten (blauen) Pixeln im blauen (roten) Feld. Wegen der insgesamt vorherrschenden Windrichtung lassen sich diese Fehler jedoch relativ leicht erkennen.

Da Doppler-Radare horizontal *polarisierte Strahlung* senden und empfangen, können hiermit nur Aussagen über horizontale Größeneigenschaften der Hydrometeore gemacht werden. *Polarimetrische Niederschlagsradare* dagegen senden und empfangen horizontal und vertikal polarisierte elektromagnetische Wellen. Durch Auswertung der Polarisationseigenschaften der empfangenen Signale können insbesondere sehr umfangreiche Informationen über die mikrophysikalische Struktur der Hydrometeore gewonnen werden (s. z. B. van den Broeke et al. 2008). Ein weiterer Vorteil polarimetrischer Radare besteht darin, dass sie im Vergleich zu Doppler-Radaren eine deutlich höhere Messgenauigkeit der verschiedenen Radarprodukte erreichen. Weiterhin lassen sich unerwünschte Streuobjekte, wie Clutter, Vögel oder Insekten, besser identifizieren.

Es gibt verschiedene Möglichkeiten, wie ein polarimetrisches Radar arbeitet: (1) Das Radar sendet nur horizontal polarisierte Signale, detektiert aber horizontal und vertikal polarisierte Streusignale. Dies wird im Englischen als LDR (linear depolarization ratio) mode bezeichnet. (2) Das Radar sendet zeitlich versetzt jeweils horizontal und vertikal polarisierte Strahlung aus. (3) Das Radar sendet simultan sowohl horizontal als auch vertikal polarisierte Strahlung aus, was als SHV (simultaneous transmission and reception of horizontally and vertically polarised waves) mode bezeichnet wird. Die verschiedenen Arbeitsmodi haben unterschiedliche Vor- und Nachteile, auf die hier jedoch nicht näher eingegangen wird.

Der Deutsche Wetterdienst bietet im operationellen Betrieb verschiedene *Radarprodukte* an, die zu einem großen Teil kostenfrei im Internet verfügbar sind[6]. Nachdem die Radardaten der 17 Radarstandorte einer Qualitätssicherung unterzogen worden sind, werden für jeden dieser Standorte in fünfminütigem Zeitabstand unterschiedliche Grafiken erzeugt. Hierbei handelt es sich um einfache Reflektivitätsscans und Dopplergeschwindigkeiten (vgl. Abb. 2.2), MAX-CAPPI Darstellungen, Verteilungen unterschiedlicher Niederschlagsarten in Bodennähe, die Wolkenhöhe u. a. Die quantitative Bestimmung der Niederschlagsmengen aus den Radarreflektivitäten erfolgt mit dem DWD-Routineverfahren *RADOLAN* (RADar OnLine ANeichung), bei dem die Radardaten raumzeitlich hoch aufgelöst mit Hilfe der von *Ombrometern* (Niederschlagsmessgeräte) automatisch gewonnenen Daten in Niederschlagsmengen umgerechnet werden. Weitere Radarprodukte ergeben sich, nachdem die Daten der 17 Radarstandorte zu einem sogenannten *Radarkomposit*

---

[6] https://www.dwd.de/DE/leistungen/radarprodukte/radarprodukte.html.

2.3 Radarmeteorologie

Abb. 2.4 Deutschland-Radarkomposit des DWD vom 16.06.2020. Dargestellt ist die zwischen 13.25–13.30 UTC akkumulierte Niederschlagsmenge in mm h^{-1}. Quelle: Deutscher Wetterdienst

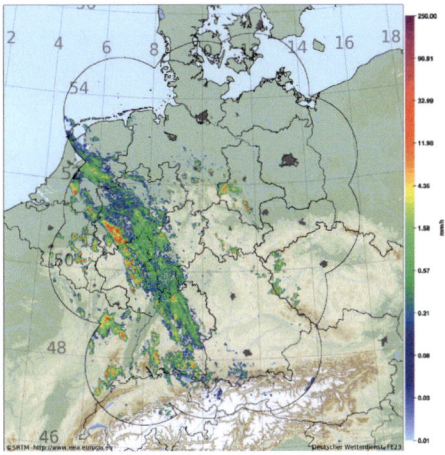

zusammengefügt worden sind. Auf diese Weise lassen sich Wetterstrukturen auf größeren Skalen sehr anschaulich visualisieren.

Abb. 2.4 gibt hierfür ein Beispiel. In diesem Deutschland-Radarkomposit sind die am 16.06.2020 zwischen 13.25–13.30 UTC akkumulierten Niederschlagsmengen in mm h^{-1} wiedergegeben, d. h. hierbei handelt es sich um ein RADOLAN-Produkt. Im Westen von Deutschland befindet sich ein breites Niederschlagsgebiet mit verstärktem Niederschlagsband über Nordrhein-Westfalen und Rheinland-Pfalz, während in Mittel- und Ostdeutschland nur vereinzelte Niederschlagszellen zu sehen sind, die allerdings auch entlang einer Linie von Bremen über Sachsen-Anhalt bis zur tschechischen Grenze verlaufen. Die in der Abbildung eingezeichneten Kreisausschnitte stellen die Radialabstände in 150 km Entfernung von den 17 Radarstandorten dar.

Die zugehörige Wetterlage war geprägt durch ein westlich von Frankreich liegendes Tiefdruckgebiet mit Zentrum über der Bretagne, dessen Einfluss sich bis nach Deutschland erstreckte und vor allem im Westen großräumige Hebungsprozesse auslöste. In Abb. 2.5a ist die 500 hPa Analysekarte mit Bodendruckverteilung und relativer Topographie 500/1000 hPa um 12 UTC wiedergegeben, während Abb. 2.5b die zugehörige Bodenanalysekarte zeigt.[7] Insgesamt weist die Bodendruckverteilung in ganz Mitteleuropa nur schwache räumliche Unterschiede auf. Passend zu den Niederschlagsgebieten in Abb. 2.4 erkennt man zwei *Konvergenzlinien*, in deren Bereichen verstärkte Hebungsprozesse und somit Wolken- und Niederschlagsbildung zu erwarten sind.

Auf europäischer Ebene haben sich 31 nationale Wetterdienste zu dem Netzwerk EUMETNET zusammengeschlossen. Innerhalb dieses Netzwerks wurde das Projekt OPERA (**O**perational **P**rogramme for the **E**xchange of weather **RA**dar information) ins Leben gerufen. Die wichtigsten Aufgaben dieses Projekts bestehen im ständigen Austausch von Expertisen und der gegenseitigen Bereitstellung der

---

[7] Auch hier wird bzgl. der Verwendung einiger Fachbegriffe auf spätere Kapitel verwiesen.

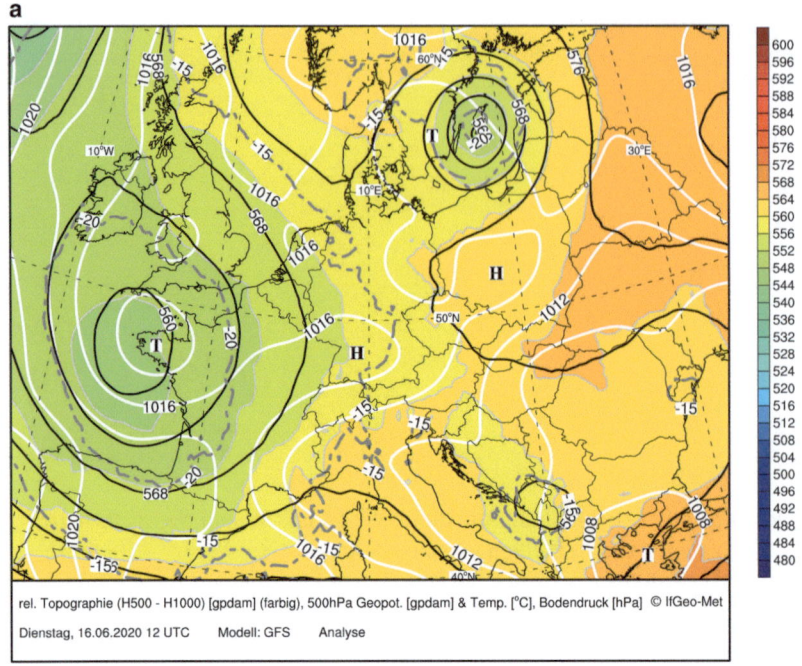

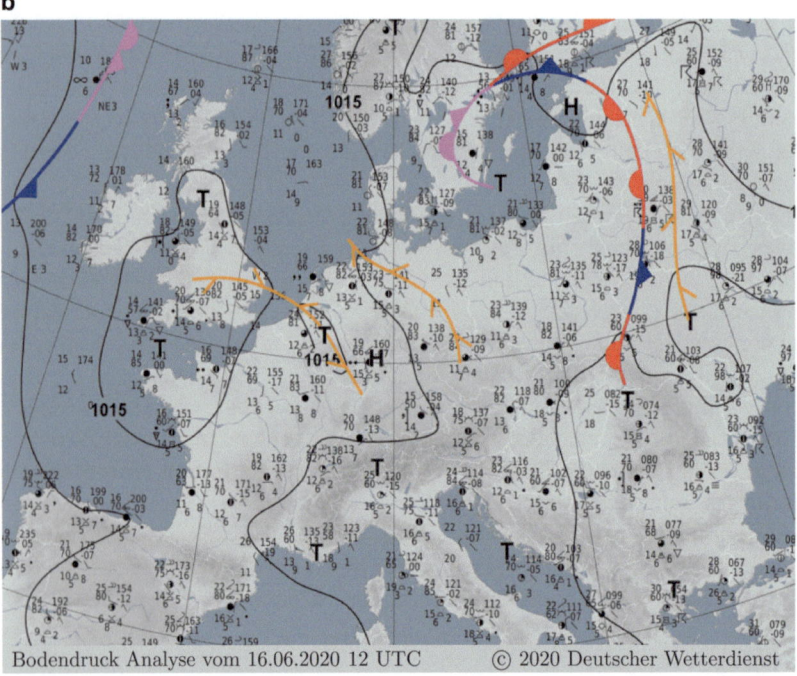

Abb. 2.5 500 hPa Analysekarte mit relativer Topographie 500/1000 hPa (**a**) und Bodenanalysekarte (**b**) vom 16.06.2020 12 UTC

operationell gewonnenen Wetterradardaten. Im Internet[8] findet man weitere Informationen, wie z. B. die nationalen Radarstandorte der einzelnen Mitglieder, technische Details der verschiedenen Messgeräte u. a.

2.4 Satellitenmeteorologie

Wettersatelliten stellen die modernste Beobachtungsmöglichkeit atmosphärischer Phänomene dar. Die hiermit gewonnenen meteorologischen Messdaten sind heute aus der numerischen Wettervorhersage nicht mehr wegzudenken. Als bedeutendes Hilfsmittel bei der *Datenassimilation* leisten sie unschätzbare Dienste für das *Nowcasting*, die *Kürzestfrist-* und *Kurzfristvorhersage*. Sie liefern aber auch wichtige Informationen für unterschiedliche Klimaanwendungen.

Seit den 1970er Jahren betreibt die European Organisation for the Exploitation of Meteorological Satellites (*EUMETSAT*) Wettersatellitenprogramme mit unterschiedlichen als *Meteosat* bezeichneten Wettersatelliten, die sich alle in geostationärer Umlaufbahn befinden. Die erste Meteosat Generation (*Meteosat First Generation, MFG*), umfasste sieben Satelliten (Meteosat-1 bis Meteosat-7). Das MFG-Programm wurde zwischen 1977 und 2017 betrieben. Die Datenerfassung erfolgte mit dem Radiometer MVIRI (Meteosat Visible Infrared Imager), das Messungen im sichtbaren Spektralbereich (0.5–0.9 μm), im Wasserdampfbereich (5.7–7.1 μm) und im terrestrischen Infrarotbereich (10.5–12.5 μm) vornimmt.

Mit dem Start von Meteosat-8 begann im Jahr 2002 das Programm der zweiten Meteosat Generation (*Meteosat Second Generation, MSG*). Das heute noch aktive MSG-Programm besteht aus vier Satelliten (Meteosat-8 bis Meteosat-11). An Bord der MSG Satelliten sind die beiden Radiometer *GERB* (Geostationary Earth Radiation Budget) und *SEVIRI* (Spinning Enhanced Visible and Infrared Imager) installiert. GERB misst die am Oberrand der Atmosphäre zurückgestreute Sonnenstrahlung (0.32–4 μm) und die gesamte von der Erde ins Weltall gerichtete Strahlungsflussdichte (0.32–30 μm). Auf diese Weise lassen sich Aussagen über die *Strahlungsbilanz der Erde* gewinnen, die insbesondere für die Klimaforschung von außerordentlicher Bedeutung sind. Das Kernstück von MSG bildet das hochauflösende Radiometer SEVIRI. Dieses Gerät misst Strahlung in elf unterschiedlichen spektralen Kanälen sowie dem zwölften sogenannten HRV Kanal (HRV: High Resolution Visible), der den gesamten sichtbaren Bereich (0.37–1.25 μm) überdeckt. Die maximale räumliche Auflösung von SEVIRI beträgt im Subsatellitenpunkt[9] 3 km für die 11 spektralen Kanäle und 1 km für den HRV Kanal. Das Auflösungsvermögen der Radiometer ist natürlich abhängig von der geographischen Breite und nimmt vom Subsatellitenpunkt zu den Polen hin ab. Verglichen mit MFG liefern die MSG-Satelliten etwa die 20fache Datenmenge. So wie das erste Meteosat-Programm ist auch das MSG-Programm als Zwei-Satelliten-System ausgelegt, bei

---

[8] https://www.eumetnet.eu.
[9] Hierunter versteht man den Punkt auf der Erdoberfläche mit der geringsten Distanz zum Satelliten.

dem ein Satellit als Reserve dient, um eine kontinuierliche Datengewinnung zu gewährleisten.

Im Jahr 2023 soll das MSG-Programm durch das Programm der dritten Meteosat Generation (*Meteosat Third Generation, MTG*) abgelöst werden. Bei diesem Programm werden erstmals gleichzeitig zwei Satelliten verwendet (*MTG Twin-Setup*), um der im Vergleich zu den vorangehenden Meteosat-Programmen deutlich erhöhten Anzahl der Messinstrumente und dem daraus resultierenden hohen Ladegewicht Rechnung tragen zu können. Ein Hauptschwerpunkt des MTG-Programms wird auf einer deutlich verbesserten Überwachung extremer Unwetterereignisse liegen. Hierbei wird eine nahezu Echtzeitverfolgung dreidimensionaler atmosphärischer Strukturen über Europa möglich sein. Weiterhin können Echtzeitdaten über den Ort und die Intensität von *Blitzen* gewonnen werden, um ein besseres Nowcasting extremer Gewitterereignisse zu ermöglichen. Im Vergleich zum MSG-Programm liefert das MTG-Programm etwa die 30fache Datenmenge.

Im Folgenden werden einige wichtige Grundbegriffe der Satellitenmeteorologie kurz vorgestellt. Als Basis der Betrachtungen dient in erster Linie das momentan aktive MSG-Satellitenprogramm. Andere Wettersatelliten, wie beispielsweise der Geostationary Operational Environmental Satellite (*GOES*) der NOAA, liefern vergleichbare Messdaten. Die elf spektralen Kanäle von SEVIRI wurden zum Teil in Anlehnung an die bereits bewährten Kanäle anderer Satellitenmissionen ausgewählt, um dadurch eine bessere Vergleichbarkeit und Ergänzung der Daten zu gewinnen. Die Wellenlängen der einzelnen Kanäle, deren Bezeichnung sowie die wichtigsten Anwendungsmöglichkeiten sind in Tab. 2.3 zusammengefasst. Weitere Details zu den Messinstrumenten von MSG findet man u. a. in Schmetz et al. (2002). Zudem bietet das Internetportal der EUMETSAT eine detaillierte Beschreibung der drei Meteosat-Programme sowie des europäischen Satellitenprogramms[10].

Die der Satellitenmeteorologie zugrunde liegende *Strahlungstransporttheorie* wird hier nicht im Einzelnen behandelt und sollte der weiterführenden Spezialliteratur entnommen werden (z. B. Liou 2002, Zdunkowski et al. 2007). Vielmehr konzentrieren sich die folgenden Ausführungen auf die Interpretation und meteorologische Auswertung der mit den Radiometern gemessenen solaren und infraroten Strahldichten.

2.4.1 Die Kanäle im solaren Spektralbereich

Die von der Sonne ausgesandte *solare Strahlung* wird bei Eintritt in die Erdatmosphäre teilweise absorbiert und gestreut. Ein Teil der solaren Einstrahlung wird an der Erdoberfläche oder an der Obergrenze von Wolken nach oben reflektiert und gelangt somit zum Satelliten. Je mehr Energie die vom Radiometer empfangene solare Strahlung besitzt, umso heller wird sie auf dem Satellitenbild dargestellt, d. h. starke Reflexion der Sonnenstrahlung an Wolkenobergrenzen liefert helle Pixel, während geringe Reflexion an der Erdoberfläche diese dunkler abbildet. Da prak-

---

[10] https://www.eumetsat.int.

2.4 Satellitenmeteorologie

Tab. 2.3 Die elf spektralen Messkanäle sowie der HRV Kanal von SEVIRI. $\Delta\lambda$ ist der Wellenlängenbereich und λ_c die Wellenlänge im Zentrum der einzelnen Kanäle. Quelle: Schmetz et al. (2002)

Nr.	Name	$\Delta\lambda$ (μm)	λ_c(μm)	Wichtigste Anwendungen
1	VIS0.6	0.56–0.71	0.635	Erdoberfläche, Wolken, Aerosole, Vegetation
2	VIS0.8	0.74–0.88	0.81	Erdoberfläche, Wolken, Aerosole, Vegetation
3	NIR1.6	1.50–1.78	1.64	Aerosole, Unterscheidung zwischen Schnee und Wolken, Eis- und Wasserwolken
4	IR3.9	3.48–4.36	3.92	Niedrige Wolken, Nebel, dünner Cirrus, unterkühlte Wolken
5	WV6.2	5.35–7.15	6.25	Wolken, Wasserdampf hohe Troposphäre
6	WV7.3	6.85–7.85	7.35	Wolken, Wasserdampf mittlere Troposphäre
7	IR8.7	8.30–9.10	8.70	Dünner Cirrus, Unterscheidung zwischen Eis- und Wasserwolken
8	IR9.7	9.38–9.94	9.66	Ozondetektion
9	IR10.8	9.80–11.8	10.80	Temperaturen von Land- und Meeresoberflächen, Wolkenobergrenzen, Cirrus, Vulkanasche
10	IR12.0	11.0–13.0	12.00	Temperaturen von Land- und Meeresoberflächen, Wolkenobergrenzen, Cirrus, Vulkanasche
11	IR13.4	12.4–14.4	13.40	Cirrus, statische Stabilität
12	HRV	0.37–1.25		Erdoberfläche, Wolken, Nebel

tisch die gesamte vom Radiometer empfangene solare Strahlung aus der Reflexion an Oberflächen (Erdoberfläche, Wolken) resultiert, nennt man sie auch *Oberflächenstrahlung*.

MSG empfängt in den Kanälen 1–4 und im HRV Kanal solare Strahlung. Die Kanäle 1–3 werden als solare Kanäle bezeichnet, während Kanal 4 eine Sonderrolle einnimmt, da hier neben der solaren auch *infrarote Strahlung* gemessen wird. Dieser Kanal wird weiter unten näher beschrieben. Gemäß ihrer Namensgebung (VIS, visible) detektieren die beiden Kanäle VIS0.6 und VIS0.8 Strahlung im sichtbaren Spektralbereich. Diese beiden Kanäle wurden von dem in GOES eingesetzten *Advanced Very High Resolution Radiometer* (AVHRR) übernommen. Die Strahlungsmessungen beider Kanäle dienen vor allem der besseren Unterscheidung von Wolken im Vergleich zur Erdoberfläche, da Wolken in beiden Spektralbereichen eine deutlich höhere *Albedo* als die unterschiedlichen Arten der Erdoberfläche (Land und Wasser) besitzen. Weiterhin werden beide Kanäle zur Beobachtung der Verlagerung von Wolkenfeldern, zur Detektion von Aerosolpartikeln sowie zur Überwachung der Vegetation herangezogen.

Mit dem von den ERS (Earth Remote Sensing) Satelliten übernommenen NIR1.6 Kanal können optisch dicke Wolken von Schnee- und Eisflächen am Erdboden besser unterschieden werden. Während in den Kanälen VIS0.6 und VIS0.8 optisch dicke Wolken und Schnee oder Eis eine ähnlich hohe Reflektivität von etwas mehr als 0.8 besitzen und dadurch praktisch nicht unterscheidbar weiß erscheinen, liegt im NIR1.6 Kanal die Reflektivität der Eis- und Wasserwolken bei etwa 0.7, die von Schnee jedoch deutlich unter 0.1. Somit erscheinen in diesem Kanal Schneeflächen

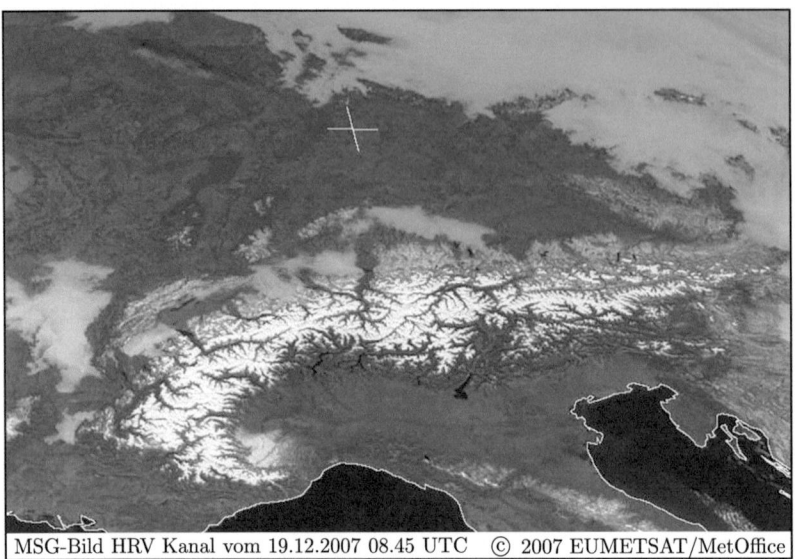

MSG-Bild HRV Kanal vom 19.12.2007 08.45 UTC   © 2007 EUMETSAT/MetOffice

Abb. 2.6 Aufnahme des HRV Kanals über dem Alpenraum vom 19.12.2007 08.45 UTC. Quelle: https://www.sat.dundee.ac.uk

relativ dunkel, während die Wolken helle Pixel erzeugen. Weiterhin ist es im NIR1.6 Kanal möglich, wegen des höheren Absorptionsvermögens von Eis im Vergleich zu Wasser zwischen Wasser- und Eiswolken zu unterscheiden.

Der HRV Kanal ermöglicht aufgrund seiner hohen Auflösung die Detektion der Feinstrukturen von Wolken, wie überschießende Wolkenobergrenzen heftiger Gewitterzellen, Detrainmentbereiche von Cumulonimben, die Unterscheidung zwischen diesen Wolken und dünnen Cirren usw. Weiterhin lassen sich hiermit Nebelfelder, Waldbrände, Sandstürme und andere kleinräumige atmosphärische Phänomene sehr gut erkennen. Abb. 2.6 gibt ein eindrucksvolles Beispiel für das hohe Auflösungsvermögen des HRV Kanals. In diesem Bild des Alpengebiets sieht man deutlich die zwischen den schneebedeckten Bergen liegenden schneefreien Alpentäler. Die grauen Flächen im Alpenvorland und in Ostdeutschland sind auf die dort liegenden Nebelgebiete zurückzuführen.

2.4.2 Die Kanäle im terrestrischen Spektralbereich

Die acht thermischen Kanäle 4–11 von SEVIRI messen Strahlung, die von Objekten unterhalb des Satelliten nach oben emittiert wird. Gemäß dem *Kirchhoff'schen Strahlungsgesetz* emittiert jeder Körper Strahlung in den Wellenlängenbereichen, in denen er sie auch absorbieren kann. Die Intensität der *emittierten Strahlung* ist nach dem *Planck'schen Strahlungsgesetz* temperaturabhängig. Die Erde, aber auch Wolken von hinreichender optischer Dicke, verhalten sich nahezu wie *Schwarze*

2.4 Satellitenmeteorologie

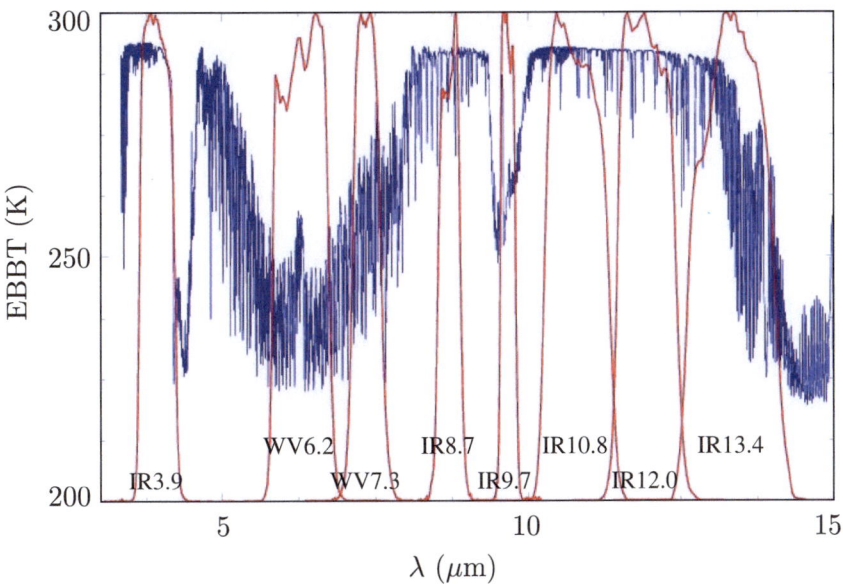

Abb. 2.7 Emittierte terrestrische Strahlung am Oberrand der Atmosphäre (*blaue Kurve*) und infrarote Messkanäle von SEVIRI (*rote Kurven*). Quelle: https://www.eumetsat.int

Körper, d. h. sie emittieren Strahlung, deren gesamte Intensität pro Flächeneinheit nach dem *Stefan-Boltzmann Gesetz* durch σT^4 gegeben ist. Hierbei stellt $\sigma = 5.67037$ W m^{-2} K^{-4} die *Stefan-Boltzmann Konstante* dar und T ist die Temperatur des emittierenden Körpers.

Abb. 2.7 zeigt die vom Oberrand der Erdatmosphäre in den Weltraum emittierte Infrarotstrahlung (blaue Kurve) sowie die Positionen der acht thermischen Kanäle von SEVIRI (rote Kurven), jeweils als Funktion der Wellenlänge λ. Die Einheit EBBT (Effective Blackbody Brightness Temperature) gibt an, welche Temperatur ein Schwarzer Körper besitzen müsste, um die entsprechende Strahlungsintensität zu emittieren. Würde die von der Erde emittierte Strahlung ohne Extinktion durch die darüberliegende Atmosphäre vom Satelliten gemessen, dann könnte hieraus direkt auf die Temperatur der Erdoberfläche geschlossen werden. Im *atmosphärischen Fensterbereich* zwischen 8–13 μm ist dies nahezu der Fall. In Abb. 2.7 erkennt man das daran, dass der EBBT Wert der blauen Kurve in diesem Wellenlängenbereich bei ca. 290 K liegt, was etwa der Temperatur der Erdoberfläche entspricht. Allerdings muss auch bedacht werden, dass Wolken ebenfalls Strahlung emittieren. Bei ähnlichen Temperaturen von Wolken und Erdoberfläche, wie beispielsweise über schneebedeckten Gebieten, kann dies die Unterscheidung zwischen beiden Objekten erschweren.

Lokale Minima in den Werten der blauen Kurve aus Abb. 2.7 deuten an, dass die vom Erdboden emittierte Strahlung auf ihrem Weg durch die Erdatmosphäre von Spurengasen absorbiert wurde. Hierbei handelt es sich in erster Linie um Kohlendioxid (4–5 µm, > 13 µm), Wasserdampf (5–8 µm) und Ozon (9–10 µm). Aus diesem Grund wurden einige der acht thermischen Spektralbereiche von SEVIRI genau in diesen Wellenlängenbereichen gewählt. Das betrifft die Kanäle WV6.2 und WV7.3 (WV: water vapor), den IR9.7 und den IR13.4 Kanal, in denen Ozon bzw. Kohlendioxid eine *Absorptionsbande* besitzen. Aus den in diesen Kanälen gemessenen Strahldichten kann auf die Konzentration der jeweiligen Absorber geschlossen werden.

Wie bei der solaren Strahlung handelt es sich auch bei der *thermischen Strahlung* im atmosphärischen Fensterbereich weitgehend um Oberflächenstrahlung, so dass die am Radiometer empfangene Strahldichte ein direktes Maß für die Oberflächentemperatur des emittierenden Körpers darstellt. Dies gilt insbesondere für den IR10.8 Kanal, der deshalb üblicherweise zur Bestimmung der Temperatur der Erdoberfläche bzw. der Wolkenobergrenzen herangezogen wird. Da hingegen die in den Wasserdampfkanälen WV6.2 und WV7.3 gemessene langwellige Strahlung auf ihrem Weg durch die gesamte Atmosphäre sukzessive vom Wasserdampf absorbiert und reemittiert wird, stammt sie praktisch überhaupt nicht mehr von der Oberfläche eines einzelnen emittierenden Körpers. Vielmehr setzt sie sich aus Teilbeiträgen des im gesamten atmosphärischen Volumen emittierenden Wasserdampfs und eventuell einem Rest der vom Erdboden emittierten Strahlung zusammen. Deshalb spricht man hierbei auch von *Volumenstrahlung*. Folglich kann aus der gemessenen Strahldichte in diesen Kanälen nicht mehr auf die Temperatur eines Körpers geschlossen werden.

Die Visualisierung thermischer Strahlung geschieht genau umgekehrt wie bei der solaren Strahlung, d. h. Strahlung hoher Intensität (warme Körper) wird im Satellitenbild dunkel und Strahlung geringerer Intensität (kalte Körper) als helle Pixel abgebildet. Dadurch erscheint im atmosphärischen Fenster, ähnlich wie im solaren Spektralbereich, die relativ warme Erde dunkel, während die Wolken umso heller aussehen, je kälter sie sind. Die innerhalb der Wasserdampfabsorptionsbande liegenden Kanäle 5 und 6 (WV6.2 und WV7.3) liefern helle Pixel bei hoher atmosphärischer Feuchte oder bei Bewölkung, während dunkle Pixel Bereiche mit geringer Wasserdampfkonzentration beschreiben.

Die in einem bestimmten infraroten Spektralbereich von SEVIRI empfangene Strahlung hängt vom Gradienten der Transmissionsfunktion zwischen Absorber und Messinstrument ab. Diese Abhängigkeit lässt sich mit Hilfe sogenannter *Gewichtsfunktionen* darstellen, (siehe z. B. Zdunkowski et al. 2007). Für jeden Kanal existiert eine eigene Gewichtsfunktion, die angibt, aus welchem atmosphärischen Bereich die gemessene Strahlung stammt, bzw. welche Bereiche nur wenig oder gar nicht zur gemessenen Strahlungsintensität beitragen. Die Gewichtsfunktionen sind zum einen temperaturabhängig, zum anderen ändern sie sich als Funktion des Blickwinkels des Satelliten. Dies liegt daran, dass mit zunehmend horizontaler werdenden Blickrichtung die Absorptionswege durch die Atmosphäre immer länger werden. Bei nahezu horizontalem Blickwinkel des Satelliten (ca. 90°) tritt in verstärktem Maße der sogenannte *Limb Effekt* auf. Dieser beschreibt die erhöhte Absorption der Strahlung durch Spurengase, die der Satellit bei sehr hohen Abtastwinkeln am Atmosphärenrand detektiert. Die durch den Limb Effekt verursachten

2.4 Satellitenmeteorologie

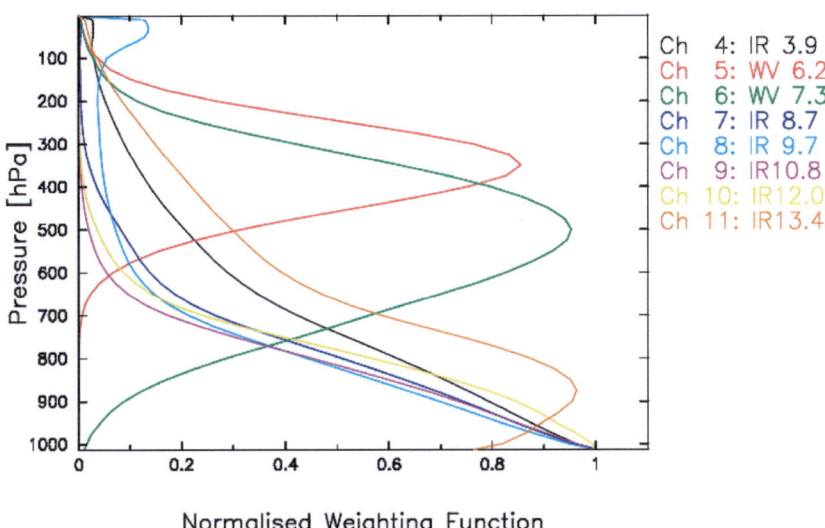

Abb. 2.8 Normalisierte Gewichtsfunktionen für die acht infraroten Kanäle von SEVIRI. Quelle: https://www.eumetsat.int

Messfehler lassen sich mit Hilfe von Korrekturverfahren reduzieren (s. z. B. Elmer et al. 2016).

Abb. 2.8 zeigt die normalisierten Gewichtsfunktionen für die acht thermischen Kanäle von SEVIRI. Beispielhaft sind die Kurven für die Sommermonate und in Blickrichtung zum Subsatellitenpunkt (Nadir, 0°) wiedergegeben. Für Oberflächenstrahlung erwartet man vergleichsweise schmale Gewichtsfunktionen, die angeben, dass die Strahlung aus einem vertikal sehr eng begrenzten atmosphärischen Bereich den Satelliten erreicht. Gemäß der Abbildung trifft dies insbesondere für die Kanäle 7–10 des atmosphärischen Fensterbereichs zu. Hier sieht man, dass der weitaus größte Teil der am Satelliten ankommenden Strahlung von der Erdoberfläche und der unteren Troposphäre stammt. Das oberhalb von 100 hPa zu erkennende lokale Maximum des IR9.7 Kanals ist auf die in der Stratosphäre stattfindende Ozonabsorption zurückzuführen. Die Gewichtsfunktion des IR13.4 Kanals weist ihr Maximum in der unteren Troposphäre auf, was durch die in diesem Wellenlängenbereich stattfindende CO_2 Absorption verursacht wird.

Von großem Interesse sind die beiden Wasserdampfkanäle 5 und 6. Deren Gewichtsfunktionen verlaufen vergleichsweise breit, da es sich hierbei um Volumenstrahlung handelt. Bei dem im Zentrum der Wasserdampfabsorptionsbande liegenden WV6.2 Kanal befindet sich das Maximum der Gewichtsfunktion in der hohen Troposphäre bei etwa 350 hPa, d. h. die gesamte unterhalb von 600 hPa emittierte Strahlung wird auf ihrem Weg zum Satelliten vollständig absorbiert. Daher ist im WV6.2 Kanal die Erdoberfläche nicht zu erkennen. Das Maximum der Gewichtsfunktion des WV7.3 Kanals liegt bei etwa 500 hPa. Dies ist darauf zurückzuführen, dass der WV7.3 Kanal nicht mehr im Zentrum, sondern bereits am Rand der Wasserdampfabsorptionsbande liegt, s. auch Abb. 2.7. Durch diese Positionierung der beiden Wasserdampfkanäle gelingt es, Aussagen über die troposphärische Vertikalverteilung des Wasserdampfs zu machen.

Wie bereits erwähnt, nimmt der IR3.9 Kanal eine besondere Stellung ein, da er sowohl solare als auch terrestrische Strahlung empfangen kann. Als Folge hiervon ist die Bildauswertung abhängig von der Tageszeit. Weiterhin besteht die Möglichkeit, die vom Radiometer empfangene Strahlung entweder so wie in den solaren oder wie in den infraroten Kanälen zu visualisieren. Bei letzterer Darstellungsart ist die Wirkung der reflektierten Sonnenstrahlung am Radiometer vergleichbar mit einer Erhöhung der Temperatur des emittierenden Körpers um etwa 50 K. Somit erscheinen Objekte mit einem hohen Reflexionsvermögen solarer Strahlung im IR3.9 Kanal tagsüber dunkler als nachts. Mit dem IR3.9 Kanal lassen sich insbesondere folgende meteorologischen Phänomene erkennen:

- Tiefe Wolken und Nebel (Tag und Nacht)
- Dünne Cirren (Tag und Nacht)
- Unterscheidung Wasser-, Eiswolken (Tag und Nacht)
- Größe von Hydrometeoren (Tag und Nacht)
- Unterkühlte Wolken (Tag und Nacht)
- Waldbrände (Tag und Nacht)
- Mehrschichtige Wolken (Tag)
- Strukturen von Wolkenobergrenzen (Tag)
- Windfelder (Tag)
- Oberflächentemperatur über Land und Meer (Nacht)
- Städtische Wärmeinseln (Nacht)

Wegen des geringen Absorptionsverhaltens der Atmosphäre im atmosphärischen Fensterbereich sehen die Satellitenbilder dieser Kanäle sehr ähnlich aus und lassen sich oftmals kaum mit bloßem Auge unterscheiden. Um weitere Informationen aus den Bildern gewinnen zu können, besteht allerdings die Möglichkeit, die Signale verschiedener Kanäle voneinander zu subtrahieren. Beispielsweise liefert die Signaldifferenz IR9.7−IR10.8 eine Aussage über die stratosphärische Ozonverteilung, aus IR3.9−IR10.8 lässt sich auf dünne Cirrus Bewölkung schließen, während die Differenz IR8.7−IR10.8 Auskunft über die Phase des Wolkenwassers liefert.

Schließlich existiert neben der Differenzmethode noch die sogenannte *RGB-Bildauswertetechnik*, bei der Signale von drei Kanälen zu einem *RGB-Komposit* zusammengefügt werden. Die Erstellung eines RGB-Komposits erfolgt in der Weise, dass man drei verschiedene Signale mit den Farben Rot, Grün und Blau unterlegt, diese zu einem farbigen Bild zusammenfügt und dann die hierbei entstandenen Mischfarben interpretiert. Als weiterer Freiheitsgrad bei der RGB-Darstellung kann in den unterschiedlichen Kanälen die Pixelhelligkeit so wie im solaren oder wie im infraroten Spektralbereich (invers) dargestellt werden. Grundsätzlich hat man die freie Wahl, aus welchem der elf Kanäle man die Signale verwendet und wie

Tab. 2.4 Beispiele empfohlener RGB-Komposits und deren Interpretationsmöglichkeiten. Quelle: jochen.kerkmann@eumetsat.int

RGB	Anwendung	Tageszeit
321	Vegetation, Schnee, Rauch, Staub, Nebel	Tag
249	Wolken, Konvektion, Schnee, Nebel, Feuer	Tag
234i	Schnee, Nebel	Tag
5-64-93-1	Schwere Gewitter	Tag
10-99-49	Wolken, Nebel, Kondensstreifen	Nacht
10-99-79	Staub, dünne Wolken, Kondensstreifen	Tag, Nacht
5-68-95	Starke Zyklonen, Jets, potentielle Vorticity	Tag, Nacht

die Zuordnung zu den drei Farben geschehen soll. Es haben sich jedoch einige Kombinationen als sinnvoll herausgestellt, andere wiederum werden aufgrund der Möglichkeit von Fehlinterpretationen nicht empfohlen.

In Tab. 2.4 sind einige wichtige RGB-Komposits mit den zugehörigen Interpretationsmöglichkeiten zusammengefasst. Hierbei entsprechen Zahlendifferenzen in den einzelnen RGB Bereichen Signaldifferenzen der unterschiedlichen Kanäle, während 4i die inverse Pixeldarstellung im Kanal 4 bedeutet. Sehr eindrucksvoll wird die Erdoberfläche im RGB-321 Komposit dargestellt, da sie hiermit ein relativ natürliches Aussehen erhält. Weiterhin lassen sich mit diesem Komposit Eis- und Wasserwolken gut voneinander unterscheiden. Im Einzelnen bedeuten die Farben grün: Vegetation, bräunlich-rot: unbewachsener Erdboden, Wüsten, grau-violett: Wasserwolken, cyan: Schnee oder Eiswolken. Wasserflächen werden nahezu schwarz abgebildet.

2.4.3 Beispiel für die Interpretation von Satellitenbildern

Die Interpretationsmöglichkeiten von Satellitenbildern sind so vielfältig, dass allein zu diesem Thema zahlreiche, zum Teil umfangreiche Lehrbücher verfasst wurden (z. B. Bader et al. 1995, Conway 1997, Lillesand et al. 2008). Eine ausführliche Beschreibung der Auswertemöglichkeiten würde den Rahmen dieses Buchs sprengen. Stattdessen werden im Folgenden am Beispiel der europäischen Wetterlage vom 01.12.2021 UTC verschiedene Satellitenbilder und deren wichtigste Aussagen kurz vorgestellt. Die Diskussion beschränkt sich hierbei auf die ülicherweise in der synoptischen Meteorologie ausgewerteten Bilder, nämlich je ein Satellitenbild aus dem sichtbaren Kanal (VIS0.6), dem Wasserdampfkanal (WV6.2) und dem atmosphärischen Fensterbereich (IR10.8). Weiterhin wird das RGB-321 Komposit näher betrachtet. Die folgenden Ausführungen konzentrieren sich im Wesentlichen auf die Beschreibung der Bewölkung und der troposphärischen Feuchteverteilung, da diese Informationen direkt aus den Satellitenbildern gewonnen werden können.

Abb. 2.9 zeigt die Analysekarte des Geoptoentials im 500 hPa Niveau zusammen mit der Temperaturverteilung (Abb. 2.9a) sowie die Bodenanalysekarte des DWD jeweils am 01.12.2021 12 UTC.[11] In der Höhenkarte erkennt man über Westeuropa einen Trog, dessen Ausläufer sich bis in den Norden der Iberischen Halbinsel erstreckt. Zwischen diesem und einem weiteren Trog über Westrussland befindet sich ein Rücken, der für eine ruhige Wetterlage in Osteuropa sorgt. Über dem Ostatlantik liegt ein stark ausgeprägter Rücken mit einer weit in den Norden bis nach Grönland reichenden Amplitude.

Das zu dem Trog über Westeuropa gehörende Bodentief besitzt einen Kerndruck von lediglich 970 hPa (Abb. 2.9b). Seine Kaltfront erstreckt sich von Norddeutschland quer durch Frankreich und über den Norden der Iberischen Halbinsel bis in den Ostatlantik. An der Vorderseite des Tiefs befindet sich eine schwache Warmfront, die westlich von Dänemark in eine entlang der Nordseeküste bis zum Ärmelkanal verlaufende Okklusionsfront übergeht. Das über dem Nordostatlantik liegende Azorenhoch reicht mit seinem Hochdruckkeil im Norden nahezu bis nach Island. An der Ostflanke des Hochs gelangt arktische Kaltluft über die Britischen Inseln bis weit in den Süden Westeuropas. Das östlich von Fennoskandien liegende Bodentief ist vergleichsweise schwach ausgeprägt und übt keinen Einfluss auf die europäische Wetterlage aus.

Bei der vorliegenden synoptischen Situation erwartet man entlang der Kaltfront ein ausgedehntes Wolken- und Niederschlagsfeld. Hinter der Kaltfront hingegen ist die Bewölkung aufgelockert und durch einzelne Konvektionszellen geprägt, aus denen schauerartige Niederschläge fallen. Die häufig hinter Kaltfronten zu beobachtende konvektive Bewölkung bildet sich aufgrund der in der Höhe eingeflossenen Kaltluft und der damit einhergehenden Labilisierung der Atmosphäre. Dies wird gelegentlich auch als *Rückseitenwetter* bezeichnet. Im Bereich der Warmfront ist wiederum mit hoher großräumiger Bewölkung zu rechnen, die durch Aufgleitbewegungen warmer und feuchter Luftmassen auf die vor der Warmfront liegende kühlere Luft verursacht wird.

In den Abb. 2.10 und 2.11 sind die am 01.12.2021 12 UTC aufgenommenen MSG Bilder der Kanäle VIS0.6, WV6.2 und IR10.8 sowie das RGB-321 Komposit wiedergegeben. Deutlich ist das entlang der Kaltfront des Tiefs präfrontal verlaufende Wolkenband zu erkennen. Hinter der Kaltfront befindet sich ein ausgedehnter Bereich mit konvektiver Bewölkung, der sich vom Golf von Biskaya in nördliche Richtung verlaufend bis in den Westen der Britischen Inseln erstreckt. Vor der Warmfront liegt ein ausgedehntes Wolkenfeld, das im Norden zyklonal um das Zentrum des Tiefs, im Osten hingegen antizyklonal verläuft. Die zugehörigen hellen Pixel im IR10.8 Kanal sowie die cyanfarbenen Bereiche im RGB-321 Kom-

---

[11] Um eine prägnante Beschreibung der synoptischen Situation zu ermöglichen, werden im Folgenden bereits einige Fachbegriffe benutzt, die erst im späteren Verlauf des Buchs näher erklärt werden. Ebenso werden die in Wetterkarten üblicherweise verwendeten Symbole und Darstellungsarten der verschiedenen Frontarten als bekannt vorausgesetzt.

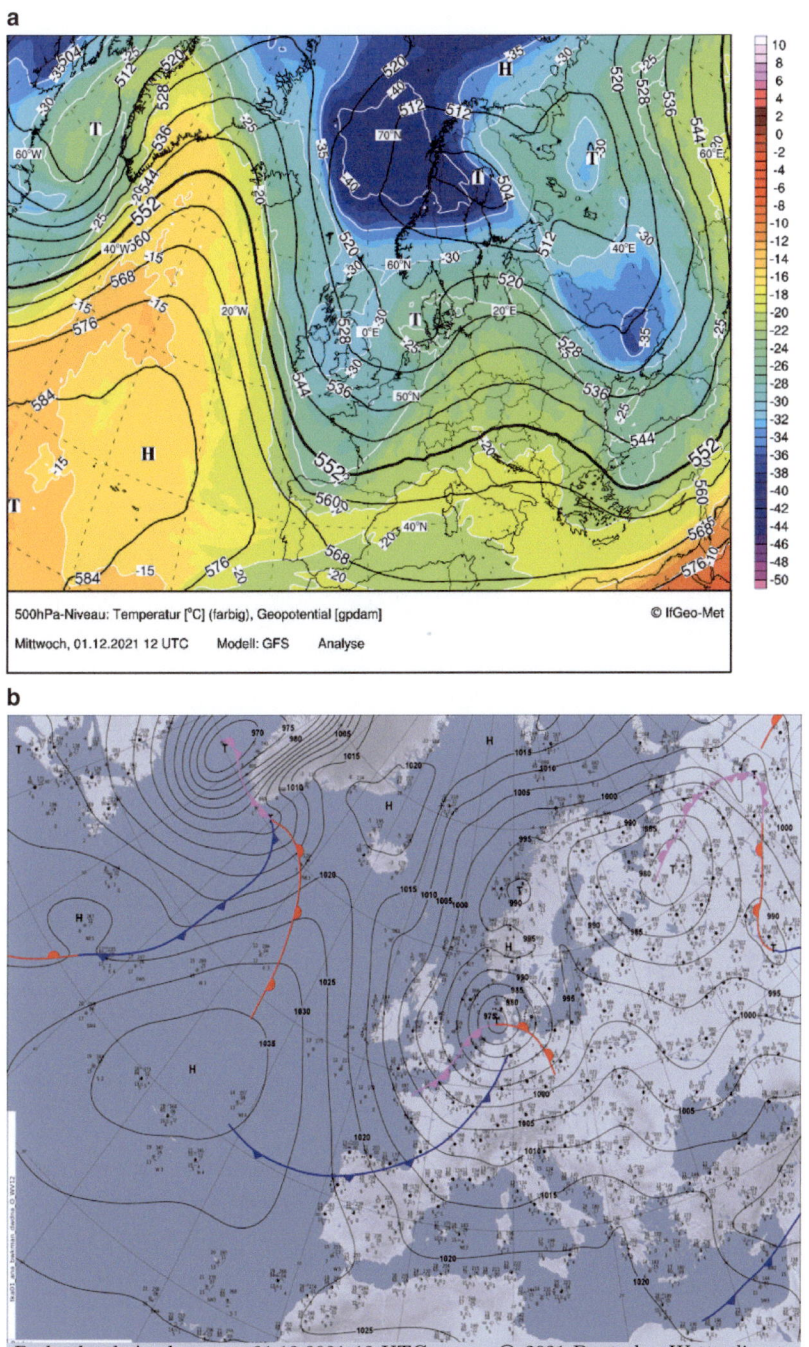

Abb. 2.9 500 hPa Analysekarte mit Temperaturverteilung (**a**) und Bodenanalysekarte des DWD (**b**) vom 01.12.2021 12 UTC

a

MSG-Bild im VIS0.6 Kanal vom 01.12.2021 12 UTC © 2021 EUMETSAT/MetOffice

b

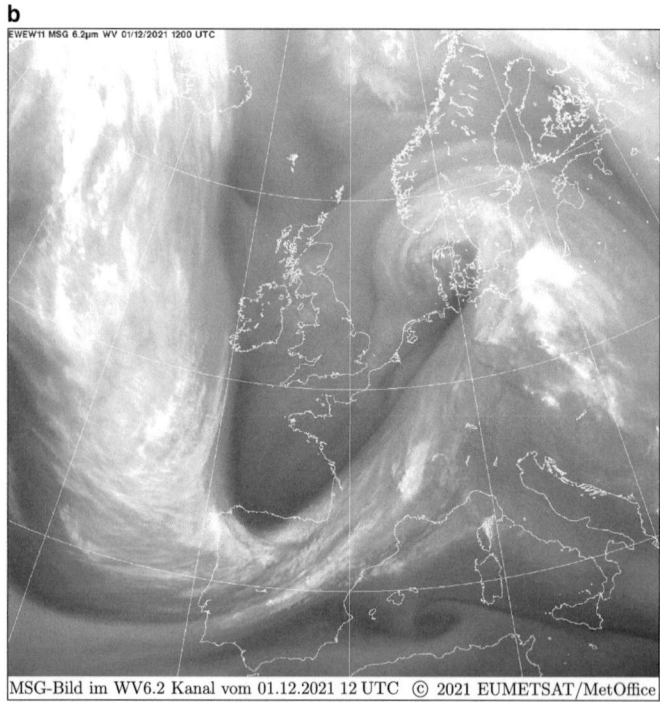

MSG-Bild im WV6.2 Kanal vom 01.12.2021 12 UTC © 2021 EUMETSAT/MetOffice

Abb. 2.10 MSG-Satellitenbild im VIS0.6 (**a**) und WV6.2 (**b**) Kanal vom 01.12.2021 12 UTC

2.4 Satellitenmeteorologie

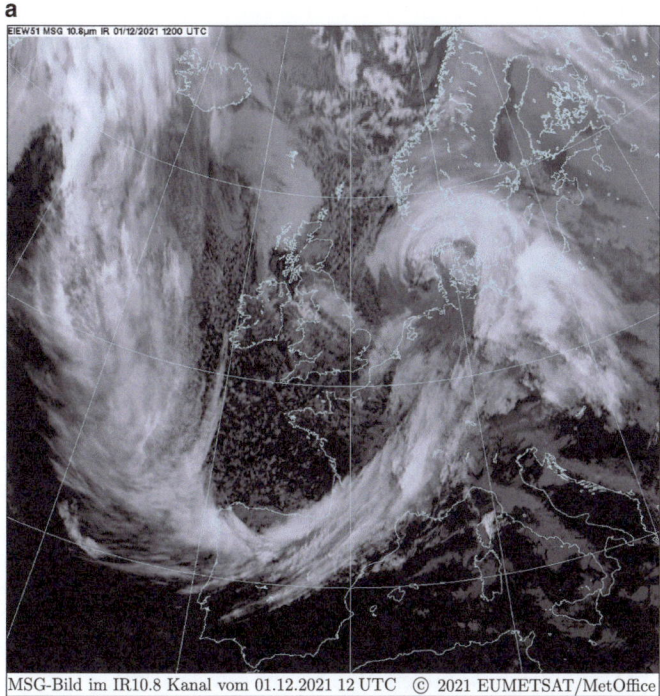

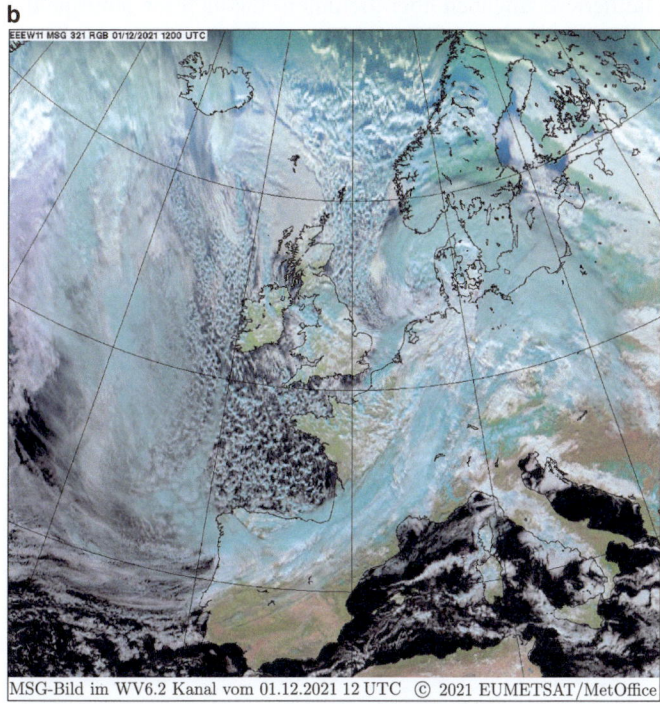

Abb. 2.11 MSG-Satellitenbild im IR10.8 Kanal (**a**) und als RGB-321 Komposit (**b**) vom 01.12.2021 12 UTC

posit deuten darauf hin, dass es sich hierbei um kalte, d. h. hohe Bewölkung handelt. Auffallend ist schließlich noch ein Gebiet im nördlichsten Bereich der Kaltfront, in dem die Wolken vergleichsweise niedrige Obergrenzen besitzen, während die Wolkenobergrenzen nach Südwesten hin entlang der Kaltfront immer weiter ansteigen. Auch das erkennt man an der Pixelhelligkeit im IR 10.8 Kanal und den eher gräulichen Farben des RGB-321 Komposits. Das vorliegende Phänomen deutet darauf hin, dass in der Nähe des Tiefdruckzentrums trockene Höhenluft die Kaltfront überströmt und dadurch in diese Bereich die Bildung hochreichender Konvektion unterdrückt.

Dieser Sachverhalt wird durch das WV 6.2 Kanalbild bestätigt. Dort erkennt man einen auffallend dunklen Streifen (*Dark Stripe*), der südöstlich von Island bis zur Iberischen Halbinsel verläuft, wo er dann in nordöstliche Richtung umbiegt und anschließend parallel zur Kaltfront bis ins Zentrum des Tiefs gerichtet ist. Aufgrund der dunklen Pixel handelt es sich hier um sehr trockene Luft, die, aus der hohen Troposphäre bzw. unteren Stratosphäre stammend, entlang des Jetstreams strömt und dabei bis in die mittlere Troposphäre gelangt. Das Eindringen stratosphärischer Luft in die mittlere Troposphäre, das auch als *Dry Intrusion* bezeichnet wird, ist von außerordentlicher Bedeutung für die Zyklogenese.

Aus den obigen sehr kurzen Ausführungen geht bereits hervor, dass Satellitenbilder ein äußerst wertvolles Hilfsmittel zur Interpretation des aktuellen Wetterzustands darstellen und daher einen unverzichtbaren Bestandteil der modernen Wetteranalyse und -diagnose bilden. Wie bereits erwähnt, lassen sich hiermit noch weitaus detailliertere Angaben über die unterschiedlichsten atmosphärischen Phänomene gewinnen, die an dieser Stelle jedoch nicht im Detail besprochen werden können. Neben den oben bereits zitierten Lehrbüchern gibt es auch im Internet zahlreiche Informationen zu diesem Thema. Eine hervorragende Hilfestellung zur Interpretation meteorologischer Satellitenbilder stellt z. B. das „Manual of Synoptic Satellite Meteorology" dar, das von der Wiener Zentralanstalt für Meteorologie und Geodynamik (ZAMG) im Internet veröffentlicht ist[12]. Neben zahlreichen konzeptionellen Modellen für unterschiedliche atmosphärische Prozesse findet man hier detailliert beschriebene Fallstudien mit ausführlichen Anleitungen zur Auswertung von Satellitenbildern.

---

[12] https://www.zamg.ac.at/docu/Manual/.

3 Mathematische Beschreibung atmosphärischer Prozesse

Zum tieferen Verständnis der in der Atmosphäre ablaufenden thermo-hydrodynamischen Prozesse ist es unabdingbar, diese mit Hilfe mathematischer Gleichungen zu beschreiben. Erst hierdurch gelingt es, die vielfältigen Wechselwirkungen unterschiedlicher Vorgänge auf allen raumzeitlichen Skalen zu verstehen und letztendlich hieraus eine Abschätzung des momentanen und künftigen Wettergeschehens abzuleiten.

Wie bereits früher erwähnt, wird eine Wetterprognose über einen Zeitraum von mehr als sechs Stunden in der Regel mit Hilfe numerischer Verfahren erstellt. Die Grundlage aller numerischen Wettervorhersagemodelle bildet das in diesem Kapitel vorgestellte mathematische Gleichungssystem, mit dem der thermo-hydrodynamische Zustand der Atmosphäre und dessen Änderungen in Raum und Zeit beschrieben werden können. Das hierfür benötigte mathematische Handwerkszeug wird im Folgenden vorgestellt. Natürlich kann es sich dabei nur um eine sehr kurze Zusammenfassung der wichtigsten Grundlagen handeln, detailliertere Ableitungen und tiefergehende Zusammenhänge sind der entsprechenden weiterführenden Literatur zu entnehmen (s. z. B. Petterssen 1956, Haltiner und Martin 1957, Haltiner und Williams 1980, Pichler 1997, Zdunkowski und Bott 2003, Holton 2004, Vallis 2017 u. a.).

3.1 Skalare und Vektoren

Ein Ort im dreidimensionalen Raum sei die Position, die durch die Koordinaten (x, y, z) eines *kartesischen Koordinatensystems* spezifiziert wird. Hierbei handelt es sich um ein *orthonormales Koordinatensystem* mit den horizontalen x- und y-Achsen sowie der vertikalen z-Achse. Die drei Achsenrichtungen werden durch die *Einheitsvektoren* $(\mathbf{i}, \mathbf{j}, \mathbf{k})$ dargestellt. Diese bilden eine *Orthonormalbasis*. Zusätzlich zu den drei räumlichen (x, y, z)-Koordinaten wird als vierte unabhängige

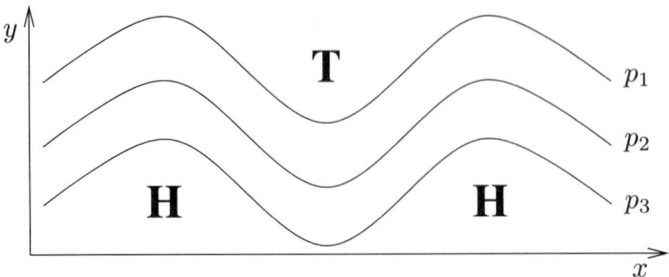

Abb. 3.1 Isobarenverteilung mit $p_3 > p_2 > p_1$. H: Hochdruckgebiet, T: Tiefdruckgebiet

Koordinate noch die Zeit t eingeführt. Dann lassen sich *skalare Feldgrößen* darstellen als

$$\psi = \psi(x, y, z, t), \qquad \psi = p, q, T, \rho, \ldots \tag{3.1}$$

Hierbei steht ψ stellvertretend für beliebige skalare Größen, wie beispielsweise der Luftdruck p, die spezifische Feuchte q, die Temperatur T oder die Luftdichte ρ.

Skalare Felder werden häufig durch *Isoplethen (Isolinien, Konturlinien)* graphisch dargestellt. In einer bestimmten Ebene ist eine Isoplethe der Feldgröße ψ gegeben durch die Linienverbindung aller Punkte, die den gleichen ψ-Wert haben. Hieraus folgt, dass sich verschiedene Isoplethen von ψ nicht schneiden können. Für zahlreiche Zustandsvariablen existieren eigene Namen der entsprechenden Isoplethen, die deren Zuordnung erleichtern. Als wichtigste im meteorologischen Sprachgebrauch immer wieder benutzte Isoplethen sind zu nennen: *Isotherme* (Temperatur), *Isobare* (Luftdruck), *Isohypse* (Geopotential), *Isotache* (Geschwindigkeit), *Isentrope* (*potentielle Temperatur* bzw. *Entropie*), *Isopykne* (Luftdichte), *Isallobare* (*Luftdrucktendenz*), *Isochore* (spezifisches Volumen). Abb. 3.1 zeigt beispielhaft Isobaren in der (x, y)-Ebene, d. h. bei konstanter Höhe z_0 und konstanter Zeit t_0.

Zur besseren Visualisierung werden skalare Feldverteilungen in graphischen Darstellungen häufig auch als *Konturflächen (Isoflächen)* wiedergegeben. Hierbei werden alle Bereiche, in denen ψ einen Wert innerhalb eines vorgegebenen Intervalls $\Delta\psi$ besitzt, mit einer bestimmten Farbe gekennzeichnet. In den folgenden Kapiteln werden immer wieder unterschiedliche Beispiele von Wetterkarten präsentiert, die zusätzlich zu den Isoplethen bestimmter Feldgrößen noch Konturflächen einer weiteren Feldgröße beinhalten. Auf diese Weise lassen sich bei der Kartenanalyse die Zusammenhänge der unterschiedlichen Feldgrößen sehr gut veranschaulichen.

Eine beliebige *vektorielle Feldgröße* $\mathbf{A}$ lautet im (x, y, z)-System

$$\begin{aligned}\mathbf{A} &= A_x(x, y, z, t)\mathbf{i} + A_y(x, y, z, t)\mathbf{j} + A_z(x, y, z, t)\mathbf{k} \\ \mathbf{A} &= \mathbf{v}, \nabla\phi, \mathbf{J}_s, \mathbf{F}_R, \ldots\end{aligned} \tag{3.2}$$

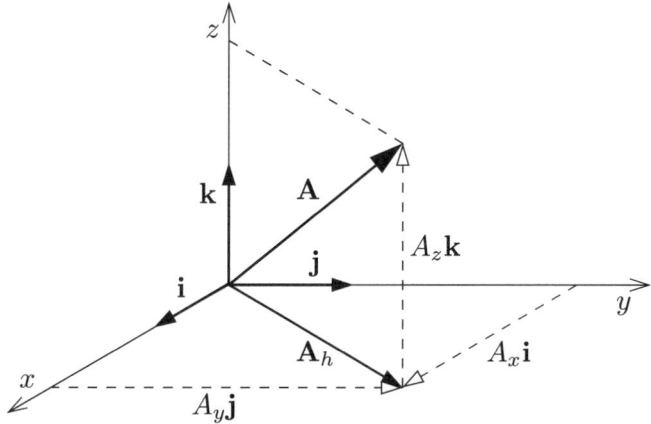

Abb. 3.2 Darstellung eines Vektors **A**, seiner Horizontalprojektion $\mathbf{A}_h$ und der Komponenten $A_x\mathbf{i}$, $A_y\mathbf{j}$, $A_z\mathbf{k}$ im kartesischen Koordinatensystem

Beispiele für **A** sind der Windvektor **v**, der Gradient des Geopotentials $\nabla\phi$, der fühlbare Wärmefluss $\mathbf{J}_s$, der Strahlungsfluss $\mathbf{F}_R$ und andere.[1] Die Terme (A_x, A_y, A_z) stellen die *Maßzahlen* und $(A_x\mathbf{i}, A_y\mathbf{j}, A_z\mathbf{k})$ die drei *Komponenten* des *Vektors* **A** dar. Die Maßzahlen eines Vektors nennt man auch dessen skalare Komponenten. Im Folgenden werden sie hier, dem allgemeinen Sprachgebrauch folgend, ebenfalls einfach als dessen Komponenten bezeichnet.

Durch Projektion des Vektors **A** in die (x, y)-Ebene erhält man dessen *Horizontalkomponente*

$$\mathbf{A}_h = A_x(x, y, z, t)\mathbf{i} + A_y(x, y, z, t)\mathbf{j} \tag{3.3}$$

Abb. 3.2 zeigt den Vektor **A**, dessen Komponenten sowie den Horizontalvektor $\mathbf{A}_h$ im kartesischen (x, y, z)-System. Eine räumliche oder raumzeitliche Darstellung, die jedem Punkt einen Vektor **A** zuordnet, wird als *Vektorfeld* bezeichnet.

Die Beschreibung einiger atmosphärischer Phänomene, wie z. B. Reibungsvorgänge, erfolgt mit *tensoriellen Feldgrößen*. Da diese Prozesse in den folgenden Betrachtungen nur eine untergeordnete Rolle spielen, wird auf die mathematischen Eigenschaften tensorieller Feldgrößen an dieser Stelle nicht näher eingegangen.

3.2 Differentialoperatoren

Im Allgemeinen variieren Feldgrößen in Raum und Zeit, d. h. sie ändern sich von einem Ortspunkt zum nächsten und von einem Zeitpunkt zum nächsten. Bei atmosphärischen Untersuchungen wird üblicherweise davon ausgegangen, dass alle Feldgrößen überall stetig und differenzierbar sind. Nur in Ausnahmefällen, wie z. B.

---

[1] Die Definition und eingehende Diskussion dieser Größen erfolgen in späteren Kapiteln.

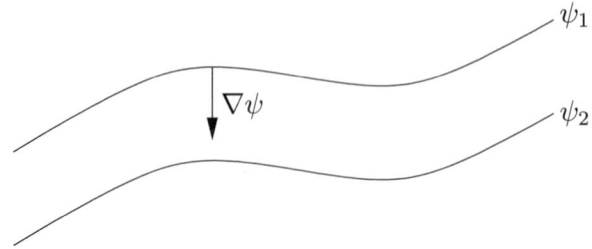

Abb. 3.3 Der Gradient der Feldfunktion ψ mit $\psi_2 > \psi_1$

an *Diskontinuitätsflächen*, gilt diese Annahme nicht (s. Abschn. 11.1). Die raumzeitlichen Änderungen von Feldgrößen werden durch deren *Ableitungen* beschrieben. Für die von (x, y, z, t) abhängige skalare Feldfunktion $\psi(x, y, z, t)$ lautet das *totale Differential*

$$d\psi = \frac{\partial \psi}{\partial t}dt + \frac{\partial \psi}{\partial x}dx + \frac{\partial \psi}{\partial y}dy + \frac{\partial \psi}{\partial z}dz \qquad (3.4)$$

Die *partiellen Ableitungen* nach den Koordinaten (x, y, z, t) werden in der Art berechnet, dass die jeweils anderen Koordinaten dabei konstant gehalten werden. Beispielsweise beschreibt $\partial \psi/\partial x$ die Änderung der Größe ψ entlang der Koordinate x bei festen Werten von (y, z, t).

Die gesamte räumliche Änderung einer Größe ψ wird durch den *Gradienten* ausgedrückt, für den man das Symbol ∇ verwendet. Im kartesischen Koordinatensystem ist dieser auch als *Nablaoperator* oder *Hamiltonoperator* bezeichnete Differentialoperator gegeben durch

$$\nabla \psi = \frac{\partial \psi}{\partial x}\mathbf{i} + \frac{\partial \psi}{\partial y}\mathbf{j} + \frac{\partial \psi}{\partial z}\mathbf{k} \qquad (3.5)$$

Der Gradient von ψ steht immer senkrecht auf den ψ-Isoplethen und zeigt in die Richtung zunehmender ψ-Werte (s. Abb. 3.3).

Aus (3.4) und (3.5) erhält man die *individuelle* oder auch *totale zeitliche Ableitung* von ψ

$$\frac{d\psi}{dt} = \frac{\partial \psi}{\partial t} + \mathbf{v} \cdot \nabla \psi \qquad (3.6)$$

Der erste Term auf der rechten Seite dieser Gleichung bezeichnet die *lokale zeitliche Änderung* von ψ, d. h. die zeitliche Änderung von ψ am festen Ort. Der zweite Term ist der *Advektionsterm*, der die Änderung von ψ aufgrund von Advektion, d. h. Transport der Größe ψ mit dem Windfeld $\mathbf{v}$ beschreibt. Der Geschwindigkeitsvektor $\mathbf{v}$ ist im (x, y, z)-System gegeben durch

$$\mathbf{v} = \frac{dx}{dt}\mathbf{i} + \frac{dy}{dt}\mathbf{j} + \frac{dz}{dt}\mathbf{k} = u\mathbf{i} + v\mathbf{j} + w\mathbf{k} \qquad (3.7)$$

Beispiel: Bei Windstille ($\mathbf{v} = 0$) misst man an einem festen Ort eine lokalzeitliche Temperaturänderung $\partial T/\partial t$, wenn sich die Temperatur der dort befindlichen Luft z. B. durch Strahlungsprozesse ändert. Eine rein advektiv induzierte Temperaturänderung ergibt sich beispielsweise beim Durchgang einer Kalt- oder Warmfront ($\mathbf{v} \cdot \nabla T \neq 0$), wobei die den Messort erreichenden Luftpakete selbst ihre Temperatur nicht ändern. Somit ist im ersten Fall gemäß (3.6) $\partial T/\partial t = dT/dt$, während im zweiten Fall $\partial T/\partial t = -\mathbf{v} \cdot \nabla T$.

Weitere häufig verwendete Operatoren sind die *Divergenz* und die *Rotation* eines Vektors, die man aus dem *Skalarprodukt* bzw. dem *Vektorprodukt* zwischen dem Nablaoperator und dem Vektor selbst erhält. Für das kartesische Koordinatensystem gilt

$$
\begin{aligned}
&\text{(a)} \quad \text{Divergenz:} \quad \nabla \cdot \mathbf{A} = \frac{\partial A_x}{\partial x} + \frac{\partial A_y}{\partial y} + \frac{\partial A_z}{\partial z} \\
&\text{(b)} \quad \text{Rotation:} \quad \nabla \times \mathbf{A} = \begin{vmatrix} \mathbf{i} & \mathbf{j} & \mathbf{k} \\ \frac{\partial}{\partial x} & \frac{\partial}{\partial y} & \frac{\partial}{\partial z} \\ A_x & A_y & A_z \end{vmatrix}
\end{aligned}
\qquad (3.8)
$$

Bei nicht kartesischen, insbesondere bei nicht orthogonalen Koordinatensystemen, ergeben sich für die Divergenz und die Rotation komplexere Ausdrücke (s. z. B. Zdunkowski und Bott 2003).

3.3 Koordinatensysteme

Häufig benutzt man statt des kartesischen Koordinatensystems andere Koordinatensysteme, die für die Beschreibung atmosphärischer Prozesse vorteilhafter sind.

3.3.1 Das geographische Koordinatensystem

Das *geographische Koordinatensystem* mit den Koordinaten (λ, φ, r) ist besonders gut dazu geeignet, atmosphärische Bewegungen im *Relativsystem der rotierenden Erde* zu beschreiben. Hierbei handelt es sich um ein rotierendes orthogonales Koordinatensystem, bei dem die Koordinaten λ, φ und r die geographische Länge und Breite sowie den Abstand vom Erdmittelpunkt angeben. Abb. 3.4 zeigt den Zusammenhang zwischen den kartesischen (x, y, z)-Koordinaten und den geographischen (λ, φ, r)-Koordinaten mit den dazugehörigen Einheitsvektoren $(\mathbf{e}_\lambda, \mathbf{e}_\varphi, \mathbf{e}_r)$. Analytisch ist dieser Zusammenhang gegeben durch

$$x = r\cos\varphi \cos(\lambda + \Omega t), \quad y = r\cos\varphi \sin(\lambda + \Omega t), \quad z = r\sin\varphi \qquad (3.9)$$

Hierbei ist Ω der Betrag des in die Richtung der Polachse (z-Richtung) zeigenden Vektors $\boldsymbol{\Omega}$, der die *Winkelgeschwindigkeit der Erde* darstellt.

Abb. 3.4 Das geographische Koordinatensystem. Nach Zdunkowski und Bott (2003)

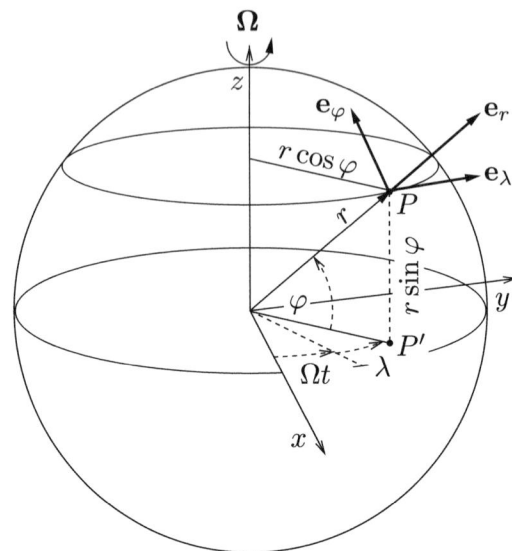

Die *Führungsgeschwindigkeit* des geographischen Koordinatensystems, d. h. die Geschwindigkeit, mit der sich ein Punkt mit konstanten geographischen Koordinaten (λ, φ, r) gegenüber dem kartesischen Koordinatensystem bewegt, lautet

$$\mathbf{v}_\Omega = \mathbf{\Omega} \times \mathbf{r} \tag{3.10}$$

3.3.2 Die Tangentialebene

Wird nur ein kleiner Ausschnitt des Strömungsfelds untersucht, dann ist es häufig angebracht, im Untersuchungsgebiet eine *Tangentialebene* an die Erdoberfläche anzulegen. Diese Ebene rotiert um ihre Vertikalachse mit der Winkelgeschwindigkeit $\Omega \sin \varphi = f/2$, wobei f der *Coriolisparameter* ist. Innerhalb der Tangentialebene lässt sich das Gleichungssystem mit Hilfe eines kartesischen (x, y, z)-Koordinatensystems sehr leicht beschreiben. Die horizontalen Achsenrichtungen weisen hierbei nach Osten (x-Achse) und Norden (y-Achse), während z die Höhe über dem Erdboden angibt. Eine weitere Möglichkeit besteht aber auch darin, ein (R, λ, z)-Zylinderkoordinatensystem zu verwenden, bei dem R den Abstand von der Rotationsachse der Erde und λ die geographische Länge beschreiben. Der mathematische Zusammenhang zwischen den Koordinaten (x, y) und (R, λ) ist gegeben durch $x = R \cos \lambda$ und $y = R \sin \lambda$.

Bei Untersuchungen in der Tangentialebene ist es häufig ausreichend, den Coriolisparameter als konstant anzunehmen. In diesen Fällen spricht man auch von Betrachtungen in der f-*Ebene*. Ist die Annahme eines konstanten Coriolisparameters nicht ausreichend, wie beispielsweise bei der Beschreibung großskaliger Wellenprozesse (*Rossby-Wellen*), dann wird f üblicherweise als lineare Funktion

3.3 Koordinatensysteme

der geographischen Breite φ angesetzt. Bei Verwendung kartesischer Koordinaten geschieht dies in der Art

$$f = f_0 + \beta y \quad \text{mit} \quad f_0 = f(\varphi_0) = \text{const}, \quad \beta = \frac{\partial f}{\partial y} = \text{const} \quad (3.11)$$

Hierbei ist β der *Rossby-Parameter*, der die Breitenabhängigkeit des Coriolisparameters ausdrückt. Wird f gemäß (3.11) benutzt, dann handelt es sich um Untersuchungen in der β-*Ebene*.

3.3.3 Die generalisierte Vertikalkoordinate

In der meteorologischen Praxis hat es sich häufig bewährt, die Vertikalkoordinate eines vorliegenden orthogonalen Koordinatensystems durch eine andere Koordinate ξ zu ersetzen, die besser geeignet ist, das Strömungsverhalten der Atmosphäre zu beschreiben. Die Einführung der neuen Vertikalkoordinate ist jedoch nur möglich, wenn eine eindeutige Beziehung zwischen beiden Koordinatensystemen existiert. Durch die Verwendung von ξ ist das resultierende Koordinatensystem nicht mehr orthogonal. In großräumigen Modellen wird jedoch häufig eine *Zwangsorthogonalisierung* durchgeführt, indem alle Terme in der Metrik, die die Nichtorthogonalität des ξ-Systems beschreiben, in den Gleichungen vernachlässigt werden. Diese Vereinfachung wird dadurch realisiert, dass bei der Berechnung der metrischen Terme die eigentlich von (x, y, ξ, t) abhängige Variable z lediglich als Funktion $z(\xi, t)$ dargestellt wird, d. h. es wird angenommen, dass z nicht von den Horizontalkoordinaten (x, y) abhängt. In dem Fall nennt man ξ auch *generalisierte Vertikalkoordinate*, während $\dot{\xi} = d\xi/dt$ die dazugehörige *generalisierte Vertikalgeschwindigkeit* ist.

Eine häufig in großskaligen numerischen Modellen verwendete generalisierte Vertikalkoordinate ist der Luftdruck p. Phillips (1957) führte eine mit dem Bodenluftdruck p_0 normalisierte Druckkoordinate $\sigma = p/p_0$ ein. Bei diesem Koordinatensystem stimmt σ am Erdboden mit der Orographie überein mit $\sigma = 1$, während $\sigma = 0$ am Modelloberrand, wenn dort $p = 0$. Da sowohl p als auch σ mit der Höhe abnehmen, handelt es sich jeweils um *linkshändige Koordinatensysteme*, Um eine eindeutige Transformation zwischen z und p bzw. z und σ zu gewährleisten, müssen beide Koordinatensysteme von der *hydrostatischen Approximation* Gebrauch machen, auf die am Ende dieses Kapitels näher eingegangen wird.

Zum besseren Verständnis atmosphärischer Prozesse wird oft angenommen, dass sie adiabatisch ablaufen. In den Fällen ist die Verwendung der *potentiellen Temperatur* θ als generalisierte Vertikalkoordinate von großem Vorteil.[2] Die entsprechenden Koordinatensysteme werden, im Unterschied zum kartesischen z-System, als das p-, das σ- oder das θ-*System* bezeichnet. Im p-System benutzt man für die generalisierte Vertikalgeschwindigkeit gewöhnlich den griechischen Buchstaben ω, d. h. $\omega = dp/dt$.

---

[2] Was unter diesen Begriffen zu verstehen ist, wird im weiteren Verlauf geklärt.

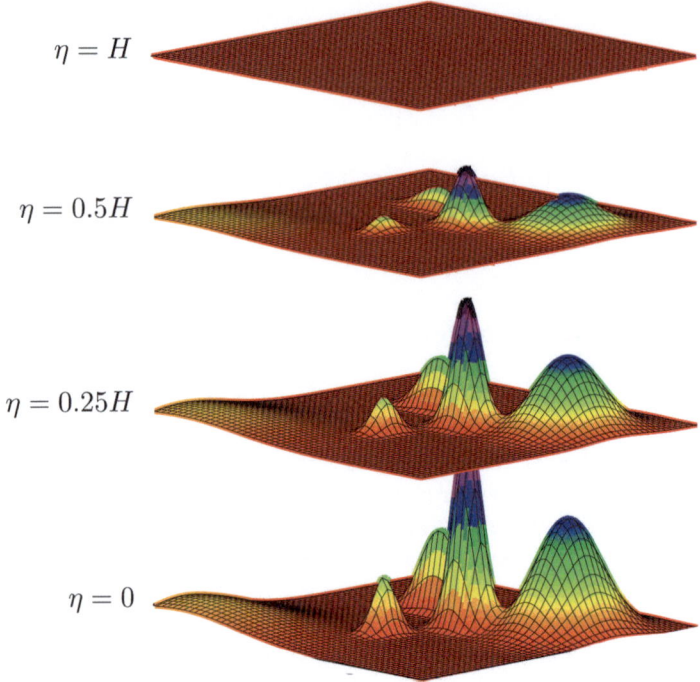

Abb. 3.5 Konturflächen konstanter ξ-Werte für das durch (3.12) definierte ξ-Koordinatensystem

In räumlich hoch aufgelösten Modellen wird die Zwangsorthogonalisierung zunehmend problematischer, da mit den damit verbundenen Vereinfachungen der Metrik des Systems die Fehler allmählich unakzeptabel groß werden. Dennoch kann auch hier die Vertikalkoordinate z durch eine andere Koordinate ersetzt werden, da die dadurch entstehenden Vorteile den numerischen Mehraufwand der Nichtorthogonalität durchaus rechtfertigen. Ein Beispiel für die Wahl einer orographiefolgenden nichtorthogonalen Vertikalkoordinate ist die sogenannte *Gal-Chen Koordinate* (Gal-Chen und Sommerville 1975), die gegeben ist als

$$\eta = \frac{z - h(x, y)}{H - h(x, y)} H \tag{3.12}$$

Hierbei ist $h(x, y)$ die *Orographiefunktion* und H die Modellobergrenze. Abb. 3.5 zeigt Konturflächen konstanter ξ-Werte für das durch (3.12) definierte η-*System*, das wegen $\eta = \eta(x, y)$ nicht mehr orthogonal ist. Deutlich ist zu erkennen, wie die Orographiestruktur in den η-Konturflächen abgebildet wird. Am Erdboden stimmt die $\eta = 0$ Konturfläche wie bei dem σ-System noch mit der Orographie überein. Mit zunehmender Höhe werden die η-Konturflächen jedoch immer weniger von der Orographie beeinflusst, bis sie schließlich in der obersten η-Schicht, d. h. bei $\eta = H$, horizontal verlaufen. Im *ICON* Modell des Deutschen Wetterdienstes wird,

3.3 Koordinatensysteme

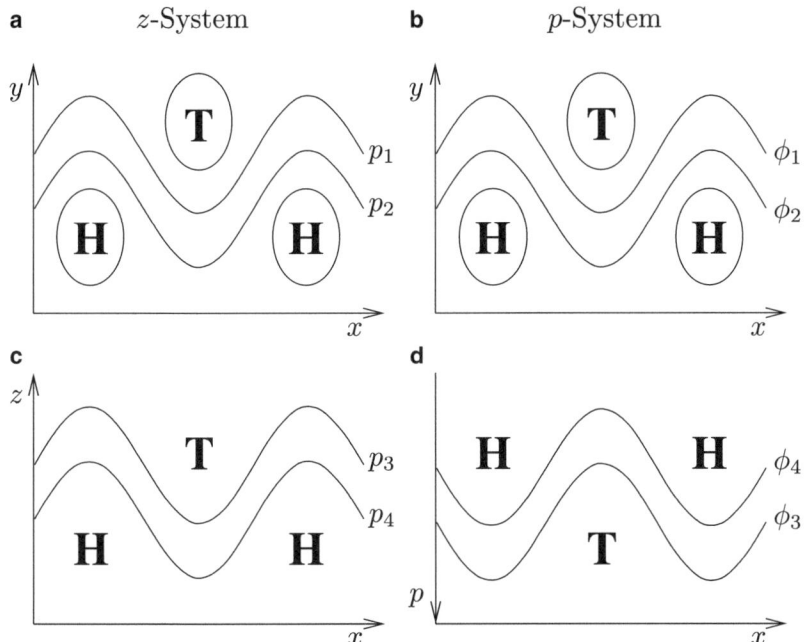

Abb. 3.6 **a**, **c** Konturlinien der Isobaren im z-System, **b**, **d** Konturlinien der Isohypsen im p-System. **a**, **b** Horizontalschnitte, **c**, **d** Vertikalschnitte. Es gilt $p_1 < p_2$ und $p_3 < p_4$ sowie $\phi_1 < \phi_2$ und $\phi_3 < \phi_4$

basierend auf Klemp (2011), eine etwas modifizierte Form der Gal-Chen Koordinate verwendet. Weitere Details zu unterschiedlichen Koordinatensystemen können auch in Zdunkowski und Bott (2003) nachgelesen werden.

Die Transformationsbeziehung für eine beliebige Feldgröße ψ von einem (x, y, ξ_1)-Ausgangssystem in ein anderes (x, y, ξ_2)-Zielsystem ist gegeben durch

$$\psi(x, y, \xi_1, t) = \psi(x, y, \xi_2(x, y, \xi_1, t), t) \implies$$

$$\delta\psi\Big|_{\xi_2} = \delta\psi\Big|_{\xi_1} - \delta\xi_2\Big|_{\xi_1} \frac{\partial \psi}{\partial \xi_2} \tag{3.13}$$

Hierbei ist δ ein beliebiger echter Differentialoperator.

Zur graphischen Visualisierung von Druckgebilden in Wetterkarten werden je nach Wahl der Vertikalkoordinate unterschiedliche *Isoplethen* gezeichnet. Im z-System handelt es sich dabei um die *Isobaren* und im p-System um die *Isohypsen*. Abb. 3.6 zeigt hierfür Beispiele. In Abb. 3.6a, b sind jeweils Horizontalschnitte in der (x, y)-Ebene gezeigt, Abb. 3.6c, d geben (x, z)- bzw. (x, p)-Vertikalschnitte wieder. Für die jeweiligen Isolinien gilt $p_1 < p_2$ und $p_3 < p_4$ sowie $\phi_1 < \phi_2$ und $\phi_3 < \phi_4$.

Während in den Horizontalverteilungen durchaus geschlossene Isoplethen auftreten können, was in Bodennähe häufig passiert, ist dies bei den Vertikalschnitten natürlich nicht mehr möglich. Weiterhin fällt auf, dass im (x, z)-Vertikalschnitt die Isobaren im Tief nach unten und im Hoch nach oben gewölbt sind, bei den Isohypsen im (x, p)-Vertikalschnitt verhält es sich jedoch genau umgekehrt. Dies liegt daran, dass im p-System die vertikale Achsenrichtung nach unten zeigt.

3.3.4 Die Tangentialebene mit physikalisch definierten Horizontalkoordinaten

Für zahlreiche Untersuchungen in der Tangentialebene erweist es sich als zweckmäßig, das kartesische (x, y, z)-System durch ein anderes Koordinatensystem zu ersetzen. Dabei besteht üblicherweise ein a priori vorgegebener mathematischer Zusammenhang zwischen beiden Koordinatensystemen, der natürlich eindeutig sein muss, wie z. B. bei der Verwendung von Zylinderkoordinaten, s. o. Zusätzlich könnte auch hier anstelle von z eine generalisierte Vertikalkoordinate ξ benutzt werden. Eine weitere, häufig sehr vorteilhafte Methode besteht darin, die Horizontalkoordinaten (x, y) durch neue (s, n)-Koordinaten zu ersetzen, bei denen anstelle von mathematischen Beziehungen zwischen (x, y) und (s, n) die s- oder n-Achse durch bestimmte physikalische Eigenschaften von Zustandsvariablen definiert wird, während die jeweils andere horizontale Achse senkrecht dazu verläuft.

In dem weiter unten näher beschriebenen *natürlichen Koordinatensystem* wird beispielsweise die s-Achse so gewählt, dass sie immer parallel zum horizontalen Windvektor liegt. Eine weitere Möglichkeit für die Definition der (s, n)-Koordinaten könnte darin bestehen, eine der beiden horizontalen Koordinatenlinien mit den Isoplethen einer bestimmten Zustandsvariable gleichzusetzen. Da der horizontale Verlauf der gewählten Achse raumzeitlich variieren kann, handelt es sich bei dem resultierenden (s, n, ξ)-System um ein Koordinatensystem, das im Allgemeinen sowohl zeit- als auch ortsabhängig ist.

Abb. 3.7 zeigt die wichtigsten, das (s, n, ξ)-System definierenden Größen. An jedem Ort sind die (s, n)-Achsenrichtungen, ausgedrückt durch die Einheitsvektoren $(\mathbf{e}_s, \mathbf{e}_n)$, gegenüber den (x, y)-Achsenrichtungen um den Winkel χ, der auch als *Kontingenzwinkel* bezeichnet wird, gedreht. Ein sich entlang der s-Koordinate bewegendes Teilchen erfährt eine individuelle Änderung $d\chi$ des Kontingenzwinkels. Die hierzu gehörende Richtungsänderung der s-Koordinate wird als *Krümmung* K der s-Koordinatenlinie bezeichnet. Bei geradlinigem Verlauf von s ist folglich $d\chi = 0$ und $K = 0$. Da sich die s-Koordinate sowohl zeitlich als auch räumlich ändern kann, gilt dies auch für χ. Die Änderungen der Einheitsvektoren $\mathbf{e}_s$ und $\mathbf{e}_n$ können als Funktion der χ-Änderungen formuliert werden durch

$$\delta\mathbf{e}_s = \mathbf{e}_n \delta\chi, \qquad \delta\mathbf{e}_n = -\mathbf{e}_s \delta\chi \tag{3.14}$$

Hierbei steht die Größe δ stellvertretend für einen beliebigen echten Differentialoperator, wie z. B. $d/dt, d/ds, d/dn, \partial/\partial t, \partial/\partial n, \partial/\partial s$ usw.

Da die Koordinatenlinien des (s, n, ξ)-Systems nur stückweise definiert sind, können die gemischten partiellen Ableitungen grundsätzlich nicht vertauscht wer-

3.3 Koordinatensysteme

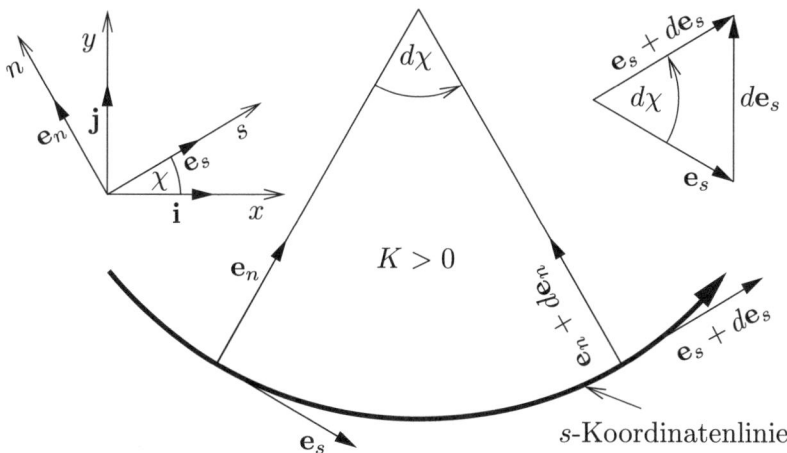

Abb. 3.7 Das (s, n, ξ)-Koordinatensystem

den. Vielmehr gelten für eine beliebige Feldfunktion ψ folgende etwas aufwendige Vertauschungsregeln für die horizontalen partiellen Differentialoperatoren $\partial/\partial s$ und $\partial/\partial n$

$$\frac{\partial^2 \psi}{\partial t \partial s} = \frac{\partial \chi}{\partial t} \frac{\partial \psi}{\partial n} + \frac{\partial^2 \psi}{\partial s \partial t}, \qquad \frac{\partial^2 \psi}{\partial t \partial n} = -\frac{\partial \chi}{\partial t} \frac{\partial \psi}{\partial s} + \frac{\partial^2 \psi}{\partial n \partial t}$$
$$\frac{\partial^2 \psi}{\partial \xi \partial s} = \frac{\partial \chi}{\partial \xi} \frac{\partial \psi}{\partial n} + \frac{\partial^2 \psi}{\partial s \partial \xi}, \qquad \frac{\partial^2 \psi}{\partial \xi \partial n} = -\frac{\partial \chi}{\partial \xi} \frac{\partial \psi}{\partial s} + \frac{\partial^2 \psi}{\partial n \partial \xi} \qquad (3.15)$$

Zusammen mit (3.14) erhält man für den horizontalen Nablaoperator jedoch wiederum einfache Vertauschungsrelationen. Insgesamt gilt im (s, n, ξ)-System

$$\nabla_h \frac{\partial \psi}{\partial t} = \frac{\partial}{\partial t} \nabla_h \psi, \quad \nabla_h \frac{\partial \psi}{\partial \xi} = \frac{\partial}{\partial \xi} \nabla_h \psi, \quad \frac{\partial^2 \psi}{\partial \xi \partial t} = \frac{\partial^2 \psi}{\partial t \partial \xi} \qquad (3.16)$$

Weitere Einzelheiten zu den speziellen Eigenschaften des (s, n, ξ)-Systems können beispielsweise in Zdunkowski und Bott (2003) nachgelesen werden.

Wie bereits erwähnt, verlaufen beim natürlichen Koordinatensystem die s-Koordinatenlinien immer parallel zum horizontalen Windvektor, d. h. $\mathbf{v}_h$ ist gegeben durch

$$\mathbf{v}_h = V \mathbf{e}_s \quad \text{mit} \quad V = \frac{ds}{dt} > 0 \qquad (3.17)$$

Hierbei stellt V den Betrag der horizontalen Windgeschwindigkeit dar. Betrachtet man die horizontale Strömung zu einem festen Zeitpunkt, dann stimmen die s-Koordinatenlinien mit den *Stromlinien* überein. Verfolgt man hingegen die horizontalen Bahnkurven einzelner Luftpartikel als Funktion der Zeit, dann handelt es sich bei den s-Koordinatenlinien um die *Trajektorien* der Partikel. Für die Krümmungen (K_s, K_t) der Stromlinien und Trajektorien gilt

$$K_s = \frac{\partial \chi}{\partial s} = \frac{1}{R_s}, \qquad K_t = \frac{d\chi}{ds} = \frac{1}{R_t} \qquad (3.18)$$

Die Größen R_s bzw. R_t werden als *Krümmungsradius der Stromlinien* bzw. *der Trajektorien* bezeichnet.

Da normalerweise das horizontale Windfeld zeitabhängig ist, stimmen im Allgemeinen die Stromlinien nicht mit den Trajektorien der Teilchen überein, d. h. $K_s \neq K_t$. Auf die näheren Zusammenhänge zwischen Stromlinien und Trajektorien wird in Abschn. 4.7 nochmals ausführlich eingegangen.

Im meteorologischen Sprachgebrauch versteht man unter *zyklonaler Rotation* eine Drehung, die den gleichen Drehsinn hat wie die Rotation der Erde. Später wird gezeigt, dass in Tiefdruckgebieten die Rotation der Strömung immer zyklonal und in Hochdruckgebieten immer *antizyklonal*, d. h. im entgegengesetzten Drehsinn der Erdrotation, erfolgt. Deshalb werden Tief- und Hochdruckgebiete auch als *Zyklonen* bzw. *Antizyklonen* bezeichnet und man spricht von *zyklonaler* und *antizyklonaler Krümmung* von Trajektorien und Stromlinien. Aus (3.18) folgt, dass auf der Nordhalbkugel bei zyklonaler bzw. antizyklonaler Bewegung $R_s > 0$, $R_t > 0$ bzw. $R_s < 0$, $R_t < 0$. Auf der Südhalbkugel drehen sich die Vorzeichen jeweils um.

Für die horizontale Beschleunigung ergibt sich im natürlichen Koordinatensystem

$$\frac{d\mathbf{v}_h}{dt} = \frac{dV}{dt}\mathbf{e}_s + V\frac{d\mathbf{e}_s}{dt} \qquad (3.19)$$

Mit

$$\frac{d\mathbf{e}_s}{dt} = \frac{d\mathbf{e}_s}{ds}\frac{ds}{dt} = \mathbf{e}_n K_t V \qquad (3.20)$$

erhält man

$$\frac{d\mathbf{v}_h}{dt} = \frac{dV}{dt}\mathbf{e}_s + V^2 K_t \mathbf{e}_n = \frac{dV}{dt}\mathbf{e}_s + \frac{V^2}{R_t}\mathbf{e}_n \qquad (3.21)$$

Eine weitere, später noch häufig verwendete Form des (s, n, ξ)-Systems besteht darin, die s-Koordinatenlinien mit den Isentropen, d. h. den Linien konstanter potentieller Temperatur, gleichzusetzen. Die Richtung der s-Achse ist hierbei so gewählt, dass die n-Achse von der warmen zur kalten Luft zeigt. In dem so definierten Koordinatensystem, das im Folgenden als *thermisches Koordinatensystem* bezeichnet wird, ist der horizontale Gradient der potentiellen Temperatur gegeben durch

$$\nabla_h \theta = \frac{\partial \theta}{\partial n}\mathbf{e}_n \quad \text{mit} \quad \frac{\partial \theta}{\partial n} < 0 \qquad (3.22)$$

Im Allgemeinen gilt im thermischen Koordinatensystem

$$\mathbf{v} = v_s \mathbf{e}_s + v_n \mathbf{e}_n + \dot{\xi} \mathbf{k} \tag{3.23}$$

Bei adiabatischen Vorgängen verlaufen im thermischen Koordinatensystem alle horizontalen Bewegungen jedoch entlang der s-Achse, d. h. $\mathbf{v}_h = v_s \mathbf{e}_s$, so dass hier große Ähnlichkeiten zum natürlichen Koordinatensystem bestehen. Wie sich später noch zeigen wird (s. Kap. 11), bietet das thermische Koordinatensystem große Vorteile bei Untersuchungen von Prozessen an Fronten und Frontalzonen (s. auch Keyser et al. 1988, 1992, Martin 1999).

3.4 Das prognostische Gleichungssystem

Das in einem numerischen Wettervorhersagemodell benutzte prognostische Gleichungssystem wird aus fundamentalen Axiomen und Gesetzen der Physik abgeleitet. Zunächst erhält man das *molekulare Gleichungssystem*, welches die thermo-hydrodynamischen Vorgänge auf kleinstem Raum, der *molekularen Skala*, beschreibt. Darunter versteht man einen Skalenbereich, in dem durch die Gleichungen alle Prozesse, außer den direkten molekularen Bewegungen und Wechselwirkungen, explizit beschrieben werden können. In dem Zusammenhang werden explizit vom Modell darstellbare Vorgänge als *skalige Prozesse* bezeichnet, während es sich umgekehrt bei den nicht explizit beschreibbaren molekularen Bewegungen um *subskalige Prozesse* handelt.

Um das molekulare Gleichungssystem im numerischen Modell verwenden zu können, müssten bei der Diskretisierung der Gleichungen extrem kleine Gitterabstände gewählt werden. Aus unterschiedlichen Gründen (Computerlimitierungen, fehlende Messdaten, etc.) ist dies jedoch nicht möglich, so dass die Gleichungen über größere Raum- und Zeitgebiete gemittelt werden müssen. Hierdurch können einige physikalische Prozesse nicht mehr vom Modell und den an den diskreten Gitterpunkten zur Verfügung stehenden Variablen explizit beschrieben werden, d. h. sie werden ebenfalls subskalig. Bei den heutzutage vorgenommenen Mittelungen über relativ kleine Raum-Zeitgebiete stellt die *turbulente Durchmischung* den wichtigsten subskaligen Vorgang dar, so dass man das gemittelte prognostische Gleichungssystem auch als das *mikroturbulente Gleichungssystem* bezeichnet.

Im Folgenden wird eine Form des (mikroturbulenten) prognostischen Gleichungssystems vorgestellt, das zur Wettervorhersage mit einem mesoskaligen Wettervorhersagemodell, verwendet werden kann.[3] Eine Ableitung der einzelnen Gleichungen wird nicht vorgenommen. Dies ist nicht Gegenstand der Betrachtungen und kann stattdessen der weiterführenden Literatur entnommen werden.

---

[3] Die in den unterschiedlichen Wettervorhersagemodellen tatsächlich verwendeten Gleichungen lassen sich mühelos aus dem hier dargestellten Gleichungssystem ableiten.

3.4.1 Die thermo-hydrodynamischen Zustandsvariablen

Der thermo-hydrodynamische Zustand der Atmosphäre wird mit Hilfe von *Zustandsvariablen* dargestellt. Zur vollständigen Beschreibung dieses Zustands benötigt man die Temperatur, den Luftdruck, die Windgeschwindigkeit und die Konzentrationen der Substanzen, aus denen die Luft zusammengesetzt ist. Für viele Belange genügen hierzu die Konzentrationen der trockenen Luft und des Wasserdampfs, d. h. der spezifischen Feuchte. Soll die Bildung von Wolken und Niederschlag im System beschrieben werden, benötigt man zusätzlich die Konzentrationen von Wasser und Eis. Bei letzteren unterscheidet man noch zwischen Wolken- und Niederschlagswasser bzw. -eis.[4] Die Konzentrationen der unterschiedlichen Substanzen werden wie folgt abgekürzt:

m^0: trockene Luft $\qquad\qquad m^1$: Wasserdampf
m^2: flüssiges Wasser $\qquad\quad m^3$: Eis

Einzelne Zustandsvariablen können auch durch andere ersetzt werden, sofern eine eindeutige Beziehung zwischen ihnen besteht.

Der thermodynamische Zustand der Atmosphäre gilt als bekannt, wenn im gesamten Untersuchungsgebiet die Werte der Zustandsvariablen vorliegen. Soll die Entwicklung dieses Zustands über einen bestimmten Zeitraum prognostiziert werden, dann benötigt man Aussagen über die zeitlichen Änderungen der Zustandsvariablen. Diese gewinnt man mit Hilfe des prognostischen Gleichungssystems, welches wiederum aus den *Bilanzgleichungen* der einzelnen Variablen hervorgeht.

In der Meteorologie unterscheidet man zwischen *intensiven* und *extensiven* Zustandsvariablen. Intensive Zustandsvariablen sind Größen, die unabhängig von der Masse des betrachteten Systems sind, wie z. B. die Temperatur und der Luftdruck. Extensive Größen hingegen hängen von der Masse des Systems ab, beispielsweise Volumen, Masse, innere Energie, kinetische Energie, Enthalpie, Entropie, etc. Nur für extensive Größen können Bilanzgleichungen formuliert werden, die allgemein folgende Form haben:

$$\frac{\partial}{\partial t}(\rho\psi) + \nabla \cdot \left(\rho\psi\mathbf{v} + \mathbf{J}_\psi\right) = Q_\psi \qquad (3.24)$$

Hierbei bedeuten im Einzelnen:

ψ: $\quad$ massenspezifischer Wert einer extensiven Größe
$\frac{\partial(\rho\psi)}{\partial t}$: $\quad$ lokale zeitliche Änderung von $\rho\psi$
$\rho\psi\mathbf{v}$: $\quad$ konvektiver Fluss von ψ
$\mathbf{J}_\psi$: $\quad$ nicht konvektiver Fluss von ψ
Q_ψ: $\quad$ Quelle oder Senke von ψ

---

[4] Für luftchemische Untersuchungen benötigt man zusätzlich die Konzentrationen unterschiedlicher Spurengase, wie SO_2, O_3, NO, NO_2 etc.

3.4.2 Ideale Gasgleichung und Kontinuitätsgleichungen

Betrachtet man die trockene Luft als ein ideales Gas,[5] dann ergibt sich für das Gemisch von trockener Luft und Wasserdampf die *ideale Gasgleichung feuchter Luft*

$$p = \rho(R_0 m^0 + R_1 m^1)T = \rho R_0 T_v \qquad (3.25)$$

Hierbei sind R_0 und R_1 die Gaskonstanten von trockener Luft und Wasserdampf. Gleichung (3.25) ist auch die Definitionsgleichung für die *virtuelle Temperatur* T_v. Das ist die Temperatur, die die trockene Luft annehmen müsste, um bei gegebenem Luftdruck und spezifischer Feuchte die gleiche Dichte wie die feuchte Luft zu haben.

Für die Gesamtmasse, aber auch für die einzelnen Massenbestandteile der Luft (trockene Luft, Wasserdampf, Wasser und Eis) lassen sich die Bilanzgleichungen aus dem Prinzip der Massenerhaltung ableiten. Diese werden auch als *Kontinuitätsgleichungen* bezeichnet. Die Kontinuitätsgleichung für die Gesamtmasse der Luft lautet

$$\frac{d\rho}{dt} + \rho \nabla \cdot (\mathbf{v} + \mathbf{v}_p) = 0 \qquad (3.26)$$

Hierbei ist ρ die Dichte der Luft, d. h. die Luftmasse pro Volumeneinheit, während $\mathbf{v}$ und $\mathbf{v}_p$ die *Relativ-* bzw. *Führungsgeschwindigkeit* im betrachteten Koordinatensystem darstellen.

Verwendet man ein Koordinatensystem ohne *deformative Eigenbewegung*, wie beispielsweise das geographische (λ, φ, r)-System, dann gilt $\nabla \cdot \mathbf{v}_p = 0$, woraus die häufig in Lehrbüchern zitierte Form der Kontinuitätsgleichung resultiert

$$\frac{d\rho}{dt} + \rho \nabla \cdot \mathbf{v} = 0 \qquad (3.27)$$

Unter der Annahme stationärer Verhältnisse verschwindet die lokale zeitliche Änderung der Dichte und man erhält aus (3.27) die *anelastische Form der Kontinuitätsgleichung*

$$\nabla \cdot (\rho \mathbf{v}) = 0 \qquad (3.28)$$

Für Anwendungen, bei denen die Atmosphäre als *inkompressibles Medium* angesehen werden kann, wie beispielsweise bei der Beschreibung von Strömungen innerhalb der atmosphärischen Grenzschicht, lässt sich (3.27) weiter vereinfachen. In einem kartesischen (x, y, z)-Koordinatensystem lautet die *inkompressible Form der Kontinuitätsgleichung*

$$\nabla \cdot \mathbf{v} = \nabla_h \cdot \mathbf{v}_h + \frac{\partial w}{\partial z} = \frac{\partial u}{\partial x} + \frac{\partial v}{\partial y} + \frac{\partial w}{\partial z} = 0 \qquad (3.29)$$

---

[5] Das ist möglich, wenn man unterstellt, dass die trockene Luft eine konstante Mischung idealer Gase darstellt. Die wichtigsten Bestandteile der trockenen Luft sind N_2 (78.08 Vol.%), O_2 (20.94 Vol.%), Ar (0.933 Vol.%), CO_2 (0.038 Vol.%) sowie weitere Spurengase (Mortimer und Müller 2007).

Auf der synoptischen Skala erweist sich die Verwendung des *p-Systems* als besonders vorteilhaft. Da sich die Druckflächen gegeneinander bewegen können, besitzt die Führungsgeschwindigkeit in diesem System einen deformativen Anteil, so dass die Kontinuitätsgleichung in der Form (3.26) verwendet werden muss. Trotzdem ergibt sich für die *Kontinuitätsgleichung im p-System* die sehr einfache Form

$$\frac{\partial u}{\partial x} + \frac{\partial v}{\partial y} + \frac{\partial \omega}{\partial p} = \nabla_{h,p} \cdot \mathbf{v}_h + \frac{\partial \omega}{\partial p} = 0 \qquad (3.30)$$

wobei $\omega = dp/dt$ die oben bereits angesprochene *generalisierte Vertikalgeschwindigkeit* ist. Im Gegensatz zu (3.26) ist die Kontinuitätsgleichung im p-System eine rein diagnostische Beziehung. Zudem besitzt sie eine sehr ähnliche Form wie die divergenzfreie Kontinuitätsgleichung (3.29) im z-System. Dies liegt daran, dass bei Verwendung des p-Systems von der *hydrostatischen Approximation* Gebrauch gemacht werden muss, um die Eindeutigkeit der Transformationsbeziehungen zu gewährleisten. Die Verwendung dieser Approximation ist gleichbedeutend mit der Annahme, dass der Luftdruck an einem Punkt in der Atmosphäre immer durch die Masse der darüberliegenden Luft gegeben ist. Hieraus folgt, dass sich zwischen zwei Druckniveaus p_0 und p_1 immer die gleiche Masse befinden muss. Das gleiche gilt auch für die Masse zwischen zwei z-Niveaus, wenn $\nabla \cdot \mathbf{v} = 0$. Auf die hydrostatische Approximation wird am Ende dieses Kapitels noch einmal kurz eingegangen.

Schließlich sollte noch erwähnt werden, dass die in (3.30) stehenden Horizontalableitungen $(\partial u/\partial x + \partial v/\partial y)$ nur wegen der im p-System vorgenommenen *Zwangsorthogonalisierung* dem Ausdruck $\nabla_{h,p} \cdot \mathbf{v}_h$ entsprechen. Insbesondere ist die linke Seite von (3.30) nicht gleich $\nabla_p \cdot \mathbf{v}$. Eine detaillierte Ableitung der Kontinuitätsgleichung für beliebige Koordinatensysteme ist in Zdunkowski und Bott (2003) zu finden.

Unter Zuhilfenahme von (3.26) kann die in der *Flussform* formulierte Bilanzgleichung (3.24) in die *Advektionsform* umgeschrieben werden

$$\rho \frac{d\psi}{dt} = \rho \frac{\partial \psi}{\partial t} + \rho \mathbf{v} \cdot \nabla \psi = -\nabla \cdot \mathbf{J}_\psi + Q_\psi \qquad (3.31)$$

Bei der numerischen Wetterprognose wird diese partielle Differentialgleichung für ψ diskretisiert und anschließend mit Hilfe aufwendiger Verfahren numerisch gelöst.

Setzt man in (3.31) für ψ die Konzentrationen der im System berücksichtigten Massenbestandteile des in der Luft befindlichen Wassers in seinen unterschiedlichen Phasen, dann erhält man die *Kontinuitätsgleichungen für die Partialmassen des Wassers* in der Form

$$\rho \frac{dm^k}{dt} + \nabla \cdot (\mathbf{P}^k + \mathbf{J}^k) = I^k, \qquad k = 0, \ldots, 3 \qquad (3.32)$$

wobei $\mathbf{P}^k$ die *Niederschlagsflüsse* ($k = 2, 3$) und $\mathbf{J}^k$ die *turbulenten Diffusionsflüsse* der Partialmassen M^k darstellen mit $m^k = M^k/M$. Die Terme $I^k, k = 1, \ldots, 3$

stellen die sogenannten Phasenumwandlungsraten des Wassers dar, d. h. die Raten, mit denen Wasserdampf in Wasser oder Eis umgewandelt wird, bzw. die Rate, mit der Wasser in Eis umgewandelt wird. Näheres hierzu siehe nächster Abschnitt. Da es keine Phasenumwandlungen der trockenen Luft gibt, gilt $I^0 = 0$.

3.4.3 Die Wärmegleichung

Die prognostische Gleichung für die Temperatur, die man auch als *Wärmegleichung* bezeichnet, wird mit Hilfe des *ersten Hauptsatzes der Thermodynamik* abgeleitet, der auch als Bilanzgleichung für die innere Energie oder Enthalpie angesehen werden kann. Im *ICON* Modell wird folgende Form der Wärmegleichung verwendet

$$\rho c_p \frac{dT}{dt} - \frac{dp}{dt} = l_{21} I^2 + l_{31} I^3 - \nabla \cdot (\mathbf{J}_s + \mathbf{F}_R) \qquad (3.33)$$

Hierbei wurden, so wie in mesoskaligen Vorhersagemodellen üblich, Reibungsprozesse außer Acht gelassen. Würden diese berücksichtigt, dann ergäbe sich auf der rechten Seite ein weiterer, positiv definiter Ausdruck, der die *Energiedissipation*, d. h. die Umwandlung (Dissipation) kinetischer Energie in innere Energie beschreibt und damit eine Temperaturerhöhung bewirkt. Die Energiedissipation spielt vor allem in der atmosphärischen Grenzschicht eine wichtige Rolle.

Die Größe c_p beschreibt die Wärmemenge, die der Luft pro Masseneinheit zugeführt werden muss, um sie bei konstantem Druck um 1 °C zu erwärmen. Sie wird als *spezifische Wärme bei konstantem Druck* bezeichnet. Analog hierzu existiert die *spezifische Wärme bei konstantem Volumen* c_v. Das ist die Wärmemenge, die der Luft pro Masseneinheit zugeführt werden muss, um sie bei konstantem Volumen um 1 °C zu erwärmen.

Die auf der rechten Seite von (3.33) stehenden Ausdrücke stellen verschiedene Möglichkeiten dar, wie der Luft Wärme zugeführt werden kann, wobei jeder der Terme sowohl positiv (Erwärmung) als auch negativ (Abkühlung) sein kann. Im Einzelnen bedeuten:

$l_{21} I^2$: Kondensation/Verdunstung von flüssigem Wasser
$l_{31} I^3$: Deposition/Sublimation von Eis
$\nabla \cdot \mathbf{J}_s$: Divergenz des turbulenten *fühlbaren Wärmeflusses*
$\nabla \cdot \mathbf{F}_R$: Divergenz der *Strahlungsflussdichte*

Die Terme l_{21} und l_{31} werden als *latente Wärme* bezeichnet, wobei l_{21} die *Kondensations-* (oder auch *Verdampfungswärme*) und l_{31} die *Sublimationswärme* ist. Bei I^2 bzw. I^3 handelt es sich um die dazugehörigen *Phasenumwandlungsraten*, mit denen Wasser bzw. Eis aus den jeweils anderen Phasen des Wassers entsteht oder umgekehrt. Folgende Phasenübergänge des Wassers sind möglich:

- Wasserdampf $\Longleftrightarrow$ Wasser:
  Kondensationswärme wird freigesetzt ($\Rightarrow$), Verdunstungswärme wird verbraucht ($\Leftarrow$).

- Wasser ⟺ Eis:
  Kristallisationswärme wird freigesetzt (⇒), *Schmelzwärme* wird verbraucht (⇐).
- Wasserdampf ⟺ Eis:
  Resublimationswärme wird freigesetzt (⇒), Sublimationswärme wird verbraucht (⇐).

In der Thermodynamik bezeichnet man alle Vorgänge, die zu Entropieänderungen eines Systems führen, als *diabatisch* (s. z. B. Zdunkowski und Bott 2004). Hierzu gehören alle Arten des Wärmeaustauschs zwischen dem System und seiner Umgebung, wie z. B. durch fühlbare Wärmeflüsse oder Strahlungsflussdivergenzen, aber auch die Energiedissipation, die jedoch grundsätzlich auch ohne Wechselwirkung mit der Umgebung innerhalb des Systems stattfinden kann und als *irreversibler Prozess* Entropie erzeugt. Zu diabatischen Prozessen zählen ebenfalls alle Phasenumwandlungen des Wassers. Im weiteren Verlauf wird daher ein Prozess immer dann als diabatisch bezeichnet, wenn mindestens einer der drei Vorgänge, Wärmeaustausch mit der Umgebung, Energiedissipation oder Phasenumwandlungen des Wassers, daran beteiligt ist. Ansonsten handelt es sich um einen *adiabatischen Prozess*.

Betrachtet man ein System, das nur aus trockener Luft besteht und keine Wärme mit der Umgebung austauscht und in dem zusätzlich keine Erwärmung durch Energiedissipation stattfindet, dann werden alle in dem System ablaufenden Prozesse als *trockenadiabatisch* bezeichnet. In dem Fall reduziert sich (3.33) auf

$$\rho c_{p,0} \frac{dT}{dt} - \frac{dp}{dt} = 0 \qquad (3.34)$$

wobei $c_{p,0}$ die spezifische Wärme trockener Luft bei konstantem Druck darstellt. Integration dieser Gleichung liefert unter Zuhilfenahme der idealen Gasgleichung trockener Luft[6]

$$\frac{T}{T_0} = \left(\frac{p}{p_0}\right)^{R_0/c_{p,0}} \qquad (3.35)$$

Setzt man hier $p_0 = 1000$ hPa, dann bezeichnet man die zugehörige Integrationskonstante $T_0 = T(p_0)$ als *potentielle Temperatur* θ der trockenen Luft. Deren Definitionsgleichung lautet somit

$$\theta = T\left(\frac{p_0}{p}\right)^{R_0/c_{p,0}}, \qquad p_0 = 1000\,\text{hPa} \qquad (3.36)$$

und bei trockenadiabatischen Zustandsänderungen eines Luftpakets gilt $\theta = $ const. Die bei einer trockenadiabatischen vertikalen Verschiebung eines Luftpakets resultierende Temperaturkurve $T(z)$ wird als dessen *Trockenadiabate* bezeichnet.

---

[6] d. h. $m^0 = 1$ und $m^1 = 0$ in (3.25), so dass $p = \rho R_0 T$.

Für feuchte und ungesättigte Luft, in der keine Phasenumwandlungen des Wassers stattfinden, d. h. $l_{21}I^2 + l_{31}I^3 = 0$ in (3.33), lässt sich in analoger Weise die potentielle Temperatur feuchter Luft ableiten. Sie unterscheidet sich jedoch nur unwesentlich von θ, so dass man in der meteorologischen Praxis üblicherweise den Begriff der *trockenadiabatischen Zustandsänderung* auch auf ungesättigte feuchte Luft ausdehnt und dabei ebenfalls θ als konstant betrachtet. Wegen der geringen atmosphärischen Konzentrationen von Wasserdampf, Wasser und Eis sind die spezifischen Wärmen c_p und $c_{p,0}$ nahezu gleich und werden im weiteren Verlauf der Einfachheit halber mit c_p bezeichnet.

Bei der Untersuchung von Vorgängen mit Wolkenbildung muss berücksichtigt werden, dass Phasenübergänge des Wassers mit der Freisetzung oder dem Verbrauch von latenter Wärme einhergehen, so dass $l_{21}I^2 + l_{31}I^3 \neq 0$ in (3.33). Üblicherweise nimmt man vereinfachend an, dass bei Anwesenheit von Wasser oder Eis die relative Feuchte immer 100 % beträgt, so dass es sich hierbei um ein *thermodynamisch gefiltertes System* handelt. Die im Englischen auch als *Saturation Adjustment* bezeichnete Annahme hat zur Folge, dass bei Phasenübergängen des Wassers die Entropie des Systems konstant bleibt. Daher spricht man in diesem Zusammenhang auch von *feuchtadiabatischen Zustandsänderungen* der Luft und nennt die sich bei feuchtadiabatischer vertikaler Auslenkung eines Luftpakets ergebende Temperaturkurve $T(z)$ dessen *Feuchtadiabate*.

Zur Beschreibung feuchtadiabatischer Vorgänge kann mit guter Näherung die *pseudopotentielle Temperatur* θ_e als konstant angenommen werden. Diese Temperatur erhält man, wenn man das Luftpaket zunächst trockenadiabatisch und nach Erreichen der Sättigung feuchtadiabatisch aufsteigen lässt, wobei angenommen wird, dass das gesamte durch Kondensation entstehende Wolkenwasser als Niederschlag ausfällt. Die dazugehörige Temperaturkurve nennt man die *irreversible Feuchtadiabate*.[7] Wenn der gesamte Wasserdampf kondensiert ist, wird das Luftpaket trockenadiabatisch bis auf das Niveau $p = p_0$ gebracht. Die dort vorgefundene Temperatur entspricht der pseudopotentiellen Temperatur.

Eine Näherungsformel für θ_e lautet (Betts 1973)

$$\theta_e = \theta \exp\left(\frac{l_{21} r^{21}}{c_p T}\right) \qquad (3.37)$$

wobei r^{21} das *Sättigungsmischungsverhältnis* über einer ebenen Wasseroberfläche ist. Für die Eisphase ergibt sich eine analoge Beziehung, wobei die Terme l_{21} und r^{21} durch l_{31} bzw. r^{31} ersetzt werden und r^{31} das Sättigungsmischungsverhältnis über einer ebenen Eisfläche ist.

Basierend auf der von Betts (1973) vorgeschlagenen Näherungsformel (3.37) und der numerischen Integration der Gleichung der irreversiblen Feuchtadiabate,

---

[7] Im Gegensatz zur *reversiblen Feuchtadiabate*, bei der das ganze durch Kondensation entstehende Wasser in der Wolke verbleibt.

entwickelte Bolton (1980) folgende empirische Formel für θ_e

$$\theta_e = T\left(\frac{p_0}{p}\right)^{\alpha_1} \exp(\alpha_2 \alpha_3) \quad \text{mit} \quad \begin{aligned} \alpha_1 &= 0.2854(1 - 0.28 \times 10^{-3} r) \\ \alpha_2 &= \frac{3.376}{T_{LCL}} - 0.00254 \\ \alpha_3 &= r(1 + 0.81 \times 10^{-3} r) \end{aligned} \quad (3.38)$$

Hierbei ist r das Mischungsverhältnis der aufsteigenden Luft und T_{LCL} die Temperatur der Luft im *Hebungskondensationsniveau*, d. h. in der Schicht, in der die trockenadiabatisch aufsteigende Luft erstmals gesättigt ist. Bei den in den folgenden Kapiteln dargestellten Wetterkarten, in denen θ_e-Verteilungen wiedergegeben sind, wurde (3.38) zur Berechnung von θ_e verwendet.

Mit Hilfe von (3.36) lässt sich leicht zeigen, dass

$$\rho c_p \frac{dT}{dt} - \frac{dp}{dt} = \rho \Pi \dot{\theta} \quad \text{mit} \quad \dot{\theta} = \frac{d\theta}{dt} \quad (3.39)$$

Hierbei ist $\Pi(p)$ die *Exner-Funktion*, die definiert ist als[8]

$$\Pi = c_p \left(\frac{p}{p_0}\right)^{R_0/c_p} = \frac{c_p T}{\theta} \quad (3.40)$$

Einsetzen von (3.39) in (3.33) liefert den ersten Hauptsatz der Thermodynamik in der Form

$$\rho \Pi \dot{\theta} = l_{21} I^2 + l_{31} I^3 - \nabla \cdot (\mathbf{J}_s + \mathbf{F}_R) \quad (3.41)$$

Wenn von der Annahme des thermodynamischen Gleichgewichts kein Gebrauch gemacht wird, dann sind alle auf der rechten Seite dieser Gleichung stehenden Ausdrücke (und zusätzlich die Energiedissipation) mit *Entropieänderungen* im betrachteten System verbunden (s. z. B. Zdunkowski und Bott 2004). Das bedeutet umgekehrt, dass bei konstanter Entropie des Systems die rechte Seite von (3.41) verschwindet. In dieser Situation spricht man von *isentropen Vorgängen*. Da dann die individuelle zeitliche Änderung $\dot{\theta}$ ebenfalls null wird, ist auf Flächen konstanter Entropie auch die potentielle Temperatur konstant. Daher nennt man, wie bereits erwähnt, die Isolinien der potentiellen Temperatur auch *Isentropen*. Im weiteren Verlauf wird die durch (3.41) definierte Größe $\dot{\theta}$ als *Diabatenterm* bezeichnet.

Mit der Kontinuitätsgleichung und der Wärmegleichung lassen sich die Luftdichte ρ und die Temperatur T prognostisch und daraus dann mit Hilfe der idealen Gasgleichung der Luftdruck p diagnostisch bestimmen. Aus numerischen Gründen kann es jedoch auch vorteilhaft sein, p prognostisch und ρ diagnostisch zu ermitteln. Dies wurde beispielsweise im früher beim DWD operationell verwendeten

---

[8] Oft findet man auch die Definition $\Pi = T/\theta$, was aber keinen Unterschied macht, da $c_p = $ const.

Wettervorhersagemodell *COSMO* (COnsortium for Small-scale MOdeling) praktiziert. Die prognostische Gleichung für p erhält man durch zeitliche Differentiation von (3.25). Unter Benutzung von (3.32), (3.41) und mit $R_0 = c_p - c_v$ ergibt sich

$$\frac{dp}{dt} = \frac{c_p}{c_v} p \left(\nabla \cdot \mathbf{v} + \frac{\dot\theta}{\theta} \right) \qquad (3.42)$$

3.4.4 Die Bewegungsgleichung

Im mikroturbulenten System der starr rotierenden Erde lautet die *Bewegungsgleichung* des numerischen Wettervorhersagemodells

$$\rho \frac{d\mathbf{v}}{dt} = -\nabla p - 2\rho \mathbf{\Omega} \times \mathbf{v} - \rho g \mathbf{k} + \nabla \cdot \mathbb{J}_t \qquad (3.43)$$

Hierbei ist g die *Schwerebeschleunigung*. Der Term $\mathbb{R} = -\mathbb{J}_t$ wird als *Reynolds'scher Spannungstensor* bezeichnet. Die Ausdrücke auf der rechten Seite von (3.43) haben folgende Bedeutung:

$-\nabla p$ *Druckgradientkraft* $-2\rho\mathbf{\Omega} \times \mathbf{v}$ *Corioliskraft*
$-\rho g\mathbf{k}$ *Schwerkraft* $\nabla \cdot \mathbb{J}_t$ *turbulente Reibungskraft*

Zur Beschreibung großräumiger Strömungen kann der *turbulente Reibungsterm* $\nabla \cdot \mathbb{J}_t$ in (3.43) vernachlässigt werden. Weiterhin spaltet man häufig die Bewegungsgleichung auf in einen Anteil für die Horizontalkomponente $\mathbf{v}_h$ (*horizontale Bewegungsgleichung*)

$$\rho \frac{d\mathbf{v}_h}{dt} = -\nabla_h p - \rho f \mathbf{k} \times \mathbf{v}_h \qquad (3.44)$$

und einen Anteil für die Vertikalkomponente w des Windfelds (*vertikale Bewegungsgleichung*)

$$\rho \frac{dw}{dt} = -\frac{\partial p}{\partial z} - g\rho \qquad (3.45)$$

wobei diese Aufspaltung im z-System vorgenommen wurde. Die Größe $f = 2\Omega \sin\varphi$ ist der bereits früher angesprochene *Coriolisparameter* (s. Abschn. 3.3).

Im p-System lautet die horizontale Bewegungsgleichung

$$\frac{d\mathbf{v}_h}{dt} = -\nabla_{h,p}\phi - f\mathbf{k} \times \mathbf{v}_h \qquad (3.46)$$

Benutzt man als Vertikalkoordinate die potentielle Temperatur θ, dann erhält man die horizontale Bewegungsgleichung im θ-System

$$\frac{d\mathbf{v}_h}{dt} = -\nabla_h M \Big|_\theta - f\mathbf{k} \times \mathbf{v}_h \qquad (3.47)$$

Hierbei ist M das *Montgomery-Potential*, das definiert ist als

$$M = c_p T + \phi \qquad (3.48)$$

Die Bewegungsgleichungen im p- und θ-System lassen sich leicht aus der horizontalen Bewegungsgleichung (3.44) im z-System gewinnen, indem man dort den Term $\nabla_h p$ mit Hilfe von (3.13) transformiert.

Bei den Ableitungen der unterschiedlichen Formen der Bewegungsgleichungen wurden einige Terme wegen ihrer geringen Größenordnungen vernachlässigt.[9] Schließlich sollte erwähnt werden, dass bei Betrachtungen in der Tangentialebene die horizontalen Bewegungsgleichungen durch (3.44), (3.46) bzw. (3.47) gegeben sind.

Im *natürlichen Koordinatensystem*, in dem die Horizontalgeschwindigkeit gemäß (3.17) gegeben ist als $\mathbf{v}_h = V \mathbf{e}_s$, lautet der *Coriolisterm*

$$-f \mathbf{e}_z \times \mathbf{v}_h = -f V \mathbf{e}_n \qquad (3.49)$$

wobei $\mathbf{e}_z = \mathbf{k}$. Unter Zuhilfenahme von (3.21) und (3.44) erhält man für die Komponentenform der horizontalen Bewegungsgleichung in der Tangentialebene

(a) s-Richtung: $\quad \dfrac{dV}{dt} = -\dfrac{1}{\rho}\dfrac{\partial p}{\partial s}$

(b) n-Richtung: $\quad V\dfrac{d\chi}{dt} = \dfrac{V^2}{R_t} = -\dfrac{1}{\rho}\dfrac{\partial p}{\partial n} - fV \qquad (3.50)$

Die tangentiale Komponente der Beschleunigung dV/dt beschreibt Änderungen der Partikelgeschwindigkeit. Diese werden durch die in s-Richtung wirkende Druckgradientkraft bewirkt, wobei eine Zunahme der Geschwindigkeit entsteht, wenn sich das Partikel vom hohen zum tiefen Druck bewegt, da dann $\partial p/\partial s < 0$. Gleichung (3.50)b liefert die durch die Druckgradientkraft und die Corioliskraft induzierte Richtungsänderung der Partikelbahn, die sich im *Krümmungsradius der Trajektorie* R_t bemerkbar macht (s. Abb. 3.8).

Wie man sieht, handelt es sich bei (3.50)b bezüglich des Trajektorienradius um eine diagnostische Beziehung. Die Corioliskraft wirkt auf der Nordhalbkugel rechtsablenkend, d. h. in negative n-Richtung. Für die Richtung der Strömung muss daher gelten

$$-\frac{1}{\rho}\frac{\partial p}{\partial n} - fV \begin{cases} > 0 & \text{zyklonal} \\ = 0 & \text{geradlinig} \\ < 0 & \text{antizyklonal} \end{cases} \qquad (3.51)$$

---

[9] Weiterhin ist zu beachten, dass auf den linken Seiten von (3.43), (3.44), (3.46) und (3.47) die in der individuellen zeitlichen Ableitung stehende lokale zeitliche Änderung von $\mathbf{v}$ bzw. $\mathbf{v}_h$ bei konstanten Grundvektoren berechnet werden muss (s. z. B. Zdunkowski und Bott 2003). Auf eine besondere Kennzeichnung dieses Umstands wird hier der Einfachheit halber verzichtet.

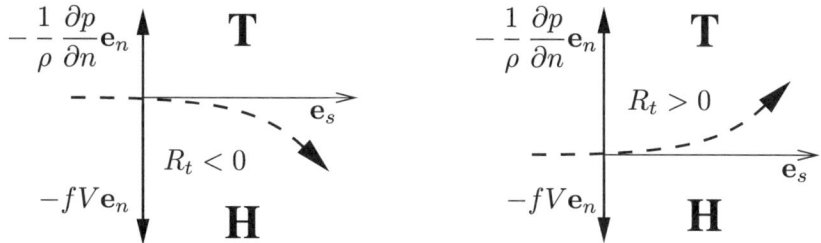

Abb. 3.8 Trajektorienrichtung durch Wirkung der beiden normal angreifenden Kräfte aus (3.50)b

Bei verschwindender Druckgradientkraft wirkt nur die Corioliskraft rechtsablenkend, das Partikel bewegt sich mit konstanter Geschwindigkeit ($dV/dt = 0$) und beschreibt eine *Trägheitsbewegung*, die immer antizyklonal ist. Das erkennt man auch daran, dass in diesem Fall der Krümmungsradius $R_t < 0$ ist (s. (3.50)b). Bei zyklonaler Bewegung muss die Druckgradientkraft größer als die Corioliskraft sein, so dass $R_t > 0$. Halten sich in (3.50)b Druckgradient- und Corioliskraft exakt die Waage, dann erfolgt eine geradlinige Bewegung, für die gilt χ = const bzw. $R_t \to \infty$. In diesem Fall befindet sich die Strömung im *geostrophischen Gleichgewicht* und der zugehörige Wind wird als *geostrophischer Wind* bezeichnet. In Abschn. 4.4 werden die aus unterschiedlichen Kräftegleichgewichten resultierenden *Gleichgewichtswinde* detaillierter diskutiert.

3.5 Skalenanalyse der Bewegungsgleichung

Die prognostischen Modellgleichungen enthalten viele Terme, die je nach untersuchtem Prozess verschiedene Größenordnungen haben können und dadurch unterschiedlich wichtig sind. Ein nützliches Hilfsmittel zur Abschätzung der Bedeutung einzelner Terme einer gegebenen Gleichung stellt die *Skalenanalyse* dar (s. z. B. Pichler 1997, Pielke 2002, Zdunkowski und Bott 2003). Bei diesem Verfahren wird jeder in der Gleichung vorkommende Term aufgespalten in seine *Magnitude* und einen dimensionslosen Anteil. Die Magnitude eines Terms hängt von der raumzeitlichen Skala ab, in der ein bestimmter Prozess untersucht wird. Sie ergibt sich aus den für die betrachtete Skala gültigen charakteristischen Größenordnungen der einzelnen Variablen.

Um die Bedeutung der verschiedenen Terme einer Gleichung zu ermitteln, müssen deren Magnituden miteinander verglichen werden. Dazu bietet es sich an, die Magnituden aller Terme zu der eines bestimmten Terms in Relation zu setzen. Hieraus ergibt sich für jeden Term eine *charakteristische Kenngröße*, die eine Aussage darüber macht, ob der Term bei dem untersuchten Prozess wichtig ist oder nicht. Zur Skalenanalyse der Bewegungsgleichung (3.43) werden die in Tab. 3.1 zusammengefassten Variablen benötigt. In dieser Tabelle sind auch die für die synoptische Skala in mittleren Breiten gültigen Größenordnungen der Variablen angegeben.

Tab. 3.1 Variablen zur Skalenanalyse atmosphärischer Bewegungen sowie deren Größenordnungen auf der synoptischen Skala mittlerer Breiten

Variable	Bezeichnung	Größenordnung
Horizontale Länge	$\hat{s}$	10^6 m
Vertikale Länge	$\hat{z}$	10^4 m
Zeit	$\hat{t}$	10^5 s
Temperatur	$\hat{T}$	300 K
Horizontalgeschwindigkeit	$\hat{u}$	10 m s^{-1}
Vertikalgeschwindigkeit	$\hat{w}$	10^{-1} m s^{-1}
Coriolisparameter	f_0	10^{-4} s^{-1}
Erdbeschleunigung	$\hat{g}$	10 m s^{-1}
Turbulenter Austauschkoeffizient	$\hat{K}$	10 m^2 s^{-1}

Die Magnituden aller Terme werden mit der des *Trägheitsterms* $\mathbf{v} \cdot \nabla \mathbf{v}$ verglichen. Die Kehrwerte der daraus resultierenden charakteristischen Kenngrößen liefern fünf *dimensionslose Zahlen*, die die Bedeutung der in (3.43) vorkommenden Ausdrücke beschreiben. Hierbei handelt es sich um

$$\frac{\partial \mathbf{v}}{\partial t} \Rightarrow \textit{Strouhal-Zahl (St)}, \qquad \frac{1}{\rho}\nabla p \Rightarrow \textit{Euler-Zahl (Eu)}$$

$$g\mathbf{k} \Rightarrow \textit{Froude-Zahl (Fr)}, \qquad 2\mathbf{\Omega} \times \mathbf{v} \Rightarrow \textit{Rossby-Zahl (Ro)}$$

$$\frac{1}{\rho}\nabla \cdot \mathbb{J}_t \Rightarrow \textit{turbulente Reynolds-Zahl (Re)} \qquad (3.52)$$

Mit den in der Tabelle eingeführten Variablen können die dimensionslosen Zahlen wie folgt dargestellt werden

$$St = \frac{\hat{u}\hat{t}}{\hat{s}}, \qquad Eu = \frac{\hat{u}^2}{R_0\hat{T}}, \qquad Fr = \frac{\hat{u}^2}{\hat{g}\hat{z}}$$

$$Ro = \frac{\hat{u}}{f_0\hat{s}}, \qquad Re = \frac{\hat{u}\hat{z}}{\hat{K}} \qquad (3.53)$$

Setzt man diese Zahlen in die Bewegungsgleichung ein, dann ist deren Interpretation sehr einfach: Ist die dimensionslose Zahl eines Terms deutlich größer als 1, dann ist er unbedeutend und kann bei der weiteren Betrachtung außer Acht gelassen werden. Ist sie umgekehrt kleiner als 1, dann muss der Term unbedingt berücksichtigt werden. Für die Bewegungsgleichung ergibt sich, dass die Strouhal-Zahl die Bedeutung nichtstationärer Prozesse angibt, wie z. B. die Ablösung von Wirbeln in Strömungen. Die Euler-Zahl ermöglicht eine Aussage zur Relevanz der Druckgradientkraft. Die Froude-Zahl stellt das Verhältnis von *Trägheitskraft* zur Schwerkraft dar. Sie charakterisiert z. B. das Verhalten eines Fluids bei der Überströmung von Hindernissen. Die Rossby-Zahl beschreibt den Einfluss der Corioliskraft auf die Bewegung. Benutzt man die in Tab. 3.1 angegebenen Größenordnungen der synoptischen Skala mittlerer Breiten, dann ergibt sich für großräumige Strömungen

$Ro \sim 0.1$. Das bedeutet, dass der Coriolisterm in der Bewegungsgleichung berücksichtigt werden muss. Bei Untersuchungen kleinskaliger Phänomene mit $\hat{s} \ll 10^6$ m, wie beispielsweise die *Berg- und Talwind Zirkulation*, kann man hingegen den Coriolisterm vernachlässigen, da jetzt $Ro \gg 1$.

Die turbulente Reynolds-Zahl beschreibt die Bedeutung turbulenter Austauschprozesse innerhalb der Atmosphäre. Auf der synoptischen Skala ist dieser Vorgang in der freien Troposphäre relativ unbedeutend, d. h. $Re \gg 1$, so dass in großräumigen Strömungen die turbulente Reibung normalerweise ignoriert wird. Innerhalb der atmosphärischen Grenzschicht jedoch können turbulente Prozesse nicht mehr vernachlässigt werden.

Schätzt man mit Hilfe von Tab. 3.1 die Größenordnungen der einzelnen Terme in den Komponentendarstellungen (3.44) und (3.45) der Bewegungsgleichung ab, dann findet man, dass auf der synoptischen Skala die Größenordnungen der Beschleunigungen immer relativ klein gegenüber den anderen Termen sind. Insbesondere bei der vertikalen Bewegungsgleichung (3.45) ergibt sich, dass der Term dw/dt etwa vier Größenordnungen kleiner als die Druckgradientkraft und die Schwerkraft ist. Mit anderen Worten, in (3.45) halten sich diese beiden Kräfte weitgehend die Waage. Im Fall des exakten Gleichgewichts beider Kräfte erhält man die *hydrostatische Grundgleichung*

$$\frac{\partial p}{\partial z} = -g\rho \tag{3.54}$$

Ersetzt man nach einer Skalenanalyse in einem großskaligen atmosphärischen Modell die dritte Bewegungsgleichung durch die hydrostatische Grundgleichung, dann bezeichnet man dies als *hydrostatische Approximation* und spricht von einem *hydrostatischen Modell*. Durch den Wegfall der prognostischen Gleichung für die Vertikalbewegung muss im hydrostatischen Modell eine diagnostische Gleichung, die *Richardsongleichung* (Richardson 2007), formuliert werden, mit der das vertikale Windfeld berechnet wird. Schließlich sollte noch betont werden, dass bei Verwendung der hydrostatischen Approximation die Vertikalbeschleunigung nicht gleich null gesetzt wird, vielmehr wird sie nur gegenüber den anderen Termen vernachlässigt.

Atmosphärische Vorhersagemodelle mit hohen räumlichen Auflösungen, wie z. B. das *ICON* oder das *WRF* Modell, können nicht mehr von der hydrostatischen Approximation Gebrauch machen, da diese Modelle auch kleinräumige Prozesse beschreiben können, bei denen die in Tab. 3.1 gelisteten Variablen Größenordnungen besitzen, die nach einer Skalenanalyse die Verwendung der hydrostatischen Approximation nicht mehr rechtfertigen. Hierbei handelt es sich um *nichthydrostatische Vorhersagemodelle*.

Durch Einführung der Dichte ρ mit Hilfe der idealen Gasgleichung (3.25) lässt sich aus der hydrostatischen Grundgleichung eine Differentialgleichung für p gewinnen, deren Integration die Höhenabhängigkeit des hydrostatischen Drucks beschreibt und als *barometrische Höhenformel* bezeichnet wird. Diese besagt, dass an einem bestimmten Ort der Luftdruck durch die Masse der darüberliegenden Luft gegeben ist.

Für die horizontale Bewegungsgleichung folgt aus (3.44), dass sich bei kleinen Rossby-Zahlen die Corioliskraft und die Druckgradientkraft weitgehend kompensieren. Für $\hat{s} \to \infty$ geht die Rossby-Zahl gegen null, und es resultiert exaktes Gleichgewicht zwischen beiden Kräften. Wie bereits erwähnt, wird der in diesem Gleichgewicht wehende Wind als geostrophischer Wind bezeichnet.

In Tab. 3.1 wurde lediglich zwischen horizontalen und vertikalen Bewegungen unterschieden. Einige Prozesse können jedoch durchaus auch verschiedene Größenordnungen in unterschiedlichen horizontalen Richtungen aufweisen. Beispielsweise kann man für die horizontale Längenskala entlang einer Frontalzone eine Größenordnung von 10^6 m ansetzen, während quer dazu ein Wert $< 10^5$ m als angemessen erscheint. Dies führt dazu, dass sich die Strömung parallel zur Frontalzone weitgehend geostrophisch verhält mit $Ro \approx 0.1$, so dass in den prognostischen Gleichungen die parallel zur Frontalzone gerichtete horizontale Windkomponente mit guter Näherung durch den geostrophischen Wind ersetzt werden kann. Bei Untersuchungen von Strömungen quer zur Frontalzone muss jedoch davon ausgegangen werden, dass dies nicht mehr der Fall ist, da jetzt $Ro > 1$, so dass in den Gleichungen *ageostrophische Bewegungen* eine wichtige Rolle spielen können. Hierbei spricht man auch vom *semigeostrophischen Verhalten* der Strömung an einer Front. Auf die näheren Zusammenhänge wird zu einem späteren Zeitpunkt noch ausführlich eingegangen (s. Abschn. 4.6 und 11.5).

Gemäß den vorangehenden Überlegungen kann die Rossby-Zahl gut zur Unterscheidung zwischen den großen (*planetare* und *synoptische Skala*) und kleineren Skalen (*Meso-* und *Mikroskala*) herangezogen werden. Für die großen Skalen gilt dann $Ro \ll 1$, während die Meso- bzw. Mikroskala durch $Ro > 1$ bzw. $Ro \gg 1$ charakterisiert sind.

Für praktische Anwendungen ist es nützlich, die Breitenvariation der Schwerebeschleunigung zu eliminieren. Dies geschieht durch Einführung der *geopotentiellen Höhe h* als neuer Vertikalkoordinate über die Beziehung

$$\phi = \int_0^z g(\varphi, z)\, dz = g(\varphi)z = 9.8h \implies d\phi = 9.8 dh \qquad (3.55)$$

Hierbei wurde die Höhenabhängigkeit von g vernachlässigt. Die Größe ϕ ist das *Geopotential* und beschreibt die Arbeit, die nötig ist, um eine Einheitsmasse vom Meeresniveau in die Höhe z zu heben. Als Einheit für h wird das *geopotentielle Meter* (gpm) verwendet, das die Dimension der spezifischen potentiellen Energie ($m^2\,s^{-2}$) hat. Somit stimmt für Orte mit $g = 9.8\,m\,s^{-2}$ der Wert von h in gpm mit dem der geometrischen Höhe z in m zahlenmäßig überein.

Abschließend wird noch die hydrostatische Grundgleichung im p- und im θ-System angegeben. Diese erhält man durch Anwendung der Transformationsbezie-

3.5 Skalenanalyse der Bewegungsgleichung

hung (3.13) auf (3.54). Insgesamt ergeben sich folgende Beziehungen

$$
\begin{aligned}
&\text{(a)} \quad z\text{-System:} \quad & \frac{\partial p}{\partial z} &= -g\rho \\
&\text{(b)} \quad p\text{-System:} \quad & \frac{\partial \phi}{\partial p} &= -\frac{1}{\rho} \\
&\text{(c)} \quad \theta\text{-System:} \quad & \frac{\partial M}{\partial \theta} &= \Pi
\end{aligned}
\quad (3.56)
$$

4 Grundlagen der Dynamik und Thermodynamik

Im vorangehenden Kapitel wurde das prognostische Gleichungssystem vorgestellt, das für die numerische Wettervorhersage herangezogen werden kann. Zusätzlich zu diesen Gleichungen existiert eine sehr große Anzahl mathematischer Beziehungen, die bei der Interpretation des atmosphärischen Zustands wertvolle Dienste leisten. Häufig handelt es sich hierbei um diagnostische Relationen, die einen dynamischen oder thermodynamischen Gleichgewichtszustand der Atmosphäre beschreiben. Diese Gleichgewichtsbeziehungen lassen sich aus dem prognostischen Gleichungssystem ableiten, wobei, abhängig von dem zu untersuchenden Prozess, gegebenenfalls bestimmte Annahmen gemacht werden, wie beispielsweise Stationarität, horizontale Homogenität oder das Ausbleiben von Wolkenprozessen. In diesem Kapitel werden die wichtigsten Grundgleichungen vorgestellt, die eine tiefergehende Beschreibung des atmosphärischen Zustands und seines weiteren Entwicklungspotentials ermöglichen. Auch hier wird in der Regel auf eine detaillierte Ableitung der Gleichungen verzichtet und stattdessen auf die weiterführende Spezialliteratur verwiesen.

Da die in der Atmosphäre ablaufenden Prozesse immer bestrebt sind, einen Gleichgewichtszustand zu erzeugen, ist auch die Kenntnis der Abweichung vom thermo-hydrodynamischen Gleichgewicht sehr wichtig, denn auf diese Weise kann der Antrieb für das Erreichen des Gleichgewichts abgeschätzt werden. Abweichungen der Atmosphäre von einem Gleichgewichtszustand äußern sich z. B. im Auftreten des *ageostrophischen Winds* oder in unterschiedlichen Werten der potentiellen Temperatur eines Luftpakets im Vergleich zur Umgebungsluft.

Von herausragender Bedeutung ist die Untersuchung von Situationen, in denen sich die Atmosphäre in einem instabilen Zustand befindet. Das ist dann der Fall, wenn geringe Änderungen des momentanen thermo-hydrodynamischen Zustands der Atmosphäre diese noch weiter von ihrem Ausgangszustand entfernen. Es ist leicht einzusehen, dass Prozesse, die durch solche *Instabilitäten* angetrieben werden, mitunter intensive atmosphärische Entwicklungen durchlaufen, an deren Ende sich ein vollkommen neuer atmosphärischer Zustand einstellt. Instabilitäten können auf allen raumzeitlichen Skalen Entwicklungen auslösen, angefangen von den in der *Mikroskala* auftretenden *Kleintromben*, wie beispielsweise die *Staubteufel*, oder *Großtromben* (*Windhosen, Tornados*), über *mesoskalige Prozesse* (*mesoskalige konvektive Systeme, Squall Lines*), bis hin zu synoptisch-skaligen Zyklonen und den großskaligen *planetaren Wellen*.

Bei atmosphärischen Stabilitätsuntersuchungen unterscheidet man zwischen den *Wellen-* und *Partikelinstabilitäten*. Instabilitäten atmosphärischer Wellen äußern sich im Wesentlichen im zeitlichen Anwachsen ihrer Amplitude. Hierauf wird in späteren Kapiteln näher eingegangen. Die Partikelinstabilität hingegen beschreibt das Verhalten eines sich in der Atmosphäre bewegenden Luftpakets.

Es gibt verschiedene Formen von Partikelinstabilitäten. Verhält sich ein in der hydrostatischen Atmosphäre vertikal ausgelenktes Luftpaket instabil, dann spricht man von *hydrostatischer Instabilität*. Diese ist auf die thermodynamische Schichtung der Atmosphäre zurückzuführen. Dagegen werden Instabilitäten, die bei horizontaler Auslenkung des Luftpakets aus einer stabilen atmosphärischen Grundströmung entstehen, als *Trägheitsinstabilität* bezeichnet. Die Ursache dieser Instabilitäten liegt in den kinematischen Eigenschaften der atmosphärischen Grundströmung. Schließlich nennt man Partikelinstabilitäten, die durch das gleichzeitige Zusammentreffen bestimmter thermodynamischer und kinematischer Gegebenheiten ausgelöst werden, *dynamische Instabilität*. Wie sich später herausstellen wird, kann es in bestimmten Situationen durchaus zu dynamischen Instabilitäten kommen, obwohl weder hydrostatische noch Trägheitsinstabilität vorliegen (s. Abschn. 5.4).

4.1 Hydrostatische Instabilität

Im Folgenden wird zunächst nur die hydrostatische Partikelinstabilität erörtert. Auf die anderen Instabilitäten wird zu einem späteren Zeitpunkt näher eingegangen. Befindet sich die Atmosphäre im Ruhezustand, d. h. $\mathbf{v} = 0$ und $d\mathbf{v}/dt = 0$, dann spricht man vom *hydrostatischen Gleichgewicht*. In diesem Fall ergibt sich aus der Bewegungsgleichung (3.43) unter Vernachlässigung der turbulenten Reibung

$$\nabla p = -\rho g \mathbf{k} \quad \Longrightarrow \quad \begin{aligned} \nabla_h p &= 0 \\ \frac{\partial p}{\partial z} &= -g\rho \end{aligned} \quad (4.1)$$

Das hydrostatische Gleichgewicht ist nicht zu verwechseln mit der *hydrostatischen Approximation*, bei der die vertikale Bewegungsgleichung durch die *hydrostatische Grundgleichung* (3.54) ersetzt wird. Wie man aus (4.1) sehen kann, gehört zum hydrostatischen Gleichgewicht neben dem vertikalen hydrostatischen Druckgradienten noch das Verschwinden des horizontalen Druckgradienten hinzu.

Zur Untersuchung der hydrostatischen Instabilität nimmt man an, dass innerhalb der Atmosphäre hydrostatisches Gleichgewicht vorliegt. Außerdem sollen alle Zustandsänderungen eines aus diesem Grundzustand vertikal ausgelenkten Luftpakets adiabatisch und quasistatisch verlaufen. *Quasistatische Auslenkung* bedeutet, dass der Luftdruck des vertikal bewegten Luftpakets immer gleich dem Umgebungsluft-

4.1 Hydrostatische Instabilität

druck ist, dieser sich durch die Bewegung des Partikels jedoch auch nicht ändern soll.

Bei trockenadiabatischen Zustandsänderungen bleibt die in (3.36) definierte potentielle Temperatur konstant. Einsetzen von (3.54) in die nach z differenzierte Gleichung (3.35) liefert die trockenadiabatische Temperaturabnahme mit der Höhe, die auch als *trockenadiabatischer Temperaturgradient* bezeichnet wird[1]

$$\gamma_d = \frac{dT}{dz} = -\frac{g}{c_p} \approx -0.98 \, \text{K}/100 \, \text{m} \quad (4.2)$$

Findet Kondensation statt, dann wird *latente Wärme* freigesetzt und die *pseudopotentielle Temperatur* θ_e bleibt erhalten (s. (3.38)). Hierbei wird angenommen, dass sich die Atmosphäre immer im Sättigungszustand befindet. Die daraus resultierende feuchtadiabatische Temperaturabnahme γ_s *(feuchtadiabatischer Temperaturgradient)* ist somit geringer als die trockenadiabatische.

Zunächst werden nur vertikale Bewegungen des Luftpakets aus seiner Ausgangslage z_0 betrachtet, bei denen es untersättigt bleibt. In dem Fall erhält man aus (3.45) zusammen mit (4.1)

$$\frac{dw}{dt} = -g \frac{\rho' - \rho}{\rho'} \quad (4.3)$$

wobei ρ' die Dichte des vertikal ausgelenkten Luftpakets und ρ die Dichte der Umgebungsluft ist. Die rechte Seite dieser Gleichung stellt den *Auftriebsterm* dar. Unter der Annahme eines linearen vertikalen Temperaturgradienten der Umgebungsluft ergibt sich aus (4.3) mit Hilfe der idealen Gasgleichung (3.25) und der Definitionsbeziehung (3.36) für die potentielle Temperatur

$$\frac{d^2 z}{dt^2} + \frac{g}{\theta} \frac{\partial \theta}{\partial z} (z - z_0) = 0 \quad (4.4)$$

Hierbei ist θ die potentielle Temperatur der Umgebungsluft. Die potentielle Temperatur des vertikal bewegten Luftpakets ist wegen der Adiabasieannahme konstant und gegeben durch $\theta_0 = \theta(z_0)$.

Die Lösung der Differentialgleichung (4.4) hängt von der *Brunt-Väisälä Frequenz* N ab, die definiert ist über

$$N = \sqrt{\frac{g}{\theta} \frac{\partial \theta}{\partial z}} \quad (4.5)$$

Unter der Annahme eines konstanten Werts von N ergibt sich für die Vertikalbewegung des Luftpakets, dass es bei $\partial \theta / \partial z > 0$ vertikale Schwingungen um seinen Ausgangslage z_0 ausführt, während es sich bei $\partial \theta / \partial z < 0$ immer weiter von z_0 entfernt. Im ersten Fall bezeichnet man die Atmosphäre als *stabil* und im zweiten Fall

---

[1] Diese Bezeichnung ist eigentlich nicht korrekt, denn der vertikale Temperaturgradient ist gegeben durch $(\partial T / \partial z)\mathbf{k}$.

Tab. 4.1 Hydrostatische Stabilitätszustände der Atmosphäre

Zustand	Ungesättigte Luft		Gesättigte Luft	
instabil	$\gamma > \gamma_d$,	$\dfrac{\partial \theta}{\partial z} < 0$	$\gamma > \gamma_s$,	$\dfrac{\partial \theta_e}{\partial z} < 0$
indifferent	$\gamma = \gamma_d$,	$\dfrac{\partial \theta}{\partial z} = 0$	$\gamma = \gamma_s$,	$\dfrac{\partial \theta_e}{\partial z} = 0$
stabil	$\gamma < \gamma_d$,	$\dfrac{\partial \theta}{\partial z} > 0$	$\gamma < \gamma_s$,	$\dfrac{\partial \theta_e}{\partial z} > 0$
bedingt instabil	$\gamma < \gamma_d$,	$\dfrac{\partial \theta}{\partial z} > 0$	$\gamma > \gamma_s$,	$\dfrac{\partial \theta_e}{\partial z} < 0$

als *instabil* (oder auch *labil*) geschichtet. Bei $\partial \theta / \partial z = 0$ spricht man von *indifferenter* bzw. *neutraler Schichtung* der Atmosphäre. Für die Brunt-Väisälä Frequenz bedeutet dies

$$N^2 \begin{cases} < 0 & \text{Instabilität} \\ = 0 & \text{Indifferenz} \\ > 0 & \text{Stabilität} \end{cases} \tag{4.6}$$

Zusammen mit der aktuell in der Atmosphäre vorliegenden geometrischen Temperaturverteilung und der daraus resultierenden vertikalen Temperaturänderung γ lassen sich die in Tab. 4.1 zusammengefassten hydrostatischen Stabilitätszustände der Atmosphäre definieren.

Die Erweiterung dieser Stabilitätsuntersuchungen auf den Fall eines gesättigt aufsteigenden Luftpakets geschieht, indem man in den obigen Beziehungen die potentielle Temperatur durch die pseudopotentielle Temperatur ersetzt. Einen Sonderfall stellt die *bedingt instabil geschichtete Atmosphäre* dar. In dieser Situation verhält sich ein Luftpaket nach Auslenkung aus seiner Ruhelage bei Wolkenbildung instabil und, wenn keine Kondensation stattfindet, stabil.

Abschließend wird noch der Begriff der *potentiellen Instabilität* näher erläutert. Diese Form der Instabilität liegt vor, wenn die atmosphärische Schichtung nicht nur lokal begrenzt, sondern in einem großflächigen Gebiet bedingt labil geschichtet ist, d. h. $\partial \theta / \partial z > 0$ und $\partial \theta_e / \partial z < 0$. Das ist beispielsweise der Fall, wenn in die untere Troposphäre feuchtwarme tropische Luftmassen eingeflossen sind und sich darüber relativ trockene und kühle Luftmassen befinden. Entstehen in einer solchen Situation großräumige Hebungsprozesse, wie beispielsweise im Bereich von *Fronten* (s. Kap. 11), dann bilden sich zunächst stratiforme Wolkenfelder. Durch die bei der Wolkenbildung freigesetzte latente Wärme kann die Stabilität so stark abnehmen, dass über weite Gebiete intensive Vertikalbewegungen ausgelöst werden, die zu hochreichender Konvektion mit heftiger Gewitterbildung führen. Hierbei können die oben bereits angesprochenen mesoskaligen konvektiven Systeme mit unterschiedlichen raumzeitlichen Ausdehnungen und Strukturen entstehen. Hierauf wird in Abschn. 12.2 noch einmal näher eingegangen.

4.1 Hydrostatische Instabilität

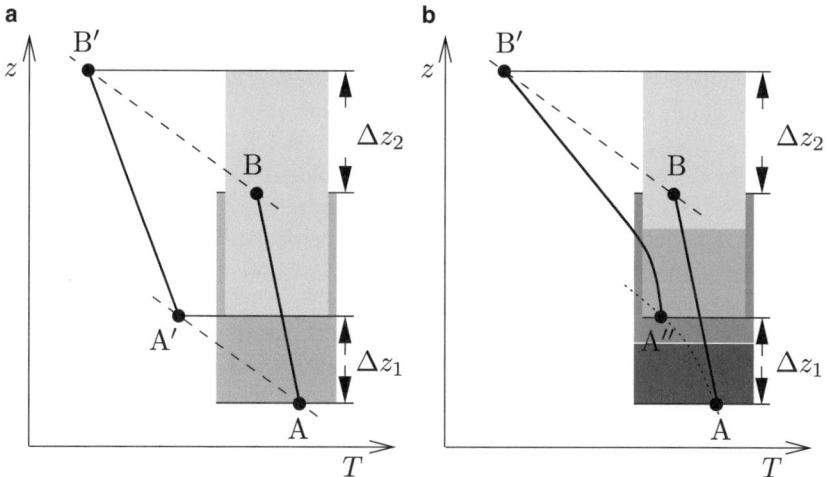

Abb. 4.1 Labilisierung einer Luftsäule durch vertikales Anheben. **a** trockenadiabatische Hebung, **b** trockenadiabatische Hebung im oberen und feuchtadiabatische Hebung im unteren Bereich (*dunklere Flächen*). *Gestrichelte Linien*: Trockenadiabaten, *gepunktete Linie*: Feuchtadiabate, *dicke Linien*: Temperaturprofile in der Luftsäule

Bereits bei großräumiger trockenadiabatischer Hebung untersättigter Luft erfolgt eine Labilisierung der atmosphärischen Schichtung. Der Grund hierfür besteht in der nichtlinearen Abnahme des hydrostatischen Drucks mit der Höhe. Abb. 4.1a veranschaulicht die Situation. Hier erkennt man eine Luftsäule (dunkelgraue Fläche), die trockenadiabatisch angehoben werde. Dabei verschiebt sich die Untergrenze vertikal um Δz_1 bei einer gleichzeitigen Abkühlung entlang der Trockenadiabate von A nach A', während die Obergrenze um Δz_2 angehoben wird mit einer Temperaturabnahme entlang der Trockenadiabate von B nach B'. Obwohl sich bei hydrostatischen Verhältnissen der Druck an der Ober- und Untergrenze der Luftsäule jeweils um den gleichen Betrag Δp erniedrigt, gilt wegen der nichtlinearen Druckabnahme mit der Höhe $\Delta z_1 < \Delta z_2$. Aus der Streckung der Luftsäule resultiert eine Labilisierung, d. h. der Temperaturgradient zwischen A' und B' ist betragsmäßig größer als der ursprüngliche zwischen A und B.

Abb. 4.1b zeigt die Situation bei vorliegender potentieller Instabilität. Jetzt sei die Luft im unteren Bereich relativ feucht (dunkelgraue Flächen) und im oberen Bereich trocken. Bei vertikaler Hebung der Luftsäule von A nach A'' und B nach B' entstehen im unteren Bereich Wolken, so dass dieser sich wegen der dabei freigesetzten latenten Wärme weniger stark abkühlt als der obere. Auf diese Weise wird die hebungsbedingte Labilisierung weiter verstärkt. Potentielle Instabilitäten treten häufig im Sommer auf, wenn die bodennahe feuchtwarme Luft zusätzlich durch die solare Einstrahlung stark erwärmt wird.

4.2 Schichtungsstabilität und Temperaturadvektion

Führt man einen Größenvergleich der in der Wärmegleichung (3.33) vorkommenden Terme durch, dann stellt sich heraus, dass häufig die horizontale Temperaturadvektion $-\mathbf{v}_h \cdot \nabla_h T$ einen wesentlichen Beitrag zur lokalen zeitlichen Temperaturänderung $\partial T/\partial t$ liefert. Die Stärke der Temperaturadvektion ist hierbei lediglich abhängig von der Horizontalkomponente des Winds, die senkrecht zu den Isothermen weht, d. h. parallel oder antiparallel zum Temperaturgradienten.

An einer *aerologischen Station* kann durch Interpretation des Höhenverlaufs des horizontalen Winds ermittelt werden, in welchen Schichten der Atmosphäre *Warm-* oder *Kaltluftadvektion* erfolgt. Die Ursache für diese Interpretationsmöglichkeit liegt darin begründet, dass der horizontale Wind weitgehend gleich dem geostrophischen Wind ist, dieser sich aber bei Warm- bzw. Kaltluftadvektion mit der Höhe nach rechts bzw. links dreht. Die näheren Zusammenhänge hierzu werden in Abschn. 4.5 erläutert. Aus dem Auftreten von Temperaturadvektion kann man wiederum auf Änderungen der vertikalen Schichtungsstabilität schließen.

Abb. 4.2 zeigt verschiedene Beispiele von Horizontalwinden, die jeweils in vier verschiedenen Höhenniveaus $z_1 < z_2 < z_3 < z_4$ vorliegen. Die Verbindung der Endpunkte der Windvektoren wird als *Hodograph* oder *Hodogramm* bezeichnet. Aus der Änderung der Windrichtung von einem Niveau zum darüberliegenden lässt sich schließen, ob in der entsprechenden Schicht warme oder kalte Luft herantransportiert wird. Die Fläche zwischen zwei Windvektoren ist hierbei ein Maß für die Stärke der advektiven Temperaturänderung. Je größer die Fläche ist, umso stärker ist die dazugehörige Kalt- bzw. Warmluftadvektion. In den Abb. 4.2a–c ist die

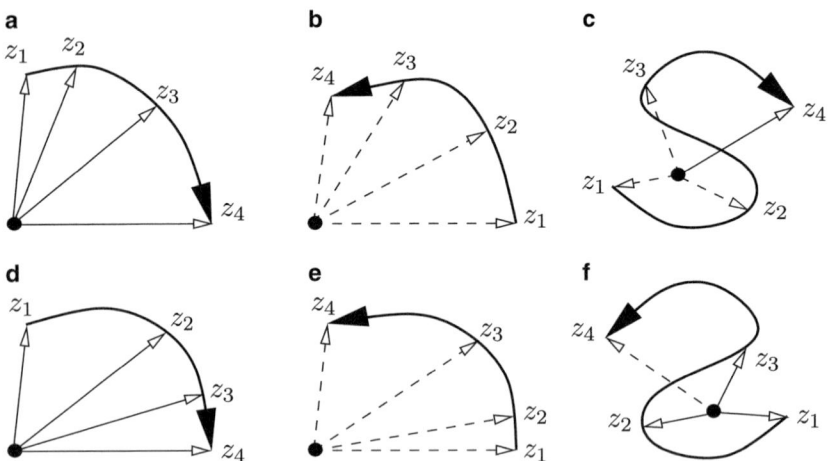

Abb. 4.2 Verschiedene Beispiele von Hodographen. **a** Warmluftadvektion, mit der Höhe zunehmend, **b** Kaltluftadvektion, mit der Höhe abnehmend, **c** Warmluftadvektion über Kaltluftadvektion, **d** Warmluftadvektion, mit der Höhe abnehmend, **e** Kaltluftadvektion, mit der Höhe zunehmend, **f** Kaltluftadvektion über Warmluftadvektion

4.3 Barotropie und Baroklinität

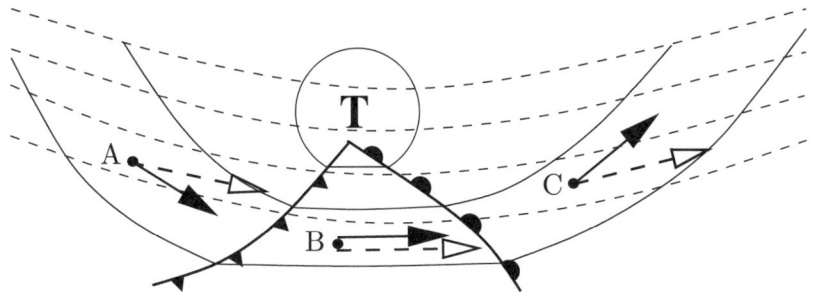

Abb. 4.3 Orte mit unterschiedlichen Hodogrammen innerhalb eines Tiefdruckgebiets. *Durchgezogene Linien* (*Pfeile*): Bodendruck (Bodenwind), *gestrichelte Linien* (*Pfeile*): Isohypsen (Höhenströmung)

horizontale Temperaturadvektion in den einzelnen Niveaus derart, dass eine *advektive Stabilisierungstendenz* der Atmosphäre vorliegt. Die Abb. 4.2d–f zeigen den umgekehrten Fall der *advektiven Labilisierungstendenz*.

In Abb. 4.3 ist ein Bodentief zusammen mit den darüberliegenden Isohypsen dargestellt. Hodogramme an den Punkten A, B und C würden folgende horizontale Windverteilung mit zugehöriger Temperaturadvektion liefern:

A: Linksdrehung des horizontalen Winds mit der Höhe.
  In diesem Bereich findet Kaltluftadvektion statt. Da hierbei die kalte Luft vor allem in der Höhe einfließt, ist dieser Vorgang mit einer Labilisierungstendenz verbunden.
B: Zunahme der Windstärke mit der Höhe ohne Drehung.
  Hier findet keine Advektion von Luftmassen unterschiedlicher Temperatur statt. Wegen der Zunahme der Windstärke mit der Höhe befindet sich die kalte Luft im Tiefdruckgebiet und die warme Luft im Gebiet mit höherem Luftdruck.
C: Rechtsdrehung des horizontalen Winds mit der Höhe.
  Hier liegt Warmluftadvektion vor, was einer Stabilisierungstendenz gleichkommt.

4.3 Barotropie und Baroklinität

Bei der Beschreibung atmosphärischer Zustandsänderungen tauchen immer wieder die beiden Begriffe *Barotropie* und *Baroklinität* auf. Von einer *barotropen Atmosphäre* spricht man, wenn die *Isopyknen*, d. h. die Linien konstanter Luftdichte, parallel zu den Isobaren verlaufen. Andernfalls liegt eine *barokline Atmosphäre* vor. Bei Barotropie gilt demnach, dass ρ lediglich eine Funktion des Drucks ist, $\rho = \rho(p)$. Aufgrund der Gültigkeit der idealen Gasgleichung (3.25) und gemäß der Definitionsgleichung der potentiellen Temperatur (3.36) gilt bei Barotropie auch

$T = T(p)$ bzw. $\theta = \theta(p)$, so dass sich die Bedingung für Barotropie oder Baroklinität folgendermaßen formulieren lässt

$$\nabla \psi \times \nabla p \begin{cases} = 0 & \text{Barotropie} \\ \neq 0 & \text{Baroklinität} \end{cases}, \qquad \psi = \rho, T, \theta \tag{4.7}$$

Einfache Beispiele barotroper Situationen sind die homogene ($\rho = const$), die isotherme ($T = const$) oder die trockenadiabatisch geschichtete ($\theta = const$) Atmosphäre.

Unter der Annahme barotroper Verhältnisse kann man zeigen, dass bei Gültigkeit der hydrostatischen Approximation sowie bei Höhenunabhängigkeit des horizontalen Winds zu einem bestimmten Anfangszeitpunkt die in der Atmosphäre ablaufenden Prozesse für alle Zeiten höhenunabhängig sind (s. z. B. Zdunkowski und Bott 2003). Das bedeutet, dass sich die Atmosphäre wie ein zweidimensionales Medium verhält, in dem nur noch horizontale Heterogenitäten der Zustandsvariablen möglich sind. Für die numerische Simulation der barotropen Atmosphäre ergeben sich hieraus erhebliche Vereinfachungen des Rechenaufwands, da es genügt, das Gleichungssystem nur noch in einem einzigen Höhenniveau zu lösen. Die daraus resultierende drastische Vereinfachung der tatsächlich ablaufenden Vorgänge führte in den Anfängen der numerischen Wettervorhersage aufgrund der damals stark limitierten Computerressourcen zur Entwicklung der *barotropen Modelle*. Mit diesen einfachen Wettervorhersagemodellen gelang es bereits in den 1960er Jahren, die Verlagerungen großräumiger Druckgebilde über einen kurzen Zeitraum erstaunlich gut zu prognostizieren. Allerdings waren die Modelle natürlich nicht in der Lage, wichtige barokline Entwicklungsprozesse, wie beispielsweise die *Frontogenese* oder die *Zyklogenese*, zu simulieren. Das gelang erst mit der Einführung der *baroklinen Modelle* in den 1970er Jahren.

Normalerweise ist die Atmosphäre baroklin geschichtet, wobei die Intensität der Baroklinität sehr starken raumzeitlichen Schwankungen unterworfen ist (s. auch Abschn. 8.2). Barotropie ist ein atmosphärischer Gleichgewichtszustand, der bei ungestört ablaufenden Prozessen zwar angestrebt, allerdings meistens nicht erreicht wird, da gleichzeitig immer andere Prozesse existieren, die Baroklinität erzeugen und damit dem Gleichgewicht entgegenwirken. Anders ausgedrückt bedeutet dies, dass Baroklinität als ein Maß für die Abweichung der Atmosphäre vom barotropen Gleichgewichtszustand angesehen werden kann. Baroklinität stellt den Antrieb für atmosphärische Entwicklungsprozesse dar. Diese laufen umso intensiver ab, je stärker die Baroklinität ist.

In Kap. 8 wird ausführlich diskutiert, dass auf der globalen Skala Baroklinität in erster Linie durch die raumzeitlich variierende Erwärmung der Erde entsteht, die auf die unterschiedlich starke solare Einstrahlung zurückzuführen ist. Dieser Vorgang stellt den Antrieb für die gesamte großräumige Zirkulation dar. Hierbei werden die im äquatorialen Bereich erzeugten Energieüberschüsse in die polaren Regionen transportiert, in denen aufgrund der thermischen Emission der Erde und wegen der geringen solaren Einstrahlung ein Energiedefizit vorliegt.

4.3 Barotropie und Baroklinität

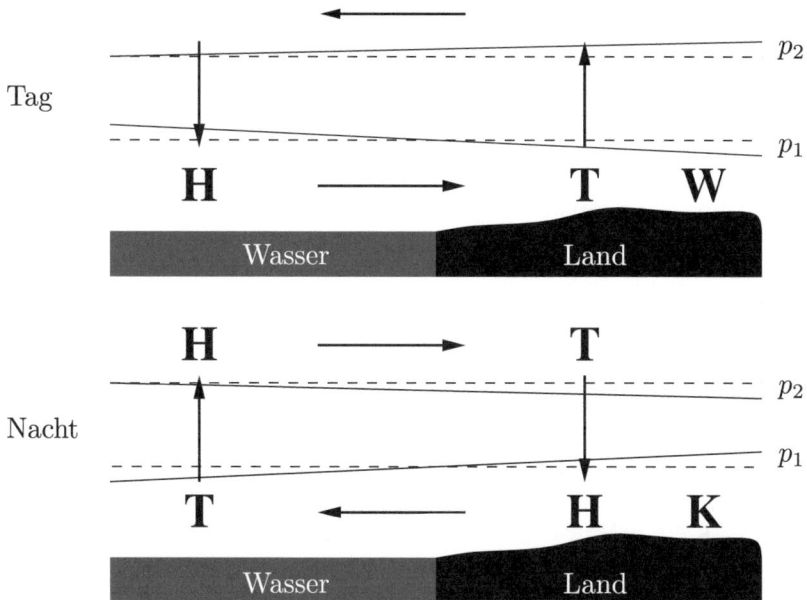

Abb. 4.4 Land-Seewind Zirkulation

Neben den durch Baroklinität erzeugten großskaligen Zirkulationsmustern existieren weiterhin zahlreiche kleinräumige Strömungssysteme, die durch die immer wieder neu erzeugte Baroklinität angetrieben werden. Dazu gehören z. B. die *Berg- und Talwinde* oder die *Land-Seewind Zirkulation*. Hierbei handelt es sich um lokale *thermisch direkte Zirkulationssysteme*, bei denen warme Luft aufsteigt und kalte Luft absinkt.

Als Beispiel einer thermisch direkten Zirkulation wird die Land-Seewind Zirkulation kurz beschrieben. Die hierbei entstehenden Strömungen sind in Abb. 4.4 schematisch dargestellt. In einer windschwachen Wetterlage mit nahezu horizontal verlaufenden Isobaren (gestrichelte Linien) werde tagsüber die Landoberfläche durch die solare Einstrahlung erwärmt. Aufgrund der im Vergleich zur Luft hohen Wärmekapazität des Wassers bleibt die Wassertemperatur weitgehend konstant. Durch die Erwärmung über Land erniedrigt sich die Dichte der Luft, was dort in der Höhe zu einer vertikalen Anhebung der Isobaren führt (durchgezogene p_2-Linie). Hierdurch entsteht in der Höhe ein horizontaler Druckgradient, der eine horizontale Strömung vom Land zum Wasser induziert. Das führt wiederum zu einem Massenabfluss über Land, was dort in einer Erniedrigung des Bodendrucks resultiert (durchgezogene p_1-Linie). Gleichzeitig erhöht sich durch den Massenzufluss in der Höhe der Bodendruck über der Wasseroberfläche. Die daraus resultierenden horizontalen Druckgradienten induzieren in Bodennähe einen landeinwärts gerichteten *Seewind*. Insgesamt entsteht die im oberen Bild wiedergegebene geschlossene lokale Zirkulation. Nachts stellt sich die umgekehrte Situation ein (Abb. 4.4 unten). Jetzt kühlt sich die Landoberfläche aufgrund der thermischen Ausstrahlung des Erdbodens relativ stark ab, während die Wassertemperatur wieder nahezu konstant bleibt. Die tagsüber aufgebauten lokalen Druckunterschiede in der Höhe und am Boden drehen sich um, und es entsteht ein zum Wasser gerichteter *Landwind*.

Die Berg- und Talwind Zirkulation wird ebenfalls durch die solare Einstrahlung während des Tages und die nächtliche infrarote Ausstrahlung angetrieben. Hierbei kommt es bei intensiver solarer Einstrahlung tagsüber zu einer starken Erwärmung der Berghänge, die die Wärme an die darüber liegende Luft abgeben. Die erwärmte Luft steigt entlang der Hänge auf, was ein Nachströmen der Luft aus dem Tal zur Folge hat (*Talwind*). Umgekehrt führt die thermische Ausstrahlung der Berghänge während der Nacht zu einer Abkühlung der darüberliegenden Luftschichten, die daraufhin entlang der Hänge ins Tal abgleiten (*Bergwind*). Die durch die Schwerkraft der Erde angetriebenen Abwinde von kalter und damit relativ schwerer Luft werden als *katabatische Winde* bezeichnet. Die Luft kann jedoch nur dann entlang der Hänge bis ins Tal absinken, wenn die Strahlungsabkühlung stärker ist als die durch das trockenadiabatische Absinken der Luft induzierte Erwärmung. In klaren Winternächten können in ungünstigen Lagen, wie etwa windgeschützten Hochtälern, durch Kaltluftabflüsse entlang der Hänge extrem niedrige Temperaturen im Talboden erreicht werden. Der Funtensee im Nationalpark Berchtesgaden ist hierfür ein sehr gutes Beispiel.

Die tagsüber erwärmte Luft führt zu einer Labilisierung der atmosphärischen Grenzschicht, so dass turbulente Durchmischungsprozesse das Aufgleiten der Luft forcieren. Deshalb ist der Talwind ebenso wie der Seewind normalerweise stärker ausgeprägt als die in der Nacht weitgehend ohne turbulente Zusatzeffekte entstehenden kühlen Gegenströmungen in Form des Berg- bzw. Landwinds. Weiterhin bilden sich tagsüber in den Aufstiegsgebieten der warmen Luft konvektive Wolken mit eventuellen schauerartigen Niederschlägen. Nachdem die thermische Zirkulation gegen Abend zum Erliegen gekommen ist, lösen sich die Wolken wieder auf. In Abschn. 8.1 wird nochmals näher auf thermische Zirkulatiossysteme eingegangen.

Fronten und *Frontalzonen* stellen wegen der dort angetroffenen hohen Temperaturgradienten Bereiche mit stärkster Baroklinität dar. Godson (1951) führte hierfür den Begriff *hyperbarokline Zone* ein. Allerdings kann die Baroklinität nicht ständig weiter anwachsen. Irgendwann bilden sich Prozesse, die versuchen, die in einem Gebiet im Laufe der Zeit entstandene Baroklinität wieder abzubauen. Bei großskaligen Prozessen kann hierbei eine Form der *Welleninstabilität* auftreten, die man als *barokline Instabilität* bezeichnet. Hierauf wird in Abschn. 9.5 ausführlich eingegangen.

Neben baroklinen können auch *barotrope Instabilitäten* auftreten. Während die barokline Instabilität mit einer vertikalen Scherung des horizontalen Winds verbunden ist (s. Abschn. 4.5), entsteht barotrope Instabilität bei starker horizontaler Windscherung. Deshalb werden beide Instabilitäten auch als *Scherungs-Instabilitäten* bezeichnet. Eine notwendige Voraussetzung für das Auftreten von barotroper Instabilität besteht darin, dass die Grundströmung einen Wendepunkt im Strömungsprofil aufweist.[2] Aus diesem Grund spricht man hierbei auch von *Wendepunkt-Instabilität*

---

[2] Beispielsweise muss für eine in x-Richtung verlaufende zonale Grundströmung $u(y)$ gelten $\partial^2 u / \partial y^2 = 0$.

(*inflection point instability*). Da in einer barotropen Atmosphäre keine innere (und damit auch keine potenzielle) Energie zur Umwandlung in kinetische Energie zur Verfügung steht, muss die kinetische Energie der *barotropen Wirbel* aus der kinetischen Energie der Grundströmung gewonnen werden (s. auch Abschn. 9.2).

In früheren Theorien wurde angenommen, dass Zyklogenesen durch barotrope Instabilitäten ausgelöst werden, da die Entwicklung häufig an der Frontalzone einsetzt (s. z. B. Bjerknes und Solberg 1922). Neben hohen Temperaturgradienten existiert dort auch eine starke horizontale Windscherung. Diese Theorien haben sich jedoch als falsch erwiesen. Um die bei der Zyklogenese entstehenden, mitunter hohen Windgeschwindigkeiten erzeugen zu können, muss ein Teil der potenziellen Energie in kinetische Energie umgewandelt werden. Das ist, wie gerade erwähnt, in einer barotropen Atmosphäre nicht möglich. Demnach ist für den Beginn einer Zyklogenese nicht die horizontale, sondern die vertikale Scherung des Horizontalwinds von großer Bedeutung.

4.4 Horizontale Gleichgewichtswinde

Die Entstehung von Wind ist das Ergebnis der Wirkung unterschiedlicher Kräfte auf die atmosphärische Luftmasse. Gemäß der Bewegungsgleichung (3.43) wirken auf ein Luftpaket die *Druckgradientkraft*, die *Schwerkraft*, die *Reibungskraft* und die *Corioliskraft*. Bei letzterer handelt es sich um eine *Scheinkraft*, die nur in dem beschleunigten Bezugssystem der rotierenden Erde auftritt. Im Fall gekrümmter Bahnkurven des Luftpakets tritt als weitere Scheinkraft noch die *Zentrifugalkraft* hinzu.[3] Häufig befinden sich verschiedene Kräfte mehr oder weniger im Gleichgewicht miteinander. In diesen Situationen stellen sich typische, dieses Gleichgewicht beschreibende Winde ein. Die unterschiedlichen Kräftegleichgewichte sind in starkem Maße abhängig von der betrachteten raumzeitlichen Skala, die von wenigen Dekametern bis hin zur planetaren Skala reichen kann. Im Folgenden werden die wichtigsten horizontalen Gleichgewichtswinde vorgestellt, die sich bei unterschiedlichen Kräftegleichgewichten einstellen.

4.4.1 Der geostrophische Wind

Mit Hilfe der Skalenanalyse lässt sich zeigen, dass auf der synoptischen Skala in der *horizontalen Bewegungsgleichung* der Beschleunigungsterm klein gegenüber den anderen Termen ist (s. Abschn. 3.5). Setzt man in (3.44), (3.46) und (3.47) die Beschleunigung des horizontalen Winds gleich null, dann ergibt sich ein Gleichgewicht zwischen Druckgradient- und Corioliskraft. Wie bereits erwähnt, wird der sich hierbei einstellende Wind als *geostrophischer Wind* $\mathbf{v}_g$ bezeichnet. Für viele Anwendungen genügt es, beim geostrophischen Wind die Breitenabhängigkeit des

---

[3] Die aus der Erdrotation auf ein Luftpartikel wirkende Zentrifugalkraft ist Bestandteil der Schwerkraft.

Coriolisparameters zu ignorieren. Um dies zu kennzeichnen, wird in den Fällen der geostrophische Wind als $\mathbf{v}_{g,0}$ geschrieben. Insgesamt erhält man im z-, p- und θ-System für $\mathbf{v}_g$ bzw. $\mathbf{v}_{g,0}$

(a) z-System: $\qquad \mathbf{v}_g = \dfrac{1}{\rho f}\mathbf{k} \times \nabla_h p, \qquad \mathbf{v}_{g,0} = \dfrac{1}{\rho f_0}\mathbf{k} \times \nabla_h p$

(b) p-System: $\qquad \mathbf{v}_g = \dfrac{1}{f}\mathbf{k} \times \nabla_{h,p}\phi, \qquad \mathbf{v}_{g,0} = \dfrac{1}{f_0}\mathbf{k} \times \nabla_{h,p}\phi$

(c) θ-System: $\qquad \mathbf{v}_g = \dfrac{1}{f}\mathbf{k} \times \nabla_{h,\theta} M, \qquad \mathbf{v}_{g,0} = \dfrac{1}{f_0}\mathbf{k} \times \nabla_{h,\theta} M \qquad (4.8)$

Die Komponentendarstellung von $\mathbf{v}_g$ lautet im kartesischen, im natürlichen und im thermischen Koordinatensystem

(a) kartesische Koordinaten: $\qquad \mathbf{v}_g = u_g \mathbf{i} + v_g \mathbf{j}$
(b) natürliche Koordinaten: $\qquad \mathbf{v}_g = V_g \mathbf{e}_s$
(c) thermische Koordinaten: $\qquad \mathbf{v}_g = v_{g,s}\mathbf{e}_s + v_{g,n}\mathbf{e}_n \qquad (4.9)$

Im natürlichen Koordinatensystem folgt aus (3.50)b

$$V_g = -\frac{1}{\rho f}\frac{\partial p}{\partial n} \qquad (4.10)$$

In dieser Beziehung wurde berücksichtigt, dass eine unbeschleunigte Bewegung immer geradlinig verläuft, d. h. es existieren weder Tangential- noch *Zentripetalbeschleunigungen*, so dass $R_t \to \infty$.

Der geostrophische Wind beschreibt eine geradlinige unbeschleunigte Luftbewegung parallel zu den Isobaren mit dem höheren Luftdruck auf der rechten Seite, wenn man in Bewegungsrichtung schaut (s. Abb. 4.5). Für die freie Atmosphäre stellt $\mathbf{v}_g$ eine sehr gute Approximation des wahren Winds dar und kann daher zur Analyse und Diagnose von Wetterkarten herangezogen werden. Bei gegebener Verteilung von p, ϕ oder M lässt sich $\mathbf{v}_g$ leicht mit Hilfe von (4.8) berechnen. Aus diesen Gleichungen wird auch unmittelbar klar, dass mit geringer werdenden Isoplethenabständen von p, ϕ oder M der geostrophische Wind stärker wird.

Die Abweichung des geostrophischen vom wahren Wind stellt den oben bereits erwähnten *ageostrophischen Wind* dar. Somit handelt es sich, streng genommen, beim ageostrophischen Wind um einen dreidimensionalen Vektor, d. h. der Vertikalwind ist Bestandteil des ageostrophischen Winds. Da synoptisch-skalige Bewegungen jedoch weitgehend horizontal, d. h. *quasihorizontal*, verlaufen, ist bei vielen Untersuchungen nur die Horizontalkomponente des ageostrophischen Winds von Interesse. Deshalb wird im weiteren Verlauf, so wie allgemein üblich, die Differenz von geostrophischem Wind und wahrem Horizontalwind

$$\mathbf{v}_{ag} = \mathbf{v}_h - \mathbf{v}_g \qquad (4.11)$$

4.4 Horizontale Gleichgewichtswinde

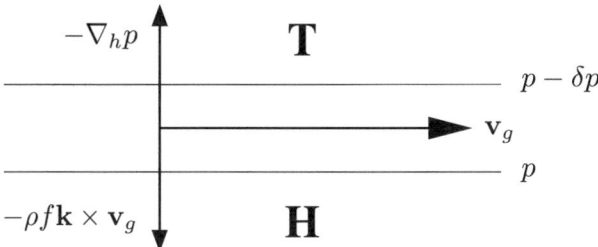

Abb. 4.5 Der aus dem Gleichgewicht zwischen Druckgradientkraft und Corioliskraft resultierende geostrophische Wind im z-System

vereinfachend als ageostrophischer Wind bezeichnet. Sollte bei bestimmten Untersuchungen die Vertikalkomponente des Winds relevant sein, dann wird gegebenenfalls noch einmal darauf hingewiesen, dass auch sie Bestandteil des ageostrophischen Winds ist.

Aus der Definition von $\mathbf{v}_g$ ergibt sich, dass in der Atmosphäre Massenumverteilungen, die mit Änderungen der Druckverteilungen, wie z. B. der Entstehung von Hoch- und Tiefdruckgebieten, verbunden sind, nicht mit dem geostrophischen Wind erfolgen können, da dieser isobarenparallel weht. Es ist letztendlich die Abweichung des wahren vom geostrophischen Wind, d. h. der ageostrophische Wind, der zu Druckänderungen und den daraus resultierenden Entwicklungen in der Atmosphäre führt.

Auf der synoptischen Skala ist der ageostrophische Wind selbst im Vergleich zum wahren Wind betragsmäßig meistens sehr klein. In der Regel ist er so klein, dass er mit normalen Beobachtungsmethoden nicht erfasst werden kann. Andererseits sind atmosphärische Entwicklungen ohne das Auftreten ageostrophischer Massenflüsse praktisch unmöglich. Pichler (1997) bezeichnete diesen Umstand als eines der Kardinalprobleme der Wettervorhersage. Um die *ageostrophischen Bewegungen* quantitativ erfassen zu können, muss auf indirekte mathematische Methoden zurückgegriffen werden. Hierauf wird zu einem späteren Zeitpunkt noch ausführlich eingegangen.

4.4.2 Der Gradientwind

Setzt man, wie beim geostrophischen Wind, die Tangentialkomponente der Beschleunigung gleich null, lässt aber gekrümmte Bahnen zu, dann stellt sich ein Gleichgewicht zwischen Druckgradient-, Coriolis- und Zentrifugalkraft ein. Der hieraus resultierende Wind wird als *Gradientwind V_G* bezeichnet. Im natürlichen Koordinatensystem erhält man aus (3.50)b

$$\frac{V_G^2}{R_t} = -\frac{1}{\rho}\frac{\partial p}{\partial n} - fV_G \tag{4.12}$$

Ebenso wie der geostrophische Wind weht V_G parallel zu den Isobaren, die allerdings jetzt gekrümmt sind. Im Gegensatz zu V_g ist der Gradientwind jedoch nicht beschleunigungsfrei, da auf gekrümmten Bahnen eine Zentripetalbeschleunigung auf das Luftpaket wirkt. Einsetzen von (4.10) in (4.12) liefert

$$\frac{V_g}{V_G} = 1 + \frac{V_G}{fR_t} \qquad (4.13)$$

Somit ist bei *zyklonaler Bewegung* ($R_t > 0$) der Betrag des Gradientwinds kleiner als der des geostrophischen Winds. Umgekehrtes gilt bei *antizyklonaler Bewegung* ($R_t < 0$). Man spricht hier vom *subgeostrophischen* und *supergeostrophischen Gradientwind*.

Beispiel: Für einen zyklonalen Gradientwind von $V_G = 0.5 V_g$ erhält man aus (4.13) $R_t = V_g/(2f)$. Setzt man hierin $V_g = 20\,\text{m s}^{-1}$ und $f = 10^{-4}\,\text{s}^{-1}$, dann ergibt sich ein *Krümmungsradius* von 100 km. Umgekehrt resultiert für gleiche Werte von V_g und f bei antizyklonaler Bewegung aus $V_G = 2V_g$ ein Krümmungsradius von $R_t = -4V_g/f$, d. h. $|R_t| = 800$ km.

Bemerkenswerterweise entspricht der zweite Ausdruck auf der rechten Seite von (4.13) der in Abschn. 3.5 eingeführten *Rossby-Zahl* (s. (3.53)). Da auf der synoptischen Skala $Ro \ll 1$, folgt hieraus, dass bei synoptischen Untersuchungen der Gradientwind in der Regel mit guter Näherung gleich dem geostrophischen Wind gesetzt werden kann.

Löst man (4.13) nach V_G auf, dann ergibt sich

$$V_G = -\frac{fR_t}{2} \pm \sqrt{\frac{f^2 R_t^2}{4} + fR_t V_g} \qquad (4.14)$$

Diese Gleichung lässt sich leicht interpretieren, wenn man berücksichtigt, dass im gewählten natürlichen Koordinatensystem immer $V_G > 0$ und $V_g > 0$ bzw. $\partial p/\partial n < 0$. Hieraus folgt, dass für zyklonale Bewegungen mit $R_t > 0$ nur das positive Vorzeichen vor dem Wurzelausdruck eine physikalisch sinnvolle Lösung liefert. Umgekehrt gilt bei antizyklonaler Strömung das negative Vorzeichen vor dem Wurzelausdruck, um zu gewährleisten, dass V_G bei verschwindender Krümmung beschränkt bleibt.

Weiterhin muss beachtet werden, dass der Ausdruck unter dem Wurzelzeichen nicht negativ werden darf. Für zyklonale Strömungen mit $R_t > 0$ stellt dies keine Einschränkung dar. Für antizyklonale Strömungen mit $R_t < 0$ muss hingegen gelten

$$-R_t = |R_t| \geq \frac{4V_g}{f} \qquad (4.15)$$

Diese Beziehung gibt betragsmäßig den minimalen Krümmungsradius eines Hochdruckgebiets an, in dem noch eine Gleichgewichtsbewegung möglich ist. Man nennt das zugehörige Hoch das *Grenzhoch*. Ein Hochdruckgebiet mit größerer Krümmung könnte bei sonst gleichen Bedingungen über einen längeren Zeitraum nicht dynamisch stabil existieren.

4.4 Horizontale Gleichgewichtswinde

Aus dem Verschwinden des Wurzelausdrucks in (4.14) erhält man

$$V_g = -\frac{fR_t}{4} \implies V_G = -\frac{fR_t}{2} = 2V_g \qquad (4.16)$$

Somit kann der antizyklonale Gradientwind betragsmäßig höchstens doppelt so groß wie der geostrophische Wind werden.

Da beim Gradientwind die Zentrifugalkraft mitberücksichtigt wird, beschreibt dieser in gekrümmten Strömungsfeldern den wahren Wind besser als der geostrophische Wind. Allerdings kann man hiervon in der Praxis kaum Gebrauch machen, denn zur Bestimmung des Gradientwinds muss die *Trajektorienkrümmung* bekannt sein. Diese lässt sich jedoch nur mit sehr großem Aufwand ermitteln. Isobaren bzw. Isohypsen stellen den Verlauf der Stromlinien dar. Diese sind nicht mit den Trajektorien der Luftpartikel zu verwechseln, sondern unterscheiden sich in der Regel von diesen. Eine eingehende Diskussion von Stromlinien und Trajektorien erfolgt in Abschn. 4.7.

4.4.3 Der Reibungswind

In den bodennahen Schichten der Atmosphäre spielen Reibungsprozesse eine wichtige Rolle. Dieser Bereich wird als die *atmosphärische* oder auch *planetare Grenzschicht* bezeichnet. Hier bewirken Reibungsvorgänge eine Abschwächung der Windgeschwindigkeit. Durch das Auftreten der Reibung stellt sich bei verschwindender Beschleunigung gemäß (3.43) ein neues horizontales Kräftegleichgewicht zwischen Druckgradientkraft, Corioliskraft und *Reibungskraft* ein (s. Abb. 4.6). Der zu diesem Gleichgewicht gehörende Wind wird auch *Reibungswind* bzw. *geotriptischer Wind* genannt.

Unter Berücksichtigung der Reibungskraft lautet das Kräftegleichgewicht gemäß (3.43)

$$-\nabla_h p - \rho f \mathbf{k} \times \mathbf{v}_h + \nabla_h \cdot \mathbb{J}_{t,h} = 0 \qquad (4.17)$$

Abb. 4.6 Kräftegleichgewicht unter dem Einfluss der Reibung

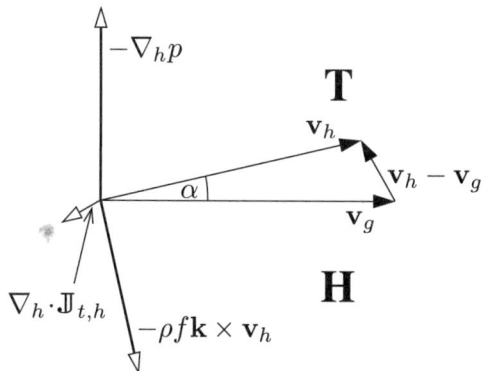

Ersetzt man in dieser Gleichung die Druckgradientkraft durch den geostrophischen Wind aus (4.8)a, dann erhält man

$$\rho f \mathbf{k} \times (\mathbf{v}_h - \mathbf{v}_g) = \rho f \mathbf{k} \times \mathbf{v}_{ag} = \nabla_h \cdot \mathbb{J}_{t,h} \qquad (4.18)$$

Hieraus ist zu sehen, dass durch Reibungskräfte der horizontale Wind eine *ageostrophische Windkomponente* erhält, die senkrecht auf der Reibungskraft steht (s. Abb. 4.6).

Gelegentlich wird (4.18) als Definitionsgleichung für den ageostrophischen Wind benutzt. Das steht jedoch nur dann im Einklang mit der eigentlichen Definition (4.11) von $\mathbf{v}_{ag}$, wenn man so wie hier Gleichgewichtswinde betrachtet, d. h. wenn die Bewegung beschleunigungsfrei verläuft. Wie in Abschn. 4.6 ausführlich diskutiert wird, existieren in großräumigen Strömungen jedoch weitaus wichtigere Prozesse als die Reibung, die wesentliche Antriebe für ageostrophische Bewegungen liefern. Beispielsweise handelt es sich bei dem in (4.13) formulierten Unterschied zwischen geostrophischem und Gradientwind auch um einen ageostrophischen Windanteil.

Der Winkel α zwischen dem wahren und dem geostrophischen Wind, der im Englischen auch *cross isobar angle* genannt wird, hängt von der Bodenbeschaffenheit ab und wird mit zunehmender Rauhigkeit immer größer. Typischerweise beträgt er über dem Meer 10 bis 20° und über Land 30°. In gebirgigem Gelände kann α auch bis zu 50° erreichen. Über dem Meer ist die Stärke des geotriptischen gegenüber dem geostrophischen Wind um etwa 20 bis 30 %, über Land um etwa 50 % reduziert. Diese nicht unerheblichen Abweichungen von Richtung und Windstärke zwischen $\mathbf{v}_h$ und $\mathbf{v}_g$ müssen bei der Interpretation von *Bodenanalysekarten* berücksichtigt werden.

Die Richtungsabweichung zwischen geotriptischem und geostrophischem Wind nimmt mit der Höhe ab, bis sie am Oberrand der Grenzschicht vollständig verschwindet. Die vertikale Änderung der horizontalen Windstärke und -richtung innerhalb der Grenzschicht lässt sich sehr gut mit Hilfe der *Ekman-Spirale* beschreiben (s. Abb. 4.7). Wie später noch gezeigt wird, spielt der geotriptische Wind bei der reibungsbedingten Auflösung von Zyklonen und Antizyklonen eine wichtige Rolle (s. Abschn. 10.1).

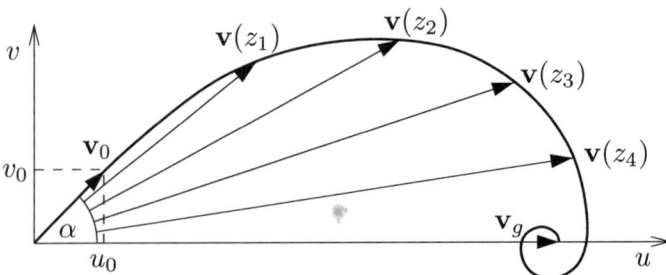

Abb. 4.7 Die Ekman-Spirale. $\mathbf{v}_0 = u_0\mathbf{i} + v_0\mathbf{j}$ ist der Wind am Erdboden, z_i sind unterschiedliche Höhenniveaus mit $z_i > z_{i-1}$

4.4.4 Der zyklostrophische und der antitriptische Wind

Bei kleinskaligen Phänomenen ist die Wirkung der Corioliskraft vernachlässigbar gering (s. Abschn. 3.5). Auf dieser Skala können aus einem Gleichgewicht zwischen Druckgradient- und Zentrifugalkraft starke Rotationsbewegungen resultieren, wie beispielsweise *Staubteufel*, *Windhosen* oder *Tornados*. Der sich dabei einstellende Gleichgewichtswind wird als *zyklostrophischer Wind* bezeichnet.

Unter bestimmten topographischen Bedingungen, wie z. B. im Gebirge oder in engen Fjorden, kann sich bei Vernachlässigung der Corioliskraft ein Gleichgewicht zwischen Reibungskraft und Druckgradientkraft einstellen. In diesem Fall lässt sich aus (4.17) mit Hilfe geeigneter Beziehungen für den *turbulenten Reibungstensor* als Funktion der horizontalen Windgeschwindigkeit, d. h. $\mathbb{J}_{t,h} = \mathbb{J}_{t,h}(\mathbf{v}_h)$, der *antitriptische Wind* ermitteln. Dieser weht senkrecht zu den Isobaren vom hohen zum tiefen Druck. Beispiele antitriptischer Winde sind der oben bereits angesprochene *Berg- und Talwind* oder die kleinräumige *Land-Seewind Zirkulation*.

4.5 Der thermische Wind

Die Geopotentialdifferenz zwischen zwei Druckflächen (p_0, p_1), die man auch als *Schichtdicke* bzw. *relative Topographie* bezeichnet, ergibt sich durch Integration der hydrostatischen Grundgleichung im p-System (3.56)b als

$$D = \phi_1 - \phi_0 = R_0 \int_{p_1}^{p_0} T_v d \ln p \implies D = R_0 \ln\left(\frac{p_0}{p_1}\right) \overline{T}_v \qquad (4.19)$$

Hierbei ist $\overline{T}_v$ die virtuelle *barometrische Mitteltemperatur*, die einen Mittelwert der virtuellen Temperatur in der betrachteten Schicht (p_0, p_1) darstellt. Da die relative Topographie proportional zu $\overline{T}_v$ ist, kann sie als ein geeignetes Hilfsmittel zur Ermittlung von *thermischen Frontalzonen* herangezogen werden. Diese verlaufen genau dort, wo die relativen Isohypsen am dichtesten gedrängt sind. In der meteorologischen Praxis wird insbesondere die relative Topographie 500/1000 hPa, zur Analyse von Bodenfronten herangezogen (s. auch Abschn. 11.7).

Betrachtet man zwei verschiedene Höhenniveaus u (unteres Niveau) und o (oberes Niveau) in der Atmosphäre, dann lässt sich mit Hilfe von (4.8)b und (4.19) die vertikale Änderung des geostrophischen Winds darstellen als

$$\Delta \mathbf{v}_g = \mathbf{v}_{g,o} - \mathbf{v}_{g,u} = \frac{1}{f} \mathbf{k} \times \nabla_{h,p}(\phi_o - \phi_u)$$

$$= \frac{1}{f} \mathbf{k} \times \nabla_{h,p} D = \frac{R_0}{f} \ln\left(\frac{p_u}{p_o}\right) \mathbf{k} \times \nabla_{h,p} \overline{T}_v \qquad (4.20)$$

Der Differenzwind $\Delta \mathbf{v}_g$ weht demnach parallel zu den horizontalen Isothermen der virtuellen Mitteltemperatur auf konstanten Druckflächen mit der wärmeren Luft

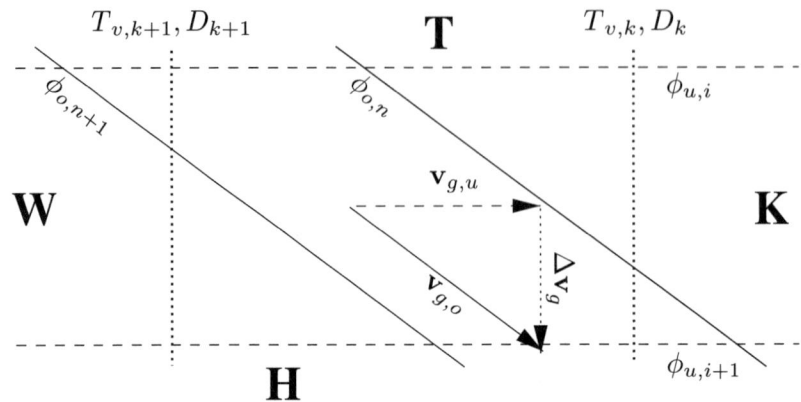

Abb. 4.8 Zur Ableitung des thermischen Winds $\mathbf{v}_{th}$

zur Rechten. Dieser Wind wird deshalb auch als *thermischer Wind* $\mathbf{v}_{th}$ bezeichnet. Abb. 4.8 gibt qualitativ die Richtung des thermischen Winds wieder.

Durch Grenzübergang erhält man aus (4.20) eine Beziehung für die vertikale Scherung des geostrophischen Winds, die als *thermische Windgleichung* bezeichnet wird. Für die drei Koordinatensysteme der Tangentialebene mit den Vertikalkoordinaten (z, p, θ) sind die jeweiligen thermischen Windgleichungen gegeben durch

(a) z-System: $\quad \dfrac{\partial \mathbf{v}_g}{\partial z} = \dfrac{g}{fT_v}\mathbf{k} \times \nabla_{h,p} T_v$

(b) p-System: $\quad \dfrac{\partial \mathbf{v}_g}{\partial p} = -\dfrac{R_0}{fp}\mathbf{k} \times \nabla_{h,p} T_v$

(c) θ-System: $\quad \dfrac{\partial \mathbf{v}_g}{\partial \theta} = \dfrac{1}{f}\mathbf{k} \times \nabla_{h,\theta} \Pi \qquad (4.21)$

wobei Π die in (3.40) eingeführte *Exner-Funktion* ist.

Aus der relativen Lage von Isothermen und Isohypsen zueinander lassen sich verschiedene Formen der vertikalen Änderung des geostrophischen Winds ermitteln. Diese sind in Abb. 4.9 zusammengefasst. In Abb. 4.9a (4.9b) verlaufen Isothermen und Isobaren parallel zueinander mit der kälteren (wärmeren) Luft auf der Seite des Tiefdruckgebiets. Gemäß (4.20) nimmt der geostrophische Wind betragsmäßig mit der Höhe zu (ab), ändert seine Richtung jedoch nicht. In Abb. 4.9c dreht der geostrophische Wind mit der Höhe nach rechts. In diesem Fall wird warme Luft herantransportiert, man spricht von *Warmluftadvektion* (WLA). Abb. 4.9d zeigt den umgekehrten Fall der *Kaltluftadvektion* (KLA), bei der der geostrophische Wind mit der Höhe nach links dreht.

Verschwindet der isobare Gradient der virtuellen Temperatur, dann bleibt der geostrophische Wind konstant mit der Höhe. In diesem Fall liegt ein *barotroper* Zustand der Atmosphäre vor im Gegensatz zu den in Abb. 4.9 dargestellten Situationen mit *barokliner Atmosphäre*. Ein weiterer Spezialfall entsteht, wenn der

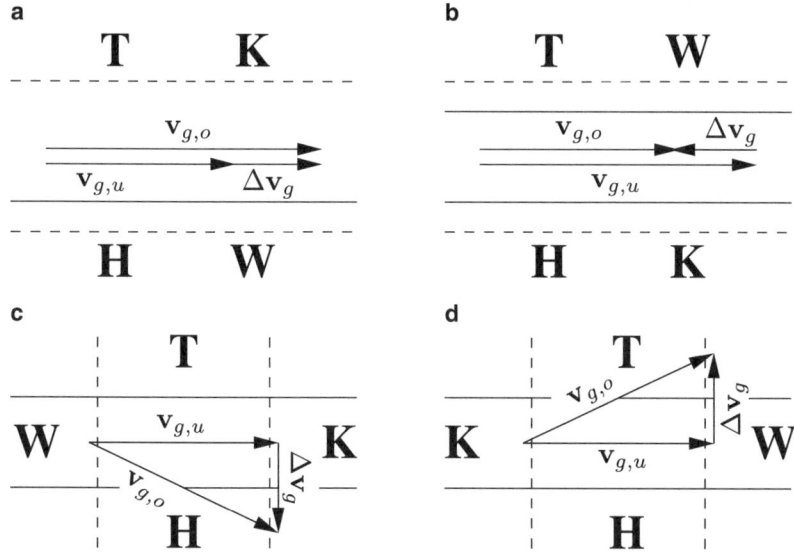

Abb. 4.9 Relative Lage von Isothermen (*gestrichelt*) und Isohypsen (*durchgezogen*) zueinander und daraus resultierende vertikale Änderung des geostrophischen Winds

geostrophische und der thermische Wind parallel verlaufen (Abb. 4.9a, b). In dem Fall liegt zwar eine barokline Atmosphäre vor, aber trotzdem findet keine Temperaturadvektion statt, wenn man die Temperaturadvektion durch den ageostrophischen Wind einmal außer Acht lässt. Diese Situation wird auch als *äquivalent-barotrope Atmosphäre* bezeichnet.

4.6 Der ageostrophische Wind

Wie bereits erwähnt, kann bei Untersuchungen synoptisch-skaliger Strömungen der horizontale Wind mit sehr guter Näherung durch den geostrophischen Wind ersetzt werden, d. h. die ageostrophische Windstärke v_{ag} ist vergleichsweise gering. Trotzdem ist v_{ag} von herausragender Bedeutung für die Dynamik der Atmosphäre, da praktisch alle Entwicklungen mit ageostrophischen Massenflüssen verbunden sind. Gemäß (4.8) weht der geostrophische Wind isobaren- bzw. isohypsenparallel, so dass $\mathbf{v}_g \cdot \nabla_h p = 0$ bzw. $\mathbf{v}_g \cdot \nabla_{h,p}\phi = 0$. Somit lässt sich leicht einsehen, dass Massenflüsse, die zu Änderungen der räumlichen Druck- bzw. Geopotentialverteilung führen, nicht mit dem geostrophischen Wind erfolgen können. Vielmehr muss hierfür eine ageostrophische Windkomponente existieren.

In diesem Abschnitt werden die Eigenschaften des ageostrophischen Winds und die sich daraus ergebenden Interpretationsmöglichkeiten des atmosphärischen Strömungsverhaltens näher untersucht. Hierbei richtet sich das Hauptaugenmerk auf die mit dem Beschleunigungsterm in der horizontalen Bewegungsgleichung verbundenen Anteile des ageostrophischen Winds.

Reibungsprozesse werden bei den Betrachtungen zunächst noch außer Acht gelassen. Obwohl sie im Wesentlichen nur innerhalb der atmosphärischen Grenzschicht von Bedeutung sind, können auch sie eine wichtige Rolle für die in der freien Troposphäre ablaufenden Vorgänge spielen. Beispielsweise wird die auch als *Zyklolyse* bezeichnete Auflösung von Zyklonen oft maßgeblich durch Reibungsvorgänge innerhalb der planetaren Grenzschicht gesteuert. Die näheren Zusammenhänge werden in Abschn. 10.1 eingehend erörtert.

4.6.1 Approximationsformen der horizontalen Bewegungsgleichung

Der Umstand, dass auf der synoptischen Skala der geostrophische Wind weitgehend gleich dem wahren Wind ist, kann dazu verwendet werden, in den *horizontalen Bewegungsgleichungen* $\mathbf{v}$ bzw. $\mathbf{v}_h$ durch den geostrophischen Wind zu ersetzen. Da die Windgeschwindigkeit in diesen Gleichungen in mehreren Termen auftritt, kann man verschiedene Näherungsformen der Bewegungsgleichungen ableiten, indem man jeweils unterschiedliche Terme mit Hilfe des geostrophischen Winds approximiert. Auf diese Weise lassen sich teilweise beachtliche Vereinfachungen erzielen.

Bei den in das Gleichungssystem einzuführenden Approximationen sollte man jedoch mit großer Sorgfalt vorgehen. Zum einen muss man dafür sorgen, dass hierdurch nicht wichtige, aus ageostrophischen Bewegungen resultierende Effekte in den Gleichungen verloren gehen. Zum anderen ist es auch von sehr großer Bedeutung, darauf zu achten, dass durch die vorgenommenen Näherungen inhärente integrale Eigenschaften des Systems, wie z. B. die Massen- und Energieerhaltung, nach Möglichkeit beibehalten werden. Dies gilt insbesondere dann, wenn die genäherten Gleichungen für ein numerisches Vorhersagemodell verwendet werden sollen.

Vernachlässigt man in den Bewegungsgleichungen alle ageostrophischen Windanteile, dann sind in dem dadurch approximierten System keine Vertikalbewegungen mehr möglich, denn wie bereits erwähnt, stellen auch sie einen Anteil des ageostrophischen Winds dar. Da in dieser Situation praktisch keine atmosphärischen Entwicklungen mehr stattfinden können, stellt die vollständige Streichung des ageostrophischen Winds eine relativ unbrauchbare Näherung für die Bewegungsgleichung dar. Dennoch lassen sich auch hiermit noch verschiedene fundamental wichtige atmosphärische Prozesse, wie z. B. die barotropen *Rossby-Wellen*, beschreiben.

In der *quasigeostrophischen Theorie* wird lediglich $\mathbf{v}_{ag}$ als sehr klein gegenüber $\mathbf{v}_g$ angenommen und an den entsprechenden Stellen ignoriert. Als Folge hiervon verbleiben in den Gleichungen noch einige Terme, die auch Vertikalbewegungen enthalten. Deshalb spricht man hier auch von der **quasi**geostrophischen Betrachtungsweise. Verschiedene atmosphärische Phänomene, wie z. B. Fronten und Frontalzonen, lassen sich mit der quasigeostrophischen Theorie jedoch nicht immer

4.6 Der ageostrophische Wind

zufriedenstellend beschreiben. Der Grund hierfür besteht darin, dass es sich dabei um Strukturen handelt, die horizontal sehr unterschiedliche Erstreckungen besitzen, so dass die quasigeostrophischen Annahmen nicht in allen horizontalen Richtungen berechtigt sind. Zur Untersuchung solcher Prozesse ist die in der *semigeostrophischen Theorie* verwendete Form der Bewegungsgleichung besser geeignet (Eliassen 1948, Hoskins 1975). Hierbei wird nur in einer der beiden horizontalen Achsenrichtungen von den quasigeostrophischen Annahmen Gebrauch gemacht.

In diesem Abschnitt wird die horizontale Bewegungsgleichung so umgeschrieben, dass sie mühelos für das geostrophisch approximierte Gleichungssystem oder für das quasigeostrophische bzw. semigeostrophische Modell verwendet werden kann. Die Theorien selbst werden erst in späteren Kapiteln eingehend diskutiert. Die im Folgenden abgeleiteten Beziehungen gelten für beliebige (s, n, p)-Systeme der Tangentialebene.[4] Dadurch ist es möglich, gegebenenfalls physikalisch definierte Koordinaten mit einem beliebigen raumzeitlichen Verlauf zu verwenden. Da die Untersuchungen auf der synoptischen Skala erfolgen, können die Krümmungen der Koordinatenlinien jedoch nicht beliebig große Werte annehmen.

Führt man in die horizontale Bewegungsgleichung (3.46) den geostrophischen Wind $\mathbf{v}_{g,0}$ gemäß (4.8)b ein, dann erhält man[5]

(a) $\quad \dfrac{d\mathbf{v}_h}{dt} + f_\beta \mathbf{k} \times \mathbf{v}_{g,0} = -f \mathbf{k} \times \mathbf{v}_{ag} \quad$ oder

(b) $\quad \dfrac{d\mathbf{v}_{g,0}}{dt} + \dfrac{d\mathbf{v}_{ag}}{dt} + f_\beta \mathbf{k} \times \mathbf{v}_{g,0} + (f_0 + f_\beta)\mathbf{k} \times \mathbf{v}_{ag} = 0 \qquad (4.22)$

mit $\mathbf{v}_h = \mathbf{v}_{g,0} + \mathbf{v}_{ag}$ und $f = f_0 + f_\beta$. Der Term f_β beschreibt die Breitenabhängigkeit des Coriolisparameters. Im kartesischen Koordinatensystem der Tangentialebene gilt gemäß (3.11) $f_\beta = \beta y$. In einem beliebigen (s, n, p)-System wird bei Betrachtungen in der f-*Ebene* $f_\beta = 0$ gesetzt, während in der β-*Ebene* der Term $\nabla_h f_\beta$ als konstant angenommen wird.

Unter Verwendung der *geostrophischen Form der Euler'schen Entwicklung*, die definiert ist als[6]

$$\frac{d_g}{dt} = \frac{\partial}{\partial t} + \mathbf{v}_{g,0} \cdot \nabla_h \qquad (4.23)$$

und bei Aufspaltung des *Advektionsterms* von $d\mathbf{v}_{g,0}/dt$ in seine geostrophischen und ageostrophischen Anteile ergibt sich aus (4.22)b

$$\frac{d_g \mathbf{v}_{g,0}}{dt} + \delta_2 \mathbf{v}_{ag} \cdot \nabla_h \mathbf{v}_{g,0} + \delta_2 \omega \frac{\partial \mathbf{v}_{g,0}}{\partial p} + \delta_3 \frac{d\mathbf{v}_{ag}}{dt}$$
$$+\delta_0 f_\beta \mathbf{k} \times \mathbf{v}_{g,0} + \delta_1 f_0 \mathbf{k} \times \mathbf{v}_{ag} + \delta_3 f_\beta \mathbf{k} \times \mathbf{v}_{ag} = 0 \qquad (4.24)$$

---

[4] Für das (s, n, z)-System würde man analoge Ergebnisse erhalten.
[5] Die Verwendung von $\mathbf{v}_{g,0}$ anstatt $\mathbf{v}_g$ hat den Vorteil, dass $\mathbf{v}_{g,0}$ im Gegensatz zu $\mathbf{v}_g$ divergenzfrei ist (s. Abschn. 5.2).
[6] Zur Vereinfachung wird im Folgenden der das p-System beschreibende Index $_p$ am horizontalen Nablaoperator weggelassen.

Die hier eingeführten Parameter $\delta_i, i = 0 \ldots, 3$ sollen dazu dienen, eine schrittweise Vereinfachung der horizontalen Bewegungsgleichung zu ermöglichen, indem unterschiedliche δ-Werte gleich null gesetzt werden. Setzt man alle $\delta_i = 1$, dann erhält man wieder die ungenäherte Form (4.22) der Bewegungsgleichung.

Um aus (4.24) geeignete Näherungsformen abzuleiten, bietet sich die bereits in Abschn. 3.5. vorgestellte Skalenanalyse an. In der quasigeostrophischen Theorie wird die Magnitude von $\mathbf{v}_{g,0}$ gleich der von $\mathbf{v}_h$ gesetzt, die von $\mathbf{v}_{ag}$ jedoch um eine Größenordnung kleiner als die von $\mathbf{v}_h$ angenommen. Mit Hilfe der in Tab. 3.1 eingeführten charakteristischen Größenordnungen ergibt sich somit $\hat{u}_g = 10 \, \text{m s}^{-1}$ und $\hat{u}_{ag} = 1 \, \text{m s}^{-1}$. Die horizontale Längenskala wird wie zuvor in alle Richtungen als 10^6 m angenommen.

In der semigeostrophischen Theorie wird eine horizontale Richtungsabhängigkeit der Magnituden von $\mathbf{v}_{g,0}$, $\mathbf{v}_{ag}$ und der horizontalen Längenskala eingeführt. Während in einer der beiden horizontalen Achsenrichtungen des (s, n, p)-Systems die horizontale Längenskala und die Magnituden der beiden Windkomponenten so wie in der quasigeostrophischen Theorie gewählt werden, wird in der dazu senkrechten Richtung die horizontale Längenskala um eine Größenordnung kleiner, d. h. als 10^5 m, angenommen und für die ageostrophische Windkomponente die gleiche Größenordnung wie für den geostrophischen Wind angesetzt. Diese Werte sind in Anlehnung an die typischerweise an Frontalzonen vorgefundenen Größenordnungen gewählt worden, da dort die semigeostrophische Theorie in erster Linie zum Einsatz kommen wird. In Kap. 11 werden die Eigenschaften von Fronten und Frontalzonen eingehend diskutiert.

In der semigeostrophischen Theorie erfolgen die Untersuchungen in der f-Ebene, so dass wegen $f_\beta = 0$ der letzte Term auf der linken Seite von (4.24) ignoriert wird. Dieser Term entfällt jedoch auch in der quasigeostrophischen Theorie bei Betrachtungen nicht nur in der f-, sondern auch in der β-Ebene, da er um eine Größenordnung kleiner ist als der entsprechende drittletzte Term auf der linken Seite von (4.24). Weiterhin kann man zeigen, dass für die auf der synoptischen Skala geltende Bedingung kleiner Rossby-Zahlen, d. h. $Ro \ll 1$, die ageostrophische Beschleunigung vernachlässigt werden kann, (s. z. B. Hoskins 1975). Insgesamt ergibt sich hieraus, dass sowohl in der quasigeostrophischen als auch in der semigeostrophischen Theorie die beiden mit δ_3 multiplizierten Terme in (4.24) immer ignoriert werden können, was durch $\delta_3 = 0$ erreicht wird.

Da die Magnitude des horizontalen Nablaoperators sich aus dem Kehrwert der horizontalen Längenskala ergibt, ist in der semigeostrophischen Theorie die Magnitude des Ausdrucks $\mathbf{v}_{ag} \cdot \nabla_h \mathbf{v}_{g,0}$ so groß wie die des Ausdrucks $\mathbf{v}_{g,0} \cdot \nabla_h \mathbf{v}_{g,0}$. Weiterhin lässt sich mit Hilfe der Kontinuitätsgleichung im p-System (3.30) leicht zeigen, dass die Magnituden der beiden mit δ_2 multiplizierten Terme etwa gleich groß sind, so dass insgesamt in der semigeostrophischen Theorie beide Terme berücksichtigt werden. In der quasigeostrophischen Theorie können sie dagegen vernachlässigt werden. Ignoriert man in (4.24) alle mit $\delta_i, i = 1, 2, 3$ multiplizierten Terme, entspricht dies der Streichung aller ageostrophischen Windanteile. Ob der mit δ_0 multiplizierte Term in den Gleichungen beibehalten wird oder nicht, ist gleichbedeutend mit der Fragestellung, ob die Untersuchungen in der f- oder der β-Ebene stattfinden.

Bei Betrachtungen in der f-Ebene ($\delta_0 = 0$) folgt für $\delta_3 = 0$ und $\delta_1 = \delta_2 = 1$ aus (4.24) die in der semigeostrophischen Theorie verwendete Form der horizontalen Bewegungsgleichung, die erstmals von Eliassen (1948) als mögliche Näherung der horizontalen Bewegungsgleichung vorgeschlagen wurde

$$\frac{d_g \mathbf{v}_{g,0}}{dt} + \mathbf{v}_{ag} \cdot \nabla_h \mathbf{v}_{g,0} + \omega \frac{\partial \mathbf{v}_{g,0}}{\partial p} = \frac{d \mathbf{v}_{g,0}}{dt} = -f_0 \mathbf{k} \times \mathbf{v}_{ag} \qquad (4.25)$$

Diese Approximationsform von (4.22) wird künftig als die *semigeostrophische Bewegungsgleichung* bezeichnet.[7] In völliger Analogie zur hydrostatischen Approximation, bei der die Vertikalbeschleunigung ignoriert wird, die Vertikaladvektionsterme aber dennoch in den Gleichungen enthalten sind, wird in der semigeostrophischen Theorie zwar die ageostrophische Beschleunigung vernachlässigt, die Horizontaladvektion mit dem ageostrophischen Wind bleibt jedoch Bestandteil der Modellgleichungen.

Setzt man in (4.24) $\delta_0 = \delta_1 = 1$ und $\delta_2 = \delta_3 = 0$, dann erhält man die *quasigeostrophische Bewegungsgleichung*

$$\frac{d_g \mathbf{v}_{g,0}}{dt} + f_\beta \mathbf{k} \times \mathbf{v}_{g,0} = -f_0 \mathbf{k} \times \mathbf{v}_{ag} \qquad (4.26)$$

Wie bereits erwähnt, ist diese Gleichung zur Beschreibung frontogenetischer Prozesse weniger gut geeignet als die semigeostrophische Bewegungsgleichung, da gerade die in (4.25) im Advektionsterm von $d\mathbf{v}_{g,0}/dt$ berücksichtigten ageostrophischen Anteile bei der Frontverlagerung eine wichtige Rolle spielen (s. Abschn. 11.3). Eliassen (1948) stellte bereits fest, dass hierin ein sehr wichtiger Vorteil der semigeostrophischen gegenüber der quasigeostrophischen Bewegungsgleichung besteht.

Neben der Vernachlässigung der ageostrophischen Horizontaladvektion von $\mathbf{v}_{g,0}$ fällt in (4.26) insbesondere auf, dass alle Vertikalbewegungen, die ja ebenfalls einen ageostrophischen Bestandteil von $\mathbf{v}$ darstellen, in der Bewegungsgleichung außer Acht gelassen werden. Das bedeutet jedoch nicht, dass in der quasigeostrophischen Theorie grundsätzlich keine vertikalen Bewegungen mehr stattfinden. Denn wäre das der Fall, dann gäbe es kaum Möglichkeiten, mit Hilfe dieser Theorie Entwicklungsprozesse, wie beispielsweise die Zyklogenese und Antizyklogenese, realistisch zu beschreiben. In Kap. 6 wird eingehend erörtert, wie es in der quasigeostrophischen Theorie gelingt, dennoch Vertikalbewegungen im System zu berücksichtigen.

Vernachlässigt man in (4.24) alle ageostrophischen Bewegungen, indem man $\delta_i = 0, i = 1, 2, 3$ setzt, dann ergibt sich in der β-Ebene, d. h. für $\delta_0 = 1$

$$\frac{d_g \mathbf{v}_{g,0}}{dt} + f_\beta \mathbf{k} \times \mathbf{v}_{g,0} = 0 \qquad (4.27)$$

---

[7] Hoskins (1975) nannte (4.25) die geostrophische Bewegungsgleichung.

Tab. 4.2 Verschiedene Näherungsformen der horizontalen Bewegungsgleichung und mögliche Anwendungsbereiche

Näherungsform	δ_0	δ_1	δ_2	δ_3	δ_4	Anwendungen
Synoptische Skala	1	1	1	1	1	alle
Adiabasie	1	1	1	1	0	adiabatische Prozesse
Semigeostrophisch	0	1	1	0	1	Frontalzonen
Quasigeostrophisch	1	1	0	0	1	barokline Prozesse
Geostrophisch	1	0	0	0	0	barotrope Prozesse
Diagnostisch	0	0	0	0	0	geostr. Gleichgewicht

Hieraus lässt sich die *divergenzfreie barotrope Form der Vorticitygleichung* ableiten (s. Abschn. 5.3). Somit kann (4.27) als Ausgangsgleichung zur Herleitung barotroper Rossby-Wellen dienen (s. Abschn. 9.2). Setzt man schließlich in (4.24) alle $\delta_i = 0$, dann resultiert geostrophisches Gleichgewicht, d. h.

$$\frac{d_g \mathbf{v}_{g,0}}{dt} = 0 \implies \mathbf{v}_{g,0} = const \tag{4.28}$$

In dieser Situation finden überhaupt keine atmosphärischen Entwicklungen mehr statt und es besteht *geostrophisches Gleichgewicht*. Somit handelt es sich bei (4.28) um eine für die Prognose unbrauchbare und daher nicht weiter betrachtete Näherung der Bewegungsgleichung.

Tab. 4.2 fasst die unterschiedlichen Approximationsformen der horizontalen Bewegungsgleichung und ihre wichtigsten Anwendungsgebiete zusammen. Neben den hier angesprochenen Werten δ_i, $i = 1, 2, 3$ ist mit δ_4 die weiter unten noch angesprochene Möglichkeit diabatischer oder adiabatischer Prozesse in der Tabelle mit aufgenommen.

Die Gleichungen (4.25)–(4.27) stellen unterschiedliche Approximationsstufen der horizontalen Bewegungsgleichung (4.22) dar, die durch zunehmende Streichung von Termen mit ageostrophischen Windanteilen und die Verwendung der f- oder β-Ebene erreicht wurden. Es liegt auf der Hand, dass die Leistungsfähigkeit der einzelnen Gleichungen mit zunehmender Approximationsstufe immer weiter abnimmt.

Um die Wirkungsweise des ageostrophischen Winds in den unterschiedlichen Approximationsformen der horizontalen Bewegungsgleichung zu verdeutlichen, werden im Folgenden die beiden Gleichungen (4.22)a und (4.25) bei Betrachtung in der f-Ebene näher erörtert. Die Gleichungen (4.26) bzw. (4.27) werden im nächsten Abschnitt bzw. in Abschn. 9.2 diskutiert. Aus (4.22)a ist direkt zu sehen, dass individuelle zeitliche Änderungen des horizontalen Winds, die ein Luftteilchen in der Strömung erfährt, mit ageostrophischen Partikelbewegungen verbunden sind. Hierbei wirkt die aus der Summe von Druckgradient- und Corioliskraft resultierende Kraft $\mathbf{F}_{ag} = -f \mathbf{k} \times \mathbf{v}_{ag}$ immer in der Art, dass geostrophisches Gleichgewicht erreicht werden soll, d. h. $\mathbf{v}_h \to \mathbf{v}_{g,0}$.

Als Beispiel für dieses Verhalten wird die in Abb. 4.10 dargestellte Situation betrachtet. Die anfängliche Strömungskonfiguration sei durch Abb. 4.10a gege-

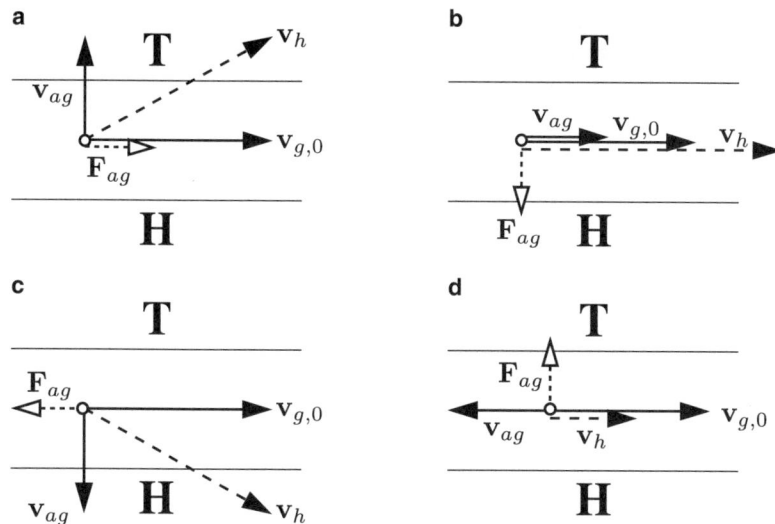

Abb. 4.10 Horizontalwind v_h, geostrophischer Wind $v_{g,0}$, ageostrophische Windkomponente v_{ag} und resultierende Kraft F_{ag}

ben, d. h. zunächst weht ein zum tiefen Druck hin gerichteter horizontaler Wind. Gemäß (4.22)a wirkt F_{ag} derart, dass v_h betragsmäßig zunimmt und nach rechts dreht. Hieraus ergebe sich nach einer gewissen Zeit Richtungsgleichheit von v_h und $v_{g,0}$ (Abb. 4.10b). Da v_h jedoch supergeostrophisch ist, wird der Wind durch die Corioliskraft weiter nach rechts abgelenkt und es entsteht die in Abb. 4.10c dargestellte Situation. Jetzt erfährt v_h durch F_{ag} eine negative Beschleunigung, d. h. die Windstärke nimmt ab und dadurch auch die *Coriolisablenkung*, so dass der Wind allmählich in die Richtung des geostrophischen Winds zurückdreht, bis am Ende $v_h = v_{g,0}$ und $F_{ag} = 0$.

Aus (4.25) lässt sich schließen, dass in einem Strömungsfeld, in dem sich ein Luftpartikel parallel zum geostrophischen Wind aber mit supergeostrophischer Geschwindigkeit bewegt, der geostrophische Wind in Strömungsrichtung gesehen immer nach rechts dreht (s. Abb. 4.10b). Hieraus folgt, dass in Hochdruckgebieten ein *supergeostrophischer Wind* wehen muss. Umgekehrtes gilt in Tiefdruckgebieten, wo der geostrophische Wind immer nach links dreht, so dass dort der horizontale Wind *subgeostrophisch* ist (s. Abb. 4.10d). Dieses Strömungsverhalten, das den in Abschn. 4.4 bereits diskutierten *Gradientwind* beschreibt, wird bei der in Abschn. 4.7 erfolgenden Untersuchung von Trajektorien und Stromlinien noch einmal deutlich.

Schließlich kann man aus (4.25) noch sehen, dass ein Luftpartikel, welches in einem Strömungsfeld eine individuelle zeitliche Zunahme des geostrophischen Winds ohne Richtungsänderung erfährt, eine zum tiefen Druck hin gerichtete ageostrophische Windkomponente besitzt (Abb. 4.10a). Bei einer zeitlichen Abnahme von $v_{g,0}$

hingegen zeigt $\mathbf{v}_{ag}$ zum hohen Druck (Abb. 4.10c). Typische, später noch eingehend diskutierte Beispiele hierfür sind die Strömungsverhältnisse am Ein- und Ausgang von *Jetstreaks*. Hierbei handelt es sich um Bereiche, in denen der *Jetstream* ein lokales Maximum aufweist, (Näheres hierzu s. Abschn. 8.3).

4.6.2 Der ageostrophische Wind bei horizontaler Bewegung

In diesem Abschnitt wird die aus der quasigeostrophischen Form der horizontalen Bewegungsgleichung resultierende Wirkung des ageostrophischen Winds untersucht. Durch die Verwendung von (4.26) wird der Einfluss von Vertikalbewegungen auf $\mathbf{v}_{ag}$ außer Acht gelassen. Auf diese Effekte wird im folgenden Abschnitt kurz eingegangen. Vektorielle Multiplikation von (4.26) mit dem vertikalen Einheitsvektor $\mathbf{k}$ liefert unmittelbar

$$\mathbf{v}_{ag} = \left(1 - \frac{f}{f_0}\right)\mathbf{v}_{g,0} + \frac{1}{f_0}\mathbf{k} \times \frac{d_g \mathbf{v}_{g,0}}{dt} \qquad (4.29)$$

Der zweite Term auf der rechten Seite von (4.29) lässt sich weiter umformen. Ohne hier auf die Details einzugehen, wird das Endergebnis angegeben[8]

$$\mathbf{v}_{ag} = \mathbf{v}_h - \mathbf{v}_{g,0} = \mathbf{v}_{ag}(1) + \mathbf{v}_{ag}(2) + \mathbf{v}_{ag}(3) + \mathbf{v}_{ag}(4)$$

mit

$$\mathbf{v}_{ag}(1) = \left(1 - \frac{f}{f_0}\right)\mathbf{v}_{g,0}, \qquad \mathbf{v}_{ag}(2) = -\frac{1}{f_0^2}\nabla_h \frac{\partial \phi}{\partial t}$$

$$\mathbf{v}_{ag}(3) = \frac{1}{2f_0^3}\mathbf{k} \times \nabla_h(\nabla_h \phi)^2, \qquad \mathbf{v}_{ag}(4) = -\frac{1}{f_0^2}\mathbf{v}_{g,0}\nabla_h^2 \phi \qquad (4.30)$$

Hieraus ist zu erkennen, dass $\mathbf{v}_{ag}$ aus vier Bestandteilen besteht, deren Wirkungsweise jetzt näher erläutert wird.

1) Der Breiteneffekt

Der erste Term $\mathbf{v}_{ag}(1)$ von (4.30) beschreibt den Breiteneffekt. Abb. 4.11 veranschaulicht die Wirkung dieses Terms. Wenn an der gestrichelten Linie $f = f_0$ ist, dann bewirkt an den Punkten A und C der ageostrophische Windanteil $\mathbf{v}_{ag}(1)$ eine Verringerung von $\mathbf{v}_h$ gegenüber $\mathbf{v}_{g,0}$, während am Punkt B das Umgekehrte der Fall ist. Auf diese Weise versucht sich ein Luftpartikel bei meridionaler Auslenkung dem geostrophischen Wind anzupassen, wenn dieser sich lediglich durch die Breitenvariation des Coriolisparameters ändert.

---

[8] Eine detaillierte Ableitung dieser Gleichung ist in Philipps (1939) sowie in Zdunkowski und Bott (2003) zu finden.

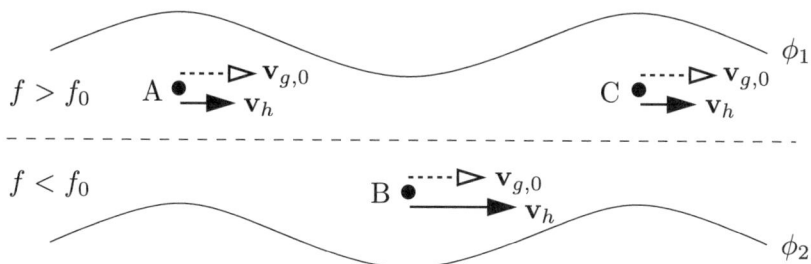

Abb. 4.11 Zur Erklärung des Breiteneffekts, Term $\mathbf{v}_{ag}(1)$ aus Gleichung (4.30)

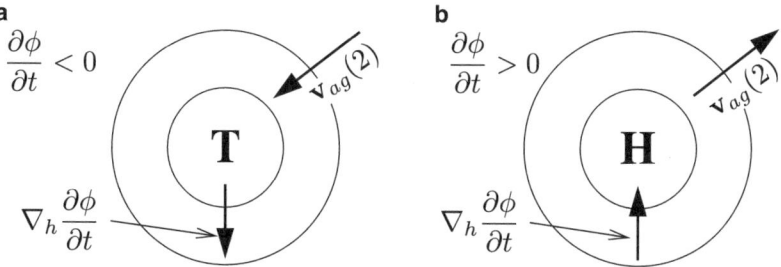

Abb. 4.12 Zur Erklärung des Drucktendenzeffekts, Term $\mathbf{v}_{ag}(2)$ aus Gleichung (4.30)

2) Der Drucktendenzeffekt

Die Wirkung des Drucktendenzterms, ausgedrückt durch $\mathbf{v}_{ag}(2)$, wird in Abb. 4.12 erläutert. Dargestellt sind Linien konstanter lokaler zeitlicher Änderung der Isohypsen. Die entsprechenden Isolinien $\partial \phi / \partial t = const$ (bzw. $\partial p / \partial t = const$ im z-System) werden als *Isallobaren* bezeichnet. In einer Region mit fallendem Luftdruck (Abb. 4.12a) zeigt der Gradient $\nabla_h (\partial \phi / \partial t)$ vom Zentrum des Druckfallgebiets nach außen (vgl. Abb. 3.6). In dieser Situation ist der Term $\mathbf{v}_{ag}(2)$, der auch als *isallobarischer Wind* bezeichnet wird, gemäß (4.30) zum Zentrum hin gerichtet. Für das Bodendruckfeld bedeutet dies, dass der mit $\mathbf{v}_{ag}$ verbundene Massentransport ins Zentrum des sich verstärkenden Tiefs hinein aus Kontinuitätsgründen zu aufsteigenden Luftbewegungen führt, was mit Wolken- und Niederschlagsbildung einhergeht. Abb. 4.12b zeigt den umgekehrten Fall eines Gebiets mit steigendem Luftdruck, in dem die Luft absinkt und damit Wolkenauflösungen induziert werden.

Der isallobarische Wind lässt sich auch leicht aus Abb. 4.10a erkennen, wenn man in (4.25) annimmt, dass die totale zeitliche Ableitung von $\mathbf{v}_{g,0}$ lediglich durch $\partial \mathbf{v}_{g,0} / \partial t$ gegeben ist. In diesem Fall führt eine Erhöhung des Druckgradienten am festen Ort zu einer Verstärkung von $\mathbf{v}_{g,0}$, was gemäß Abb. 4.10a mit einem zum tiefen Druck hin gerichteten ageostrophischen Wind einhergeht. Der isallobarische Wind spielt bei der Verlagerung von Fronten eine große Rolle, da, wie später gezeigt wird, deren Verlagerungsgeschwindigkeit durch die frontsenkrechte Komponente des isallobarischen Winds gegeben ist.

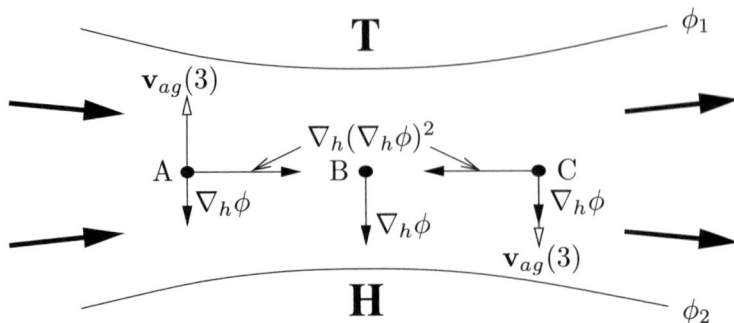

Abb. 4.13 Zur Erklärung des Konfluenz- und Diffluenzeffekts, Term $\mathbf{v}_{ag}(3)$ aus Gleichung (4.30)

3) Der Konfluenz- und Diffluenzeffekt

Dieser Effekt, ausgedrückt durch den Term $\mathbf{v}_{ag}(3)$ in (4.30), wird mit Hilfe von Abb. 4.13 verdeutlicht. Ein sich zunächst im geostrophischen Gleichgewicht bewegendes Luftpartikel wird, wenn es in eine *Konfluenzzone*, d. h. eine Zone mit zusammenlaufenden Isohypsen (Isobaren), gerät, eine stärkere Druckgradientkraft erfahren und somit zum tiefen Druck hin beschleunigt (s. Punkt A in Abb. 4.13). Unter der Annahme, dass sich das Partikel am Punkt B wieder im geostrophischen Gleichgewicht befindet, wird es bei Erreichen des *Diffluenzgebiets* am Punkt C wieder nach rechts abgelenkt, da an dieser Stelle der Druckgradient wieder niedriger ist, so dass die Corioliskraft überwiegt. Zusammenfassend lässt sich sagen: Im Konfluenzgebiet ist die ageostrophische Windkomponente zum tiefen und im Diffluenzgebiet zum hohen Druck hin gerichtet. Demnach entspricht die in Abb. 4.10a dargestellte Situation der Strömung im Konfluenzgebiet, während Abb. 4.10c die Verhältnisse im Diffluenzgebiet wiedergibt.

Der Konfluenz- und Diffluenzeffekt spielt eine große Rolle bei der Zyklogenese. Im Bereich eines Jetstreaks wird im Konfluenzgebiet aufgrund der ageostrophischen Massenflüsse Hebung auf der antizyklonalen Seite der Frontalzone erzwungen. Ähnliches gilt für die zyklonale Seite des Diffluenzgebiets. Diese Bereiche sind somit bevorzugte Orte für zyklogenetische Vorgänge. Die näheren Zusammenhänge werden in Abschn. 10.1 noch eingehend erörtert.

4) Der Krümmungseffekt

Schließlich beschreibt der vierte Term $\mathbf{v}_{ag}(4)$ aus (4.30) den Krümmungseffekt und ist in Abb. 4.14 graphisch dargestellt. Da $\nabla_h^2 \phi$ negativ im Hoch und positiv im Tief ist, lässt sich leicht nachvollziehen, dass $\mathbf{v}_h > \mathbf{v}_{g,0}$ an den Punkten A und C, während $\mathbf{v}_h < \mathbf{v}_{g,0}$ am Punkt B, wenn man gleichzeitig annimmt, dass an den Wendepunkten der Isohypsen der Horizontalwind geostrophisch ist. Dieses Verhalten steht im Einklang damit, dass der *Gradientwind* bei zyklonaler Strömung subgeostrophisch und bei antizyklonaler Strömung supergeostrophisch ist (vgl. Abschn. 4.4).

Ein Vergleich von Krümmungs- und Breiteneffekt zeigt, dass die beiden daraus resultierenden ageostrophischen Windanteile sich gegenseitig kompensieren. Wel-

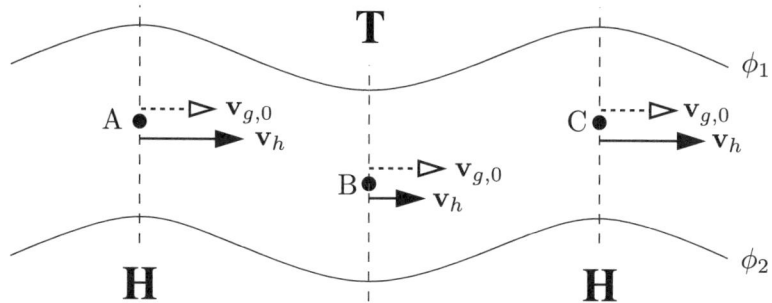

Abb. 4.14 Zur Erklärung des Krümmungseffekts, Term $v_{ag}(4)$ aus Gleichung (4.30)

cher der beiden Effekte überwiegt, hängt von der Wellenlänge und Amplitude der betrachteten Welle ab. Je kürzer die Wellenlänge ist, umso stärker wirkt der Krümmungseffekt. Da hierbei auf der Trogvorderseite zwischen B und C der Horizontalwind beschleunigt wird, entsteht horizontale Divergenz in der Höhenströmung. Das führt zu einem *Hebungsantrieb* an der Trogvorderseite. An der Trogrückseite ist aufgrund der horizontalen Konvergenz zwischen A und B mit Absinkbewegungen zu rechnen.

4.6.3 Der Einfluss der Vertikalbewegung auf v_{ag}

Berücksichtigt man bei der individuellen zeitlichen Änderung des geostrophischen Winds nur den vertikalen Advektionsterm, dann erhält man aus (4.25) zusammen mit der thermischen Windgleichung (4.21)b, ausgedrückt für $\mathbf{v}_{g,0}$ und trockene Luft

$$\mathbf{v}_{ag} = \frac{\omega}{f_0}\mathbf{k} \times \frac{\partial \mathbf{v}_{g,0}}{\partial p} = \frac{\omega R_0}{f_0^2 p}\nabla_h T \qquad (4.31)$$

Bei einem thermischen Wind in Richtung von $\mathbf{v}_{g,0}$ führt die ageostrophische Windkomponente zu einer seitlichen Auslenkung des vertikal bewegten Luftpartikels. Bei Rechtsdrehung des geostrophischen Winds mit der Höhe, d. h. bei Warmluftadvektion, zeigt der ageostrophische Wind in die Richtung des geostrophischen Winds, falls Hebung stattfindet ($\omega < 0$). Somit ist in diesem Fall der wahre Wind supergeostrophisch. Bei Absinkbewegung hingegen ist mit $\omega > 0$ der wahre Wind subgeostrophisch. Analoge Verhältnisse stellen sich bei Kaltluftadvektion, d. h. bei Linksdrehung des geostrophischen Winds mit der Höhe, ein.

Abb. 4.15 veranschaulicht die verschiedenen Situationen. So wie in Abb. 4.10 ist hier zusätzlich die Kraft $\mathbf{F}_{ag}$ eingezeichnet. Aus der Abbildung oder auch aus (4.31) lässt sich leicht erkennen, dass $\mathbf{F}_{ag}$ bei Hebung (Absinken) immer parallel (antiparallel) zu $\Delta \mathbf{v}_{g,0}$ gerichtet ist. Ebenso kann man unmittelbar sehen, dass bei Hebung $\mathbf{v}_{ag}$ immer vom Warmluft- zum Kaltluftgebiet gerichtet ist und umgekehrt bei Ab-

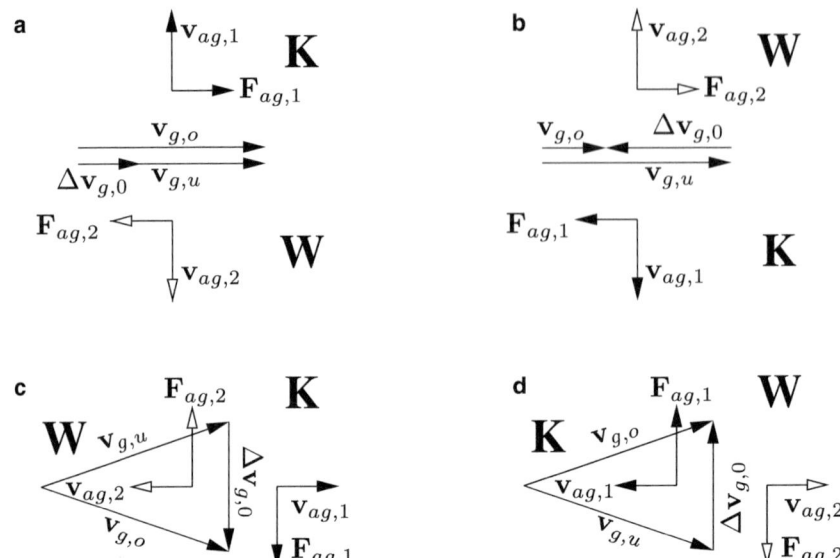

Abb. 4.15 Einfluss der Vertikalbewegungen auf die ageostrophische Windkomponente v_{ag}. $v_{ag,1} = v_{ag}(\omega < 0)$, $v_{ag,2} = v_{ag}(\omega > 0)$

sinkbewegungen. Dieser Vorgang bewirkt eine Drehung der Geschwindigkeit des vertikal verschobenen Luftpakets in Richtung der neuen geostrophischen Gleichgewichtslage. Durch diese Geschwindigkeits- und Richtungsänderungen versucht sich das vertikal bewegte Partikel an seinem neuen Ort der dort jeweils vorliegenden geostrophischen Strömung anzupassen.

Beispiel: Es liege die in Abb. 4.15c dargestellte Situation vor, d. h. Warmluftadvektion, bei der $v_{g,0}$ mit der Höhe nach rechts dreht. Aufgrund von (4.31) verläuft bei Hebungsbewegungen v_{ag} vom warmen zum kalten Gebiet, so dass F_{ag} zum hohen Druck hin gerichtet ist und das aufsteigende Luftpartikel ebenfalls eine Rechtsdrehung erfährt. Betrachtet man nochmals das in Abb. 4.3 dargestellte Tiefdruckgebiet, dann erkennt man, dass am Punkt A der ageostrophische Wind nach rechts zum hohen Luftdruck und am Punkt C nach links zum tiefen Luftdruck gerichtet ist. Dieses Verhalten deckt sich mit entsprechenden Beobachtungen von Kiefer und Fischer (1971).

4.6.4 Geostrophische Antriebe ageostrophischer Bewegungen

Weitere tiefgehende Einblicke in die Zusammenhänge zwischen geostrophischen und ageostrophischen Bewegungen erhält man, wenn man das *thermische Windgleichgewicht* und den *ersten Hauptsatz der Thermodynamik* in die Betrachtungen miteinbezieht. Für $v_{g,0}$ (und trockene Luft) ergibt sich analog zu (4.21)b aus (4.8)b

4.6 Der ageostrophische Wind

und unter Verwendung der Definitionsgleichung (3.36) für die potentielle Temperatur

$$\mathbf{v}_{th} = \frac{\partial \mathbf{v}_{g,0}}{\partial p} = \frac{1}{f_0}\mathbf{k} \times \nabla_{h,p}\frac{\partial \phi}{\partial p} = -\gamma \mathbf{k} \times \nabla_h \theta \qquad (4.32)$$

mit

$$\gamma = \frac{1}{f_0 \rho \theta} = \frac{R_0 \Pi}{f_0 c_p p} = \frac{R_0}{f_0 p_0}\left(\frac{p_0}{p}\right)^{c_v/c_p} \qquad (4.33)$$

Somit ist γ auf isobaren Flächen konstant. Da (4.8) als eine Definitionsbeziehung für den geostrophischen Wind angesehen werden kann, ist die Gültigkeit der thermischen Windgleichung (4.32) eine direkte Konsequenz der im System verwendeten hydrostatischen Approximation. Aus der Forderung, dass (4.32) zu allen Zeiten gelten soll, ergibt sich

$$\frac{d\mathbf{v}_{th}}{dt} = \frac{d}{dt}(-\gamma \mathbf{k} \times \nabla_h \theta) \qquad (4.34)$$

Auch in der Wärmegleichung lassen sich die semigeostrophischen bzw. quasigeostrophischen Näherungen einbringen. Dazu wird die individuelle zeitliche Änderung der potentiellen Temperatur in ihre geostrophischen und ageostrophischen Anteile aufgespalten und anschließend eine Skalenanalyse durchgeführt. Man erhält

$$\frac{d_g \theta}{dt} + \delta_2 \mathbf{v}_{ag} \cdot \nabla_h \theta + \delta_1 \omega \frac{\partial \theta}{\partial p} = \delta_4 \dot{\theta} \qquad (4.35)$$

wobei $\dot{\theta}$ durch (3.41) gegeben ist. Wie man sieht, wurde der Term, der die Horizontaladvektion von θ mit $\mathbf{v}_{ag}$ beschreibt, mit δ_2 multipliziert, um anzudeuten, dass er, ähnlich wie der entsprechende Term in (4.24), im semigeostrophischen, nicht aber im quasigeostrophischen Modell berücksichtigt werden muss. Der Vertikaladvektionsterm von θ wurde dagegen mit δ_1 multipliziert, so dass er auch in der quasigeostrophischen Theorie verwendet wird. Zwar ist die Magnitude der Vertikaladvektion um eine Größenordnung kleiner als die der geostrophischen Horizontaladvektion. Jedoch muss auch beachtet werden, dass sich auf der synoptischen Skala die vertikalen und horizontalen räumlichen Änderungen der potentiellen Temperatur durchaus um eine Größenordnung unterscheiden können, so dass auch in der quasigeostrophischen Theorie der vertikale Advektionsterm beibehalten wird. Schließlich wurde der *Diabatenterm* auf der rechten Seite von (4.35) mit δ_4 multipliziert, um zwischen *adiabatischen* ($\delta_4 = 0$) und *diabatischen Prozessen* ($\delta_4 = 1$) unterscheiden zu können.

An dieser Stelle sollte nochmals darauf hingewiesen werden, dass man sicherlich keinen Fehler macht, wenn man Terme in den Gleichungen belässt, die sich durch die Skalenanalyse als vernachlässigbar klein herausgestellt haben. Umgekehrtes gilt natürlich nicht. Allerdings muss auch beachtet werden, dass am Ende noch die geforderten integralen Eigenschaften des Systems, wie z. B. die Massen- oder Energieerhaltung, beibehalten werden.

Zunächst wird eine Situation betrachtet, in der es keine ageostrophischen Bewegungen gebe und zudem Adiabasie vorliege, d. h. $\delta_1 = \delta_2 = \delta_4 = 0$ in (4.35). Wendet man in dem Fall auf (4.28) den Operator $\partial/\partial p$ und auf (4.35) den Operator $-\gamma \mathbf{k} \times \nabla_h$ an, dann erhält man unter Verwendung der Vertauschungsrelationen (3.16)

$$\frac{d_g \mathbf{v}_{th}}{dt} + \mathbf{v}_{th} \cdot \nabla_h \mathbf{v}_{g,0} = \frac{d_g}{dt}(-\gamma \mathbf{k} \times \nabla_h \theta) - \gamma \mathbf{k} \times \nabla_h \mathbf{v}_{g,0} \cdot \nabla_h \theta = 0 \quad (4.36)$$

Wegen der Divergenzfreiheit des geostrophischen Winds und mit Hilfe der thermischen Windgleichung (4.32) lässt sich zeigen, dass

$$f_0 \mathbf{v}_{th} \cdot \nabla_h \mathbf{v}_{g,0} = f_0 \gamma \mathbf{k} \times \nabla_h \mathbf{v}_{g,0} \cdot \nabla_h \theta = \mathbf{Q} \times \mathbf{k} \quad (4.37)$$

Bei der hier auftauchenden Größe $\mathbf{Q}$ handelt es sich um den von Hoskins et al. (1978) erstmals eingeführten *Q-Vektor*, der für die weiteren Betrachtungen eine zentrale Rolle spielt. Aus (4.37) ergibt sich die Definitionsbeziehung des Q-Vektors

$$\mathbf{Q} = -f_0 \gamma \nabla_h \mathbf{v}_{g,0} \cdot \nabla_h \theta \quad (4.38)$$

Mit Hilfe von (4.38) kann man leicht zeigen, dass bei adiabatischen Bewegungen der Q-Vektor auch geschrieben werden kann als

$$\mathbf{Q} = f_0 \gamma \frac{d_g}{dt}(\nabla_h \theta) \quad (4.39)$$

Demnach beschreibt der Q-Vektor die individuelle zeitliche Änderung von $\nabla_h \theta$, die ein sich mit dem geostrophischen Wind bewegendes Luftpartikel erfährt. Hier bestehen enge Zusammenhänge zu der in Abschn. 11.5 eingeführten und eingehend diskutierten *Frontogenesefunktion*. Ebenso wird aus der Definition des Q-Vektors klar, dass er bei Barotropie verschwindet.

Einsetzen von (4.37) in (4.36) liefert

$$\frac{d_g \mathbf{v}_{th}}{dt} + \frac{1}{f_0} \mathbf{Q} \times \mathbf{k} = \frac{d_g}{dt}(-\gamma \mathbf{k} \times \nabla_h \theta) - \frac{1}{f_0} \mathbf{Q} \times \mathbf{k} \quad (4.40)$$

Aus dieser Gleichung zusammen mit (4.34) sieht man direkt, dass in einer rein geostrophischen Strömung das thermische Windgleichgewicht zeitlich nur beibehalten werden kann, wenn der Q-Vektor verschwindet. Umgekehrt bedeutet dies für den normalerweise vorliegenden Fall, bei dem $\mathbf{Q} \neq 0$, dass zur Aufrechterhaltung des thermischen Windgleichgewichts ageostrophische Bewegungen unbedingt notwendig sind.

Lässt man im System jetzt wieder ageostrophische Bewegungen zu, wendet auf (4.35) nochmals den Operator $-\gamma \mathbf{k} \times \nabla_h$ an und setzt das Ergebnis unter Benutzung

4.6 Der ageostrophische Wind

der thermischen Windgleichung (4.32) in die nach p differenzierte Gleichung (4.24) ein, dann erhält man nach einigen etwas aufwendigeren Umformungen schließlich

$$\delta_1\left(f_0^2\frac{\partial \mathbf{v}_{ag}}{\partial p} - \nabla_h(\sigma_p\omega)\right) + \delta_3 f_0\left(f_\beta\frac{\partial \mathbf{v}_{ag}}{\partial p} - \mathbf{k} \times \frac{\partial}{\partial p}\frac{d\mathbf{v}_{ag}}{dt}\right)$$
$$+\delta_2 f_0\left(\gamma\nabla_h\mathbf{v}_{ag}\cdot\nabla_h\theta - \frac{\partial \mathbf{v}_{ag}}{\partial p}\cdot\nabla_h(\mathbf{k}\times\mathbf{v}_{g,0}) - \frac{\partial}{\partial p}(\omega\gamma\nabla_h\theta)\right) = \mathbf{F}_{gd} \quad (4.41)$$

Die in dieser Gleichung auftauchende Größe σ_p ist die *hydrostatische Stabilität*, die definiert ist als

$$\sigma_p = -\frac{1}{\rho}\frac{\partial \ln\theta}{\partial p} = -f_0\gamma\frac{\partial\theta}{\partial p} \quad (4.42)$$

Auf der synoptischen Skala ist die Atmosphäre immer hydrostatisch stabil geschichtet, d. h. es gilt $\sigma_p > 0$. In der quasigeostrophischen Theorie muss zusätzlich gefordert werden, dass σ_p horizontal konstant ist, um dadurch energetische Inkonsistenzen zu vermeiden, bei denen während atmosphärischer Entwicklungen sowohl die kinetische als auch die potentielle Energie gleichzeitig zunimmt.[9] In der semigeostrophischen Theorie ist diese Annahme jedoch nicht notwendig.

Zusätzlich zur statischen Stabilität σ_p wurde in (4.41) die Größe $\mathbf{F}_{gd}$ eingeführt, die im weiteren Verlauf als *geostrophische Antriebsfunktion* bezeichnet wird und gegeben ist durch

$$\mathbf{F}_{gd} = \delta_1 2\mathbf{Q} - \delta_0 f_0 f_\beta \mathbf{v}_{th} + \delta_4 f_0\gamma\nabla_h\dot{\theta} \quad (4.43)$$

Neben den beiden rein geostrophischen Anteilen $2\mathbf{Q}$ und $f_\beta\mathbf{v}_{th}$ beinhaltet $\mathbf{F}_{gd}$ auch die diabatischen Antriebsterme.[10]

Die etwas unübersichtlich wirkende Gleichung (4.41) ist eine direkte Konsequenz aus der Forderung (4.34), dass das thermische Windgleichgewicht immer erfüllt sein soll. Hieraus lassen sich zahlreiche wichtige Folgerungen schließen. Zunächst muss betont werden, dass (4.41) ohne Verwendung irgendwelcher Näherungen abgeleitet worden ist[11]. Eventuelle Vereinfachungen der Gleichung, wie z. B. die quasigeostrophische Approximation, lassen sich jedoch mühelos durch die entsprechende Wahl der δ_i realisieren.

Während auf der linken Seite von (4.41) nur Ausdrücke stehen, die die ageostrophischen Windanteile $\mathbf{v}_{ag}$ und ω beinhalten, sind auf der rechten Seite die in $\mathbf{F}_{gd}$ zusammengefassten geostrophischen und diabatischen Antriebe für ageostrophische Bewegungen zu finden. Erneut kann man direkt den Schluss ziehen, dass, abgesehen von bestimmten stark idealisierten und damit eher unrealistischen thermohydrodynamischen Gegebenheiten, bei denen $\mathbf{F}_{gd}$ verschwindet, in einer baroklinen Atmosphäre geostrophische Bewegungen immer zusammen mit ageostrophischen Bewegungen auftreten.

---

[9] Näheres hierzu s. Zdunkowski und Bott (2003).
[10] Dies soll durch den Index gd angedeutet werden.
[11] Außer der im p-System immer geltenden hydrostatischen Approximation.

In Kap. 6, das sich mit der quasigeostrophischen Theorie auseinandersetzt, wird gezeigt, dass der zweite Term auf der rechten Seite von (4.43) vernachlässigbar klein ist. Weiterhin ergibt sich, dass der Q-Vektor in einer *äquivalent-barotropen Atmosphäre* bei geradlinigem Isohypsenverlauf verschwindet, so dass es sich in dieser Situation und bei Adiabasie erwartungsgemäß um eine rein geostrophische Gleichgewichtsströmung handelt, d. h. $\mathbf{v}_{ag} = 0$ und $\omega = 0$. Auf eine tiefergehende Diskussion von (4.41) wird an dieser Stelle verzichtet, stattdessen sollte die Gleichung als Ausgangspunkt verstanden werden, auf dem einige in späteren Kapiteln abgeleitete Beziehungen basieren. Das wird beispielsweise bei der Ableitung der *Q-Vektor-Form der ω-Gleichung* in der quasigeostrophischen Theorie (Abschn. 6.4) oder bei der Untersuchung der als *Sawyer-Eliassen-Zirkulation* bezeichneten *ageostrophischen Querzirkulation* an Frontalzonen (Abschn. 11.5) der Fall sein.

4.7 Trajektorien und Stromlinien

Die räumliche Bahnkurve, entlang der sich ein Luftpartikel mit der Geschwindigkeit $\mathbf{v}$ bewegt, wird als dessen *Trajektorie* bezeichnet. Diese lässt sich somit durch zeitliche Integration der Partikelgeschwindigkeit bestimmen. Im Folgenden werden nur horizontale Bewegungen betrachtet. Dann ergibt sich im kartesischen bzw. natürlichen Koordinatensystem

(a) Kartesische Koordinaten: $\quad \dfrac{dx}{dt} = u(x, y, t), \quad \dfrac{dy}{dt} = v(x, y, t)$

(b) Natürliche Koordinaten: $\quad \dfrac{ds}{dt} = V(s, t)$

(4.44)

Durch Integration dieser Gleichungen erhält man die Trajektorie in der Form $[x(t), y(t)]$ bzw. $s(t)$.

Im Gegensatz zur Trajektorie beschreibt die *Stromlinie* den momentanen Zustand eines Strömungsfelds. Zu einem gegebenen Zeitpunkt t_0 verläuft die Stromlinie $d\mathbf{r}$ an jedem Punkt tangential zum dort vorliegenden Windvektor $\mathbf{v}_h$. Bei der Stromlinie ist demnach der Zusammenhang $y = y(x)$ bei fester Zeit t_0 gesucht. Sind die horizontalen Geschwindigkeitskomponenten bekannt, dann erhält man aus der für die Stromlinie gültigen Bedingung $d\mathbf{r} \times \mathbf{v}_h = 0$ die zu integrierende Gleichung

$$\frac{dy}{dx} = \frac{v(x, y, t_0)}{u(x, y, t_0)} \quad (4.45)$$

In Abschn. 3.3 wurde der *Kontingenzwinkel* χ eingeführt, der die Richtungsänderung des Partikels entlang seiner Trajektorie darstellt (s. Abb. 3.7). Die individuelle zeitliche Änderung von χ ist gegeben durch

$$\frac{d\chi}{dt} = \frac{d\chi}{ds}\frac{ds}{dt} = K_t V \quad (4.46)$$

4.7 Trajektorien und Stromlinien

wobei K_t die *Trajektorienkrümmung* ist (s. (3.18)). Andererseits erhält man aus der Euler'schen Entwicklung

(a) Kartesische Koordinaten: $\quad \dfrac{d\chi}{dt} = \dfrac{\partial \chi}{\partial t} + \mathbf{v}_h \cdot \nabla_h \chi$

(b) Natürliche Koordinaten: $\quad \dfrac{d\chi}{dt} = \dfrac{\partial \chi}{\partial t} + V \dfrac{\partial \chi}{\partial s}$ (4.47)

Gemäß (3.18) beschreibt die im natürlichen Koordinatensystem auftauchende partielle räumliche Ableitung von χ nach s die *Stromlinienkrümmung*. Einsetzen von (4.46) und (3.18) in (4.47)b liefert die bekannte *Blaton-Gleichung* (Blaton 1938)

$$\frac{\partial \chi}{\partial t} = V(K_t - K_s) \qquad (4.48)$$

Hieraus sieht man, dass die Trajektorienkrümmung im Allgemeinen nicht mit der Stromlinienkrümmung übereinstimmt. Das ist lediglich in einem stationären Strömungsfeld der Fall, d. h. wenn $\partial \chi / \partial t = 0$.

Mit Hilfe der Blaton-Gleichung kann das Verhältnis zwischen Trajektorien und Stromlinien wandernder Drucksysteme analysiert werden. Zunächst werden nur Systeme mit geschlossenen Isobaren betrachtet, wie sie im Bodendruckfeld vorkommen. Das Druckfeld bewege sich mit der Geschwindigkeit $\mathbf{c} = c\mathbf{i}$, wobei sich die Form des Druckgebildes nicht ändern möge, d. h. $d\chi/dt = 0$. Aus (4.47)a ergibt sich dann

$$\frac{\partial \chi}{\partial t} = -\mathbf{c} \cdot \nabla_h \chi = -c \cos \gamma \frac{\partial \chi}{\partial s} \qquad (4.49)$$

Hierbei stellt γ den Winkel zwischen den Stromlinien und der Zugbahn des Druckgebildes dar. Einsetzen von (4.48) liefert eine Beziehung zwischen der Trajektorien- und der Stromlinienkrümmung, die im Fall einer Gleichgewichtsströmung, bei der der Wind isobarenparallel weht, mit der *Isobarenkrümmung K_i* übereinstimmt

$$K_t = \left(1 - \frac{c}{V} \cos \gamma\right) K_i \qquad (4.50)$$

Aus dieser Gleichung wird ersichtlich, dass das Verhältnis zwischen K_t und K_i von V und c bestimmt wird.

Zwei Fälle werden unterschieden:
i) $V > c$: In dieser Situation haben K_t und K_i immer das gleiche Vorzeichen. Allerdings ist $|K_t| > |K_i|$ für $\cos \gamma < 0$. Das ist bei Zyklonen (Antizyklonen) links (rechts) des Wegs der Fall. Umgekehrtes gilt für $|K_t| < |K_i|$ bei $\cos \gamma > 0$. Entlang der Zugbahn von Druckgebilden sind die beiden Krümmungen gleich groß, da hier $\cos \gamma = 0$.
ii) $V < c$: In diesem Fall existiert ein Sektor, in dem $\cos \gamma > V/c$ wird, d. h. die Krümmungen besitzen unterschiedliche Vorzeichen. Bei Zyklonen bzw. Antizyklonen liegt der Sektor rechts bzw. links des Wegs bezüglich der Zugbahn.

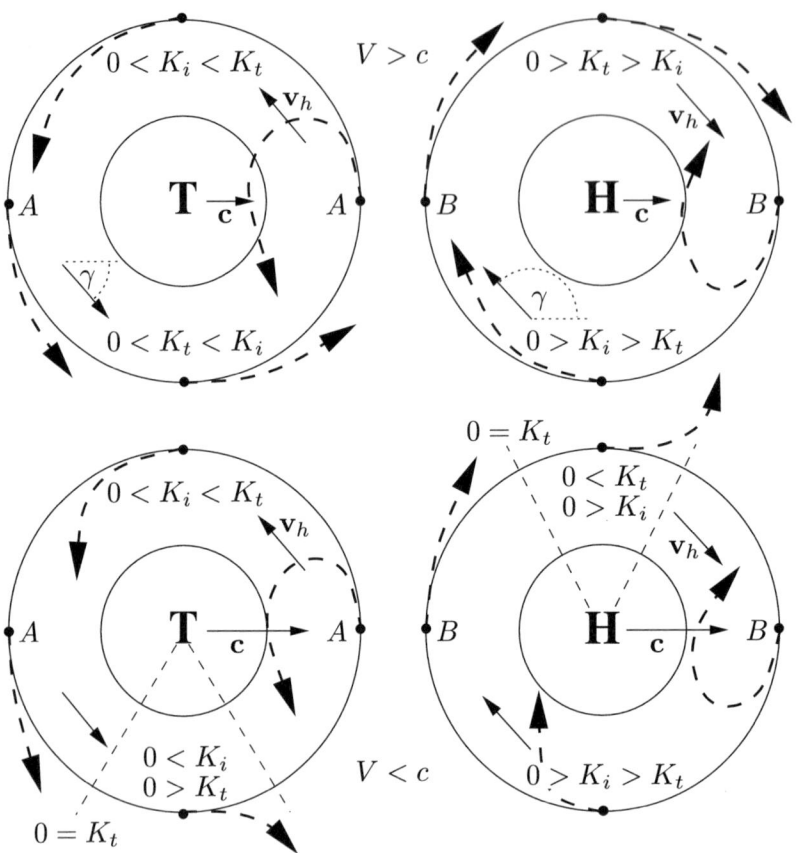

Abb. 4.16 Vergleich von Isobaren- und Trajektorienkrümmung. *Gestrichelte Linien* geben die Trajektorien einzelner Luftpartikel wieder. A: $0 < K_t = K_i$, B: $0 > K_t = K_i$. Nach Petterssen (1956)

Abb. 4.16 zeigt graphisch die verschiedenen Möglichkeiten, wie sich in wandernden Zyklonen und Antizyklonen die Werte der Krümmungen zueinander verhalten. Die daraus resultierenden Trajektorien einzelner Luftpartikel sind qualitativ mit gestrichelten Linien eingezeichnet. Im Gradientwindgleichgewicht sind links vom Zentrum eines Tiefdruckgebiets, d. h. dort, wo K_t am größten ist, die Winde am stärksten subgeostrophisch. Das sieht man unmittelbar aus (4.13) mit $K_t = 1/R_t$. Rechts des Tiefdruckzentrums sind die Winde am wenigsten subgeostrophisch. Für $c > V$ werden sie sogar dort, wo die Trajektorien antizyklonal verlaufen, supergeostrophisch.

Für Hochdruckgebiete gilt das Umgekehrte. Rechts der Zugbahn sind die Winde am stärksten supergeostrophisch, links der Zugbahn am wenigsten, für $c > V$ können sie auch subgeostrophisch werden. Zusätzlich muss beachtet werden, dass bei

4.7 Trajektorien und Stromlinien

Gradientwindgleichgewicht aufgrund der *Grenzhochbedingung* (4.15) die Krümmung im Hochdruckgebiet gewisse Absolutwerte nicht überschreiten darf.

In der Höhenströmung liegen im Gegensatz zum Bodenfeld normalerweise keine geschlossenen Isohypsen vor. Vielmehr handelt es sich hier um wellenförmige Stromlinien, deren Verlagerungsgeschwindigkeit immer kleiner als die Windgeschwindigkeit ist (*Rossby-Wellen*). Aus diesem Grund haben K_t und K_i immer gleiches Vorzeichen (s. (4.50)). Bei Gradientwindgleichgewicht sind die Winde im Trogbereich subgeostrophisch und im Rückenbereich supergeostrophisch, wobei jedoch die Trajektorienkrümmungen entlang der Trog- und Rückenachsen betragsmäßig geringer sind als die Stromlinienkrümmungen (s. Abb. 4.16 oben). An den Wendepunkten der Stromlinien sind auch die Trajektorienkrümmungen null, so dass dort mit geostrophischen Winden gerechnet werden kann.

Für die Rücken gilt nach wie vor die Grenzhochbedingung. Überschreitet der Krümmungsradius eines Rückens den kritischen Wert gemäß (4.15), dann kann ein Partikel nicht mehr der antizyklonalen Strömung folgen, sondern schießt über den Rücken hinaus. Auf diese Weise können größere Umstellungen im Strömungs- und Druckfeld eingeleitet werden.

Aus den vorangehenden Überlegungen lässt sich leicht schließen, dass innerhalb der Höhenströmung die Amplituden und Wellenlängen der Trajektorien nicht mehr mit denen der Stromlinien übereinstimmen können. Um dies zu verdeutlichen, werden in Anlehnung an Petterssen (1956) sinusförmige Stromlinien angenommen, die man erhält, wenn man einem konstanten zonalen Grundstrom u eine kosinusförmige meridionale Geschwindigkeitskomponente v überlagert

$$u = U = const, \qquad v = v_0 \cos\left[\frac{2\pi}{L_s}(x - ct)\right] \tag{4.51}$$

Hierbei sei c die Phasengeschwindigkeit der Welle mit $c < U$. Eine beliebige Stromlinie ist dann darstellbar als

$$\frac{dy}{dx} = \frac{v}{U} = \frac{v_0}{U}\cos\left[\frac{2\pi}{L_s}(x - ct)\right] \tag{4.52}$$

Mit konstanten Werten von v_0, U und c lässt sich diese Gleichung über x integrieren zu

$$y = y_0 + \frac{v_0}{U}\frac{L_s}{2\pi}\sin\left[\frac{2\pi}{L_s}(x - ct)\right] \tag{4.53}$$

Für $y_0 = 0$ schwingt die Stromlinie um die x-Achse (s. Abb. 4.17).

Die vom Ursprung $(x_0, y_0) = (0, 0)$ ausgehende Trajektorie ergibt sich durch Integration der Geschwindigkeitskomponenten in (4.51) über die Zeit t zu

$$x = Ut, \qquad y = \frac{v_0 L_s}{2\pi(U - c)}\sin\left[\frac{2\pi}{L_s}\left(\frac{U - c}{U}\right)x\right] \tag{4.54}$$

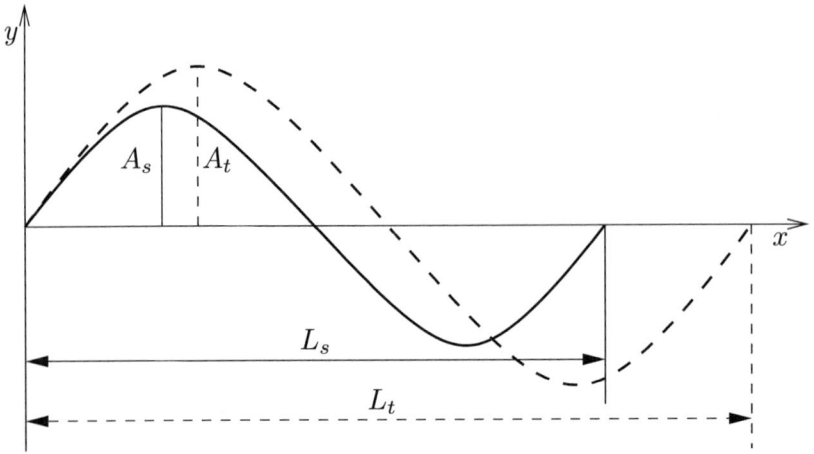

Abb. 4.17 Wandernde Stromlinie (*durchgezogen*) und zugehörige Trajektorie (*gestrichelt*) einer progressiven Welle ($c > 0$)

Hieraus sieht man, dass auch die Trajektorie sinusförmig verläuft, allerdings besitzt sie eine andere Wellenlänge und Amplitude als die Stromlinie. Aus (4.53) und (4.54) ergibt sich für das Verhältnis beider Amplituden bzw. Wellenlängen

$$\frac{A_t}{A_s} = \frac{L_t}{L_s} = \frac{U}{U-c} \tag{4.55}$$

Bei einer *progressiv fortschreitenden Welle* mit $U > c > 0$ sind somit die Amplitude und Wellenlänge der Trajektorie größer als die der Stromlinie und umgekehrt bei einer *retrograden Welle* mit $U > 0 > c$. Bei *stationären Wellen* ($c = 0$) sind, wie bereits erwähnt, Trajektorien und Stromlinien identisch. Die in Abb. 4.17 schematisch wiedergegebene Situation gilt für progressive Wellen.

Bei vielen Anwendungen ist es von Vorteil, ein Koordinatensystem zu benutzen, das sich mit der Phasengeschwindigkeit $\mathbf{c} = c\mathbf{i}$ der Welle mitbewegt. Gemäß dem *Additionstheorem der Geschwindigkeiten* ist die Partikelgeschwindigkeit $\mathbf{v}_{h,r}$ im Relativsystem gegeben durch

$$\mathbf{v}_{h,r} = \mathbf{v}_h - \mathbf{c} \implies u_r = U - c, \quad v_r = v \tag{4.56}$$

Daraus folgt für die Stromlinien (Index s) und die Relativstromlinien (Index r)

$$\left(\frac{dy}{dx}\right)_s = \frac{v}{U}, \quad \left(\frac{dy}{dx}\right)_r = \frac{v}{U-c} \tag{4.57}$$

Kombination beider Gleichungen führt zu

$$\left(\frac{dy}{dx}\right)_r = \frac{U}{U-c}\left(\frac{dy}{dx}\right)_s \tag{4.58}$$

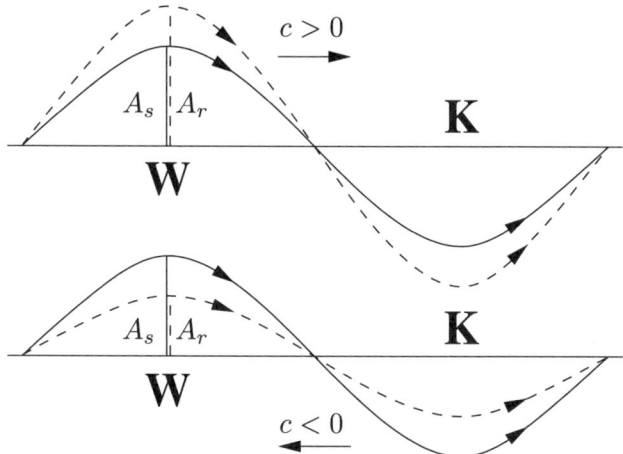

Abb. 4.18 Stromlinien (*durchgezogen*) und Relativstromlinien (*gestrichelt*) wandernder Druckgebilde

Sind U und c konstant, dann ergibt die Integration über x das Verhältnis der Amplituden von Stromlinien und Relativstromlinien

$$y_r = \frac{U}{U-c} y_s \implies \frac{A_r}{A_s} = \frac{U}{U-c} \quad (4.59)$$

Da sich das Relativsystem mit der Phasengeschwindigkeit der Stromlinien mitbewegt, sind die Wellenlängen in beiden Systemen gleich groß. Abb. 4.18 zeigt schematisch den Unterschied beider Stromlinien für progressive ($c > 0$) und retrograde ($c < 0$) Systeme.

Unter der Annahme konstanter Intensität der Druckgebilde sind auch die Relativstromlinien konstant und man erhält im Relativsystem stationäre Bewegungen, d. h. die Trajektorien der Luftpartikel stimmen mit den Relativstromlinien überein. Somit sind die gestrichelten Linien aus Abb. 4.18 mit den Trajektorien gleichzusetzen. Betrachtet man jetzt horizontale adiabatische Gleichgewichtsbewegungen, d. h. $d\theta/dt = 0$, dann folgt aus der Stationarität im Relativsystem mit $(\partial\theta/\partial t)_r = 0$ insgesamt $\mathbf{v}_r \cdot \nabla_h \theta = 0$. Da in dieser Situation die potentielle Temperatur entlang der Trajektorien konstant ist, können diese auch als *Isentropen*, d. h. Linien konstanter potentieller Temperatur, umgeschrieben werden. Damit entsprechen in Abb. 4.18 die gestrichelten Linien den Isentropen oder auch den Isothermen. Hieraus erkennt man, dass bei progressiven Wellen ($c > 0$) der Trog kälter als der Rücken ist. Umgekehrtes gilt bei retrograden Wellen ($c < 0$).

Die in diesem Abschnitt dargestellten Sachverhalte lassen sich sehr gut bei der Untersuchung von *Jetstreams* wiederfinden. Eine tiefergehende Diskussion hierzu erfolgt in Abschn. 8.3.

4.8 Die vertikale Neigung von Druckgebilden

Die vertikale Struktur von Druckgebilden wird in starkem Maße von der horizontalen Temperaturverteilung geprägt. Von besonderem Interesse ist die Untersuchung der vertikalen Achsenneigung von Tiefdruckgebieten, da, wie später noch eingehend diskutiert wird (s. Abschn. 9.6), hieraus auf deren weiteres Entwicklungspotential geschlossen werden kann.

Für die Isobarenhöhe z im Zentrum eines Tiefdruckgebiets gilt

$$\frac{\partial z}{\partial x} = \frac{\partial z}{\partial y} = 0, \quad \frac{\partial^2 z}{\partial x^2} > 0, \quad \frac{\partial^2 z}{\partial y^2} > 0 \qquad (4.60)$$

Diese Bedingungen sind auch entlang der in x-Richtung geneigten Achse des Tiefs gültig (s. Abb. 4.19), so dass gilt

$$\delta\left(\frac{\partial z}{\partial x}\right) = 0 \implies \frac{\partial}{\partial x}\left(\frac{\partial z}{\partial x}\right)\delta x + \frac{\partial}{\partial p}\left(\frac{\partial z}{\partial x}\right)\delta p = 0 \qquad (4.61)$$

Unter Verwendung der hydrostatischen Approximation (3.56) ergibt sich aus (4.61) für den Neigungswinkel α der vertikalen Druckachse

$$\tan\alpha = \frac{\delta x}{\delta z} = -g\rho\frac{\delta x}{\delta p} = g\rho\frac{\frac{\partial}{\partial x}\left(\frac{\partial z}{\partial p}\right)}{\frac{\partial^2 z}{\partial x^2}} = -\frac{1}{\rho}\frac{\frac{\partial \rho}{\partial x}}{\frac{\partial^2 z}{\partial x^2}} \qquad (4.62)$$

Aus der idealen Gasgleichung für trockene Luft folgt im p-System

$$\frac{1}{\rho}\frac{\partial \rho}{\partial x} = -\frac{1}{T}\frac{\partial T}{\partial x} \qquad (4.63)$$

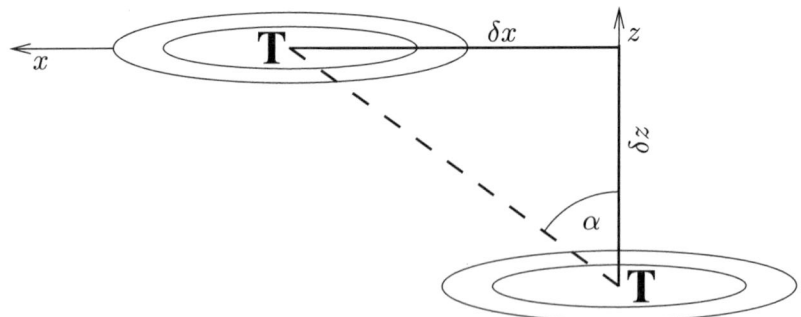

Abb. 4.19 Neigung der vertikalen Achse eines Tiefdruckgebiets

4.8 Die vertikale Neigung von Druckgebilden

Setzt man diese Beziehung in (4.62) ein, dann erhält man schließlich

$$\tan \alpha = -\frac{1}{T} \frac{\frac{\partial T}{\partial x}}{\frac{\partial^2 z}{\partial x^2}} \tag{4.64}$$

Da $\tan \alpha > 0$ und $\partial^2 z / \partial x^2 > 0$, muss $\partial T / \partial x < 0$ sein. Das bedeutet, dass die vertikale Achse eines Tiefs in die Richtung der kältesten Luft geneigt ist. Umgekehrt ist in Hochdruckgebieten $\partial^2 z / \partial x^2 < 0$, so dass dort die Achse zur wärmsten Luft hin geneigt ist. Aus (4.64) sieht man weiterhin, dass die Achsenneigung umso größer ist, je stärker die Temperaturabnahme oder je geringer die Krümmung der Isohypsen im Vertikalschnitt ist. Im Fall $\partial T / \partial x = 0$ steht die Achse senkrecht. Diese Situation ergibt sich bei *Barotropie*, oder wenn das Zentrum des Tiefs mit einem Extremwert der Temperatur zusammenfällt.

Die Untersuchung der Achsenneigung von Druckgebilden kann dazu genutzt werden, Aussagen über deren weiteres Entwicklungspotential zu gewinnen. Eine detaillierte Diskussion der Neigung von Trog- und Rückenachsen erfolgt in Abschn. 9.6, der sich mit dem Stabilitätsverhalten barokliner Wellen beschäftigt. Tiefdruckgebiete mit senkrecht verlaufenden Achsen füllen sich in der Regel allmählich auf und verlieren mit der Zeit an Intensität. Die dabei ablaufenden Vorgänge sind auf Reibungsprozesse innerhalb der atmosphärischen Grenzschicht zurückzuführen. Allerdings handelt es sich nicht um einen reinen Massentransport in das Zentrum des Tiefs mit dem ageostrophischen Reibungswind. Wie die Zusammenhänge im Einzelnen aussehen, wird in Abschn. 10.1 eingehend beschrieben.

Intensitätsänderungen von Hoch- und Tiefdruckgebieten mit der Höhe ergeben sich aus der vertikalen Variation der horizontalen Isohypsenneigungen. Man erhält unter Benutzung von (3.56)

$$\frac{\partial}{\partial p}(\nabla_h \phi) = \nabla_h \left(\frac{\partial \phi}{\partial p} \right) = -\frac{R_0}{p} \nabla_h T \tag{4.65}$$

Somit nimmt die Intensität eines sogenannten *kalten Tiefs* und die eines *warmen Hochs* mit der Höhe zu, da dort $\nabla_h T$ und $\nabla_h \phi$ das gleiche Vorzeichen besitzen. Umgekehrt schwächt sich die Intensität eines *warmen Tiefs* bzw. eines *kalten Hochs* mit der Höhe ab, unter Umständen kann es sogar zu einer Umkehr der Isohypsenkrümmung mit der Höhe kommen. Deshalb spricht man in diesem Zusammenhang auch von *flachen Tiefs* bzw. *flachen Hochs*. In Abb. 4.20 sind die verschiedenen Möglichkeiten schematisch wiedergegeben. Schließlich folgt aus (4.65) für eine *barotrope Atmosphäre* mit $\nabla_h T = 0$, dass die Intensität der Druckgebilde höhenkonstant ist.

Abb. 4.21 zeigt Beispiele für vertikale Achsenneigungen von Druckgebilden. In Abb. 4.21a ist die Analysekarte vom 11.02.2010 12 UTC mit Isolinien des Geopotentials in 500 hPa (schwarze Linien), dem Bodendruck (weiße Linien) sowie Konturflächen der relativen Topographie 500/1000 hPa dargestellt. Dort sieht man im Bereich A ein Bodentief über Norditalien. Westlich davon befindet sich der mit

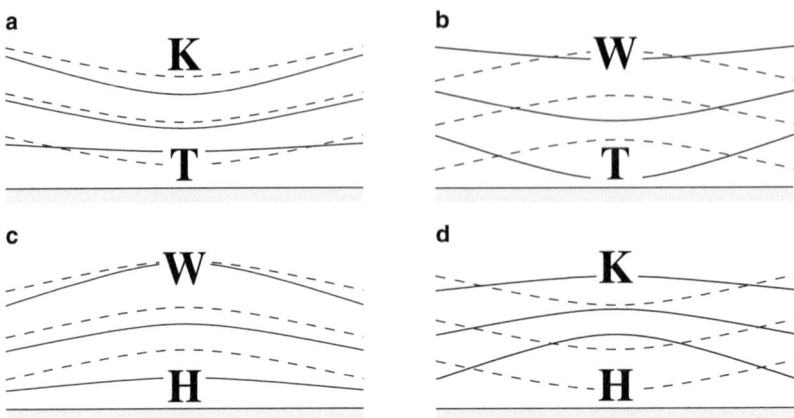

Abb. 4.20 Vertikalschnitte der Isobaren (*durchgezogen*) und Isothermen (*gestrichelt*) in einem kalten (**a**) und warmen Tief (**b**) bzw. einem warmen (**c**) und kalten Hoch (**d**)

diesem Tief korrespondierende *Höhentrog*. Etwas nördlich der Pyrenäen liegt die kalte Luft, passend zur nach Westen gerichteten Achsenneigung des Tiefs. Das erkennt man an den dort vorhandenen niedrigen Werten der relativen Topographie. Über den Britischen Inseln (Bereich B) befindet sich ein Bodenhoch mit einer weitgehend senkrecht stehenden Achse.

Abb. 4.21b gibt die entsprechende Analysekarte vom 26.01.2010 12 UTC wieder. Über Nordeuropa ist eine langgestreckte Hochdruckbrücke zu sehen, die das *sibirische Kältehoch* mit einem über den Britischen Inseln liegenden Hochdruckgebiet verbindet. Während es sich im Bereich C um ein warmes und deshalb hochreichendes Hochdruckgebiet mit einer nach Südwesten zur warmen Luft hin geneigten Achse handelt, herrscht über Russland überall sehr hoher Luftdruck vor. Dieses winterliche Kältehoch ist jedoch relativ flach. Die daraus resultierende vertikale Änderung der Isohypsenkrümmung ist am Bereich D so stark, dass sie in 500 hPa ihr Vorzeichen geändert hat und dort ein Höhentrog vorliegt.

4.8 Die vertikale Neigung von Druckgebilden

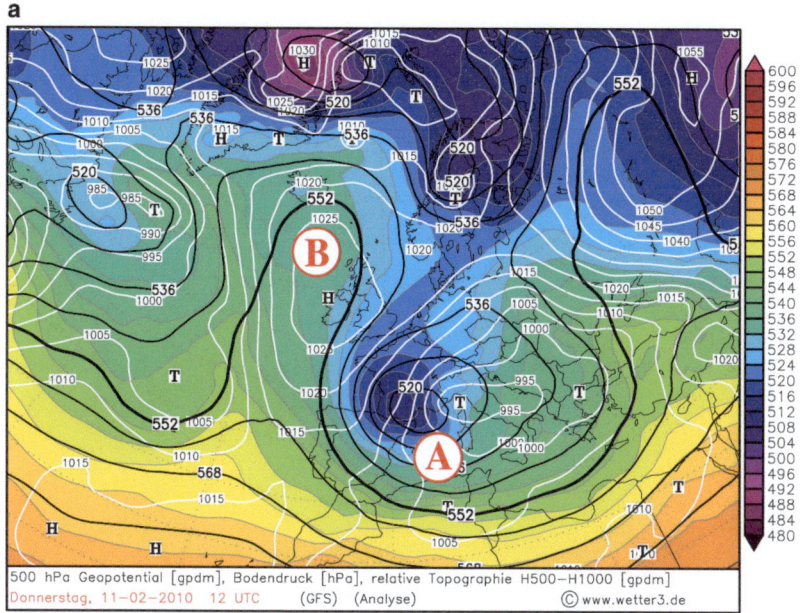

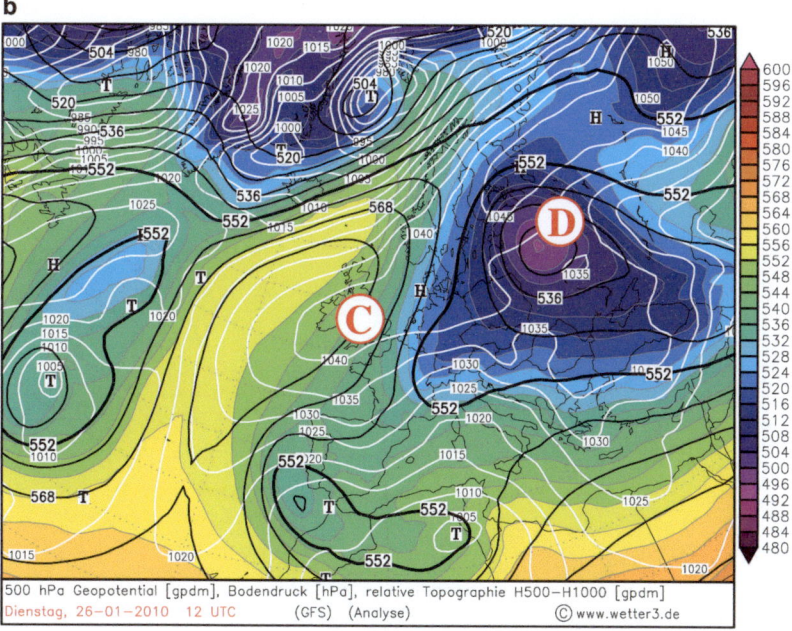

Abb. 4.21 500 hPa Geopotential, Bodendruck und relative Topographie vom 11.02.2010 12 UTC (**a**) und 26.01.2010 12 UTC (**b**)

Kinematik horizontaler Strömungen 5

Unter dem Begriff *Kinematik* versteht man die Lehre der räumlichen Bewegung von Punkten oder Körpern. Im Gegensatz zur Dynamik ist die Ursache der Bewegung, ausgedrückt durch die auf einen Körper wirkenden Kräfte, nicht Gegenstand der Untersuchungen. Von besonderem Interesse ist vielmehr die Charakterisierung der Eigenschaften eines vorliegenden Strömungsfelds. In diesem Kapitel werden einige Grundbegriffe der Kinematik vorgestellt. Da großräumige Bewegungen als quasihorizontal angesehen werden können, beschränkt sich die Diskussion auf horizontale Strömungen. Die hierbei gefundenen Ergebnisse lassen sich jedoch problemlos auf dreidimensionale Strömungsfelder übertragen.

5.1 Die lokale Geschwindigkeitsdyade

Ist das Geschwindigkeitsfeld **v** an jedem Punkt P im Raum gegeben, dann kann man auch die räumlichen Änderungen der verschiedenen Geschwindigkeitskomponenten in alle Raumrichtungen bestimmen. Da im Allgemeinen jede der drei Geschwindigkeitskomponenten in alle drei Raumrichtungen variieren kann, existieren insgesamt neun unterschiedliche räumliche Ableitungen, die in der *lokalen Geschwindigkeitsdyade* $\nabla \mathbf{v}$ zusammengefasst werden.

Bei Kenntnis von $\nabla \mathbf{v}$ lässt sich ausgehend von $\mathbf{v}(P)$ die Geschwindigkeit an einem Punkt P' in unmittelbarer Nachbarschaft von P durch Entwickeln von **v** in eine Taylorreihe berechnen. Wird die Taylorreihe nach dem linearen Term abgebrochen, erhält man näherungsweise (s. Abb. 5.1)

$$\mathbf{v}(P') \approx \mathbf{v}(P) + \Delta \mathbf{r} \cdot \nabla \mathbf{v}(P) \tag{5.1}$$

Obwohl mit der lokalen Geschwindigkeitsdyade bereits alle Informationen zur vollständigen Beschreibung des Windfelds vorliegen, ist es oft viel hilfreicher, anstatt $\nabla \mathbf{v}$ selbst, andere Größen zu untersuchen, die eine viel bessere Charakterisierung der Strömungseigenschaften gestatten. Zu diesen Größen gehören insbesondere die *Divergenz*, die *Rotation* und die *Deformation* des Windfelds. Im Folgenden

Abb. 5.1 Die räumliche Änderung des Windfelds

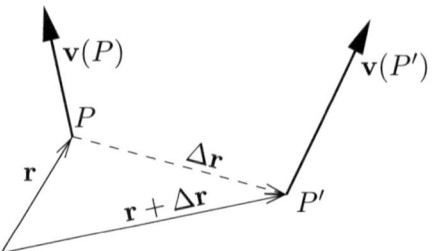

werden diese Eigenschaften für horizontale atmosphärische Strömungsfelder näher untersucht.[1]

Allgemein wirkt auf einen Probekörper das Strömungsfeld in dreierlei Weise:

- Der Probekörper wird transportiert,
- er wird rotiert,
- er wird deformiert.

Im kartesischen Koordinatensystem mit $\mathbf{v}_h = u\mathbf{i} + v\mathbf{j}$ und $\nabla_h = \mathbf{i}\partial/\partial x + \mathbf{j}\partial/\partial y$ lässt sich $\nabla_h \mathbf{v}_h$ darstellen als[2]

$$\nabla_h \mathbf{v}_h = \begin{pmatrix} \dfrac{\partial u}{\partial x}\mathbf{ii} & +\dfrac{\partial v}{\partial x}\mathbf{ij} \\ +\dfrac{\partial u}{\partial y}\mathbf{ji} & +\dfrac{\partial v}{\partial y}\mathbf{jj} \end{pmatrix} = \mathbb{D} + \mathfrak{R} \tag{5.2}$$

Die Ausdrücke $\mathbb{D}$ und $\mathfrak{R}$ werden als *Deformations-* und *Rotationsdyade* bezeichnet. Die Deformationsdyade wird weiter aufgespalten in einen *isotropen Anteil* $\mathbb{D}_i$ und einen *anisotropen Anteil* $\mathbb{D}_{ai}$ gemäß

$$\mathbb{D} = \mathbb{D}_i + \mathbb{D}_{ai} \tag{5.3}$$

Die einzelnen Dyaden sind gegeben durch

$$\mathbb{D}_i = \frac{1}{2}\begin{pmatrix} \left(\dfrac{\partial u}{\partial x} + \dfrac{\partial v}{\partial y}\right)\mathbf{ii} & +0\,\mathbf{ij} \\ +0\,\mathbf{ji} & +\left(\dfrac{\partial u}{\partial x} + \dfrac{\partial v}{\partial y}\right)\mathbf{jj} \end{pmatrix} \tag{5.4}$$

$$\mathbb{D}_{ai} = \frac{1}{2}\begin{pmatrix} \left(\dfrac{\partial u}{\partial x} - \dfrac{\partial v}{\partial y}\right)\mathbf{ii} & +\left(\dfrac{\partial v}{\partial x} + \dfrac{\partial u}{\partial y}\right)\mathbf{ij} \\ +\left(\dfrac{\partial v}{\partial x} + \dfrac{\partial u}{\partial y}\right)\mathbf{ji} & -\left(\dfrac{\partial u}{\partial x} - \dfrac{\partial v}{\partial y}\right)\mathbf{jj} \end{pmatrix} \tag{5.5}$$

---

[1] Die Ableitungen folgen weitgehend entsprechenden Ausführungen in Zdunkowski und Bott (2003).

[2] Die in den Dyaden der folgenden Gleichungen vorkommenden „±"-Zeichen sind nicht als Vorzeichen zu verstehen, sondern sie bedeuten, dass die Dyaden durch Addition oder Subtraktion der vier Terme gebildet werden.

5.1 Die lokale Geschwindigkeitsdyade

$$\mathfrak{M} = \frac{1}{2}\begin{pmatrix} 0\,\mathbf{ii} & +\left(\dfrac{\partial v}{\partial x} - \dfrac{\partial u}{\partial y}\right)\mathbf{ij} \\ -\left(\dfrac{\partial v}{\partial x} - \dfrac{\partial u}{\partial y}\right)\mathbf{ji} & +0\,\mathbf{jj} \end{pmatrix} \quad (5.6)$$

Unter Benutzung von (5.2) und (5.3) lässt sich die Taylorreihenentwicklung des horizontalen Windfelds darstellen als

$$\mathbf{v}_h(P') = \mathbf{v}_h(P) + \Delta\mathbf{r}\cdot\mathbb{D}_i + \Delta\mathbf{r}\cdot\mathbb{D}_{ai} + \Delta\mathbf{r}\cdot\mathfrak{M} \quad (5.7)$$

Führt man in dieser Gleichung die skalaren Multiplikationen durch, dann lassen sich die Komponenten (u, v) von $\mathbf{v}_h(P')$ in fünf Anteile zerlegen

$$\begin{aligned} u &= u_0 + u_1 + u_2 + u_3 + u_4 = u_0 + \frac{1}{2}(\delta_{st}x + \delta_{sh}y + Dx - \zeta y) \\ v &= v_0 + v_1 + v_2 + v_3 + v_4 = v_0 + \frac{1}{2}(-\delta_{st}y + \delta_{sh}x + Dy + \zeta x) \end{aligned} \quad (5.8)$$

Hierbei sind (u_0, v_0) die Komponenten von $\mathbf{v}_h(P)$. Die einzelnen Anteile (u_i, v_i), $i = 0, \ldots, 4$ des Geschwindigkeitsfelds haben folgende Wirkungen auf den Probekörper:

(u_0, v_0): Translation
(u_1, v_1): Streckungsdeformation
(u_2, v_2): Scherungsdeformation
(u_3, v_3): Divergenz
(u_4, v_4): Rotation

In Abb. 5.2 sind die unterschiedlichen Geschwindigkeitsanteile näher veranschaulicht. Ist beispielsweise $(u, v) = (u_0, v_0)$, dann findet eine reine *Translationsbewegung* von P nach P' statt. Bei $(u, v) = (u_4, v_4)$ handelt es sich um eine reine horizontale Rotationsbewegung, wobei die Rotationsachse durch den Punkt P geht. Im Allgemeinen setzt sich $\mathbf{v}_h$ aus allen Anteilen (u_i, v_i) zusammen, so dass eine Überlagerung der unterschiedlichen Prozesse stattfindet.

In (5.8) sind die beiden Größen

$$D = \frac{\partial u}{\partial x} + \frac{\partial v}{\partial y}, \qquad \zeta = \frac{\partial v}{\partial x} - \frac{\partial u}{\partial y} \quad (5.9)$$

eingeführt worden. Hierbei handelt es sich um die *Divergenz* D und die *Vorticity* ζ des horizontalen Windfelds. Beide Terme sind von fundamentaler Bedeutung für die Beschreibung der großskaligen atmosphärischen Strömung. In vektorieller Schreibweise lauten sie

$$D = \nabla_h \cdot \mathbf{v}_h, \qquad \zeta = \mathbf{k} \cdot \nabla_h \times \mathbf{v}_h \quad (5.10)$$

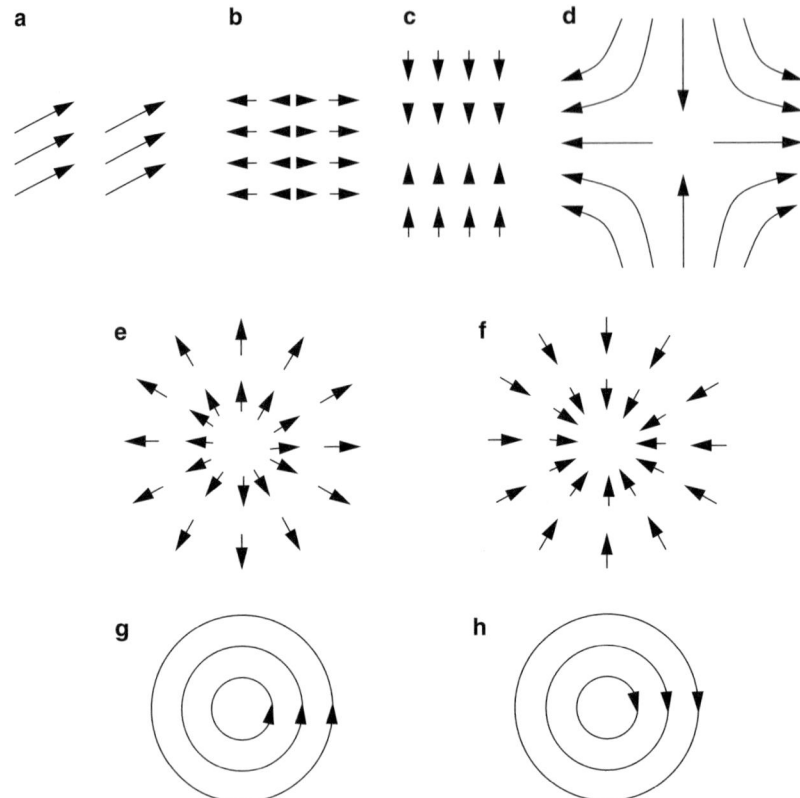

Abb. 5.2 Komponenten des linearen horizontalen Strömungsfelds. **a** reine Translation, **b** x-Komponente der Deformation, **c** y-Komponente der Deformation, **d** totale Deformation, **e** Divergenz, **f** Konvergenz, **g** positive Rotation (Tiefdruckgebiet, Nordhalbkugel), **h** negative Rotation (Hochdruckgebiet, Nordhalbkugel). Nach Petterssen (1956)

Hieraus ergibt sich, dass sowohl D als auch ζ Galilei-invariant sind, d. h. bei einer Galilei-Transformation von einem Ausgangssystem in ein anderes Bezugssystem bleiben deren Werte ungeändert. Aus (5.4) und (5.6) sieht man unmittelbar, dass die Maßzahlen der isotropen Deformationsdyade $\mathbb{D}_i$ durch D und die der Rotationsdyade $\mathfrak{M}$ durch ζ gegeben sind.

Die Vorticity ζ ist die Vertikalkomponente des *Wirbelvektors* $\nabla \times \mathbf{v}$. Häufig wird der Vektor $\nabla \times \mathbf{v}$ selbst als Vorticity bezeichnet. Bei den hier meistens betrachteten synoptisch-skaligen Bewegungen spielen die horizontalen Anteile des Wirbelvektors jedoch nur eine untergeordnete Rolle, so dass im weiteren Verlauf unter dem Begriff Vorticity immer nur die Größe ζ zu verstehen ist. Für mesoskalige Prozesse hingegen gilt diese Vereinfachung nicht mehr. Hier können die horizontalen Anteile des Wirbelvektors sehr wichtig sein (s. Abschn. 12.2).

Von ebenso großer Bedeutung wie die Divergenz und die Vorticity sind die deformativen Anteile δ_{st} und δ_{sh} des horizontalen Strömungsfelds, die definiert sind über

$$\delta_{st} = \frac{\partial u}{\partial x} - \frac{\partial v}{\partial y}, \qquad \delta_{sh} = \frac{\partial v}{\partial x} + \frac{\partial u}{\partial y} \tag{5.11}$$

Gemäß (5.5) bilden beide Terme die Maßzahlen der anisotropen Deformationsdyade $\mathbb{D}_{ai}$. Wie später noch eingehend diskutiert wird, spielt die Deformation des horizontalen Windfelds in vielen Situationen, wie beispielsweise bei der *Frontogenese*, eine große Rolle (s. Abschn. 11.4). Der Unterschied zwischen beiden Deformationstermen besteht darin, dass sich unter der Wirkung von δ_{st} die Winkel der Seiten des Probekörpers nicht ändern, d. h. die Deformation führt zu einer reinen Streckung oder Kontraktion des Körpers. Der Term δ_{sh} hingegen bewirkt eine Änderung der Winkel. Deshalb spricht man hierbei auch von *Streckungs*- (Index st: stretching) und *Scherungsdeformation* (Index sh: shearing).

Der Term

$$\delta = \sqrt{\delta_{st}^2 + \delta_{sh}^2} \tag{5.12}$$

wird als *Deformation* des Windfelds bezeichnet. Außer der Divergenz und der Vorticity sind auch die Deformation sowie der Ausdruck $\sqrt{\delta^2 + D^2}$ Invarianten. Daher ist es möglich, durch Rotation des Koordinatensystems um die vertikale Achse einen der beiden Deformationsterme (δ_{st}, δ_{sh}) in (5.8) zu eliminieren. Näheres hierzu ist z. B. in Haltiner und Martin (1957) zu finden.

5.2 Divergenz und Vorticity

Es erscheint angebracht, den Begriff „Divergenz" etwas näher zu erläutern. In der Vektoranalysis versteht man unter der Divergenz eines beliebigen Vektors **A** den Ausdruck $\nabla \cdot \mathbf{A}$. Diese Bezeichnung ist unabhängig vom skalaren Wert von $\nabla \cdot \mathbf{A}$. Im meteorologischen Sprachgebrauch gilt dies zunächst ebenso. Allerdings unterscheidet man insbesondere bei der Divergenz des Windfelds häufig zwischen positiven und negativen Werten. Ist $\nabla \cdot \mathbf{v} > 0$, dann spricht man von Divergenz, da in diesem Fall die Strömung auseinanderfließt. Bei $\nabla \cdot \mathbf{v} < 0$ liegt hingegen *Konvergenz* vor, d. h. die Strömung fließt zusammen. Als Oberbegriff von Divergenz und Konvergenz benutzt man ebenso wie bei einem beliebigen Vektor **A** nach wie vor den Ausdruck „Divergenz". In der deutschsprachigen Meteorologie wird hierfür aber auch vielfach der Begriff *„Vergenz"* verwendet.

Im natürlichen Koordinatensystem lautet die Divergenz von $\mathbf{v}_h$

$$\nabla_h \cdot \mathbf{v}_h = \frac{\partial V}{\partial s} + V \frac{\partial \chi}{\partial n} \tag{5.13}$$

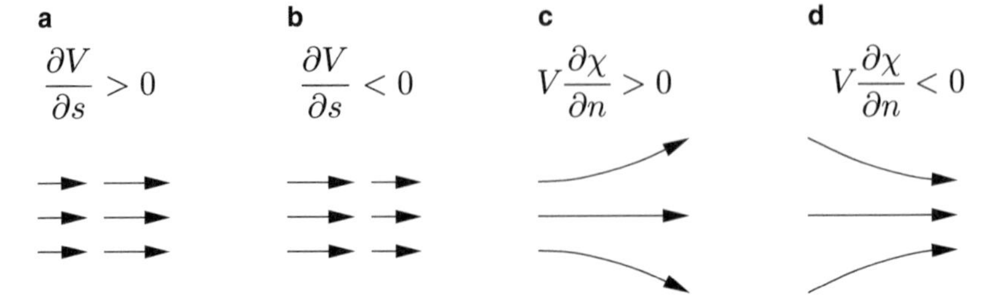

a	b	c	d
$\dfrac{\partial V}{\partial s} > 0$	$\dfrac{\partial V}{\partial s} < 0$	$V\dfrac{\partial \chi}{\partial n} > 0$	$V\dfrac{\partial \chi}{\partial n} < 0$

Abb. 5.3 Verschiedene Formen der Divergenz. Von *links* nach *rechts*: Geschwindigkeitsdivergenz, -konvergenz, Richtungsdivergenz, -konvergenz

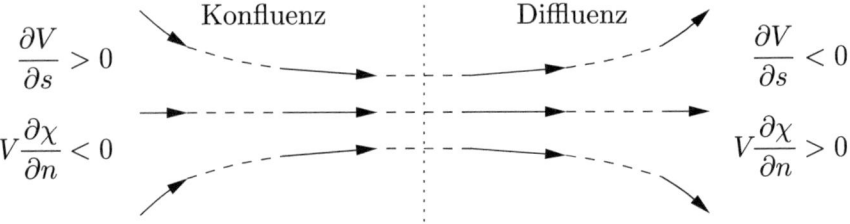

Abb. 5.4 Divergenzfreie Strömung in einem Konfluenz- und Diffluenzgebiet mit unterschiedlichen Werten der Richtungs- und Geschwindigkeitsdivergenz

wobei χ die Windrichtung darstellt (s. auch Abb. 3.3). Hieraus ist zu sehen, dass die horizontale Divergenz aus zwei Anteilen besteht, nämlich der *Geschwindigkeitsdivergenz* $\partial V/\partial s$ und der *Richtungsdivergenz* $V\partial\chi/\partial n$. Nimmt die Geschwindigkeit entlang der Stromlinien zu, dann liegt Geschwindigkeitsdivergenz vor. Bei Richtungsdivergenz laufen die Stromlinien in Windrichtung auseinander. Umgekehrtes gilt für konvergentes Verhalten. Abb. 5.3 veranschaulicht die verschiedenen Situationen.

Aus der im z-System gültigen Form der Kontinuitätsgleichung (3.27) kann man unmittelbar schließen, dass Vergenzen im Windfeld zu Änderungen der Massenverteilung und damit zu Druckänderungen führen. Sie sind immer Ausdruck eines Ungleichgewichts im Strömungsfeld und daher nur von relativ kurzer Dauer. Allerdings kommt es häufig vor, dass die einzelnen Divergenzanteile von (5.13) zwar deutlich sichtbar sind, sich aber aufgrund ihres unterschiedlichen Vorzeichens gegenseitig weitgehend kompensieren, so dass die gesamte Divergenz wiederum klein bleibt. Abb. 5.4 zeigt qualitativ eine insgesamt divergenzfreie Strömung in einem *Konfluenz-* und *Diffluenzgebiet* mit unterschiedlichen Werten der Richtungs- und Geschwindigkeitsdivergenz.

Durch Integration der Kontinuitätsgleichung im p-System (3.30) lässt sich formal die *generalisierte Vertikalgeschwindigkeit* ω_i in einem bestimmten Höhenni-

5.2 Divergenz und Vorticity

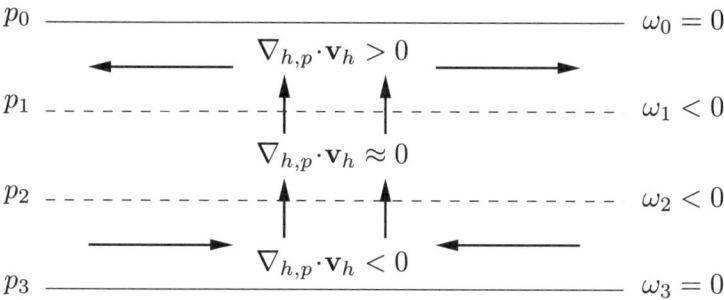

Abb. 5.5 Hebungsantrieb durch Vergenzen des horizontalen Winds

veau p_i bestimmen. Man erhält

$$\omega_i = \omega_{i-1} - \int_{p_{i-1}}^{p_i} \nabla_{h,p} \cdot \mathbf{v}_h \, dp \tag{5.14}$$

Zur weiteren Untersuchung dieser Gleichung wird die Atmosphäre in drei Bereiche unterteilt (s. Abb. 5.5). Beispielsweise liege eine vertikale Verteilung der Vergenzen von $\mathbf{v}_h$ vor, wie in der Abbildung dargestellt. Dies ist eine typischerweise in Hebungsgebieten angetroffene Situation.[3] Weiterhin wird angenommen, dass die Vertikalbewegungen am Ober- und Unterrand der Atmosphäre verschwinden, d. h. $\omega_0 = \omega_3 = 0$. Aus (5.14) lässt sich unmittelbar ablesen, dass im gewählten Beispiel die Vergenzen des horizontalen Winds zu Aufstiegsbewegungen in der Atmosphäre führen. Dieser *dynamisch erzeugte Hebungsantrieb* ist von herausragender Bedeutung bei der Untersuchung großräumiger Strömungen.

Da die Vertikalbewegung selbst sehr klein und damit kaum messbar ist, bedient man sich häufig indirekter Methoden zur Auffindung von Hebungs- und Absinkgebieten, wie die hier dargestellte Untersuchung der Vergenzen des horizontalen Winds. Mit Hilfe von (5.14) können jedoch allenfalls qualitative Ergebnisse erzielt werden. Eine quantitative Bestimmung von Vertikalbewegungen ist auf diese Weise nicht sehr erfolgversprechend. Dies liegt daran, dass $\nabla_{h,p} \cdot \mathbf{v}_h$ ähnlich wie die Vertikalbewegung sehr klein ist und auch mit Hilfe numerischer Verfahren nicht genau genug berechnet werden kann, um daraus zuverlässige Aussagen über das ω-Feld ableiten zu können. In späteren Kapiteln werden alternative Möglichkeiten vorgestellt, wie die Vertikalbewegung in der Atmosphäre berechnet werden kann.

---

[3] Bei Absinkbewegungen müssten die Vorzeichen der Ausdrücke und die Richtung der Pfeile in Abb. 5.5 umgedreht werden.

Abschließend wird die Divergenz des geostrophischen Winds untersucht. Aus (4.8) erhält man unmittelbar

(a) $z-$System : $\quad \nabla_h \cdot \mathbf{v}_g = -\dfrac{v_g}{f}\beta - \dfrac{1}{\rho}\mathbf{v}_g \cdot \nabla_h \rho$

(b) $p-$System : $\quad \nabla_{h,p} \cdot \mathbf{v}_g = -\dfrac{v_g}{f}\beta$ (5.15)

(c) $\theta-$System : $\quad \nabla_{h,\theta} \cdot \mathbf{v}_g = -\dfrac{v_g}{f}\beta$

Hierbei ist β der *Rossby-Parameter*, der die Änderung des *Coriolisparameters* in meridionaler Richtung beschreibt (s. (3.11)).

In (5.15) taucht die Meridionalkomponente v_g des geostrophischen Winds auf. Der entsprechende Term beschreibt somit Divergenz bei einer Südbewegung mit $v_g < 0$ und Konvergenz bei Nordbewegung. Dieses Verhalten resultiert aus der Kugelgestalt der Erde und der damit verbundenen Richtungsdivergenz bzw. -konvergenz der Meridiane. Die Größenordnung dieses Divergenzanteils liegt bei $10^{-6}\,\text{s}^{-1}$ und ist damit etwa eine Zehnerpotenz kleiner als die normalerweise in der Atmosphäre vorgefundene Divergenz des Horizontalwinds. Diese lässt sich leicht mit Hilfe der *Skalenanalyse* abschätzen und beträgt etwa $10^{-5}\,\text{s}^{-1}$ (s. Abschn. 3.5).

In (5.15)a ist der mit dem Dichtegradienten verbundene Anteil von $\nabla_h \cdot \mathbf{v}_g$ auf die Advektion unterschiedlich warmer Luft zurückzuführen. Da $\mathbf{v}_g$ im z-System umgekehrt proportional zu ρ ist, ist bei sonst gleichen Bedingungen $\mathbf{v}_g$ in dichterer, d. h. kälterer Luft kleiner als in warmer Luft mit geringerer Dichte. Daher liegt bei *Kaltluftadvektion* Divergenz und bei *Warmluftadvektion* Konvergenz vor. Diese Vergenzen sind jedoch noch geringer als der Term $v_g\beta/f$, so dass insgesamt die Divergenz des geostrophischen Winds vernachlässigt werden kann.

Bei vielen Untersuchungen, wie z. B. in der *quasigeostrophischen Theorie*, ist die horizontale Divergenzfreiheit des Winds von herausragender Bedeutung. Deshalb wird in diesen Fällen der wahre Wind $\mathbf{v}_h$ durch die Näherungsform $\mathbf{v}_{g,0} = (f/f_0)\mathbf{v}_g$ des geostrophischen Winds ersetzt, denn für $\mathbf{v}_{g,0}$ gilt im p-System gemäß (4.8)b

$$\mathbf{v}_{g,0} = \frac{1}{f_0}\mathbf{k} \times \nabla_{h,p}\phi \implies \nabla_{h,p} \cdot \mathbf{v}_{g,0} = 0 \qquad (5.16)$$

Eine eingehende Beschreibung der quasigeostrophischen Theorie erfolgt im nächsten Kapitel.

Die in (5.9) und (5.10) definierte Vorticity beschreibt den Rotationsanteil der horizontalen Strömung. In bestimmten Situationen kann sie auch nur die Scherung des horizontalen Winds darstellen (s. u.). Im Relativsystem der rotierenden Erde ergibt sich ein zusätzlicher Anteil an Vorticity, der von der Rotation der Erde herrührt und durch den Coriolisparameter f gegeben ist. Die gesamte bzw. *absolute Vorticity* η lautet im kartesischen Koordinatensystem

$$\eta = \zeta + f = \frac{\partial v}{\partial x} - \frac{\partial u}{\partial y} + f \qquad (5.17)$$

ζ wird auch als *relative* und f als *planetare* oder *Erdvorticity* bezeichnet.

Im Gegensatz zur Divergenz kann in einem Strömungsfeld mit reiner Rotation ein stabiles Gleichgewicht mit dem Druckfeld existieren. Bei stationärer geostrophischer Strömung können die in den Abb. 5.2g, h dargestellten Kreise auch als Isobaren oder Isohypsen interpretiert werden. Aufgrund der Bezeichnung von Hoch- und Tiefdruckgebieten als Antizyklonen und Zyklonen handelt es sich in einem Tief um *zyklonale* und in einem Hoch um *antizyklonale Vorticity*. Auf der Nordhalbkugel ist die zyklonale bzw. antizyklonale Vorticity größer bzw. kleiner als null. Deshalb spricht man häufig auch von *positiver* bzw. *negativer Vorticity*, was auch hier im Folgenden gelegentlich geschieht. Streng genommen sollte diese Ausdrucksweise jedoch vermieden werden, da sich auf der Südhalbkugel die Vorzeichen von zyklonaler und antizyklonaler Vorticity umdrehen. Das bedeutet, dass irgendwelche aus der Vorticity resultierenden Schlussfolgerungen nicht auf deren Vorzeichen, sondern auf deren zyklonalen oder antizyklonalen Charakter zurückzuführen sind und deshalb für beide Erdhalbkugeln in gleicher Weise gelten.

Im natürlichen Koordinatensystem ist die relative Vorticity gegeben durch

$$\zeta = V\frac{\partial \chi}{\partial s} - \frac{\partial V}{\partial n} = VK_s - \frac{\partial V}{\partial n} \tag{5.18}$$

Hierbei ist K_s die *Krümmung der Stromlinie*. Ähnlich wie bei der Divergenz gibt es auch hier zwei Anteile, nämlich die *Krümmungsvorticity* VK_s und die *Scherungsvorticity* $-\partial V/\partial n$. Die Krümmungsvorticity ist bei zyklonaler *Stromlinienkrümmung* ($K_s > 0$) positiv und negativ bei antizyklonaler Krümmung ($K_s < 0$). In einem reinen Scherungswindfeld ist die Scherungsvorticity positiv, wenn der Wind bei Blick in Strömungsrichtung nach links hin abnimmt und umgekehrt. Aus (5.18) ist weiter ersichtlich, dass die gesamte Vorticity null werden kann, auch wenn eine Rotationsströmung vorliegt. In diesem Fall heben sich die Krümmungs- und Scherungsvorticity gegenseitig auf. Für ein Tief würde dies bedeuten, dass V zum Zentrum des Tiefs hin zunimmt. Umgekehrte Verhältnisse gelten im Hoch.

Aus der Skalenanalyse ergibt sich in der unteren Troposphäre bei einem Krümmungsradius von ± 1000 km und $V = 10 \text{ m s}^{-1}$ eine Größenordnung der relativen Vorticity von 10^{-5} s^{-1}. Im Jetstream-Niveau hingegen können mit $V = 50 \text{ m s}^{-1}$ und kleineren Krümmungsradien auch Werte von 10^{-4} s^{-1} erreicht werden. Die Scherungsvorticity hat eine ähnliche Größenordnung. Da der Coriolisparameter f in den mittleren Breiten etwa 10^{-4} s^{-1} beträgt, ist er dort der bestimmende Faktor der absoluten Vorticity.

Zur praktischen Bestimmung von ζ ersetzt man häufig den wahren durch den geostrophischen Wind, dessen Komponenten im p-System gemäß (4.8)b gegeben sind durch

$$u_g = -\frac{1}{f}\frac{\partial \phi}{\partial y}, \qquad v_g = \frac{1}{f}\frac{\partial \phi}{\partial x} \tag{5.19}$$

Abb. 5.6 Überlagerung von Rotation mit anderen Strömungsformen. **a** Rotation und Translation, hohe Troposphäre. **b** Rotation und Translation, untere Troposphäre. **c** Rotation und Konvergenz. Nach Kurz (1990)

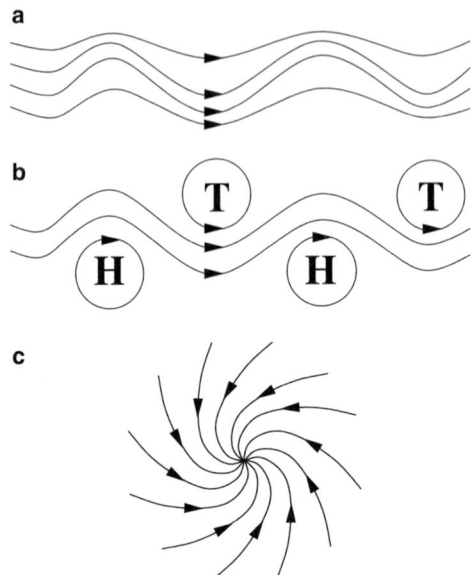

Hieraus erhält man die *geostrophische Vorticity*

$$\zeta_g = \frac{\partial v_g}{\partial x} - \frac{\partial u_g}{\partial y} = \frac{1}{f}\left(\frac{\partial^2 \phi}{\partial x^2} + \frac{\partial^2 \phi}{\partial y^2}\right) - \frac{1}{f^2}\frac{\partial \phi}{\partial y}\frac{\partial f}{\partial y} = \frac{1}{f}\left(\nabla_h^2 \phi + u_g \beta\right) \quad (5.20)$$

In (5.20) wird der Term $u_g \beta / f$ üblicherweise vernachlässigt, da er mit einer Größenordnung von $10^{-6}\,\text{s}^{-1}$ vergleichsweise klein ist. Mit der Approximation $f \approx f_0$ würde er ohnehin verschwinden. Somit gilt mit guter Näherung

$$\zeta_g = \frac{1}{f}\nabla_h^2 \phi, \qquad \eta_g = \frac{1}{f}\nabla_h^2 \phi + f \quad (5.21)$$

Abb. 5.6 zeigt Beispiele von Strömungen, bei denen die Rotation in Kombination mit anderen Strömungsarten gekoppelt auftritt. Abb. 5.6a ist typisch für das Strömungsfeld in der hohen Atmosphäre. Hier überlagern sich Rotationsbewegungen und relativ starke Translationsbewegungen, so dass offene wellenartige Strukturen mit Trögen und Rücken resultieren. Abb. 5.6b stellt die in der unteren Troposphäre oft vorgefundene Situation dar. Die Stromlinien sind aufgrund der geringeren Translationsbewegung teilweise geschlossen und bilden Hoch- und Tiefdruckgebiete. In Abb. 5.6c wirken horizontale Konvergenz und zyklonale Rotation zusammen.

5.3 Die Vorticitygleichung

Wendet man auf die *Bewegungsgleichung* (3.43) den Operator $\mathbf{k}\cdot\nabla\times$ an, dann erhält man eine prognostische Gleichung für die Vorticity ζ, die auch als *Vorticitygleichung* bezeichnet wird. Analog hierzu ergibt sich durch Anwendung des Operators $\mathbf{k}\cdot\nabla_{h,p}\times$ auf die *horizontale Bewegungsgleichung* (3.46) die *Vorticitygleichung im p-System*. Für die absolute Vorticity η_p, die gegeben ist durch

$$\eta_p = \zeta_p + f \quad \text{mit} \quad \zeta_p = \mathbf{k}\cdot\nabla_{h,p}\times\mathbf{v}_h \quad (5.22)$$

lautet sie nach Streichung einiger mittels Skalenanalyse als unwichtig einzuschätzenden Terme[4]

$$\frac{d\eta}{dt} = -\eta\nabla_{h,p}\cdot\mathbf{v}_h + \mathbf{k}\cdot\left(\frac{\partial\mathbf{v}_h}{\partial p}\times\nabla_{h,p}\omega\right) \quad (5.23)$$

Nach Aufspalten der individuellen zeitlichen Ableitung und des Divergenzterms erhält man

$$\frac{\partial\zeta}{\partial t} = \underbrace{-\mathbf{v}_h\cdot\nabla_{h,p}\zeta}_{(1)} \underbrace{- v\beta}_{(2)} \underbrace{- \omega\frac{\partial\zeta}{\partial p}}_{(3)} \underbrace{- \zeta\nabla_{h,p}\cdot\mathbf{v}_h}_{(4)} \underbrace{- f\nabla_{h,p}\cdot\mathbf{v}_h}_{(5)}$$
$$+ \underbrace{\mathbf{k}\cdot\left(\frac{\partial\mathbf{v}_h}{\partial p}\times\nabla_{h,p}\omega\right)}_{(6)} \quad (5.24)$$

Im Folgenden werden die Wirkungsweise und Größenordnung der sechs einzelnen Terme auf der rechten Seite dieser Gleichung näher diskutiert. Zur besseren Übersicht wird nur die Frage untersucht, wann eine zyklonale *Vorticitytendenz* besteht, d. h. $\partial\zeta/\partial t > 0$ auf der Nordhalbkugel. Dieser Fall führt zu einer Zyklonalisierung der Strömung, was der Abschwächung eines Hochs oder der Intensivierung eines Tiefs entspricht. Überlegungen mit $\partial\zeta/\partial t < 0$ gelten analog mit umgekehrtem Vorzeichen.

Um eine zyklonale Vorticitytendenz zu bewirken, muss Term (1) die horizontale Advektion von Partikeln mit höherer relativer Vorticity beschreiben, d. h. ζ muss stromaufwärts gesehen zunehmen. Term (2) beschreibt die Advektion planetarer Vorticity, durch die bei einer Nord-Süd Bewegung ζ zunimmt, da $\beta > 0$. Analog zur horizontalen Advektion werden durch Vertikalbewegungen Partikel mit größerer relativer Vorticity herangeführt (Term (3)). Term (4) wirkt nur, wenn das Partikel bereits relative Vorticity besitzt. Bei horizontaler Konvergenz wird die bestehende Rotation verstärkt, d. h. zyklonale Vorticity nimmt weiter zu, antizyklonale Vorticity nimmt weiter ab. Bei horizontaler Divergenz gilt das Umgekehrte. Das ist identisch mit der Erhaltung des Drehimpulses.

---

[4] Der Einfachheit halber wird im weiteren Verlauf bei den Größen η_p und ζ_p der Index p weggelassen.

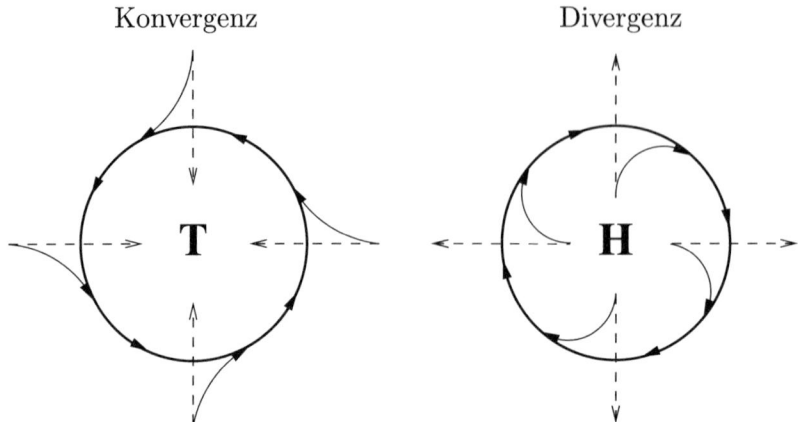

Abb. 5.7 Entstehung von zyklonaler und antizyklonaler Rotation aufgrund der *Coriolisablenkung* bei Konvergenz und Divergenz

Auf der synoptischen Skala liefert Term (5) den wichtigsten Beitrag zur Vorticitytendenz. Bei Konvergenz nimmt die Vorticity zu, bei Divergenz nimmt sie ab. Da in der unteren Troposphäre Konvergenz mit Hebung verbunden ist, nimmt in Bereichen mit aufsteigender Luft, also dort, wo Wolkenbildung stattfindet, die Zyklonalisierung der Strömung zu. Abb. 5.7 zeigt qualitativ die hierdurch entstehende zyklonale und antizyklonale Rotation bei Konvergenz und Divergenz.

In Abschn. 5.4 wird das dynamische Stabilitätsverhalten von Strömungen näher untersucht. Hierbei wird sich herausstellen, dass in dynamisch stabilen geostrophischen Strömungen die absolute geostrophische Vorticity nicht antizyklonal werden darf. Approximiert man im Term (4) die relative Vorticity durch die geostrophische Vorticity ζ_g gemäß (5.20) und im Term (5) f durch f_0, dann bedeutet dies für die hier geführte Diskussion, dass durch die beiden Divergenzterme insgesamt bei Konvergenz zyklonale und bei Divergenz antizyklonale Vorticity erzeugt wird.

Term (6) beschreibt die Erzeugung von Vorticity durch Drehung des *Wirbelvektors* $\nabla \times \mathbf{v}$ in die vertikale Richtung. Deshalb wird er auch als *Drehterm* (im Englischen *Tilting* oder *Twisting Term*) bezeichnet. Zur besseren Interpretation wird der Drehterm umgeschrieben als

$$\mathbf{k} \cdot \left(\frac{\partial \mathbf{v}_h}{\partial p} \times \nabla_{h,p} \omega \right) = \frac{\partial \omega}{\partial y} \frac{\partial u}{\partial p} - \frac{\partial \omega}{\partial x} \frac{\partial v}{\partial p} \qquad (5.25)$$

Hieraus ist zu sehen, dass zusätzlich zur vertikalen Scherung des horizontalen Winds im Feld der Vertikalbewegung horizontale Gradienten vorliegen müssen, damit es zu einer Vorticityänderung kommt. Abb. 5.8 zeigt das Beispiel einer Strömungskonfiguration, die zur Erzeugung von Vorticity durch den Drehterm führt. Der Einfachheit halber wird nur der zweite Ausdruck auf der rechten Seite von (5.25) untersucht, indem $\partial \omega / \partial y = 0$ und $u = const$ gesetzt wird. Am Punkt A erfolgt durch Aufstiegsbewegung eine zeitliche Abnahme von v, am Punkt B

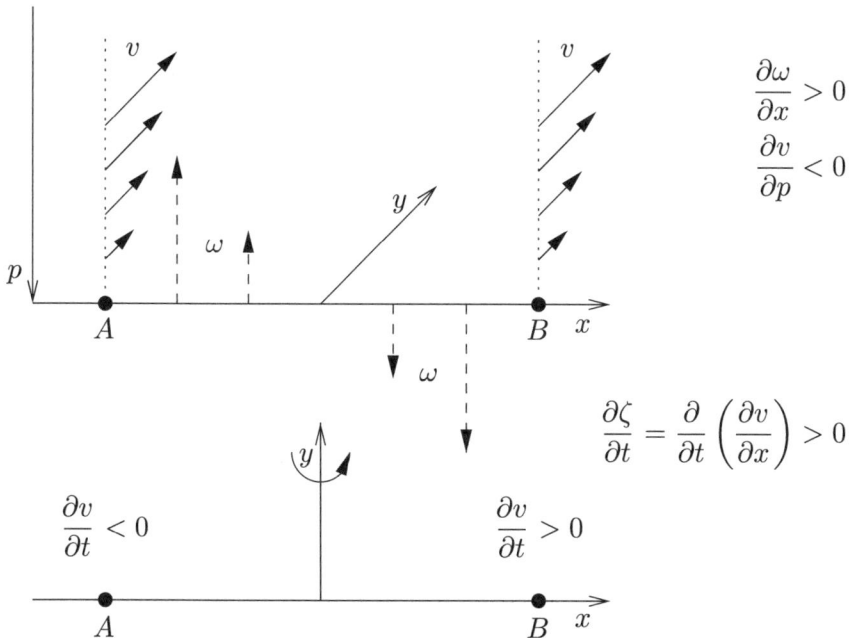

Abb. 5.8 Zur Erklärung des Drehterms für den Fall $\zeta = \partial v/\partial x$. Nach Zdunkowski und Bott (2003)

ist aufgrund von Absinkbewegungen das Gegenteil der Fall. Dies bewirkt eine Vorticityzunahme.

Mit Hilfe der Skalenanalyse kann man für großräumige Bewegungen die sechs Terme auf der rechten Seite der Vorticitygleichung (5.24) abschätzen. Dann ergibt sich in Einheiten s^{-2}

$$
\begin{aligned}
&-\mathbf{v}_h \cdot \nabla_{h,p}\zeta : && 10^{-10}, && -v\beta : && 10^{-10} \\
&-\omega \frac{\partial \zeta}{\partial p} : && 10^{-11}, && -\zeta \nabla_{h,p} \cdot \mathbf{v}_h : && 10^{-10} \\
&-f \nabla_{h,p} \cdot \mathbf{v}_h : && 10^{-9}, && \mathbf{k} \cdot \left(\frac{\partial \mathbf{v}_h}{\partial p} \times \nabla_{h,p} \omega \right) : && 10^{-11}
\end{aligned}
\qquad (5.26)
$$

Hieraus ist zu entnehmen, dass auf der synoptischen Skala die *Vertikaladvektion von Vorticity* sowie der Drehterm etwa eine Größenordnung kleiner sind als die übrigen Terme. In der Praxis werden diese beiden Ausdrücke deshalb häufig vernachlässigt. Der Drehterm kann jedoch bei intensiven mesoskaligen Entwicklungen, wie beispielsweise in extrem starken Gewittern, den *Superzellen*, eine bedeutende Rolle spielen. Hierauf wird zu einem späteren Zeitpunkt noch einmal näher eingegangen (s. Abschn. 12.1).

Unter Vernachlässigung von Vertikalbewegungen und des Tilting Terms erhält man aus (5.24) eine für großräumige Bewegungen mit guter Näherung gültige Form der Vorticitygleichung

$$\frac{\partial \zeta}{\partial t} = -\mathbf{v}_h \cdot \nabla_{h,p} \eta - \eta \nabla_{h,p} \cdot \mathbf{v}_h \qquad (5.27)$$

Die einzelnen Terme dieser Gleichung besitzen in den verschiedenen atmosphärischen Höhenniveaus unterschiedliche Bedeutung. In der unteren Troposphäre bis etwa 700 hPa verlaufen die meist geschlossenen Stromlinien weitgehend parallel zu den Isoplethen der Vorticity, so dass der Advektionsterm vernachlässigt werden kann. Dann reduziert sich (5.27) zu

$$\frac{\partial \zeta}{\partial t} = -\eta \nabla_{h,p} \cdot \mathbf{v}_h \qquad (5.28)$$

Da in stabilen Strömungen $\eta > 0$ (s. Abschn. 5.4), führt Konvergenz zur lokalen Zunahme und Divergenz zu einer Abnahme von relativer Vorticity.

In der mittleren Troposphäre sind horizontale Divergenzen minimal und man erhält mit guter Näherung

$$\frac{\partial \zeta}{\partial t} = -\mathbf{v}_h \cdot \nabla_{h,p} \eta \qquad (5.29)$$

Lokale zeitliche Änderungen der Vorticity werden somit in erster Linie durch Advektionsprozesse gesteuert. Auf der Nordhalbkugel spricht man bei *zyklonaler Vorticityadvektion* (ZVA) wegen des positiven Vorzeichens von ζ auch von *positiver Vorticityadvektion* (PVA) und umgekehrt bei *antizyklonaler Vorticityadvektion* (AVA) von *negativer Vorticityadvektion* (NVA).

In der großräumigen Höhenströmung bei etwa 300 hPa kann aufgrund der relativ geringen Verlagerungsgeschwindigkeit der Druckgebilde die lokale zeitliche Änderung $\partial \zeta / \partial t$ gegenüber den anderen Termen vernachlässigt werden, so dass dort näherungsweise gilt

$$\mathbf{v}_h \cdot \nabla_{h,p} \eta = -\eta \nabla_{h,p} \cdot \mathbf{v}_h \qquad (5.30)$$

Hieraus ist zu erkennen, dass in Bereichen mit Advektion zyklonaler Vorticity ($\mathbf{v}_h \cdot \nabla_{h,p} \eta < 0$) die horizontale Strömung divergent ist. Aus der Kontinuitätsgleichung (3.30) lässt sich leicht ablesen, dass eine divergente Höhenströmung mit Aufstiegsbewegungen der darunter liegenden Luft verbunden ist. Somit ist die Analyse der Vorticityadvektion in der Höhenströmung ein sehr hilfreiches Werkzeug zum Auffinden von Hebungsgebieten. Da jedoch, wie später noch mit Hilfe der ω-*Gleichung* gezeigt wird, Vertikalbewegungen nicht nur über Vorticityadvektion, sondern auch über die Advektion von kalter bzw. warmer Luft sowie über diabatische Prozesse gesteuert werden, ist die Vorticityadvektion allein nicht immer ausreichend, um Hebungs- oder Absinkgebiete zu lokalisieren (s. Abschn. 6.2).

Abb. 5.9 stellt die synoptische Situation über dem Ostatlantik am 02.10.2013 12 UTC dar. In der 500 hPa Analysekarte mit Bodendruckverteilung (Abb. 5.9a)

5.3 Die Vorticitygleichung

a

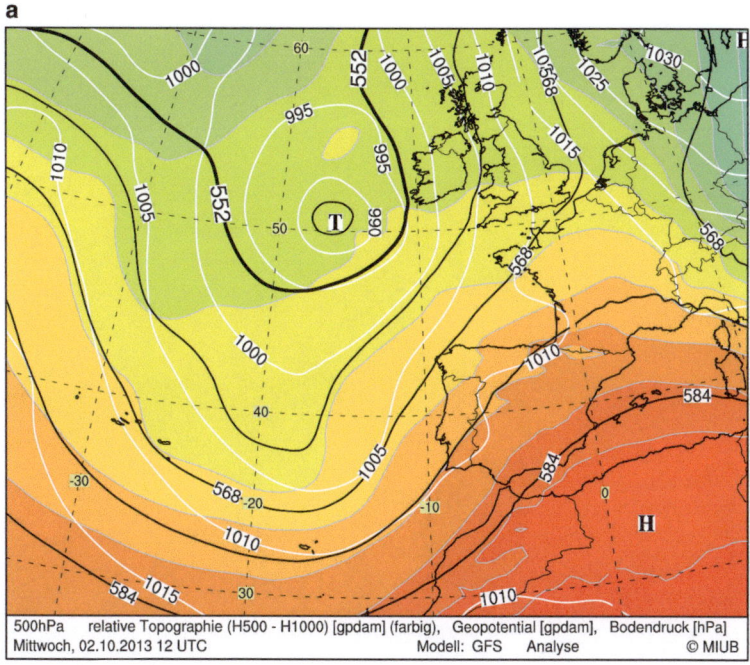

b

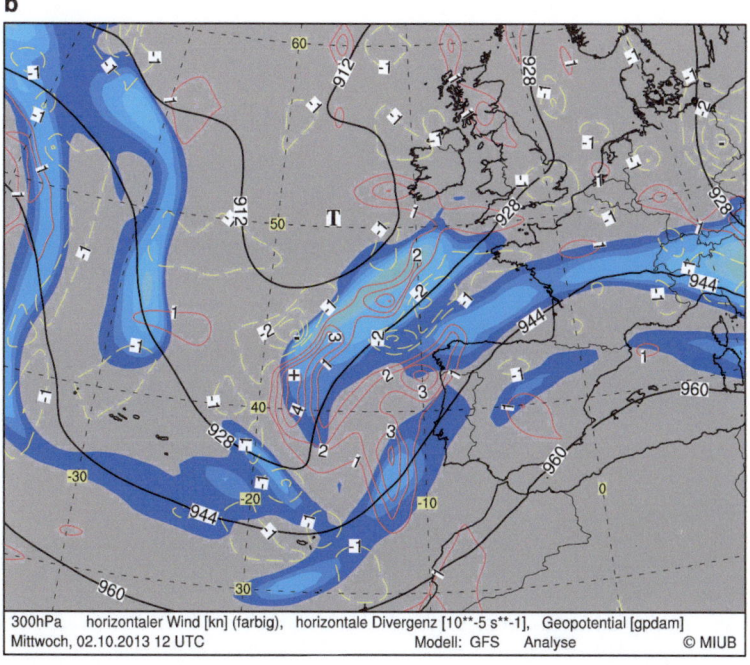

Abb. 5.9 Analysekarten vom 02.10.2013 12 UTC. **a** 500 hPa mit Bodendruck und relativer Topographie 500/1000 hPa, **b** 300 hPa mit horizontalem Windfeld und dessen Vergenzen, **c** Advektion absoluter Vorticity in 500 hPa und **d** 300 hPa

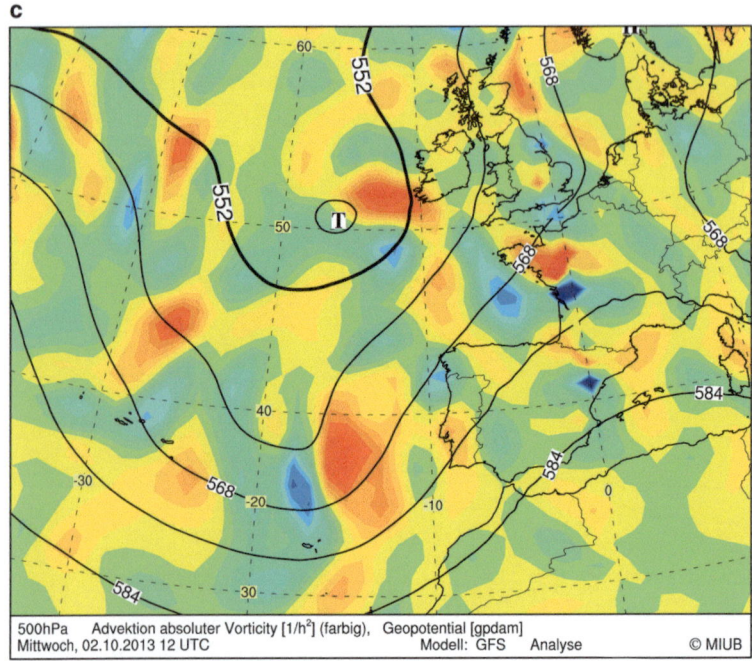

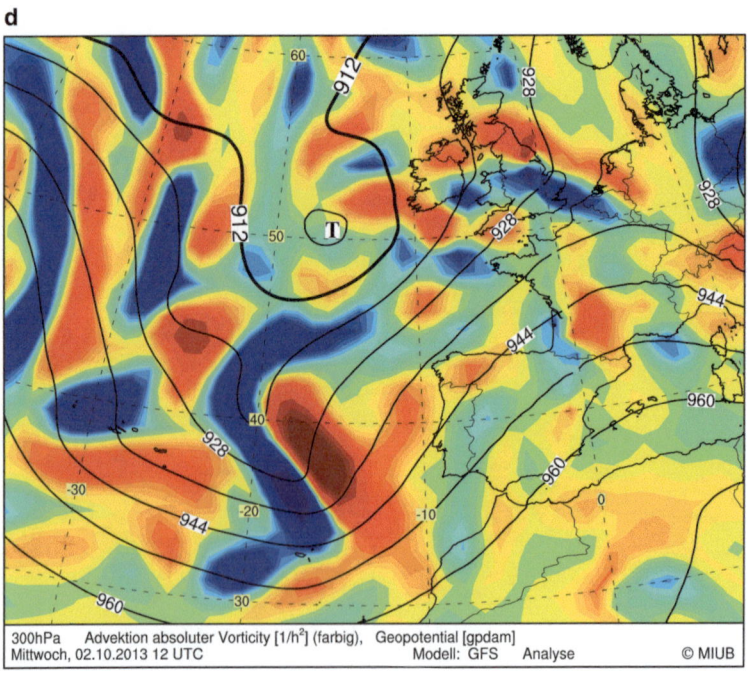

Abb. 5.9 (Fortsetzung)

sieht man westlich der Britischen Inseln einen Langwellentrog mit großer Amplitude. Das zu dem Bodentief gehörende Frontensystem hat bereits das europäische Festland erreicht. In der 300 hPa Analysekarte des horizontalen Windfelds (Abb. 5.9b) erkennt man westlich der Iberischen Halbinsel ein lokales Maximum der horizontalen Winddivergenz (rote Isolinien). Gemäß den obigen Ausführungen sind dort relativ starke Hebungsprozesse zu erwarten, was mit entsprechend hohen Niederschlägen verbunden ist (nicht gezeigt). In der 500 hPa Karte mit absoluter Vorticityadvektion (Abb. 5.9c) ist in diesem Bereich ein lokales Maximum und westlich davon ein lokales Minimum der Vorticityadvektion zu erkennen. Dieses Verhalten ist im 300 hPa Niveau noch deutlich stärker ausgeprägt (Abb. 5.9d), d. h. die Advektion absoluter Vorticity nimmt betragsmäßig mit der Höhe zu. Wie die in Abschn. 6.2 erfolgende detaillierte Diskussion der ω-Gleichung zeigen wird, sind Hebungs- und Absinkprozesse nicht mit der Vorticityadvektion selbst, sondern mit deren vertikaler Änderung verknüpft.

Abschließend wird noch kurz der Spezialfall der barotropen Atmosphäre diskutiert. In Abschn. 4.3 wurde bereits angesprochen, dass dann der horizontale Wind $\mathbf{v}_h$ höhenunabhängig ist. Damit verschwindet in (5.23) der Drehterm und man erhält die *barotrope Form der Vorticitygleichung*

$$\frac{d\eta}{dt} = -\eta \nabla_{h,p} \cdot \mathbf{v}_h \qquad (5.31)$$

Setzt man in einer weiteren Vereinfachung $\nabla_{h,p} \cdot \mathbf{v}_h = 0$,[5] dann ergibt sich die *divergenzfreie barotrope Form der Vorticitygleichung*

$$\frac{d\eta}{dt} = 0 \qquad (5.32)$$

Hieraus ist zu sehen, dass die absolute Vorticity in der divergenzfreien *barotropen Atmosphäre* eine Erhaltungsgröße darstellt. Gleichung (5.32) bildet den Ausgangspunkt für die später abzuleitenden *barotropen Rossby-Wellen* (s. Abschn. 9.2).

5.4 Trägheitsinstabilität und dynamische Instabilität

Wird ein Luftpaket vertikal aus seiner Ruhelage verschoben, dann entscheidet der vertikale Temperaturgradient der Umgebungsluft darüber, ob es anschließend wieder in seine Ruhelage zurückkehrt oder nicht. Hierbei handelt es sich um die in Abschn. 4.1 bereits angesprochenen Untersuchungen zur *hydrostatischen Instabilität*. Bei instabil verlaufenden Horizontalbewegungen spricht man von *Trägheitsinstabilität*. Während die hydrostatische Stabilität von der Vertikalverteilung der potentiellen oder pseudopotentiellen Temperatur abhängt, spielt bei der Trägheitsstabilität der ageostrophische Wind eine zentrale Rolle. Die Verallgemeinerung beider Instabilitäten führt zur *dynamischen Instabilität*, bei der sowohl die vertikale

---
[5] Auf diese Weise werden *externe Schwerewellen* aus dem System eliminiert.

Schichtung der Atmosphäre als auch die kinematischen Eigenschaften des horizontalen Windfelds von Bedeutung sind.

5.4.1 Trägheitsinstabilität

Zunächst werden reine horizontale Bewegungen betrachtet, die zudem adiabatisch verlaufen sollen. Die Grundströmung sei stationär und befinde sich im geostrophischen Gleichgewicht. Wird ein sich mit der Gleichgewichtsströmung bewegendes Luftpartikel durch eine kleine Störung aus seiner Bahn ausgelenkt, dann kann es nach der Störung wieder in seine ursprüngliche Bahn zurückkehren, auf der neuen Bahn verbleiben oder sich weiter von ihr entfernen. Im ersten Fall ist die Bewegung des Luftpartikels stabil, in den beiden anderen Fällen ist sie indifferent bzw. instabil.

Die einfachste Form einer stabilen Horizontalbewegung besteht im *Trägheitskreis*. Diese Gleichgewichtsbewegung stellt sich in einem horizontal homogenen Druckfeld ein, d. h. $\nabla_h p = 0$ bzw. $\mathbf{v}_g = 0$. Für einen konstant angenommenen Coriolisparameter f_0 ergibt sich aus (3.44)

$$\frac{du}{dt} - f_0 v = 0, \qquad \frac{dv}{dt} + f_0 u = 0 \qquad (5.33)$$

Der horizontale spezifische *absolute Impuls* ist definiert über

$$\mathbf{M} = \mathbf{v}_h + f_0 \mathbf{k} \times \mathbf{r} = (u - f_0 y)\mathbf{i} + (v + f_0 x)\mathbf{j} \qquad (5.34)$$

wobei $\mathbf{r}$ der Ortsvektor ist. Mit (5.34) lässt sich (5.33) auch schreiben als

$$\frac{d\mathbf{M}}{dt} = \frac{d\mathbf{v}_h}{dt} + f_0 \mathbf{k} \times \mathbf{v}_h = 0 \qquad (5.35)$$

d. h. der absolute Impuls ist bei dieser kräftefreien Bewegung erwartungsgemäß eine Erhaltungsgröße.

Die Lösung von (5.33) beschreibt eine Kreisbewegung des Luftpartikels. Aus (3.50) erhält man für den Radius des Trägheitskreises $R_t = -V/f_0$, da $\partial p/\partial n = 0$. Für $f_0 = 10^{-4}\,\text{s}^{-1}$ und $V = 10\,\text{m}\,\text{s}^{-1}$ ergibt sich $|R_t| = 100\,\text{km}$. Demnach handelt es sich um eine antizyklonale relativ kleinräumige Rotationsbewegung. Dies rechtfertigt auch die Annahme eines konstanten Coriolisparameters f_0. In einem räumlich konstanten geostrophischen Windfeld, für das $\nabla_h p = const$ gilt, durchläuft das Luftpartikel statt einer Kreisbewegung eine zykloide Bahn. Für großräumige Strömungen, bei denen f nicht mehr konstant gesetzt werden kann, erhält man als Lösung der horizontalen Bewegungsgleichung die früher bereits angesprochenen *Rossby-Wellen*. Hierauf wird in Kap. 9 noch ausführlich eingegangen.

Eine weitere Verallgemeinerung von (5.33) besteht darin, anzunehmen, dass ein in x-Richtung wehender geostrophischer Wind existiert, der in y-Richtung eine

5.4 Trägheitsinstabilität und dynamische Instabilität

Scherung aufweist, d. h. $\mathbf{v}_g = u_g(y)\mathbf{i}$. Dann ist die absolute Vorticity der geostrophischen Grundströmung gegeben durch

$$\eta_g = -\frac{\partial M_{g,x}}{\partial y} = \zeta_g + f_0 \quad \text{mit} \quad M_{g,x} = u_g - f_0 y \tag{5.36}$$

In dieser Gleichung ist $\zeta_g = -\partial u_g/\partial y$ eine reine *Scherungsvorticity*. Das Partikel bewege sich zunächst mit dem geostrophischen Wind u_g in x-Richtung, d. h. $u = u_g$. Der Geschwindigkeit u werde nun eine Störung v senkrecht zur Bewegungsrichtung überlagert. Das bedeutet, dass v den ageostrophischen Anteil des Windfelds darstellt. Jetzt lauten die horizontalen *Bewegungsgleichungen in der f-Ebene*

$$\text{(a)} \quad \frac{du}{dt} = f_0 v, \quad \text{(b)} \quad \frac{dv}{dt} = -f_0(u - u_g) \tag{5.37}$$

Während seiner Auslenkung in y-Richtung erfährt das Teilchen eine individuelle Änderung des geostrophischen Winds, die gemäß der Euler'schen Entwicklung gegeben ist als

$$\frac{du_g}{dt} = v\frac{\partial u_g}{\partial y} \tag{5.38}$$

Differenziert man (5.37)b nach der Zeit, dann erhält man unter Benutzung von (5.37)a und (5.38) eine Differentialgleichung zweiter Ordnung für v

$$\frac{d^2v}{dt^2} - f_0 \frac{\partial M_{g,x}}{\partial y} v = 0 \quad \text{mit} \quad \frac{\partial M_{g,x}}{\partial y} = \frac{\partial u_g}{\partial y} - f_0 \tag{5.39}$$

Diese Gleichung ist vollkommen analog zur Differentialgleichung (4.4), die sich bei der Untersuchung der hydrostatischen Instabilität für ein vertikal ausgelenktes Luftpaket ergab. In (5.39) entscheidet jedoch der Term $-f_0 \partial M_{g,x}/\partial y$ über das Stabilitätsverhalten der Horizontalbewegung quer zur Grundströmung. Analog zur Stabilitätsbedingung (4.6) der *Brunt-Väisälä Frequenz* ergibt sich aus der Lösung der Differentialgleichung (5.39) die Bedingung für Trägheitsinstabilität[6]

$$-f_0 \frac{\partial M_{g,x}}{\partial y} = f_0\left(f_0 - \frac{\partial u_g}{\partial y}\right) = f_0 \eta_g \begin{cases} < 0 & \text{instabil} \\ = 0 & \text{indifferent} \\ > 0 & \text{stabil} \end{cases} \tag{5.40}$$

Anschaulich lässt sich das Auftreten der Trägheitsinstabilität dadurch erklären, dass im Fall $du/dt > du_g/dt$ nach einiger Zeit auch $u > u_g$ sein wird. Aus (5.37)b sieht man, dass dann $dv/dt < 0$, so dass das Partikel nach einiger Zeit wieder in die ursprüngliche geostrophische Bewegungsrichtung zurückkehren wird. In dieser

---
[6] Auf der Nordhalbkugel kann der Vorfaktor f_0 wegen $f_0 > 0$ auch weggelassen werden.

Situation liegt Trägheitsstabilität vor. Im umgekehrten Fall mit $du/dt < du_g/dt$ ergibt sich nach einiger Zeit $u < u_g$ und deshalb $dv/dt > 0$. Somit nimmt die Beschleunigung quer zur Strömungsrichtung zu, d. h. hier handelt es sich um Trägheitsinstabilität.

Aus (5.40) ist zu sehen, dass geostrophische Strömungen ohne Scherung, d. h. $\partial u_g/\partial y = 0$, stabil sind. Stromfelder mit zyklonaler Scherung, für die $\partial u_g/\partial y < 0$ gilt, sind besonders stabil im Gegensatz zu Stromfeldern mit antizyklonaler Scherung $\partial u_g/\partial y > 0$. Diese können bei Überschreiten einer kritischen Scherung, nämlich wenn $\partial u_g/\partial y > f_0$, auch instabil werden. Solche instabilen Situationen sind in der Regel nur sehr kurzlebig und führen relativ schnell zu Änderungen der großräumigen Strömung. Jedoch ist auf der antizyklonalen Seite eines *Jetstreaks* wegen der dort starken horizontalen Scherung des geostrophischen Winds die Stabilität der Strömung oft sehr gering und mitunter auch indifferent.

Bei den hier vorgestellten Untersuchungen wurde unterstellt, dass die geostrophische Grundströmung zonal verlaufe mit $u_g = u_g(y)$. Zu analogen Ergebnissen gelangt man jedoch auch bei meridional ausgerichteter Grundströmung mit $v_g = v_g(x)$. In diesem Fall lautet das Kriterium für Trägheitsinstabilität

$$f_0 \frac{\partial M_{g,y}}{\partial x} = f_0 \left(f_0 + \frac{\partial v_g}{\partial x} \right) = f_0 \eta_g \begin{cases} < 0 & \text{instabil} \\ = 0 & \text{indifferent} \\ > 0 & \text{stabil} \end{cases} \qquad (5.41)$$

Bei gekrümmten Stromlinien gelten ähnliche Überlegungen, allerdings jetzt für den Gradientwind. Für die im natürlichen Koordinatensystem formulierte relative geostrophische Vorticity (s. (5.18)) lautet die Bedingung für Trägheitsinstabilität

$$f_0 \left(f_0 + V_G K_s - \frac{\partial V_G}{\partial n} \right) = f_0 \eta_g \begin{cases} < 0 & \text{instabil} \\ = 0 & \text{indifferent} \\ > 0 & \text{stabil} \end{cases} \qquad (5.42)$$

Erwartungsgemäß reduziert sich diese Beziehung im Fall ungekrümmter Strömungen auf (5.40) für zonalen Grundstrom mit $V_G = u_g(y)$ bzw. auf (5.41) bei meridionalem Grundstrom und $V_G = v_g(x)$. Bei starrer zyklonaler Rotationsbewegung nimmt die Geschwindigkeit V_G in n-Richtung ab, während sie bei *antizyklonaler Bewegung* in n-Richtung zunimmt. Das bedeutet, dass starre zyklonale Rotationen stabil sind, da alle Terme auf der linken Seite von (5.42) größer als null sind. Starre antizyklonale Rotationen hingegen können instabil werden, da jetzt der zweite und dritte Term auf der linken Seite von (5.42) negativ sind. Der kritische Krümmungsradius, bei dem eine antizyklonale Strömung instabil wird, ist durch den Krümmungsradius des *Grenzhochs* gegeben (s. Abschn. 4.4).

5.4.2 Dynamische Instabilität

Im Folgenden werden adiabatische Bewegungen in einem stabilen in x-Richtung verlaufenden horizontalen Grundstrom mit geostrophischem Wind $u_g(y, z)$ be-

5.4 Trägheitsinstabilität und dynamische Instabilität

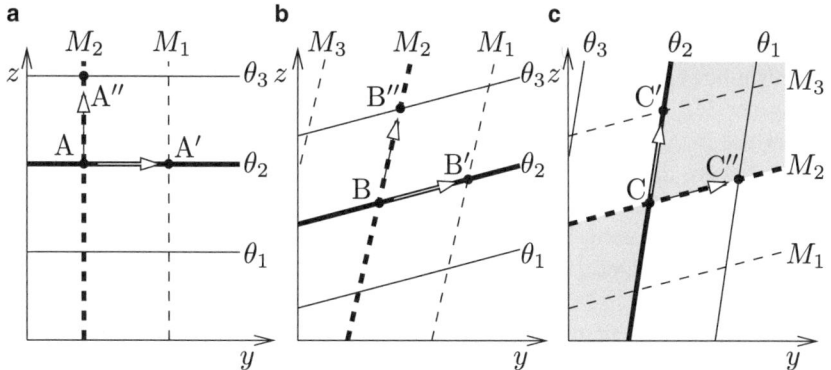

Abb. 5.10 Isentropen (*durchgezogen*) und $M_{g,x}$-Isoplethen (*gestrichelt*) in barotroper (**a**) und barokliner Atmosphäre (**b**, **c**). $\theta_{i+1} > \theta_i$ und $M_{i+1} > M_i$. Näheres s. Text

trachtet. In einer *barotropen Atmosphäre* sind die Isentropen in der (y, z)-Ebene parallel zu den Isobaren quasihorizontal ausgerichtet, während die $M_{g,x}$-Isoplethen wegen der bei Barotropie gültigen Höhenunabhängigkeit des geostrophischen Winds vertikal verlaufen. Abb. 5.10a zeigt die entsprechenden Isolinien für eine barotrope Atmosphäre. Untersucht wird das Stabilitätsverhalten eines Luftpakets mit den Eigenschaften (M_2, θ_2), wobei in der Abbildung abkürzend M_i für $M_{g,x,i}$ geschrieben wurde. In der barotropen Situation befindet sich das Luftpaket am Punkt A. Wird es von dort durch eine Störung zum Punkt A′ ausgelenkt, dann wird es sich wieder zum Ausgangspunkt A zurückbewegen, da $\partial M_{g,x}/\partial y < 0$. Ebenso wird das nach A″ vertikal ausgelenkte Luftpaket wegen $\partial \theta/\partial z > 0$ zum Ausgangspunkt zurückkehren. Schließlich führt auch eine aus horizontaler und vertikaler Auslenkung überlagerte Verschiebung in eine beliebige Richtung zu dem gleichen Ergebnis, so dass insgesamt sowohl Trägheits- als auch hydrostatische Stabilität vorliegen.

In einer baroklinen Atmosphäre mit nach Norden abnehmender Temperatur steigen die Isentropen in y-Richtung an. Je steiler die Isentropen verlaufen, umso geringer ist die statische Stabilität der Atmosphäre. Weiterhin besitzen die $M_{g,x}$-Isoplethen wegen des thermischen Winds gegenüber der z-Achse eine Neigung, die mit zunehmender Baroklinität immer größer wird. In Abb. 5.10b sind die Isentropen stärker geneigt als die $M_{g,x}$-Isoplethen. Da in der Abbildung $M_{i+1} > M_i$, erfährt das sich jetzt am Punkt B befindliche Luftpaket mit den Eigenschaften (M_2, θ_2) bei Auslenkung nach B′ entlang der θ_2-Isentrope eine Abnahme von $M_{g,x}$. Gemäß (5.40) entspricht dies einer stabilen Bewegung, so dass das Luftpaket wieder in seine Ausgangslage zurückkehrt. In Abb. 5.10c jedoch verlaufen die Isentropen steiler als die $M_{g,x}$-Isoplethen. Dies hat zur Folge, dass jetzt das Luftpaket bei der adiabatischen Auslenkung vom Ausgangspunkt C nach C′ eine Zunahme von $M_{g,x}$ erfährt, was einer instabilen Bewegung entspricht. Dieses Strömungsverhalten wird als dynamische Instabilität bezeichnet.

Die dynamische Instabilität lässt sich aber auch daran erkennen, dass man ein Partikel nicht entlang der Isentropen, d. h. $\theta = const$, sondern entlang der $M_{g,x}$-Isoplethen bewegt. In Abb. 5.10b ist die Bewegung des Luftpakets von B nach B" entlang der $M_{g,x}(y_2)$-Isoplethe allerdings auch stabil, da $\theta_3 > \theta_2$. Nimmt jedoch, wie bei der in Abb. 5.10c gezeigten Auslenkung von C nach C", die potentielle Temperatur ab, dann liegt dynamische Instabilität vor. Insgesamt kann man sich leicht vorstellen, dass sich das von C in die grau dargestellten Sektoren ausgelenkte Luftpaket immer instabil verhält, die Auslenkung in die übrigen Richtungen wird hingegen stabil erfolgen.[7] Aus diesem Grund spricht man hierbei auch von *sektorieller Instabilität*.

Aus Abb. 5.10c kann man erkennen, dass sich bei sektorieller Instabilität ein vertikal ausgelenktes Luftpaket hydrostatisch stabil verhält, da $\partial\theta/\partial z > 0$. Gleichzeitig liegt bei horizontaler Auslenkung des Luftpakets wegen $\partial M_{g,x}/\partial y < 0$ Trägheitsstabilität vor. Weiterhin ist leicht einzusehen, dass zum Auslösen dynamischer Instabilitäten starke *Baroklinität* vorliegen muss, die mit geringer statischer Stabilität verbunden ist. Denn nur in dem Fall stellt sich die in Abb. 5.10c wiedergegebene Konfiguration der Isolinien ein, die eine notwendige Voraussetzung für dynamische Instabilität darstellt. An Kaltfronten findet man häufig Gebiete mit starker Baroklinität bei gleichzeitig geringer statischer Stabilität der Atmosphäre. Als Folge hiervon können dort linienhaft angeordnete dynamisch instabile Bereiche entstehen, in denen es zu heftigen konvektiven Entwicklungen kommt, die sich in parallel zur Front verlaufenden Niederschlagsbändern äußern (s. z. B. Jascourt et al. 1988, Reuter und Yau 1990, Schultz und Knox 2007). Auf die näheren Zusammenhänge wird in Kap. 12 noch einmal ausführlich eingegangen.

Das in Abb. 5.10b vom Punkt B in beliebige Richtung ausgelenkte Luftpaket wird aufgrund der stabilen Situation wieder zu seinem Ursprungsort zurückkehren. Bei vertikaler Auslenkung ist die rücktreibende Kraft proportional zum Quadrat der Brunt-Väisälä Frequenz $N = \sqrt{g\partial \ln\theta/\partial z}$, während bei horizontaler Auslenkung die rücktreibende Kraft durch $-f_0 \partial M_{g,x}/\partial y$ gegeben ist. Unter typischen atmosphärischen Bedingungen mittlerer Breiten gilt (Holton 2004)

$$-N^2 \sim 10^4 f_0 \frac{\partial M_{g,x}}{\partial y} \tag{5.43}$$

Hieraus kann geschlossen werden, dass sich ein aus der Gleichgewichtsströmung durch eine beliebige Störung ausgelenktes Luftpaket weitgehend entlang der Isentropen bewegt. Aus diesem Grund bietet es sich an, bei der mathematischen Formulierung des Stabilitätsverhaltens die potentielle Temperatur als *generalisierte Vertikalkoordinate* einzuführen. In diesem θ-*System* verlaufen adiabatische Bewegungen wegen $d\theta/dt = 0$ horizontal. Damit gelten die in (5.40)–(5.42) formulierten Stabilitätskriterien, wenn dort die horizontalen Ableitungen auf Flächen konstanter potentieller Temperatur angeschrieben werden (s. hierzu auch Zdunkowski und

---

[7] Diese Aussagen gelten mit sehr guter Näherung. Eine genauere Untersuchung zeigt, dass die Instabilitätsbereiche etwas größer als die grauen Flächen in Abb. 5.10c sind. Insbesondere verlaufen die Isentropen innerhalb der Instabilitätsbereiche (s. hierzu z. B. Zdunkowski und Bott 2003).

5.4 Trägheitsinstabilität und dynamische Instabilität

Bott 2003 oder Holton 2004). Deshalb spricht man hierbei auch von *isentroper Trägheitsinstabilität*. Somit lässt sich in einer geostrophischen Strömung das dynamische Instabilitätsverhalten formulieren als

$$f_0 \eta_{g,\theta} \begin{cases} < 0 & \text{instabil} \\ = 0 & \text{indifferent} \\ > 0 & \text{stabil} \end{cases} \quad (5.44)$$

Hieraus ergibt sich schließlich, dass die in Kap. 7 eingeführte *isentrope potentielle Vorticity* (s. Abschn. 7.1) sowohl bei hydrostatischer als auch bei dynamischer Instabilität negativ ist.

Ähnlich wie bei der gewöhnlichen Trägheitsinstabilität sind auch bei der dynamischen Instabilität die Ergebnisse unabhängig davon, ob die geostrophische Grundströmung in x- oder y-Richtung verläuft. Das entscheidende Merkmal des Stabilitätsverhaltens besteht darin, dass es sich hierbei um ein zweidimensionales Phänomen handelt, bei dem die Störungen senkrecht zur Richtung des Grundstroms erfolgen, d. h. parallel zu dieser Richtung ist das Stabilitätsverhalten konstant. Deshalb wird die dynamische Instabilität auch als *symmetrische Instabilität* bezeichnet. Wenn die dynamische Instabilität zusätzlich noch in der Richtung des Grundstroms variiert, dann liegt *barokline Instabilität* vor. Hierauf wird zu einem späteren Zeitpunkt noch einmal ausführlich eingegangen (s. Kap. 9).

Analog zur bedingten Instabilität der atmosphärischen Schichtung existiert auch eine *bedingte symmetrische Instabilität*, bei der die vertikale Temperaturänderung zwischen der trocken- und feuchtadiabatischen Temperaturabnahme liegt. Schließlich existiert noch der Begriff der *potentiellen symmetrischen Instabilität*. Hier muss in Analogie zur *potentiellen Instabilität* zunächst ein großräumiges vertikales Anheben der Luft erfolgen, bevor diese dynamisch instabil wird. Als Oberbegriff für beide Instabilitäten wird im Englischen der Ausdruck *Moist Symmetric Instability* bzw. *Slantwise Convective Instability* verwendet. Näheres hierzu ist z. B. in Schultz und Schumacher (1999) zu finden.

Die quasigeostrophische Theorie 6

In der modernen numerischen Wettervorhersage wird das in Abschn. 3.4 vorgestellte Gleichungssystem diskretisiert und anschließend mit Hilfe geeigneter numerischer Verfahren integriert, um dadurch die zeitliche Entwicklung des atmosphärischen Zustands zu erhalten. Aufgrund der mittlerweile verfügbaren Computerkapazitäten können hierbei relativ kleine räumliche Gitterabstände und numerische Integrationszeitschritte gewählt werden, so dass es eigentlich nicht mehr notwendig ist, das Gleichungssystem zu vereinfachen, um meteorologisch uninteressante Wellenprozesse, die auch als *meteorologischer Lärm* bezeichnet werden, aus den Lösungen zu filtern. Die Komplexität des Gleichungssystems bringt es jedoch mit sich, dass es relativ schwer fällt, synoptisch-skalige atmosphärische Entwicklungsprozesse direkt aus den Gleichungen abzulesen.

Einen deutlich einfacheren Zugang zum Verständnis großräumiger Entwicklungsvorgänge bieten die *quasigeostrophische* bzw. *semigeostrophische Theorie*. In Abschn. 4.6 wurden beide Theorien bereits bei der Skalenanalyse der horizontalen Bewegungsgleichung kurz angesprochen. Die insbesondere in der quasigeostrophischen Theorie vorgenommene rigorose Streichung fast aller ageostrophischen Bewegungen aus den Modellgleichungen liefert nicht nur ein numerisch effizientes, sondern auch leicht interpretierbares Gleichungssystem, in dem trotzdem noch die wichtigsten meteorologisch relevanten Prozesse enthalten sind. Etwa in den 1970er Jahren lösten erste *barokline Vorhersagemodelle*, die auf der quasigeostrophischen Theorie basierten, die bis dahin noch routinemäßig in der numerischen Wettervorhersage zum Einsatz kommenden *barotropen Modelle* ab. Interessante Beiträge zum ersten vom Deutschen Wetterdienst verwendeten baroklinen Modell können in der vom DWD herausgebrachten Fortbildungszeitschrift *promet* aus dem Jahr 1976 nachgelesen werden. Diese ist im Internetportal des DWD verfügbar[1].

In Abschn. 4.6 wurde bereits deutlich, dass die Formulierung der quasigeostrophischen Theorie darauf beruht, dass auf der synoptischen Skala der wahre Wind mit sehr guter Näherung durch den geostrophischen Wind ersetzt werden kann. Somit können großräumige Bewegungen nicht nur als *quasihorizontal*, sondern auch

---

[1] https://www.dwd.de.

als quasigeostrophisch angesehen werden, weshalb man bei der Verwendung der Näherung $\mathbf{v}_h \approx \mathbf{v}_g$ im atmosphärischen Gleichungssystem auch von der **quasigeostrophischen Theorie** spricht.

Grundsätzlich könnten die in der quasigeostrophischen Theorie verwendeten Gleichungen aus den entsprechenden Näherungen der horizontalen Bewegungsgleichung (4.26) und der Wärmegleichung (4.35) (mit $\delta_1 = \delta_4 = 1$ und $\delta_2 = 0$) abgeleitet werden. Hier wird jedoch genauso wie in den meisten Lehrbüchern nicht die horizontale Bewegungsgleichung, sondern die Vorticitygleichung als Ausgangspunkt zur Ableitung der Modellgleichungen verwendet. Auf diese Weise lassen sich einige weitere aus den quasigeostrophischen Annahmen folgende Konsequenzen sehr gut verdeutlichen. Erst bei der in Abschn. 6.4 erfolgenden *Q-Vektor-Analyse* wird von der quasigeostrophisch genäherten horizontalen Bewegungsgleichung direkt Gebrauch gemacht.

6.1 Die Grundannahmen der quasigeostrophischen Theorie

Um einen einfachen Zugang zur quasigeostrophischen Theorie zu erhalten, bietet es sich an, die Betrachtungen im p-System der Tangentialebene vorzunehmen, da dort die Gleichungen eine relativ einfache Form annehmen. Zur Beschreibung von *Rossby-Wellen* müssen die Untersuchungen in der β-Ebene erfolgen. Eine detaillierte Herleitung der im Folgenden vorgestellten quasigeostrophischen Modellgleichungen kann hier nicht präsentiert werden. Hierzu sollte die einschlägige Literatur konsultiert werden (s. z. B. Pedlosky 1987, Pichler 1997, Zdunkowski und Bott 2003, Holton 2004). Die Formulierung des quasigeostrophischen Modells basiert auf folgenden Annahmen:[2]

- Die Atmosphäre befinde sich immer im hydrostatischen Gleichgewicht

$$\frac{\partial \phi}{\partial p} = -\frac{1}{\rho} = -\frac{R_0 T}{p} \tag{6.1}$$

- Der geostrophische Wind wird durch (4.8)b approximiert

$$\mathbf{v}_{g,0} = \frac{1}{f_0} \mathbf{k} \times \nabla_h \phi \tag{6.2}$$

- Zu allen Zeiten bestehe ein Gleichgewicht zwischen Massen- und horizontalem Windfeld. Diese Annahme wird dadurch realisiert, dass in allen Gleichungen der horizontale Wind $\mathbf{v}_h$ durch den geostrophischen Wind $\mathbf{v}_{g,0}$ ersetzt wird. Analog zu (5.21) erhält man mit Hilfe von (6.2) die *relative geostrophische* und *absolute geostrophische Vorticity* als

$$\zeta_g = \mathbf{k} \cdot \nabla_h \times \mathbf{v}_{g,0} = \frac{1}{f_0} \nabla_h^2 \phi, \qquad \eta_g = \zeta_g + f \tag{6.3}$$

---

[2] Zur Schreibvereinfachung wird an allen Termen der das p-System kennzeichnende Index $_p$ weggelassen.

Hieraus ist zu sehen, dass bei der absoluten Vorticity η_g der Coriolisparameter f nicht als konstant angenommen wird. Dadurch gelingt es, den weiter unten diskutierten wichtigen β-*Effekt* im Gleichungssystem beizubehalten.

- Der horizontale Wind $\mathbf{v}_h$ wird zwar durch den geostrophischen Wind $\mathbf{v}_{g,0}$ ersetzt, allerdings bleibt der Divergenzterm $\nabla_h \cdot \mathbf{v}_h$ von dieser Näherung verschont, indem vor der Einführung von $\mathbf{v}_{g,0}$ in allen Gleichungen der Term $\nabla \cdot \mathbf{v}_h$ mit Hilfe der Kontinuitätsgleichung (3.30) durch $-\partial \omega / \partial p$ ersetzt wird. Diese Maßnahme ist notwendig, um Vertikalbewegungen im System beizubehalten, denn sonst würde wegen $\nabla_h \cdot \mathbf{v}_{g,0} = 0$ die Integration der Kontinuitätsgleichung in allen Schichten $\omega = 0$ ergeben. Deshalb spricht man auch von der *selektiven geostrophischen Approximation*.

Mit diesen Annahmen gelingt es, ein mathematisch stark vereinfachtes prognostisches Gleichungssystem abzuleiten, bei dem jedoch nicht vollständig auf die ageostrophischen Massenflüsse verzichtet wird. Wie bereits früher erwähnt, sind die mit $\mathbf{v}_{ag}$ verbundenen horizontalen Massenflüsse für Änderungen der räumlichen Druckverteilung verantwortlich. Von ebenso fundamentaler Bedeutung für die Leistungsfähigkeit des quasigeostrophischen Systems ist aber auch die Tatsache, dass durch die selektive geostrophische Approximation die aus ageostrophischen Vergenzen des horizontalen Winds resultierenden Vertikalbewegungen im System weiterhin berücksichtigt werden. Schließlich folgt aus den Annahmen der quasigeostrophischen Theorie, dass zu allen Zeiten für den horizontalen Wind thermisches Windgleichgewicht besteht (s. Abschn. 4.5). Das bedeutet insbesondere, dass Änderungen im horizontalen Windfeld immer mit entsprechenden instantan ablaufenden Änderungen der horizontalen Temperaturverteilung verbunden sein müssen und umgekehrt.

Die hier eingeführten quasigeostrophischen Annahmen führen nach der später noch erfolgenden Skalenanalyse natürlich auf die gleiche Form der Vorticitygleichung wie die in Abschn. 4.6 in der horizontalen Bewegungsgleichung direkt vorgenommene Skalenanalyse mit anschließender Ableitung der Vorticitygleichung.

6.2 Die quasigeostrophischen Modellgleichungen

Ignoriert man einmal die *Bilanzgleichungen* für Wasserdampf, Wasser und Eis, dann besteht das thermo-hydrodynamische Gleichungssystem für die trockene Atmosphäre aus fünf prognostischen Gleichungen für die Komponenten des dreidimensionalen Windfelds (u, v, w), die Dichte ρ und die Temperatur T sowie aus der idealen Gasgleichung als diagnostischer Beziehung zur Bestimmung des Luftdrucks p (s. Abschn. 3.4).[3] Da es sich hierbei um ein geschlossenes Gleichungssystem für die sechs *Zustandsvariablen* (u, v, w, p, ρ, T) handelt, würde jede Hinzunahme weiterer Relationen zwischen den Zustandsvariablen in einem überbestimmten

---

[3] Durch Koordinatentransformationen könnte man prinzipiell auch eine andere Wahl der Zustandsvariablen treffen.

Gleichungssystem resultieren, das entweder zu Widersprüchen führte oder wieder auf die bereits vewendeten Gleichungen reduziert werden könnte. Unterstellt man beispielsweise die Gültigkeit der hydrostatischen Approximation (3.54), dann muss zur Vermeidung solcher Schwierigkeiten eine der anderen Gleichungen aus dem System gestrichen werden. Gemäß der *Skalenanalyse* handelt es sich hierbei um die dritte Bewegungsgleichung (s. Abschn. 3.5). Bei Verwendung des p-Systems zusammen mit der hydrostatischen Approximation entfällt nicht nur die prognostische Gleichung für die Vertikalbewegung, vielmehr wird auch die Kontinuitätsgleichung zu einer diagnostischen Relation, gegeben durch (3.30).

Grundsätzlich kann man zeigen, dass es äquivalent ist, statt der prognostischen Gleichungen für die Komponenten (u, v) des horizontalen Winds entsprechende prognostische Gleichungen für die Vorticity ζ und die horizontale Divergenz D zu lösen und dann mit Hilfe beider Größen den Horizontalwind diagnostisch zu ermitteln. Diese Methode zur Berechnung von $\mathbf{v}_h$ bietet sich insbesondere dann an, wenn man den horizontalen Wind als divergenzfrei unterstellt, denn dadurch wird die eigentlich prognostische *Divergenzgleichung* ebenfalls zu einer diagnostischen Verträglichkeitsbedingung, der sogenannten *Balancegleichung* (Charney 1955, Zdunkowski und Bott 2003). Wird schließlich im Modell $\mathbf{v}_h = \mathbf{v}_{g,0}$ gesetzt, dann entspricht dies der Hinzunahme von zwei weiteren diagnostischen Beziehungen. Im Gegenzug müssen die Divergenz- und die Kontinuitätsgleichung aus dem System gestrichen werden. Das bedeutet jedoch, dass jetzt eine alternative Form der *Richardsongleichung* zur Bestimmung von ω gefunden werden muss. Hierbei handelt es sich um die bereits erwähnte ω-*Gleichung*. Weiter unten wird gezeigt, dass sich die ω-Gleichung aus der geostrophischen Form der Vorticitygleichung und der Wärmegleichung ableiten lässt.

Am Ende bleibt in dem so konstruierten quasigeostrophischen Modell von den ursprünglich fünf prognostischen Gleichungen nur noch eine für das Geopotential ϕ übrig. Die restlichen Modellvariablen $(u_h, v_h, \omega, \rho, T)$ lassen sich diagnostisch als Funktion von ϕ berechnen, nämlich gemäß (6.1) und (6.2) (mit $\mathbf{v}_h = \mathbf{v}_{g,0}$) sowie mit Hilfe der weiter unten abgeleiteten ω-Gleichung.

Angesichts der heutzutage existierenden komplexen Wettervorhersagemodelle (nichthydrostatisch, hochauflösend etc.) dient die Auseinandersetzung mit der quasigeostrophischen Theorie weniger der Entwicklung eines quasigeostrophischen Wettervorhersagesystems. Vielmehr soll hiermit untersucht werden, welche Zusammenhänge sich aus der Verwendung der quasigeostrophischen Annahmen für die verschiedenen Zustandsvariablen ergeben. Die aus der Theorie gewonnenen Erkenntnisse lassen sich dann bei der synoptisch-skaligen Analyse vorliegender Wetterkarten anwenden, da dort die quasigeostrophischen Annahmen sehr gut erfüllt sind. Von besonderem Interesse ist hierbei die Untersuchung der ω-Gleichung, die zum Auffinden von großskaligen Bereichen mit Hebungs- und Absinkbewegungen verwendet werden kann.

Während die im quasigeostrophischen Modell vorgenommenen rigorosen Vereinfachungen auf der synoptischen Skala noch durchaus akzeptable Ergebnisse liefern, werden mesoskalige Phänomene oft nur sehr unzureichend beschrieben, wie beispielsweise die an Fronten ablaufenden Prozesse. Hier erweist sich die oben

6.2 Die quasigeostrophischen Modellgleichungen

bereits angesprochene semigeostrophische Theorie als deutlich leistungsfähiger. In den folgenden Abschnitten werden die quasigeostrophischen Annahmen in die verschiedenen Modellgleichungen eingeführt. Auf die semigeostrophische Theorie wird zu einem späteren Zeitpunkt näher eingegangen.

6.2.1 Der erste Hauptsatz der Thermodynamik

Der *erste Hauptsatz der Thermodynamik* lässt sich auf unterschiedliche Weise darstellen. Mit $dp/dt = \omega$ erhält man aus (3.33) und (3.41) unter Benutzung der hydrostatischen Gleichung (6.1) sowie $\mathbf{v}_h = \mathbf{v}_{g,0}$

$$\frac{\partial}{\partial t}\frac{\partial \phi}{\partial p} = -\mathbf{v}_{g,0} \cdot \nabla_h \frac{\partial \phi}{\partial p} - \sigma_p \omega - f_0 \gamma \dot{\theta} \qquad (6.4)$$

Die hier auftauchende Größe σ_p ist die bereits in (4.42) definierte *hydrostatische Stabilität*, während $\dot{\theta}$ die diabatischen Prozesse beschreibt und γ in (4.33) definiert ist. Wie bereits früher erwähnt, muss im Rahmen der quasigeostrophischen Theorie für σ_p ein über große, d. h. synoptisch-skalige Flächen gebildeter Mittelwert eingesetzt werden. Da die Atmosphäre über diese Gebiete gemittelt immer stabil geschichtet ist, gilt außerdem $\sigma_p > 0$.

6.2.2 Die Vorticitygleichung

Die *Vorticitygleichung* (5.27) wird approximiert durch

$$\frac{\partial \zeta_g}{\partial t} = \frac{1}{f_0}\nabla_h^2 \frac{\partial \phi}{\partial t} = -\mathbf{v}_{g,0} \cdot \nabla_h (\zeta_g + f) - f_0 \nabla_h \cdot \mathbf{v}_h$$

$$= -\mathbf{v}_{g,0} \cdot \nabla_h \zeta_g - v_{g,0}\beta + f_0 \frac{\partial \omega}{\partial p} \qquad (6.5)$$

Diese Näherungsform erhält man, wenn man (6.3) in (5.27) einsetzt und $\eta \nabla_h \cdot \mathbf{v}_h$ durch $f_0 \nabla_h \cdot \mathbf{v}_h$ approximiert. Weiterhin wurde, dem quasigeostrophischen Ansatz folgend, $\nabla_h \cdot \mathbf{v}_h$ durch $-\partial \omega / \partial p$ ersetzt. Aus (6.5) ist zu sehen, dass die lokale zeitliche Änderung der relativen geostrophischen Vorticity aus der Advektion absoluter geostrophischer Vorticity η_g und aus Vergenzen des horizontalen Winds resultiert.[4]

Abb. 6.1 zeigt in einer sich entwickelnden Atmosphäre die Bereiche mit unterschiedlichem Vorzeichen von $\nabla_h \cdot \mathbf{v}_h$. Unterstellt man, dass Vertikalbewegungen am Ober- und Unterrand der Atmosphäre verschwinden, dann liegt gemäß (3.30) in Aufstiegsgebieten ($\omega < 0$) Konvergenz am Boden und Divergenz in der Höhe vor. Da Konvergenz gemäß (6.5) eine Zunahme der Vorticity bewirkt (s. auch Abb. 5.7),

---

[4] Der Einfachheit halber wird im weiteren Verlauf die geostrophische Vorticity nur als Vorticity bezeichnet sowie $\mathbf{v}_{g,0}$ als $\mathbf{v}_g$ geschrieben.

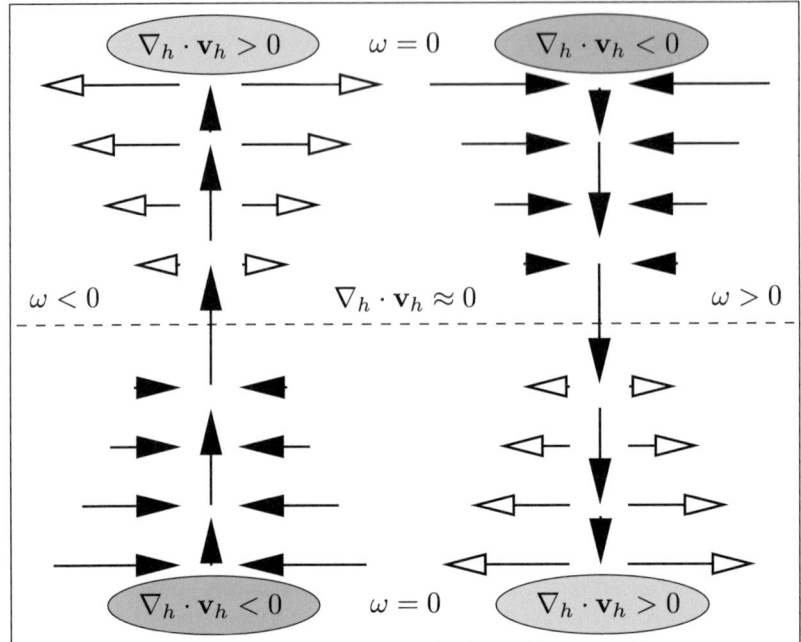

Abb. 6.1 Vergenzbereiche und Vertikalbewegungen

entsteht wegen (6.3) im Aufstiegsgebiet ein lokales Minimum von ϕ, d. h. tiefer Luftdruck. Das ist jedoch nur dann möglich, wenn die Divergenz in der Höhe betragsmäßig größer als die Konvergenz am Boden ist. In Absinkgebieten verhält es sich umgekehrt. Hier entsteht am Boden hoher Luftdruck, was bedeutet, dass die Konvergenz in der Höhe betragsmäßig größer als die Divergenz am Boden sein muss. In Abschn. 10.1, der sich mit der Zyklogenese und Antizyklogenese beschäftigt, wird auf die näheren Zusammenhänge noch einmal ausführlich eingegangen.

In der mittleren Atmosphäre existiert eine Schicht, in der $\nabla_h \cdot \mathbf{v}_h \approx 0$. Hier ist die Vertikalgeschwindigkeit betragsmäßig maximal. Diese Schicht, die auch als *divergenzfreies Niveau* bezeichnet wird, befindet sich etwa im Bereich 500–600 hPa. Dort wird die Vorticityänderung im Wesentlichen durch advektive Prozesse gesteuert, wobei gemäß (6.5) sowohl relative Vorticity ζ_g als auch planetare Vorticity f advehiert werden.

In Abb. 6.2 sind die Verteilung der Vorticity in einer Rossby-Welle sowie die Wirkungsweise der beiden *Advektionsterme* aus (6.5) wiedergegeben. Gemäß (6.3) befinden sich die Minima und Maxima der relativen Vorticity in den Zentren von Hoch- und Tiefdruckgebieten bzw. entlang der Trog- und Rückenachsen, da dort ϕ minimal ($\nabla_h^2 \phi > 0$) und maximal ($\nabla_h^2 \phi < 0$) ist. Somit ist an der Trogvorderseite $-\mathbf{v}_g \cdot \nabla_h \zeta_g > 0$ und es liegt Advektion zyklonaler relativer Vorticity vor (Punkt A). Weiterhin bewegt sich hier die Luft mit einer positiven Nordkomponente v_g des geostrophischen Winds. Deshalb ist gleichzeitig $-v_g \beta < 0$. Umgekehrtes gilt für

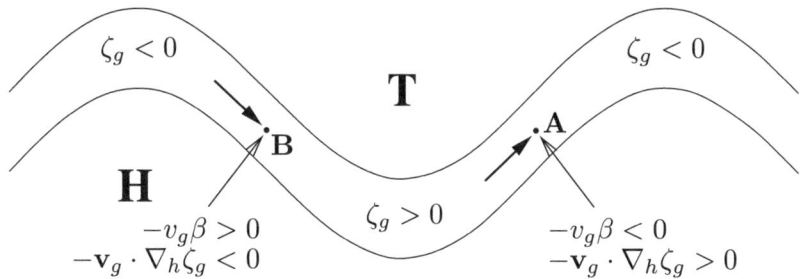

Abb. 6.2 Vorticityverteilung und Wirkungsweise der Advektionsterme in der Vorticitygleichung (6.5)

die Rückseite des Trogs, d. h. die Vorderseite des Rückens (Punkt B). Hieraus ist zu sehen, dass sich an beiden Punkten die Advektionsanteile von relativer und planetarer Vorticity teilweise gegenseitig kompensieren. Dies steht im Einklang damit, dass die Phasengeschwindigkeit einer Rossby-Welle kleiner als die Partikelgeschwindigkeit ist, so dass die Teilchen die Welle von links nach rechts durchlaufen. Darauf wird in Kap. 9 noch ausführlich eingegangen.

Es ist ebenso leicht einzusehen, dass mit zunehmender Krümmung, d. h. kürzerer Wellenlänge, die Advektion relativer Vorticity immer dominanter wird, da dann die Extremwerte von ζ_g betragsmäßig zunehmen. Das bedeutet, dass sich in einem westlichen Grundstrom kurze Wellen schneller nach Osten bewegen als lange. Ähnliches gilt für die Amplitude der Welle. Je größer diese ist, umso stärker ist der Einfluss der Advektion planetarer Vorticity. Dies steht im Einklang damit, dass quasistationäre Wellen, d. h. *blockierende Wetterlagen*, durch große Wellenlängen und -amplituden gekennzeichnet sind.

Wie bereits oben angesprochen, verlagert sich wegen des nach Norden hin abnehmenden Rossby-Parameters unter sonst gleichen Bedingungen eine Welle in nördlichen Breiten schneller als in südlichen. Besitzt die Verlagerungsrichtung der Welle einen meridionalen Anteil, dann ändert sich die Wirkungsweise der Advektion planetarer Vorticity. Bei einer südlichen Bewegung verringert sich der Term $v_g \beta$, so dass sich die Welle unter sonst gleichen Bedingungen schneller verlagert. Umgekehrt verhält es sich wiederum bei einer nach Norden gerichteten Wellenbewegung.

In der unteren und oberen Atmosphäre kommt zu der rein advektiven Verlagerung der Welle noch die Wirkung des Divergenzterms hinzu. Findet auf der Trogvorderseite (Punkt A in Abb. 6.2) Hebung statt, dann ist gemäß der oben geführten Diskussion in der oberen Atmosphäre $-f_0 \nabla_h \cdot \mathbf{v}_h < 0$, d. h. der Term wirkt dem Advektionsterm entgegen, in der unteren Atmosphäre ist das Gegenteil der Fall. Entsprechendes gilt für die Rückseite des Trogs (Punkt B in Abb. 6.2), wenn dort Absinkbewegungen stattfinden. Für die untere Atmosphäre ist die Wirkung des Divergenzterms von besonderer Bedeutung, da hier wegen der geschlossenen Isohypsen die Gradienten der Vorticity relativ schwach sind, so dass der Effekt der Vorticityadvektion vergleichsweise gering ist. Da in einer baroklinen Atmosphäre der horizontale Wind normalerweise mit der Höhe zunimmt, würde allein deswegen der Advektionsterm zu einer schnelleren Verlagerung der Welle in der hohen Troposphäre als im divergenzfreien Niveau führen. Umgekehrt würde sich im bodennahen Bereich wegen der dort geringeren Windgeschwindigkeiten die Welle langsamer bewegen. Der Divergenzterm wirkt diesen unterschiedlichen advektiv bedingten Tendenzen entgegen, indem er die Verlagerung der Welle in der Höhe abbremst und am Boden beschleunigt.

Zusammenfassend lässt sich sagen, dass sich die barokline Welle nicht nur durch reine Transportprozesse verlagert, sondern vor allem in der oberen und unteren Atmosphäre durch die mit dem *ageostrophischen Wind* erfolgende Erzeugung neuer Vorticityfelder ständig neu aufgebaut wird. Dies ermöglicht eine Verlagerung der Welle mit weitgehend höhenkonstanter Phasengeschwindigkeit, so dass sich die vertikalen Neigungen der Trog- und Rückenachsen nicht ändern.

6.2.3 Die ω-Gleichung

Die vorangehende Diskussion hat gezeigt, dass Vorticityänderungen über den Divergenzterm und die Kontinuitätsgleichung eng mit Vertikalbewegungen verknüpft sind. Da durch die Verwendung der hydrostatischen Approximation die prognostische Gleichung für die Vertikalbewegung nicht mehr zur Verfügung steht, muss eine diagnostische Beziehung, nämlich die oben bereits angesprochene *Richardsongleichung*, zur Bestimmung von ω verwendet werden. Würde man hierfür die Kontinuitätsgleichung (3.30) heranziehen, dann ergäbe sich

$$\omega(p) = -\int_{p_0}^{p} \nabla_h \cdot \mathbf{v}_h \, dp \tag{6.6}$$

wobei $\omega(p_0) = 0$ gesetzt wurde. Diese Art der Bestimmung von $\omega(p)$ ist jedoch nicht sehr erfolgversprechend. Der Grund hierfür besteht darin, dass die horizontale Divergenz des Winds kaum messbar ist und auch deren numerische Bestimmung zu fehlerhaft wäre, um daraus eine vernünftige ω-Verteilung zu gewinnen. Im quasigeostrophischen Modell entfällt diese Möglichkeit ohnehin, weil (3.30) nicht mehr Bestandteil des Gleichungssystems ist.

Ersetzt man in (6.5) ζ_g durch $1/f_0 \nabla_h^2 \phi$ gemäß (6.3), dann erhält man zusätzlich zu (6.4) eine weitere Bestimmungsgleichung für die *Geopotentialtendenz* $\chi = \partial \phi / \partial t$ und die Vertikalbewegung ω als Funktion von ϕ (und dem vorzugebenden diabatischen Antrieb). Hieraus lässt sich zunächst schließen, dass barokline Entwicklungen im quasigeostrophischen Modell, d. h. zeitliche Geopotential- bzw. Druckänderungen, nur möglich sind, wenn ageostrophische Bewegungen, ausgedrückt durch ω, stattfinden. Denn würde man zusätzlich im System die Bedingung $\omega = 0$ fordern, dann resultierten aus (6.4) und (6.5) zwei sich normalerweise widersprechende Bestimmungsgleichungen für χ, d. h. das Gleichungssystem wäre wiederum überbestimmt. Anders ausgedrückt bedeutet dies, dass es nicht möglich

6.2 Die quasigeostrophischen Modellgleichungen

ist, durch reine geostrophische Bewegungen in einer baroklinen Atmosphäre das aus der quasigeostrophischen Annahme folgende thermische Windgleichgewicht aufrecht zu erhalten. Vielmehr sind hierfür ageostrophische Bewegungen notwendig. Dieser Sachverhalt wurde in Abschn. 4.6 bereits festgestellt.

Um aus (6.4) und (6.5) die beiden Unbekannten ω und χ zu ermitteln, werden die Operatoren ∇_h^2 auf die Wärmegleichung (6.4) und $(-f_0 \partial/\partial p)$ auf die Vorticitygleichung (6.5) angewendet. Durch anschließende Addition der daraus resultierenden Gleichungen wird die Geopotentialtendenz χ eliminiert und man erhält die klassische Form der ω-*Gleichung*, die im quasigeostrophischen Modell die Richardsongleichung darstellt, als

$$\left(\sigma_p \nabla_h^2 + f_0^2 \frac{\partial^2}{\partial p^2}\right)\omega = -f_0 \frac{\partial}{\partial p}[-\mathbf{v}_g \cdot \nabla_h (\zeta_g + f)]$$
$$+ \nabla_h^2 \left(-\mathbf{v}_g \cdot \nabla_h \frac{\partial \phi}{\partial p}\right) - f_0 \gamma \nabla_h^2 \dot{\theta} \qquad (6.7)$$

Analog hierzu lässt sich die *Geopotentialtendenzgleichung* (oder auch χ-*Gleichung*) ableiten, indem man (6.4) mit (f_0^2/σ_p) multipliziert, anschließend nach p differenziert und das Ergebnis zu der mit f_0 multiplizierten Gleichung (6.5) addiert. Hierbei wird ω aus den Gleichungen eliminiert und es ergibt sich

$$\left[\nabla_h^2 + \frac{\partial}{\partial p}\left(\frac{f_0^2}{\sigma_p}\frac{\partial}{\partial p}\right)\right]\chi = f_0[-\mathbf{v}_g \cdot \nabla_h(\zeta_g + f)]$$
$$-\frac{\partial}{\partial p}\left(\frac{f_0^2}{\sigma_p}\mathbf{v}_g \cdot \nabla_h \frac{\partial \phi}{\partial p}\right) - \frac{\partial}{\partial p}\left(\frac{f_0^3 \gamma}{\sigma_p}\dot{\theta}\right) \qquad (6.8)$$

Somit stellen (6.7) und (6.8) äquivalente Formen der Wärmegleichung (6.4) und der Vorticitygleichung (6.5) dar. Die Ableitung der Richardsongleichung (6.7) als Alternative zur Kontinuitätsgleichung (3.30) kann als eine der fundamentalen Aussagen der quasigeostrophischen Theorie angesehen werden. Von ähnlicher Bedeutung ist jedoch auch die χ-Gleichung, die die Antriebe für zeitliche Änderungen des Geopotentialfelds liefert, wobei der erste Term auf der rechten Seite von (6.8) einen barotropen und die beiden anderen barokline Antriebsterme darstellen. Eine weitere Bedeutung der χ-Gleichung besteht darin, dass sie die Erhaltungsgleichung für die *pseudopotentielle Vorticity* darstellt. Hierauf wird im nächsten Kapitel noch einmal näher eingegangen.

Eine Interpretation der ω-Gleichung wird erleichtert, wenn man unterstellt, dass die räumliche ω-Verteilung durch harmonische Funktionen gegeben ist in der Gestalt

$$\omega = A \sin\left(\frac{\pi p}{p_0}\right) \cos(k_x x) \cos(k_y y) \qquad (6.9)$$

Hieraus kann man unmittelbar sehen, dass ω, wie gewünscht, am Ober- und Unterrand der Atmosphäre verschwindet und bei $p = p_0/2$ maximal ist. Einsetzen dieser Beziehung in (6.7) zeigt, dass die linke Seite dieser Gleichung proportional zu $-\sigma_p \omega$ ist, d. h.

$$\sigma_p \omega \propto f_0 \frac{\partial}{\partial p}\left[-\mathbf{v}_g \cdot \nabla_h (\zeta_g + f)\right] + \nabla_h^2 \left(\mathbf{v}_g \cdot \nabla_h \frac{\partial \phi}{\partial p}\right) + f_0 \gamma \nabla_h^2 \dot{\theta} \qquad (6.10)$$

Aus dieser Gleichung ist zu sehen, dass drei Terme Hebungs- bzw. Absinkprozesse auslösen können, wobei auch hier wiederum gilt, dass die Summe der Terme letztendlich über das Vorzeichen von ω entscheidet. Demnach ergibt sich ein *quasigeostrophischer Hebungsantrieb*, d. h. $\omega < 0$,

- bei mit der Höhe zunehmender zyklonaler Vorticityadvektion (oder bei mit der Höhe abnehmender antizyklonaler Vorticityadvektion),
- in Gebieten mit maximaler *Warmluftadvektion* (oder in Gebieten mit minimaler *Kaltluftadvektion*),
- in Gebieten mit maximaler diabatischer Wärmezufuhr (oder in Gebieten mit minimalem diabatischen Wärmeentzug).

Absinkprozesse ($\omega > 0$) werden angetrieben

- durch mit der Höhe zunehmende antizyklonale Vorticityadvektion (oder mit der Höhe abnehmende zyklonale Vorticityadvektion),
- in Gebieten mit maximaler Kaltluftadvektion (oder in Gebieten mit minimaler Warmluftadvektion),
- in Gebieten mit maximalem diabatischen Wärmeentzug (oder in Gebieten mit minimaler diabatischer Wärmezufuhr).

Die hierbei in Klammern stehenden Hebungs- und Absinkantriebe sind vergleichsweise unbedeutend. Die Abhängigkeit der Vertikalgeschwindigkeit von σ_p^{-1} zeigt, dass die Wirkung der Antriebsterme mit zunehmender statischer Stabilität abnimmt. Unterstellt man ebenso wie beim Feld der Vertikalbewegung harmonische Verläufe des Geopotentials und der Temperaturverteilung, dann erkennt man leicht, dass die Antriebe in kurzwelligen Systemen stärker wirken als in langwelligen.

Da im ersten Term auf der rechten Seite von (6.10) die vertikale Änderung der Vorticityadvektion steht, spricht man hierbei auch vom Hebungsantrieb durch *differentielle Vorticityadvektion*, während der zweite Term den Hebungsantrieb durch *Schichtdickenadvektion*[5] darstellt.

Analog zur ω-Gleichung lässt sich die Geopotentialtendenzgleichung (6.8) interpretieren. Hieraus ergibt sich, dass das Geopotential (bzw. der Druck) fällt bei

- zyklonaler Vorticityadvektion,
- mit der Höhe zunehmender Schichtdickenadvektion,
- mit der Höhe zunehmender diabatischer Wärmezufuhr.

---

[5] oder genauer durch einen lokalen Extremwert der Schichtdickenadvektion.

Bei einem Geopotentialanstieg gelten die entsprechenden Überlegungen mit umgekehrtem Vorzeichen.

In einer barotropen Atmosphäre, in der die Temperatur-, Dichte- und Druckfelder parallel verlaufen, existiert kein thermischer Wind und damit auch keine Höhenabhängigkeit der Vorticity. Ebenso findet keine horizontale Temperaturadvektion statt. Unter der Annahme adiabatischer Prozesse verschwindet dann die rechte Seite von (6.7), so dass keine Vertikalbewegungen existieren. Dies steht im Einklang mit der früher bereits erwähnten Feststellung, dass Vertikalbewegungen innerhalb der Atmosphäre eng mit der Baroklinität verbunden sind. Weiterhin resultiert aus der χ-Gleichung, dass lokalzeitliche Änderungen im Geopotentialfeld lediglich durch die Vorticityadvektion, d. h. durch die räumliche Verlagerung der Druckgebilde, hervorgerufen werden.

Mit verschwindendem ω ist der horizontale Wind gemäß der Kontinuitätsgleichung (3.30) divergenzfrei. Aus (6.5) erhält man dann die geostrophische Form der *divergenzfreien barotropen Vorticitygleichung*

$$\frac{\partial \zeta_g}{\partial t} = -\mathbf{v}_g \cdot \nabla_h (\zeta_g + f) \implies \frac{d\eta_g}{dt} = 0 \qquad (6.11)$$

Somit ist bei *Barotropie* die absolute Vorticity eine Erhaltungsgröße, d. h. η_g stellt die potentielle Vorticity der divergenzfreien barotropen Atmosphäre dar (s. Abschn. 7.1). Weiterhin sieht man, dass bei zonaler Bewegung, bei der keine Advektion planetarer Vorticity stattfindet, auch die relative Vorticity konstant bleibt. Wenn $\mathbf{v}_g$ jedoch eine meridionale Komponente besitzt, wird der β-Effekt wirksam, so dass bei konstantem Wert von η_g ständig planetare in relative Vorticity umgewandelt wird und umgekehrt. Wie in Abschn. 9.2 noch eingehend diskutiert wird, ist dieser Umstand die Ursache für das Auftreten von *Rossby-Wellen*. Schließlich ist wegen der bei Barotropie bestehenden Höhenunabhängigkeit des geostrophischen Winds die Verlagerungsgeschwindigkeit der Druckgebilde in allen Höhen gleich.

6.3 Analyse quasigeostrophischer Hebungsantriebe

Um die Aussagefähigkeit der ω-Gleichung überprüfen zu können, müssen verschiedene Wetteranalysekarten herangezogen werden. Zur Interpretation des ersten Terms auf der rechten Seite von (6.10) benötigt man die Darstellung der Advektion absoluter Vorticity in zwei verschiedenen Druckniveaus. Die Praxis hat gezeigt, dass hierzu das 500 hPa und 300 hPa Niveau am besten geeignet erscheinen. Die Schichtdickenadvektion (zweiter Term auf der rechten Seite von (6.10)) wird dagegen üblicherweise in der unteren Troposphäre analysiert, d. h. zwischen 500 hPa und 1000 hPa. Der dritte Term von (6.10), der die Wirkung diabatischer Prozesse beschreibt, bleibt bei den Betrachtungen unberücksichtigt, da er in den operationellen Analysekarten normalerweise nicht vorliegt.

Im Folgenden wird anhand eines Fallbeispiels gezeigt, wie die beiden in der ω-Gleichung auftauchenden Hebungsantriebe, differentielle Advektion absoluter

Vorticity und Schichtdickenadvektion, interpretiert werden können. Dies geschieht anhand der Wetteranalysekarten des *GFS Modells*. Um die Aussagekraft der ω-Gleichung besser abschätzen zu können, bietet es sich an, die über die Hebungsantriebe ermittelten Gebiete großskaliger Aufstiegs- und Absinkbewegungen mit den Feldern der numerisch berechneten Vertikalbewegungen und Niederschlagsmengen zu vergleichen.

An dieser Stelle muss betont werden, dass dieser Vergleich nur bedingt berechtigt ist, da im GFS Modell einige der in der quasigeostrophischen Theorie vorgenommenen Approximationen nicht zum Tragen kommen. Von allen zu (6.10) führenden Annahmen, wie die hydrostatische Approximation, die selektive geostrophische Approximation sowie die Annahme der räumlichen Verteilung von ω gemäß (6.9), wird im GFS Modell lediglich die hydrostatische Approximation verwendet. Aufgrund seiner relativ geringen numerischen Gitterabstände ist das GFS Modell in der Lage, auch mesoskalige Phänomene, wie beispielsweise Leeeffekte im Bereich größerer Gebirgsstrukturen zu simulieren. Ebenso spielen die hier ignorierten diabatischen Prozesse bei den mit dem GFS Modell berechneten Vertikalbewegungen eine Rolle. Deshalb ist davon auszugehen, dass die Vertikalbewegungen des GFS Modells sich mitunter deutlich von den aus den beiden quasigeostrophischen Hebungsantrieben abgeschätzten Vertikalbewegungen unterscheiden.

Abb. 6.3 zeigt die synoptische Situation am 08.09.2022 12 UTC. Die in Abb. 6.3a wiedergegebene europäische Großwetterlage ist geprägt durch einen über den Britischen Inseln liegenden langwelligen Trog, dessen Einflussbereich sich bis in den Süden Europas erstreckt. Über Osteuropa befindet sich ein bis in den Norden Skandinaviens reichender Hochdruckkeil, an den sich im Osten ein weiterer Langwellentrog anschließt. In der in Abb. 6.3b gezeigten Bodenanalysekarte des DWD erkennt man eine vom Tiefdruckgebiet über Großbritannien ausgehende, über die Nordsee und Norddeutschland bis nach Polen verlaufende *Tiefdruckrinne* mit einer darin eingebetteten *Konvergenzlinie*. Die Kaltfront des Tiefs liegt im Norden Deutschlands zunächst parallel zur Konvergenzlinie, dreht dann aber in ihrem weiteren Verlauf in südwestliche Richtung bis nach Südfrankreich, wobei ihre wellenförmige Struktur in Südeuropa auf eine dort vergleichsweise langsame Verlagerungsgeschwindigkeit hindeutet. Südlich der Alpen herrscht ebenfalls tiefer Bodenluftdruck vor.

In Abb. 6.3c, d sind die mit dem GFS Modell berechneten Verteilungen der Vertikalbewegung (Abb. 6.3c) und des zwischen 12–18 UTC akkumulierten Niederschlags (Abb. 6.3d) wiedergegeben. Rötliche (bläuliche) Flächen in der Verteilung des Vertikalwinds entsprechen Gebieten mit Aufstiegsbewegungen (Absinkbewegungen). Die weitere Diskussion konzentriert sich auf die Hebungsgebiete, da diese aufgrund der damit einhergehenden Wolken- und Niederschlagsbildung deutlich wetterwirksamer sind als die Absinkgebiete. Erwartungsgemäß findet man im Bereich der Konvergenzlinie die stärksten Aufstiegsbewegungen und im Einklang damit auch dort die größten Niederschlagsmengen. Weitere Gebiete mit großskaligen Aufstiegsbewegungen und erhöhten Niederschlagsmengen sind südlich der Alpen zu erkennen, d. h. dort, wo gemäß der Bodenanalysekarte ebenfalls tiefer Bodenluftdruck vorliegt. Auch in Mittelitalien sowie im Zentrum des Tiefs über

6.3 Analyse quasigeostrophischer Hebungsantriebe

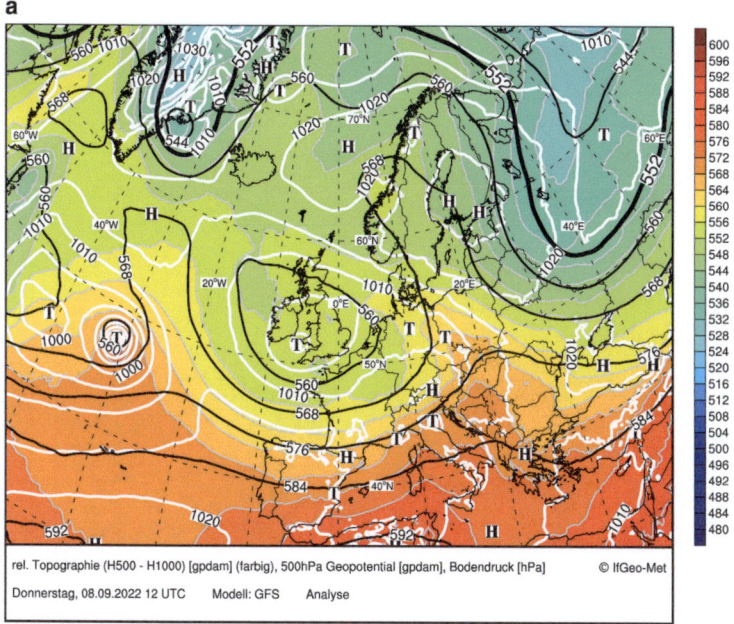

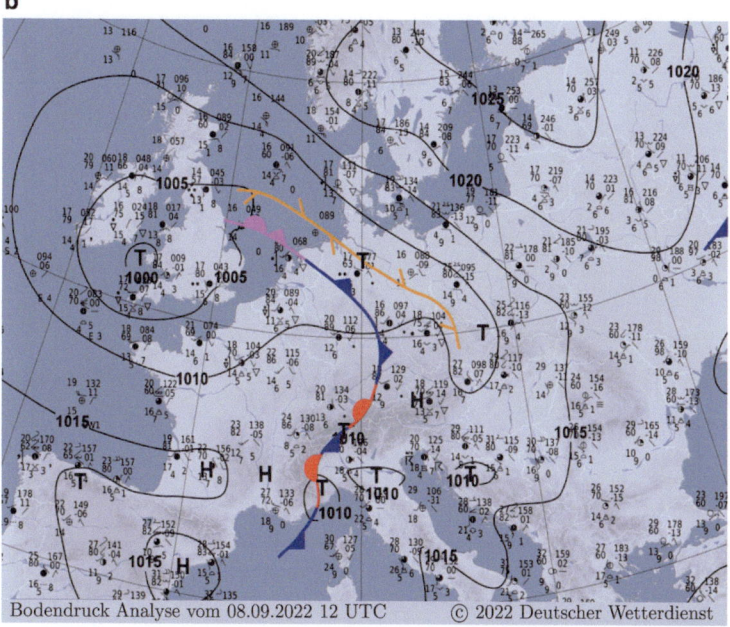

Abb. 6.3 Analysekarten vom 08.09.2022 12 UTC. **a, b** Geopotentialverteilung in 500 hPa, Bodendruckverteilung, relative Topographie 500/1000 hPa (**a**) und Bodendruck Analysekarte des DWD (**b**). **c, d** Vertikalwind in 500 hPa (**c**) und akkumulierter Niederschlag (**d**). **e, f** Advektion absoluter Vorticity in 500 hPa (**e**) und 300 hPa (**f**). **g, h** Differenz der Advektion absoluter Vorticity im 500 hPa und 300 hPa Niveau (**g**) und Schichtdickenadvektion (**h**)

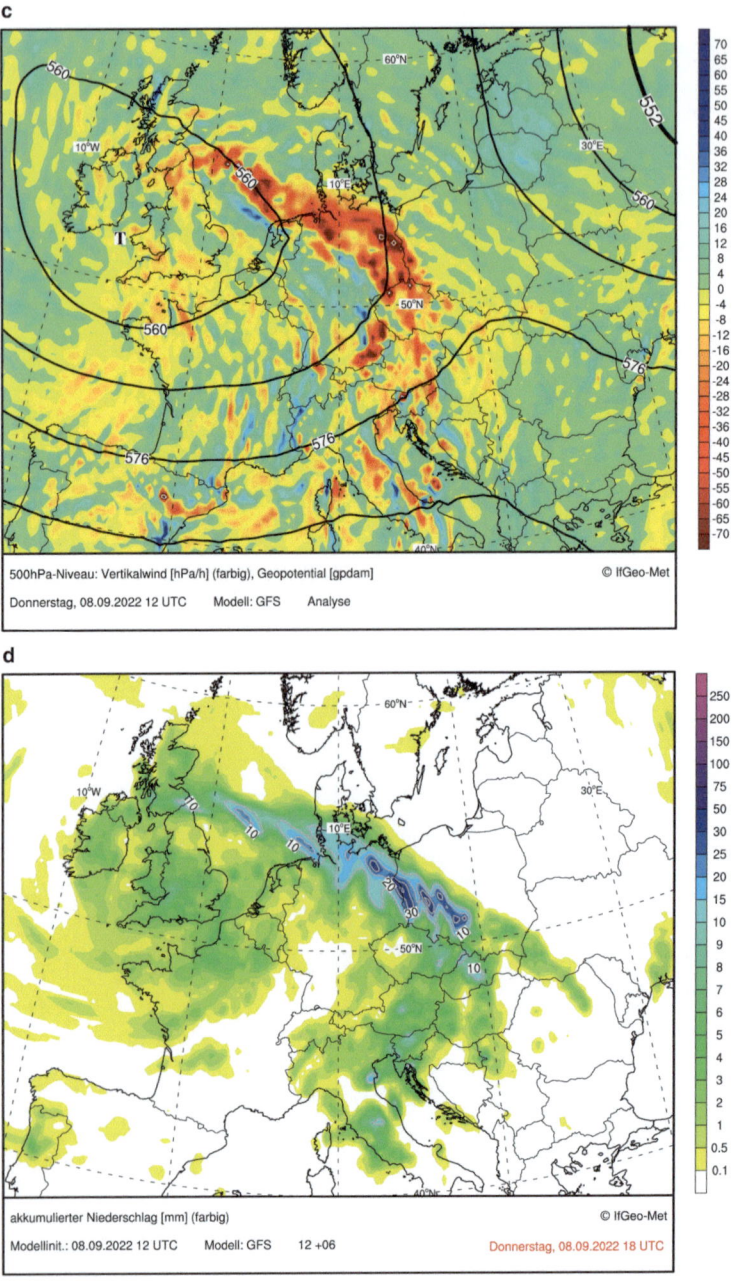

Abb. 6.3 (Fortsetzung)

6.3 Analyse quasigeostrophischer Hebungsantriebe

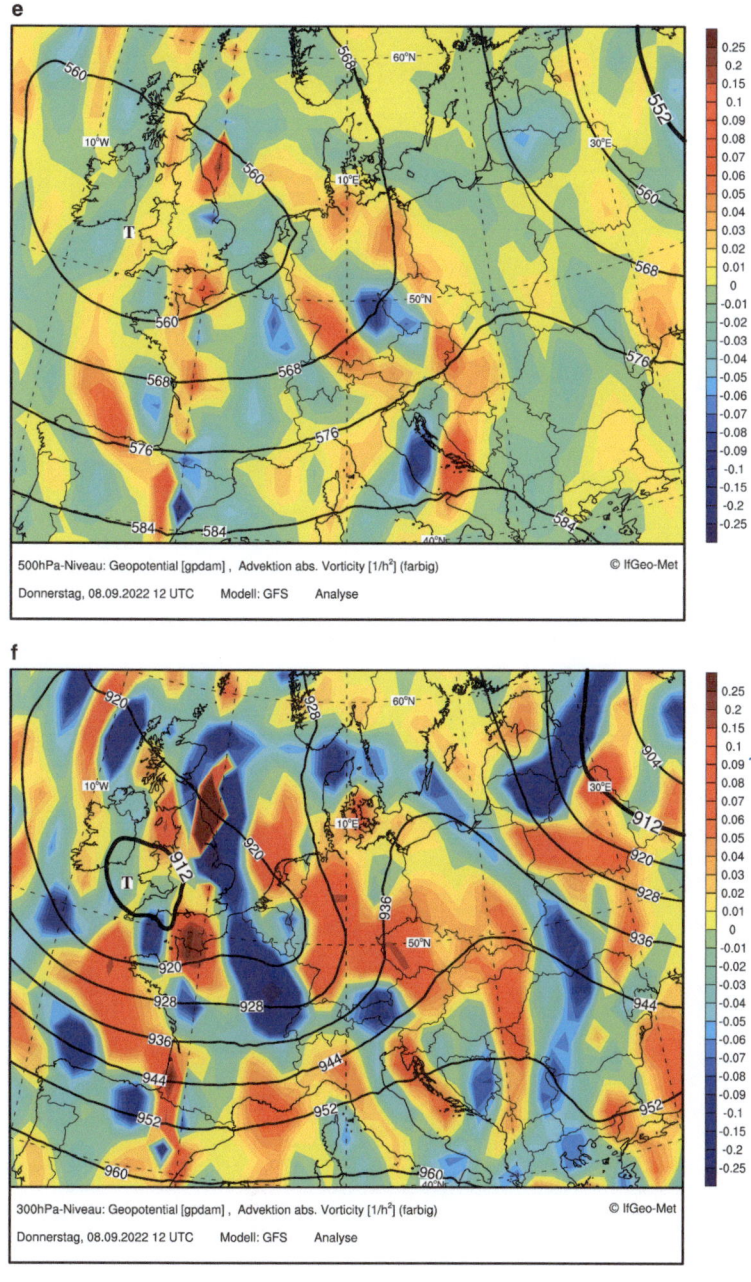

Abb. 6.3 (Fortsetzung)

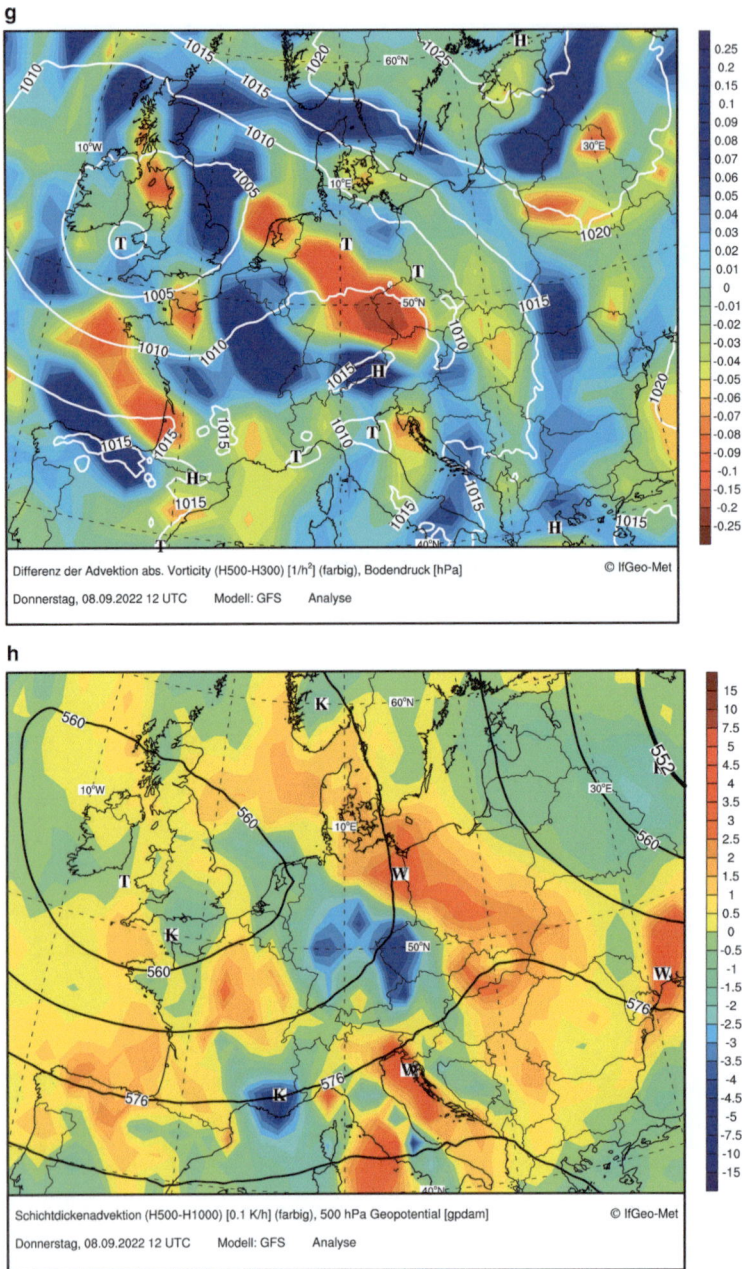

Abb. 6.3 (Fortsetzung)

6.3 Analyse quasigeostrophischer Hebungsantriebe

den Britischen Inseln sind verbreitet Aufstiegsbewegungen und leichte Niederschläge zu verzeichnen. Zu beachten ist hierbei, dass die akkumulierten Niederschläge für die folgenden sechs Stunden nach der Analyse gezeigt werden, so dass beim Vergleich der Analysekarten auch eventuelle horizontale Verlagerungen der Niederschlagsgebiete in diesem Zeitraum eine Rolle spielen können.

In allen hier und im weiteren Verlauf gezeigten Analysekarten quasigeostrophischer Hebungsantriebe sind die Felder jeweils als Funktion des Horizontalwinds berechnet worden. Dies steht im Widerspruch zur quasigeostrophischen Theorie, gemäß der nicht der horizontale, sondern der in den Gleichungen stehende geostrophische Wind verwendet werden sollte. Allerdings hat die Praxis gezeigt, dass sich bei Benutzung des geostrophischen Winds in den darzustellenden Termen die Übereinstimmungen mit den im GFS Modell berechneten Vertikalbewegungen deutlich verschlechtern würden, so dass die Verwendung des horizontalen Winds bevorzugt wird. Hierdurch werden jedoch auch nicht quasigeostrophische Effekte indirekt in den Verteilungen der Hebungsantriebe mit aufgenommen. Diese Vorgehensweise sollte als ein empirisches Verfahren angesehen werden, das in erster Linie durch die besseren Ergebnisse gerechtfertigt wird. Obwohl es sich demnach bei den Analysekarten streng genommen nicht um quasigeostrophische Hebungsantriebe handelt, werden sie im weiteren Verlauf dennoch als solche bezeichnet, da sie schließlich auf den quasigeostrophischen Hebungsantrieben basieren.

Abb. 6.3e, f zeigt die Analysekarten der Advektion absoluter Vorticity im 500 hPa (Abb. 6.3e) und 300 hPa Niveau (Abb. 6.3f). Gebiete mit Aufstiegsbewegungen zeichnen sich dadurch aus, dass die zyklonale Vorticityadvektion (ZVA, rote Flächen) im 300 hPa Niveau größer als im 500 hPa Niveau ist. Hier wird ein Problem der Interpretation beider Karten offenkundig, nämlich die Schwierigkeit, entsprechende Gebiete in beiden Karten miteinander zu vergleichen. Während sich beispielsweise im 500 hPa Niveau ein lokales ZVA Maximum im Bereich der Konvergenzlinie befindet, liegt das korrespondierende ZVA Maximum im 300 hPa Niveau westlich davon. Ähnliche Schwierigkeiten ergeben sich beim Vergleich anderer Gebiete.

Dieses Problem der Karteninterpretation lässt sich teilweise umgehen, indem man die Differenz der absoluten Vorticityadvektion (DVA) in beiden Höhenniveaus bildet und graphisch darstellt. Die daraus resultierende DVA Analysekarte (Abb. 6.3g) ist vergleichsweise leichter zu interpretieren als die beiden Einzelkarten der Vorticityadvektion.[6] Im vorliegenden Beispiel zeigt sie, dass der quasigeostrophische Hebungsantrieb durch differentielle Vorticityadvektion etwas westlich von der Konvergenzlinie liegt. Das lokale Maximum der DVA über Norditalien stimmt weitgehend mit den dort vorliegenden erhöhten Niederschlagsmengen überein. Auch das westlich von Frankreich zu erkennende lokale Maximum zyklonaler DVA deckt sich mit einem dort vorliegenden Bereich großskaliger Hebung.

Die Schichtdickenadvektion ist in Abb. 6.3h wiedergegeben. Gemäß (6.10) sind hier nur die lokalen Extremwerte von Bedeutung. Aus dieser Analysekarte ist gut

---

[6] Gemäß (6.10) ergibt sich die diskretisierte Form der differentiellen Vorticityadvektion aus der Multiplikation der DVA mit $f_0/\Delta p$.

zu sehen, dass ein lokales Maximum der Schichtdickenadvektion sowohl im Bereich der Konvergenzlinie als auch über der nördlichen Adria vorliegt. Ebenso korrespondiert das östlich von Korsika befindliche lokale Maximum der Schichtdickenadvektion mit dem dort vorliegenden Gebiet verstärkter Aufstiegsbewegungen und Niederschlagsmengen. Das westlich von Frankreich liegende Gebiet positiver Schichtdickenadvektion weist zwar kein ausgeprägtes Maximum aus, stimmt jedoch auch weitgehend mit dem ω-Feld überein.

Insgesamt lässt sich sagen, dass im vorliegenden Beispiel die quasigeostrophischen Hebungsantriebe, differentielle Advektion absoluter Vorticity und Schichtdickenadvektion, weitgehend zufriedenstellend die mit dem GFS Modell berechneten großskaligen Hebungsgebiete widerspiegeln. Dies gilt insbesondere für die Schichtdickenadvektion, während die differentielle Vorticityadvektion fast überall räumlich etwas verschoben ist. Allerdings weisen die Analysekarten der quasigeostrophischen Hebungsantriebe auch Bereiche auf, die nicht mit der berechneten Vertikalbewegung korrespondieren. Eine Ursache hierfür könnte in den oben bereits erwähnten Unterschieden zwischen den quasigeostrophischen Modellgleichungen und denen des GFS Modells liegen. Diese Vermutung lässt sich mit dem vorliegenden Kartenmaterial jedoch weder belegen noch quantifizieren.

6.4 Die Trenberth-Form der ω-Gleichung

Im vorangehenden Abschnitt hat sich gezeigt, dass die quasigeostrophischen Hebungsantriebe nicht immer die gleichen Hinweise auf großskalige Hebungs- und Absinkgebiete liefern. Häufig beobachtet man Situationen, in denen die differentielle Advektion absoluter Vorticity und die Schichtdickenadvektion unterschiedliche Vorzeichen im ω-Feld induzieren, so dass es mitunter schwer fällt, eine vernünftige Abschätzung der insgesamt resultierenden ω-Verteilung zu erhalten. Zudem sind die beiden Antriebsterme der ω-Gleichung nicht Galilei-invariant, d. h. die Einzelterme ändern ihren Wert bei einer Galilei-Transformation in ein neues Bezugssystem. In dieser Hinsicht verhält sich die ω-Gleichung so ähnlich wie das Skalarprodukt zweier Vektoren, das selbst zwar Galilei-invariant ist, die einzelnen Komponenten des Skalarprodukts sind es jedoch nicht. Würde man z. B. die ω-Gleichung in ein sich mit konstanter Geschwindigkeit bewegendes Bezugssystem transformieren, dann würden die differentielle Vorticityadvektion und die Schichtdickenadvektion für sich genommen jeweils andere Beiträge liefern. In der Summe würden beide Terme jedoch wieder zu den gleichen Hebungsantrieben führen, so dass insgesamt gesehen das ω-Feld davon unberührt bliebe (s. hierzu auch Bluestein 1992).

Trenberth (1978) untersuchte die einzelnen in der ω-Gleichung (6.7) stehenden Ausdrücke und stellte fest, dass die beiden ersten Terme auf der rechten Seite der Gleichung oft unterschiedliche Vorzeichen besitzen und sich damit zumindest teilweise kompensieren. Da in der quasigeostrophischen Theorie ϕ die einzige unabhängige Variable ist, liegt es auf der Hand, dass die Terme nicht unabhängig voneinander sein können. Durch Ausdifferenzieren der rechten Seite der ω-Gleichung

6.4 Die Trenberth-Form der ω-Gleichung

lässt sich eine alternative Form ableiten, die die kompensatorischen Anteile der beiden Advektionsterme nicht mehr beinhaltet. Hierzu werden die Differentiationen $\partial/\partial p$ für die Vorticityadvektion und ∇_h^2 für die Temperaturadvektion in (6.7) gemäß der Produktregel ausgeführt. Für den Vorticityterm ergibt sich unmittelbar

$$f_0 \frac{\partial}{\partial p}\left[\mathbf{v}_g \cdot \nabla_h (\zeta_g + f)\right] = f_0 \mathbf{v}_{th} \cdot \nabla_h (\zeta_g + f) + f_0 \mathbf{v}_g \cdot \nabla_h \frac{\partial \zeta_g}{\partial p} \quad (6.12)$$

wobei $\mathbf{v}_{th} = \partial \mathbf{v}_g / \partial p$ wieder den thermischen Wind darstellt. Der erste Term auf der rechten Seite dieser Gleichung beschreibt die Advektion geostrophischer absoluter Vorticity mit dem thermischen Wind und der zweite Term die Advektion der *thermischen Vorticity* $\partial \zeta_g / \partial p$ mit dem geostrophischen Wind.

Für die Schichtdickenadvektion erhält man nach einigen etwas aufwendigeren Umformungen

$$\nabla_h^2 \left(-\mathbf{v}_g \cdot \nabla_h \frac{\partial \phi}{\partial p}\right) = f_0 \mathbf{v}_{th} \cdot \nabla_h \zeta_g - f_0 \mathbf{v}_g \cdot \nabla_h \frac{\partial \zeta_g}{\partial p}$$
$$+ f_0 \left(\delta_{sh} \frac{\partial \delta_{st}}{\partial p} - \delta_{st} \frac{\partial \delta_{sh}}{\partial p}\right) \quad (6.13)$$

Die Größen $\delta_{st} = \partial u/\partial x - \partial v/\partial y$ und $\delta_{sh} = \partial u/\partial y + \partial v/\partial x$ sind die bereits in (5.11) eingeführten Terme der *Streckungs-* und *Scherungsdeformation*. Analog zum thermischen Wind und der thermischen Vorticity werden die Ausdrücke $\partial \delta_{st}/\partial p$ und $\partial \delta_{sh}/\partial p$ auch als *thermische Deformation* bezeichnet.

Ein Vergleich von (6.13) mit (6.12) zeigt, dass in beiden Gleichungen die Advektion geostrophischer Vorticity mit dem thermischen Wind mit gleichem Vorzeichen, die Advektion thermischer Vorticity mit dem geostrophischen Wind jedoch mit unterschiedlichem Vorzeichen steht, so dass sich dieser Anteil wegkürzt, wenn man (6.12) und (6.13) in (6.7) einsetzt. Insgesamt erhält man die *Trenberth-Form der ω-Gleichung*

$$\left(\sigma_p \nabla_h^2 + f_0^2 \frac{\partial^2}{\partial p^2}\right)\omega = 2 f_0 \mathbf{v}_{th} \cdot \nabla_h \zeta_g + f_0 \mathbf{v}_{th} \cdot \nabla_h f$$
$$+ f_0 \left(\delta_{sh} \frac{\partial \delta_{st}}{\partial p} - \delta_{st} \frac{\partial \delta_{sh}}{\partial p}\right) - f_0 \gamma \nabla_h^2 \dot{\theta} \quad (6.14)$$

Zur Diskussion der Gleichung werden die Größenordnungen der Terme auf der rechten Seite der Gleichung abgeschätzt. Auf der synoptischen Skala zeigt sich, dass die aus der thermischen Deformation resultierenden Hebungsantriebe vergleichsweise klein sind. Das gilt jedoch nur für die mittlere Troposphäre, d. h. etwa zwischen 300–700 hPa, und auch nicht unmittelbar an einer Front (Martin 1999). Wie in Abschn. 11.4 noch eingehend diskutiert wird, spielen die Deformationsterme insbesondere bei der Aufrechterhaltung und Verstärkung von Fronten, d. h. bei der *Frontogenese*, eine wichtige Rolle. Dies steht im Einklang mit der früher bereits erwähnten Feststellung, dass die quasigeostrophische Theorie weniger gut geeignet ist, die an Fronten ablaufenden Prozesse zu beschreiben, sondern hierfür eher die semigeostrophische Theorie zur Anwendung kommen sollte. Der zweite Term auf der rechten Seite der Gleichung beinhaltet die meridionale Richtungsdivergenz des thermischen Winds. Durch Differentiation von (5.15)b lässt sich leicht zeigen, dass dieser Term im (x, y, p)-System der Tangentialebene gegeben ist durch $\beta \partial v_g / \partial p$.[7] Unter typischen atmosphärischen Bedingungen mittlerer Breiten kann er als vernachlässigbar klein angesehen werden (Hoskins et al. 1978).

Unterstellt man wiederum einen harmonischen Verlauf von ω gemäß (6.9), dann ergibt sich mit diesen Näherungen

$$\sigma_p \omega \propto -2 f_0 \mathbf{v}_{th} \cdot \nabla_h \zeta_g + f_0 \gamma \nabla_h^2 \dot{\theta} \tag{6.15}$$

Somit ist auf der synoptischen Skala die Advektion geostrophischer Vorticity mit dem thermischen Wind der dominante Antrieb für Vertikalbewegungen in der mittleren Troposphäre. Im Gegensatz zu (6.10) ist in (6.15) der Antriebsterm Galilei-invariant. Ein weiterer Vorteil dieser Gleichung besteht darin, dass man zum Auffinden von Hebungs- und Absinkgebieten nur noch die Analysekarte in einem Niveau heranziehen muss, wenn in dieser Karte zusätzlich die relative Topographie eingezeichnet ist. Zur Auswertung von (6.10) waren wegen der Vertikalableitungen der Vorticityadvektion hierfür noch zwei Karten in unterschiedlichen Niveaus nötig. Schließlich ergibt sich auch hier wieder, dass bei Barotropie mit $\mathbf{v}_{th} = 0$ die Vertikalbewegungen verschwinden.

Die aus der Trenberth-Form der ω-Gleichung resultierenden Hebungs- und Absinkgebiete sind in Abb. 6.4 schematisch wiedergegeben. In dieser Abbildung sieht man neben den geschlossenen Isobaren der Bodendruckverteilung die relative Topographie 500/1000 hPa sowie die Positionen von Trog und Rücken in 500 hPa. Die Entwicklung sei zwar schon weit fortgeschritten, aber noch nicht zum Stillstand gekommen, was sich in den vertikalen Achsenneigungen der Druckgebilde widerspiegelt. Gemäß (4.21) verläuft die Richtung des thermischen Winds parallel zu den Isoplethen der relativen Topographie. Die Auswertung der ω-Gleichung (6.15) ergibt, dass die Orte mit Extremwerten von ω nordöstlich des Bodentiefs bzw. südöstlich des Bodenhochs liegen. Zwischen dem *Höhentrog* und dem Bodentief ist der Hebungsantrieb vergleichsweise gering. Aus der klassischen Form der ω-Gleichung (6.10) ergibt sich hier zwar Hebungsantrieb durch mit der Höhe zunehmende Vorticityadvektion, diesem Antrieb wirkt aber die gleichzeitig vorliegende Kaltluftadvektion entgegen. Analoges gilt für den Bereich zwischen dem *Höhenrücken* und dem Bodenhoch. Dort wirkt die Warmluftadvektion der antizyklonalen Vorticityadvektion entgegen.

Die in Abb. 6.4 dargestellte Situation ist, wie erwähnt, eher dem Reifestadium von *Zyklonen* und *Antizyklonen* zuzuordnen, bei dem die vertikalen Achsenneigungen der Druckgebilde bereits abgenommen haben. Zu Beginn von zyklogenetischen und antizyklogenetischen Entwicklungen sind die Achsenneigungen noch größer, so dass die Gebiete mit maximaler Hebung und maximalem Absinken zunächst

---

[7] Eine Richtungsdivergenz des geostrophischen Winds existiert natürlich nur, wenn $\mathbf{v}_g$ als Funktion von f und nicht als Funktion von f_0 formuliert wird.

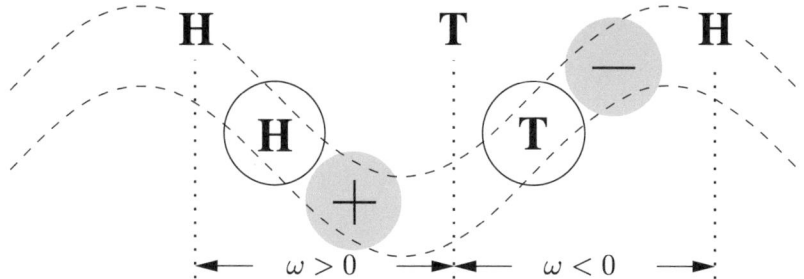

Abb. 6.4 Veranschaulichung von Hebungs- und Absinkgebieten gemäß (6.15). Bodenhoch und -tief (*durchgezogene Linien*), relative Topographie 500/1000 hPa (*gestrichelte Linien*), Lage der Achsen von Höhentrog und -rücken in 500 hPa (*gepunktete Linien*) und Orte mit Extremwerten von ω (*graue Flächen*). Nach Trenberth (1978)

noch über dem Bodentief bzw. -hoch liegen. Insgesamt ergibt sich aus dieser Diskussion, dass die relative Topographie ein hilfreiches Mittel für die Abschätzung der Verlagerungsrichtung von Bodentief und Bodenhoch darstellt.

6.5 Die Q-Vektor-Form der ω-Gleichung

Im vorangehenden Abschnitt wurde gezeigt, dass ein großer Nachteil bei der Interpretation der klassischen ω-Gleichung (6.7) darin besteht, dass sich die Antriebsterme gegenseitig verstärken, aber auch abschwächen können, weshalb es oft schwierig ist, aus dem Zusammenwirken der Antriebsterme auf die daraus resultierende Vertikalbewegung zu schließen. Mit der Trenberth-Formulierung der ω-Gleichung ist es bereits gelungen, die kompensatorischen Antriebsterme aus der ω-Gleichung zu eliminieren. Bei der Interpretation der daraus erhaltenen ω-Gleichung wurden jedoch einige Terme der Einfachheit halber ignoriert.

Hoskins et al. (1978) entwickelten eine weitere alternative Form der ω-Gleichung, in der als Hebungsantrieb nur noch die Divergenz des *Q-Vektors* auftaucht. Bei der Ableitung der Gleichung wurden jedoch keine weiteren als die bereits der quasigeostrophischen Theorie zugrunde liegenden Annahmen gemacht. Diese Form der ω-Gleichung stellt eine erhebliche Erleichterung der synoptischen Interpretation von Wetterkarten dar, in die zum Auffinden von Hebungs- und Absinkgebieten nur noch die Divergenz des Q-Vektors eingetragen werden muss.

Einen sehr leichten Zugang zur *Q-Vektor-Form der ω-Gleichung* erhält man mit Hilfe der in Abschn. 4.6 abgeleiteten Gleichung (4.41), die lediglich aus der Aufrechterhaltung des thermischen Windgleichgewichts, aber ohne Verwendung weiterer Näherungen resultiert und beschreibt, wie ageostrophische Bewegungen durch geostrophische und diabatische Prozesse angetrieben werden. Wählt man dort und in (4.43) $\delta_3 = \delta_2 = 0$ und $\delta_0 = \delta_1 = \delta_4 = 1$, dann erhält man die quasigeostrophisch approximierte Form von (4.41) als[8]

$$f_0^2 \frac{\partial \mathbf{v}_{ag}}{\partial p} - \sigma_p \nabla_h \omega = 2\mathbf{Q} - f_0 f_\beta \mathbf{v}_{th} + f_0 \gamma \nabla_h \dot{\theta} \qquad (6.16)$$

Anwendung des Operators $(-\nabla_h \cdot)$ auf diese Gleichung liefert direkt die Q-Vektor-Form der ω-Gleichung

$$\left(\sigma_p \nabla_h^2 + f_0^2 \frac{\partial^2}{\partial p^2} \right) \omega = -2\nabla_h \cdot \mathbf{Q} + f_0 \mathbf{v}_{th} \cdot \nabla_h f_\beta - f_0 \gamma \nabla_h^2 \dot{\theta} \qquad (6.17)$$

Hierbei wurde $\nabla_h \cdot \mathbf{v}_{ag}$ mit Hilfe der Kontinuitätsgleichung im p-System (3.30) durch $-\partial \omega / \partial p$ ersetzt.

Der zweite Term auf der rechten Seite von (6.17), der auch schon in der Trenberth-Form der ω-Gleichung (6.14) auftaucht, beinhaltet, wie dort bereits erwähnt, die meridionale Richtungsdivergenz des thermischen Winds und kann als vernachlässigbar klein angesehen werden. Deshalb wird der hieraus resultierende Hebungsantrieb in den weiteren Betrachtungen außer Acht gelassen.

Setzt man wiederum gemäß (6.9) für ω harmonische Funktionen an, dann erhält man

$$\sigma_p \omega \propto 2\nabla_h \cdot \mathbf{Q} + f_0 \gamma \nabla_h^2 \dot{\theta} \qquad (6.18)$$

Ein Vergleich von (6.18) mit (6.10) zeigt, dass jetzt, abgesehen von diabatischen Prozessen, nur noch ein Term, nämlich die Divergenz des Q-Vektors, das Verhalten des ω-Felds beschreibt. Die Q-Vektor-Form der ω-Gleichung besitzt die gleichen Vorteile wie die genäherte Trenberth-Form (6.15). Zur Ermittlung der Antriebsterme für Vertikalbewegungen genügt nur eine einzige Analysekarte, in der die Divergenz des Q-Vektors eingetragen sein muss. Weiterhin ist die rechte Seite von (6.18) Galilei-invariant. Gegenüber der genäherten Trenberth-Form der ω-Gleichung besitzt die Q-Vektor-Form jedoch den zusätzlichen Vorteil, dass bei deren Ableitung keine weiteren Annahmen gemacht wurden, wie die Vernachlässigung der thermischen Deformationsterme und der Advektion planetarer Vorticity in (6.14).

Vergleicht man die Herleitung der klassischen Form der ω-Gleichung mit der der Q-Vektor-Analyse, dann fällt auf, dass beide Formen aus der horizontalen Bewegungsgleichung (3.46) und der Wärmegleichung (3.33) resultieren, indem auf diese Gleichungen zwar die gleichen Operatoren angewendet wurden, dies geschah jedoch in jeweils unterschiedlicher Reihenfolge. Bei der klassischen Form der ω-Gleichung wurde die horizontale Bewegungsgleichung in der Reihenfolge

$$\nabla_h \times \implies \mathbf{k} \cdot \implies \text{Skalenanalyse} \implies \frac{\partial}{\partial p} \implies \sum$$

---

[8] In der quasigeostrophischen Theorie ist σ_p horizontal konstant (s. Abschn. 4.6).

6.5 Die Q-Vektor-Form der ω-Gleichung

umgeformt. Zur Ableitung der Q-Vektor-Form der ω-Gleichung wurde hingegen die Bewegungsgleichung in der Reihenfolge

$$\frac{\partial}{\partial p} \Longrightarrow \sum \Longrightarrow \mathbf{k}\times \Longrightarrow \text{Skalenanalyse} \Longrightarrow \nabla_h.$$

modifiziert. Hierbei deutet das $\sum$-Zeichen die additive Zusammenführung von Bewegungs- und Wärmegleichung an.

Bei der Wärmegleichung verhält es sich ähnlich. Hier gilt für die klassische Form der ω-Gleichung

$$\text{Skalenanalyse} \Longrightarrow \nabla_h^2 \Longrightarrow \sum$$

während bei der Ableitung der Q-Vektor-Form die Reihenfolge

$$\mathbf{k} \times \nabla_h \Longrightarrow \sum \Longrightarrow \mathbf{k}\times \Longrightarrow \text{Skalenanalyse} \Longrightarrow \nabla_h.$$

durchgeführt wurde. Hieraus kann man sehen, dass insgesamt gesehen auf beide Gleichungen natürlich jeweils dieselben Vektor- und Differentialoperatoren angewendet wurden. Ein großer Vorteil der Q-Vektor-Methode besteht jedoch darin, dass hierbei die Skalenanalyse erst im vorletzten Schritt und damit später erfolgt als bei der Ableitung der klassischen ω-Gleichung. Die vor der Skalenanalyse resultierende Gleichung (4.41) ist nicht nur innerhalb der quasigeostrophischen Theorie, sondern in jedem hydrostatisch approximierten System gültig, da sie, wie bereits erwähnt, eine direkte Folge der Aufrechterhaltung des thermischen Windgleichgewichts in der hydrostatischen Atmosphäre darstellt. Dieser Vorteil wird beispielsweise bei der in Abschn. 11.5 abgeleiteten *Sawyer-Eliassen-Zirkulation* nochmals sehr deutlich.

Einen einfachen Zugang zum Verständnis der ω-Gleichung in der Q-Vektor-Form erhält man bei Benutzung eines thermischen Koordinatensystems (s. Abschn. 3.3). In diesem Koordinatensystem gilt

$$\frac{\partial \theta}{\partial s} = 0, \qquad \frac{\partial \theta}{\partial n} < 0 \qquad (6.19)$$

Weiter ist leicht einzusehen, dass horizontale adiabatische Bewegungen in diesem System eindimensional sind und der thermische Wind immer parallel zur s-Richtung verläuft. Martin (1999) benutzte ein ähnliches Koordinatensystem zur Darstellung der Q-Vektoren. Allerdings zeigte bei ihm die n-Richtung vom kalten zum warmen Gebiet.

Im beliebigen (s, n, p)-System lauten die Komponenten von $\mathbf{Q}$

$$\begin{aligned}Q_s &= -f_0\gamma \frac{\partial \theta}{\partial n}\left(\frac{\partial v_{g,n}}{\partial s} + v_{g,s}\frac{\partial \chi}{\partial s}\right) - f_0\gamma \frac{\partial \theta}{\partial s}\left(\frac{\partial v_{g,s}}{\partial s} - v_{g,n}\frac{\partial \chi}{\partial s}\right) \\ Q_n &= -f_0\gamma \frac{\partial \theta}{\partial n}\left(\frac{\partial v_{g,n}}{\partial n} + v_{g,s}\frac{\partial \chi}{\partial n}\right) - f_0\gamma \frac{\partial \theta}{\partial s}\left(\frac{\partial v_{g,s}}{\partial n} - v_{g,n}\frac{\partial \chi}{\partial n}\right)\end{aligned} \qquad (6.20)$$

wobei χ den *Kontingenzwinkel* entlang der Isentrope darstellt (s. Abb. 3.7). Hieraus ist zu sehen, dass die Komponenten von $\mathbf{Q}$ neben den räumlichen Ableitungen von $v_{g,n}$ noch Terme beinhalten, die auf die Krümmung der Isothermen zurückzuführen sind. Im thermischen Koordinatensystem erhält man unter Verwendung von (6.19)

$$\mathbf{Q} = -f_0\gamma\frac{\partial\theta}{\partial n}\left[\left(\frac{\partial v_{g,n}}{\partial s} + v_{g,s}\frac{\partial\chi}{\partial s}\right)\mathbf{e}_s + \left(\frac{\partial v_{g,n}}{\partial n} + v_{g,s}\frac{\partial\chi}{\partial n}\right)\mathbf{e}_n\right]$$
$$= (Q_{s,1} + Q_{s,2})\mathbf{e}_s + (Q_{n,1} + Q_{n,2})\mathbf{e}_n = Q_s\mathbf{e}_s + Q_n\mathbf{e}_n \qquad (6.21)$$

Bei geradlinig verlaufenden Isothermen lässt sich das thermische Koordinatensystem in ein gewöhnliches (x, y, p)-System überführen, bei dem die x-Achse parallel zu den Isentropen verläuft. In diesem Fall ergibt sich für den Q-Vektor wegen der Divergenzfreiheit von $\mathbf{v}_g$

$$\mathbf{Q} = f_0\gamma\frac{\partial\theta}{\partial y}\mathbf{k} \times \frac{\partial\mathbf{v}_g}{\partial x} \qquad (6.22)$$

Für eine leichte Interpretation von (6.21) bietet es sich an, zwei Grenzfälle zu betrachten. Im ersten Fall verlaufen die Isothermen geradlinig, so dass die räumlichen Änderungen von χ ignoriert werden können. Im zweiten Fall seien die Isothermen gekrümmt und das Windfeld verlaufe weitgehend parallel zu ihnen. In dieser Situation können $v_{g,n}$ und die zugehörigen räumlichen Ableitungen in (6.21) vernachlässigt werden. Zunächst wird der Fall mit geradlinigen Isothermen betrachtet, d. h. $Q_{s,2} = 0$ und $Q_{n,2} = 0$. Dies entspricht den üblicherweise in der Literatur beschriebenen Situationen zur Veranschaulichung des Q-Vektors (s. beispielsweise Hoskins et al. 1978, Sanders und Hoskins 1990, Holton 2004).

Vergleicht man die in $Q_{s,1}$ und $Q_{n,1}$ stehenden räumlichen Ableitungen von $v_{g,n}$ mit den in (5.9) und (5.11) angegebenen Anteilen der lokalen Geschwindigkeitsdyade, dann erkennt man, dass $Q_{s,1}$ jeweils einen der beiden Terme der Vorticity und der Scherungsdeformation beinhaltet, während $Q_{n,1}$ jeweils einem Anteil der Divergenz und der Streckungsdeformation entspricht. Ob eine gegebene Strömung deformativ, divergent oder rotationsbehaftet ist, ergibt sich immer erst durch Hinzufügen des jeweils zweiten Terms in den Ausdrücken von (5.9) bzw. (5.11).

Die Wirkungsweise des $Q_{s,1}$-Terms ist in Abb. 6.5 veranschaulicht. Hier sieht man eine barokline Welle, bei der die Temperatur- und die Geopotentialwelle in Phase sind. Die Amplitude der Temperaturwelle sei so klein, dass die Krümmung der Isothermen vernachlässigt werden kann. Aufgrund des Verlaufs der (s, n)-Koordinatenlinien ist entlang der Trog- und Rückenachsen $v_{g,n} = 0$. An der Trogrückseite gilt $v_{g,n} < 0$ und umgekehrt an der Trogvorderseite $v_{g,n} > 0$, so dass im Trogzentrum $\partial v_{g,n}/\partial s > 0$ und umgekehrt entlang der Rückenachsen $\partial v_{g,n}/\partial s < 0$. Hieraus folgt, dass $Q_{s,1}$ im Trogzentrum positiv und im Rückenzentrum negativ ist (dicke Pfeile). Das wiederum bedeutet trogvorderseitig $\partial Q_{s,1}/\partial s < 0$ und damit Hebungsantrieb. An der Trogrückseite gilt Entsprechendes mit jeweils umgekehrtem Vorzeichen.

Diese Zusammenhänge stehen natürlich in völligem Einklang mit der oben geführten Diskussion der klassischen ω-Gleichung, denn im dargestellten Beispiel

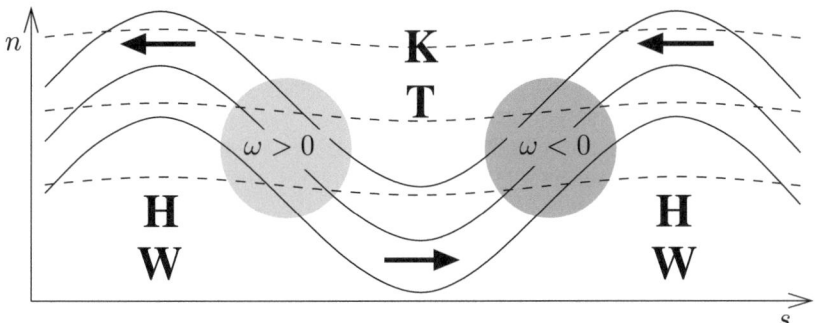

Abb. 6.5 Wirkungsweise des $Q_{s,1}$-Terms in einer baroklinen Welle. Isohypsen (*durchgezogene Linien*) und Isothermen (*gestrichelte Linien*). *Graue Bereiche*: Hebungs und Absinkgebiete, *dicke Pfeile*: $Q_{s,1}\mathbf{e}_s$

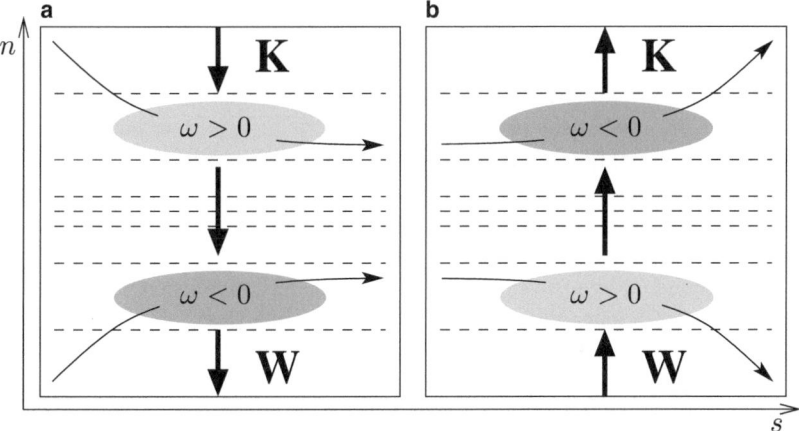

Abb. 6.6 Wirkungsweise des $Q_{n,1}$-Terms im Bereich einer Frontalzone mit deformativen Strömungen. **a** Konfluenzgebiet, **b** Diffluenzgebiet, *gestrichelte Linien*: Isothermen, *graue Flächen*: Hebungs- und Absinkgebiete, *dicke Pfeile*: $Q_{n,1}\mathbf{e}_n$

findet trogvorderseitig (trogrückseitig) maximale Warmluftadvektion (Kaltluftadvektion) statt, was gemäß (6.10) einem Hebungsantrieb (Absinkantrieb) entspricht. Wegen der Phasengleichheit von Temperatur- und Geopotentialwelle nimmt gleichzeitig die Vorticityadvektion mit der Höhe zu. Dies führt ebenfalls zu Aufstiegs- und Absinkbewegungen an der Trogvorder- bzw. Trogrückseite.

Abb. 6.6 zeigt die Wirkungsweise des $Q_{n,1}$-Terms in deformativen Strömungsfeldern. Hier sieht man eine Frontalzone, dargestellt durch die gestrichelten Isothermen, die in eine konfluente (links) bzw. diffluente Strömung (rechts) eingebettet ist. Gemäß (6.21) richtet sich das Vorzeichen von $Q_{n,1}$ nach dem Vorzeichen von $\partial v_{g,n}/\partial n$. Im linken Bild gilt $\partial v_{g,n}/\partial n < 0$, im rechten Bild ist $\partial v_{g,n}/\partial n > 0$. Weiterhin ist innerhalb der Frontalzone, d. h. dort, wo die Temperaturgradienten am stärksten sind, $Q_{n,1}$ betragsmäßig am größten. Hieraus ergeben sich die durch die dicken Pfeile dargestellten $Q_{n,1}$-Komponenten des Q-Vektors und aus den Divergenzen zu beiden Seiten der Frontalzone unterschiedliche Bereiche mit Absink- ($\omega > 0$) und Aufstiegsbewegungen ($\omega < 0$). Diese Bereiche sind bandartig parallel zur Frontalzone angeordnet. Die hier dargestellten Situationen entsprechen den bereits früher angesprochenen Gebieten mit Hebungs- und Absinkantrieb, die aus dem *Konfluenz-* und *Diffluenzeffekt* resultieren (s. Abschn. 4.6).

Aus den gezeigten Bildern lässt sich erkennen, dass im Konfluenzgebiet die Isothermen durch die deformative Strömung zusammengedrängt werden, während im Diffluenzgebiet die Isothermenabstände vergrößert werden. Das führt im linken Bild zu einer Verschärfung der Front, d. h. zur *Frontogenese*, und im rechten Bild zur Abschwächung der Front, der *Frontolyse*. In Übereinstimmung mit (4.39) ist im Konfluenzgebiet der Q-Vektor negativ, da hier ein sich im geostrophischen Windfeld bewegendes Luftpartikel eine Verschärfung des θ-Gradienten erfährt. Umgekehrtes gilt im Diffluenzgebiet, wo $\mathbf{v}_g$ frontolytisch wirkt und somit gemäß (4.39) $\mathbf{Q} > 0$.

Die bei der frontogenetisch wirkenden Strömung im Warmluftbereich aufsteigende Luft kühlt sich hierbei adiabatisch ab, während sich die im Kaltluftbereich absinkende Luft adiabatisch erwärmt. Da mit $\sigma_p > 0$ die Atmosphäre großräumig stabil geschichtet ist, führen die aus den ageostrophischen Vertikalbewegungen resultierenden Temperaturänderungen insgesamt zu einer Abschwächung der Front. Umgekehrt verhält es sich in einer frontolytisch wirkenden Strömung. Auf diese Weise gelingt es, die geostrophischen Antriebe der Frontogenese bzw. Frontolyse durch entsprechende ageostrophische Massenflüsse zu kompensieren, so dass an der Frontalzone ein Gleichgewichtszustand aufrecht erhalten werden kann. Die frontogenetischen und frontolytischen Wirkungen deformativer Strömungen werden in Abschn. 11.4, der sich mit der Frontogenese beschäftigt, eingehend diskutiert.

Zur Untersuchung des $Q_{s,2}$ Terms wird eine *äquivalent-barotrope Welle* betrachtet, bei der die Isothermen und Isohypsen parallel verlaufen (s. Abb. 6.7). Da jetzt die n-Achse des thermischen Koordinatensystems überall senkrecht auf den Isohypsen steht, ist $v_{g,n} = 0$. Aus dem Verlauf der Isothermen kann man unschwer erkennen, dass im Trogbereich $\partial \chi/\partial s > 0$ und im Rückenbereich $\partial \chi/\partial s < 0$, was zu den entsprechenden $Q_{s,2}$-Vektorkomponenten und den daraus resultierenden Hebungs- und Absinkantrieben führt. Da in der gezeigten Situation keine Temperaturadvektion stattfindet, sind gemäß der klassischen Form der ω-Gleichung (6.10) die Vertikalbewegungen lediglich auf die differentielle Vorticityadvektion zurückzuführen. In diesem Zusammenhang erscheint es bemerkenswert, dass in der hier dargestellten äquivalent barotropen Welle der $Q_{s,2}$-Term nur dann wirksam ist, wenn sich die Isohypsenkrümmung entlang s ändert. Gemäß (5.18) entspricht das einer Änderung der *Krümmungsvorticity* entlang s. Anders ausgedrückt bedeutet dies, dass in einer kreisförmigen Strömung kein Hebungsantrieb aus dem $Q_{s,2}$-Term resultiert.

Die Wirkungsweise des $Q_{n,2}$-Terms ist in Abb. 6.8 veranschaulicht. Hier sieht man links einen Trog mit konfluenter Einströmung an der Rückseite und rechts einen Trog mit diffluentem Ausströmen an der Vorderseite. Die Isothermen und

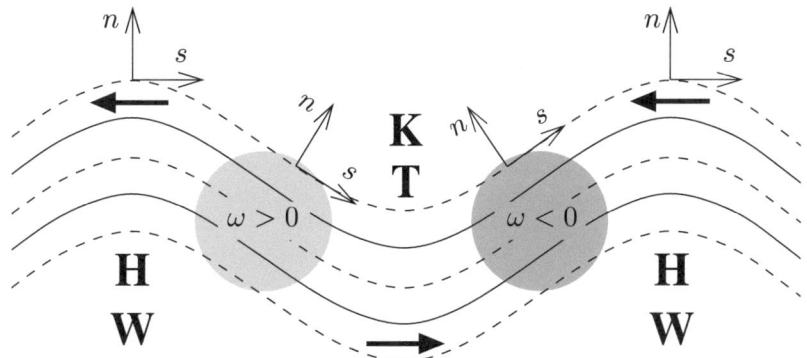

Abb. 6.7 Wirkungsweise des $Q_{s,2}$-Terms in einer äquivalent-barotropen Welle. *Durchgezogene Linien*: Isohypsen, *gestrichelte Linien*: Isothermen, *graue Bereiche*: Hebungs- und Absinkgebiete, *dicke Pfeile*: $Q_{s,2}\mathbf{e}_s$

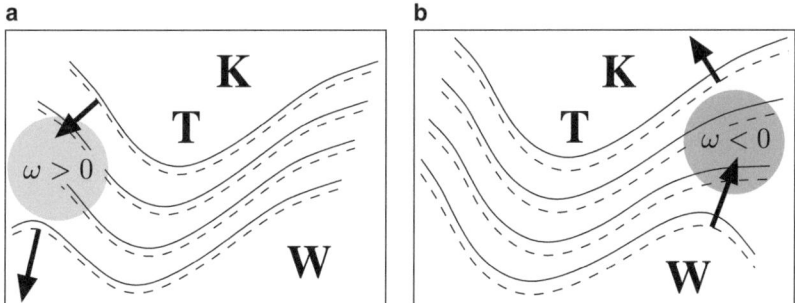

Abb. 6.8 Wirkungsweise des $Q_{n,2}$-Terms in einem konfluenten (**a**) und einem diffluenten Trog (**b**). *Durchgezogene Linien*: Isohypsen, *gestrichelte Linien*: Isothermen, *graue Bereiche*: Hebungs- und Absinkgebiete, *dicke Pfeile*: $Q_{n,2}\mathbf{e}_n$

Isohypsen verlaufen wieder weitgehend parallel. Vergleicht man $Q_{n,2}$ aus (6.21) mit (5.13), dann erkennt man, dass in der betrachteten Situation der $Q_{n,2}$-Term die Richtungsdivergenz des geostrophischen Winds beinhaltet. An der Rückseite des konfluenten Trogs ist $\partial\chi/\partial n < 0$, an der Vorderseite des diffluenten Trogs gilt $\partial\chi/\partial n > 0$ (vgl. Abb. 5.3), wobei jeweils die Änderungen von Süden nach Norden hin abnehmen. Hieraus resultieren die in der Abbildung dargestellten $Q_{n,2}\mathbf{e}_n$-Komponenten des Q-Vektors, und aus deren Änderung entlang der n-Richtung des thermischen Koordinatensystems die jeweiligen Hebungs- und Absinkgebiete.[9]

Von besonderem Interesse sind schließlich zwei beispielhafte Situationen, bei denen $Q_{s,1}$ und $Q_{s,2}$ unterschiedliches Vorzeichen besitzen, so dass sich beide Anteile von Q_s gegenseitig kompensieren. Im ersten Fall handelt es sich um ein kaltes (Abb. 6.9a) und im zweiten Fall um ein warmes Tief (Abb. 6.9b). Gemäß den Über-

---

[9] Man beachte, dass die $Q_{n,2}\mathbf{e}_n$-Komponenten immer senkrecht auf den jeweiligen Isothermen stehen.

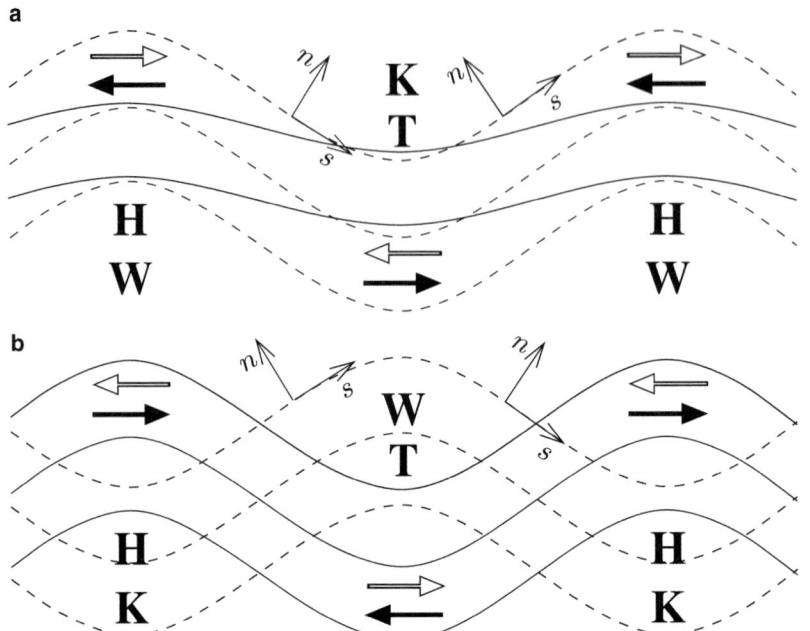

Abb. 6.9 Wirkungsweise der $Q_{s,1}$- und $Q_{s,2}$-Terme in einem kalten (**a**) und einem warmen Tief (**b**). *Durchgezogene Linien*: Isohypsen, *gestrichelte Linien*: Isothermen, *weiße Pfeile*: $Q_{s,1}\mathbf{e}_s$, *schwarze Pfeile*: $Q_{s,2}\mathbf{e}_s$

legungen in Abschn. 4.8 intensiviert sich das kalte Tief mit der Höhe, während sich das warme Tief auf die untere Troposphäre beschränkt. Ein kaltes Tief liegt auch bei einem *Höhentief* vor, bei dem durch die in der Höhe eingeflossene Kaltluft in der mittleren und hohen Troposphäre ein Tief mit abgeschlossenen Isohypsen entstanden ist, während am Boden zunächst noch keine geschlossenen Isobaren zu beobachten sind. Ein Höhentief wird auch als *Kaltlufttropfen* bezeichnet.

Aus dem in Abb. 6.9a dargestellten Verlauf der Isothermen und Isohypsen sieht man, dass an der Trogvorderseite maximale Kaltluftadvektion und an der Trogrückseite maximale Warmluftadvektion stattfindet. Gemäß der klassischen Form der ω-Gleichung (6.10) ergibt sich aus dieser jeweils unterschiedlichen *Schichtdickenadvektion* Absinken an der Trogvorderseite und umgekehrt Aufsteigen an der Trogrückseite. Da die Temperatur- und Geopotentialwelle wiederum phasengleich sind, liefert die differentielle Vorticityadvektion hingegen Hebung an der Vorder- und Absinken an der Rückseite des Trogs, so dass sich beide Effekte kompensieren.

Der Verlauf des thermischen Koordinatensystems macht deutlich, dass entlang der Trogachse $\partial v_{g,n}/\partial s < 0$, während $\partial v_{g,n}/\partial s > 0$ entlang der Rückenachse. Die daraus resultierenden Richtungen von $Q_{s,1}\mathbf{e}_s$ sind durch die weißen Pfeile in der Abbildung gekennzeichnet. In Übereinstimmung mit den Effekten der Temperaturadvektion erhält man an der Trogvorderseite $\partial Q_{s,1}/\partial s > 0$, d. h. Absinkbewegungen. Umgekehrtes gilt wiederum an der Trogrückseite. Der $Q_{s,2}$-Term wirkt in der gleichen Weise wie bei der äquivalent barotropen Welle (s. Abb. 6.7), d. h. er führt zu Aufstiegsbewegungen an der Vorderseite und Absinkbewegungen an der Rückseite des Trogs und beschreibt damit die Effekte der differentiellen Vorticityadvektion. Insgesamt kompensieren sich die beiden Q_s-Terme.

Bei Kaltlufttropfen können diese kompensatorischen Wirkungen dazu führen, dass die Orte von Hebungs- und Absinkbewegungen genau umgekehrt liegen, wie man es erwarten würde, d. h. an der Vorderseite des Höhentiefs findet Absinken statt, was dort zu Wolkenauflösungen führen kann, während an der Rückseite durch die mit der Warmluftadvektion verbundenen Aufgleitvorgänge mitunter langanhaltende stratiforme Niederschläge fallen. Aufgrund der geringen atmosphärischen Stabilität kommt es im Zentrum des kalten Tiefs zu verstärkter Konvektion, bei der sich schauerartige Niederschläge bilden. Schließlich bleibt noch anzumerken, dass bei vernachlässigbarer Isohypsenkrümmung in Abb. 6.9a die Interpretation der Q-Vektoren schwerfiele, wenn man so wie in Abb. 6.5 die Krümmung des thermischen Koordinatensystems ignorieren würde.

Abb. 6.9b zeigt die Isothermen- und Isohypsenverteilung in einem warmen Tief. Man erkennt, dass zwischen Geopotential- und Temperaturwelle eine Phasendifferenz von 180° besteht. Gemäß der Interpretation der klassischen ω-Gleichung ergibt sich trogvorderseitig Hebungsantrieb durch maximale Warmluftadvektion, aber gleichzeitig auch ein Absinkantrieb durch die mit der Höhe abnehmende Vorticityadvektion, die auf die Abnahme der Intensität des Tiefs mit der Höhe zurückzuführen ist. Im thermischen Koordinatensystem erhält man entlang der Trog- und Rückenachse $\partial v_{g,n}/\partial s > 0$ bzw. $\partial v_{g,n}/\partial s < 0$. Die daraus resultierenden $Q_{s,1}$-Terme liefern Aufstiegsbewegung an der Trogvorderseite. Diesem Hebungsantrieb wirkt der $Q_{s,2}$-Term entgegen, denn entlang der Trogachse gilt wegen der dort vorliegenden antizyklonalen Krümmung der Isothermen $\partial \chi/\partial s < 0$, so dass dort $Q_{s,2} < 0$. Zusammen mit den positiven $Q_{s,2}$-Werten entlang der Rückenachsen (zyklonale Krümmung der Isothermen, d. h. $\partial \chi/\partial s > 0$) resultiert trogvorderseitig Divergenz von $Q_{s,2}\mathbf{e}_s$, also Absinken. An der Trogrückseite gilt wiederum Entsprechendes. Damit kompensieren sich auch in dieser Situation die beiden Q_s-Terme.

6.6 Vergenzen des Q-Vektors in Wetteranalysekarten

Im Folgenden wird anhand von zwei Beispielen demonstriert, wie hilfreich die Q-Vektor-Form der ω-Gleichung beim Auffinden synoptisch-skaliger Hebungs- und Absinkgebiete sein kann. Ähnlich wie bei der vorangegangenen Diskussion der quasigeostrophischen Hebungsantriebe in der klassischen Form der ω-Gleichung wird sich auch hier zeigen, dass die in täglichen Wetterkarten vorzufindenden Vergenzen der Q-Vektoren häufig sehr komplexe Strukturen aufweisen, die nicht immer leicht nachvollziehbar sind. Neben den bei der Interpretation der klassischen ω-Gleichung bereits genannten Gründen besteht eine weitere Ursache hierfür darin, dass gemäß (4.38) die Divergenz des Q-Vektors $\nabla_h \cdot \mathbf{Q} = \nabla_h \cdot (f_0 \gamma \nabla_h \mathbf{v}_{g,0} \cdot \nabla_h \theta)$ eine

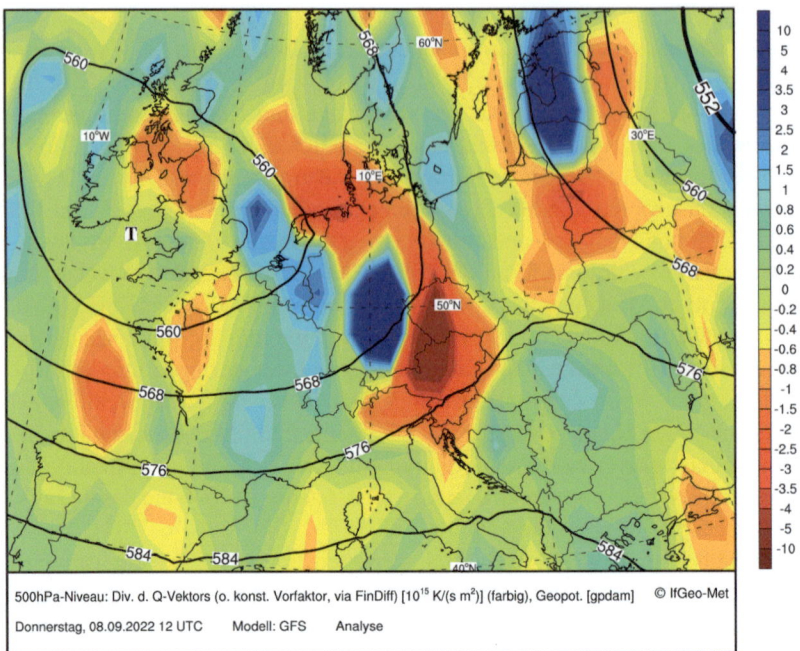

500hPa-Niveau: Div. d. Q-Vektors (o. konst. Vorfaktor, via FinDiff) [10^{15} K/(s m^2)] (farbig), Geopot. [gpdam] © IfGeo-Met
Donnerstag, 08.09.2022 12 UTC   Modell: GFS   Analyse

Abb. 6.10 Analysekarte der Q-Vektor Divergenz vom 08.09.2022 12 UTC

vergleichsweise komplexe Struktur aufweist. Die dadurch erforderlichen mehrfachen numerischen Differentiationen von Verteilungen der Zustandsvariablen führen in der Regel zu stark verrauschten Feldern von $\nabla_h \cdot \mathbf{Q}$. Dies gilt insbesondere in den nördlichen Breiten, wo wegen des Zusammenlaufens der Meridiane die zonalen Gitterabstände des Modells immer kleiner werden. Um vernünftig interpretierbare Verteilungen zu erhalten, müssen die verrauschten Felder zunächst durch aufwendige räumliche Filteralgorithmen geglättet werden. Da die zu untersuchenden Phänomene ohnehin auf der synoptischen Skala liegen, sind diese Filterungen jedoch durchaus vertretbar.

Zunächst wird die Verteilung von $\nabla_h \cdot \mathbf{Q}$ diskutiert, die sich in dem in Abschn. 6.3 vorgestellten Fallbeispiel ergibt. Diese ist in Abb. 6.10 wiedergegeben. Auch hier ist unschwer zu erkennen, dass im Bereich der Konvergenzlinie die stärksten Hebungsantriebe vorliegen, wobei sich dieses Hebungsgebiet bis nach Norditalien erstreckt. Des Weiteren befinden sich Maxima der Q-Vektor Divergenz über Osteuropa, über Westfrankreich, dem Golf von Biskaya und im Zentrum des Tiefs über den Britischen Inseln. Somit stimmen die aus der Q-Vektor-Analyse gefundenen Hebungsantriebe weitgehend mit denen der klassischen ω-Gleichung überein. Diese passen auch gut zu den berechneten Feldern der Vertikalbewegung. Größere Abweichungen ergeben sich in Osteuropa, wo die DVA und die Q-Vektor-Analyse Hebungs- und Absinkantriebe andeuten, das vertikale Windfeld jedoch lediglich einen Absinkbereich über den Baltischen Staaten aufweist (s. Abb. 6.3c, d).

6.6 Vergenzen des Q-Vektors in Wetteranalysekarten

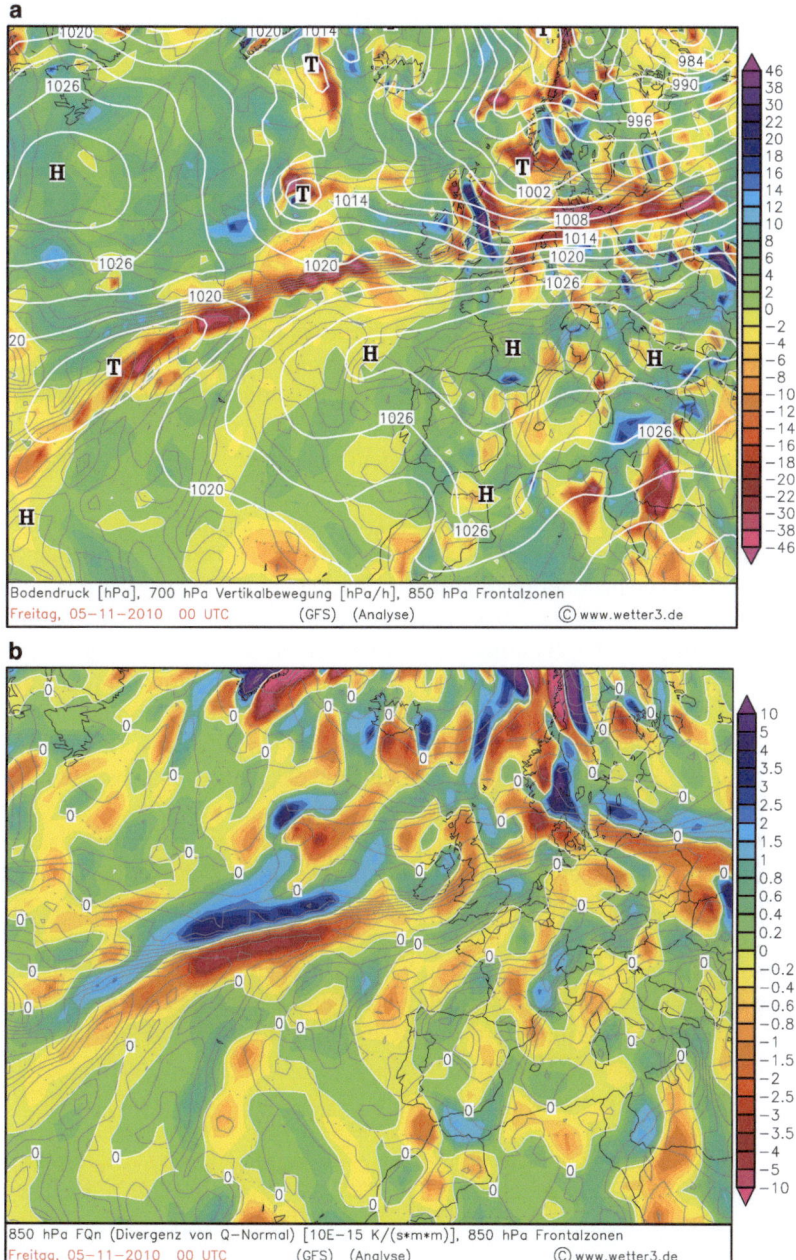

Abb. 6.11 Analysekarten vom 05.11.2010 00 UTC. **a** Verteilungen des Bodendrucks, Vertikalbewegungen in 700 hPa und Frontalzonen (θ_e-Isoplethen) in 850 hPa. **b** Divergenz von $Q_n \mathbf{e}_n$ und Frontalzonen in 850 hPa

Das zweite Beispiel zeigt die Interpretation des Q-Vektors im Bereich einer Frontalzone. Aus der Diskussion im vorangegangenen Abschnitt ergibt sich, dass hier in erster Linie das Verhalten der Normalkomponente von **Q** untersucht werden muss. Durch die Analyse der Divergenz von $Q_n \mathbf{e}_n$ entlang der Frontalzone lassen sich Gebiete mit Aufstiegs- und Absinkbewegungen sowie frontogenetisch bzw. frontolytisch wirkende Prozesse identifizieren. Im gezeigten Beispiel handelt es sich um eine Frontalzone, die sich am 05.11.2010 00 UTC über dem Atlantik von den Azoren bis zu den Britischen Inseln weitgehend geradlinig erstreckt (s. Abb. 6.11), so dass gemäß (6.21) im Wesentlichen nur die Komponente $Q_{n,1}$ des Q-Vektors eine Rolle spielt. Die Frontalzone ist in ein sogenanntes *Viererdruckfeld* eingebettet. Ein Viererdruckfeld besteht aus je zwei Hoch- und Tiefdruckgebieten, die entlang einer Linie diagonal gegeneinander versetzt liegen. In Abb. 6.11 wird diese Linie durch die von Südwest nach Nordost verlaufende Frontalzone selbst gebildet. Etwa nordöstlich und südwestlich davon herrscht tiefer Luftdruck vor, während sich nordwestlich und südöstlich der Frontalzone ausgedehnte Hochdruckgebiete befinden.

Aus der Bodendruckverteilung (Abb. 6.11a) kann man unschwer erkennen, dass das vorliegende Viererdruckfeld eine frontogenetisch wirkende konfluente Strömung erzeugt.[10] Gemäß der oben geführten Diskussion (s. Abb. 6.6) erwartet man an der Südostseite der Frontalzone Aufsteigen und an der Nordwestseite Absinken. Die Gebiete mit Aufstiegsbewegungen lassen sich eindeutig in Abb. 6.11a identifizieren. Sie erstrecken sich praktisch entlang der gesamten Frontalzone über dem Atlantik und verlaufen weitgehend parallel zu ihr. Die Absinkbereiche sind zwar nicht ganz so durchgängig angeordnet, sie sind aber dennoch gut sichtbar.

In Abb. 6.11b erkennt man deutlich die mit den Auf- und Abstiegsgebieten korrespondierenden Konvergenz- und Divergenzbereiche von $Q_n \mathbf{e}_n$[11]. Die Gebiete maximaler Divergenz und Konvergenz stimmen sehr gut mit denen maximaler Absink- und Aufstiegsbewegungen überein. Sie befinden sich zwischen dem Tief im Südwesten und dem nordwestlich davon liegenden Hoch. Hierbei ist zu beachten, dass die Vertikalbewegungen im oberen Bild in 700 hPa dargestellt sind, während die Divergenzen von $Q_n \mathbf{e}_n$ in 850 hPa wiedergegeben sind. Da die Frontalzone eine Neigung von der warmen zur kalten Luft hin besitzt (s. hierzu auch Kap. 11), ist die im Warmluftbereich aufgleitende Luft im 700 hPa Niveau bereits etwas nach Norden vorgedrungen.

---

[10] Wären die Positionen der Hoch- und Tiefdruckgebiete gegeneinander vertauscht, ergäbe sich eine frontolytisch wirkende diffluente Strömung.
[11] in der Abb. als Divergenz von Q-Normal bezeichnet.

6.7 Stabilitätsbetrachtungen

Die unterschiedlichen Anteile, die zur Divergenz von **Q** beitragen können, resultieren aus den Deformationen des geostrophischen Windfelds sowie aus dem Verlauf der Isohypsen relativ zu den Isothermen. Bei Barotropie verschwinden mit $\partial\theta/\partial n = 0$ auch die Q-Vektoren, so dass keine Hebungsantriebe existieren. In einer baroklinen Atmosphäre können sich die einzelnen Divergenzanteile von **Q** natürlich auch zu null addieren. Dies wird aber sicherlich immer nur lokal und über kurze Zeiträume der Fall sein. In einer *äquivalent-barotropen Atmosphäre* existieren zwei interessante Situationen, bei denen $\nabla_h \cdot \mathbf{Q}$ ebenfalls verschwindet. Das erste Beispiel stellt eine geradlinig verlaufende Frontalzone dar. In dem Fall sind alle vier Anteile der Q-Vektoren gleich null, da sowohl $v_{g,n}$ als auch alle Ableitungen von χ verschwinden. Beim zweiten Beispiel handelt es sich um ein kreisförmiges Druckgebilde. Dort ist mit $\partial\chi/\partial s = const$ der $Q_{s,2}$-Term konstant, während die übrigen Anteile des Q-Vektors wiederum null sind.[12]

Bei beiden Beispielen handelt es sich um stark idealisierte Situationen, die in der Atmosphäre normalerweise nicht über große räumliche oder zeitliche Erstreckungen beobachtet werden. Vielmehr kommt es permanent zu Störungen dieser Gleichgewichtszustände. Hierbei können zunächst geringfügige Änderungen des Ausgangszustands atmosphärische Entwicklungsprozesse auslösen, an deren Ende ein vollkommen neuer thermo-hydrodynamischer Zustand der Atmosphäre steht. In den Fällen handelt es sich um labile Gleichgewichtszustände. Zum Beispiel können an einer geradlinig verlaufenden Frontalzone durch *barokline Instabilitäten* großskalige barokline Wellen entstehen. Hierauf wird in Abschn. 9.4 ausführlich eingegangen. Aber auch auf der *sub-synoptischen Skala* bilden sich immer wieder Instabilitäten. Wie später noch eingehend diskutiert wird (s. Kap. 11), stellen Fronten Bereiche mit stärksten horizontalen Scherungen von $\mathbf{v}_h$ dar. Überschreiten diese einen kritischen Wert, dann können hier *Scherungsinstabilitäten* entstehen, durch die weitere Entwicklungsprozesse ausgelöst werden.

Ähnliches gilt für die idealisierte kreisförmige Struktur eines Druckgebildes. Gelangt beispielsweise ein Kaltlufttropfen in ein Gebiet erhöhter Baroklinität im bodennahen Bereich, dann bildet sich in der unteren Troposphäre zyklonale Vorticity, und es entstehen frontogenetisch wirkende Deformationsfelder des Winds. Die hierbei mitunter ausgelöste *Bodenzyklogenese* induziert Vertikalbewegungen, die die kreisförmige Struktur des Kaltlufttropfens stören. Auf diese Weise entstehen auch in der Höhe Vergenzen der Q-Vektoren die ihrerseits Entwicklungsprozesse nach sich ziehen. Die *Bodenzyklone* und das Höhentief stehen in direkter Wechselwirkung miteinander, was bei starker Baroklinität zu einer intensiven Entwicklung führen kann. Im nächsten Kapitel werden diese Zusammenhänge eingehend diskutiert, wenn die *isentrope potentielle Vorticity* vorgestellt wird.

---

[12] Aus der klassischen Fom der ω-Gleichung resultieren in beiden Fällen natürlich auch keine Hebungsantriebe, da weder Vorticity- noch Schichtdickenadvektion stattfindet.

Die potentielle Vorticity 7

Zur Beschreibung atmosphärischer Prozesse wird normalerweise eine große Anzahl von Analysekarten unterschiedlicher prognostischer Variablen, wie das Geopotential, die relative Feuchte, die Temperatur, das Windfeld etc., verwendet. Diese geben einen direkten Einblick in die Verteilungen der einzelnen Parameter und lassen sich dadurch relativ einfach auslegen. Neben diesen Karten ist es in der dynamischen Meteorologie auch üblich, die raumzeitlichen Entwicklungen der *isentropen potentiellen Vorticity* (IPV) zur Wetteranalyse heranzuziehen. Von vielen Wissenschaftlern wird diese Größe als die Schlüsselvariable zum Verständnis der atmosphärischen Dynamik angesehen. In diesem Zusammenhang ist die wegweisende Arbeit von Hoskins et al.(1985) zur Bedeutung der IPV und der Auswertung von IPV-Karten zu nennen. Der Einfachheit halber wird im weiteren Verlauf die isentrope potentielle Vorticity nur als *potentielle Vorticity* (PV) bezeichnet.

Die PV besitzt zwei wichtige Eigenschaften, durch die ihre Verwendung bei der Interpretation des atmosphärischen Zustands sehr vorteilhaft wird.

- Bei adiabatischen Prozessen ist die PV eine konservative Größe.
- Mit Hilfe der sogenannten *PV-Inversion* kann aus einer gegebenen PV-Verteilung unter bestimmten Bedingungen die komplette Information des vorliegenden atmosphärischen Temperatur-, Massen- und Windfelds gewonnen werden.

Die Diskussion über die Vor- und Nachteile der Analyse dynamischer Prozesse lediglich durch die Betrachtung von PV-Verteilungen, was Hoskins et al. auch als *PV-Denken* bezeichneten, wird aber auch durchaus kontrovers geführt. Kritische Anmerkungen zum PV-Denken beziehen sich darauf, dass die hiermit gewonnenen Erkenntnisse bereits mit Hilfe der im vorangehenden Kapitel beschriebenen quasigeostrophischen Theorie erzielt werden können. Weiterhin stellt die PV-Inversion ein nicht einfach zu lösendes numerisches Problem dar, so dass deren sinnvolle Anwendung für die numerische Wettervorhersage in Frage gestellt wird. Schließlich können verschiedene Phänomene häufig nur qualitativ beschrieben werden, quantitative Aussagen sind oft mit Unsicherheiten verknüpft.

Mit der Einführung des PV-Denkens schufen Hoskins et al. (1985) eine neue vielversprechende Möglichkeit zum Verständnis dynamischer Prozesse in der Atmosphäre. Ob und inwiefern hiervon Gebrauch gemacht wird, bleibt am Ende jedem selbst überlassen und soll hier nicht Gegenstand der Diskussion sein. Vielmehr beschränkt sich dieses Kapitel darauf, einen kurzen Einblick in die Wirkungsweise und Leistungsfähigkeit der PV-Analyse zu geben. Von besonderem Interesse sind hierbei nicht die Werte der PV selbst, sondern deren Abweichungen von einem gegebenen Referenzwert, wie beispielsweise dem klimatologischen Mittelwert. Diese Abweichungen werden auch als *PV-Anomalien* bezeichnet. Liegt in einem bestimmten Gebiet der PV-Wert über dem Referenzwert, spricht man von einer *positiven*, andernfalls von einer *negativen PV-Anomalie*. Da auf der Südhalbkugel PV-Anomalien bei gegebenem thermo-hydrodynamischen Zustand der Atmosphäre umgekehrtes Vorzeichen besitzen wie auf der Nordhalbkugel, ist es eigentlich angebrachter, ähnlich wie bei der Vorticity von *zyklonalen* und *antizyklonalen PV-Anomalien* zu sprechen. Dies wird im Folgenden meistens auch gemacht.

7.1 Definition und Erhaltungseigenschaften der PV

Zur Untersuchung adiabatischer Vorgänge bietet es sich häufig an, die Betrachtungen im θ-System durchzuführen, d. h. anstelle der Vertikalkoordinate z die *generalisierte Vertikalkoordinate* θ zu verwenden. Ein großer Vorteil des θ-Systems besteht u. a. darin, dass bei Adiabasie mit $d\theta/dt = 0$ die Bewegungen nur noch zweidimensional ablaufen, da die Luftpartikel sich entlang der *Isentropen* bewegen.

Ausgehend von den metrisch vereinfachten horizontalen Bewegungsgleichungen im p-System (3.46) leitete Rossby (1940) die potentielle Vorticity ab. Hier wird abweichend von Rossbys Methode als Ausgangspunkt der *Ertel'sche Wirbelsatz* benutzt (Ertel 1942). Dieser lässt sich mühelos aus der *Bewegungsgleichung im Absolutsystem* ableiten, die gegeben ist durch (Zdunkowski und Bott 2003)

$$\frac{d\mathbf{v}_A}{dt} = -\alpha \nabla p - \nabla \phi_a + \mathbf{F}_f \tag{7.1}$$

Hier ist $\alpha = 1/\rho$ das spezifische Volumen, ϕ_a das *Attraktionspotential der Erde* und $\mathbf{F}_f = \alpha \nabla \cdot \mathbb{J}$ die *Reibungskraft*, wobei $\mathbb{J}$ der *viskose Spannungstensor* ist. Wendet man auf diese Gleichung den Operator $\nabla \times$ an und multipliziert das Ergebnis skalar mit $\nabla \psi$, wobei ψ eine beliebige Feldfunktion ist, dann erhält man den Ertel'schen Wirbelsatz

$$\frac{d}{dt}(\alpha \nabla \times \mathbf{v}_A \cdot \nabla \psi) - \alpha \nabla \times \mathbf{v}_A \cdot \nabla \left(\frac{d\psi}{dt}\right) = \\ \alpha \nabla p \times \nabla \alpha \cdot \nabla \psi + \alpha \nabla \times \mathbf{F}_f \cdot \nabla \psi \tag{7.2}$$

Die auf Reibungsprozesse zurückzuführenden Effekte $\alpha \nabla \times \mathbf{F}_f \cdot \nabla \psi$ sind in der Originalarbeit von Ertel nicht berücksichtigt worden. Im weiteren Verlauf wird sich jedoch zeigen, dass sie eine wichtige Rolle für die Bilanzierung der PV spielen.

7.1 Definition und Erhaltungseigenschaften der PV

Setzt man in (7.2) $\psi = \theta$ und berücksichtigt, dass $\theta = \theta(\alpha, p)$, dann erhält man bei adiabatischen (und somit auch reibungsfreien) Bewegungen den Erhaltungssatz

$$\frac{dP_{Er}}{dt} = 0, \qquad P_{Er} = \alpha \nabla \times \mathbf{v}_A \cdot \nabla \theta \qquad (7.3)$$

Die Größe P_{Er} wird als *Ertel'sche potentielle Vorticity* bezeichnet. Aus (7.3) folgt, dass bei adiabatischen Bewegungen eines Luftpartikels dessen Ertel'sche potentielle Vorticity eine Erhaltungsgröße darstellt.

Um die Erhaltungseigenschaften von P_{Er} zur Beschreibung großskaliger Prozesse besser anwenden zu können, werden folgende vereinfachende Annahmen gemacht:

- Die hydrostatische Approximation wird verwendet.
- Im Term $\nabla \times \mathbf{v}_A$ werden Vertikalbewegungen ignoriert.
- Die Horizontalkomponente von $2\mathbf{\Omega}$, d. h. der *Coriolisparameter* $l = 2\Omega \cos\varphi$, wird vernachlässigt.
- Die *metrische Vereinfachung* wird benutzt. Hierbei wird in allen metrischen Termen der Abstand r vom Erdmittelpunkt durch den konstanten Erdradius ersetzt.

Wenn man die Betrachtungen auf der synoptischen Skala durchführt, folgen diese Annahmen direkt aus einer Skalenanalyse der Bewegungsgleichung (s. Abschn. 3.5). An dieser Stelle sollte noch einmal betont werden, dass im Gegensatz hierzu der Ertel'sche Wirbelsatz in der Form (7.2) ohne jegliche Näherungen aus den Navier-Stokes Gleichungen im Absolutsystem abgeleitet werden kann. Auf eine detaillierte Herleitung der im Folgenden vorgestellten Gleichungen wird an dieser Stelle verzichtet. Näheres hierzu kann z. B. in Zdunkowski und Bott (2003) nachgelesen werden.

Unter Berücksichtigung obiger Annahmen lässt sich die Ertel'sche potentielle Vorticity zunächst im geographischen (λ, φ, r)-Koordinatensystem darstellen als

$$P_{Er} = \alpha \left(\nabla_h \theta \cdot \mathbf{e}_r \times \frac{\partial \mathbf{v}_h}{\partial r} + \eta \frac{\partial \theta}{\partial r} \right) \qquad (7.4)$$

Transformiert man diese Gleichung ins p-System, dann erhält man eine Formulierung für die Erhaltung der *potentiellen Vorticity nach Rossby*

$$\frac{dP_{Ro}}{dt} = 0, \qquad P_{Ro} = -g\left(\nabla_{h,p} \theta \cdot \mathbf{e}_r \times \frac{\partial \mathbf{v}_h}{\partial p} + \eta_p \frac{\partial \theta}{\partial p} \right) \qquad (7.5)$$

Hierbei ist

$$\eta_p = \zeta_p + f = \mathbf{e}_r \cdot \nabla_{h,p} \times \mathbf{v}_h + f \qquad (7.6)$$

die bereits in (5.22) definierte absolute Vorticity im p-System. In einem letzten Schritt wird in (7.5) noch die absolute Vorticity im θ-System eingeführt, die gegeben ist durch

$$\eta_\theta = \zeta_\theta + f = \mathbf{e}_r \cdot \nabla_{h,\theta} \times \mathbf{v}_h + f$$
$$= \eta_p + \frac{\partial p}{\partial \theta} \nabla_{h,p} \theta \cdot \mathbf{e}_r \times \frac{\partial \mathbf{v}_h}{\partial p} \quad (7.7)$$

Dies liefert die Erhaltungsgleichung der isentropen potentiellen Vorticity P_θ

$$\frac{dP_\theta}{dt} = 0, \qquad P_\theta = -g\eta_\theta \left(\frac{\partial p}{\partial \theta}\right)^{-1} = \frac{\eta_\theta}{\sigma_\theta} \quad (7.8)$$

In dieser Gleichung wurde die *hydrostatische Stabilität im θ-System* σ_θ eingeführt mit

$$\sigma_\theta = -\frac{1}{g}\frac{\partial p}{\partial \theta} = \frac{f_0 \gamma}{g\sigma_p} \quad (7.9)$$

Hieraus ist zu sehen, dass σ_θ umgekehrt proportional zur *hydrostatischen Stabilität im p-System* σ_p ist (s. (4.42)), d. h. mit zunehmendem Wert von σ_p nimmt σ_θ ab. Weiterhin gilt natürlich auch hier $\sigma_\theta > 0$.

Man beachte, dass sowohl in (7.6) als auch in (7.7) die Vorticity zwar mit dem vertikalen Einheitsvektor $\mathbf{e}_r$ des geographischen Koordinatensystems geschrieben wird, die Horizontalgradienten jedoch auf konstanten p- bzw. θ-Flächen ausgewertet werden. Diese Vorgehensweise entspricht der bereits in Abschn. 3.3 angesprochenen *Zwangsorthogonalisierung* des p- bzw. θ-Systems. Insbesondere bei starker *Baroklinität* können jedoch beachtliche Neigungen zwischen Isohypsen und Isentropen existieren, so dass sich gemäß (7.7) deutliche Unterschiede in den Werten von η_p und η_θ ergeben können.

Mit der Ableitung der Erhaltungsgleichung für die potentielle Vorticity gelang es Ertel erstmals, die Erhaltung der absoluten Vorticity in der divergenzfreien *barotropen Atmosphäre*, d. h. $d\eta/dt = 0$, auf die *barokline Atmosphäre* zu verallgemeinern. Wenn man bedenkt, dass bei *Barotropie* der horizontale Wind höhenunabhängig ist, dann erkennt man unmittelbar aus (7.4), dass in dem Fall der Ertel'sche Wirbelsatz zur Erhaltung der *barotropen potentiellen Vorticity* führt

$$\frac{d}{dt}\left(-g\eta\frac{\partial \theta}{\partial p}\right) = 0 \quad (7.10)$$

Diese Gleichung kann auch direkt aus der *barotropen Vorticitygleichung* (5.31) abgeleitet werden, denn unter der Voraussetzung adiabatischer Bewegungen gilt bei Barotropie

$$\frac{d}{dt}\left(\frac{\partial \theta}{\partial p}\right) = \nabla_{h,p} \cdot \mathbf{v}_h \frac{\partial \theta}{\partial p} \quad (7.11)$$

Führt man zusätzlich die Annahme $\nabla_{h,p} \cdot \mathbf{v}_h = 0$ ein, dann verschwindet die rechte Seite von (7.11), so dass (7.10) sich schließlich auf die Erhaltung der absoluten

Vorticity in der divergenzfreien barotropen Atmosphäre reduziert (s. hierzu auch Abschn. 5.3).

Wie bereits in Abschn. 6.2 angesprochen, existiert im *quasigeostrophischen System* eine Erhaltungsgleichung für die *pseudopotentielle Vorticity*. Hierbei handelt es sich um die *Geopotentialtendenzgleichung* (6.8), die bei Adiabasie und unter Verwendung der *thermischen Windgleichung* (4.21)b nach einigen Umformungen geschrieben werden kann als

$$\frac{\partial}{\partial t}\left[\frac{1}{f_0}\nabla_h^2\phi + \frac{\partial}{\partial p}\left(\frac{f_0}{\sigma_p}\frac{\partial\phi}{\partial p}\right)\right] = -\mathbf{v}_g \cdot \nabla_h\left[\eta_g + \frac{\partial}{\partial p}\left(\frac{f_0}{\sigma_p}\frac{\partial\phi}{\partial p}\right)\right] \quad (7.12)$$

Die Klammerausdrücke dieser Gleichung stellen die pseudopotentielle Vorticity dar

$$P_{qg} = \eta_g + \frac{\partial}{\partial p}\left(\frac{f_0}{\sigma_p}\frac{\partial\phi}{\partial p}\right) \quad (7.13)$$

die somit im quasigeostrophischen System eine Erhaltungsgröße ist, denn es gilt gemäß (7.12) zusammen mit (6.3)

$$\frac{d_g P_{qg}}{dt} = 0 \quad (7.14)$$

Aus (7.13) erkennt man, dass P_{qg} sich aus der Summe von absoluter geostrophischer Vorticity und einem Term zusammensetzt, der ein Maß für die hydrostatische Stabilität der Atmosphäre ist. Im quasigeostrophischen Modell stellt die pseudopotentielle Vorticity für ein sich mit dem geostrophischen Wind bewegendes Luftpartikel eine konservative Größe dar. Häufig wird die pseudopotentielle Vorticity auch als *quasigeostrophische potentielle Vorticity* bezeichnet. Diese Namensgebung ist jedoch etwas irreführend, denn P_{qg} lässt sich nicht aus der Ertel'schen potentiellen Vorticity unter Berücksichtigung der quasigeostrophischen Annahmen ableiten.

7.2 Charakteristische Werte der PV

Die Dimension der potentiellen Vorticity lautet [K m^2 kg^{-1} s^{-1}] und wird mit *PVU* (potential vorticity unit) angegeben, wobei 1 PVU = 1×10^{-6} K m^2 kg^{-1} s^{-1} (Hoskins et al. 1985). Somit entspricht gemäß (7.8) für mittlere Breiten ($f = 10^{-4}$ s^{-1}) 1 PVU der Zunahme der potentiellen Temperatur um 10 K pro 100 hPa Abnahme[1]. In der Troposphäre sind die PV-Werte vergleichsweise gering (0–1 PVU) und räumlich inhomogen verteilt. Im *Tropopausenbereich* beobachtet man jedoch wegen der dort vorliegenden starken *thermischen Stabilität* eine deutliche Zunahme der PV-Werte auf 2–5 PVU und mehr. In der unteren Stratosphäre steigen die PV-Werte weiter an und erreichen in der mittleren Stratosphäre etwa 50 PVU. Da der Coriolisparameter in meridionaler Richtung zunimmt, gilt dies bei sonst ungeänderten Parametern auch für die PV.

---

[1] Wobei die Größenordnung von η_θ etwa der von f entspricht.

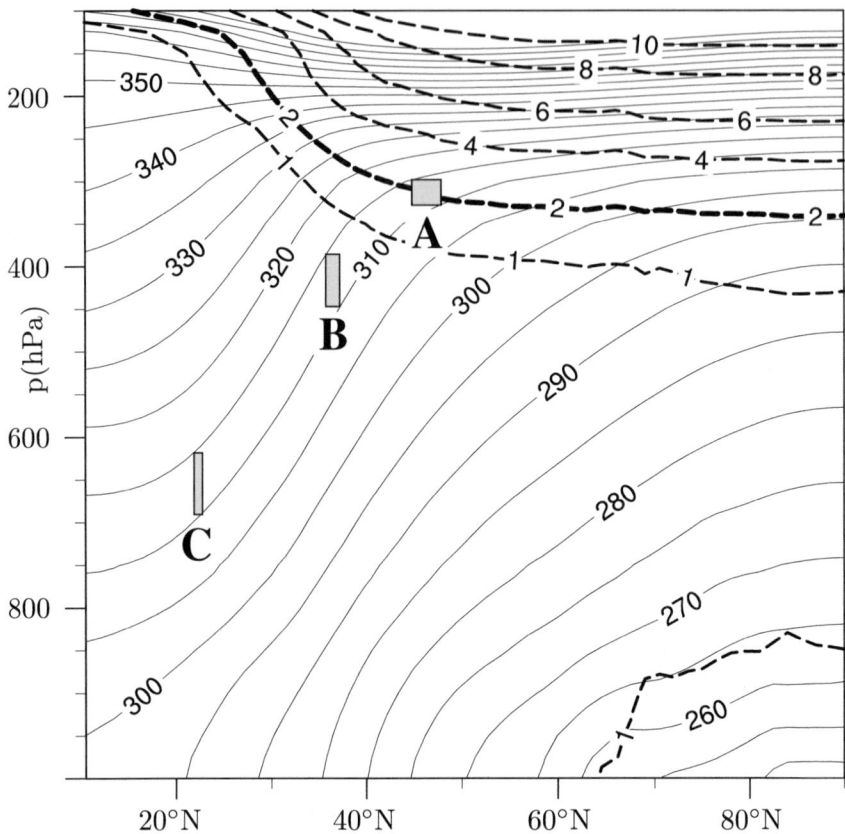

Abb. 7.1 Zonal gemittelte klimatologische Verteilung der potentiellen Vorticity (*gestrichelt*) und der potentiellen Temperatur (*durchgezogen*) für die Wintermonate. Mit frdl. Unterstützung von M. Langguth

Die großen Unterschiede der PV-Werte zwischen Troposphäre und Stratosphäre veranlassten Reed (1955) erstmals zur Definition der *dynamischen Tropopause*. Gemäß einer Empfehlung der *WMO* wird die Tropopausenhöhe als die Höhe festgelegt, in der die potentielle Vorticity den Wert 1.6 PVU besitzt. In der neueren Literatur wird jedoch häufig ein Wert von 2 PVU verwendet. Allerdings kann es bei dieser Definition der Tropopause zu Problemen in äquatorialen Bereichen kommen, denn mit verschwindendem Coriolisparameter kann bei ebenfalls verschwindender relativer Vorticity die PV gegen null gehen, so dass eine dynamische Definition der Tropopause nicht mehr möglich ist. Auf die unterschiedlichen Definitionsmöglichkeiten der Tropopause wird in Abschn. 8.2 nochmals näher eingegangen.

Abb. 7.1 zeigt die zonal gemittelte klimatologische Verteilung der potentiellen Vorticity und der potentiellen Temperatur für die Wintermonate (Dezember– Febru-

7.2 Charakteristische Werte der PV

ar), basierend auf ERA-Interim Reanalysen des ECMWF zwischen 1981–2010.[2] Innerhalb der Troposphäre erkennt man die relativ niedrigen PV-Werte von meistens weniger als 1 PVU. Weiterhin sieht man, wie die durch PV= 2 PVU definierte Tropopause nach Norden hin abfällt. Zwischen 30°N und 40°N ist die Abnahme am stärksten. Hier befindet sich die Frontalzone, d. h. der Bereich mit deutlich erhöhter atmosphärischer Baroklinität. Das nördlich der Polarfront beobachtete Absinken der dynamischen Tropopausenhöhe ist im Wesentlichen auf den Coriolisparameter zurückzuführen.

Da insbesondere in der hohen Troposphäre die Bewegungen weitgehend adiabatisch ablaufen, stellt die PV, ähnlich wie die potentielle Temperatur, eine individuelle Erhaltungsgröße für ein sich bewegendes Luftpartikel dar und kann daher wie ein passiver Tracer angesehen werden. Als Beispiel betrachte man wiederum Abb. 7.1. Normalerweise ist die potentielle Temperatur in meridionaler Richtung derart verteilt, dass die Isentropen in der Tropopausenregion höherer Breiten nach Süden hin relativ steil in die mittlere Troposphäre abfallen, wobei der Abstand zwischen den Isentropen deutlich zunimmt. Ein Luftpaket bewege sich adiabatisch vom Punkt A zum Punkt C. Hierbei bleibt sein PV-Wert konstant und ist gegeben durch den am Ausgangspunkt vorliegenden Wert von 2 PVU. Auf seinem Weg nach Süden sinkt das Luftpaket aus der Tropopausenregion in die mittlere Troposphäre ab. Dies führt zu einer Zunahme der Schichtdicke $\delta p = p_2 - p_1$ zwischen den beiden Isentropen $\theta_1 = 315$ K und $\theta_2 = 310$ K am Ober- und Unterrand des Luftpakets. Im gewählten Beispiel nimmt dessen vertikale Erstreckung von anfänglich etwa 25 hPa auf 60 hPa am Punkt B und schließlich auf etwa 90 hPa am Punkt C zu. Unter der Annahme hydrostatischer Verhältnisse verringert sich gleichzeitig die horizontale Ausdehnung des Luftpakets.

Durch diese vertikale Streckung auf seinem Weg nach Süden erfährt das Luftpaket eine spürbare Labilisierung. Aufgrund der Erhaltung der PV muss gleichzeitig seine absolute Vorticity zunehmen. Zusätzlich zur Kompensation der durch die Südwärtsbewegung induzierten Abnahme planetarer Vorticity f muss somit eine deutliche Zunahme der relativen Vorticity ζ_θ erfolgen, die, der Labilisierung entgegenwirkend, den Wert der PV konstant hält. Auf diese Weise bilden sich an den Punkten B bzw. C Bereiche mit stark erhöhter zyklonaler Vorticity.

Häufig entstehen durch das südliche Vordringen polarer niederstratosphärischer Luft sehr schmale teilweise filamentartige Strukturen mit hohen PV-Werten, die horizontal mehrere 1000 Kilometer in die hohe und mittlere Troposphäre hineinreichen können. Diese werden auch als *PV-Streamer* bezeichnet. In dem Zusammenhang kann die polare Stratosphäre als ein *PV-Reservoir* angesehen werden, das als Quelle troposphärischer PV dient. Wegen des geringen Wasserdampfgehalts der stratosphärischen Luft erkennt man im Wasserdampfkanalbild von Satelliten PV-Streamer häufig an scharfen Linien mit dunklen Pixeln, die auch als *Dark Stripes* bezeichnet werden. Gelegentlich kommt es im weiteren Verlauf zu Abschnürungsvorgängen. Bei diesen auch als *Cutoff-Prozess* bezeichneten Vorgängen bilden sich die sogenannten *Cutoff-Tiefs*, die somit isolierte Bereiche mit starker zyklonaler PV

---

[2] Für Details zum ERA-Interim Datenarchiv siehe https://www.ecmwf.int.

darstellen. Die Zugbahn dieser *Höhentiefs* kann, nachdem sie sich erst einmal aus der großräumigen Strömung gelöst haben, mitunter nur schwer vom numerischen Prognosemodell erfasst werden.

Aus den bisherigen Überlegungen lassen sich für adiabatische Prozesse folgende Schlussfolgerungen ziehen:

- Da die PV bei adiabatischen Bewegungen eine konservative Größe ist, kann sie sehr gut als passiver dynamischer Tracer verwendet werden.
- Die Stratosphäre stellt ein Reservoir von Luft mit hohen PV-Werten dar.
- Aufgrund dieser beiden Eigenschaften kann troposphärische Luft stratosphärischen Ursprungs nicht nur über ihre geringe spezifische Feuchte, sondern auch über ihre hohen PV-Werte leicht identifiziert werden.
- Die mit der vertikalen Streckung eines Luftvolumens einhergehende Labilisierung führt bei konstantem Wert der PV zur Bildung von zyklonaler relativer Vorticity. Umgekehrt entsteht bei vertikalem Schrumpfen des Luftvolumens antizyklonale relative Vorticity.

Wie bereits am Anfang dieses Kapitels angesprochen, besteht als weiteres charakteristisches Merkmal von fundamentaler Bedeutung die Möglichkeit, durch Inversion gegebener PV-Verteilungen den kompletten thermo-hydrodynamischen Zustand der Atmosphäre zu ermitteln. Hierauf wird weiter unten näher eingegangen.

7.3 Diabatische Prozesse

Lässt man die Forderung der Adiabasie fallen, dann erhält man aus dem *Ertel'schen Wirbelsatz* eine Bilanzgleichung für die Ertel'sche potentielle Vorticity P_{Er}

$$\rho \frac{dP_{Er}}{dt} = \nabla \times \mathbf{v}_A \cdot \nabla \dot{\theta} + \nabla \times \mathbf{F}_f \cdot \nabla \theta \qquad (7.15)$$

Bei den hier betrachteten synoptisch-skaligen Prozessen können horizontale Änderungen der auf der rechten Seite stehenden Quellterme gegenüber den vertikalen Änderungen vernachlässigt werden. Dann resultiert nach analogen Umformungen wie zuvor eine Bilanzgleichung für die isentrope potentielle Vorticity P_θ

$$\begin{aligned}\rho \frac{dP_\theta}{dt} &= \eta \frac{\partial \dot{\theta}}{\partial z} + \mathbf{k} \cdot \nabla_h \times \mathbf{F}_f \frac{\partial \theta}{\partial z} \quad \text{bzw.} \\ \frac{dP_\theta}{dt} &= -g \eta_p \frac{\partial \dot{\theta}}{\partial p} - g \mathbf{k} \cdot \nabla_{h,p} \times \mathbf{F}_f \frac{\partial \theta}{\partial p}\end{aligned} \qquad (7.16)$$

Aus der Definition des *Diabatenterms* (3.41) kann man direkt sehen, dass die Freisetzung latenter Wärme sowie der atmosphärische Strahlungstransport individuelle zeitliche PV-Änderungen bewirken können, wobei jedoch nicht die Werte

7.3 Diabatische Prozesse

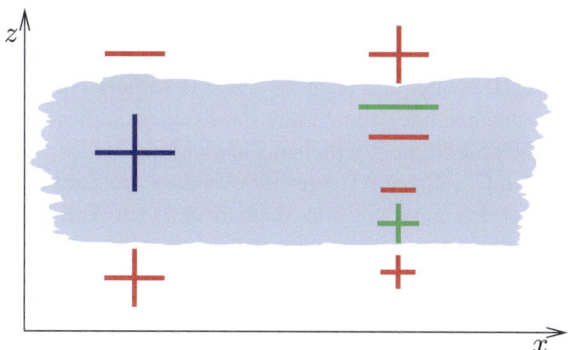

Abb. 7.2 Einfluss diabatischer Prozesse in Wolken auf die lokalzeitliche PV-Tendenz. Latente Wärmezufuhr (*blau*), Strahlungsabkühlung/-erwärmung (*grün*), resultierende PV-Tendenzen (*rot*)

selbst, sondern deren vertikale Änderungen relevant sind.[3] Wie sich weiter unten noch zeigen wird, stellt der zweite Term auf der rechten Seite von (7.16) innerhalb der *atmosphärischen Grenzschicht* einen wichtigen Prozess für die individuellen zeitlichen PV-Änderungen dar.

Wolkenbildung ist sowohl mit Freisetzung latenter Wärme als auch mit einer Änderung des atmosphärischen Strahlungstransports und den dazugehörigen Erwärmungs- und Abkühlungsraten verbunden. Somit ist davon auszugehen, dass eine vorliegende PV-Verteilung in starkem Maße von diabatischen Wolkenprozessen beeinflusst wird. Allerdings lässt sich nicht eindeutig formulieren, wie sich das PV-Feld hierdurch ändert, denn die an der Wolkenobergrenze stattfindende Strahlungsabkühlung wirkt der latenten Erwärmung entgegen, so dass es darauf ankommt, welcher der beiden Terme überwiegt.

In Abb. 7.2 sind die aus der latenten Wärmefreisetzung und dem Strahlungstransport resultierenden Erwärmungs- und Abkühlungsraten in einer Wolke zusammen mit den damit verbundenen lokalzeitlichen PV-Tendenzen schematisch wiedergegeben. Hieraus ist zu sehen, dass durch die Freisetzung latenter Wärme (blaues +-Zeichen) oberhalb der Wolke eine negative und unterhalb eine positive PV-Tendenz entsteht (rote +/−-Zeichen links). Die strahlungsbedingten Temperaturänderungen (grüne +/−-Zeichen) führen zu einer relativ starken Abkühlung im oberen Wolkenbereich und einer vergleichsweise geringen Erwärmung an deren Unterseite mit den daraus resultierenden positiven bzw. negativen PV-Tendenzen (rote +/−-Zeichen rechts). Während sich aus beiden Antriebstermen unterhalb der Wolke insgesamt eine Zunahme der PV ergibt, kann oberhalb der Wolke, abhängig von der Intensität der einzelnen Terme, insgesamt eine positive oder negative PV-Tendenz entstehen.

Häufig dominieren die Kondensationsprozesse gegenüber der Strahlungsabkühlung, so dass oberhalb der Wolken eine bestehende zyklonale PV-Anomalie abgebaut wird. Ist jedoch die Strahlungsabkühlung an der Wolkenobergrenze der dominante Term, dann wird eine über der Wolke befindliche zyklonale PV-Anomalie weiter verstärkt. Dieses Verhalten beobachtet man beispielsweise in der Arktis, wo

---

[3] Im Diabatenterm müssten zusätzlich die mit der *Energiedissipation* verbundenen Erwärmungsraten berücksichtigt werden, die in (3.41) jedoch vernachlässigt wurden.

häufig ausgedehnte Wolkenfelder zu finden sind, in denen die Freisetzung latenter Wärme im Vergleich zur Strahlungsabkühlung eine eher untergeordnete Rolle spielt. Das liegt u. a. auch an den dort vorherrschenden niedrigen Temperaturen, da mit abnehmender Temperatur die Kondensationsrate geringer wird. In einer numerischen Studie zur zeitlichen Entwicklung zyklonaler PV-Anomalien in der Arktis fanden Cavallo und Hakim (2009), dass die Strahlungsabkühlung im oberen Wolkenbereich der wichtigste Mechanismus zur Aufrechterhaltung oder Intensivierung einer im Tropopausenniveau liegenden zyklonalen PV-Anomalie war.

Integriert man (7.15) über ein *materielles Volumen* $V(t)^4$, dann ergibt sich

$$\int_{V(t)} \rho \frac{dP_{Er}}{dt} d\tau = \int_{V(t)} \nabla \cdot (\dot{\theta}\nabla \times \mathbf{v}_A + \theta\nabla \times \mathbf{F}_f) d\tau \qquad (7.17)$$

oder nach Umformung mit Hilfe des *Gaußschen Integralsatzes*

$$\frac{d}{dt}\left(\int_{V(t)} \rho P_{Er} d\tau\right) = \oint_{S(t)} \left[\dot{\theta}\nabla \times \mathbf{v}_A + \theta\nabla \times \mathbf{F}_f\right] \cdot d\mathbf{S} \qquad (7.18)$$

Hieraus ist zu sehen, dass eine zeitliche Änderung der gesamten Ertel'schen PV des Volumens nur möglich ist, wenn auf dessen Oberfläche $S(t)$ diabatische Prozesse stattfinden. Das bedeutet insbesondere, dass innerhalb des betrachteten Volumens durch diabatische Prozesse keine PV erzeugt oder vernichtet wird. Allerdings bewirken diabatische Vorgänge, wie oben gesehen, eine räumliche Umverteilung der PV innerhalb des materiellen Volumens.

Bilden sich beispielsweise unterhalb einer zyklonalen PV-Anomalie verstärkt konvektive Wolken wegen der dort durch die Anomalie erzeugten geringeren hydrostatischen Stabilität, dann werden in den Schichten, wo latente Wärme freigesetzt wird, die Isentropen nach unten verschoben. Hierdurch erhöht sich unterhalb des Wolkenbereichs die hydrostatische Stabilität und damit auch die PV, während oberhalb davon Labilisierung, d. h. Abnahme von PV, zu beobachten ist. Auf diese Weise wird durch die Wolkenprozesse zwar oberhalb (unterhalb) der Wolken lokal PV vernichtet (erzeugt), innerhalb des gesamten Volumens jedoch bleibt die PV erhalten, so dass insgesamt durch die Wolkenprozesse hohe PV-Werte aus der oberen in die untere Troposphäre gelangen. Diese vertikalen Umverteilungen von hochtroposphärischer PV in die mittlere Troposphäre können zusammen mit der oberen und einer unteren zyklonalen PV-Anomalie vertikal zusammenhängende Gebiete mit hohen PV-Werten bilden, die sich über die gesamte Troposphäre erstrecken und deshalb auch als *PV-Tower* bezeichnet werden.

Lässt man einmal strahlungsbedingte PV-Änderungen außer Acht, dann liegt es auf der Hand, dass mit zunehmender Intensität der Wolkenprozesse eine bestehende zyklonale obere PV-Anomalie immer effizienter abgebaut wird. Da im Sommer die

---

[4] Hierunter versteht man ein Volumen, das immer aus den gleichen Teilchen besteht (s. auch Abschn. 11.1).

hochreichende Konvektion deutlich intensiver ausfällt als im Winter, sind in dieser Jahreszeit die Lebenszeiten von oberen zyklonalen PV-Anomalien vergleichsweise gering. Eine von Hoskins et al. (1985) vorgenommene grobe Abschätzung der Abbauraten von oberen zyklonalen PV-Anomalien durch diabatische Prozesse ergab Werte von 1 PVU pro Tag, so dass beispielsweise räumlich isolierte PV-Anomalien, die durch Cutoff-Vorgänge entstehen, innerhalb eines kurzen Zeitraums aufgelöst werden können, bevor sie wieder in das polare niederstratosphärische PV-Reservoir eingebettet werden.

Bei antizyklonalen PV-Anomalien spielen konvektive Wolken nur eine untergeordnete Rolle, da jetzt unterhalb der Anomalien eine erhöhte hydrostatische Stabilität induziert wird, was der konvektiven Wolkenbildung und damit der latenten Wärmefreisetzung entgegenwirkt. In diesen Fällen können die oben angesprochenen Strahlungsprozesse für eine vertikale Umstrukturierung der PV-Verteilung verantwortlich sein in der Art, dass die obere antizyklonale PV-Anomalie abgebaut wird. In einer ähnlichen Abschätzung wie bei der zyklonalen PV-Anomalie gelangten Hoskins et al. (1985) zu dem Ergebnis, dass die aus diabatischen Prozessen resultierenden vertikalen Umstrukturierungen von antizyklonalen PV-Anomalien in der Größenordnung von einer Woche liegen und damit deutlich weniger effizient sind als die von zyklonalen PV-Anomalien. Dies kann als ein Grund dafür angesehen werden, dass häufig die mit antizyklonalen PV-Anomalien einhergehenden Hochdruckwetterlagen oder *Blocking-Lagen* im Vergleich zu Cutoff-Tiefs eine relativ lange Lebensdauer besitzen.

Unterstellt man auf der Oberfläche des betrachteten Volumens zeitlich konstante Werte der potentiellen Temperatur, dann verschwindet der erste Term auf der rechten Seite von (7.18). In dem Fall sorgen die im zweiten Term berücksichtigten Reibungsprozesse in der atmosphärischen Grenzschicht für einen effizienten Abbau der PV und die Auflösung der damit verbundenen Druckgebilde. In der klassischen Betrachtungsweise geschieht dies durch das *Ekman-Pumping*, das in Abschn. 10.1 näher diskutiert wird.

7.4 Das PV-Invertierungsprinzip

Wie oben bereits erwähnt, ist im divergenzfreien barotropen Modell die Erhaltung der PV gleichbedeutend mit der Erhaltung der absoluten Vorticity. Da in diesem Modell die Vorticitygleichung (5.32) die einzige prognostische Gleichung darstellt, lassen sich die Zustandsvariablen, in dem Fall sind es lediglich die Komponenten (u, v) des horizontalen Winds, zu einem gegebenen Zeitpunkt nur dann eindeutig als Funktion der Vorticity berechnen, wenn eine weitere diagnostische Verträglichkeitsbeziehung für u und v formuliert wird. Diese kann man beispielsweise aus der Annahme des geostrophischen Windgleichgewichts (6.2) gewinnen. Ist die räumliche Verteilung der Vorticity η_g zu einem gegebenen Zeitpunkt bekannt, dann lassen sich mit Hilfe von (6.3) zunächst das Geopotentialfeld und daraus dann über (6.2) die Komponenten (u_g, v_g) des horizontalen Winds bestimmen. Die zum η_g-Feld gehörende ϕ-Verteilung erhält man durch Inversion des Laplace-Operators in (6.3).

Für das barotrope Modell ist dies die oben bereits angesprochene *PV-Inversion*. Da zur Lösung der Poisson-Gleichung (6.3) im betrachteten Gebiet die Randwerte des Geopotentials ϕ vorliegen müssen, stellt die PV-Inversion ein Problem dar, das nicht lokal, sondern nur global für das gesamte Gebiet gelöst werden kann. Das bedeutet insbesondere, dass das horizontale Windfeld an einem bestimmten Ort nicht nur von der dort vorliegenden Vorticity, sondern von der Vorticityverteilung im gesamten Untersuchungsgebiet abhängt.

Im baroklinen Fall ist P_θ eine Funktion der horizontalen Windkomponenten (u, v) und der isentropen Massen- bzw. Druckverteilung $\partial p/\partial\theta$ oder gleichbedeutend damit, der θ-Verteilung als Funktion von p. Um jetzt aus einer gegebenen PV-Verteilung eindeutige Felder von (u, v, p) zu erhalten, werden daher neben der Gleichung für die PV zwei diagnostische Verträglichkeitsbedingungen benötigt. Im einfachsten Fall sind dies die geostrophische Windbeziehung (4.8)c und die hydrostatische Gleichung (3.56)c bzw. die daraus folgende thermische Windgleichung (4.21)c, d. h.

$$P_\theta = \frac{\eta_{g,\theta}}{\sigma_\theta}, \qquad \eta_{g,\theta} = \mathbf{e}_r \cdot \nabla_{h,\theta} \times \mathbf{v}_g + f$$
$$\mathbf{v}_g = \frac{1}{f_0}\mathbf{k} \times \nabla_{h,\theta} M, \qquad \frac{\partial M}{\partial \theta} = \Pi, \qquad \frac{\partial \mathbf{v}_g}{\partial \theta} = \frac{1}{f_0}\mathbf{k} \times \nabla_{h,\theta} \Pi \tag{7.19}$$

Hierbei ist $M = c_p T + \phi$ das in (3.48) definierte *Montgomery-Potential* und Π die *Exner-Funktion*, die gemäß (3.40) gegeben ist als $c_p T/\theta$.

Dies ist natürlich nicht das einzige Gleichungssystem, das für eine PV-Inversion verwendet werden kann, so dass die hierbei erzielten Ergebnisse immer auch davon abhängen, welche Gleichgewichtsbeziehungen der Inversion zugrunde liegen. Deren Vorgabe legt auch die Skala fest, auf der die PV-Inversion vernünftige Ergebnisse liefert. Im vorliegenden Beispiel (7.19) ist dies die synoptische Skala mit kleinen *Rossby-Zahlen Ro* $\ll$ 1. Insbesondere bei sub-synoptischen oder mesoskaligen Anwendungen mit $Ro > 1$ müsste überprüft werden, ob die verwendeten Gleichgewichtsbedingungen, wie z. B. das geostrophische Windgleichgewicht, noch sinnvoll sind. Gegebenenfalls müssten andere Verträglichkeitsbeziehungen verwendet werden. Für das Windgleichgewicht stellen beispielsweise die Gradientwindbeziehung (s. Abschn. 4.4) oder die Balancegleichung nach Charney (1955) eine deutlich bessere Wahl dar als der geostrophische Wind, da sie auch für $Ro > 1$ noch gute Approximationen des wahren Winds darstellen.

Für eine eindeutige PV-Inversion müssen zusätzlich zu dem geschlossenen Gleichungssystem, wie z. B. (7.19), weitere Voraussetzungen erfüllt sein (Hoskins et al. 1985):

- In dem massenmäßig abgeschlossenen Untersuchungsgebiet sind die Referenzverteilungen von P_θ und θ vorgegeben. Im einfachsten Fall sind beide Größen horizontal homogen verteilt.
- Die aktuelle θ-Verteilung lässt sich durch eine adiabatische Massenumverteilung aus der Referenzverteilung von θ gewinnen.

7.4 Das PV-Invertierungsprinzip

- Die Randwerte der aktuellen θ-Verteilung sind gegeben.
- Es liegt sowohl hydrostatische als auch *Trägheitsstabilität* bzw. *dynamische Stabilität* vor.

Von großer Bedeutung für die PV-Inversion sind die Eigenschaften der zu invertierenden Differentialgleichungen. Im divergenzfreien barotropen Modell ist dies die Gleichung (6.3) für η_g, während im quasigeostrophischen Modell (7.13) invertiert werden muss. Dabei handelt es sich um Poisson-Gleichungen, für deren Lösungen aufgrund der Linearität der Differentialgleichungen das Superpositionsprinzip gilt. Hieraus ergibt sich ein sehr nützliches Handwerkszeug für die PV-Inversion, denn jetzt ist es möglich, eine gegebene PV-Verteilung in einzelne, auf unterschiedliche Prozesse zurückzuführende Anomalien aufzuteilen und durch Lösen des Invertierungsproblems für jede dieser Anomalien separat deren Einfluss auf die Dynamik zu ermitteln. Dieses Verfahren wird als *stückweise PV-Inversion* bezeichnet. Identifiziert man beispielsweise in einer gegebenen PV-Verteilung eine obere, mittlere und untere PV-Anomalie, wobei die mittlere PV-Anomalie durch diabatische Wolkenprozesse entstanden ist, dann lässt sich mit Hilfe der stückweisen PV-Inversion der allein von den Wolken auf das Windfeld ausgehende Einfluss ermitteln. Robinson (1988) wendete die lineare stückweise PV-Inversion auf die im quasigeostrophischen Modell gültige Gleichung für die pseudopotentielle Vorticity (7.13) an, um dynamische Prozesse in der mittleren Atmosphäre zu analysieren.

Bei der Inversion der Ertel'schen potentiellen Vorticity kann von dem Vorteil der linearen PV-Inversion zunächst kein Gebrauch gemacht werden, denn die hierbei zu lösenden Differentialgleichungen sind nichtlinear, so dass das Superpositionsprinzip nicht mehr gilt. Die jetzt durchzuführende nichtlineare stückweise PV-Inversion stellt ein nicht eindeutig lösbares Problem dar. Um diese Schwierigkeiten zu umgehen, linearisierten Davis und Emanuel (1991) die zu invertierenden Gleichungen. Diese Methode nutzten auch Zhang et al. (2002) zur Analyse der Entwicklung einer *Zyklonenfamilie*, bestehend aus sechs Frontalzyklonen. Fita et al. (2007) verwendeten das Verfahren zum Studium eines im November 2001 aufgetretenen verheerenden Mittelmeersturms.

Die nichtlineare PV-Inversion kann auf verschiedene Weise durchgeführt werden. Häufig wird die von Nielsen (1990) vorgestellte *Subtraction from the Total Methode* verwendet (z. B. Plant et al. 2003, Ahmadi-Givi et al. 2004, Bracegirdle und Gray 2009). Hierbei wird zunächst eine Inversion der gesamten PV-Anomalie vorgenommen. Anschließend wird das PV-Feld um den Anteil einer bestimmten PV-Anomalie (z. B. die diabatisch erzeugte PV-Anomalie) reduziert und wiederum eine PV-Inversion durchgeführt. Die sich dann ergebenden Unterschiede in den Verteilungen der verschiedenen Variablen werden dieser anteiligen PV-Anomalie zugeordnet. Eine andere Möglichkeit der stückweisen PV-Inversion besteht in der *Addition to Mean State Methode* (Davis 1992). Hier wird ähnlich verfahren, nur dient als Ausgangspunkt das Referenzfeld der PV, das zunächst invertiert wird. Danach wird zu diesem Feld ein Anteil der gesamten PV-Anomalie addiert, eine weitere PV-Inversion durchgeführt und die sich dabei ergebenden Differenzen der hinzuaddierten PV-Anomalie zugeordnet. Beide Verfahren zeigen unterschied-

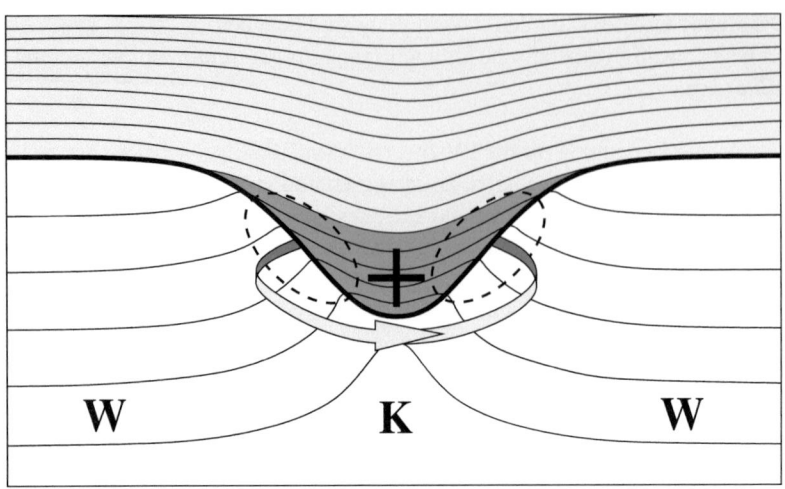

Abb. 7.3 Kreisförmige zyklonale PV-Anomalie in der Tropopausenregion. *Weiße Fläche*: troposphärische PV, *hellgraue Fläche*: stratosphärische PV, *dunkelgraue Fläche*: PV von troposphärischem auf stratosphärischen Wert geändert. *Dicke Linie*: Tropopause, *dünne Linien*: Isentropen, *gestrichelte Ellipsen*: Bereiche mit maximaler zyklonaler Rotation. Nach Hoskins et al. (1985), basierend auf Thorpe (1985)

liche Vor- und Nachteile und können durchaus zu unterschiedlichen Ergebnissen führen, was die Nichteindeutigkeit der nichtlinearen PV-Inversion unterstreicht (s. z. B. Davis 1992, Langguth 2016). Auf die weiteren Einzelheiten der stückweisen PV-Inversion kann hier nicht eingegangen werden, stattdessen wird der Leser auf die spezielle Fachliteratur verwiesen.

Im Folgenden werden zwei idealisierte Beispiele kreisförmiger PV-Anomalien näher diskutiert. Die Aussagen basieren weitgehend auf den Ausführungen von Hoskins et al. (1985). Im ersten Beispiel handelt es sich um eine positive, d. h. zyklonale PV-Anomalie in der Tropopausenregion. Zur Konstruktion der PV-Anomalie wird zunächst eine Referenzverteilung der PV mit einem in der gesamten Troposphäre niedrigen PV-Wert und einem vergleichsweise hohen Wert in der Stratosphäre vorgegeben, wobei die PV-Werte jeweils räumlich konstant sind. Die Referenzverteilung der potentiellen Temperatur ist durch horizontal verlaufende Isentropen gegeben. In der schematischen Abb. 7.3 entsprechen die weiße und die hellgraue Fläche den Bereichen mit troposphärischer und stratosphärischer PV. Zur Erzeugung der zyklonalen PV-Anomalie wird innerhalb der dunkelgrauen Fläche die PV von ihrem ursprünglich troposphärischen Referenzwert auf den stratosphärischen Wert angehoben. In der Abbildung sind qualitativ die aus der PV-Inversion resultierenden Isentropen sowie der Bereich mit maximaler zyklonaler Rotation des horizontalen Winds (gestrichelte Ellipsen) wiedergegeben.

Grundsätzlich könnte man vielleicht annehmen, dass gemäß der Definition (7.8) von P_θ eine PV-Anomalie lediglich in einer Änderung von η_θ bei konstantem Wert von $\partial\theta/\partial p$ oder umgekehrt resultieren könnte. Dies ist jedoch aufgrund der für

7.4 Das PV-Invertierungsprinzip

eine eindeutige PV-Inversion geforderten Formulierung von diagnostischen Verträglichkeitsbedingungen nicht möglich. Legt man beispielsweise der PV-Inversion die Gleichgewichtsbedingungen (7.19) zugrunde, dann muss eine Änderung von η_θ über $\mathbf{v}_g$ und die thermische Windgleichung auch mit einer Änderung von $\nabla_h \theta$ verbunden sein und umgekehrt.

Daher müssen im betrachteten Beispiel zur Aufrechterhaltung des thermischen Windgleichgewichts in den Bereichen, wo durch die zyklonale PV-Anomalie zyklonale Rotation entsteht, auch horizontale Gradienten von θ vorliegen mit der warmen Luft am äußeren Rand des Untersuchungsgebiets. Dies führt in Abb. 7.3 unmittelbar neben der PV-Anomalie zu einer vertikalen Verbiegung der troposphärischen Isentropen nach oben. Weiterhin sind diese Isentropen innerhalb der PV-Anomalie deutlich stärker gedrängt als außerhalb, was einer lokalen Zunahme der hydrostatischen Stabilität entspricht. Somit teilt sich die zyklonale PV-Anomalie auf in eine gleichzeitige Zunahme von zyklonaler Vorticity und hydrostatischer Stabilität. Zu welchen Teilen diese Aufteilung erfolgt, hängt von dem jeweils untersuchten Fall ab und muss anhand der PV-Inversion ermittelt werden. Grundsätzlich gilt jedoch, dass flache und horizontal weit ausgedehnte PV-Anomalien sich eher auf die hydrostatische Stabilität als auf die Vorticity auswirken. Umgekehrtes gilt für PV-Anomalien mit relativ großer vertikaler Erstreckung und geringer horizontaler Ausdehnung.

Unterhalb der zyklonalen PV-Anomalie liegt ebenfalls zyklonale Vorticity vor, die zum Erdboden hin immer geringer wird und in großem Abstand von der PV-Anomalie bzw. an den Rändern des Untersuchungsgebiets in die Referenzwerte übergeht. Dies ist, wie bereits erwähnt, eine direkte Folge der globalen Lösung des PV-Inversionsproblems im gesamten Gebiet. Um jetzt auch in den troposphärischen Bereichen mit relativ zum Referenzzustand höheren η_θ-Werten die vorgegebenen troposphärischen P_θ-Werte beizubehalten, muss dort die hydrostatische Stabilität abnehmen, so dass unterhalb der zyklonalen PV-Anomalie die Vorticity zwar größer, die Stabilität jedoch geringer ist als im Referenzzustand. Analoges gilt für die Stratosphäre. Auch hier muss in den Bereichen oberhalb der PV-Anomalie, in denen die PV-Inversion eine Erhöhung von η_θ liefert, die hydrostatische Stabilität abnehmen. Insgesamt führt dies zu den in Abb. 7.3 skizzierten Änderungen des ursprünglich horizontalen Isentropenverlaufs.

Zusammenfassend lässt sich sagen, dass eine zyklonale PV-Anomalie immer mit der Bildung zyklonaler Vorticity verbunden ist. Diese ist im Bereich der PV-Anomalie am stärksten und wird mit zunehmendem Abstand von ihr immer schwächer. Gleichzeitig ist die hydrostatische Stabilität innerhalb der zyklonalen PV-Anomalie relativ groß, während sie oberhalb und unterhalb davon geringer ist als im Referenzzustand. Für eine antizyklonale (negative) PV-Anomalie ergeben sich die gleichen Ergebnisse, jedoch mit umgekehrtem Vorzeichen. Das bedeutet, dass eine antizyklonale PV-Anomalie immer mit antizyklonaler Vorticity verbunden ist, während gleichzeitig innerhalb des Anomaliebereichs die hydrostatische Stabilität geringer und oberhalb bzw. unterhalb größer als im Referenzzustand ist.

Das nachfolgende zweite idealisierte Beispiel einer kreisförmigen PV-Anomalie zeigt, dass das Konzept der PV-Inversion nicht nur auf PV-Anomalien in der hohen Troposphäre beschränkt ist, sondern sich auch auf Anomalien der potentiellen Temperatur am Ober- und Unterrand des Untersuchungsgebiets ausweiten lässt, was auch als θ-*Anomalie* bezeichnet wird. Als Unterrand wird im weiteren Verlauf der Einfachheit halber der Erdboden verstanden, obwohl es vielleicht angebrachter wäre, hierfür den Oberrand der atmosphärischen Grenzschicht zu wählen. Geht man wie zuvor davon aus, dass die Referenzverteilung von θ durch horizontal verlaufende Isentropen gegeben ist, also auch am Unterrand, dann lässt sich eine positive θ-Anomalie in der Art beschreiben, dass innerhalb des Anomaliebereichs die Isentropen nach unten verbogen sind und dicht gedrängt in einer beliebig dünnen Schicht am Erdboden verlaufen. Somit ist in dieser dünnen Schicht die hydrostatische Stabilität sehr groß, so dass die positive θ-Anomalie auch als eine zyklonale PV-Anomalie interpretiert werden kann, die gemäß der vorangehenden Diskussion zyklonale Rotation induziert.

Umgekehrt verhält es sich wiederum bei einer negativen θ-Anomalie. Hier lässt sich der atmosphärische Referenzzustand in der Art definieren, dass am Erdboden starke hydrostatische Stabilität vorliegt, was einer dichten Isentropendrängung in einer sehr dünnen Schicht gleichkommt. Innerhalb des negativen Anomaliebereichs sind diese Isentropen nach oben gewölbt. Abb. 7.4 zeigt schematisch eine kreisförmige, mit einer negativen θ-Anomalie einhergehende antizyklonale PV-Anomalie am Unterrand des betrachteten Gebiets (dunkelgraue Fläche). Die innerhalb des Anomaliebereichs nach oben verbogenen Isentropen, die einer im Vergleich zum Referenzzustand starken Abnahme der hydrostatischen Stabilität entsprechen, sind gemäß der oben geführten Diskussion mit dem Auftreten antizyklonaler Vorticity verbunden. Innerhalb des gestrichelt umrandeten Gebiets ist die Vorticity betragsmäßig maximal. Oberhalb der PV-Anomalie sind die Isentropen dichter gedrängt als im Referenzzustand. Diese leicht erhöhte Stabilität kompensiert die dort ebenfalls vorliegende antizyklonale Vorticity in der Art, dass in der gesamten Troposphäre (außer im Anomaliegebiet selbst) wiederum die niedrigen Referenzwerte der PV gegeben sind. Wie bei der PV-Anomalie im Tropopausenbereich nimmt auch der Einfluss der θ-Anomalie mit zunehmendem Abstand von der Anomalie immer weiter ab, so dass oberhalb der Tropopause die Atmosphäre nur noch unwesentlich davon beeinflusst wird.

Abschließend zu den hier diskutierten zwei Beispielen wird noch einmal kurz auf die Bedeutung räumlicher Heterogenitäten der PV für die aus der PV-Inversion gewonnenen Verteilungen von horizontalem Wind, Druck und Temperatur eingegangen. Prinzipiell ist davon auszugehen, dass eine PV-Verteilung beliebig feine räumliche Strukturen aufweisen kann, die bis hinab zur molekularen Skala reichen. Diese Feinstrukturen könnten beispielsweise auf sehr kleinskalige räumliche Heterogenitäten der hydrostatischen Stabilität zurückgeführt werden, die ihrerseits durch mikroturbulente Prozesse entstanden sind. Solche hyperfeinen PV-Strukturen spielen jedoch bei der Lösung des Inversionsproblems keine nennenswerte Rolle. Vielmehr sind hierbei nur die großskaligen PV-Strukturen von Bedeutung. Dieser Umstand ergibt sich direkt aus der Tatsache, dass die PV-Inversion ein auf dem gesamten Untersuchungsgebiet global zu lösendes Randwertproblem darstellt, so dass weniger die lokalen, als vielmehr die integralen PV-Eigenschaften innerhalb des Gebiets für das großskalige dynamische Verhalten der Atmosphäre relevant sind.

7.4 Das PV-Invertierungsprinzip

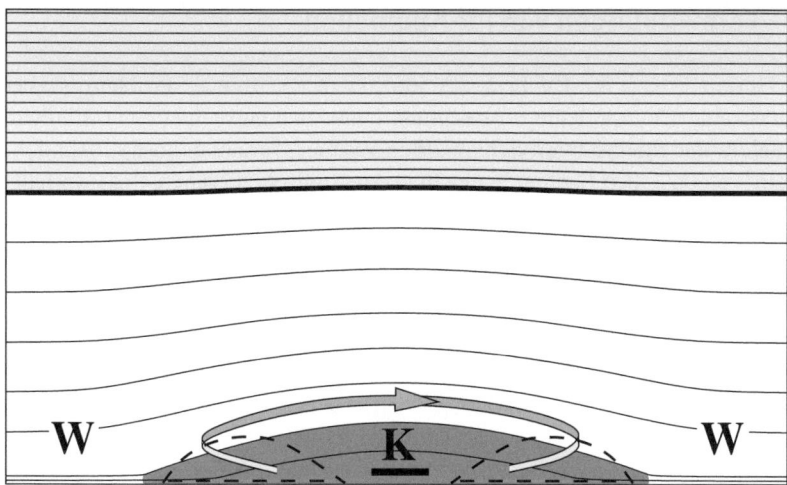

Abb. 7.4 Kreisförmige negative θ-Anomalie am Unterrand des Untersuchungsgebiets. *Weiße Fläche*: troposphärische PV, *hellgraue Fläche*: stratosphärische PV, *dunkelgraue Fläche*: negative θ- bzw. PV-Anomalie. *Dicke Linie*: Tropopause, *dünne Linien*: Isentropen, *gestrichelte Linien*: Bereiche mit maximaler antizyklonaler Rotation. Nach Hoskins et al. (1985), basierend auf Thorpe (1985)

Zur Lösung des PV-Invertierungsproblems muss eine Differentialgleichung gelöst werden, deren Differentialoperator, ähnlich wie der dreidimensionale Laplaceoperator, eine glättende Wirkung hat. Somit spielen bei der Lösung der Differentialgleichung feinskalige PV-Strukturen zur Ermittlung des Strömungsfelds praktisch keine Rolle. Im nächsten Abschnitt wird hierauf noch einmal näher eingegangen.

Ebenso ist leicht einzusehen, dass die oben geschilderte, aus der PV-Erhaltung resultierende Änderung von relativer Vorticity durch Meridionaltransport des Luftvolumens nur auf einer Skala sichtbar wird, auf der die *Corioliskraft* wirksam ist. Schließlich muss beachtet werden, dass die der PV-Inversion zugrundeliegenden Gleichgewichtsbedingungen skalenabhängig sind. Für mesoskalige oder gar noch kleinräumigere Betrachtungen fällt es immer schwerer, physikalisch realistische diagnostische Verträglichkeitsbeziehungen für die gesuchten Zustandsvariablen zu formulieren. Daher stellt das *PV-Denken* vor allem für synoptisch-skalige Untersuchungen eine sehr hilfreiche Bereicherung zur Analyse dynamischer Prozesse dar, während auf kleineren Skalen die hieraus gewonnenen Aussagen zunehmend an Gültigkeit verlieren.

Auf eine tiefergehende Diskussion der PV-Invertierung muss an dieser Stelle verzichtet werden. Stattdessen wird auf die weiterführende Fachliteratur verwiesen, in der umfangreiche Studien zur PV-Inversion zu finden sind (s. z. B. Thorpe 1985, 1986, McIntyre und Norton 2000, Egger 2008, Nielsen-Gammon und Gold 2008, Røsting und Kristjánsson 2012).

7.5 Fernwirkungen von PV-Anomalien

Der Umstand, dass die PV-Inversion ein global zu lösendes Problem ist, bedeutet, dass eine PV-Anomalie im gesamten Untersuchungsgebiet einen Einfluss auf die Felder der thermo-hydrodynamischen Zustandsvariablen ausübt. Ähnlich wie bei einer elektrischen Ladung in einem elektrostatischen Potentialfeld, verhält sich dieser Einfluss umgekehrt proportional zum Abstand von der PV-Anomalie. Daher wird sich eine in der oberen Troposphäre vorliegende PV-Anomalie zwar auf die atmosphärische Strömung in der gesamten darunter liegenden Atmosphäre auswirken, dieser Einfluss wird jedoch mit zunehmendem Abstand von der Anomalie immer geringer.

Mit Hilfe skalenanalytischer Betrachtungen lässt sich zeigen, dass bei vorgegebener horizontaler Größenordnung L einer PV-Anomalie deren vertikaler Einflussbereich H mit wachsender horizontaler Erstreckung der Anomalie zunimmt, wobei auch die Windstärke selbst positiv mit der horizontalen Ausdehnung der PV-Anomalie korreliert ist (s. z. B. Hoskins et al. 1985, Bluestein 1993). Die Größenordnung des vertikalen Einflussbereichs ist gegeben durch $H \sim fL/N$, wobei N die *Brunt-Väisälä Frequenz* ist (s. (4.5)), d. h. H nimmt auch mit abnehmender hydrostatischer Stabilität zu. Hieraus lässt sich leicht abschätzen, dass synoptischskalige PV-Anomalien im Tropopausenniveau mit einer horizontalen Größenordnung von 1000 km sich auf das horizontale Windfeld der gesamten darunter liegenden Troposphäre auswirken. Umgekehrt induzieren kleinräumige PV-Anomalien nur in geringem vertikalen Abstand horizontale Bewegungen, die zudem relativ schwach sind. In der Stratosphäre sind die Auswirkungen der PV-Anomalie wegen der dort vorliegenden hohen hydrostatischen Stabilität nur in den unteren Bereichen zu sehen. Schließlich bestätigt die Skalenanalyse das oben bereits angesprochene Verhalten von PV-Anomalien, dass hyperfeine PV-Strukturen oder eventuell auftretendes Rauschen in PV-Feldern praktisch keinen Einfluss mehr auf das Windfeld ausüben.

Neben den horizontalen Bewegungen (über die geänderte Vorticity) werden durch eine PV-Anomalie auch die Vertikalbewegungen der Luftpartikel beeinflusst. Zur Veranschaulichung dieses Umstands wird wiederum die obere zyklonale PV-Anomalie aus Abb. 7.3 betrachtet. Zunächst stelle man sich eine Situation vor, in der die PV-Anomalie zeitlich konstant und räumlich stationär sei. Wenn in der Abbildung die Grundströmung von links nach rechts verläuft, dann müssen sich die verschiedenen Terme der Vorticitygleichung in der Art kompensieren, dass die aus der stationären PV-Verteilung resultierende relative Vorticity in der gesamten Atmosphäre ebenfalls konstant bleibt. Verwendet man die Vorticitygleichung in der für großskalige Bewegungen gültigen Form (5.27) zusammen mit der Kontinuitätsgleichung (3.30), dann ergibt sich aus der Forderung $\partial \zeta / \partial t = 0$ direkt, dass die Horizontaladvektion von Vorticity durch Vertikalbewegungen kompensiert werden muss in der Art, dass in Abb. 7.3 die Luft unterhalb der linken Seite der PV-Anomalie aufsteigt, während sie unter deren rechter Seite wieder absinkt.

7.5 Fernwirkungen von PV-Anomalien

In dem normalerweise in der Atmosphäre anzutreffenden Fall, dass sich die obere PV-Anomalie schneller als die darunter befindliche Luft bewegt, wird in Abb. 7.3 die niedertroposphärische Luft relativ zur PV-Anomalie von rechts nach links strömen. Jetzt muss zur Aufrechterhaltung zeitlich konstanter Verhältnisse die Luft auf der rechten Seite der PV-Anomalie aufsteigen und an ihrer linken Seite wieder absinken. Dieses Verhalten steht natürlich im Einklang mit dem üblicherweise beobachteten Aufsteigen bzw. Absinken der Luft an der Vorder- bzw. Rückseite eines Trogs. Die Vertikalbewegungen ergeben sich aber auch direkt aus dem Verlauf der Isentropen in Abb. 7.3, entlang denen sich wegen der angenommenen Adiabasie die Luftpartikel bewegen. Insgesamt bleibt festzuhalten, dass die obere PV-Anomalie in der gesamten darunter liegenden Troposphäre nicht nur den Verlauf der Isentropen beeinflusst, sondern auch Vertikalbewegungen induziert, die wegen der Kenntnis der η-Verteilung mit Hilfe der Vorticity- und Kontinuitätsgleichung berechnet werden können.

Hoskins et al. (1985) präsentierten ein eindrucksvolles Beispiel für die durch die Fernwirkung entstehende Wechselwirkung von hoch- und niedertroposphärischen PV-Anomalien. Diese Situation ist schematisch in Abb. 7.5 wiedergegeben. In der oberen Troposphäre befinde sich eine zyklonale PV-Anomalie, die sich dort in einem Höhentief mit relativ niedriger Tropopausenhöhe äußert. Diese PV-Anomalie gelange in einen Bereich mit erhöhter Baroklinität in der unteren Atmosphäre, schematisch dargestellt durch die Grenzfläche zwischen kalter und warmer Luft im oberen Bild. Der barokline Bereich sei zunächst zonal ausgerichtet mit der kalten Luft im Norden. Durch ihre Fernwirkung (gestrichelter Pfeil im oberen Bild) induziert die PV-Anomalie eine zyklonale Zirkulation in der unteren Troposphäre. Dies führt zur *Warmluftadvektion* an der Vorderseite des Höhentrogs. Aufgrund der Erwärmung entsteht im bodennahen Bereich eine niedertroposphärische positive θ-Anomalie, die ihrerseits die Höhenströmung beeinflusst (nach oben gerichteter gestrichelter Pfeil im unteren Bild).

Die durch die θ-Anomalie in der Höhe induzierte zyklonale Zirkulation hat zur Folge, dass an der Vorderseite der oberen PV-Anomalie Luft aus Süden mit niedrigen PV-Werten nach Norden und an der Rückseite Luft aus Norden mit hohen PV-Werten nach Süden geführt wird. Auf diese Weise verlangsamt sich insgesamt die rein advektive Ostwärtsverlagerung der oberen PV-Anomalie, die ansonsten aufgrund der dort herrschenden hohen Windgeschwindigkeiten die untere Anomalie relativ rasch überqueren würde. Somit initiiert die obere PV-Anomalie zunächst in der unteren Troposphäre einen zyklogenetischen Prozess. Die dadurch entstehende untere PV-Anomalie kann unter günstigen Bedingungen über einen längeren Zeitraum eine räumlich konstante *Phasenkopplung*[5] beider Anomalien erzeugen und dadurch eine länger andauernde Wechselwirkung von oberer und unterer PV-Anomalie bewirken, so dass eine weitere Intensivierung der Zyklogenese ermöglicht wird.

Wie bereits erwähnt, sind die meridional zunehmenden P_θ-Werte im Wesentlichen auf die Breitenabhängigkeit des Coriolisparameters zurückzuführen. Daher ist

---

[5] im Englischen auch als *Phase-Locking* bezeichnet.

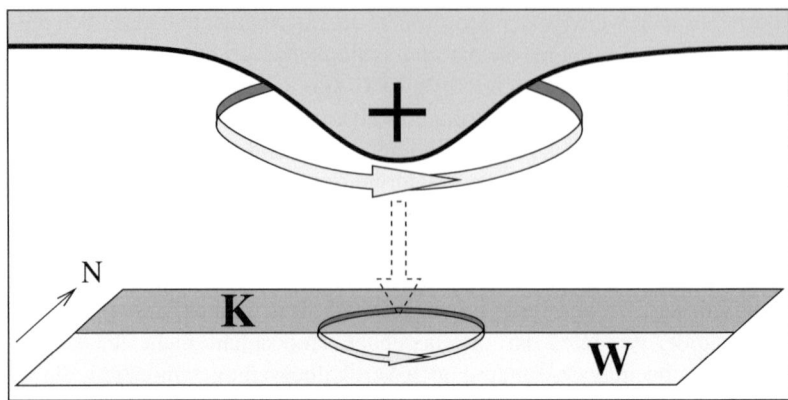

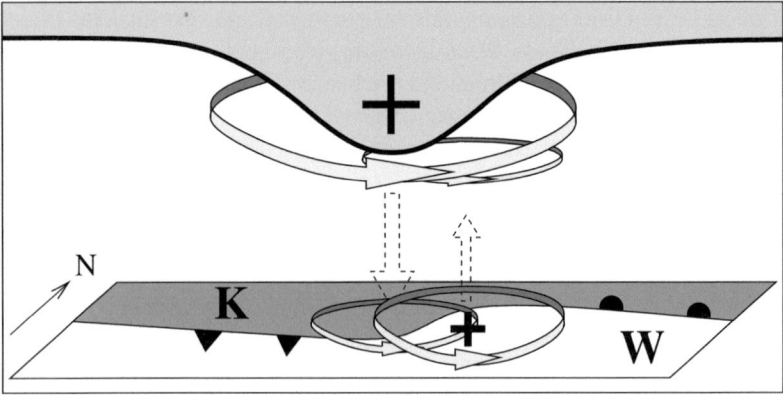

Abb. 7.5 Zyklogenese, ausgelöst durch eine zyklonale PV-Anomalie in der oberen Troposphäre. Nach Hoskins et al. (1985)

die aus Horizontaladvektion von hohen P_θ-Werten im Norden und niedrigen P_θ-Werten im Süden resultierende verlangsamte Verlagerung der oberen PV-Anomalie gleichbedeutend mit dem später noch eingehend diskutierten β-*Effekt* (s. Kap. 9).

An der Trogvorderseite einsetzende Hebungsprozesse sorgen durch die mit der Wolkenbildung verbundene Freisetzung latenter Wärme für ein Absenken der Isentropen in der mittleren Troposphäre. Hierdurch entsteht PV in der unteren Troposphäre, was zu einer erheblichen Intensivierung der Zyklogenese in diesem Bereich beitragen kann. In der oberen Troposphäre hingegen nimmt die PV ab, so dass hier das antizyklonale Auseinanderströmen der Luft verstärkt wird. Auf diese Weise bewirkt die mit Wolkenprozessen einhergehende vertikale Umverteilung der PV ebenfalls eine Verlangsamung der Ostwärtsverlagerung des Höhentrogs.

In der deutschsprachigen Literatur taucht immer wieder der Begriff des *Kaltlufttropfens* auf, wobei die Definition dieses Phänomens jedoch nicht immer eindeutig erscheint. Streng genommen handelt es sich bei einem Kaltlufttropfen um ein kaltes

7.5 Fernwirkungen von PV-Anomalien

Höhentief mit geschlossenen Isohypsen, das beispielsweise bei einem Cutoff-Prozess entstanden ist.[6] Zur Definition des Kaltlufttropfens gehört zusätzlich, dass im Bodendruckfeld keine geschlossenen Isobaren vorliegen. Da ein Kaltlufttropfen mit einer zyklonalen oberen PV-Anomalie verbunden ist, wird aufgrund der Fernwirkung der PV-Anomalie jedoch eine zyklonal geprägte Strömung im bodennahen Bereich induziert, die gegebenenfalls auch einmal geschlossene Isobaren aufweisen kann. Aus der Sicht des PV-Denkens erscheint es daher sinnvoller, dann von einem Kaltlufttropfen zu sprechen, wenn die bodennahe zyklonale Strömung in erster Linie auf die obere PV-Anomalie zurückzuführen ist, unabhängig davon, ob die Isobaren geschlossen sind oder nicht.

Betrachtet man das in Abb. 7.5 dargestellte Beispiel einer Kopplung von oberer und unterer PV-Anomalie, dann wird unmittelbar klar, dass es sich hierbei nicht um einen Kaltlufttropfen, sondern allenfalls um ein hochreichendes Tief handelt. Hieraus lässt sich schließen, dass Kaltlufttropfen vornehmlich in Gebieten mit geringer Baroklinität im bodennahen Bereich anzutreffen sind, so dass die eventuell damit einhergehenden Bodentiefs relativ schwach ausgeprägt sind und vor allem auch keine Fronten aufweisen.

---

[6] Eine andere häufig beobachtete Möglichkeit, wie ein Kaltlufttropfen entstehen kann, ist die *Zyklolyse*, bei der durch Reibungsprozesse sich ein zunächst hochreichendes Tief vom Boden her aufzufüllen beginnt (s. Abschn. 10.1).

Die globale Zirkulation   8

Die von der Erde absorbierte solare Strahlungsenergie stellt den Antrieb aller Bewegungen in der Atmosphäre, aber auch in den Ozeanen dar. Durch die am Äquator maximale Sonneneinstrahlung entsteht dort ein Energieüberschuss, während an den Polen wegen der dort minimalen Sonneneinstrahlung ein Energiedefizit vorherrscht (s. z. B. Zdunkowski et al. 2007). Diese räumlich stark heterogene Energiezufuhr würde zu einer unrealistischen meridionalen Temperaturverteilung mit extrem warmen Äquatorbereichen und extrem kalten polaren Regionen führen, wenn nicht gleichzeitig ein meridionaler Energietransport vom Äquator zu den Polen hin stattfände.

Die Erkenntnis, dass überschüssige Energie aus äquatorialen Bereichen zu meridionalen atmosphärischen Strömungen führt, reicht bereits bis ins 17. Jahrhundert zurück, als man versuchte, die Ursache der *Passatwinde*, die im Englischen auch als *Trade Winds*[1] bezeichnet werden, zu klären (Halley 1686). Während die von Halley vorgestellten Erklärungsversuche für das Entstehen der Trade Winds bezüglich deren Meridionalkomponente damals akzeptiert wurden, gelang es erst Hadley im 18. Jahrhundert, die zonale Komponente der Winde auf ihre wahre Ursache, nämlich die Rotationsbewegung der Erde, zurückzuführen (Hadley 1735).[2]

Die damaligen Vorstellungen beruhten noch auf der Annahme, dass die *meridionale Zirkulation* sich als eine einzige Zelle vom Äquator bis zu den Polen erstreckt. Es dauerte noch bis zur Mitte des 20. Jahrhunderts, bevor ein realistischeres Bild des weitaus komplexeren *planetarischen Zirkulationssystems* der Erde gewonnen wurde. Hierbei spricht man auch von der *globalen* oder der *allgemeinen Zirkulation*. In diesem Zusammenhang sind vor allem die herausragenden Forschungsarbeiten von H. Flohn und S. Petterssen zu nennen. Näheres zur historischen Entwicklung der Klimatologie kann in zahlreichen Lehrbüchern nachgelesen werden (z. B. Blüthgen und Weischet 1980, Glaser und Walsh 1991, Dupigny-Giroux und Mock 2009). Ei-

---

[1] Der Name Trade Winds, d. h. Handelswinde, rührt daher, dass diese Winde wegen ihrer Persistenz früher für den Seehandel außerordentlich wichtig waren.
[2] Zu diesem Zeitpunkt war Gaspard-Gustave Coriolis, der spätere Entdecker der nach ihm benannten *Corioliskraft*, noch nicht geboren.

© Der/die Autor(en), exklusiv lizenziert an Springer-Verlag GmbH, DE, ein Teil von Springer Nature 2023
A. Bott, *Synoptische Meteorologie*, https://doi.org/10.1007/978-3-662-67217-4_8

nige interessante Anmerkungen zu diesem Thema sind auch in Lorenz (1991) zu finden.

8.1 Thermisch direkte und indirekte Zirkulation

Durch die differentielle Erwärmung der Erde entstehen in der Atmosphäre Zirkulationssysteme, die als *thermisch direkte Zirkulation* bezeichnet werden. Die thermisch direkte Zirkulation ist nicht nur auf der globalen, sondern auch auf vielen anderen Skalen bis hin zu kleinräumigen Bewegungen, wie z. B. der *Land-Seewind Zirkulation*, von herausragender Bedeutung und wird deshalb im Folgenden näher veranschaulicht.

Den Ausgangspunkt der Betrachtungen bilden zwei nebeneinander liegende Luftsäulen mit zunächst gleichen räumlichen Verteilungen der thermodynamischen Zustandsvariablen Luftdruck, Temperatur und Dichte. Die vertikale Druckverteilung sei hydrostatisch, d. h. an jedem Punkt hängt der Luftdruck allein von der darüber befindlichen Luftmasse ab. Durch differentielle Wärmezufuhr werde ein Temperaturgefälle von der rechten zur linken Luftsäule hin erzeugt. Auf diese Weise entwickelt sich im betrachteten Gebiet aus der anfänglich barotropen Situation eine zunehmend barokline atmosphärische Schichtung. Der Einfachheit halber wird angenommen, dass die rechte Luftsäule erwärmt wird.[3] Aufgrund der Gültigkeit der *idealen Gasgleichung* verringert sich die Dichte der erwärmten Luft, bzw. erhöht sich ihr spezifisches Volumen. Die damit verbundene vertikale Ausdehnung führt zu einer Anhebung der Isobaren in der erwärmten Luftsäule. In der Höhe bildet sich dadurch ein Druckgefälle vom warmen zum kalten Bereich hin (s. linkes Bild von Abb. 8.1).

Der in der Höhe entstandene horizontale Druckgradient induziert dort einen Massenfluss aus dem Warm- in den Kaltluftbereich hinein. Die daraus resultierende Massenerhöhung in der kalten Luftsäule bewirkt in deren unteren Schichten einen Anstieg des hydrostatischen Drucks. Gleichzeitig liefert der Massenabfluss aus

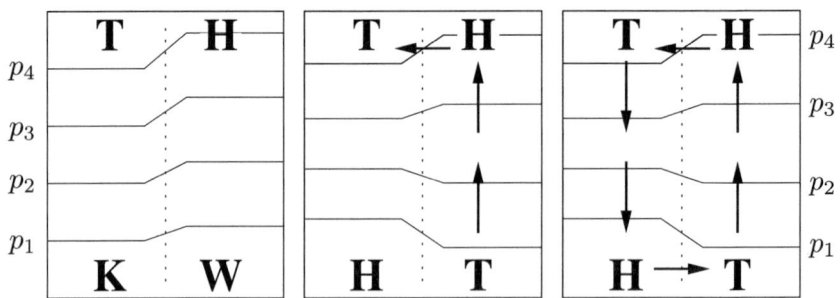

Abb. 8.1 Thermisch direkte Zirkulation. *Durchgezogene Linien*: Isobaren mit $p_i < p_{i-1}$

---

[3] Die gleichen Effekte ergeben sich natürlich auch, wenn die linke Luftsäule gegenüber der rechten abgekühlt wird.

der warmen Luftsäule einen Druckfall in deren unterem Bereich. Auf diese Weise entsteht in Bodennähe ein von der kalten zur warmen Luft hin gerichtetes Druckgefälle (mittleres Bild), das seinerseits einen horizontalen Massenfluss in den unteren Warmluftbereich hinein auslöst. Die hierdurch induzierten Absinkbewegungen in der kalten Luftsäule vervollständigen das Bild der thermisch direkten Zirkulation (rechtes Bild).

Durch das Aufsteigen warmer und das Absinken kalter Luft wird insgesamt der Schwerpunkt des Systems abgesenkt. Dabei verliert das System einen Teil seiner potentiellen Energie. Dieser Anteil der potentiellen Energie wird in kinetische Energie umgewandelt. Mit Hilfe eines ähnlichen Gedankenexperiments stellte Margules (1903, 1906) bereits fest, dass zum Erreichen eines endgültigen Gleichgewichtszustands des Systems ein bestimmter Anteil der *totalen potentiellen Energie*, die definiert ist als die Summe von potentieller und innerer Energie, in kinetische Energie umgewandelt wird. Der maximale Anteil totaler potentieller Energie, der in kinetische Energie umgewandelt werden kann, wird nach Lorenz (1955) auch als *verfügbare potentielle Energie* bezeichnet. Für globale Energieabschätzungen beträgt die verfügbare potentielle Energie deutlich weniger als 1 % der totalen potentiellen Energie der Atmosphäre (Pichler 1997, Holton 2004, s. hierzu auch Abschn. 9.5).

Neben thermisch direkten werden in der Atmosphäre auch häufig *thermisch indirekte Zirkulationssysteme* beobachtet. In diesem Fall sinkt warme Luft relativ zur kalten Luft ab. Im Gegensatz zur spontan ablaufenden thermisch direkten Zirkulation müssen bei der Bildung eines thermisch indirekten Zirkulationssystems zusätzliche Antriebe vorliegen, die das System weiter vom Gleichgewichtszustand entfernen. Wie später noch eingehend diskutiert wird, handelt es sich hierbei um dynamisch bedingte Ursachen, die in bestimmten Strömungssituationen auftreten können und eine thermisch indirekte Zirkulation auslösen bzw. aufrecht erhalten.

Eine mathematisch leicht zugängliche Betrachtung der thermischen Zirkulation erfolgt mit Hilfe des *Bjerknes'schen Zirkulationstheorems* (Bjerknes 1898). Die Zirkulation C der Relativbewegung $\mathbf{v}$ ist definiert als das Linienintegral von $\mathbf{v}$ über eine geschlossene Kurve Γ, die eine *materielle Fläche S* umschließt[4]

$$C = \oint_\Gamma \mathbf{v} \cdot d\mathbf{r} = \int_S \nabla \times \mathbf{v} \cdot d\mathbf{S} \tag{8.1}$$

Das Oberflächenintegral auf der rechten Seite dieser Gleichung entsteht durch Anwendung des *Integralsatzes von Stokes*, wobei die Kurve Γ den Rand der Fläche S darstellt. Integriert man die Bewegungsgleichung (3.43) unter Vernachlässigung von Reibungsprozessen über eine beliebige geschlossene Kurve Γ, dann erhält man

---

[4] Eine materielle Fläche ist definiert als eine Fläche, die immer aus den gleichen Partikeln besteht (s. auch Abschn. 11.1).

das Bjerknes'sche Zirkulationstheorem in der Form[5]

$$\frac{dC}{dt} + 2\Omega \frac{dS_E}{dt} = -\oint_\Gamma \frac{1}{\rho} \nabla p \cdot d\mathbf{r} \tag{8.2}$$

Die in dieser Gleichung auftauchende Größe S_E stellt die Projektion der betrachteten materiellen Fläche S in die Äquatorebene dar. Individuelle zeitliche Änderungen von S_E entstehen bei meridionalen Bewegungen von S. Ignoriert man diese Vorgänge, dann ergeben sich individuelle zeitliche Änderungen der Zirkulation, wenn der auf der rechten Seite von (8.2) stehende Term ungleich null ist. Dieser auch als *Solenoidterm* bezeichnete Ausdruck lässt sich schreiben als

$$-\oint_\Gamma \frac{1}{\rho} \nabla p \cdot d\mathbf{r} = -\int_S \nabla \times \left(\frac{1}{\rho} \nabla p\right) \cdot d\mathbf{S} = \int_S \frac{1}{\rho^2} \nabla \rho \times \nabla p \cdot d\mathbf{S} \tag{8.3}$$

Hieraus kann man direkt sehen, dass individuelle zeitliche Änderungen der Zirkulation nur in einer baroklinen Atmosphäre erfolgen können, in der gemäß (4.7) $\nabla \rho \times \nabla p \neq 0$. In dem Zusammenhang spricht man von thermisch direkter Zirkulation, wenn $dC/dt > 0$, und im umgekehrten Fall von thermisch indirekter Zirkulation. Wendet man diese Feststellungen auf die oben geschilderte thermisch direkte Zirkulation an, dann wird unmittelbar klar, dass die durch die Erwärmung entstehende Neigung der *Isopyknen* gegenüber den Isobaren *Baroklinität* erzeugt, die ihrerseits die vertikale Zirkulation in Gang setzt.

8.2 Vereinfachtes Schema der globalen Zirkulation

Die wichtigsten, das globale atmosphärische Zirkulationssystem prägenden Faktoren sind:

- Die Erde ist ein rotierender Körper.
- Die Neigung der Rotationsachse der Erde gegen die Sonneneinstrahlung ist einem jahreszeitlichen Wechsel unterworfen.
- Die Erde besitzt eine inhomogene Verteilung von Land- und Wasserflächen.
- Auf den Kontinenten befinden sich verschiedenartige makroskalige Gebirgsstrukturen.
- Der gesamte Drehimpuls des Systems Erde-Atmosphäre bleibt erhalten.

Diese Eigenschaften der Erde genügen bereits, um eine erste grobe Abschätzung der großräumigen Zirkulationsmuster zu erhalten, wie sie im Folgenden vorgestellt wird. Um komplexere klimatologische Fragestellungen klären zu können, müsste allerdings eine weitaus detailliertere Betrachtungsweise erfolgen. Dies ist jedoch nicht Gegenstand der hier geführten Diskussion. Stattdessen wird auf die

---

[5] Für eine detaillierte Herleitung dieser Gleichung s. z. B. Zdunkowski und Bott (2003).

8.2 Vereinfachtes Schema der globalen Zirkulation

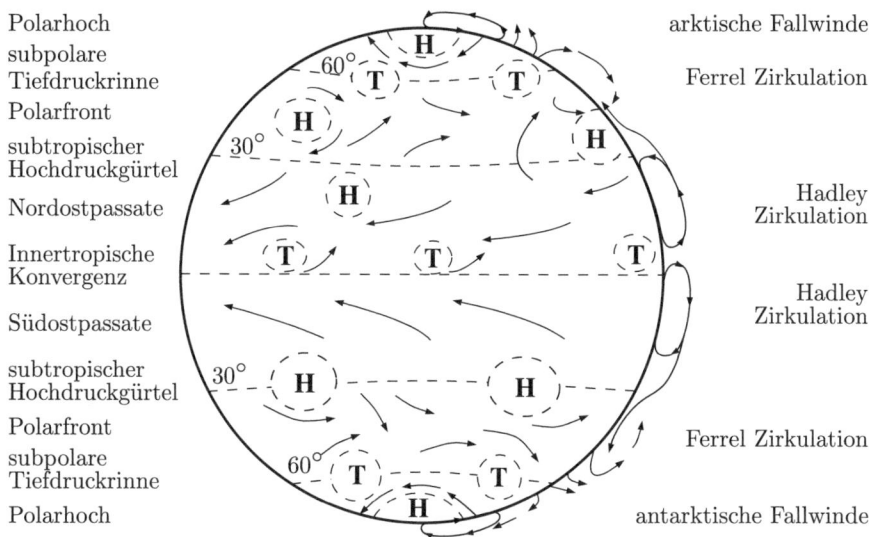

Abb. 8.2 Globale Verteilung der großräumigen Zirkulationssysteme. Nach Spektrum Akademischer Verlag (https://www.wissenschaft-online.de)

entsprechende Fachliteratur verwiesen, wie z. B. Palmén und Newton (1969), Budyko (1974), Riehl (1979), Houghton (1984), Monin (1986), Peixoto und Oort (1992), Hartmann (1994), Bridgman und Oliver (2006).

In Abb. 8.2 ist das planetarische Zirkulationssystem schematisch wiedergegeben. Dieses lässt sich für jede Hemisphäre in drei großskalige Zirkulationszellen unterteilen und wird im Folgenden für die Nordhemisphäre näher erläutert. Analoge Betrachtungen gelten dann jeweils auch für die Südhemisphäre. In den Tropen bildet sich eine relativ ungestörte thermisch direkte Zirkulation aus, die auch als *Hadley-Zirkulation* bzw. *Hadley-Zelle* bezeichnet wird. Aufgrund der starken solaren Einstrahlung entstehen im äquatorialen Bereich Aufstiegsbewegungen, die mit intensiven konvektiven Aktivitäten verbunden sind und mächtige, teilweise bis in die untere Stratosphäre reichende *Cumulonimben* bilden. Diese das Wettergeschehen des gesamten tropischen Bereichs dominierenden *Hot Tower* sind die Ursache für die in den Tropen regelmäßig auftretenden heftigen Regenfälle, die wegen des zwischen den Wendekreisen möglichen senkrechten Sonnenstands auch als *Zenitalregen* bezeichnet werden.

In der oberen Troposphäre strömt die aufgestiegene Luft polwärts und kühlt sich dabei ab. Gleichzeitig wird die Höhenströmung durch die Corioliskraft nach Osten abgelenkt. In einer geographischen Breite von etwa 30°N sinkt ein Teil der Luft wieder ab und strömt im bodennahen Bereich nach Süden zurück, wobei jetzt die Corioliskraft eine westliche Ablenkung bewirkt. Hierbei handelt es sich um die *Nordost-* und *Südostpassate* auf der Nord- und Südhalbkugel.

Die südlichen und nördlichen Passatwinde treffen in der *innertropischen Konvergenzzone* (ITCZ: intertropical convergence zone) zusammen (s. Abb. 8.2). Da sich die ITCZ im Nordsommer nach Norden verlagert, werden die Südostpassate beim Überschreiten des Äquators durch die Corioliskraft nicht mehr nach Westen, sondern nach Osten abgelenkt. Passatwinde, die jahreszeitlich bedingt ihre Richtung ändern, werden auch als *Monsun* bezeichnet. Eine genauere Definition der Monsune fordert, dass die Winde zwischen Januar und Juli ihre mittlere Richtung um mindestens 120° drehen müssen, die mittlere Windrichtung in mehr als 60 % der Zeit vorherrschen muss und die Windstärke mindestens $3\,\text{m}\,\text{s}^{-1}$ beträgt. Diese Definition wird nach Chromov und Ramage auch als *Chromov-Ramage Monsunkriterium* bezeichnet (Chromov 1957, Ramage 1971).

Das größte und zugleich bedeutendste Monsungebiet erstreckt sich von Westafrika über den nördlichen Teil des Indischen Ozeans, den indischen Subkontinent und Südostasien bis nach Nordaustralien. Zusätzlich existiert über Mittelamerika ein weiteres Monsungebiet. Von den verschiedenen Monsunsystemen (*Afrikanischer*, *Amerikanischer*, *Ostasiatischer*, *Australischer*, *Indischer Monsun*) ist der Indische Monsun am stärksten ausgeprägt. Durch Anströmung der großen Gebirgsketten des Himalaya führt er in deren Luv im Sommer zu extrem starken Niederschlägen, dem *Monsunregen*. In Indien befinden sich die Stationen mit den weltweit höchsten Niederschlagsmengen von teilweise mehr als 10 000 mm pro Jahr.

In den Absinkgebieten der Hadley-Zelle ist die Windgeschwindigkeit sehr gering. Diese auch als *Rossbreiten* benannten Zonen stellten früher ein großes Problem in der Seefahrt dar. Ihr Name rührt daher, dass bei Atlantiküberquerungen wegen der ausbleibenden Winde das Trinkwasser auf den Schiffen ausging und die mitgeführten Pferde geschlachtet werden mussten. Dieser Bereich wird auch als der *subtropische Hochdruckgürtel* bezeichnet. Hier liegen die großen *quasistationären Hochdruckgebiete*, wie das *Azorenhoch*, das *Bermudahoch* oder das *Pazifische Hoch*.

An die Hadley-Zelle schließt sich in den mittleren Breiten die *Ferrel-Zelle* an (30–70°N). Dieses nach dem amerikanischen Meteorologen William Ferrel benannte Zirkulationssystem ist, verglichen mit der Hadley-Zirkulation, sehr unbeständig. Nur im Mittel folgt die Luftströmung einem großräumigen Muster, das als *Ferrel-Zirkulation* bezeichnet wird. Die Grundlage der Zirkulation bilden nach Norden gerichtete Winde in der unteren Troposphäre, die aus den subtropischen Absinkgebieten der Hadleyzelle stammen. Auf ihrem Weg nach Norden wird die Luft durch die Corioliskraft nach Osten abgelenkt, weshalb die mittleren Breiten auch als *Westwindzone* bezeichnet werden. In einer geographischen Breite von 60°N steigt die relativ warme und feuchte Luft auf. Ein Teil dieser Luft wird in der Höhe wieder nach Süden geführt, wo sie mit der nach Norden gelangenden Höhenluft aus der Hadley-Zelle zusammentrifft. Auch die nach Süden strömende Höhenluft aus der Ferrel-Zelle wird durch die Corioliskraft in westliche Richtung abgelenkt. Aufgrund der im Vergleich zu den Tropen hohen atmosphärischen Baroklinität der mittleren Breiten ist dort das Wettergeschehen oft sehr unbeständig und überdeckt mehr oder weniger vollständig die Ferrel-Zirkulation, so dass diese nur noch schwer erkennbar ist.

8.2 Vereinfachtes Schema der globalen Zirkulation

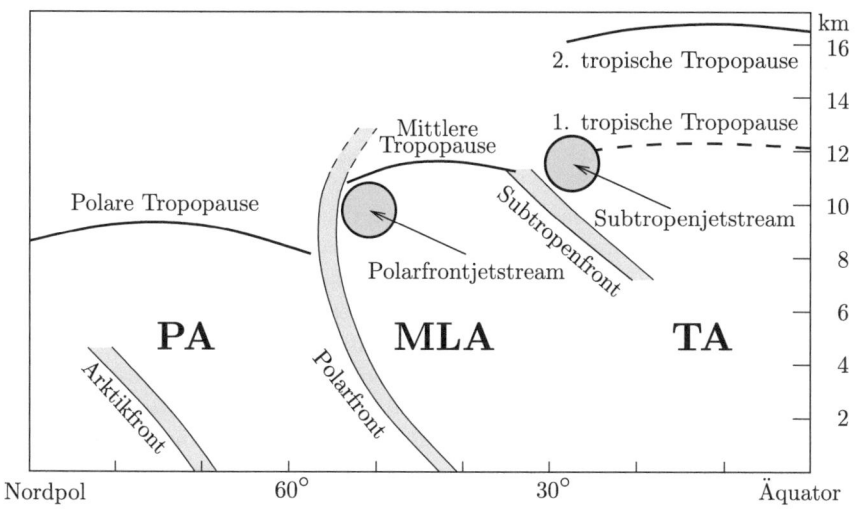

Abb. 8.3 Verteilung der drei Hauptluftmassen, der Frontalzonen, der Jetstreams und der Tropopausen. Nach Palmén und Newton (1969)

Über den Polargebieten befindet sich die *polare Zirkulationszelle*. Hierbei handelt es sich genau wie bei der Hadley-Zelle um ein thermisch direktes Zirkulationssystem. Der Teil der in 60°N aufsteigenden Luft der Ferrel-Zelle, der nicht innerhalb der Zelle nach Süden zurückströmt, gelangt in der oberen Troposphäre nach Norden. Über den arktischen Eisflächen wird die Luft extrem stark abgekühlt, sinkt ab und strömt in der unteren Atmosphäre wieder nach Süden. Aufgrund der *Coriolisablenkung* nach Westen entstehen die *polaren Ostwinde*, die vor allem in Grönland und der Antarktis als extrem starke *katabatische Winde* auftreten können. Durch die Absinkbewegung bildet sich über den Polen ein Bodenhoch, während in der oberen Atmosphäre ein Höhentief liegt, das auch als *polarer Wirbel* bezeichnet wird. Auf ihrem Weg nach Süden erwärmt sich die arktische Luft zunehmend, bis sie in der *subpolaren Tiefdruckrinne* mit Luft aus den mittleren Breiten zusammentrifft, wieder aufsteigt und in der Höhe zu den Polen zurückströmt.

Die drei Zirkulationszellen (Hadley-Zelle, Ferrel-Zelle, polare Zelle) veranlassten Palmén und Newton (1969) dazu, die troposphärische Luft in jeder Hemisphäre in drei unterschiedliche *Luftmassen* zu unterteilen, die sie als *tropische Luft* (tropical air, TA), *gemäßigte Luft* (mid-latitude air, MLA) und *Polarluft* (polar air, PA) bezeichneten. Die meridionale Verteilung dieser Luftmassen ist schematisch in Abb. 8.3 wiedergegeben. In diesem Zusammenhang versteht man unter einer Luftmasse eine über einen großskaligen Bereich verteilte Luftmenge mit weitgehend einheitlichen thermodynamischen Eigenschaften.

Der Übergangsbereich zwischen zwei Luftmassen ist charakterisiert durch die räumlich starke Änderung von mindestens einer thermodynamischen Zustandsvariablen, wie z. B. der Temperatur oder spezifischen Feuchte. Dieser Bereich wird als *Frontalzone* bezeichnet. Die hemisphärischen Verteilungen verschiedener Frontalzonen der Temperatur sind ebenfalls in der Abbildung eingezeichnet. Schließlich findet man noch die unterschiedlichen Lagen der *Tropopausen* sowie die Positionen des *Polarfrontjetstreams* und des *Subtropenjetstreams*. Die in der Abbildung dargestellte Situation gilt vor allem im Winter, wenn die Temperaturunterschiede zwischen Norden und Süden am stärksten ausgeprägt sind. Diese können dann in Bodennähe mehr als 20 °C betragen, während sie sich im Sommer zwischen 5–10 °C bewegen. Weiterhin verläuft die Polarfront im Winter etwa 20–30° weiter im Süden als im Sommer (s. hierzu auch Abschn. 8.3).

Aus Abb. 8.3 ist zu sehen, dass sich in den drei Hauptluftmassengebieten die Tropopause in jeweils sehr unterschiedlichen Höhen befindet mit den niedrigsten Werten von etwa 9 km im polaren Gebiet, 11 km im gemäßigten Bereich und mehr als 16 km in den Tropen. Hierbei wurde die Tropopause über die thermischen Eigenschaften der darunter und darüber liegenden Luft definiert (*thermische Definition der Tropopause*).[6] Nach Vorgabe der *WMO* (1995) bezeichnet die Tropopause die Obergrenze der Troposphäre. Die *erste Tropopause* ist definiert als das unterste Niveau einer mindestens 2 km dicken Schicht, in der die Temperatur vertikal um weniger als 2 °C km^{-1} abnimmt. Wenn oberhalb der ersten Tropopause innerhalb einer 1 km dicken Schicht die Temperaturabnahme zwischen zwei beliebigen Niveaus 3 °C km^{-1} übersteigt, dann wird eine *zweite Tropopause* nach den gleichen Kriterien wie die erste Tropopause definiert. Die zweite Tropopause kann sowohl innerhalb als auch oberhalb dieser 1 km dicken Schicht liegen.

In Abb. 8.3 ist zwischen dem Äquator und dem Subtropenjetstream die erste Tropopause etwa in 12 km Höhe eingezeichnet. In diesem Niveau wird erstmals eine deutliche Zunahme der atmosphärischen Stabilität beobachtet. Weiterhin befinden sich hier die stärksten meridionalen Winde der Hadley-Zirkulation. Aus der Abbildung erkennt man ebenfalls eine sprunghafte Änderung der Tropopausenhöhe an den Frontalzonen. Dieser *Tropopausenbruch* (oder auch *Tropopausensprung*) ist von besonderer Bedeutung für den Luftmassenaustausch zwischen Troposphäre und Stratosphäre (s. auch Abschn. 11.2).

In den Polargebieten ist die Luft am stabilsten geschichtet mit vertikalen Temperaturabnahmen von −6 °C km^{-1} in der mittleren Troposphäre. An der Tropopause herrscht eine Temperatur von etwa −50 °C. Im bodennahen Bereich ist die Atmosphäre oft isotherm geschichtet oder gar eine Inversion zu beobachten, was zu einer starken Einschränkung der vertikalen Durchmischung führt. Dies ist auf die im Polarhoch stattfindenden Absinkbewegungen sowie auf die infrarote Strahlungsemission der polaren Gebiete zurückzuführen, die besonders im Winter über Schnee und Meereis sehr deutlich ausgeprägt sein kann. Im Sommer verhindern Schmelzvorgänge eine stärkere Erwärmung des Untergrunds, so dass die Polarluft auch in dieser Jahreszeit kalt bleibt. Wegen ihrer geringen Temperatur ist die Polarluft nicht imstande, große Mengen an Wasserdampf aufzunehmen. Da auch die Aerosolkonzentrationen in dieser Region sehr gering sind, ist die Sicht meistens extrem gut.

---

[6] Eine alternative Definition der Tropopause über die dynamischen Eigenschaften der darunter und darüber liegenden Luft wurde bereits in Abschn. 7.2 eingeführt.

Die gemäßigte Luft mittlerer Breiten ist thermodynamisch viel uneinheitlicher als die der Polargebiete oder der Tropen, da sie durch Vertikalbewegungen in den wandernden Druckgebilden und durch horizontalen Transport ständigen Änderungen unterworfen ist. Die mittlere vertikale Temperaturabnahme beträgt hier $-7\,°C\,km^{-1}$ mit einer Tropopausentemperatur von $-55\,°C$.

Die tropische Luft ist am wärmsten und gleichzeitig am wenigsten stabil geschichtet. In den untersten 12 km der Atmosphäre betragen die vertikalen Temperaturabnahmen bis zu $-8\,°C\,km^{-1}$, d. h. es liegt eine *bedingt instabile Schichtung* vor. Die Tropopausentemperatur beträgt im Sommer etwa $-70\,°C$ und im Winter $-80\,°C$. Demnach ist die tropische Tropopausentemperatur deutlich niedriger als die Temperatur der unteren Stratosphäre in den Polargebieten. Durch die starke Verdunstung über den Ozeanen ist die Luft im bodennahen Bereich zusätzlich sehr feucht. Im aufsteigenden Ast der Hadley-Zelle bilden sich daher die oben bereits erwähnten sehr hochreichenden Cumulonimben. Im Bereich der Subtropenfront ist die absinkende Luft hingegen sehr trocken und wird in etwa 1–2 km Höhe durch die *Passatinversion* von der feuchten Bodenluft getrennt. Hier bilden sich häufig sehr ausgedehnte und zeitlich persistente *Stratus* oder *Stratocumulus* Wolkenfelder.

Die drei Hauptluftmassen sind nur schwach baroklin oder gar barotrop, während die zwischen ihnen liegenden Frontalzonen durch hohe Baroklinität charakterisiert sind. Im Norden ist dies die *Polarfront*, im Süden die *Subtropenfront*. Wegen der in den Frontalzonen auftretenden horizontalen Temperaturgradienten von mehr als $1\,°C$ pro 100 km spricht man hierbei auch von *hyperbaroklinen Zonen*. Diese *Hyperbaroklinität* ist mit einer starken vertikalen Zunahme des geostrophischen Winds verbunden. Der bereits in Abschn. 4.5 ausführlich diskutierte *thermische Wind* erzeugt im Tropopausenniveau den Polarfront- und den Subtropenjetstream (s. Abb. 8.3). Während an der Polarfront der Jetstream ausschließlich durch die dort vorliegende Hyperbaroklinität angetrieben wird, ist an der Subtropenfront in erster Linie der mit der Hadley-Zirkulation verbundene Meridionaltransport von Drehimpuls für die Aufrechterhaltung des Subtropenjetstreams verantwortlich. Im nächsten Abschnitt werden die charakteristischen Eigenschaften der Jetstreams näher erörtert.

Die Absinkbewegungen in der Hadley-Zelle sind mit Divergenzen des horizontalen Winds in der unteren Troposphäre verbunden, die ihrerseits dazu führen, dass die Subtropenfront im bodennahen Bereich nur schwach ausgeprägt bzw. oft gar nicht zu erkennen ist (s. Abb. 8.3). Im oberen Bereich findet hingegen Konvergenz der tropischen und gemäßigten Luftmassen statt, so dass hier die Subtropenfront deutlich auszumachen ist. Bei der Polarfront verhält es sich anders. Hier kommt es insbesondere im bodennahen Bereich zu Konvergenzen von polarer und gemäßigter Luft, die mitunter zu einer sehr scharfen Ausprägung der Polarfront führen. Im Bereich von *Zyklonen* wird dieses Verhalten durch die erhöhte Konvergenz des Horizontalwinds weiter verstärkt, so dass sehr scharfe linienhafte Bodenfronten entstehen können. Umgekehrt ist in Hochdruckgebieten wegen der dort vorherrschenden Divergenz die Polarfront weniger deutlich ausgeprägt.

In polnahen Gebieten existiert im Winter manchmal noch eine zweite Frontalzone, die *Arktikfront* (s. Abb. 8.3). Sie trennt extrem kalte Luft der Polgebiete von der etwas wärmeren Luft südlich davon. Diese Front wird in erster Linie durch die *thermische Strahlungsemission* der Erdoberfläche beeinflusst, so dass ihr Verlauf häufig durch orographische Gegebenheiten, wie die Küstenlinien der schneebedeckten Landoberflächen oder die Packeisgrenze geprägt wird.[7] In der Regel beschränkt sich die Arktikfront jedoch auf den bodennahen Bereich und ist in höheren Schichten nicht mehr auszumachen, so dass ihre Wetterwirksamkeit deutlich geringer ist als die der Polarfront.

Abschließend folgen noch einige kurze Anmerkungen zu den Konsequenzen, die sich aus der Erhaltung des gesamten Drehimpulses des Systems Erde-Atmosphäre ergeben. Teilt man dieses Gesamtsystem in die beiden Untersysteme Erde und Atmosphäre auf, dann kann zwischen beiden Untersystemen Drehimpuls ausgetauscht werden, ohne dass sich der Drehimpuls des Gesamtsystems ändert. Der Austausch von Drehimpuls zwischen Erde und Atmosphäre vollzieht sich an der Erdoberfläche durch Reibungsprozesse. Hierbei gibt die sich von Westen nach Osten drehende Erde in den Bereichen, in denen Ostwinde wehen, Drehimpuls an die Atmosphäre ab. Umgekehrt erhält sie in Bereichen mit Westwinden Drehimpuls aus der Atmosphäre. Hieraus folgt, dass innerhalb der Passatwindzone die Atmosphäre ständig Drehimpuls gewinnt, während sie in der Westwindzone permanent Drehimpuls an die Erde abgibt. Die durch die polaren Ostwinde verursachte Drehimpulsaufnahme der Atmosphäre spielt wegen der in hohen Breiten vorliegenden geringen Distanz zur Rotationsachse der Erde nur eine untergeordnete Rolle.

Um ein über große (klimatologische) Zeiträume herrschendes quasistationäres Gleichgewicht der globalen Zirkulation aufrecht zu erhalten, muss ein meridionaler Transport von Drehimpuls vom Äquator in Richtung der Pole erfolgen. Zur Untersuchung dieses Transports werden im Folgenden der Einfachheit halber lediglich zonale Mittelwerte betrachtet. Bezeichnet man die Zonal- bzw. Meridionalkomponente des Winds mit u bzw. v, dann lässt sich der Drehimpuls darstellen als Funktion von u, und der mittlere meridionale Drehimpulstransport ist eine Funktion des Korrelationsprodukts $\overline{uv}$. Hierbei beschreibt der Querstrich die zonale Mittelung. Die Windkomponenten u und v lassen sich in ihre zonalen Mittelwerte und die synoptisch-skaligen Abweichungen aufspalten, d. h. $u = \overline{u} + u'$, $v = \overline{v} + v'$, so dass das Korrelationsprodukt auch geschrieben werden kann als $\overline{uv} = \overline{u}\,\overline{v} + \overline{u'v'}$. Der Term $\overline{u}\,\overline{v}$ beschreibt den Transport von zonal gemitteltem Drehimpuls mit dem mittleren Meridionalwind $\overline{v}$, während $\overline{u'v'}$ den durch synoptisch-skalige *barokline Wirbel* induzierten meridionalen Drehimpulstransport wiedergibt.

Bereits in der ersten Hälfte des 20. Jahrhunderts beschäftigten sich zahlreiche Untersuchungen mit den Konsequenzen, die sich aus der Erhaltung des gesamten Drehimpulses von Erde und Atmosphäre für die globale Zirkulation ergeben (z. B. Jeffreys 1926, Starr 1948). Hierbei gelangte man zur Erkenntnis, dass der Drehimpulstransport mit dem mittleren Wind ($\overline{u}\,\overline{v}$) lediglich im äquatorialen Bereich von Bedeutung sein kann, d. h. im aufsteigenden Ast der Hadleyzelle. Wie bereits oben erwähnt, stellt dieser Impulstransport in der Höhenströmung den wichtigsten

---

[7] Eine detaillierte Diskussion der *Frontogenese*, d. h. der Prozesse, die zur Bildung oder Auflösung von Fronten führen, erfolgt in Abschn. 11.4.

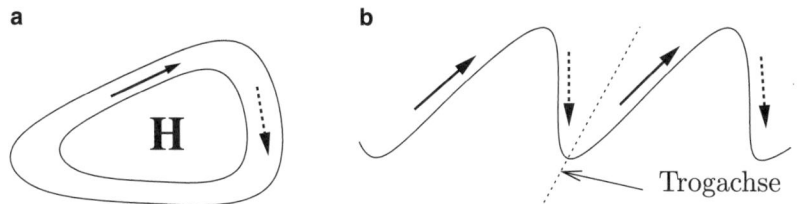

Abb. 8.4 Meridionaltransport von Drehimpls in subtropischen Hochdruckgebieten (**a**) und über Wellen der Höhenströmung mittlerer Breiten (**b**). Nach Starr (1948)

Antrieb des Subtropenjetstreams dar. Um in höheren Breiten den nötigen Drehimpulstransport zu bewerkstelligen, müssten unrealistisch hohe Werte von $\overline{u}$ und $\overline{v}$ vorliegen. Demnach vollzieht sich außerhalb des äquatorialen Bereichs der meridionale Drehimpulstransport im Wesentlichen über den Term $\overline{u'v'}$.

Damit dies überhaupt möglich ist, muss der subtropische Hochdruckgürtel aus mehreren einzelnen Hochdruckzellen bestehen (Azorenhoch, Pazifikhoch etc.), wobei die verschiedenen Hochdruckgebiete eine Form aufweisen, wie sie schematisch in Abb. 8.4a wiedergegeben ist. Auf diese Weise gelingt es, an der Westflanke eines Hochs größere Werte der u-Komponente des Winds nach Norden zu verfrachten (durchgezogener Pfeil) als an der Ostflanke nach Süden transportiert werden (gestrichelter Pfeil), ohne dass gleichzeitig ein meridionaler Netto-Massentransport stattfinden muss. Um in der Höhenströmung der Westwindzone über den Term $\overline{u'v'}$ einen meridionalen Drehimpulstransport zu erreichen, müssen die Achsen der Tröge und Rücken in Strömungsrichtung gesehen nach vorne geneigt sein (Abb. 8.4b).

Es ist leicht einzusehen, dass die meridional verlaufenden großskaligen Gebirgsketten, wie z. B. die Kordilleren Nord- und Südamerikas, einen großen Einfluss auf den Drehimpulshaushalt der Erde ausüben. Außerdem spielen die Monsune, und hier insbesondere der *Indische Monsun*, mit ihren jahreszeitlich wechselnden Windrichtungen eine wichtige Rolle. Auf eine detailliertere Diskussion dieser, für klimatologische Betrachtungen extrem wichtigen Thematik muss an dieser Stelle jedoch verzichtet werden. Stattdessen wird auf die weiterführende Literatur verwiesen (s. z. B. Palmén und Newton 1969, Peixoto und Oort 1992, Pichler 1997).

8.3 Jetstreams und Jetstreaks

Gemäß der Definition der WMO[8] versteht man unter einem *Jetstream* einen starken schmalen Luftstrom, der entlang einer quasihorizontalen Achse, die auch als *Jetstreamachse* bezeichnet wird, in der Troposphäre oder Stratosphäre konzentriert ist. Das Windband weist hohe vertikale Gradienten der Windgeschwindigkeit auf und besitzt ein oder mehrere Geschwindigkeitsmaxima. In der meteorologischen Praxis

---

[8] Res. 25 (EC-IX) der Kommission für Aerologie.

wurde als untere Grenze zur Bezeichnung eines Jetstreams eine Windgeschwindigkeit von 60 kn (ca. 30 m s^{-1}) willkürlich eingeführt. Typischerweise erstrecken sich Jetstreams über eine Länge von mehreren tausend Kilometern, einige hundert Kilometer Breite und besitzen eine vertikale Mächtigkeit von etwa einem Kilometer. Bezüglich der Windstärke beträgt die Halbwertsbreite eines Jetstreams etwa 1000 km (Reiter 1963), d. h. in einem seitlichen Abstand von 1000 km von der Jetstreamachse ist die Windstärke auf die Hälfte ihres Maximalwerts abgesunken.

Nachdem der Jetstream in den 1920er Jahren durch den Japaner W. Ooishi mit Hilfe von Wetterballonen erstmals beobachtet worden war, dauerte es bis in die 1940er Jahre, bis er theoretisch und experimentell an der Universität von Chicago, der *Chicago School*, von Rossby, Palmén und Petterssen intensiv studiert wurde (z. B. Palmén 1948a). Die Jetstream Erforschung unterlag zunächst jedoch der Geheimhaltung, da sie während des zweiten Welkriegs für die amerikanische Luftwaffe von größter strategischer Bedeutung war.

Die hohe Baroklinität der Atmosphäre im Bereich der polaren und subtropischen Frontalzonen führt dort gemäß der *thermischen Windgleichung* zu einer starken vertikalen Zunahme des geostrophischen Winds (s. Abschn. 4.5). Durch die starken Windscherungen im Bereich der Jetstreams können sich *interne Schwerewellen* bilden, die dann als *Scherungswellen* oder *Kelvin-Helmholtz Wellen* bezeichnet werden. Überschreitet die Windscherung einen kritischen Wert, dann werden die Wellen so instabil, dass *turbulente Wirbel* entstehen. Diese auch als *Clear Air Turbulence* bezeichneten Turbulenzen sind vor allem für die Luftfahrt von großer Bedeutung (s. hierzu auch Abschn. 5.4).

Die beiden wichtigsten Starkwindfelder der hohen Troposphäre sind der Polarfront- und der Subtropenjetstream. Sie befinden sich im Tropopausenniveau an der äquatorseitigen Flanke der zugehörigen Frontalzonen (s. Abb. 8.3). Obwohl beide Jetstreams in engem Zusammenhang mit den hohen Baroklinitäten an der Polar- und Subtropenfront stehen, existieren einige deutliche Unterschiede in ihren Antriebsmechanismen und raumzeitlichen Strukturen, wie die maximalen Windstärken, die Bildung von *Jetstreaks*, die jahreszeitlich auftretenden Schwankungen der geographischen Position beider Jetstreams sowie andere charakteristische Merkmale. Diese werden in den folgenden Abschnitten näher beschrieben.

8.3.1 Der Subtropenjetstream

Als Folge der relativ persistenten Dynamik der *Hadley-Zirkulation* ist der Subtropenjetstream eine raumzeitlich vergleichsweise konstante hemisphärische Ringströmung in der Form einer quasistationären Welle mit Wellenzahl 3 (Krishnamurti 1961), die ungefähr an den polseitigen Flanken der Hadleyzelle verläuft. Die Achse des Subtropenjets befindet sich in einem Druckniveau von etwa 200 hPa. Durch die jahreszeitlich bedingte Änderung der solaren Einstrahlung mäandriert der nordhemisphärische Subtropenjet zwischen 20–35°N. Die global gemittelte Maximalgeschwindigkeit im Zentrum des Jets schwankt zwischen 80–140 kn (Martin und Solomonson 1970, Schiemann et al. 2009), kann jedoch in den Rückenberei-

8.3 Jetstreams und Jetstreaks

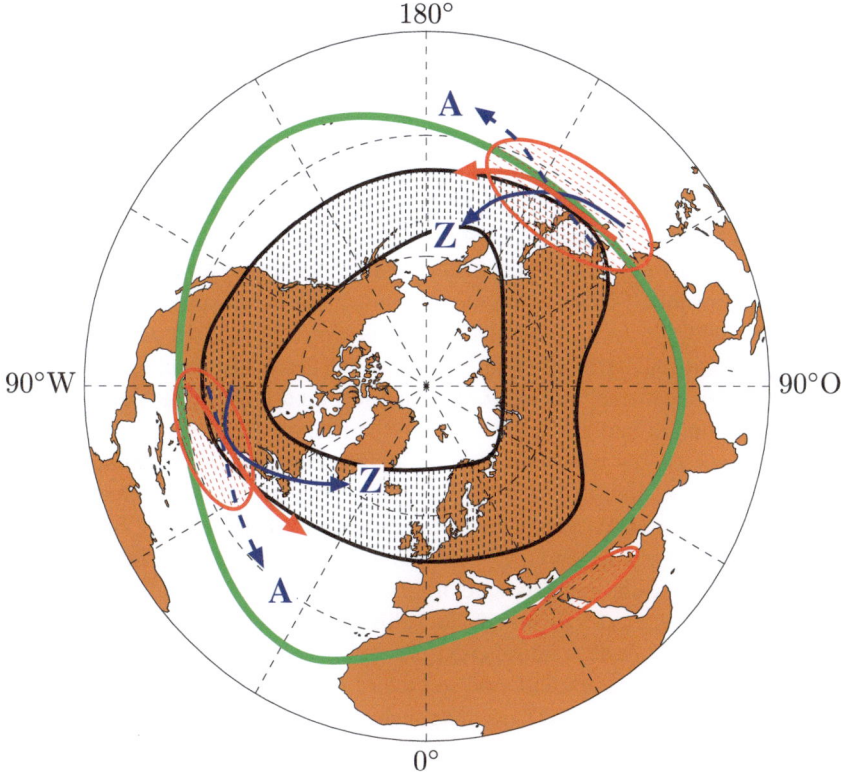

Abb. 8.5 Mittlerer Verlauf des Subtropenjetstreams während des Winters auf der Nordhalbkugel (*grüne Linie*) sowie Bereich, in dem sich der Polarfrontjetstream befindet (*schwarz schraffierte Fläche*), nach Palmén und Newton (1969), basierend auf Riehl (1962). *Rot schraffierte Flächen*: Bereiche mit lokalen Maxima der zonalen Geschwindigkeit in 200 hPa (nach Holton 2004). *Pfeile*: Waveguides (*rot*) sowie Zugbahnen von Zyklonen (Z) und Antizyklonen (A) (nach Wallace et al. 1988)

chen der Welle, also dort, wo die stärksten supergeostrophischen Winde wehen (vgl. Abschn. 4.7), auch Werte von 200 kn erreichen. Abb. 8.5 zeigt den mittleren Verlauf des Subtropenjets während des nordhemisphärischen Winters (grüne Linie). Bei 150°W, 30°W und 90°O verläuft der Jet am südlichsten, während sich die Rücken der Welle (mit Wellenzahl 3) bei 90°W, 30°O und 150°O befinden.

Wegen der mit der thermisch direkten Hadley-Zirkulation verbundenen Absinkbewegungen in den Subtropen ist dort die Baroklinität in der unteren Troposphäre vergleichsweise gering. Erst oberhalb von etwa 500 hPa nehmen die Baroklinität und damit auch der thermische Wind stark zu. Allerdings muss auch beachtet werden, dass der Wert des Coriolisparameters $f = 2\Omega \sin\varphi$ zum Äquator hin abnimmt, so dass wegen (4.21) an der Subtropenfront ein geringerer horizontaler Temperaturgradient notwendig ist als an der Polarfront, um jeweils den gleichen thermischen Wind zu erzeugen. Beispielsweise ergibt sich unter sonst gleichen Bedingungen in

23°N ein etwa doppelt so großer Wert des thermischen Winds als in 50°N. Weiterhin wird in den Rückenbereichen bei starker antizyklonaler Krümmung des Jetstreams der Gradientwind deutlich supergeostrophisch, was dort eine weitere Erhöhung der vertikalen Scherung des Horizontalwinds nach sich zieht.

Wie bereits erwähnt, wird der Subtropenjet nicht nur durch die Hyperbaroklinität in der oberen Troposphäre, sondern hauptsächlich durch den mit der Hadley-Zirkulation einhergehenden meridionalen Drehimpulstransport angetrieben. Aus diesem Grund wird der Subtropenjet im Englischen auch als *thermally-driven Jet* bezeichnet. In Analogie zu der von Petterssen (1956) eingeführten *Frontogenesefunktion* zur mathematischen Formulierung der Frontogenese (s. Abschn. 11.4) definierte Bluestein (1993) die *Jetogenesefunktion*, die die Forcingterme der *Jetogenese*, d. h. der Bildung und Intensivierung von Jetstreams und Jetstreaks beschreibt.

Aus der Persistenz der Hadley-Zirkulation resultiert eine im Vergleich zum Polarfrontjet räumlich und zeitlich weitgehend konstante, ringförmige und ununterbrochene Struktur des subtropischen Starkwindbands. Trotzdem handelt es sich dabei nicht um ein zonal konstantes Windfeld, vielmehr findet man auch hier immer wieder lokale Heterogenitäten, d. h. Jetstreaks und umgekehrt Bereiche mit relativ geringen Windstärken (s. z. B. Blackmon et al. 1977). Diese raumzeitlichen Variabilitäten des Subtropenjets sind in erster Linie auf die den Jet erzeugende Hadley-Zirkulation zurückzuführen, die selbst durch die Heterogenität ihrer Antriebsmechanismen starken räumlichen und zeitlichen Schwankungen unterliegt. Als thermisch direktes Zirkulationssystem wird die Hadley-Zelle durch die diabatische Wärmezufuhr forciert. Diese hängt jedoch in starkem Maße von der zonalen Inhomogenität der Land-Meerverteilung ab. Ebenso treten immer wieder zeitliche Anomalien der Land- und Meeresoberflächentemperaturen auf, die die Intensität der Hadley-Zirkulation lokal beeinflussen (s. z. B. Bjerknes 1966, Simmons 1981, Inatsu et al. 2002).

Eine bedeutende Rolle für das Verhalten der Hadley-Zirkulation spielen auch die großskaligen Gebirge, wie die amerikanischen Kordilleren und der Himalaya. Schließlich gibt es weitere lokale Effekte, die die Baroklinität an der Subtropenfront und damit die Struktur des Subtropenjets beeinflussen. In diesem Zusammenhang ist insbesondere das Hochland von Tibet zu nennen, wo es im Winter durch infrarote Strahlungsemission extrem kalt werden kann. Weiterhin muss die aus westlicher Richtung an das Hochland herangeführte Luft aufsteigen, was zu adiabatischer Abkühlung führt, so dass die troposphärische Baroklinität in diesem Bereich stark zunimmt (Lee et al. 2013). Park et al. (2013) stellten fest, dass der Einfluss der Tibetischen Hochebene auf die globale Zirkulation insgesamt stärker ist als der der Rocky Mountains.

8.3.2 Der Polarfrontjetstream

Die Lage des Polarfrontjetstreams schwankt jahreszeitlich bedingt zwischen 35–70°N. Im Gegensatz zur Subtropenfront ist die Polarfront durch eine in der gesamten Troposphäre vorliegende Hyperbaroklinität gekennzeichnet, die gemäß

8.3 Jetstreams und Jetstreaks

der thermischen Windgleichung (4.21) in der hohen Troposphäre ein Starkwindfeld erzeugt. Die in Abb. 8.5 eingezeichnete schwarz schraffierte Fläche kennzeichnet den Bereich, in dem während des nordhemisphärischen Winters die Polarfront und damit auch der Polarfrontjet normalerweise anzutreffen sind. An der Polarfront dreht oberhalb der Tropopause der horizontale Temperaturgradient sein Vorzeichen um, so dass sich die *Jetachse* ungefähr im Tropopausenniveau (300 hPa) befindet und quasihorizontal ausgerichtet ist (s. auch Abb. 11.7).

Der Polarfrontjetstream ist deutlich stärkeren räumlichen und zeitlichen Variationen unterworfen als der Subtropenjetstream. Die Ursachen dieser Schwankungen liegen darin begründet, dass die sich an der Polarfront über die gesamte Troposphäre erstreckende starke Baroklinität zur Entstehung synoptisch-skaliger barokliner Wellen führt, die diese Baroklinität sehr effizient abbauen. Anschließend dauert es eine gewisse Zeit, bis sich die Baroklinität an der Polarfront wieder regeneriert hat. Diese auch als *Index-Zyklus* bezeichnete quasiperiodische Bildung und Intensivierung barokliner Wellen wird in Abschn. 9.1 eingehend studiert.

Ebenso wie beim Subtropenjetstream folgt aus der Gradientwindbeziehung (4.13), dass im zyklonalen (antizyklonalen) Bereich des Jetstreams schwächere (stärkere) Winde als der geostrophische Wind wehen. Dieses Verhalten wird von Newton und Palmén (1963) durch Untersuchungen der kinematischen und thermischen Eigenschaften einer Rossby-Welle mit großer Amplitude bestätigt. Hierbei betrug im zyklonalen Bereich des analysierten Polarfrontjets die Windstärke nur etwa die Hälfte des geostrophischen Winds, während sie im antizyklonalen Bereich den 1.7-fachen Wert erreichte.

In der dynamischen Meteorologie bezeichnet man die in die synoptisch-skaligen baroklinen Wellen eingebetteten Zyklonen und Antizyklonen auch als *makroturbulente* oder *barokline Wirbel* und spricht in diesem Zusammenhang von *makroturbulenten atmosphärischen Bewegungen*[9]. Da die Baroklinität an der Polarfront und mit ihr der Polarfrontjet durch das Auftreten dieser baroklinen Wirbel erzeugt und gesteuert wird, nennt man den Polarfrontjetstream in der englischsprachigen Fachliteratur auch *Eddy-driven Jet*.

Basierend auf den unterschiedlichen Antrieben von Polarfront- (baroklin angetrieben) und Subtropenjetstream (thermisch angetrieben), lässt sich ein Jetstream relativ leicht einem dieser beiden Starkwindbandtypen zuordnen. Dies ist insbesondere in den Bereichen möglich, wo der Polarfront- und der Subtropenjet räumlich weit voneinander entfernt liegen. Gemäß Abb. 8.5 ist dies bei 150°W, 30°W und 90°O der Fall. Umgekehrt liegen beide Jetstreams bei 90°W, 30°O und 120°O relativ nah beieinander. Dort überlagern sich die verschiedenen Jetantriebe, so dass nicht mehr zwischen Polarfront- oder Subtropenjet unterschieden werden kann. Weiterhin ist hier mit lokalen Maxima der zonalen Windgeschwindigkeit zu rechnen.

Die in Abb. 8.5 eingezeichneten rot schraffierten Flächen sind Gebiete, in denen die zonale Windgeschwindigkeit im 200 hPa Niveau lokale Maxima aufweist.

---

[9] im Gegensatz zur *Mikroturbulenz*, die nur die mikroskaligen turbulenten Bewegungen beschreibt (s. auch Abschn. 1.2).

Diese Bereiche sind aus NCEP/NCAR Reanalysedaten für den Winterzeitraum (Dezember–Februar) als Mittelwerte für die Jahre 1958–1997 produziert worden (Holton 2004). Erwartungsgemäß liegen die roten Flächen dort, wo der baroklin angetriebene Polarfrontjetstream relativ weit nach Süden reicht, während gleichzeitig der Subtropenjet am nördlichsten verläuft. Dies gilt insbesondere für die beiden Gebiete östlich des asiatischen und nordamerikanischen Kontinents. Die dort vorliegende hohe Baroklinität ist auf die starke winterliche Abkühlung der Kontinente und die vergleichsweise warmen Meerestemperaturen zurückzuführen. Die daraus resultierenden Starkwindbänder werden auch als *asiatischer* und *nordamerikanischer Jetstream* bezeichnet.

Es ist leicht nachzuvollziehen, dass in den rot schraffierten Gebieten der Abb. 8.5 eine verstärkte Bildung barokliner Wellen stattfindet (Lindzen 1993, Sun und Lindzen 1994, Lee und Kim 2003). Diese verlagern sich in östliche Richtung über den Pazifik bzw. den Atlantik. Die Verlagerungsrichtungen der baroklinen Wellen werden im Englischen als *Storm Tracks* bzw. *baroclinic Waveguides* bezeichnet (s. z. B. Blackmon 1976, Blackmon et al. 1977, Chang et al. 2002, Lee und Kim 2003). In Abb. 8.5 sind die Waveguides durch die roten Pfeile gekennzeichnet. Die blauen Pfeile in dieser Abbildung zeigen die Zugbahnen der in die baroklinen Wellen eingebetteten Zyklonen (Z) und Antizyklonen (A), die sich in nordöstliche bzw. südöstliche Richtung zu den *Aktionszentren*, d. h. den quasistationären Tiefdruckgebieten (*Islandtief*, *Aleutentief*) und den subtropischen Hochdruckgebieten (*Azorenhoch*, *Pazifisches Hoch*) verlagern (s. z. B. Petterssen 1956, Wallace et al. 1988). In diesem Zusammenhang erscheint der Begriff „Storm Track" etwas missverständlich, da hiermit nicht die Zugbahnen der Zyklonen gemeint sind, sondern streng genommen die sich hiervon unterscheidenden Gebiete mit maximaler barokliner Aktivität (Blackmon et al. 1977, Wallace et al. 1988), so dass dafür der Begriff „baroclinic Waveguide" angebrachter erscheint. In Anlehnung an die gängige Praxis werden im weiteren Verlauf jedoch auch die Waveguides als Storm Tracks bezeichnet.

Die ausgeprägten raumzeitlichen Variationen der Polarfront liefern relativ starke Schwankungen des Polarfrontjetstreams mit maximalen Windgeschwindigkeiten zwischen 80–200 kn. Die höchsten Windgeschwindigkeiten treten im Winter auf, da in dieser Zeit die Baroklinität an der Polarfront normalerweise deutlich höher ist als im Sommer. Die Heterogenitäten des Starkwindfelds äußern sich in immer wieder auftretenden Verästelungen, lokalen Maxima und räumlichen Unterbrechungen des Polarfrontjets. Die schon früher als *Jetstreaks* bezeichneten Bereiche lokaler Windmaxima des Jetstreams besitzen typischerweise eine Länge, die um eine Größenordnung über der ihrer Breite liegt. Weiterhin spricht man dort, wo die Luft in einen Jetstreak hinein- bzw. aus ihm herausströmt, vom *Eingang* bzw. *Ausgang* des Jetstreaks.

Abb. 8.6 zeigt beispielhaft je eine winterliche (Abb. 8.6a) und eine sommerliche (Abb. 8.6b) Verteilung des Horizontalwinds im 300 hPa Niveau. In Abb. 8.6a verläuft der polare Jetstream über dem Atlantik weitgehend in zonaler Richtung und biegt über der Iberischen Halbinsel nach Süden ab, wo er seinen Jetstreamcharakter verliert. In den Wintermonaten verlagert sich die Polarfront zusammen mit

8.3 Jetstreams und Jetstreaks

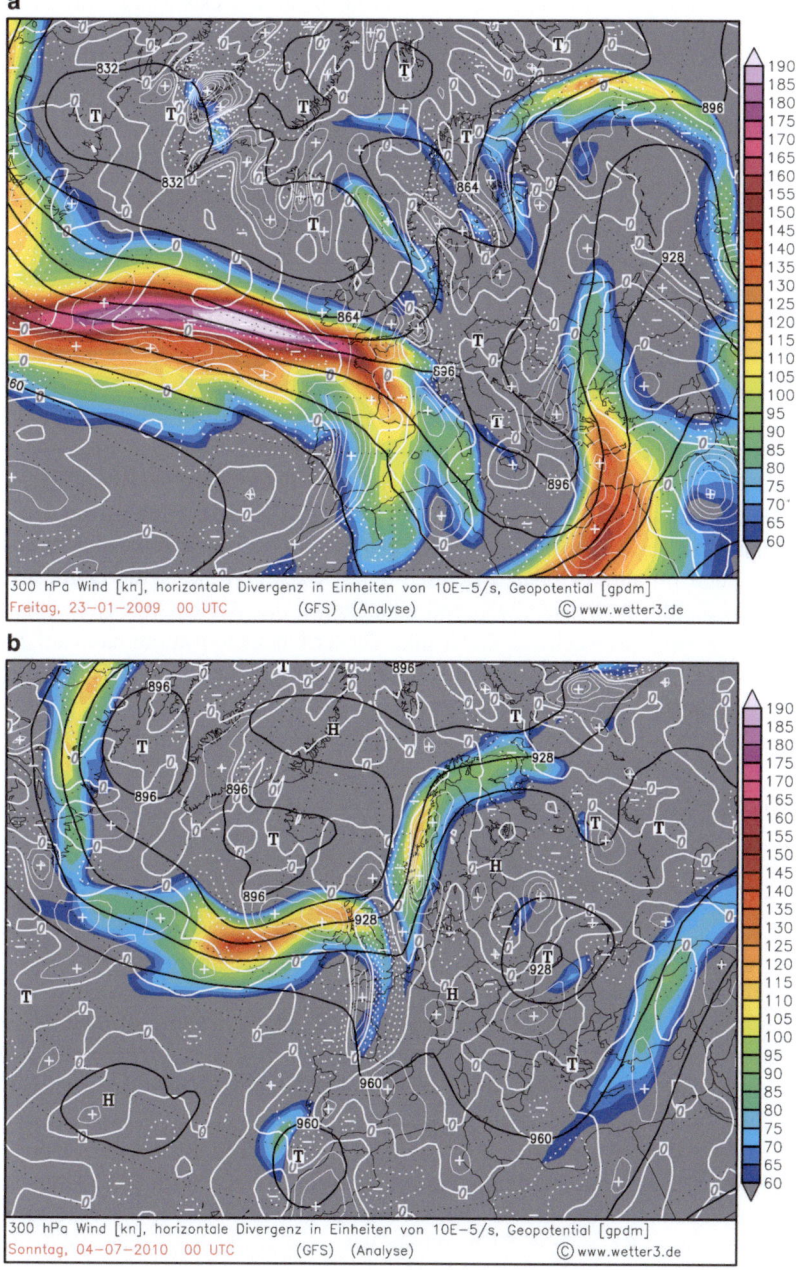

Abb. 8.6 Wind, horizontale Divergenz und Geopotential in 300 hPa. **a** 23.01.2009 00 UTC, **b** 04.07.2010 00 UTC

dem dazugehörigen Jetstream oft sehr weit nach Süden. Das Maximum des über dem Atlantik liegenden Jetstreaks ist mit mehr als 190 kn bemerkenswert hoch und räumlich relativ weit ausgedehnt. Die sommerliche Situation in Abb. 8.6b zeigt einen über dem Atlantik ebenfalls zonal verlaufenden Jetstream, der über der Nordsee nach Norden umbiegt und dann in 70°N wieder eine zonale Richtung einschlägt. Wie in Abb. 8.6a liegt über dem Atlantik ein Jetstreak, dieses Mal jedoch mit einem Maximum von etwa 130 kn und einer räumlich deutlich kleineren Ausdehnung als in der Wintersituation.

In bestimmten Situationen entstehen *Cutoff-Prozesse*, bei denen Zyklonen und mit ihnen Teile des Polarfrontjets (Jetstreaks) aus der Westwinddrift herausgelöst und nach Süden verlagert werden, wo sie dann in den Subtropenjet eingegliedert werden können. Dies könnte für den über Libyen liegenden Jetstream zutreffen (Abb. 8.6a), müsste jedoch durch Analyse weiterer Windkarten belegt werden, wobei auch höhere atmosphärische Schichten in Betracht gezogen werden müssten, da der Suptropenjet eher im 200 hPa Niveau anzutreffen ist.

Normalerweise folgt die Jetachse weitgehend dem Isohypsenverlauf. Bei genauerem Hinsehen stellt man jedoch häufig fest, dass die Krümmung der Jetachse nicht ganz mit der Isohypsenkrümmung übereinstimmt. Im zyklonalen, aber insbesondere auch im antizyklonalen Bereich einer Rossby-Welle ist sie betragsmäßig größer als die der Isohypsen, während gleichzeitig die Wellenlängen von Jetachse und Rossby-Welle weitgehend gleich sind. Dieser Umstand tritt nur dann auf, wenn die Rossby-Welle nicht stationär ist, sondern sich mit einer Phasengeschwindigkeit $c \neq 0$ verlagert.

Zur Klärung dieses Sachverhalts können die in Abschn. 4.7 gefundenen Ergebnisse von wandernden Druckgebilden herangezogen werden. Hierzu wird das in (4.51) beschriebene horizontale Strömungsfeld betrachtet

$$u = const, \qquad v = v_0 \cos\left[\frac{2\pi}{L}(x - ct)\right] \tag{8.4}$$

wobei es sich wieder um eine Gleichgewichtsströmung handeln soll. Gemäß (4.53) erhält man daraus eine Welle mit sinusförmigen Stromlinien (d. h. Isohypsen) der Wellenlänge L, die sich mit der Phasengeschwindigkeit c in dem konstanten Grundstrom u zonal verlagert. Für Rossby-Wellen gilt immer $c < u$ (s. Abschn. 9.2). Die Amplitude der Welle sei zunächst vergleichsweise klein, so dass der Jetstream in Strömungsrichtung gesehen weitgehend konstant ist.

Wenn sich die Luftpartikel mit konstanter Geschwindigkeit bewegen, dann stimmen deren Trajektorien mit den Isotachen überein, so dass auch die Jetachse eine Trajektorie darstellt, die gemäß den Überlegungen in Abschn. 4.7 eine größere Amplitude, aber die gleiche Wellenlänge besitzt wie die Isohypsen. Diese Strömungskonfiguration ist in Abb. 8.7a schematisch dargestellt. Die Annahme eines überall konstanten Jetstreams ist gleichbedeutend damit, dass die Isohypsenabstände an den Punkten A und B übereinstimmen. Dies gilt jedoch nur annähernd, denn wegen $u = const$ ist korrekterweise $\partial \phi / \partial y = const$.

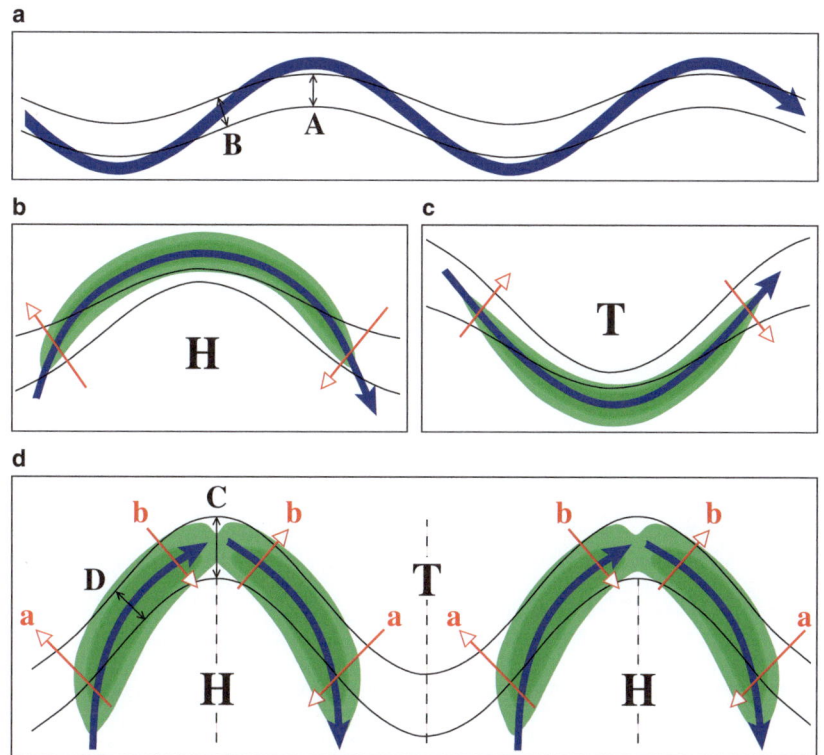

Abb. 8.7 Verlauf der Jetachsen (*dicke blaue Pfeile*) in progressiven Wellen. **a** konstanter Jetstream. **b, c** Jetstreak mit antizyklonaler (**b**) und zyklonaler Krümmung (**c**). **d** Jetstreaks im Rücken- und Trogbereich einer Rossby-Welle (Rücken- und Trogachsen *gestrichelt*). *Rote Pfeile*: Richtungen der aus dem Konfluenz- und Diffluenzeffekt resultierenden ageostrophischen Bewegungen

In Situationen mit einer räumlich variierenden Jetstreamintensität sind die zugehörigen Jetstreaks häufig zyklonal oder antizyklonal gekrümmt. In Abb. 8.7b, c sind jeweils ein Jetstreak mit antizyklonaler und zyklonaler Krümmung dargestellt. Jetzt wird der Verlauf der Jetstreakachse zusätzlich durch den *Konfluenz-* und *Diffluenzeffekt* beeinflusst (s. Abschn. 4.6). Hieraus resultieren an den Ein- und Ausgängen der Jetstreaks ageostrophische Bewegungen (rote Pfeile in Abb. 8.7b, c), die im Fall des antizyklonal gekrümmten Jetstreaks eine verstärkte Abweichung der Jetachse vom Isohypsenverlauf liefern, während der zyklonal gekümmte Jetstreak wieder eher parallel zu den Isohypsen verläuft.

Abb. 8.8 zeigt als Beispiel hierzu zwei Situationen mit einem zyklonal (Abb. 8.8a) und einem antizyklonal verlaufenden Jetstreak (Abb. 8.8b). Deutlich sind die unterschiedlichen Verläufe der beiden Jetstreaks im Vergleich zu den Isohypsen zu erkennen. Während im zyklonalen Fall die Jetachse weitgehend dem Isohypsenverlauf folgt, sieht man im antizyklonalen Fall starke Abweichungen

216   8 Die globale Zirkulation

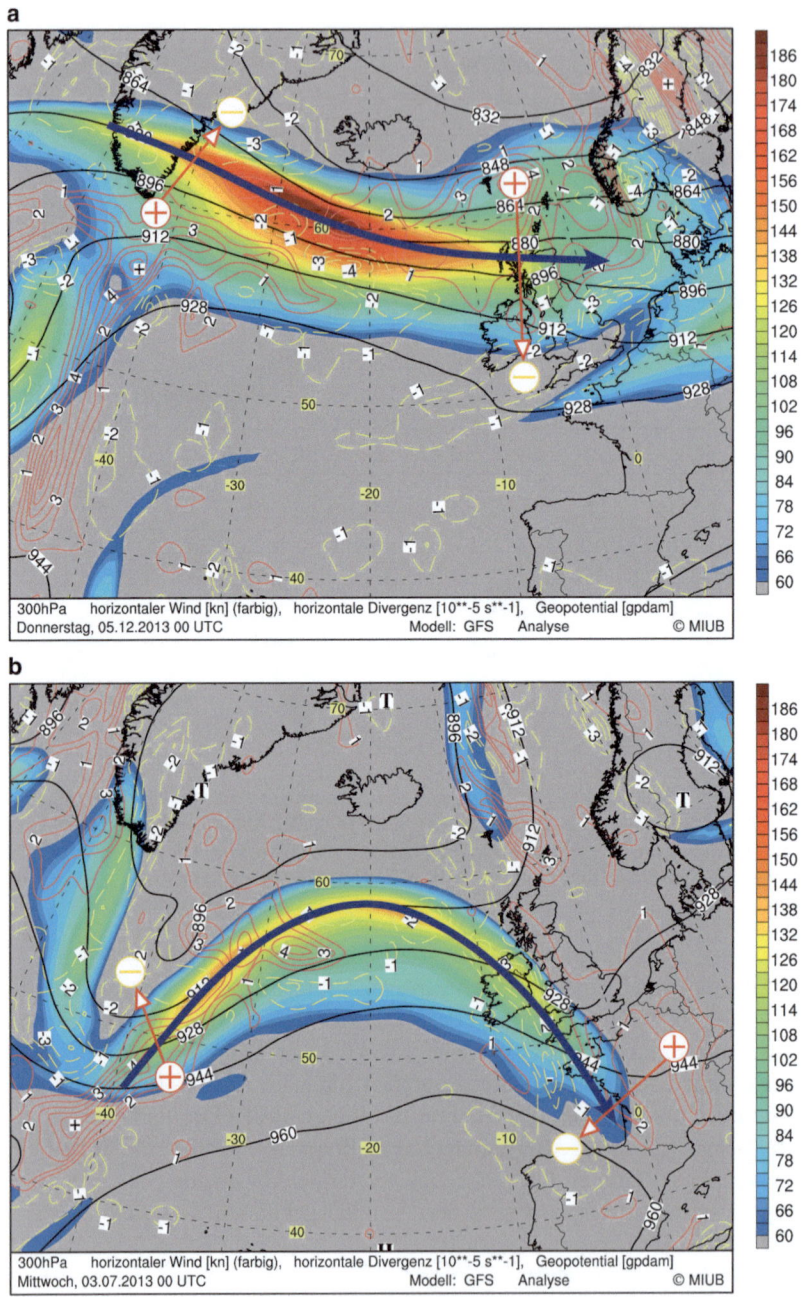

Abb. 8.8 Horizontaler Wind, Geopotential sowie Divergenz- (+) und Konvergenzbereiche (−) in 300 hPa. *Dicke blaue Pfeile*: Verlauf der Jetachse, *rote Pfeile*: Richtungen ageostrophischer Bewegungen. **a** 05.12.2013 00 UTC, **b** 03.07.2013 00 UTC

zwischen dem Verlauf von Jetachse und Isohypsen. Die in den Abbildungen eingezeichneten Divergenz- (+) und Konvergenzbereiche (−) sind mit ageostrophischen Bewegungen verbunden (rote Pfeile). Diese Vergenzbereiche müssen jedoch nicht ausschließlich auf den Konfluenz- und Diffluenzeffekt zurückzuführen sein, vielmehr können sie auch durch andere Prozesse, wie z. B. konvektive Umlagerungen hervorgerufen werden. In diesem Zusammenhang ist auch der *Shapiro-Effekt* zu nennen, der den Einfluss der Temperaturadvektion auf die räumliche Verschiebung der Divergenz- und Konvergenzgebiete im Ein- und Ausgangsbereich eines Jetstreaks beschreibt. Näheres hierzu s. z. B. Shapiro (1981), Rotunno et al. (1994), Schultz und Sanders (2002).

Mit zunehmendem Wert der Amplitude v_0 nimmt (bei sonst ungeänderten Werten der anderen Parameter in (8.4)) auch die Amplitude der Welle zu (s. (4.53)). Ebenso erhöht sich die Scherungsdeformation, die gemäß (5.11) im betrachteten Beispiel gegeben ist als $\delta_{sh} = \partial v/\partial x$. Als Folge hiervon verringern sich die Isohypsenabstände an den Wendepunkten der Welle verglichen zu denen in den Bereichen der Trog- und Rückenachsen (gestrichelte Linien in Abb. 8.7d). Dies erkennt man beispielsweise durch Vergleich der Isohypsenabstände Δn an den Punkten C und D, für die gilt $\Delta n_D = \sin \alpha_D \Delta n_C$. Hierbei ist α_D der am Punkt D vorliegende Winkel zwischen den Isohypsen und der y-Achse und n die Richtung normal zu den Isophypsen.

Hieraus resultieren an den Flanken der Tröge und Rücken Jetstreaks, in deren Ein- und Ausgangsbereichen wiederum aufgrund des Konfluenz- und Diffluenzeffekts zusätzliche ageostrophische Geschwindigkeitskomponenten entstehen (rote Pfeile in Abb. 8.7d). Diese sorgen, genau wie in den in Abb. 8.7b, c gezeigten Situationen, in den Bereichen (a) für eine verstärkte Abweichung des Jetstreams vom Isohypsenverlauf, während sie in den Bereichen (b) die Jetachse in die Richtung der Isohypsen verschieben. Weiterhin ergibt sich, dass entlang der Rückenachsen der Jetstream weniger stark abgeschwächt wird als entlang der Trogachsen, wo in Abb. 8.7d zur besseren Veranschaulichung eine Unterbrechung des Starkwindfelds skizziert ist. Dieses Verhalten ist darauf zurückzuführen, dass im Rückenbereich ein supergeostrophischer, im Trogbereich hingegen ein subgeostrophischer Wind weht.

Abb. 8.9 zeigt als Beispiel die zeitliche Entwicklung der Isohypsen und Jetstreaks in einer sich verstärkenden baroklinen Welle. Im Abb. 8.9a sieht man die Situation am 08.12.2013 12 UTC. Zu diesem Zeitpunkt besitzt die Welle noch eine relativ geringe Amplitude. Der Jetstream verläuft praktisch ohne Unterbrechungen weitgehend isohypsenparallel, weist aber auch jetzt schon lokale Geschwindigkeitsextrema auf. Innerhalb der nächsten 48 Stunden verlagert sich die Welle nach Osten, wobei ihre Amplitude stark zunimmt (Abb. 8.9b). Dies führt zu einer erheblichen Intensivierung der Jetstreaks an den Flanken der Tröge und Rücken. Entlang der Trog- und Rückenachsen (gestrichelte rote Linien) erkennt man lokale Geschwindigkeitsminima, die in den Trogbereichen so stark geworden sind, dass der Jetstream dort unterbrochen wird. In den Ein- und Ausgangsbereichen der Jetstreaks sieht man die Vergenzgebiete, die u. a. aus dem Konfluenz- und Diffluenzeffekt und den damit verbundenen ageostrophischen Bewegungen resultieren.

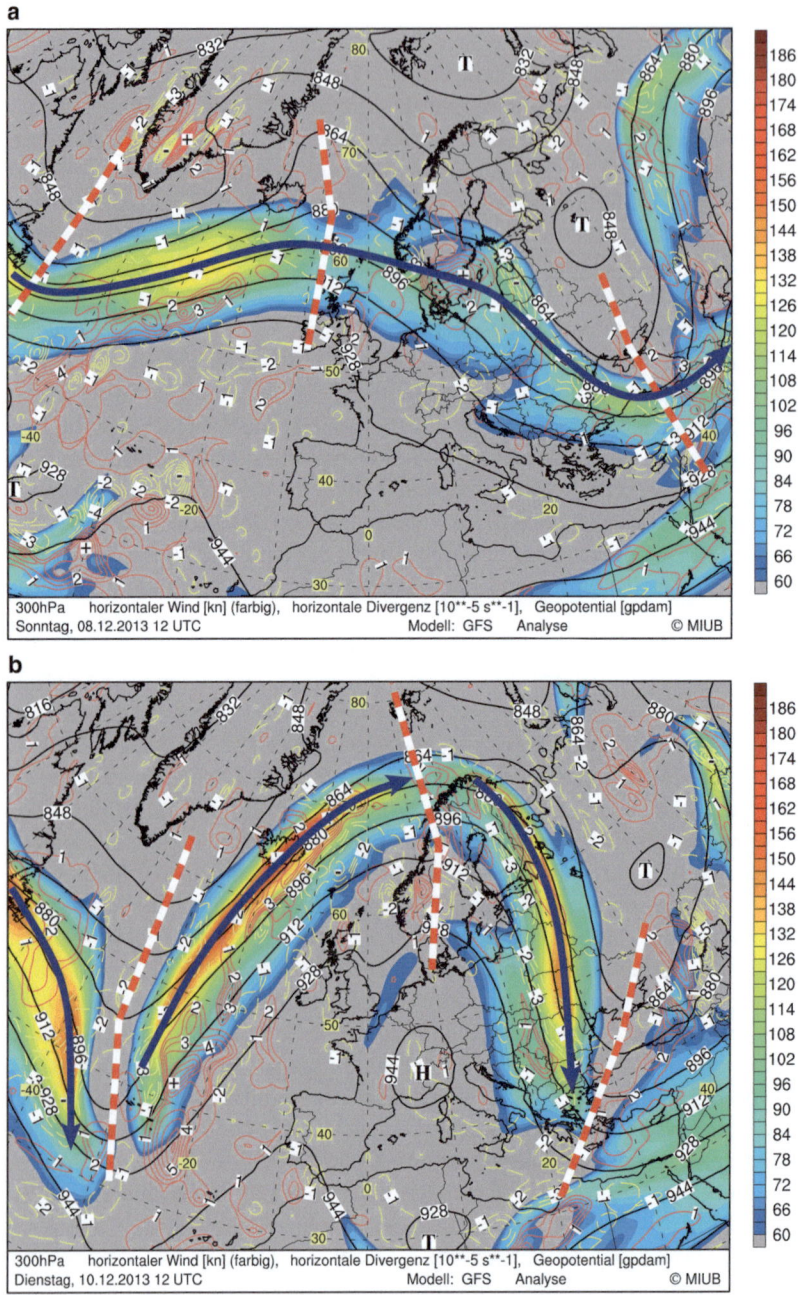

Abb. 8.9 Verlauf des Jetstreams in einer sich entwickelnden baroklinen Welle zwischen 08.12.2013 12 UTC (**a**) und 10.12.2013 12 UTC (**b**). *Blaue Pfeile*: Jetachsen, *gestrichelte rote Linien*: Trog- und Rückenachsen

8.3 Jetstreams und Jetstreaks

Die hier diskutierten und in Abb. 8.7 schematisch gezeigten Eigenschaften des Polarfrontjetstreams lassen sich nicht nur in den gezeigten Beispielen, sondern auch in vielen anderen Wettersituationen immer wieder erkennen, so dass die Bildung und Intensivierung der baroklinen Wirbel eine sehr gute Erklärung für die typischerweise auftretenden starken raumzeitlichen Variationen des Polarfrontjets liefern. Da diese Phänomene im Wesentlichen auf die in der gesamten Troposphäre vorliegende Hyperbaroklinität innerhalb der polaren Frontalzone zurückzuführen sind, wird auch direkt verständlich, warum der Suptropenjetstream diese charakteristischen Merkmale nicht aufweist, sondern als ein weitgehend persistentes Starkwindband mit deutlich geringer ausgeprägten räumlichen und zeitlichen Heterogenitäten verläuft.

Aus den gewonnenen Erkenntnissen kann man weiterhin schließen, dass ein sich entlang der Jetachse bewegendes Luftpartikel an der Rückseite des Rückens vom hohen zum tiefen Geopotential und an dessen Vorderseite wieder vom tiefen zum hohen Geopotential gelangt. Umgekehrtes gilt für den Trog. Dieses Verhalten resultiert auch aus energetischen Überlegungen. Hierzu wird die Bilanzgleichung für die kinetische Energie untersucht, die leicht aus der horizontalen Bewegungsgleichung abgeleitet werden kann. Da die Bewegung adiabatisch verlaufen soll, bietet es sich an, die Betrachtungen im θ-System durchzuführen, in dem die Vertikalkoordinate z durch die potentielle Temperatur θ ersetzt wird. Gemäß (3.47) lautet die horizontale Bewegungsgleichung im θ-System

$$\frac{d\mathbf{v}_h}{dt} = -\nabla_h M \Big|_\theta - f\mathbf{k} \times \mathbf{v}_h \tag{8.5}$$

In dieser Gleichung wurde das in (3.48) definierte *Montgomery-Potential* $M = c_{p,0} T + \phi$ verwendet. Aus (8.5) kann man sehen, dass im geostrophischen Gleichgewicht, d.h. $d\mathbf{v}_h/dt = 0$, adiabatische Bewegungen parallel zu den Isoplethen des Montgomery-Potentials erfolgen, so dass diese die Stromlinien des adiabatisch-geostrophischen Windfelds darstellen.

Zur Bilanzgleichung der kinetischen Energie gelangt man, indem man (8.5) skalar mit $\mathbf{v}_h$ multipliziert[10]

$$\frac{d}{dt}\left(\frac{\mathbf{v}_h^2}{2}\right) = -\mathbf{v}_h \cdot \nabla_h M \Big|_\theta \implies \frac{d}{dt}\left(\frac{\mathbf{v}_h^2}{2} + M\right) = \frac{\partial M}{\partial t}\Big|_\theta \tag{8.6}$$

Unter der Annahme, dass im betrachteten Niveau die Änderung des Montgomery-Potentials weniger durch Temperatur-, sondern in erster Linie durch Geopotentialänderungen hervorgerufen wird, ist an der Vorderseite eines Rückens $\partial M/\partial t\big|_\theta > 0$, während an dessen Rückseite $\partial M/\partial t\big|_\theta < 0$ ist. Aus (8.6) resultiert für das sich mit konstanter kinetischer Energie $\mathbf{v}_h^2/2$ bewegende Luftpartikel an der Rückenvorder- bzw. -rückseite eine individuelle Zu- bzw. Abnahme von M, d.h. Bewegung zum hohen bzw. tiefen Geopotential. Analoge Betrachtungen gelten wiederum für den

---

[10] Man beachte, dass bei Adiabasie wegen $\dot{\theta} = 0$ die Bewegungen im θ-System quasihorizontal verlaufen.

Trogbereich. Dieses Verhalten steht im Einklang mit den oben diskutierten Krümmungen der Jetachse relativ zu den Isohypsenkrümmungen.

Abschließend sollte erwähnt werden, dass auch hier die *Grenzhochbedingung* gilt, die besagt, dass der Jetstream eine gewisse antizyklonale Krümmung nicht überschreiten darf. Tritt dieser Fall ein, dann entsteht eine Unterbrechung und Aufteilung des Starkwindfelds in mehrere Teilbereiche (s. auch Abschn. 4.4). Dagegen kann die *zyklonale Krümmung* im Gleichgewichtsfall beliebig hohe Werte annehmen. Damit ergibt die *Isotachenanalyse* eines Jetstreams, dass im zyklonalen Bereich der Isotachenabstand deutlich geringer sein kann als im antizyklonalen Bereich.

8.3.3 Weitere atmosphärische Starkwindfelder

Neben den polaren und subtropischen Jetstreams existieren in der Atmosphäre noch weitere thermisch angetriebene Starkwindfelder unterschiedlicher Intensität und räumlicher Ausdehnung. Der *Tropical Easterly Jet* wird im Sommer während des *Indischen Monsuns* über Südostasien beobachtet. Er erstreckt sich von Asien bis nach Westafrika und entsteht durch die starke Aufheizung des Tibetischen Hochlands, das dadurch wärmer wird als die südlich davon über dem Indischen Ozean liegende Luft. Ein zusätzlicher Antrieb für diesen Jet ergibt sich daraus, dass die aus dem Hochland abfließende Luft sich trockenadiabatisch erwärmt. Das Tibetische Hochland übt einen entscheidenden Einfluss auf die Stärke des Indischen und *Ostasiatischen Monsuns* aus (Yanai und Wu 2006, Song et al. 2010).

In vielen Gegenden bilden sich häufig *Low Level Jets*. Hierbei handelt es sich um ein in der unteren bis mittleren Troposphäre auftretendes Starkwindfeld. Die Entstehung von Low Level Jets kann verschiedene Ursachen haben, wie beispielsweise Blockierungseffekte im Gebirge, die tägliche Schwankung des Einflusses der Bodenreibung oder die in Hanglagen aus der tageszeitlich variierenden Strahlungserwärmung resultierende Temperaturverteilung. Häufig werden Low Level Jets vor Kaltfronten beobachtet (z. B. Browning und Pardoe 1973, Wakimoto und Bosart 2000, Saulo et al. 2007), insbesondere wenn im Sommer die vor der Front liegende warme Luft sehr stark erhitzt wird, so dass im bodennahen Bereich eine hohe Baroklinität entsteht. Zahlreiche Untersuchungen beschäftigen sich mit orographisch bedingten niedertroposphärischen Starkwindfeldern (z. B. Whiteman et al. 1997, Garreaud und Muñoz 2005, Parish und Oolman 2010). In den Great Plains und im Osten der USA werden regelmäßig Low Level Jets beobachtet, die bei südlichen Winden sehr rasch feuchte und warme Luft aus dem Golf von Mexiko nach Norden verfrachten können (Bonner 1968, Djurić und Ladwig 1983). Dieser Vorgang kann bei extremen Wetterereignissen, wie starken Gewittern in Form von *Superzellen*, eine wichtige Rolle spielen (s. z. B. Cheinet et al. 2005, Bluestein 2009). Während die Bodenreibung den Low Level Jet abschwächt, erreicht dieser oberhalb der Grenzschicht gewöhnlich seine maximale Geschwindigkeit in der Größenordnung von 40–70 kn.

Low Level Jets bilden sich gelegentlich auch während der Nacht (*Nocturnal Low Level Jet*). Hierbei spielt die nächtliche Abkühlung eine wichtige Rolle, durch die im bodennahen Bereich eine Kaltluftschicht mit Inversion entsteht. Dadurch wird oberhalb der Inversion die warme Luft von der Bodenreibung abgekoppelt und unter sonst gleichen Bedingungen deutlich stärker beschleunigt als während des Tages. Der sich dann entwickelnde nächtliche Low Level Jet beschreibt eine aus der Corioliskraft resultierende Trägheitsschwingung der (zum Zeitpunkt der Abkopplung bestehenden) ageostrophischen Windkomponente um den Wert des geostrophischen Winds (s. z. B. Blackadar 1957, Bonner 1968, Baas et al. 2009).

In der Stratosphäre und unteren Mesosphäre kommen ebenfalls sehr starke Strahlströme vor, die auf die meridionale Temperaturverteilung innerhalb der Stratosphäre zurückzuführen sind. Während des nordhemisphärischen Winters entsteht auf der Nordhalbkugel ein weiterer starker Westwind, der *Polar Night Jet* (s. z. B. Kuroda und Kodera 2001, Graversen und Christiansen 2003). Auf der Südhalbkugel beobachtet man in dieser Zeit eher schwache östliche Winde. Im Sommer drehen sich die Verhältnisse auf der Nord- und Südhalbkugel um. Boville (1984) zeigte, dass die Struktur der troposphärischen Wellen in starkem Maße von den Stratosphärenjetstreams beeinflusst wird.

8.4 Luftmassentransformationen

Durch die globale Zirkulation wird in großskaligen Gebieten die Luft über einen längeren Zeitraum weitgehend gleichen geografischen und thermodynamischen Gegebenheiten ausgesetzt. Die zeitlich relativ konstanten Einwirkungen der atmosphärischen Strahlung, der Verdunstung und anderer Antriebe, die für die thermodynamische Charakterisierung der Luftmassen bedeutsam sind, führen zur Bildung von Luftmassen mit weitgehend einheitlichen thermodynamischen Eigenschaften. Neben der geografischen Breite spielt hierbei auch der Untergrund eine wichtige Rolle (Meer, Land, Eis etc.).

Die Hauptgebiete zur Prägung der thermodynamischen Eigenschaften von Luftmassen stellen die großen quasistationären *Antizyklonen* dar, die sich im subtropischen Hochdruckgürtel und an den Polen befinden. In den Subtropen werden wegen des dort vorherrschenden Wärmeüberschusses warme Luftmassen produziert, in den Polarzellen hingegen entstehen kalte Luftmassen, da dort ein Energiedefizit vorliegt. Über Ozeanen findet starke Verdunstung statt, so dass die dort liegenden Luftmassen relativ feucht sind. Wegen der hohen Wärmekapazität des Wassers sind die jahreszeitlichen Temperaturschwankungen über dem Meer deutlich geringer als über dem Land. Auch dieser Umstand ist für die Bildung unterschiedlicher Luftmassen von großer Bedeutung. Im Winter dienen die Ozeane als Wärmequelle, im Sommer hingegen als Wärmesenke für die darüberliegende Luft. Bei großen Landflächen, wie z. B. Zentralasien, verhält es sich umgekehrt. Diese werden im Sommer stark erwärmt, während im Winter die thermische Emission für eine mitunter extrem starke Abkühlung sorgen kann.

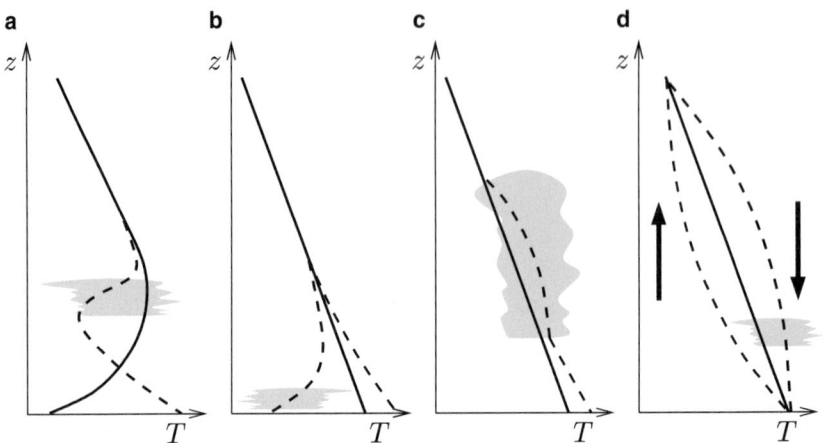

Abb. 8.10 Luftmassentransformation durch unterschiedliche Prozesse. Ausgangszustand (*durchgezogen*), Zustand nach Luftmassentransformation (*gestrichelt*). **a** turbulente Durchmischung, **b** Wärmeaustausch mit dem Untergrund, **c** Freisetzung latenter Wärme, **d** vertikales Strecken und Schrumpfen

Die zur Bildung der thermodynamischen Eigenschaften von Luftmassen verantwortlichen Prozesse, wie Strahlung, Verdunstung, Vertikalbewegungen etc., können nicht nur in deren Ursprungsgebieten, sondern auch bei einem Transport der Luftmassen aus den Ursprungsgebieten in andere Gegenden eine wichtige Rolle spielen. Durch diesen Vorgang, der auch als *Luftmassentransformation* bezeichnet wird, verlieren bei großräumigen Verlagerungen die Luftmassen mitunter vollständig ihren ursprünglichen Charakter.

Die wichtigsten Transformationsprozesse beim Luftmassentransport sind die Änderung der thermischen Stabilität mit dazugehöriger Änderung der vertikalen turbulenten Durchmischung, Erwärmung oder Abkühlung an der Erdoberfläche, das Freisetzen latenter Wärme durch Wolkenbildung sowie vertikales Strecken/Schrumpfen mit einhergehender Labilisierung/Stabilisierung. Diese in Abb. 8.10 schematisch dargestellten Prozesse werden im Folgenden anhand von Beispielen näher erläutert.

a) Turbulente Durchmischung
Wird polare Luft aus einer winterlichen Antizyklone in zyklonale Bereiche der Westwindzone verlagert, dann nimmt durch die zunehmende Erwärmung der Luft an der Erdoberfläche die vertikale Durchmischung innerhalb der Luftmasse zu. Dies führt zu einem Abbau der Vertikalgradienten von spezifischer Feuchte und potentieller Temperatur. Da die Luft ursprünglich sehr stabil war mit hohen Werten der spezifischen Feuchte im bodennahen Bereich, verringert sich aufgrund der Turbulenz die Feuchte am Boden und die Temperatur nimmt zu. In der höheren Atmosphäre ist es umgekehrt. Hieraus resultiert eine Änderung der vertikalen Temperaturverteilung. Die Bodeninversion verschwindet, stattdessen entwickelt sich in

der höheren Atmosphäre eine neue Inversionsschicht (Abb. 8.10a). Die Feuchtezunahme in der Höhe kann die Bildung von Stratus oder Stratocumulus nach sich ziehen.

b) Wärmeaustausch mit dem Untergrund
Bei diesem Prozess spielen die Ozeane mit ihren konstanten Wassertemperaturen eine wichtige Rolle. Wird Festlandsluft über das Meer transportiert, dann wird sie je nach Wassertemperatur entweder abgekühlt oder erwärmt (Abb. 8.10b). Außerdem nimmt die Luftfeuchte der zunächst relativ trockenen Festlandsluft zu, da über dem Ozean erhöhte Verdunstung stattfindet. Erwärmung führt zur Labilisierung und wegen der einsetzenden turbulenten Durchmischung zu einem effektiven Wärmetransport bis in höhere Schichten. Die Feuchtezunahme durch Verdunstung an der Wasseroberfläche kann die Bildung konvektiver Wolken ermöglichen. Hingegen führt Abkühlung zur Stabilisierung, d.h. im bodennahen Bereich wird die Turbulenz unterbunden mit dem Ergebnis, dass sich dort eine stabile Schicht bildet. Dadurch bleibt der Feuchtefluss aus dem Meer auf die unteren Bereiche der Atmosphäre beschränkt, was zur Verringerung der Sichtweite bzw. Nebelbildung führen kann. Insgesamt lässt sich sagen, dass wegen des unterschiedlichen turbulenten Verhaltens bei Erwärmung vom Untergrund her die Luftmassentransformation effizienter vonstatten geht als bei Abkühlung.

c) Strahlung und Freisetzung latenter Wärme
Über dem Festland können die thermodynamischen Eigenschaften von Luftmassen durch Strahlungsprozesse geändert werden. Dies gilt vor allem für wolkenarme bzw. wolkenfreie Situationen, da dann die strahlungsbedingte Temperaturänderung der Erdoberfläche am deutlichsten ausgeprägt ist. Im Winter kann hierbei durch die starke Emission infraroter Strahlung eine sehr stabile Schichtung im bodennahen Bereich entstehen mit der Folge, dass dort die turbulente Durchmischung ausbleibt. Im Sommer hingegen führt die strahlungsbedingte Aufheizung des Erdbodens zu einer Erwärmung der darüberliegenden Luftmassen mit einhergehender Labilisierung und Freisetzung latenter Wärme bei Wolkenbildung (Abb. 8.10c). Diese wiederum bewirkt, dass auch höhere atmosphärische Bereiche in den Transformationsvorgang mit einbezogen werden. Die Freisetzung latenter Wärme ist einer der wichtigsten Prozesse, durch den der Meridionaltransport von überschüssiger Wärme aus dem äquatorialen Bereich in nördliche Breiten bewerkstelligt wird.

d) Vertikales Strecken und Schrumpfen
Entstehen beim Luftmassentransport großräumige Vertikalbewegungen, dann ergeben sich auch hieraus deutliche Änderungen der Luftmasseneigenschaften. Bedenkt man, dass wegen der Gültigkeit der Kontinuitätsgleichung (3.30) die Vertikalbewegungen im Bereich horizontal divergenzfreier Bewegung, also etwa im 500 hPa Niveau, am stärksten sind, aber am Atmosphärenober- und -unterrand verschwinden, dann ist leicht einzusehen, dass bei großräumigen Absinkbewegungen eine Luftsäule in der unteren Atmosphäre vertikal schrumpft, während sie im oberen

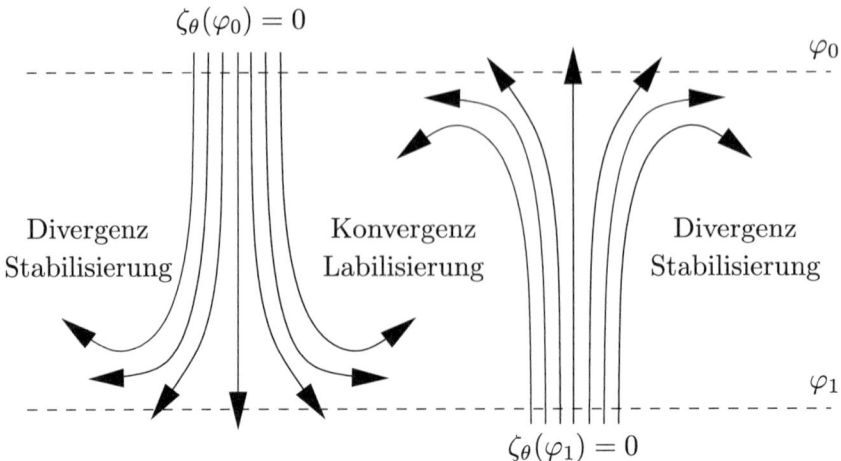

Abb. 8.11 Meridionaltransport von Luftmassen und mögliche Zyklonalisierung oder Antizyklonalisierung der Strömung. Nach Petterssen (1956)

Bereich gestreckt wird. Diese Vorgänge führen zur Stabilisierung bzw. Labilisierung der entsprechenden Bereiche (s. Abb. 8.10d). In der unteren Atmosphäre bildet sich in 1–2 km Höhe eine Inversionsschicht, so dass die Grenzschicht von der darüberliegenden freien Troposphäre dynamisch abgekoppelt wird. Unterhalb der Inversionsschicht können sich Stratuswolken bilden, wobei sich, wie oben bereits erwähnt, die Stratusdecke über sehr große Raum-Zeitgebiete erstrecken kann.

Umgekehrt wird bei Hebung die Luft im unteren Bereich gestreckt, d. h. labilisiert, während in höheren Schichten Schrumpfung und Stabilisierung zu beobachten ist. Dieser Vorgang kann mit konvektiver Wolkenbildung verbunden sein. Des Weiteren kann sich im oberen Bereich der Atmosphäre durch die dort stattfindende Stabilisierung die Tropopause in einem niedrigeren Niveau neu formieren.

e) Meridionaltransport von Luftmassen

Abschließend wird der großräumige meridionale Transport von Luftmassen untersucht. Die Bewegung verlaufe adiabatisch, so dass hierbei die *potentielle Vorticity* erhalten bleibt. Bezeichnet man die gesamte vertikale Mächtigkeit der transportierten Luftmasse mit Δp, dann gilt unter den gemachten Annahmen

$$\frac{\eta_\theta}{\Delta p} = \frac{\zeta_\theta + f}{\Delta p} = const \tag{8.7}$$

wobei f der Coriolisparameter und η_θ bzw. ζ_θ die absolute bzw. relative Vorticity im θ-System darstellen. Bei einem Meridionaltransport laufen die Luftmassen üblicherweise auseinander, so dass sich qualitativ das in Abb. 8.11 wiedergegebene Strömungsbild ergibt.

Für eine in der geographischen Breite φ_0 geradlinig nach Süden strömende Luftmasse ($\zeta_\theta(\varphi_0) = 0$) erhält man aus (8.7) folgendes Verhältnis der vertikalen Mäch-

8.4 Luftmassentransformationen

Tab. 8.1 Relative Änderung der vertikalen Mächtigkeit einer Luftmasse bei Nord-Süd Transport

$\zeta_\theta(\varphi_1)$	$-0.5 f(\varphi_1)$	0	$f(\varphi_0) - f(\varphi_1)$	$f(\varphi_1)$
$\Delta p(\varphi_1)/\Delta p(\varphi_0)$	0.3	0.6	1.0	1.2

Tab. 8.2 Änderungen der Obergrenze und der Temperatur einer geradlinig und adiabatisch von 60°N nach 10°N transportierten Luftmasse. Nach Kurz (1990)

Geographische Breite (°N)	60	50	40	30	20	10
Obergrenze (hPa)	300	380	490	590	730	860
T (°C)	-58	-43	-26	-13	$+4$	$+22$

tigkeiten

$$\frac{\Delta p(\varphi_1)}{\Delta p(\varphi_0)} = \frac{\zeta_\theta(\varphi_1) + f(\varphi_1)}{f(\varphi_0)} \tag{8.8}$$

Zur Verdeutlichung der Größenordnungen wähle man beispielsweise $\varphi_0 = 60°N$ und $\varphi_1 = 30°N$. Dann ergeben sich für unterschiedliche Werte von $\zeta_\theta(\varphi_1)$ die in Tab. 8.1 angegebenen Werte. Man sieht, dass in der geographischen Breite φ_1 die Änderung der Mächtigkeit der Luftsäule je nach Größe der dort vorliegenden relativen Vorticity beachtliche Werte annehmen kann. Selbst bei geradlinigem Meridionaltransport sinkt die Mächtigkeit der Luftsäule in 30°N auf 60 % ihres ursprünglichen Werts. Dieses vertikale Schrumpfen der Luftmasse ist mit horizontaler Divergenz, d. h. mit Stabilisierung gekoppelt. Umgekehrt wird in Gebieten mit starker zyklonaler Strömung die Luftsäule gestreckt, was mit Konvergenz und Labilisierung verbunden ist.

Verfolgt man eine geradlinig aus 60°N nach Süden transportierte Luftmasse, dann resultieren aus der Abnahme ihrer vertikalen Mächtigkeit Absinkbewegungen, bei denen die Luft trockenadiabatisch erwärmt wird. Einige Zahlenwerte hierzu sind in Tab. 8.2 wiedergegeben. Hierbei wurde in 60°N mit einer vertikalen Erstreckung der Luftmasse bis in eine Höhe von 300 hPa und einer Temperatur in diesem Niveau von -58 °C gestartet. Bereits in den mittleren Breiten hat sich die Luftmasse derart erwärmt und ihre Obergrenze erniedrigt, dass sie ihren ursprünglichen Charakter einer polaren Luftmasse vollständig verloren hat. In 10°N beträgt die Temperatur der Luft bereits 22 °C. Hier sei nochmals betont, dass diese Erwärmung lediglich auf das trockenadiabatische Absinken der Luft zurückzuführen ist.

Findet man in südlichen Breiten hochreichende Polarluft, dann muss die Strömung stark zyklonal sein, was sich in abgeschlossenen kalten Tiefdruckwirbeln bemerkbar macht. Die dazugehörigen Fronten sind somit relativ steil. Antizyklonal nach Süden strömende Polarluft hat nur eine geringe Mächtigkeit. Hier ist die Neigung der Front relativ flach und kann in eine Inversionsschichtung umschlagen. Für nach Norden strömende Luftmassen gilt das Entsprechende. Um ihre vertikale Mächtigkeit und thermische Struktur beizubehalten, müssen sie gemäß (8.8) im Norden antizyklonal strömen, d. h. $\zeta_\theta(\varphi_0) < 0$, da der Coriolisparameter nach Norden hin zunimmt. Tropische Warmluftmassen im Norden sind demnach geschlossene Antizyklonen. Bei starker antizyklonaler Strömung schrumpfen die Luftmassen

Tab. 8.3 Einteilung der Luftmassen nach Scherhag (1948). Die Abkürzungen sind jweils mit dem Prefix c (continental) und m (maritime) versehen

Bezeichnung	Abkürzung	Ursprung	Weg	Eigenschaften
Polare Zone				
Arktische	cP_A	Nordsibirien	Russland	extrem kalt
Polarluft	mP_A	Arktis	Nordmeer	feucht, sehr kalt
Polarluft	cP	Russland	Osteuropa	kalt
	mP	Arktis	Grönlandmeere	feucht, kalt
Gealterte	cP_T	Russland	Südosteuropa	trocken
Polarluft	mP_T	Arktis	Azorenraum	feucht
Tropische Zone				
Gemäßigte	cT_P	Mitteleuropa	–	–
Luft	mT_P	Nordostatlantik	Atlantik	feucht, mild
Tropikluft	cT	Naher Osten	Südosteuropa	trocken
	mT	Azorenraum	Westeuropa	feucht, warm
Afrikanische	cT_S	Sahara	–	trocken, heiß
Tropikluft	mT_S	Afrika	Mittelmeer	schwül

vertikal, es findet horizontale Divergenz und Stabilisierung statt, gegebenenfalls strömen die Luftmassen wieder nach Süden (s. Abb. 8.11). Bei zyklonaler Vorticity im Norden findet Streckung, Konvergenz, Labilisierung und eventuell Wolkenbildung statt.

Scherhag (1948) führte eine feinere Einteilung der großskaligen Luftmassen ein als die von Palmén und Newton (1969) vorgenommene Dreiteilung in tropische, gemäßigte und polare Luft. Hierdurch gelingt es, die durch die Ursprungsgebiete und den großräumigen Transport entstehenden thermodynamischen Luftmasseneigenschaften besser zu berücksichtigen. Diese Klassifikation wird auch heute noch vom DWD benutzt und ist in Tab. 8.3 zusammengefasst. Im Gegensatz zur Dreiteilung von Palmén und Newton (s. Abb. 8.3), beruht die von Scherhag vorgenommene Klassifikation zunächst auf einer Zweiteilung der Hauptluftmassen in den polaren und den tropischen Bereich, so wie sie zu Beginn des 20. Jahrhunderts noch vorgenommen wurde. Innerhalb der beiden Gebiete werden jeweils drei verschiedene Luftmassen unterschieden, und diese werden wiederum in die beiden Untergruppen maritim und kontinental unterteilt, so dass sich insgesamt zwölf verschiedene Luftmassen ergeben. Die unterschiedlichen thermodynamischen Eigenschaften der Luftmassen sind hauptsächlich auf ihr Ursprungsgebiet und auf den Weg, den sie von dort zum Zielgebiet (Mitteleuropa) genommen haben, zurückzuführen. Beispielsweise stammt die maritime Polarluft (Abkürzung mP) aus der Arktis und ist über die Grönlandmeere nach Mitteleuropa transportiert worden, so dass sie als feucht und kalt eingestuft wird.

Für Nordamerika wird vom National Weather Service der USA eine Einteilung der Luftmassen vorgenommen, die zwar nicht so detailliert ist wie die von Scherhag, aber ähnliche Unterscheidungsmerkmale aufweist. Danach wird zwischen continental arctic air (cA), continental polar air (cP), maritime polar air (mP), continental tropical air (cT) und maritime tropical air (mT) unterschieden. Näheres hierzu kann im Internet nachgelesen werden[11].

8.5 Europäische Großwetterlagen

Die Ausführungen des vorangehenden Abschnitts machen deutlich, dass Luftmassentransporte und -transformationen die charakteristischen Merkmale einer Wetterlage entscheidend beeinflussen können. Aufgrund solcher Beobachtungen wurden bereits Anfang des letzten Jahrhunderts Versuche unternommen, das Wetter in unterschiedliche *Großwetterlagen* einzuteilen. Wegen der damals noch fehlenden Höhenbeobachtungen konnte dies zunächst jedoch nur bedingt gelingen, da der Witterungscharakter sehr stark durch die Höhenströmung geprägt wird. Unter der Leitung von F. Baur entstand zwischen 1941 und 1943 erstmals ein *Kalender der Großwetterlagen Europas* (Baur et al. 1944). Baur (1963) definierte den Begriff Großwetterlage wie folgt: *„Unter Großwetterlage versteht man die während mehrerer Tage im wesentlichen gleichbleibenden und für die Witterung in den einzelnen Teilgebieten maßgebenden Züge des Gesamtzustandes der Lufthülle in dem betrachteten Großraume. Sie wird gekennzeichnet durch die mittlere Luftdruckverteilung im Meeresniveau und in der mittleren Troposphäre, erstreckt über einen Raum von mindestens der Größe Europas einschließlich des östlichen Nordatlantik."*

Als charakteristische Merkmale bestimmter Großwetterlagen wurden die geographische Lage von steuernden Druckzentren sowie der Verlauf von *Frontalzonen* herangezogen. Obwohl zum damaligen Zeitpunkt schon bekannt war, dass die Großwetterlagen vor allem von der Höhenströmung beeinflusst werden, wurden trotzdem in erster Linie die Bodendruckverteilungen bei der Einteilung der verschiedenen Typen herangezogen. Dadurch gelang es, auch die Wetterlagen früherer Zeiten, bei denen noch keine Höhenbeobachtungen vorlagen, in die statistischen Untersuchungen mit einzubeziehen.

Basierend auf den Arbeiten von Baur et al. (1944) und Baur (1947) veröffentlichten Hess und Brezowsky (1952) den *Katalog der Großwetterlagen Europas*, der die Großwetterlagen aller Tage zwischen 1881 und 1950 beinhaltete. Dieser Katalog wurde in den folgenden Jahren mehrfach überarbeitet (Hess und Brezowsky 1969, 1977). Gerstengarbe und Werner (1993, 1999, 2005) setzten die Arbeiten von Hess und Brezowsky fort und präsentierten ausführliche Beschreibungen sowie detaillierte statistische Auswertungen der raumzeitlichen Strukturen europäischer Großwetterlagen. Die letzte überarbeitete Auflage dieser Arbeiten erschien als Report No. 119 des Potsdam-Instituts für Klimafolgenforschung (PIK) (Werner und Gerstengarbe 2010)[12].

Die von Baur ursprünglich eingeführte Einteilung in 21 Großwetterlagen wurde im Laufe der Jahre erweitert und besteht heute aus 29 verschiedenen europäischen Großwetterlagen. In Tab. 8.4 sind deren Namen und gängige Abkürzungen zu-

---

[11] https://www.srh.noaa.gov.
[12] erhältlich unter https://www.pik-potsdam.de.

Tab. 8.4 Die europäischen Großwetterlagen und Zirkulationsformen mit Abkürzungen. Nach Werner und Gerstengarbe (2010)

Bezeichnung	Abkürzung
Zonale Zirkulationsform (ZZ)	
Westlage, antizyklonal	Wa
Westlage, zyklonal	Wz
Südliche Westlage	Ws
Winkelförmige Westlage	Ww
Gemischte Zirkulationsform (GZ)	
Südwestlage, antizyklonal	SWa
Südwestlage, zyklonal	SWz
Nordwestlage, antizyklonal	NWa
Nordwestlage, zyklonal	NWz
Hoch Mitteleuropa	HM
Hochdruckbrücke Mitteleuropa	BM
Tief Mitteleuropa	TM
Meridionale Zirkulationsform (MZ)	
Nordlage, antizyklonal	Na
Nordlage, zyklonal	Nz
Hoch Nordmeer-Island, antizyklonal	HNa
Hoch Nordmeer-Island, zyklonal	HNz
Hoch Britische Inseln	HB
Trog Mitteleuropa	TrM
Nordostlage, antizyklonal	NEa
Nordostlage, zyklonal	NEz
Hoch Fennoskandien, antizyklonal	HFa
Hoch Fennoskandien, zyklonal	HFz
Hoch Nordmeer-Fennoskandien, antizyklonal	HNFa
Hoch Nordmeer-Fennoskandien, zyklonal	HNFz
Südostlage, antizyklonal	SEa
Südostlage, zyklonal	SEz
Südlage, antizyklonal	Sa
Südlage, zyklonal	Sz
Tief Britische Inseln	TB
Trog Westeuropa	TrW

sammengefasst. Bei einigen Wetterlagen wird zwischen zyklonal und antizyklonal geprägtem Witterungscharakter unterschieden, wobei sich diese Merkmale jeweils auf Mitteleuropa beziehen. Weiterhin erweist es sich als sinnvoll, die Großwetterlagen in drei Gruppen unterschiedlicher *Zirkulationsformen* zu unterteilen. Man unterscheidet zwischen der *zonalen* (ZZ), der *gemischten* (GZ) und der *meridionalen Zirkulationsform* (MZ).

Die zonale Zirkulationsform ist dadurch gekennzeichnet, dass zwischen einem hochreichenden subtropischen Hoch und einem ebenfalls hochreichenden subpolaren Tief über dem Nordatlantik relativ milde und feuchte Meeresluft in vornehmlich

8.5 Europäische Großwetterlagen

Tab. 8.5 Zirkulationsformen und Großwettertypen sowie deren jährliche relative Häufigkeit. Nach Werner und Gerstengarbe (2010)

Zirkulationsform	Großwettertyp	Großwetterlage	Häufigkeit (%)
ZZ	West	Wa, Wz, Ws, Ww	26.92
	Südwest	SWa, SWz	5.01
	Nordwest	NWa, NWz	8.46
	Hoch Mitteleuropa	HM, BM	16.60
	Tief Mitteleuropa	TM	2.46
GZ			32.53
	Nord	Na, Nz, HNa, HNz, HB, TrM	15.93
	Nordost	NEa, NEz	4.09
	Ost	HFa, HFz, HNFa, HNFz	7.77
	Südost	SEa, SEz	3.63
	Süd	Sa, Sz, TB, TrW	8.30
MZ			39.70

zonaler Richtung nach Osten transportiert wird. Dieser Zirkulationsform werden somit alle *Westlagen* zugeordnet. Zur gemischten Zirkulationsform zählt man solche Wetterlagen, bei denen sowohl meridionale als auch zonale Strömungskomponenten eine Rolle spielen, wie beispielsweise die *Nordwest-* und die *Südwestlage*. Charakteristisch ist hierbei, dass sich die steuernden Hochdruckzentren gegenüber der Westlage deutlich nach Norden verschoben haben und zwar über den Nordatlantik (NWa, NWz), über Mitteleuropa (HM, BM) oder über Osteuropa (SWa, SWz). Die meridionale Zirkulationsform umfasst alle Troglagen mit nord-südlicher Achsenausrichtung sowie die *blockierenden Hochdrucklagen*. Die *Nordost-* und *Südostlagen* werden ebenfalls zu dieser Zirkulationsform gezählt, da sie vor allem durch den blockierenden Charakter der dazugehörigen nord- oder osteuropäischen Antizyklonen geprägt sind.

Da einige Großwetterlagen nur relativ selten auftreten, erscheint es für statistische Auswertungen sowie aufgrund der Verwandtschaft einzelner Großwetterlagen zweckmäßig, neben den drei Zirkulationsformen noch eine Einteilung in unterschiedliche Großwettertypen vorzunehmen (s. Tab. 8.5). In dieser Tabelle ist ebenso die relative jährliche Häufigkeit für das Auftreten der einzelnen Großwettertypen wiedergegeben. Hieraus ist zu erkennen, dass im jährlichen Mittel der Westlagentyp mit etwa 26.9 % am häufigsten auftritt. Ihm folgen der Typ Hoch Mitteleuropa (16.6 %) und die *Nordlagen* (15.9 %). Die übrigen Großwettertypen treten mit relativen Häufigkeiten von weniger als 10 % auf, wobei des Tief Mitteleuropa mit 2.5 % am seltensten vorkommt.

In Tab. 8.6 ist eine feinere Einteilung von Großwetterlagen und Zirkulationsformen in monatliche Häufigkeiten zu finden. Eine geringe Anzahl von Tagen (weniger als 1 %) kann keiner Großwetterlage zugeordnet werden, und wird als Übergangsphase zwischen zwei Wetterlagen angesehen. Betrachtet man die monatliche Aufteilung der Häufigkeiten einzelner Großwetterlagen, dann erkennt man, dass die meisten Großwetterlagen einen deutlichen Jahresgang ihrer Auftrittshäufigkeit auf-

Tab. 8.6 Relative Häufigkeiten der einzelnen Großwetterlagen (GWL) und Zirkulationsformen in % für den Zeitraum 1881–2008. U: Übergangslagen. Nach Werner und Gerstengarbe (2010)

GWL	Monat												Jahr
	1	2	3	4	5	6	7	8	9	10	11	12	
Wa	6.15	4.13	4.69	3.65	3.40	5.70	7.74	8.85	8.12	7.13	4.95	4.71	5.77
Wz	16.46	14.87	13.76	11.07	11.09	16.17	19.20	20.16	15.16	15.10	16.02	19.35	15.70
Ws	4.11	5.30	4.84	2.37	1.13	2.14	1.39	1.69	0.91	3.40	2.94	6.33	3.05
Ww	3.53	1.98	2.87	1.80	0.96	2.14	1.36	1.97	1.93	1.94	4.30	3.83	2.38
ZZ	30.24	26.28	26.16	18.88	16.58	26.15	29.69	32.66	26.12	27.57	28.20	34.22	26.92
SWa	3.30	2.59	2.60	1.85	1.66	1.61	1.21	1.99	2.03	3.63	3.05	3.12	2.39
SWz	4.18	2.43	1.84	2.16	2.82	1.38	1.76	1.71	2.29	4.61	3.75	2.52	2.62
NWa	2.72	3.29	3.35	2.53	2.87	5.31	7.33	5.19	3.91	1.99	3.91	2.44	3.74
NWz	5.57	5.61	4.99	4.61	2.90	3.85	6.85	4.69	4.04	2.95	4.77	5.90	4.73
HM	11.47	11.24	8.64	5.65	7.54	8.02	8.44	8.17	12.11	10.36	6.07	8.97	8.89
BM	6.02	6.89	5.90	7.29	5.49	6.51	7.64	9.63	9.69	8.52	9.69	9.38	7.72
TM	2.14	2.68	2.95	4.17	3.50	2.01	2.12	1.92	2.03	2.09	2.55	1.36	2.46
GZ	35.41	34.74	30.27	28.26	26.79	28.70	35.36	33.29	36.09	34.15	33.78	33.69	32.53
Na	0.43	0.39	0.91	0.73	2.14	2.16	1.26	1.29	0.57	0.08	0.47	0.66	0.92
Nz	2.62	2.29	3.00	4.01	4.39	4.32	2.19	2.55	2.40	1.89	2.29	1.81	2.81
HNa	1.79	2.23	2.02	5.05	5.17	5.60	2.80	2.80	3.49	2.52	1.61	1.92	3.08
HNz	1.08	1.12	1.66	1.98	2.97	1.88	1.41	0.86	0.47	1.71	0.55	0.76	1.37
HB	2.42	4.13	3.48	4.38	3.23	4.51	2.85	2.22	4.14	3.18	2.53	2.32	3.29
TrM	3.65	4.44	4.99	6.02	3.78	4.09	4.79	3.35	4.71	3.78	5.81	4.21	4.47
NEa	0.98	1.67	2.34	2.21	3.98	4.77	3.40	3.18	1.80	0.86	0.42	0.60	2.18
NEz	1.61	1.06	1.59	3.23	3.12	2.92	1.99	2.09	2.32	0.98	0.70	1.36	1.91
HFa	4.39	4.60	4.69	3.49	3.81	1.90	2.44	3.65	3.49	4.01	2.66	3.81	3.58
HFz	1.06	1.51	1.18	1.56	1.13	0.65	0.83	0.93	0.68	0.86	1.43	1.21	1.09
HNFa	0.81	1.93	0.81	1.74	4.79	1.74	1.31	0.68	0.76	1.13	0.57	0.60	1.41
HNFz	1.84	2.04	3.07	3.05	2.90	1.59	1.11	0.96	0.86	0.71	1.69	0.50	1.69
SEa	2.44	2.20	3.30	2.37	2.42	0.78	0.40	0.23	1.74	4.41	3.33	2.42	2.17
SEz	2.80	3.29	2.87	1.90	1.08	0.26	0.00	0.13	0.89	1.31	1.35	1.59	1.46
Sa	3.02	1.65	1.94	1.61	1.16	0.36	0.13	0.50	2.50	3.43	3.78	2.07	1.85
Sz	1.01	1.79	0.86	0.57	0.00	0.08	0.00	0.00	0.36	1.31	1.82	1.94	0.81
TB	0.98	1.31	1.31	2.79	4.01	1.93	2.87	3.73	1.85	1.97	1.90	1.92	2.21
TrW	0.96	1.65	2.60	4.95	5.29	4.27	4.18	4.23	3.93	3.10	4.11	1.81	3.42
MZ	33.97	39.29	42.62	51.64	55.37	43.80	33.97	33.37	36.95	37.22	37.03	31.50	39.70
U	0.38	0.56	0.96	1.22	1.26	1.35	0.98	0.68	0.83	1.06	0.99	0.58	0.90

8.5 Europäische Großwetterlagen

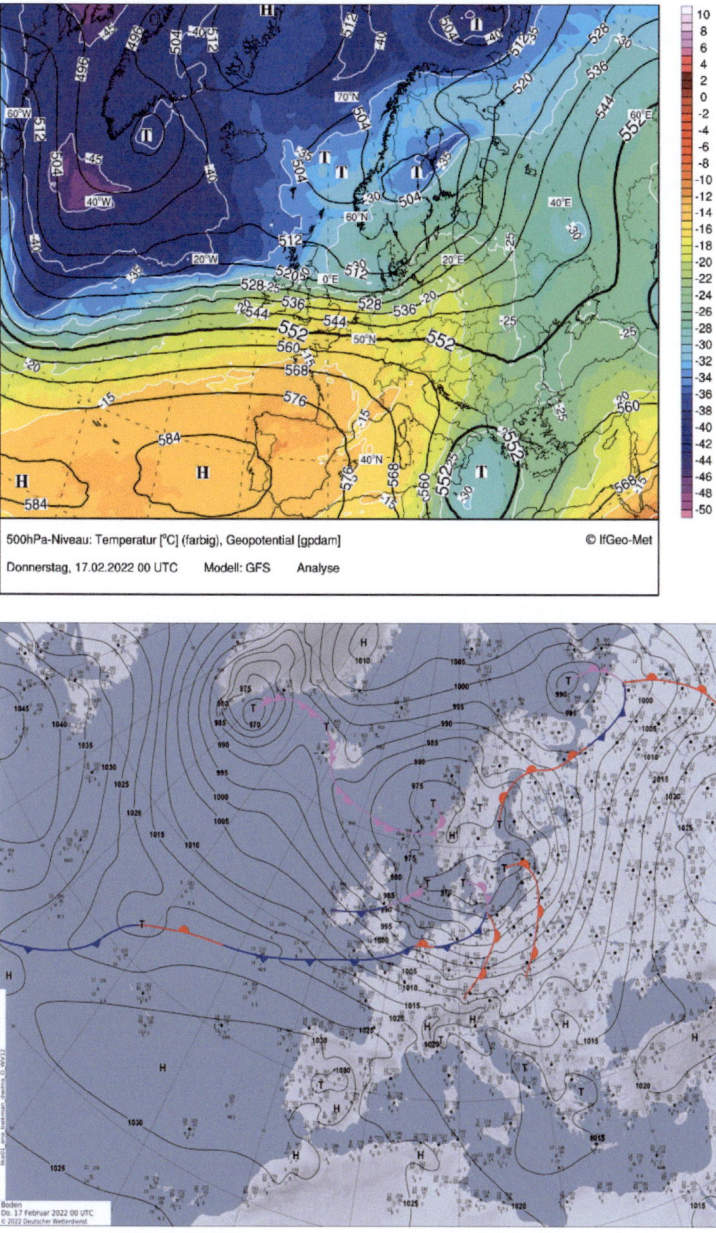

Abb. 8.12 *Westlage, überwiegend zyklonal* (Wz). Einzelstörungen wandern mit eingelagerten *Zwischenhochs* oder Hochdruckkeilen in einer in normaler Lage befindlichen Frontalzone vom Seegebiet westlich Irlands über die Britischen Inseln, Nord- und Ostsee hinweg nach Osteuropa und biegen dann, besonders im Winter, nach Nordosten um. Das steuernde Zentraltief liegt meist nördlich von 60°N. Das in normaler Lage befindliche Azorenhoch reicht oft mit einem Ausläufer bis nach Südfrankreich oder sogar bis in den Alpenraum. Oberitalien bleibt meistens antizyklonal beeinflusst. Verwandte GWL: Ws, Wa. Maximum: August, Minimum: April

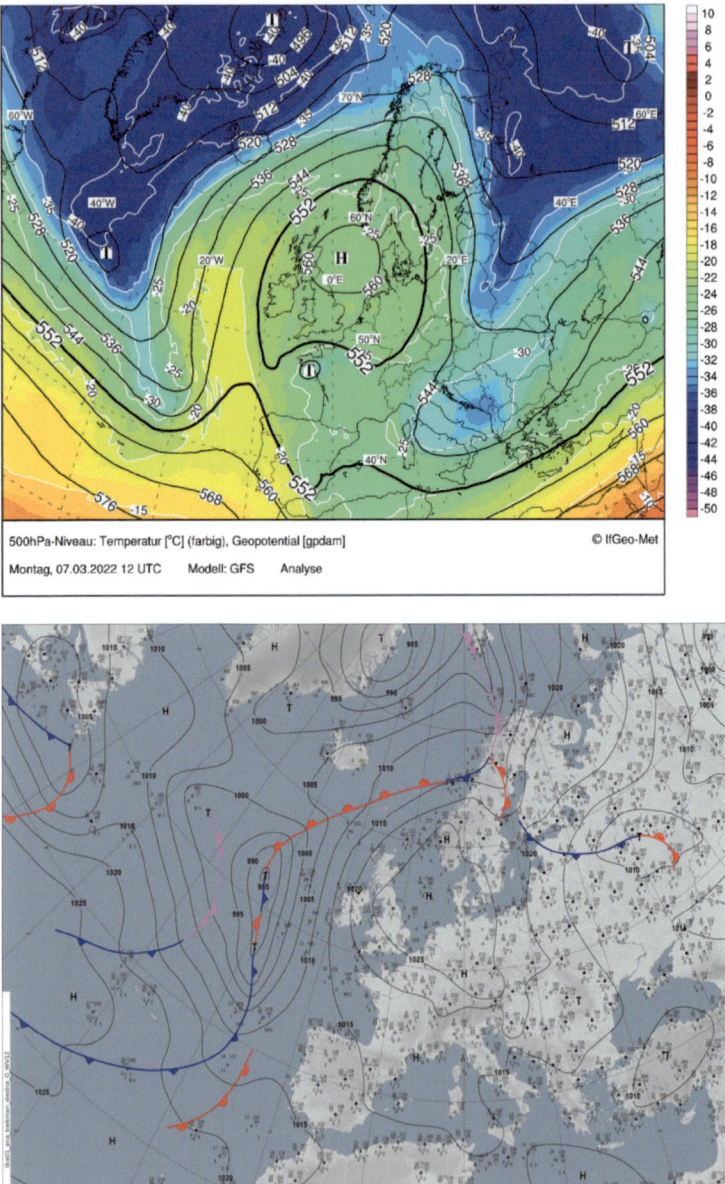

Abb. 8.13 *Hoch Mitteleuropa* (HM). Über ganz Mitteleuropa liegt ein ausgedehntes Hochdruckgebiet, das in der Höhe mindestens einen stabilen Hochkeil, manchmal auch einen abgeschlossenen Kern aufweist. Die Frontalzone verläuft in einem antizyklonal gekrümmten Bogen meist nördlich von 60°N. An der West- und Ostflanke des mitteleuropäischen Hochs befinden sich Tröge über dem Ostatlantik und Russland. Die Luftdruckgradienten sind oft schwach. Manchmal erstreckt sich eine meridional verlaufende Hochdruckzone über Mitteleuropa. Verwandte GWL: SWa, Sa, SEa, BM. Maximum: September, Minimum: April

8.5 Europäische Großwetterlagen

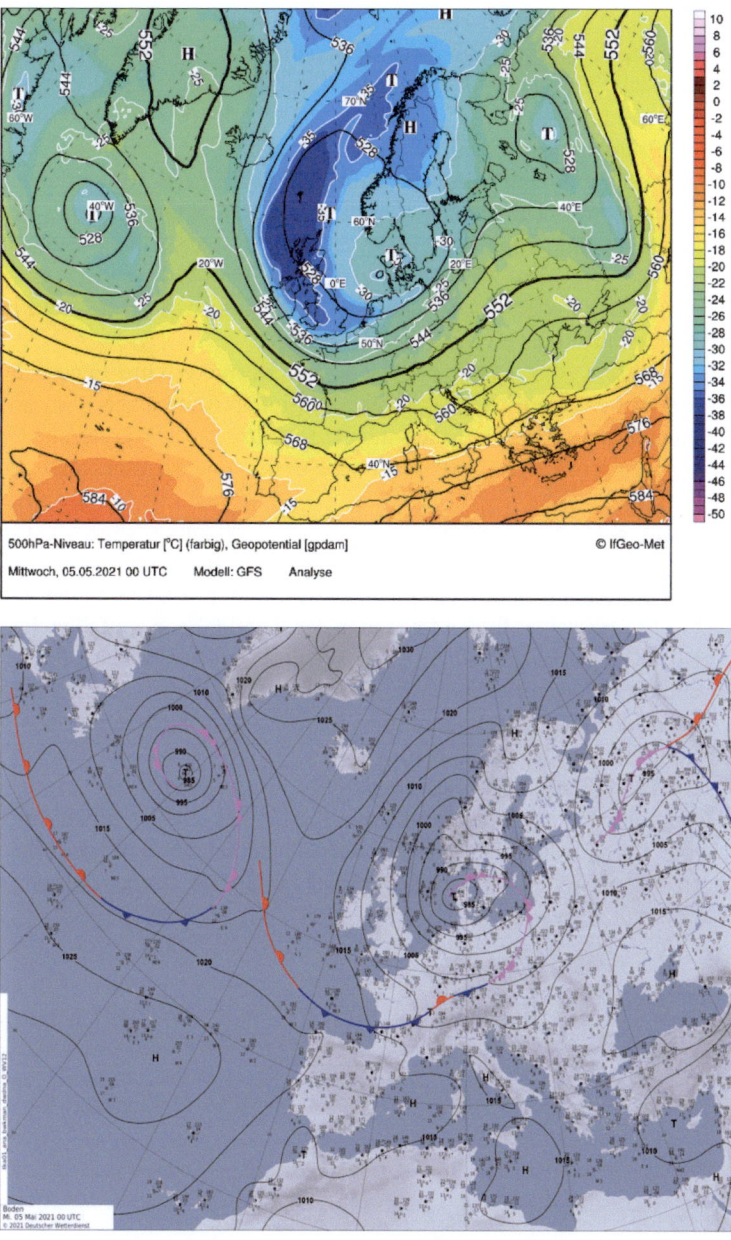

Abb. 8.14 *Trog Mitteleuropa* (TrM). Ein Trog über Nord- und Mitteleuropa wird flankiert von höherem Luftdruck über dem östlichen Nordatlantik und Westrussland. Einzelstörungen ziehen entlang einer von Nordwest über Nordfrankreich und das südliche Mitteleuropa verlaufenden und von dort nach Nordosten umbiegenden Frontalzone. Nach vorübergehender Abschwächung gewinnen sie über dem Mittelmeer wieder an Intensität und wirken sich dadurch stärker über dem östlichen Mitteleuropa aus. Verwandte GWL: NWz, Nz. Maximum: November, Minimum: Januar

weisen. Die beiden am häufigsten auftretenden Großwetterlagen sind die *zyklonale Westlage* mit 15.70 % sowie das *Hoch Mitteleuropa* mit 8.89 % im Jahresdurchschnitt. Aus dem Jahresgang dieser beiden Großwetterlagen sieht man, dass ihr maximales Auftreten (August bzw. September) etwa doppelt so häufig ist wie das minimale Auftreten (April). An dritter Stelle findet man die *Hochdruckbrücke Mitteleuropa* mit einer mittleren jährlichen Häufigkeit von 7.72 %. Die restlichen Großwetterlagen treten mit Häufigkeiten zwischen etwa 1 % und 5.8 % auf. Bezüglich der verschiedenen Zirkulationsformen ergibt sich, dass die zonale Zirkulation in 26.92 % und die gemischte Zirkulation in 32.53 % aller Fälle auftreten, während die meridionale Zirkulation einen Anteil von 39.70 % aufweist. Alle drei Zirkulationsformen besitzen keinen einheitlichen Jahresgang.

Auf detailliertere statistische Untersuchungen der unterschiedlichen Großwetterlagen und insbesondere daraus ableitbare Klimainformationen wird an dieser Stelle verzichtet. Stattdessen wird auf die Originalarbeit von Werner und Gerstengarbe (2010) verwiesen, wo eine umfangreiche Diskussion der Ergebnisse zu finden ist.

In den Abb. 8.12–8.14 sind für jede der drei Zirkulationsformen beispielhaft je eine Großwetterlage in Form der 500 hPa- und der *Bodenanalysekarte* wiedergegeben. Die Kartenausschnitte entsprechen etwa dem Definitionsgebiet der europäischen Großwetterlagen. In den Legenden der Abbildungen sind die wichtigsten charakteristischen Merkmale der einzelnen Wetterlagen beschrieben. Ebenso werden verwandte Großwetterlagen sowie die Monate mit dem statistisch häufigsten bzw. seltensten Vorkommen erwähnt. Die Texte sind mit Änderungen aus Werner und Gerstengarbe (2010) entnommen.

Im Internetportal des DWD[13] sind detaillierte Angaben aller seit dem Jahr 2002 aufgetretenen europäischen Großwetterlagen zu finden. Neben einem umfangreichen Kartenteil beinhalten die Analysen auch Angaben zur Häufigkeit der Großwetterlagen, Monatsmittelwerte verschiedener Parameter, Niederschlagssummen, Temperaturanomalien etc.

---

[13] https://www.dwd.de/GWL.

8.6 Wetterlagen unter dem Einfluss unterschiedlicher Luftmassen

In diesem Abschnitt wird anhand von drei Beispielen veranschaulicht, wie stark in bestimmten synoptischen Situationen der großskalige Luftmassentransport den vorliegenden Witterungscharakter beeinflussen kann.

8.6.1 Nordwestlage

Bei *Nordwestlagen* ist die großräumige Druckverteilung charakterisiert durch ein bis in den Ostatlantik verschobenes subtropisches Hoch (*Azorenhoch*) und ein über dem Nordmeer bzw. *Fennoskandien*[14] liegendes Tiefdrucksystem. Entlang der stark ausgeprägten atlantischen Frontalzone, die von den Britischen Inseln bis ins östliche Mittelmeer verläuft, ziehen Tiefdruckgebiete vom Nordatlantik in Richtung Südosteuropa.

Als Beispiel für eine Nordwestlage wird die Wettersituation vom 14.03.2010 herangezogen. Abb. 8.15 zeigt für diesen Tag die Analysekarte des Geopotentials in 500 hPa sowie die Bodenanalysekarte jeweils um 12 UTC. Zwischen dem über dem Ostatlantik liegenden hochreichenden Hoch und dem umfangreichen Tief über Fennoskandien strömt Meeresluft polaren Ursprungs aus nordwestlicher Richtung direkt nach Mitteleuropa. Über Dänemark befindet sich ein *Randtief*, dessen Kaltfront im weiteren Verlauf Deutschland überquert. Das in Abb. 8.16 dargestellte VIS0.8 Kanalbild des MSG zeigt ein breites, entlang dem Frontensystem von Island über die Nordsee nach Polen verlaufendes Wolkenband. Über der Nordsee und der norwegischen See sieht man hingegen offene Zellstrukturen, die den konvektiven Charakter der Bewölkung hinter der Kaltfront widerspiegeln. Über den Britischen Inseln erkennt man nur relativ geringe Bewölkung.

Der großräumige Transport maritimer polarer Luftmassen nach Mitteleuropa führte an diesem Tag dazu, dass in Deutschland insgesamt eine nasskalte Witterung vorherrschte, die durch starke Bewölkung und zeitweiligen teils schauerartig verstärkten Niederschlag charakterisiert war. Die maximalen Temperaturen erreichten an der Küste und in höheren Lagen nicht mehr als 6 °C, ansonsten stiegen sie auf bis zu 10 °C. Nachts gingen die Temperaturen auf 4 °C zurück, in den Kammlagen der Mittelgebirge sanken sie unter den Gefrierpunkt. Der Wind wehte mäßig bis frisch aus westlichen bis nordwestlichen Richtungen, an der Küste und in Ostdeutschland wurden teilweise stürmische Böen beobachtet.

Für die Jahreszeit typisch, regnete es überall im Flachland, während in höheren Lagen der Regen allmählich in Schnee überging. Wegen des maritimen Charakters der nach Europa transportierten Luftmassen fällt selbst im Winter bei Nordwestlagen (und insbesondere bei Westlagen) der Niederschlag im westdeutschen

---

[14] Der vom finnischen Geologen W. Ramsey 1898 eingeführte Begriff Fennoskandien bzw. Fennoskandinavien umfasst neben Skandinavien noch Finnland, die Halbinsel Kola sowie Karelien.

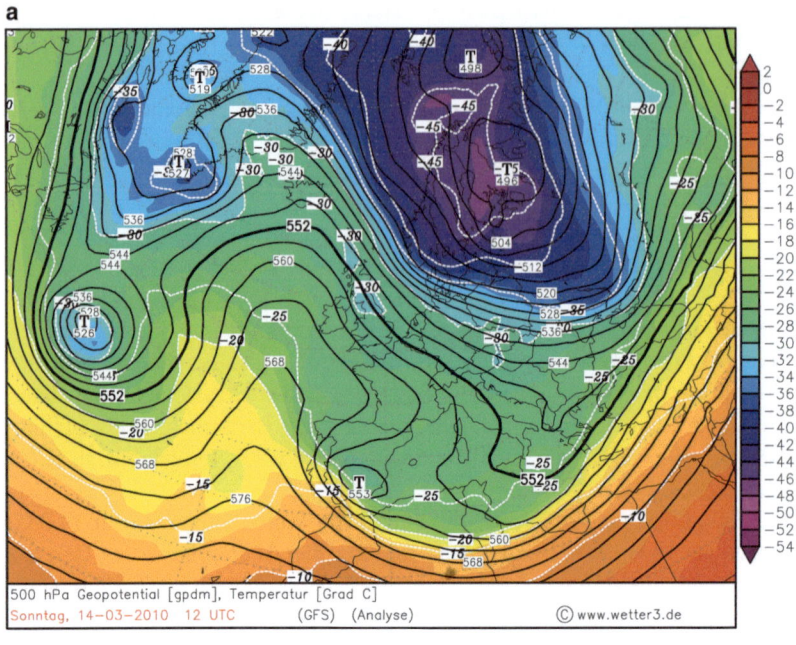

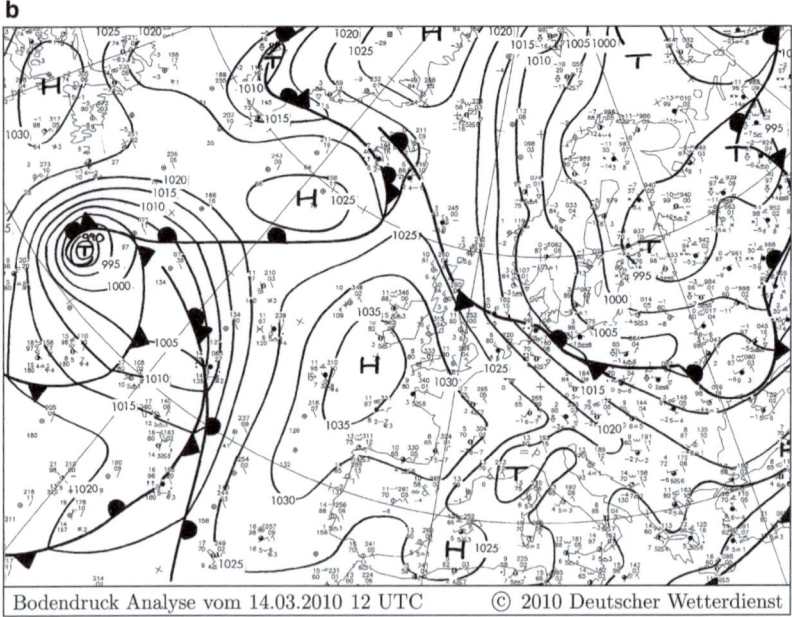

Abb. 8.15 Analysekarten vom 14.03.2010 12 UTC. **a** 500 hPa Geopotential und Temperatur, **b** Bodendruck

8.6 Wetterlagen unter dem Einfluss unterschiedlicher Luftmassen

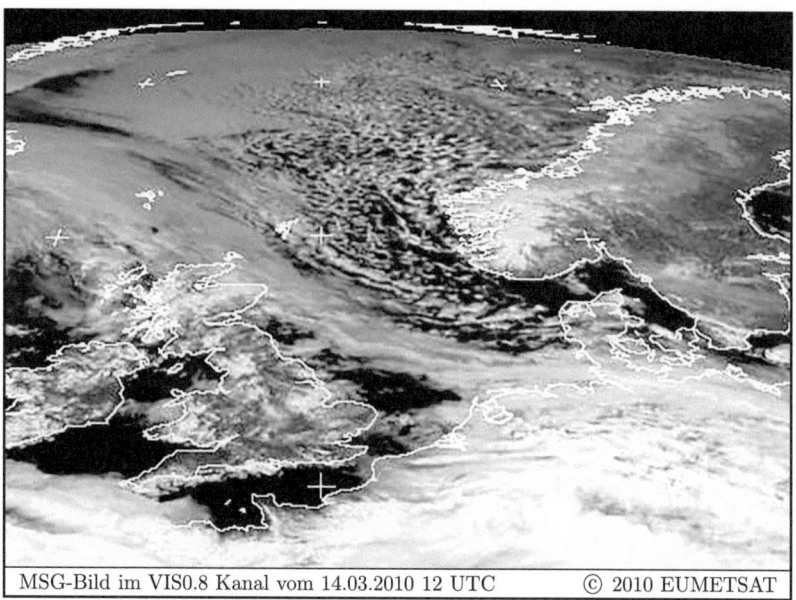

MSG-Bild im VIS0.8 Kanal vom 14.03.2010 12 UTC © 2010 EUMETSAT

Abb. 8.16 MSG-Satellitenbild im VIS0.8 Kanal vom 14.03.2010 12 UTC. Quelle: https://www.sat.dundee.ac.uk

Flachland meistens als Regen. In Ost- und Süddeutschland hingegen kann sich auch Schneeregen oder Schneefall bilden.

Im Sommer ist die Wetterumstellung auf eine Nordwestlage in der Regel mit einer spürbaren Abkühlung und ebenfalls sehr wechselhaftem Wetter verbunden. Das gilt insbesondere für die norddeutschen Küstengebiete, wo die Temperaturen oft deutlich unter 20 °C absinken können, so dass insgesamt eine kühle Witterung vorherrscht.

8.6.2 Ostlage

Die *Ostlagen* werden der *meridionalen Zirkulationsform* zugeordnet (s. Tab. 8.5). In diesen Situationen wird das Wetter in Mitteleuropa vor allem durch die Zufuhr kontinentaler Luftmassen aus Osteuropa und Russland und manchmal auch bis aus Sibirien geprägt. Aufgrund der kontinentalen Strahlungserwärmung bzw. -abkühlung ist die in Mitteleuropa ankommende Luft im Sommer sehr warm, im Winter kann sie dagegen extrem kalt sein. Da die Luftmassen auf ihrem Weg nach Mitteleuropa nicht über große Wasserflächen gelangen, sind sie entsprechend trocken.

Abb. 8.17 zeigt die 500 hPa Analysekarten des Geopotentials sowie die Bodendruckkarten vom 09.03.2010 00 UTC. Hierbei handelt es sich um eine *Nordostlage*, die ebenfalls zur Gruppe der Ostlagen gezählt wird. In der 500 hPa Karte erkennt

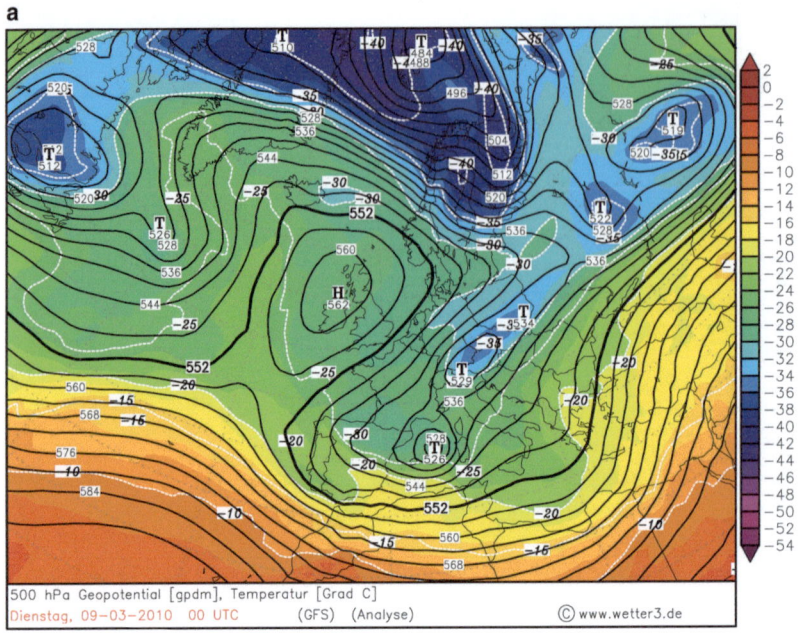

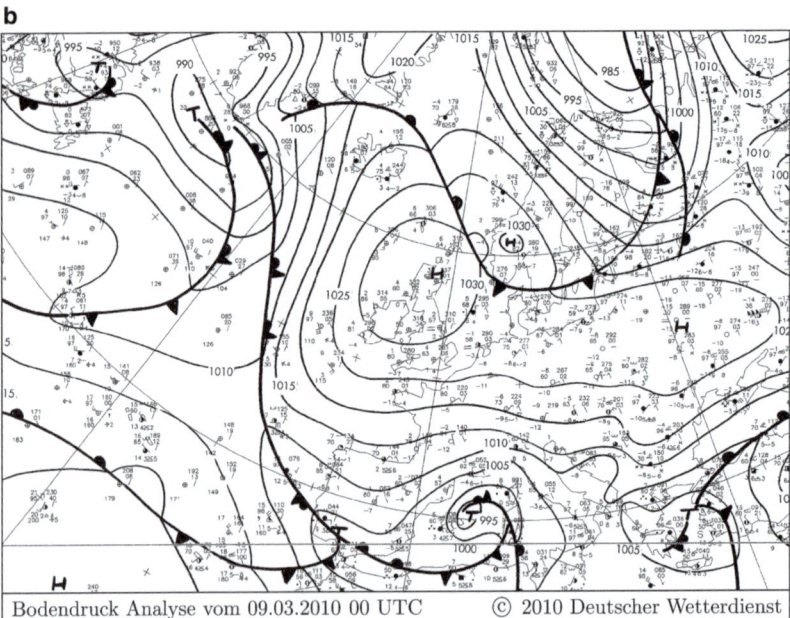

Abb. 8.17 Analysekarten vom 09.03.2010 00 UTC. **a** 500 hPa Geopotential und Temperatur, **b** Bodendruck

8.6 Wetterlagen unter dem Einfluss unterschiedlicher Luftmassen

man ein kräftiges abgeschlossenes Hoch über den Britischen Inseln. Östlich davon liegt über Europa eine ausgedehnte, sich von den Balearen bis zum Ural erstreckende Tiefdruckzone. Die Bodenkarte zeigt über Europa überall relativ hohen Luftdruck, wobei sich das Hoch über den Britischen Inseln mit dem über Weißrussland liegenden Hoch zu einer *Hochdruckbrücke* verbunden hat. Da über dem Bodenhoch des europäischen Festlands in der Höhe tiefer Luftdruck vorherrscht, handelt es sich um ein *flaches Hoch*, das sich im Winter über dem Festland in Bodennähe bilden kann, wenn in den unteren atmosphärischen Schichten die Luft durch infrarote Strahlungsemission sehr stark abgekühlt wird. Man spricht deshalb auch von einem *Kältehoch*.

Die an das Hoch angrenzenden Tiefdruckgebiete haben keine Bedeutung für das Wettergeschehen in Mitteleuropa. Lediglich im Alpenvorland wird das Wetter von dem über dem ligurischen Meer liegenden Tief etwas beeinflusst. Der wichtigste, den Witterungscharakter in Deutschland prägende Faktor besteht in der Zufuhr extrem kalter und trockener Festlandsluft aus Russland, die an der Südflanke des Bodenhochs nach Deutschland geführt wird. Entsprechend niedrig fallen die Temperaturen an diesem Tag in ganz Deutschland aus. Obwohl es abgesehen vom Alpenvorland überall während des ganzen Tages wolkenlos war mit bis zu 11 Stunden Sonnenscheindauer, stiegen die Temperaturen in Süddeutschland nicht über 0 °C, in Mittel- und Norddeutschland wurden Maximalwerte von 4 °C erreicht. In der darauffolgenden wolkenlosen Nacht sanken die Temperaturen durch die strahlungsbedingte Abkühlung in ganz Deutschland auf Werte unter −10 °C, in manchen Gegenden Süddeutschlands bis auf −20 °C. Laut Angaben des DWD[15] liegt in Deutschland die langjährige Mitteltemperatur im März bei etwa 3.5 °C, so dass die Witterung am 09.03.2010 als kalt bzw. sehr kalt eingestuft werden kann.

Neben den niedrigen Temperaturen fällt insbesondere die extrem geringe Feuchte auf, die die eingeflossene Festlandsluft mit sich brachte. In Süddeutschland lag die Taupunktstemperatur tagsüber bei −11 °C, während an der Küste Norddeutschlands immerhin noch −2 °C erreicht wurden. Am eindrucksvollsten spiegelt sich der geringe Feuchtegehalt der Luft im WV6.2 Kanalbild des MSG wider (s. Abb. 8.18). Hier erkennt man einen breiten dunklen Steifen, der sich von Osteuropa über Süddeutschland bis zum Golf von Biskaya erstreckt. In diesem Bereich ist der gesamte atmosphärische Wasserdampfgehalt so gering, dass man teilweise sogar Umrisse der Alpen sehen kann. Im WV6.2 Kanal ist es nur sehr selten möglich, Strukturen der Erdoberfläche zu erkennen, da normalerweise das am Satelliten ankommende Signal nahezu ausschließlich von dem in der Troposphäre befindlichen Wasserdampf stammt (s. auch Abschn. 2.4).

Der aus Nordosten wehende Wind war im Norden schwach (1–3 bft) und nahm nach Süden hin zu. In höheren Lagen frischte er auf und wurde im Hochschwarzwald teilweise stürmisch. Von der Wetterstation Feldberg im Schwarzwald wurden nachmittags schwere Sturmböen gemeldet. Die Kombination von starkem Wind und niedriger Temperatur führt über den *Wind-Chill Effekt* zu einer als extrem kalt empfundenen Temperatur, die auch als *Wind-Chill Temperatur* bzw. *gefühlte Tem-*

---

[15] https://www.dwd.de.

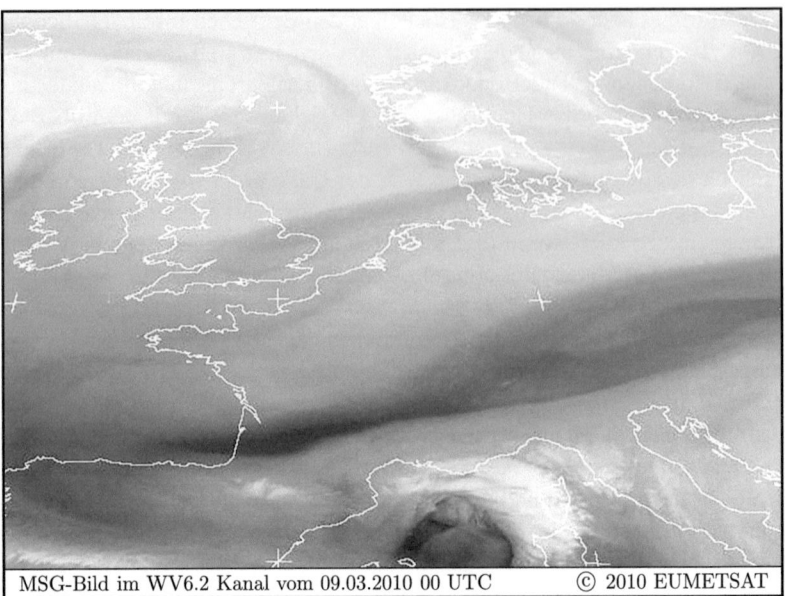

Abb. 8.18 MSG-Satellitenbild im WV6.2 Kanal vom 09.03.2010 00 UTC. Quelle: https://www.sat.dundee.ac.uk

peratur bezeichnet wird. Der Wind-Chill Effekt beschreibt den Umstand, dass sich eine Person unter windigen Bedingungen schneller abkühlt als bei Windstille. Bei Temperaturen oberhalb von 7 °C wird dieser Effekt jedoch kaum noch wahrgenommen.

8.6.3 Südwestlage

Charakteristisch für die *Südwestlage* ist ein Tiefdrucksystem über dem nördlichen Ostatlantik und eine Hochdruckzone, die sich über Südeuropa bis nach Westrussland erstreckt. An der zwischen beiden Druckgebilden verlaufenden Frontalzone ziehen Einzelstörungen von der Biskaya in nordöstlicher Richtung nach Skandinavien oder in das Baltikum. Als Beispiel für eine sommerliche Südwestlage zeigt Abb. 8.19 die Analysekarten des Bodendrucks und des Geopotentials in 500 hPa vom 14.07.2010 00 UTC. Westlich der Britischen Inseln liegt ein hochreichendes Tief mit einer von Südirland in südwestliche Richtung bis in den Golf von Biskaya verlaufenden Kalt- und Okklusionsfront. An der Vorderseite der Front erkennt man in der Bodenkarte über den Pyrenäen ein weiteres, jedoch auf die untere Atmosphäre beschränktes *flaches Tief*. Der in diesem Bereich vorherrschende niedrige Luftdruck ist auf die sommerliche starke Erwärmung der bodennahen Luft zurückzuführen, weshalb man in diesem Zusammenhang auch von einem *Hitzetief* spricht.

8.6 Wetterlagen unter dem Einfluss unterschiedlicher Luftmassen

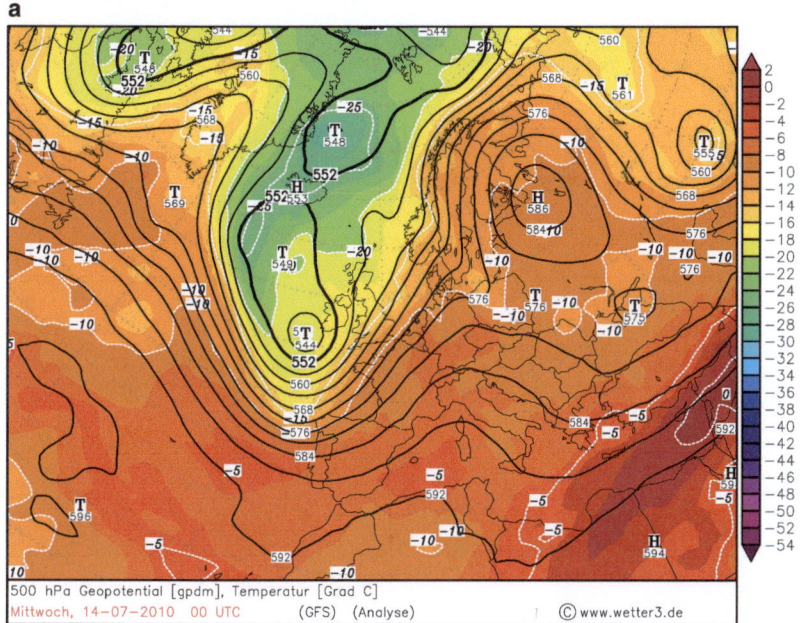

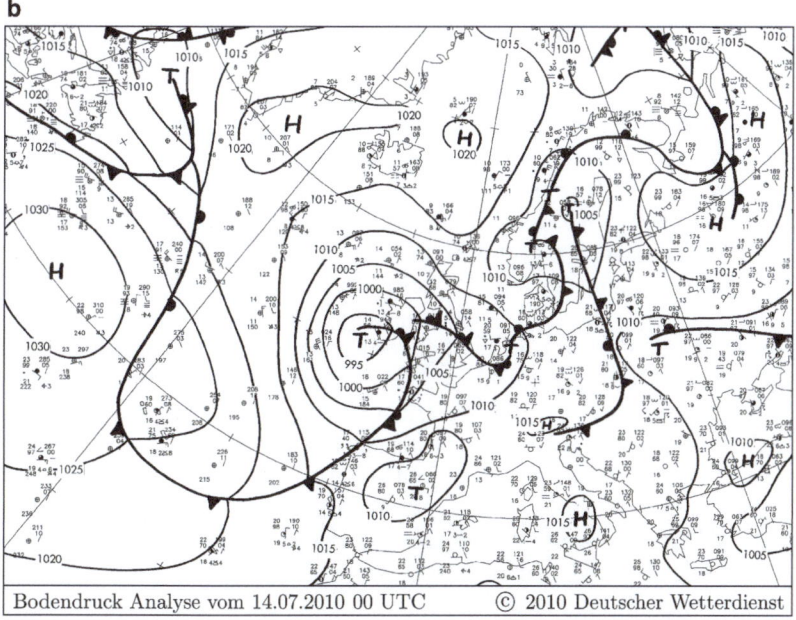

Abb. 8.19 Analysekarten vom 14.07.2010 00 UTC. **a** 500 hPa Geopotential und Temperatur, **b** Bodendruck

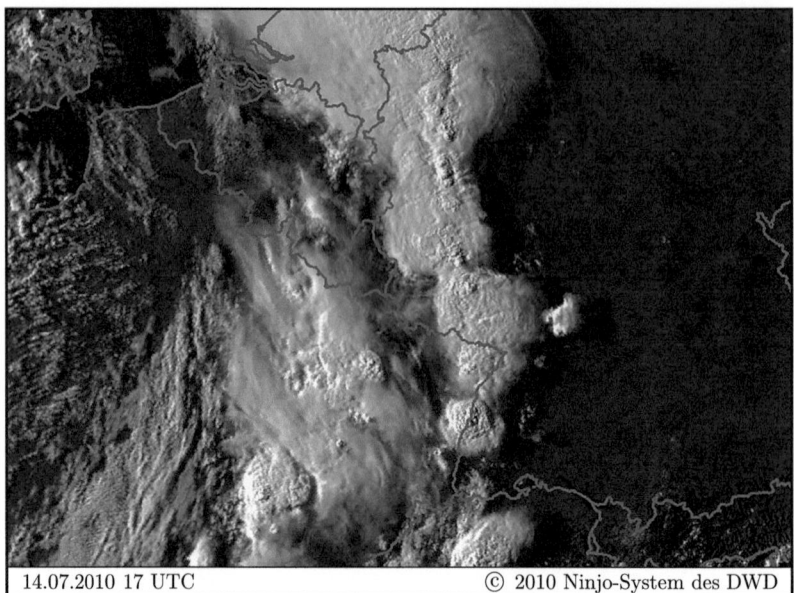

14.07.2010 17 UTC   © 2010 Ninjo-System des DWD

Abb. 8.20 Satellitenbild des sichtbaren Kanals von NOAA 15 vom 14.07.2010 17 UTC

Mit der südwestlichen Strömung gelangte sehr warme und feuchte tropische Luft aus dem Azorenraum nach Mitteleuropa. Im Tagesverlauf erreichte die Front das europäische Festland. Häufig bildet sich im Sommer in der vor einer Kaltfront liegenden schwülwarmen Luft eine weitgehend parallel zur Front verlaufende *Konvergenzlinie* oder ein Hitzetief. Dort können heftige Wärmegewitter entstehen, die sich mitunter zu *mesoskaligen konvektiven Systemen* (Mesoscale Convective System, MCS) organisieren (s. auch Abschn. 12.2).

Am Nachmittag erreichte die Gewitterfront den Westen Deutschlands. Abb. 8.20 zeigt das Satellitenbild von 17 UTC im sichtbaren Kanal des polarumlaufenden Satelliten NOAA 15. Die Gewitterlinie verläuft in nord-südlicher Richtung etwa entlang des Rheins. Im Satellitenbild erkennt man die Front sehr gut an den hochreichenden Obergrenzen der Gewitterzellen, die aus dem breiten, über dem Westen Deutschlands liegenden Wolkenband herausragen, an ihrer Westseite von der Sonne angestrahlt werden (sehr helle Pixel) und an ihrer östlichen Seite Schatten werfen (sehr dunkle Pixel). Über Nordrhein-Westfalen ist das MCS linienhaft organisiert. Die mesoskalige linienhafte Anordnung von Gewitterzellen wird auch als *Squall Line* bezeichnet. Über dem Schwarzwald, der Schweiz und Frankreich erkennt man eher kreisförmige Strukturen der MCS.

Vor dem Eintreffen der Gewitterfront war es in Deutschland überall sonnig und heiß mit Tageshöchsttemperaturen von mehr als 33 °C. Am Oberrhein wurden teilweise 37 °C erreicht. Auch nachts sank die Temperatur vielerorts nicht unter 20 °C, was dann als *tropische Nacht* bezeichnet wird. Um 12 UTC betrug im 850 hPa Ni-

8.6 Wetterlagen unter dem Einfluss unterschiedlicher Luftmassen

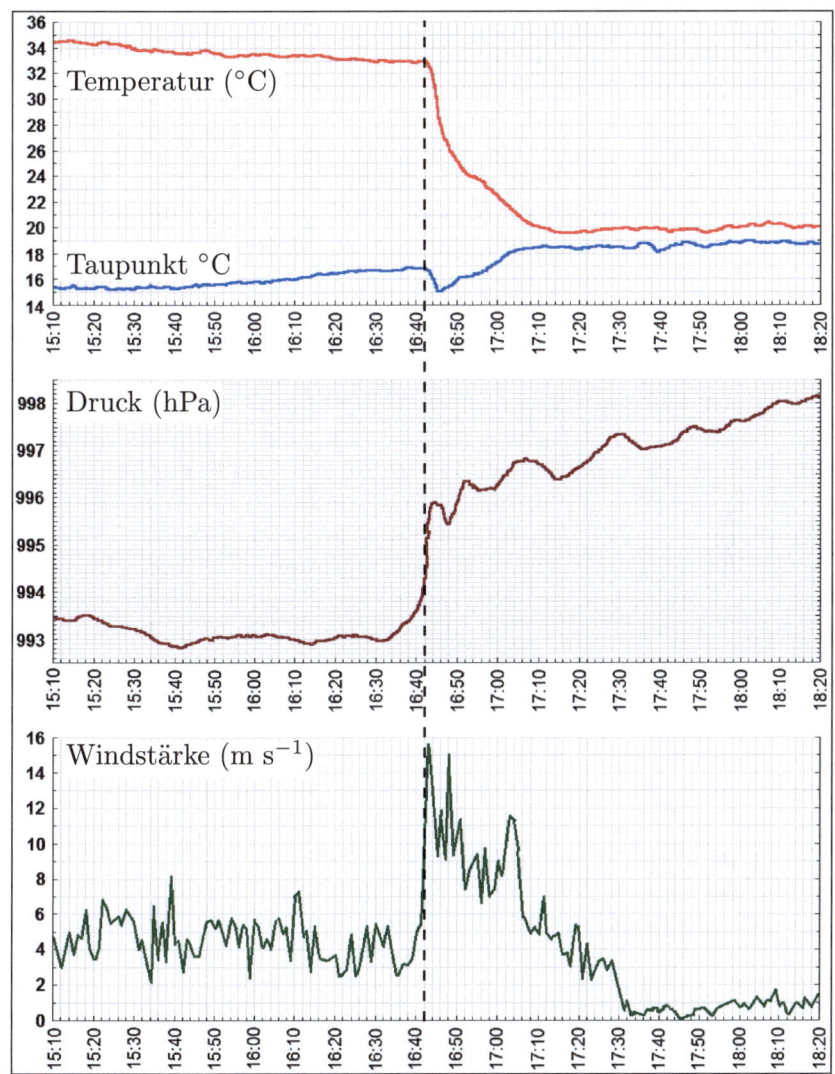

Abb. 8.21 Messungen von Temperatur, Taupunkt, Druck und Wind am Meteorologischen Institut der Universität Bonn am 14.07.2010

veau die Temperatur im norddeutschen Flachland 15 °C, in Süddeutschland bis zu 24 °C. In 500 hPa lag die Temperatur in ganz Deutschland bei −10 °C. Die Temperaturunterschiede zwischen Erdoberfläche und dem 500 hPa Niveau von deutlich mehr als 40 °C deuten auf ein hohes Potential zur Bildung von Gewittern hin. Auf die näheren Zusammenhänge zwischen thermischer Schichtung der Atmosphäre und der Wahrscheinlichkeit zur Gewitterbildung wird in Abschn. 12.1 eingegangen.

In der am Abend den Westen Deutschlands überquerenden Squall Line kam es zu heftigen Gewittern mit Starkniederschlägen und teilweise Hagelbildung. Gegen 16.45 UTC erreichte die Gewitterfront das Meteorologische Institut der Universität Bonn (*MIUB*). Die dort am 14.07.2010 gemessenen Werte von Temperatur, Taupunkt, Luftdruck (unreduziert) und Windstärke sind in Abb. 8.21 wiedergegeben. Zwischen 16.42–17.12 UTC sank die Temperatur von 33 °C auf etwas unter 20 °C ab, wobei innerhalb der ersten vier Minuten ein Temperatursturz von 6 °C beobachtet wurde. Die Taupunktstemperatur blieb während des Tages weitgehend konstant, mit Auftreten des Gewitters stieg sie sogar etwas an. Dies ist ein Indiz dafür, dass es sich nicht um den Durchzug einer Kaltfront handelt, hinter der normalerweise die Taupunktstemperatur deutlich absinkt. Der leichte Anstieg der Taupunktstemperatur nach Einsetzen des Gewitters resultierte aus der Verdunstung des Niederschlags.

Die Druckkurve zeigt einen kontinuierlichen Luftdruckabfall von 1001 hPa vor Sonnenaufgang bis auf 993 hPa unmittelbar vor Eintreffen der Gewitterfront. Der Druckfall ist auf die starke Erwärmung während des Tages und die damit verbundene Bildung des Hitzetiefs zurückzuführen. Zwischen 16.40–16.44 UTC stieg der Druck plötzlich von 993.5 hPa auf 996 hPa an, im gleichen Zeitraum wurden die ersten starken Windböen von bis zu 58 km h^{-1} registriert. Die Ursache hierfür liegt in den starken Wolkenabwinden, den *Downdrafts*, die ein charakteristisches Merkmal starker Gewitter darstellen. Im äußersten Westen Deutschlands wurden beim Durchzug der Squall Line vereinzelt Orkanböen bis zu 120 km h^{-1} gemessen. Die Gewitterfront zog relativ schnell nach Osten weiter, so dass am MIUB insgesamt nur eine eher geringe Niederschlagsmenge von etwas mehr als 4 mm gemessen wurde.

Nach dem Durchzug der Squall Line drehte der Wind auf westliche Richtungen und frischte böig auf, insgesamt jedoch beruhigte sich das Wetter zunächst. Im Vergleich zur Gewitterfront machte sich der anschließende Durchzug der eigentlichen Kaltfront kaum noch in Form stärkerer Abkühlung oder intensiverer Niederschläge bemerkbar. Es ist ein insbesondere im Sommer häufig beobachtetes Phänomen, dass beim Durchzug einer Kaltfront sich die eigentlich wetterwirksamen Prozesse an der vor der Front laufenden Konvergenzlinie abspielen, während die Kaltfront selbst vergleichsweise geringe Effekte mit sich bringt. In den darauffolgenden Tagen blieb die schwülwarme Südwestlage weiterhin bestehen, so dass es erneut deutschlandweit zu starken Gewittern kam. Auf die dynamischen Eigenschaften von Squall Lines wird in Abschn. 12.2 näher eingegangen.

Auch im Winter sind Südwestlagen durch einen ungewöhnlich milden Witterungscharakter geprägt, da auch in dieser Jahreszeit die aus dem Azorenraum nach Mitteleuropa strömende maritime Luft sehr mild ist. Insbesondere in Westdeutschland können selbst im Januar die Temperaturen teilweise frühlingshafte Werte von mehr als 10 °C erreichen, so dass die Niederschläge bis in die höheren Lagen der Mittelgebirge als Regen fallen und eine eventuell vorhandene Schneedecke relativ schnell abschmilzt.

Rossby-Wellen 9

Obwohl die innerhalb der atmosphärischen Grenzschicht ablaufenden Wettererscheinungen für den Menschen naturgemäß von größter Relevanz sind, ist es unerlässlich, sich auch mit den in der *freien Troposphäre* stattfindenden thermohydrodynamischen Prozessen auseinanderzusetzen. Unter freier Troposphäre (oder auch freier Atmosphäre) wird hierbei der Bereich zwischen der atmosphärischen Grenzschicht und der *Tropopause* verstanden, d. h. zwischen etwa 1500–9000 m Höhe bzw. 850–300 hPa (mittlere Breiten). In den vorangehenden Kapiteln wurde bereits an mehreren Stellen deutlich, dass das Verständnis atmosphärischer Prozesse praktisch immer eine dreidimensionale Betrachtungsweise erfordert. Oft sind es gerade die in der freien Troposphäre ablaufenden Vorgänge, die das Wettergeschehen in der atmosphärischen Grenzschicht überhaupt erklärbar machen.

Eingehende Studien der täglichen Höhenwetterkarten führen schnell zur Erkenntnis, dass die räumlichen Geopotential- und Temperaturverteilungen dort häufig offene wellenförmige Strukturen aufweisen. In Abschn. 8.2 wurde bereits angesprochen, dass diese makroskaligen Wellen einen essentiellen Beitrag zum globalen Energie- und Impulsaustausch zwischen den äquatorialen Bereichen und den mittleren und polaren Breiten leisten. Betrachtet man die Vorgänge in der freien Atmosphäre über einen längeren Zeitraum hinweg, dann erkennt man weiterhin, dass die Temperatur- und Geopotentialwellen bezüglich ihrer Eigenschaften, wie Amplitude, Wellenlänge oder Phasengeschwindigkeit, mitunter starken raumzeitlichen Schwankungen unterliegen. Es zeigt sich insbesondere, dass atmosphärische Entwicklungsprozesse maßgeblich von diesen Wellenstrukturen geprägt sind.

Die systematische wissenschaftliche Erforschung der in der Atmosphäre ablaufenden Prozesse reicht bis weit vor das zwanzigste Jahrhundert zurück. Zu diesem Zeitpunkt beschränkten sich die Untersuchungen jedoch noch hauptsächlich auf die in Bodennähe beobachteten Wettererscheinungen. Fundierte Aussagen über die Vorgänge in der freien Troposphäre konnten kaum gemacht werden, da hierfür noch keine Beobachtungsmöglichkeiten existierten und zudem die theoretische Erforschung des mathematisch-physikalischen Gleichungssystems zur Beschreibung atmosphärischer Prozesse noch nicht weit genug fortgeschritten war. In ihrer 1939 erschienenen bahnbrechenden Publikation[1] zur Erklärung der in der atmosphärischen Höhenströmung typischerweise beobachteten großräumigen Verteilung von Trögen und Rücken zeigten Rossby und Mitarbeiter, dass für den Fall einer barotropen Atmosphäre die analytische Lösung der *Vorticitygleichung* Wellenbewegungen beschreibt, die jedoch nur dann auftreten, wenn in den Gleichungen die Breitenabhängigkeit des *Coriolisparameters* f berücksichtigt wird. Da diese durch den *Rossby-Parameter* β gegeben ist (s. (3.11)), spricht man hierbei auch vom β-*Effekt*.

Rossby et al. (1939) leiteten die Wellen nur für den Spezialfall der barotropen Atmosphäre ab. Dennoch bezeichnet man verallgemeinernd alle atmosphärischen Wellen, bei denen der β-Effekt zum Tragen kommt, als Rossby-Wellen, d. h. auch die in der baroklinen Atmosphäre auftretenden großskaligen Wellen. Rossby-Wellen spielen nicht nur in der atmosphärischen Dynamik eine wichtige Rolle, vielmehr sind sie auch für die Aufrechterhaltung der großräumigen Zirkulation in den Ozeanen von fundamentaler Bedeutung.

9.1 Raumzeitliche Variabilität planetarer Wellen

Die *hemisphärische Wellenzahl* $k = 2\pi r \cos\varphi/\lambda$ (r ist der Erdradius) von Rossby-Wellen liegt etwa zwischen 1 und 9. Wellen mit einer Wellenzahl zwischen 1 und 5 nennt man *planetare* oder auch *lange Wellen*, und solche mit Wellenzahlen von 8–20 *kurze Wellen*. Zu letzteren gehören auch die synoptisch-skaligen baroklinen Wellen der mittleren Breiten, in die *Zyklonen* und *Antizyklonen* eingebettet sind. Abb. 9.1 zeigt beispielhaft die nordhemisphärische Geopotentialverteilung in 500 hPa vom 02.12.2014 12 UTC. Die Geopotentialverteilung ist geprägt durch vier *quasistationäre steuernde Tiefdruckgebiete*, deren Zentren etwa in $-170°$O, $-90°$O, $60°$O und $140°$O liegen. Demnach handelt es sich hier um eine Rossby-Welle mit Wellenzahl 4. Da sich das gesamte hemisphärische Wellenbild aus einer Superposition von Rossby-Wellen unterschiedlicher Wellenlängen zusammensetzt, ist es oft nur schwer möglich, eine klare Aussage bezüglich der hemisphärischen Wellenzahl zu treffen. In der Regel ergeben sich hierfür keine ganzzahligen Werte.

Die raumzeitliche Struktur von Rossby-Wellen wird in starkem Maße von der hemisphärischen Verteilung der Kontinente und Ozeane sowie von großräumigen orographischen Gegebenheiten geprägt. Für die Nordhemisphäre sind das vor allem die Rocky Mountains und der Himalaya. Da sich die hierdurch angeregten planetaren Wellen quasistationär verhalten, werden sie auch *erzwungene Rossby-Wellen*[2] bzw. *stehende Rossby-Wellen* genannt, während man die zu den Wellen gehörenden Hoch- und Tiefdruckgebiete als atmosphärische *Aktionszentren* (oder auch *Druckaktionszentren*) bezeichnet. Hierzu zählen u. a. über dem Nordatlantik

---

[1] Lorenz (1986) bezeichnete die Arbeit als einen der am meisten beachteten jemals veröffentlichten meteorologischen Artikel.
[2] Die von Rossby et al. (1939) vorgestellte analytische Lösung der barotropen Vorticitygleichung liefert die *freien Rossby-Wellen* (s. u.).

9.1 Raumzeitliche Variabilität planetarer Wellen

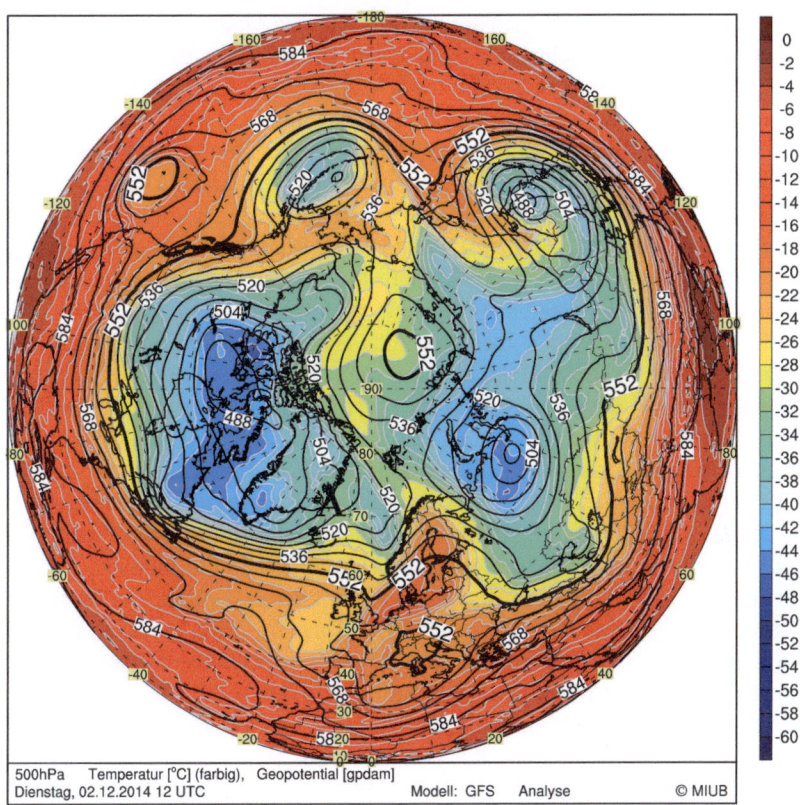

Abb. 9.1 Nordhemisphärische Geopotential- und Temperaturverteilung in 500 hPa vom 02.12.2014 12 UTC

das *Islandtief* und das *Azorenhoch* sowie über dem Pazifik das *Aleutentief* und das *Pazifische Hoch*.

Das durch die großen Gebirgsketten hervorgerufene *orographische Forcing* ist von essentieller Bedeutung für die Aufrechterhaltung der planetaren Wellen. Bei einer mehr oder weniger zonalen Überströmung der weitgehend meridional ausgerichteten Rocky Mountains entsteht im Lee der Gebirgskette ein quasistationärer *Leetrog*. Diese *Leezyklogenese* kann zur Erzeugung stehender Rossby-Wellen führen, wobei hierfür die Gebirgskette in Strömungsrichtung eine hinreichend große horizontale Erstreckung besitzen muss. Queney (1947, 1948) entwickelte eine Theorie zur Beschreibung der Überströmung von zweidimensionalen Bergrücken mit idealisiertem harmonischen Verlauf des Bergs in Strömungsrichtung. Mit diesem Ansatz lässt sich analytisch zeigen, dass zur Bildung stehender planetarer Wellen der überströmte Bergrücken eine „Halbwertsbreite" von etwa 1000 km besitzen muss (Godske et al. 1957).

Die heterogenen Verteilungen der Landmassen und Meere führen zusammen mit der zu den Polen hin abnehmenden solaren Einstrahlung der Erde zu charakteristischen großskaligen Mustern der atmosphärischen Wärmezufuhr, die ihrerseits die räumliche Verteilung der planetaren Wellen beeinflussen. Dies wird als *diabatisches Forcing* der Rossby-Wellen bezeichnet. In einer numerischen Studie mit einem einfachen stationären quasigeostrophischen Modell fanden Derome und Wiin-Nielsen (1971), dass die Positionen der orographisch angeregten Rossby-Wellen weitgehend mit denen der diabatisch angeregten Rossby-Wellen übereinstimmen. Chang (2009) stellte fest, dass das diabatische Forcing für die Aufrechterhaltung der quasistationären planetaren Wellen eine wichtigere Rolle spielt als das orographische. Neben den räumlich unterschiedlich temperierten Land- und Meeresoberflächen üben auch zeitliche Fluktuationen, wie z. B. die immer wieder auftretenden lokalen Anomalien der Meeresoberflächentemperaturen, einen deutlichen Einfluss auf die planetaren Wellen aus (s. z. B. Inatsu et al. 2002). Schließlich sind in diesem Zusammenhang noch die jahreszeitlich variierenden Erwärmungen oder Abkühlungen großer kontinentaler Gebiete, wie das Tibetische Hochland, zu nennen (Liming et al. 2002). Nach Park et al. (2013) übt die Tibetische Hochebene einen größeren Einfluss auf die quasistationären Wellen aus als die Rocky Mountains.

In Abschn. 7.3 wurde bereits angesprochen, dass diabatische Prozesse individuelle zeitliche Änderungen der *potentiellen Vorticity* (PV) bewirken können (s. (7.15)). Auf diese Weise kann insbesondere die bei der Wolkenbildung freigesetzte latente Wärme zur Bildung einer zyklonalen *PV-Anomalie* in der unteren und mittleren Troposphäre führen. Diese PV-Anomalie spielt bei der Bildung *rapider Zyklogenesen* eine wichtige Rolle (s. z. B. Wernli et al. 2002). Hierauf wird in Abschn. 10.4 nochmals näher eingegangen. In bestimmten Situationen können diabatische Prozesse für die lokale Bildung der PV so bedeutend werden, dass sie die gleiche Wirkung besitzen wie die meridionale Advektion der PV bei der klassischen Rossby-Welle. In diesen Fällen spricht man auch von einer *diabatischen Rossby-Welle* (Raymond und Jiang 1990, Snyder und Lindzen 1991, Hoerling 1992, Parker und Thorpe 1995).

Rossby et al. (1939) stellten fest, dass die *quasistationären Aktionszentren* gewissen raumzeitlichen Schwankungen unterliegen, durch die das tägliche Wettergeschehen stark beeinflusst wird. Daher versuchten sie, dieses Phänomen für eine langfristige Wettervorhersage nutzbar zu machen, indem sie einen Parameter definierten, der proportional zu diesen Schwankungen ist. Hierfür wählten sie den zonal gemittelten Druckunterschied zwischen 35°N und 55°N und bezeichneten diese Größe als den *zonalen Index*. Tatsächlich konnten sie zeigen, dass eine relativ hohe Korrelation zwischen dem zonalen Index und der geographischen Position des Aleutentiefs besteht.

Rossby und Willett (1948) benutzten den zonalen Index, um die beobachteten zeitlichen Variationen der hemisphärischen globalen Zirkulation zu beschreiben. Sie unterteilten diese als *Index-Zyklus* bezeichneten Schwankungen, die sich über einen Zeitraum von etwa vier bis sechs Wochen erstrecken, in vier unterschiedliche Phasen.

(1) Die Anfangsphase ist geprägt durch einen hohen Wert des zonalen Index, was gemäß seiner Definition über den meridionalen Druckunterschied einem starken Westwind entspricht. Der polare Jetstream ist verglichen mit seiner normalen Position nach Norden verschoben und relativ stark ausgeprägt, d. h. zu diesem Zeitpunkt liegt ein hoher meridionaler Temperaturgradient vor.

(2) In der zweiten Phase nimmt der zonale Index und mit ihm die zonale Windgeschwindigkeit ab. Die gesamte Westwindzone beginnt sich nach Süden zu verlagern. In hohen Breiten entsteht ein kaltes Hoch, während in den mittleren Breiten zyklogenetische Prozesse einsetzen und immer intensiver werden.

(3) Im dritten Stadium hat der zonale Index seinen minimalen Wert erreicht. Die niedertroposphärische Westwindzone bricht vollständig zusammen und es bilden sich abgeschlossene Hoch- und Tiefdruckgebiete. Die *Zyklogenese* in mittleren Breiten und die *Antizyklogenese* im polaren Bereich sind am intensivsten ausgeprägt. Die Höhenströmung ist durch starke Tröge und Rücken gekennzeichnet. Im Gegensatz zu Phase (1) sind die Druckgebilde jetzt nicht mehr zonal, sondern meridional ausgerichtet. Umgekehrt zeigt der großräumige horizontale Temperaturgradient jetzt eher in zonale als in die anfängliche meridionale Richtung. Im Süden kommt es zum *Cutoff* kalter Tiefdruckgebiete, während sich im Norden warme Hochdruckgebiete aus der großräumigen Strömung herauslösen.

(4) In der letzten Phase steigt der Wert des zonalen Index wieder an, die abgeschnürten Druckgebilde lösen sich auf (*Zyklolyse* und *Antizyklolyse*), durch fortwährende Abkühlung der hohen Breiten und Erwärmung der mittleren Breiten wird der ursprüngliche meridionale Temperaturgradient wieder aufgebaut, so dass sich am Ende wieder der Ausgangszustand (1) des Index-Zyklus einstellt.

Wenn der zonale Index seine niedrigsten Werte erreicht hat und die großräumige Zirkulation weitgehend meridional ausgerichtet ist, stellen sich häufig blockierende Wetterlagen (oder auch *Blocking-Lagen*) ein. Hierunter versteht man das Auftreten einer quasistationären Antizyklone, die über einen längeren Zeitraum, oft sind es mehr als zehn Tage, existiert und die großräumige Wettersituation in einem Gebiet maßgeblich charakterisiert (vgl. Abschn. 8.5). Rex (1950a, 1950b präsentierte eine umfangreiche Studie und statistische Auswertung von Blocking-Lagen. Hierin formulierte er die folgenden vier Kriterien, die für das Auftreten einer Blocking-Lage vorliegen müssen:

- Die westliche Höhengrundströmung muss sich in zwei Teile aufspalten.
- In jedem der beiden Strömungsäste muss ein deutlich erkennbarer Massentransport stattfinden.
- Die beiden Äste müssen sich über einen zonalen Längenbereich von 45° erstrecken.
- Die gesamte Strömungskonfiguration muss über einen Zeitraum von mindestens 10 Tagen andauern.

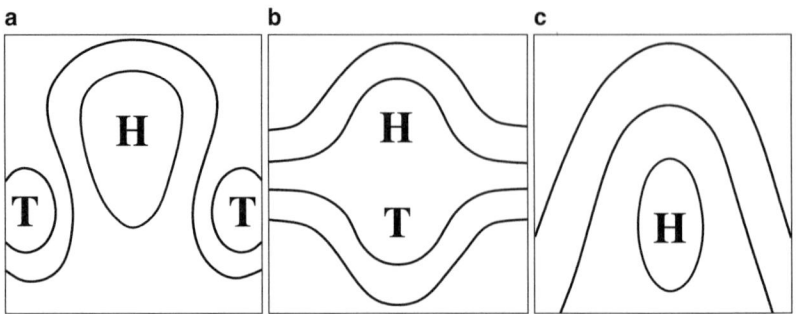

Abb. 9.2 Verschiedene Blocking-Lagen. **a** Omega-Lage, **b** High-over-Low, **c** Rücken mit großer Amplitude. Nach Bluestein (1993)

Die Ergebnisse der statistischen Analysen von Rex (1950a, 1950b zeigten, dass es auf der Nordhalbkugel zwei relativ eng begrenzte Bereiche gibt, in denen Blocking-Lagen verstärkt auftreten. Hierbei handelt es sich um den Atlantik (10°W) und den Pazifik (150°W), wobei die atlantischen Blocking-Lagen deutlich häufiger auftreten als die pazifischen. Die Dauer der untersuchten blockierenden Wetterlagen lag bei 12–16 Tagen. Neuere statistische Untersuchungen von Blocking-Lagen in der Nordhemisphäre (Barriopedro et al. 2006, Brömling 2008) deuten darauf hin, dass die größten Blocking-Frequenzen bei 10°O und 170°O auftreten. Weiterhin benutzten Barriopedro et al. als raumzeitliche Schwellenwerte zur Definition einer Blocking-Lage 30 Längengrade und 5 Tage. Diese Schwellenwerte werden im weiteren Verlauf zur Definition von Blocking-Lagen verwendet. Mit Hilfe eines barotropen Kanalmodells konnten Charney und DeVore (1979) zeigen, dass Blocking-Lagen durch großskalige thermische und topographische Antriebe entstehen können.

Bluestein (1993) nannte als die drei wichtigsten Blocking-Lagen die *Omega-Lage*, das *High-over-Low* sowie den quasistationären Rücken mit großer Amplitude. Die Omega-Lage verdankt ihren Namen dem an den griechischen Buchstaben Ω erinnernden Verlauf der Isohypsen, während bei der High-over-Low Situation ein Hochdruckgebiet im Norden und ein Tiefdruckgebiet im Süden liegen, so dass die großräumige Strömung um beide Druckgebilde herumgeführt wird (s. Abb. 9.2). Das entspricht dem oben angesprochenen Aufspalten des Jetstreams in die beiden Strömungsäste, die jeweils nördlich und südlich um den Block verlaufen. Außer an der Westküste Europas entsteht das High-over-Low auch häufig in Nordamerika. Hierbei spielt das orographische Forcing der stationären Rossby-Wellen eine wichtige Rolle. Ähnliches gilt für die Entstehung von Blocking-Lagen über dem Pazifik (Dehay 1990).

Blocking-Lagen treten hauptsächlich im Frühjahr auf, im Sommer sind sie seltener zu beobachten (s. hierzu auch Abschn. 8.5). Normalerweise handelt es sich jedoch nicht um reine Formen der drei Blocking Typen, sondern um quasistationäre großskalige Hochdruckgebiete variierender Intensität, die zusammen mit den sie umgebenden Tiefdruckgebieten über einen gewissen Zeitraum einem bestimmten Blocking-Typ zugeordnet werden können. Beispielsweise kann sich aus einem Rücken mit großer Amplitude zunächst eine Omega-Lage entwickeln, die dann aber in ein High-over-Low übergeht, etc. Auf der anderen Seite kommt es gelegentlich zur Bildung großskaliger Strukturen mit blockierendem Charakter, die sich jedoch nach relativ kurzer Zeit wieder auflösen und daher keine Blocking-Lagen darstellen.

Das Auftreten persistenter Blocking-Lagen ist oft mit extremen Wettersituationen verbunden. Hierbei sind die unter dem Einfluss des blockierenden Hochs stehenden Gebiete durch starke Temperaturanomalien und insbesondere große Trockenheit geprägt, während umgekehrt die unter den flankierenden Tiefs liegenden Gebiete mitunter langanhaltenden und intensiven Niederschlägen ausgesetzt sind. In Europa traten im Frühling der Jahre 2007, 2009 und 2011 markante Blocking-Lagen auf. Im Jahr 2011 setzte die Blockierung Mitte März ein und erstreckte sich, mit immer wieder auftretenden kurzen Unterbrechungen, über einen Zeitraum von fast zwei Monaten. Während dieser Zeit lag Mitteleuropa unter dem Einfluss von Hochdruckgebieten mit raumzeitlich variierenden Zentren, die sich immer wieder über dem Festland reintensivierten. Die vom Atlantik zum Festland ziehenden Tiefdruckgebiete wurden im Norden und Süden um das Hoch herumgeführt. Typisch für diese Großwetterlage entwickelten sich über dem Ostatlantik durch Cutoff-Prozesse immer wieder *Kaltlufttropfen*, aus denen kräftige Tiefdruckgebiete entstanden, die zur Iberischen Halbinsel zogen und dort für eine außergewöhnlich kühle und nasse Witterung sorgten, während in Mitteleuropa extreme Trockenheit herrschte.

In Abb. 9.3 sind zwei Beispiele blockierender Wetterlagen wiedergegeben. Abb. 9.3a zeigt eine High-over-Low Situation vom 23.03.2011 mit einem ausgedehnten Hochdruckgebiet über den Britischen Inseln, dem im Süden ein Tief über der Iberischen Halbinsel gegenüberliegt. In Abb. 9.3b erkennt man eine Omega-Lage, die sich gegen Ende der blockierenden Periode am 09.05.2011 einstellte. Das Zentrum des Bodenhochs befindet sich bereits über Fennoskandien, von wo es sich in den nächsten Tagen unter leichter Abschwächung weiter nach Osten verlagerte. Gleichzeitig füllte sich das über dem Ostatlantik liegende umfangreiche Tiefdruckgebiet allmählich auf und wanderte in Richtung Island. Hierdurch wurde eine Umstellung der europäischen Großwetterlage von der *meridionalen* in eine weitgehend *zonale Zirkulationsform* eingeleitet.

In einer kritischen Auseinandersetzung über die Bedeutung des Index-Zyklus für die globale Zirkulation betonte Namias (1950), dass bisher keine physikalische Methode gefunden werden konnte, um eine deterministische Vorhersage des zonalen Index zu erreichen, die dann als Basis für langfristige Wettervorhersagen dienen könnte. Als Ursache hierfür nannte er den Umstand, dass der zonale Index keine unabhängige Variable sei, deren künftiges Verhalten auf der Grundlage vergangener Fluktuationen statistisch ausgewertet werden könne. Stattdessen handele es sich hierbei um eine nicht prognostizierbare, von dynamischen Prozessen in der mittleren und hohen Troposphäre abhängige Größe, deren zeitliche Variationen eher zufälliger Natur seien. Zu ähnlichen Ergebnissen war D. Brunt bereits im Jahr 1926 gekommen (Brunt 1926). Aus seinen Auswertungen meteorologischer Langzeitmessreihen verschiedener europäischer Stationen schloss er, dass in den Daten

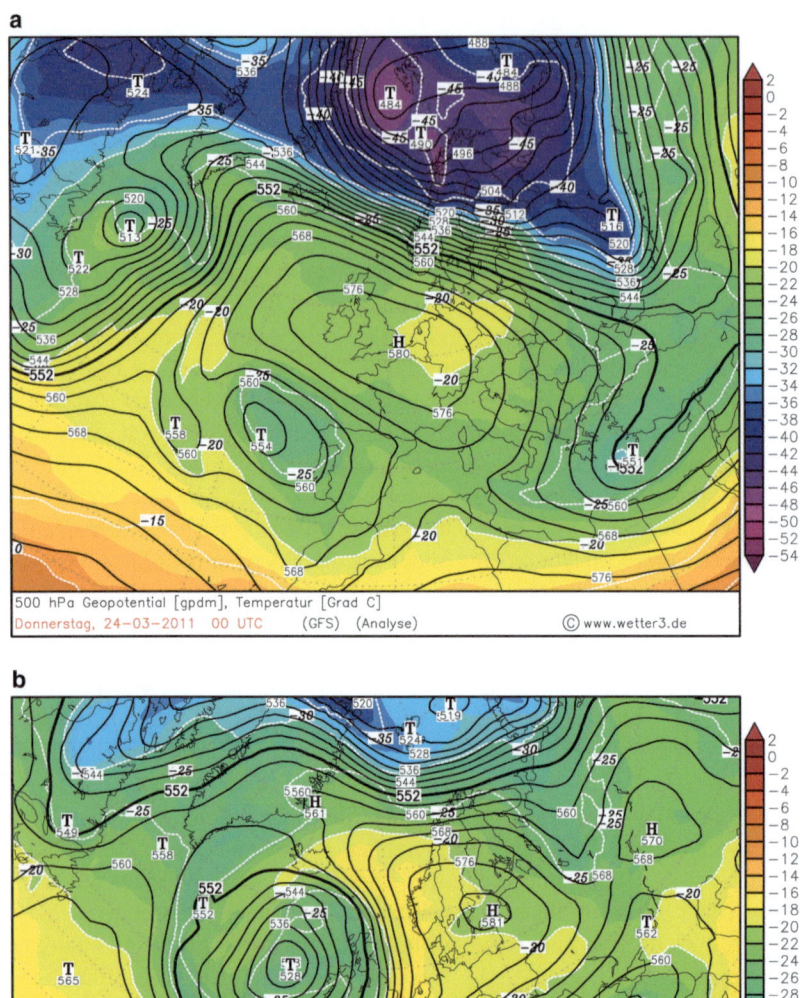

Abb. 9.3 a High-over-Low am 23.03.2011 00 UTC, b Omega-Lage am 09.05.2011 00 UTC

keine periodischen Verläufe existierten, die für eine langfristige Wetterprognose verwendet werden könnten.

Auch E. N. Lorenz untersuchte in mehreren Arbeiten den zonalen Index (z. B. Lorenz 1962, 1963a, 1963b, 1986). Er stellte fest, dass die zeitlichen Fluktuationen nicht rein zufällig sind, sondern ein chaotisches Verhalten zeigen, was die *deterministisch-chaotische Natur* der zugrunde liegenden atmosphärischen Prozesse widerspiegelt. Daraus folgt aber auch, dass die Fluktuationen, ähnlich wie reine Zufallsprozesse, über einen längeren Zeitraum nicht prognostizierbar sind.

In engem Zusammenhang zum zonalen Index steht die *Arktische Oszillation* (AO) (Lorenz 1951, Thompson und Wallace 1998). Der *AO-Index* ist die mittels einer *empirischen Orthogonalfunktions-Analyse (EOF-Analyse)* gewonnene erste Hauptkomponente der nördlich von 20°N zwischen November und April monatlich gemittelten Bodendruckanomalien. Hohe Werte des AO-Index sind mit einem intensiven *arktischen polaren Wirbel* und starken Westwinden verbunden. Dadurch wird im bodennahen Bereich ein Vordringen der arktischen Kaltluft nach Süden erschwert. Als Folge hiervon fallen die Winter in Nordamerika und Europa überdurchschnittlich warm aus, und die Bahnen der Sturmtiefs (*Storm Tracks*) verlaufen relativ weit im Norden (Rivière und Orlanski 2007, Nie et al. 2008, Gan und Wu 2014). Bei negativen Werten der AO beobachtet man das Umgekehrte: ein schwacher polarer Wirbel, der mit relativ schwachen Westwinden einhergeht, so dass ein südliches Vordringen der arktischen Kaltluft erleichtert wird. Dies führt zu Kalblufteinbrüchen in Nordamerika und Europa mit einer verstärkten Neigung zur Bildung von *Blocking-Lagen* und relativ weit im Süden verlaufenden Zugbahnen der Sturmtiefs.

Statt des über die gesamte Hemisphäre gemittelten zonalen Index untersuchte Bjerknes (1964) die auf Walker (1924, 1925) zurückgehende *Nordatlantische Oszillation* (NAO), die den Druckunterschied zwischen Island und den Azoren beschreibt. Der Parameter selbst wird als *NAO-Index* bezeichnet. Rogers (1984) verfeinerte die Definition des NAO-Index und wählte stattdessen die standardisierte Druckdifferenz zwischen Ponta Delgada (Azoren) und Reykjavik (Island). Aufgrund ihrer Definitionen erwartet man eine relative hohe Korrelation zwischen dem AO- und dem NAO-Index (Allen und Zender 2011). Anomalien des NAO-Index, d. h. Abweichungen von seinem langjährigen Mittelwert, entstehen durch Anomalien des Luftdrucks über Island und den Azoren, die jeweils negativ miteinander korreliert sind. Ein verstärktes Islandtief tritt immer zusammen mit überdurchschnittlich hohem Luftdruck über den Azoren auf, was einer positiven Anomalie, d. h. hohem Wert des NAO-Index, entspricht, und umgekehrt. Derartige atmosphärische Wechselwirkungen zwischen zwei geographisch weit voneinander entfernt liegenden Regionen nennt man auch *Telekonnektion*.

Bereits Walker (1928) stellte fest, dass die globale Zirkulation von folgenden drei Oszillationen geprägt ist: die Nordatlantische Oszillation, die *Nordpazifik Oszillation* (NPO), die sich in Druckunterschieden zwischen dem Aleutentief und dem subtropischen Hochdruckgürtel äußert, und die *Südliche Oszillation (Southern Oscillation)*, welche die Druckschwankungen zwischen dem südöstlichen Pazifik (die Osterinseln bzw. Tahiti) und Nordaustralien (Darwin) beschreibt und durch den

Southern Oscillation Index (SOI) ausgedrückt wird (s. auch Walker und Bliss 1932). Die Südliche Oszillation steht in engem Zusammenhang mit den als *El Niño* bzw. *La Niña* bezeichneten Phänomenen positiver bzw. negativer Anomalien der Meerestemperatur vor der Westküste Südamerikas, was zusammenfassend als *El Niño Southern Oscillation* (ENSO) bezeichnet wird. Die starke Wechselwirkung zwischen den Anomalien der Meerestemperatur und der Südlichen Oszillation wurde schon von Bjerknes (1969) hervorgehoben.

Die Nichtvorhersagbarkeit der verschiedenen Oszillationen und das in der Mitte des zwanzigsten Jahrhunderts aufkommende und von da an stark wachsende Forschungsgebiet der numerischen Wettervorhersage führten dazu, dass die wissenschaftliche Auseinandersetzung mit diesem Thema wieder etwas in den Hintergrund trat. Schließlich erlebte die Beschäftigung mit den verschiedenen Indizes eine Renaissance, als in den 1990er Jahren die Klimaforschung verstärkt in den Mittelpunkt des wissenschaftlichen und öffentlichen Interesses rückte.

Neben den drei von Walker (1928) beschriebenen Oszillationen sind im Laufe der Jahre weitere atmosphärische und ozeanische Zirkulationsmuster hinsichtlich ihrer immer wiederkehrenden Anomalien untersucht worden, wie beispielsweise das *Pazifik-Nordamerika Muster* (PNA) (Dickson und Namias 1976, Wallace und Gutzler 1981) oder die *Pazifik Dekaden Oszillation* (Mantua et al. 1997), um daraus Informationen über globale Klimavariationen ableiten zu können. Mantua et al. wiesen darauf hin, dass eine enge raumzeitliche Korrelation zwischen ENSO und PDO besteht. Zu ähnlichen Ergebnissen gelangten Horel und Wallace (1981) bezüglich der Wechselwirkung ENSO ↔ PNA. Häufig ist es jedoch sehr schwierig, beobachtete Anomalien bestimmter Phänomene eindeutig als Klimasignale interpretieren zu können, so dass in diesem Bereich die wissenschaftliche Diskussion teilweise kontrovers geführt wird.

Eine interessante und leicht verständliche Übersicht über die Erforschung der NAO ist in der vom Deutschen Wetterdienst herausgegebenen meteorologischen Fortbildungsreihe PROMET aus dem Jahr 2008 zu finden. Hier wiesen Hense und Glowienka-Hense (2008) darauf hin, dass die NAO kein räumlich stationäres Gebilde darstellt, sondern durch Nordost-Südwest Verlagerungen des Islandtiefs und des Azorenhochs geprägt ist. Zur Berücksichtigung dieses Umstands benutzten sie einen als *Lagrange'scher Index* bezeichneten modifizierten NAO-Index. Neben diesem existieren noch zahlreiche andere Indizes zur Beschreibung der NAO, die in Abhängigkeit von der zu untersuchenden Fragestellung jeweils verwendet werden (Leckebusch et al. 2008). Eine ausführliche Darstellung der historischen Entwicklung der NAO-Forschung ist in Luterbacher et al. (2008) zu finden. Auf die tieferen Zusammenhänge dieser für die Klimaforschung wichtigen Thematik kann an dieser Stelle nicht näher eingegangen werden. Stattdessen wird auf die weiterführende Literatur verwiesen (z. B. Peixoto und Oort 1992, Bridgman und Oliver 2006).

9.2 Barotrope Wellen

Bevor die für synoptische Betrachtungen der mittleren Breiten interessanteren Rossby-Wellen der baroklinen Atmosphäre untersucht werden, erfolgt eine kurze Diskussion der in einer barotropen Atmosphäre auftretenden planetaren Wellen, da mit Hilfe des stark vereinfachten *barotropen Modells* ein sehr leichter Zugang zum Verständnis dieser Wellen möglich wird. Zur Erfüllung der Barotropiebedingung (4.7) in der Form $\rho = \rho(p)$ bietet es sich an, die Atmosphäre als ein inkompressibles Medium zu betrachten, d. h. $\rho = const$, so dass sich die Kontinuitätsgleichung auf die Beziehung $\nabla \cdot \mathbf{v} = 0$ reduziert. Mit der weiteren Vereinfachung horizontaler Divergenzfreiheit von $\mathbf{v}_h$ werden *externe Schwerewellen* aus dem System eliminiert. Die Verwendung dieser Annahmen resultiert in der in Abschn. 5.3 bereits formulierten *divergenzfreien barotropen Form der Vorticitygleichung*

$$\frac{d\eta}{dt} = 0 \qquad (9.1)$$

Somit stellt bei *Barotropie* und divergenzfreiem Horizontalwind die absolute Vorticity für ein sich bewegendes Luftpartikel eine Erhaltungsgröße dar (s. auch (6.11)). In Abschn. 7.1 wurde bereits festgetellt, dass im divergenzfreien barotropen Modell die potentielle Vorticity gleich der absoluten Vorticity ist.

Wie oben erwähnt, diente Rossby et al. (1939) die barotrope Vorticitygleichung als Ausgangspunkt zur mathematischen Ableitung der Existenz großskaliger atmosphärischer Wellen. Wegen der Divergenzfreiheit des horizontalen Winds erscheint es angebracht, $\mathbf{v}_h$ mit Hilfe einer Stromfunktion ψ auszudrücken

$$\mathbf{v}_h = \mathbf{k} \times \nabla_h \psi \implies \nabla_h \cdot \mathbf{v}_h = 0 \qquad (9.2)$$

Bei diesem Ansatz zur Lösung von (9.1) spricht man auch von der *Stromfunktions-Vorticity Methode* (s. z. B. Sievers und Zdunkowski 1986, Schayes et al. 1996). Eine mögliche Wahl für die Stromfunktion ist $\psi = \phi/f_0$. In dem Fall ist der horizontale Wind durch den geostrophischen Wind $\mathbf{v}_g$ aus (6.2) gegeben. Einsetzen von (9.2) in die Definitionsgleichung (5.10) der Vorticity liefert

$$\zeta = \nabla_h^2 \psi, \qquad \eta = \nabla_h^2 \psi + f \qquad (9.3)$$

Mit dieser Beziehung lässt sich aus (9.1) eine Differentialgleichung für die Stromfunktion ψ ableiten, die unter der Annahme eines konstanten zonalen Grundstroms $\overline{u}$ analytisch lösbar ist. Um den *β-Effekt* zu berücksichtigen, erfolgen die Betrachtungen in der *β-Ebene*. Die Lösung der Differentialgleichung beschreibt eine ebene, sich in horizontaler Richtung ausbreitende Welle.

Unter der Annahme, dass die Wellenausbreitung lediglich in zonaler Richtung erfolgt, lautet deren Phasengeschwindigkeit

$$c = \overline{u} - \beta \frac{\lambda^2}{4\pi^2} = \overline{u} - \frac{\beta}{k_x^2} \qquad (9.4)$$

Hierbei ist $\beta = df/dy$ der als konstant angenommene *Rossby-Parameter* (s. (3.11)), λ die Wellenlänge und k_x die Wellenzahl in x-Richtung. Im Fall $\overline{u} = 0$ spricht man auch von *reinen Rossby-Wellen*. Aus (9.4) lassen sich einige wichtige Schlussfolgerungen ziehen. Zunächst sieht man unmittelbar, dass sich Rossby-Wellen wegen $c < \overline{u}$ relativ zur Grundströmung stromaufwärts bewegen. Sie existieren nur aufgrund der Tatsache, dass der Coriolisparameter breitenabhängig ist. Das Vorzeichen der Phasengeschwindigkeit wird durch die Wellenlänge bestimmt. Folgende Möglichkeiten können auftreten

$$c \begin{cases} > 0 & \text{\textit{progressive Welle}} \\ = 0 & \text{\textit{stationäre Welle}} \\ < 0 & \text{\textit{retrograde Welle}} \end{cases} \quad (9.5)$$

Aus (9.4) sieht man weiterhin, dass Rossby-Wellen sich mit zunehmender Wellenlänge immer langsamer nach Osten verlagern. Wählt man z. B. eine geographische Breite von 45°N und $\overline{u} = 10\,\mathrm{m\,s^{-1}}$, dann ergibt sich eine stationäre Wellenlänge von 5000 km. Längere Wellen würden retrograd und sich mit weiter vergrößernder Wellenlänge immer schneller stromaufwärts bewegen. Weil c eine Funktion von β ist, dessen Wert nach Norden hin abnimmt, wird unter sonst gleichen Bedingungen die Phasengeschwindigkeit einer Rossby-Welle mit zunehmender geographischer Breite größer. Anders ausgedrückt bedeutet dies, dass Wellen, die in südlichen Breiten bereits retrograd werden, in nördlichen Breiten noch progressiv sein können. Am Äquator gilt zwar $f = 0$, trotzdem können auch dort wegen $\beta > 0$ Rossby-Wellen auftreten. Da die Phasengeschwindigkeit von der Wellenlänge abhängt und mit zunehmender Wellenlänge immer kleiner wird, handelt es sich bei Rossby-Wellen um dispersive Wellen, bei denen eine *anomale Dispersion* vorliegt.

Der mit der Wellenbewegung einhergehende Energietransport erfolgt mit der *Gruppengeschwindigkeit* c_{gr}. Für die Rossby-Welle ergibt sich bei zonaler Wellenausbreitung (Zdunkowski und Bott 2003)

$$c_{gr} = \overline{u} + \frac{\beta}{k_x^2} \quad (9.6)$$

Hieraus ist zu sehen, dass bezüglich des Grundstroms die Phasengeschwindigkeit zwar negativ, die Gruppengeschwindigkeit jedoch positiv ist. Auf die näheren Zusammenhänge wird im nächsten Abschnitt nochmals eingegangen.

Bei der hier diskutierten Lösung von (9.1) handelt es sich um neutrale Wellen, deren Amplitude zeitlich konstant ist. Aufgrund nicht vorhandener Vertikalbewegungen ist es im barotropen Modell nicht möglich, durch Hebungs- und Absinkprozesse warmer bzw. kalter Luft eine Abnahme der potentiellen Energie des Systems zu bewirken. Wäre das der Fall, dann müsste aus dieser Abnahme eine Zunahme der kinetischen Energie resultieren. Da gemäß (9.2) die kinetische Energie proportional zu $(\nabla \phi)^2$ ist, würde das wiederum einer zeitlichen Intensivierung der Tröge und Rücken, d. h. der Amplitude der Geopotentialwelle, entsprechen. Solche bereits früher angesprochenen *Welleninstabilitäten* können nur in einer baroklinen Atmosphäre auftreten. Dieses als *barokline Instabilität* bezeichnete Phänomen wird in Abschn. 9.5 eingehend diskutiert.

Wie bereits in Abschn. 4.3 erwähnt, können allerdings auch barotrope Wellen instabil werden, was man dann als *barotrope Instabilität* bezeichnet. Rossby et al. (1939) führten an, dass bei dieser Form der Welleninstabilität kinetische Energie der mittleren Strömung in kinetische Energie der barotropen Wirbel umgewandelt wird. Gemäß (9.1) geschieht die Transformation der kinetischen Energie unter Beibehaltung der absoluten Vorticity der Luftpartikel. Kuo (1949) zeigte, dass für das Auftreten barotroper Instabilitäten die Existenz einer horizontalen Scherung des Grundstroms in der Art vorliegen muss, dass im Untersuchungsgebiet die absolute Vorticity mindestens einen Extremwert besitzt. Hierbei handelt es sich um die bereits in Abschn. 4.3 angesprochene *Wendepunkt-Instabilität*. Ebenfalls sollte nicht unerwähnt bleiben, dass für atmosphärische Entwicklungen in den Tropen die barotrope Instabilität oftmals von größerer Bedeutung als die barokline Instabilität ist (s. z. B. Kuo 1973, 1978, Mishra et al. 2007). Die tiefergehenden Zusammenhänge der barotropen Instabilität werden hier nicht näher erörtert und können stattdessen der weiterführenden Literatur entnommen werden (Sutcliffe 1947, Hess 1959, Bluestein 1993, Pichler 1997, Zdunkowski und Bott 2003, Holton 2004 u. a.).

9.3 Die Wellenverlagerung aus der PV-Perspektive

Die gemäß (9.4) durch den β-Effekt im Vergleich zum zonalen Grundstrom $\overline{u}$ reduzierte Phasengeschwindigkeit von Rossby-Wellen lässt sich auch mit dem in Kap. 7 vorgestellten Konzept des *PV-Denkens* problemlos veranschaulichen. Hierzu betrachte man in der (x, y)-Tangentialebene einen Kanal zwischen zwei Breitenkreisen mit einer periodisch in zonaler x-Richtung wechselnden Folge von zyklonalen und antizyklonalen PV-Anomalien, die in einen konstanten zonalen Grundstrom $\overline{u}$ eingebettet seien. Das horizontale Windfeld mit den Komponenten (u, v) ergibt sich aus der Überlagerung von $\overline{u}$ mit den durch die PV-Anomalien induzierten Geschwindigkeitskomponenten (u', v'). Zunächst erfolgen die Untersuchungen in der f-Ebene. Neben dem konstanten Coriolisparameter sei auch die PV-Referenzverteilung $\overline{P}_\theta$ im gesamten Untersuchungsgebiet konstant, während die PV-Anomalien nur von x abhängen. Letzteres werde dadurch realisiert, dass sowohl die relative Vorticity als auch die *hydrostatische Stabilität* jeweils unabhängig von y sind.

Bei adiabatisch verlaufenden horizontalen Bewegungen folgt aus der Erhaltung der PV für deren lokale zeitliche Änderung

$$\frac{\partial P_\theta}{\partial t} = -(\overline{u} + u')\frac{\partial P_\theta}{\partial x} - (\overline{v} + v')\frac{\partial P_\theta}{\partial y} \qquad (9.7)$$

Da mit den hier gemachten Annahmen $u' = 0$ und $\partial P_\theta/\partial y = 0$, sind bei Betrachtungen in der f-Ebene die lokalen zeitlichen PV-Änderungen lediglich auf die zonale Advektion der PV mit $\overline{u}$ zurückzuführen. Diese Situation ist im oberen Teil von Abb. 9.4 gezeigt. Ebenso wird auch die durch die PV-Anomalien induzierte Geopotentialwelle (geostrophisches Gleichgewicht vorausgesetzt) rein advektiv mit $\overline{u}$

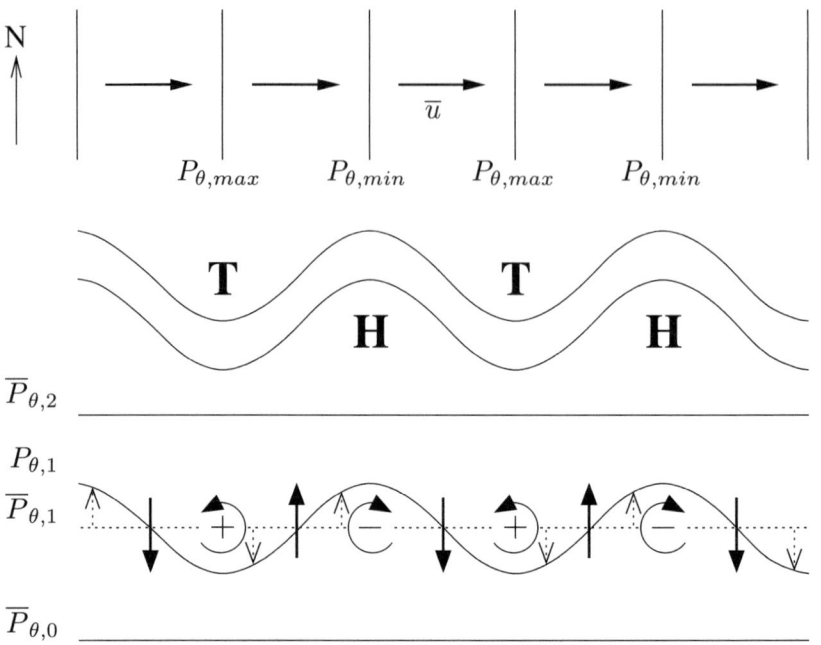

Abb. 9.4 Der β-Effekt aus der PV-Perspektive. *Oben*: PV-Anomalien in einem Kanal mit konstantem Wert der Referenzverteilung $\overline{P}_\theta$. *Mitte*: Durch die PV-Anomalien induzierte Isohypsenverteilung. *Unten*: PV-Anomalien in einem Referenzfeld mit meridionalem $\overline{P}_\theta$-Gradienten und $P_{\theta,0} = \overline{P}_{\theta,0}$, $P_{\theta,2} = \overline{P}_{\theta,2}$ sowie $\overline{P}_{\theta,i} > \overline{P}_{\theta,i-1}$. In Anlehnung an Hoskins et al. (1985) und Bluestein (1993)

verlagert (s. Abb. 9.4 Mitte), d. h. die Phasengeschwindigkeit der Welle ist gegeben durch $c = \overline{u}$.

Um die Wirkung des β-Effekts zu veranschaulichen, muss in der Referenzverteilung $\overline{P}_\theta$ die Breitenabhängigkeit des Coriolisparameters berücksichtigt werden, so dass jetzt bei sonst ungeänderten Bedingungen ein nach Norden gerichteter $\overline{P}_\theta$-Gradient vorliegt. Im unteren Teil von Abb. 9.4 sind die sich daraus ergebenden zonal verlaufenden $\overline{P}_{\theta,i}$-Isoplethen ($i = 0, 1, 2$) wiedergegeben. Überlagert man in der Mitte des Kanals dem Referenzzustand die oben dargestellten PV-Anomalien, dann wird die $\overline{P}_{\theta,1}$-Isoplethe (gepunktete Linie) abwechselnd meridional nach Süden oder Norden verschoben (gepunktete Pfeile), was in einem sinusförmigen Verlauf der $P_{\theta,1}$-Isoplethe resultiert. Die hierdurch induzierten Bereiche mit zyklonaler und antizyklonaler Rotation, d. h. die Tröge und Rücken, sind im unteren Teil der Abbildung durch die $\pm$-Zirkulationen angedeutet.

Da jetzt $\partial P_\theta / \partial y > 0$, werden mit den zwischen den Trögen und Rücken entstehenden Meridionalkomponenten des horizontalen Winds gemäß (9.7) trogvorderseitig niedrige PV-Werte nach Norden und trogrückseitig hohe PV-Werte nach Süden advehiert. Dieser Prozess wirkt dem rein advektiven zonalen Transport der

PV-Verteilung entgegen, was einer verlangsamten Verlagerung der Tröge und Rücken gleichkommt. Hierbei handelt es sich natürlich um den β-Effekt.

Beachtet man jetzt noch den Umstand, dass die durch die PV-Anomalien induzierten Windfelder positiv mit der horizontalen Erstreckung der PV-Anomalien korreliert sind (s. Abschn. 7.4), dann wird unmittelbar klar, dass großskalige PV-Anomalien (d. h. langwellige Rossby-Wellen) die zonale PV-Advektion stärker beeinflussen als kleinräumige PV-Anomalien (d. h. kurzwellige Rossby-Wellen), was mit dem oben beschriebenen anomal dispersiven Verhalten der Phasengeschwindigkeit von Rossby-Wellen übereinstimmt.

9.4 Barokline Wellen

In der barotropen Atmosphäre ist die Existenz von Rossby-Wellen auf die Erhaltung der absoluten Vorticity und die Breitenabhängigkeit der planetaren Vorticity zurückzuführen. Bei *baroklinen Rossby-Wellen* verhält es sich ähnlich, nur dass jetzt die potentielle Vorticity konstant ist und die Wellen auf die isentropen Gradienten der PV zurückzuführen sind. Da die PV eines sich adiabatisch bewegenden Luftpakets auf isentropen Flächen konstant ist und diese Flächen in der Regel horizontal geneigt sind, liegt es auf der Hand, dass barokline Wellen im Gegensatz zu den horizontalen barotropen Wellen auch eine Ausbreitungskomponente in die vertikale Richtung besitzen können.

Wie bereits oben erwähnt, wird bei Wellenbewegungen kinetische Energie mit der Gruppengeschwindigkeit der Welle transportiert. Dieser Energietransport ist für die Aufrechterhaltung der globalen troposphärischen und stratosphärischen Zirkulation von herausragender Bedeutung. Aus (9.6) ergibt sich, dass bei barotropen Rossby-Wellen die Energie stromabwärts transportiert wird, also in die entgegengesetzte Richtung der Phasengeschwindigkeit. Theoretische Untersuchungen barokliner Rossby-Wellen führen zu dem Ergebnis, dass, abhängig von dem jetzt dreidimensionalen Wellenzahlvektor mit den Komponenten (k_x, k_y, k_z), der zonale Energietransport sowohl stromabwärts als auch stromaufwärts erfolgen kann (s. z. B. Pichler 1997, Zdunkowski und Bott 2003). Weiterhin ist ein meridionaler Energietransport nur möglich, wenn $k_y \neq 0$, wobei die Energie nach Süden gelangt ($k_y < 0$), wenn die Trog- und Rückenachsen der Wellen von Südwest nach Nordost verlaufen. Umgekehrtes gilt bei einem Energietransport nach Norden mit $k_y > 0$. Schließlich ergibt sich ein nach oben bzw. unten gerichteter Energiefluss durch Rossby-Wellen bei $k_z > 0$ bzw. $k_z < 0$. Da die Energiequellen erzwungener Rossby-Wellen in der Troposphäre liegen und die Wellenenergie von einer Quelle abgestrahlt wird, erfolgt durch diese Wellen mit $k_z > 0$ die für die globale Zirkulation wichtige energetische Ankopplung der Stratosphäre an die Troposphäre.

Die anomal dispersive Eigenschaft von Rossby-Wellen führt dazu, dass die in die quasistationären planetaren Wellen eingebetteten synoptisch-skaligen Wellenpakete in Form von Zyklonen und Antizyklonen relativ rasch entlang der langen Wellen stromabwärts verlagert werden. Durchlaufen diese Wellenpakete einen Langwellentrog, dann intensivieren sich die Kurzwellentröge, während sich die kurzwelligen

Hochdruckkeile abschwächen. Umgekehrtes gilt bei der Verlagerung eines Wellenpakets entlang eines langwelligen Höhenrückens.

Da bei Barotropie mit $T = T(p)$ die Temperatur auf isobaren Flächen konstant ist, wird man in dieser Situation in einer Höhenkarte des p-Systems keine Isothermen finden. Anders ausgedrückt bedeutet das, dass immer dann, wenn Isothermen in Höhenkarten eingezeichnet sind, eine barokline Atmosphäre vorliegt. Häufig sind auch die Isothermen, ähnlich wie die Isohypsen, durch mehr oder weniger wellenförmige Strukturen gekennzeichnet. Weiterhin besteht wegen der Gültigkeit der *hydrostatischen Approximation* ein enger Zusammenhang zwischen den Geopotential- und Temperaturverteilungen, aus dem sich wichtige Konsequenzen für deren raumzeitliches Verhalten ergeben. Das betrifft insbesondere die Untersuchung der Frage, unter welchen Bedingungen die Wellen instabil werden können, was sich in entsprechenden atmosphärischen Entwicklungen äußert.

Um die Zusammenhänge zwischen Geopotential- und Temperaturfeldern näher zu veranschaulichen, werden im Folgenden stark idealisierte Verteilungen beider Variablen betrachtet. In Anlehnung an Kraus (2004) sei im Niveau $p_0 = 1000$ hPa eine Geopotentialwelle gegeben in der Form

$$\phi(x, y, p_0, t) = \phi(p_0) + \delta\phi \, \cos[k(x - ct)] \cos[k(y - ct)] \tag{9.8}$$

Hierbei ist $\phi(p_0) = 981$ m^2 s^{-2} der Mittelwert des Geopotentials ϕ, das in x- und y-Richtung einen harmonischen Verlauf mit der Amplitude $\delta\phi = 1600$ m^2 s^{-2} aufweist, k stellt die Wellenzahl und c die Phasengeschwindigkeit der Welle dar.

Die Temperaturverteilung im Niveau p_0 sei ebenfalls harmonisch

$$T(x, y, p_0, t) = T(p_0) - Ay + \delta T \, \cos[k(x - ct) + \varepsilon] \cos[k(y - ct)] \tag{9.9}$$

mit $T(p_0) = 10\,°$C und der Amplitude $\delta T = 10\,°$C. Zusätzlich wird der Temperaturwelle über den Term Ay eine lineare nach Norden gerichtete Temperaturabnahme überlagert, wobei $A = 1\,°$C pro 100 km gewählt wird, was einen für die barokline Atmosphäre mittlerer Breiten typischen Wert darstellt. In vertikaler Richtung nehme die Temperatur überall um $7\,°$C pro 100 hPa ab. Durch Integration der hydrostatischen Gleichung (3.56)a erhält man die dazugehörige Vertikalverteilung des Geopotentials $\phi(x, y, p, t)$, aus der dann wieder die Druckverteilung $p(x, y, z, t)$ berechnet werden kann. Die für die weitere Diskussion wichtigste Größe stellt die in (9.9) auftauchende Variable ε dar, mit der eine bestimmte in x-Richtung bestehende Phasenverschiebung zwischen Temperatur- und Geopotentialwelle gewählt werden kann.

Abb. 9.5 zeigt zum Zeitpunkt $t = 0$ und bei $y = 0$ die aus (9.8) und (9.9) resultierenden (x, z)-Vertikalschnitte der Druck- und Temperaturverteilung. Die gestrichelten Linien kennzeichnen die jeweiligen vertikalen Achsenneigungen der Tröge und Rücken. In den einzelnen Darstellungen liegt die Temperaturwelle mit einer Phasenverschiebung ε von 0, $\pi/2$, π und $3\pi/2$ hinter der Geopotentialwelle. Deutlich ist die unterschiedliche Neigung der Trog- und Rückenachsen in Abhängigkeit von den verschiedenen Phasenverschiebungen zu erkennen. Sind die beiden Wellen in Phase, dann stehen die Achsen senkrecht (Abb. 9.5a), bei $\varepsilon = \pi/2$ sind die

9.4 Barokline Wellen

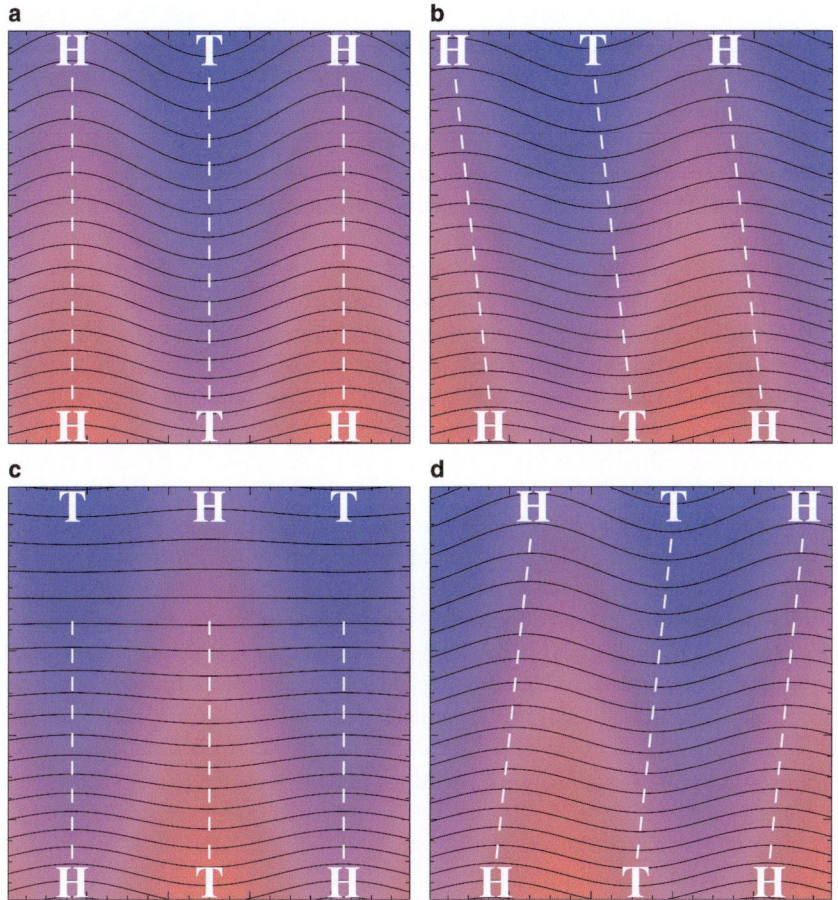

Abb. 9.5 (x, z)-Vertikalschnitte der Temperatur- (*blau*: kalte Luft, *rot*: warme Luft) und Druckverteilung (Konturlinien) zwischen Erdboden und 6 km Höhe. Die *gestrichelten Linien* stellen die Trog- und Rückenachsen dar. ε-Werte von *links oben* nach *rechts unten*: **a** 0, **b** $\pi/2$, **c** π und **d** $3\pi/2$

Trog- und Rückenachsen rückwärts geneigt (Abb. 9.5b), während bei einer Phasenverschiebung von $3\pi/2$ nach vorne geneigte Achsen resultieren (Abb. 9.5d). Im Einklang mit dem in Abschn. 4.8 bereits diskutierten Vertikalaufbau von Druckgebilden wird aus der Abbildung ersichtlich, dass die Trog- und Rückenachsen immer zur kalten bzw. zur warmen Luft hin geneigt sind.

Bei einer Phasenverschiebung von π (Abb. 9.5c) kann im Vertikalschnitt nicht immer eine vertikale Achsenneigung festgelegt werden. Bei kleiner Amplitude der Temperaturwelle ist deren Einfluss auf die vertikale hydrostatische Druckänderung relativ gering, so dass sich über dem Bodentief ein schwacher *Höhentrog* befindet, woraus wiederum senkrecht stehende Trog- und Rückenachsen resultieren. Bei großer Amplitude der Temperaturwelle hingegen kann, so wie in Abb. 9.5c dargestellt, über dem Bodentief ein *Höhenrücken* und umgekehrt über dem Bodenhoch ein Höhentrog liegen. In dieser Situation lassen sich aus dem Vertikalschnitt nur bedingt Aussagen über die Achsenneigungen gewinnen.

Neben dem vertikalen Verlauf der Achsenneigungen ist auch deren horizontale Richtung von Interesse. In Abb. 9.6 sind für das gewählte Beispiel und die vier verschiedenen Phasenverschiebungen die horizontalen Temperatur- und Druckverteilungen am Boden (Abb. 9.6a) und in 6 km Höhe (Abb. 9.6b) wiedergegeben. Die Pfeile in Abb. 9.6a beginnen in den Zentren der Bodendruckgebilde und enden in den Zentren der dazugehörigen Druckverteilungen in der Höhe, d. h. sie beschreiben die horizontalen Verschiebungsrichtungen der Hochs und Tiefs mit der Höhe. Aus der oberen Reihe erkennt man direkt, dass bei Phasengleichheit von Temperatur- und Geopotentialwelle in der Höhe ein nach Norden verschobenes Höhentief und zwei nach Süden verschobene Höhenhochs liegen.[3] Im Vergleich zu den anderen Situationen weist die Druckverteilung in der Höhe die stärksten Extremwerte auf. Das entspricht der bereits in Abschn. 4.8 festgestellten Eigenschaft der Druckgebilde, wonach die Intensitäten warmer Hochs und kalter Tiefs mit der Höhe zunehmen.

In den drei anderen Situationen liegen in der Höhe jeweils offene Wellen mit Trögen und Rücken vor. In der zweiten Reihe ist zu sehen, dass der Höhentrog nordwestlich vom Bodentief und die beiden Höhenrücken südwestlich von den jeweiligen Bodenhochs liegen. Die dritte Reihe zeigt den bei einer Phasenverschiebung von π über dem warmen Bodentief liegenden schwachen Höhenrücken. Verglichen mit den anderen Situationen ist die Amplitude der Welle jetzt sehr klein. In der letzten Reihe schließlich sind die Zentren des Höhentrogs und der beiden Höhenrücken in nordöstlicher bzw. südöstlicher Richtung verschoben. Insgesamt erkennt man auch aus diesen Abbildungen, dass, im Einklang mit der *barometrischen Höhenformel*, die vertikalen Achsen von Hoch- und Tiefdruckgebieten immer zur warmen bzw. kalten Luft hin geneigt sind.

Vergleicht man für die vier verschiedenen Phasenverschiebungen die Höhendruckverteilungen (Abb. 9.6b), dann fällt auf, dass lediglich bei Phasengleichheit von Temperatur- und Geopotentialwelle statt Rücken und Trögen Höhenhochs und -tiefs vorliegen. Dieser Umstand lässt sich dadurch erklären, dass bei $\varepsilon = 0$ die Temperaturunterschiede zwischen den Druckzentren maximal sind. Verringert man bei sonst ungeänderten Werten in (9.9) den Wert von δT auf 6 °C, dann ergeben sich auch in diesem Fall offene Wellenstrukturen in 6 km Höhe. Neben der Temperaturamplitude spielt aber auch die Baroklinität des atmosphärischen Grundzustands, ausgedrückt durch die meridionale Temperaturabnahme $-Ay$ in (9.9), hierbei eine wichtige Rolle. Je stärker diese meridionale Temperaturabnahme bei vorgegebenem Wert von δT ist, umso eher bilden sich in der Höhe offene Wellen statt abgeschlossener Druckgebilde. Erhöht man beispielsweise bei sonst ungeänderten Werten in (9.9) Ay von 1 °C auf 1.5 °C pro 100 km, dann erhält man auch bei $\varepsilon = 0$ in 6 km Höhe Tröge und Rücken. Umgekehrt liefert bei $\varepsilon = \pi/2$ eine Verringerung die-

---

[3] Im Gegensatz zum Höhentrog und Höhenrücken besitzen Höhentiefs und Höhenhochs geschlossene Isobaren bzw. Isohypsen.

9.4 Barokline Wellen

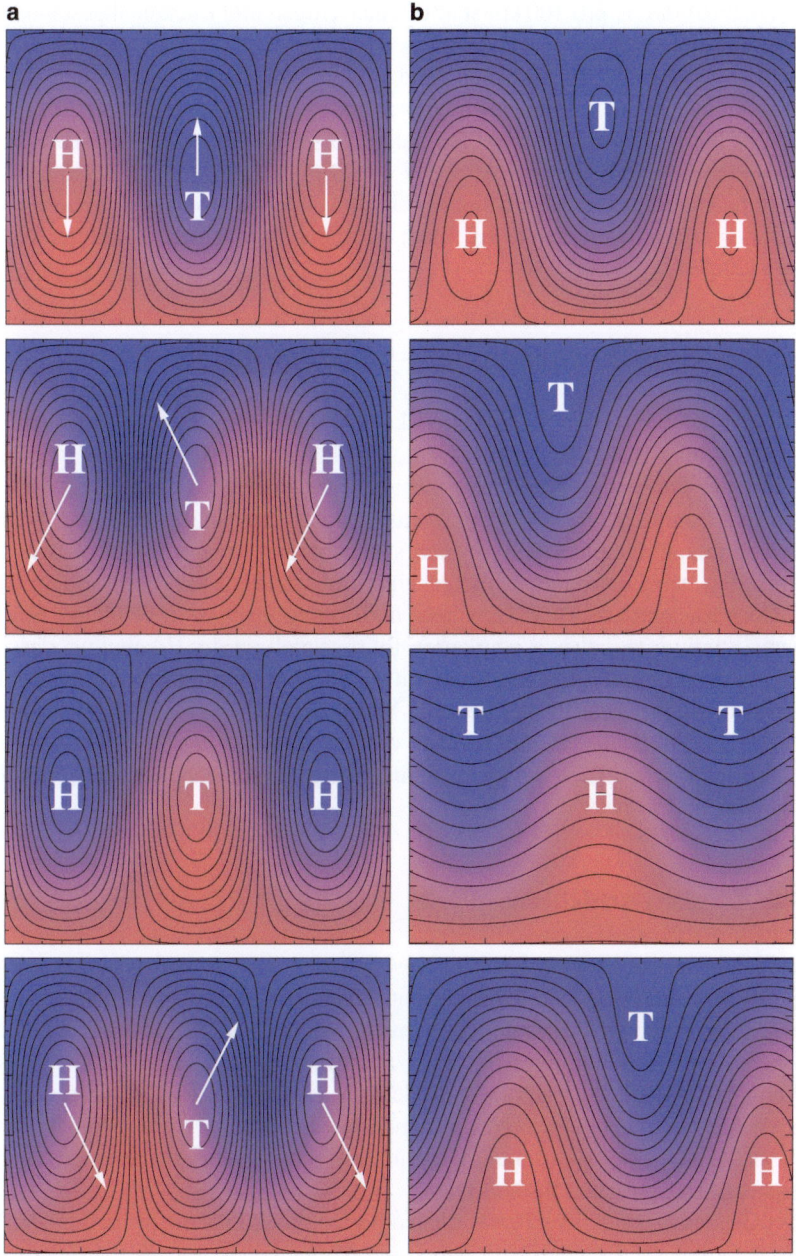

Abb. 9.6 Horizontalverteilungen des Drucks (Konturlinien) und der Temperatur (*blau*: kalte Luft, *rot*: warme Luft) am Boden (**a**) und in 6 km Höhe (**b**) bei Phasenverschiebungen von 0, $\pi/2$, π und $3\pi/2$ (von *oben* nach *unten*). Die *Pfeile* in (**a**) geben die horizontalen Verschiebungsrichtungen der Druckzentren in der Höhe wieder

ses Terms auf 0.8 °C pro 100 km statt offenen Trögen und Rücken abgeschlossene Höhentiefs und -hochs.

Phasenverschiebungen zwischen Temperatur- und Geopotentialwellen äußern sich nicht nur in einer räumlichen Verschiebung der Druckgebilde in der Höhe relativ zu ihren Bodenpositionen, vielmehr sind sie von fundamentaler Bedeutung für das Stabilitätsverhalten barokliner Wellen. Eine eingehende Diskussion dieses Sachverhalts erfolgt in den nächsten Abschnitten, in denen die grundsätzlichen Mechanismen erörtert werden, die zu einem instabilen Anwachsen barokliner Wellen führen können.

9.5 Das Zweischichtenmodell – barokline Instabilität

In Abschn. 9.1 wurde der Einfluss großskaliger Heterogenitäten der Erdoberfläche auf die Bildung stehender Rossby-Wellen diskutiert. Neben diesen langen Wellen sind die Strömungsverhältnisse mittlerer Breiten jedoch auch charakterisiert durch sich ständig entwickelnde und mitunter rasch intensivierende kurze Wellen, die sich entlang der planetaren Wellen stromabwärts verlagern. Wie bereits früher erwähnt, wird die damit einhergehende Entstehung synoptisch-skaliger Tief- und Hochdruckgebiete als *Zyklogenese* und *Antizyklogenese* bezeichnet. Ein genaueres Studium täglicher Wetterkarten führt schnell zu der Erkenntnis, dass die Wellenbildung bevorzugt in Regionen mit starker Baroklinität, wie z. B. an der Polarfront, vonstatten geht. Daher liegt die Vermutung nahe, dass es sich hierbei um eine Form der *Welleninstabilität* handelt, die eng mit dem raumzeitlichen Verhalten der atmosphärischen Baroklinität zusammenhängt, weshalb sie auch als *barokline Instabilität* bezeichnet wird.

9.5.1 Das Zweischichtenmodell

Der mathematische Formalismus zur Beschreibung der baroklinen Instabilität basiert auf den unabhängig voneinander entstandenen Arbeiten von Charney (1947) und Eady (1949). Im Folgenden werden die wichtigsten Schritte zur Ableitung des benötigten Gleichungssystems kurz zusammengefasst. Eine detaillierte Darstellung der Theorie kann an dieser Stelle nicht erfolgen und sollte stattdessen der entsprechenden Spezialliteratur entnommen werden. Beispielsweise findet man in Pedlosky (1987) eine sehr umfangreiche und tiefgehende Ausarbeitung zur Theorie der quasigeostrophischen Instabilitäten.

Im Gegensatz zum zweidimensionalen horizontalen Phänomen barotroper Prozesse erfordert die Beschreibung barokliner Vorgänge eine dreidimensionale Betrachtungsweise. Hierzu wird in numerischen Wettervorhersagemodellen die Atmosphäre vertikal in eine Vielzahl unterschiedlich dicker Schichten aufgeteilt, so dass die für eine gute Wetterprognose notwendige hohe räumliche Auflösung der Zustandsvariablen erreicht wird. Für das hier interessierende qualitative Verständnis barokliner Entwicklungsprozesse genügt es jedoch, dem Prinzip der minimal

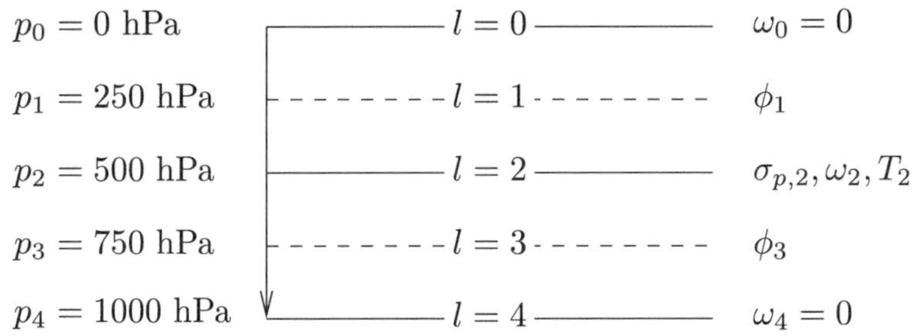

9.5 Das Zweischichtenmodell – barokline Instabilität

```
p₀ = 0 hPa          ——— l = 0 ———          ω₀ = 0
p₁ = 250 hPa        - - - - l = 1 - - - -   φ₁
p₂ = 500 hPa        ——— l = 2 ———          σ_{p,2}, ω₂, T₂
p₃ = 750 hPa        - - - - l = 3 - - - -   φ₃
p₄ = 1000 hPa       ——— l = 4 ———          ω₄ = 0
```

Abb. 9.7 Vertikale Einteilung der Atmosphäre im Zweischichtenmodell

erforderlichen räumlichen Auflösung folgend, die gesamte Troposphäre in lediglich zwei Schichten zu unterteilen. Diese geringe vertikale Auflösung bietet die einfachste Möglichkeit zur Darstellung von Vertikalgradienten bestimmter Variablen. Als Grundlage dieses *Zweischichtenmodells* dienen die Gleichungen der quasigeostrophischen Theorie (s. Kap. 6), d. h. das Gleichungssystem besteht aus der Vorticitygleichung und dem ersten Hauptsatz der Thermodynamik, die nach (6.4) und (6.5) geschrieben werden können als

$$\frac{\partial}{\partial t}\frac{\partial \phi}{\partial p} = \frac{R_0}{p}\mathbf{v}_g \cdot \nabla_h T - \sigma_p \omega - f_0 \gamma \dot{\theta}$$
$$\frac{\partial \zeta_g}{\partial t} = -\mathbf{v}_g \cdot \nabla_h(\zeta_g + f) + f_0 \frac{\partial \omega}{\partial p} \tag{9.10}$$

Hierbei wurde entsprechend der in der quasigeostrophischen Theorie üblichen Vorgehensweise die Divergenz des horizontalen Winds mit Hilfe der Kontinuitätsgleichung (3.30) aus den Gleichungen eliminiert.

Die Atmosphäre wird in zwei gleich große Schichten der Dicke $\Delta p = 500\,\text{hPa}$ unterteilt (s. Abb. 9.7). Daraus ergeben sich fünf verschiedene Levels $l = 0, \ldots, 4$, an denen gemäß der Abbildung die unterschiedlichen Modellvariablen angeschrieben werden. Am Atmosphärenober- und -unterrand sei die Vertikalbewegung null. Vertikale Ableitungen werden mittels zentraler Differenzenquotienten diskretisiert mit $\Delta p = p_3 - p_1 = p_2 - p_0 = p_2$. Die Vorticitygleichung wird in den Niveaus $l = 1, 3$ formuliert, die Wärmegleichung im Niveau $l = 2$.

Aus (9.10) erhält man somit

(a) $\quad \dfrac{\partial}{\partial t}(\phi_3 - \phi_1) = R_0 \mathbf{v}_{g,2} \cdot \nabla_h T_2 - \sigma_{p,2}\omega_2 \Delta p - f_0 \gamma_2 \dot{\theta}_2 \Delta p$

(b) $\quad \dfrac{\partial \zeta_{g,1}}{\partial t} = -\mathbf{v}_{g,1} \cdot \nabla_h(\zeta_{g,1} + f) + \dfrac{f_0 \omega_2}{\Delta p}$

(c) $\quad \dfrac{\partial \zeta_{g,3}}{\partial t} = -\mathbf{v}_{g,3} \cdot \nabla_h(\zeta_{g,3} + f) - \dfrac{f_0 \omega_2}{\Delta p}$ \hfill (9.11)

Hierbei wurden zur Auswertung der vertikalen Differenzenquotienten für ω die Randbedingungen $\omega_0 = \omega_4 = 0$ benutzt. Durch Addition von (9.11)b und (9.11)c ergibt sich eine prognostische Gleichung für die mittlere geostrophische Vorticity, die auch als die Vorticitygleichung des Niveaus 2 angesehen werden kann

$$\frac{\partial \zeta_{g,2}}{\partial t} = -\frac{1}{2}\bigl[\mathbf{v}_{g,1} \cdot \nabla_h(\zeta_{g,1} + f) + \mathbf{v}_{g,3} \cdot \nabla_h(\zeta_{g,3} + f)\bigr] \qquad (9.12)$$

Man sieht, dass, im Einklang mit der früher geführten Diskussion der Vorticitygleichung (s. Abschn. 5.3), in der mittleren Atmosphäre zeitliche Vorticityänderungen rein advektiv bedingt sind, wobei die rechte Seite von (9.12) als mittlere Advektion im Niveau 2 interpretiert werden kann.

Subtrahiert man (9.11)b von (9.11)c, dann erhält man unter Benutzung von (9.11)a die ω-*Gleichung des Zweischichtenmodells*. Diese ergibt sich jedoch auch direkt aus (6.7), wenn dort die vertikalen Ableitungen wiederum durch zentrierte Differenzenquotienten ersetzt werden

$$\begin{aligned}(\nabla_h^2 - 2\mu^2)\omega_2 &= \frac{f_0}{\sigma_{p,2}\Delta p}\bigl[\mathbf{v}_{g,3} \cdot \nabla_h(\zeta_{g,3} + f) - \mathbf{v}_{g,1} \cdot \nabla_h(\zeta_{g,1} + f)\bigr] \\ &\quad + \frac{R_0}{\sigma_{p,2}p_2}\nabla_h^2(\mathbf{v}_{g,2} \cdot \nabla_h T_2) - \frac{f_0\gamma_2}{\sigma_{p,2}}\nabla_h^2\dot{\theta}_2 \end{aligned} \qquad (9.13)$$

$$\text{mit} \quad \mu^2 = \frac{f_0^2}{\sigma_{p,2}(\Delta p)^2}$$

Unter Vorgabe der diabatischen Wärmezufuhr und bei Kenntnis der Anfangsverteilungen des Geopotentials $[\phi_1(t_0), \phi_3(t_0)]$ lassen sich mit (6.1) die Temperatur $T_2(t_0)$, mit (6.3) die Werte der geostrophischen Vorticity $[\zeta_{g,1}(t_0), \zeta_{g,3}(t_0)]$ und daraus durch Lösung der ω-Gleichung (9.13) die Vertikalbewegung $\omega_2(t_0)$ berechnen. Die numerische Integration der prognostischen Gleichungen (9.11)b, c liefert dann die Vorticityverteilungen zum Zeitpunkt $t_1 = t_0 + \Delta t$, so dass das Modell iterierbar wird. Basierend auf dem hier vorgestellten Gleichungssystem präsentierte Phillips (1956) das erste numerische Modell zur Simulation der globalen Zirkulation.

9.5.2 Barokline Instabilität

Für die weiteren Betrachtungen sind jedoch nicht die Lösungen des Gleichungssystems selbst von Bedeutung, sondern vielmehr das zeitliche Verhalten von Störungen ϕ', die einem gedachten atmosphärischen Grundzustand $\overline{\phi}$ überlagert werden. Dieser sei durch eine in jedem Niveau konstante geostrophische Strömung in x-Richtung gegeben, d. h.

$$u_{g,1} = -\frac{1}{f_0}\frac{\partial \overline{\phi}_1}{\partial y} = const, \qquad u_{g,3} = -\frac{1}{f_0}\frac{\partial \overline{\phi}_3}{\partial y} = const \qquad (9.14)$$

9.5 Das Zweischichtenmodell – barokline Instabilität

Hieraus ergeben sich der vertikal gemittelte Wind $\bar{u}$ und die vertikale Scherung u_{th} des horizontalen Winds als

$$\bar{u} = \frac{u_{g,1} + u_{g,3}}{2}, \qquad u_{th} = \frac{u_{g,1} - u_{g,3}}{2} \tag{9.15}$$

Die Größe u_{th} beschreibt den thermischen Wind und ist damit ein Maß für die Baroklinität des atmosphärischen Grundzustands. Die Störungen werden mit Hilfe von Wellenansätzen formuliert als

$$\phi'_1 = A \exp[ik(x - ct)], \qquad \phi'_3 = B \exp[ik(x - ct)] \tag{9.16}$$

Durch Linearisierung der prognostischen Gleichungen (9.11) erhält man ein analytisch lösbares Differentialgleichungssystem für die Störungen (ϕ'_1, ϕ'_3). Die Lösung dieses Gleichungssystems liefert die Phasengeschwindigkeit der Störungswellen als

$$c_{1,2} = \bar{u} - \frac{\beta(\mu^2 + k^2)}{k^2(2\mu^2 + k^2)} \pm \sqrt{\delta}$$
$$\text{mit} \quad \delta = \frac{\beta^2 \mu^4}{k^4(2\mu^2 + k^2)^2} - u_{th}^2 \frac{2\mu^2 - k^2}{2\mu^2 + k^2} \tag{9.17}$$

Auf eine detaillierte Ableitung dieser Gleichung wird hier verzichtet. Diese kann z. B. in Zdunkowski und Bott (2003) oder Holton (2004) nachgelesen werden.

Einsetzen von (9.17) in (9.16) macht deutlich, dass für den Fall $\delta < 0$ die dann komplexe Phasengeschwindigkeit zeitlich anwachsende Amplituden von (ϕ'_1, ϕ'_3) liefert, d. h. die baroklinen Wellen werden instabil. Für einen vorgegebenen konstanten Wert des Rossby-Parameters β ist die barokline Instabilität über den Term δ eine Funktion der atmosphärischen Stabilität $\sigma_{p,2} = [f_0/(\mu \Delta p)]^2$, der Wellenlänge $\lambda = 2\pi/k$ sowie der Baroklinität, ausgedrückt durch den thermischen Wind u_{th}. Man kann leicht sehen, dass mit zunehmendem Wert der statischen Stabilität wegen $\mu \to 0$ das Auftreten instabiler Wellen immer mehr zu den langen Wellenlängen hin verschoben wird, denn für $\delta < 0$, muss $2\mu^2 > k^2$ sein. Das trifft für alle Wellenlängen größer als $\sqrt{2}\pi/\mu$ zu.

Die Wirkung der Baroklinität auf das Stabilitätsverhalten der Wellen lässt sich ebenso leicht aus (9.17) ablesen. Je barokliner die Atmosphäre ist ($u_{th}^2 \gg 0$), umso eher wird bei sonst gleichen Bedingungen eine Welle instabil. Umgekehrt existieren im Fall eines barotropen Grundzustands ($u_{th} = 0$) keine Instabilitäten, so dass sich (9.17) reduziert auf

$$c_1 = \bar{u} - \frac{\beta}{k^2}, \qquad c_2 = \bar{u} - \frac{\beta}{(2\mu^2 + k^2)} \tag{9.18}$$

Der Wert von c_1 entspricht der Phasengeschwindigkeit der sich in zonale Richtung ausbreitenden Rossby-Welle (vgl. (9.4)), während die dazugehörigen Störungen höhenunabhängig, d. h. barotroper Natur sind. Das steht auch im Einklang mit der

ω-Gleichung (9.13), aus der sich bei Barotropie (und Adiabasie) $\omega_2 = 0$ ergibt. Die Phasengeschwindigkeit c_2 entspricht stabilen baroklinen Wellenstörungen, die dem barotropen Grundzustand überlagert sind. Man kann zeigen, dass in dem Fall zwischen der ϕ_1- und der ϕ_3-Welle eine Phasenverschiebung von π besteht (s. z. B. Holton 2004).

Aus der Forderung $\delta > 0$ erhält man für den thermischen Wind eine Bedingung, unter der eine barokline Welle unabhängig von ihrer Wellenlänge unbedingt stabil bleibt

$$u_{th} < \frac{(\Delta p)^2 \beta}{2 f_0^2} \sigma_{p,2} \tag{9.19}$$

Das bedeutet, dass bei gegebener statischer Stabilität $\sigma_{p,2}$ eine gewisse Baroklinität überschritten werden muss, um überhaupt instabile Wellenprozesse auslösen zu können. Der Schwellenwert ist hierbei umso kleiner, je geringer die Stabilität ist. In gleicher Weise erhält man eine kritische Wellenlänge λ_c, bei deren Unterschreitung die Welle für jede beliebige Baroklinität stabil bleibt

$$\lambda_c = \frac{\pi \sqrt{2} \Delta p}{f_0} \sqrt{\sigma_{p,2}} \tag{9.20}$$

Im Grenzfall $\sigma_{p,2} \to 0$ werden demnach Wellen mit beliebig kurzer Wellenlänge instabil, was gelegentlich auch als *ultraviolette Katastrophe* bezeichnet wird. Weiterhin erkennt man aus (9.17), dass für $\beta = 0$ das Auftreten barokliner Instabilitäten unabhängig vom thermischen Wind ist und nur noch von der Wellenlänge und der statischen Stabilität abhängt. Von besonderem Interesse ist schließlich noch die Wellenlänge, bei der es bei gegebenem Wert von β mit zunehmender Baroklinität zum ersten Mal zur Instabilität kommt. Diese *dominante Wellenlänge* ergibt sich zu

$$\lambda_d = \frac{2^{3/4} \pi \Delta p}{f_0} \sqrt{\sigma_{p,2}} \tag{9.21}$$

Abb. 9.7 zeigt schematisch das Stabilitätsverhalten barokliner Wellen. Hier stellt die schattierte Fläche den instabilen Bereich dar. Dieser ist vom stabilen Bereich durch die *neutrale Kurve* getrennt, die sich aus der Bedingung $\delta = 0$ ergibt. Je nach Wahl der Wellenlänge und der Baroklinität erhält man entweder eine stabile (z. B. am Punkt A) oder eine instabile Welle (z. B. am Punkt B). Am Punkt C befindet sich die dominante Wellenlänge. Die beiden gestrichelten Linien stellen Asymptoten an die Instabilitätsfläche dar, die durch $\beta = 0$ und $\sigma_{p,2} = 0$ gegeben sind.

Setzt man für die verschiedenen in (9.17) vorkommenden Parameter Werte ein, die sich unter typischen atmosphärischen Bedingungen mittlerer Breiten ergeben, dann erhält man als kritische Wellenlänge $\lambda_c \approx 3000$ km, während die dominante Wellenlänge ungefähr 4000 km beträgt. Der zu dieser Wellenlänge gehörende thermische Wind liegt bei etwa 4 m s^{-1}. Das ist ein Wert, der in mittleren Breiten normalerweise immer übertroffen wird. Typische Werte von u_{th} liegen in der

9.5 Das Zweischichtenmodell – barokline Instabilität

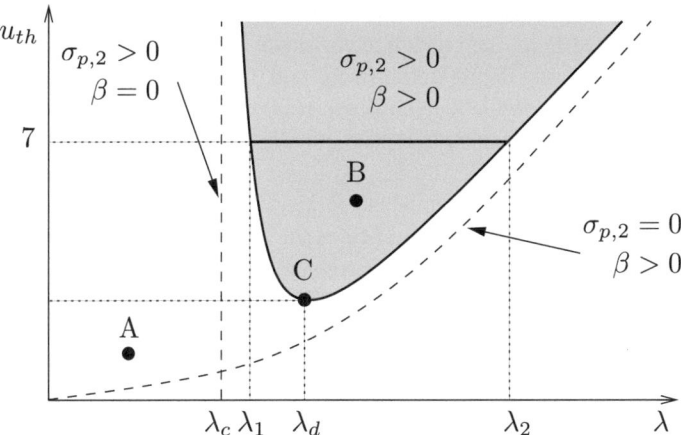

Abb. 9.8 Neutrale Kurve mit Instabilitätsbereich (*schattierte Fläche*) barokliner Wellen als Funktion von Wellenlänge und Baroklinität

Größenordnung von $7\,\mathrm{m\,s^{-1}}$. Daraus resultiert ein instabiler Wellenlängenbereich zwischen $\lambda_1 \approx 3000\,\mathrm{km}$ und $\lambda_2 \approx 6000\,\mathrm{km}$ (s. Abb. 9.8). Somit könnte man folgern, dass bei Zyklogenesen, die durch barokline Instabilitäten angeregt werden, nur Tiefdruckgebiete mit Wellenlängen von 3000 km und mehr entstehen sollten. Das steht jedoch im Widerspruch zu zahlreichen Beobachtungen außertropischer Zyklonen, die meistens eine deutlich geringere horizontale Erstreckung aufweisen. Beispielsweise ergab eine Untersuchung der Daten des GALE Experiments[4] einen mittleren Radius der Zyklonen von 500 km, wobei zwei Drittel der Zyklonen einen Radius von weniger als 700 km aufwiesen (Nielsen und Dole 1992).

In diesem Zusammenhang sollte beachtet werden, dass die hier geführte Diskussion eher nur qualitativ zu verstehen ist, denn viele in der Realität stattfindende Prozesse, wie beispielsweise die Reibung oder die Freisetzung latenter Wärme, wurden nicht berücksichtigt. Während Reibungsvorgänge den Instabilitätsbereich verringern, führen diabatische Prozesse zu einer Ausweitung des Instabilitätsbereichs sowohl zu kleineren Wellenlängen als auch zu schwächeren Baroklinitäten hin. Ebenso bedeutend für die Bildung instabiler Wellen sind horizontale Windscherungen, die insbesondere im Jetstreamniveau hohe Werte annehmen können und gleichfalls den Instabilitätsbereich zu kleineren Wellenlängen hin vergrößern.

Als eine der wichtigsten Ursachen für die aus dem Zweischichtenmodell resultierenden zu großen Wellenlängen der Zyklonen führten Moore und Peltier (1987) an, dass hierbei die Frontalzone vereinfachend als eindimensionales Gebilde angenommen wird, das nur in der vertikalen Richtung variiert. Sie zeigten, dass eine Verallgemeinerung dieses Ansatzes auf eine zweidimensionale Form der Frontalzone, die auch horizontale Heterogenitäten entlang der Front zulässt und dreidimensio-

---

[4] GALE: Genesis of Atlantic Lows Experiment, Januar–März 1986, Nordamerika und daran angrenzender Atlantik (Dirks et al. 1988).

nalen baroklinen Störungen unterworfen wird, zu einer realistischeren horizontalen Längenskala der Mittelbreitenzyklonen von etwa 1000 km führen kann.

In Übereinstimmung damit stellten Joly und Thorpe (1990) fest, dass *Frontalwellen* typischerweise Wellenlängen unter 1000 km besitzen und deutlich schnellere zeitliche Wachstumsraten aufweisen, als dies aus dem klassischen Modell der baroklinen Instabilität folgen würde. Sie führten diese Unterschiede auf die aus diabatischen Prozessen entlang einer Frontalzone resultierenden niedertroposphärischen PV-Anomalien zurück. Mit Hilfe einer linearen Stabilitätsanalyse konnten sie zeigen, dass sich an einer bereits existierenden Frontalzone *sekundäre barokline Instabilitäten* mit Wellenlängen von 700–900 km und realistischen zeitlichen Wachstumsraten entwickeln können, wenn eine untere PV-Anomalie mit einer horizontalen Erstreckung quer zur Front von weniger als 150 km vorliegt. Diese könnte beispielsweise auf ein in frontogenetischen Strömungen entstandenes und parallel zur Front verlaufendes Niederschlagsband zurückzuführen sein.

Aus den Ergebnissen des Zweischichtenmodells und den hier angeführten Überlegungen kann insgesamt geschlossen werden, dass in den mittleren Breiten praktisch immer die zur Auslösung barokliner Instabilitäten notwendigen atmosphärischen Bedingungen vorliegen, so dass dort diese Form der *Welleninstabilität* als bedeutendster Mechanismus angesehen werden kann, durch den zyklogenetische Prozesse initiiert werden.

9.5.3 Energetische Betrachtungen

Die gesamte Energie der in der Atmosphäre ablaufenden thermo-hydrodynamischen Prozesse setzt sich zusammen aus der inneren, der potentiellen und der kinetischen Energie. Man kann zeigen, dass in einer hydrostatischen Atmosphäre die potentielle Energie als Funktion der inneren Energie darstellbar ist (s. z. B. Zdunkowski und Bott 2004), so dass es angebracht erscheint, beide Energien zu einer Größe, der *totalen potentiellen Energie*, zusammenzufassen (Margules 1903). Unter Berücksichtigung des Erhaltungssatzes der gesamten Energie kann in einem abgschlossenen System totale potentielle Energie in kinetische Energie umgewandelt werden und umgekehrt. Allerdings steht für die Umwandlung in kinetische Energie nur ein geringer Anteil der totalen potentiellen Energie zur Verfügung. Dieser Anteil wird auch als *verfügbare potentielle Energie* bezeichnet.

Lorenz (1955) unterteilte die verfügbare potentielle Energie in einen zonalen Anteil und einen Anteil, der den großskaligen *baroklinen Wirbeln* zuzuordnen ist. Damit charakterisierte er die *globale Zirkulation* in der Art, dass sie angetrieben wird durch eine ständige Umwandlung von zonaler verfügbarer potentieller Energie in verfügbare potentielle Energie der baroklinen Wirbel, die dann in kinetische Energie der baroklinen Wirbel und letztere am Ende in kinetische Energie der zonalen Bewegung umgewandelt wird. Zonale verfügbare potentielle Energie wird permanent durch die differentielle Erwärmung der Erde produziert. In einer weiteren Publikation zeigte Lorenz (1960), dass die verfügbare potentielle Energie der gesamten Erdatmosphäre proportional zum Volumenintegral der Varianz der poten-

9.5 Das Zweischichtenmodell – barokline Instabilität

tiellen Temperatur über die Atmosphäre ist. Ihr Wert ist mit ungefähr 0.5 % der totalen potentiellen Energie sehr gering. Selbst von diesem geringen Energieanteil werden nur etwa 10 % in kinetische Energie der globalen Zirkulation umgewandelt (Holton 2004, s. auch Pichler 1997).

Zur näheren Untersuchung der Wechselwirkungen zwischen kinetischer und verfügbarer potentieller Energie einer baroklinen Welle müssen *Bilanzgleichungen* für beide Energien formuliert werden. Auf eine detaillierte Ableitung dieser Gleichungen wird hier verzichtet. Stattdessen werden die wichtigsten Ergebnisse der Untersuchungen kurz zusammengefasst. Diese beruhen auf den von Holton (2004) präsentierten ausführlichen Betrachtungen zu diesem Thema. Danach lassen sich im Zweischichtenmodell die prognostischen Gleichungen für die kinetische Energie K' und die verfügbare potentielle Energie P' einer baroklinen Welle schreiben als

$$
\begin{align}
\text{(a)} \quad & \frac{dK'}{dt} = -\frac{2}{\Delta p}\overline{\omega_2'\phi_{th}} \\
\text{(b)} \quad & \frac{dP'}{dt} = \frac{2}{\Delta p}\overline{\omega_2'\phi_{th}} + \frac{4\mu^2}{f_0^2}\overline{u_{th}\phi_{th}\frac{\partial \phi_m}{\partial x}} \tag{9.22}\\
\text{(c)} \quad & \text{mit} \quad \phi_{th} = \frac{\phi_1' - \phi_3'}{2}, \quad \phi_m = \frac{\phi_1' + \phi_3'}{2}
\end{align}
$$

Hierbei bedeutet der Querstrich über den einzelnen Termen eine Mittelung über die gesamte Wellenlänge λ der Welle. Wegen der Gültigkeit der hydrostatischen Beziehung (6.1) gibt der Term ϕ_{th} die Temperaturverteilung wieder, während $\partial \phi_m / \partial x$ gemäß der geostrophischen Windbeziehung (6.2) die Meridionalkomponente $v'_{g,2}$ des geostrophischen Winds im Niveau 2 darstellt.

Aus (9.22)a,b kann man unmittelbar sehen, dass P' und K' über den Korrelationsterm $\overline{\omega_2'\phi_{th}}$ miteinander in Wechselwirkung stehen. Ist der Term negativ, dann wird kinetische Energie aus verfügbarer potentieller Energie gebildet und umgekehrt. Somit entsteht kinetische Energie, wenn relativ warme Luft aufsteigt oder relativ kalte Luft absinkt, weil dann die Korrelation zwischen der Temperaturverteilung und der generalisierten Vertikalgeschwindigkeit jeweils negativ ist. Dieser Umstand ist leicht einzusehen, denn bei vertikalen Massenumschichtungen mit aufsteigender Warmluft und absinkender Kaltluft wird der Schwerpunkt des Systems abgesenkt, was einer Abnahme der potentiellen Energie gleichkommt.

Der zweite Term auf der rechten Seite von (9.22)b stellt die Energiequelle der baroklinen Welle dar. Er beschreibt die Erzeugung oder Vernichtung von P' als Funktion der Korrelation zwischen der Schichtdicke $\phi_1' - \phi_3'$ und der meridionalen Bewegung $v'_{g,2}$. Unterstellt man eine nach Norden hin abnehmende Temperatur des atmosphärischen Grundzustands, dann ist $u_{th} \geq 0$, so dass bei einer positiven Korrelation $\overline{\phi_{th}\partial \phi_m/\partial x}$ die verfügbare potentielle Energie der Welle zunimmt. Das ist dann der Fall, wenn mit $v'_{g,2}$ warme Luft nach Norden bzw. kalte Luft nach Süden transportiert wird. Insgesamt gesehen muss die Summe aus K' und P' nicht konstant bleiben, da die barokline Welle mit der Grundströmung in Wechselwirkung

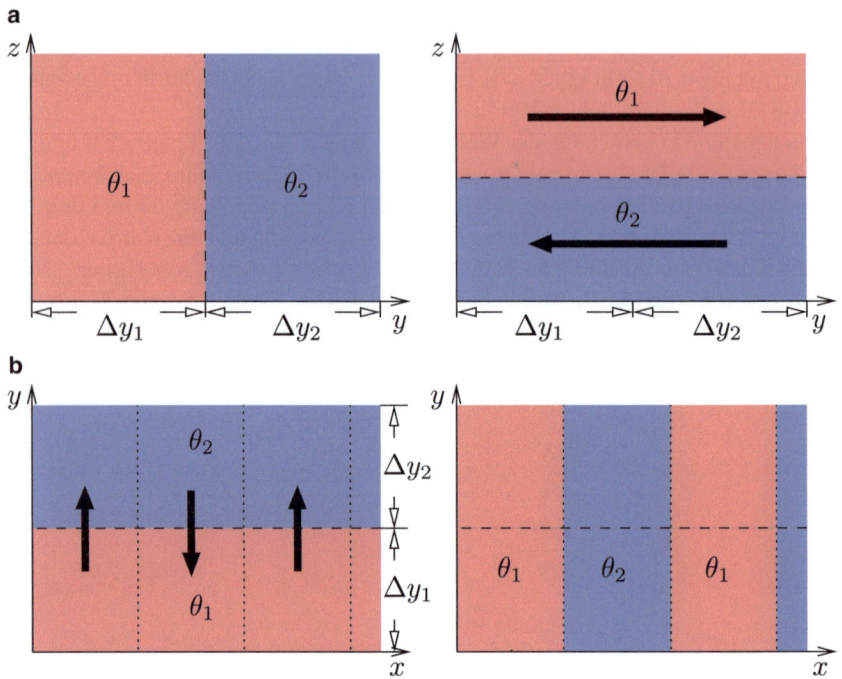

Abb. 9.9 Vertikale (**a**) und horizontale (**b**) Umverteilungen in einer baroklinen Atmosphäre mit $\theta_1 > \theta_2$

steht und somit kein energetisch abgeschlossenes System darstellt. Das bedeutet insbesondere, dass sowohl K' als auch P' gleichzeitig anwachsen können.

Zur besseren Veranschaulichung der Energieumwandlungen betrachte man eine *barokline Atmosphäre* mit zwei zunächst senkrecht nebeneinander stehenden Luftsäulen von jeweils konstanter potentieller Temperatur θ_1 und θ_2. Die Luftsäulen befinden sich in den zonalen Kanälen Δy_1 und Δy_2 (s. Abb. 9.9a links). In dieser instabilen Anfangskonfiguration äußert sich die Baroklinität des atmosphärischen Grundzustands in den unterschiedlichen Werten der mittleren potentiellen Temperaturen beider Kanäle, die zunächst gegeben sind durch $\overline{\theta}_1 = \theta_1$ und $\overline{\theta}_2 = \theta_2$ mit $\theta_2 < \theta_1$. Zum Abbau der Baroklinität des Grundzustands werden zwei Möglichkeiten betrachtet. Im ersten Fall wird die warme Luft über die kalte Luft gehoben. Der in Abb. 9.9a rechts gezeigte stabile Endzustand beschreibt eine *barotrope Atmosphäre*, in der die warme Luft (θ_1) horizontal über der kalten Luft (θ_2) liegt. In diesem Zustand ist die totale potentielle Energie der Atmosphäre minimal, d. h. die gesamte verfügbare potentielle Energie wurde in kinetische Energie der Horizontalbewegung umgewandelt (schwarze Pfeile in Abb. 9.9a rechts).

In Abb. 9.9b erfolgt der Abbau der verfügbaren potentiellen Energie des atmosphärischen Grundzustands nicht durch vertikales Aufgleiten von warmer über kalte Luft wie oben, sondern durch reine horizontale Bewegungen. Hierbei wird alternierend kalte Luft aus dem Norden nach Süden und warme Luft aus dem Süden nach Norden geführt. Im im Abb. 9.9b rechts dargestellten Zustand befindet sich in beiden Kanälen zu gleichen Teilen kalte und warme Luft, so dass die zonal gemittelten potentiellen Temperaturen gegeben sind durch $\overline{\theta}_1 = \overline{\theta}_2 = (\theta_1 + \theta_2)/2$. Somit stellt sich auch hier ein barotroper atmosphärischer Grundzustand ein. Allerdings ist die verfügbare potentielle Energie noch nicht in kinetische Energie des Grundzustands, sondern zunächst in verfügbare potentielle Energie der Störungen, d. h. der baroklinen Wirbel, umgewandelt worden. Aus (9.22)b kann man sehen, dass nach Erreichen des barotropen Grundzustands mit $u_{th} = 0$ der Quellterm von P' verschwindet.

Im weiteren Verlauf kommt es zur Umwandlung der verfügbaren potentiellen Energie der baroklinen Wirbel in kinetische Energie der baroklinen Wirbel, indem, so wie im oberen Teil der Abbildung gezeigt, kalte Luft absinkt und warme Luft aufsteigt. Am Ende wird schließlich die kinetische Energie der mittlerweile barotropen Wirbel in kinetische Energie des Grundzustands umgewandelt,[5] so dass wiederum der in Abb. 9.9a rechts dargestellte barotrope Endzustand der Atmosphäre resultiert. Dieses sehr stark idealisierte Modell der Umwandlung von zonaler verfügbarer Energie in zonale kinetische Energie über die Bildung barokliner Wirbel stimmt genau dem oben angesprochenen Konzept von Lorenz (1955) überein. Gemäß der in Abschn. 9.1 geführten Diskussion entspricht die barokline Ausgangslage (Abb. 9.9a links) einem hohen und der barotrope Grundzustand (Abb. 9.9b rechts) einem niedrigen Wert des *zonalen Index*.

Natürlich sind die in der realen Atmosphäre ablaufenden Prozesse nicht in dieser stark idealisierten Weise zu beobachten. Vielmehr erfolgt der Abbau der durch die differentielle solare Erwärmung der Erde permanent forcierten großskaligen Baroklinität durch meridionale Horizontalbewegungen der unterschiedlich temperierten Luftmassen, die während ihres Horizontaltransports großräumigen Hebungs- und Absinkprozessen unterworfen sind. Dabei schiebt sich die nach Süden geführte kalte Luft unter die warme Luft, während die nach Norden gelangende Warmluft auf die kalte Luft aufgleitet. Auf diese Weise bilden sich während der Zyklogenese die Warm- und die Kaltfronten. Eine eingehende Diskussion dieser Vorgänge erfolgt in Kap. 11.

9.6 Stabilitätsverhalten barokliner Wellen

Wie bereits am Ende von Abschn. 9.5 angesprochen, ist die Phasenverschiebung zwischen Geopotential- und Temperaturwelle von großer Bedeutung für das Entwicklungspotential einer baroklinen Welle. Setzt man ϕ_{th} und ϕ_m als harmonische Funktionen an in der Form

$$\phi_m = A\cos[k(x - ct)], \qquad \phi_{th} = B\cos[k(x - ct) + \varepsilon] \qquad (9.23)$$

---

[5] Näheres hierzu kann z. B. in Zdunkowski und Bott (2003) oder Holton (2004) nachgelesen werden.

dann erhält man für das Korrelationsprodukt

$$\overline{\phi_{th}\frac{\partial \phi_m}{\partial x}} = \frac{ABk}{2}\sin\varepsilon \qquad (9.24)$$

Damit ergibt sich für $u_{th} > 0$ gemäß (9.22)b eine Zunahme der verfügbaren potentiellen Energie P', wenn für die Phasenverschiebung zwischen Geopotential- und Temperaturwelle gilt $0 < \varepsilon < \pi$. Hierbei handelt es sich um eine instabil anwachsende barokline Welle. Für $\varepsilon = \pi/2$ wird die Korrelation maximal. In diesem Fall liegt die Temperaturwelle im Niveau 2 um $\lambda/4$ hinter der Geopotentialwelle. Bei Phasengleichheit beider Wellen oder bei einer Phasenverschiebung von π verschwindet der Korrelationsterm, so dass die barokline Welle keine Energie gewinnt und damit neutral ist, d. h. die Amplitude der Welle konstant bleibt, was im weiteren Verlauf als neutrale Welle bezeichnet wird. Für $\pi < \varepsilon < 2\pi$ schließlich folgt aus dem dann negativ werdenden Korrelationsprodukt in (9.24), dass die Welle verfügbare potentielle Energie an die atmosphärische Grundströmung abgibt und daher als gedämpfte Welle angesehen werden kann.

Im Folgenden wird das Stabilitätsverhalten barokliner Wellen bei unterschiedlichen Werten von ε untersucht. Hierbei sollte allerdings beachtet werden, dass sich bei dem hier diskutierten Zweischichtenmodell, im Gegensatz zu den Ausführungen am Ende von Abschn. 9.5, die Phasenverschiebungen auf die Temperatur- und Geopotentialwelle im 500 hPa Niveau beziehen. Das bedeutet, dass in der unteren Atmosphäre die Phasenverschiebungen zwischen beiden Wellen jeweils immer etwas größer sind als im 500 hPa Niveau.

9.6.1 Neutrale und gedämpfte Wellen

Abb. 9.10 zeigt schematisch eine barokline Welle, bei der sich die Temperatur- und die Geopotentialwelle in Phase befinden, so dass sich die Druckgebilde mit der Höhe intensivieren (vgl. Abschn. 4.8). In dieser Situation nehmen der geostrophische Wind und die absolute Vorticity betragsmäßig mit der Höhe zu und erreichen im Jetstreamniveau ihre Maximalwerte. Somit liegt vorderseitig des Trogs eine Zunahme zyklonaler (ZVA) und rückseitig eine Zunahme antizyklonaler Vorticityadvektion (AVA) mit der Höhe vor.[6] Gleichzeitig ist die Temperaturadvektion vernachlässigbar klein, da die Isothermen und Isohypsen weitgehend parallel verlaufen. Aus der ω-Gleichung (6.10) ergibt sich unmittelbar vorderseitig bzw. rückseitig des Trogs Hebung bzw. Absinken der Luft (Abb. 9.10b). Die Vertikalbewegungen stehen natürlich im Einklang mit den aus der *Q-Vektor-Analyse* resultierenden *Hebungsantrieben* (vgl. Abschn. 6.4).

Trogvorderseitige Hebung verursacht Konvergenz am Boden und Divergenz in der Höhe. Rückseitiges Absinken wirkt umgekehrt. In der unteren Atmosphäre verstärken die entstandenen Vergenzen die Wirkung der Vorticityadvektion, während

---

[6] Der Einfachheit halber werden diabatische Prozesse vorerst ignoriert.

9.6 Stabilitätsverhalten barokliner Wellen

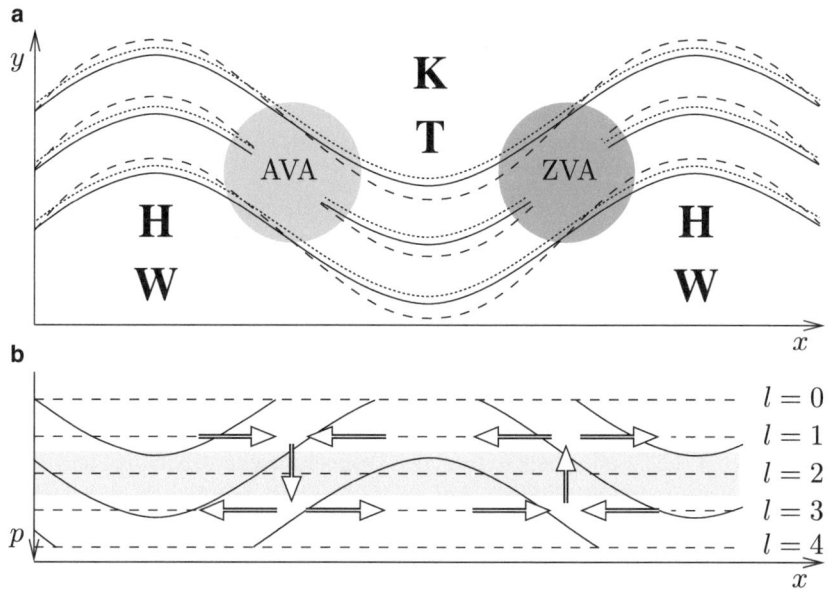

Abb. 9.10 Barokline Welle mit Temperatur- und Geopotentialwelle in Phase. **a** Horizontalverteilungen von ϕ_3 (*durchgezogen*), ϕ_1 (*gestrichelt*) und ϕ_{th} (*gepunktet*). **b** Isentropen (*durchgezogen*), Levels des Zweischichtenmodells (*gestrichelt*), Horizontal- und Vertikalbewegungen (*Pfeile*) sowie *divergenzfreies Niveau* (*graue Fläche*). In Anlehnung an Kurz (1990)

sie ihr in der oberen Atmosphäre entgegenwirken. Diese Zusammenhänge wurden bereits bei der Interpretation der Vorticitygleichung (5.27) festgestellt. Im Gleichungssystem des Zweischichtenmodells findet man den Effekt auf den rechten Seiten der Gleichungen (9.11)b, c. Hier wird an der Trogvorderseite mit $\omega_2 < 0$ die Tendenz von $\zeta_{g,1}$ verringert, die von $\zeta_{g,3}$ hingegen vergrößert. An der Trogrückseite mit $\omega_2 > 0$ verhält es sich wieder umgekehrt.

Ein weiteres charakteristisches Merkmal der vorliegenden Wellenkonfiguration besteht in der Existenz eines divergenzfreien Niveaus (graue Fläche in Abb. 9.10b), das überall vorliegt und den oberen vom unteren Bereich der Atmosphäre trennt. Dieses divergenzfreie Niveau existiert auch in den anderen Situationen mit neutralen bzw. gedämpften Wellen (s. u.). Lediglich bei der im nächsten Abschnitt beschriebenen instabilen baroklinen Entwicklung wird sich zeigen, dass Konvergenz- und Divergenzbereiche entstehen, die sich als zusammenhängende Gebiete über alle atmosphärischen Höhenbereiche erstrecken. Diese durchgehenden Vergenzbereiche sind die Voraussetzung für zyklogenetische und antizyklogenetische Entwicklungen, die die gesamte Troposphäre erfassen.

Die hier dargestellten Verhältnisse ermöglichen eine höhenkonstante Verlagerung der Geopotentialwelle, die durch die Tendenz von $\zeta_{g,2}$ gegeben ist (s. rechte Seite von (9.12)). Entlang der senkrecht stehenden Trog- und Rückenachsen befinden sich die Extremwerte der Vorticity. Somit existiert dort keine Vorticityadvektion, so dass gemäß (9.12) in diesen Bereichen die Tendenz von $\zeta_{g,2}$ verschwindet. Das ist gleichbedeutend damit, dass sich die Intensität der Druckgebilde nicht ändert (s. (6.3)), was dem Sachverhalt der neutralen baroklinen Welle entspricht.

Wie bereits erwähnt, findet bei Phasengleichheit von Geopotential- und Temperaturwelle praktisch keine advektive Verlagerung der Temperaturwelle statt. Um trotzdem zu erreichen, dass die Temperatur- und die Geopotentialwelle miteinander in Phase bleiben, müssen die durch die Vorticityadvektion ausgelösten adiabatischen Hebungs- und Absinkprozesse die notwendigen Änderungen des Temperaturfelds bewirken. Dieses Verhalten steht im Einklang mit der dem quasigeostrophischen Ansatz zugrundeliegenden Forderung, dass die Gleichgewichtsbedingungen zwischen Massen- und Temperaturfeld über die hydrostatische Gleichung (6.1) und zwischen Massen- und Windfeld über die Beziehung für die geostrophische Vorticity (6.3) immer erfüllt sind. Aus den an der Trogvorder- bzw. Trogrückseite vorliegenden Aufstiegs- und Absinkbewegungen lässt sich mit Hilfe der Wärmegleichung (6.4) leicht erkennen, dass an der Trogvorderseite Abkühlung und an der Rückseite Erwärmung stattfindet.[7] Auf diese Weise ist es möglich, dass sich die Temperaturwelle phasengleich mit der Geopotentialwelle bewegt.

In Abb. 9.10b ist zu erkennen, dass die Verteilung der Isentropen bezüglich der Hebungs- und Absinkgebiete symmetrisch ist. Somit ist die durch trogvorderseitige Hebung entstehende potentielle Energie so groß wie die durch rückseitiges Absinken verlorene potentielle Energie, so dass sich insgesamt der Schwerpunkt des Systems durch Vertikalbewegungen nicht ändert. Das bedeutet gleichzeitig, dass auch die kinetische Energie konstant bleibt und die Welle, so wie gefordert, ihre Intensität nicht ändert.

Da sich die Geopotentialwelle in der oberen Atmosphäre wegen der dort vorliegenden Divergenz langsamer in die zonale Richtung verlagert als die Luftpartikel, durchlaufen die Teilchen im Niveau 1 die Welle von hinten nach vorne. Hierbei spricht man auch vom *Oberstrom* der Welle, während im Niveau 3 der *Unterstrom* verläuft. In einem sich mit der Phasengeschwindigkeit der Welle mitbewegenden Koordinatensystem sind gemäß den Ausführungen in Abschn. 4.7 die Amplituden der Trajektorien größer als die der Stromlinien (s. Abb. 4.19), d. h. die Luftpartikel werden südlich um den Trog und nördlich um den Rücken herumgeführt.[8] Dies ist schematisch im oberen Bild von Abb. 9.11 gezeigt. Hierbei erhält die Luft auf der Trogrückseite zyklonale Vorticity, während sie nach Durchströmen der Trogachse wieder mehr und mehr an antizyklonaler Vorticity gewinnt. Unter Vernachlässigung des Tilting Terms in der Vorticitygleichung (5.23) folgt aus der individuellen zeitlichen Änderung der absoluten Vorticity des Luftpakets, dass im Oberstrom an der Trogrückseite Konvergenz und an der Trogvorderseite Divergenz vorliegen muss, was im Einklang mit der oben geführten Diskussion steht. Da die Bewegung entlang der Isentropen erfolgt, bedeutet dies jedoch auch, dass wegen der Erhaltung der isentropen potentiellen Vorticity die Luft an der Trogrückseite vertikal gestreckt

---

[7] Man beachte, dass $\sigma_p > 0$.
[8] Der Einfachheit halber wird wieder angenommen, dass im mitbewegten Koordinatensystem die Welle stationär ist.

9.6 Stabilitätsverhalten barokliner Wellen

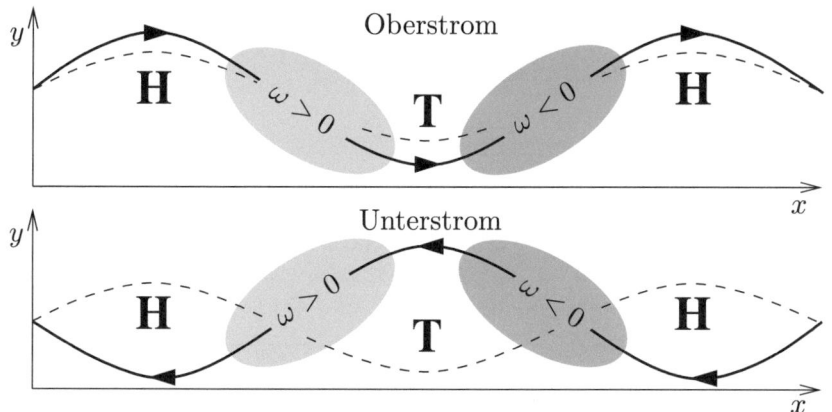

Abb. 9.11 Ober- und Unterstrom (*durchgezogen*) in einer sich zonal verlagernden baroklinen Welle (*gestrichelt*) ohne Phasenverschiebung zwischen Geopotential- und Temperaturwelle

und an der Trogvorderseite wieder komprimiert wird. Aus der dem Zweischichtenmodell zugrundeliegenden Voraussetzung, dass am Atmosphärenoberrand die Vertikalbewegungen verschwinden, resultiert Absinken an der Rückseite und Aufsteigen an der Vorderseite des Trogs.

In der unteren Atmosphäre ergibt sich eine ganz andere Situation. Hier erfolgt die Wellenverlagerung aufgrund der konvergenten Strömung schneller als die Horizontaladvektion der Luftpartikel, so dass diese die Welle im Niveau 3 von vorne nach hinten durchlaufen (s. Abb. 9.11 unten). Begibt man sich jetzt wieder in das mit der Phasengeschwindigkeit der Welle bewegte Relativsystem, dann besitzt der Unterstrom relativ zu diesem System eine negative zonale Geschwindigkeitskomponente bei ansonsten gleicher meridionaler Geschwindigkeitskomponente. Das ist gleichbedeutend damit, dass die Luft den Trog im Norden und den Rücken im Süden umströmt.

Auch hier erhalten die Teilchen bei Annäherung an die Trogachse zunächst zyklonale und nach deren Durchströmen wieder antizyklonale Vorticity, so dass aus der PV-Erhaltung trogvorderseitig vertikale Streckung und an der Trogrückseite vertikales Schrumpfen resultiert. Da die Vertikalbewegung am Boden verschwindet, steigt die Luft östlich und nördlich des Trogs zunächst auf, bevor sie auf der Rückseite wieder absinkt. Hieraus ergibt sich während der nördlichen Umströmung des Trogs eine Labilisierung der Luft, so dass dort mit verstärkter Wolken- und Niederschlagsbildung zu rechnen ist. Auf der Trogrückseite hingegen führen die Absinkbewegungen zur Wolkenauflösung.

Besitzt die Verlagerungsrichtung der Welle eine meridionale Komponente, dann liefert gemäß (9.11) die geostrophische Advektion planetarer Vorticity $-v_g \beta$ einen Beitrag zur relativen Vorticitytendenz. Bei einer nördlichen Strömung ($v_g < 0$) ist dieser Beitrag sowohl im Trog als auch im Rücken positiv, so dass die Intensität des Trogs verstärkt, die des Rückens hingegen abgeschwächt wird. Hierdurch wird

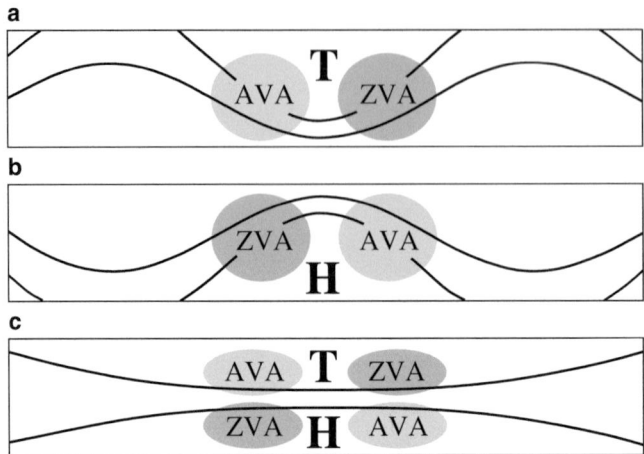

Abb. 9.12 Zyklonale (ZVA) und antizyklonale Vorticityadvektion (AVA) in Trögen (**a**) und Rücken (**b**) mit konfluentem Einströmen und diffluentem Ausströmen. **c** Kombination beider Effekte im Bereich von Jetstreaks. In Anlehnung an Kurz (1990)

die bereits existierende trogvorderseitige Hebung forciert, während das Absinken auf der Trogrückseite teilweise kompensiert wird. Bei südlicher Strömung ($v_g > 0$) verhält es sich wiederum umgekehrt, d. h. die Intensität des Trogs schwächt sich ab und die des Rückens verstärkt sich.

Die hier beschriebene reine harmonische Welle ist in der Natur normalerweise nicht anzutreffen. Vielmehr beobachtet man Überlagerungen von Rotations- und Scherungsströmungen, die sich in konfluenten und diffluenten Mustern der Stromlinien äußern (s. auch Abschn. 5.3). Somit wird nicht nur Krümmungs-, sondern auch Scherungsvorticity advehiert. Die daraus resultierenden Effekte bewirken bei Trögen und Rücken mit konfluentem Einströmen und diffluentem Ausströmen eine Verschiebung der Gebiete mit maximaler Vorticityadvektion zu den Achsen hin. Dieser Sachverhalt ist schematisch in Abb. 9.12 gezeigt. In Abb. 9.12c erkennt man die sich im Bereich eines Jetstreaks einstellende Situation, die man sich als Kombination der Effekte im Trog und Rücken vorstellen kann. Demnach ergibt sich dort eine alternierende Anordnung von Hebungs- und Absinkgebieten, die man auch häufig in entsprechenden Analysekarten sehen kann. Hierauf wird in Abschn. 10.1 nochmals eingegangen.

Besteht zwischen Temperatur- und Geopotentialwelle eine Phasenverschiebung von π, dann schwächen sich die Intensitäten der Druckgebilde mit der Höhe ab (s. Abb. 9.3). Das ist gleichbedeutend mit einer betragsmäßigen Abnahme der Vorticity mit der Höhe. Mitunter kann sich das Vorzeichen der relativen Vorticity in der Höhe umdrehen, d. h. ein Höhenhoch befindet sich über einem Bodentief und umgekehrt. Nach wie vor nimmt jedoch wegen der thermischen Windgleichung die Zonalkomponente des Winds mit der Höhe zu. Daraus folgt insgesamt, dass in der

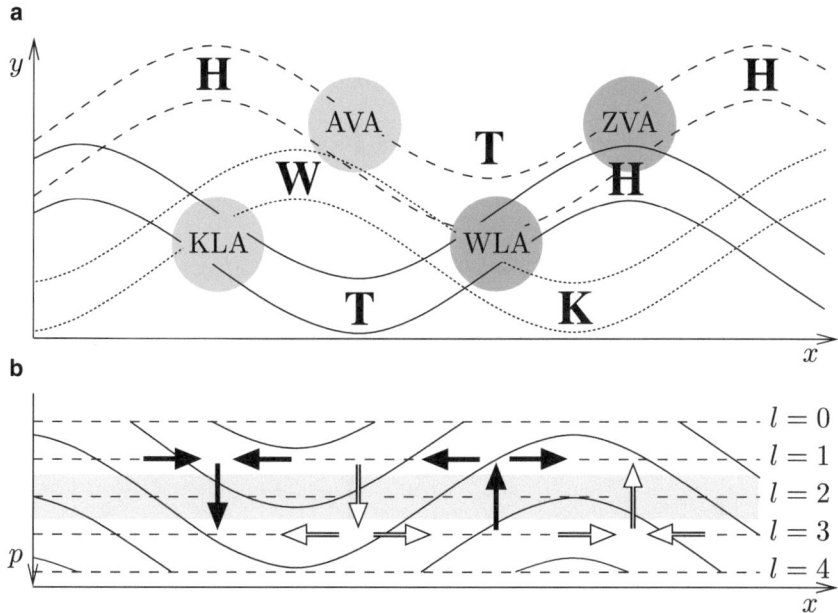

Abb. 9.13 Barokline Welle mit Phasenverschiebung $\varepsilon = \pi$ zwischen Temperatur- und Geopotentialwelle. **a** Horizontalverteilungen von ϕ_3 (*durchgezogen*), ϕ_1 (*gestrichelt*) und ϕ_{th} (*gepunktet*). **b** Isentropen (*durchgezogen*), Levels des Zweischichtenmodells (*gestrichelt*), Horizontal- und Vertikalbewegungen (*Pfeile*) sowie divergenzfreies Niveau (*graue Fläche*). In Anlehnung an Kurz (1990)

ω-Gleichung als primärer Antrieb für Vertikalbewegungen jetzt die Temperaturadvektion anzusehen ist. Die differentielle Vorticityadvektion spielt im Gegensatz zum vorangehenden Fall nur noch eine untergeordnete Rolle. Mitunter wirkt sie der Temperaturadvektion sogar entgegen. Die an der Trogvorderseite maximale *Warmluftadvektion* (WLA) führt dort zur Hebung, während sich an der Trogrückseite der Bereich mit maximaler *Kaltluftadvektion* (KLA) befindet, so dass dort Absinkbewegungen induziert werden. Barokline Wellen mit diesen Eigenschaften bilden sich häufig entlang stationärer oder langsam wandernder Frontalzonen, weshalb sie auch als *Frontalwellen* bezeichnet werden (s. auch Abschn. 10.1).

Abb. 9.13 zeigt schematisch einen Vertikalschnitt durch die Welle. Da die Hebungsprozesse im Wesentlichen auf die Temperaturadvektion zurückzuführen sind, ergeben sich entlang der Trog- und Rückenachsen, d. h. dort, wo sich die lokalen Maxima der Temperaturwelle befinden, keine Hebungsantriebe. Weiterhin ist, ähnlich wie bei der Welle ohne Phasenverschiebung, auch hier die Verteilung der Isentropen bezüglich der Hebungs- und Absinkgebiete symmetrisch (s. Abb. 9.13b), so dass die potentielle und kinetische Energie des Systems durch Hebungsprozesse nicht geändert werden, d. h. es handelt sich wiederum um eine neutrale Welle.

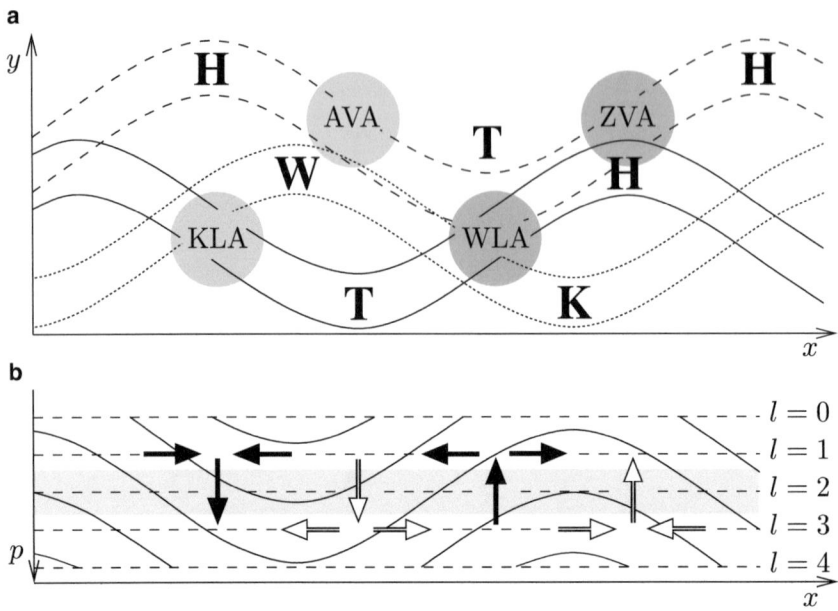

Abb. 9.14 Barokline Welle mit $3\pi/2$ Phasenverschiebung zwischen Temperatur- und ϕ_2-Geopotentialwelle. **a** Horizontalverteilungen von ϕ_3 (*durchgezogen*), ϕ_1 (*gestrichelt*) und ϕ_{th} (*gepunktet*). **b** Isentropen (*durchgezogen*), Levels des Zweischichtenmodells (*gestrichelt*), Horizontal- und Vertikalbewegungen (*Pfeile*) sowie divergenzfreies Niveau (*graue Fläche*)

Besteht zwischen Temperatur- und Geopotentialwelle eine Phasenverschiebung von $3\pi/2$, dann liegt eine gedämpfte Welle vor, d. h. diese Strömungskonfiguration wird normalerweise zeitlich nicht lange aufrecht erhalten. In dem Fall sind die Achsen der Druckgebilde nach vorne geneigt, so dass das Zentrum des Bodentiefs unter der Rückseite des Höhentrogs und das des Bodenhochs unter der Rückseite des Höhenrückens liegt. Diese Situation ist schematisch in Abb. 9.14 wiedergegeben.[9] Die mit der Höhe zunehmende antizyklonale Vorticityadvektion oberhalb des Bodentiefs führt zu Absinkbewegungen und damit zu Divergenz am Boden, d. h. dort nimmt die Vorticity ab. Umgekehrt führt die mit der Höhe zunehmende zyklonale Vorticityadvektion oberhalb des Bodenhochs zu Aufstiegsbewegungen, d. h. zu Konvergenz im Bereich des Bodenhochs und damit zur Abnahme des Absolutbetrags der Vorticity in diesem Bereich. Die hierdurch induzierten Vergenzen und Vertikalbewegungen sind in Abb. 9.14b durch weiße Pfeile gekennzeichnet.

An der Rückseite des Bodentiefs findet Kaltluftadvektion (KLA), an dessen Vorderseite Warmluftadvektion (WLA) statt. Die damit verbundenen Vertikalbewe-

---

[9] Zur besseren Veranschaulichung wurden im oberen Bild die Wellen in y-Richtung gegeneinander verschoben eingezeichnet. Tatsächlich liegen sie und damit auch die Gebiete mit AVA, ZVA, KLA und WLA natürlich übereinander.

gungen sind vorder- und rückseitig des Bodentiefs mit Divergenz bzw. Konvergenz in der Höhe verbunden (schwarze Pfeile in Abb. 9.14b). Dadurch nimmt im Höhentrog die Vorticity ab, während sie im Höhenrücken zunimmt. Insgesamt ergibt sich in allen Schichten eine Abnahme der Absolutwerte der Vorticity, wobei am Boden die Abnahme durch die differentielle Vorticityadvektion und in der Höhe die Abnahme durch die Temperaturadvektion induziert wird. Betrachtet man schließlich die zeitlichen Änderungen von potentieller und kinetischer Energie der Welle, dann ist zu beachten, dass an der Trogvorderseite Luft gehoben wird, die potentiell kälter ist als die Luft, die an der Trogrückseite absinkt (s. Abb. 9.14b). Somit handelt es sich um eine *thermisch indirekte Zirkulation*, bei der der Schwerpunkt des gesamten Systems angehoben wird. Das entspricht einer Zunahme der potentiellen Energie des Systems, was gemäß (9.22) auf Kosten der kinetischen Energie geschieht.

Eingehende Studien täglicher Wetterkarten zeigen, dass von den hier beschriebenen neutralen Wellen am häufigsten die Situation mit weitgehender Phasengleichheit von Temperatur- und Geopotentialwelle zu beobachten ist. Das gilt insbesondere für die quasistationären Rossby-Wellen. Diese sind allerdings oft von kurzwelligen Störungen überlagert, die sich beispielsweise durch barokline Instabilitäten an der weitgehend parallel zu den langen Wellen verlaufenden Frontalzone bilden können. Daher lassen sich in der realen Atmosphäre über großskalige Bereiche hinweg nur schwer die hier dargestellten stark idealisierten Wellenkonfigurationen finden. Das gelingt eher in lokal beschränkten Gebieten. Weiterhin ist zu beachten, dass bei den hier beschriebenen neutralen Wellen immer davon ausgegangen wird, dass die dabei auftretenden unterschiedlichen Prozesse immer genau aufeinander abgestimmt sind in der Art, dass die Amplituden der Wellen konstant bleiben. Ebenso wurden Zusatzeffekte, wie z. B. diabatische Prozesse, bisher außer Acht gelassen. Diese können das Stabilitätsverhalten der baroklinen Wellen deutlich beeinflussen. Die näheren Zusammenhänge werden am Ende des Kapitels noch einmal diskutiert. Im Folgenden werden zwei synoptische Situationen vorgestellt, bei denen die oben beschriebenen charakteristischen Eigenschaften neutraler Wellen relativ gut zu erkennen sind.

In Abb. 9.15 ist die synoptische Lage am 04.06.2006 06 UTC wiedergegeben, die als Beispiel für eine weitgehend phasengleiche Temperatur- und Geopotentialverteilung angesehen werden kann. Die großräumige Wetterlage ist geprägt durch einen vor der Iberischen Halbinsel liegenden langwelligen Höhenrücken, der sich bis nördlich von Island erstreckt und im Westen und Osten durch weit nach Süden ausgreifende Langwellentröge flankiert wird (Abb. 9.15a). Über den Azoren beginnt sich ein Höhentief durch einen *Cutoff-Prozess* aus dem Langwellentrog herauszulösen. Aus der Abbildung lässt sich leicht erkennen, dass großskalig gesehen die Temperatur- und Geopotentialwelle über weite Strecken in Phase sind.

Die weitere Analyse der vorliegenden Situation konzentriert sich zunächst auf das über den Azoren liegende Höhentief. Das damit korrespondierende Bodentief ist in Abb. 9.15b zu erkennen. Wie aus der Phasengleichheit von Temperatur- und Geopotentialwelle zu erwarten ist, steht die vertikale Achse des Tiefs annähernd senkrecht. Ebenso resultiert die stabile Wellenkonfiguration in einem in allen Ni-

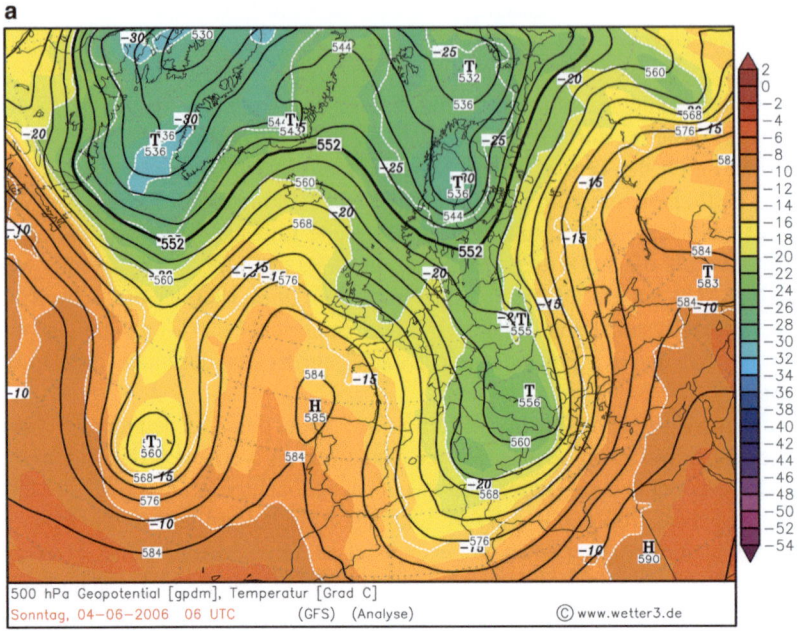

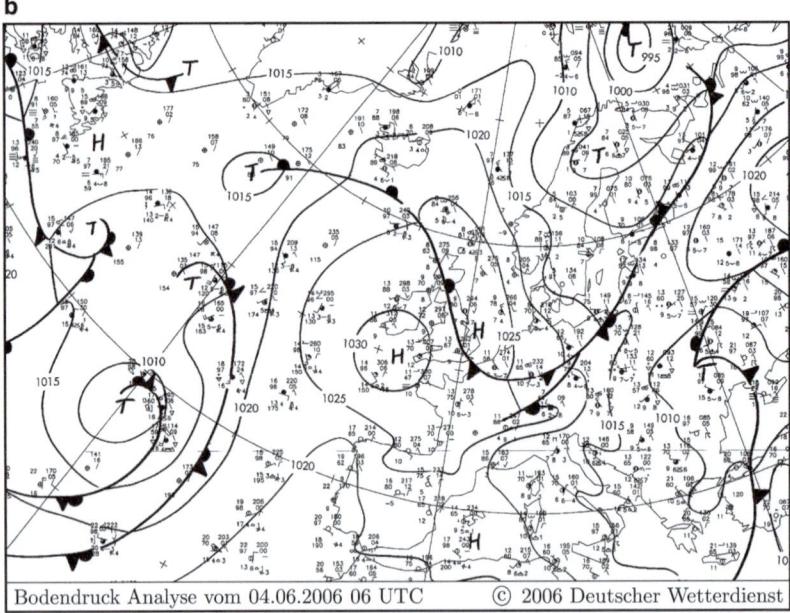

Abb. 9.15 **a**, **b** Analysekarte des Geopotentials in 500 hPa mit Temperaturverteilung (**a**) und Bodenanalysekarte (**b**) vom 04.06.2006 06 UTC. **c**, **d** Vertikalbewegung in 500 hPa (**c**) und Schichtdickenadvektion (**d**) am 04.06.2006 06 UTC. **e**, **f** Advektion absoluter Vorticity in 500 hPa (**e**) und 300 hPa (**f**) am 04.06.2006 06 UTC

9.6 Stabilitätsverhalten barokliner Wellen 283

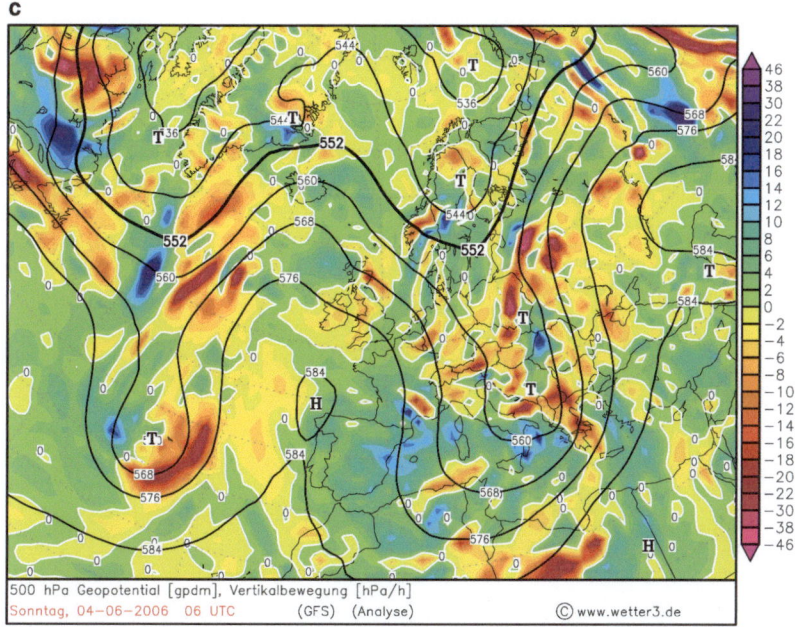

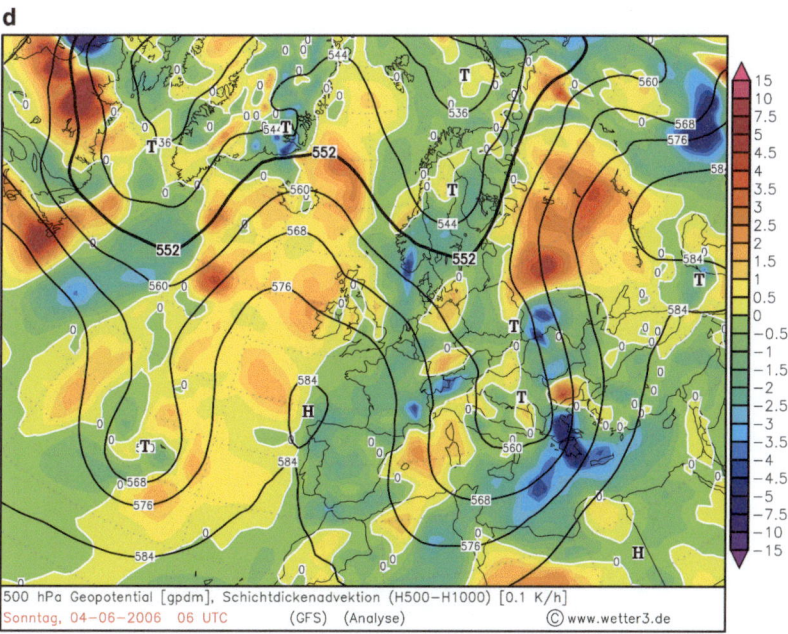

Abb. 9.15 (Fortsetzung)

e

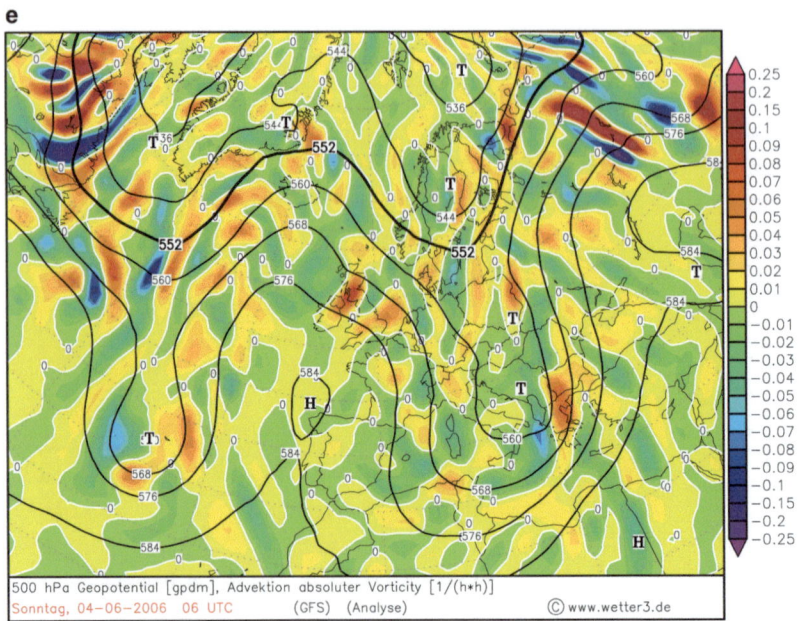

f

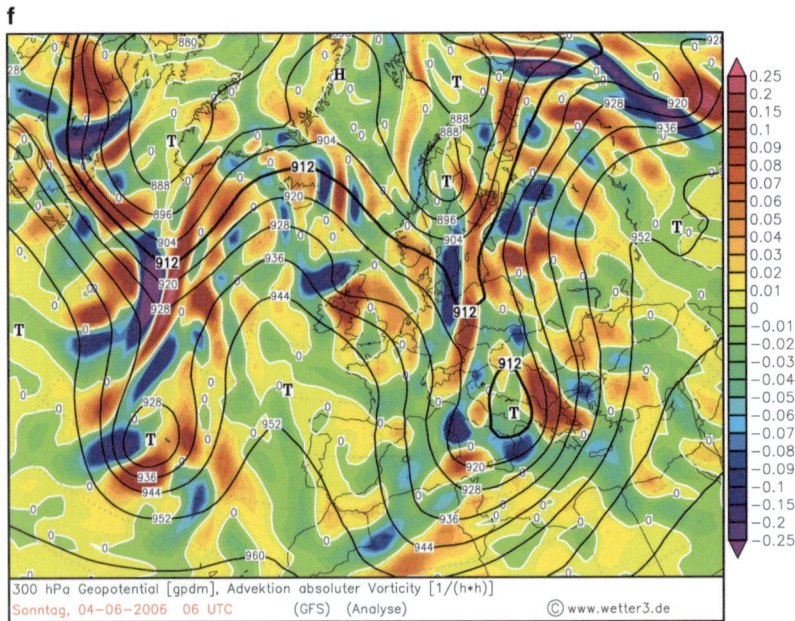

Abb. 9.15 (Fortsetzung)

veaus beobachteten zeitlich weitgehend konstanten Kerndruck des Tiefs, was sich auch in den folgenden Tagen kaum änderte. Die in Abb. 9.15c dargestellte Verteilung der Vertikalbewegung zeigt trogvorderseitig relativ starke Hebungs- und trogrückseitig etwas schwächere Absinkprozesse. Aus dem unteren Bild sieht man jedoch auch, dass im gesamten Trogbereich nur geringe räumliche Änderungen der Schichtdickenadvektion vorliegen, so dass hierdurch keine wesentlichen Vertikalbewegungen induziert werden. In Abb. 9.15e, f ist die Advektion absoluter Vorticity im 500 hPa (Abb. 9.15e) und im 300 hPa Niveau (Abb. 9.15f) wiedergegeben. Hier wird deutlich, dass trogvorderseig die ZVA und trogrückseitig die AVA mit der Höhe zunehmen. Insgesamt lässt sich daraus schließen, dass in der vorliegenden Situation die Hebungsprozesse im über den Azoren liegenden Tiefdruckgebiet in erster Linie auf die differentielle Vorticityadvektion zurückzuführen sind, während die Temperaturadvektion für die Vertikalbewegung nur eine untergeordnete Rolle spielt.

Auch für den über dem Balkan liegenden Langwellentrog gilt, dass die dort angetroffenen Hebungs- und Absinkgebiete in erster Linie aus der differentiellen Vorticityadvektion resultieren. Das betrifft insbesondere den Bereich über Griechenland, wo der aus der negativen Schichtdickenadvektion folgende Absinkantrieb durch die Vorticityadvektion überkompensiert wird, so dass auch hier Hebung vorherrscht. Interessant ist schließlich noch die Situation im Norden der Britischen Inseln. Während dieses Gebiet am Erdboden unter Hochdruckeinfluss steht, findet man dort einen kurzwelligen Höhentrog, der im Norden um den langwelligen Höhenrücken herumgeführt wurde und sich im weiteren Verlauf in südliche Richtung nach Frankreich verlagerte. Dieser Kurzwellentrog ist mit starker AVA und ZVA verbunden (s. Abb. 9.15f). Die dadurch hervorgerufenen Hebungsprozesse führten in den betroffenen Gebieten zwar zu leichten Niederschlägen, allerdings gelang es der Störung angesichts des starken Bodenhochs auch in den kommenden Tagen nicht, bis zum Boden durchzugreifen und dort stärkere Entwicklungsprozesse auszulösen.

Im zweiten Beispiel wird die Situation vom 22.06.2008 00 UTC näher untersucht (Abb. 9.16). Zu diesem Zeitpunkt war die europäische Großwetterlage geprägt durch einen über dem Mittelmeer liegenden Höhenrücken und einen Höhentrog über dem Ostatlantik, dessen Ausläufer weit in den Süden bis zu den Azoren reichte. Zwischen beiden Druckgebilden gelangte schwül-warme Subtropikluft nach Mitteleuropa und sorgte dort verbreitet für Hitzegewitter. Hier ist jedoch nicht diese Südwestlage von besonderem Interesse, sondern ein über dem Atlantik liegendes flaches Tief, das sich, von Neufundland kommend, relativ langsam und ohne merkliche Intensivierung in östliche Richtung verlagerte. Über einen Zeitraum von etwa 48 Stunden schwankte der Kerndruck des Bodentiefs zwischen 1000 und 1010 hPa.

In Abb. 9.16a, b erkennt man im Bereich des Tiefs einen ausgeprägten Warmluftvorstoß nach Norden, während die Höhenströmung dort weitgehend zonal verläuft. Die damit verbundene relativ starke Schichtdickenadvektion an der Vorder- und Rückseite des Tiefs war die Ursache für die deutlich sichtbaren Vertikalbewegungen mit aufsteigender Warmluft und absinkender Kaltluft (Abb. 9.16c, d). Betrachtet man gleichzeitig die differentielle Vorticityadvektion in diesem Gebiet

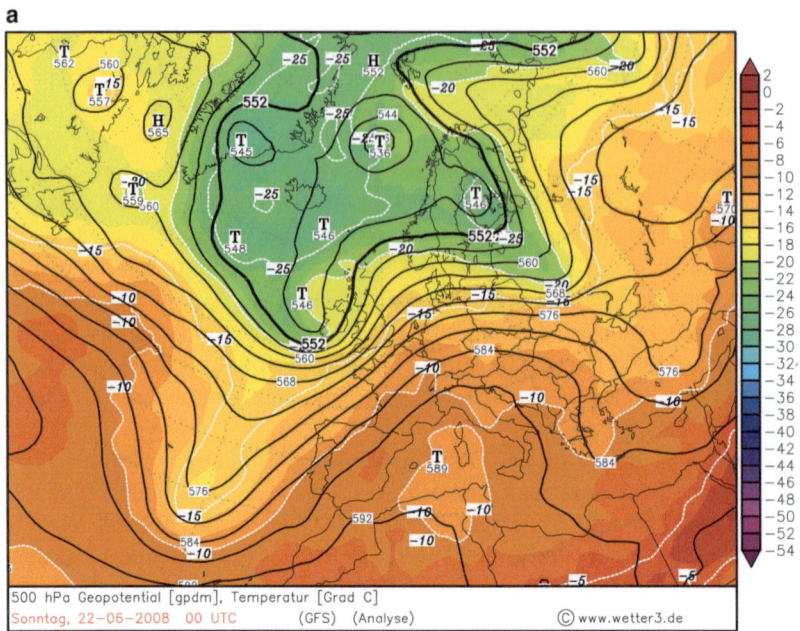

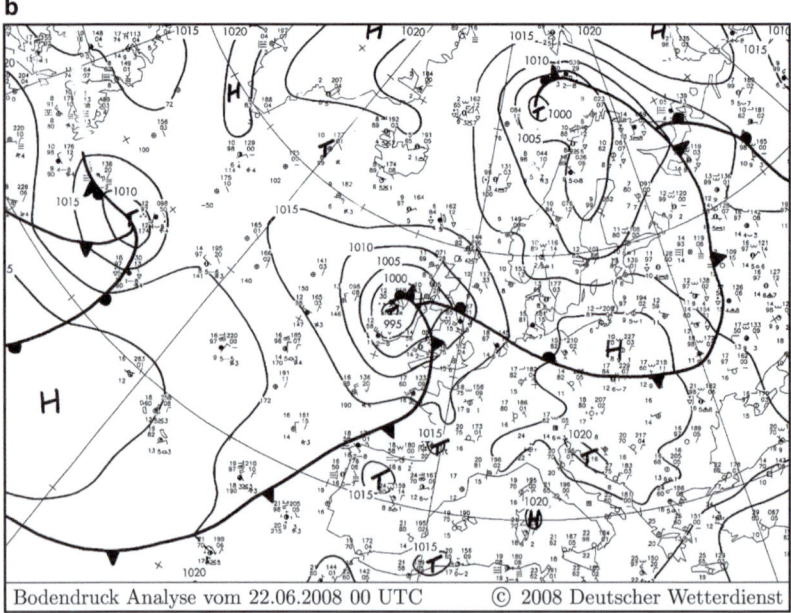

Abb. 9.16 **a**, **b** Analysekarte des Geopotentials in 500 hPa mit Temperaturverteilung (**a**) und Bodenanalysekarte (**b**) vom 22.06.2008 00 UTC. **c**, **d** Vertikalbewegung in 500 hPa (**c**) und Schichtdickenadvektion (**d**) am 22.06.2008 00 UTC. **e**, **f** Advektion absoluter Vorticity in 500 hPa (**e**) und 300 hPa (**f**) am 22.06.2008 00 UTC

9.6 Stabilitätsverhalten barokliner Wellen

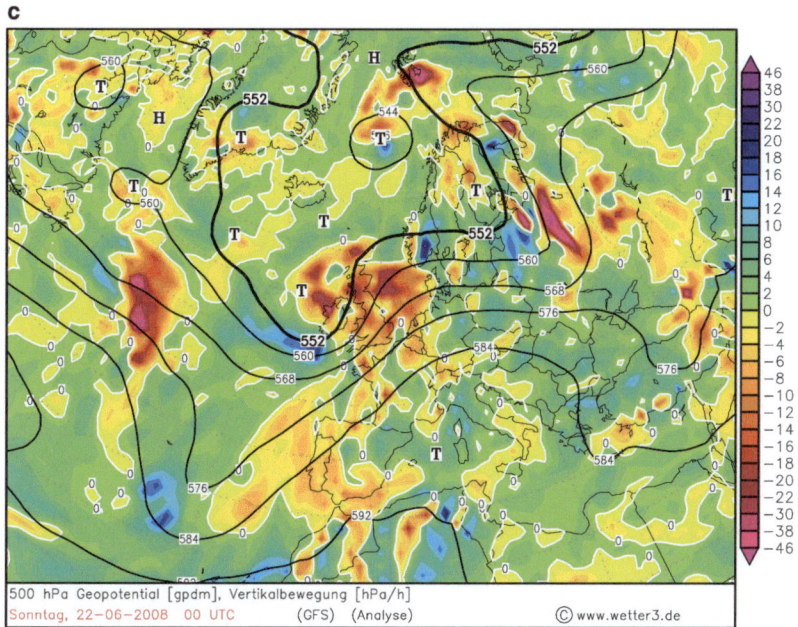

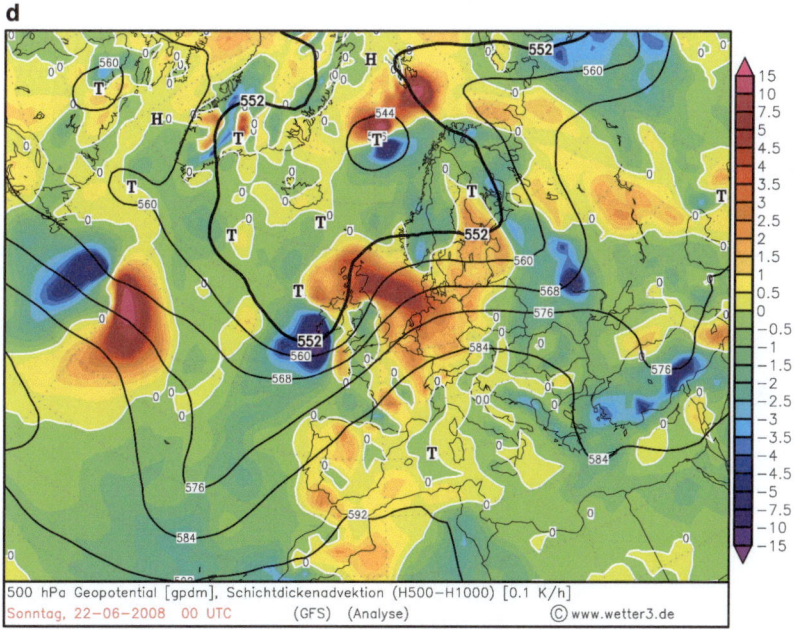

Abb. 9.16 (Fortsetzung)

e

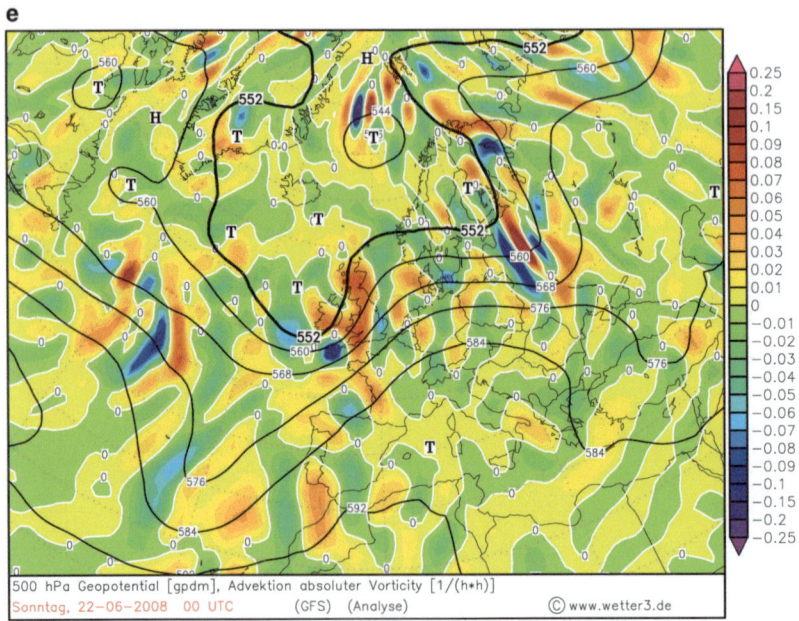

f

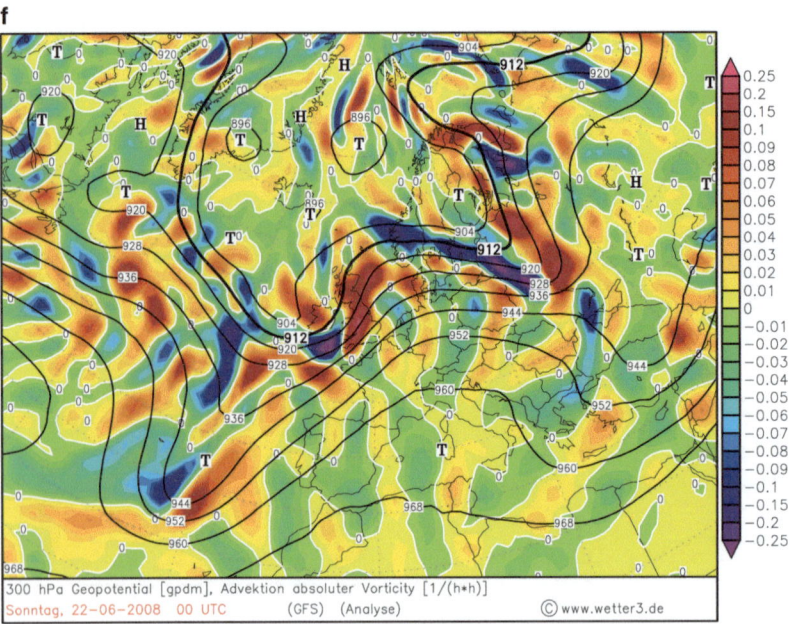

Abb. 9.16 (Fortsetzung)

(Abb. 9.16e, f), dann ist leicht zu sehen, dass diese im Vergleich zum vorangehenden Beispiel relativ schwach ausgeprägt war und daher nur eine untergeordnete Rolle für die Vertikalbewegungen spielte. Im weiteren Verlauf bewegte sich das Tief in Richtung der Britischen Inseln und gelangte dabei in den Einflussbereich des Höhentrogs, ohne sich jedoch nennenswert zu intensivieren.

Zusammenfassend lässt sich sagen, dass bei neutralen baroklinen Wellen mit Phasengleichheit von Temperatur- und Geopotentialwelle Vertikalbewegungen in erster Linie durch die differentielle Vorticityadvektion verursacht werden, während die Temperaturadvektion nur eine untergeordnete Rolle spielt. Bei einer Phasenverschiebung von π verhält es sich genau umgekehrt. Bei gedämpften Wellen bewirken die Vorticity- und Temperaturadvektion jeweils eine Abschwächung der Welle in der unteren bzw. oberen Atmosphäre, so dass die Amplitude der baroklinen Welle in allen Niveaus abnimmt.

9.6.2 Instabile Wellen

Bei der im Folgenden betrachteten baroklinen Welle mit Phasenverschiebung von $\pi/2$ zwischen Temperatur- und Geopotentialwelle wirken die durch Vorticity- und Temperaturadvektion induzierten Hebungsantriebe in der Art zusammen, dass in allen Niveaus im Trogbereich Konvergenz und im Rückenbereich Divergenz vorherrscht. Die damit verbundenen Vorticityänderungen führen in allen atmosphärischen Schichten zu einer Vertiefung des Trogs und einer Verstärkung des Rückens, was insgesamt gesehen einer Intensivierung der Welle gleichkommt. Zum besseren Verständnis der hierbei ablaufenden Prozesse ist in Abb. 9.17 wieder eine schematische Darstellung der Welle gezeigt. Hieraus ist zu sehen, dass die durch WLA an der Trogvorderseite ausgelösten Hebungsbewegungen Divergenz in der Höhe bewirken. Dadurch wird der in diesem Bereich liegende Höhenrücken weiter verstärkt. Entsprechendes gilt für die an der Rückseite des Bodentiefs stattfindende KLA, die den Höhentrog verstärkt. Dort, wo mit der Höhe zunehmende ZVA vorliegt, befindet sich das Bodentief, während umgekehrt über dem Bodenhoch der Bereich mit vertikal zunehmender AVA liegt, so dass durch die differentielle Vorticityadvektion die untere Geopotentialwelle intensiviert wird. Zusammenfassend gilt also auch hier, dass in der Höhe die Druckgebilde durch die Temperaturadvektion und in der unteren Atmosphäre durch die differentielle Vorticityadvektion verstärkt werden.

Aus dem Zusammenwirken aller Hebungs- und Absinkantriebe ergeben sich Konvergenz- und Divergenzbereiche, die im Vertikalschnitt zusammenhängende Gebiete bilden (s. Abb. 9.17b). Hierbei stellt sich heraus, dass die Trog- und Rückenachsen jeweils vollständig im Konvergenz- bzw. Divergenzbereich liegen, was der oben angesprochenen Intensivierung der Druckgebilde in allen Schichten entspricht. Im Gegensatz hierzu waren bei den neutralen Wellen die Konvergenz- und Divergenzbereiche durch eine im 500 hPa Niveau liegende divergenzfreie Schicht voneinander getrennt (s. Abb. 9.10 und 9.13).

Schließlich erkennt man aus Abb. 9.17b, dass die trogvorderseitig aufsteigende Luft potentiell wärmer als die an der Rückseite absinkende Luft ist. Dadurch wird

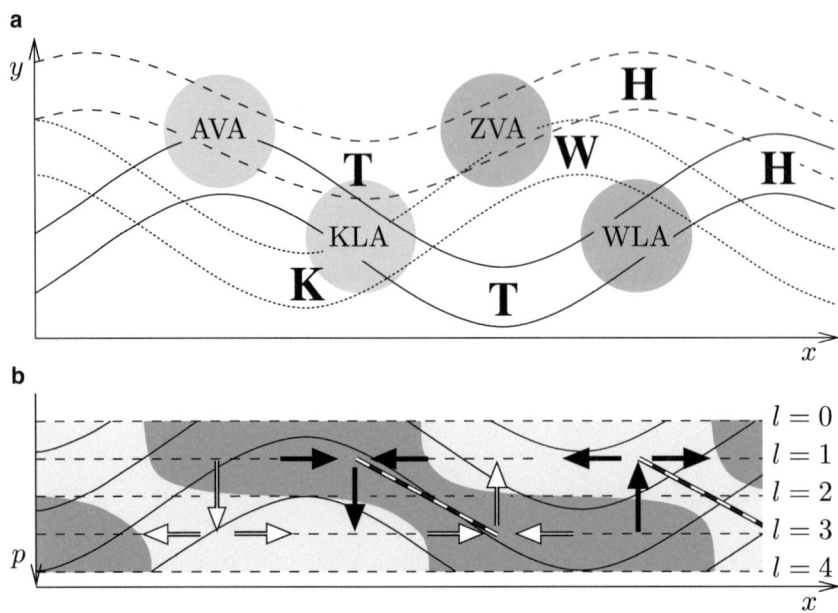

Abb. 9.17 Barokline Welle mit $\pi/2$ Phasenverschiebung zwischen Temperatur- und ϕ_2-Geopotentialwelle. **a** Horizontalverteilungen von ϕ_3 (*durchgezogen*), ϕ_1 (*gestrichelt*) und ϕ_{th} (*gepunktet*). **b** Isentropen (*durchgezogen*), Levels des Zweischichtenmodells (*gestrichelt*), Horizontal- und Vertikalbewegungen (*Pfeile*), Trog- und Rückenachsen (*dick gestrichelt*) sowie Bereiche mit Konvergenz (*dunkle Flächen*) und Divergenz (*helle Flächen*). In Anlehnung an Kurz (1990)

der Schwerpunkt des gesamten Systems gesenkt, d. h. es erfolgt eine Intensivierung der baroklinen Welle durch Umwandlung von verfügbarer potentieller in kinetische Energie.

Als Beispiel für eine instabil anwachsende barokline Welle wird die synoptische Situation vom 11.11.2010 00 UTC betrachtet. Die dazugehörigen Analysekarten sind in den Abb. 9.18 wiedergegeben. Die Entwicklung der baroklinen Instabilität setzte bereits am 09.11.2010 südlich von Grönland ein. Dort bildete sich an der stark ausgeprägten, zonal verlaufenden Polarfront zunächst eine Frontalwelle, die mit massivem Vorstoß warmer Luft nach Norden und kalter Luft nach Süden verbunden war. Hieraus entstand bereits nach kurzer Zeit ein sich schnell entwickelndes Tiefdruckgebiet mit einer rückwärts, d. h. zur kalten Luft hin, geneigten vertikalen Trogachse. In den kommenden Tagen zog das Tief in östliche Richtung. Dabei sank der Kerndruck des Bodentiefs innerhalb von 24 Stunden von anfänglich 1005 hPa am 09.11.2010 12 UTC auf 975 hPa und in den darauffolgenden 12 Stunden nochmals um 20 hPa ab. Seinen tiefsten Kerndruck von 950 hPa erreichte das Bodentief am 11.11.2010 06 UTC. Danach begann es sich allmählich wieder aufzufüllen. Somit handelt es sich hierbei um eine *rapide Zyklogenese*, bei der sich die anfängliche Frontalwelle innerhalb von nur 36 Stunden zu einem Orkantief intensivierte (s. auch Abschn. 10.4).

9.6 Stabilitätsverhalten barokliner Wellen

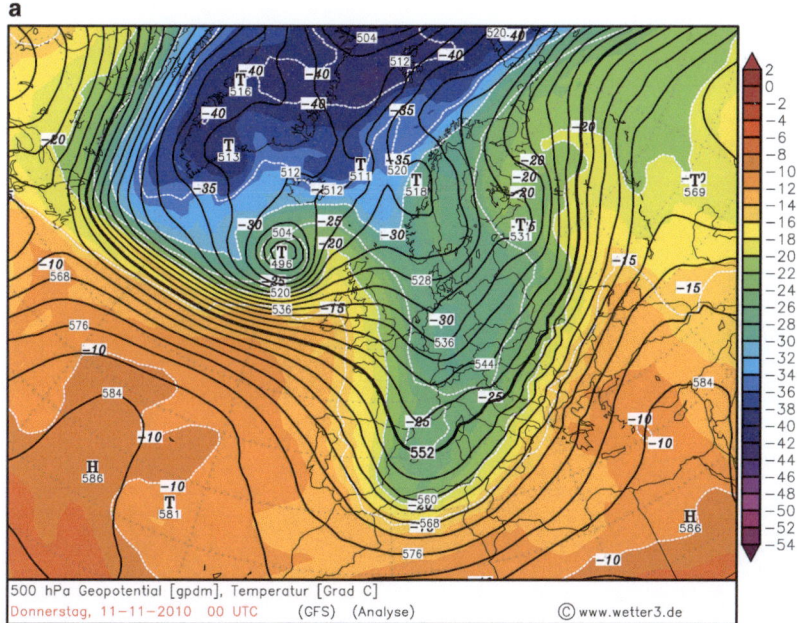

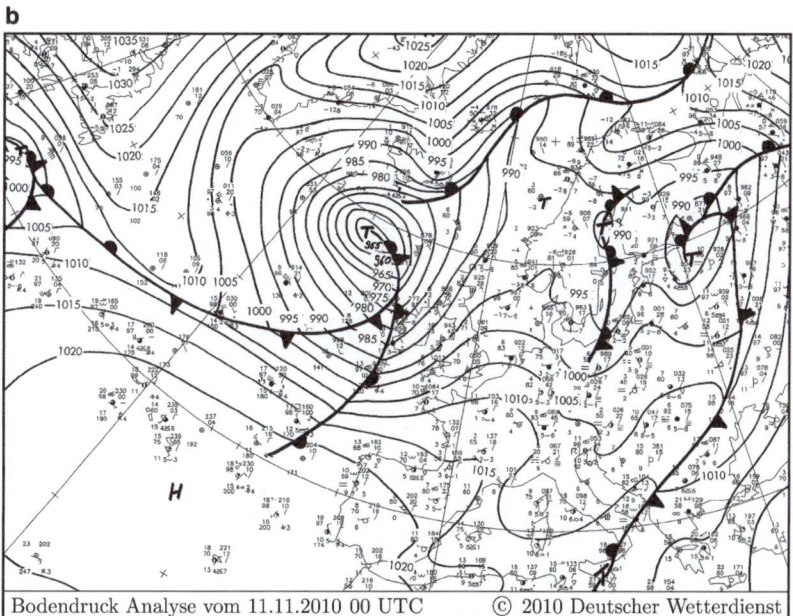

Abb. 9.18 **a**, **b** Analysekarte des Geopotentials in 500 hPa mit Temperaturverteilung (**a**) und Bodenanalysekarte (**b**) vom 11.11.2010 00 UTC. **c**, **d** Vertikalbewegung in 500 hPa (**c**) und Schichtdickenadvektion (**d**) am 11.11.2010 00 UTC. **e**, **f** Advektion absoluter Vorticity in 500 hPa (**e**) und 300 hPa (**f**) am 11.11.2010 00 UTC

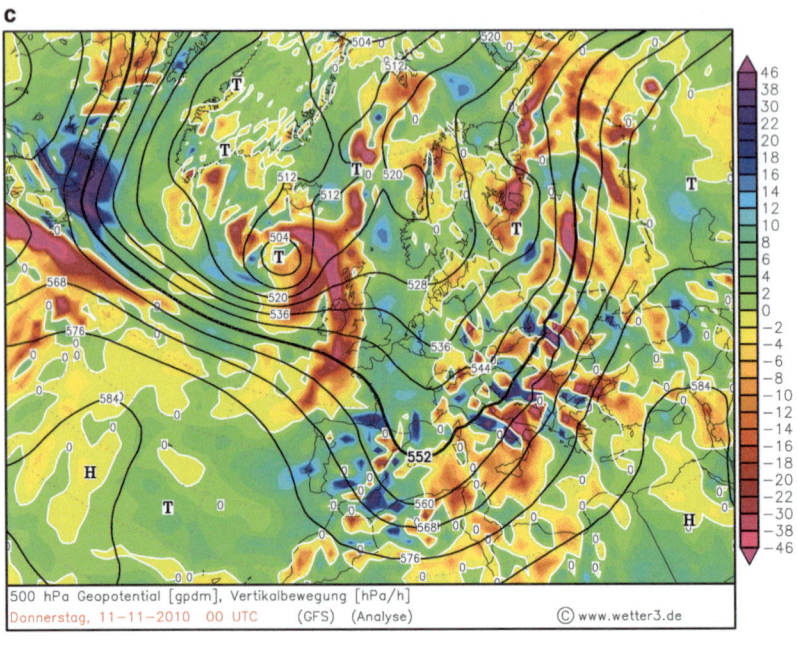

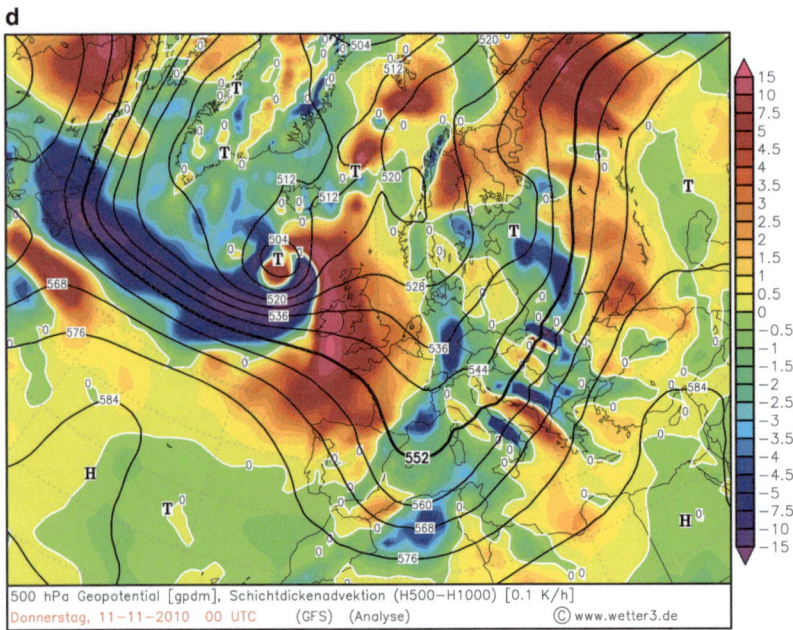

Abb. 9.18 (Fortsetzung)

9.6 Stabilitätsverhalten barokliner Wellen

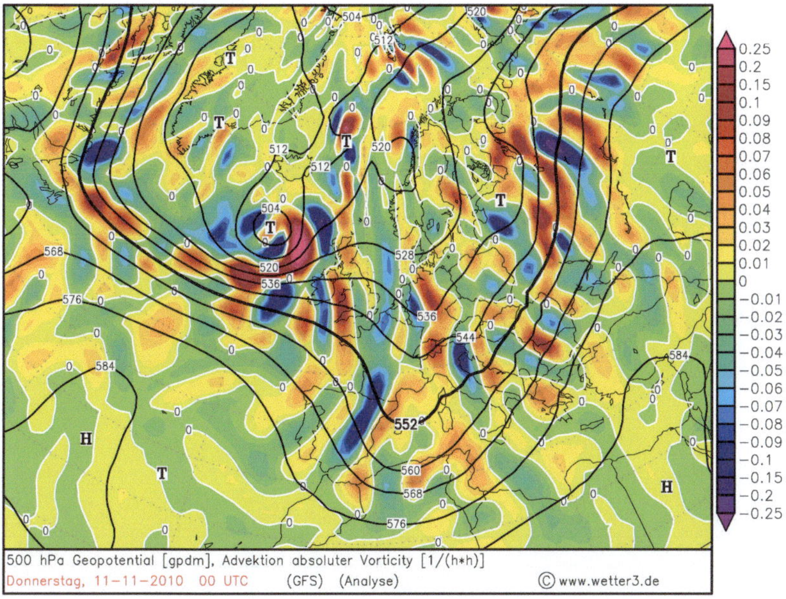

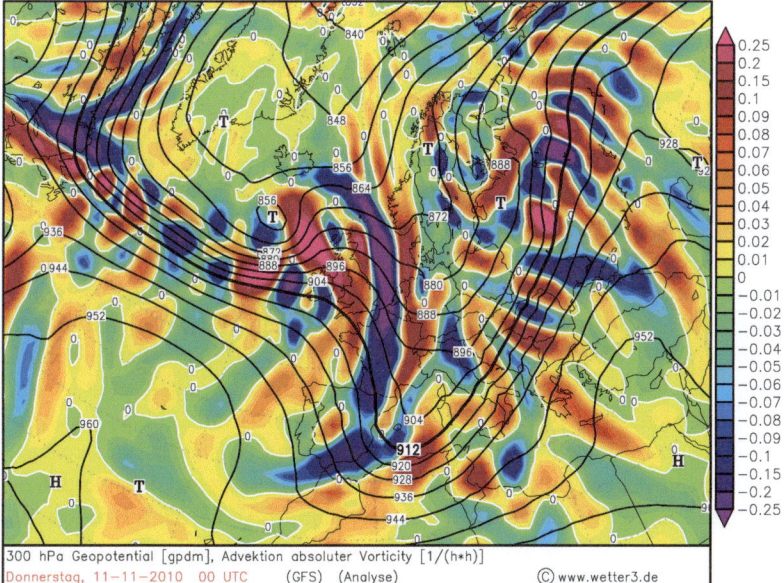

Abb. 9.18 (Fortsetzung)

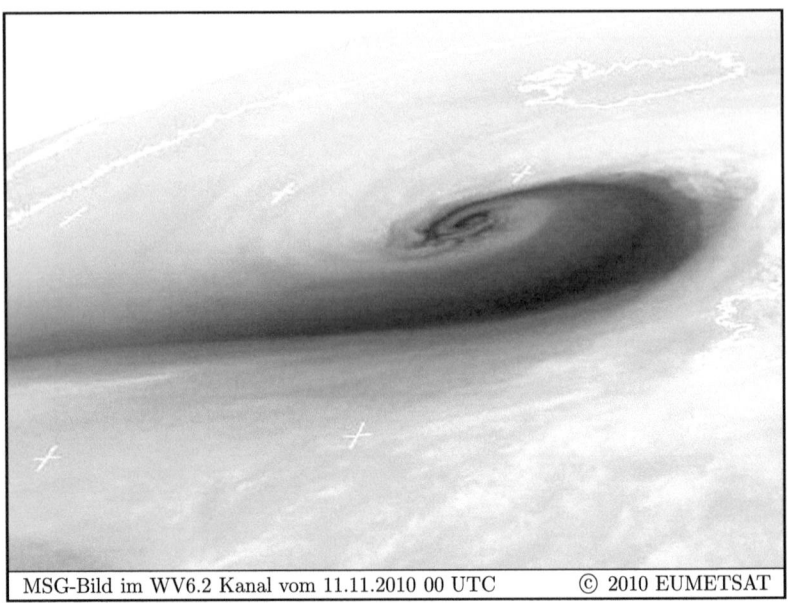

MSG-Bild im WV6.2 Kanal vom 11.11.2010 00 UTC   © 2010 EUMETSAT

Abb. 9.19 MSG-Satellitenbild im WV6.2 Kanal vom 11.11.2010 00 UTC. Quelle: https://www.sat.dundee.ac.uk

Abb. 9.18a, b zeigt die Geopotential- und Temperaturverteilung im 500 hPA Niveau (oben) sowie die Bodenanalysekarte vom 11.11.2010 00 UTC. Deutlich ist der starke trogvorderseitige Warmluftvorstoß zu erkennen. Der zu diesem Zeitpunkt bereits voll entwickelte Okklusionsprozess führte bis in größere Höhen warme Luft nördlich um das Zentrum des Tiefs herum. Dies macht sich auch an den positiven Werten der Schichtdickenadvektion im Zentrum des Höhentiefs bemerkbar (Abb. 9.18d). Aus der in Abb. 9.18c dargestellten Vertikalbewegung erkennt man starke Hebung an der Trogvorderseite. Diese Hebung ist auf ein Zusammenwirken der Schichtdickenadvektion und der differentiellen Vorticityadvektion zurückzuführen (Abb. 9.18e, f). Die im 300 hPa Niveau vorliegende starke horizontale Scherung des Winds äußert sich in der oben beschriebenen alternierenden Anordnung von Gebieten mit AVA und ZVA entlang der Polarfront (Abb. 9.18f). Vor dem Orkantief befindet sich ein von der Iberischen Halbinsel bis nach Südnorwegen reichender Hochdruckkeil, in dem relativ starke Absinkbewegungen stattfinden. Diese sind in erster Linie auf die mit der Höhe zunehmende AVA in dem Bereich zurückzuführen.

Wie bereits in Abschn. 10.4 diskutiert, geht eine rapide Zyklogenese in der Regel mit einer markanten *Dry Intrusion* einher. Hierbei werden auf der zyklonalen Seite des Jetstreaks hohe PV-Werte aus der unteren Stratosphäre bis in die mittlere Troposphäre transportiert und führen, wenn sie an die Vorderseite des Trogs gelangen, dort zu einer massiven Vorticityzunahme, d. h. einer verstärkten Intensivierung des Tiefs. Bei der hier dargestellten Situation ergaben sich auf der isentropen Fläche

$\theta = 320\,\text{K}$ beachtliche Maximalwerte der PV von bis zu 10 PVU (nicht gezeigt). Zur Veranschaulichung der Dry Intrusion ist in Abb. 9.19 für den betrachteten Zeitpunkt das MSG-Satellitenbild im WV6.2 Kanal wiedergegeben. Aus den dunklen Pixeln lässt sich eindrucksvoll die spiralförmig in das Zentrum des Tiefs eindrehende trockene Höhenluft erkennen.

9.7 Zeitliche Änderungen der Phasenverschiebungen

Der wesentliche Unterschied zwischen neutralen und instabil anwachsenden baroklinen Wellen besteht darin, dass sich im instabilen Fall vertikal zusammenhängende Konvergenz- und Divergenzgebiete bilden, die in allen Schichten für eine Intensivierung der Druckgebilde sorgen (s. Abb. 9.17). Hierbei sind die Trog- und Rückenachsen nach hinten geneigt. In diesem Zusammenhang stellt sich die Frage, unter welchen Bedingungen aus einer anfänglich neutralen eine instabile Welle entstehen kann. Um dies zu realisieren, müssen die zunächst senkrecht stehenden Trog- und Rückenachsen durch bestimmte Prozesse rückwärts geneigt werden. Im vorangehenden Abschnitt wurde gezeigt, dass zur stabilen Aufrechterhaltung bestehender Wellenkonfigurationen eine vertikale Verteilung horizontaler Vergenzen existieren muss, die genau auf die in den verschiedenen Levels stattfindende unterschiedlich starke Vorticityadvektion abgestimmt ist. Das geschieht in der Art, dass trogvorderseitig in der unteren bzw. oberen Atmosphäre horizontale Konvergenz bzw. Divergenz vorliegt. Auf der Trogrückseite gilt Entsprechendes wieder umgekehrt. Um also aus einer zunächst vertikalen eine rückwärtige Achsenneigung zu erreichen, müssen die das Gleichgewicht erzeugenden Vergenzen gestört werden.[10]

Da diese Vergenzen über die Kontinuitätsgleichung mit Vertikalbewegungen verbunden sind, lässt sich leicht nachvollziehen, dass zeitliche Änderungen der Hebungsantriebe in der ω-Gleichung, d. h. Änderungen der differentiellen Vorticityadvektion oder der Schichtdickenadvektion, mit entsprechenden Änderungen der bestehenden Phasenverschiebungen korreliert sind. Insbesondere führt eine Intensivierung der oberen oder unteren Geopotentialwelle zu einer rückwärtigen Neigung der Trogachse und damit insgesamt zu einem instabilen Anwachsen der Welle ($0 < \varepsilon < \pi$), während eine Abschwächung einer der beiden Geopotentialwellen eine Vorwärtsneigung der Trogachse und damit eine Abschwächung der gesamten baroklinen Welle induziert ($\pi < \varepsilon < 2\pi$). Bei einer Intensivierung der oberen Welle nimmt der Hebungsantrieb durch differentielle Vorticityadvektion zu, während eine Intensivierung der unteren Welle mit zunehmender Schichtdickenadvektion verbunden ist.

Ein genaueres Studium der täglichen Wetterkarten zeigt, dass die im europäischen Raum auftretenden Zyklonen häufig aus *Frontalwellen* entstehen, die sich über dem Atlantik bilden. Dabei erweist es sich als günstig, wenn die Wellenbildung an einem *Viererdruckfeld* einsetzt, an dem ein frontogenetisch wirksames

---

[10] Auf diese Weise kann natürlich auch eine Vorwärtsneigung der Achsen und damit eine gedämpfte Welle entstehen.

deformatives Windfeld vorliegt. Hierauf wird in Abschn. 11.4 näher eingegangen. Da die Höhenströmung zunächst weitgehend geradlinig verläuft, ist zu Beginn der Entwicklung die Temperaturadvektion der für die Vertikalbewegungen maßgebliche Prozess. Solange die Trog- und Rückenachsen senkrecht stehen, handelt es sich um flache, in der Höhenströmung nur schwach ausgeprägte Druckgebilde. In Situationen mit massiver horizontaler Temperaturadvektion können die mit den Vertikalbewegungen einhergehenden horizontalen Vergenzen jedoch so stark werden, dass sich die untere Welle relativ rasch nach vorne verlagert, während die obere Welle entsprechend stark abgebremst wird. Auf diese Weise entsteht eine rückwärtige Achsenneigung der Druckgebilde, so dass günstige Voraussetzungen für deren weitere Intensivierung geschaffen sind.

Eine andere Möglichkeit zur Auslösung instabiler Wellenprozesse besteht darin, dass eine Frontalwelle unter den Einfluss einer baroklinen Welle der Höhenströmung gerät. Das geschieht in Situationen, bei denen die obere und die untere Welle sich zunächst mit jeweils unterschiedlicher Richtung oder Geschwindigkeit bewegen. Wenn eine entwicklungsgünstige Phasenverschiebung zwischen beiden Wellen erreicht wird, entstehen Bereiche mit starker differentieller Vorticityadvektion und entsprechenden Intensivierungen der Vertikalbewegungen. Durch diese vertikale Kopplung der beiden zunächst voneinander unabhängigen stabilen Strömungskonfigurationen kann ein barokliner Entwicklungsprozess eingeleitet werden. Dieses Phänomen entspricht der in Abschn. 7.5 bereits angesprochenen Kopplung einer oberen und unteren zyklonalen PV-Anomalie. Eine Betrachtung barokliner Wellen aus der PV-Perspektive erfolgt im nächsten Abschnitt.

Der Vorgang muss jedoch nicht zwangsläufig eine ausgeprägte Intensivierung der Welle nach sich ziehen. In dem in Abb. 9.16 gezeigten Beispiel verlagerte sich das Bodentief nach Nordosten und gelangte dadurch allmählich unter den Einfluss des über dem Ostatlantik liegenden Höhentrogs. Hierbei entstand eine Kopplung zwischen dem Bodentief und einem südwestlich von Island liegenden Höhentief. Allerdings war die horizontale Entfernung beider Tiefs zu groß, so dass die Verbindung nur relativ schwach blieb und am Ende hieraus nur eine leichte Vertiefung der *Bodenzyklone* auf einen Kerndruck von 995 hPa resultierte. Abb. 9.20 zeigt die synoptische Situation, die sich am 25.06.2008 00 UTC eingestellt hatte.

Die durch die Vergenzen erzeugten Verstärkungen der Zyklonen und Antizyklonen laufen jedoch nicht symmetrisch ab. Aus der Vorticitygleichung (5.23) kann man unmittelbar sehen, dass die aus den horizontalen Vergenzen resultierenden Vorticitytendenzen proportional zur absoluten Vorticity sind. Gemäß der in Abschn. 5.4 geführten Diskussion zur *Trägheitsinstabilität* muss zur Aufrechterhaltung einer stabilen Strömung $\eta > 0$ sein. Somit kann im Hoch die relative Vorticity ζ durch die horizontalen Vergenzen keine beliebig negativen Werte erreichen. Stattdessen schwächt sich mit zunehmender Intensivierung des Hochs, d. h. für $\eta \to 0$, der Effekt der horizontalen Vergenzen mehr und mehr ab, während er sich im Tief immer mehr verstärkt.

Eine einfache mathematische Herangehensweise an dieses Phänomen besteht darin, mit Hilfe von (5.27) bei Vorgabe einer konstanten horizontalen Divergenz die zeitliche Änderung der relativen Vorticity zu berechnen. Die in dem Fall resul-

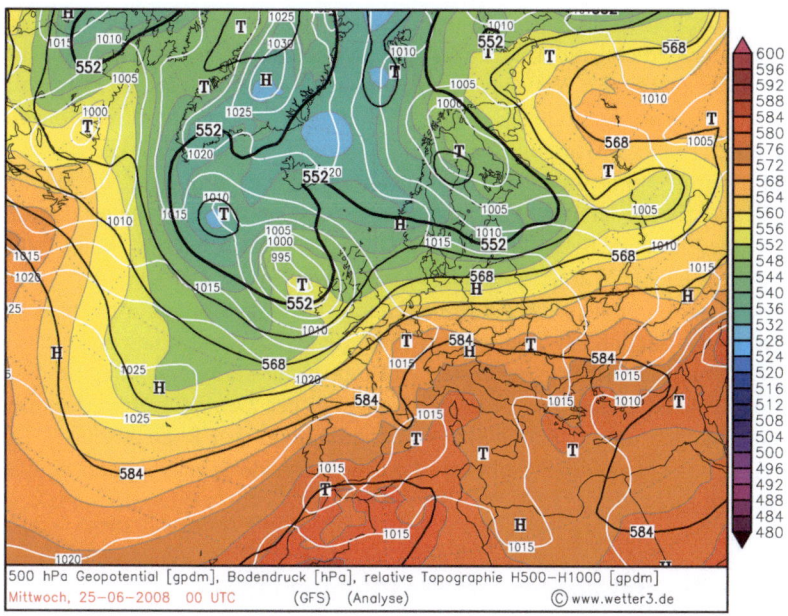

Abb. 9.20 Analysekarte des Geopotentials in 500 hPa sowie Bodendruckverteilung vom 25.06.2008 00 UTC

tierende Differentialgleichung

$$\frac{\partial \zeta}{\partial t} + \mathbf{v}_h \cdot \nabla_{h,p} \eta = \frac{d\eta}{dt} = -\eta A \quad \text{mit} \quad A = \nabla_{h,p} \cdot \mathbf{v}_h = const \tag{9.25}$$

lässt sich leicht lösen und man erhält in der f-Ebene

$$\eta(t) = \zeta(t) + f_0 = (\zeta(t_0) + f_0) \exp[-A(t - t_0)] \tag{9.26}$$

Hieraus ist zu sehen, dass bei Divergenz, d. h. $A > 0$, die absolute Vorticity für $t \to \infty$ verschwindet, so dass die relative Vorticity gegen den antizyklonalen Grenzwert Wert $-f_0$ strebt, während bei Konvergenz mit $A < 0$ der Wert von ζ mit der Zeit exponentiell anwächst. Dabei wurde zum Zeitpunkt t_0 von einer dynamisch stabilen Strömung ausgegangen, d. h. $\eta(t_0) = \zeta(t_0) + f_0 > 0$.

In diesem Zusammenhang ist schließlich noch die Feststellung interessant, dass im quasigeostrophischen System wegen der dort vorgenommenen Näherungen der Vorticitygleichung dieses asymmetrische Verhalten nicht berücksichtigt wird, da hier die beim Divergenzterm stehende absolute Vorticity durch die planetare Vorticity f_0 ersetzt wurde (vgl. (5.23) mit (6.5)). Somit könnten im quasigeostrophischen System die Bedingungen der Trägheitsstabilität prinzipiell verletzt werden.

Mit dem hier vorgestellten einfachen Zweischichtenmodell ist es möglich, die wichtigsten Mechanismen der baroklinen Instabilität anschaulich darzustellen. Um dies zu erreichen, mussten jedoch viele Prozesse unberücksichtigt bleiben, die in der Realität einen erheblichen Einfluss auf die Entwicklungen ausüben können. Hierzu gehören beispielsweise Wolkenprozesse, Reibungsvorgänge in der atmosphärischen Grenzschicht oder orographisch bedingte Einflüsse. Diabatische Effekte entstehen auch durch fühlbare Wärmeflüsse an der Erdoberfläche, die bei starker solarer Einstrahlung im Sommer zur Bildung von *Hitzetiefs* und umgekehrt im Winter zu *Kältehochs* führen können. Von großer Bedeutung für die Erzeugung der kinetischen Energie eines Systems ist die in Hebungsgebieten bei der Wolkenbildung freigesetzte latente Wärme. Reibungsprozesse spielen vor allem bei der *Zyklolyse* und *Antizyklolyse* eine wichtige Rolle. Hierauf wird in Abschn. 10.1 ausführlich eingegangen. Schließlich wurde an anderer Stelle schon mehrfach angesprochen, dass orographische Effekte einen starken Einfluss auf die Entwicklung der Druckgebilde ausüben können, wie beispielsweise bei der *Leezyklogenese*. Detaillierte Untersuchungen dieser vielfältigen Prozesse würden den Rahmen dieses Buchs sprengen, so dass an dieser Stelle auf die entsprechende Spezialliteratur verwiesen werden muss.

9.8 Wellenstabilitäten aus der PV-Perspektive

Das in den vorangehenden Abschnitten diskutierte Stabilitätsverhalten barokliner Wellen lässt sich wiederum sehr gut auch aus der PV-Perspektive heraus erklären. Hierzu betrachte man in einem (φ_0, φ_1)-Breitenkanal zwei übereinanderliegende isentrope Flächen θ_0 und θ_1 mit $\theta_1 > \theta_0$ (s. Abb. 9.21). Die θ_1-Fläche befinde sich im Tropopausenbereich, während die θ_0-Fläche in der unteren Troposphäre liege. Die Atmosphäre sei überall baroklin mit der kalten Luft im Norden und der stärksten Baroklinität in der Mitte des Kanals. Die Untersuchungen erfolgen in einem kartesischen Koordinatensysten der β-Ebene, das sich mit der mittleren Geschwindigkeit der beiden Schichten bewege. In dieser Situation ergibt sich aus der thermischen Windgleichung die in der Abbildung rechts dargestellte Verteilung des Horizontalwinds $\mathbf{v}_h$, wobei relativ zum gewählten Koordinatensystem die Luft in der oberen Schicht in positive und in der unteren Schicht in negative x-Richtung strömt. In der Mitte des Kanals, d. h. dort, wo die Baroklinität am stärksten ist, befinde sich in der θ_1-Fläche ein Jetstream.

Weiterhin sind in der Abbildung die horizontalen Gradienten der PV auf den beiden θ-Flächen eingezeichnet (gestrichelte Pfeile). Wie man sieht, zeigt $\nabla_{h,\theta} P_\theta$ in der θ_1-Schicht nach Norden und in der θ_0-Schicht nach Süden. Um diese Richtungen der Gradienten nachvollziehen zu können, müssen die unterschiedlichen Terme in der Definitionsgleichung (7.8) der PV einzeln analysiert werden. Aus dieser Gleichung ergibt sich für $\nabla_{h,\theta} P_\theta$

$$\nabla_{h,\theta} P_\theta = \frac{1}{\sigma_\theta} \nabla_{h,\theta} \zeta_\theta + \frac{1}{\sigma_\theta} \nabla_{h,\theta} f + (\zeta_\theta + f) \nabla_{h,\theta} \left(\frac{1}{\sigma_\theta} \right) \qquad (9.27)$$

9.8 Wellenstabilitäten aus der PV-Perspektive

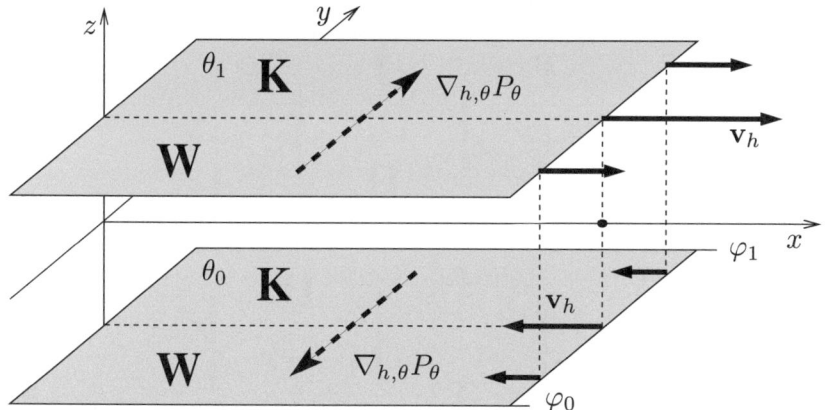

Abb. 9.21 Zwei θ-Schichten der baroklinen Atmosphäre mit horizontalen und vertikalen Verteilungen des Horizontalwinds sowie horizontalen Gradienten der PV

Bei der hier erfolgenden Betrachtung in der β-Ebene zeigt der Gradient der planetaren Vorticity natürlich nach Norden. Die anderen Terme in (9.27) verhalten sich jedoch, abhängig von der betrachteten θ-Schicht, unterschiedlich.

In der oberen Schicht ergibt sich Folgendes: Da die Jetachse zonal in der Mitte des Kanals verläuft, ist die relative Vorticity nördlich davon zyklonal und südlich davon antizyklonal, so dass der Horizontalgradient von ζ_θ ebenfalls nach Norden zeigt. Bei der vorliegenden Temperaturverteilung sind die θ-Schichten nach Süden geneigt mit der stärksten Neigung im Bereich der Frontalzone. Daraus folgt, dass im Norden, wo die θ_1-Schicht in der oberen Troposphäre oder eventuell sogar in der unteren Stratosphäre verläuft, die *hydrostatische Stabilität* größer ist (und somit σ_θ kleiner ist) als im Süden (s. auch Abb. 7.1). Somit weist auch der Horizontalgradient der hydrostatischen Stabilität nach Norden, so dass sich hieraus insgesamt ergibt, dass in der θ_1-Schicht der P_θ-Gradient nach Norden gerichtet ist.

In der unteren θ-Schicht zeigt nur der Gradient des Coriolisparameters nach Norden, während die Gradienten der relativen Vorticity und der hydrostatischen Stabilität nach Süden gerichtet sind. Dies folgt aus den beiden Annahmen, dass die warme Luft im Süden und die kalte Luft im Norden liegt und dass in der Referenzverteilung der Atmosphäre die Isentropen am Erdboden horizontal verlaufen. Denn dann liegt, relativ zur Kanalmitte gesehen, im kalten Norden eine negative und im warmen Süden eine positive θ-*Anomalie* vor mit den zugehörigen antizyklonalen bzw. zyklonalen PV-Anomalien und ζ_θ-Verteilungen. Somit zeigt der ζ_θ-Gradient nach Süden. Weiterhin ist die hydrostatische Stabilität im Süden, wo sich wegen der positiven θ-Anomalie die Isentropen am Boden relativ stark drängen, größer als im Norden. Dort gilt wegen der negativen θ-Anomalie das Umgekehrte. Dies bedeutet, dass auch der Gradient der hydrostatischen Stabilität in der unteren Schicht nach Süden weist. Im betrachteten Beispiel sei die Baroklinität in der unteren Atmosphäre so stark, dass in der θ_0-Schicht die nach Süden zeigenden Gradienten in der

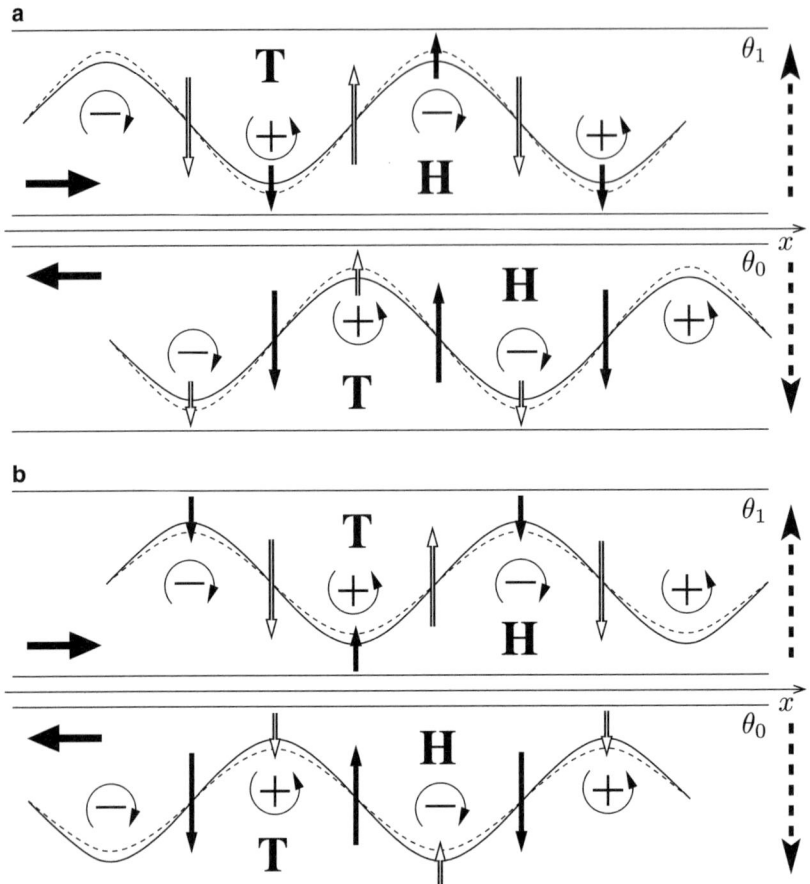

Abb. 9.22 Isoplethen der PV in der θ_1- und θ_0-Fläche mit zugehörigen zyklonalen (+) und antizyklonalen (−) Zirkulationen. *Weiße (schwarze) Pfeile*: Meridionalbewegungen, die durch die *oberen (unteren)* PV-Anomalien in beiden Flächen induziert werden. *Gestrichelte Pfeile rechts*: Richtungen der P_θ-Gradienten. *Dicke Pfeile links*: Richtungen der Relativströmung in den jeweiligen θ-Flächen. *Gestrichelte Linien*: Die durch die PV-Anomalien hervorgerufenen Änderungen der PV-Isoplethen. Phasenverschiebung zwischen *unteren* und *oberen* PV-Isoplethen: $\pi/2$ (**a**) bzw. $3\pi/2$ (**b**)

Summe größer sind als der nach Norden weisende f-Gradient, so dass insgesamt in dieser Schicht auch der P_θ-Gradient nach Süden gerichtet ist.

Zur Untersuchung des Stabilitätsverhaltens barokliner Wellen betrachte man in den beiden θ-Schichten PV-Anomalien, die in zonaler Richtung mit periodisch wechselndem Vorzeichen (zyklonal–antizyklonal) verlaufen. In der θ_0-Schicht sind die PV-Anomalien wiederum mit entsprechenden θ-Anomalien verknüpft. So wie zuvor werden vier Fälle diskutiert, bei denen zwischen den beiden PV-Verteilungen Phasenverschiebungen von $\varepsilon = 0, \pi/2, \pi$ und $3\pi/2$ bestehen. In den Abb. 9.22 und

9.8 Wellenstabilitäten aus der PV-Perspektive

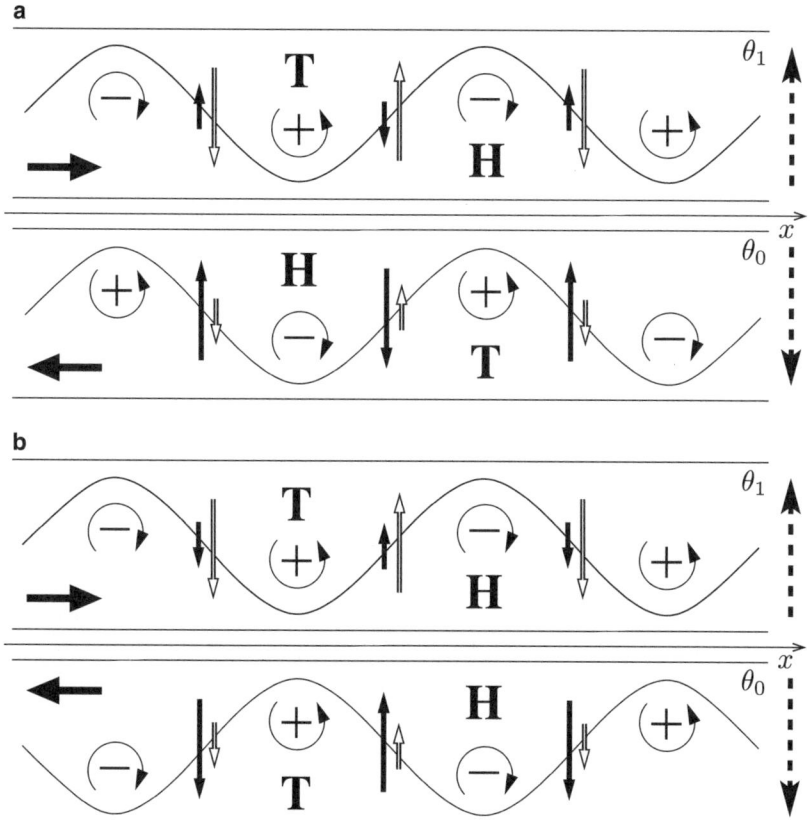

Abb. 9.23 Wie Abb. 9.22, jedoch Phasenverschiebung zwischen unteren und oberen PV-Isoplethen: 0 (**a**) bzw. π (**b**)

9.23 sind die PV-Verteilungen als durchgezogene Wellenlinien dargestellt. Für alle untersuchten Fälle muss beachtet werden, dass aufgrund der unterschiedlichen Richtungen von $\nabla_{h,\theta} P_\theta$ in den beiden θ-Ebenen (gestrichelte Pfeile im rechten Teil der Abbildungen), in der θ_1-Fläche Wellentäler und -rücken zyklonalen bzw. antizyklonalen PV-Anomalien entsprechen, während in der θ_0-Fläche genau das Umgekehrte gilt. Die vertikalen Neigungen der Trog- und Rückenachsen ergeben sich durch Verbinden der Bereiche mit maximaler zyklonaler bzw. antizyklonaler Vorticity (s. die $\pm$-Zirkulationen in den verschiedenen Abbildungen). Weiterhin verläuft die Grundströmung, relativ zum gewählten Koordinatensystem, in der θ_1-Fläche (θ_0-Fläche) in positive (negative) x-Richtung (dicke Pfeile im linken Teil der Abbildungen).

Die durch die oberen (unteren) PV-Anomalien induzierten Meridionalbewegungen sind in beiden Flächen jeweils durch weiße (schwarze) Pfeile gekennzeichnet. Ignoriert man einmal die durch die PV-Anomalien hervorgerufenen Wechselwirkungen zwischen den verschiedenen Höhenniveaus (kurze Pfeile in den Abbildungen), dann gilt für beide θ-Flächen, dass die durch die PV-Anomalien induzierten Meridionalbewegungen (lange Pfeile) gemäß (9.7) immer der zonalen PV-Advektion entgegenwirken und dadurch die rein advektive Verlagerung der Wellen mit dem jeweiligen Grundstrom verlangsamen. Dies entspricht natürlich dem mehrfach angesprochenen β-*Effekt* (vgl. Abschn. 9.3).

Zunächst wird die Situation der instabil anwachsenden baroklinen Welle untersucht, bei der die untere PV-Isoplethe mit einer Phasenverschiebung von $\varepsilon = \pi/2$ hinter der oberen verläuft. Wie man aus Abb. 9.22a leicht sehen kann, entspricht dies einer rückwärtigen Neigung der Trog- und Rückenachsen. Ebenso lässt sich sehr gut erkennen, dass die durch die obere PV-Anomalie in der unteren Schicht induzierte Meridionalbewegung dort eine Vergrößerung der Amplitude der PV-Isoplethe bewirkt. Gleiches gilt umgekehrt für die Wirkung der unteren PV-Anomalie auf die Amplitude der oberen PV-Isoplethe (s. die gestrichelten Linien in Abb. 9.22a). Die gegenseitigen Wechselwirkungen von oberer und unterer PV-Anomalie entsprechen den im vorangehenden Abschnitt gefundenen Ergebnissen, wonach die obere Welle durch die Schichtdickenadvektion und die untere Welle durch die differentielle Vorticityadvektion forciert werden.

Genau dieses Anwachsen der Amplituden der PV-Anomalien in der gesamten Atmosphäre beschreibt die barokline Instabilität. Um diese Situation über einen längeren Zeitraum aufrecht zu erhalten, muss hierzu auch die bestehende *Phasenkopplung* (*Phase-Locking*) beider Wellen ein stabiles Verhalten zeigen in der Art, dass über einen längeren Zeitraum $0 < \varepsilon < \pi$ bleibt (s. auch Abschn. 7.5). Dass dies in der vorliegenden Konfiguration auch tatsächlich möglich ist, lässt sich leicht dadurch zeigen, dass man den Wert von ε geringen Variationen unterwirft. Verschiebt man beispielsweise die obere PV-Anomalie ein wenig in positive x-Richtung, dann wandern mit ihr auch in der θ_0-Fläche die kurzen weißen Pfeile in diese Richtung. Somit wird die an den Flanken der zyklonalen und antizyklonalen PV-Anomalien bereits vorliegende Meridionalkomponente des Horizontalwinds (lange schwarze Pfeile) weiter verstärkt. Das entspricht einer verstärkten Verlangsamung der advektiven Wellenverlagerung mit dem Grundstrom, so dass auch die untere PV-Anomalie in positive x-Richtung verschoben wird. Verschiebt man umgekehrt die obere PV-Anomalie in negative x-Richtung, dann wird jetzt durch die Fernwirkung der oberen PV in der θ_0-Fläche die durch die dortige PV-Anomalie induzierte Meridionalbewegung teilweise kompensiert, so dass auch die untere PV-Anomalie in negative x-Richtung verschoben wird. Zu den gleichen Ergebnissen kommt man, wenn man die untere PV-Anomalie relativ zur oberen stromab- oder -aufwärts verschiebt. Insgesamt ergibt sich hieraus die für eine intensive Entwicklung notwendige, über einen längeren Zeitraum andauernde Phasenkopplung beider Wellen.

Natürlich müssen die PV-Anomalien bestimmten Voraussetzungen genügen, um die beschriebenen Wechselwirkungen zu ermöglichen. Ist beispielsweise die Wellenlänge der PV-Isoplethen sehr kurz, dann sind die Fernwirkungen entsprechend gering (s. Abschn. 7.5), so dass es zu einer vergleichsweise schwachen Kopplung zwischen den oberen und unteren PV-Anomalien und damit auch nicht zum An-

9.8 Wellenstabilitäten aus der PV-Perspektive

wachsen der Amplituden kommt. Dies entspricht der quasigeostrophischen Aussage, dass barokline Instabilitäten erst bei Überschreiten einer bestimmten minimalen Wellenlänge auftreten können.

Auch die Einschränkung der baroklinen Instabilität auf Wellen mit einer maximalen Wellenlänge, die von der vorliegenden Baroklinität abhängt, lässt sich mit dem *PV-Denken* leicht nachvollziehen. Hierzu betrachte man einen Fall mit einer zunächst fest vorgegebenen Baroklinität, d. h. einer vorgegebenen Differenz zwischen den Grundströmen in den beiden θ-Flächen. Bei einer Vergrößerung der Wellenlängen der PV-Anomalien nehmen die Meridionalkomponenten des horizontalen Winds betragsmäßig zu, so dass sich beide Wellen verstärkt stromaufwärts, d. h. in jeweils entgegengesetzte Richtung verlagern. Dadurch wird die bestehende Phasenkopplung aufgehoben. Um jetzt wieder eine Situation mit der ursprünglichen Phasenkopplung zwischen oberer und unterer Welle zu erreichen, muss die Baroklinität erhöht werden, was in beiden θ-Flächen eine betragsmäßige Erhöhung der Grundströmung zur Folge hat.

Schließlich lässt sich auch die quasigeostrophische Aussage bestätigen, wonach barokline Instabilität auch bei kürzeren Wellenlängen schon auftreten kann, wenn die hydrostatische Stabilität abnimmt. Dies ist äquivalent zur Aussage des PV-Denkens, dass die Fernwirkung einer PV-Anomalie umso stärker ist, je geringer die hydrostatische Stabilität ist (s. Abschn. 7.5). Somit kann bei verringerter hydrostatischer Stabilität die jetzt intensivere Fernwirkung der PV-Anomalien eine vertikale Kopplung von kurzwelligen PV-Anomalien bewirken, die sonst nicht eingetreten wäre.

Betrachtet man die in Abb. 9.22b dargestellte Situation mit einer Phasenverschiebung $3\pi/2$ zwischen unterer und oberer PV-Anomalie, dann sieht man unmittelbar, wie in den jeweiligen Schichten die Amplituden der Wellen durch die über die PV-Fernwirkungen induzierten Meridionalbewegungen verringert werden. Deshalb handelt es sich hierbei um gedämpfte barokline Wellen. Passend hierzu sind jetzt die Trog- und Rückenachsen nach vorne geneigt. Weiterhin kann man jetzt leicht erkennen, dass in dieser Situation keine stabile Phasenkopplung zwischen beiden Wellen vorliegt. Verschiebt man beispielsweise wiederum, ausgehend von einer stationären Situation mit gegebener Phasenverschiebung $3\pi/2$, die obere PV-Anomalie ein wenig in positive x-Richtung (und damit auch die kurzen weißen Pfeile in der θ_0-Fläche), dann wird die untere PV-Anomalie nicht wie die obere ebenfalls in positive, sondern in negative x-Richtung verschoben. Somit verlagern sich die PV-Anomalien weiter in entgegengesetzte Richtungen voneinander und die existierende Phasenkopplung zwischen beiden Wellen wird aufgehoben. Zu den gleichen Ergebnissen gelangt man bei den anderen Möglichkeiten, die zunächst bestehende Phasenverschiebung von $3\pi/2$ zu variieren.

Die beiden neutralen Wellenkonfigurationen mit $\varepsilon = 0$ und $\varepsilon = \pi$ sind in Abb. 9.23 wiedergegeben. Aus der Position der kleinen weißen und schwarzen Pfeile sieht man direkt, dass jetzt im Gegensatz zu Abb. 9.22 die Fernwirkungen der PV-Anomalien nicht mehr die Amplituden der Wellen vergrößern oder verkleinern, sondern die durch die PV-Anomalien in den jeweiligen Schichten induzierten Meridionalbewegungen (lange Pfeile) entweder verstärken oder abschwächen. Dies bedeutet, dass die PV-Anomalien mit ihren Intensitäten und den daraus folgenden Fernwirkungen genau aufeinander abgestimmt sein müssen, um die bestehende Phasenkopplung beider Wellen aufrecht erhalten zu können. Sobald dieses Gleichgewicht gestört wird, z. B. dadurch, dass sich die Amplitude einer der beiden Wellen ändert, wird die bestehende Phasenkopplung aufgehoben, was einer Änderung der Neigung von Trog- und Rückenachsen gleichkommt.

Hierbei stellt sich heraus, dass bei Phasengleichheit beider PV-Wellen die Verstärkung einer der Wellen eine Rückwärtsneigung der Trog- und Rückenachsen nach sich zieht, so wie in Abb. 9.22a wiedergegeben, während eine Abschwächung einer der Wellen zu einer Vorwärtsneigung der Trog- und Rückenachsen führt (s. Abb. 9.22b). Für die in Abb. 9.23b dargestellte Phasenverschiebung der PV-Wellen von $\varepsilon = \pi$ gilt genau das Gleiche.

In diesem Abschnitt konnte gezeigt werden, dass das Stabilitätsverhalten barokliner Wellen ebenfalls sehr gut aus der Sicht des PV-Denkens erklärt werden kann, wobei, so wie in den vorangehenden Ausführungen früherer Kapitel, wiederum in erster Linie qualitative und weniger quantitative Aussagen gemacht wurden. Durch die einfache Interpretation der Erhaltungsgleichung der PV in der Form (9.7) ist es jedoch möglich, das Verhalten der Wellen lediglich über die horizontalen Advektionsprozesse zu verstehen. In diesem relativ einfachen Zugang zum Stabilitätsverhalten barokliner Wellen liegt ein großer Vorteil der PV-Denkens gegenüber der klassischen Betrachtungsweise der quasigeostrophischen Theorie. Inwieweit man von der einen oder anderen Methode Gebrauch macht, bleibt, wie bereits erwähnt, am Ende jedem selbst überlassen. Vielleicht ist es jedoch am sinnvollsten, sich sowohl der quasigeostrophischen Theorie als auch der PV-Analyse zu bedienen, denn die Untersuchung eines bestimmten Phänomens aus unterschiedlichen Betrachtungswinkeln heraus wird letztendlich für das Prozessverständnis am vorteilhaftesten sein.

Zyklonen und Antizyklonen 10

Das Wettergeschehen in Mitteleuropa wird sehr häufig von *Zyklonen* und *Antizyklonen* sowie den damit verbundenen Frontensystemen geprägt. Aus dem atlantischen Raum kommend, verlagern sich die Druckgebilde auf das europäische Festland und verursachen hier die für die mittleren Breiten typischen starken Fluktuationen des Wettergeschehens. Der britische Marineoffizier und Meteorologe Robert FitzRoy, der als Begründer des Begriffs „Wettervorhersage" („forecasting the weather") angesehen wird, fasste in seinem Buch *„The Weather Book: A Manual of Practical Meteorology"* seine wissenschaftlichen Erkenntnisse über das Wetter zusammen (FitzRoy 1863). Hierin schilderte er, dass an der Grenze zwischen kalten und trockenen Luftmassen polaren Ursprungs sowie feuchten und warmen Luftmassen aus dem subtropischen Raum zyklonal rotierende Wirbel entstehen, die die beiden Luftmassen miteinander vermischen. Die von ihm dargestellten *Zyklonenmodelle* (z. B. in Petterssen (1956) reproduziert) ähneln in erstaunlich guter Weise den heutzutage mittels moderner Fernerkundung in der Atmosphäre vorgefundenen Strömungsverhältnissen (Moore und Peltier 1987). Die Arbeiten von FitzRoy fanden zunächst jedoch nur geringe Beachtung, wohl auch deshalb, weil zur damaligen Zeit praktisch noch keine ausreichenden täglichen Wetterbeobachtungen existierten, um darauf basierend Wetteranalysekarten erstellen zu können. In seiner 1897 erschienenen Publikation „Highs and Lows" beschrieb N. R. Taylor sehr anschaulich, wie man sich zum damaligen Zeitpunkt die mit Hoch- und Tiefdruckgebieten einhergehenden Wettererscheinungen vorstellte, dass beispielsweise in einem Hoch die Luft absinken und in einem Tief aufsteigen muss (Taylor 1897).

Zu Beginn des 20. Jahrhunderts vollzog sich ein starker Entwicklungsschub der synoptischen Meteorologie. Im Jahr 1917 wurde Vilhelm Bjerknes von der Universität Leipzig nach Bergen, Norwegen, berufen, um im dortigen Geophysikalischen Institut die Gründung und anschließende Leitung der meteorologischen Abteilung zu übernehmen. In den folgenden Jahren gelang es ihm, eine Gruppe junger, später sehr renommierter Wissenschaftler (sein Sohn J. Bjerknes, T. Bergeron, E. Palmén, S. Petterssen, C.-G. Rossby, H. Solberg u. a.) um sich zu versammeln und bahnbrechende wissenschaftliche Erkenntnisse im Bereich der Atmosphärenforschung zu erzielen. Die Forschungsleistungen der später unter dem Namen *Bergen Schule* oder auch *Norwegische Schule* bekannt gewordenen Wissenschaftlergruppe stellen auch heute noch eine wichtige Grundlage für das Verständnis der in den mittleren Breiten ablaufenden synoptischen Prozesse dar. Als einer der zentralen Beiträge ist in diesem Zusammenhang eine Publikation von Bjerknes und Solberg (1922) anzusehen, in der die *Polarfronttheorie der allgemeinen atmosphärischen Zirkulation* eingeführt wurde. Einen wichtigen Bestandteil dieser Theorie stellt das *Norwegische Zyklonenmodell* dar, mit dem der Lebenszyklus von Zyklonen, die sich an der Polarfront bilden, veranschaulicht wird.

Die Forschungsarbeiten der Bergen Schule stützten sich auf ein für die damaligen Verhältnisse ausgesprochen dichtes Beobachtungsnetz meteorologischer Bodendaten in Norwegen. Da zu diesem Zeitpunkt noch keine aerologischen Messmethoden zur dreidimensionalen Erkundung der Atmosphäre zur Verfügung standen, konnten insbesondere die Prozesse, die weitgehend durch die atmosphärische Höhenströmung gesteuert werden, zunächst nur unzureichend beschrieben werden. Mit Bekanntwerden der in der höheren Atmosphäre ablaufenden Vorgänge gelang es in den folgenden Jahren, die Polarfronttheorie ständig zu verbessern und zu erweitern (z. B. Bjerknes 1937, Bjerknes und Palmén 1937, Godske et al. 1957). Auf eine eingehende Betrachtung zur weiteren geschichtlichen Entwicklung der Theorie wird an dieser Stelle verzichtet und stattdessen auf die weiterführende Literatur verwiesen (s. z. B. Bergeron 1959, Palmén und Newton 1969, Bergeron 1980).

In Abschn. 10.2 werden die wichtigsten Merkmale der ursprünglichen Polarfronttheorie vorgestellt und kritisch analysiert. Der Schwerpunkt der Betrachtungen liegt hierbei auf dem Norwegischen Zyklonenmodell, das den bedeutendsten und daher wohl auch populärsten Bestandteil der gesamten Theorie darstellt. Eine detaillierte Beschreibung der bei der Zyklogenese entstehenden Kalt-, Warm- und Okklusionsfronten wird hierbei zunächst jedoch noch außer Acht gelassen. Das wird der Inhalt des nächsten Kapitels sein. Vor der Beschreibung der Porlarfronttheorie werden im Folgenden zuerst die Ursachen untersucht, die für synoptisch-skalige Druckänderungen, d. h. Zyklogenese und Antizyklogenese, verantwortlich sind.

10.1 Zyklogenese und Antizyklogenese

Zyklonen stellen Strömungsgebiete mit tiefem Luftdruck und zyklonaler Vorticity dar. Umgekehrt sind Antizyklonen Strömungsgebiete mit hohem Luftdruck und antizyklonaler Vorticity. Die Frage nach der Entstehung von Zyklonen (*Zyklogenese*) und Antizyklonen (*Antizyklogenese*) ist somit gleichbedeutend damit, zu untersuchen, wie es zu diesen Druckverteilungen und den damit verbundenen Vorticitystrukturen kommen kann. Bei der Diskussion der Vorticitygleichung (5.23) wurde bereits festgestellt, dass Vergenzen im atmosphärischen Windfeld einen großen Einfluss auf die Vorticityänderungen ausüben. Konvergente Strömungen erzeugen zyklonale und divergente Strömungen antizyklonale Vorticity. Da bei konvergenter (divergenter) Strömung die Masse in einem Gebiet zunimmt (abnimmt), steht dies scheinbar im Widerspruch zum niedrigen bzw. hohen Luftdruck in Bereichen mit zyklonaler bzw. antizyklonaler Vorticity. Die Klärung dieser Ungereimtheiten ist

10.1 Zyklogenese und Antizyklogenese

nur möglich, wenn man sich bei zyklogenetischen und antizyklogenetischen Prozessen die dreidimensionalen atmosphärischen Strukturen ansieht.

10.1.1 Die Drucktendenzgleichung

Die Entwicklung von Zyklonen und Antizyklonen ist mit lokalen zeitlichen Änderungen des Luftdrucks verbunden. Unter der Annahme hydrostatischer Verhältnisse, $\partial p/\partial z = -g\rho$, erhält man den Druck in der Höhe z als

$$p(z) = g \int_z^\infty \rho \, dz \qquad (10.1)$$

Hieraus lässt sich die lokale zeitliche Drucktendenz im z-System berechnen zu

$$\left(\frac{\partial p}{\partial t}\right)_z = g \int_z^\infty \left(\frac{\partial \rho}{\partial t}\right)_z dz \qquad (10.2)$$

Unter Verwendung der Kontinuitätsgleichung (3.27) erhält man

$$\begin{aligned}\left(\frac{\partial p}{\partial t}\right)_z &= -g \int_z^\infty \nabla \cdot (\rho \mathbf{v}) dz \\ &= -g \int_z^\infty \nabla_h \cdot (\rho \mathbf{v}_h) dz - g \int_z^\infty \frac{\partial \rho w}{\partial z} dz\end{aligned} \qquad (10.3)$$

und daraus die *Drucktendenzgleichung* im z-System als

$$\left(\frac{\partial p}{\partial t}\right)_z = -g \int_z^\infty \rho \nabla_h \cdot \mathbf{v}_h dz - g \int_z^\infty \mathbf{v}_h \cdot \nabla_h \rho \, dz + g\rho w(z) \qquad (10.4)$$

Bei der Integration des letzten Terms von (10.3) wurde berücksichtigt, dass die Vertikalgeschwindigkeit am Oberrand der Atmosphäre verschwindet.

Demnach gibt es drei Prozesse, die zu einer lokalen zeitlichen Druckänderung führen können. Der erste Term auf der rechten Seite von (10.4) beschreibt horizontale Massenkonvergenzen und -divergenzen, die oberhalb des Niveaus z Druckänderungen bewirken. Der zweite Term besagt, dass Druckänderungen entstehen, wenn oberhalb von z Luft unterschiedlicher Dichte advehiert wird. *Warmluftadvektion* bedeutet Druckfall und umgekehrt *Kaltluftadvektion* Druckanstieg. Die über die gesamte Atmosphäre oberhalb der Höhe z durchzuführenden Integrationen drücken aus, dass es sich jeweils um Nettoeffekte handelt. Der dritte Term schließlich beschreibt die mit vertikalem Massentransport verbundenen Druckänderungen. Bei Absinkbewegungen im Niveau z wird Luft nach unten transportiert, so dass sich die Gesamtmasse in der darüber liegenden Luftsäule verringert, was Druckfall zur Folge hat. Umgekehrtes gilt für Druckanstieg.

Spaltet man den horizontalen Wind in seine geostrophischen und ageostrophischen Anteile auf, d. h. $\mathbf{v}_h = \mathbf{v}_{g,0} + \mathbf{v}_{ag}$, und beachtet, dass gemäß (4.8)a gilt

$$\nabla_h \cdot (\rho \mathbf{v}_{g,0}) = 0 \qquad (10.5)$$

dann wird unmittelbar klar, dass in (10.3) und (10.4) $\mathbf{v}_h$ durch $\mathbf{v}_{ag}$ ersetzt werden kann. Für Bewegungen auf der synoptischen Skala ergibt sich weiterhin, dass die mit $\mathbf{v}_{ag}$ erfolgende Dichteadvektion vergleichsweise klein ist, so dass der zweite Term auf der rechten Seite von (10.4) bei der lokalen zeitlichen Druckänderung nur eine untergeordnete Rolle spielt. An Fronten kann die Dichteadvektion jedoch sehr bedeutend sein, da dort der Dichtegradient und die ageostrophische Windkomponente quer zur Front betragsmäßig relativ große Werte annehmen können (s. hierzu Abschn. 11.4). Insgesamt kann man schließen, dass lokale zeitliche Druckänderungen in erster Linie durch horizontale Vergenzen des ageostrophischen Winds und durch Vertikalbewegungen verursacht werden. Jedoch gilt es auch hier zu beachten, dass sich diese beiden Prozesse in der Regel weitgehend kompensieren. Finden in einem Niveau Absinkbewegungen statt, dann wird oberhalb dieses Niveaus Luft horizontal nachströmen, d. h. es entsteht horizontale Konvergenz. Analog hierzu sind Aufstiegsbewegungen mit Divergenz oberhalb von z verbunden.

Im p-System erhält man eine einfachere Darstellung der Drucktendenzgleichung. Integration der Kontinuitätsgleichung (3.30) liefert unmittelbar

$$\omega = \frac{dp}{dt} = -\int_0^p \nabla_{h,p} \cdot \mathbf{v}_h \, dp \qquad (10.6)$$

Die totale Ableitung von p lässt sich im z-System entwickeln und man erhält aus (10.6)

$$\left(\frac{\partial p}{\partial t}\right)_z = -\int_0^p \nabla_{h,p} \cdot \mathbf{v}_h \, dp - \mathbf{v}_{ag} \cdot \nabla_h p + g\rho w \qquad (10.7)$$

Im *Advektionsterm* taucht nur noch der ageostrophische Wind auf, da der geostrophische Wind isobarenparallel weht. Insgesamt ist dieser Term, wie eben argumentiert, jedoch klein und kann vernachlässigt werden. Für den Bodendruck p_0 in ebenem Gelände ($w = 0$) ergibt sich dann mit guter Näherung

$$\left(\frac{\partial p_0}{\partial t}\right)_z = \int_{p_0}^0 \nabla_{h,p} \cdot \mathbf{v}_h \, dp \qquad (10.8)$$

10.1 Zyklogenese und Antizyklogenese

Hieraus sieht man, dass lokale zeitliche Änderungen des Bodendrucks aus der Nettodivergenz des horizontalen Winds in der darüberliegenden Atmosphäre resultieren. Der Druck kann nur fallen, wenn summiert über die gesamte atmosphärische Säule Divergenz vorherrscht.

Schließlich erhält man aus der hydrostatischen Approximation im p-System (3.56)b zusammen mit (10.7) die Tendenzgleichung für das Geopotential auf Flächen konstanten Drucks

$$\left(\frac{\partial \phi}{\partial t}\right)_p = -\frac{1}{\rho}\int_0^p \nabla_{h,p} \cdot \mathbf{v}_h dp - \mathbf{v}_{ag} \cdot \nabla_{h,p}\phi + gw \qquad (10.9)$$

Mitunter können diabatische Prozesse zu lokalen zeitlichen Druckänderungen führen. In dem Fall spricht man von *thermischen oder statischen Druckgebilden* im Gegensatz zu *dynamischen Druckgebilden*. Häufig entstehen thermische Druckgebilde über ausgedehnten Landflächen, die starken strahlungsbedingten Temperaturänderungen unterworfen sind. Befindet sich im Sommer über einer größeren Landfläche ein Hochdruckgebiet, dann kann aufgrund der damit verbundenen großräumigen trockenadiabatischen Absinkbewegungen eine relativ starke Inversion am Oberrand der atmosphärischen Grenzschicht entstehen. In diesen wegen der Absinkbewegungen üblicherweise wolkenarmen oder -freien Situationen wird die bodennahe Luftschicht tagsüber stark erhitzt, die warme Luft steigt auf und strömt im Inversionsbereich horizontal aus. Hierdurch entsteht in der atmosphärischen Grenzschicht tiefer Luftdruck, während oberhalb der Inversionsschicht der Luftdruck davon unbeeinflusst ist. Dieses *Hitzetief* ist somit vertikal nicht sehr hochreichend, so dass dessen Wetterwirksamkeit relativ schwach ist (s. auch Abschn. 4.8). Im Inversionsbereich entwickeln sich häufig *Cumulus humilis*, die auch als *Schönwetterwolken* bezeichnet werden. Allerdings können die aus der Konvergenz im Hitzetief resultierenden Vertikalbewegungen unter geeigneten Bedingungen, wie z. B. eine relativ schwache Inversion zusammen mit hohen Werten der spezifischen Feuchte innerhalb der Grenzschicht, hochreichende Konvektion mit Gewitterbildung auslösen. Auf diese Vorgänge wird in Abschn. 12.2 noch einmal näher eingegangen.

Umgekehrt kann sich im Winter über ausgedehnten Landflächen ein *Kältehoch* bilden, wenn im bodennahen Bereich die Luft durch infrarote Strahlungsemission stark abkühlt. Die kalte Luft sinkt ab, was in der Höhe horizontale Konvergenz und Absinkbewegungen nach sich zieht. Dadurch entsteht über dem Bodenhoch ein Höhentief. Ein bekanntes Beispiel hierfür stellt das im Winter regelmäßig entstehende *sibirische Kältehoch* dar, in dem häufig über längere Zeit ein Bodendruck von weit mehr als 1040 hPa herrscht. In diesen Situationen werden in Sibirien extrem niedrige Temperaturen mit Kälterekorden beobachtet, die nur noch in der Antarktis übertroffen werden. Wenn sich das sibirische Kältehoch nach Westen ausweitet, kann in der östlichen Strömung extrem kalte Luft nach Mitteleuropa gelangen (s. auch Abschn. 8.5).

Gemäß den in Abschn. 5.4 dargestellten Untersuchungen zur Trägheitsinstabilität muss in stabilen Gleichgewichtsströmungen die absolute Vorticity immer positiv sein. In dem Fall folgt aus der *Vorticitygleichung* (5.23) bzw. (5.24), dass Divergenzen (Konvergenzen) immer zu einer lokalen zeitlichen Abnahme (Zunahme) relativer Vorticity führen. Daher ist im bodennahen Bereich die Entstehung eines zyklonalen Wirbels mit konvergenten Strömungen verbunden, bei denen die Luft zum Aufsteigen gezwungen wird. Um jetzt auch zu erreichen, dass im zyklonalen Wirbel der Luftdruck weiter sinkt, muss gleichzeitig in der Höhe Strömungsdivergenz vorliegen, die betragsmäßig größer als die bodennahe Konvergenz ist, so dass der bei der Drucktendenzgleichung angesprochene Nettoeffekt der Vergenzen oberhalb der betrachteten Luftsäule einen Druckfall bewirkt.

10.1.2 Die Verlagerung der Druckgebilde

Die Druckgebilde bewegen sich in die Richtungen, in der die passenden Drucktendenzen vorliegen. Da die Drucktendenzgleichung keinen Advektionsterm besitzt, kann die Verlagerung nicht durch reine Translation erfolgen. Vielmehr müssen sich in den Verlagerungsrichtungen der Druckgebilde die unterschiedlichen Vergenzen immer wieder neu bilden und dadurch für die entsprechenden Drucktendenzen sorgen. Im Gegensatz zur Drucktendenzgleichung besitzt die Vorticitygleichung zusätzlich zum Divergenzterm einen Advektionsterm. Wie bereits in Abschn. 5.3 diskutiert, bestimmen beide Terme zusammen die lokale zeitliche Änderung der Vorticity, wobei sie in den unterschiedlichen Höhenniveaus der Atmosphäre verschieden stark wirken. Im bodennahen Bereich spielt die Advektion der relativen Vorticity eine untergeordnete Rolle. Das liegt an dem geschlossenen und mehr oder weniger kreisförmigen Verlauf der Isohypsen. Die Advektion planetarer Vorticity, gemäß (5.24) gegeben durch $-v\beta$, ist an der Vorderseite eines Tiefs negativ, an seiner Rückseite jedoch positiv.[1] Dieser Effekt allein würde zu einer Westverlagerung des Tiefs führen. Tatsächlich wird in der Regel jedoch eine Ostverlagerung beobachtet. Das liegt daran, dass gleichzeitig an der Vorder- und Rückseite des Tiefs Konvergenzen und Divergenzen existieren, die die Advektion planetarer Vorticity überkompensieren.

In der mittleren Troposphäre, wo die Atmosphäre nahezu divergenzfrei ist (s. Abb. 6.1), dominiert der Advektionsterm. An der Trogvorderseite ist die Advektion relativer Vorticity positiv, die der planetaren Vorticity hingegen negativ. Umgekehrt verhält es sich an der Rückseite des Trogs. Somit entscheiden die Wellenlänge und Amplitude des Trogs über dessen Verlagerungsrichtung. Das drückt sich in der Phasengeschwindigkeit der Rossby-Wellen aus (s. Abschn. 9.2). Ohne Advektion planetarer Vorticity wäre die Phasengeschwindigkeit der Welle gleich der Strömungsgeschwindigkeit, d. h. es fände eine reine Translation der bestehenden relativen Vorticityverteilung statt. Die Advektion planetarer Vorticity wirkt diesem Vorgang entgegen, so dass die Phasengeschwindigkeit der Welle gegenüber der Strömungsgeschwindigkeit verringert wird.

---

[1] Der Einfachheit halber wird eine weitgehend zonale Verlagerung der Druckgebilde unterstellt.

In der oberen Troposphäre erwartet man aufgrund der hohen Windgeschwindigkeiten eine advektiv bedingte rasche Ostverlagerung der Wellen. Die Beobachtung zeigt jedoch, dass dies nicht der Fall ist. Vielmehr verlagern sich die Druckgebilde mit ähnlicher Geschwindigkeit wie in der mittleren Troposphäre. Somit muss dem stärkeren Advektionsterm der hohen Troposphäre der Divergenzterm wieder entgegenwirken. Das bedeutet, dass an der Vorderseite der Tröge Divergenz und an deren Rückseite Konvergenz vorherrscht. Insgesamt ergibt sich hieraus, dass eine höhenkonstante Verlagerung der vertikalen Vorticityverteilung einer baroklinen Welle nur möglich ist, wenn am Boden und in der Höhe Vergenzen auftreten. Genau diese Vergenzen bewirken die zur Verlagerung der Welle passenden Drucktendenzen.

10.1.3 Vergenzen in der Höhenströmung

Die obige Diskussion hat gezeigt, dass zyklogenetische Entwicklungen in starkem Maße von den Vergenzen des Strömungsfelds in der hohen Atmosphäre beeinflusst werden. In Abschn. 4.6 wurde bei der Untersuchung des ageostrophischen Winds bereits festgestellt, dass $\mathbf{v}_{ag}$ aus vier verschiedenen Anteilen besteht (s. (4.30)). In der hohen Atmosphäre tragen hauptsächlich drei dieser Anteile zu den beobachteten Divergenzen und Konvergenzen der horizontalen Strömung bei. Hierbei handelt es sich um den *Breiteneffekt*, den *Krümmungseffekt* sowie den *Konfluenz-* und *Diffluenzeffekt*.

Zur Erklärung des Breiten- und des Krümmungseffekts wird in Anlehnung an Bjerknes und Holmboe (1944) unterstellt, dass die Luftpartikel die wellenförmige Höhenströmung mit betragsmäßig konstanter Geschwindigkeit durchlaufen. Beim Breiteneffekt wird die Krümmung der Isohypsen ignoriert, so dass sich die Luftpartikel mit dem geostrophischen Wind bewegen. Als Folge der Zunahme des Coriolisparameters mit der geographischen Breite müssen für $\mathbf{v}_h = \mathbf{v}_g = const$ im Bereich der nördlich liegenden Rücken die Isohypsen dichter gedrängt verlaufen als im Bereich der südlich liegenden Tröge. Diese Situation ist schematisch in Abb. 10.1a wiedergegeben. Aus dem Isohypsenverlauf folgt trogvorder- bzw. -rückseitig Richtungskonvergenz bzw. -divergenz des horizontalen Winds, wobei diese wegen $\mathbf{v}_h = \mathbf{v}_g$ gemäß (5.15)b gegeben ist durch $\nabla_h \cdot \mathbf{v}_h = -(v_g/f)\beta$. Um der Forderung einer betragsmäßig konstanten Horizontalgeschwindigkeit der Luft gerecht zu werden, muss trogrückseitig zusätzlich Masse durch Aufstiegsbewegungen hinzugefügt werden, während umgekehrt an der Vorderseite des Trogs ein Teil der Luft wieder absinken muss.

Im Gegensatz zum Breiteneffekt wird beim Krümmungseffekt der Coriolisparameter konstant gesetzt und stattdessen die Wirkung der Isohypsenkrümmungen berücksichtigt. Das bedeutet, dass jetzt die konstante Partikelgeschwindigkeit durch den Gradientwind $\mathbf{v}_G$ gegeben ist. Da im Rücken der Gradientwind supergeostrophisch und umgekehrt im Trog subgeostrophisch ist (s. Abschn. 4.4), ergibt sich in dieser Situation der in Abb. 10.1b gezeigte Isohypsenverlauf. Hieraus folgt jetzt trogvorder- bzw. -rückseitig Richtungsdivergenz bzw. -konvergenz des horizontalen Winds. Die aus dem Krümmungseffekt resultierenden Vertikalbewegungen wur-

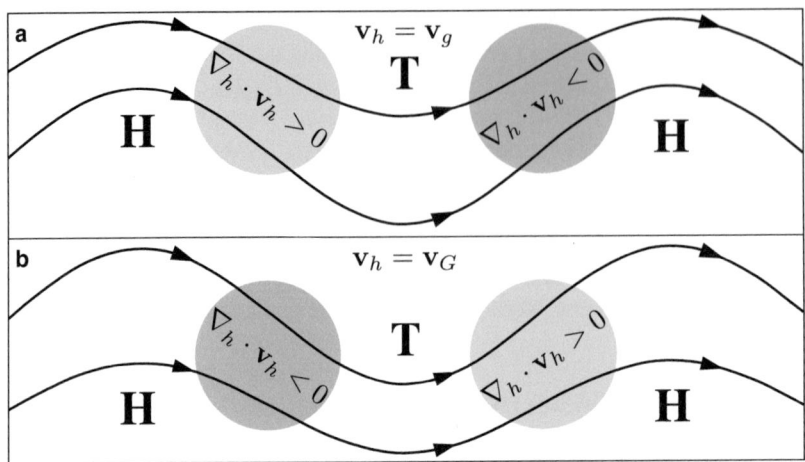

Abb. 10.1 Breiteneffekt (**a**) und Krümmungseffekt (**b**) und daraus resultierende Richtungsdivergenz und -konvergenz von $\mathbf{v}_h$

den bereits in Abschn. 6.4 bei der Untersuchung des *Q-Vektors* in konfluenten und diffluenten Trögen diskutiert (s. hierzu Abb. 6.7). Wie bereits in Abschn. 4.6 angesprochen, kompensieren sich der Breiten- und Krümmungseffekt gegenseitig. Welcher der beiden Effekte am Ende dominant ist, hängt von der Wellenlänge und der Amplitude der Welle ab.

Der Konfluenz- und Diffluenzeffekt hat zur Folge, dass in der *Konfluenzzone* eines Jetstreaks *ageostrophische Bewegungen* zum tiefen Luftdruck hin gerichtet sind. Im diffluenten Delta des Jetstreaks verhält es sich genau umgekehrt (s. auch Abb. 4.13). Die Situation ist schematisch in Abb. 10.2 wiedergegeben. Hierdurch wird im Eingangsbereich des Jetstreaks auf der antizyklonalen Seite Divergenz (Bereich A) und auf der zyklonalen Seite Konvergenz erzeugt (Bereich B). Diese Vergenzen führen zu Aufstiegsbewegungen (antizyklonale Seite) und Absinkbewegungen (zyklonale Seite des Jetstreams). Umgekehrt findet man im Delta des Jetstreaks auf der antizyklonalen Seite Konvergenz (Bereich C) in der Höhe, d. h. absinkende Luft, und auf der zyklonalen Seite Divergenz und damit aufsteigende Luft (Bereich D). Insgesamt resultiert daraus im Konfluenzgebiet eine *thermisch direkte* und im Diffluenzgebiet eine *thermisch indirekte Zirkulation*. Bei der in Abschn. 11.4 erfolgenden Untersuchung der *Frontogenese* wird gezeigt, dass diese Querzirkulation eine wichtige Voraussetzung für die Aufrechterhaltung der polaren Frontalzone ist.

Die obigen Überlegungen lassen den Schluss zu, dass im Einzugsgebiet eines Jetstreaks auf der antizyklonalen Seite bevorzugt Zyklogenese einsetzen kann, da hier im Gegensatz zum Delta die thermisch direkte Zirkulation warme Luft aufsteigen lässt, während auf der zyklonalen Seite im Konvergenzbereich kalte Luft zum Absinken gezwungen wird. Tatsächlich zeigen Beobachtungen, dass häufig unterhalb der antizyklonalen Flanke des Einzugsgebiets eines Jetstreaks im bodennahen

10.1 Zyklogenese und Antizyklogenese

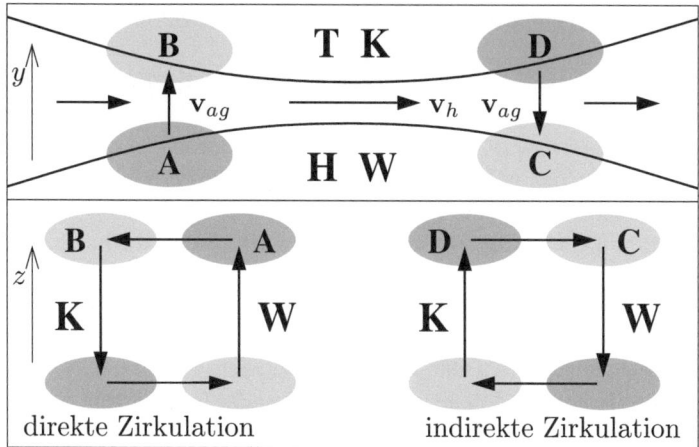

Abb. 10.2 Konfluenz- und Diffluenzeffekt im Bereich eines Jetstreaks, daraus resultierende Gebiete mit horizontalen Vergenzen und thermisch direkter bzw. indirekter Zirkulation

Bereich eine wellenförmige Deformation der Frontalzone, d. h. eine *Frontalwelle*, entsteht, die einen zyklogenetischen Prozess einleitet (s. u.). Allerdings kommt es auch auf der zyklonalen Seite im Delta eines Jetstreaks häufig zur Zyklogenese, die dann mitunter sogar sehr intensiv ablaufen kann.

10.1.4 Klassifikation von Zyklogenesen

Die vorangehende Diskussion hat gezeigt, dass Zyklogenesen durch sehr unterschiedliche Prozesse ausgelöst werden können, wie z. B. die barokline Instabilität (s. Abschn. 9.5), die Fernwirkung hochtroposphärischer PV-Anomalien (s. Abschn. 7.5) oder die bei der *Leezyklogenese* wichtigen orographischen Effekte (s. Abschn. 9.1). Es stellt sich daher die Frage, ob es möglich ist, bestimmte Typen von Zyklogenesen zu identifizieren und in entsprechende Kategorien einzuordnen. Mit Hilfe konzeptioneller Modelle könnten dann die wichtigsten charakteristischen Eigenschaften der unterschiedlichen Zyklogenesetypen formuliert werden. Gelingt es daraufhin, eine beobachtete Zyklogenese einem dieser Typen zuzuordnen, dann könnten die damit verbundenen Wetterentwicklungen mit Hilfe der konzeptionellen Modelle relativ einfach beschrieben werden.

Basierend auf den Analysen zahlreicher Zyklogenesen über Nordamerika und dem Nordatlantik, die von Petterssen et al. (1955, 1962) durchgeführt wurden, identifizierten Petterssen und Smebye (1971) die barokline Instabilität und die Wirkung hochtroposphärischer Störungen (PV-Anomalien) als wichtigste Mechanismen der extratropischen Zyklogenese und unterteilten die beobachteten Zyklogenesen in die *Typ A* (niedertroposphärische Störung) und die *Typ B Zyklogenese* (hochtroposphärische Störung) ein. Demnach besitzen die beiden Zyklogenesetypen folgende Eigenschaften:

Die Typ A Zyklogenese wird in einem hyperbaroklinen Bereich, d. h. an einer Frontalzone, ausgelöst. Zu Beginn der Zyklogenese verläuft die Höhenströmung noch weitgehend geradlinig. Somit stellt die *Schichtdickenadvektion* den dominanten *Hebungsantrieb* dar, während insbesondere die *differentielle Vorticityadvektion* nur eine untergeordnete Rolle spielt. Durch Hebungsprozesse entwickelt sich in der Höhenströmung ein Trog, der eine Phasenverschiebung zur Bodenzyklone aufweist, die bis zur maximalen Entwicklung der Zyklone weitgehend konstant bleibt, was der in Abschn. 9.8 angesprochenen *Phasenkopplung* von oberer und unterer Rossby-Welle entspricht. Die anfangs noch starke niedertroposphärische Baroklinität wird bis zur vollen Entwicklung der Zyklone abgebaut.

Bei der Typ B Zyklogenese existiert zu Beginn der Entwicklung ein Höhentrog mit starker zyklonaler Vorticityadvektion an der Trogvorderseite. Dieser gelangt in ein Gebiet mit zunächst geringer niedertroposphärischer Baroklinität, in dem Warmluftadvektion, jedoch kaum Kaltluftadvektion vorliegt. Die anfänglich geneigte vertikale Trogachse richtet sich relativ rasch auf, so dass die differentielle Vorticityadvektion abnimmt, gleichzeitig aber nimmt die Schichtdickenadvektion zu. Die zu Beginn der Entwicklung noch geringe niedertroposphärische Baroklinität verstärkt sich bis zum Höhepunkt der Entwicklung.

Deveson et al. (2002) analysierten die während des „Fronts and Atlantic Storm-Track EXperiments" (FASTEX, Joli et al. 1997) beobachteten Zyklogenesen und versuchten, ein objektives Verfahren zu entwickeln, mit dem eine Klassifizierung der Zyklogenesen nach dem Schema von Petterssen und Smebye (1971) möglich ist. Hierbei widersprachen sie der Beobachtung von Petterssen und Smebye, dass über dem Ozean vornehmlich Typ A Zyklogenesen und über Land eher Typ B Zyklogenesen auftreten. Ebenso stellten sie fest, dass reine Typ A Zyklogenesen nur sehr selten beobachtet werden. Schließlich fanden sie auch Fälle, bei denen die Zyklonen während ihrer Entwicklung die charakteristischen Eigenschaften zwischen Typ A und B wechselten.

Da bei Typ A Zyklogenesen Hebung vor allem durch Schichtdickenadvektion und bei Typ B Zyklogenesen durch differentielle Vorticityadvektion verursacht wird, verwendeten Deveson et al. (2002) zur Entwicklung ihres objektiven Klassifizierungsschemas die adiabatische Form der quasigeostrophischen ω-Gleichung (6.7). Die Ergebnisse ihrer Analysen zeigten, dass nicht alle Zyklogenesen einem der beiden Typen zugeordnet werden können. Dies veranlasste Deveson et al. zur Einführung eines weiteren Zyklogenesetyps, den sie als *Typ C Zyklogenese* bezeichneten.

Die Typ C Zyklogenese ist dadurch charakterisiert, dass jetzt die Freisetzung latenter Wärme im Hebungsgebiet der Zyklone eine dominante Rolle für deren Entwicklung spielt. Zur Beschreibung dieses Typs erweist sich die von Deveson et al. verwendete Methode der Analyse der adiabatischen ω-Gleichung jedoch als ungeeignet. Stattdessen bietet es sich an, die zeitliche Entwicklung der PV-Anomalien in der oberen, mittleren und unteren Troposphäre zu untersuchen (Plant et al. 2003, Ahmadi-Givi et al. 2004).

Zu Beginn stimmen die Typ B und Typ C Zyklogenesen weitgehend überein, d. h. in der hohen Troposphäre liegt eine zyklonale PV-Anomalie vor, während im bodennahen Bereich praktisch keine θ-Anomalie existiert. Durch die obere PV-Anomalie werden Hebungsprozesse induziert, die Wolkenbildung und damit Freisetzung latenter Wärme bewirken. Gemäß der in Abschn. 7.3 geführten Diskussion entsteht hierbei in der mittleren Atmosphäre unterhalb der Wolken eine zyklonale und oberhalb eine antizyklonale PV-Anomalie (s. Abb. 7.2). Letztere baut die ursprüngliche obere PV-Anomalie zum Teil ab und modifiziert das Windfeld der Höhenströmung in der Art, dass die Verlagerung der PV-Anomalie verlangsamt wird. Dadurch wird die vertikale Aufrichtung der Trogachse verzögert, was eine weitere Entwicklung der Zyklone ermöglicht und den zyklolytisch wirksamen Abbau der oberen PV-Anomalie kompensiert. In der relativ lange anhaltenden Neigung der Trogachse besteht ein wesentlicher Unterschied zwischen der Typ C und der Typ B Zyklogenese, jedoch Ähnlichkeit zur Typ A Zyklogenese. Die unterhalb der Wolken generierte zyklonale PV-Anomalie übernimmt die Rolle der unteren θ-Anomalie der Typ A Zyklogenese, d. h. sie induziert eine zyklonale Zirkulation in der unteren Atmosphäre. Dennoch bleibt während der ganzen Entwicklung die θ-Anomalie relativ schwach ausgeprägt, was ein weiteres Unterscheidungsmerkmal zwischen der Typ C und der Typ B Zyklogenese darstellt.

Typ C Zyklogenesen werden häufig mit *Polartiefs* in Verbindung gebracht (z. B. Deveson et al. 2002). Hierbei handelt es sich um relativ kleinräumige, d. h. sich über nur wenige hundert Kilometer erstreckende, aber sehr intensive Zyklonen mit einer Lebensdauer von oft nur ein bis zwei Tagen. Die dynamischen Eigenschaften und spiralförmigen Wolkenstrukturen von Polartiefs ähneln häufig denen von tropischen Wirbelstürmen. Gelegentlich bildet sich sogar im Zentrum eines Polartiefs das für Hurrikane typische wolkenfreie Auge. Polartiefs entstehen, wenn hochreichende arktische Kaltluft über relativ warmes Meerwasser gelangt. Hierbei entwickeln sich heftige Gewitterzellen mit starken Schneeschauern. Da die Freisetzung latenter Wärme bei der dynamischen Entwicklung von Polartiefs eine zentrale Rolle spielt, werden sie häufig dem Typ C zugeordnet (Plant et al. 2003, Bracegirdle und Gray 2008). Auf die weiteren Einzelheiten zur Dynamik von Polartiefs kann hier nicht näher eingegangen werden. Stattdessen wird auf die weiterführende Spezialliteratur verwiesen, z. B. Montgomery und Farrell (1992), Brümmer et al. (2009), Rasmussen und Turner (2011).

10.1.5 Zyklogenese an einer Frontalwelle

Beispielhaft für die Bildung einer Zyklone wird deren Entstehung an einer Frontalwelle betrachtet, d. h. eine Typ A Zyklogenese. Wie oben erwähnt, ist dies ein häufig über dem Atlantik beobachteter Entwicklungsprozess. An der Polarfront findet zunächst ein massiver nordwärts gerichteter Vorstoß von warmer Subtropikluft statt, und es bildet sich ein flaches Bodentief. Die Höhenströmung verläuft noch weitgehend parallel zur zonal ausgerichteten Frontalzone. Die an der Warmfront aufsteigende Luft strömt in der hohen Atmosphäre horizontal auseinander. Dadurch

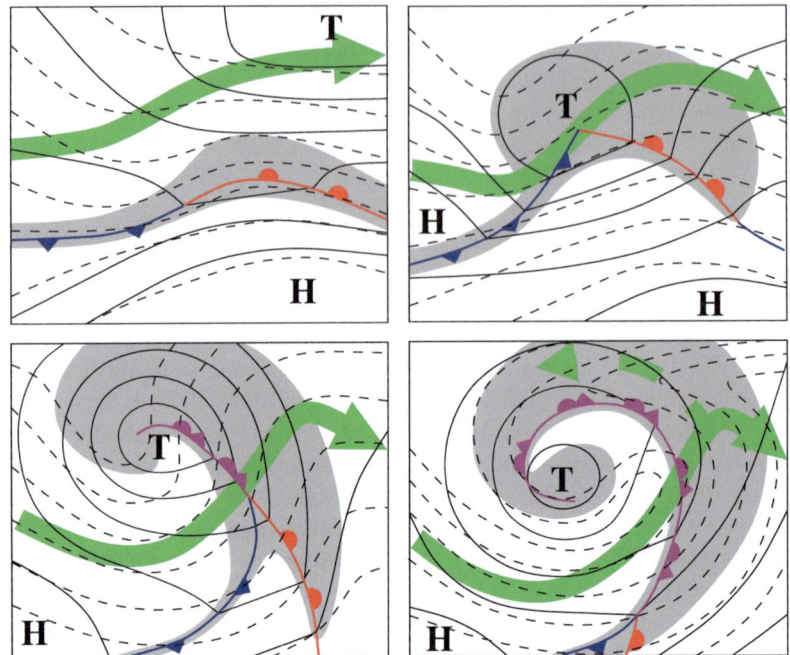

Abb. 10.3 Bildung einer Zyklone aus einer Frontalwelle. Isobaren der Bodendruckverteilung (*durchgezogen*) und relative Isohypsen (*gestrichelt*). In Anlehnung an Palmén und Newton (1969)

entsteht vor dem Bodentief in der Höhe horizontale Divergenz und damit antizyklonale Vorticity bzw. antizyklonale Strömung. Analog hierzu führt das Absinken der Kaltluft auf der Rückseite der jungen *Frontalzyklone* zu Konvergenzen in der Höhe und damit zur Ausbildung eines Höhentrogs mit zyklonaler Vorticity. Insgesamt entwickelt sich allmählich die in Abb. 10.3 gezeigte Wellenstruktur der Höhenströmung (grüne Kurven).

Im weiteren Verlauf wird durch verstärkte Warmluftadvektion an der Vorderseite und Kaltluftadvektion an der Rückseite des Bodentiefs die Amplitude der Temperaturwelle mehr und mehr vergrößert. Das führt zu einer weiteren Verstärkung der Wellenstruktur der Höhenströmung. Nach einer gewissen Zeit bildet sich ein hochreichendes Tief mit einer rückwärts zur kalten Luft hin geneigten vertikalen Achse. Wie bereits in Abschn. 9.6 diskutiert, ist diese Achsenlage optimal für die weitere Intensivierung der Zyklone. Durch fortlaufende Warm- und Kaltluftadvektion wird die Temperaturwelle immer mehr deformiert, was zu einer Verkürzung der Wellenlänge der Höhenströmung führt. Da die Phasengeschwindigkeit einer Rossby-Welle mit kürzer werdender Wellenlänge zunimmt (s. Abschn. 9.2), beginnt die Trogachse sich allmählich aufzurichten. Mit Einsetzen des *Okklusionsprozesses*[2] wird die Phasenverschiebung zwischen Bodenwelle und Höhenströmung immer gerin-

---

[2] Hierauf wird im folgenden Kapitel ausführlich eingegangen.

10.1 Zyklogenese und Antizyklogenese

ger. Schließlich kommt die Zyklogenese zum Erliegen, wenn sich der Höhentrog über dem Bodentief befindet. Das ist gleichbedeutend mit einer senkrecht stehenden Trogachse und gemäß den Ausführungen in Abschn. 9.6 ein Ausdruck dafür, dass die Welle keine weitere Energie mehr aus der zonalen Grundströmung gewinnt.

Während zu Beginn der Zyklogenese die differentielle Vorticityadvektion noch keine Rolle für die Vertikalbewegungen spielt, nimmt ihr Beitrag mit zunehmender Deformation der Höhenströmung immer mehr zu, da hierbei Bereiche mit zyklonaler und antizyklonaler Vorticity entstehen. Die damit einhergehenden verstärkten Vergenzen in der Höhe äußern sich in einer Zunahme der Vergenzen am Boden mit jeweils umgekehrtem Vorzeichen (s. Abb. 6.1), woraus intensivere Vertikalbewegungen resultieren. Sutcliffe und Forsdyke (1950) nannten diesen Vorgang *self-development* (s. auch Palmén und Newton 1969), was hier im Folgenden mit *Eigenentwicklung* bezeichnet wird.

Bezüglich des Verlaufs des Jetstreams setzt die Zyklogenese häufig an dessen antizyklonaler Seite etwa 400–600 km von der Achse entfernt ein. Während der Entwicklung verringert sich allmählich der Abstand zwischen *Jetachse* und Bodenwelle. Wenn die Zyklogenese ihren Höhepunkt erreicht hat, befindet sich die Jetachse etwa über dem Zentrum des Bodentiefs. Während des Okklusionsvorgangs entfernen sich Jetachse und Bodentief wieder voneinander, wobei die zyklonale Flanke des Jetstreams jetzt über dem Bodentief und die Jetachse selbst etwa über dem *Okklusionspunkt* (*Triple Point*) zu finden sind. Hierunter versteht man den Schnittpunkt zwischen Kalt-, Warm- und Okklusionsfront.

Diese häufig während der Zyklogenese beobachtete Verlagerung der Bodenzyklone relativ zur Jetachse wurde von Coronel et al. (2015) anhand numerischer Sensitivitätsstudien aus der PV-Perspektive untersucht. Hierbei stellte sich heraus, dass während der Zyklogenese eine obere dipolartige PV-Anomalie entsteht mit einer zyklonalen (antizyklonalen) PV-Anomalie stromaufwärts (stromabwärts) des Bodentiefs. Dies entspricht der in Abb. 10.3 gezeigten Verformung des grün dargestellten Strömungsverlaufs in der hohen Troposphäre. Die antizyklonale obere PV-Anomalie induziert eine nördliche Verlagerung der Bodenzyklone. Gleichzeitig erweisen sich die diabatisch erzeugten PV-Anomalien im Wesentlichen als verantwortlich für die Ostverlagerung der Zyklone (s. auch Langguth 2016). Somit resultiert insgesamt eine nordostwärts gerichtete Verlagerung des Tiefs, wobei etwa ein bis zwei Tage nach Einsetzen der Zyklogenese das Bodentief den Jetstream unterquert.

Nach Einsetzen der Okklusion beobachtet man häufig eine Aufspaltung des Jetstreams in einen antizyklonal verlaufenden Haupt- und einen schwächeren Nebenast, der sich vor der Okklusion und der Warmfront befindet (s. Abb. 10.3 rechts unten). Auf diesen Sachverhalt wird in Abschn. 11.4 noch einmal näher eingegangen. Für ein sich am Okklusionspunkt eventuell neu bildendes *Randtief* erweist sich die Lage auf der antizyklonalen Seite des Jetstreams als günstig, falls sich durch die Bildung eines Jetstreaks wiederum ein konfluentes Strömungsmuster in der Höhe einstellt.

10.1.6 Auflösung der Druckgebilde – Ekman-Pumping

Nachdem sich die Trogachse vollständig aufgerichtet hat, ist der zyklogenetische Prozess abgeschlossen. In diesem Zustand können sich unterschiedliche vertikale Temperaturverteilungen innerhalb eines Tiefdruckwirbels einstellen. Bei starken orkanartigen Entwicklungen umrundet die Warmluft in der Höhe spiralförmig das Zentrum des Tiefs, so dass dieses auch dann noch ein relativ warmes Druckgebilde mit stabiler vertikaler Schichtung darstellt. Gemäß den Ausführungen in Abschn. 4.8 besitzen diese Zyklonen eine mit der Höhe abnehmende Intensität. In anderen Situationen entstehen quasibarotrope Wirbel höhenkonstanter Intensität. Schließlich kann sich auch eine barokline Situation einstellen mit einem hochreichenden kalten Tief, dessen Intensität mit der Höhe zunimmt.

Wie bereits in Abschn. 4.4 diskutiert, führen Reibungsprozesse innerhalb der atmosphärischen Grenzschicht dazu, dass der horizontale Wind vom hohen zum tiefen Druck hin gerichtet ist. Der mit dem *geotriptischen Wind* verbundene Massentransport ist allein jedoch nicht ausreichend, um nach dem Ende einer Zyklogenese den häufig beobachteten relativ raschen Druckanstieg im Bodentief erklären zu können. Im Gegenteil, aus der Tatsache, dass sich in der atmosphärischen Grenzschicht nur etwa 10 % der gesamten Luftmasse befinden, kann man leicht schließen, dass dieser Massenfluss eher unbedeutend für die Änderung des Bodendrucks ist. Tatsächlich vollzieht sich bei der *Zyklolyse* bzw. *Antizyklolyse* der Druckanstieg bzw. -fall am Boden nicht durch die direkte Wirkung der Grenzschichttreibung, sondern durch eine hierdurch ausgelöste vertikale Sekundärzirkulation, die für eine rasche Ab- bzw. Zunahme der Vorticity sorgt und als *Ekman-Pumping* bzw. *Ekman-Suction* bezeichnet wird.

Einen relativ einfachen Zugang zum Ekman-Pumping erhält man über die bereits in Abschn. 4.4 angesprochene *Ekman-Spirale*, die die Vertikalverteilung des Horizontalwinds innerhalb der atmosphärischen Grenzschicht beschreibt.[3] In der f-Ebene ($f = f_0$) lauten dessen Komponenten (u, v)

$$u = u_g[1 - \exp(-Az)\cos(Az)] \quad \text{mit} \quad A = \sqrt{\frac{f_0}{2K}} \qquad (10.10)$$
$$v = u_g \exp(-Az)\sin(Az)$$

Bei der Ableitung dieser Gleichung wurde u. a. unterstellt, dass die Dichte innerhalb der atmosphärischen Grenzschicht konstant ist. Gemäß (4.7) resultiert hieraus Barotropie, d. h. der geostrophische Wind ist höhenunabhängig. Weiterhin wurde das Koordinatensystem so ausgerichtet, dass die x-Achse in die Richtung des geostrophischen Winds zeigt, der nur von y abhängen soll. Das bedeutet insgesamt, dass $\mathbf{v}_g = u_g(y)\mathbf{i}$. Die in (10.10) auftauchende Größe K ist der als konstant angenommene *turbulente Austauschkoeffizient*, der die turbulente Durchmischung innerhalb der Grenzschicht beschreibt.

---

[3] Auf eine Herleitung der Gleichung wird an dieser Stelle verzichtet und stattdessen auf die entsprechende Fachliteratur verwiesen (z. B. Zdunkowski und Bott 2003, Holton 2004, Etling 2010).

10.1 Zyklogenese und Antizyklogenese

Unter den gemachten Voraussetzungen lautet die Kontinuitätsgleichung

$$\frac{\partial v}{\partial y} + \frac{\partial w}{\partial z} = 0 \tag{10.11}$$

Integration dieser Gleichung vom Boden bis zur Höhe z_g der Grenzschicht liefert zusammen mit (10.10)

$$w(z_g) = -\int_0^{z_g} \frac{\partial u_g}{\partial y} [\exp(-Az)\sin(Az)]dz$$
$$= \zeta_g [1 + \exp(-\pi)] \sqrt{\frac{K}{2f_0}} \tag{10.12}$$

wobei $w(z=0) = 0$ und $\zeta_g = -\partial u_g/\partial y$ wegen der Barotropieannahme höhenkonstant ist.

Der Einfachheit halber wird zunächst angenommen, dass die Atmosphäre oberhalb der Grenzschicht neutral und damit ebenfalls barotrop geschichtet sei, so dass in der gesamten Atmosphäre ζ_g höhenkonstant ist. Setzt man (10.11) in die quasigeostrophische Form der Vorticitygleichung (6.5) ein, dann ergibt sich

$$\frac{d\zeta_g}{dt} = f_0 \frac{\partial w}{\partial z} \tag{10.13}$$

Diese Gleichung lässt sich direkt von z_g bis zur Obergrenze z_T der Atmosphäre integrieren. Zusammen mit (10.12) und $w(z=z_T) = 0$ erhält man eine gewöhnliche Differentialgleichung für ζ_g

$$\frac{d\zeta_g}{dt} = -\frac{f_0}{(z_T - z_g)} w(z_g) = -\zeta_g B$$
$$\text{mit} \quad B = \frac{f_0[1 + \exp(-\pi)]}{(z_T - z_g)} \sqrt{\frac{K}{2f_0}} \tag{10.14}$$

Die Lösung dieser Differentialgleichung liefert schließlich die zeitliche Änderung der geostrophischen Vorticity, die aus den Reibungsprozessen innerhalb der Grenzschicht resultiert

$$\zeta_g(t) = \zeta_g(t=0) \exp(-Bt) \tag{10.15}$$

Hieraus ist zu sehen, dass die Vorticity exponentiell mit der Zeit abnimmt. Je größer der Austauschkoeffizient K ist, umso schneller vollzieht sich der Vorgang. Setzt man typische Werte für die in B stehenden Größen ein, wie beispielsweise $f = 10^{-4}\,\text{s}^{-1}$, $K = 10\,\text{m}^2\,\text{s}^{-1}$, $z_T = 10^4\,\text{m}$, $z_g = 10^3\,\text{m}$, dann ergibt sich eine Abnahme von ζ_g auf den $1/e$-ten Teil in etwa vier bis fünf Tagen. Diese Zeit wird auch als die *Spin-Down Zeit* bezeichnet. Die vergleichsweise schnelle Abnahme der Vorticity ist über (5.21) direkt mit einer entsprechenden Änderung der Krümmung des ϕ-Felds, d. h. mit einem Druckanstieg, verbunden. Ohne das Ekman-Pumping würde es etwa 100 Tage dauern, bis die Vorticity aufgrund von Reibungsprozessen in der freien Troposphäre auf einen ähnlichen Wert absinken würde (Holton 2004). Wie bereits oben erwähnt, handelt es sich beim Ekman-Pumping um einen indirekten Effekt der Reibung innerhalb der Grenzschicht. Hierbei ist der mit der Reibung verbundene direkte Massenfluss in das Tief nur von untergeordneter Bedeutung. Vielmehr führt die durch die Reibung induzierte vertikale Sekundärzirkulation über den Divergenzterm in der Vorticitygleichung zu einem effizienten Abbau von ζ_g. Über das geostrophische Gleichgewicht zwischen Massen- und Vorticityfeld (6.3) ergibt sich die dazu passende Geopotentialverteilung, d. h. Druckanstieg im Tief und Druckfall im Hoch.

Aus (10.12) kann man sehen, dass in einer Zyklone mit $\zeta_g > 0$ Aufstiegsbewegungen am Oberrand der Grenzschicht entstehen. Umgekehrt ergibt sich im Fall einer Antizyklone wegen $\zeta_g < 0$ Absinken, was man, wie bereits erwähnt, auch als Ekman-Suction bezeichnet. Insgesamt wird das Wort Ekman-Pumping normalerweise als Oberbegriff für beide Vorgänge benutzt. Ekman-Pumping findet nicht nur in der Atmosphäre, sondern auch im Ozean statt und stellt einen wichtigen Wechselwirkungsprozess zwischen Atmosphäre und Ozean dar. Die in einer Zyklone an der Meeresoberfläche auftretenden Schubspannungen führen zu einer zyklonalen Rotation des Meerwassers. Hierdurch entsteht eine Auftriebsbewegung im Meer, die das Wasser aus tieferen Schichten zur Meeresoberfläche bewegt. Umgekehrtes gilt wiederum für die Antizyklone, die eine antizyklonale Meeresströmung, d. h. Absinkbewegungen im Meer, verursacht.

Die durch Ekman-Pumping im Ozean erzeugten Auftriebsbewegungen spielen eine wichtige Rolle bei der Entwicklung von *Hurrikanen*, da auf diese Weise die im Meerwasser gespeicherte Wärme effizient an die Wasseroberfläche und von dort in die Atmosphäre gelangen kann (s. z. B. Pérez-Santos et al. 2010). Deshalb ist eine der Voraussetzungen zur Entstehung von Hurrikanen, dass das Meerwasser nicht nur an der Oberfläche eine Temperatur von mehr als 26–27 °C haben muss (Palmén 1948b), sondern dass diese warmen Temperaturen auch bis in eine Wassertiefe von etwa 50 Metern vorliegen müssen.

Bisher beschränkte sich die Diskussion auf eine neutral geschichtete barotrope Atmosphäre. Qualitativ lässt sich jedoch leicht argumentieren, dass sich in dem realistischeren Fall einer stabil geschichteten baroklinen Atmosphäre das Ekman-Pumping mehr und mehr auf die unteren troposphärischen Bereiche beschränkt, da das Aufsteigen der Luft in stabiler Schichtung erschwert wird. Als Folge hiervon reduziert sich der effektive Abbau der Vorticity auf die untere Atmosphäre. Sobald auf diese Weise in einem Niveau oberhalb der Grenzschicht die Vorticity zu null abgenommen hat, kommt das Ekman-Pumping zum Erliegen, und von dem anfänglichen Tief verbleibt ein zyklonaler Wirbel in der oberen Troposphäre. Auf diese Weise kann der bereits mehrfach angesprochene *Kaltlufttropfen* entstehen. Da das Höhentief keinen direkten Kontakt mehr zur Grenzschicht hat, kann es relativ langlebig in der großräumigen Strömung verbleiben. Allerdings bietet das Höhentief einen

10.2 Die Polarfronttheorie

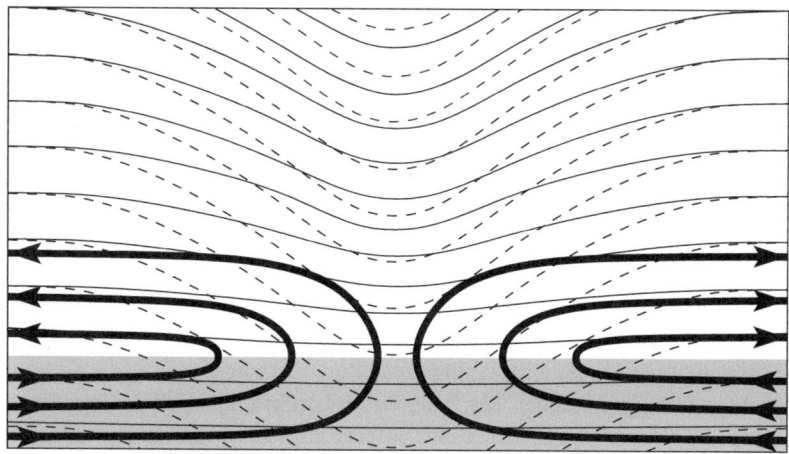

Abb. 10.4 Ekman-Pumping in einer stabil geschichteten Atmosphäre

sehr guten Ausgangspunkt für die Initialisierung einer weiteren Zyklogenese. Das geschieht beispielsweise, wenn es sich in einen Bereich mit erhöhter Baroklinität verlagert, wie über eine quasistationäre oder nur langsam wandernde Bodenfront. Dieser Vorgang wurde bereits in Abschn. 7.5 angesprochen.

Abb. 10.4 zeigt schematisch die vertikale Sekundärzirkulation (dicke Pfeile) in einer stabil geschichteten Atmosphäre und die daraus resultierenden Änderungen der Druckverteilung. Gestrichelte dünne Linien stellen die Anfangsverteilung und durchgezogene Linien die Endverteilung der Isobaren dar. Die Grenzschicht ist als schattierte Fläche eingezeichnet. Da im unteren Bereich des Höhentiefs Vorticity abgebaut wird, nimmt die vertikale Windscherung zu, d. h. der thermische Wind wird stärker. Um das Strömungssystem wieder in ein stabiles Gleichgewicht zu bringen, muss sich ein hierzu passender horizontaler Temperaturgradient einstellen. Dieser entsteht dadurch, dass sich die beim Ekman-Pumping aufsteigende Luft adiabatisch abkühlt und dadurch den horizontalen Temperaturgradienten verstärkt. Insgesamt bewirkt die Sekundärzirkulation durch die beiden Prozesse, nämlich Abbau von Vorticity in der unteren Atmosphäre bei gleichzeitiger Änderung der horizontalen Temperaturverteilung, dass eine Gleichgewichtsströmung beibehalten werden kann.

10.2 Die Polarfronttheorie

Die auf Arbeiten von Bjerknes (1919), Bjerknes (1921) sowie Bjerknes und Solberg (1921) basierende Polarfronttheorie dient der Beschreibung des für die Aufrechterhaltung der globalen Zirkulation notwendigen meridionalen Energietransports aus den äquatorialen Bereichen, wo ein Energieüberschuss vorherrscht, zu den Polen mit einem Energiedefizit. Die Theorie basiert auf der zu Beginn des 20. Jahrhunderts noch geläufigen Annahme, dass die Hauptluftmassen der allgemeinen Zirkulation in zwei Typen, die polare und die tropische Luftmasse, unterteilt werden können. Bjerknes und Solberg stellten fest, dass der meridionale Energietransport nicht über eine sich vom Äquator zu den Polen erstreckende thermisch direkte Zirkulation ablaufen kann, da wegen der *Coriolisablenkung* hierfür unrealistisch hohe Windgeschwindigkeiten notwendig wären. Stattdessen nahmen sie an, dass die globale Zirkulation über großskalige Strömungsbänder polarer und tropischer Luftmassen vonstatten geht, die, sich miteinander abwechselnd, spiralförmig von den Tropen zu den Polen verlaufen und dadurch warme Luft nach Norden und kalte Luft nach Süden transportieren. Bezüglich ihrer aus der Corioliskraft resultierenden Rechtsablenkung behindern sich die Strömungen hierbei gegenseitig, so dass ein effektiver meridionaler Energietransport stattfinden kann, ohne dass es zu unrealistisch hohen Windgeschwindigkeiten kommen muss.

An den Grenzen zwischen den polaren und tropischen Luftmassen entstehen frontartige Strukturen, die Bjerknes und Solberg als *Polarfront* bezeichneten. Da die polare Luft in südwestliche und die tropische Luft in nordöstliche Richtung strömt, stellt die Polarfront den Bereich größter zyklonaler Windscherung dar. Durch die Coriolisablenkung werden die beiden Luftmassen an der westlichen Grenze des polaren Luftmassenstroms zusammengedrängt, so dass es dort zur Bildung hohen Luftdrucks, d. h. Antizyklonen, kommt. Umgekehrt entsteht an dessen östlicher Begrenzung durch horizontales Auseinanderströmen beider Luftmassen tiefer Luftdruck. Überschreitet die horizontale Windscherung an der Polarfront einen gewissen Wert, dann bilden sich dort Zyklonen, die für einen Abbau der Windscherung sorgen. Die Zyklonen wandern entlang der Frontalzone in nordöstliche Richtung. Sie befinden sich jeweils in unterschiedlichen Entwicklungsstadien und wurden von Bjerknes und Solberg deshalb als *Zyklonenfamilien* bezeichnet. Hierauf wird weiter unten noch einmal näher eingegangen. Insgesamt verlagern sich die Zyklonenfamilien zusammen mit den dazwischen eingelagerten Antizyklonen in östliche Richtung, wobei die Verlagerungsgeschwindigkeit geringer ist als die der einzelnen entlang der Polarfront ziehenden Zyklonen.

Abschließend sollte erwähnt werden, dass Bjerknes und Solberg (1922) bereits zu dem Schluss kamen, dass die an der Polarfront entstehenden Zyklonen und Antizyklonen einer zirkumpolaren, auf die Rotation der Erde zurückzuführenden Welle der Wellenzahl vier entsprechen. Erst im Jahr 1939 gelang Rossby, der bekanntlich für eine kurze Zeit Mitglied der Norwegischen Schule war, durch analytische Lösung der linearisierten barotropen Vorticitygleichung der mathematische Nachweis der *planetaren Wellen*, die nach ihm als *Rossby-Wellen* bezeichnet werden (s. auch Kap. 9).

10.2.1 Der Lebenszyklus einer Idealzyklone

Die sich an der Polarfront bildenden Zyklonen durchlaufen einen charakteristischen Lebenszyklus, der, basierend auf einer entsprechenden Abbildung aus Bjerknes und Solberg (1922), schematisch in Abb. 10.5 wiedergegeben ist. Die Zyklogenese setzt an der Polarfront ein, die zunächst zonal verläuft und die nach Wes-

10.2 Die Polarfronttheorie

ten strömende polare Luft von der nach Osten strömenden tropischen Luft trennt (Abb. 10.5a). Hierbei handelt es sich um Relativbewegungen der Luftmassen bezüglich der Polarfront. Im weiteren Verlauf kommt es zu einem Vorstoß der warmen Luft nach Norden, wodurch sich die Frontalzone mehr und mehr nach Norden ausbeult (Abb. 10.5b, c). Am Scheitel der neu gebildeten Welle befindet sich das Zentrum des entstehenden Tiefdruckgebiets. Im Osten gleitet die warme über der kalten Luft auf und es bildet sich eine *Warmfront*, während sich im Westen die kalte Luft unter die warme Luft schiebt und eine *Kaltfront* formiert. Der Bereich zwischen beiden Fronten wurde von Bjerknes (1919) als *Warmsektor* bezeichnet. In dieser Publikation nannte Bjerknes die Warmfront noch *Steering Line*, da sie die Verlagerungsrichtung der Zyklone steuert, während die Kaltfront als *Squall Line* bezeichnet wurde, was auf die dort typischerweise anzutreffenden böigen Winde hindeuten soll. Die in Abb. 10.5c dargestellte Entwicklungsstufe stellt die von Bjerknes (1919) als *Idealzyklone* bezeichnete Form dar.

Die vor der Warmfront einfließende kalte Luft strömt zyklonal nördlich um das Zentrum des Tiefs und gelangt hierdurch auf die Rückseite der Kaltfront. Gleichzeitig nimmt die Amplitude der Welle weiter zu und der Warmsektor verengt sich zunehmend (Abb. 10.5d). In den äußeren Bereichen der Zyklone ist dieser Vorgang am stärksten ausgeprägt, so dass dort nach einer bestimmten Zeit die Kaltfront die Warmfront eingeholt hat (Abb. 10.5e). Diesen Zustand, bei dem die warme Luft von der kalten Luft eingeschlossen ist, aber noch Bodenkontakt hat, bezeichneten Bjerknes und Solberg als *Seklusion*. Die verbliebene Warmluft wird relativ rasch von der kalten Luft in die höhere Atmosphäre verdrängt und es bildet sich die *okkludierte Zyklone* (Abb. 10.5f). Die zu diesem Zeitpunkt noch existierende Front trennt die kalte ursprünglich vor der Warmfront liegende Luft von der Luft hinter der Kaltfront und stellt die *Okklusionsfront* dar. Nachdem die restliche warme Luft gehoben ist, beginnt sich das Tief aufzufüllen, die Niederschläge lassen nach, und nördlich der Polarfront verbleibt ein kalter zyklonal rotierender Wirbel (Abb. 10.5g), dessen kinetische Energie mehr und mehr abnimmt, bis er sich schließlich auflöst (Abb. 10.5h).

Solange die Zyklone noch nicht okkludiert ist, wird warme Luft gehoben und kalte Luft sinkt ab. Auf diese Weise erniedrigt sich der Schwerpunkt des Systems, d. h. es wird *verfügbare potentielle Energie* in kinetische Energie umgewandelt. Bjerknes und Solberg zogen hieraus den Schluss, dass bis zur Okklusion die kinetische Energie der Zyklone zunimmt, was gleichbedeutend mit einer fortwährenden Druckabnahme ist. Nach Einsetzen der Okklusion nimmt die kinetische Energie des Systems jedoch ab und der Druck beginnt zu steigen. Das wird dadurch erklärt, dass zwar zu diesem Zeitpunkt noch warme Luft in der Höhe aufsteigt und dadurch kinetische Energie erzeugt wird, gleichzeitig wird aber auch kalte Luft zum Aufsteigen gezwungen, wodurch mehr kinetische Energie verbraucht wird. Im Endstadium der Zyklogenese beschleunigen Reibungsvorgänge in der atmosphärischen Grenzschicht die Auflösung der Zyklone.

Die junge Zyklone verlagert sich zunächst noch mit der gleichen Geschwindigkeit und Richtung wie die Luft des Warmluftbereichs in der Nähe des Tiefdruckzentrums, d. h. parallel zu den Isobaren des Warmsektors. Das wird gelegentlich auch

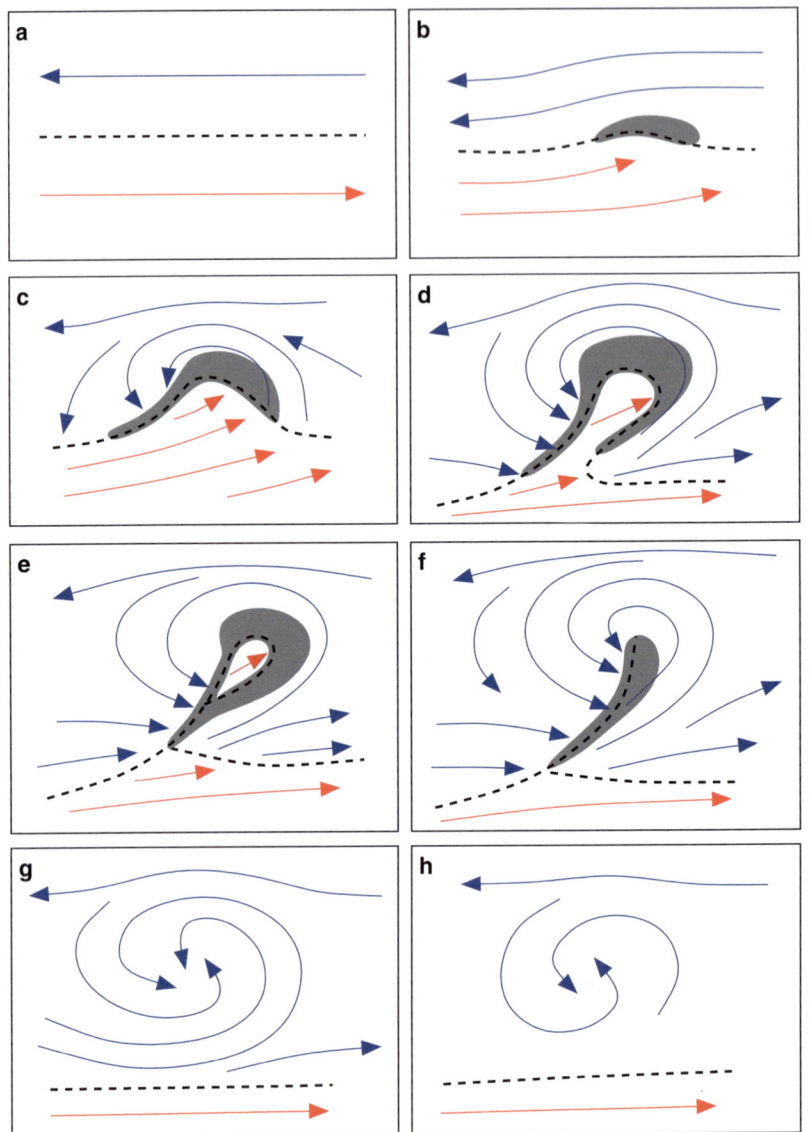

Abb. 10.5 Entwicklungsstadien einer Idealzyklone nach der Polarfronttheorie. *Blaue* (*rote*) *Linien*: polare (tropische) Luft, *gestrichelte Linien*: Polarfront, *graue Flächen*: Niederschlagsgebiete. Nach Bjerknes und Solberg (1922)

als *Warmsektorregel* bezeichnet. Somit nimmt die Zuggeschwindigkeit der Zyklone bis zum Auftreten der Okklusion ständig zu. Danach verringert sie sich jedoch relativ schnell und kann gegen Ende der Entwicklung bis zur Stationarität des zyklonalen Wirbels führen.

10.2 Die Polarfronttheorie

Häufig kommt es vor, dass die hinter der Kaltfront einfließende Luft staffelweise immer kälter wird, wobei die einströmenden Luftmassen jeweils kaltfrontartig voneinander getrennt sind. Wenn die Temperaturunterschiede der Luftmassen groß genug sind, dann wird durch eine derartige neue Kaltfront der Warmsektor der Zyklone effektiv vergrößert, so dass dem System neue potentielle Energie zur Umwandlung in kinetische Energie zur Verfügung steht. Auf diese Weise kann auch eine Reintensivierung einer bereits okkludierten Zyklone stattfinden.

10.2.2 Kalte und warme Okklusion

Bjerknes und Solberg stellten fest, dass es, abhängig von den Temperaturen vor der Warm- und hinter der Kaltfront, zu unterschiedlichen Arten der Okklusion kommen kann. Ist die hinter der Kaltfront einfließende Luft kälter als die Luft vor der Warmfront, dann liegt eine Okklusion vom Kaltfronttyp vor, die als *Kaltfront-Okklusion* oder auch *kalte Okklusion* bezeichnet wird. Im umgekehrten Fall handelt es sich um eine Okklusion vom Warmfronttyp, die *Warmfront-Okklusion* bzw. *warme Okklusion*. Beide Situationen sind schematisch in Abb. 10.6 wiedergegeben. Hierbei ist die Luft im Gebiet K_1 jeweils wärmer als im Gebiet K_2. Bei der warmen Okklusion (Abb. 10.6a) gleitet die hinter der Kaltfront einströmende Luft auf die kältere Luft auf, während sich bei der kalten Okklusion die kältere Luft unter die Warmfront schiebt (Abb. 10.6b).[4] Schließlich kann man sich den Fall der *neutralen Okklusion* vorstellen, bei dem die Temperaturen auf beiden Seiten der Okklusionsfront weitgehend gleich sind, so dass die Front senkrecht steht und sich nur noch an der Konvergenz und dem zyklonalen Windsprung erkennen lässt.

Basierend auf diesen Modellvorstellungen schlossen Bjerknes und Solberg, dass in Europa die Kaltfront-Okklusion eher im Sommer auftritt, wenn die hinter der Kaltfront einfließende atlantische Luft kühler ist als die über dem Kontinent durch die solare Einstrahlung erwärmte Luft. Umgekehrt finden im Winter eher Warmfront-Okklusionen statt, da in dieser Jahreszeit die einfließende maritime Luft wärmer ist als die über dem Festland liegende Luft.

10.2.3 Teiltiefs und Zyklonenfamilien

Wie bereits erwähnt, nennt man die Stelle, an der in einem Horizontal- oder Vertikalschnitt die Kaltfront auf die Warmfront trifft, den *Okklusionspunkt*. Nach der Okklusion kann dort eine neue *sekundäre Zyklogenese* einsetzen, bei der kinetische Energie durch Absinken kalter und Hebung warmer, im neuen Warmsektor südlich des Okklusionspunkts liegender Luft erzeugt wird. Da zu diesem Zeitpunkt die Kalt- und Warmfront des *Muttertiefs* schon einen Winkel deutlich kleiner als 180° miteinander bilden, durchläuft die sekundäre Zyklogenese nicht den vollständigen

---

[4] Die in Abb. 10.6a eingezeichnete der Okklusionsfront vorlaufende *Höhenkaltfront* wurde erst später in das Zyklonenmodell integriert (Godske et al. 1957).

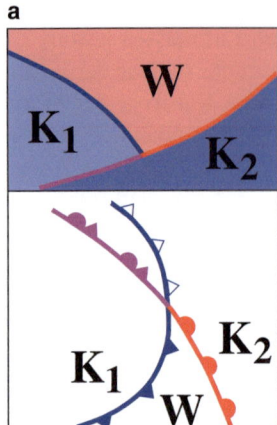
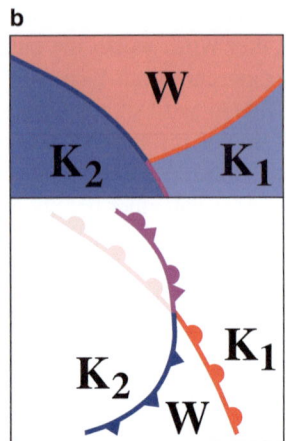

Abb. 10.6 Schematische Darstellung der Warm- (**a**) und Kaltfront-Okklusion (**b**). *Oben*: Vertikalschnitt, *unten*: Horizontalschnitt. Im Gebiet K_1 ist die Luft wärmer als im Gebiet K_2

in Abb. 10.5 dargestellten Lebenszyklus, sondern startet bereits in einem fortgeschrittenen Entwicklungsstadium, etwa wie in Abb. 10.5c wiedergegeben. Solange sich dieses neue *Tochtertief* zyklonal um das Muttertief bewegt, handelt es sich um ein *Randtief*. Häufig spaltet es sich jedoch vom Muttertief ab und nimmt zunächst eine Zugrichtung ein, die gemäß der Warmsektorregel etwa mit der Strömungsrichtung im Warmsektor übereinstimmt. In diesem Fall spricht man von einem *Teiltief*.

Bjerknes und Solberg beobachteten oft die Bildung von Teiltiefs im Skagerrak, weshalb sie diese auch als *Skagerraktiefs* bezeichneten. Bei der Entstehung eines Skagerraktiefs spielt das norwegische Gebirge eine wichtige Rolle, da es die heranziehende Warmfront im Norden abbremst und dadurch nördlich des Skagerraks den Okklusionsprozess beschleunigt.[5] Zusätzlich begünstigen Lee-Effekte des norwegischen Gebirges die Zyklogenese im Skagerrak (s. auch Abschn. 9.8). Tibaldi et al. (1990) bemerkten, dass sich zahlreiche *orographische Zyklogenesen*[6] als sekundäre Zyklogenesen herausstellten.

Häufiger als die Bildung eines Teiltiefs am Okklusionspunkt entwickelt sich an der Kaltfront in größerem Abstand vom Zentrum der Zyklone eine neue wellenförmige Störung, an der gemäß dem in Abb. 10.5 dargestellten Schema eine neue Zyklogenese beginnt. Dieser Prozess wiederholt sich mehrere Male und resultiert schließlich in einer Gruppe von etwa 3–5 Zyklonen, die sich jeweils in einem unterschiedlichen Entwicklungsstadium befinden und entlang der Polarfront in nördliche Richtung ziehen. Wie bereits erwähnt, sprachen Bjerknes und Solberg hierbei von einer *Zyklonenfamilie*. Die erste Zyklone einer Familie befindet sich am weitesten im Norden, die jüngeren folgen in südwestlicher Richtung an der Frontalzone. Auf der Rückseite der am südlichsten gelegenen, d. h. jüngsten Zyklone einer Zy-

---

[5] Dieser Vorgang wird nach Huschke (1959) auch *orographische Okklusion* genannt.
[6] Die Autoren benutzten diesen Begriff als Synonym für die *Leezyklogenese*.

klonenfamilie findet eine direkte Anbindung der nach Süden strömenden polaren Luftmasse an die Passatwindzone statt, so dass dort die Polarfront unterbrochen wird. Westlich davon formiert sie sich wieder neu. Die erste Zyklogenese der nächsten Zyklonenfamilie findet wiederum weit im Norden statt und der gesamte Zyklus wiederholt sich. Insgesamt ergeben sich auf diese Weise vier Zyklonenfamilien, die voneinander durch Hochdruckgebiete getrennt sind, was der oben angesprochenen planetaren Welle der Wellenzahl vier entspricht. Die Zyklonenfamilien und die dazwischen liegenden Hochdruckgebiete bewegen sich in östliche Richtung um den Globus und führen auf diese Weise zu einer gewissen periodischen Wiederholung typischer Wetterlagen.

Da die Zyklogenese in der Regel bereits über dem Atlantik einsetzt, sind die den Norden Europas erreichenden ersten Zyklonen einer Familie bereits weitgehend okkludiert, während Mitteleuropa unter dem Einfluss relativ junger, sich noch intensivierender *Warmsektorzyklonen* steht. Die auf der Rückseite einer Zyklonenfamilie einfließende polare Luft hat auf ihrem weiten Weg nach Süden ihre ursprünglichen thermodynamischen Eigenschaften einer polaren Luftmasse weitgehend verloren. Ähnlich verhält es sich mit den nach Norden gelangenden tropischen Luftmassen an der Vorderseite der Zyklonenfamilien. Die für diese Luftmassentransformationen verantwortlichen Prozesse wurden bereits ausführlich in Abschn. 8.4 diskutiert.

Bezüglich des periodischen Auftretens von Zyklonenfamilien wurde die Gültigkeit der Polarfronttheorie vielfach in Frage gestellt. Näheres hierzu s. u. Tatsächlich müssten bei Gültigkeit der Theorie die sich spiralförmig nach Norden windenden Polarfrontbänder durch ihre östliche Verlagerung rund um den Globus regelmäßig wiederkehrende Wettererscheinungen mit sich bringen. Mit der Erforschung der planetaren Wellen ist mittlerweile ein weitaus realistischeres Verständnis der großräumigen atmosphärischen Strömungen entstanden, das dieser einfachen Anschauung widerspricht. Daher ist es nicht verwunderlich, dass man in täglichen *Bodenanalysekarten* das klassische Bild von Zyklonenfamilien, die entlang der Polarfront in nordöstliche Richtung ziehen und sich jeweils in unterschiedlichen Entwicklungsstadien befinden, entweder überhaupt nicht oder oft nur schwer sehen kann.

Dennoch sind einige zentrale Aussagen der Polarfronttheorie in den Analysekarten häufig relativ gut wieder zu erkennen. Hierzu gehören die entlang einer Frontalzone in Gruppen auftretenden Zyklonen, die vorder- und rückseitig von einem *Zwischenhoch* umgeben sind. Die Frontalzone selbst muss jedoch nicht unbedingt nach Nordosten ausgerichtet sein. Ebenso müssen die Entwicklungsstadien der einzelnen Zyklonen nicht streng hierarchisch angeordnet sein. Vor allem erkennt man häufig die im Bereich der Polarfront stattfindenden und für die globale Zirkulation wichtigen Transportprozesse von tropischer Luft nach Norden und polarer Luft nach Süden.

Ein typisches Beispiel hierfür ist in Abb. 10.7 wiedergegeben. Die Großwetterlage in Mitteleuropa ist durch eine *antizyklonale Südwestlage* gekennzeichnet, bei der Tiefdruckgebiete vom Ostatlantik über die Britischen Inseln und Norwegen bis in die Barentssee ziehen. Die Zugbahn dieser Tiefs wird durch den nach Nordosten gerichteten Verlauf der Polarfront gesteuert. Die in Abb. 10.7b dargestellte Höhenströ-

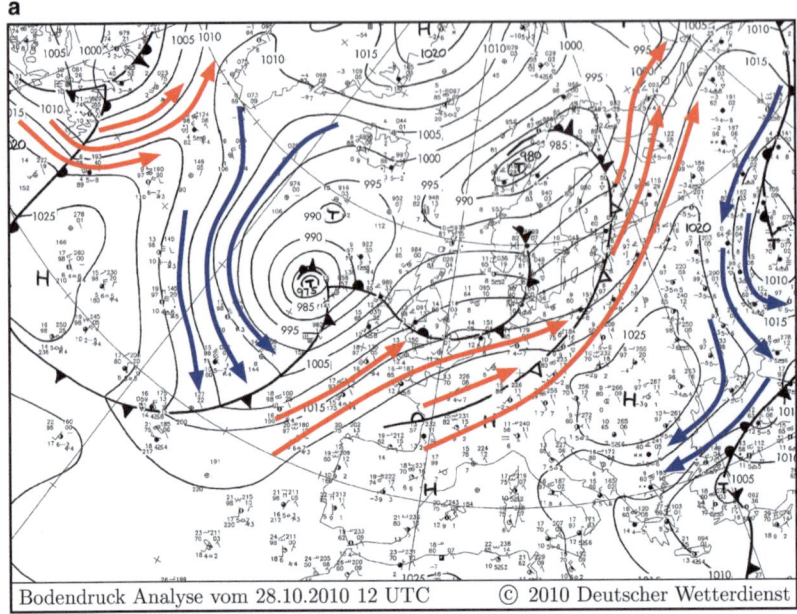

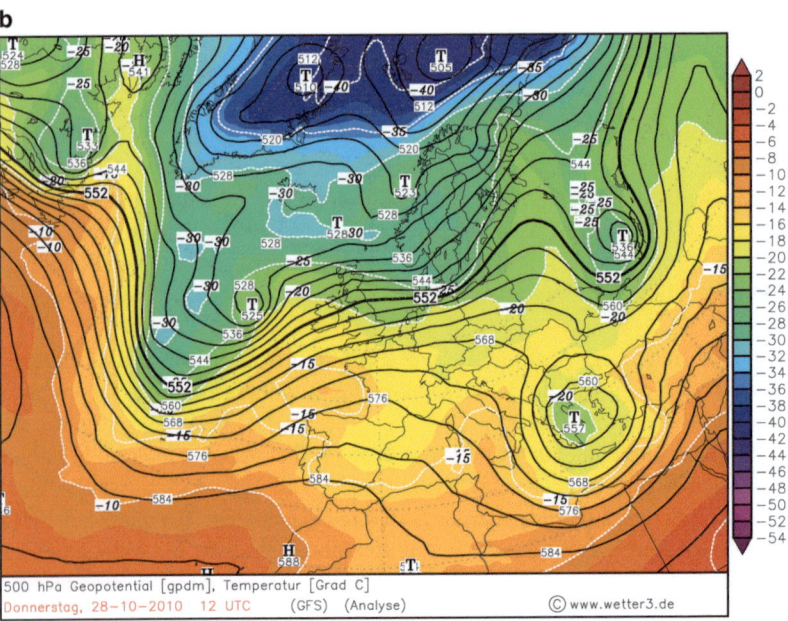

Abb. 10.7 a Bodenanalysekarte vom 28.10.2010 12 UTC mit großräumigem Transport tropischer Luft nach Norden (*rote Pfeile*) und polarer Luft nach Süden (*blaue Pfeile*). b Zugehörige Analysekarte des Geopotentials und der Temperatur in 500 hPa

mung ist charakterisiert durch einen über dem Atlantik liegenden, weit nach Süden ausgreifenden Langwellentrog, während sich über Osteuropa ein bis nach Nordrussland reichender *Höhenrücken* erstreckt. An der Vorderseite des atlantischen Langwellentrogs wird warme Luft über Mitteleuropa hinweg bis weit nach Norden geführt, gleichzeitig stößt an dessen Rückseite polare Luft nach Süden vor. Ebenso gelangt an der Ostflanke des über Osteuropa liegenden Hochs kalte Luft nach Süden.

An der Polarfront befinden sich drei Tiefdruckgebiete, von denen das atlantische Tief den niedrigsten Kerndruck von 975 hPa aufweist, das Tief vor der norwegischen Küste besitzt einen Kerndruck von 980 hPa und das mittlerweile frontenlose Tief über der Barentssee hat sich mit 995 hPa bereits weitgehend aufgefüllt. In ihrer weiteren Entwicklung lösten sich die beiden im Norden liegenden Tiefs mehr und mehr auf, während sich das atlantische Tief unter nordöstlicher Verlagerung noch intensivierte und erst 36 Stunden später nördlich von Schottland seinen niedrigsten Kerndruck von 960 hPa erreichte.

10.2.4 Kritische Anmerkungen zur Polarfronttheorie

Die Publikation der Polarfronttheorie durch Bjerknes und Solberg (1922) stellt sicherlich einen Meilenstein in der Geschichte der synoptischen Meteorologie dar. Hiermit gelang es erstmals, ein plausibles und sehr leicht verständliches konzeptionelles Modell zur Erklärung des für die globale Zirkulation notwendigen meridionalen Energietransports zu formulieren. In zahlreichen Lehrbüchern bildet das *Norwegische Zyklonenmodell*, das einen zentralen Bestandteil der Polarfronttheorie darstellt, bis heute die Grundlage zur Beschreibung des Lebenszyklus außertropischer Zyklonen. Eine der herausragenden Leistungen der *Bergen Schule* besteht zweifelsohne darin, dass sich die Forschungsergebnisse zunächst praktisch ausschließlich auf Bodenbeobachtungen stützen mussten, da zu diesem Zeitpunkt noch keine systematischen aerologischen Messungen der höheren Atmosphäre vorlagen. Zusätzlich waren die wissenschaftlichen Erkenntnisse auf dem Gebiet der mathematisch-physikalischen Interpretation des atmosphärischen Gleichungssystems noch nicht so weit fortgeschritten, dass sie in der Polarfronttheorie entsprechende Berücksichtigung hätten finden können. Das betrifft vor allem die Beschreibung der in der höheren Atmosphäre ablaufenden Prozesse. So war neben den oben erwähnten planetaren Wellen z. B. auch die Existenz des in hyperbaroklinen Zonen entstehenden *Jetstreams* damals noch nicht bekannt.

Trotz ihrer unstrittigen Vorteile wurden die Aussagen der Polarfronttheorie in vielen wissenschaftlichen Untersuchungen immer wieder kritisch betrachtet und teilweise in Frage gestellt. Bereits im Veröffentlichungsjahr der Theorie äußerte A. Henry Zweifel an der Allgemeingültigkeit des Norwegischen Zyklonenmodells, indem er feststellte, dass es in vielerlei Hinsicht nicht die in den USA beobachteten Verhältnisse wiedergebe (Henry 1922a, 1922b). Das betrifft u. a. die im Modell angenommene räumliche Verteilung der Niederschlagsgebiete, die gemäß der Theorie im Wesentlichen in den Bereichen der Kalt- und Warmfront liegen und symmetrisch um diese angeordnet sind. Ebenso wurde das in der Theorie beschriebene regelmäßige Auftreten von Zyklonenfamilien angezweifelt und zumindest für die USA nicht bestätigt. Schließlich kritisierte Henry, dass der für die Bildung und Aufrechterhaltung von Antizyklonen wichtige Strahlungseffekt in der Polarfronttheorie unberücksichtigt bleibe. J. Bjerknes selbst stellte später ebenfalls Schwächen in der ursprünglichen Formulierung der Theorie fest, wie z. B. die Annahme der Fronten als Diskontinuitätsflächen nullter Ordnung in der Temperatur (Bjerknes 1935, Bjerknes und Palmén 1937).[7]

Als eine der größten Schwächen des Norwegischen Zyklonenmodells wird vielfach die Beschreibung des Okklusionsprozesses angesehen. Schultz und Mass (1993) präsentierten eine umfangreiche Übersicht wissenschaftlicher Untersuchungen, die sich kritisch mit diesem Modellteil auseinandersetzten. Ein wichtiger, sich daraus ergebender Kritikpunkt bestand darin, dass es eine Vielzahl sehr unterschiedlicher Möglichkeiten gibt, wie der Okklusionsprozess ablaufen kann, so dass es offensichtlich schwerfällt, ihn mit einem einzigen konzeptionellen Modell zu beschreiben. Das wurde in zahlreichen Feldexperimenten bestätigt, bei denen sich die Strukturen der beobachteten Okklusionen in wesentlichen Teilen von der des Norwegischen Zyklonenmodells unterschieden. Beispielsweise kommt es häufig vor, dass nach Einsetzen der Okklusion das Zentrum des Tiefs beginnt, sich in die Richtung des Okklusionspunkts zu bewegen, oder dass sich in der Nähe des Okklusionspunkts ein sekundäres Tief bildet. Als Folge hiervon gerät ein Teil der ursprünglichen Okklusionsfront hinter das Tief, verlagert sich von dort retrograd in westliche bis südliche Richtung und formiert hierdurch eine zweite Kaltfront. Dieser rückwärts gebogene Teil der Okklusionsfront wird auch als *Bent-Back Occlusion* bezeichnet.

In zahlreichen Fällen wurden okklusionsartige Strukturen gefunden, bei denen es sich um in der Höhe vorlaufende Kaltfronten handelte. Diese waren auf die die Bodenkaltfront überströmende trockene Höhenluft zurückzuführen (*Dry Intrusion*). Browning und Monk (1982) sprachen hierbei von einer *Splitfront*. Bei diesem Vorgang spielt der Jetstreak eine wichtige Rolle, denn auf der zyklonalen Seite seines Ausgangs wird durch die früher bereits angesprochene *ageostrophische Querzirkulation* ein Hebungsantrieb erzeugt (s. Abb. 10.2). Gleichzeitig entstehen aufgrund der hohen potentiellen Vorticity der in die mittlere Troposphäre absinkenden niederstratosphärischen Luft hohe Werte absoluter Vorticity, was gemäß der ω-Gleichung die Hebung weiter forciert. Auf die näheren Einzelheiten der an Splitfronten ablaufenden Prozesse wird in Abschn. 11.6 ausführlich eingegangen.

In anderen Situationen entsteht eine *instantane Okklusion* (McGinnigle et al. 1988, McGinnigle 1990). Dabei nähert sich in der Höhe eine komma-förmige Wolke an das Wolkenband der Frontalzone und verschmilzt mit diesem. Die *Komma-Wolke* selbst ist zuvor, ähnlich wie bei der Splitfront, durch Hebungsprozesse auf der zyklonalen Seite im Delta eines Jetstreaks entstanden (Browning und Hill 1985). Allerdings befindet sie sich zunächst innerhalb der polaren Kaltluft in deutlich größerem Abstand hinter der Frontalzone als im oben geschilderten Fall der Splitfront

---

[7] Diskontinuitätsflächen unterschiedlicher Art werden in Abschn. 11.1 eingeführt und ausführlich diskutiert.

(s. z. B. Semple 2003). Bei der Verschmelzung der Komma-Wolke mit dem frontalen Wolkenband entsteht direkt die Konfiguration einer okkludierten Zyklone, die sich im klassischen Zyklonenmodell erst nach einem längeren Entwicklungszeitraum einstellt (Abb. 10.5f). Im Gesamtsystem der instantan okkludierten Zyklone sind die Kalt- und die Warmfront aus der Frontalzone hervorgegangen, während die Okklusionsfront aus der Komma-Wolke des Tiefdruckgebiets herrührt (Reed 1979).

Schultz und Vaughan (2011) stellten insbesondere die folgenden vier Annahmen des Norwegischen Zyklonenmodells in Frage:

- Die Okklusionsfront bildet sich dadurch, dass die Kaltfront die Warmfront einholt und dabei den Warmsektor vom Tiefzentrum abtrennt.
- Es gibt zwei Arten von Okklusionen, nämlich die mit Warmfront- und die mit Kaltfrontcharakter (s. o.).
- Mit Einsetzen der Okklusion beginnt das Tief sich aufzufüllen.
- Die Wettererscheinungen an der Okklusionsfront sind charakterisiert durch das präfrontale Wetter der Warmfront und das postfrontale Wetter der Kaltfront.

Eine tiefergehende Erörterung dieser von Schultz und Vaughan vorgebrachten Kritikpunkte am Norwegischen Zyklonenmodell erfolgt im nächsten Kapitel, nachdem dort die charakteristischen Merkmale der unterschiedlichen Fronten ausführlich diskutiert worden sind.

10.3 Weitere Zyklonenmodelle

Bis zum heutigen Zeitpunkt wird in unzähligen Lehrbüchern das Norwegische Zyklonenmodell zur Beschreibung des Lebenszyklus einer Idealzyklone herangezogen, wobei häufig eine detaillierte Diskussion der im Laufe der Jahre vorgebrachten Schwächen des Modells ausbleibt. Einer der Gründe hierfür liegt sicherlich darin, dass dieses konzeptionelle Modell neben seiner anerkannt hohen Aussagekraft sehr anschaulich ist und einen einfachen Zugang zum Verständnis der Zyklogenese liefert. Genau dies wird aber auch vielfach als Ursache dafür angesehen, dass erst nach relativ langer Zeit weitere konzeptionelle Zyklonenmodelle entwickelt wurden, mit denen man versuchte, die in der Zwischenzeit gewonnenen neuen wissenschaftlichen Erkenntnisse zu berücksichtigen (z. B. Godske et al. 1957, Galloway 1958, Browning und Monk 1982, Shapiro und Keyser 1990, Hobbs et al. 1990, 1996). Im Folgenden werden zwei dieser Modelle kurz vorgestellt.

10.3.1 Das Shapiro-Keyser-Zyklonenmodell

In einer kritischen Auseinandersetzung mit der Polarfronttheorie führten Shapiro und Keyser (1990) an, dass das Norwegische Zyklonenmodell, obwohl es auf Beobachtungen im Nordatlantik und Westeuropa beruht, vielfach als universell gültig angesehen wird, dahingehend, dass es auch an anderen geographischen Orten, wie

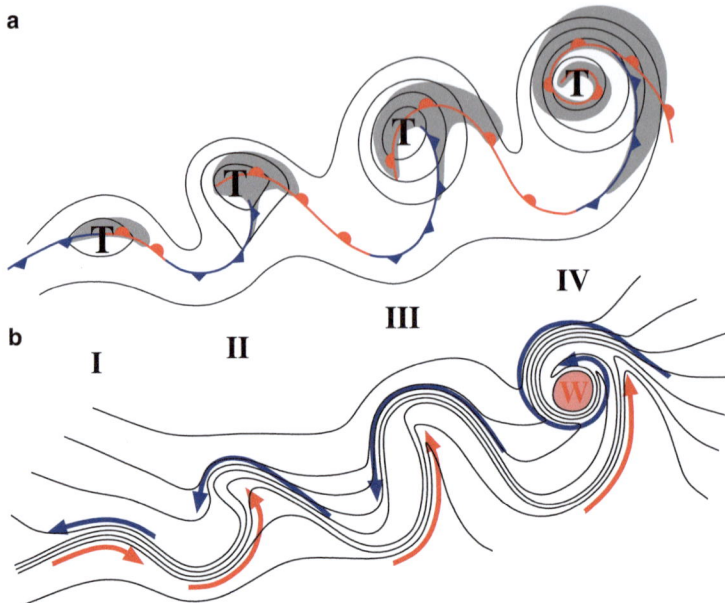

Abb. 10.8 Schematische Darstellung des Shapiro-Keyser-Zyklonenmodells. **a** Bodendruckverteilung, Fronten und Bewölkung. **b** Isothermen, kalte (*blau*) und warme Strömungen (*rot*). Nach Shapiro und Keyser (1990)

z. B. über Landoberflächen oder in der Nähe von Gebieten mit steiler Orographie, Anwendung findet. Weiterhin bemerkten sie, dass praktisch alle zum damaligen Zeitpunkt vorliegenden numerischen Fallstudien idealisierter und realer Zyklogenesen nicht in der Lage waren, den Okklusionsprozess in der vom Norwegischen Zyklonenmodell beschriebenen Art zu simulieren. Zu ähnlichen Ergebnissen kamen auch zahlreiche Feldexperimente, bei denen die mesoskaligen Strukturen maritimer Zyklonen untersucht wurden. Basierend auf den numerischen Simulationen und experimentellen Befunden stellten Shapiro und Keyser ein konzeptionelles Modell für den Lebenszyklus extratropischer Zyklonen in maritimen Bereichen vor, das schematisch in Abb. 10.8 wiedergegeben ist. Diese Abbildung wurde auf der Grundlage einer entsprechenden Graphik aus der Originalarbeit von Shapiro und Keyser erstellt.

Danach lässt sich die Zyklogenese in vier unterschiedliche Entwicklungsstadien unterteilen (Abb. 10.8, I–IV). Im Anfangsstadium bildet sich, ähnlich wie im Norwegischen Zyklonenmodell, an der Frontalzone eine thermische Welle mit zunächst noch geringer Amplitude. Die deformative Strömung sorgt dafür, dass die Amplitude der Welle mit der Zeit zunimmt und sich die Kalt- und Warmfront allmählich verschärfen. Das deformative Strömungsfeld äußert sich auch in differentiellen Rotationsbewegungen, die in der Nähe des Tiefdruckzentrums an der Kaltfront frontolytisch wirksam sind, so dass die Kaltfront dort die räumliche

Anbindung an die Warmfront verliert (Stadium II). Dieser Zustand wird auch als *Frontal Fracture* bezeichnet (Browning et al. 1997).

Die weitere Entwicklung ist dadurch gekennzeichnet, dass sich die Warmfront zunehmend in westliche Richtung verlagert und hierdurch in die nördliche Strömung auf der Rückseite des Tiefs gerät, während die Kaltfront in den Warmsektor vordringt und weitgehend senkrecht zur Warmfront ausgerichtet ist (Stadium III). Shapiro und Keyser sprachen bei dieser frontalen Anordnung von der *T-Bone Form*, welche sich auch in der Wolkenverteilung widerspiegelt. Die zyklonal um das Tief herumgeführte Warmfront bezeichneten sie als *Bent-Back Warmfront*.

Im voll entwickelten Stadium (IV) der Zyklone windet sich die Warmfront vollständig um den Kern des Tiefs und es entsteht die charakteristische spiralförmige Wolkenform. Diese ebenfalls als Komma-Wolke bezeichnete Struktur unterscheidet sich mit ihren synoptisch-skaligen Ausmaßen deutlich von der oben angesprochenen, eher mesoskaligen Komma-Wolke, die im Bereich der polaren Kaltluft ohne Kontakt mit der Polarfront entsteht. Eine weitere charakteristische Eigenschaft für das Reifestadium der Zyklone besteht in der im Zentrum des Tiefs eingeschlossenen warmen Luft (dargestellt durch die rote Fläche in Abb. 10.8b, IV). Bei dieser *Seklusion* handelt es sich demnach um einen anderen Vorgang als im Norwegischen Zyklonenmodell.

Während das Norwegische Zyklonenmodell ursprünglich für den europäischen Raum konzipiert wurde, beschreibt das Modell von Shapiro und Keyser (1990) Zyklogenesen im maritimen Bereich. Die über dem Ozean im Vergleich zu Landoberflächen deutlich geringeren Reibungseffekte werden vielfach als Hauptursache für die unterschiedlichen Zyklogenesen beider Modelle angesehen (Schultz und Mass 1993). Die wichtigsten Unterscheidungsmerkmale beider Zyklonenmodelle bestehen in der von der Warmfront abgelösten Kaltfront (II), der T-Bone Struktur der Fronten mit Bent-Back Warmfront (III) sowie der Seklusion der Warmluft in der vollentwickelten Zyklone (IV). Weiterhin existiert im Shapiro-Keyser-Modell keine Okklusionsfront.

In einigen Arbeiten wurde jedoch die sich um den Kern des Tiefs windende Warmfront mit der Okklusionsfront des Norwegischen Modells gleichgesetzt (z. B. Schultz und Vaughan 2011). Allerdings widersprachen andere Untersuchungen dieser These, indem sie feststellten, dass in diesem Bereich die thermische Struktur der Luft nicht mit der einer okkludierten Zyklone vergleichbar ist (Schultz und Mass 1993). Schließlich befindet sich im Reifestadium (IV) der Zyklone im Zentrum des Tiefs noch sekludierte Warmluft, so dass im Gegensatz zu dem damit vergleichbaren okkludierten Zustand des Norwegischen Zyklonenmodells zu diesem Zeitpunkt im Shapiro-Keyser-Modell noch eine weitere Intensivierung der Zyklone durch Hebung der sekludierten Warmluft stattfinden kann.

10.3.2 Das STORM-Zyklonenmodell

Das Norwegische Zyklonenmodell beschreibt die Zyklogenese, die ihren Ausgangspunkt über dem Atlantik nimmt und später in Nordwesteuropa auf das

Festland trifft. Deshalb ist es nicht verwunderlich, dass sich die Unterschiede dieses Modells im Vergleich zum maritimen Shapiro-Keyser-Modell insbesondere im späten Entwicklungsstadium äußern, dann nämlich, wenn die orographischen Effekte die Zyklogenese zunehmend beeinflussen. Bei dem von Hobbs et al. (1996) vorgestellten *STORM-Zyklonenmodell* (STORM: Structurally Transformed by ORography Model) verhält es sich ganz anders. Dieses konzeptionelle Modell berücksichtigt die spezielle geographische Lage der USA mit der arktischen Luft im Norden und der feucht-warmen Luft im Golf von Mexiko sowie die besonderen orographischen Gegebenheiten, die sich vor allem in den in nord-südlicher Richtung verlaufenden Rocky Mountains äußern. Deshalb unterscheidet sich schon von Beginn an das STORM-Modell von dem Norwegischen Zyklonenmodell. Im Folgenden werden dessen wichtigste Eigenschaften kurz zusammengefasst.

Den Ausgangspunkt des STORM-Zyklonenmodells bildet ein sich in östlicher Richtung verlagernder, die Gebirgsketten der Rocky Mountains überquerender Kurzwellentrog. Durch die absinkende und dabei adiabatisch erwärmte Luft entsteht im Lee des Gebirges eine *Tiefdruckrinne*. Östlich dieses *Leetrogs* wird feucht-warme Luft aus dem Golf von Mexiko nach Norden geführt. Bei hoher Baroklinität können in diesem Bereich *Low Level Jets* entstehen (s. auch Abschn. 8.3). Da die im Lee der Rocky Mountains absinkende Luft sehr trocken ist, stellt die Tiefdruckrinne durch das reibungsbedingte konvergente Einströmen der unterschiedlichen Luftmassen gleichzeitig eine Zone mit hohem Feuchte-, d. h. θ_e-Gradienten dar und wird von Hobbs et al. (1996) in Anlehnung an die *Dry-Line* als *Dry-Trough* bezeichnet.

Die aus den Rocky Mountains herangeführte Luft mit niedrigen θ_e-Werten wird über die aus dem Golf von Mexiko nach Norden strömende Luft mit hohen θ_e-Werten gehoben. Auf diese Weise bildet sich vor dem Leetrog ein Bereich mit hoher *potentieller Instabilität*, in dem durch großskalige Hebungsprozesse Konvektion ausgelöst werden kann. Die hierbei entstehende *Squall Line* resultiert in einem schmalen konvektiven Regenband mit teilweise heftigen Gewittern, die sich im weiteren Verlauf vom Leetrog weg nach Norden und Osten entfernen. Die nach Norden strömende feucht-warme Luft gleitet auf die *Arktikfront* auf, was zur Bildung von stratiformen Niederschlägen führt. Zusammen mit dem nach Norden vordringenden konvektiven Niederschlagsband kann somit insgesamt eine Situation entstehen, in der an einem Ort gleichzeitig sowohl konvektive als auch stratiforme Niederschläge fallen.

Ein weiteres charakteristisches Merkmal zahlreicher Zyklonen in Nordamerika besteht in einer vorlaufenden Höhenkaltfront, die sich bei der Überquerung des Kurzwellentrogs über die Rocky Mountains bilden kann. Die zunächst noch eventuell bis zum Erdboden reichende Kaltfront wird nach Überqueren der Rocky Mountains in der unteren Troposphäre durch das trockenadiabatische Absinken im Lee des Gebirges aufgelöst, so dass nur noch eine Höhenkaltfront übrigbleibt. Wenn diese den vor dem Leetrog liegenden schmalen Bereich hoher potentieller Instabilität erreicht, werden starke Hebungsprozesse ausgelöst, die zu verheerenden Gewittern mit Tornadobildung führen können. Diese Unwetter verlagern sich zusammen mit der Höhenkaltfront nach Osten.

Aus ihren Untersuchungen zogen Hobbs et al. (1996) die Schlussfolgerung, dass die Interpretation der in den USA auftretenden Zyklonen mit Hilfe des Norwegischen Zyklonenmodells zu schwerwiegenden Vorhersagefehlern führen kann. Hierbei werden die Tiefdruckrinne im Lee der Rocky Mountains als die Kaltfront und die Arktikfront als die Warmfront einer *Warmsektorzyklone* interpretiert, während das vor dem Leetrog liegende Regenband als eine durch Grenzschichtprozesse im Warmsektor entstandene Squall Line angesehen wird. Basierend auf dem Norwegischen Zyklonenmodell werden fälschlicherweise starke Niederschlagsaktivitäten beim Durchzug der Kaltfront vorhergesagt und gleichzeitig die Squall Line entweder vollständig übersehen oder zumindest in ihrer raumzeitlichen Erstreckung und Intensität deutlich unterschätzt.

10.4 PV-Analyse und Zyklogenese

In Kap. 7 wurde gezeigt, dass PV-Anomalien in direktem Zusammenhang mit den Feldern von Druck, Temperatur und Wind stehen. Daher kann man anhand vorliegender PV-Karten bereits direkt auf großskalige atmosphärische Phänomene schließen, bevor man die mit der PV-Verteilung korrespondierenden Karten dieser Zustandsgrößen analysiert hat. Gerade hierin besteht die von Hoskins propagierte Idee des *PV-Denkens*. Im Folgenden werden beispielhaft einige synoptische Situationen vorgestellt, in denen die Vorteile der PV-Analyse klar zum Ausdruck kommen.

10.4.1 Kurzwellentrog

Ersetzt man in der Definitionsgleichung (7.8) für P_θ den horizontalen durch den geostrophischen Wind, dann erkennt man, dass die geostrophische PV proportional zur Krümmung des Geopotentialfelds ist. Somit können auf der synoptischen Skala PV-Anomalien mitunter besser als die Geopotentialverteilung selbst zur Auffindung wetterwirksamer Störungen herangezogen werden, da dort, wo die PV maximal ist, das Geopotentialfeld die stärkste Krümmung aufweist. Dies gilt insbesondere für kleinräumige kurzwellige *Höhentröge*, die in großskalige Langwellentröge eingebettet sind.

Die in Abb. 10.9 dargestellte synoptische Situation vom 11.05.2010 12 UTC gibt hierfür ein Beispiel. In Abb. 10.9a ist die PV-Verteilung auf der isentropen Fläche $\theta = 320$ K wiedergegeben. Über Frankreich erkennt man sehr gut eine relativ kleinräumige zyklonale PV-Anomalie, die gemäß der in Kap. 7 geführten PV-Diskussion erhöhte Werte der relativen Vorticity und eine Abnahme der hydrostatischen Stabilität in der darunterliegenden Troposphäre induziert. In der in Abb. 10.9b gezeigten Geopotentialverteilung in 500 hPa lässt sich eine schwache Austrogung der Isohypsen über Frankreich erkennen, die offensichtlich nicht so markant auffällt wie die PV-Anomalie. Die Bodendruckverteilung zeigt trogvorderseitig über Süddeutschland ein schwaches Tief mit Kerndruck von 1000 hPa, das sich im weiteren Verlauf als sehr wetterwirksam erwies.

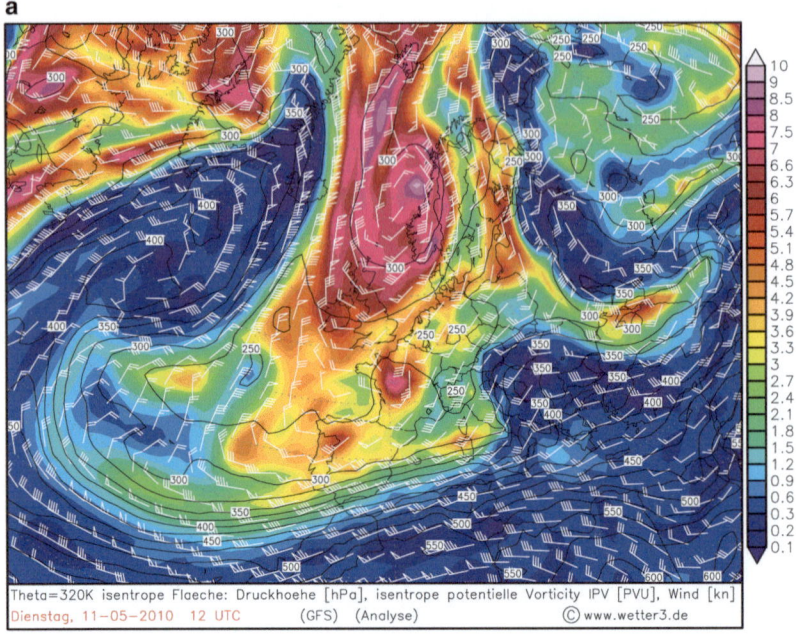

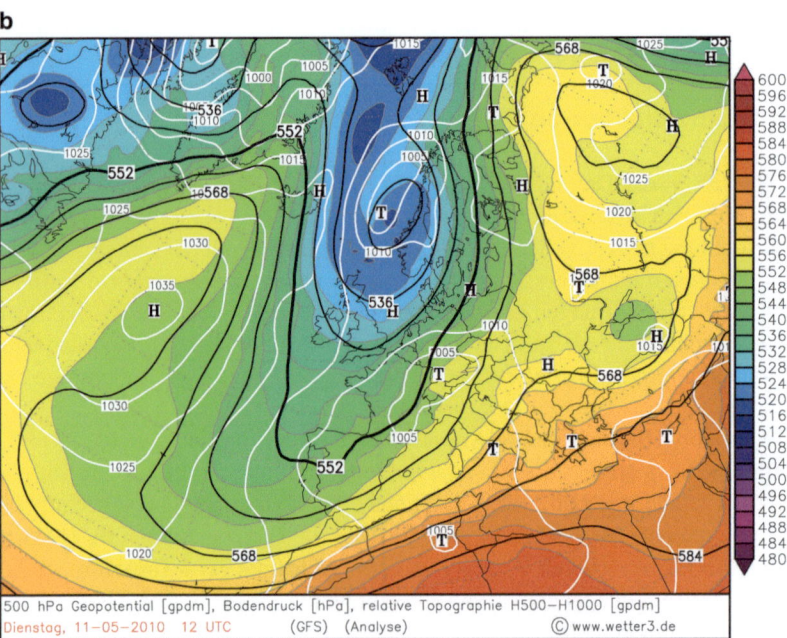

Abb. 10.9 Synoptische Situation vom 11.05.2010 12 UTC. **a** PV-Verteilung auf der isentropen Fläche 320 K, Druckhöhe dieser Fläche sowie horizontaler Wind. **b** 500 hPa Analysekarte mit Bodendruckverteilung und relativer Topographie 500/1000 hPa

10.4 PV-Analyse und Zyklogenese

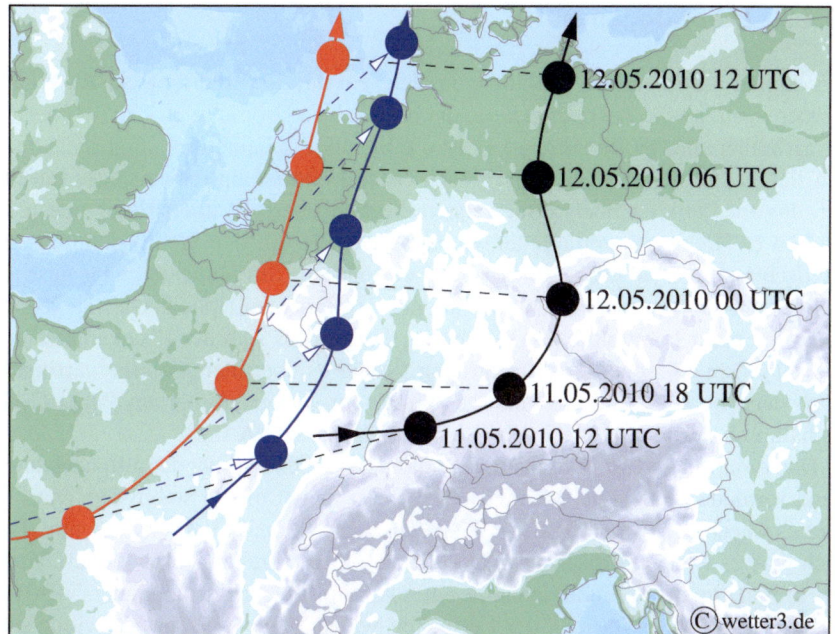

Abb. 10.10 Zugbahnen der PV-Anomalie (*rot*), des lokalen Niederschlagsmaximums (*blau*) und des Bodendruckzentrums (*schwarz*) zwischen 11.05.2010 12 UTC und 12.05.2010 12 UTC. Die Niederschlagsmaxima sind Summenwerte der vergangenen sechs Stunden (*gestrichelte Pfeile*)

In den nächsten 24 Stunden zog das Bodentief in nordöstliche Richtung über Deutschland und führte verbreitet zu Starkniederschlägen und örtlich heftigen Gewittern. Allerdings lag der Kerndruck des Bodentiefs immer über 1000 hPa. Außerdem fielen die stärksten Niederschläge nicht, wie man vielleicht erwarten würde, im Frontenbereich des Tiefs, sondern immer zwischen der Vorderseite der sich nach Nordosten verlagernden PV-Anomalie und dem Zentrum des Bodentiefs (s. Abb. 10.10). Dieses Verhalten stimmt mit den in Abschn. 7.5 gefundenen Feststellungen überein, wonach an der stromabwärts gerichteten Seite einer PV-Anomalie die adiabatisch strömende Luft aufgrund der vertikalen Verbiegung der Isentropen aufsteigen muss. Somit liegen in diesem Bereich sowohl geostrophische Hebungsantriebe ($\nabla_h \cdot \mathbf{Q} < 0$) als auch geringe hydrostatische Stabilität vor, wie z. B. kleine Werte des sogenannten *KO-Index*. Auf die unterschiedlichen Stabilitätsindizes, die als Maß für die Auslösung und Intensität konvektiver Prozesse dienen, wird in Abschn. 12.1 ausführlich eingegangen.

10.4.2 Leezyklogenese

Ein oftmals auftretendes Phänomen, das sehr gut mit der Erhaltung der PV erklärt werden kann, ist die *Leezyklogenese*, die bei der Überströmung großer Gebirgsketten zuweilen einsetzt. In Abb. 10.11 ist die Situation schematisch veranschaulicht. Ein sich geradlinig und adiabatisch nach Osten (x-Richtung) bewegendes Luftpaket, das am Punkt A noch keine relative Vorticity besitze, überströme eine nach Norden (y-Richtung) verlaufende Gebirgskette, die um den Gebirgskamm symmetrisch ist. In Bodennähe folgen die Isentropen in Strömungsrichtung gesehen weitgehend der orographischen Struktur, mit zunehmender Höhe flachen sie jedoch mehr und mehr horizontal ab. Dies hat zur Folge, dass sich der Druckunterschied $\delta p = p_2 - p_1$ zwischen zwei Isentropen θ_1 und θ_2 über dem Gebirge verringert. Nach der Überströmung des Gebirges nimmt δp wieder zu, bis am Punkt C die Verhältnisse wieder die gleichen wie am Ausgangspunkt A sind.

Die Variation von δp führt dazu, dass das adiabatisch strömende Luftpaket durch seine vertikale Stauchung während der Gebirgsüberströmung stabilisiert wird, so dass es wegen der Erhaltung der PV zunächst antizyklonale Vorticity gewinnt. Danach wird es wieder vertikal gestreckt, d. h. labilisiert, und die antizyklonale Vorticity nimmt erneut ab. Unter Annahme eines konstanten Coriolisparameters wäre am Punkt C die relative Vorticity des Luftpakets wieder gleich null, und es würde sich in südöstlicher Richtung geradlinig weiterbewegen (gestrichelter Pfeil). Da jedoch f gemäß (3.11) nach Norden hin zunimmt, muss die relative Vorticity die durch die Südwärtsbewegung entstehende Abnahme von f kompensieren, damit die PV konstant bleibt. Aus diesem Grund biegt das Luftpaket am Punkt C zyklonal in nördliche Richtung um. Die unmittelbar im Lee des Gebirges einsetzende zyklonale Zirkulation kann zu einer *Leezyklone* führen. Umgekehrt zum *Leetief* bildet sich im Luv der Gebirgskette durch Staueffekte und die vertikale Stauchung der Luft

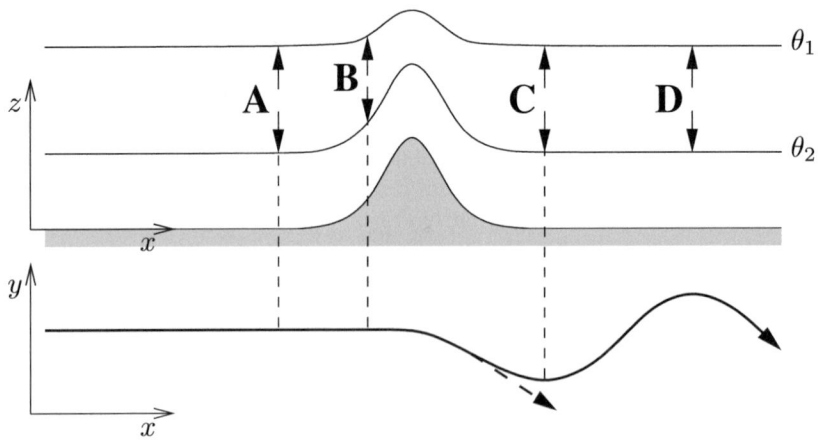

Abb. 10.11 Leezyklogenese und β-Effekt

10.4 PV-Analyse und Zyklogenese

ein mitunter deutlich antizyklonales Strömungsmuster aus, was auch als *Luvkeil* bezeichnet wird.

Das zwischen C und D nach Nordosten strömende Luftpaket wird wegen der wieder zunehmenden planetaren Vorticity solange antizyklonale relative Vorticity erhalten, bis es am Punkt D seine Richtung erneut umdreht. Auf diese Weise entsteht im Lee des Gebirges eine alternierende Folge von Trögen und Rücken. Der direkt hinter dem Gebirge gebildete Trog wird auch als *Leetrog* bezeichnet. Da diese Wellenbildung auf die y-Abhängigkeit von f, ausgedrückt durch den *Rossby-Parameter β*, zurückzuführen ist, handelt es sich um eine *Rossby-Welle*. Da im gewählten Beispiel stromabwärts von C die Isentropenabstände konstant sind, lässt sich die Bildung der Rossby-Welle auch durch direkte Lösung der divergenzfreien barotropen Vorticitygleichung erklären. Näheres hierzu s. Kap. 9.

Leezyklonen entstehen u. a. bei der Überströmung der Rocky Mountains, Grönlands, des skandinavischen Gebirges oder der Alpen. Bei letzterem Leetief handelt es sich um die bekannte *Genuazyklone*, die sich bei einer Nordwestanströmung der Alpen im Golf von Genua häufig entwickelt. Hierbei spielen neben der Gebirgsüberströmung selbst aber auch andere Faktoren, wie beispielsweise die spezielle topographische Struktur der Alpen, eine wichtige Rolle (s. z. B. Rudari et al. 2004). Beispielhaft für die Bildung einer Leezyklone wird die Überströmung der Alpen am 21.11.2008 betrachtet. Zu diesem Zeitpunkt stellte sich die Großwetterlage über Mitteleuropa von einer *zyklonalen Nordwest-* auf eine *zyklonale Nordlage* um. Damit einhergehend wurde kalte arktische Meeresluft von Norden nach Süden geführt. Die Deutschland überquerende Kaltfront erreichte am Nachmittag des 21.11.2008 den Alpenhauptkamm. In Abb. 10.12a ist die Verteilung der pseudopotentiellen Temperatur im 850 hPa Niveau an diesem Tag um 18 UTC wiedergegeben. Aus der Drängung der θ_e-Isoplethen kann man leicht die momentane Lage der Kaltfront abschätzen. Auf der Rückseite der Front lag die Temperatur in 2 m Höhe kaum über 3 °C, während sie in Südtirol teilweise noch mehr als 13 °C betrug.

In Abb. 10.12 lässt sich sehr gut die durch die Stauchung der Luft im Luv der Alpen entstehende antizyklonale Krümmung der Isobaren des Bodendruckfelds erkennen. Im Lee hingegen führt die dort stattfindende Streckung der Luft aufgrund der Erhaltung der potentiellen Vorticity zu einer ausgeprägten Zyklonalisierung der Strömung. Das spiegelt sich bis zum 500 hPa Niveau wider, wo man einen kleinen und sehr kurzwelligen Trog über den Westalpen sehen kann. An dessen Vorderseite befindet sich das Boden-Leetief (Abb. 10.12b). Aufgrund der starken Temperaturunterschiede zwischen Alpennord- und -südseite nehmen die Isentropenabstände von Norden nach Süden hin zu, was in der vorliegenden Situation den in Abb. 10.11 dargestellten idealisierten Prozess der Leezyklogenese zusätzlich verstärkt. Insgesamt gesehen war in dem hier gezeigten Beispiel die Leezyklogenese jedoch nur relativ schwach ausgeprägt. Dieses bei der Alpenüberströmung häufig beobachtete Phänomen liegt u. a. daran, dass es sich aufgrund der vergleichsweise kleinen räumlichen Erstreckung der Alpen eher um einen mesoskaligen Vorgang handelt, bei dem die ageostrophischen Windanteile eine größere Rolle spielen als dies bei der Überströmung großskaliger Gebirge, wie z. B. den Rocky Mountains, der Fall ist.

a
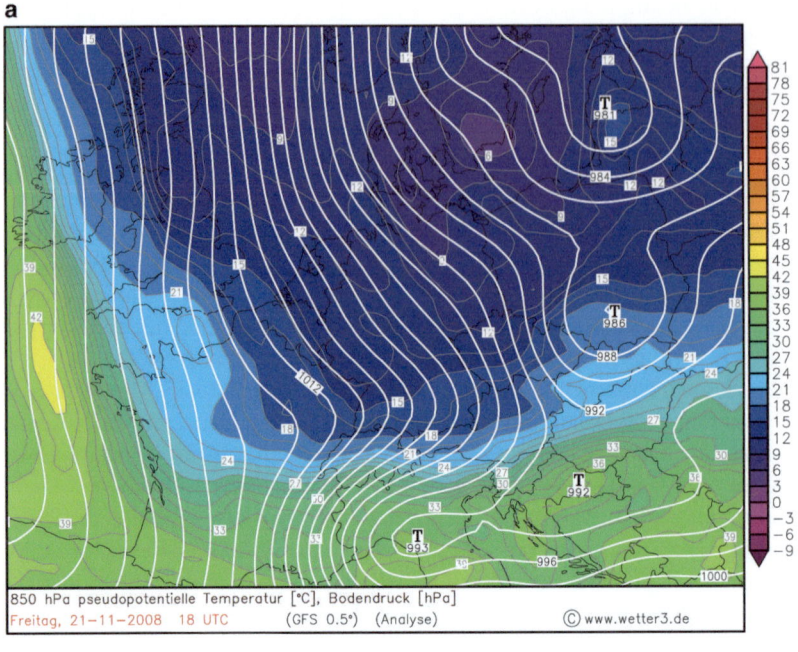

b
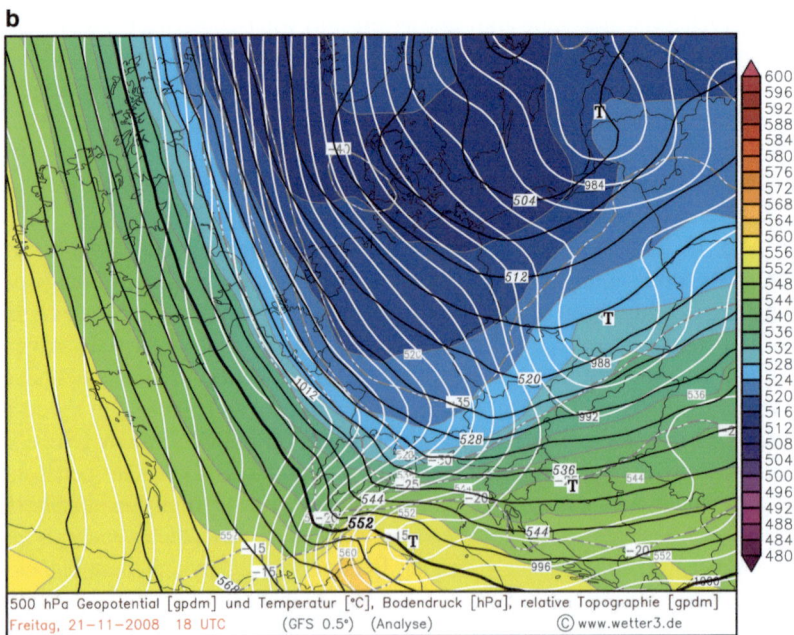

Abb. 10.12 Analysekarten vom 21.11.2008 18 UTC. **a** Pseudopotentielle Temperatur im 850 hPa Niveau. **b** Geopotentialverteilung im 500 hPa Niveau, jeweils mit Bodendruckverteilung

Häufig sind Gebirgsüberströmungen mit der Bildung der bekannten *Föhnwinde* verbunden. Hierbei handelt es sich um hangabwärts gerichtete Winde auf der Leeseite des überströmten Gebirges. Findet an der Luvseite durch Hebungsprozesse Wolkenbildung statt, dann wird die Luft durch die dabei freigesetzte latente Wärme diabatisch erwärmt. Dies führt dazu, dass die im Lee trockenadiabatisch absinkende Luft extrem warm werden kann. Es muss jedoch betont werden, dass die Freisetzung latenter Wärme im Luv des Gebirges nicht Voraussetzung für die Bildung der Föhnwinde ist, sondern eine Begleiterscheinung darstellt, die allenfalls dafür sorgt, dass diese sehr warm sind. Bei der Entstehung von Föhnwinden handelt es sich in erster Linie um ein dynamisches und nicht um ein rein thermodynamisches Phänomen. Neben großskaligen Druckunterschieden begünstigen bestimmte orographische Strukturen des Gebirges, wie z. B. parallel zur Strömung verlaufende Täler oder Einschnitte am Gebirgskamm, die Bildung des Föhns, der mitunter Sturmstärke erreichen kann und dann als *Föhnsturm* bezeichnet wird. Bekannte Beispiele von Föhnwinden sind in Europa der *Alpenföhn*, in Nordamerika der *Chinook*, in Chile der *Puelche* oder der *Canterbury Northwester* auf der Südinsel Neuseelands.

Bei einer Nordanströmung der Alpen kann die Luft auch teilweise um die Alpen herum geführt werden. Mitunter entstehen hierbei durch Kanalisierungseffekte weitere teilweise sehr starke lokale Windsysteme. Hierzu gehört u. a. die im Schweizer Mittelland auftretende *Bise* und der im französischen Rhonetal beobachtete *Mistral*. Abb. 10.13a zeigt die Verteilung des Horizontalwinds in 10 m Höhe vom 21.11.2008 18 UTC. Man sieht, wie nordöstlich der Alpen die Luft in östliche Richtung abgelenkt wird. Hierbei nimmt die Windgeschwindigkeit etwas zu und erreicht etwa 20 kn. Über dem Ligurischen Meer erkennt man einen starken Westwind von bis zu 40 kn, der aus Kanalisierungseffekten zwischen Pyrenäen, dem Zentralmassiv und den Westalpen herrührt. Durch die dabei entstehende Scherungsvorticity wird die *zyklonale Bewegung* im Tief über Norditalien weiter unterstützt. Auf der Alpensüdseite bildeten sich Föhnwinde. Dies lässt sich sehr gut im IR 10.8 Kanalbild des MSG erkennen (Abb. 10.13b). Dort sieht man über den Alpen eine scharfe Grenze der Bewölkung, die auch als *Föhnmauer* bezeichnet wird. Diese trennt die wolkenreichen luvseitigen Aufstiegsgebiete von dem weitgehend wolkenfreien Bereich mit trockenadiabatisch absinkender Luft im Lee der Alpen.

Während der Nacht überquerte die Kaltfront die Alpen. Mit ihr verlagerte sich auch das Leetief über die Adria in Richtung Griechenland und füllte sich dabei wieder auf. Der steuernde Höhentrog zog nach Südosten ab, so dass die Alpenregion mehr und mehr auf dessen Rückseite geriet und der Bodenluftdruck wieder anstieg.

10.4.3 Rapide Zyklogenese

Die *rapide Zyklogenese* gehört sicherlich zu den faszinierendsten synoptischen Prozessen der mittleren Breiten. Gemäß ihrer auf T. Bergeron zurückgehenden klassischen Definition wird eine Zyklogenese als rapid bezeichnet, wenn der Luftdruck

a

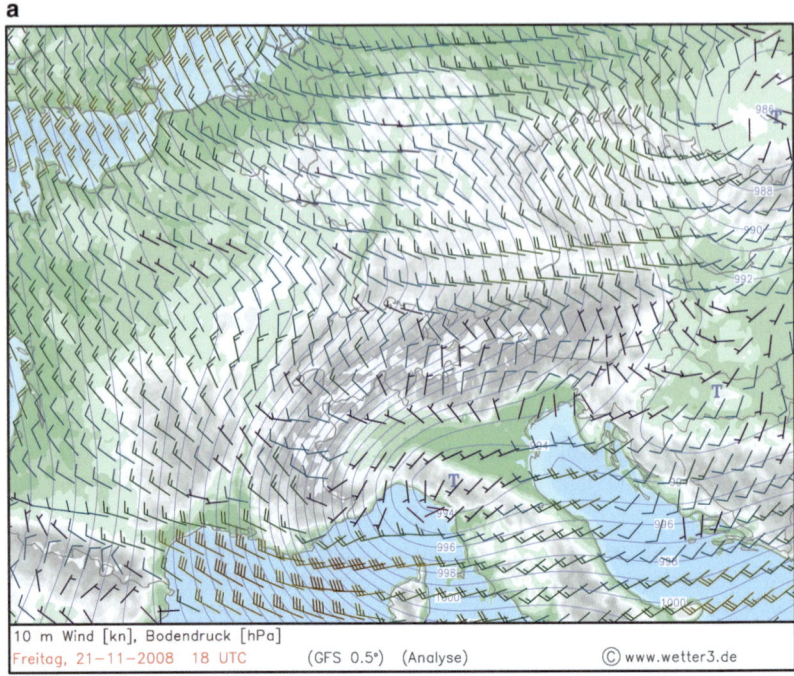

b

Abb. 10.13 **a** Analysekarte des 10 m Winds und des Bodendrucks. **b** MSG-Satellitenbild im IR10.8 Kanal (Quelle: https://www.sat.dundee.ac.uk). Darstellungen vom 21.11.2008 18 UTC

10.4 PV-Analyse und Zyklogenese

im Zentrum eines Bodentiefs über einen Zeitraum von 24 Stunden um durchschnittlich mindestens 1 hPa pro Stunde fällt. Um dem Umstand Rechnung zu tragen, dass bei vorgegebenem Isobarenabstand der geostrophische Wind gemäß (4.8)a über den Coriolisparameter mit abnehmender geographischer Breite zunimmt, führten Sanders und Gyakum (1980) in diese Definition noch einen Korrekturfaktor ein und definierten als Maßeinheit für den 24 stündigen Druckfall Δp_{24} das *Bergeron* (Ber) über

$$\text{Ber} = \frac{\Delta p_{24}}{24} \frac{\sin \varphi}{\sin \varphi_0} \text{ hPa h}^{-1}, \qquad \varphi_0 = 60° \tag{10.16}$$

Somit liegt bei einem Kerndruckfall von mehr als einem Bergeron eine rapide Zyklogenese vor. Zahlreiche statistische Untersuchungen belegen, dass rapide Zyklogenesen relativ häufig vorkommen (z. B. Sanders und Gyakum 1980, Roebber 1984, Chen et al. 1992, Wang und Rogers 2001, Schneider 2009). Beispielsweise umfasst der von Wang und Rogers (2001) analysierte Datensatz 1369 rapide Zyklogenesen, die zwischen 1985 und 1996 über dem Nordpazifik (800) und Nordatlantik (569) auftraten. Neben rapider Zyklogenese beobachtet man gelegentlich auch *rapide Zyklolysen* (z. B. Martin et al. 2001, Martin und Marsili 2002, McLay und Martin 2002). Hierunter versteht man eine *Zyklolyse*, bei der der Druck im Zentrum des Bodentiefs innerhalb von 12 Stunden um mindestens 12 hPa ansteigt.

Schneider (2009) untersuchte die charakteristischen Eigenschaften rapider Zyklogenesen im Nordatlantikbereich. Für die Jahre 2003–2008 erstellte er eine Zeitreihe, die insgesamt 370 rapide Zyklogenesen umfasst. Hieraus ergab sich, dass die Verlagerungsrichtungen der meisten nordatlantischen Tiefs mit rapider Zyklogenese im Wesentlichen durch die klimatologische Verteilung der großskaligen Tröge und Rücken gesteuert werden, wobei die Zugbahnen häufig im Bereich von Island enden (*Islandtief*). Über Europa wurden im betrachteten Zeitraum kaum rapide Zyklogenesen beobachtet, was u. a. auf die im Vergleich zur Meeresoberfläche erhöhten Reibungsprozesse über dem Festland zurückzuführen ist.

Bei der Entwicklung eines *Sturm*- oder *Orkantiefs* muss in hohem Maße *verfügbare potentielle Energie* in kinetische Energie umgewandelt werden. Gemäß der in Abschn. 9.6 geführten Diskussion geschieht dies durch trogvorderseitige Hebung warmer Luft und trogrückseitiges Absinken kalter Luft. Die Analysen von Schneider ergaben, dass hierzu sowohl die differentielle Vorticityadvektion als auch die Schichtdickenadvektion in der ω-*Gleichung* wichtige Beiträge lieferten (s. Abschn. 6.2). Erwartungsgemäß existierten in den sich rapide entwickelnden Tiefdruckgebieten jeweils rückwärts geneigte vertikale Achsen.

Zahlreiche synoptische Analysen und numerische Simulationen rapider Zyklogenesen deuten darauf hin, dass vor der rapiden Intensivierung eines Tiefs bereits ein zyklonaler Wirbel im Bodenbereich existieren muss, der sich beispielsweise aus einer *Frontalwelle* im antizyklonalen Eingangsbereich eines Jetstreaks gebildet hat (s. Abschn. 10.1). Man kann leicht einsehen, dass ein zyklogenetischer Prozess forciert wird, wenn schon zu Beginn der Entwicklung ein Gebiet mit erhöhter zyklonaler Vorticity vorliegt. Denn die Integration der stark vereinfachten Vorticitygleichung (5.24), bei der auf der rechten Seite alle Terme außer dem Ausdruck

$(\zeta + f)\nabla_h \cdot \mathbf{v}_h$ gestrichen wurden und zusätzlich $0 < \nabla_h \cdot \mathbf{v}_h = const$ sei, würde zu einer zeitlich exponentiell anwachsenden Vorticityzunahme führen (s. auch Palmén und Newton 1969 sowie Abschn. 9.7). Prominente Beispiele für rapide Zyklogenesen, bei denen vorher bereits eine Bodenzyklone existierte, sind der *Presidents' Day Schneesturm*[8] (Bosart 1981, Uccellini et al. 1984, 1985, Whitaker et al. 1988) oder der *Queen Elisabeth II Sturm (QE II storm)*[9], bei dem der Druck im Zentrum des Bodentiefs innerhalb von 24 Stunden um fast 60 hPa fiel (Anthes et al. 1983, Gyakum 1983a, 1983b, Uccellini 1986, Gyakum 1991, Gyakum et al. 1992).

Basierend auf diesen Ergebnissen stellten Gyakum et al. (1992) die Hypothese auf, dass die Entwicklung von Tiefs mit rapider Zyklogenese in zwei Phasen unterteilt werden kann. Zunächst bildet sich in der *vorangehenden Entwicklungsphase* eine untere *PV-Anomalie*, z. B. durch die Entstehung einer *Frontalzyklone*. In der zweiten Phase, die auch als *rapide Entwicklungsphase* bezeichnet wird, kommt es zu einer Kopplung dieser Anomalie mit einer bereits existierenden PV-Anomalie der oberen Troposphäre, was eine rapide Intensivierung der Zyklone zur Folge hat und dem von Hoskins et al. (1985) vorgestellten Prinzip der positiven Rückkopplung von oberer und unterer PV-Anomalie entspricht (s. Abschn. 7.5).

Betrachtet man die rapide Zyklogenese gemäß der klassischen ω-Gleichung (6.7), dann ist die vorangehende Entwicklungsphase dadurch charakterisiert, dass zunächst nur ein Hebungsantrieb durch Warmluftadvektion in der Frontalzyklone existiert. Der Hebungsantrieb über die differentielle Vorticityadvektion ist zu diesem Zeitpunkt noch unbedeutend. Nach Petterssen und Smebye (1971) handelt es sich hierbei um eine *Typ A Zyklogenese* (s. Abschn. 10.1). Im weiteren Verlauf gelangt die Frontalzyklone in den Einflussbereich eines Höhentrogs, so dass in der ω-Gleichung die differentielle Vorticityadvektion mehr und mehr an Bedeutung gewinnt. Die jetzt einsetzende rapide Entwicklungsphase entspricht der *Typ B Zyklogenese*, wobei natürlich nicht jede Typ B Zyklogenese eine rapide Zyklogenese sein muss.

Die von Schneider (2009) durchgeführten Untersuchungen bestätigen die Existenz der beiden Entwicklungsphasen rapider Zyklogenesen, die häufig wie folgt ablaufen: Auf der antizyklonalen Seite eines Jetstreams, der sich am südlichen Rand eines stark ausgeprägten Langwellentrogs befindet, entsteht gemäß der klassischen Vorstellung ein flaches Bodentief (vorangehende Entwicklungsphase). Im Laufe seiner Entwicklung unterquert das Tief den Jetstream und gelangt auf dessen zyklonale Seite. Die aus der Warmluftadvektion resultierenden Vertikalbewegungen führen zur Bildung eines kurzwelligen Trogs (s. Abschn. 10.1), wodurch die mit dem Langwellentrog verbundene, eher zonal verlaufende Grundströmung zunehmend meridionalisiert wird. Gleichzeitig setzt der *Okklusionsprozess* ein (s. hierzu Abschn. 11.6). Im Gegensatz zur klassischen Vorstellung kommt die Entwicklung mit Beginn der Okklusion jedoch nicht zum Erliegen, vielmehr setzt zu diesem Zeit-

---

[8] Dieser Schneesturm vom 18.-19.02.1978 führte am amerikanischen Feiertag "Presidents' Day" in Washington D. C. zu den heftigsten Schneefällen der vergangenen 50 Jahre.
[9] Dieser Orkan richtete am 10.09.1978 schwere Schäden an dem europäischen Luxusliner Queen Elisabeth II an.

punkt die rapide Entwicklungsphase ein. Damit einher geht die Aufspaltung des Jetstreams in einen antizyklonalen Haupt- und einen zyklonalen Nebenast. Bezüglich dieser beiden Jetstreaks befindet sich das Tief an einer entwicklungsgünstigen Position, nämlich auf der antizyklonalen Seite im Konfluenzbereich des Hauptastes und gleichzeitig auf der zyklonalen Seite im Diffluenzbereich des Nebenastes.

In verschiedenen Arbeiten wurde die Bedeutung dynamischer Prozesse in der oberen Troposphäre für die rapide Zyklogenese hervorgehoben (z. B. Uccellini et al. 1985, Uccellini 1986, Ogura und Juang 1990, Juang und Ogura 1990). Davis und Emanuel (1991) sowie Martin und Otkin (2004) analysierten rapide Zyklogenesen mit Hilfe der *PV-Inversion*. Hierbei stellte sich heraus, dass ein Reservoir hoher PV in einem weitgehend zonal ausgerichteten Langwellentrog häufig eine wichtige Voraussetzung für den Beginn einer rapiden Zyklogenese darstellt. An der südlichen Flanke dieses Trogs entsteht ein stark ausgeprägter Jetstreak. Die damit verbundenen frontogenetischen Prozesse induzieren *ageostrophische Querzirkulationen*. Hierbei handelt es sich um die in Abschn. 4.6 bereits angesprochene *Sawyer-Eliassen-Zirkulation*.[10] In frontogenetisch wirksamen Strömungen ist die Sawyer-Eliassen-Zirkulation thermisch direkt, so dass auf der zyklonalen Seite das Jetstreaks kalte Luft absinkt. Dadurch gelangt niederstratosphärische Luft mit hohen PV-Werten in die obere Troposphäre, wo sie, parallel zum Jetstream strömend, weiter in die mittlere Troposphäre absinkt. Da die Stabilität der entlang der Isentropen absinkenden Luft abnimmt (s. Abb. 7.1), entsteht hierbei relative zyklonale Vorticity, die im Diffluenzgebiet des Jetstreaks über den Vorticityterm in der ω-Gleichung (6.7) einen starken Hebungsantrieb liefert.

Mit Hilfe von Satellitenbildern konnte Schneider (2009) in mehr als 80 % der rapiden Zyklogenesen eine *Dry Intrusion* nachweisen, bei der relativ trockene stratosphärische Luft hoher potentieller Vorticity in die Troposphäre gelangt. Da die Dry Intrusion im Wesentlichen auf der zyklonalen Seite eines Jetstreaks stattfindet (s. auch Abschn. 11.6), erfahren die Bodentiefs, nachdem sie dort angekommen sind, eine starke Intensivierung. Das entspricht der vertikalen Kopplung von oberer und unterer PV-Anomalie. Am Ende der Entwicklung hat sich ein abgeschlossener Höhenwirbel mit hohen PV-Werten gebildet. Hierbei kann es sich um einen *Kaltlufttropfen* handeln, der relativ lange in der Atmosphäre verbleiben und gegebenenfalls selbst zum Ausgangspunkt einer neuen Zyklogenese werden kann (s. Abschn. 7.5).

Bei der Bildung der unteren PV-Anomalie spielen diabatische Prozesse eine wichtige Rolle (Sanders und Gyakum 1980, Chang et al. 1982, Uccellini 1986, Boettcher und Wernli 2011). Das gilt insbesondere für die Freisetzung latenter Wärme bei Wolkenbildung, die durch die Advektion feuchtwarmer Luft an der Vorderseite eines flachen Bodentiefs ausgelöst wird. Hierbei spricht man auch von der Bildung einer *diabatischen Rossby-Welle* (Raymond und Jiang 1990). Die vorangehende Entwicklungsphase einer rapiden Zyklogenese kann durch die Bildung einer diabatischen Rossby-Welle gekennzeichnet sein (Mallet et al. 1999, Wernli

---

[10] Auf die mit der Frontogenese verbundenen dynamischen Prozesse wird im folgenden Kapitel detailliert eingegangen (s. Abschn. 11.4).

et al. 2002, Moore et al. 2008). Ein bekanntes Beispiel hierfür ist der *Wintersturm „Lothar"* (Wernli et al. 2002, Boettcher und Wernli 2011). Roebber und Schumann (2011) stellten fest, dass das zeitliche Verhalten des rapiden Druckfalls in maritimen Zyklonen auf die starke Wechselwirkung zwischen baroklinen Prozessen in der oberen Troposphäre und diabatischen Wolkenprozessen zurückzuführen ist.

Beispielhaft wird im Folgenden eine rapide Zyklogenese näher beschrieben, die am 09.03.2008 über dem Nordatlantik stattfand. Den Schwerpunkt der Diskussion bildet die Untersuchung des Einflusses der in der hohen Troposphäre stattfindenden dynamischen Prozesse auf die Zyklogenese. Die Entwicklung wurde durch die Bildung einer Frontalzyklone am 08.03.2008 12 UTC über Neufundland eingeleitet. In Abb. 10.14a sind für diesen Zeitpunkt die Verteilung des Geopotentials in 500 hPa, des Bodendrucks und der relativen Topographie 500/1000 hPa wiedergegeben. Deutlich ist zu erkennen, dass die Zyklogenese an einem frontogenetisch wirksamen *Viererdruckfeld* einsetzte (s. auch Abschn. 11.4). Im unteren Teil der Abbildung sieht man nordöstlich des Bodentiefs starke Vertikalbewegungen im 500 hPa Niveau. Diese sind auf einen massiven nach Norden gerichteten Warmluftvorstoß zurückzuführen (s. Abb. 10.14c). Zu diesem Zeitpunkt spielte die differentielle Vorticityadvektion als Hebungsantrieb in der ω-Gleichung nur eine untergeordnete Rolle, d. h. es handelte sich um eine *Typ A Zyklogenese*. Abb. 10.14d zeigt die 300 hPa Analysekarte des horizontalen Windfelds und dessen Divergenz. Hieraus ist zu sehen, dass sich das Bodentief auf der antizyklonalen Seite im Eingangsbereich eines Jetstreaks mit hohen Werten der horizontalen Winddivergenz befand. Somit stellt die ageostrophische Querzirkulation an der Frontalzone einen zusätzlichen wichtigen Hebungsantrieb bei der Zyklogenese dar.

Innerhalb der nächsten 12 Stunden entwickelte sich aus der Frontalwelle eine *Warmsektorzyklone*, die sich nach Osten verlagernd am 09.03.2008 00 UTC in 45°W, 52°N über dem Atlantik befand (Abb. 10.15a). Dabei sank der Kerndruck des Bodentiefs von anfänglich 1010 hPa auf etwa 1000 hPa. Dieser Zeitraum kann als die *vorangehende Entwicklungsphase* der rapiden Zyklogenese angesehen werden. In den folgenden 18 Stunden zog das Tief unter starker Intensivierung weiter in östliche Richtung, was sich in sehr starkem Druckfall im Zentrum des Bodentiefs von etwa 1000 hPa auf 950 hPa während dieser Zeit äußerte und somit die rapide Entwicklungsphase darstellt (Abb. 10.15b). Am 09.03.2008 18 UTC betrugen die maximalen Windgeschwindigkeiten am Boden mehr als 60 kn, d. h. die Zyklone hatte Orkanstärke erreicht. Bis zum 10.03.2008 00 UTC fiel der Kerndruck des Bodentiefs auf etwa 944 hPa. In den folgenden 24 Stunden füllte sich das Tief mit einer durchschnittlichen Rate von 1 hPa pro Stunde wieder auf, so dass es sich hierbei um eine *rapide Zyklolyse* handelte.

Abb. 10.16 zeigt für die Zeiten 09.03.2008 00 UTC und 18 UTC die Analysekarten des Geopotentials in 300 hPa, den horizontalen Wind und dessen Divergenz. In der vorangehenden Entwicklungsphase zwischen 08.03.2008 12 UTC und 09.03.2008 00 UTC hatte sich auf der Rückseite des Bodentiefs durch die konfluente Höhenströmung ein außergewöhnlich stark ausgeprägtes Windmaximum mit Windstärken von teilweise mehr als 190 kn gebildet (Abb. 10.16a). Zu dem

10.4 PV-Analyse und Zyklogenese

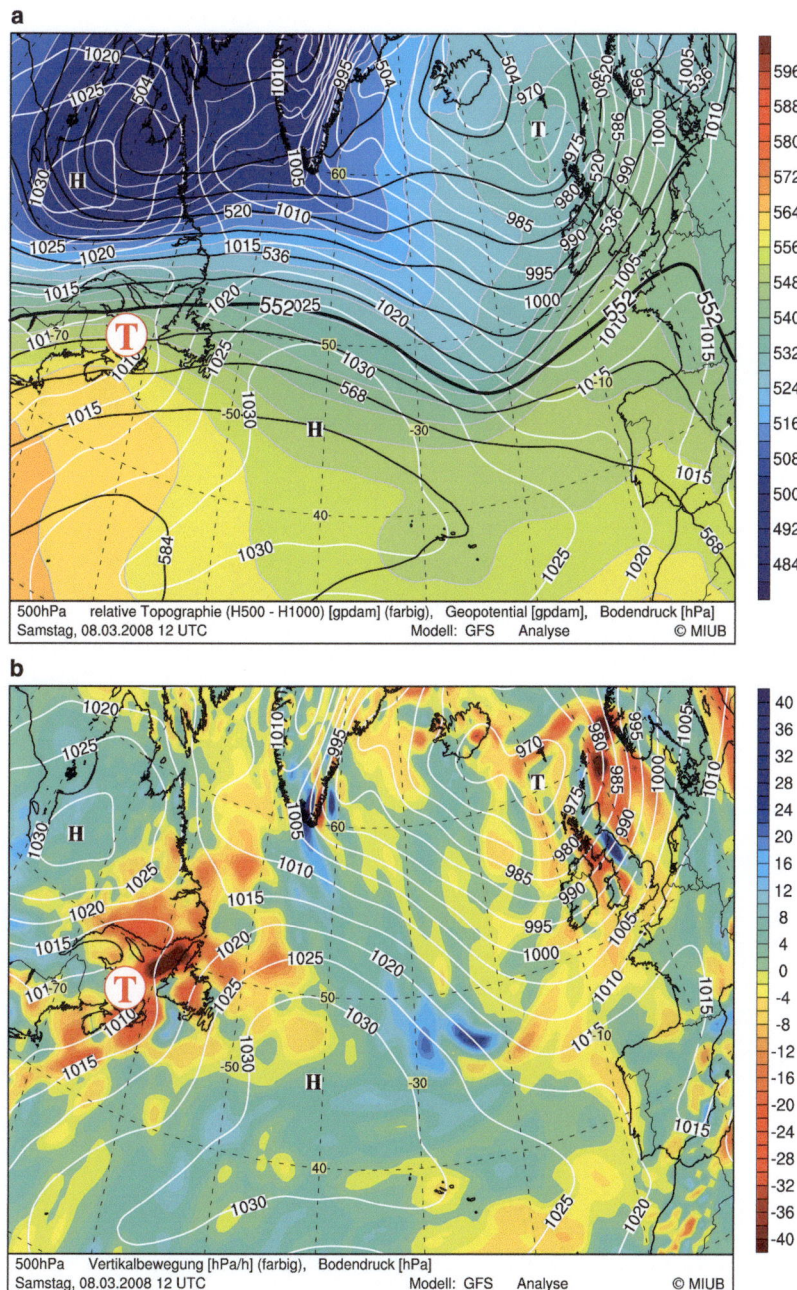

Abb. 10.14 Analysekarten vom 08.03.2008 12 UTC. **a** 500 hPa Geopotential, Bodendruck und relative Topographie 500/1000 hPa, **b** Vertikalbewegung in 500 hPa und Bodendruckverteilung. Das *rote* T kennzeichnet die Lage des Bodentiefs. **c** 500 hPa Geopotential und Schichtdickenadvektion, **d** 300 hPa Geopotential, horizontaler Wind und dessen Divergenz. Das *rote* T kennzeichnet die Lage des Bodentiefs

348 10 Zyklonen und Antizyklonen

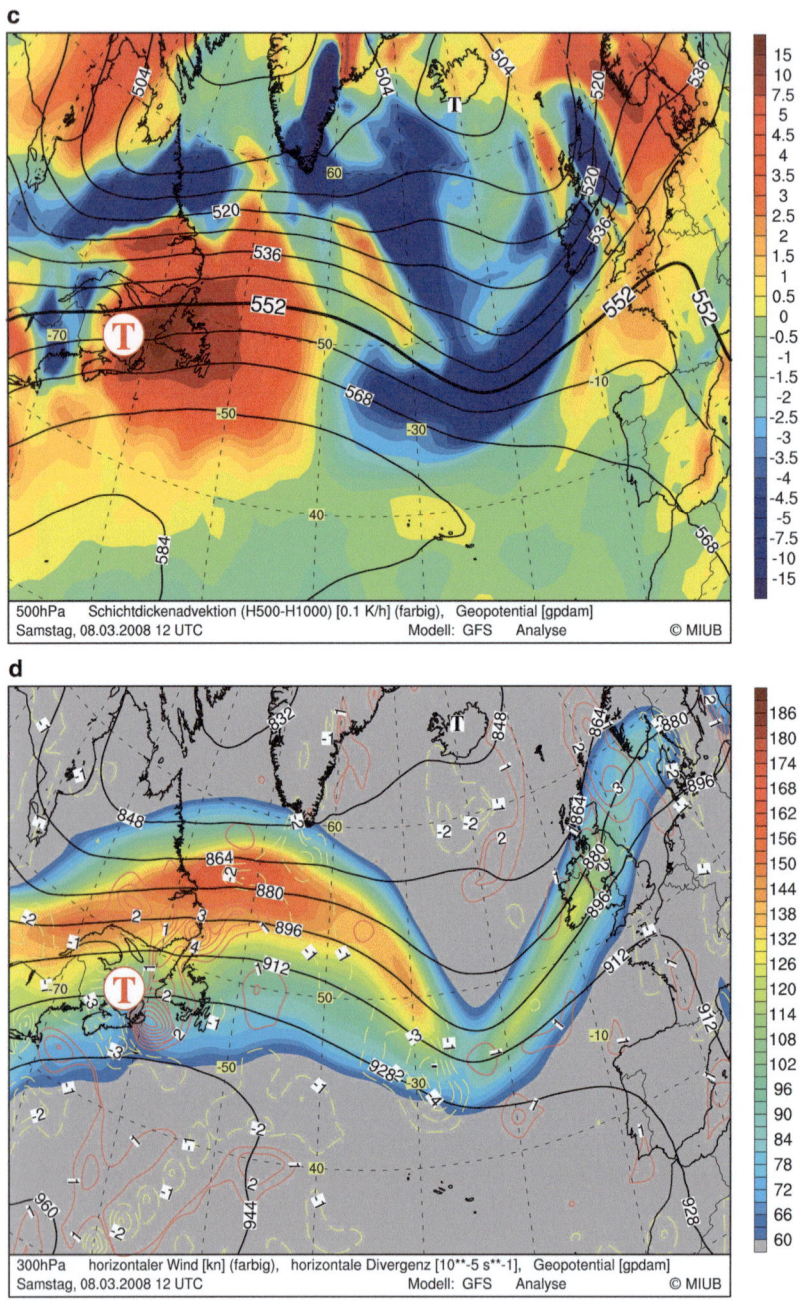

Abb. 10.14 (Fortsetzung)

10.4 PV-Analyse und Zyklogenese

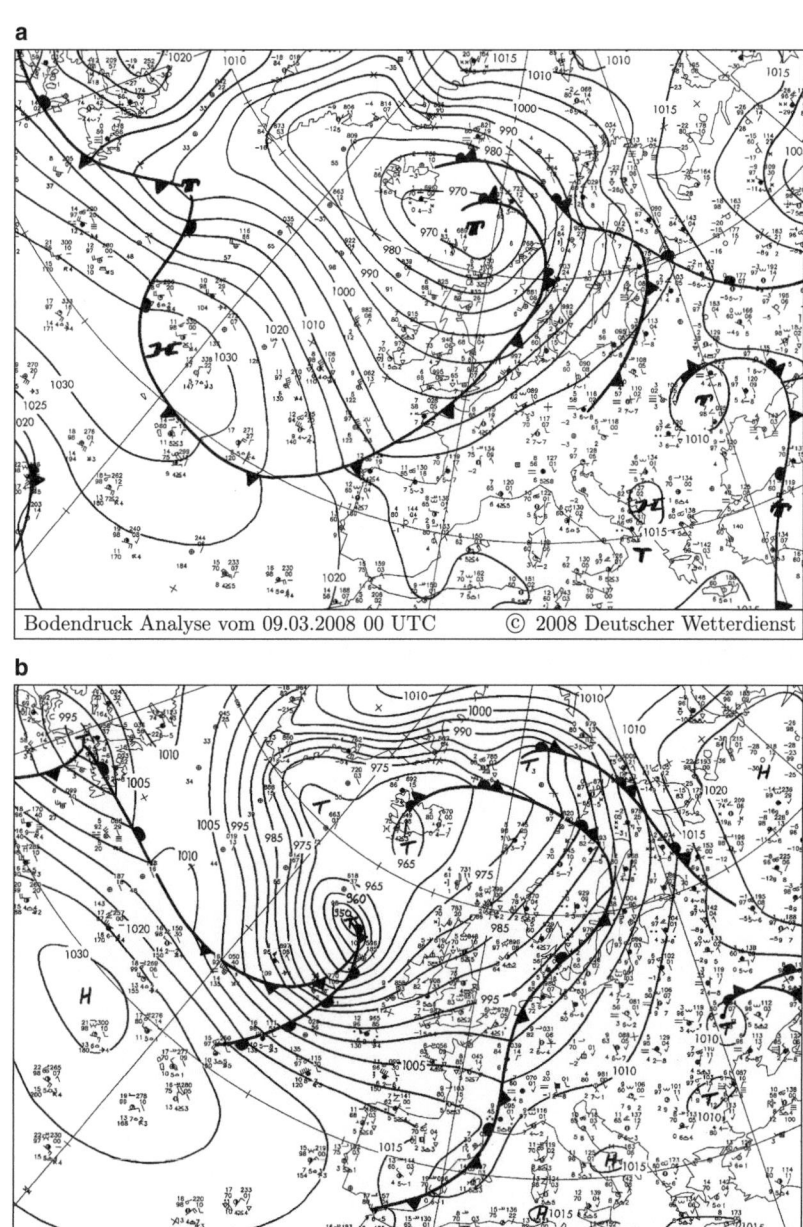

Abb. 10.15 Bodenanalysekarten vom 09.03.2008 00 UTC (**a**) und 18 UTC (**b**)

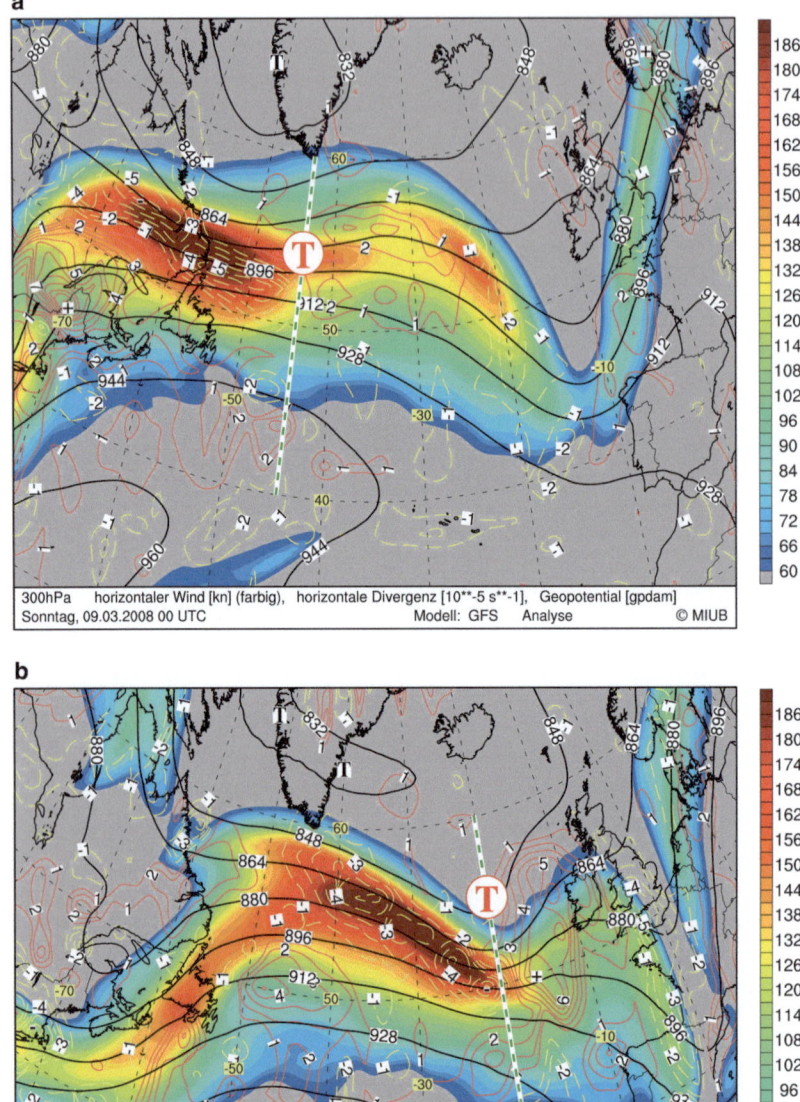

Abb. 10.16 Analysekarten des Geopotentials in 300 hPa mit horizontalem Wind und dessen Divergenz am 09.03.2008 00 UTC (**a**) und 18 UTC (**b**). Die *gestrichelten Linien* geben die Richtungen der Vertikalschnitte der Abb. 10.13 und 10.14 wieder

10.4 PV-Analyse und Zyklogenese

Zeitpunkt befand sich das Bodentief bereits etwa unter der *Jetachse*, wobei der Jetstream im Begriff war, in zwei Teile zu zerfallen. Diese Aufspaltung wurde durch die starken Hebungsprozesse ausgelöst, die aus der Warmluftadvektion und der bei der Wolkenbildung freigesetzten latenten Wärme resultierten (s. die beiden letzten Terme in der ω-Gleichung (6.7)). In Übereinstimmung damit sieht man in Abb. 10.16a, dass der stromabwärts des Bodentiefs verlaufende Jetstreak eine antizyklonale Krümmung besitzt und östlich des Bodentiefs ein lokales Divergenzmaximum vorliegt, so dass gemäß der Vorticitygleichung (5.23) antizyklonale Vorticity entsteht. Gleichzeitig nahm auf der Rückseite des Bodentiefs in der Höhe die zyklonale Vorticity zu, d. h. die Zyklogenese befand sich jetzt in der *Eigenentwicklungsphase*, in der zusätzlich zur Schichtdickenadvektion und diabatischen Wolkenprozessen die differentielle Vorticityadvektion einen Antrieb für Vertikalbewegungen liefert.

In Übereinstimmung mit der in Abschn. 10.1 geführten Diskussion verlagerte sich das Bodentief in die Richtung der stärksten Druckfalltendenz, d. h. in Richtung des stromabwärts liegenden Divergenzmaximums. 18 Stunden später hatte sich der vordere Jetstreak weiter abgeschwächt, wobei seine antizyklonale Krümmung erheblich zugenommen hatte (Abb. 10.16b). Dies spiegelt die andauernde Intensivierung der Hebungsvorgänge wider, die jetzt nicht nur durch die Schichtdickenadvektion, sondern in zunehmendem Maße auch durch die differentielle Vorticityadvektion forciert wurden. Gleichzeitig hatte der stromaufwärts liegende Jetstreak mit seiner zyklonalen Ausgangsseite das Bodentief erreicht. Der aus der Frontalzyklone hervorgegangene kurzwellige Höhentrog weist zwischen 00 UTC und 18 UTC eine deutlich sichtbare Zunahme der Richtungsdivergenz im Diffluenzgebiet dieses Jetstreaks auf.

Aus den in Abb. 10.17 dargestellten PV-Verteilungen ist zu erkennen, dass um 00 UTC das Bodentief zunächst noch stromabwärts der oberen PV-Anomalie lag. Mit Annäherung des stromaufwärts liegenden Jetstreaks an das Bodentief erreichte die PV-Anomalie das Zentrum des Tiefs, so dass es zu einer Kopplung von oberer und unterer PV-Anomalie kam, was als Ursache für die rapide Intensivierung des Bodentiefs angesehen werden kann. Ein am 09.03.2008 18 UTC im Eingang des Jetstreaks über Neufundland liegendes Tief entwickelte sich zunächst ähnlich wie das hier beschriebene Tief und erfuhr ebenfalls eine rapide Zyklogenese, jedoch blieb die Entwicklung weitgehend unbeeinflusst von einer Dry Intrusion und fiel deshalb deutlich schwächer aus, so dass dieses Tief nur Sturmstärke erreichte.

Zur Veranschaulichung der Dry Intrusion sind in den Abb. 10.18 und 10.19 Vertikalschnitte der PV und des gesamten atmosphärischen Wassergehalts entlang der in den Abb. 10.16 und 10.17 eingezeichneten gestrichelten Linien dargestellt. Die Abbildungen basieren auf numerischen Simulationen mit dem *COSMO* Modell des Deutschen Wetterdienstes, die von Schneider (2009) durchgeführt wurden.[11] Unter Verwendung der *dynamischen Definition der Tropopause* mit einer Tropopausenhöhe von 2 PVU erkennt man am 09.03.2008 00 UTC einen deutlichen nach Norden

---

[11] Bei diesen Simulationen stimmte die Position des Bodentiefs nicht genau mit der Position in den Bodenanalysekarten überein.

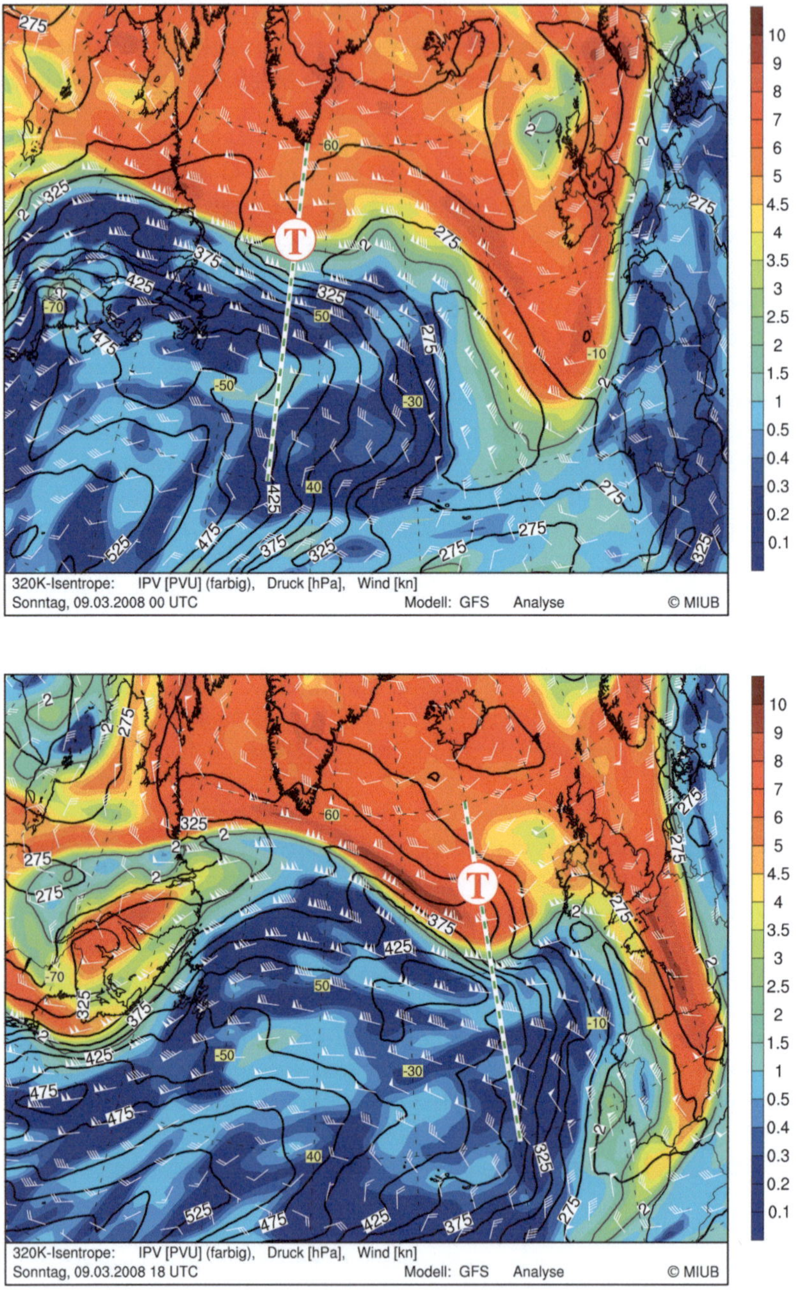

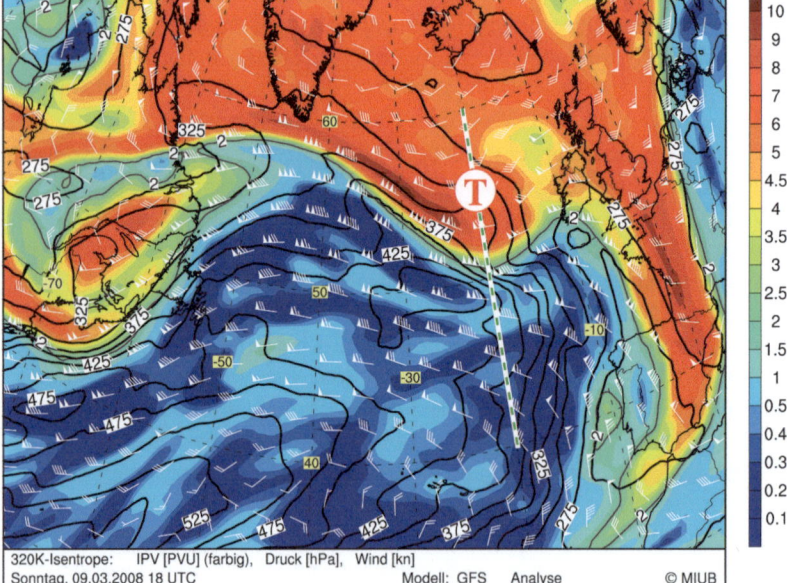

Abb. 10.17 Wie Abb. 10.11, jedoch horizontaler Wind und IPV in der isentropen Fläche $\theta = 320\,\text{K}$

10.4 PV-Analyse und Zyklogenese

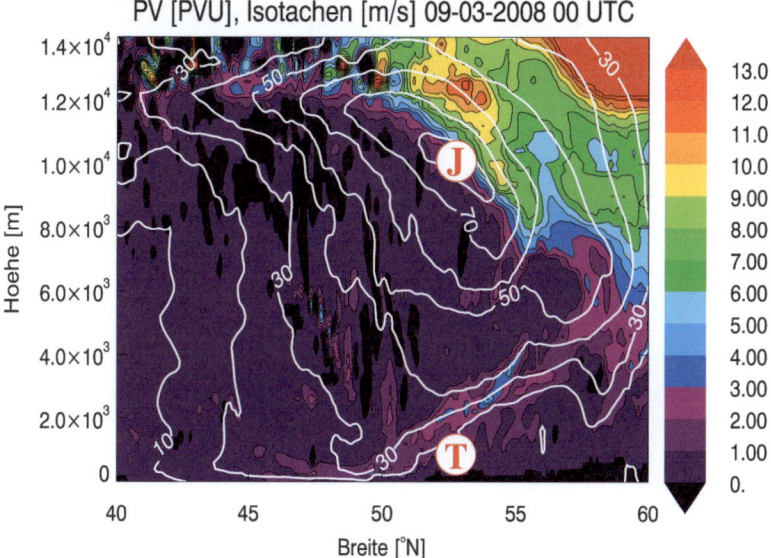

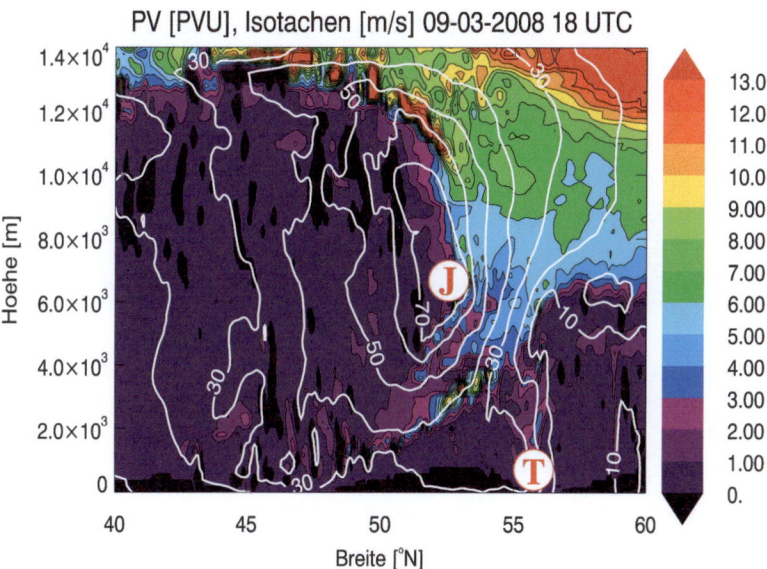

Abb. 10.18 Vertikalverteilungen der PV und Isotachen des horizontalen Winds entlang der in Abb. 10.11 und 10.12 dargestellten *gestrichelten Linien*. Das *rote* J kennzeichnet die Lage des Jetmaximums. Mit frdl. Genehmigung von W. Schneider

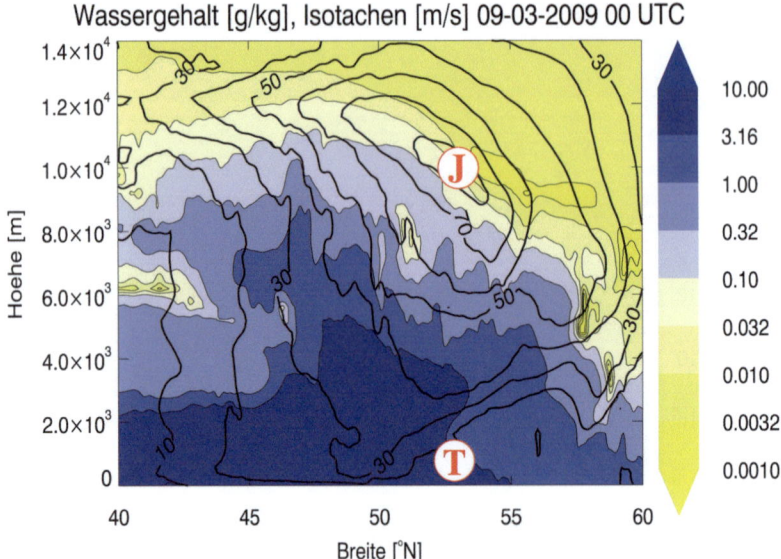
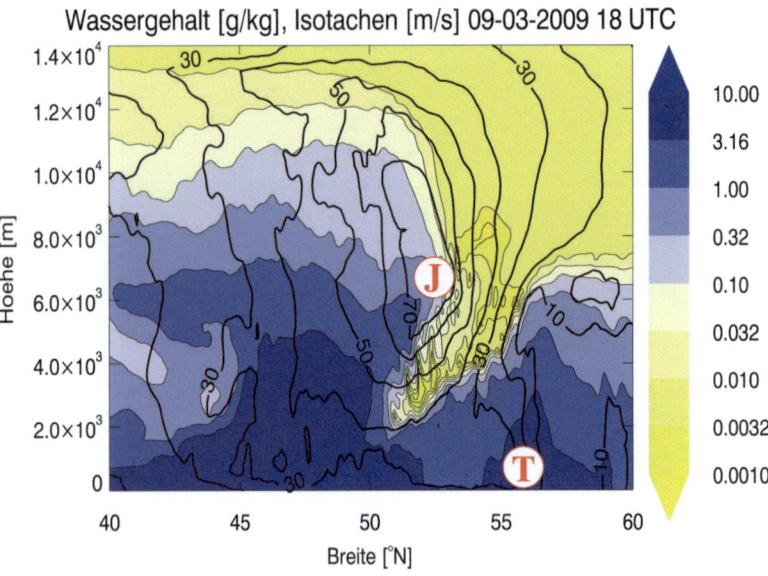

Abb. 10.19 Wie Abb. 10.13 jedoch Vertikalverteilungen des Gesamtwassergehalts der Atmosphäre und Isotachen des horizontalen Winds

10.4 PV-Analyse und Zyklogenese

gerichteten Abfall der Tropopause von 12 km in 50°N auf etwa 7 km in 55°N. Wie bereits erwähnt, befand sich zu diesem Zeitpunkt das Tief unterhalb der Jetachse, jedoch südlich der bei 55°N oberhalb von 7 km liegenden oberen PV-Anomalie. Etwas nördlich des Bodentiefs lässt sich in 2–4 km Höhe sehr gut die aus diabatischen Prozessen resultierende untere PV-Anomalie mit Werten von bis zu 5 PVU erkennen. Um 18 UTC sind nördlich der Jetachse unterhalb von 5 km Höhe stratosphärische PV-Werte zu finden (Abb. 10.18 unten). Das damit verbundene Absinken der Tropopausenhöhe lässt sich auch sehr gut in Abb. 10.19 erkennen, wo Vertikalschnitte des Gesamtwassergehalts der Atmosphäre wiedergegeben sind. Um 18 Uhr findet man bereits in einer Höhe von 3 km die sehr niedrigen stratosphärischen Werte von weniger als $0.01 \, \text{g kg}^{-1}$.

Abschließend werden die sich im Satellitenbild ergebenden Wolkenverteilungen betrachtet. In Abb. 10.20a ist das Bild im WV6.2 Kanal des MSG vom 09.03.2008 18 UTC wiedergegeben, während das untere Bild ein *RGB-321 Komposit*[12] zeigt, mit dem man die Wolkenstrukturen und -obergrenzen relativ gut unterscheiden kann. Der in Abb. 10.20a eingezeichnete rote Pfeil entspricht etwa dem Verlauf der Jetachse. Auf der zyklonalen Seite des Jetstreams erkennt man sehr gut die Dry Intrusion (Bereich A) mit der sich in das Zentrum des Tiefs spiralförmig eindrehenden trockenen Luft. Diese überströmt die Okklusionsfront und wird dabei zyklonal zum Tiefzentrum hin umgelenkt. Hierdurch entsteht ein Gebiet mit erhöhter *potentieller Instabilität*, in dem verstärkt Konvektion ausgelöst wird (Bereich B). Im Norden steigt die parallel zur Okklusionsfront strömende Luft bis in die höhere Troposphäre auf (Bereich C), wo sie dann horizontal auseinanderströmt. Im Bereich D befindet sich noch aufsteigende Luft aus dem Warmsektor der Zyklone, die zu diesem Zeitpunkt noch nicht vollständig okkludiert ist. Hierbei spricht man auch vom *Warm Conveyor Belt* (s. Abschn. 11.6). Die über der Kaltfront absinkende trockene Höhenluft steigt an deren Vorderseite über dem Warm Conveyor Belt wieder auf und wird zusammen mit ihm in der Höhe antizyklonal nach Süden umgelenkt (Bereich E). Die hier beobachteten Strömungskonfigurationen werden in erster Linie durch das Auftreten der Dry Intrusion gesteuert. Sie werden typischerweise an *Kata-Kaltfronten* bzw. *Splitfronten* beobachtet. Die charakteristischen Eigenschaften dieser Fronten werden in Abschn. 11.6 detailliert beschrieben.

In Abb. 10.20b erkennt man hinter der Okklusions- und Kaltfront großflächige Bereiche mit konvektiven Wolken. Diese bilden sich in der durch die eingeströmte Höhenkaltluft erheblich labilisierten Atmosphäre und sorgen dort für schauerartige Niederschläge oder auch vereinzelte Gewitter. Hierbei spricht man gelegentlich auch vom *Rückseitenwetter*. Auf der antizyklonalen Seite des Jetstreams (südlich des roten Pfeils) sind im Bereich der Kaltfront deutlich höhere Wolkenobergrenzen auszumachen als auf dessen zyklonaler Seite. Auch dies ist ein typisches Merkmal von Splitfronten. Die nördlich des Tiefs (Bereich C) aufgestiegene und horizontal auseinanderströmende Luft führt dort zur Bildung eines Gebiets mit erhöhter Deformation, das auch als *Deformationszone* bezeichnet wird und an dem scharfen Pixelgradienten auf der nördlichen Rückseite des Tiefs erkennbar ist.

---

[12] Bezüglich der Bezeichnungsweise von RGB-Komposits s. Abschn. 2.4.

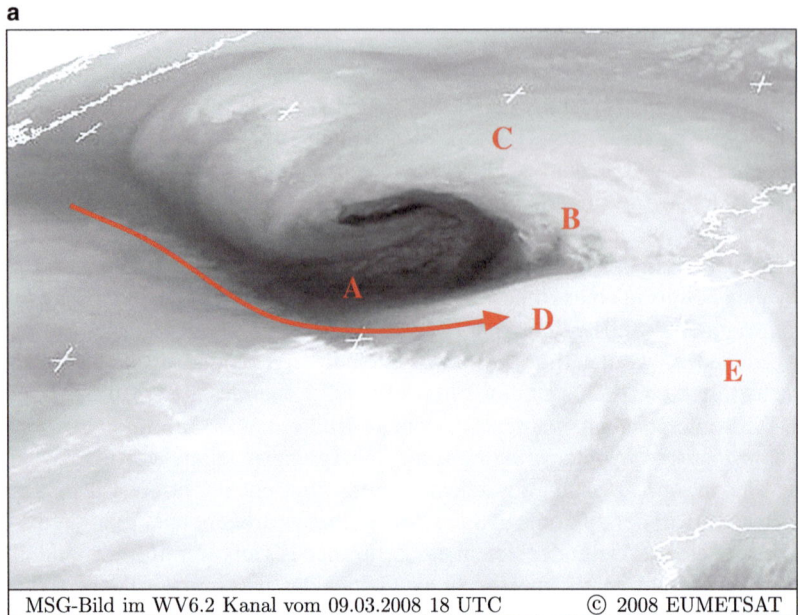

Abb. 10.20 MSG-Satellitenbild vom 09.03.2008 18 UTC. **a** WV6.2 Kanal, **b** RGB-321 Komposit. Quelle: https://www.sat.dundee.ac.uk

Fronten und Frontalzonen 11

Der tägliche Wetterablauf mittlerer Breiten wird in starkem Maße durch die Bildung und Verlagerung von Zyklonen und Antizyklonen geprägt. Die dabei entstehenden Kalt- und Warmfronten bringen häufig vielfältige und intensive Wettererscheinungen mit sich. Ein außerordentlich wichtiges Anliegen der Wetteranalyse und -prognose besteht daher darin, die momentanen Positionen, Verlagerungsgeschwindigkeiten und -richtungen von Fronten zu ermitteln. Das Verständnis der an einer Front ablaufenden Prozesse setzt eine eingehende Beschreibung ihrer thermo-hydrodynamischen Eigenschaften voraus. Von genauso großem Interesse ist jedoch auch die Untersuchung der Mechanismen, die zur Bildung, Intensivierung und Auflösung von Fronten führen. Diese Fragestellungen werden im Folgenden näher erörtert.

Prinzipiell können die Verteilungen aller thermodynamischen Zustandsvariablen in der Atmosphäre frontartige Strukturen aufweisen. Diese sind dadurch gekennzeichnet, dass innerhalb des Frontbereichs die Gradienten der untersuchten Zustandsvariablen mindestens eine Größenordnung höher sind als außerhalb. Deshalb werden sie oft auch als *Hypergradienten* bezeichnet. Typische synoptisch-skalige Horizontalgradienten außerhalb von Frontalzonen sind 1 °C pro 100 km für die Temperatur oder $1 \, \text{g kg}^{-1}$ pro 100 km für die spezifische Feuchte.

Bei der in Abschn. 3.5 vorgestellten *Skalenanalyse* wurde bereits angesprochen, dass Fronten nicht nur in vertikaler, sondern auch in horizontaler Richtung unterschiedlichen Skalen zugeordnet werden sollten. Entlang einer Front ist die *Rossby-Zahl* deutlich kleiner als 1, so dass hier die synoptische Skala als Maßstab angesetzt und damit quasigeostrophisches Strömungsverhalten unterstellt werden kann. Die quer zu einer Front ablaufenden Vorgänge müssen dagegen als mesoskalig angesehen werden mit $Ro \sim 1$, d. h. hier liefert die Beschreibung der Prozesse mit Hilfe der quasigeostrophischen Theorie oft unbefriedigende Ergebnisse. Dieses *semigeostrophische Verhalten* der Fronten führt dazu, dass bei deren mathematischer Beschreibung unterschiedliche Ansätze gewählt werden können (s. auch Abschn. 4.6).

11.1 Die Front als Diskontinuitätsfläche

Die der mathematisch-physikalischen Beschreibung atmosphärischer Prozesse zugrundeliegenden Annahmen lassen sich mit Hilfe konzeptioneller Modelle unterschiedlicher Komplexität formulieren. Auf der synoptischen Skala besteht das einfachste konzeptionelle Modell zur Beschreibung einer Front darin, diese als eine Diskontinuitätsfläche anzusehen, an der sich der Wert einer untersuchten Zustandsvariable (z. B. die Temperatur) sprunghaft ändert. Will man jedoch die mesoskaligen Strukturen an der Front beschreiben, dann versagt dieser Ansatz, und man muss entweder auf komplexere konzeptionelle Modelle zurückgreifen oder die *Feldtheorie* benutzen, bei der statt sprunghafter Änderungen die räumlichen Variationen der untersuchten Feldgröße explizit analysiert werden.

Eine Fläche, an der die n-te Ableitung einer beliebigen Feldgröße ψ einen Sprung macht, nennt man eine *Diskontinuitätsfläche n-ter Ordnung*. Eine Diskontinuitätsfläche nullter Ordnung wird als Front bezeichnet. Im Gegensatz hierzu sind Frontalzonen räumlich eng begrenzte Übergangsbereiche, innerhalb derer die Feldgröße ψ eine vergleichsweise starke räumliche Änderung erfährt. Hieraus wird unmittelbar klar, dass streng genommen in der Atmosphäre keine Fronten existieren können, da keine der untersuchten Feldgrößen (Dichte, Druck, Temperatur, spezifische Feuchte, Wind etc.) eine Diskontinuität aufweisen kann. Vielmehr handelt es sich immer um Frontalzonen. Allerdings sind diese häufig in numerischen Wettervorhersagemodellen und in Wetterkarten aufgrund der relativ großen Gitterabstände bzw. des groben Maßstabs nicht als solche zu identifizieren. Vielmehr sind sie nur als Fronten auszumachen, die deshalb in Wetterkarten normalerweise als Linien eingezeichnet werden.

Obwohl Fronten immer sehr eng begrenzte Frontalzonen darstellen, wird im weiteren Verlauf hierfür der Begriff *Front* verwendet. Im Gegensatz hierzu wird immer dann von einer *Frontalzone* gesprochen, wenn der frontale Bereich so breit ist, dass er auch in den routinemäßig benutzten Wetterkarten räumlich aufgelöst werden kann bzw. sich in numerischen Vorhersagesystemen über mehrere Gitterpunkte erstreckt.

Wie bereits erwähnt, ist es für die mathematische Beschreibung der synoptisch-skaligen Eigenschaften von Fronten und der dort ablaufenden Prozesse oft ausreichend, sie als Diskontinuitätsflächen zu behandeln. Im Folgenden wird zunächst von dieser vereinfachten Vorstellung Gebrauch gemacht, da hiermit einige wesentliche Fronteigenschaften mühelos beschrieben werden können. Die tiefergehende Diskussion wird jedoch zeigen, dass viele wichtige an der Front stattfindende mesoskalige Prozesse mit dieser einfachen Anschauung nicht mehr erklärt werden können, so dass zu deren Verständnis letztendlich auf die, allerdings deutlich komplexere, dreidimensionale Feldtheorie zurückgegriffen werden muss.

Betrachtet man eine Diskontinuitätsfläche nullter Ordnung für eine beliebige Feldgröße ψ, dann kann man leicht erkennen, dass diese Fläche immer aus den gleichen Partikeln bestehen muss, d. h. die Diskontinuitätsfläche kann von keinem Partikel durchdrungen werden. Wäre das nicht der Fall, dann würde ein die Fläche durchdringendes Teilchen unmittelbar beim Durchgang durch die Fläche eine unendlich große und damit unrealistische Änderung in ψ (z. B. der Temperatur) erfahren. Eine immer aus den gleichen Partikeln bestehende Fläche wird auch als *materielle Fläche* bezeichnet.

Bezüglich des Drucks existieren in der Atmosphäre keine Diskontinuitätsflächen nullter Ordnung. Würde der Druck an der Diskontinuitätsfläche einen Sprung machen, dann wäre im Grenzwert $\nabla p \to \infty$. Das würde einer unendlich großen Druckgradientkraft entsprechen und somit physikalisch keinen Sinn machen. Unter Verwendung der *barometrischen Höhenformel*, die man durch Integration der *hydrostatischen Grundgleichung* (3.54) erhält, kann man leicht zeigen, dass eine Temperaturfront für den Druck eine Diskontinuitätsfläche erster Ordnung darstellt, so dass der Druck selbst an der Temperaturfront zwar stetig ist, die erste (und eventuell höhere) Ableitungen von p hingegen einen Sprung machen.

In der synoptischen Meteorologie beschränken sich die Untersuchungen meistens auf Temperaturfronten bzw. Frontalzonen der Temperatur. Daher werden diese der Einfachheit halber im Folgenden lediglich als Front bzw. Frontalzone bezeichnet.[1] Bei verschwindender Windgeschwindigkeit muss die Temperaturfront eine horizontale Lage einnehmen, bei der die potentiell warme über der kalten Luft liegt. Für $\mathbf{v} \neq 0$ besitzt die Front normalerweise eine Neigung, die jedoch kleiner als $90°$ sein muss, denn wegen der Gültigkeit der idealen Gasgleichung (3.25) wäre eine senkrecht stehende Temperaturfront entweder mit einer horizontalen Druckdiskontinuität verbunden, die jedoch, wie gesagt, nicht möglich ist, oder mit horizontalen Dichtesprüngen, die allerdings auch nicht stabil sein können.

Abb. 11.1 zeigt verschiedene Möglichkeiten für die vertikale Schichtung von kalter und warmer Luft. Abb. 11.1a stellt Vertikalschnitte an einer Front dar, wenn sie als Diskontinuitätsfläche nullter Ordnung angesehen wird. In Abb. 11.1b ist jeweils der Übergangsbereich zwischen kalter und warmer Luft in Form einer Frontalzone wiedergegeben. In jedem Bild sind Isentropen eingezeichnet mit $\theta_3 > \theta_2 > \theta_1$. Aus Abb. 11.1a lässt sich leicht erkennen, dass die Front als Diskontinuitätsfläche nullter Ordnung nur dann hydrostatisch stabil ist, wenn sie zur kalten Luft geneigt ist. Ein am Punkt A befindliches Luftpaket ist potentiell kälter (wärmer) als die darüber (darunter) liegende Luft, so dass das Luftpaket bei einer vertikalen Auslenkung immer wieder zu seinem Ursprungsort zurückkehrt. Am Punkt B hingegen ist das Luftpaket potentiell wärmer (kälter) als die darüber (darunter) liegende Luft. In dieser Situation würde eine vertikale Auslenkung des Luftpakets zu spontanen Umlagerungen bis hin zu einem neuen thermodynamisch stabilen Endzustand führen.

Umgekehrt zeigt Abb. 11.1b rechts, dass die Frontalzone auch zur warmen Luft geneigt sein könnte. Das wäre dann möglich, wenn innerhalb der Frontalzone die Isentropen nach vorne zur kalten Luft hin ansteigen, weil dann nach wie vor potentiell warme über potentiell kalter Luft liegen würde. Man kann sich leicht klarmachen, dass diese Bedingung umso schwerer erfüllt ist, je größer die Temperaturunterschiede zwischen kalter und warmer Luft sind und je geringer die horizontale

---

[1] Sollte einmal das fronthafte Verhalten anderer Zustandsvariablen, wie beispielsweise der spezifischen Feuchte, von Interesse sein, dann werden diese Frontenarten detailliert benannt.

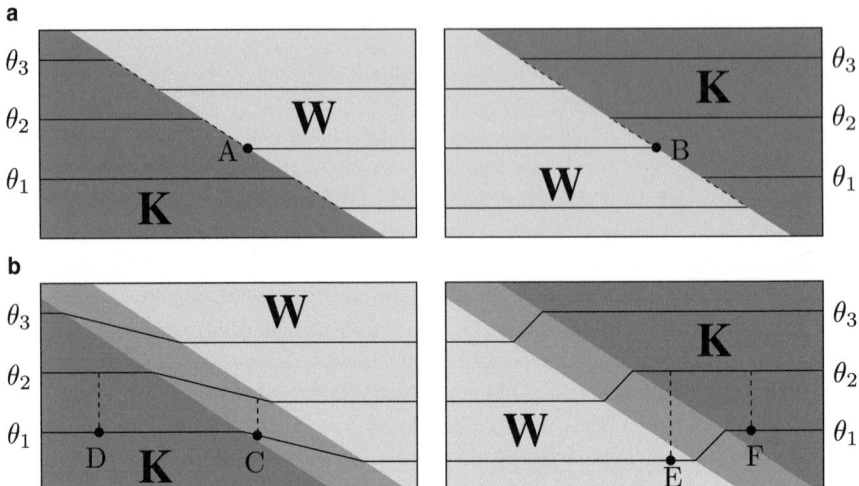

Abb. 11.1 Möglichkeiten der vertikalen Schichtung von warmer und kalter Luft im Bereich von Fronten (**a**) und Frontalzonen (**b**)

Breite der Frontalzone ist. Aufgrund der größeren Isentropenabstände innerhalb der zur warmen Luft geneigten Frontalzone ergibt sich weiterhin, dass die Atmosphäre dort am wenigsten stabil geschichtet ist (vgl. Isentropenabstände an den Punkten E und F). In Abb. 11.1b links sieht man hingegen, dass die Frontalzone, wenn sie zur kalten Luft geneigt ist, den Bereich mit der stabilsten Schichtung darstellt. In diesem Fall ist der vertikale Gradient der potentiellen Temperatur innerhalb der Frontalzone größer als außerhalb (vgl. Isentropenabstände an den Punkten C und D).

Insgesamt kann geschlossen werden, dass die Diskontinuitätsfläche nullter Ordnung zur kalten Luft geneigt sein muss, um stabil zu sein. Da auch für die Frontalzone die Neigung zur kalten Luft die stabilere Situation darstellt, wird im weiteren Verlauf grundsätzlich davon ausgegangen, dass eine Front bzw. Frontalzone immer zur kalten Luft geneigt ist.

11.2 Kinematische Eigenschaften von Fronten

Im Folgenden werden die kinematischen Eigenschaften von materiellen Frontflächen, d. h. Diskontinuitätsflächen nullter Ordnung für die Temperatur, diskutiert. Hierzu wird ein *thermisches (s, n, z)-Koordinatensystem* eingeführt, bei dem der in s-Richtung zeigende Grundvektor $\mathbf{e}_s$ tangential zur Schnittlinie zwischen der Frontfläche und dem Erdboden verläuft mit der wärmeren Luft auf der rechten Seite der Front (s. Abschn. 3.3). Der Grundvektor $\mathbf{e}_n$ steht somit senkrecht auf dieser Frontlinie und zeigt vom wärmeren zum kälteren Gebiet. Weiterhin werden Homogenität in s-Richtung, also parallel zur Diskontinuitätsfläche, sowie ein geradliniger

11.2 Kinematische Eigenschaften von Fronten

Abb. 11.2 Geneigte Frontfläche

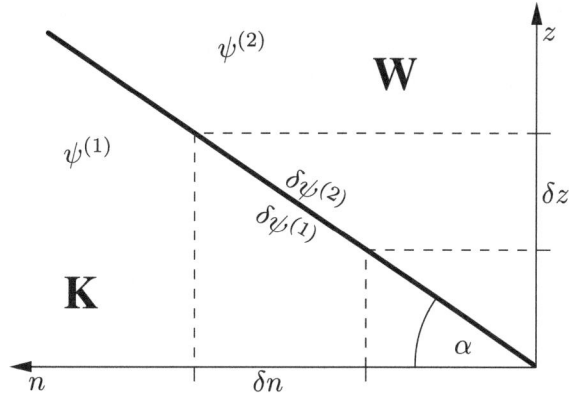

Frontverlauf angenommen. Zustandsvariablen werden auf der kalten Seite der Front mit dem Superskript (1) und auf der warmen Seite mit dem Superskript (2) indiziert. Die vertikale Neigung der Frontfläche ist durch den Winkel α gegeben (s. Abb. 11.2).

Führt man eine beliebige Feldgröße ψ ein, bezüglich der die Frontfläche eine Diskontinuitätsfläche erster Ordnung darstellt, dann lautet die räumliche Änderung von ψ zu beiden Seiten der Front

$$\delta\psi^{(i)} = \frac{\partial\psi^{(i)}}{\partial n}\delta n + \frac{\partial\psi^{(i)}}{\partial z}\delta z, \qquad i = 1, 2 \tag{11.1}$$

Wegen der kontinuierlichen Verteilung von ψ gilt entlang der Frontfläche selbst

$$\delta\psi^{(1)} = \delta\psi^{(2)} \tag{11.2}$$

Somit ergibt sich

$$\left(\frac{\partial\psi^{(2)}}{\partial n} - \frac{\partial\psi^{(1)}}{\partial n}\right)\delta n = -\left(\frac{\partial\psi^{(2)}}{\partial z} - \frac{\partial\psi^{(1)}}{\partial z}\right)\delta z \tag{11.3}$$

Diese Beziehung kann zur Bestimmung des Neigungswinkels α der Frontfläche benutzt werden

$$\tan\alpha = \frac{\delta z}{\delta n} = -\frac{\frac{\partial\psi^{(2)}}{\partial n} - \frac{\partial\psi^{(1)}}{\partial n}}{\frac{\partial\psi^{(2)}}{\partial z} - \frac{\partial\psi^{(1)}}{\partial z}} \tag{11.4}$$

Setzt man in obigen Gleichungen $\psi = p$, dann erhält man unter Benutzung der hydrostatischen Grundgleichung (3.54)

$$\tan\alpha = -\frac{\frac{\partial p^{(2)}}{\partial n} - \frac{\partial p^{(1)}}{\partial n}}{g(\rho^{(1)} - \rho^{(2)})} \tag{11.5}$$

Die Druckgradienten in n-Richtung lassen sich mittels der *horizontalen Bewegungsgleichung* im gewählten (s, n, z)-Koordinatensystem eliminieren. Für die normal zur Front verlaufende Komponente v_n der Horizontalgeschwindigkeit in der Form $\mathbf{v}_h = \mathbf{v}_s + \mathbf{v}_n = v_s \mathbf{e}_s + v_n \mathbf{e}_n$[2] lautet die Bewegungsgleichung gemäß (3.44)

$$\rho \frac{dv_n}{dt} = -\frac{\partial p}{\partial n} - \rho f v_s \qquad (11.6)$$

Somit ergibt sich

$$\tan \alpha = \frac{f(\rho^{(2)} v_s^{(2)} - \rho^{(1)} v_s^{(1)}) + \left(\rho^{(2)} \frac{dv_n^{(2)}}{dt} - \rho^{(1)} \frac{dv_n^{(1)}}{dt}\right)}{g(\rho^{(1)} - \rho^{(2)})} \qquad (11.7)$$

Abschließend wird angenommen, dass sich die Strömung im geostrophischen Gleichgewicht befinde, so dass die Beschleunigungsterme in (11.7) verschwinden. Im vorliegenden Koordinatensystem wird der geostrophische Wind dargestellt als $\mathbf{v}_g = \mathbf{v}_{g,s} + \mathbf{v}_{g,n} = v_{g,s} \mathbf{e}_s + v_{g,n} \mathbf{e}_n$. Man erhält

$$\tan \alpha = \frac{f}{g} \frac{\rho^{(2)} v_{g,s}^{(2)} - \rho^{(1)} v_{g,s}^{(1)}}{\rho^{(1)} - \rho^{(2)}} \qquad (11.8)$$

Zu dem gleichen Ergebnis käme man auch, wenn man die im gewählten Koordinatensystem gültige Beziehung für den geostrophischen Wind (4.10) direkt in (11.5) einsetzte.

Vernachlässigt man im Zähler von (11.8) die Dichteunterschiede, indem man eine mittlere Temperatur $\overline{T}$ einführt, dann ergibt sich zusammen mit der idealen Gasgleichung

$$\tan \alpha = \frac{f \overline{T}}{g} \frac{v_{g,s}^{(2)} - v_{g,s}^{(1)}}{T^{(2)} - T^{(1)}} \qquad (11.9)$$

Das ist die bekannte *Margules-Formel* für die Neigung der Frontfläche. Die Gleichung zeigt, dass die Front umso steiler verläuft, je größer die Unterschiede der frontparallelen Komponente des geostrophischen Winds sind oder je geringer die Temperaturunterschiede zu beiden Seiten der Front sind. Setzt man typische Werte der einzelnen Variablen ein, dann findet man Frontneigungen von 1:50 (steil) bis 1:300 (flach). Für eine flache Front bedeutet dies, dass in einem horizontalen Abstand von 300 km von der Bodenfront die Frontfläche in 1 km Höhe anzutreffen ist. Aus (11.9) kann jedoch nicht geschlossen werden, dass starke Fronten ($T^{(2)} \gg T^{(1)}$)

---

[2] Das vorliegende Koordinatensystem wurde so gewählt, dass $\mathbf{e}_s$ parallel zur Front gerichtet ist. Das bedeutet jedoch nicht, dass auch der Wind immer in diese Richtung wehen muss. Vielmehr gibt es neben der in Richtung $\mathbf{e}_s$ weisenden Tangentialkomponente v_s im Allgemeinen auch eine Komponente v_n des Winds senkrecht zur Front.

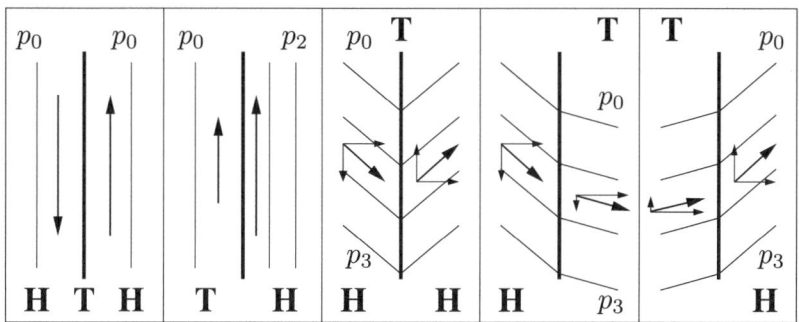

Abb. 11.3 Zyklonaler Windsprung der frontparallelen Komponente des geostrophischen Winds an einer Front

immer flacher verlaufen als schwache, da starke Fronten häufig mit großen Windsprüngen $v_{g,s}^{(2)} - v_{g,s}^{(1)}$ verbunden sind.

Ein offensichtlicher Kritikpunkt an der Ableitung der Margules-Formel besteht in der Annahme des geostrophischen Gleichgewichts. Denn aus den oben angesprochenen Skalenüberlegungen folgt, dass gerade quer zur Front kein geostrophisches Gleichgewicht herrscht.

Eine horizontal verlaufende Frontfläche ($\alpha = 0°$) ergibt sich bei einer Temperaturdiskontinuität aber fehlendem Windsprung. Sie entspricht einer Inversion. Eine senkrecht stehende Frontlinie ($\alpha = 90°$) ist bei verschwindendem Horizontalgradienten der Temperatur aber existierendem Windsprung zu beobachten. Diese Situation liegt bei einer *Höhenfront* vor, die in größerer Höhe noch eine Neigung besitzt, zum Boden hin jedoch immer steiler wird und in Bodennähe wegen der verschwindenden horizontalen Temperaturunterschiede nicht mehr auszumachen ist. Als Beispiel hierfür kann die *Subtropenfront* genannt werden (s. Kap. 8).

Wegen der Voraussetzung, dass die wärmere Luft über der kälteren liegt, gilt $\tan \alpha > 0$ und $T^{(2)} > T^{(1)}$ (s. Abb. 11.2). Aus (11.9) ergibt sich unmittelbar, dass die frontparallele Komponente des geostrophischen Winds an der Frontfläche einen zyklonalen Sprung machen muss, d. h. $v_{g,s}^{(2)} > v_{g,s}^{(1)}$. Das bedeutet, dass die Frontlinie selbst den Bereich mit den größten zyklonalen Vorticitywerten darstellt.[3] Streng genommen wird durch die Behandlung der Front als Diskontinuitätsfläche nullter Ordnung in der Temperatur die Vorticity an der Frontfläche selbst sogar unendlich groß. Auch dieser Sachverhalt zeigt die Schwächen dieser vereinfachten Anschauung. Verschiedene Möglichkeiten des Windsprungs an einer Frontfläche sind in Abb. 11.3 wiedergegeben. Da der geostrophische Windsprung immer zyklonal ist, lässt sich der mit einer Front verbundene *Isobarenknick* nur in Tiefdruckgebieten, nicht aber in Hochdruckgebieten finden.

In Abschn. 4.4 wurde gezeigt, dass unter dem Einfluss der Reibung der wahre Wind abweichend vom geostrophischen Wind zum tiefen Druck hin gerichtet ist.

---

[3] Man beachte, dass im thermischen Koordinatensystem $\zeta_g = \partial v_{g,n}/\partial s - \partial v_{g,s}/\partial n$.

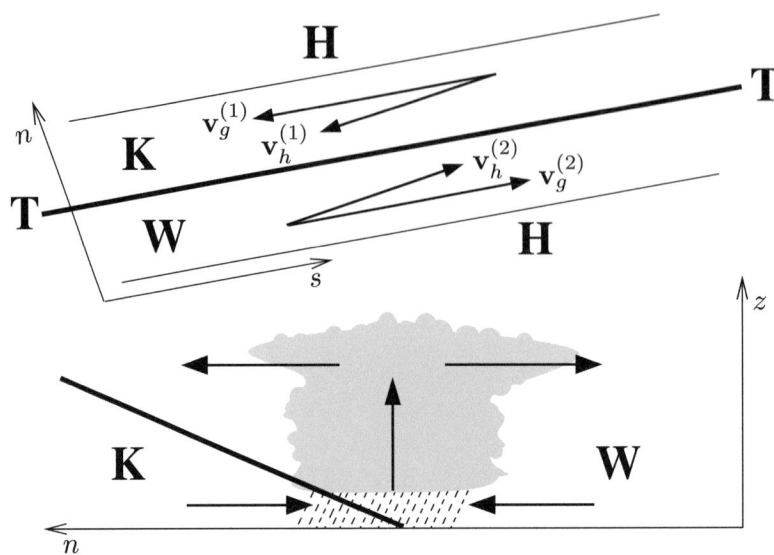

Abb. 11.4 Die durch den Einfluss der Reibung induzierten Vergenzen des horizontalen Winds mit Wolken- und Niederschlagsbildung an einer Bodenfront

Als Folge hiervon liegen im Bereich von Bodenfronten an der Frontlinie konvergente Strömungen vor, die mit Hebungsprozessen verbunden sind. Diese können zur Wolken- und Niederschlagsbildung führen und induzieren divergente Horizontalbewegungen in der höheren Atmosphäre (s. Abb. 11.4).

Durch die vertikale Scherung des horizontalen Winds ergeben sich innerhalb der atmosphärischen Grenzschicht unterschiedliche Vertikalprofile von Kalt- und Warmfronten. Hierdurch wird die Kaltfront aufgerichtet, während die Warmfront vergleichsweise flach verläuft (s. Abb. 11.5). Mit Hilfe rein kinematischer Überlegungen kann man zeigen, dass sich eine steile Front unter sonst gleichen Bedingungen schneller verlagert als eine flache (s. z. B. Zdunkowski und Bott 2003). Weiterhin sollte beachtet werden, dass durch den schnelleren Vorstoß der kalten Luft in höheren Schichten an einer Kaltfront Labilisierung einsetzt, was zu turbulenten und konvektiven Prozessen und dadurch zu vertikalen Umschichtungen der Luft führt. Der damit verbundene Vertikaltransport von Impuls aus größeren Höhen in bodennahe Bereiche macht sich in den an Kaltfronten häufig beobachteten Windböen bemerkbar und trägt somit ebenfalls zu einer erhöhten Verlagerungsgeschwindigkeit der Kaltfront bei.

Bei der durch Reibungsprozesse relativ flach verlaufenden Warmfront befindet sich die Bodenfront häufig sehr weit hinter der Höhenfront. Besonders im Winter beobachtet man, dass die Warmfront die kalte Luft am Boden nur schwer verdrängen kann, so dass dort eine flache Kaltluftschicht verbleibt, während die stärksten Wetteraktivitäten an der Höhenfront weit vor der Bodenfront stattfinden. Bei einer von Westen heranziehenden Warmfront kann auf diese Weise in Mitteleuropa ein starkes West-Ost Temperaturgefälle entstehen.

11.2 Kinematische Eigenschaften von Fronten

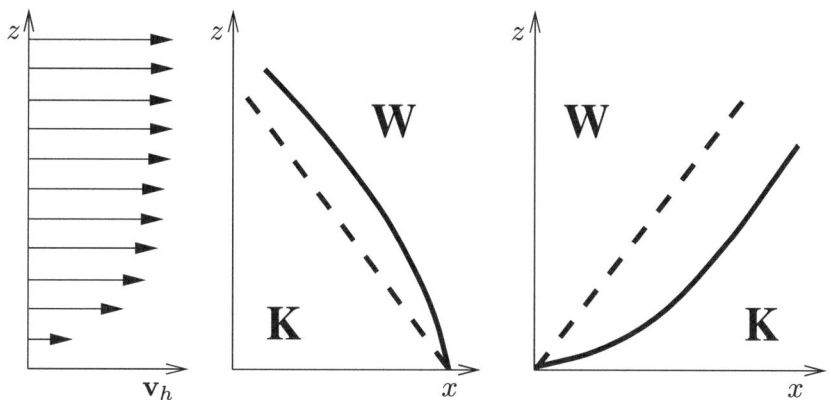

Abb. 11.5 Modifikation der ursprünglichen Neigung von Kalt- und Warmfronten (*gestrichelte Linien*) bei vertikaler Scherung des Horizontalwinds

Die obigen Ausführungen verdeutlichen, dass man bereits mit dem sehr einfachen konzeptionellen Modell der Diskontinuitätsfläche nullter Ordnung verschiedene wichtige Eigenschaften von Temperaturfronten relativ leicht erkennen kann. Neben der Annahme der Temperaturdiskontinuität selbst ergeben sich aus diesem Modellansatz jedoch noch weitere Schwächen und Inkonsistenzen, wie z. B. der unendlich große Wert der Vorticity auf der Frontlinie. Ein physikalisch besser fundierter Ansatz besteht darin, die Front als Diskontinuitätsfläche erster Ordnung in der Temperatur anzusehen. In dem Fall bleibt die Temperatur selbst beim Durchgang durch die Front stetig. Lediglich der Temperaturgradient macht einen Sprung. Außerdem muss die Front nicht mehr notwendigerweise eine materielle Diskontinuitätsfläche darstellen.

Mit Hilfe der *barometrischen Höhenformel* kann man zeigen, dass eine Diskontinuitätsfläche erster Ordnung in der Temperatur eine Diskontinuitätsfläche zweiter Ordnung für den Druck darstellt (s. z. B. Saucier 1955). Gemäß (4.8) bedeutet die Stetigkeit des Druckgradienten an der Frontfläche jedoch, dass jetzt auch der geostrophische Wind dort stetig ist, d. h. auch für v_g stellt die Front eine Diskontinuitätsfläche erster Ordnung dar. Schließlich kann man aus diesen Ergebnissen folgern, dass an der Front auch kein Isobarenknick mehr auftritt. Vielmehr ist dort die *Isobarenkrümmung* maximal zyklonal.

Insbesondere für Frontalzonen bietet es sich an, diese mit dem konzeptionellen Modell von Diskontinuitätsflächen erster Ordnung in der Temperatur zu beschreiben. Um dies zu realisieren, wird das untersuchte Gebiet in drei Bereiche unterteilt, die jeweils durch solche Diskontinuitätsflächen voneinander getrennt sind (s. Abb. 11.6). In den außerhalb der Frontalzone liegenden Bereichen (1) und (3) ist die Luft am kältesten bzw. wärmsten mit jeweils relativ schwachem Temperaturgradienten, während im Frontalzonenbereich (2) der stärkste Temperaturgradient vorliegt.

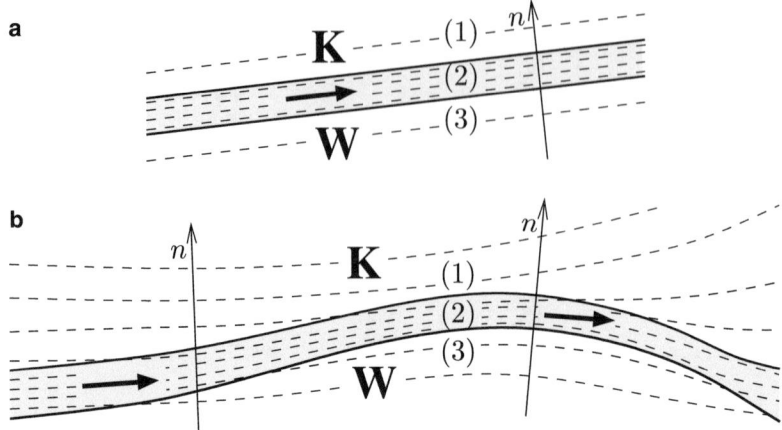

Abb. 11.6 Verlauf der Isothermen (*gestrichelte Linien*) und des thermischen Winds (*dicke Pfeile*) innerhalb der Frontalzone. **a** Isothermen parallel zur Frontalzone, **b** Isothermen schneiden die Frontalzone. Nach Kurz (1990)

Man kann zwischen zwei Arten von Frontalzonen unterscheiden. Bei der ersten liegen die Isothermen parallel zur Frontalzone (Abb. 11.6a), bei der zweiten Art schneiden die Isothermen die Frontalzone in einem allerdings meist geringen Winkel (Abb. 11.6b). Letzteres hat Auswirkungen auf die zeitliche Entwicklung der Frontalzone. Gemäß der thermischen Windbeziehung (4.21) nimmt die senkrecht zu den horizontalen Temperaturgradienten, also parallel zu den Isothermen, gerichtete Komponente des geostrophischen Winds mit der Höhe zu. Da in Abb. 11.6a die Isothermen parallel zur Frontalzone verlaufen, bleibt in diesem Fall $v_{g,n}$ konstant mit der Höhe, so dass die Form der Frontalzone zeitlich konstant bleibt.

In Abb. 11.6b hingegen schneiden die Isothermen die Frontalzone, so dass hier der thermische Wind eine Komponente senkrecht zur Frontalzone besitzt. Dies führt zu einer Verformung der Frontalzone, die sich im Osten nach Norden und im Westen nach Süden bewegt, was einer *Warm-* bzw. *Kaltluftadvektion* entspricht. Da normalerweise $\partial v_{g,n}/\partial z > 0$, nehmen die Warm- und Kaltluftadvektion ebenfalls mit der Höhe zu. Gemäß den Überlegungen in Abschn. 4.2 resultiert hieraus Stabilisierung im Osten und Labilisierung im Westen.

Führt man in (11.4) für ψ die frontparallele Komponente des geostrophischen Winds $v_{g,s}$ ein[4], dann erhält man unter Benutzung der thermischen Windgleichung (4.21) im Nenner (mit $T_v \approx T$)

$$\tan\alpha = \frac{fT}{g} \frac{\frac{\partial v_{g,s}^{(2)}}{\partial n} - \frac{\partial v_{g,s}^{(j)}}{\partial n}}{\frac{\partial T^{(2)}}{\partial n} - \frac{\partial T^{(j)}}{\partial n}}, \qquad j = 1, 3 \qquad (11.10)$$

---

[4] Dies ist möglich, da, wie bereits erwähnt, Diskontinuitätsflächen erster Ordnung in T auch Diskontinuitätsflächen erster Ordnung in $\mathbf{v}_g$ sind.

11.2 Kinematische Eigenschaften von Fronten

Für $j = 1$ befindet man sich auf der kalten und für $j = 3$ auf der warmen Seite der Frontalzone. Da überall $\partial T^{(j)}/\partial n < 0$ und der horizontale Temperaturgradient innerhalb der Frontalzone am stärksten ist, ist der Nenner von (11.10) kleiner als null. Um einen positiven Wert von $\tan \alpha$ zu erhalten, muss bei einer Strömung mit zyklonaler Scherung, d. h. $\partial v_{g,s}/\partial n < 0$, die Scherung der frontparallelen Komponente des geostrophischen Winds $v_{g,s}$ innerhalb der Frontalzone stärker sein als zu beiden Seiten außerhalb der Frontalzone. Bei antizyklonaler Strömung mit $\partial v_{g,s}/\partial n > 0$ muss die Windscherung innerhalb der Frontalzone am kleinsten sein. Diese Situation tritt in der Natur eher selten auf. Insgesamt gilt, ähnlich wie bei der Front, dass die Frontalzone den Bereich größter absoluter Vorticity darstellt.

Setzt man hingegen in (11.4) $\psi = T$, dann ergibt sich

$$\tan \alpha = \frac{fT}{g} \frac{\frac{\partial v_{g,s}^{(2)}}{\partial z} - \frac{\partial v_{g,s}^{(j)}}{\partial z}}{\frac{\partial T^{(2)}}{\partial z} - \frac{\partial T^{(j)}}{\partial z}}, \qquad j = 1, 3 \qquad (11.11)$$

wobei dieses Mal die thermische Windgleichung im Zähler eingesetzt wurde. Innerhalb der Frontalzone ist die vertikale Temperaturabnahme geringer ist als außerhalb (s. Abb. 11.1), so dass der Nenner von (11.11) größer als null ist. Als Konsequenz ergibt sich hieraus, dass die vertikale Scherung des Horizontalwinds innerhalb der Frontalzone größer sein muss als außerhalb. Diese Eigenschaft der Frontalzone kann dazu benutzt werden, um sie bei Vertikalsondierungen innerhalb der Atmosphäre von Inversionen zu unterscheiden, denn nur, wenn zusätzlich zu einem geringen vertikalen Temperaturgradienten eine starke vertikale Windscherung vorliegt, handelt es sich um eine Frontalzone.

Berücksichtigt man den Umstand, dass die Luftpartikel in der großräumigen Höhenströmung gekrümmte Trajektorien durchlaufen, dann kann unter der Annahme, dass die Isohypsen weitgehend parallel zu den Isothermen verlaufen, in den Gleichgewichtsbedingungen (11.10) und (11.11) der geostrophische Wind $v_{g,s}$ durch den Gradientwind $v_{G,s}$ ersetzt werden. Mit Hilfe von (4.13) lassen sich die partiellen Ableitungen von $v_{g,s}$ durch entsprechende Ableitungen des Gradientwinds darstellen, und man erhält näherungsweise folgende Gleichgewichtsbedingungen

$$\tan \alpha = \frac{(f + 2v_{G,s}K_t)T}{g} \frac{\frac{\partial v_{G,s}^{(2)}}{\partial n} - \frac{\partial v_{G,s}^{(j)}}{\partial n}}{\frac{\partial T^{(2)}}{\partial n} - \frac{\partial T^{(j)}}{\partial n}}, \qquad j = 1, 3 \qquad (11.12)$$

und

$$\tan \alpha = \frac{(f + 2v_{G,s}K_t)T}{g} \frac{\frac{\partial v_{G,s}^{(2)}}{\partial z} - \frac{\partial v_{G,s}^{(j)}}{\partial z}}{\frac{\partial T^{(2)}}{\partial z} - \frac{\partial T^{(j)}}{\partial z}}, \qquad j = 1, 3 \qquad (11.13)$$

Aus diesen Gleichungen ist zu sehen, dass die Frontalzone bei zyklonaler Strömung ($K_t > 0$) steiler und bei antizyklonaler Strömung ($K_t < 0$) flacher verläuft als im geostrophischen Gleichgewicht. Das ist auf die mit der Höhe zunehmende Zentrifugalkraft zurückzuführen, die bewirkt, dass sich die Frontalzone aufrichtet bzw. abflacht.

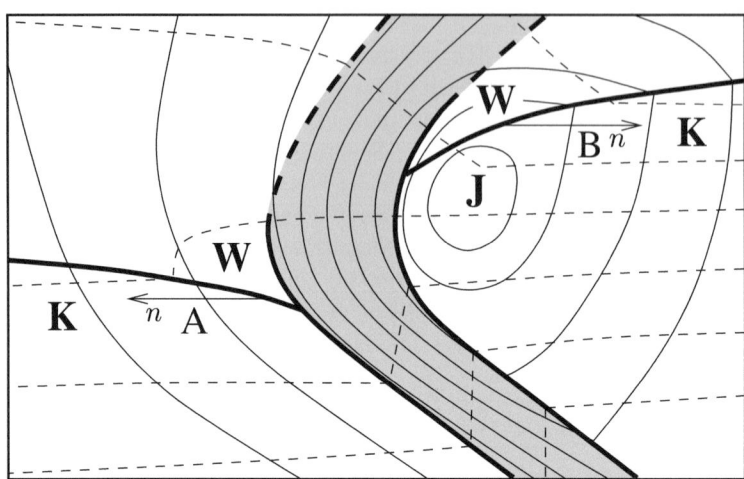

Abb. 11.7 Lage der Polarfront (*schattierte Fläche*) sowie Neigung der Tropopause im Bereich des polaren Jetstreams. *Durchgezogene Linien*: Isotachen, *gestrichelte Linien*: Isothermen. Nach Berggren (1952)

Abschließend wird die Lage der *Tropopause* im Bereich des *Polarfront-Jetstreams* diskutiert. Abb. 11.7 zeigt einen auf Untersuchungen von Berggren (1952) basierenden schematischen Vertikalschnitt durch die Atmosphäre in der Tropopausenregion der Polarfront. In der Abbildung sind neben der Polarfront und der Tropopause noch die *Isotachen* und Isothermen wiedergegeben. Innerhalb der Troposphäre ist die Polarfront ungefähr 100 km breit und besitzt eine Neigung von etwa 1:100, woraus eine vertikale Dicke von 1 km resultiert. Während sich nördlich der Polarfront die Tropopause etwa in 8–9 km Höhe befindet, liegt sie südlich davon in 10–11 km Höhe. Die Tropopausenhöhe ist nicht nur räumlichen, sondern auch starken jahreszeitlichen Schwankungen unterworfen, wobei sie im Sommer höher liegt als im Winter.

Aus der in der Abbildung dargestellten Isothermenverteilung ist zu erkennen, dass die Atmosphäre innerhalb der Troposphäre nördlich der Polarfront zunächst kälter ist als südlich davon. Aufgrund der niedrigeren Tropopausenhöhe im Norden und der darüber weitgehend isothermen Schichtung der Atmosphäre dreht sich das Vorzeichen des Temperaturgradienten in der unteren Stratosphäre jedoch um, d. h. die nördliche untere Stratosphäre ist wärmer als die südliche. In Übereinstimmung mit (11.10) steht die Polarfront in dem Höhenniveau senkrecht, in dem der horizontale Temperaturgradient verschwindet. Hier ist diese nur noch an der starken zyklonalen Scherung des Horizontalwinds zu erkennen. Darüber ragt die Polarfront noch in die untere Stratosphäre hinein, dreht aber wegen des jetzt von Süden nach Norden gerichteten Temperaturgradienten ihre Neigung um.

Die starke troposphärische Baroklinität im Bereich der Polarfront ist mit einem entsprechend starken thermischen Wind verbunden, d. h. der geostrophische Wind nimmt mit der Höhe zu und bildet in der hohen Troposphäre den polaren Jetstream.

11.2 Kinematische Eigenschaften von Fronten

Aus der Isothermenverteilung folgt, dass der Jetstream im Tropopausenbereich südlich der Polarfront sein Maximum besitzen muss. In dieser Höhe ist die zyklonale Windscherung innerhalb der Polarfront maximal. Der Jetstream befindet sich etwa senkrecht über dem 500 hPa Niveau der Polarfront. Durch die Analyse der Isothermen der 500 hPa Karte wird hierdurch das Auffinden des Jetstreams erleichtert. Normalerweise weist die Atmosphäre auch außerhalb der Frontalzone eine erhöhte Baroklinität auf, die erst in größerem Abstand (> 500 km) von der Frontalzone weiter abnimmt. Innerhalb der Polarfront selbst ist die Baroklinität jedoch immer maximal. Wie bereits früher erwähnt, wird sie deshalb auch als *hyperbarokline Zone* bezeichnet.

Zur Bestimmung der Tropopausenneigung in der Polarfrontregion betrachte man in Abb. 11.7 zunächst den nördlichen Bereich A. Hier liegt die warme Luft im Süden, d. h. die n-Achse des (s,n,z)-Koordinatensystems, die immer vom warmen zum kalten Gebiet zeigt, ist nach Norden gerichtet. Das bedeutet, dass bei A die Tropopause nach Norden ansteigen muss. In Übereinstimmung damit nimmt in diesem Gebiet der geostrophische Wind noch mit der Höhe zu. Weiter nach Norden verringert sich die Tropopausenhöhe wieder. Im Bereich B hingegen liegt die warme Luft im Norden. Somit zeigt hier die Richtung der n-Achse nach Süden und die Tropopausenhöhe nimmt nach Süden zu. Bezüglich dieses Koordinatensystems ist $v_{g,s} < 0$. Der thermische Wind entspricht einer Zunahme des geostrophischen Winds vom minimalen Wert im tieferliegenden Jetstream (mit Bezug auf das im Bereich B geltende Koordinatensystem) zu einem weniger negativen Wert oberhalb von B. Im Süden schließt die mittlere Tropopause an die Subtropenfront an (s. hierzu auch Abschn. 8.2).

Die im Bereich der Polarfront vergleichsweise starke Änderung der Tropopausenneigung wird als *Tropopausenbruch* bezeichnet.[5] Wie bereits in Abschn. 8.2 erwähnt, ist hier ein effizienter Austausch von troposphärischer und stratosphärischer Luft möglich, da die Luft durch *quasihorizontale Strömungen* entlang der Isentropen relativ einfach von einer in die andere Region gelangen kann. Außerhalb dieses Bereichs müsste ein Luftmassenaustausch im Wesentlichen durch Vertikalbewegungen erfolgen. Im Tropopausenbereich ist dies jedoch wegen der sehr stabilen Schichtung der Atmosphäre nur schwer möglich.

Die Zusammensetzung der stratosphärischen Luft unterscheidet sich stark von der der troposphärischen Luft. Ein wichtiges Merkmal der Stratosphärenluft besteht in ihrem sehr geringen Wasserdampfgehalt, weshalb das Eindringen von stratosphärischer Luft in die obere Troposphäre auch als *Dry Intrusion* bezeichnet wird. Des Weiteren findet man in der Stratosphäre sehr hohe Ozonkonzentrationen. Bekannterweise absorbiert Ozon die für den Menschen extrem schädliche UV-B und UV-C Strahlung der Sonne, was zu der in der oberen Stratosphäre beobachteten vertikalen Temperaturzunahme führt. Umgekehrt befinden sich in der Troposphäre zahlreiche Spurengase, deren Konzentration in der Stratosphäre vernachlässigbar klein ist.

Wegen der großen Unterschiede in den Spurengaskonzentrationen stratosphärischer und troposphärischer Luft wird gelegentlich anstelle der thermischen oder

---

[5] An der Subtropenfront existiert ebenfalls ein Tropopausenbruch, der allerdings nicht so stark ist.

der in Abschn. 7.2 angesprochenen dynamischen Definition eine *chemische Definition der Tropopause* benutzt. In Abschn. 2.4 wurde bereits erwähnt, dass man mittels Fernerkundungsmethoden das Vordringen stratosphärischer Luft in die obere Troposphäre u. a. anhand der dort vorgefundenen hohen Ozonkonzentrationen nachweisen kann.

Der an der Polarfront stattfindende stratosphärisch-troposphärische Luftmassenaustausch schließt das für den stratosphärischen Ozonhaushalt wichtige und als *Brewer-Dobson Zirkulation* bezeichnete meridionale stratosphärisch-troposphärische Zirkulationssystem. Hierbei wird durch hochreichende Konvektion aus der tropischen Troposphäre in die Stratosphäre eindringende Luft zu den Polen geführt, um in den mittleren und hohen Breiten wieder zurück in die Troposphäre abzusinken (Brewer 1949, Dobson 1956). Näheres hierzu ist beispielsweise nachzulesen in Shapiro (1980), *WMO* (1985), Lamarque und Hess (1994), Holton et al. (1995), Stohl et al. (2003), EPA (2006a,b).

Aufgrund der unterschiedlichen chemischen Zusammensetzung stratosphärischer und troposphärischer Luft spielt der Luftmassenaustausch zwischen Stratosphäre und Troposphäre aber auch für die Atmosphärenchemie eine wichtige Rolle, denn hierbei gelangt Luft mit hohen Spurengaskonzentrationen (z. B. Ozon) aus der Stratosphäre in die Troposphäre und umgekehrt Luft mit hohen troposphärischen Spurengaskonzentrationen in die Stratosphäre, wie z. B. Kohlenstoffmonoxid oder die für die Bildung des *Ozonlochs* an den Polkappen verantwortlichen Fluor-Chlor-Kohlenwasserstoffe (FCKW).

11.3 Ana- und Katafronten

Eine Front kann sich nur dann horizontal verlagern, wenn der Horizontalwind eine Normalkomponente bezüglich der Front besitzt. Hierbei wird unterschieden zwischen einer *Kaltfront*, die sich vom kalten zum warmen Gebiet bewegt, und einer *Warmfront* mit einer Bewegungsrichtung vom warmen zum kalten Gebiet. In Bodennähe beträgt die Verlagerungsgeschwindigkeit einer Kaltfront etwa 80–100 %, die einer Warmfront nur 50–70 % der frontsenkrechten Komponente von $\mathbf{v}_g$, d. h. die Kaltfront verlagert sich im Allgemeinen schneller als die Warmfront. Das ist leicht nachvollziehbar, denn die vor einer Warmfront liegende kalte Luft kann, da sie schwerer als die warme Luft ist, nicht so effizient von dieser verdrängt werden, wie umgekehrt die vor einer Kaltfront liegende relativ leichte warme Luft. Hinzu kommen die im vorangehenden Abschnitt erwähnten Feststellungen bezüglich der reibungsbedingt unterschiedlichen Neigung der Fronten, die ebenfalls eine vergleichsweise hohe Verlagerungsgeschwindigkeit der Kaltfront zur Folge haben, sowie die in Abschn. 11.6 näher diskutierte *Sawyer-Eliassen-Zirkulation*, die die *ageostrophische Querzirkulation* an Fronten beschreibt.

Betrachtet man die Fronten als Diskontinuitätsfläche nullter Ordnung, d. h. als materielle Flächen, dann folgt unmittelbar, dass die normal zur Fläche gerichtete Komponente der Windgeschwindigkeit v_N zu beiden Seiten der Fläche gleich sein muss. Die Eigenschaft, dass kein Luftteilchen die materielle Fläche durchdringen kann, nennt man *kinematische Grenzflächenbedingung*, während die Stetigkeit des Drucks an der Grenzfläche als *dynamische Grenzflächenbedingung* bezeichnet wird. Weiterhin ergibt sich, dass Luftteilchen, die sich zu beiden Seiten der Front mit einer horizontalen Windkomponente v_n bewegen, an der Front auf- oder abgleiten, wenn v_n sich von der Verlagerungsgeschwindigkeit v_f der Front unterscheidet. Hieraus erhält man den Neigungswinkel der Front als

$$\tan\alpha = \frac{w^{(i)}}{\tilde{v}_n^{(i)}} \quad \text{mit} \quad \tilde{v}_n^{(i)} = v_n^{(i)} - v_f, \qquad i = 1,2 \qquad (11.14)$$

wobei $w^{(i)}$ die Vertikalgeschwindigkeiten und $\tilde{v}_n^{(i)}$ die Relativbewegungen der Luft bezüglich der Frontverlagerung darstellen. Da am Erdboden $w^{(1)} = w^{(2)} = 0$, ergibt sich $\tilde{v}_n^{(1)} = \tilde{v}_n^{(2)} = 0$, so dass sich eine Bodenfront mit der frontsenkrechten Komponente v_n des Bodenwinds bewegt.

Abb. 11.8 veranschaulicht verschiedene Möglichkeiten der Bewegungen an Fronten. In den beiden linken Bildern sind die Auf- und Abgleitbewegungen an Frontflächen wiedergegeben. Hieraus kann man sehen, dass bei $\tilde{v}_n^{(i)} < 0$, $i = 1,2$ die Luft an der entsprechenden Seite der Front abgleitet, während bei $\tilde{v}_n^{(i)} > 0$ Aufgleitbewegungen stattfinden. Hierbei spielt es keine Rolle, ob es sich bei der auf- oder abgleitenden Luft um Warm- oder Kaltluft handelt. Dieser Sachverhalt folgt auch unmittelbar aus (11.14), da $\tan\alpha > 0$. Aus dem oberen linken Bild erkennt man, dass bei Relativbewegungen in Richtung der Frontfläche kalte Luft absinkt und warme Luft aufsteigt. Umgekehrt verhält es sich, wenn die Bewegungsrichtung von der Frontfläche weg gerichtet ist (Abb. 11.8d). Das gilt sowohl für Kalt- als auch für Warmfronten.

Die Darstellungen von Abb. 11.8b, c, e, f zeigen die Windgeschwindigkeiten an Kalt- und Warmfronten, wenn die warme Luft relativ zur kalten Luft aufsteigt (Abb. 11.8b, c) bzw. wenn sie relativ zur kalten Luft absinkt (Abb. 11.8e, f). Bergeron (1928, 1937) führte für eine Front, an der die Warmluft relativ zur kalten Luft aufsteigt, den Begriff *Anafront* ein, umgekehrt bezeichnete er eine Front mit relativ zur kalten Luft absinkender Warmluft als *Katafront*. Zur besseren Veranschaulichung wurde in der Abbildung angenommen, dass an der Kaltfront die kalte Luft und an der Warmfront die warme Luft jeweils horizontal strömen, so dass die Verlagerungsgeschwindigkeiten der Fronten mit den jeweiligen Komponenten $v_n^{(1)}$ bzw. $v_n^{(2)}$ übereinstimmen. Würde man dem Umstand Rechnung tragen, dass sich die Fronten immer langsamer bewegen als die frontsenkrechte Horizontalkomponente des Winds, dann müsste die kalte Luft hinter der Kaltfront absinken und die warme Luft an der Warmfront aufgleiten (s. Abb. 11.8a, d). Das entspricht den normalerweise an Kalt- und Warmfronten vorgefundenen Situationen.

Da beim Durchgang durch die Fronten v_N stetig ist, endet der Windvektor vor den Fronten jeweils auf der gepunkteten Linie. Solange die Warmluft relativ zur kalten Luft aufsteigt, bewegt sie sich auf die Kaltfront zu, da $|v_n^{(2)}| < |v_f|$ (s. Abb. 11.8b). Somit gleitet die Warmluft nicht nur an Warmfronten, sondern auch an der Anakaltfront auf. Deshalb werden Anafronten häufig auch als *Auf-

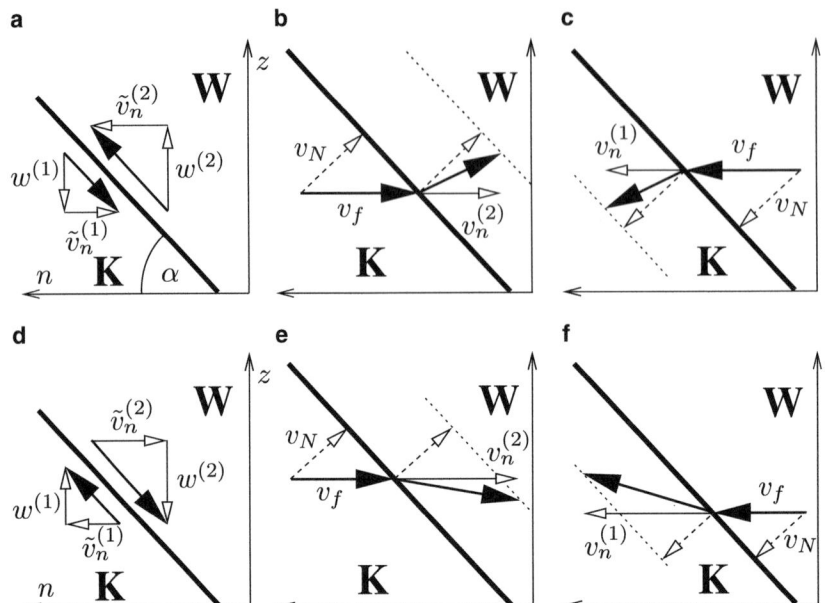

Abb. 11.8 Windgeschwindigkeiten an Fronten. **a, d** Auf- und Abgleiten an Frontflächen, **b, e** Kaltfronten, **c, f** Warmfronten. **a–c** Anafronten, **d–f** Katafronten

gleitfronten bezeichnet. An der *Ana-Warmfront* ist $v_n^{(1)} < v_f$ (Abb. 11.8c), d. h. dort bewegt sich die kalte Luft auf die Frontfläche zu und sinkt hierbei ab. Bei Katafronten verhält es sich umgekehrt. Hier bewegt sich die vor den Fronten liegende Luft von den Frontflächen weg (Abb. 11.8e, f), was zu den oben erwähnten präfrontalen Vertikalkomponenten im Windfeld führt. Analog zur Anafront kann man bei einer Katafront auch von einer *Abgleitfront* sprechen. Durch die an Anafronten vorliegende Horizontalkonvergenz wird die bereits diskutierte reibungsbedingte Konvergenz innerhalb der atmosphärischen Grenzschicht verstärkt, so dass Anafronten einen Bereich mit hoher Wetteraktivität darstellen (s. Abb. 11.4).

Solange die Front als eine Diskontinuitätsfläche nullter Ordnung betrachtet wird, verlagert sie sich gemäß (11.14) mit der frontsenkrechten Komponente des Bodenwinds. In der Praxis kann man als Hilfsmittel zur Bestimmung der Verlagerungsgeschwindigkeit $\mathbf{v}_f$ die Normalkomponente des geostrophischen Bodenwinds benutzen, wobei die oben angesprochenen Unterschiede der Verlagerungsgeschwindigkeiten von Warm- und Kaltfronten gegenüber dem geostrophischen Wind berücksichtigt werden sollten. Somit lässt sich $\mathbf{v}_f$ relativ einfach aus dem Verlauf der Isobaren ermitteln (s. Abb. 11.9). Hierbei handelt es sich jedoch nur um eine Faustregel. Denn wie sich gleich zeigen wird, kann die Front physikalisch nicht mit dem geostrophischen Wind transportiert werden.

11.3 Ana- und Katafronten

Abb. 11.9 Abschätzung der Verlagerungsgeschwindigkeit einer Bodenkaltfront mit Hilfe des geostrophischen Bodenwinds

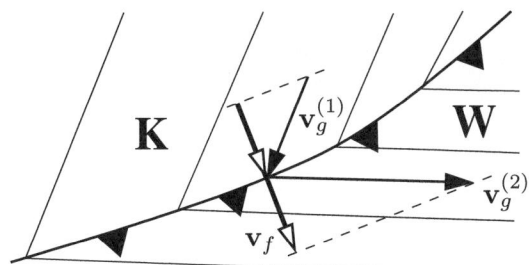

Eine physikalisch sinnvolle Möglichkeit zur Bestimmung der Verlagerungsgeschwindigkeit einer Front ergibt sich aus der Tatsache, dass der Druck an der Front stetig ist, so dass dort $p^{(1)} = p^{(2)}$. Für ein sich mit der Front bewegendes Teilchen bedeutet dies

$$\frac{dp^{(2)}}{dt} - \frac{dp^{(1)}}{dt} = \frac{\partial p^{(2)}}{\partial t} - \frac{\partial p^{(1)}}{\partial t} + v_f \left(\frac{\partial p^{(2)}}{\partial n} - \frac{\partial p^{(1)}}{\partial n} \right) = 0 \qquad (11.15)$$

und man erhält für die Verlagerungsgeschwindigkeit der Front

$$v_f = \frac{\frac{\partial p^{(2)}}{\partial t} - \frac{\partial p^{(1)}}{\partial t}}{\frac{\partial p^{(1)}}{\partial n} - \frac{\partial p^{(2)}}{\partial n}} \qquad (11.16)$$

Wegen des zyklonalen Windsprungs an der Frontfläche ist der Nenner dieser Gleichung immer größer als null. Somit bewegt sich die Front in das Gebiet mit der größeren Druckfalltendenz. In der Praxis werden hierzu die gemessenen dreistündigen Druckfalltendenzen benutzt.

Aus der prognostischen Gleichung für den Druck (3.42) lässt sich leicht ablesen, dass (bei adiabatischen Prozessen) die lokale zeitliche Änderung des Drucks gegeben ist durch

$$\frac{\partial p}{\partial t} = -\mathbf{v} \cdot \nabla p + \frac{c_p}{c_v} p \nabla \cdot \mathbf{v} \qquad (11.17)$$

Wenn der geostrophische Wind als divergenzfrei angesehen wird, ergibt sich hieraus, dass im geostrophischen Gleichgewicht $\partial p/\partial t = 0$. Da gemäß (11.16) für $\partial p/\partial t = 0$ die Verlagerungsgeschwindigkeit der Front verschwindet, bestätigt dies die oben angeführte Bemerkung, dass Fronten nicht mit dem geostrophischen Wind transportiert werden. Vielmehr bewegen sie sich mit der frontsenkrechten Komponente des *isallobarischen Winds*, der ein Bestandteil der *ageostrophischen Windkomponente* ist und immer zum Zentrum eines sich verstärkenden Tiefs hingerichtet bzw. vom Zentrum eines sich verstärkenden Hochs weggerichtet ist (s. (4.30) und Abb. 4.12).

Die Wirkungsweise des isallobarischen Winds an Kalt- und Warmfronten lässt sich leicht mit Hilfe der *Drucktendenzgleichung* (10.4) veranschaulichen. Diese Gleichung erhält man durch Integration der *hydrostatischen Approximation* über eine Luftsäule und anschließende lokale zeitliche Differentiation (vgl. Abschn. 10.1).

Der erste Term auf der rechten Seite von (10.4) beschreibt die Drucktendenz in der Höhe z, die durch die Summe der darüber befindlichen Massenvergenzen hervorgerufen wird, während der letzte Term den vertikalen Massentransport in diesem Niveau wiedergibt. Beide Terme wirken kompensatorisch gegeneinander, indem aus einer Netto Massenkonvergenz oberhalb von z Absinkbewegungen in diesem Niveau resultieren und umgekehrt. Der zweite Term auf der rechten Seite von (10.4) besagt, dass die Advektion kalter oder warmer Luft lokale Druckänderungen verursacht. Die horizontale Dichteadvektion normal zur Front ist gegeben durch $-v_f \, \partial \rho / \partial n$. Da im thermischen Koordinatensystem immer $\partial \rho / \partial n > 0$ ist, ergibt sich hieraus erwartungsgemäß hinter einer Kaltfront mit $v_f < 0$ eine Erhöhung des Drucks durch Advektion von Luft mit größerer Dichte. Umgekehrt verringert sich durch Warmluftadvektion vor einer Warmfront der Luftdruck, wobei in diesem Fall $v_f > 0$.

Bilden sich an einer Front Vergenzen, dann ist das geostrophische Gleichgewicht gestört. Aus (11.7) ergeben sich zu beiden Seiten der Front Beschleunigungen der frontsenkrechten Komponente des Horizontalwinds v_n

$$\rho^{(2)} \frac{dv_n^{(2)}}{dt} - \rho^{(1)} \frac{dv_n^{(1)}}{dt} = g(\rho^{(1)} - \rho^{(2)}) \left(\tan \alpha - \frac{f}{g} \frac{\rho^{(2)} v_s^{(2)} - \rho^{(1)} v_s^{(1)}}{\rho^{(1)} - \rho^{(2)}} \right) \quad (11.18)$$

Vernachlässigt man auf der linken Seite dieser Gleichung die Dichteunterschiede, indem man dort $\rho^{(1)} = \rho^{(2)} = \rho$ setzt, und führt auf der rechten Seite gemäß (11.8) die Neigung $\tan \alpha_g$ der Front bei geostrophischem Gleichgewicht ein, dann erhält man

$$\frac{dv_n^{(2)}}{dt} - \frac{dv_n^{(1)}}{dt} = \frac{g}{\rho} (\rho^{(1)} - \rho^{(2)})(\tan \alpha - \tan \alpha_g) \quad (11.19)$$

Für $\tan \alpha > \tan \alpha_g$ steht die Front steiler als in der Gleichgewichtslage und die Beschleunigung an der Warmluftseite ist größer als an der Kaltluftseite. Irgendwann wird dann $v_n^{(2)} > v_n^{(1)}$ sein. Wegen der Gültigkeit der kinematischen Grenzflächenbedingung handelt es sich hierbei um Anafronten. Umgekehrt folgt, dass bei einer Frontlage, die flacher als im geostrophischen Gleichgewicht ist, die dadurch ausgelösten Beschleunigungen nach einer gewissen Zeit zu $v_n^{(2)} < v_n^{(1)}$ führen, was der an Katafronten vorgefundenen Situation entspricht (s. Abb. 11.8).

Die atmosphärische Strömung ist immer bestrebt, geostrophisches Gleichgewicht herzustellen. Um Fronten aus einer bestehenden Nichtgleichgewichtslage in die geostrophische Gleichgewichtslage zu drehen, muss bei einer *Kata-Warmfront* und bei einer *Ana-Kaltfront* die frontsenkrechte Komponente des Horizontalwinds betragsmäßig mit der Höhe abnehmen, während sie bei einer *Ana-Warmfront* sowie bei einer *Kata-Kaltfront* betragsmäßig mit der Höhe zunimmt.

Eine Ana-Warmfront bewegt sich relativ langsam, so dass die Partikel entlang der weitgehend parallel zur Frontfläche verlaufenden Isentropen ansteigen. Eine Kata-Warmfront muss sich hingegen so schnell verlagern, dass die daraus resultierende Relativbewegung der Luftpartikel aus dem Warmluftbereich gegen die Frontverlagerungsrichtung und somit entlang der Isentropen abwärts gerichtet ist. Aufgrund der dadurch unterbundenen Wolkenbildung bzw. -auflösung sind Kata-Warmfronten normalerweise nicht sehr wetterwirksam und zudem relativ kurzlebig. Deshalb handelt es sich bei einer Warmfront in der Regel immer um eine Ana-Warmfront, so dass diese in Zukunft der Einfachheit halber nur als Warmfront bezeichnet wird.

Bei einer Ana-Kaltfront erfolgt die Relativbewegung der Partikel im Warmluftbereich gegen die Frontverlagerungsrichtung, d. h. die warme Luft steigt an der Frontfläche entlang der Isentropen auf. Bei einer Kata-Kaltfront hingegen bewegen sich die Partikel des Warmluftbereichs in die Frontverlagerungsrichtung und entfernen sich mit zunehmender Höhe von der Front. Das geschieht entlang der in die Warmluftrichtung absinkenden Isentropen. Ana-Kaltfronten verlagern sich normalerweise langsamer als Kata-Kaltfronten. Deshalb werden sie im Englischen auch *Slow Moving* und Kata-Kaltfronten *Fast Moving Fronts* genannt. Bergeron (1928) bezeichnete die beiden Frontenarten als *Kaltfront erster* (Ana-Kaltfront) und *zweiter Art* (Kata-Kaltfront).

11.4 Fronten und Conveyor Belts

Um einen tiefergehenden Einblick in die an Fronten ablaufenden thermo-hydrodynamischen Prozesse zu erhalten, muss man von der einfachen Vorstellung der Front als materieller Fläche abgehen und komplexere Ansätze zu deren Beschreibung verfolgen. Seit etwa den 1970er Jahren existieren in der Literatur konzeptionelle Modelle, bei denen die an Fronten aufeinandertreffenden unterschiedlichen Luftmassen mit Hilfe sogenannter *Luftmassen-Transportbänder* beschrieben werden (s. z. B. Harrold 1973, Carlson 1980, Browning und Monk 1982, Browning 1986, Browning und Roberts 1996, u. a.). Diese Modelle wurden in den folgenden Jahren ständig weiterentwickelt und verfeinert. Auch heute dienen sie noch als Grundlage zahlreicher theoretischer und experimenteller Studien (z. B. Schultz 2001, 2005, Bennett et al. 2006, Field und Wood 2007, Cordeira und Bosart 2011, Schultz und Vaughan 2011).

Im Folgenden werden die Eigenschaften unterschiedlicher Frontenarten mit Hilfe der konzeptionellen *Conveyor Belt Modelle*[6] näher untersucht. Die Ausführungen stützen sich zum großen Teil auf Publikationen von Browning und Mitarbeitern aus den 1980er Jahren (z. B. Browning und Monk 1982, Browning 1986). Conveyor Belt Modelle beschreiben die Wechselwirkungen verschiedener Luftmassen im Bereich von Warm- und Kaltfronten. Hierbei handelt es sich um die an einer Warmfront aufeinandertreffenden *Transportbänder von warmer* (*Warm Conveyor Belt*) und *kalter Luft* (*Cold Conveyor Belt*), um die hinter einer Kaltfront einströmende Kaltluft sowie die trockene Luft der Höhenströmung, die auch als *Transportband trockener Luft* (*Dry Conveyor Belt*) bezeichnet wird. Alle Bewegungen der Luftmassen sind als Relativbewegungen bezüglich der Fronten zu verstehen.

---

[6] aus dem Englischen Conveyor Belt: Transportband.

Die horizontalen Ausmaße der Systeme liegen bei etwa 1000 km. Die vorgestellten Frontenmodelle beschreiben mittlere Verhältnisse, wie sie im Bereich von Westeuropa oder dem Nordatlantik anzutreffen sind. Die schematischen Abbildungen der einzelnen Fronten (Abb. 11.10–11.14) basieren weitgehend auf entsprechenden Darstellungen von Browning und Mitarbeitern, Bader et al. (1995) sowie auf den von der ZAMG im Internet veröffentlichten konzeptionellen Frontenmodellen.

11.4.1 Die Warmfront

Das wesentliche Merkmal einer (Ana-)Warmfront besteht darin, dass die Luft des warmen Transportbands entlang der Front aufgleitet (s. Abb. 11.10). In der unteren Troposphäre verläuft die Strömung zunächst noch gegen die Bodenfront. Etwa zwischen 700 und 500 hPa erreicht die aufsteigende Warmluft ihre maximale Vertikalgeschwindigkeit, die durchschnittlich etwa $10\,\mathrm{cm\,s^{-1}}$ beträgt, mitunter jedoch auch um eine Größenordnung kleiner oder größer sein kann (Harrold 1973). In der oberen Troposphäre strömt die Luft wieder horizontal auseinander. Die durch die horizontale Divergenz entstehende antizyklonale relative Vorticity (s. Abschn. 5.3) führt in der Höhe zu einem antizyklonalen Verlauf des Warm Conveyor Belts, der weitgehend parallel zum Jetstream gerichtet ist, wobei die *Jetachse* selbst etwa parallel zur Bodenwarmfront verläuft. Während des Aufsteigens gelangt die warme Luft aus den weniger stabilen bodennahen Schichten in die stabilere hohe Troposphäre, d. h. die Luft wird vertikal komprimiert. Das führt wegen der Erhaltung der potentiellen Vorticity zur Abnahme von relativer Vorticity, was in der hohen Troposphäre ebenso zum antizyklonalen Abbiegen des Warm Conveyer Belts beiträgt.

Die Luft im kalten Transportband besitzt in der unteren Troposphäre zunächst ebenfalls eine Bewegungskomponente auf die Warmfront zu, sinkt dabei entlang der Isentropen antizyklonal ab, bis sie parallel zur Warmfront strömt und wieder ansteigt. Der weitere Verlauf des kalten Transportbands kann unterschiedlich sein. In frühen Studien wurde angenommen, dass die kalte Luft zyklonal um das Zentrum des Tiefs strömt (zyklonaler Verlauf), um dann in der unteren Troposphäre auf die Rückseite der Kaltfront zu gelangen (Bjerknes 1919). Carlson (1980) stellte ein *konzeptionelles Zyklonenmodell* vor, bei dem der Cold Conveyor Belt zum Zentrum des Tiefs strömt, dort stark antizyklonal abbiegt (antizyklonaler Verlauf) und dann in die obere Troposphäre aufsteigt, um hier weitgehend parallel zum warmen Transportband zu verlaufen. Diese Vorstellung wurde in vielen nachfolgenden konzeptionellen Modellen und Lehrbüchern übernommen (z. B. Browning 1990, Bluestein 1993) und führte zu der Annahme, dass sich das kalte Transportband in eine zyklonal und eine antizyklonal strömende Komponente aufspalten kann.

In einer kritischen Untersuchung des von Carlson vorgestellten Modells wies Schultz (2001) auf einige Probleme und Ungereimtheiten dieses Ansatzes hin und kam zu dem Schluss, dass der zyklonale Verlauf des Cold Conveyor Belts der wahrscheinlichere ist, während der antizyklonal strömende Anteil eher einen Übergangsbereich zwischen kaltem und warmem Transportband darstellt.

11.4 Fronten und Conveyor Belts

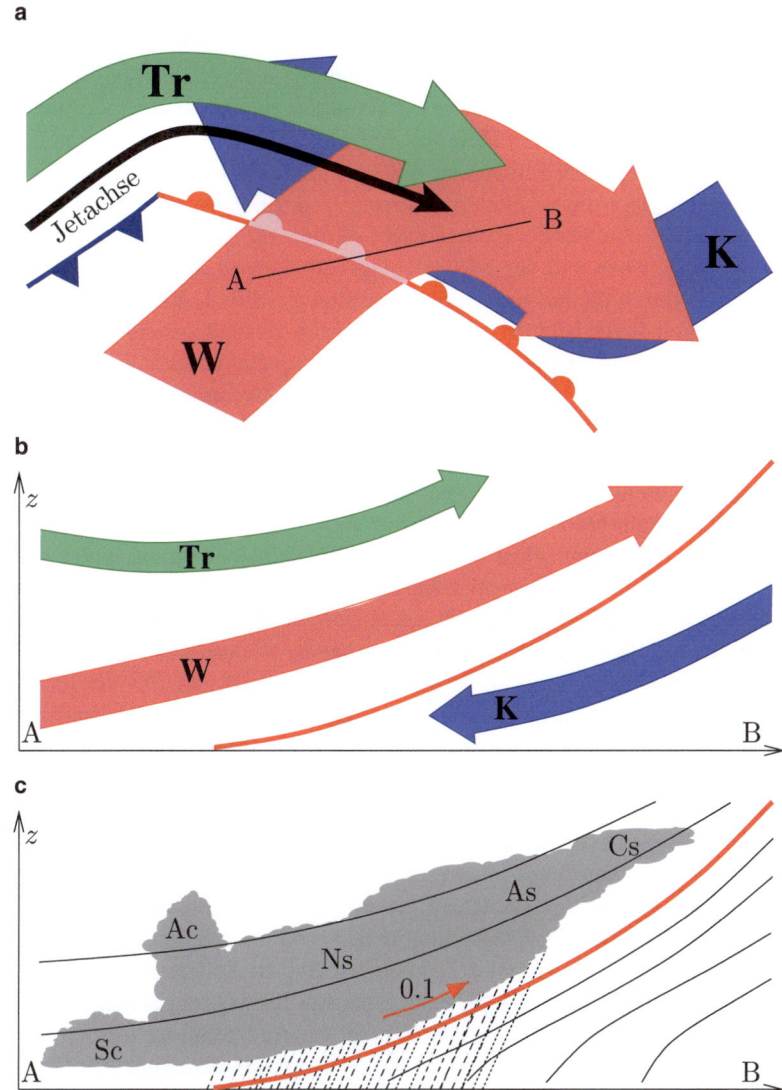

Abb. 11.10 Schematische Darstellung einer Warmfront. **a** Horizontaler Verlauf von kaltem (K), trockenem (Tr) und warmem Transportband (W) sowie Jetachse. **b, c** Vertikalschnitte entlang der Linie (A, B) in (**a**). **b** Verlauf der verschiedenen Transportbänder relativ zur Front. **c** θ_e-Isentropen, Bewölkungsarten, Niederschlag und Vertikalbewegung in m s^{-1} (*Pfeil*)

Durch die im warmen Transportband bei der Wolkenbildung freigesetzte latente Wärme werden die Isentropen deformiert, was zur Erzeugung von *potentieller Vorticity* (PV) im darunter verlaufenden kalten Transportband führt (s. Abschn. 7.3). Diese diabatisch entstandene PV-Anomalie wird mit der kalten Luft zum Zentrum des Tiefs transportiert und kann dort die zyklonale Rotation erheblich verstärken (Stoelinga 1996, Rossa et al. 2000).

Insgesamt liegt an der Warmfront in Bodennähe Konvergenz und in der Höhe Divergenz vor. Während die entlang der Frontfläche entstehenden Aufgleit- und Absinkbewegungen bereits mit Hilfe des einfachen Modells der Diskontinuitätsfläche nullter Ordnung in der Temperatur erklärbar sind (s. Abb. 11.8), können hiermit keine Aussagen über die vertikalen Änderungen der horizontalen Strömungsrichtungen von kalter und warmer Luft gemacht werden.

Die Wolkenformen und das Niederschlagsverhalten an der Warmfront werden hauptsächlich durch die aufsteigende warme Luft bestimmt, die bei genügend hohem Feuchtegehalt zur Bildung eines zur Front hin vertikal ansteigenden Wolkensystems führt (s. Abb. 11.10c). In der hohen Troposphäre entsteht hierbei stratiforme Bewölkung in Form von *Cirrostratus* (Cs) und Altostratus (As). Die *Cirruswolken* sind häufig 500–800 km vor der Bodenfront zu beobachten und stellen die ersten sichtbaren Anzeichen der herannahenden Warmfront dar. Mitunter ist das Wolkensystem nicht geschlossen, sondern durch horizontal verlaufende wolkenfreie Schichten unterbrochen. Die vertikale Verteilung der Wolken verläuft häufig steiler als die Warmfront selbst und endet in deutlichem Abstand hinter ihr, was auf Absinkbewegungen in diesem Bereich hindeutet. Die mit der Wolkenbildung verbundenen Niederschläge führen zu einem Feuchteanstieg des unter dem warmen Transportband verlaufenden kalten Transportbands, so dass sich über und vor der Bodenfront ein im Extremfall bis zu 8 km hochreichender und 200–300 km breiter Nimbostratus (Ns) mit ergiebigen Niederschlägen bilden kann. Unterhalb der Altostratus und Cirrostratus Bewölkung sind die Sichtverhältnisse aufgrund der dort absinkenden kalten Luft sehr gut, während sie sich im Regengebiet deutlich verschlechtern. Teilweise kommt es dort zur *Nebelbildung*.

Das Eintreffen der Bodenwarmfront kündigt sich durch auffrischenden Wind an, der unmittelbar vor dem Frontdurchgang maximal wird. Beim Durchgang der Front dreht die Windrichtung im Uhrzeigersinn, d. h. in Strömungsrichtung gesehen nach rechts. Der zyklonale Windsprung an der Front ist mit einem Vorticitymaximum verbunden. Zusammen mit der reibungsbedingten Konvergenz bilden sich an der Bodenfront im Sommer häufig hochreichende Konvektionszellen mit teilweise heftigen Gewittern. Der die Frontverlagerung beschreibende isallobarische Wind resultiert aus einem mäßig starken präfrontalen Druckfall, der gemäß der Drucktendenzgleichung auf die Advektion warmer Luft zurückzuführen ist (s. zweiter Term auf der rechten Seite von (10.4)) und in der Nähe der Bodenfront maximal wird.

Nach der Frontpassage bleibt der Luftdruck weitgehend konstant. Die im kalten Transportband vor der Warmfront absinkende Luft erwärmt sich trockenadiabatisch, allerdings wirkt die Verdunstungsabkühlung des präfrontal fallenden Niederschlags dieser Erwärmung entgegen, so dass bei starker Verdunstung insgesamt ein leichter Temperaturrückgang resultieren kann. Bei Inversionslagen mit einer relativ kalten Bodenluftschicht kann es bereits deutlich vor dem Eintreffen der Bodenwarmfront zu einem starken Temperaturanstieg kommen, dadurch dass die bodennahe Inversion aufgelöst wird. Nach Frontdurchgang ist eine spürbare Erwärmung zu beobachten mit anschließend weitgehend konstanten Temperaturen.

Die an der Bodenfront häufig beobachteten Gewitter mit schauerartigen Niederschlägen treten vor allem im Sommer auf, da in dieser Jahreszeit im Warmluftbereich eine geringere atmosphärische Stabilität vorliegt als im Winter. Insbesondere wenn die bodennahe feuchtwarme Luft des warmen Transportbands in der Höhe von dem trockenen Transportband überströmt wird (s. Abb. 11.10b), entstehen Bereiche mit erhöhter *potentieller Instabilität*, in denen θ_e mit der Höhe abnimmt (s. auch Abschn. 4.1). Durch die großräumigen Hebungsprozesse entwickeln sich zunächst in der unteren Troposphäre stratiforme Wolkenfelder. Mit zunehmender Labilisierung durch Hebung und Freisetzung von latenter Wärme bilden sich Stratocumulus Wolken, aus denen im weiteren Verlauf in der mittleren und höheren Troposphäre spontan Altocumuli oder teilweise auch Gewitter entstehen können.

Unter bestimmten Umständen kann eine Warmfront am Boden eine Abkühlung verursachen. Das geschieht beispielsweise, wenn im Sommer wolkenreiche maritime Warmluft über wolkenarme polare Luft geführt wird, die zuvor in Bodennähe durch die solare Einstrahlung stark aufgeheizt wurde, oder wenn in gebirgigen Gelände die bodennahe Luft aufgrund von Föhneffekten sehr warm ist. In diesen Fällen spricht man von einer *maskierten Warmfront*.

11.4.2 Die Ana-Kaltfront

Die charakteristischen Eigenschaften einer Ana-Kaltfront sind in gewisser Weise mit denen einer Warmfront vergleichbar, allerdings gibt es auch einige wesentliche Unterschiede. Abb. 11.11 zeigt eine schematische Darstellung der Ana-Kaltfront. Die hinter der Bodenfront einfließende Kaltluft sinkt entlang der Isentropen trockenadiabatisch ab, so dass sich ein Kaltluftkeil unter die Warmluft schiebt. Aus der zur Kaltfront hin gerichteten Relativbewegung des Warm Conveyor Belts resultieren an und hinter der Bodenfront Aufgleitbewegungen. Ähnlich wie bei der Warmfront sind die Vertikalbewegungen im Bereich der Bodenfront am stärksten. Allerdings sind sie an der Kaltfront intensiver, da diese wegen der Bodenreibung in der unteren Atmosphäre deutlich steiler verläuft und sich außerdem schneller verlagert als die Warmfront. Neben den aus dem zyklonalen Windsprung und der reibungsbedingten Konvergenz resultierenden Vertikalbewegungen beobachtet man vor der Kaltfront häufig einen *Low Level Jet* (s. z. B. Browning und Harrold 1970, Browning und Pardoe 1973, Wakimoto und Bosart 2000, Mahoney und Lackmann 2007), der aus der hohen Baroklinität in den untersten atmosphärischen Schichten resultiert und die horizontale Windscherung an der Bodenfront weiterhin verstärkt (vgl. auch Abschn. 8.3). Diese Baroklinität kann insbesondere im Sommer sehr ausgeprägt sein, wenn die solare Strahlung die Luft des warmen Transportbands stark erwärmt.

Die hohen Vorticitywerte im unmittelbaren Bereich der Bodenfront korrespondieren mit den dort vorgefundenen starken Vertikalbewegungen. Nach dem relativ abrupten Aufsteigen der Warmluft an der Bodenfront verläuft die weitere postfrontale Vertikalbewegung deutlich schwächer, so dass sich hinter der Ana-Kalt-

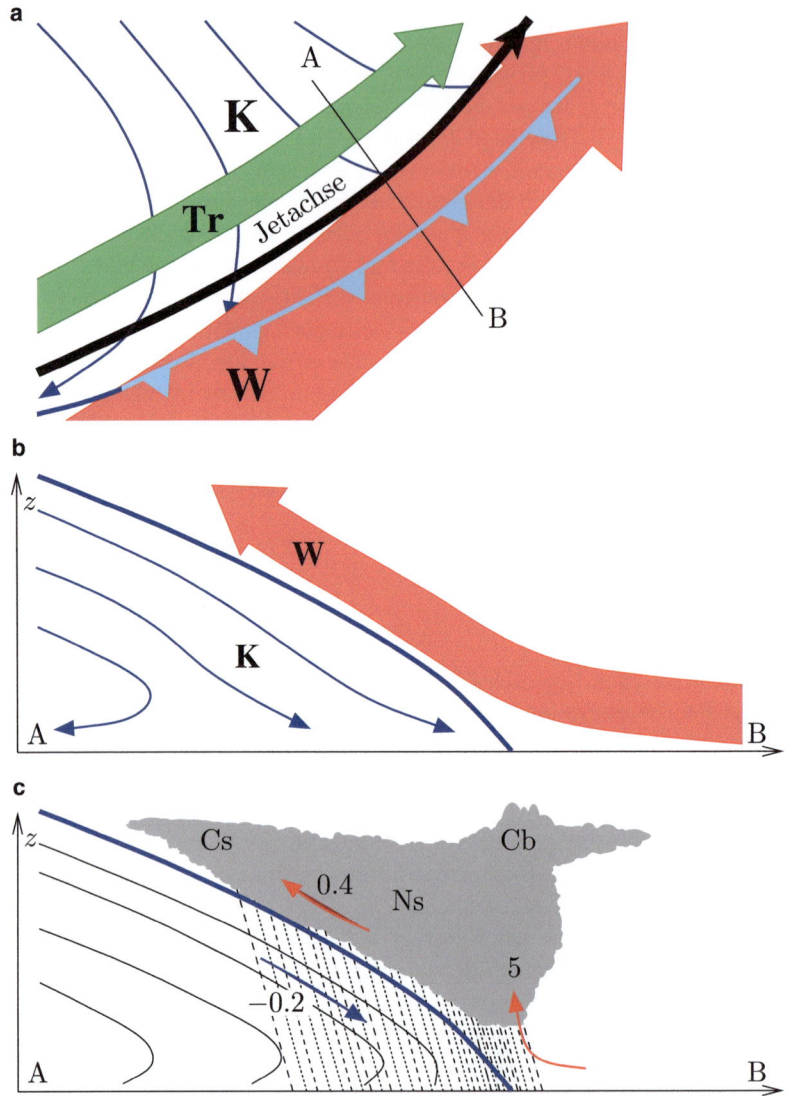

Abb. 11.11 Schematische Darstellung einer Ana-Kaltfront. **a** Horizontaler Verlauf von trockenem (Tr) und warmem Transportband (W) sowie Jetachse. **b**, **c** Vertikalschnitte entlang der Linie (A, B) in (**a**). **b** Auf- und Abgleitbewegungen entlang der Front. **c** θ_e-Isentropen, Bewölkungsarten, Niederschlag und Vertikalbewegungen in m s^{-1} (*Pfeile*)

front durch die großskaligen Hebungsprozesse stratiforme Niederschlagsfelder bilden. Charakteristische Werte von Vertikalbewegungen an Ana-Kaltfronten sind in Abb. 11.11c eingezeichnet (nach Browning 1986). Aus den Vertikalbewegungen im Warm Conveyor Belt resultiert an der Bodenfront ein parallel dazu verlaufendes nur wenige Kilometer breites Gebiet mit linienhafter Konvektion, die mit starken Niederschlägen verbunden ist.

Der postfrontal in den Kaltluftbereich fallende stratiforme Niederschlag verdunstet dort, so dass die Verdunstungsabkühlung die durch das Absinken hervorgerufene Erwärmung der Kaltluft kompensiert. Gleichzeitig führt der Feuchteanstieg zu einer deutlichen Verringerung der Sichtweite. Erst in größerem Abstand hinter der Front sind die unmittelbar mit dem Absinken der kalten Luft verbundenen Wettererscheinungen, nämlich adiabatische Erwärmung und Verbesserung der Sichtweite, zu beobachten. Die mit der Warmfront einhergehende Cirrus Bewölkung ist an der Ana-Kaltfront deutlich geringer oder fehlt mitunter völlig. Der Grund hierfür liegt in der trockenen Höhenströmung, die weitgehend parallel zum warmen Transportband verläuft (s. Abb. 11.11a).

Das Herannahen der Bodenfront macht sich durch ein Rückdrehen des Bodenwinds (Drehung gegen den Uhrzeigersinn, d. h. nach links in Strömungsrichtung gesehen) bemerkbar. Unmittelbar vor der Front weht der Wind weitgehend frontparallel und kann bei Vorhandensein eines Low Level Jets stürmisch auffrischen. Der zyklonale Windsprung entspricht einer deutlichen Rechtsdrehung des Bodenwinds bei Frontdurchgang, wobei der im Bereich der Bodenfront zunächst böige Wind in größerem Abstand hinter der Front mehr und mehr abflaut. Der Frontdurchgang macht sich durch eine deutliche Abkühlung bemerkbar, die neben der Advektion kalter Luft zusätzlich durch die Verdunstung des Niederschlags im Kaltluftbereich verstärkt wird. Dementsprechend ist der Feuchterückgang nur schwach ausgeprägt. Die die Frontverlagerung steuernde Drucktendenz ist gekennzeichnet durch einen leichten präfrontalen Druckfall und einen postfrontalen, mitunter starken Druckanstieg. Gemäß (10.4) sind die Druckänderungen auf die Vergenzen des horizontalen Winds in der Höhe und auf die Warm- bzw. Kaltluftadvektion zurückzuführen.[7]

Im Winter kommt es beim Durchzug von Ana-Kaltfronten gelegentlich vor, dass die in größeren Höhen als Schnee gebildeten Hydrometeore beim Fallen zunächst schmelzen, beim Erreichen der bodennahen Kaltluftschicht mit Temperaturen unter 0 °C aber wieder so stark abkühlen, dass sie noch in der Luft gefrieren, oder sie unterkühlen sehr stark und gefrieren spontan beim Auftreffen auf die kalte Erdoberfläche. Beides führt zur Bildung von *Glatteis*. Im ersten Fall handelt es sich um *Eiskörner*, im zweiten Fall um *unterkühlten Regen*, der auch *Eisregen* genannt wird. Eine weitere Möglichkeit zur Bildung von Glatteis besteht darin, dass Regen, der wärmer als 0 °C ist, auf die Erdoberfläche mit einer Temperatur deutlich unter 0 °C fällt. Diese Niederschlagsform wird als *gefrierender Regen* bezeichnet.

---

[7] Bei verschwindender Vertikalbewegung am Erdboden entfällt die kompensatorische Wirkung des letzten Terms auf der rechten Seite von (10.4).

11.4.3 Die Kata-Kaltfront

Während bei der Ana-Kaltfront das warme Transportband hinter der Bodenkaltfront in der Höhe weitgehend parallel zum Jetstream verläuft, ist dies bei der Kata-Kaltfront nicht der Fall. Hier kreuzt die Richtung der Höhenströmung die des Warm Conveyor Belts (s. Abb. 11.12a), so dass die zunächst an der Kaltfront aufgleitende warme Luft von der relativ trockenen Höhenluft überströmt und dadurch in die Verlagerungsrichtung der Kaltfront umgelenkt wird. Als Folge hiervon ergibt sich an der Kata-Kaltfront eine im Vergleich zur Ana-Kaltfront deutlich unterschiedliche Bewölkungs- und Niederschlagsverteilung.

Die Wolken bilden sich vornehmlich präfrontal, wobei die Wolkenobergrenzen oft nur bis in eine Höhe von etwa 3–5 km reichen. Die Luft im trockenen Transportband besitzt relativ niedrige Werte der pseudopotentiellen Temperatur. Als Folge hiervon können sich vor der Kaltfront Bereiche mit potentieller Instabilität bilden, wo es zu konvektiven Prozessen mit Cumulus Wolkenbildung kommen kann, aus denen sich vor allem im Sommer heftige Gewitter entwickeln können. Dieser Vorgang wurde bereits bei der Warmfront angesprochen. Mit zunehmendem Abstand von der Bodenfront steigt die Luft der Höhenströmung und des warmen Transportbands entlang der Isentropen wieder auf und es stellen sich die bei der Warmfront beschriebenen Strömungsverhältnisse ein.

Bei der Kata-Kaltfront fehlt häufig das an der Ana-Kaltfront beobachtete schmale konvektive Niederschlagsband im Bereich der Bodenfront. Da der Niederschlag im Wesentlichen präfrontal fällt, wird nicht die hinter der Front einfließende kalte Luft, sondern die Luft im Warmluftbereich durch die Verdunstung der fallenden Hydrometeore abgekühlt. Als Folge hiervon ist der Temperaturrückgang an der Kata-Kaltfront deutlich geringer als der an der Ana-Kaltfront. Wenn im Winter hinter einer Kaltfront relativ milde maritime Luft einfließt, kann bei vorheriger starker Abkühlung der bodennahen Schichten der mit der Kaltfront einhergehende Luftmassenwechsel mitunter zu einer Erwärmung der untersten Luftschichten führen. In diesem Fall spricht man von einer *maskierten Kaltfront*.

Wie bereits erwähnt, verlagert sich die Kata-Kaltfront vergleichsweise schnell, so dass die Frontpassage durch kräftige Böen mit teilweise Sturm- oder Orkanstärke gekennzeichnet ist. Auch nach Durchzug der Front bleibt, im Gegensatz zur Ana-Kaltfront, der Wind stark. Hinter der Bodenfront stellt sich durch die Absinkbewegungen und das Ausbleiben der Verdunstungsabkühlung eine spürbare Wetterbesserung ein mit sehr guten Sichtverhältnissen und relativ geringen Taupunktstemperaturen. Am Boden ist die Frontneigung reibungsbedingt zunächst steil, nimmt aber mit der Höhe rasch ab und geht in eine mehr oder weniger horizontale Lage über. Das steht im Einklang mit der oben geführten Diskussion von (11.19), wonach Katafronten flacher verlaufen als Anafronten.

Die in Mitteleuropa auftretenden *Zyklonen* entwickeln sich häufig über dem Atlantik an einer wellenförmigen Deformation der Frontalzone, die wie bereits erwähnt auch als *Frontalwelle* bezeichnet wird. An der Frontalwelle bilden sich die

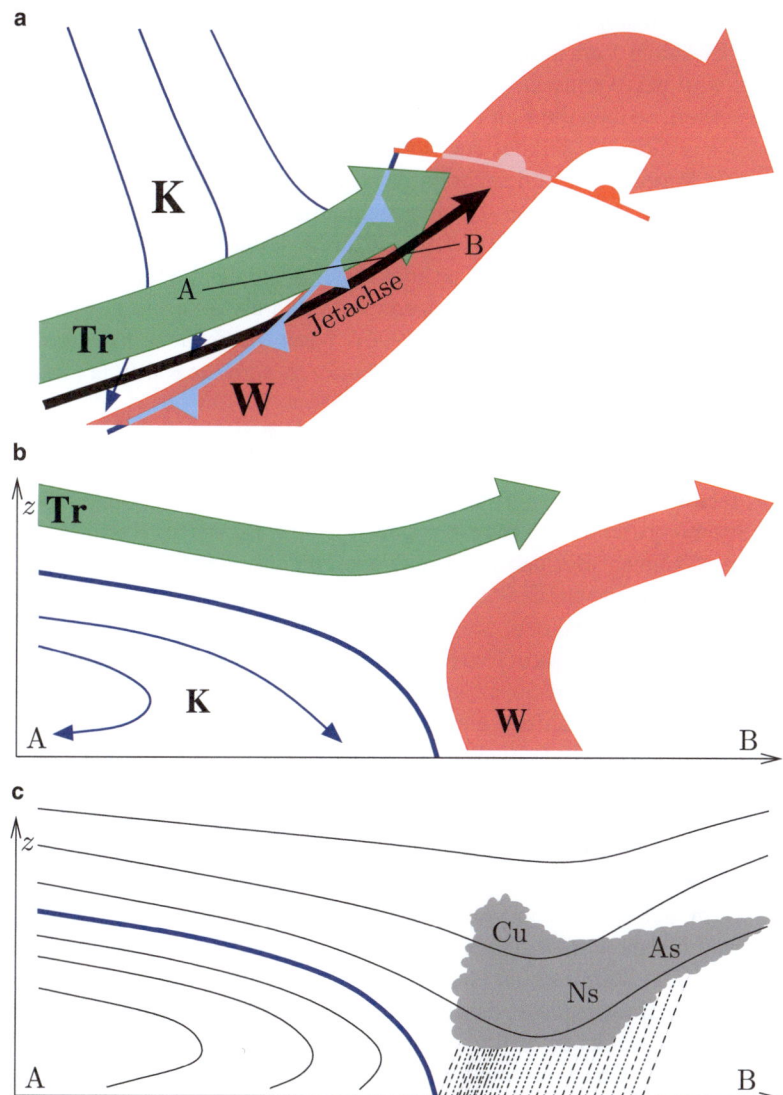

Abb. 11.12 Schematische Darstellung einer Kata-Kaltfront. **a** Horizontaler Verlauf von trockenem (Tr) und warmem Transportband (W) sowie Jetachse. **b**, **c** Vertikalschnitte entlang der Linie (A, B) in (**a**). **b** Verlauf der beiden Transportbänder relativ zur Front. **c** θ_e-Isentropen, Bewölkungsarten und Niederschlag

Warm- und die Kaltfront der jungen *Frontalzyklone*, wobei es sich zunächst um eine Ana-Kaltfront handelt. Der *Warmsektor* (manchmal auch *Warmluftsektor*) der Zyklone befindet sich zwischen diesen beiden Fronten, die zu Beginn der Zyklogenese noch einen sehr großen Winkel miteinander bilden. Hierbei spricht man auch von einer *Warmsektorzyklone*.[8] Durch die Hebung der warmen Luft und das Einströmen der kalten Luft in die untere Troposphäre vor der Warm- und hinter der Kaltfront wird der Warmsektor mit der Zeit immer kleiner, bis dieser den Bodenkontakt verliert, so dass die Kaltfront mit der Warmfront verschmilzt. Dieser in der *Norwegischen Schule* (Bjerknes und Solberg 1922, Bergeron 1928) als *Okklusion* bezeichnete Vorgang wird im nächsten Abschnitt näher erörtert. Im weiteren Verlauf ändert sich im Bereich des Tiefdruckzentrums die Lage des Jetstreams relativ zur Bodenkaltfront, d. h. dort entwickelt sich aus der Ana-Kaltfront allmählich eine Kata-Kaltfront. Somit kann eine Kaltfront in der Nähe des Tiefdruckzentrums als Katafront und in größerem Abstand davon weiterhin als Anafront in Erscheinung treten (s. z. B. Browning und Roberts 1996). Wenn die Zyklone das europäische Festland erreicht, liegt in der Nähe des Tiefdruckzentrums die Kaltfront meistens in Form einer Kata-Kaltfront vor (Browning und Monk 1982).

Vergleicht man Ana- und Kata-Kaltfronten miteinander, dann ergibt sich als wichtigstes Unterscheidungsmerkmal beider Fronttypen die Richtung des Jetstreams relativ zum warmen Transportband. Bereits ein kleiner Winkel zwischen beiden Strömungsrichtungen kann genügen, um die Kaltfront als Katafront charakterisieren zu können. Bei den in Nordwesteuropa auftretenden Zyklonen kommt es jedoch sehr häufig vor, dass mit fortschreitender Zyklogenese der Winkel zwischen dem trockenen und dem warmen Transportband immer größer wird, bis die trockene Höhenluft den Warm Conveyor Belt in einem nahezu senkrechten Winkel überströmt. In diesen Situationen kann in der mittleren Troposphäre in größerem Abstand vor der Bodenkaltfront eine weitere frontartige Struktur entstehen, die die an der Kaltfront absinkende trockene Höhenströmung von der feuchtwarmen Luft des aufsteigenden warmen Transportbands trennt.

Browning und Monk (1982) untersuchten mehrere Kata-Kaltfronten über Großbritannien, bei denen vor der Bodenkaltfront in der Höhe eine weitere Kaltfront existierte. Typischerweise betrugen die Abstände zwischen beiden Fronten etwa 300–500 km, gelegentlich aber auch nur 100 km. Deshalb bezeichneten sie in solchen Situationen die Kata-Kaltfront als *Splitfront*. Weiterhin stellten sie fest, dass es sich bei der *Höhenkaltfront*, im Gegensatz zur eigentlichen Kaltfront, weniger um eine Temperaturfront handelte, d. h. die Werte der potentiellen Temperatur in beiden Luftmassen unterschieden sich nur unwesentlich voneinander. Vielmehr drückte sich der fronthafte Charakter in einem starken Gradienten der spezifischen Feuchte und damit der pseudopotentiellen Temperatur θ_e aus.

Locatelli et al. (1995, 2002a, b, 2005a, b) analysierten zahlreiche Kata-Kaltfronten in Europa und den USA. Zusätzlich zu den starken Feuchtegradienten fanden sie jedoch auch Bereiche mit erhöhter Baroklinität und frontogenetisch wirksamen Strömungen und sprachen in diesem Zusammenhang von Kaltfronten mit vorlaufender Höhenkaltfront. Zu ähnlichen Ergebnissen kam Koch (2001) bei der Studie einer Splitfront mit Hilfe eines mesoskaligen numerischen Wettervorhersagemodells und Messungen des operationellen WSR-88D Radarnetzes der USA. Bei der

---

[8] Eine ausführliche Beschreibung der Zyklogenese erfolgte bereits in Abschn. 10.1.

Analyse zweier winterlicher Zyklonen in den USA fanden Grim et al. (2007) in einer Zyklone lediglich eine Feuchtefront in der Höhe, bei der anderen Zyklone jedoch sowohl hohe Feuchte- als auch hohe Temperaturgradienten. In dem von Hobbs et al. (1996) vorgestellten *STORM-Zyklonenmodell* für Zyklonen, die sich im Lee der Rocky Mountains entwickeln, wurde die große Bedeutung der in der Höhe vorlaufenden Kaltfront für die Niederschlagsbildung hervorgehoben. Weiterhin betonten die Autoren, dass die Bildung von vorlaufenden Höhenkaltfronten nicht mit dem klassischen *Norwegischen Zyklonenmodell* vereinbar sei, so dass die Verwendung dieses einfachen konzeptionellen Modells mitunter zu großen Vorhersagefehlern führen kann (s. Abschn. 10.2).

Abb. 11.13 zeigt schematisch die wichtigsten Eigenschaften einer Splitfront im Horizontal- und Vertikalschnitt. Häufig befindet sich die Höhenkaltfront im Ausgangsbereich eines Jetstreaks, auf dessen zyklonaler Seite eine *Dry Intrusion* stattfindet.[9] Die trockenadiabatisch absinkende stratosphärische Luft besitzt wegen der Erhaltung der potentiellen Vorticity und der entlang der Isentropen stattfindenden vertikalen Streckung im Ausgangsbereich des Jetstreaks in der mittleren und oberen Troposphäre hohe zyklonale Vorticity, so dass hier ein Bereich mit maximaler *differentieller Vorticityadvektion*, d. h. starkem Hebungsantrieb, vorliegt. Dieser Hebungsantrieb wird durch den *Diffluenzeffekt* weiter verstärkt (s. Abschn. 4.6). Zusätzlich entsteht dort, wo die Dry Intrusion das warme und feuchte Transportband überströmt, hohe potentielle Instabilität (Browning et al. 1995, Browning 1997). Somit sind die optimalen Voraussetzungen für die Entwicklung hochreichender Konvektion mit heftiger Gewitterbildung geschaffen. Die damit verbundenen starken Niederschläge sind oft linienhaft parallel zur Höhenkaltfront ausgerichtet und nur wenige Kilometer breit.

Umgekehrt wird auf der antizyklonalen Seite im Delta des Jetstreaks die Absinkbewegung der trockenen troposphärischen Höhenluft durch den Diffluenzeffekt verstärkt. In der mittleren Troposphäre dreht die absinkende Luft antizyklonal nach rechts ab, so dass insgesamt durch den fehlenden Hebungsantrieb und die geringe Feuchte der abgesunkenen Höhenluft die Bildung hochreichender Cumulonimben unterbunden wird. Damit ergibt sich entlang der Höhenkaltfront eine zum Zentrum des Tiefs hin zunehmende Wolkenhöhe.

Hinter der Höhenkaltfront bildet sich unter dem trockenen Transportband eine Absinkinversion, d. h. dort ist nur relativ flache Stratocumulus Bewölkung mit vergleichsweise geringen Niederschlägen anzutreffen. Mitunter bilden sich auch hier Cumuli mit daraus resultierenden schauerartig verstärkten Niederschlägen. Zwischen der Boden- und der *Höhenfront* ist innerhalb der atmosphärischen Grenzschicht der Taupunkt vergleichsweise hoch und die Sichtweite entsprechend gering. Häufig entwickelt sich hier *Nebel*. An und hinter der Bodenfront sind die Wettererscheinungen ähnlich wie bereits oben bei der Kata-Kaltfront beschrieben. An der

---

[9] In der Abbildung ist die Höhenkaltfront mit einer gestrichelten Linie gezeichnet, um anzudeuten, dass es sich hierbei nicht um eine Höhenkaltfront im klassischen Sinn, sondern gegebenenfalls nur um eine Feuchtefront handelt.

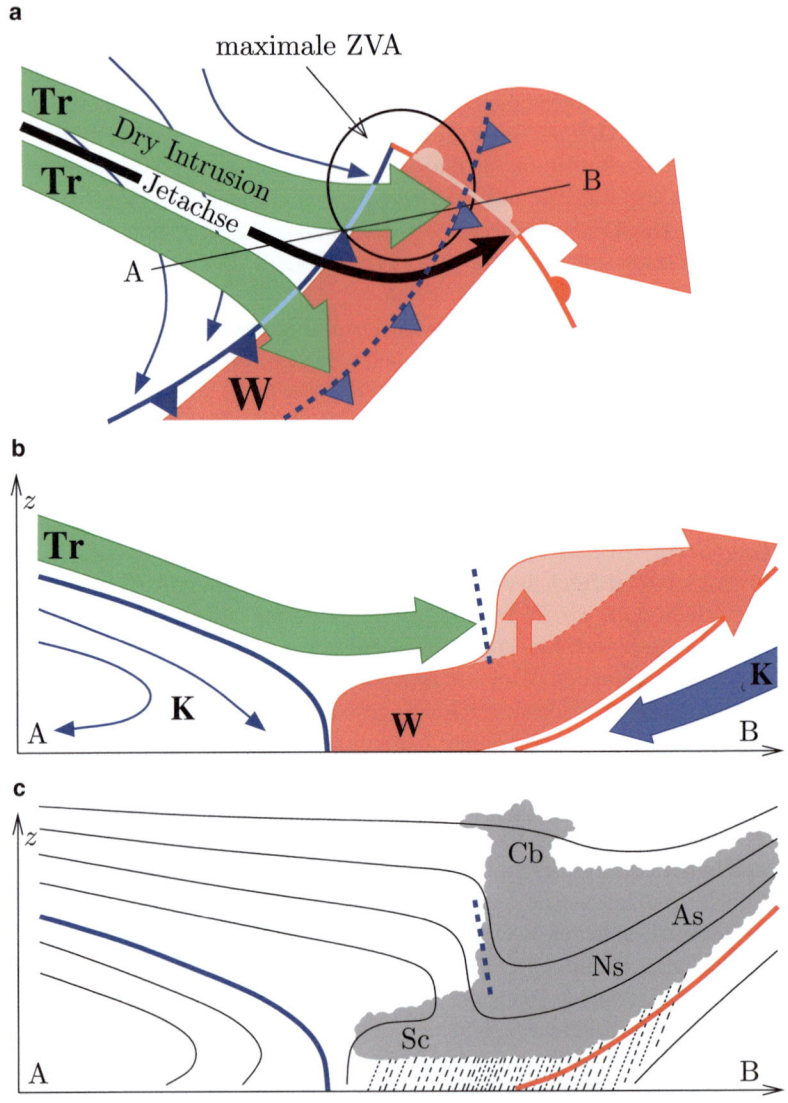

Abb. 11.13 Schematische Darstellung einer Splitfront. **a** Horizontaler Verlauf der Dry Intrusion, des trockenen (Tr) und warmen Transportbands (W), Jetachse und Gebiet mit maximaler zyklonaler Vorticityadvektion (ZVA). **b**, **c** Vertikalschnitte entlang der Linie (A, B) in (**a**). **b** Verlauf der verschiedenen Transportbänder relativ zu den Fronten. **c** θ_e-Isentropen, Bewölkungsarten und Niederschlag

Warmfront gleitet die Luft des Warm Conveyor Belts auf, so dass hier, abgesehen von dem Bereich, wo sich die Höhenkaltfront über der Warmfront befindet, die oben diskutierten charakteristischen Wolken- und Niederschlagsprozesse stattfinden.

11.4.4 Die Okklusionsfront

Einer der Hauptkritikpunkte am Norwegischen Zyklonenmodell besteht in der Darstellung des Okklusionsprozesses. Nach Bjerknes und Solberg (1922) wird die Okklusion als ein Vorgang betrachtet, der, durch die unterschiedlichen Geschwindigkeiten von Kalt- und Warmfront ausgelöst, dazu führt, dass die Kaltfront die Warmfront allmählich einholt. In einem größeren Abstand vom Tiefdruckzentrum treffen beide Fronten an einem Punkt, dem *Okklusionspunkt*, erstmals aufeinander, so dass der Warmsektor zwischen diesem Punkt und dem Zentrum des Tiefs von beiden Fronten eingeschlossen wird. Das wird von Bjerknes und Solberg als *Seklusion* bezeichnet. Im weiteren Verlauf schiebt sich die kalte Luft vollständig unter die eingeschlossene Warmluft. Wenn diese den Bodenkontakt verloren hat, ist die Okklusion vollzogen und es bildet sich eine *Okklusionsfront*, welche die kalte Luft vor der Warmfront von der kalten Luft hinter der Kaltfront trennt.

In Abb. 11.14a ist die dem Norwegischen Zyklonenmodell zugrunde liegende Annahme der Okklusion an Diskontinuitätsflächen nullter Ordnung dargestellt. Abhängig davon, welche der beiden Luftmassen kälter ist, wird die Okklusion als *warme Okklusion* (*Warmfront-Okklusion*) ($K_1 > K_2$) oder *kalte Okklusion* (*Kaltfront-Okklusion*) bezeichnet ($K_1 < K_2$) (vgl. auch Abb. 10.6). Bei der *neutralen Okklusion* sind die Temperaturen auf beiden Seiten der Okklusionsfront weitgehend gleich ($K_1 = K_2$), so dass die Front senkrecht steht und sich nur noch an der Konvergenz und dem zyklonalen Windsprung erkennen lässt. Stoelinga et al. (2002) nannten diese Methode zur Klassifizierung der Okklusionsfronten die *Temperaturregel*. Basierend auf ihren Modellvorstellungen, schlossen Bjerknes und Solberg, dass in Europa die Kaltfront-Okklusion eher im Sommer und die Warmfront-Okklusion eher im Winter auftritt.

Mit der vereinfachten Darstellung der Fronten als Diskontinuitätsflächen nullter Ordnung kann man die tatsächlich stattfindenden Prozesse an Okklusionsfronten jedoch nur unzureichend beschreiben. Als wesentlich erfolgreicher erweist sich hierfür die von Stoelinga et al. (2002) vorgeschlagene Betrachtung der Fronten als Diskontinuitätsflächen erster Ordnung bezüglich der (potentiellen) Temperatur (s.

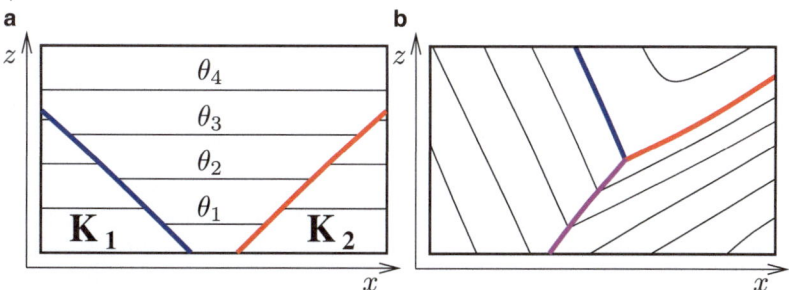

Abb. 11.14 Kalt- und Warmfront als Diskontinuitätsflächen nullter Ordnung (**a**) und Okklusionsfront an Diskontinuitätsflächen erster Ordnung (**b**). *Durchgezogene Linien*: Isentropen

Abb. 11.14b). Anstatt zur Bestimmung der Okklusionsform die prä- und postfrontalen Temperaturunterschiede zu betrachten, erscheint es jetzt viel sinnvoller, hierfür die hydrostatische Stabilität der Luft heranzuziehen. Diese ist hinter der Kaltfront im Allgemeinen viel geringer als vor der Warmfront, was man aus den unterschiedlichen Neigungen der Isentropen vor und hinter beiden Fronten unmittelbar sehen kann.[10] Stoelinga et al. bezeichneten diese Methode zur Klassifizierung der Okklusion als *statische Stabilitätsregel*. Wenn die statisch weniger stabile Luft auf die statisch stabilere Luft aufgleitet, sprachen sie von warmer Okklusion und im umgekehrten Fall, bei dem die statisch stabilere Luft sich unter die weniger stabile Luft schiebt, von kalter Okklusion.

Da sich hinter der Kaltfront normalerweise die statisch weniger stabile Luft befindet, gleitet diese auf die Warmfront auf, so dass in den meisten Fällen eine warme Okklusion stattfindet. Tatsächlich stellt sich die Frage, ob es überhaupt zu einer kalten Okklusion kommen kann, und wenn, unter welchen Bedingungen (Schultz und Vaughan 2011). Beispielsweise stehen die Beobachtungen von Schultz und Mass (1993) im Einklang mit der statischen Stabilitätsregel und zeigen, dass die kalte Okklusion eher die seltene Ausnahme darstellt. Schließlich scheint es erwähnenswert, dass sich aus der Stabilitätsregel auch die Möglichkeit ergibt, dass die Okklusionsfront bei einer warmen Okklusion als nach vorne geneigte Kaltfront in Erscheinung treten kann (Schultz und Steenburgh 1999, Stoelinga et al. 2002).

In einer kritischen Auseinandersetzung mit den Aussagen des Norwegischen Zyklonenmodells bezüglich des Okklusionsprozesses stellten Schultz und Vaughan (2011) neben der Unzulänglichkeit der Temperaturregel die folgenden Behauptungen in Frage:

- Die Okklusion findet dadurch statt, dass die Kaltfront die Warmfront einholt.
- Nach der Okklusion beginnt das Tiefdruckgebiet sich aufzufüllen.
- Die Wettererscheinungen an der Okklusionsfront sind durch das präfrontale Wetter der Warmfront und das postfrontale Wetter der Kaltfront geprägt.

Zunächst stellten sie fest, dass man mit Hilfe numerischer Experimente zeigen kann, dass selbst in divergenzfreien horizontalen Strömungen okklusionsähnliche Strukturen entstehen können, indem sich der Abstand zwischen Kalt- und Warmfront mit der Zeit immer weiter verringert. Das geschieht beispielsweise im Fall konfluenter deformativer Rotationsbewegungen an einer Frontalzone, bei denen die hinter der Kaltfront einfließende kalte Luft und die Luft des Warmluftbereichs spiralförmig zum Rotationszentrum (Zentrum des Tiefs) hin eingedreht werden. Hierbei trennt sich mit zunehmender Zeit der Warmsektor vom Zentrum des Tiefs. Eine Verringerung der Fläche des Warmsektors kann in divergenzfreien Strömungen jedoch nicht entstehen. Um das zu erreichen, muss die warme Luft vertikal gehoben werden. Bei der *Zyklogenese* geschieht dies dadurch, dass die Luft des *Cold Conveyor Belts* zyklonal um das Tiefzentrum herumströmt, um dann hinter der Kaltfront

---

[10] Auch bei gleichen Neigungen der Isentropen ergäbe sich durch die Neigung der Warmfront vor dieser eine höhere statische Stabilität als dahinter.

11.4 Fronten und Conveyor Belts

in der unteren Troposphäre einzufließen und sich horizontal auszubreiten. Als Folge hiervon entstehen Aufgleitbewegungen des warmen Transportbands an der Warmfront (und teilweise auch an der Kaltfront, Sinclair et al. 2010). Des Weiteren ist die allmähliche Streckung der Okklusionsfront nicht dadurch erklärbar, dass die Kaltfront die Warmfront lediglich einholt. Das gelingt nur, wenn eine deformative Strömung vorliegt. Gelegentlich wickeln sich Okklusionsfronten vollständig oder auch noch weiter um das Zentrum eines Tiefs (s. z. B. Reed und Albright 1997).

Würde sich das Tief nach dem Okklusionsprozess beginnen aufzufüllen, so wie von Bjerknes und Solberg behauptet, dann müsste sich dies zumindest in einem der drei Antriebsterme der *Geopotentialtendenzgleichung* (6.8) in der Art widerspiegeln, dass insgesamt $\partial \phi / \partial t > 0$ resultiert. Dies ist jedoch bei keinem der Terme auf der rechten Seite von (6.8) der Fall, denn es besteht keine zwingende Notwendigkeit dafür, dass sich mit Einsetzen der Okklusion die Vorticityadvektion, die *differentielle Schichtdickenadvektion* oder die diabatische Wärmezufuhr in der geforderten Art ändern. Im Gegenteil, zahlreiche Untersuchungen belegen, dass häufig auch nach Einsetzen des Okklusionsprozesses noch zyklonale Vorticityadvektion stattfindet und die durch Wolkenprozesse hervorgerufene differentielle diabatische Wärmezufuhr aufrecht erhalten bleibt, während gleichzeitig die Schichtdickenadvektion nur relativ schwach ausgeprägt ist, d. h. die Zyklone sich auch zu diesem Zeitpunkt noch weiter intensiviert (s. z. B. Reed und Albright 1997, Martin und Marsili 2002, Kocin und Uccelini 2004). Umgekehrt wies Carlson (1991) darauf hin, dass die Zyklogenese auch zum Erliegen kommen kann, ohne dass ein Okklusionsprozess stattfindet.

Die Situation, bei der nach der Okklusion die Wettererscheinungen durch das präfrontale Wetter an der Warmfront und das postfrontale Wetter an der Ana-Kaltfront charakterisiert sind[11], wird im Englischen *Back-to-Back Frontalzone* bezeichnet. Hierbei handelt es sich zweifelsohne um eine sehr starke Verallgemeinerung der tatsächlich an der Okklusionsfront ablaufenden Prozesse. Insbesondere erwartet man in den Fällen, in denen während der Zyklogenese aus der Ana-Kaltfront im Bereich des Tiefzentrums eine Kata-Kaltfront entsteht, dass die thermo-hydrodynamischen Strukturen an der Okklusionsfront deutlich komplexer sind, als dies mit dem Bild der Back-to-Back Frontalzone zu vereinbaren wäre, denn gemäß dieser einfachen Vorstellung müsste man im Bereich der Okklusionsfront lediglich ausgedehnte stratiforme Wolkenfelder mit entsprechend homogenen und geringen Niederschlägen vorfinden (Schultz und Vaughan 2011). Das wird in Einzelfällen zwar bestätigt (s. z. B. Market und Moore 1998), in zahlreichen anderen Situationen entspricht es jedoch nicht den Beobachtungen (z. B. Cronce et al. 2007, Novak et al. 2008, 2010).

Als ein wichtiger, die Wolken- und Niederschlagsstruktur der Okklusionsfront beeinflussender Prozess kann die in der Höhe einfließende trockene Luft angesehen werden. Hierdurch entsteht im Warmsektor potentielle Instabilität in der mittleren Troposphäre, was zu Konvektion mit entsprechenden schauerartigen Niederschlägen führen kann (s. z. B. Browning und Harrold 1969, Hobbs und Locatelli 1978,

---

[11] Im Norwegischen Modell existiert die Kaltfront nur in Form einer Anafront.

Browning und Mason 1981, Kuo et al. 1992). Findet eine Dry Intrusion statt, dann bildet sich eine *Höhenfront* mit frontogenetisch wirksamen Strömungsfeldern und starker zyklonaler Vorticityadvektion. Durch die hierbei entstehenden Hebungsantriebe können heftige Gewitter ausgelöst werden, die sich mitunter mesoskalig in Gewitterfronten, den *Squall Lines*, organisieren. Die frontogenetischen Prozesse in der mittleren Troposphäre können noch lange nach der Bildung der Okklusion andauern und führen häufig zu den stärksten Niederschlägen während der gesamten Zyklogenese, wobei sich diese Niederschlagsgebiete nördlich oder nordwestlich des Tiefzentrums befinden, also nicht im südlich davon liegenden Frontenbereich (Martin 1998b, Cronce et al. 2007).

In Abb. 11.15 ist die schematische Darstellung einer warmen Okklusion wiedergegeben. Abb. 11.15a zeigt den Verlauf der unterschiedlichen Transportbänder. Der zunächst gegen die Warmfront strömende Cold Conveyor Belt biegt hinter dem Zentrum des Tiefs zyklonal um und gelangt auf diese Weise auf die Rückseite der Kaltfront. Das an der Warmfront aufgleitende warme Transportband teilt sich in der Höhe in einen antizyklonal und einen zyklonal verlaufenden Ast auf. Die zyklonale Umströmung des Tiefs ist darauf zurückzuführen, dass während des Entwicklungsprozesses die Höhenströmung durch den fortwährenden Druckfall mehr und mehr zyklonalisiert wird, so dass im Laufe der Zeit auch in der Höhe aus der zunächst offenen Wellenform abgeschlossene Isohypsen entstehen. Je stärker der Druckfall ist, umso ausgeprägter ist der zyklonale Ast des warmen Transportbands. Ähnlich wie das kalte und warme Transportband, biegt auch das Transportband der trockenen Höhenluft zyklonal vor der Okklusionsfront um. Auf diese Weise gelangen die Gebiete mit starkem Hebungsantrieb (s. o.) allmählich in den nördlichen und nordwestlichen Bereich des Tiefs, so dass dort die bereits erwähnten starken konvektiven Niederschläge beobachtet werden.

Während der Zyklogenese schwächt sich die Frontalzone ab. Frontolytische Antriebe entstehen vor allem durch die thermisch direkte Zirkulation mit aufsteigender Warmluft und absinkender Kaltluft (s. Abschn. 11.5), auch wenn die bei der Wolkenbildung freigesetzte latente Wärme der Frontolyse teilweise entgegenwirkt. In der mittleren Troposphäre, d. h. im Bereich mit maximaler Vertikalbewegung, sind die frontolytischen Prozesse am stärksten ausgeprägt. Die Verringerung der Baroklinität der Frontalzone ist mit einer lokalen Abschwächung des Jetstreams verbunden, der sich zudem häufig in zwei Teile mit unterschiedlich ausgerichteten Jetstreaks aufspaltet (s. Abb. 11.15a). Der Okklusionspunkt liegt etwa unter der *Jetachse*, was darauf hindeutet, dass auf der zyklonalen Seite des Jetstreams verstärkte Hebung der Luft aus dem Warmsektor stattfindet (s. auch Abschn. 10.1). Das steht im Einklang mit der oben geführten Diskussion, wonach auf der zyklonalen Seite des Jetstreams durch Erzeugung hoher potentieller Instabilität und durch starke zyklonale Vorticityadvektion die Hebung der warmen Luft forciert wird. Von besonderer Bedeutung sind hierbei die mit der Dry Intrusion in die mittlere Troposphäre gelangenden hohen Werte potentieller Vorticity.

Die über der Okklusionsfront liegende warme Luft bildet in der mittleren Troposphäre einen Trog. Für diesen wird in der Fachliteratur gelegentlich das vom Kanadischen Wetterdienst in den 1950er Jahren eingeführte Akronym *Trowal* (trough

11.4 Fronten und Conveyor Belts

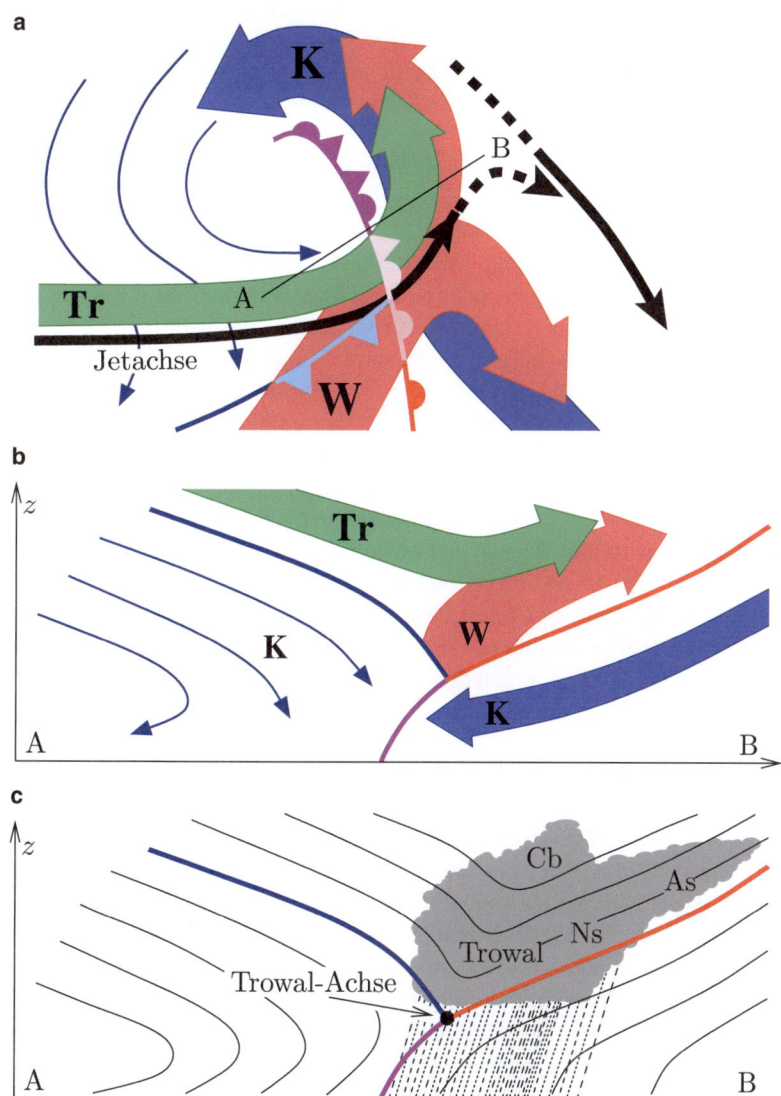

Abb. 11.15 Schematische Darstellung einer warmen Okklusion. **a** Horizontaler Verlauf des trockenen (Tr), kalten (K) und warmen Transportbands (W) sowie Jetachse. **b**, **c** Vertikalschnitte entlang der Linie (A, B) in (**a**). **b** Verlauf der verschiedenen Transportbänder relativ zu den Fronten. **c** θ_e-Isentropen, Bewölkungsarten, Niederschlag und Trowal-Bereich

of warm air aloft, Penner 1955, McQueen und Martin 1956) benutzt. Der Trowal lässt sich gut an dem nach unten ausgebeulten Verlauf der θ_e-Isentropen erkennen (s. Abb. 11.15c). Die Linie mit maximaler θ_e-Anomalie wird als *Trowal-Achse* bezeichnet (Han et al. 2007). Diese entspricht der in der mittleren Troposphäre anzutreffenden Schnittlinie zwischen Kalt- und Warmfront (vgl. Abb. 1. in Martin 1999). Bezüglich der mit der Okklusion verbundenen Wettererscheinungen wird die Projektion der dreidimensional verlaufenden Trowal-Achse auf die Erdoberfläche vielfach als relevanter angesehen als die Okklusionsfront selbst (Penner 1955, Martin 1998a,b).

Die Bewölkungs- und Niederschlagsstrukturen an der Okklusionsfront werden maßgeblich durch ausgedehnte Stratus und Nimbostratus Wolkenfelder mit den dazugehörigen großskaligen Niederschlägen charakterisiert. Hierin können aber, wie oben beschrieben, mesoskalige konvektive Bereiche eingebettet sein, in denen es zu schauerartig verstärkten Regen- oder Schneefällen kommt. Sind die Konvektionszellen linienhaft angeordnet, dann resultieren hieraus schmale (ca. 5 km) Bänder mit relativ starken Niederschlägen. Daran schließen sich ebenso bandartig Bereiche ohne bzw. mit geringen Niederschlägen an. Diese resultieren aus den an den Obergrenzen der Konvektionszellen austretenden Massenflüssen, die in der Umgebung absinken. Auf den auch als *Detrainment* bezeichneten Vorgang bei hochreichender Konvektion wird in Abschn. 12.1 näher eingegangen.

Ein charakteristisches Merkmal okkludierender Zyklonen besteht in der spiralförmigen Wolkenstruktur, die aus den zyklonal um das Tiefzentrum verlaufenden Transportbändern resultiert und sehr gut in Satellitenbildern zu erkennen ist. Diese als *Komma-Wolke (Comma Cloud)* bezeichnete Bewölkung besteht aus mehreren Teilen (Carlson 1980, Carr und Millard 1985, Semple 2003). Die parallel zur Kaltfront verlaufenden Wolken bilden den *Comma Tail*, während der *Comma Head* die Bewölkung darstellt, die sich in der zyklonal um das Zentrum des Tiefs herumgeführten Luft des warmen Transportbands bildet. Schließlich erkennt man häufig den antizyklonal in der Höhe ausströmenden Ast des Warm Conveyor Belts an dem vor der Warmfront liegenden faserig auslaufenden Cirrus Wolkenschirm.

Die mit dem Okklusionsprozess einsetzende Abkopplung des Tiefdruckkerns setzt sich bis zum Ende der Entwicklung fort und resultiert in einem auf der kalten Seite der Polarfront liegenden abgeschlossenen Tiefdruckwirbel ohne Fronten, dessen Bewölkung aus dem Comma Head hervorgegangen ist. Bei intensiven Entwicklungen mit entsprechend starkem spiralförmigem Eindrehen der Okklusionsfront nimmt auch diese Bewölkung die Form einer Komma-Wolke an. Einige Autoren bezeichnen lediglich diese frontenlose Wolkenstruktur als Komma-Wolke, während die Bewölkungsstruktur der Zyklone als Wolkenspirale angesprochen wird.

11.5 Frontogenese

Die Entstehung oder Verstärkung einer Front oder Frontalzone bezeichnet man als *Frontogenese*, während die Abschwächung oder Auflösung *Frontolyse* genannt wird. Das bedeutet, dass bei Frontogenese ein hyperbarokliner Bereich erzeugt bzw., wenn dieser bereits existiert, verstärkt wird, während er bei Frontolyse abgebaut wird.

Das Verständnis frontogenetischer Prozesse wird erleichtert, wenn man die *Frontogenesefunktion* einführt (Petterssen 1936). In seiner Originalarbeit beschränkte sich Petterssen zunächst auf die Untersuchung der Frontogenesefunktion in horizontalen Windfeldern. Spätere Publikationen setzten sich mit einer auf dreidimensionale Strömungen verallgemeinerten Betrachtung der Frontogenesefunktion auseinander (z. B. Miller 1948, Petterssen 1956, Haltiner und Martin 1957, Bluestein 1993). Keyser et al. (1988) sowie Bluestein (1993) erweiterten die Betrachtungen auf eine vektorielle Darstellung der Frontogenesefunktion. Hierbei stellte sich heraus, dass in geostrophischer Strömung die *vektorielle Frontogenesefunktion* durch den *Q-Vektor* dargestellt werden kann.

Im Folgenden wird die dreidimensionale skalare Form der Frontogenesefunktion näher untersucht. Diese ist definiert über

$$F = \frac{d|\nabla\theta|}{dt} = \frac{\nabla\theta}{|\nabla\theta|} \cdot \left[\nabla\dot{\theta} - \nabla\mathbf{v}\cdot\nabla\theta\right] \quad (11.20)$$

Somit beschreibt F die individuelle zeitliche Änderung des Betrags des potentiellen Temperaturgradienten, die ein Partikel entlang seiner Trajektorie erfährt, wobei $F > 0$ Frontogenese und umgekehrt $F < 0$ Frontolyse bedeutet. Die Fläche, in der F maximal ist, wird als *Frontogenesefläche* bezeichnet. Deren Schnittlinie mit einer Fläche konstanten Drucks oder der Erdoberfläche nennt man *Frontogeneselinie*.

Eigentlich müsste man in (11.20) die individuelle zeitliche Ableitung in einem mit der Front mitbewegten Koordinatensystem formulieren. Aus der vorliegenden Definition der Frontogenesefunktion folgt beispielsweise, dass ein Partikel auch dann Frontogenese erfahren könnte, wenn die Front selbst raumzeitlich konstant wäre oder sich sogar langsam abschwächen würde. In dem Fall würde das Partikel beim Durchlaufen der Front Frontogenese und danach wieder Frontolyse erfahren. Zum besseren Verständnis der Wirkung frontogenetischer Prozesse wird daher in Anlehnung an Petterssen gefordert, dass die frontogenetischen Antriebe immer auf die gleichen Teilchen wirken sollen, d. h. die Frontogenesefläche wird als eine *materielle Fläche* betrachtet, die von den Luftpartikeln nicht durchdrungen werden kann. Aus diesem Grund kann in der Euler'schen Entwicklung von (11.20) statt der Verlagerungsgeschwindigkeit der Frontogenesefläche auch das atmosphärische Windfeld $\mathbf{v}$ verwendet werden.

Weiterhin ist zu beachten, dass ein Partikel auch dann Frontogenese erfahren könnte, wenn es sich entlang der Front bewegt, deren Intensität aber räumlich variiert. Die daraus resultierenden Effekte werden weiter unten noch einmal angesprochen. Schließlich wird im weiteren Verlauf der Einfachheit halber angenommen, dass die Front immer parallel zu den Isentropen verläuft. Somit fallen bei adiabatischen Bewegungen die Frontogeneselinien, die jetzt ebenfalls *materielle Linien* darstellen, mit den Isentropen zusammen.[12]

Insgesamt sollte jedoch betont werden, dass die hier gemachten Annahmen keine notwendigen Voraussetzungen für die im Folgenden abgeleiteten Schlussfolgerungen darstellen, sondern lediglich als Erleichterung des Prozessverständnisses die-

---

[12] Petterssen (1936) ließ diabatische Prozesse außer Acht und untersuchte lediglich die kinematischen Eigenschaften der Frontogeneselinie.

nen. Das bedeutet insbesondere, dass die Aussagen auch für Luftpartikel gelten, die die Frontogeneseﬂäche vergleichsweise langsam durchlaufen.

Der auf der rechten Seite von (11.20) vor der eckigen Klammer stehende Ausdruck stellt den in die Richtung von $\nabla\theta$ zeigenden Einheitsvektor $\mathbf{e}_\theta$ dar und bewirkt, dass von den Termen in der Klammer jeweils nur die Projektionen in diese Richtung frontogenetisch bzw. frontolytisch wirksam sind. Wie erwähnt, beschreibt der erste dieser Terme den Einﬂuss diabatischer Prozesse auf die Frontogenese. Dieser Effekt spielt vor allem bei Bodenfronten eine wichtige Rolle. Hierauf wird weiter unten noch einmal näher eingegangen. Zunächst wird jedoch Adiabasie unterstellt, d. h. $\dot{\theta} = d\theta/dt = 0$. Dann erhält man aus (11.20) im p-System

$$F = -\frac{1}{|\nabla\theta|}\frac{\partial\theta}{\partial x}\left(\underbrace{\frac{\partial u}{\partial x}\frac{\partial\theta}{\partial x}}_{(1)} + \underbrace{\frac{\partial v}{\partial x}\frac{\partial\theta}{\partial y}}_{(2)} + \underbrace{\frac{\partial\omega}{\partial x}\frac{\partial\theta}{\partial p}}_{(3)}\right)$$

$$-\frac{1}{|\nabla\theta|}\frac{\partial\theta}{\partial y}\left(\underbrace{\frac{\partial u}{\partial y}\frac{\partial\theta}{\partial x}}_{(4)} + \underbrace{\frac{\partial v}{\partial y}\frac{\partial\theta}{\partial y}}_{(5)} + \underbrace{\frac{\partial\omega}{\partial y}\frac{\partial\theta}{\partial p}}_{(6)}\right)$$

$$-\frac{1}{|\nabla\theta|}\frac{\partial\theta}{\partial p}\left(\underbrace{\frac{\partial u}{\partial p}\frac{\partial\theta}{\partial x}}_{(7)} + \underbrace{\frac{\partial v}{\partial p}\frac{\partial\theta}{\partial y}}_{(8)} + \underbrace{\frac{\partial\omega}{\partial p}\frac{\partial\theta}{\partial p}}_{(9)}\right) \quad (11.21)$$

Auf der rechten Seite dieser Gleichung tauchen neun Ausdrücke auf, die einen Einﬂuss auf die Frontogenesefunktion ausüben. Bei den Termen (1), (2), (4) und (5) handelt es sich um die *horizontalen Deformationsterme*, die die frontogenetische Wirkung der horizontalen Divergenz und Deformation von $\mathbf{v}_h$ beschreiben. Die Terme (7) und (8) geben den Einﬂuss der vertikalen Scherung des horizontalen Winds wieder und werden *vertikale Deformationsterme* genannt. Bei den Termen (3) und (6) spricht man in Analogie zum entsprechenden Term in der Vorticitygleichung (5.25) von den *Drehtermen*, während der Ausdruck (9) den *vertikalen Divergenzterm* darstellt.

Aus Untersuchungen geht hervor (s. hierzu auch Bluestein 1993), dass bei Bodenfronten zusätzlich zu diabatischen Effekten die horizontalen Deformationsterme eine wichtige Rolle spielen, da hier die Temperaturadvektion vergleichsweise stark ist. Dagegen ist wegen der geringen Vertikalbewegungen die Wirkung der Drehterme im bodennahen Bereich relativ unbedeutend. In der mittleren und oberen Troposphäre gilt Umgekehrtes. Dort dominieren die Drehterme, während die Temperaturadvektion nur eine untergeordnete Rolle spielt. Schließlich können im Tropopausenbereich die horizontalen Deformationsterme von Bedeutung sein, wenn die Tropopause eine Neigung besitzt, so dass dort die horizontale Temperaturadvektion stark ausgeprägt ist.

Um die für Bodenfronten wichtige Wirkung der Divergenz und Deformation des horizontalen Windfelds näher zu untersuchen, werden in Anlehnung an Petterssen (1936) nur die horizontalen Deformationsterme der Frontogenesefunktion

11.5 Frontogenese

betrachtet. Unterstellt man weiterhin Adiabasie, dann ergibt sich aus (11.21)

$$F_h = -\frac{1}{|\nabla_h \theta|}\left[\left(\frac{\partial \theta}{\partial x}\right)^2 \frac{\partial u}{\partial x} + \frac{\partial \theta}{\partial x}\frac{\partial \theta}{\partial y}\left(\frac{\partial v}{\partial x} + \frac{\partial u}{\partial y}\right) + \left(\frac{\partial \theta}{\partial y}\right)^2 \frac{\partial v}{\partial y}\right] \quad (11.22)$$

Gemäß (5.9) und (5.11) lassen sich in dieser Gleichung die horizontalen Ableitungen von (u, v) ersetzen durch

$$\frac{\partial u}{\partial x} = \frac{1}{2}(D + \delta_{st}), \quad \frac{\partial v}{\partial y} = \frac{1}{2}(D - \delta_{st}), \quad \left(\frac{\partial v}{\partial x} + \frac{\partial u}{\partial y}\right) = \delta_{sh} \quad (11.23)$$

wobei δ_{st} die *Streckungsdeformation*, δ_{sh} die *Scherungsdeformation* und D die horizontale Divergenz darstellen. Einsetzen dieser Gleichungen in (11.22) liefert unmittelbar

$$F_h = -\frac{1}{|\nabla_h \theta|}\left[\left(\frac{\partial \theta}{\partial x}\right)^2 \frac{D + \delta_{st}}{2} + \frac{\partial \theta}{\partial x}\frac{\partial \theta}{\partial y}\delta_{sh} + \left(\frac{\partial \theta}{\partial y}\right)^2 \frac{D - \delta_{st}}{2}\right] \quad (11.24)$$

Wie bereits in Abschn. 5.1 angesprochen, ist es möglich, durch Rotation des Koordinatensystems um die vertikale Achse einen der beiden Deformationsterme zu eliminieren. Führt man die Rotation in der Art durch, dass die Scherungsdeformation verschwindet, dann lässt sich F_h schließlich darstellen als (Petterssen 1956)

$$F_h = \frac{1}{2}|\nabla_h \theta|[\delta \cos(2\alpha) - D] \quad (11.25)$$

Hierbei ist α der Winkel, den die Isentropen mit der Dilatationsachse dieses Koordinatensystems bilden, während δ die in (5.12) definierte *Deformation* des horizontalen Winds darstellt. In Abb. 11.16 ist die Situation schematisch an einem *Viererdruckfeld* veranschaulicht.

Die wichtigste Schlussfolgerung aus (11.25) besteht darin, festzustellen, dass bei Adiabasie Frontogenese durch die Terme δ und D angetrieben wird, die die Deformationsdyade (5.3) der *lokalen Geschwindigkeitsdyade* (5.2) bestimmen. Danach wirkt Horizontaldivergenz frontolytisch und Horizontalkonvergenz frontogenetisch. Weiterhin sieht man, dass Frontogenese stattfindet, solange der Winkel α zwischen Isentropen und Dilatationsachse kleiner als 45° ist. Im Fall 45° $< \alpha <$ 90° erfolgt Frontolyse. Erwartungsgemäß trägt die Vorticity zur Frontogenese nicht direkt bei, da hierdurch die Isentropen lediglich gedreht werden, ohne dabei den Betrag des potentiellen Temperaturgradienten zu ändern. Allerdings kann durch den Rotationsanteil des horizontalen Strömungsfelds der Winkel α von einem anfänglichen Wert $\alpha >$ 45° zu $\alpha <$ 45° gedreht werden. Auf diese Weise kann auch die Vorticity indirekt zur Frontogenese beitragen.

Weitere Einblicke in das Verhalten des horizontalen Anteils der Frontogenesefunktion erhält man durch Verwendung des in Abschn. 3.3 eingeführten *thermischen (s, n, p)-Koordinatensystems*, bei dem die horizontalen Achsenrichtungen

Abb. 11.16 Relative Lage zwischen Isentropen (*gestrichelt*) und Dilatationsachse (*gepunktet*) in einem Viererdruckfeld. Nach Petterssen (1956)

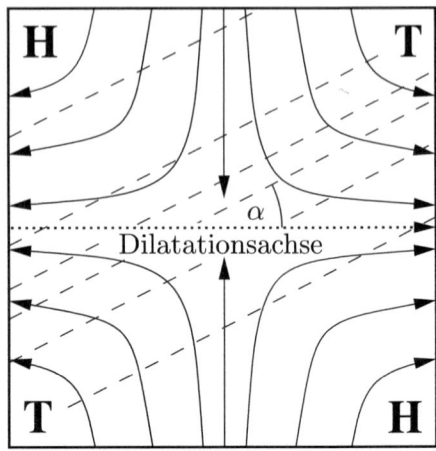

tangential ($\mathbf{e}_s$) bzw. normal ($\mathbf{e}_n$) zu den isobaren Isothermen verlaufen und $\mathbf{e}_n$ von der warmen zur kalten Luft gerichtet ist. Der Einfachheit halber wird nach wie vor angenommen, dass die Frontalzone parallel zur s-Richtung verläuft.[13] In dem Fall erhält man aus (11.20) für den aus $\nabla_h \theta$ resultierenden Anteil von F

$$F = \frac{d}{dt}\left(-\frac{\partial \theta}{\partial n}\right) = -\frac{\partial \dot{\theta}}{\partial n} + \frac{\partial \mathbf{v}}{\partial n} \cdot \nabla \theta$$

$$= -\frac{\partial \dot{\theta}}{\partial n} + \frac{\partial v_n}{\partial n}\frac{\partial \theta}{\partial n} + v_s \frac{\partial \chi}{\partial n}\frac{\partial \theta}{\partial n} + \frac{\partial \omega}{\partial n}\frac{\partial \theta}{\partial p} \qquad (11.26)$$

wobei gemäß (3.23) im thermischen Koordinatensystem die Komponenten des horizontalen Winds gegeben sind durch (v_s, v_n), χ der *Kontingenzwinkel* ist, und $\partial \chi / \partial n$ die Änderungen der Normalenrichtungen der Isentropen beschreibt (vgl. Abschn. 6.4).

Im Folgenden werden die Effekte der auf der rechten Seite von (11.26) stehenden Terme näher diskutiert, wobei nur das frontogenetische Verhalten untersucht wird. Betrachtungen zur Frontolyse gelten immer analog, jedoch mit umgekehrtem Vorzeichen. Offensichtlich wirkt der *Diabatenterm* frontogenetisch, wenn in n-Richtung das Luftpaket unterschiedlich stark erwärmt wird mit der stärksten Erwärmung im warmen bzw. der stärksten Abkühlung im kalten Bereich. Beim zweiten Ausdruck auf der rechten Seite handelt es sich um den oben bereits angesprochenen horizontalen Deformationsterm. Ist v_n konvergent in Richtung $\mathbf{e}_n$, dann findet Frontogenese statt. Abb. 11.17a zeigt schematisch die frontogenetische Wirkungsweise des Terms. Diese äußert sich in einer Verringerung der Isentropenabstände, dargestellt durch die Doppelpfeile, wobei der Ausgangszustand jeweils den gestrichelten Linien entspricht.

---

[13] Im Allgemeinen schneiden die Isothermen die Front unter einem allerdings kleinen Winkel (s. Abb. 11.6).

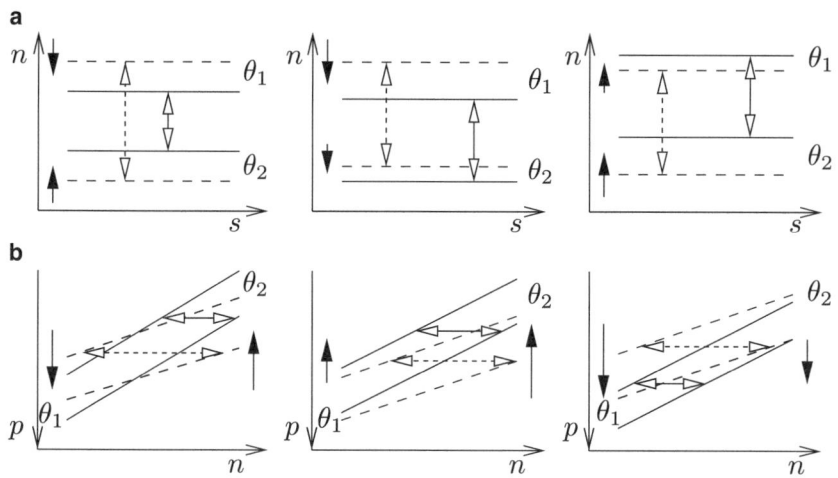

Abb. 11.17 Verringerung der horizontalen Isentropenabstände bei Frontogenese durch den horizontalen Deformationsterm (**a**) und den Drehterm (**b**) mit $\theta_2 > \theta_1$. Ausgangslage der Isentropen *gestrichelt*, Endlage *durchgezogen*

Der dritte Term auf der rechten Seite von (11.26) beschreibt die Wirkung der Isentropenkrümmungen. Bei konfluent verlaufenden Isentropen gilt $\partial \chi/\partial n < 0$ (s. auch Abb. 5.4). Gemäß (11.26) erfährt ein sich entlang der Isentropen, d. h. mit v_s bewegendes Partikel in diesem Bereich Frontogenese und umgekehrt bei diffluent verlaufenden Isentropen mit $\partial \chi/\partial n > 0$ Frontolyse. Allerdings muss dies nicht mit frontogenetischen oder frontolytischen Prozessen verbunden sein, vielmehr sind die Effekte auf die im konfluenten (diffluenten) Bereich zusammenlaufenden (auseinanderlaufenden) Isentropen zurückzuführen. Dieser Sachverhalt beschreibt den oben bereits angesprochenen Einfluss der räumlich variierenden Intensität der Front auf ein Partikel, das sich entlang der Front bewegt.

Der letzte Ausdruck von (11.26) stellt den Drehterm dar, der in einer statisch stabilen Atmosphäre ($\partial \theta/\partial p < 0$) Frontogenese bewirkt, wenn die generalisierte Vertikalgeschwindigkeit ω in n-Richtung abnimmt, d. h. wenn die potentiell warme Luft relativ zur kalten Luft absinkt (s. Abb. 11.17b). Wendet man dieses Ergebnis auf die in Abschn. 11.3 vorgestellten Fronttypen an, dann erkennt man, dass Vertikalbewegungen an Katafronten frontogenetisch und an Anafronten frontolytisch wirken (s. Abb. 11.8). Da die Vertikalbewegungen in der mittleren Troposphäre maximal sind, erwartet man dort auch die stärksten Effekte des Drehterms, so dass in der mittleren Troposphäre Anafronten relativ schwach und Katafronten relativ stark ausgeprägt sind (s. z. B. Sanders 1955 bzw. Reed 1955).

Wie bereits erwähnt, ist der Diabatenterm am wirksamsten in der unteren Troposphäre. Im bodennahen Bereich spielt er vor allem bei der Bildung der *Arktikfront* eine wichtige Rolle. Die insbesondere im Winter beobachtete starke Strahlungsabkühlung der Eisflächen in polaren Gebieten steht hierbei im Gegensatz zur relativ geringen Abkühlung der eisfreien Meeresoberfläche, was zu einer Verschärfung des horizontalen Temperaturgradienten beiträgt. Dieser Umstand erklärt, warum die Arktikfront sich vornehmlich im Winter an der Grenze zwischen eisbedeckten und eisfreien Flächen bildet und nur eine geringe vertikale Erstreckung besitzt (s. Abschn. 8.2). Zu diabatischen Prozessen gehört auch die Freisetzung latenter Wärme bei Wolken- und Niederschlagsbildung. Dieser Frontogeneseterm ist in erster Linie in der mittleren Atmsophäre, d. h. dort, wo die Vertikalbewegungen am größten sind, von Bedeutung. Hierauf wird weiter unten näher eingegangen.

Die Frontogenese in der oberen Troposphäre, die man auch *obere Frontogenese* nennt, ist immer mit der Verlagerung und Intensitätsänderung der Jetstreams verbunden. An der Polarfront erfolgt eine Intensivierung des Jetstreams im Wesentlichen durch direkte Änderungen der Baroklinität. Der Subtropenjet hingegen wird vor allem durch den aus der *Hadley-Zirkulation* resultierenden polwärts gerichteten Transport von Drehimpuls forciert. Diese Vorgänge werden gelegentlich auch als *Jetogenese* bezeichnet (s. auch Abschn. 8.3). Die verstärkte Konvergenz führt hierbei zur oberen Frontogenese, die sich vor allem im Winter in einer stark ausgeprägten Subtropenfront äußert. Analog zur Frontogenesefunktion lässt sich auch eine *Jetogenesefunktion* formulieren, mit deren Hilfe die verschiedenen Antriebsterme der Jetogenese analysiert werden können. In Bluestein (1993) wird dieses Thema näher erörtert.

Bei der *unteren Frontogenese* sind alle vier Terme der Frontogenesefunktion (11.26) von Bedeutung. Hinzu kommt noch die Wirkung der Reibung in der atmosphärischen Grenzschicht, die Konvergenzen erzeugt und daher ebenfalls frontogenetisch wirksam ist. Allerdings ist die untere Frontogenese selbst zu gering, um über einen längeren Zeitraum markante Wetteränderungen hervorzurufen. Die hierbei entstehenden Frontensysteme sind meistens relativ schwach ausgeprägt und besitzen auch nur eine geringe Lebensdauer von weniger als zwei Tagen. Erst im Zusammenwirken mit der oberen Frontogenese entstehen markante, die gesamte Troposphäre durchziehende Frontensysteme und die damit verbundenen Wettererscheinungen. Das ist normalerweise nur an der Polarfront der Fall. Bei der Arktikfront fehlt die obere Frontogenese, was zu der bereits angesprochenen relativ schwachen Wetterwirksamkeit der Arktikfront führt. Die Subtropenfront hingegen ist stärker in der oberen Troposphäre ausgeprägt, während im bodennahen Bereich die divergenten Strömungen frontolytisch wirken (s. Abschn. 8.2).

Kaltfronten sind häufig mit zyklonalen Strömungskonfigurationen verbunden, bei denen hinter der Front kalte Luft nach Süden und vor der Front warme Luft nach Norden geführt wird. Die dadurch in die meridionale Richtung gedrehte Front kann auf diese Weise eine erhebliche Verschärfung erfahren. Abb. 11.18 zeigt schematisch die Situation. In (11.21) wird diese frontogenetische Wirkung durch den Deformationsterm (2) ausgedrückt.

Überlagern sich Deformations- und Translationsbewegungen, dann bilden sich konfluente und diffluente Strömungsmuster aus. Je nach Lage der Isothermen bezüglich der Stromlinien kommt es zur Frontogenese oder Frontolyse. Man kann sich leicht klar machen, dass Frontogenese in Diffluenzzonen entsteht, in denen die Isothermen senkrecht zu den Stromlinien liegen, während in *Konfluenzzonen* die gleiche Konfiguration frontolytisch wirkt.

11.5 Frontogenese

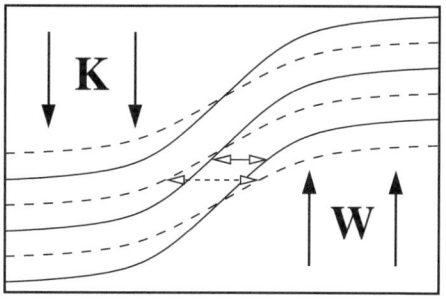

Abb. 11.18 Meridionalisierung und gleichzeitige Verschärfung einer Kaltfront bei zyklonaler Nord-Süd Strömung. Anfangslage der Isentropen *gestrichelt*, Endlage *durchgezogen*

Im Bereich von Jetstreaks kann der zweite Term auf der rechten Seite von (11.26) besonders wichtig werden. Unter der Annahme, dass die Isentropen ungekrümmt und weitgehend parallel zu den Stromlinien verlaufen, würde dieser Term die Frontalzone im Eingangsbereich des Jetstreaks ständig weiter verschärfen, während sie sich im Delta auflösen würde. Diesen Prozessen wirken die mit den *ageostrophischen (oder auch baroklinen) Querzirkulationen* verbundenen Vertikalbewegungen entgegen. Hierdurch wird im Eingangsbereich des Jetstreaks eine frontolytisch wirkende thermisch direkte Zirkulation ausgelöst, während im Delta eine thermisch indirekte, d. h. frontogenetische Zirkulation entsteht (s. Abb. 10.2). Nur durch das gleichzeitige Zusammenwirken beider Prozesse ist es möglich, die Polarfront über einen längeren Zeitraum stabil aufrecht zu erhalten. Hierauf wird weiter unten bei der Ableitung der Sawyer-Eliassen-Zirkulation noch einmal näher eingegangen.

Unterteilt man in (11.26) den horizontalen Wind in seinen geostrophischen und ageostrophischen Anteil, dann ergibt sich für die Frontogenesefunktion

$$F = -\frac{\partial \dot{\theta}}{\partial n} + \frac{\partial \mathbf{v}_g}{\partial n} \cdot \nabla_h \theta + \frac{\partial \mathbf{v}_{ag}}{\partial n} \cdot \nabla_h \theta + \frac{\partial \omega}{\partial n} \frac{\partial \theta}{\partial p}$$

$$= -\frac{\partial \dot{\theta}}{\partial n} - \frac{1}{f_0 \gamma} Q_n + F_{ag} \qquad (11.27)$$

In dieser Gleichung wurde gemäß (6.21) die n-Komponente des Q-Vektors eingeführt. Aus (11.27) ist zu sehen, dass zur Aufrechterhaltung stationärer Verhältnisse mit $F = 0$ die aus einem rein geostrophischen deformativen Windfeld bzw. aus diabatischen Prozessen resultierenden Frontogeneseantriebe durch die ageostrophischen Antriebe F_{ag} kompensiert werden müssen. Dieser Sachverhalt ist vollkommen analog zum früher bereits festgestellten Umstand, dass in einer baroklinen Atmosphäre das thermische Windgleichgewicht in rein geostrophischer Strömung nicht aufrecht erhalten werden kann, sondern hierzu ageostrophische Bewegungen notwendig sind (s. Abschn. 4.6).

11.6 Die Sawyer-Eliassen-Zirkulation

Die vorangehende Diskussion hat gezeigt, dass Frontogenese durch die Divergenz und die Deformation des horizontalen Windfelds, durch die Wirkung der Drehterme sowie durch *diabatische Prozesse* entstehen kann. Um ein bestehendes Gleichgewicht zwischen Temperatur- und Windfeld aufrecht zu erhalten, muss sich bei frontogenetischen Prozessen das Windfeld auf die geänderte Temperaturverteilung einstellen. Wird die Frontogenese durch horizontale Divergenz oder die Drehterme (3) und (6) in (11.21) angetrieben, dann kann über die entsprechenden Terme (4), (5) und (6) in der Vorticitygleichung (5.24) eine direkte Anpassung von ζ an die geänderte Temperaturverteilung erfolgen. Führt man beispielsweise bei den Drehtermen in (11.21) die thermische Windgleichung (4.32) ein, dann lassen sich diese als Funktion des Drehterms (5.25) ausdrücken. Hieraus resultiert, dass Frontogenese (Frontolyse) zyklonale (antizyklonale) Vorticity erzeugt.

Im Gegensatz zu den Divergenz- und Drehtermen kann bei Frontogenese durch Deformation oder diabatische Prozesse keine direkte Anpassung des Windfelds über die Vorticitygleichung stattfinden, da die entsprechenden Ausdrücke dort nicht auftauchen. Um trotzdem ein dynamisches Gleichgewicht aufrecht zu erhalten, müssen ageostrophische Bewegungen erfolgen, die ihrerseits über die Bewegungsgleichung eine Anpassung des Windfelds bewirken (s. z. B.(4.22)a). Dies wird insbesondere in (11.27) deutlich, wo neben dem Diabatenterm noch die n-Komponente des Q-Vektors steht, die wegen der Divergenzfreiheit von $\mathbf{v}_g$ einen rein deformativen Antrieb darstellt. Beide Größen finden sich in der *geostrophischen Antriebsfunktion* (4.43) für ageostrophische Bewegungen wieder (s. Abschn. 4.6).

Die an Fronten auftretende ageostrophische Querzirkulation wurde erstmals in den Arbeiten von Sawyer (1955, 1956) und Eliassen (1959, 1962) theoretisch studiert und wird deshalb auch als *Sawyer-Eliassen-Zirkulation* bezeichnet (s. auch Eliassen 1990). Bei diesen Untersuchungen wird vollkommen auf die Betrachtung der Front als Diskontinuitätsfläche verzichtet. Stattdessen werden die hydrodynamischen Gleichungen selbst gelöst, d. h. hier wird die oben bereits angesprochene *Feldtheorie* verwendet. Bei Frontogenese liefert die Sawyer-Eliassen-Zirkulation eine frontolytisch wirkende thermisch direkte Zirkulation. Umgekehrt stellt sich bei Frontolyse eine thermisch indirekte, d. h. frontogenetisch wirkende Querzirkulation ein.

Zu Beginn dieses Kapitels wurde bereits darauf hingewiesen, dass die an Frontalzonen ablaufenden Prozesse als *semigeostrophisch* anzusehen sind, d. h. insbesondere, dass zur Beschreibung von Bewegungen quer zur Frontalzone das quasigeostrophische Gleichungssystem nicht mehr geeignet erscheint. Bei der Ableitung der Sawyer-Eliassen-Zirkulation wird unterstellt, dass parallel zur Frontalzone geostrophisches Windgleichgewicht vorliegt, während senkrecht dazu ageostrophische Strömungen nicht mehr vernachlässigt werden können. Weiterhin verläuft die Frontalzone geradlinig. Die horizontalen Längenskalen betragen 10^6 m und 10^5 m parallel bzw. senkrecht zur Front. Somit lassen sich die Prozesse sehr gut mit Hilfe der *semigeostrophischen Theorie* beschreiben.

11.6 Die Sawyer-Eliassen-Zirkulation

Auch hier erweist es sich wiederum als sehr vorteilhaft, von der bei hydrostatischen Verhältnissen gültigen Beziehung (4.41) zur Aufrechterhaltung des thermischen Windgleichgewichts auszugehen, die, wie bereits erwähnt, den Zusammenhang zwischen ageostrophischen Bewegungen und geostrophischen bzw. diabatischen Antrieben darstellt. Wendet man auf (4.41) die semigeostrophischen Annahmen in der f-Ebene an, indem man gemäß Tab. 4.2 $\delta_0 = \delta_3 = 0$ und $\delta_1 = \delta_2 = \delta_4 = 1$ setzt, dann ergibt sich folgende diagnostische Beziehung für die Komponenten $\mathbf{v}_{ag}$ und ω des ageostrophischen Winds

$$f_0^2 \frac{\partial \mathbf{v}_{ag}}{\partial p} - f_0 \frac{\partial \mathbf{v}_{ag}}{\partial p} \cdot \nabla_h (\mathbf{k} \times \mathbf{v}_g) - \nabla_h (\sigma_p \omega)$$
$$+ f_0 \gamma \nabla_h \mathbf{v}_{ag} \cdot \nabla_h \theta - f_0 \frac{\partial}{\partial p}(\omega \gamma \nabla_h \theta) = \mathbf{F}_{gd} \quad (11.28)$$

wobei $\mathbf{F}_{gd}$ durch (4.43) gegeben ist. Die beiden ersten Terme dieser Gleichung lassen sich mit Hilfe des *absoluten geostrophischen Impulses* $\mathbf{M}_g$ umformen, der sich aus (5.34) ergibt, wenn man dort $\mathbf{v}_h$ durch $\mathbf{v}_g$ ersetzt. Man erhält

$$-f_0 \frac{\partial \mathbf{v}_{ag}}{\partial p} \cdot \nabla_h (\mathbf{k} \times \mathbf{M}_g) - \nabla_h (\sigma_p \omega)$$
$$+ f_0 \gamma \nabla_h \mathbf{v}_{ag} \cdot \nabla_h \theta - f_0 \frac{\partial}{\partial p}(\omega \gamma \nabla_h \theta) = \mathbf{F}_{gd} \quad (11.29)$$

Aufgrund der bei der Sawyer-Eliassen-Zirkulation gültigen Annahmen bietet es sich an, die Betrachtungen in einem (x, y, p)-System der f-Ebene durchzuführen, bei dem die y-Achse parallel zu $\mathbf{v}_{ag}$ verläuft, so dass $\mathbf{v}_{ag} = v_{ag}\mathbf{j}$. Ähnlich wie beim thermischen Koordinatensystem weist auch hier die Richtung der y-Achse von der warmen zur kalten Luft.[14] In dem Fall lautet die y-Komponente von (11.29)

$$-f_0 \frac{\partial v_{ag}}{\partial p} \frac{\partial M_{g,x}}{\partial y} - \frac{\partial}{\partial y}(\sigma_p \omega) + f_0 \gamma \frac{\partial v_{ag}}{\partial y} \frac{\partial \theta}{\partial y} - f_0 \frac{\partial}{\partial p}\left(\omega \gamma \frac{\partial \theta}{\partial y}\right) = F_{gd,y} \quad (11.30)$$

mit $F_{gd,y} = \mathbf{F}_{gd} \cdot \mathbf{j}$. Führt man in diese Gleichung eine Stromfunktion ψ ein, die definiert ist über

$$v_{ag} = -\frac{\partial \psi}{\partial p}, \qquad \omega = \frac{\partial \psi}{\partial y} \quad (11.31)$$

dann erhält man

$$\frac{\partial^2 \psi}{\partial p^2} f_0 \frac{\partial M_{g,x}}{\partial y} - \frac{\partial}{\partial y}\left(\sigma_p \frac{\partial \psi}{\partial y}\right) - \frac{\partial^2 \psi}{\partial p \partial y} 2 f_0 \gamma \frac{\partial \theta}{\partial y} - \frac{\partial \psi}{\partial y} \frac{\partial}{\partial p}\left(f_0 \gamma \frac{\partial \theta}{\partial y}\right) = F_{gd,y}$$
$$(11.32)$$

---

[14] Wie bereits erwähnt, müssen die Isentropen nicht notwendigerweise parallel zur Front liegen.

Diese erstmals in den Arbeiten von Sawyer (1955, 1956) und Eliassen (1959, 1962) vorgestellte partielle Differentialgleichung für die Stromfunktion ψ wird als *Sawyer-Eliassen-Gleichung* bezeichnet. Bemerkenswert an der hier vorgenommenen Herleitung von (11.32) ist die Tatsache, dass die Sawyer-Eliassen-Zirkulation als Spezialfall in der ageostrophischen Windgleichung (4.41) bereits enthalten ist, bei deren Ableitung lediglich die hydrostatische Approximation verwendet wurde. Die einzigen in (4.41) einzusetzenden Voraussetzungen, die dann direkt auf (11.32) führen, bestehen in der Verwendung der semigeostrophischen Annahmen und der Forderung eines geradlinigen Verlaufs der Frontalzone.

Stabile Strömungsverhältnisse stellen sich nur ein, wenn (11.32) vom elliptischen Typ ist, d. h. es muss gelten

$$\frac{\partial \theta}{\partial p} \frac{\partial M_{g,x}}{\partial y} - \gamma \left(\frac{\partial \theta}{\partial y}\right)^2 > 0 \quad (11.33)$$

In einer stabil geschichteten Atmosphäre mit dynamisch stabiler Strömung gilt

$$\frac{\partial \theta}{\partial p} < 0, \quad \frac{\partial M_{g,x}}{\partial y} = \frac{\partial u_g}{\partial y} - f_0 < 0 \quad (11.34)$$

so dass der erste Term in (11.33) immer positiv ist. Somit entscheidet die Baroklinität ($\partial \theta / \partial y$) darüber, ob die Sawyer-Eliassen-Gleichung vom elliptischen Typ ist oder nicht. Bei zu starker Baroklinität wird die Querzirkulation an der Frontalzone instabil. Obwohl der erste Term von (11.33) immer positiv ist, kann auch hierdurch das Stabilitätsverhalten der Querzirkulation beeinflusst werden, denn bei gegebener Baroklinität kann die Zirkulation instabil werden, wenn die *Trägheitsstabilität* ($\partial M_{g,x}/\partial y$) oder die *hydrostatische Stabilität* σ_p (s. (4.42)) der Atmosphäre zu gering ist. Ersteres ist vor allem auf der antizyklonalen Seite eines starken Jetstreams möglich, wo die geostrophische Windscherung sehr große Werte annehmen kann.

Führt man θ als *generalisierte Vertikalkoordinate* ein, dann lautet die Stabilitätsbedingung (11.33) auf isentropen Flächen

$$\left(\frac{\partial M_{g,x}}{\partial y}\right)_\theta = \left(\frac{\partial u_g}{\partial y}\right)_\theta - f_0 < 0 \quad (11.35)$$

Diese Gleichung entspricht der Bedingung für *symmetrische Stabilität* (s. (5.40)). Bei stabiler Querzirkulation und geeigneter Wahl der Randbedingungen, wie z. B. geostrophischen Verhältnissen mit verschwindender Stromfunktion in großem Abstand von der Frontalzone, existiert eine eindeutige Lösung für (11.32). In diesem Fall verlaufen die Stromlinien auf elliptischen Bahnen um die betragsmäßig größten ($F_{gd,y}$)-Werte.

Durch eine Koordinatentransformation vom (x, y, p)-Ausgangssystem in ein (x, m, p)-System mit $m = M_{g,x}$ lässt sich (11.32) in die Normalenform überführen, bei der keine gemischten Ableitungen von ψ mehr auftauchen (s. Eliassen 1962)

$$\frac{\partial}{\partial m}\left(\alpha\gamma \frac{\partial \theta}{\partial p}\bigg|_m \frac{\partial \psi}{\partial m}\right) + \frac{\partial \psi}{\partial p}\bigg|_m = \left(\frac{\partial M_{g,x}}{\partial y}\right)^{-1} F_{gd,y} \quad (11.36)$$

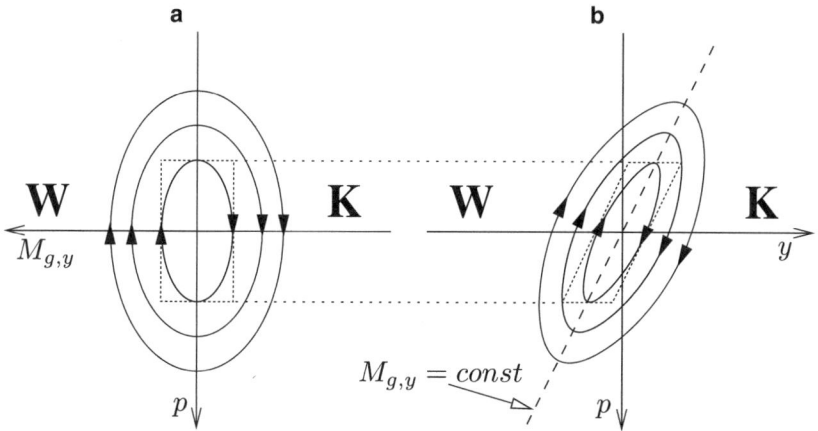

Abb. 11.19 Sawyer-Eliassen-Zirkulation in der ($M_{g,x}$, p)-Ebene (**a**) und in der (y, p)-Ebene (**b**) bei Frontogenese. Nach Eliassen (1962)

Somit werden die Hauptachsen der Ellipsen von den Linien $M_{g,x} = const$ und $p = const$ gebildet. Da im gewählten Koordinatensystem u_g wegen der thermischen Windgleichung (4.21) mit der Höhe zunimmt, sind die $M_{g,x}$-Isoplethen zur kalten Luft hin geneigt (vgl. Abschn. 5.4). Insgesamt ergibt sich die in Abb. 11.19 dargestellte Form der Ellipsen.

Zur weiteren Diskussion der ageostrophischen Querzirkulation muss die y-Komponente der geostrophischen Antriebsfunktion $\mathbf{F}_{gd}$ näher betrachtet werden. Für die im semigeostrophischen Modell gültigen Werte $\delta_0 = 0$ und $\delta_1 = \delta_4 = 1$ lautet diese gemäß (4.43) und (6.20)

$$\begin{aligned}F_{gd,y} &= 2Q_y + f_0\gamma\frac{\partial\dot{\theta}}{\partial y} \\ &= -2f_0\gamma\frac{\partial\theta}{\partial y}\frac{\partial v_g}{\partial y} - 2f_0\gamma\frac{\partial\theta}{\partial x}\frac{\partial u_g}{\partial y} + f_0\gamma\frac{\partial\dot{\theta}}{\partial y} \\ &= 2f_0\frac{\partial u_g}{\partial p}\frac{\partial u_g}{\partial x} + 2f_0\frac{\partial v_g}{\partial p}\frac{\partial u_g}{\partial y} + f_0\gamma\frac{\partial\dot{\theta}}{\partial y}\end{aligned} \quad (11.37)$$

Das Vorzeichen von $F_{gd,y}$ entscheidet darüber, in welcher Richtung die in Abb. 11.19 dargestellten Ellipsen durchlaufen werden. Gemäß (11.27) ergibt sich aus $F_{gd,y} < 0$ ein frontogenetischer Antrieb. In dem Fall erfolgt die in der Abbildung wiedergegebene Zirkulation im Uhrzeigersinn, d. h. die Luft steigt im Warmluftgebiet auf und sinkt im Kaltluftgebiet ab. Daraus lässt sich schließen, dass geostrophische und diabatische Antriebe, die frontogenetisch wirken, frontolytisch wirksame ageostrophische Bewegungen induzieren. Bei Frontolyse gilt das Entsprechende wiederum umgekehrt. Wie bereits früher erwähnt, gelingt es auf diese Weise, im Ein- und Ausgangsbereich von *Jetstreaks* über einen längeren Zeitraum einen quasistationären Gleichgewichtszustand der Frontalzone aufrechtzuerhalten.

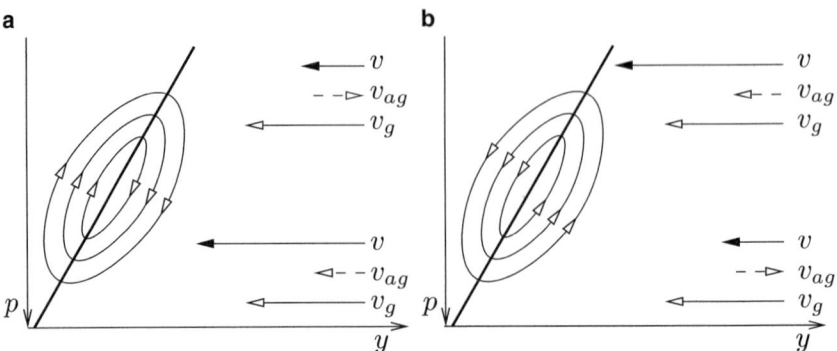

Abb. 11.20 Frontsenkrechte Komponenten (v, v_{ag}, v_g) des horizontalen Winds bei thermisch direkter (**a**) und indirekter (**b**) ageostrophischer Querzirkulation an einer Kaltfront

Bei Frontogenese wird an einer Kaltfront die frontolytisch wirkende Sawyer-Eliassen-Zirkulation, die ein Aufsteigen der Luft im Warmluftbereich bewirkt, die Frontverlagerung beschleunigen, während an einer Warmfront die Frontverlagerung abgebremst wird. Dies steht im Einklang mit dem früher festgestellten Umstand, dass sich Kaltfronten schneller bewegen als Warmfronten. An einer zunächst stationär verharrenden Frontalzone kann die ageostrophische Querzirkulation somit zu einem ersten Vorstoß kalter Luft in den Warmluftbereich führen und auf diese Weise zyklogenetische Prozesse auslösen.

Zur Veranschaulichung der sich an einer Front bei adiabatischen Prozessen einstellenden Strömungskonfigurationen betrachte man zunächst den Fall, bei dem die Isentropen parallel zur x-Achse verlaufen, so dass in (11.37) $\partial v_g/\partial p = 0$. Da $\partial u_g/\partial p < 0$, ergibt sich Frontogenese in einem konfluenten ($\partial u_g/\partial x > 0$) und Frontolyse in einem diffluenten Strömungsfeld ($\partial u_g/\partial x < 0$). Wie bereits mehrfach erwähnt, liegen diese Situationen beispielsweise im Eingangsbereich bzw. im Delta von Jetstreaks vor (s. Abb. 6.5 oder 10.2). Für beide Fälle sind in Abb. 11.20 oben die frontsenkrechten Komponenten und die geostrophischen und ageostrophischen Anteile des horizontalen Winds an einer Kaltfront schematisch wiedergegeben. Hieraus ist zu erkennen, dass bei thermisch direkter Querzirkulation (Abb. 11.20a) v mit der Höhe betragsmäßig abnimmt. Umgekehrtes gilt bei thermisch indirekter Querzirkulation (Abb. 11.20b). Dieser Sachverhalt steht im Einklang mit entsprechenden Feststellungen im vorangehenden Abschnitt, wonach an Ana- bzw. Kata-Kaltfronten die frontsenkrechte Komponente des Horizontalwinds betragsmäßig mit der Höhe ab- bzw. zunimmt. Analoge Überlegungen gelten wiederum für Warmfronten.

Abb. 11.21 veranschaulicht die Wirkungsweise des zweiten Terms auf der rechten Seite von (11.37). Hier ist eine typischerweise an Ana-Kaltfronten vorliegende Situation wiedergegeben mit einer thermischen Windkomponente $\partial v_g/\partial p > 0$. Gemäß (11.37) entscheidet das Vorzeichen von $\partial u_g/\partial y$ darüber, ob sich im Bereich der Kaltfront eine thermisch direkte ($F_{gd,y} < 0$) oder indirekte ($F_{gd,y} > 0$) Quer-

11.6 Die Sawyer-Eliassen-Zirkulation

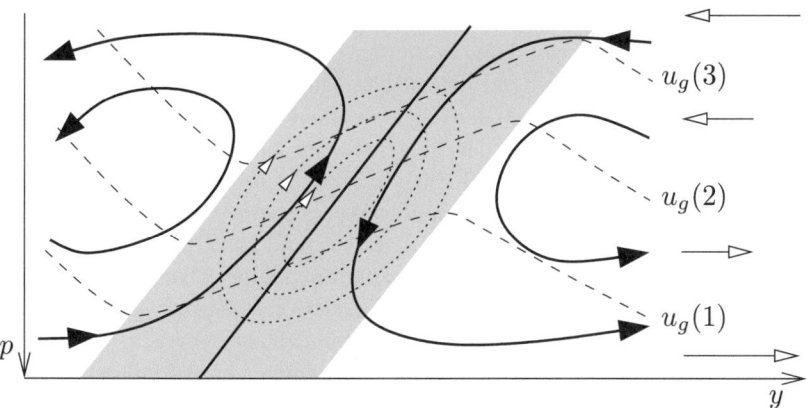

Abb. 11.21 Strömungsverhalten an einer Ana-Kaltfront bei reiner Scherungsdeformation von u_g und $\partial v_g/\partial p > 0$. *Weiße Pfeile* stellen v_g dar, *gestrichelte Linien* sind Isotachen von u_g mit $u_g(1) < u_g(2) < u_g(3)$. In Anlehnung an Eliassen (1962)

zirkulation einstellt. Im schattierten Gebiet gilt wegen des zyklonalen Windsprungs an Fronten $\partial u_g/\partial y < 0$ (s. Abschn. 11.2), so dass hier die Querzirkulation thermisch direkt verläuft (gepunktete Ellipsen). Außerhalb dieses Gebiets ist wegen $\partial u_g/\partial y > 0$ der geostrophische Antrieb $F_{gd,y}$ schwach positiv, was dort zu thermisch indirekten Zirkulationsmustern führt. Die dicken schwarzen Pfeile stellen die sich aus den geostrophischen und ageostrophischen Anteilen zusammensetzende Strömung dar.

Die bei der Frontogenese entstehende Verschärfung des horizontalen Temperaturgradienten muss sich in einer entsprechenden Zunahme des thermischen Winds bemerkbar machen. Dies wird durch die hierbei ausgelöste thermisch direkte Sawyer-Eliassen-Zirkulation erreicht, bei der am Boden $v_{ag} < 0$ und in der Höhe $v_{ag} > 0$ (s. Abb. 11.20a). Aus der x-Komponente der geostrophischen Bewegungsgleichung (4.25), d. h. $du_g/dt = f_0 v_{ag}$, kann man unmittelbar sehen, dass die ageostrophische Querzirkulation die erwartete Zunahme der vertikalen Scherung von u_g bewirkt. Auch hier wird wiederum deutlich, dass bei Änderungen der horizontalen Temperaturverteilung ageostrophische Bewegungen für die Aufrechterhaltung des thermischen Windgleichgewichts sorgen.

Bisher wurde in allen Betrachtungen die Wolkenbildung außer Acht gelassen. Die Berücksichtigung von Wolkenprozessen heißt im Wesentlichen, die freiwerdende latente Wärme in den Aufstiegsgebieten mit einzubeziehen. In diesem Fall sollte bei der Berechnung der Frontogenesefunktion die pseudopotentielle Temperatur statt der potentiellen Temperatur benutzt werden. Bei Frontogenese verringert Wolkenbildung und die damit verbundene Freisetzung latenter Wärme im warmen Aufstiegsgebiet den frontolytischen Effekt der thermisch direkten Zirkulation, d. h. die Freisetzung latenter Wärme wirkt dem frontolytischen Charakter der thermisch direkten Zirkulation entgegen. Im Fall der Frontolyse mit aufsteigender Kaltluft steht die Freisetzung latenter Wärme der frontogenetischen, thermisch indirekten

Querzirkulation entgegen, was jetzt einer Abschwächung der Frontalzone gleichkommt. Bei Niederschlagsbildung verdunstet ein Teil des Wassers unterhalb der Wolken und entzieht dadurch der Atmosphäre latente Wärme. Das verursacht vor allem bei Anafronten, bei denen der Regen aus dem warmen in den kalten Bereich fällt, eine verstärkte Abkühlung der unteren Troposphäre und führt somit zu einer Verschärfung der Front in diesem Bereich (s. Abb. 11.10 und 11.11).

Durch die bei Wolkenprozessen freigesetzten latenten Wärmemengen kann aus einem zunächst diffusen baroklinen Feld innerhalb kurzer Zeit ein scharfer Frontverlauf erzeugt werden (Eliassen 1962). Allerdings gibt es auch hier wiederum Vorgänge, die einer immer weiter fortschreitenden Verschärfung der Front entgegenwirken. Innerhalb der atmosphärischen Grenzschicht gehört hierzu vor allem die turbulente Durchmischung, die für einen effizienten Abbau der Gradienten aller Zustandsvariablen sorgt.

Da bei der Ableitung der Sawyer-Eliassen-Zirkulation die Front nicht mehr als materielle Diskontinuitätsfläche angesehen wird, können Luftpartikel die Frontfläche grundsätzlich durchströmen. Allerdings passiert das kaum, da die Front eine sehr stabile Fläche darstellt und die ageostrophische Querzirkulation nur einen Teil der gesamten Strömung ausmacht. Erst zusammen mit dem geostrophischen Wind ergibt sich das vollständige dreidimensionale Strömungsfeld, so wie beispielsweise in Abb. 11.21 gezeigt.

11.7 Frontenanalyse

Da Fronten sehr wetterwirksame Bereiche darstellen, ist deren genaue Positionierung in Bodenwetterkarten ein wichtiges Anliegen der Wetteranalyse und -prognose. Unter der *Frontenanalyse* versteht man das Aufsuchen und anschließende Einzeichnen von Fronten in Bodenwetterkarten unter Zuhilfenahme der an den Fronten vorgefundenen charakteristischen Prozesse und Merkmale der verschiedenen Luftmassen. Da diese Fronteigenschaften unterschiedliche thermo-hydrodynamische Parameter betreffen, wie beispielsweise das Windfeld, die Bewölkungs- und Niederschlagsstruktur, die Sichtweite, die Temperatur- und Taupunktsverteilung usw., existieren oft mehrere Möglichkeiten, Fronten zu identifizieren. Allerdings kann es gerade deswegen auch zu Problemen bei der Frontenanalyse kommen, dann nämlich, wenn die Auswertung unterschiedlicher Parameter verschiedene Frontpositionen ergeben. Eine wichtige Kenngröße zur Bestimmung der Lage einer Front stellt die dort zu beobachtende zyklonale Scherung des geostrophischen Winds dar. Daher wird in unklaren Fällen die räumliche Verteilung des zyklonalen Windsprungs als ausschlaggebendes Kriterium zur Frontenanalyse herangezogen.

Häufig liegen die Bodenfronten nicht als scharfe Linien, sondern in Form von Frontalzonen vor, so dass man zwei Diskontinuitätslinien an der warmen und kalten Seite der Frontalzone findet. In diesen Fällen wird vereinbarungsgemäß der Verlauf der Bodenfront an der warmen Seite der Frontalzone eingezeichnet. Mitunter kommt es auch vor, dass zwar ein zyklonaler Windsprung vorliegt, jedoch keine

Temperaturkontraste. In diesen Fällen handelt es sich eventuell um eine neutrale Okklusion, eine *Tiefdruckrinne* oder einen Trog ohne zugehörige Fronten. Allerdings können die fehlenden Temperaturunterschiede auch auf turbulente Durchmischungsprozesse innerhalb der Grenzschicht zurückgeführt werden. Weiterhin können Probleme entstehen, wenn es sich um maskierte Kalt- oder Warmfronten handelt. Um sich in solchen Situationen Klarheit zu verschaffen, ist es hilfreich, die Temperaturverteilung im 850 hPa Niveau als Hilfsmittel zu benutzen. Findet man dort eine Frontalzone, dann sollte in der Bodenkarte eine Front markiert werden. Hier muss jedoch berücksichtigt werden, dass, je nachdem, ob es sich um eine Warm- oder Kaltfront handelt, die Frontalzone unterschiedliche Neigungen besitzt. Bei einer Warmfront ist die Bodenfront demnach deutlich hinter der Frontalzone des 850 hPa Niveaus einzuzeichnen, während eine Kaltfront aufgrund ihrer relativ steilen Neigung nahezu darunter liegt. Wie bereits oben diskutiert, verlaufen Kata-Kaltfronten deutlich flacher als Ana-Kaltfronten.

Neben der Temperaturverteilung im 850 hPa Niveau liefert die dort vorliegende θ_e-Verteilung häufig noch eindeutigere Ergebnisse zur Ermittlung der Frontlage, da hier zusätzlich zur Temperaturdifferenz noch die Feuchteunterschiede der an der Front aufeinander treffenden Luftmassen zum Tragen kommen. In früheren Kapiteln wurde bereits darauf hingewiesen, dass auch relative Topographien als nützliches Hilfsmittel zur Ermittlung der Lage von Fronten herangezogen werden können. Hier kommt in der synoptischen Praxis die relative Topographie $500/1000\,hPa$ zum Einsatz, die ein Maß für die Mitteltemperatur der untersten 5 km der Atmosphäre darstellt. Demnach findet man die Bodenfront normalerweise an der warmen Seite der Drängungszone relativer Isohypsen. Dabei gilt es jedoch zu beachten, dass in der relativen Topographie diese Drängungszonen häufig große Bereiche mit hoher Baroklinität andeuten, während die Bodenfronten nur an Teilbereichen der Frontalzone existieren.

Eine sehr hilfreiche Methode zur Ermittlung von Bodenfronten stellen die bereits in Abschn. 2.4 diskutierten Möglichkeiten zur Auswertung von Satellitenbildern dar. Hierfür benutzt man in erster Linie Bilder aus dem sichtbaren Spektralbereich (VIS), dem Wasserdampf- (WV) und dem Infrarotkanal (IR). Zur detaillierteren Aufschlüsselung unterschiedlicher Wolkenstrukturen werden mitunter auch *RGB-Komposits* herangezogen. Im Folgenden werden die wichtigsten Eigenschaften der unterschiedlichen Fronten im VIS-, WV- und IR-Kanal sehr kurz vorgestellt. Diese basieren im Wesentlichen auf den im Internet von der ZAMG beschriebenen Anleitungen zur Interpretation von Satellitenbildern[15] (s. auch Abschn. 2.4). Für eine ausführliche Darstellung der Auswertemöglichkeiten wird auf dieses Internetportal verwiesen. Zusätzlich existieren jedoch zahlreiche andere Internetportale, die sich diesem Thema widmen und teilweise interaktive Kurse hierzu anbieten.[16] Schließlich besteht die Möglichkeit, auf die entsprechende Fachliteratur zurückzugreifen (z. B. Bader et al. 1995, Conway 1997, Lillesand et al. 2008).

---

[15] https://www.zamg.ac.at/docu/Manual/.
[16] https://ww2010.atmos.uiuc.edu/(Gh)/guides/mtr/home.rxml,   https://oiswww.eumetsat.org/WEBOPS/meteocal/latest/.

Die Satellitenbilder von Warmfronten sind gekennzeichnet durch den antizyklonalen Verlauf des warmen Transportbands. Im sichtbaren Kanal sind die Pixel dort, wo die Wolken noch niedrig sind, relativ hell und werden mit zunehmender Wolkenobergrenze allmählich grau. Das liegt daran, dass die niedrigen Wolken aufgrund ihres vergleichsweise großen Wassergehalts höhere *Albedowerte* besitzen als die hohen Eiswolken. Umgekehrt verhält es sich im WV-und IR-Kanal, wo die hohen Wolkenobergrenzen als weiße Pixel zu erkennen sind. Im WV-Kanal wird der in der hohen Troposphäre parallel zum Jetstream gerichtete *Warm Conveyor Belt* durch einen starken von weiß nach schwarz verlaufenden Pixelgradienten begrenzt. Diese auch als *Dark Stripe* bezeichnete dunkle Linie ist auf die trockene Höhenströmung auf der zyklonalen Seite des Jetstreams zurückzuführen.

An Warmfronten können sehr unterschiedliche Wolkenstrukturen beobachtet werden. In manchen Situationen befindet sich die gesamte Bewölkung vor der Front, wobei die Wolkenfelder gelegentlich auch große Lücken aufweisen. In anderen Fällen sind nicht nur die präfrontalen Bereiche, sondern auch große Teile des Warmsektors der Zyklone vollständig wolkenbedeckt. Deshalb ist es mitunter nur schwer möglich, aus den Satellitenbildern auf die Lage der Warmfront zu schließen.

Die an Kaltfronten existierenden Wolken erscheinen in den IR- und VIS-Bildern als graue bis weiße Pixel. Der sichtbare Kanal liefert wiederum dort die hellsten Pixel, wo sich die niedrigen Wasserwolken befinden. Bei der Ana-Kaltfront ist dies im vorderen und bei der Kata-Kaltfront im hinteren Bereich des Wolkenbands der Fall, wobei die Strukturen bei der Katafront deutlich ausgeprägter sind als bei der Anafront. Umgekehrt sind im IR- und WV-Kanal die hellsten Pixel im hinteren (Anafront) bzw. vorderen Bereich (Katafront) zu finden, da dort jeweils die höchsten Wolkenobergrenzen vorliegen. Der WV-Kanal zeigt relativ einheitliche graue Strukturen, in die bei hochreichender Konvektion, wie beispielsweise an der Ana-Kaltfront, weiße Streifen eingebettet sein können. Ähnlich wie vor der Warmfront kann auch hinter der Ana-Kaltfront ein dunkler Streifen im WV-Kanal erkennbar sein, der wiederum durch die trockene Höhenströmung hervorgerufen wird.

Das charakteristische Merkmal der Okklusionsfront besteht im spiralförmigen Verlauf der Wolken, der in allen Satellitenkanälen deutlich zu sehen ist. Im sichtbaren Kanal ist die Wolkenspirale weiß, was auf hohe Albedowerte hindeutet. Im IR-Kanal variieren die Pixel zwischen grau und weiß mit den hellsten Werten im Bereich der Okklusionsfront, da hier die Konvektionsprozesse am intensivsten sind. Das WV-Bild zeigt sehr helle Pixel. An der Rückseite der Wolkenspirale existiert ein scharfer Pixelgradient, der auf die absinkende Luft des trockenen Transportbands zurückzuführen ist. Insbesondere kann eine Dry Intrusion auf diese Weise im WV-Kanal eindrucksvoll sichtbar werden. Unmittelbar vor dem dunklen Bereich (*Dark Zone*) befindet sich ein Gebiet mit sehr hellen Pixelwerten, die wiederum auf intensive Konvektionsprozesse schließen lassen. Insgesamt weist die Wolkenspirale in allen Kanälen relativ deutliche Strukturen auf, was bedeutet, dass mit Einsetzen der Okklusion unterschiedliche Wolkenarten entstehen, wie z. B. stratiforme Wolken mit darin eingebetteten Konvektionszellen und Cumulonimben.

Eine Frontenanalyse birgt neben den Unsicherheiten der eindeutigen Interpretation verschiedener *Frontparameter*, d. h. der Größen, deren raumzeitliche Verteilung

11.7 Frontenanalyse

zur Charakterisierung einer Front herangezogen werden, die zusätzliche Gefahr einer subjektiven Auswertung. Zur Vermeidung solcher möglichen Fehlerquellen wurden immer wieder Versuche unternommen, statt einer *subjektiven* eine *objektive Frontenanalyse* durchzuführen (z. B. Renard und Clarke 1965, Huber-Pock und Kress 1989, Hewson 1998, Kašpar 2003). Um dies zu realisieren, müssen eindeutige numerisch auswertbare Gleichungen entwickelt werden, die dann zur maschinellen Einzeichnung von Fronten in *Bodenanalysekarten* herangezogen werden können. Eine hierbei häufig benutzte Größe ist der *thermische Frontparameter* TFP, der definiert ist über

$$TFP = -\nabla_h |\nabla_h T| \cdot \frac{\nabla_h T}{|\nabla_h T|} \tag{11.38}$$

Somit beschreibt diese Größe die räumliche Änderung des Betrags des Temperaturgradienten, allerdings nur den Anteil davon, der in die Richtung des Temperaturgradienten zeigt. Im thermischen Koordinatensystem erhält man aus (11.38) unmittelbar

$$TFP = \frac{\partial}{\partial n}\left|\frac{\partial T}{\partial n}\right| \tag{11.39}$$

Kitabatake (2008) definierte den thermischen Frontparameter nicht über die Temperatur, sondern über die pseudopotentielle Temperatur, indem er in (11.38) $\nabla_h T$ durch $\nabla_h \theta_e$ ersetzte. Hierbei lag eine Front dann vor, wenn $TFP > 1$ K $(100 \text{ km})^{-2}$.

Kelbch (2013) untersuchte verschiedene Methoden der objektiven Frontenanalyse und stellte fest, dass, abhängig vom gewählten Frontparameter, die Frontenanalyse durchaus unterschiedliche Ergebnisse liefern kann. Neben dem thermischen Frontparameter wurden der Betrag des pseudopotentiellen Temperaturgradienten und der *thermische Frontlokator* (Huber-Pock und Kress 1981) verwendet. Als weitere Größe zur objektiven Frontenanalyse führte Kelbch den *Windparameter* ein, der die Änderung der Windrichtung beschreibt und somit über den zyklonalen Windsprung an einer Front deren Position ausfindig machen kann. Unter Verwendung von Masking-Kriterien gelang es ihm, mit Hilfe der unterschiedlichen Frontparameter die Positionen von Bodenfronten zu ermitteln und graphisch darzustellen. Insgesamt zeigte sich jedoch auch, dass keiner der gewählten Frontparameter bei allen untersuchten Fällen gegenüber den anderen Frontparametern eindeutig überlegen war. Beispielsweise erwies sich der thermische Frontparameter als weniger gut geeignet bei der Analyse von Fronten mit geringer vertikaler Erstreckung, während der Windparameter Schwächen zeigte, wenn orographische Effekte eine Rolle spielten.

Bisher sind die verschiedenen Methoden der objektiven Frontenanalyse noch nicht so erfolgreich, dass sie in der operationellen Wettervorhersage eine subjektive Analyse problemlos ersetzen könnten. Der Grund hierfür besteht in der Schwierigkeit, eindeutige Kriterien zur Charakterisierung von Fronten mathematisch zu formulieren. Beispielsweise berücksichtigt die in (11.38) vorliegende Definition des thermischen Frontparameters keine Feuchteunterschiede. Selbst bei Benutzung von θ_e gibt es Fälle, bei denen eine Auffindung der Front mit Hilfe des TFP versagen würde, beispielsweise wenn die Front sich hauptsächlich in einem zyklonalen Windsprung äußern würde. Es ist jedoch zu erwarten, dass in Zukunft geeignete numerische Verfahren zur Verfügung stehen werden, mit denen eine objektive Frontenanalyse noch erfolgreicher als bisher durchgeführt werden kann, und die die subjektive Frontenanalyse weitgehend ablösen werden.

11.8 PV-Analyse an der Polarfont

In Abschn. 10.4 wurde anhand mehrerer Beispiele die wichtige Rolle der PV bei der Zyklogenese veranschaulicht. Von großer Bedeutung ist hierbei die Fernwirkung von PV-Anomalien, die eine vertikale Kopplung von oberen und unteren PV-Anomalien bewirken kann und auf diese Weise eine deutliche Intensivierung einer bestehenden Zyklogenese ermöglicht (s. Abschn. 7.5). Aufgrund ihrer *Hyperbaroklinität* stellt die polare Frontalzone ein bevorzugtes Gebiet für Zyklogeneseprozesse dar, so dass dort vorliegende PV-Anomalien eine zentrale Rolle für großskalige dynamische Vorgänge spielen.

Ein weiteres wichtiges Merkmal der Polarfront besteht darin, dass sie in der Tropopausenregion die im Norden liegende niedrige Stratosphäre mit hohen PV-Werten von der in mittleren Breiten höher liegenden Troposphäre mit vergleichsweise niedrigen PV-Werten trennt (*Tropopausensprung*, Abschn. 8.2). Es kommt jedoch immer wieder vor, dass im Tropopausenbereich der Polarfront stratosphärische Luft mit hohen PV-Werten in die Troposphäre gelangt, was erhebliche Auswirkungen auf die dort stattfindenden dynamischen Prozesse hat. Zu den wichtigsten Wechselwirkungsmechanismen zwischen Troposphäre und Stratosphäre gehört die bereits mehrfach angesprochene *Dry Intrusion*, d. h. das Eindringen trockener Luft aus der unteren Stratosphärenregion in die mittlere oder untere Troposphäre, sowie der *Cutoff-Prozess*, bei dem eine positive PV-Anomalie aus dem im Norden liegenden *PV-Reservoir* herausgelöst wird und sich über einen längeren Zeitraum weitgehend isoliert durch die Troposphäre bewegen kann.

Im Folgenden werden anhand von zwei Beispielfällen die Dry Intrusion und der Cutoff-Prozess näher untersucht, wobei hier das Hauptaugenmerk darauf gelegt wird, die Bedeutung der PV näher zu veranschaulichen. Von großem Vorteil bei der Analyse ist die Eigenschaft der PV, dass sie bei adiabatischen Vorgängen konstant ist und somit als ein passiver Tracer angesehen werden kann. Insbesondere in der hohen Atmosphäre ist die Adiabasieannahme häufig eine gute Näherung.

11.8.1 Dry Intrusion und Tropopausenfaltung

Dry Intrusions führen zu Verformungen der Tropopause entlang der Frontalzone, die hierdurch teilweise tief in die untere Troposphäre eindringt und eine faltenförmige Struktur annimmt, weshalb man hierbei auch von *Tropopausenfaltungen* spricht

11.8 PV-Analyse an der Polarfont

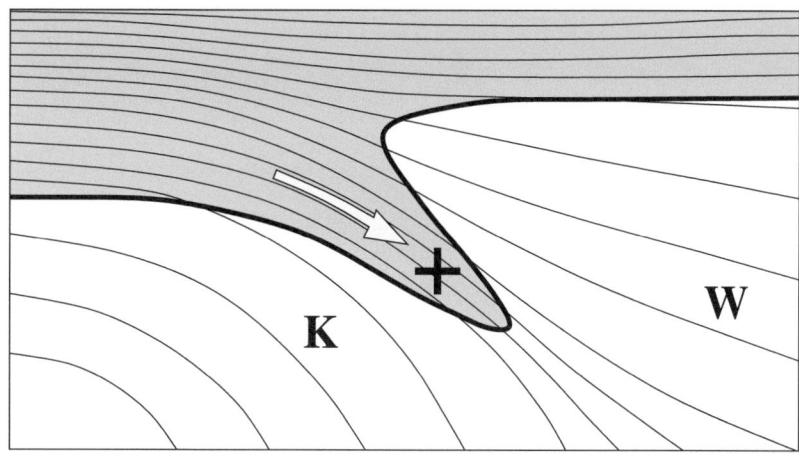

Abb. 11.22 Tropopausenfaltung mit zyklonaler PV-Anomalie an einer Frontalzone. *Dicke Linie*: Tropopause, *dünne Linien*: Isentropen, *weiße Fläche*: troposphärische PV, *graue Fläche*: stratosphärische PV

(Reed 1955, Danielsen 1964, 1968, Danielsen und Hipskind 1980, Moore 1993, Bush und Peltier 1994). Hierbei gelangt Luft mit niedrigen θ_e- und hohen PV-Werten entlang der Frontalzone in die untere Atmosphäre, wo sie nach eventuell eintretenden Abschnürungsvorgängen, turbulenter Durchmischung oder konvektiven Ereignissen in die mittlere oder untere Troposphäre integriert wird (s. z. B. Shapiro 1980, Reid und Vaughan 2004). Abb. 11.22 zeigt schematisch eine Tropopausenfaltung an einer Frontalzone. Die dicke Linie stellt die Tropopause dar, die hier und im Folgenden immer dynamisch über die PV definiert ist, etwa $P_\theta = 2$ PVU. In der Abbildung würde die thermische Tropopause im Bereich der Tropopausenfaltung deutlich über der dynamischen Tropopause liegen. Das +-Zeichen deutet die mit der Tropopausenfaltung verbundene zyklonale (positive) PV-Anomalie an. Der Pfeil beschreibt nur den Anteil der Strömung relativ zur Frontalzone. Die Hauptbewegungsrichtung erfolgt senkrecht zur Blattebene. Bei adiabatisch ablaufenden Prozessen verläuft die Strömung auf den Isentropenflächen.

Dry Intrusions spielen eine wichtige Rolle bei der Aufrechterhaltung oder Verschärfung von Frontalzonen in der oberen Atmosphäre, der *oberen Frontogenese*, (Reed 1955, Moore 1993). Häufig nehmen Dry Intrusions ihren Anfang im Eingangsbereich von Jetstreaks, wo durch ageostrophische Querzirkulationen die Luft auf der zyklonalen Seite der Frontalzone absinkt. Diese Vorgänge wurden bereits ausführlich in den Abschn. 4.6 und 6.4 diskutiert (s. auch Hoskins 1982). Die absinkende Luft bewegt sich entlang der Frontalzone bis zum Ausgang des Jetstreaks, der, wie bereits früher erwähnt, ein bevorzugter Ort für das Einsetzen zyklogenetischer Prozesse ist (s. auch Abschn. 10.1). Wird die in der Dry Intrusion abgesunkene Luft in eine solche Zyklogenese eingebunden, dann kann hierdurch eine plötzliche

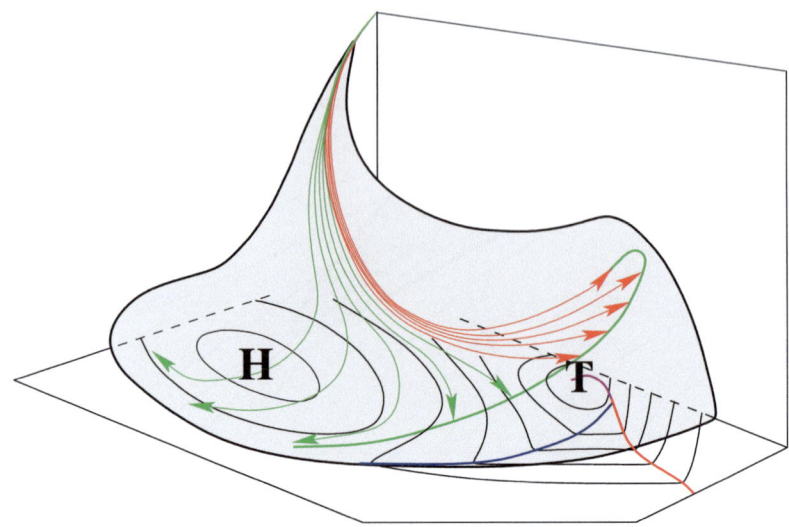

Abb. 11.23 Dry Intrusion und Zyklogenese. *Grüne* (*rote*) *Pfeile*: Trajektorien von troposphärischer (stratosphärischer) Luft auf einer dreidimensionalen isentropen Fläche (*grau*). Nach Danielsen (1968)

und starke Intensivierung, d. h. eine *rapide Zyklogenese*, ausgelöst werden (s. Abschn. 10.4).

Abb. 11.23 zeigt schematisch eine Dry Intrusion sowie deren Einfluss auf eine Zyklone und die damit verbundenen Frontensysteme. Die aus der Tropopausenregion auf einer dreidimensionalen isentropen Fläche (grau gekennzeichnet) in die Troposphäre absinkende Luft stammt teilweise aus der hohen Troposphäre (grüne Pfeile) und der unteren Stratosphäre (rote Pfeile). Häufig wird nur der stratosphärische Anteil als Dry Intrusion bezeichnet (Browning 1997). Zur Unterscheidung von Dry Intrusions hochtroposphärischer und niederstratosphärischer Luft könnte man Letztere auch als *PV-Intrusion* bezeichnen.

Die troposphärische Dry Intrusion schiebt sich unter die feuchtwarme Luft im *Warmsektor* der Zyklone und strömt in der unteren Troposphäre antizyklonal auseinander. Bei der in diesem Bereich entstehenden Kaltfront handelt es sich um eine *Ana-Kaltfront*. Die PV-Intrusion hingegen überströmt die Kaltfront und dreht zyklonal in das Zentrum des Tiefdruckgebiets ein, so dass hier eine *Kata-Kaltfront* vorliegt. Offensichtlich ist das zyklonale Eindrehen der stratosphärischen Dry Intrusion auf die hohen PV-Werte dieser Luft zurückzuführen, die beim Vordringen in die untere Troposphäre wegen der damit einhergehenden vertikalen Streckung hohe Werte zyklonaler relativer Vorticity erhält.

Als Beispiel für eine Dry Intrusion wird die synoptische Situation in Westeuropa vom 14.02.2014 12 UTC näher analysiert. Zu diesem Zeitpunkt befand sich westlich von Irland ein kräftiges Sturmtief mit einem Kerndruck von 960 hPa (Abb. 11.24a). Die zu dem Tief gehörende Kaltfront erstreckte sich von Irland nach

Süden entlang der portugiesischen Küste und von dort in südwestlicher Richtung auf den Atlantik. Die Zyklogenese hatte bereits am 12.02.2014 12 UTC südöstlich von Neufundland eingesetzt. Zu diesem Zeitpunkt betrug der Kerndruck des Bodentiefs noch 1010 hPa. Innerhalb von 18 Stunden sank dieser auf 985 hPa und danach innerhalb von 24 Stunden nochmals auf unter 960 hPa, so dass es sich hierbei um eine rapide Zyklogenese handelt. Am 14.02.2014 06 UTC hatte die Zyklogenese ihren Höhepunkt erreicht. Zur besseren Veranschaulichung der Entwicklung ist auch die aus den DWD-Analysekarten resultierende raumzeitliche Entwicklung des Bodenkerndrucks ab dem 13.02.2014 00 UTC in sechsstündigem Abstand in die Analysekarte vom 14.02.2014 12 UTC mit eingezeichnet.

Abb. 11.24b zeigt die PV-Verteilung auf der isentropen Fläche 320 K vom 14.02.2014 12 UTC. Zusätzlich sind die Werte und Positionen (gelb-blaue Kreise) des lokalen PV-Maximums ab dem 13.02.2014 10 UTC wiederum in sechsstündigem Abstand eingezeichnet. Schließlich sind in dieser und in den folgenden Karten noch die Lage der Bodenkaltfront (schwarz-weiße Linie), des Bodentiefzentrums (blau-gelber Kreis) und die Linie mit verschwindender Scherungsvorticity in 300 hPa (grün-weiß) am 14.02.2014 00 UTC eingetragen. Das lokale PV-Maximum lag zunächst etwas stromaufwärts und am 14.02.2014 12 UTC ungefähr über dem Zentrum des Bodentiefs, was gleichbedeutend mit der allmählichen Aufrichtung der vertikalen Trogachse ist.

In Abb. 11.24c ist die mit der PV-Anomalie korrespondierende Verteilung der relativen Vorticity im 300 hPa Niveau wiedergegeben. Aus dem Windfeld ist zu sehen, dass an den Flanken des langwelligen Höhentrogs mit großer Amplitude in erster Linie Scherungsvorticity vorliegt. Dies steht im Einklang mit dem im unteren Teil der Abbildung gezeigten horizontalen Windfeld in 300 hPa, das an der Trogvorder- und -rückseite jeweils einen Jetstreak aufweist. Die Achse des Jetstreaks ist durch die Linie verschwindender Scherungsvorticity gegeben. Auf der zyklonalen Seite des Jetstreaks fand während der rapiden Entwicklungsphase der Zyklogenese eine PV-Intrusion statt, durch die stratosphärische Luft mit hohen PV-Werten bis zum Zentrum des Tiefs vordrang.

In Abb. 11.24e, f sind die relative Feuchte in 700 hPa (Abb. 11.24e) sowie der mit dem *GFS Modell* berechnete sechsstündige Niederschlag (Abb. 11.24f) dargestellt. Südlich des Tiefdruckzentrums befindet sich ein parallel zur Jetachse verlaufendes lokales Minimum der relativen Feuchte, das in seinem nördlichsten Teil die Bodenfront bereits überquert hat. Dies ist ein deutlicher Hinweis darauf, dass es sich in dem Bereich um eine Kata-Kaltfront handelt. Hohe Werte der relativen Feuchte findet man entlang der Kaltfront westlich und südwestlich der Iberischen Halbinsel sowie im Bereich der sich von Irland nach Südosten erstreckenden Warmfront.

In Abb. 11.24f ist westlich von der Iberischen Halbinsel über der Bodenfront ein Gebiet mit verstärktem Niederschlag zu sehen, das nach Südwesten parallel zur Front verlaufend, allmählich geringere Niederschlagsmengen aufweist. Hierbei handelt es sich um das frontale Niederschlagsband, das typischerweise an Ana-Kaltfronten auftritt. Dort, wo sich das lokale Niederschlagsmaximum befindet, geht die Anafront allmählich in die Katafront über. Ein weiteres lokales Niederschlagsmaximum erkennt man weiter nordöstlich im Gebiet der vor der Kaltfront liegenden Dry

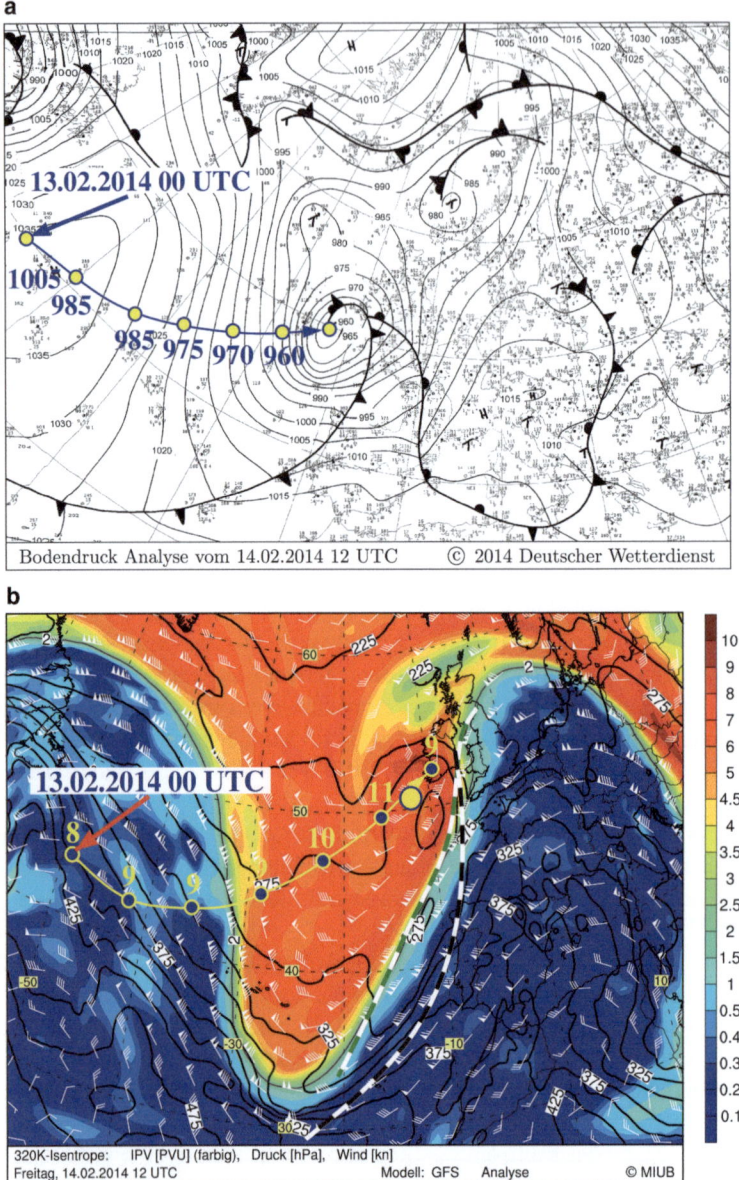

Abb. 11.24 a, b Synoptische Situation vom 14.02.2014 12 UTC. Analysekarten des Bodendrucks (**a**) und der PV (**b**). In beiden Karten sind jeweils die Positionen und Werte der lokalen Extremwerte ab dem 13.02.2014 00 UTC im sechsstündigen Abstand wiedergegeben. In der PV-Karte sind zusätzlich die Lage der Bodenkaltfront (*schwarz-weiße Linie*) und der Jetachse (*grün-weiße Linie*) eingezeichnet. **c, d** Wie (**a, b**), jedoch Analysekarten der relativen Vorticity und des horizontalen Winds jeweils in 300 hPa. *Blau-gelber* Kreis: Position des Bodentiefs. **e, f** Wie (**c, d**), jedoch Analysekarten der relativen Feuchte in 700 hPa (**e**) und sechsstündiger Niederschlag (**f**)

11.8 PV-Analyse an der Polarfront

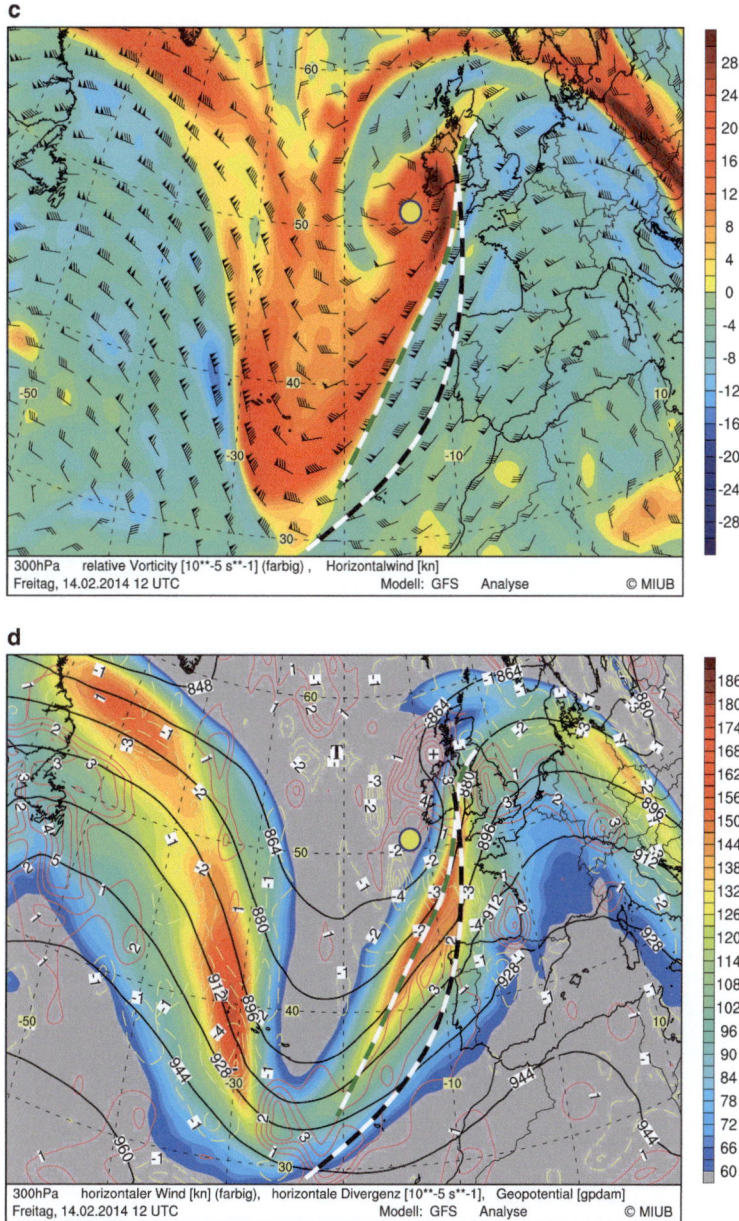

Abb. 11.24 (Fortsetzung)

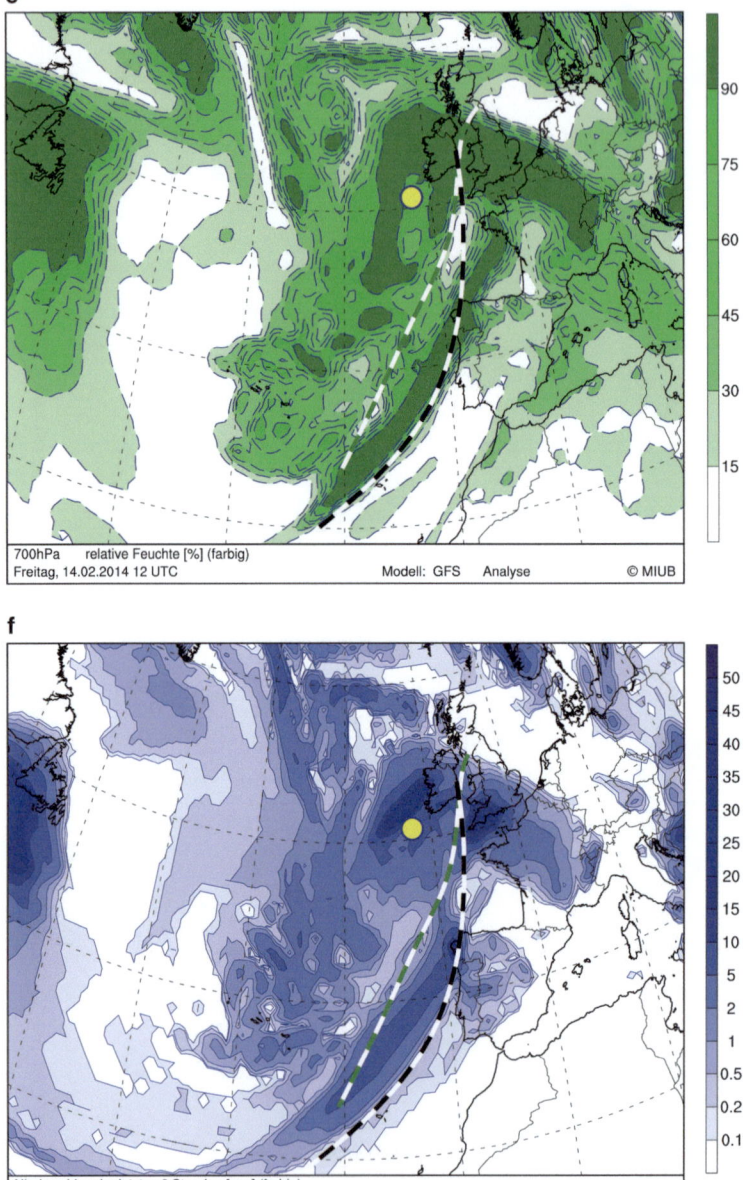

Abb. 11.24 (Fortsetzung)

Intrusion. Wie bereits in Abschn. 11.4 diskutiert, ist hier mit verstärkter konvektiver Aktivität zu rechnen. Die Bildung hochreichender Konvektionszellen ist auf die Dry Intrusion zurückzuführen, durch die Luft mit niedrigen θ_e-Werten über die im Warmsektor liegende feuchtwarme Luft mit hohen θ_e-Werten gelangt, so dass dort *potentielle Instabilität* entsteht.

Nördlich des Tiefzentrums liegt das Gebiet mit den heftigsten Niederschlägen. Diese sind auf die dort vorliegende verstärkte Hebung und relativ geringe hydrostatische Stabilität zurückzuführen. Hier steigt Luft aus dem *Cold Conveyor Belt* und dem unteren Bereich des *Warm Conveyor Belts* auf. Das dabei entstehende Wolkenfeld wird auch als *Wolkenkopf* (im Englischen *Cloud Head*) bezeichnet (Böttger et al. 1975). Einlagerungen konvektiver Zellen im Wolkenkopf deuten auf das Auftreten der in Abschn. 5.4 bereits angesprochenen *Slantwise Convective Instability* hin (Browning et al. 1995).

Besonders deutlich lassen sich Dry Intrusions in Satellitenbildern erkennen. Abb. 11.25 zeigt für den Zeitpunkt 14.02.2014 12 UTC die MSG-Bilder in den Kanälen VIS0.6, WV6.2 und IR10.8 (Abb. 11.25a–c). Im sichtbaren Kanal sieht man sehr gut die parallel zur Ana-Kaltfront verlaufende Bewölkung, die mit zunehmendem Abstand hinter der Bodenfront immer höher wird. Passend zum oben beschriebenen Niederschlagsfeld an der Ana-Kaltfront befindet sich die stärkste Bewölkung westlich der Iberischen Halbinsel. Im Bereich der bei den Britischen Inseln liegenden Kata-Kaltfront sind relativ niedrige teilweise aufgelockerte Wolkenfelder zu sehen. Die hinter der Kaltfront vorliegende PV-Anomalie äußert sich im sichtbaren Kanal durch sehr heterogene Pixelfelder, die auf die dort stattfindenden konvektiven Prozesse mit schauerartigen Niederschlägen zurückzuführen sind.

Dry Intrusions lassen sich am deutlichsten in den beiden Wasserdampfkanalbildern WV6.2 und WV7.1 erkennen. Im hier gezeigten WV6.2 Bild erkennt man die Dry Intrusion an dem auf der zyklonalen Seite des Jetstreaks parallel zu dessen Achse verlaufenden dunklen Streifen (*Dark Stripe*). Sehr gut sieht man hierbei, wie die trockene Höhenluft im Bereich der Britischen Inseln die Bodenfront bereits überquert hat. Insgesamt lassen sich in den drei dargestellten Satellitenbildern folgende für diese synoptische Situation charakteristischen Wolkenstrukturen erkennen:

Bereich A: Ein typisches Merkmal von Dry Intrusions und den damit einhergehenden rapiden Zyklogenesen besteht in der Ausbildung des oben bereits erwähnten Wolkenkopfs. Dieses in der Abbildung nördlich des Tiefzentrums liegende mittelhohe Wolkenfeld bildet sich bereits im frühen Stadium einer rapiden Zyklogenese und kann daher beim *Nowcasting* als ein sehr wichtiges Merkmal zur Sturmvorhersage herangezogen werden (Böttger et al. 1975). Die um das Zentrum des Tiefs zyklonal herumgeführte Luft strömt in der Höhe antizyklonal auseinander, was sich in einer konvexen nach Norden zeigenden Krümmung des Wolkenkopfs mit relativ scharfer Grenze bemerkbar macht. Häufig nimmt der Wolkenkopf eine kommaförmige Form an, weshalb man hierbei auch von einer *Komma-Wolke* (im Englischen *Comma Cloud*) spricht.

418   11 Fronten und Frontalzonen

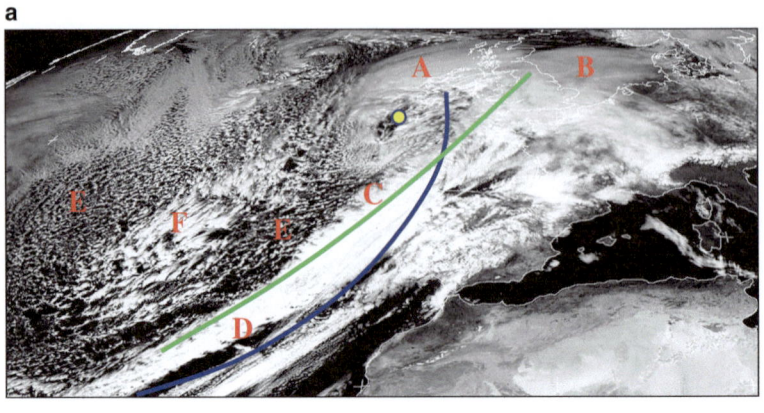

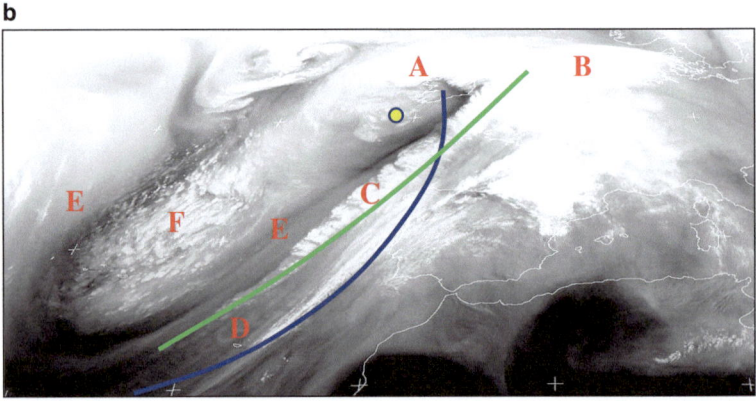

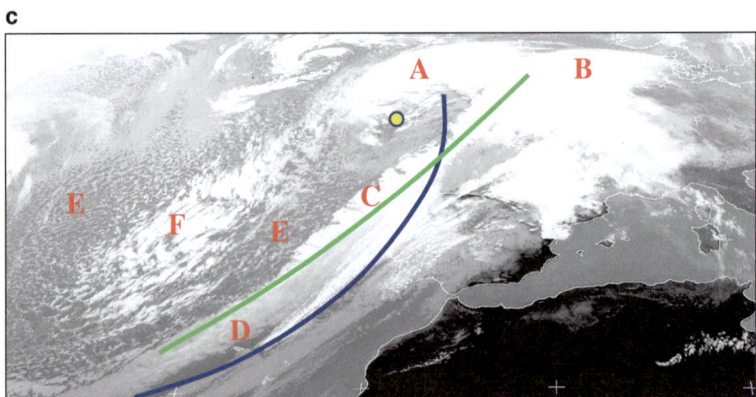

Abb. 11.25 MSG-Satellitenbilder vom 14.02.2014 12 UTC. **a** VIS0.6, **b** WV6.2 und **c** IR10.8 Kanalbild. *Blaue Linie*: Bodenkaltfront, *grüne Linie*: Jetachse. *Blau-gelber* Kreis: Position des Bodentiefs

Bereich B: Dieser Bereich ist durch das antizyklonale horizontale Ausströmen des warmen Transportbands in der hohen Atmosphäre gekennzeichnet, so dass es sich um Cirrostratus Felder handelt. Auch hier erkennt man in allen drei Satellitenbildern eine im Norden liegende relativ scharfe ebenfalls konvexe Wolkengrenze. Die von den Wolken erzeugten Pixelfelder sind relativ homogen und weisen die für Cirruswolken typische faserige Struktur auf.

Bereich C: Wie bereits erwähnt, handelt es sich hier um die hohe Bewölkung, die durch die an der Ana-Kaltfront aufsteigende Luft des Warm Conveyor Belts gebildet wird. Sie liegt immer hinter der Bodenkaltfront und verläuft weitgehend parallel zum Jetstream. Nach Westen hin erkennt man eine scharfe, auf die Dry Inrusion zurückzuführende Wolkengrenze.

Bereich D: In diesem Bereich steigt die Luft ebenfalls an der Kaltfront auf, allerdings weisen die dunkleren Pixel auf niedrigere Wolkenobergrenzen hin.

Bereich E: Die Bereiche E und F kennzeichnen das Gebiet unterhalb der PV-Anomalie. Aus dem Wasserdampfbild sieht man, dass hier die Luft relativ trocken ist (großflächiger Bereich mit dunklen Pixeln). Der IR 10.8 Kanal macht deutlich, dass im Bereich E die Konvektionszellen vergleichsweise niedrige Obergrenzen aufweisen und zudem relativ große Wolkenlücken vorliegen.

Bereich F: Im Gegensatz zum Bereich E befinden sich hier hochreichende konvektive Wolkencluster mit großflächigen Detrainmentbereichen, was auf die dort vorliegende geringe hydrostatische Stabilität zurückzuführen ist.

11.8.2 Cutoff-Prozess

Neben den Tropopausenfaltungen an der Polarfront stellt der *Cutoff-Prozess* einen weiteren bedeutenden Mechanismus des stratosphärisch-troposphärischen Massenaustauschs dar (Bamber et al. 1984, Holton et al. 1995). Bei diesem Vorgang vergrößert sich die Amplitude eines Höhentrogs, häufig unter gleichzeitiger Verkürzung seiner Wellenlänge, so lange, bis sich der Trog aus der Höhenströmung herauslöst und ein abgeschlossenes *Höhentief* (oder auch *Kaltlufttropfen*) mit einem geschlossenen Zirkulationssystem bildet.

Die so entstandenen *Cutoff-Tiefs* spielen jedoch nicht nur eine wichtige Rolle für den stratosphärisch-troposphärischen Massenaustausch, sondern sie prägen auch in starkem Maße das Klima bestimmter Regionen. In verschiedenen statistisch-klimatologischen Studien wurden die Eigenschaften von Cutoff-Tiefs untersucht. Nieto et al. (2005) identifizierten in der Nordhemisphäre drei Bereiche mit verstärktem Auftreten von Cutoff-Tiefs, von denen der Raum Ostatlantik–Südeuropa am meisten bevorzugt wird. Zahlreiche der dort auftretenden Unwetterereignisse mit extrem hohen Niederschlagsmengen werden durch Cutoff-Tiefs verursacht (García-Herrera et al. 2001). Jahreszeitlich gesehen treten im Sommer mehr Cutoff-Tiefs auf als im Winter, die meisten erreichen eine Lebensdauer von zwei bis drei Tagen und nur wenige existieren länger als fünf Tage. Die räumliche Erstreckung von Cutoff-Tiefs schwankt zwischen 200 und 1200 km, deren Verlagerungsgeschwindigkeit und -richtung wird meistens als unberechenbar und nicht vorhersagbar charakterisiert (Kentarchos und Davies 1998, Nieto et al. 2005).

In PV-Verteilungen erkennt man den Cutoff-Prozess an hohen PV-Werten, die allmählich aus dem im Norden liegenden stratosphärischen *PV-Reservoir* herausgelöst werden und in den mittleren Breiten eine isolierte zyklonale PV-Anomalie bilden. Während des Abtropfvorgangs ist die PV-Anomalie noch durch einen *PV-Streamer* mit dem PV-Reservoir im Norden verbunden. Allmählich wird der PV-Streamer jedoch immer schmaler, bis er am Ende häufig vollkommen verschwunden ist und nur noch eine räumlich isolierte PV-Anomalie übrig bleibt.

Cutoff-Tiefs werden in der Literatur häufig definiert bzw. identifiziert, indem Analysekarten in unterschiedlichen Niveaus (500, 300 oder 200 hPa) bezüglich des Auftretens von geschlossenen Isohypsen untersucht werden (z. B. Bell und Bosart 1989, Kentarchos und Davies 1998). Im Sinne des hier praktizierten PV-Denkens erscheint es allerdings angebrachter, ein Cutoff-Tief über die zyklonale PV-Anomalie zu definieren, die als Ursache für dessen Bildung angesehen werden kann. Dem Vorschlag von Hoskins et al. (1985) folgend, wird daher im Folgenden immer dann von einem Cutoff-Tief gesprochen, wenn in der zugehörigen PV-Verteilung alle Isoplethen der PV-Anomalie geschlossen sind.

In dynamischer Hinsicht erscheint diese Definition nicht nur logischer, sondern auch eindeutiger als die über die geschlossenen Isohypsen in einem bestimmten Druckniveau. Denn in einem sich bewegenden Druckgebilde unterscheiden sich die mit den PV-Isoplethen übereinstimmenden Trajektorien der Luftpartikel von den Isohypsen (s. hierzu auch Abschn. 4.7). Es sollte jedoch auch berücksichtigt werden, dass ein gegebenes materielles Volumen nicht teilbar ist, so dass bei Annahme adiabatischer Prozesse aus dem stratosphärischen PV-Reservoir keine isolierte PV-Anomalie herausgelöst werden kann. Deshalb muss sich der Abtropfvorgang immer zusammen mit diabatischen Prozessen vollziehen, bei denen beispielsweise durch turbulente Mischungsvorgänge die am Ende filamentartig dünnen PV-Streamer durchtrennt werden und geschlossene PV-Isoplethen entstehen.

Im Folgenden wird ein Cutoff-Prozess über dem Atlantik zwischen dem 04.–07.06.2013 näher untersucht. In Abb. 11.26 sind für diesen Zeitraum jeweils um 18 UTC die PV-Analysekarten auf der isentropen Fläche 320 K wiedergegeben. Der Cutoff-Vorgang setzte am 04.06.2013 zwischen Grönland und Island ein. In den folgenden drei Tagen wurde die dort liegende niederstratosphärische Luft mit PV-Werten von mehr als 5 PVU weitgehend meridional nach Süden advehiert. Der sich dabei bildende PV-Streamer begann am 06.06.2013 allmählich zu zerfallen und bildete am 07.06.2013 ein relativ kleines und südöstlich davon ein größeres Cutoff-Tief.[17]

---

[17] Der in den Karten zu sehende Kaltlufttropfen über Skandinavien, der sich ebenfalls aus einem Cutoff-Prozess kurz vorher entwickelt hatte, wird hier nicht weiter betrachtet.

11.8 PV-Analyse an der Polarfont

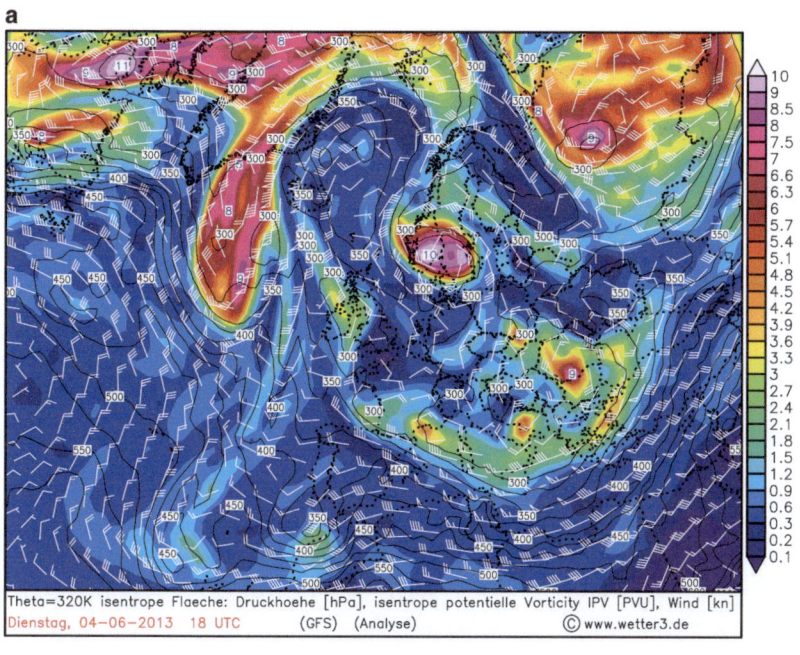

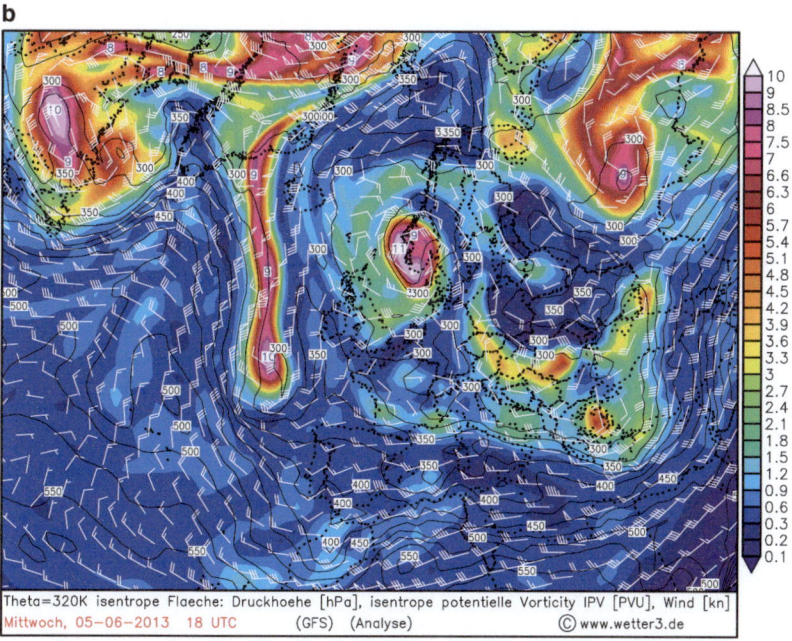

Abb. 11.26 **a**, **b** PV-Analysekarten auf der 320 K isentropen Fläche am 04.06.2013 18 UTC und 05.06.2013 18 UTC. **c, d** Wie (**a, b**) jedoch am 06.06.2013 18 UTC und 07.06.2013 18 UTC

422   11 Fronten und Frontalzonen

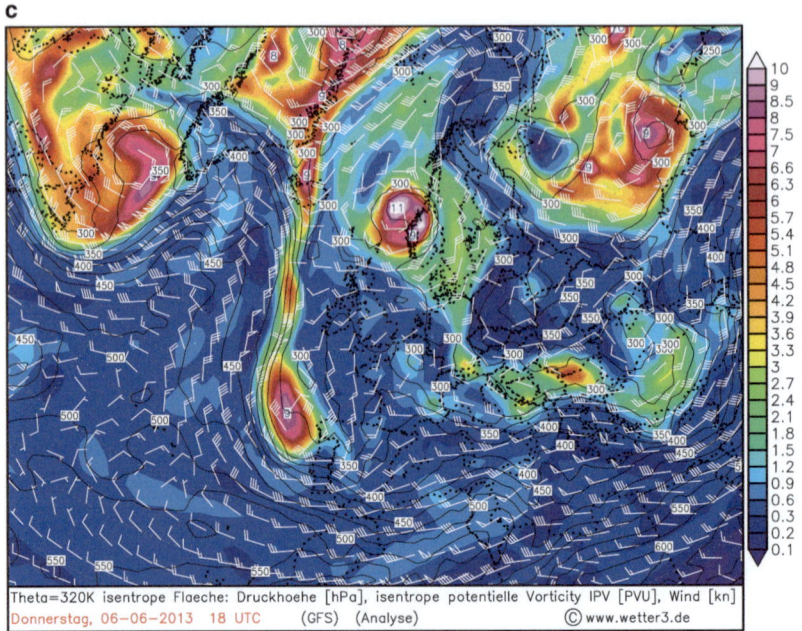

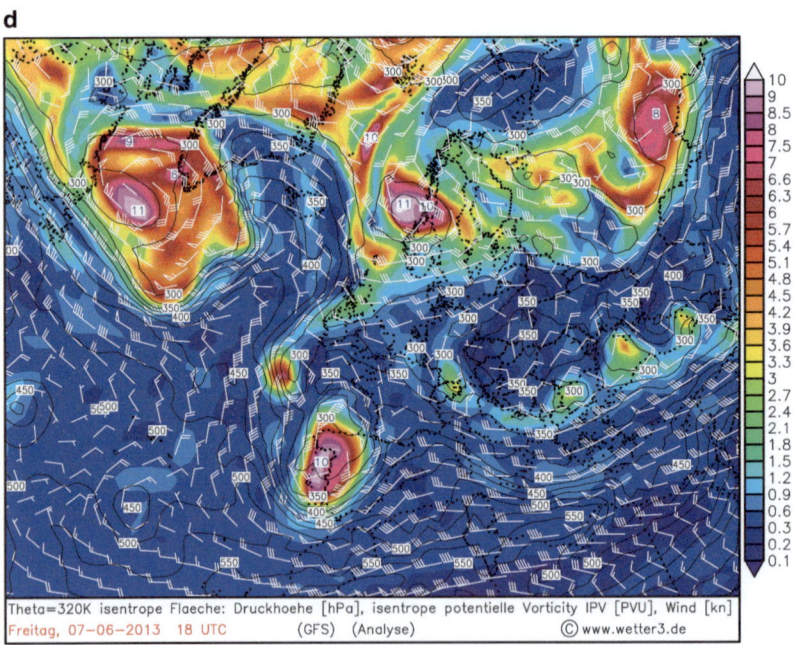

Abb. 11.26 (Fortsetzung)

11.8 PV-Analyse an der Polarfont

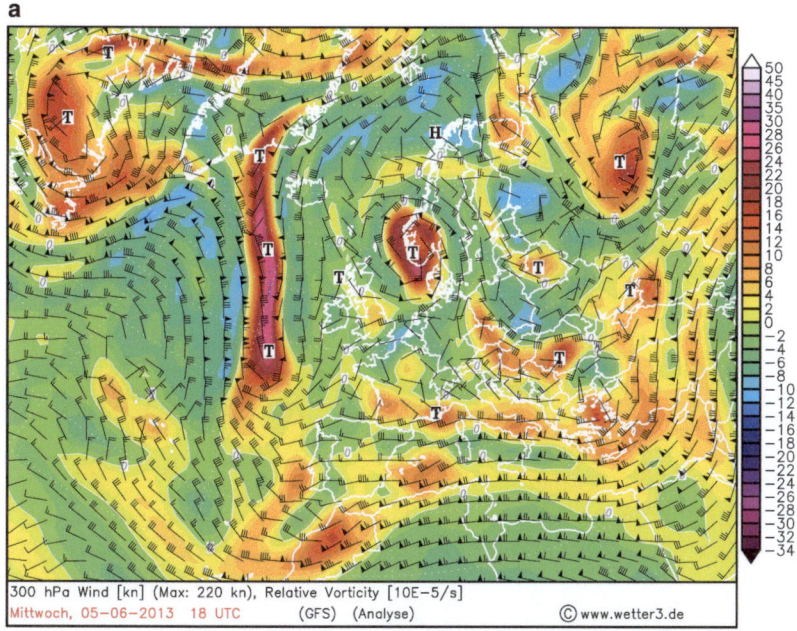

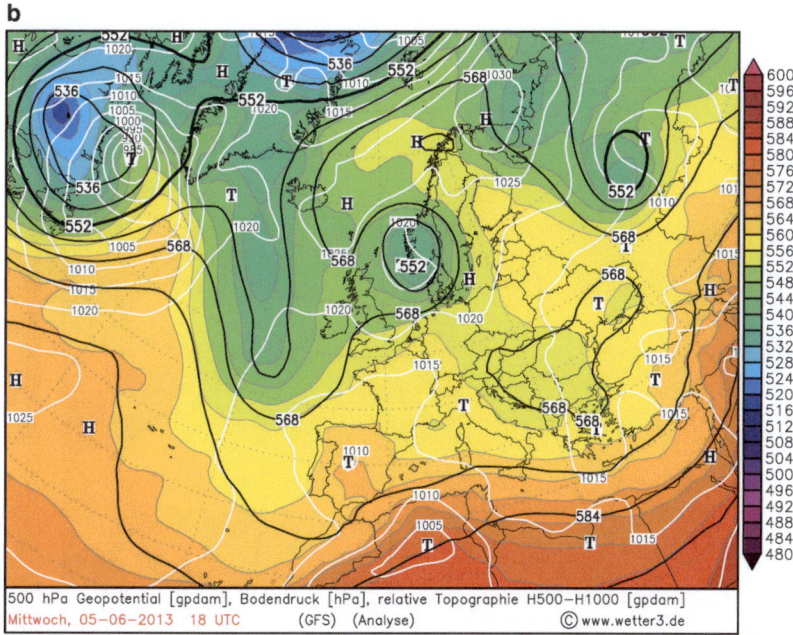

Abb. 11.27 Synoptische Situation am 05.06.2013 18 UTC. **a**, **b** Relative Vorticity in 300 hPa (**a**) und Isohypsen in 500 hPa mit Bodendruckverteilung (**b**). **c**, **d** Satellitenbild im WV6.2 Kanal (**c**) und Niederschläge der vergangenen sechs Stunden (**d**)

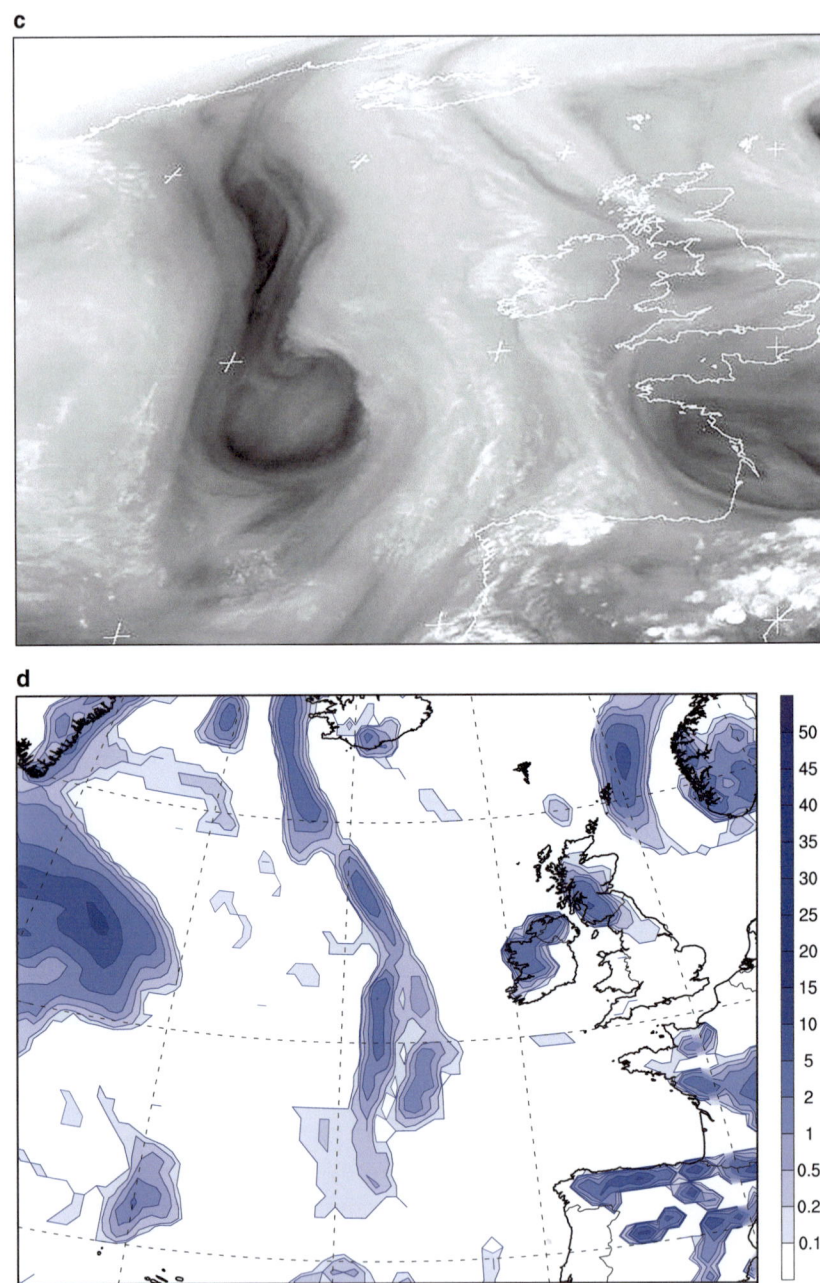

Abb. 11.27 (Fortsetzung)

So wie in vielen anderen ähnlichen Situationen war das Wettergeschehen unterhalb des PV-Streamers zwar von diesem beeinflusst, die Auswirkungen waren jedoch nicht sehr intensiv. Um dies zu verdeutlichen, sind in den Abb. 11.27 die zur PV-Anomalie vom 05.06.2013 18 UTC (Abb. 11.26b) gehörenden Verteilungen verschiedener Feldgrößen wiedergegeben. Die relative Vorticity und das horizontale Windfeld in 300 hPa (Abb. 11.27c) zeigen die entlang des PV-Streamers zu erwartenden hohen Werte von Scherungsvorticity. Dieser Bereich mit maximaler horizontaler und vertikaler Windscherung wird auch als *Scherungslinie* (im Englischen *Shear Line*) bezeichnet. In der 500 hPa Karte (Abb. 11.27b) ist ein kalter, sehr kurzwelliger Höhentrog mit großer Amplitude zu erkennen, aus dem sich im weiteren Verlauf die beiden Höhentiefs entwickelten. In der Bodendruckverteilung liegen nur schwache Druckgradienten vor.

Das Satellitenbild im WV6.2 Kanal (Abb. 11.27c) zeigt erneut sehr anschaulich die mit der PV-Anomalie einhergehende Dry Intrusion, die im gesamten Gebiet der PV-Anomalie dunkle Pixelfelder liefert, was deshalb auch als *Dark Zone* bezeichnet wird. Zu diesem Zeitpunkt waren die Wolkenobergrenzen relativ niedrig, was auf noch nicht existierende hohe Konvektionszellen hindeutet. Dennoch kam es auch jetzt schon im Bereich der Scherungslinie zu Niederschlägen, die allerdings vergleichsweise schwach ausfielen. (Abb. 11.27d). In *Bodenanalysekarten* wird die Scherungslinie häufig als quasistationäre Front eingezeichnet, auch wenn sie sich als nicht sehr wetteraktiv darstellt. In diesem Fall erschien sie in der Bodenanalysekarte des DWD als Okklusionsfront, die sich über mehrere 1000 Kilometer von Südgrönland bis zur Iberischen Halbinsel und von dort nach Südwesten auf den Atlantik erstreckte (nicht gezeigt).

Am 07.06.2013 18 UTC waren von dem ursprünglichen PV-Streamer nur noch die beiden in Abb. 11.26d zu sehenden PV-Anomalien übrig geblieben. Die damit verbundenen Isohypsen- und Temperaturverteilungen in 500 hPa und 200 hPa sind in Abb. 11.28a, b wiedergegeben. Erwartungsgemäß erkennt man in der 500 hPa Karte zwei Kaltlufttropfen, einen relativ großen über Portugal und einen deutlich kleineren nordwestlich davon. Im 200 hPa Niveau ist das kleine Höhentief zwar kaum noch in der Isohypsenverteilung, aber noch deutlich im Temperaturfeld zu erkennen. Da sich das 200 hPa Niveau oberhalb der PV-Anomalie in der unteren Stratosphäre befindet, werden dort die Isentropen nach unten verbogen (s. hierzu auch Abschn. 7.4), so dass hier die positive PV-Anomalie eine ebenfalls positive Temperaturanomalie erzeugt.

Die in Abb. 11.28c, d dargestellten Wind- und Vorticityfelder zeigen wiederum stark erhöhte zyklonale Vorticitywerte in beiden Cutoff-Tiefs sowie relativ kleinräumige Jetstreaks an deren Flanken. In diese Abbildungen sind auch die momentanen Positionen der beiden lokalen PV-Maxima (Kreise) sowie deren Zugbahnen im Zeitraum zwischen 24 Stunden vor und nach dem Analysezeitpunkt eingetragen (Pfeile). Die Gebiete mit maximaler Divergenz in 300 hPa befinden sich jeweils am linken Ausgang der Jetstreaks (in Bewegungsrichtung gesehen). Die damit verbundenen Hebungsantriebe sind auf die differentielle Vorticityadvektion zurückzuführen, die durch die mit der PV-Anomalie erzeugten Vorticityfelder mit maximalen Werten im Höhenniveau der PV-Anomalien entsteht. Am 08.06.2013 12 UTC hat-

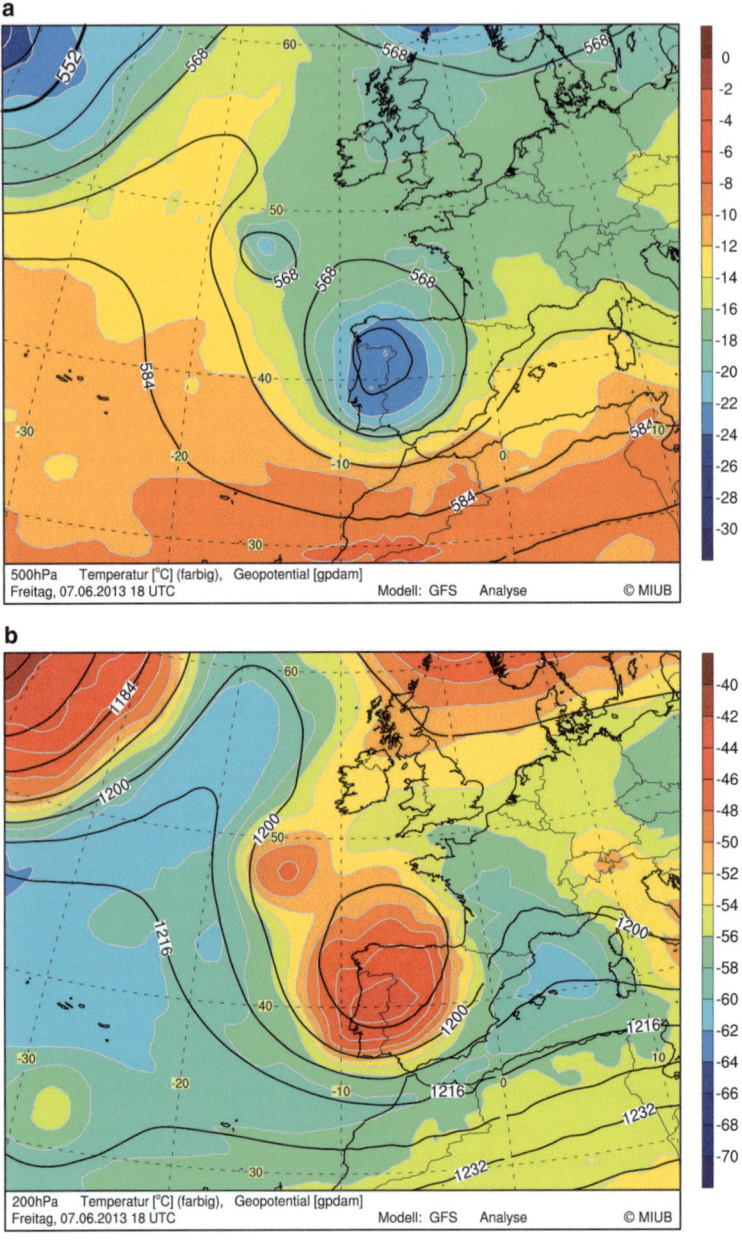

Abb. 11.28 **a**, **b** Analysekarten der Isohypsen- und Temperaturverteilungen in 500 hPa (**a**) und 200 hPa (**b**) am 07.06.2013 18 UTC. **c**, **d** Analysekarten der relativen Vorticity (**c**) und des horizontalen Winds mit Divergenzen (**d**) jeweils in 300 hPa am 07.06.2013 18 UTC. Kreise: momentane Positionen der PV-Anomalien, *Pfeile*: Verlagerung der PV-Anomalien zwischen 06.06.2013 18 UTC und 08.06.2013 18 UTC

11.8 PV-Analyse an der Polarfont

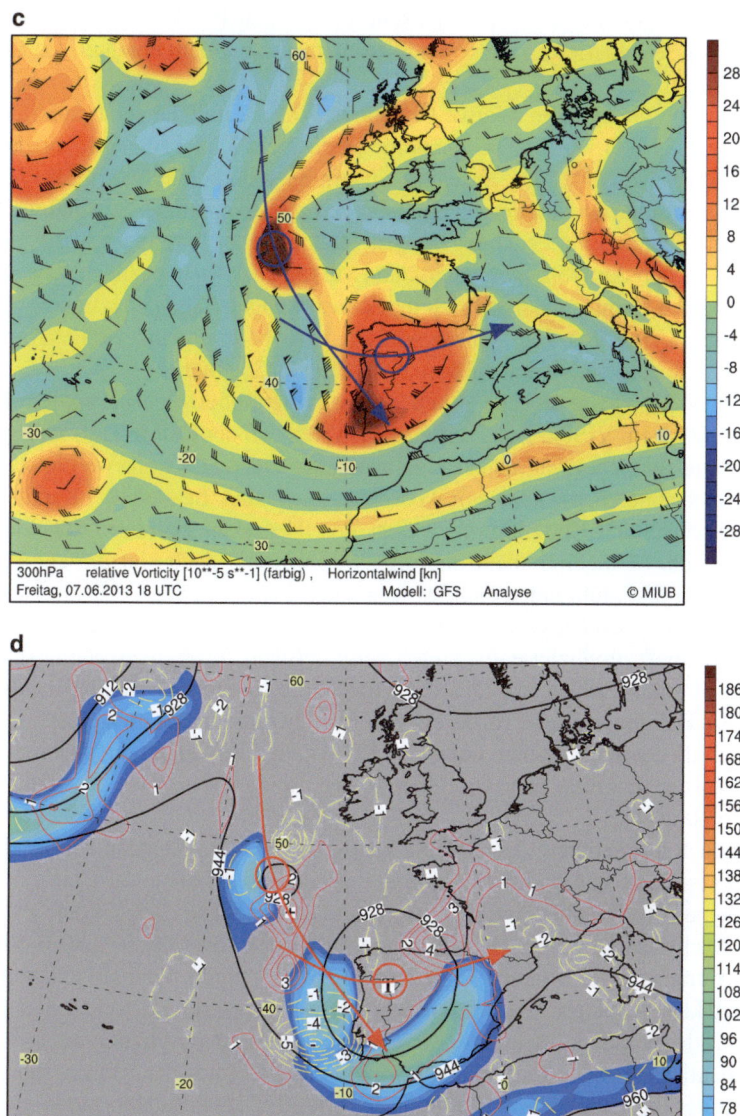

Abb. 11.28 (Fortsetzung)

te die kleine PV-Anomalie die Rückseite der großen PV-Anomalie erreicht und wurde in diese integriert, so dass beide Höhentiefs zu einem einzigen Cutoff-Tief verschmolzen.

In Abb. 11.29a sind die relative Feuchte in 700 hPa und der sechsstündige Niederschlag zwischen 12–18 UTC wiedergegeben. Deutlich ist zu erkennen, dass der Cutoff-Prozess mit einer Dry Intrusion einherging, die stromaufwärts der PV-Anomalien einen scharfen Gradienten der relative Feuchte erzeugte. Stromabwärts der PV-Anomalien sind die Feuchtewerte jedoch hoch. Hier fand die stärkste Hebung statt, was zu den dort vorliegenden lokalen Maxima der Niederschläge führte. Über der Iberischen Halbinsel befand sich bereits seit einigen Tagen eine untere positive θ-Anomalie (*Hitzetief*). Die Wechselwirkung von oberer und unterer PV-Anomalie führte dort zu starken Niederschlägen und heftigen Gewittern.

Diese Sachverhalte werden durch die Satellitenbilder eindrucksvoll bestätigt (Abb. 11.29b). Im VIS0.6 Kanal erkennt man westlich der Cutoff-Tiefs weitgehend wolkenfreie Bereiche, während stromabwärts der Tiefs, also dort, wo die stärksten Niederschläge fielen, die höchsten Wolken zu sehen sind. In allen drei Kanälen sind die hochreichenden Cumulonimben über der Iberischen Halbinsel sehr deutlich auszumachen. Schließlich sieht man im WV6.2 Kanal noch klar die auf die Dry Intrusion zurückzuführenden dunklen Bereiche.

Zusammenfassend lässt sich sagen, dass der hier untersuchte Cutoff-Prozess zwei Höhentiefs produzierte, die zu teilweise heftigen konvektiven Niederschlägen führten. Stromabwärts der beiden Tiefs wurde die Konvektion durch die dort vorliegenden Hebungsantriebe (differentielle Vorticityadvektion) ausgelöst, während sie unterhalb der über Spanien liegenden PV-Anomalie auch auf die dort reduzierte hydrostatische Stabilität zurückzuführen waren. Beide Höhentiefs generierten keine Bodenzyklogenese.

Das auch bei anderen Cutoff-Tiefs häufig beobachtete Ausbleiben der Bodenzyklogenese lässt sich dadurch erklären, dass in diesen Fällen der Cutoff-Prozess an der hyperbaroklinen Polarfront einsetzt und anschließend die gebildete PV-Anomalie in schwach barokline Gebiete advehiert wird, so dass der in Abb. 7.5 dargestellte Antrieb für die Bodenzyklogenese unwirksam bleibt. Deshalb existiert auch praktisch kein Hebungsantrieb durch Schichtdickenadvektion. Gleichwohl sinkt der Bodenluftdruck unterhalb der PV-Anomalie, so dass man dort häufig ein frontenloses Bodentief vorfindet. In dem hier gezeigten Beispiel war die Wetterwirksamkeit des über der Iberischen Halbinsel liegenden Cutoff-Tiefs besonders stark, weil dort bereits eine positive θ-Anomalie am Boden, d. h. eine untere PV-Anomalie, vorlag, die dann mit der oberen PV-Anomalie in Wechselwirkung treten konnte.

11.8 PV-Analyse an der Polarfont

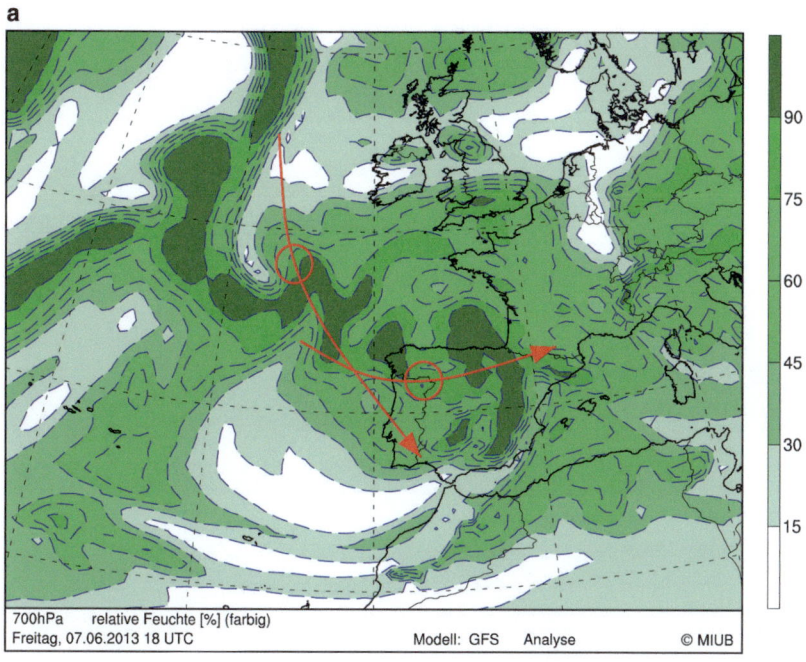

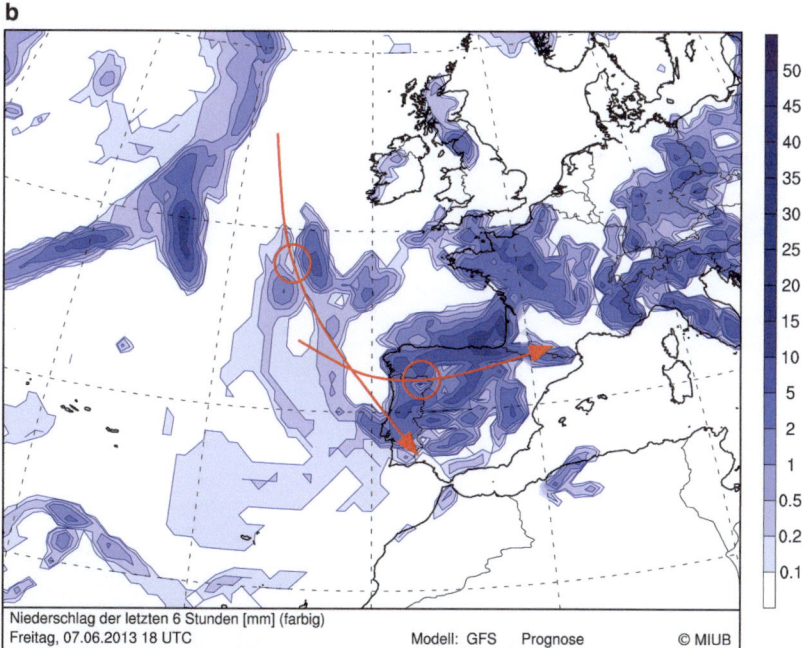

Abb. 11.29 a, b Wie Abb. 11.28c, d, jedoch Analysekarte der relativen Feuchte in 700 hPa (a) und Prognosekarte des sechsstündigen Niederschlags (b). c, d, e MSG-Satellitenbilder vom 07.06.2013 18 UTC. c VIS0.6, d WV6.2 und e IR10.8 Kanalbild

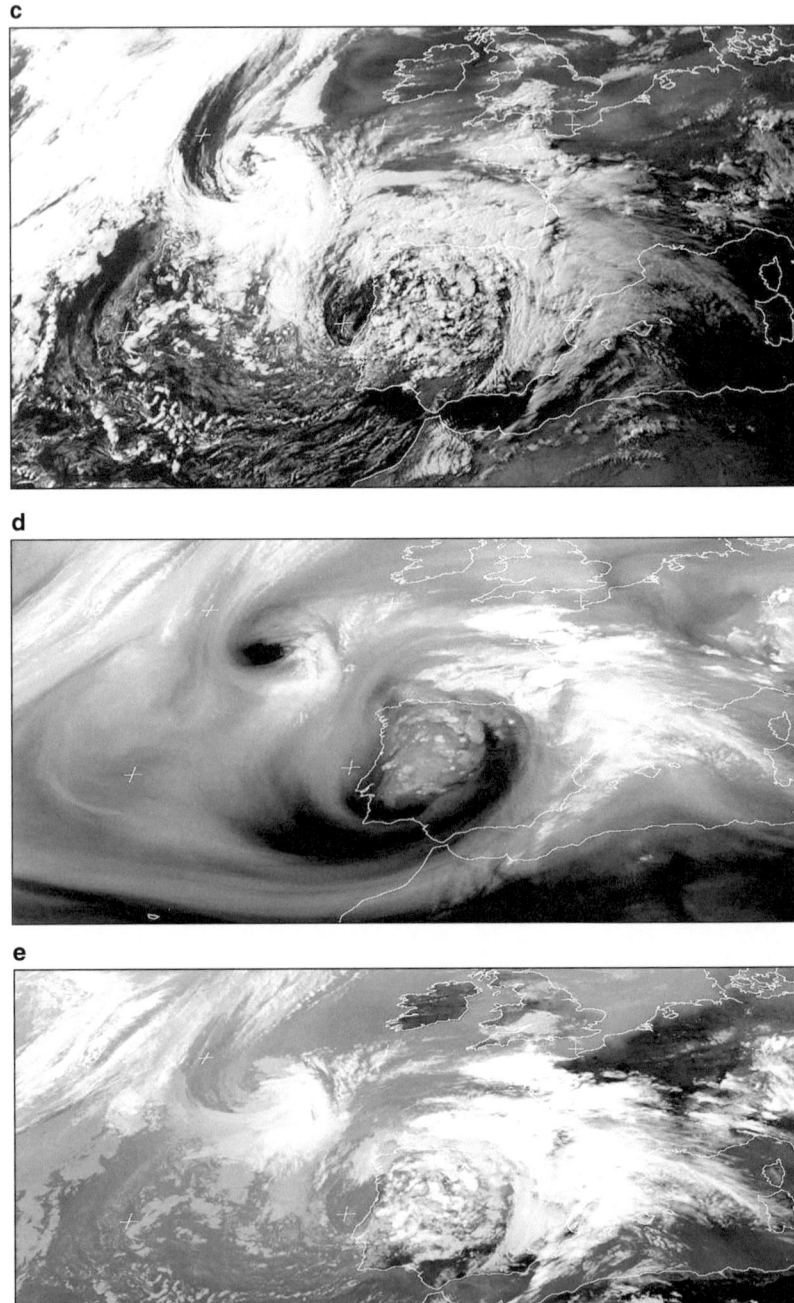

Abb. 11.29 (Fortsetzung)

Mesoskalige meteorologische Prozesse 12

In den vorangehenden Kapiteln lag der Schwerpunkt auf dem Studium atmosphärischer Vorgänge, die auf der *synoptischen* oder *planetaren Skala* ablaufen. Zur mathematischen Beschreibung dieser Phänomene erwiesen sich die *quasigeostrophische Theorie* und das *PV-Denken* als sehr nützliche Hilfsmittel. Aber auch auf der *sub-synoptischen Skala* finden ständig die vielfältigsten thermo-hydrodynamischen Prozesse statt, die das augenblickliche Wettergeschehen mitunter entscheidend prägen. Hierzu zählen die an Fronten ablaufenden Vorgänge, die sich vornehmlich in der atmosphärischen Grenzschicht abspielen, insbesondere aber auch konvektive Systeme mit den damit verbundenen Wettererscheinungen, wie Sturm, Starkregen, Hagel etc. Wie bereits früher erwähnt, lassen sich diese Phänomene wegen ihrer vergleichsweise geringen Ausdehnungen nicht mehr mit Hilfe der quasigeostrophischen Theorie analysieren. Vielmehr sollte hier zumindest die *semigeostrophische Theorie* zur Anwendung kommen, bei der die ageostrophischen Advektionsanteile in der Bewegungsgleichung berücksichtigt werden (s. Abschn. 4.6). Oftmals ist jedoch auch diese Theorie nicht mehr ausreichend, so dass eine Analyse der zu untersuchenden Prozesse nur möglich ist, wenn das vollständige prognostische Gleichungssystem numerisch gelöst wird (s. Abschn. 3.4).

Die hochgradige Nichtlinearität aller in der Atmosphäre ablaufenden Prozesse hat zur Folge, dass eine ständige Wechselwirkung von Skalen unterschiedlichster Größenordnungen miteinander stattfindet. Diese nichtlineare Skaleninteraktion stellt eine entscheidende Voraussetzung für das *deterministisch-chaotische Verhalten* der Atmosphäre dar. Das bedeutet insbesondere, dass einerseits mesoskalige Entwicklungen durch synoptisch-skalige Vorgänge gesteuert werden, dass andererseits aber auch gleichzeitig eine starke Rückkopplung mesoskaliger Prozesse auf die synoptische Skala existiert. Allein dieser Umstand bildet schon ausreichend Motivation, sich zum besseren Verständnis großskaliger Vorgänge auch mit sub-synoptischen Phänomenen auseinanderzusetzen.

In diesem Kapitel werden deshalb verschiedene in der sub-synoptischen Skala ablaufende atmosphärische Prozesse näher untersucht. Hierbei handelt es sich jedoch lediglich um kurze Zusammenfassungen der wichtigsten Merkmale einiger beispielhaft ausgewählter Vorgänge. Eine tiefergehende und umfangreichere Analyse mesoskaliger meteorologischer Phänomene wird an dieser Stelle nicht erfolgen. Ausgewählte Beispiele interessanter Lehrbücher zu diesem Themenkomplex sind:

- Mesoskalige Meteorologie:
  Ray (1987), Pielke (2002), Lin (2007), Markowski und Richardson (2010), Fedorovich et al. (2011)
- Wolkendynamik:
  Ludlam (1980), Cotton und Anthes (1989), Houze (1993), Emanuel (1994), Doswell (2001), Cotton et al. (2011)
- Atmosphärische Grenzschicht:
  Stull (1988), Garrat (1994), Baklanov und Grisogono (2007)

12.1 Gewitter

Intensive vertikale Umlagerungen in der Atmosphäre äußern sich in der Bildung konvektiver Wolken, angefangen vom *Cumulus humilis*, über den *Cumulus congestus*, bis hin zu *Cumulonimben*, die bis in die hohe Troposphäre oder untere Stratosphäre reichen können. Bei hochreichender Konvektion handelt es sich um Vorgänge, die auf der *meso-γ Skala* ablaufen (Orlanski 1975), weshalb diese auch gelegentlich als *konvektive Skala* bezeichnet wird (s. hierzu auch Abschn. 1.2). Die dabei auftretenden Gewitter sind oft mit Starkniederschlägen und böigen Winden verbunden, die Sturm- oder Orkanstärke erreichen können und daher ein großes Gefahrenpotential darstellen.

Gewitter werden immer von *Blitzen* begleitet, die durch räumliche Trennungen positiver und negativer elektrischer Ladungen in den Wolken- und Niederschlagsbereichen entstehen und sowohl innerhalb der Wolken als auch zwischen Erde und Wolke verlaufen können. Die hierbei zwischen den Wolken oder zwischen Wolken und Erdboden transportierten elektrischen Ladungen führen zu einer extrem starken und plötzlichen Erwärmung der Luft im *Blitzkanal* ($\sim 30\,000$ K), was dort einen explosionsartigen Druckanstieg um eine oder zwei Größenordnungen verursacht. Hierdurch werden eine sich mit Überschallgeschwindigkeit bewegende Schockwelle und eine Schallwelle erzeugt, die dann als *Donnergeräusch* wahrnehmbar ist. Auf die näheren physikalischen Eigenschaften von Blitzen wird hier nicht eingegangen, stattdessen wird das Studium der weiterführenden Spezialliteratur empfohlen (z. B. Pruppacher und Klett 1997, Hobbs 2010). Der Schwerpunkt der folgenden Betrachtungen liegt vielmehr auf der Beschreibung der in Gewittern ablaufenden thermo-hydrodynamischen Prozesse. Weiterhin werden die atmosphärischen Voraussetzungen zu deren Bildung näher erörtert. Die Ausführungen beschränken sich hauptsächlich auf die im europäischen Raum üblicherweise vorkommenden konvektiven Systeme.

12.1.1 Einzel-, Multi- und Superzellen

Gewitter können sehr unterschiedliche räumliche und zeitliche Größenordnungen erreichen. Das kleinste konvektive System stellt die *Einzelzelle* dar. Hierbei handelt es sich um einen Cumulonimbus, der nur aus einer einzelnen Konvektionszelle besteht. Im oberen Bereich besitzt die Wolke typischerweise einen horizontalen Durchmesser von weniger als 10 Kilometern. Häufig werden jedoch auch Einzelzellen mit deutlich größeren Ausmaßen beobachtet. Die Lebensdauer dieser Gewitter ist vergleichsweise kurz und liegt üblicherweise in einer Größenordnung von 30 bis 60 Minuten. Die dabei auftretenden Niederschläge können lokal sehr heftig ausfallen, in der Regel sind sie aber räumlich und zeitlich nicht sehr stark ausgedehnt. Insgesamt gesehen bringen Einzelzellen nur ein relativ geringes Gefahrenpotential mit sich.

Die intensive wissenschaftliche Untersuchung von Gewittern hat bereits eine lange Tradition. Kurz nach dem zweiten Weltkrieg fand in den USA das „Thunderstorm Project" statt, bei dem erstmals Gewitter mit Hilfe simultaner Radar- und Flugzeugbeobachtungen und anderer Messungen detailliert untersucht wurden. In dem von Byers und Braham (1949) veröffentlichten Bericht zu diesem Projekt wird der Lebenszyklus einer einzelnen Gewitterzelle in die folgenden drei Abschnitte unterteilt:

- *Cumulus Stadium*
  Im ersten Entwicklungsstadium bildet sich ein Cumulus congestus, der in erster Linie durch starke Aufwinde (*Updraft*) charakterisiert ist. Mit den Aufwinden wird feuchtwarme Luft aus der atmosphärischen Grenzschicht in die höhere Troposphäre transportiert. Im oberen Wolkenbereich können sich zu diesem Zeitpunkt bereits Niederschlagsteilchen bilden, die jedoch noch nicht aus der Wolke ausfallen.
- *Reifestadium*
  In diesem Stadium existieren zusätzlich zum Updraft starke Wolkenabwinde (*Downdraft*), die durch den fallenden und dabei verdunstenden Niederschlag erzeugt werden. Gemäß einer von Cotton und Anthes (1989) zusammengestellten Übersicht verschiedener Messungen können Wolkenaufwinde Stärken von mehr als $30 \, \text{m s}^{-1}$ und Wolkenabwinde Stärken von mehr als $20 \, \text{m s}^{-1}$ erreichen. Im oberen Wolkenbereich strömt die aufgestiegene Luft horizontal auseinander. Bei diesem *Detrainmentvorgang* entwickelt sich der *Amboss* der Gewitterzelle. Umgekehrt strömt die am Boden ankommende kalte Luft des Downdrafts dort horizontal auseinander, was sich in den bei Gewittern typischerweise auftretenden böigen Winden äußert. Während des Reifestadiums der Gewitterzelle ist die Niederschlagsintensität am größten.
- *Dissipationsstadium*
  In diesem Stadium bricht der Wolkenaufwindbereich weitgehend zusammen und es existieren nur noch die kalten Abwinde im unteren Wolkenbereich. Die gesamte Entwicklung kommt allmählich zum Erliegen. Aus dem zunächst inten-

siven konvektiven wird ein leichter stratiformer Niederschlag, der überwiegend aus dem Amboss der Wolke fällt.

Im Normalfall reicht ein Cumulonimbus so hoch in die Troposphäre hinauf, dass sich im oberen Wolkenbereich Eisteilchen bilden. Das erkennt man gut an der dort vorliegenden faserigen Wolkenstruktur, die charakteristisch für den Amboss der Gewitterzelle ist. Die Existenz von Wolkeneiskristallen ist eine der wichtigsten Voraussetzungen für die Entstehung intensiver konvektiver Niederschläge (s. z. B. Pruppacher und Klett 1997). Gelegentlich treten auch Cumulonimben auf, in denen sich keine Eisteilchen bilden. Das gilt insbesondere für die warmen tropischen Gebiete. Wolken ohne Eisphase nennt man auch *warme Wolken*. Im Folgenden wird jedoch eine Cumuluswolke nur dann als Cumulonimbus bezeichnet, wenn sie im oberen Bereich zumindest teilweise vereist ist, d. h. in Teilbereichen eine faserige Struktur besitzt.

Multizellen setzen sich aus mehreren Einzelzellen zusammen, die sich jeweils in unterschiedlichen Entwicklungsstadien befinden. Unter günstigen atmosphärischen Bedingungen, in denen eine vertikale Scherung des horizontalen Winds vorliegt, können Multizellen organisierte Strukturen entwickeln. In diesen Fällen entstehen an der Vorderkante der Multizelle (in Bewegungsrichtung gesehen) immer wieder neue konvektive Einzelzellen, die jeweils den oben dargestellten Lebenszyklus durchlaufen. Die im hinteren Bereich der Multizelle auftretenden kalten und horizontal auseinanderströmenden Wolkenabwinde können kaltfrontartige Strukturen annehmen. Hierbei spricht man auch von einer *Böenfront* (*Gust Front*). Die hinter der Böenfront einfließende kalte Luft, die in diesem Zusammenhang auch als *Kältepool* (*Cold Pool*) bezeichnet wird, schiebt sich unter die stromabwärts liegende feuchtwarme Luft, wodurch die Entstehung neuer Gewitterzellen weiter forciert wird. Auf diese Weise kann sich die Lebensdauer einer Multizelle über mehrere Stunden erstrecken.

Besonders intensive Downdrafts werden im Englischen als *Downburst* bezeichnet. Hierbei handelt es sich um ein Gebiet mit einer Ausdehnung von 1 bis 10 km, in dem die kalten Wolkenabwinde über einen Zeitraum von weniger als 30 Minuten sehr stark werden können. Bezüglich ihrer Größe werden Downbursts noch in *Macro-* und *Microbursts* unterteilt (s. Houze 1993). Letztere stellen insbesondere für die Luftfahrt eine große Gefahr dar.

Bei einer *Superzelle* handelt es sich um eine einzelne Gewitterzelle, die jedoch eine ähnliche räumliche Erstreckung und Lebensdauer wie eine Multizelle besitzt. Superzellen treten als extrem starke Unwetter auf und können verheerende Schäden anrichten. Wie die Einzelzelle besitzen sie jeweils nur einen Up- und einen Downdraftbereich, allerdings sind die räumlichen Ausmaße dieser Auf- und Abwindschläuche erheblich größer als in Einzel- oder Multizellen. Im Vergleich zur Einzel- und Multizelle ist die Blitzaktivität in einer Superzelle am größten.

Das wichtigste Merkmal einer Superzelle besteht darin, dass der Aufwindschlauch horizontale Rotationsbewegungen durchführt. Diese sind auf die bei ihrer Entstehung vorliegende starke vertikale Scherung des horizontalen Winds zurückzuführen, die über den *Tilting Term* der Vorticitygleichung (5.23) in eine horizontale Rotationsbewegung umgewandelt wird. Die meist zyklonalen Rotationsbewegungen können sich über einen relativ langen Zeitraum von deutlich mehr als 20 Minuten erstrecken. Der auch als *Mesozyklone* bezeichnete zyklonale Wirbel besitzt einen Durchmesser von 2 bis 10 km. Hier können Updraftgeschwindigkeiten von bis zu 40 m s^{-1} erreicht werden (Houze 1993), so dass die im Aufwindschlauch nach oben transportierten Hagelkörner außergewöhnlich groß werden können. Die intensive Hagelbildung trägt erheblich zum starken Schadenspotential von Superzellen bei. Charakteristisch für die Superzelle ist weiterhin, dass Up- und Downdraftbereiche räumlich voneinander getrennt sind, so dass die kalten Wolkenabwinde das Aufsteigen der warmen Luft nicht behindern. Aus diesem Grund können Superzellen eine relativ lange Lebenszeit von teilweise mehreren Tagen erlangen.

Innerhalb der Mesozyklonen herrscht weitgehend *zyklostrophisches Windgleichgewicht* (s. Abschn. 4.4). Da der Druck im Zentrum der Mesozyklone extrem niedrig ist, ergeben sich hieraus außergewöhnlich hohe Werte der Vorticity von teilweise mehr als 10^{-1} s^{-1} (z. B. Gaudet und Cotton 2006, Wurman et al. 2010). Man vergleiche diesen Wert mit der bei synoptisch-skaligen Betrachtungen typischen Größenordnung der Vorticity von 10^{-4} s^{-1} in mittleren Breiten (s. Abschn. 5.3).

In den USA treten Superzellen deutlich öfter auf als in Europa. Dies ist zum einen auf die topographischen Gegebenheiten in Form der Rocky Mountains zurückzuführen. Zum anderen bestehen günstige klimatologische Voraussetzungen für die Bildung schwerer Gewitterstürme dadurch, dass häufig feuchtwarme Luftmassen aus dem Golf von Mexiko in den Mittleren Westen der USA vordringen und gleichzeitig arktische Luftmassen aus Kanada nach Süden strömen (s. auch Abschn. 10.3).

Aufgrund der verheerenden Schäden, die durch Superzellen entstehen können, wird deren frühzeitiger Detektion große Aufmerksamkeit gewidmet. Die Radarfernerkundung stellt hierbei ein wichtiges Hilfsmittel dar (s. Abschn. 2.3). Typisch für eine Superzelle ist ein auf dem Radarschirm erkennbares hakenförmiges Echo (*Hook Echo*), dessen Gestalt auf die zyklonale spiralförmige Bewegung der Hagelkörner innerhalb der Mesozyklone zurückzuführen ist. Das Auftauchen eines Hook Echos auf dem Radarschirm stellt ein wichtiges Indiz für die Wahrscheinlichkeit einer *Tornadobildung* dar, so dass es vom National Weather Service der USA als ausreichend angesehen wird, um eine Tornadowarnung auszusprechen.

Erste Radarbeobachtungen von Hook Echos reichen bis in die 1950er Jahre zurück (Stout und Huff 1953, Sadowski 1958, Browning 1965). Seit dieser Zeit setzten sich zahlreiche Publikationen mit der Beobachtung von Hook Echos und der Entwicklung von Tornados auseinander. In Markowski (2002) ist eine Übersicht über wichtige Publikationen zu diesem Thema zu finden. Superzellen, in denen Tornados entstehen, werden auch als *Tornado-Zyklone* bezeichnet. Auf eine detaillierte Beschreibung von Tornados wird an dieser Stelle verzichtet und stattdessen auf die weiterführende Spezialliteratur verwiesen (z. B. Klemp 1987).

12.1.2 Voraussetzungen für die Gewitterbildung

Welche Art von Gewitterzellen sich in einer gegebenen Situation bilden, hängt stark von der atmosphärischen Schichtung und der vertikalen Scherung des horizontalen Winds ab. Als Maß für die atmosphärische Stabilität benutzten Weisman und Klemp (1982) die *konvektiv verfügbare potentielle Energie* (im Englischen Convective Available Potential Energy, *CAPE*), welche die spezifische Auftriebsenergie eines feuchtadiabatisch aufsteigenden Luftpakets darstellt und definiert ist als

$$CAPE = g \int_{z_{LFC}}^{z_{ET}} \frac{T_{v,p} - T_v}{T_v} dz \qquad (12.1)$$

Hierbei ist $T_{v,p}$ die virtuelle Temperatur des aufsteigenden Luftpakets, T_v stellt die virtuelle Temperatur der Umgebungsluft dar und z_{LFC} bezeichnet das *Level of Free Convection* (LFC). Das ist die Höhe, in der das aus tieferliegenden Schichten aufgestiegene Luftpaket erstmals wärmer als die Umgebungsluft wird. Die Größe z_{ET} beschreibt die Höhe, in der das aufgestiegene Luftpaket wieder die gleiche Temperatur wie die Umgebungsluft besitzt. Je größer die Temperaturdifferenz zwischen aufsteigender Luft und Umgebungsluft ist, umso größer ist die CAPE. Bei CAPE-Werten von weniger als $1000 \, \text{J kg}^{-1}$ ist die Intensität eines auftretenden Gewitters noch relativ gering. Bei Werten von $1000–2000 \, \text{J kg}^{-1}$ kann damit gerechnet werden, dass es heftiger ist, während bei Werten von $2000–3000 \, \text{J kg}^{-1}$ das Gewitter sehr stark sein kann. CAPE-Werte $> 3000 \, \text{J kg}^{-1}$ werden in Mitteleuropa selten beobachtet. In den USA hingegen wurden in extremen Gewittern mit Tornadobildung CAPE-Werte von mehr als $5000 \, \text{J kg}^{-1}$ gemessen (z. B. Edwards et al. 2002). Normalerweise liegt bei Multi- und Superzellen eine ähnliche atmosphärische Stabilität vor, die insbesondere deutlich geringer ist als bei Einzellengewittern (Weisman und Klemp 1982).

Um überhaupt eine hochreichende konvektive Wolke bilden zu können, muss ein Luftpaket bis zum Level of Free Convection aufsteigen. Ist unterhalb dieses Niveaus die Atmosphäre stabil geschichtet, dann würde das Luftpaket aus eigenem Antrieb nicht das LFC erreichen. Die Energie, die aufgewendet werden muss, um die Luft bis zum LFC anzuheben, wird als *Convective Inhibition* (CIN) bezeichnet. CIN kann beispielsweise bei orographisch erzwungener Hebung aus der kinetischen Energie zur Verfügung gestellt werden. Im Sommer wird durch intensive solare Einstrahlung und Turbulenz die CIN der Luft im bodennahen Bereich tagsüber mehr und mehr abgebaut. Wenn sie vollständig verschwunden ist, kann das Luftpaket auch ohne äußere dynamische Antriebe zum LFC aufsteigen. Die Temperatur in 2 m Höhe, bei der das erstmals der Fall ist, wird als *Auslösetemperatur* bezeichnet.

Die CAPE eines Luftpakets ist umso größer, je wärmer und feuchter es ist. Änderungen der atmosphärischen vertikalen Temperaturverteilung können ebenfalls eine Erhöhung der CAPE bewirken. Das lässt sich sehr gut beim Durchgang einer Kaltfront beobachten. Durch das postfrontale Einfließen relativ kalter Luftmassen in der Höhe wird die Atmosphäre labilisiert. Dieser Vorgang führt zu dem typischerweise hinter Kaltfronten beobachteten *Rückseitenwetter*, das charakterisiert ist durch verstärkte Konvektion mit Schauer- oder Gewitterbildung, böig auffrischenden Winden und raschem zeitlichen Wechsel zwischen sonnigen und bewölkten Abschnitten.

Aufgrund ihrer physikalisch basierten Definition stellt die CAPE ein sehr gutes Maß dar, die Wahrscheinlichkeit einer Gewitterbildung abzuschätzen. Ein Nachteil bei der Benutzung der CAPE besteht allerdings darin, dass deren Berechnung mit Hilfe eines *thermodynamischen Diagrammpapiers* relativ aufwendig ist. Deshalb wurden in der Vergangenheit zahlreiche weitere empirische *Stabilitätsindizes* eingeführt, mit denen das Auftreten von Gewittern relativ einfach abgeschätzt werden kann. Diese Indizes basieren meistens auf der Ermittlung von Differenzen der Temperatur, des Taupunkts oder der pseudopotentiellen Temperatur zwischen einem adiabatisch aufsteigenden Luftpaket und der Umgebungsluft in bestimmten Höhenniveaus und mit unterschiedlichen Kombinationen der einzelnen Parameter. Häufig benutzte Stabilitätsindizes sind:

KO-Index (KO):

$$KO = \frac{1}{2}[\theta_e(500) + \theta_e(700)] - \frac{1}{2}[\theta_e(850) + \theta_e(1000)] \quad (12.2)$$

Hierbei stellen die in Klammern stehenden Zahlen die Druckniveaus in hPa dar, in denen die pseudopotentielle Temperatur θ_e jeweils benötigt wird. Der KO-Index ist ein hilfreiches Mittel zur Abschätzung der bei großskaligen Hebungen wichtigen *potentiellen Instabilität* Die KO-Werte lassen sich wie folgt interpretieren:

$KO > 6$: Es ist nicht mit Gewittern zu rechnen.
$2 < KO \leq 6$: Das Auftreten vereinzelter Gewitter ist möglich.
$KO \leq 2$: Es bilden sich zahlreiche Gewitter.

Lifted Index (LI): Man erhält den LI durch Subtraktion der Temperatur eines adiabatisch vom Erdboden bis in 500 hPa gehobenen Luftpakets von der dort vorliegenden Temperatur der Umgebungsluft. Hierbei gilt:

$LI > 6$: Es ist nicht mit Gewittern zu rechnen.
$1 < LI \leq 6$: Die Gewitterbildung ist unwahrscheinlich.
$-2 < LI \leq 1$: Vereinzelte Gewitter sind möglich.
$-6 < LI \leq -2$: Es besteht hohe Gewitterwahrscheinlichkeit.
$LI < -6$: Starke Gewitter sind sehr wahrscheinlich.

Der LI eignet sich vor allem gut zur Abschätzung der Wahrscheinlichkeit für das Auftreten einzelner Wärmegewitter im Sommer. Im Winter oder bei Labilisierung der Atmosphäre durch Einfließen kalter Höhenluft ist der LI eher ungeeignet. Weitere hier nicht näher betrachtete Stabilitätsindizes sind der *Showalter Index*, der *K-Index*, der *Total Totals Index* u. a.

Bei der Benutzung von Stabilitätsindizes zur Abschätzung von Gewitterwahrscheinlichkeiten müssen zusätzlich zu den Werten der Indizes selbst noch weitere

Kriterien berücksichtigt werden. Hierzu zählt insbesondere die Überprüfung, ob in einem Gebiet auch dynamisch induzierte Hebungsantriebe vorliegen. So beobachtet man häufig Situationen, in denen über weite Bereiche ein bestimmter Stabilitätsindex auf eine hohe Gewitterwahrscheinlichkeit hinweist, trotzdem werden die Gewitter nur in einem relativ eng begrenzten Gebiet ausgelöst. Das geschieht beispielsweise dort, wo neben den thermisch günstigen Voraussetzungen noch Hebungsantriebe durch orographisch bedingte Gegebenheiten vorliegen.

Schließlich gibt es noch sehr einfache Möglichkeiten, die Wahrscheinlichkeiten für das Auftreten von Schauern oder Gewittern grob abzuschätzen. Beispielsweise kann man hierfür die Temperaturdifferenz zwischen dem 850 hPa und dem 500 hPa Niveau benutzen. Ist diese größer als 25 °C, dann deutet das auf Schauerwetter hin. Übersteigt sie einen Wert von 30 °C, dann besteht eine hohe Wahrscheinlichkeit dafür, dass sich Gewitter bilden. Im Sommer liefert die Verwendung der Bodentemperatur anstelle der Temperatur im 850 hPa Niveau mitunter noch bessere Abschätzungen, wobei jetzt eine Differenz von 40 °C zwischen Bodentemperatur und Temperatur im 500 hPa Niveau als kritischer Wert für die wahrscheinliche Gewitterbildung angesehen werden kann. Selbstverständlich handelt es sich bei den hier angegebenen empirischen Beziehungen nur um sehr grobe Abschätzungen, die entsprechend fehlerhaft sein können. Häufig lassen sie sich jedoch durch Anpassung an die besonderen lokalen Verhältnisse, wie z. B. orographische Gegebenheiten, noch etwas verbessern. Am Ende ist sicherlich noch ein gewisses Maß an Erfahrung zur Einschätzung unterschiedlicher synoptischer Situationen von Vorteil.

Ein weiterer die Gewitterbildung stark beeinflussender Faktor ist die vertikale Scherung des horizontalen Winds in der unteren Troposphäre. Zahlreiche experimentelle Befunde und numerische Fallstudien belegen, dass die Intensität von Gewittern mit wachsender Windscherung zunimmt (z. B. Weisman und Klemp 1982, Moncrieff und Liu 1999, Markowski et al. 2003, Richardson et al. 2007). Man kann sich leicht vorstellen, dass bei fehlender Windscherung die am Boden horizontal ausströmenden Downdrafts einer Einzelzelle allmählich die weitere Zufuhr feuchtwarmer Luft in den Updraftbereich hinein unterbinden, so dass die Entwicklung bereits nach relativ kurzer Zeit zum Erliegen kommt.

Mit Hilfe numerischer Sensitivitätsstudien gelang es Weisman und Klemp (1982), bei einer fest vorgegebenen atmosphärischen Stabilität in Abhängigkeit von der Windscherung Einzel-, Multi- und Superzellen zu simulieren. Einzelzellen entstanden nur bei schwacher Windscherung. In den sich bei moderater Windscherung bildenden Multizellen erwies sich die Böenfront als ein wichtiger, die Entwicklung steuernder Mechanismus. Zum einen wurde hierdurch, ähnlich wie bei der Einzelzelle, die Zufuhr feuchtwarmer Luft in den bestehenden Updraftbereich unterbunden, zum anderen forcierten die kalten Wolkenabwinde das Aufsteigen der vor der Böenfront liegenden warmen Luft, so dass sich dort immer wieder neue Einzelzellen formierten. Die bei starker Windscherung entstehenden Superzellen waren charakterisiert durch ein Aufspalten des Sturms in zwei verschiedene Gewitterzellen. Hierbei spricht man im Englischen auch von einem *Split Storm* mit einem *left moving* und *right moving storm* (s. z. B. James und Markowski 2010).

12.2 Mesoskalige konvektive Systeme

In der Realität erweist sich letzterer normalerweise als der intensivere von beiden, weil Superzellen meistens bei Warmluftadvektion entstehen (Rechtsdrehung des horizontalen Winds mit der Höhe, s. Abschn. 4.2). Diese Superzellen können ein hohes Potential zur Tornadobildung besitzen. Im Gegensatz dazu tritt der 'left moving storm' manchmal überhaupt nicht in Erscheinung oder er entwickelt sich nicht zu einer Superzelle (z. B. Bunkers 2002).

12.2 Mesoskalige konvektive Systeme

Beobachtungen zeigen immer wieder, dass sich verschiedene Einzelzellengewitter gruppieren und mesoskalig organisierte Wolkenstrukturen bilden, die zusätzlich zu den einzelnen Cumulonimben großflächige Wolkenfelder aufweisen, aus denen stratiformer Niederschlag fällt. Die in diesen Systemen ablaufenden dynamischen Prozesse erreichen Ausmaße, die deutlich größer sind als die der einzelnen Gewitterzellen. Solche organisierten Wolkengebilde werden als *mesoskalige konvektive Systeme (MCS)* bezeichnet. Aufgrund ihrer komplexen Dynamik sind MCS für die tägliche Wettervorhersage von großer Bedeutung. Allerdings spielen sie auch für das Klima der Erde eine wichtige Rolle, denn ein großer Teil der globalen Niederschläge fällt in mesoskaligen konvektiven Systemen (Cotton und Anthes 1989, Houze 1993). Das gilt insbesondere für die tropischen Bereiche (z. B. Vila et al. 2008, Rickenbach et al. 2011).

12.2.1 Größenordnungen und Formen

Houze (1993) definierte ein MCS als ein Wolkensystem, das aus einem Ensemble von Gewitterzellen besteht und eine zusammenhängende Niederschlagsfläche in der Größenordnung von mindestens 100 km in einer Richtung besitzt. Die typische Lebenszeit eines MCS liegt bei etwa 10 Stunden, sie kann aber auch mehr als drei Tage betragen (Williams und Houze 1987). Zur Bestimmung der horizontalen Erstreckung eines MCS werden üblicherweise Satellitenaufnahmen herangezogen. Über die im Infrarotkanal gemessenen Temperaturverteilungen lassen sich die horizontalen Ausmaße der Wolkenobergrenzen ermitteln. Hierbei kommt es jedoch darauf an, welcher Schwellenwert der Temperatur zur Definition der Wolkenobergrenzen benutzt wird. Je geringer dieser Wert ist, um so höher ist die Wolkenobergrenze, die zur Größenbestimmung des MCS herangezogen wird.

Als größtes mesoskaliges konvektives System wird das *mesoskalige konvektive Cluster* (MCC) angesehen. Maddox (1980) definierte ein MCC als ein Wolkencluster, das folgende Bedingungen erfüllen muss:

(1) Bei einer Schwellentemperatur $\leq -32\,°C$ muss das Wolkencluster eine horizontale Größe von mindestens 10^5 km^2 besitzen.

(2) Bei einer Schwellentemperatur $\leq -52\,°C$ muss die innere Wolkenfläche mindestens 5×10^4 km^2 groß sein.

(3) Die Lebensdauer des MCC, die durch den Zeitraum gegeben ist, in dem die beiden ersten Bedingungen erfüllt sind, muss mindestens sechs Stunden betragen.
(4) Wenn der durch die Bedingung (1) definierte Wolkenschirm seine maximale Größer erreicht hat, muss die Exzentrizität der Wolkenfläche mindestens 0.7 sein.

Kleinere MCS können ähnliche räumliche Muster wie ein MCC aufweisen, d. h. sie bilden ein aus mehreren Einzelzellen bestehendes Cluster mit geringer Exzentrizität. In der Mehrzahl der Fälle sind MCS jedoch charakterisiert durch das Auftreten von *Gewitterlinien*, die oft bogenförmig verlaufen und teilweise sehr scharf sein können. Hierbei handelt es sich um die früher bereits angesprochenen *Squall Lines*. Aus statistischen Untersuchungen zahlreicher tropischer und außertropischer mesoskaliger Systeme (Houze und Cheng 1977, Cheng und Houze 1979, Houze et al. 1990) schloss Houze (1993), dass Gewitterlinien etwa 10 % der Gesamtniederschlagsfläche eines MCS ausmachen, während aus dem restlichen Bereich stratiformer Niederschlag fällt. Gewitterlinien bewegen sich häufig relativ schnell ($\sim 10\,\mathrm{m\,s^{-1}}$) in die senkrecht zu ihrem Verlauf weisende Richtung. Hinter dem konvektiven Niederschlagsband befindet sich ein ausgedehnter stratiformer Niederschlagsbereich, der eine horizontale Erstreckung in der Größenordnung von $10^4\,\mathrm{km}^2$ besitzt.

12.2.2 Squall Lines

Wie bereits oben erwähnt, übt die vertikale Scherung des horizontalen Winds in der unteren Troposphäre einen großen Einfluss auf die Intensität der Gewitterentwicklung aus. Basierend auf Beobachtungen und intensiven numerischen Simulationen entwickelten Rotunno et al. (1988) eine Theorie zur Dynamik von Squall Lines, deren Schwerpunkt darin besteht, die Wirkung der Windscherung auf die Entwicklung von Squall Lines zu beschreiben. Obwohl diese Arbeit als bahnbrechend für das Verständnis der dynamischen Prozesse an Squall Lines angesehen werden kann, wurden die darin vorgestellten theoretischen Ansätze in den nachfolgenden Jahren vielfach kritisiert und teilweise in Frage gestellt (z. B. Lafore und Moncrieff 1989, Coniglio und Stensrud 2001). Daraufhin stellten Weisman und Rotunno (2004) eine überarbeitete Version ihrer Theorie vor, die sie mit Hilfe weiterer numerischer Sensitivitätsstudien untermauerten.

Im Folgenden werden die wichtigsten dynamischen Eigenschaften von Squall Lines kurz zusammengefasst. Hierzu wird unterstellt, dass die betrachtete Squall Line geradlinig in y-Richtung eines kartesischen (x, y, z)-Koordinatensystems verlaufe und in y-Richtung Homogenität aller Variablen vorliege. Diese Annahme stellt zwar eine erhebliche Vereinfachung der eigentlich dreidimensional ablaufenden Vorgänge dar. Hierdurch gelingt es jedoch, einen relativ leichten Zugang zu den für den Lebenszyklus von Squall Lines wichtigsten dynamischen Prozessen zu erhalten.

12.2 Mesoskalige konvektive Systeme

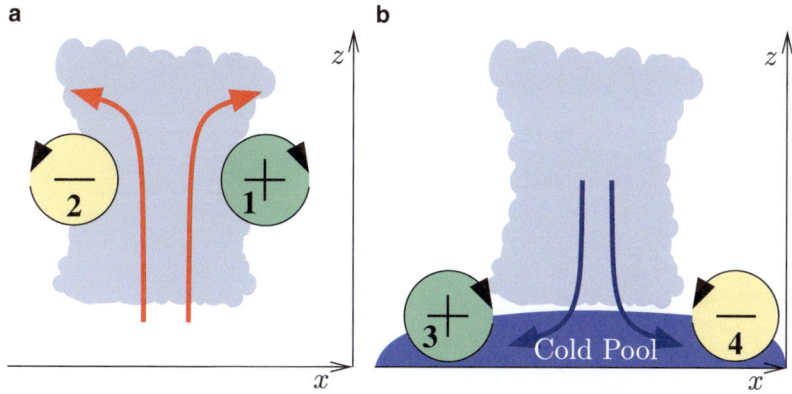

Abb. 12.1 Erzeugung von positiver und negativer ξ-Vorticity im Updraft- (**a**) und Downdraftbereich einer Wolke (**b**)

Von großer Bedeutung für die Dynamik einer Squall Line sind die in einer Ebene senkrecht zu ihrem Verlauf ablaufenden Rotationsbewegungen. Um diese zu erhalten, bietet es sich im vorliegenden Fall an, die y-Komponente des *Wirbelvektors* zu untersuchen, da diese die Rotation in der (x, z)-Ebene beschreibt. Diese Komponente wird im Folgenden als ξ geschrieben und *horizontale Vorticity* oder ξ-*Vorticity* genannt. Sie ist gegeben durch

$$\xi = \mathbf{j} \cdot \nabla \times \mathbf{v} = \left(\frac{\partial u}{\partial z} - \frac{\partial w}{\partial x} \right) \qquad (12.3)$$

Folglich ist $\xi > 0$ bei Rotationsbewegungen im Uhrzeigersinn und umgekehrt. Zur weiteren Vereinfachung werden Reibungsprozesse sowie die *Corioliskraft* außer Acht gelassen. Zusätzlich wird von der *Boussinesq Approximation der Bewegungsgleichung* Gebrauch gemacht, die sich dadurch ergibt, dass in (3.44) und (3.45) die Dichte des Luftpakets überall, außer im *Auftriebsterm*, mit der Dichte der Umgebungsluft gleichgesetzt wird. Wendet man unter diesen Bedingungen den Operator $\mathbf{j} \cdot \nabla \times$ auf die *Bewegungsgleichung* (3.43) an, dann ergibt sich folgende prognostische Gleichung für die ξ-Vorticity

$$\frac{d\xi}{dt} = -\frac{\partial B}{\partial x} \quad \text{mit} \quad B = \frac{g}{\theta}(\theta_0 - \theta) \qquad (12.4)$$

Hierbei ist B die auf die vertikal bewegte Luft wirkende Auftriebskraft und θ_0 bzw. θ stellen die potentielle Temperatur der adiabatisch vertikal bewegten Luft bzw. der Umgebungsluft dar (vgl. (4.4)).[1]

Aus (12.4) kann man unmittelbar sehen, dass durch die Änderung von B entlang der x-Richtung bei aufsteigender warmer Luft an den Seiten des Aufwindschlauchs

---

[1] Zur Berücksichtigung von Kondensationsprozessen sollte in (12.4) θ durch θ_e ersetzt werden.

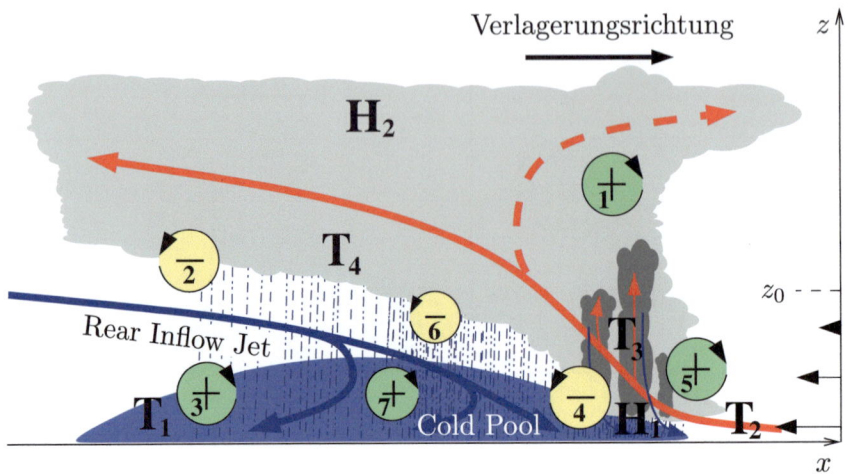

Abb. 12.2 Querschnitt in der (x, z)-Ebene durch eine Squall Line mit Bereichen unterschiedlicher ξ-Vorticity

positive bzw. negative horizontale Vorticity erzeugt wird. Analog hierzu entstehen auch an den Seiten des am Erdboden horizontal auseinanderfließenden Downdrafts positive und negative ξ-Wirbel. Abb. 12.1 zeigt schematisch die unterschiedlichen ξ-Wirbel. Die in der Abbildung dargestellte Situation entspricht dem einfachen Fall einer Einzelzelle in einem scherungsfreien Windfeld. Hierbei unterbinden die kalten Wolkenabwinde die Zufuhr warmer Luft in den Aufwindbereich, was zu der bereits erwähnten relativ kurzen Lebensdauer der Einzelzelle führt.

Entwickelt sich die Konvektionszelle in einem Strömungsfeld mit vertikaler Scherung des horizontalen Winds, dann kommt es zu Überlagerungen unterschiedlicher ξ-Wirbel, die unter bestimmten günstigen Voraussetzungen zur Bildung von Multizellen oder einer Squall Line führen können. Abb. 12.2 zeigt schematisch einen vertikalen Querschnitt durch eine sich in x-Richtung ausbreitende Squall Line (nach Rotunno et al. 1988 sowie Houze et al. 1989), in der zwischen dem Erdboden und der Höhe z_0 eine Windscherung relativ zur Verlagerungsgeschwindigkeit des Systems in dieser Höhe vorliegt (horizontale Pfeile am rechten Rand der Abbildung). In ihren numerischen Fallstudien wählten Rotunno et al. (1988) $z_0 = 2500$ m. Zusätzlich zu den ξ-Wirbeln (1)–(4) aus Abb. 12.1 entsteht durch die Windscherung der Wirbel (5). Dieser wirkt der Rotationsbewegung von Wirbel (4) entgegen. Die zwischen beiden Wirbeln aufsteigende warme Luft wird, je nach Stärke der Wirbel, mit unterschiedlicher Neigung nach oben transportiert.

Bei starker Windscherung oder einem schwachen horizontalen Ausfluss des Kältepools kann der Wirbel (4) die durch die Windscherung erzeugte positive horizontale Vorticity nicht vollständig kompensieren. In dem Fall wird der Aufwindschlauch, ähnlich wie bei der Einzelzelle, in Strömungsrichtung gesehen nach vorne geneigt (gestrichelter roter Pfeil). Der Niederschlag fällt in den vor der Squall Line liegenden Warmluftbereich, was durch die dort entstehende Verdunstungsabkühlung zu einer Abschwächung der Konvektion führt. Umgekehrt wird bei einem starken Downdraft der Wirbel (4) dominant, so dass sich der Aufwindschlauch (roter durchgezogener Pfeil) nach hinten neigt. Bei einem sehr starken Wirbel (4) ist die Neigung so groß, dass die Aufwinde nicht mehr hoch genug in der Atmosphäre aufsteigen können. Dann steigt die warme Luft, so wie bei einer Kaltfront, hinter der Squall Line auf und bildet stratiforme Wolken mit den dazu gehörenden Niederschlägen. In dieser Situation unterbindet die sich stromabwärts ausbreitende Gust Front allmählich die Zufuhr warmer Luft in den Updraftbereich, was dann zur Auflösung der Squall Line führt. Bei einer optimalen Balance zwischen den Wirbeln (4) und (5) wird die Luft im Updraft vertikal nach oben transportiert, so dass jetzt die Konvektion innerhalb der Squall Line am intensivsten ist und sich am Vorderrand ständig neue Zellen bilden können (dunkelgraue Wolken).

Ein wichtiger, in der ursprünglichen Theorie von Rotunno et al. (1988) nicht berücksichtigter Bestandteil der Dynamik von Gewitterlinien stellt der *Rear Inflow Jet* dar. Hierbei handelt es sich um einen mitunter sehr starken jetartigen Wind, der in der mittleren Troposphäre über dem Kältepool zur Vorderseite der Squall Line hin weht (blauer Pfeil in Abb. 12.2). Zur Erklärung dieses Jets müssen die sich im Bereich der Squall Line bildenden sub-synoptischen Druckgebilde näher betrachtet werden. In der Abbildung sieht man vier mesoskalige Tiefdruckgebiete (im Englischen *Mesolow*) und zwei mesoskalige Hochdruckgebiete (*Mesohigh*). Das mesoskalige Hoch H_1 entsteht im konvektiv aktivsten Bereich der Squall Line durch die dort anzutreffenden kalten Downdrafts, während das Hoch H_2 auf das mit der Konvektion verbundene Detrainment im Amboss der Gewitterzellen zurückzuführen ist (Maddox et al. 1981). Die beiden Tiefs T_1 und T_2 resultieren aus Absinkbewegungen untersättigter Luft und damit einhergehender trockenadiabatischer Erwärmung. Bei T_3 und T_4 handelt es sich um *hydrostatische Tiefs*, wobei T_3 die größere Erstreckung besitzt als T_4. Die Entstehung dieser Tiefs ist zum einen auf die Freisetzung latenter Wärme der in der Höhe aufsteigenden Luft und zum anderen auf die Verdunstungsabkühlung der darunter befindlichen absinkenden Luft zurückzuführen (Brown 1979, LeMone 1983, Houze et al. 1989). Verstärkend zur Verdunstungsabkühlung kommt noch das Schmelzen von Eisteilchen im *Bright-Band Bereich* hinzu (Leary und Houze 1979). Aus Untersuchungen von Smull und Houze (1987a, b) sowie Weisman (1992) geht hervor, dass der Rear Inflow Jet durch den mit den mesoskaligen Tiefs verbundenen horizontalen Druckgradienten hervorgerufen wird, der in der mittleren Troposphäre die Luft zum Zentrum der Squall Line hin beschleunigt. Je intensiver die Vertikalbewegungen im Downdraft und Updraft sind, umso stärker ist der Rear Inflow Jet.

Wie oben bereits erwähnt, würde gemäß der klassischen Theorie von Rotunno et al. (1988) ein sehr starker Kältepool die Squall Line abschwächen, da hierdurch der Updraft eine starke Rückwärtsneigung erfährt. Diesem Phänomen wirkt der Rear Inflow Jet entgegen, denn hierbei entsteht zusätzliche horizontale Vorticity (Wirbel (7) in Abb. 12.2), die den Wirbel (4) wiederum abschwächt. Auf diese Weise können an einer Squall Line sehr starke Böenfronten auch über einen langen Zeitraum aufrecht erhalten werden. Die durch den Updraft erzeugten ξ-Wirbel (2) und (6) unterstützen zusammen mit den im Kältepool vorliegenden Wirbeln das Vordringen des Rear Inflow Jets bis zum vorderen Ende der Squall Line.

Neben den beschriebenen Phänomenen existieren zahlreiche weitere hier nicht näher erörterte Prozesse, die einen zusätzlichen Einfluss auf die Dynamik von Squall Lines ausüben können. Hierzu gehören orographische Effekte (Kaltenböck 2004), Windscherungen in der hohen Troposphäre (Coniglio und Stensrud 2001), die statische Stabilität der Atmosphäre und die vertikale Feuchteverteilung (Takemi 2006, 2007) sowie insbesondere synoptisch-skalige Hebungsantriebe, wie die früher bereits angesprochenen *PV-Anomalien* in der hohen Troposphäre (s. Kap. 7). Für eine eingehende Diskussion dieser Einflussfaktoren wird auf die entsprechenden Publikationen verwiesen.

12.2.3 Konvergenzlinien

Unter einer *Konvergenzlinie* versteht man einen linienhaft angeordneten mesoskaligen Bereich, in dem die Luft bodennah horizontal zusammenströmt. Im Gegensatz zu einer Front besitzt die Luft an beiden Seiten der Konvergenzlinie die gleichen thermodynamischen Eigenschaften. Das horizontale Zusammenfließen der Luft ist mit Hebungsprozessen verbunden, die zu intensiver konvektiver Wolken- und Niederschlagsbildung führen können. Daher ist es nicht verwunderlich, dass sich innerhalb von Konvergenzlinien häufig Squall Lines bilden. In Mitteleuropa treten die meisten Konvergenzlinien während des Sommers auf. In der Mehrzahl der Fälle befinden sie sich im Warmsektor von Zyklonen und verlaufen etwa parallel zur Kaltfront. Im Winterhalbjahr entstehen über dem Atlantik gelegentlich auch Konvergenzlinien hinter Kaltfronten. Weiterhin beobachtet man in manchen Situationen Konvergenzlinien ohne einen erkennbaren Frontzusammenhang. Diese sind in der Regel jedoch relativ kurzlebig und nicht sehr wetteraktiv. Die nachfolgenden Untersuchungen konzentrieren sich auf die sommerlichen Konvergenzlinien, die im Warmsektorbereich von Zyklonen vor Kaltfronten auftreten. Die Ausführungen orientieren sich in weiten Teilen an einer Arbeit von Übel (2011) zu diesem Thema.

In einer statistischen Analyse der in Mitteleuropa zwischen 2005 und 2009 beobachteten Konvergenzlinien stellte Übel (2011) fest, dass 136 der 223 gefundenen Konvergenzlinien im Warmsektor von Tiefs bzw. vor Kaltfronten auftraten, 62 besaßen keinen Frontzusammenhang, während die verbliebenen 25 nicht eindeutig einem Typ zugeordnet werden konnten. Fast alle Konvergenzlinien entstanden im Westen Frankreichs, einige auch über den Beneluxländern und Deutschland. Sowohl nördlich als auch südlich davon wurden praktisch keine Konvergenzlinien beobachtet. Im Norden ist dies auf die zu geringen Landmassen und relativ kühlen Temperaturen zurückzuführen, während der Süden im Sommer nur selten von den atlantischen Frontensystemen beeinflusst wird.

Bei Konvergenzlinien, in denen es zu starken konvektiven Entwicklungen kam, war die Atmosphäre immer potentiell instabil geschichtet mit einem *KO-Index* < -6, Taupunkten von mehr als 17 °C und CAPE-Werten $> 1000 \, \text{J}\,\text{kg}^{-1}$. Die Intensität der Konvektion wurde in starkem Maße durch orographische Gegebenheiten,

12.2 Mesoskalige konvektive Systeme

wie das französische Zentralmassiv, den Schwarzwald oder die deutschen Mittelgebirge, geprägt. Die Lebenszeit der präfrontal beobachteten Konvergenzlinien war relativ unterschiedlich. In den meisten Fällen betrug sie mehr als sechs Stunden, wobei in einigen Situationen auch zwei Tage erreicht wurden.

Sommerliche Konvergenzlinien treten häufig auf, wenn ein weit nach Süden reichender Höhentrog westlich von Europa liegt, an dessen Vorderseite schwülwarme Luft aus Südwesten auf das europäische Festland geführt wird. Über Osteuropa befindet sich ein langwelliger Höhenrücken, der mitunter blockierenden Charakter hat. Zunächst verlagert sich die Kaltfront eines mit dem Höhentrog korrespondierenden Bodentiefs relativ rasch nach Osten, wird aber beim Erreichen des Festlands deutlich verlangsamt. In der präfrontal eingeflossenen Warmluft entwickeln sich mesoskalige *Hitzetiefs*, aus denen im weiteren Verlauf eine mehrere hundert Kilometer lange, vor der Kaltfront liegende *Tiefdruckrinne* entsteht. Dort tritt ein deutlicher zyklonaler Windsprung von teilweise bis zu 180° auf. Die zusammenfließende Luft führt zu starken konvektiven Ereignissen, bei denen Multizellen, Squall Lines und in einzelnen Fällen auch Superzellen entstehen können. Die intensiven Entwicklungen innerhalb von Konvergenzlinien werden durch synoptisch-skalige Hebungsantriebe des Höhentrogs oder *Dry Intrusions* weiter unterstützt. Da in der Tiefdruckrinne hohe potentielle Instabilität vorliegt, kann durch den aus der Konvergenz resultierenden dynamischen Hebungsantrieb die CIN soweit abgebaut werden, dass auch nachts heftige Gewitter ausgelöst werden.

Im Folgenden wird eine Konvergenzlinie näher beschrieben, die am 12.07.2010 von Frankreich kommend über Deutschland zog. Abb. 12.3 zeigt die synoptische Situation an diesem Tag um 12 UTC. In der 500 hPa Karte erkennt man einen Langwellentrog über dem Nordatlantik. Darin eingebettet befindet sich über den Britischen Inseln und Nordfrankreich eine kurzwellige Störung. Diese Austrogung verstärkt sich mit der Höhe, so dass über der Mitte Frankreichs starke differentielle positive Vorticityadvektion mit den daraus resultierenden synoptisch-skaligen Hebungsantrieben vorherrscht. Passend hierzu findet man an der Vorderseite des Höhentrogs in 300 hPa ein lokales Maximum der horizontalen Winddivergenz (nicht gezeigt). Erwartungsgemäß gelangt in der vorliegenden Situation mit Wind aus südlichen Richtungen sehr warme und feuchte Luft nach Mitteleuropa. Die zum Bodentief über dem Ärmelkanal gehörende Kaltfront hat nach Erreichen des Festlands ihre Verlagerungsgeschwindigkeit deutlich herabgesetzt und eine wellende Form angenommen (Abb. 12.3b).

Am 12.07.2010 wurden bereits während der Nacht vereinzelt Gewitter über dem Westen Frankreichs beobachtet. Bis zum Morgen nahm die Gewittertätigkeit in ganz Frankreich weiter zu. Die zunächst diffus verstreuten Gewitterzellen organisierten sich allmählich zu einem mesoskaligen konvektiven System mit einer etwa 300 km langen Gewitterlinie an der Vorderseite und dem dahinter befindlichen großflächigen stratiformen Wolkenbereich. Um 12 UTC verlief die Konvergenzlinie von Südfrankreich bis nach Schleswig-Holstein. Die darin eingebettete Squall Line war in Norddeutschland am intensivsten ausgeprägt, da sich dort ein Teiltief gebildet hatte (Abb. 12.3b). Nach Süden hin zerfiel sie mehr und mehr in einzelne Multizellen. Abb. 12.4 zeigt für 12 UTC eine Überlagerung des MSG IR 10.8 Kanalbilds mit

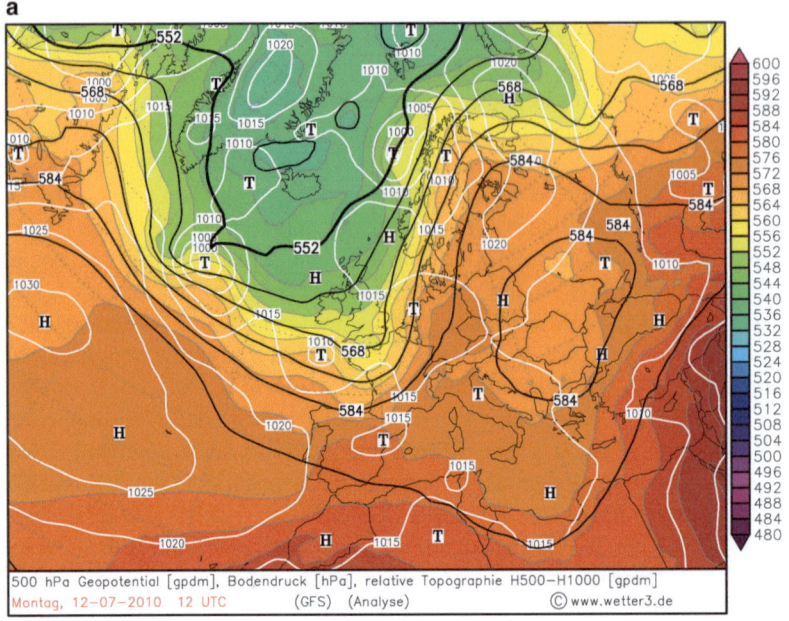

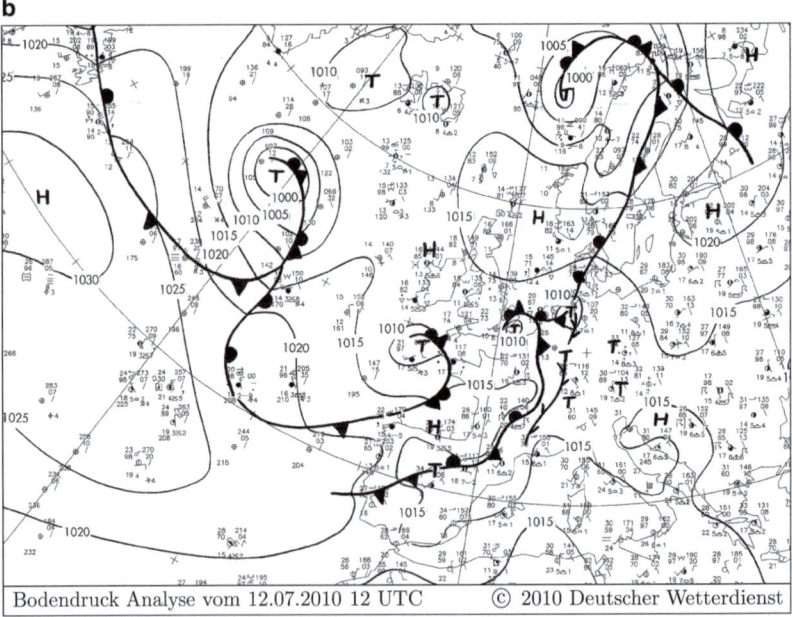

Abb. 12.3 500 hPa Analysekarte mit relativer Topographie 500/1000 hPa (**a**) und Bodenanalysekarte (**b**) vom 12.07.2010 12 UTC

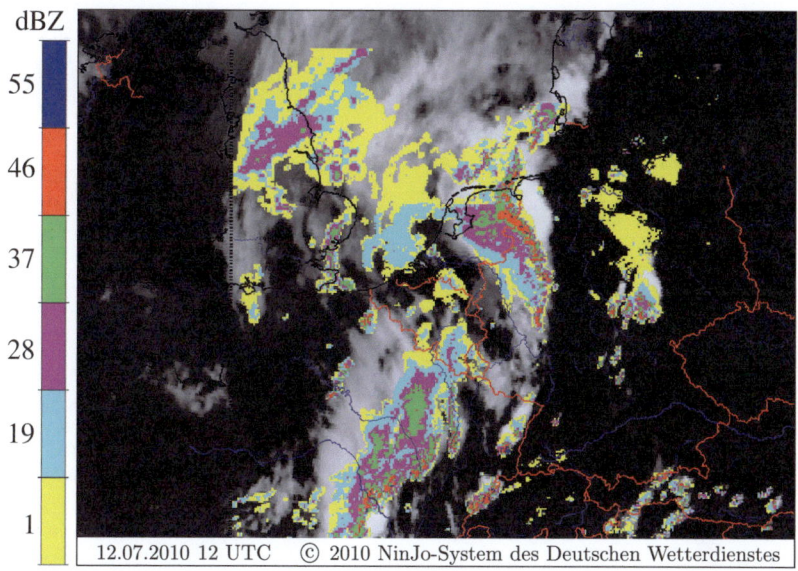

Abb. 12.4 MSG-Satellitenbild im IR10.8 Kanal zusammen mit Niederschlagsradar vom 12.07.2010 12 UTC. Mit frdl. Genehmigung von M. Übel

dem Niederschlagsradar. Sehr gut ist die Squall Line im Nordwesten Deutschlands an den dort vorgefundenen hohen Radarreflektivitäten zu erkennen (rote Pixel). Dahinter befindet sich das stratiforme Niederschlagsfeld (magenta und hellblau). Am Nachmittag verlagerte sich die Squall Line weiter in nordöstliche Richtung, löste sich dann aber gegen 15 Uhr auf.

Um eine detailliertere Analyse von Konvergenzlinien zu ermöglichen, führte Übel (2011) numerische Simulationen mit dem mesoskaligen Wettervorhersagemodell *COSMO-DE* des Deutschen Wetterdienstes durch. Zur besseren Beschreibung hochreichender Konvektionsprozesse ergänzte er das operationelle COSMO-DE um das hybride Konvektionsmodell *HYMACS* (Küll et al. 2007). Dieses speziell für hochauflösende nichthydrostatische Vorhersagemodelle entwickelte Konvektionsschema parametrisiert nur noch die innerhalb der Konvektionszelle ablaufenden subskaligen Prozesse, wie Up- und Downdraftbewegungen, während die aus der Wolkendynamik resultierenden großräumigen Kompensationsbewegungen von dem mesoskaligen Vorhersagemodell explizit simuliert werden. Näheres zu HYMACS kann in den entsprechenden Publikationen nachgelesen werden (s. auch Küll und Bott 2008, 2009, 2011). Aus den numerischen Simulationen ergaben sich für die hier beschriebene Konvergenzlinie einige interessante Phänomene, die im Folgenden kurz zusammengefasst werden.

In Abb. 12.5 ist für die pseudopotentielle Temperatur θ_e ein West-Ost Vertikalschnitt durch die Squall Line entlang des 51. Breitengrads um 13 UTC wiedergegeben. Bei 7.0°O sieht man eine scharfe vertikale Linie mit hohen θ_e-Werten, Diese

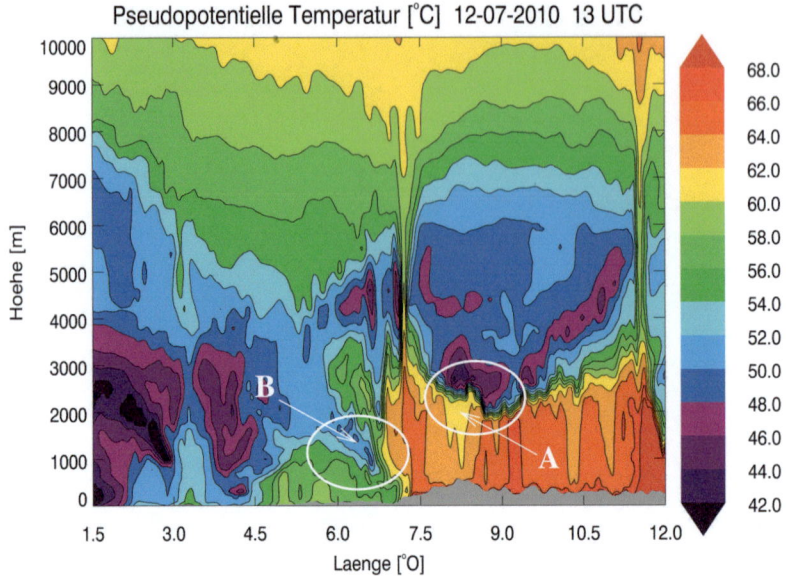

Abb. 12.5 θ_e-Vertikalschnitt durch die Squall Line am 12.07.2010 13 UTC, berechnet mit dem COSMO-DE Modell. Mit frdl. Genehmigung von M. Übel

Linie markiert die momentane Lage der Squall Line und ist auf die dort stattfindenden intensiven Konvektionsprozesse zurückzuführen. Unmittelbar vor der Squall Line befindet sich in 2 km Höhe ein Gebiet mit extrem hoher potentieller Instabilität (Bereich A). Dort nimmt θ_e vertikal über wenige hundert Meter von etwa 60 °C auf unter 50 °C ab. Weiterhin kann man direkt hinter der Squall Line den kalten Downdraft mit dem daraus entstandenen Kältepool sehen (Bereich B). Die dort vorliegende rückwärtige Neigung des Warmluftbereichs deutet darauf hin, dass sich die Squall Line bereits im Auflösestadium befindet. Bei 11.5°O erkennt man ein zweites lokales θ_e-Maximum. Im Gegensatz zur Squall Line ist hier jedoch kein Kältepool zu sehen, woraus man schließen kann, dass es sich hierbei um ein Einzelzellengewitter handelt. Die eigentliche Kaltfront liegt zu diesem Zeitpunkt bei 3°O. Davor sieht man ein weiteres, allerdings deutlich schwächeres Gebiet mit konvektiven Aktivitäten.

Eine Analyse des mit COSMO-DE simulierten Windfelds lieferte in vielerlei Hinsicht Übereinstimmungen mit früheren Beobachtungen und den Aussagen der von Rotunno et al. (1988) vorgestellten Theorie. Beispielsweise ergab sich ein durch den Kältepool induzierter *Low Level Jet*, der für eine starke Erhöhung der Konvergenz am Vorderrand der Squall Line sorgte und dadurch die Konvektion weiter verstärkte. Weiterhin entwickelte die Squall Line in den Bereichen ihre maximale Intensität, wo die vertikale Scherung des horizontalen Winds in der unteren Troposphäre etwa die gleiche Größenordnung besaß wie in der Theorie von Rotunno et al. (1988) beschrieben. Umgekehrt bildeten sich in Bereichen mit relativ schwacher Windscherung nur Konvektionszellen von geringer Intensität und ohne linienhafte Organisation.

Abschließend ist noch erwähnenswert, dass, kurz nachdem die Squall Line Helgoland erreicht hatte, an der Vorderseite ihrer Böenfront gegen 13 UTC ein *Tornado* entstand, bei dem mehrere Personen verletzt wurden und erheblicher Sachschaden entstand. Hierbei handelte es sich jedoch, so wie bei den meisten europäischen Tornados, nicht um eine Großtrombe innerhalb einer Superzelle, sondern um ein kurzlebigeres und vor allem deutlich schwächeres Phänomen, das im Bereich von Konvergenzlinien bei starker Windscherung und intensiver Konvektion auftreten kann. Zur Bildung von Großtromben ist neben der starken Windscherung eine vertikale Streckung der rotierenden Wirbel durch starke Updraftbewegungen unterhalb einer Gewitterzelle notwendig. Somit bilden sich diese Tornados vornehmlich in der frühen Entwicklungsphase des Gewitters, wo die Aufwinde noch am stärksten sind (s. z. B. Wakimoto und Wilson 1989). In Superzellen hingegen entstehen Tornados meistens zu einem späteren Zeitpunkt.

12.3 Nebel

Nebel ist eine mesoskalige atmosphärische Erscheinung, die eher selten im Zusammenhang mit synoptischer Meteorologie erwähnt wird. Selbst in Lehrbüchern zur mesoskaligen Meteorologie wird diesem Phänomen oft kaum oder mitunter überhaupt keine Beachtung geschenkt (z. B. Markowski und Richardson 2010). Neben der häufig relativ geringen raumzeitlichen Erstreckung von Nebel liegt dies sicherlich auch daran, dass Nebelereignisse in erster Linie durch thermodynamische Vorgänge gesteuert werden, während die damit verbundenen dynamischen Prozesse vergleichsweise unspektakulär ablaufen und deshalb eine eher untergeordnete Rolle spielen. Trotzdem erscheint es durchaus angebracht, Nebel als einen auf der sub-synoptischen Skala auftretenden Prozess näher zu untersuchen. Ein wichtiger Grund hierfür besteht nicht zuletzt darin, dass Nebelereignisse ähnlich wie heftige Gewitter zu hohen ökonomischen Schäden führen können, so dass eine gute Nebelprognose ein ebenso wichtiges Anliegen darstellt, wie etwa das *Nowcasting* eines Gewitters.

Beeinträchtigungen und Schäden durch Nebel entstehen vor allem im Straßenverkehr, aber auch die Luftfahrt hat ein vitales ökonomisches Interesse an einer möglichst präzisen Nebelvorhersage, da es an Flughäfen beim Auftreten von Nebel zu deutlichen und damit kostspieligen Einschränkungen bezüglich der Start- und Landefrequenzen von Flugzeugen oder gelegentlich sogar zum vollständigen Erliegen des Flugbetriebs kommen kann. Schließlich können auch ausgedehnte Ökosysteme, wie z. B. großflächige Waldgebiete, durch Nebelereignisse stark in Mitleidenschaft gezogen werden. In Gebieten mit großer Nebelhäufigkeit kann es aufgrund hoher Konzentrationen der in den Nebeltröpfchen gelösten Säuren zu erheblichen Schäden an Pflanzen kommen. Dieses auch als *saurer Nebel* bezeichnete Phänomen ist seit den 1980er Jahren Gegenstand zahlreicher Untersuchungen (z. B.

Munger et al. 1983, DeFelice und Saxena 1991, Bott und Carmichael 1993, Forkel et al. 1995, Fuzzi et al. 2002, Herckes et al. 2007).

Nebel liegt dann vor, wenn sich in den untersten atmosphärischen Schichten, die Bodenkontakt haben, Wassertröpfchen oder Eiskristalle befinden, die eine Verringerung der horizontalen Sichtweite auf weniger als 1 km bewirken. Bei Sichtweiten von 1–5 km (gelegentlich auch 1–8 km) spricht man von *Dunst*. Ein Nebel, der nur aus Eiskristallen besteht, wird als *Eisnebel* bezeichnet. Dieser kommt im mitteleuropäischen Raum jedoch nur selten vor, da er nur bei sehr niedrigen Temperaturen von normalerweise weniger als $-30\,°C$ entsteht.

Rein thermodynamisch gesehen besteht kein Unterschied zwischen Wolken und Nebel, so dass man diesen auch als eine Wolke mit Bodenberührung auffassen kann. Je nach Sichtweite unterscheidet man zwischen *leichtem* (500–1000 m Sichtweite), *mäßigem* (200–500 m Sichtweite) und *starkem Nebel* (< 200 m Sichtweite).

12.3.1 Entstehungsmechanismen

Wenn die Luft zur Sättigung gebracht wird, so dass Kondensation (oder bei Eisnebel Resublimation) des Wasserdampfs einsetzt, entsteht Nebel. Der Sättigungszustand der Luft kann auf unterschiedliche Weise erreicht werden. Zum einen kann die Luft bis auf den Taupunkt abgekühlt werden, zum anderen kann ihr bei gegebener Temperatur soviel Feuchte zugeführt werden, dass Sättigung eintritt. Im ersten Fall spricht man von *Abkühlungs-* und im zweiten von *Verdunstungsnebel*. Weiterhin besteht die Möglichkeit, dass sich zwei jeweils untersättigte Luftmassen mit unterschiedlichen thermodynamischen Eigenschaften miteinander vermischen und in der Mischung Sättigung erreicht wird, was dann als *Mischungsnebel* bezeichnet wird.

Es liegt auf der Hand, dass Nebel vornehmlich in der kalten Jahreszeit und in der Nähe von Gewässern auftritt. Auch erweisen sich bestimmte orographische Gegebenheiten als förderlich zur Nebelbildung. Je nachdem, welcher Prozess bei der Entstehung von Nebel dominant ist, unterscheidet man folgende Nebelarten:

Advektionsnebel Hierbei wird durch Advektion feuchtwarme Luft über einen relativ kalten Untergrund geführt. Dadurch kühlen sich die unteren Luftschichten ab und es entsteht Nebel. Advektionsnebel tritt verstärkt in Küstenbereichen auf, wo die Wassertemperatur deutlich unter der des Festlands liegt. Das gilt beispielsweise in Gegenden mit kalten Meeresströmungen, wie z. B. dem Humboldtstrom westlich von Chile, dem Kalifornienstrom vor der Westküste der USA oder dem Labradorstrom vor Neufundland. Deshalb wird diese Nebelart auch *Meer-* oder *Seenebel* genannt. An mittel- und nordeuropäischen Küsten bildet sich Seenebel häufig im Frühjahr oder im Herbst, wenn die Temperaturunterschiede zwischen Meer und Festland am größten sind. Nachdem die über das kalte Wasser gelangenden warmen Luftmassen dort Nebel gebildet haben, kann dieser durch die *Land-Seewind Zirkulation* wieder auf das Festland zurück advehiert werden. Advektionsnebel ist meistens relativ stark, langanhaltend und horizontal weit ausgedehnt. Insbesondere kann er eine sehr hohe vertikale Erstreckung erreichen.

Orographischer Nebel Dieser Nebel entsteht, wenn in orographischem Gelände Luft zum Aufsteigen gezwungen wird, wobei das Hebungskondensationsniveau der adiabatisch aufsteigenden Luft unterhalb der Berggipfel liegen muss. Auch hier spielen lokale Windsysteme, dieses Mal ist es die *Berg- und Talwind Zirkulation* (s. Abschn. 4.3), eine wichtige Rolle, da sie einerseits die Hebungsprozesse unterstützen oder auslösen, andererseits aber auch für eine relativ rasche Nebelauflösung sorgen können. Orographischer Nebel ist meistens stark und besitzt eine hohe vertikale Mächtigkeit.

Verdunstungsnebel Wenn kalte Luft mit relativ geringem Sättigungsdampfdruck über warme Wasserflächen gelangt, kann sich durch die Verdunstung des Wassers Nebel bilden. Dieser auch als *Seerauch* bezeichnete Nebel ist meistens flach und vergleichsweise dünn. Eine weitere Form von Verdunstungsnebel entsteht, wenn vor einer Warmfront oder hinter einer Kaltfront Niederschlag aus dem Warmluftbereich in den Kaltluftbereich fällt. Dieser *Niederschlagsnebel* kann sich über relative weite Gebiete erstrecken (s. Abschn. 11.6).

Mischungsnebel Die Ursache dieses Nebels ist auf den Umstand zurückzuführen, dass die Sättigungsdampfdruckkurve nicht linear, sondern exponentiell verläuft. Deshalb können zwei verschiedene, jeweils untersättigte Luftmassen, wenn sie miteinander vermischt werden, zur Sättigung gebracht werden. Häufig tritt Mischungsnebel an Warmfronten auf, wenn sich dort Luftmassen mit jeweils unterschiedlichen thermodynamischen Eigenschaften miteinander vermischen.

Strahlungsnebel Dieser vornehmlich in wolkenarmen oder -freien Situationen entstehende Nebel ist auf die infrarote Ausstrahlung der Erdoberfläche zurückzuführen. Weiterhin muss eine windschwache Wetterlage, z. B. ein Hochdruckgebiet, vorliegen. Meistens bildet sich Strahlungsnebel während der Nacht, wenn wegen der fehlenden solaren Einstrahlung ein starkes Strahlungsdefizit besteht. Zunächst entwickelt sich im bodennahen Bereich durch die infrarote Strahlungsabkühlung eine Inversionsschicht, in der nach einiger Zeit ein flacher Nebel entsteht. Bis zum Sonnenaufgang nimmt die vertikale Erstreckung und Stärke des Nebels ständig zu. Danach kommt es, je nach Intensität der solaren Einstrahlung, relativ rasch zur Nebelauflösung. Unter günstigen orographischen Bedingungen, wie z. B. in geschützten Tälern, kann es jedoch auch vorkommen, dass sich der Nebel nicht auflöst und während des ganzen Tages anhält.

Die gleichen Mechanismen, die zur Nebelbildung führen, können auch dessen Auflösung verursachen. Zum einen kann dies durch Advektion des Nebels über wärmeren Untergrund erfolgen. Zum anderen kann die solare Einstrahlung die Nebelauflösung herbeiführen. Allerdings besteht hierbei der wichtigste Auflösungsmechanismus weniger in einer direkten Erwärmung des Nebels, sondern hauptsächlich darin, dass die Sonnenstrahlung zunächst den Erdboden erwärmt und daraufhin der

Nebel durch die vom Erdboden ausgehenden Wärmeflüsse und die einsetzenden turbulenten Austauschprozesse von unten beginnend aufgelöst wird. Dies ist ein vor allem bei Strahlungsnebel häufig beobachteter Vorgang. Schließlich besteht noch die Möglichkeit, dass sich Nebel mit ungesättigter Luft vermischt und dadurch dissipiert.

12.3.2 Nebelprognose

Aufgrund des teilweise hohen ökonomischen Schadenspotentials von Nebel existiert ein starkes Interesse, Nebelereignisse mit Hilfe numerischer Vorhersagemodelle möglichst genau zu prognostizieren. Ein großes Problem bei der Verwendung operationeller Wettervorhersagemodelle besteht darin, dass die darin benutzten Gitterabstände zu grobmaschig sind, um eine vernünftige Simulation eines Nebelereignisses zu ermöglichen. Neben horizontalen Gitterabständen von mehreren Kilometern ist hiervon insbesondere die vertikale Gitterauflösung betroffen. Diese ist in Bodennähe normalerweise am feinsten und wird mit zunehmender Höhe immer geringer. Dennoch beträgt beispielsweise bei dem hoch aufgelösten COSMO-DE Modell des Deutschen Wetterdienstes die Dicke der untersten Schicht momentan bereits mehrere Dekameter. Da die vertikale Erstreckung von Nebel oft deutlich unter 100 m liegt, ist eine realistische Simulation von Nebelereignissen mit diesen groben Gitterauflösungen nur schwer möglich (s. z. B. Hacker 2016). Die Schwierigkeiten zu grober Gitterauflösungen bestehen nicht nur im COSMO Modell, sondern auch bei der Verwendung anderer mesoskaliger Vorhersagesysteme (z. B. Pagowski et al. 2004, Müller et al. 2010, Shi et al. 2010, van der Velde et al. 2010). Allerdings lassen die ständig zunehmenden Computerkapazitäten vermuten, dass in nachfolgenden Generationen von Wettervorhersagemodellen die Gitterauflösungen genügend fein sein werden, so dass zumindest diese Probleme beseitigt wären und dann eine operationelle dreidimensionale Nebelvorhersage möglich würde.

Eine effiziente Methode zur Erstellung numerischer Nebelvorhersagen besteht darin, horizontale Homogenität aller Zustandsvariablen zu unterstellen. Hierbei handelt es sich um eindimensionale Nebelmodelle, bei denen die atmosphärischen Zustandsänderungen nur in vertikaler Richtung prognostiziert werden. Die Annahme horizontaler Homogenität ist am ehesten bei Strahlungsnebelereignissen, die in relativ windschwachen Wetterlagen auftreten, berechtigt. In den letzten Jahrzehnten wurden zahlreiche eindimensionale *Nebelmodelle* entwickelt (z. B. Fisher und Caplan 1963, Zdunkowski und Barr 1972, Bott et al. 1990, Duynkerke 1991, Bott und Trautmann 2002). Häufig gelingt es mit diesen Modellen, die wichtigsten Eigenschaften von Nebelereignissen, wie die Zeiten von Nebelbeginn und -auflösung, die vertikale Erstreckung sowie den Nebelwassergehalt und die daraus folgende Sichtweite, in zufriedenstellender Weise zu simulieren.

Im Folgenden werden anhand eines Fallbeispiels die wichtigsten charakteristischen Merkmale eines typischen Strahlungsnebelereignisses vorgestellt. Hierbei handelt es sich um die Ergebnisse numerischer Simulationen mit dem eindimensionalen Nebelmodell *PAFOG* (Bott und Trautmann 2002, Thoma et al. 2012).

12.3 Nebel

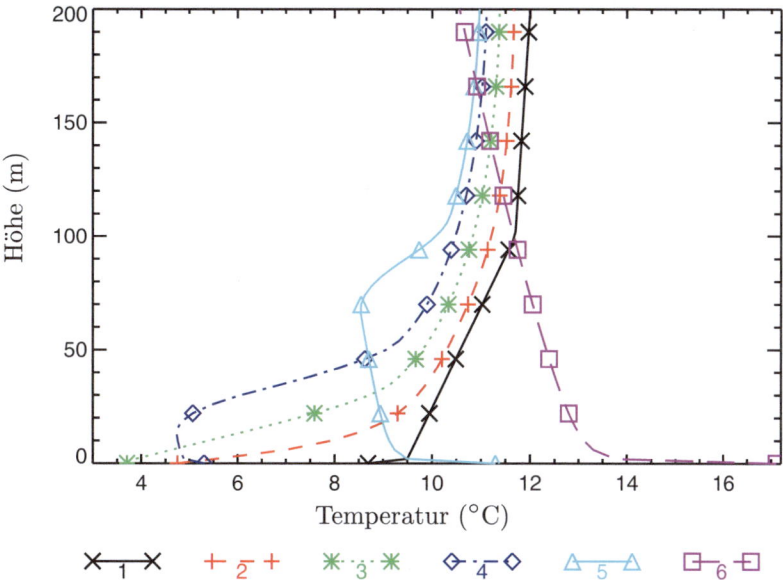

Abb. 12.6 Temperaturprofile vom 27.09.2008. Die Kurven 1–6 entsprechen den Zeiten 0, 2, 4, 6, 8 und 10 UTC

Als Datengrundlage für die Berechungen dienten Radiometermessungen der Vertikalprofile von Temperatur und Feuchte, die am Meteorologischen Observatorium Lindenberg des Deutschen Wetterdienstes[2] erstellt und freundlicherweise von W. Adam zur Verfügung gestellt wurden. Die Messdaten stammen vom 27.09.2008. An diesem Tag war die europäische Wetterlage geprägt durch ein Hochdruckgebiet mit Zentrum über Norddeutschland. Im gesamten Großraum Berlin lagen bei schwachem Wind und wolkenfreiem Himmel günstige Bedingungen zur Bildung von Strahlungsnebel vor.

In Abb. 12.6 sind die mit PAFOG berechneten Vertikalprofile der Temperatur in einem zweistündigen Intervall zwischen 2–10 UTC wiedergegeben. Zusätzlich sieht man das um 0 UTC gemessene Temperaturprofil (Kurve 1), das als Anfangsverteilung für die numerischen Simulationen diente. Hieraus ist zu erkennen, dass bereits um 0 UTC im bodennahen Bereich eine Temperaturinversion vorliegt, die sich in den vorangehenden Abendstunden durch die infrarote Ausstrahlung der Erde gebildet hatte. Bis um 4 UTC (Kurve 3) verschärft sich die Inversion in den untersten 50 m. Ab 6 UTC (Kurve 4) beginnt sie sich durch die solare Einstrahlung von unten allmählich aufzulösen, bis sie um 10 UTC (Kurve 6) vollständig verschwunden ist. Zu diesem Zeitpunkt ist die Atmosphäre in den untersten Metern bereits sehr stark überadiabatisch geschichtet, so dass dort die turbulenten Durchmischungsprozesse voll ausgeprägt sind.

---

[2] Das Observatorium Lindenberg liegt etwa 80 km südöstlich von Berlin.

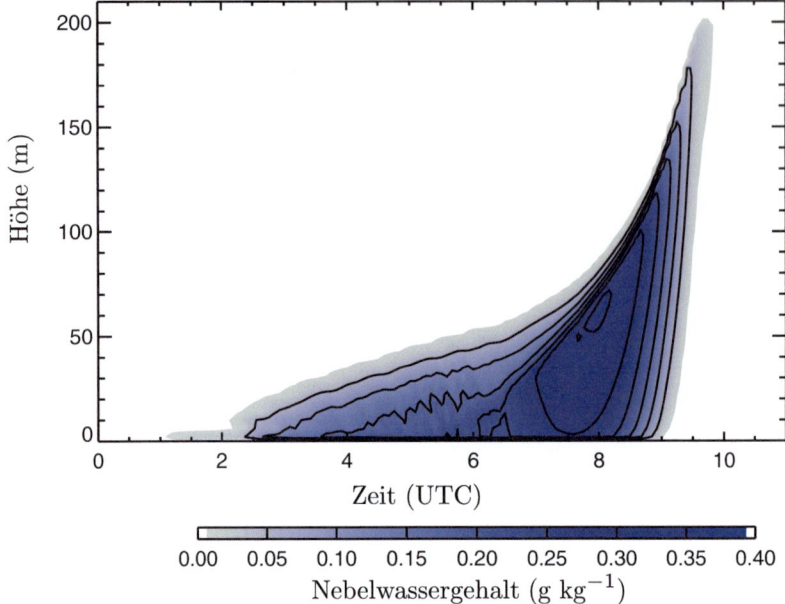

Abb. 12.7 Nebelwassergehalt in g kg^{-1} als Funktion von Höhe und Zeit am 27.09.2008

Mit der nächtlichen Temperaturabnahme im bodennahen Bereich steigt auch die relative Feuchte immer weiter an, bis in der untersten Modellschicht kurz nach 1.30 UTC erstmals Nebelbildung einsetzt. Abb. 12.7 zeigt den mit PAFOG berechneten Nebelwassergehalt als Funktion von Höhe und Zeit. Zunächst bleibt der Nebel noch sehr dünn und auf die unterste Schicht beschränkt, erst nach 2 UTC beginnt er sich zu intensivieren und vertikal anzuwachsen. Um 6 Uhr ist die Nebelobergrenze bis auf ca. 50 m angestiegen. Danach führt die solare Einstrahlung zu einer starken Zunahme der fühlbaren und latenten Wärmeflüsse an der Erdoberfläche, was eine deutliche Intensivierung und vertikales Anwachsen des Nebels auf weit über 100 m zur Folge hat. Mit zunehmender Turbulenz beginnt sich der Nebel nach 9 Uhr von unten her rasch aufzulösen, wobei er nach 9.30 UTC für kurze Zeit in einen Hochnebel mit maximaler Obergrenze von etwa 200 m übergeht.

Für praktische Anwendungen stellt die Sichtweite eine der wichtigsten Größen dar, die mit einem Nebelmodell prognostiziert werden, da hiervon der Straßen- und Luftverkehr besonders betroffen sind. Grundsätzlich kann man sagen, dass die Sichtweite mit zunehmendem Nebelwassergehalt immer geringer wird.[3] Abb. 12.8 zeigt die mit PAFOG für den untersuchten Fall berechnete Sichtweite in 2 m Höhe (durchgezogene Kurve). Zum Vergleich ist die in Lindenberg in dieser Nacht beobachtete Sichtweite eingetragen (gestrichelte Kurve). Hieraus ist zu erkennen, dass

---

[3] Streng genommen hängt die Sichtweite nicht nur vom Nebelwassergehalt selbst, sondern auch von der Nebeltropfenkonzentration ab. Bei gegebenem Nebelwassergehalt liefern viele kleine Nebeltröpfchen eine geringere Sichtweite als wenige große (s. z. B. Bott 1991).

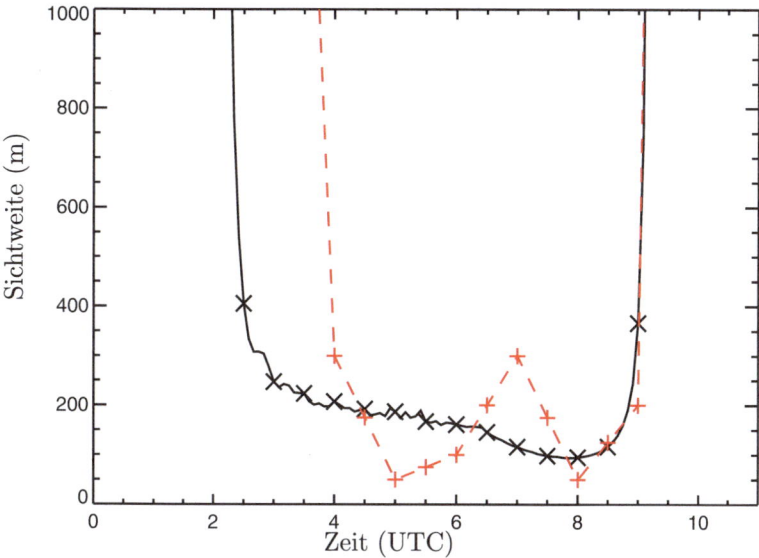

Abb. 12.8 Vergleich der berechneten (*durchgezogen*) und beobachteten Sichtweite (*gestrichelt*) in 2 m Höhe am 27.09.2008

die Modellrechnungen über weite Bereiche zufriedenstellende Ergebnisse liefern. Lediglich der Nebelbeginn wird deutlich früher simuliert als tatsächlich beobachtet. Dagegen stimmen die minimalen Sichtweiten und insbesondere auch der Zeitpunkt der Nebelauflösung bei beiden Kurven weitgehend überein.

Die hier dargestellten Ergebnisse numerischer Simulationen verdeutlichen eindrucksvoll, dass bereits mit eindimensionalen Nebelmodellen beachtlich gute Nebelprognosen erzielt werden können. Allerdings sollte nicht unerwähnt bleiben, dass in einer Vielzahl von Situationen die numerischen Ergebnisse deutlich von den Beobachtungen abweichen und es häufig zu Fehlvorhersagen kommt. Diese können sich dadurch ausdrücken, dass Nebel zwar prognostiziert wird, in der Realität aber nicht eintritt oder umgekehrt. Die Ursachen dieser Fehlvorhersagen sind vielfältig. Zum einen ist die Annahme der horizontalen Homogenität in manchen Fällen nicht berechtigt, so dass Advektionsprozesse bei der Nebelbildung eine Rolle spielen. Zum anderen liegen die für eine Nebelprognose wichtigen Angaben des Wolkenbedeckungsgrads oft nicht vor. Weiterhin zeigt sich, dass die fühlbaren und latenten Wärmeflüsse an der Erdoberfläche eine wichtige Rolle bei der Nebelprognose spielen. Eine zufriedenstellende Berechnung dieser Größen ist jedoch nur möglich, wenn die an der Erdoberfläche und innerhalb des Erdbodens ablaufenden thermodynamischen Prozesse mit ausreichender Genauigkeit simuliert werden können. Dies wiederum setzt eine detaillierte Kenntnis der Erdbodenstruktur voraus (Bodentyp, Feuchtegehalt und Temperaturverteilung im Erdboden etc.). Schließlich sollte auch die Vegetation bei der Wechselwirkung zwischen Erdboden und Atmosphäre berücksichtigt werden.

Aus diesen Überlegungen kann man insgesamt schließen, dass selbst die bei einem Strahlungsnebelereignis ablaufenden Prozesse bereits so komplex sind, dass deren Simulation mit numerischen Prognosemodellen nur mit sehr großem Aufwand möglich ist und selbst dann nicht immer zum gewünschten Erfolg führen muss. An dieser Stelle wird erneut deutlich, dass auf allen raumzeitlichen Skalen, angefangen von der Mikroskala bis hin zur planetaren Skala, ständig intensive Interaktionen zwischen den unterschiedlichsten in der Atmosphäre ablaufenden thermo-hydrodynamischen Prozessen stattfinden. In früheren Kapiteln wurde bereits mehrfach darauf hingewiesen, dass sich diese hochgradig nichtlinearen Skalenwechselwirkungen in dem *deterministisch-chaotischen Verhalten* der Atmosphäre widerspiegeln. Letztendlich sind sie dafür verantwortlich, dass es nie möglich sein wird, die in der Atmosphäre ablaufenden Prozesse mit Hilfe numerischer Wettervorhersagemodelle vollständig zu simulieren und für längere Zeiträume vorherzusagen, so dass die Wetteranalyse und -prognose immer ein hochinteressantes und spannendes Forschungsgebiet bleiben wird.

Literatur

Ahmadi-Givi, A., G.C. Graig und R.S. Plant, 2004: The dynamics of a midlatitude cyclone with very strong latent-heat release. *Q.J.R. Meteorol. Soc.*, **130**, 295–323.
Allen, R.J., und C.S. Zender, 2011: Forcing of the Arctic Oscillation by Eurasian snow cover. *J. Climate*, **24**, 6528–6539.
Anthes, R.A., Y.-H. Kuo und J.R. Gyakum, 1983: Numerical simulations of a case of explosive marine cyclogenesis. *Mon. Wea. Rev.*, **111**, 1174–1188.
Atlas, D. (Ed.), 1990: *Radar in Meteorology.*, Amer. Meteor. Soc., Boston, 806 pp.
Baas, P., F.C. Bosveld, H. Klein Baltink und A.A.M. Holtslag, 2009: A climatology of nocturnal low-level jets at Cabauw. *J. Appl. Meteor. Climatol.*, **48**, 1627–1642.
Bader, M.J., G.S. Forbes, J.R. Grant, R.B.E. Lilley und A.J. Waters, 1995: *Images in Weather Forecasting.*, Cambridge University Press, Cambridge, 499 pp.
Baklanov, A., und B. Grisogono, 2007: *Atmospheric Boundary Layers.*, Springer, New York, 246 pp.
Bamber, D.J., P.G. Healey, B.M. Jones, S.A. Penkett, A.F. Tuck und G. Vaughan, 1984: Vertical profiles of tropospheric gases – chemical consequences of stratospheric intrusions. *Atmos. Environ.*, **18**, 1759–1766.
Barriopedro, D., R. García-Herrera, A.R. Lupo und E. Hernández, 2006: A climatology of Northern Hemisphere blocking. *J. Climate*, **19**, 1042–1063.
Battan, L.J., 1973: *Radar Observation of the Atmosphere.*, Rev. ed. Chicago, IL, University of Chicago Press, 324 pp.
Baur, F., 1947: *Musterbeispiele europäischer Grosswetterlagen.*, Dieterich'sche Verlagsbuchhandlung, Wiesbaden, 35 pp.
Baur, F., 1963: *Großwetterkunde und langfristige Witterungsvorhersage.*, Akademische Verlagsgesellschaft Frankfurt am Main. 91 pp.
Baur, F., P. Hess und H. Nagel, 1944: *Kalender der Großwetterlagen Europas 1881–1939.*, Bad Homburg v. d. H., 35 pp.
Bell, G.D., und L.F. Bosart, 1989: A 15-year climatology of Northern Hemisphere 500 mb closed cyclone and anticyclone centers. *Mon. Wea. Rev.*, **117**, 2142–2164.
Bennett, L.J., K.A. Browning, A.M. Blyth, D.J. Parker und P.A. Clark, 2006: A review of the initiation of precipitating convection in the United Kingdom. *Q.J.R. Meteorol. Soc.*, **132**, 1001–1020.
Bergeron, T., 1928: Über die dreidimensional verknüpfende Wetteranalyse. *Geofys. Publ.*, **5**, No. 6, 1–111.
Bergeron, T., 1937: On the physics of fronts. *Bull. Am. Meteorol. Soc.*, **18**, 265–275.
Bergeron, T., 1959: Methods in scientific weather analysis and forecasting. An outline in the history of ideas and hints at a program. Erschienen in: *The Atmosphere and the Sea in Motion*, B. Bolin, Ed., The Rockefeller Institute Press, New York, 440–474.

Bergeron, T., 1980: Synoptic meteorology: An historical review. *Pageoph*, **119**, 443–473.
Berggren, R., 1952: The distribution of temperature and wind connected with active tropical air in the higher troposphere and some remarks concerning clear air turbulence at high altitude. *Tellus*, **4**, 43–53.
Betts, A.K., 1973: Non-precipitating cumulus convection and its parameterization. *Q.J.R. Meteorol. Soc.*, **99**, 178–196.
Bjerknes, J., 1919: On the structure of moving cyclones. *Geofys. Publ.*, **1**, No. 2, 1–8.
Bjerknes, J., 1935: Investigations of selected European cyclones by means of serial ascents. Case 3: December 30–31, 1930. *Geofys. Publ.*, **11**, No. 4, 1–18.
Bjerknes, J., 1937: Theorie der aussertropischen Zyklonenbildung. *Meteorol. Z.*, **54**, 462–466.
Bjerknes, J., und E. Palmén, 1937: Investigations of selected European cyclones by means of serial ascents. Case 4: February 15–17, 1935. *Geofys. Publ.*, **12**, No. 2, 1–62.
Bjerknes, J., und J. Holmboe, 1944: On the theory of cyclones. *J. Meteor.*, **1**, 1–22.
Bjerknes, J., 1964: Atlantic air-sea interaction. *Adv. Geophys.*, **10**, 1–82.
Bjerknes, J., 1966: A possible response of the atmospheric Hadley circulation to equatorial anomalies of ocean temperature. *Tellus*, **4**, 821–829.
Bjerknes, J., 1969: Atmospheric teleconnections from the equatorial Pacific. *Mon. Wea. Rev.*, **97**, 163–172.
Bjerknes, V., 1898: Über einen hydrodynamischen Fundamentalsatz und seine Anwendung besonders auf die Mechanik der Atmosphäre und des Weltmeeres. *Kongl. Sven. Vetensk. Akad. Handlingar*, **31**, 1–35.
Bjerknes, V., 1921: On the dynamics of the circular vortex with applications to the atmosphere and atmospheric vortex and wave motions. *Geofys. Publ.*, **2**, No. 4, 1–88.
Bjerknes, J., und H. Solberg, 1921: Meteorological conditions for the formation fo rain. *Geofys. Publ.*, **2**, No. 3, 1–60.
Bjerknes, J., und H. Solberg, 1922: Life cycle of cyclones and the polar front theory of atmospheric circulation. *Geofys. Publ.*, **3**, No. 1, 1–18.
Blackadar, A.K., 1957: Boundary layer wind maxima and their significance for the growth of nocturnal inversions. *Bull. Am. Meteorol. Soc.*, **38**, 282–290.
Blackmon, M.L., 1976: A climatological spectral study of the 500 mb geopotential height of the Northern Hemisphere. *J. Atmos. Sci.*, **33**, 1607–1623.
Blackmon, M.L., J.M. Wallace, N.-C. Lau und S.L. Mullen, 1977: An observational study of the Northern Hemisphere wintertime circulation. *J. Atmos. Sci.*, **34**, 1040–1053.
Blaton, J., 1938: Zur Kinematik und Dynamik nichtstationärer Luftströmungen. *Biul. Tow. Geofiz. w Warszawie*, **15**, 23–30.
Bluestein, H.B., 1992: *Synoptic-Dynamic Meteorology in Midlatitudes, Volume I.*, Oxford University Press, Oxford, New York, Toronto, 431 pp.
Bluestein, H.B., 1993: *Synoptic-Dynamic Meteorology in Midlatitudes, Volume II.*, Oxford University Press, Oxford, New York, Toronto, 594 pp.
Bluestein, H.B., 2009: The formation and early evolution of the Greensburg, Kansas, tornadic supercell on 4 May 2007. *Wea. Forecasting*, **24**, 899–920.
Blüthgen, J., und W. Weischet, 1980: *Allgemeine Klimageographie.*, Walter de Gruyter, Berlin, New York, 887 pp.
Boettcher, M., und H. Wernli, 2011: Life cycle study of a diabatic Rossby wave as a precursor to rapid cyclogenesis in the North Atlantic-dynamics and forecast performance. *Mon. Wea. Rev.*, **139**, 1861–1878.
Böttger, H., M. Eckardt und U. Katergiannakis, 1975: Forecasting extratropical storms with hurricane intensity using satellite information. *J. Appl. Meteorol.*, **14**, 1259–1265.
Bogush, A.J., 1989: *Radar and the Atmosphere.*, Artech House Publishers, Norwood, 472 pp.
Bolton, D., 1980: The computation of equivalent potential temperature. *Mon. Wea. Rev.*, **108**, 1046–1053.
Bonner, W.D., 1968: Climatology of the low level jet. *Mon. Wea. Rev.*, **96**, 833–850.

Bosart, L.F., 1981: The Presidents' Day snowstorm of 18-19 February, 1979: A subsynoptic-scale event. *Mon. Wea. Rev.*, **109**, 1542–1566.

Bott, A., 1991: On the influence of the physico-chemical properties of aerosols on the life cycle of radiation fogs. *Boundary-Layer Meteorol.*, **56**, 1–31.

Bott, A., und G.R. Carmichael, 1993: Multiphase chemistry in a microphysical radiation fog model – a numerical study. *Atmos. Environ.*, **27**, 503–522.

Bott, A., und T. Trautmann, 2002: PAFOG – a new efficient forecast model of radiation fog and low-level stratiform clouds. *Atmos. Res.*, **64**, 191–203.

Bott, A., U. Sievers und W. Zdunkowski, 1990: A radiation fog model with a detailed treatment of the interaction between radiative transfer and fog microphysics. *J. Atmos. Sci.*, **47**, 2153–2166.

Boville, B.A., 1984: The influence of the polar night jet on the tropospheric circulation in a GCM. *J. Atmos. Sci.*, **41**, 1132–1142.

Bracegirdle, T.J., und S.L. Gray, 2008: An objective climatology of the dynamical forcing of polar lows in the Nordic seas. *Int. J. Climatol.*, **28**, 1903–1919.

Bracegirdle, T.J., und S.L. Gray, 2009: The dynamics of a polar low assessed using potential vorticity inversion. *Q.J.R. Meteorol. Soc.*, **135**, 880–893.

Brewer, A.W., 1949: Evidence for a world circulation provided by the measurements of helium and water vapour distribution in the stratosphere. *Q.J.R. Meteorol. Soc.*, **75**, 351–363.

Bridgman, H.A., und J.E. Oliver, 2006: *The Global Climate System.*, Cambridge University Press, Cambridge, New York, Melbourne, 350 pp.

Brömling, C., 2008: *Blockierende Hochdruckgebiete auf der Nordhemisphäre: Eine statistische Analyse von ERA40-Re-Analyse-Daten und ECHAM-Simulationen.*, Diplomarbeit, Meteorologisches Institut der Rheinischen Friedrich-Wilhelms-Universität Bonn, 93 pp.

Brown, J.M., 1979: Mesoscale unsaturated downdrafts driven by rainfall evaporation: A numerical study. *J. Atmos. Sci.*, **36**, 313–338.

Brown, R.A., und V.T. Wood, 2007: *A Guide for Interpreting Doppler Velocity Patterns: Northern Hemisphere Edition.*, NOAA/National Severe Storms Laboratory Norman, Oklahoma, 55 pp.

Browning, K.A., 1965: The evolution of tornadic storms. *J. Atmos. Sci.*, **22**, 664–668.

Browning, K.A., 1986: Conceptual models of precipitation systems. *Wea. Forecasting*, **1**, 23–41.

Browning, K.A., 1990: Organization of clouds and precipitation in extratropical cyclones. Erschienen in: *Extratropical Cyclones: The Erik Palmén Memorial Volume*, Amer. Meteor. Soc., Boston, 129–153.

Browning, K.A., 1997: The dry intrusion perspective of extra-tropical cyclone development. *Meteor. Appl.*, **4**, 317–324.

Browning, K.A., und C.W. Pardoe, 1973: Structure of low-level jet streams ahead of mid-latitude cold fronts *Q.J.R. Meteorol. Soc.*, **99**, 619–638.

Browning, K.A., und F.F. Hill, 1985: Mesoscale analysis of a polar trough interacting with a polar front *Q.J.R. Meteorol. Soc.*, **111**, 445–462.

Browning, K.A., und G.A. Monk, 1982: A simple model for the synoptic analysis of cold fronts. *Q.J.R. Meteorol. Soc.*, **108**, 435–452.

Browning, K.A., und J. Mason, 1981: Air motion and precipitation growth in frontal systems. *Pure Appl. Geophys.*, **119**, 577–593.

Browning, K.A., und N.M. Roberts, 1996: Variation of frontal and precipitation structure along a cold front. *Q.J.R. Meteorol. Soc.*, **122**, 1845–1872.

Browning, K.A., und T.W. Harrold, 1969: Air motion and precipitation growth in a wave depression. *Q.J.R. Meteorol. Soc.*, **95**, 288–309.

Browning, K.A., und T.W. Harrold, 1970: Air motion and precipitation growth at a cold front. *Q.J.R. Meteorol. Soc.*, **96**, 369–389.

Browning, K.A., S.P. Ballard und C.S.A. Davitt, 1997: High-resolution analysis of frontal fracture. *Mon. Wea. Rev.*, **125**, 1212–1230.

Browning, K.A., S.A. Clough, C.S.A. Davitt, N.M. Roberts, T.D. Hewson und P.G.W. Healey, 1995: Observations of the mesoscale sub-structure in the cold air of a developing frontal cyclone. *Q.J.R. Meteorol. Soc.*, **12**, 1229–1254.

Brümmer, B., G. Müller und G. Noer, 2009: A polar low pair over the Norwegian Sea. *Mon. Wea. Rev.*, **137**, 2559–2575.
Brunt, D., 1926: Periodicities in European weather. *Philosophical Transactions of the Royal Society of London*, **225A**, 247–302.
Budyko, M.I., 1974: *Climate and Life.*, Academic Press, New York, London, 508 pp.
Buizza, R., P.L. Houtekamer, G. Pellerin, Z. Toth, Y. Zhu und M. Wei, 2005: A comparison of the ECMWF, MSC, and NCEP global ensemble prediction systems. *Mon. Wea. Rev.*, **133**, 1076–1097.
Bunkers, M.J., 2002: Vertical wind shear associated with left-moving supercells. *Wea. Forecasting*, **17**, 845–855.
Bush, A.B.G., und W.R. Peltier, 1994: Tropopause folds and synoptic-scale baroclinic wave life cycles. *J. Atmos. Sci.*, **51**, 1581–1604.
Byers, H.R., und R.R. Braham, 1949: *The Thunderstorm: Final Report of the Thunderstorm Project.*, U.S. Government Printing Office, Washington, D.C., 287 pp.
Carlson, T.N., 1980: Airflow through midlatitude cyclones and the comma cloud pattern. *Mon. Wea. Rev.*, **108**, 1498–1509.
Carlson, T.N., 1991: *Mid-latitude Weather Systems.*, Harper Collins Academic, London, 507 pp.
Carr, F.H., und J.P. Millard, 1985: A composite study of comma clouds and their association with severe weather over the Great Plains. *Mon. Wea. Rev.*, **113**, 370–387.
Cavallo, S.M., und G.J. Hakim, 2009: Potential vorticity diagnosis of a tropopause polar cyclone. *Mon. Wea. Rev.*,137, 1358–1371.
Chang, C.B., D.J. Perkey und C.W. Kreitzberg, 1982: A numerical case study of the effects of latent heating on a developing wave cyclone. *J. Atmos. Sci.*, **39**, 1555–1570.
Chang, E.K.M., S. Lee und K.L. Swanson, 2002: Storm track dynamics. *J. Climate*, **15**, 2163–2183.
Chang, E.K.M., 2009: Diabatic and orographic forcing of northern winter stationary waves and storm tracks. *J. Climate*, **22**, 670–688.
Charney, J.G., 1947: The dynamics of long waves in a baroclinic westerly current. *J. Meteor.*, **4**, 135–162.
Charney, J., 1955: The use of the primitive equations of motion in numerical prediction *Tellus*, **7**, 22–26.
Charney, J.G., und A. Eliassen, 1949: A numerical method for predicting the perturbations of the middle latitude westerlies. *Tellus*, **1**, 38–54.
Charney, J.G., und J.G. DeVore, 1979: Multiple flow equilibria in the atmosphere and blocking. *J. Atmos. Sci.*, **36**, 1205–1216.
Cheinet, S., A. Beljaars, M. Köhler, J.J. Morcrette und P. Viterbo, 2005: Assessing physical processes in the ECMWF model forecasts using the ARM SGP observations. *ECMWF – ARM Report Series*, ECMWF Reading, England, 25 pp.
Chen, S.-J., Y.-H. Kuo, P.-Z. Zhang und Q.-F. Bai, 1992: Climatology of explosive cyclones off the East Asian Coast. *Mon. Wea. Rev.*, **120**, 3029–3035.
Cheng, C.-P., und R.A. Houze, 1979: The distribution of convective and mesoscale precipitation in GATE radar echo patterns. *Mon. Wea. Rev.*, **107**, 1370–1381.
Chromov, S.P., 1957: Die geographische Verbreitung der Monsune. *Petermanns Geographische Mitteilungen*, **101**, 234–237.
Coniglio, M.C., und D.J. Stensrud, 2001: Simulation of a progressive derecho using composite initial conditions. *Mon. Wea. Rev.*, **129**, 1593–1616.
Conway, E.D., 1997: *An Introduction to Satellite Image Interpretation.*, The Johns Hopkins University Press, Baltimore, 264 pp.
Cordeira, J.M., und L.F. Bosart, 2011: Cyclone interactions and evolutions during the "Perfect Storms" of late October and early November 1991. *Mon. Wea. Rev.*, **139**, 1683–1707.
Coronel, B., D. Ricard, G. Rivière und P. Abbogast, 2015: Role of moist processes in the tracks of idealized midlatitude surface cyclones. *J. Atmos. Sci.*, **72**, 2979–2996.

Cotton, W.R., und R.A. Anthes, 1989: *Storm and Cloud Dynamics.*, Academic Press Inc., San Diego, 883 pp.
Cotton, W.R., G. Bryan und S.C. van den Heever, 2011: *Storm and Cloud Dynamics, Second Edition, Volume 99.*, Academic Press Inc., San Diego, New York, 820 pp.
Cronce, M., R.M. Rauber, K.R. Knupp, B.F. Jewett, J.T. Walters und D. Phillips, 2007: Vertical motions in precipitation bands in three winter cyclones. *J. Appl. Meteor. Climatol.*, **46**, 1523–1543.
Danielsen, E.F., 1964: *Project Springfield Report.*, Defense Atomic Support Agency, Washington D.C. 20301, DASA 1517, 97 pp.
Danielsen, E.F., 1968: Stratospheric-tropospheric exchange based on radioactivity, ozone and potential vorticity. *J. Atmos. Sci.*, **25**, 502–518.
Danielsen, E.F., und R.S. Hipskind, 1980: Stratospheric-tropospheric exchange at polar latitudes in summer. *J. Geophys. Res.*, **85**, 2156–2202.
Davis, C.A., und K.A. Emanuel, 1991: Potential vorticity diagnostics of cyclogenesis. *Mon. Wea. Rev.*, **119**, 1929–1953.
Davis, C.A., 1992: Piecewise potential vorticity inversion. *J. Atmos. Sci.*, **49**, 1397–1411.
DeFelice, T.P., und V.K. Saxena, 1991: The characterization of extreme episodes of wet and dry deposition of pollutants on an above cloud-base forest during its growing season. *J. Appl. Meteorol.*, **30**, 1548–1561.
Dehay, L., 1990: Topographically forced Rossby wave instability and the development of blocking in the atmosphere. *Adv. Atmos. Sci.*, **7**, 433–440.
Derome, J., und A. Wiin-Nielsen, 1971: The response of a middle-latitude model atmosphere to forcing by topography annd stationary heat sources. *Mon. Wea. Rev.*, **99**, 564–576.
Deveson, A.C.L., K.A. Browning und T.D. Hewson, 2002: A classification of FASTEX cyclones using a height-attributable quasi-geostrophic vertical-motion diagnostic. *Q.J.R. Meteorol. Soc.*, **128**, 93–117.
Dickson, R.R., und J. Namias, 1976: North American influences on the circulation and climate of the North Atlantic sector. *Mon. Wea. Rev.*, **104**, 1255–1265.
Dirks, R.A., J.P. Kuettner und J.A. Moore, 1988: Genesis of Atlantic Lows Experiment (GALE): An overview. *Bull. Am. Meteorol. Soc.*, **69**, 148–160.
Djurić, D., und D.S. Ladwig, 1983: Southerly low-level jet in the winter cyclones of the southwestern Great Plains. *Mon. Wea. Rev.*, **111**, 2275–2281.
Dobson, G.M.B., 1956: Origin and distribution of polyatomic molecules in the atmosphere. *Proc. Roy. Soc. London. A*, **236**, 187–193.
Doswell C.A. III, 2001: *Severe Convective Storms.*, Amer. Meteor. Soc., Boston, 570 pp.
Doviak, R.J., und D.S. Zrnic, 1993: *Doppler Radar and Weather Observations. 2nd ed.*, Academic Press, San Diego, New York, 562 pp.
Dupigny-Giroux, L.-A., und C.J. Mock, 2009: *Historical Climate Variability and Impacts in North America.*, Springer-Verlag, Berlin, Heidelberg, New York, 278 pp.
Duynkerke, P.G., 1991: Radiation fog: A comparison of model simulation with detailed observations. *Mon. Wea. Rev.*, **119**, 324–341.
Eady, E.T., 1949: Long waves and cyclone waves. *Tellus*, **1**, 33–52.
Edwards, R., S.F. Corfidi, R.L. Thompson, J.S. Evans, J.P. Craven, J.P. Racy, D.W. McCarthy und M.D. Vescio, 2002: Storm prediction center forecasting issues related to the 3 May 1999 tornado outbreak. *Wea. Forecasting*, **17**, 544–558.
Egger, J., 2008: Piecewise potential vorticity inversion: Elementary tests. *J. Atmos. Sci.*, **65**, 2015–2024.
Eliassen, A., 1948: The quasi-static equations of motion with pressure as an independent variable. *Geofys. Publ.*, **17**, No. 3, 1–44.
Eliassen, A., 1959: On the formation of fronts in the atmosphere. *The Atmosphere and the Sea in Motion*, Rockefeller Institute Press, 277–287.
Eliassen, A., 1962: On the vertical circulation in frontal zones. *Geofys. Publ.*, **24**, No. 4, 147–160.

Eliassen, A., 1990: Transverse circulations in frontal zones. Erschienen in: *Extratropical Cyclones: The Erik Palmén Memorial Volume*, Amer. Meteor. Soc., Boston, 155–165.

Elmer, N.J., E. Berndt und G.J. Jedlovich, 2016: Limb correction of MODIS and VIIRS infrared channels for the improved interpretation of RGB composites. *J. Atmos. Ocean. Technol.*, **33**, 1073–1087.

Emanuel, K.A., 1994: *Atmospheric Convection.*, Oxford University Press, Oxford, New York, Toronto, 580 pp.

EPA, 2006a: *Air quality criteria for ozone and related photochemical oxidants, Volume I*, U.S. Environmental Protection Agency, EPA/600/R-05/004aF. Washington, DC, 821 pp.

EPA, 2006b: *Air quality criteria for ozone and related photochemical oxidants, Volume II*, U.S. Environmental Protection Agency, EPA/600/R-05/004bF. Washington, DC, 873 pp.

Ertel, H., 1942: Ein neuer hydrodynamischer Wirbelsatz. *Meteorol. Z.*, **59**, 277–281.

Etling, D., 2010: *Theoretische Meteorologie. Eine Einführung*, 3. Auflage, Springer-Verlag, Berlin, Heidelberg, New York, 376 pp.

Fedorovich, E., R. Rotunno und B. Stevens, 2011: *Atmospheric Turbulence and Mesoscale Meteorology.*, Cambridge University Press, Cambridge, 300 pp.

Field, P.R., und R. Wood, 2007: Precipitation and Cloud Structure in Midlatitude Cyclones *J. Climate*, **20**, 233–254.

Fisher, E.L., und P. Caplan, 1963: An experiment in numerical prediction of fog and stratus. *J. Atmos. Sci.*, **20**, 425–437.

Fita, L., R. Romero und C. Ramis, 2007: Objective quantification of perturbations produced with a piecewise PV inversion technique. *Ann. Geophys.*, **25**, 2335–2349.

FitzRoy, R., 1863: *The Weather Book: A Manual of Practical Meteorology.*, Longman, Green, Longman, Roberts und Green, London, 464 pp.

Forkel, R., W. Seidl, A. Ruggaber und R. Dlugi, 1995: Fog chemistry during EUMAC joint cases: Analysis of routine measurements in southern Germany and model calculations. *Meteorol. Atmos. Phys.*, **57**, 61–86.

Fuzzi, S., M.C. Facchini, S. Decesari, E. Matta und M. Mircea, 2002: Soluble organic compounds in fog and cloud droplets: What have we learned over the past few years? *Atmos. Res.*, **64**, 89–98.

Gal-Chen, T., und R. Somerville, 1975: On the use of a coordinate transformation for the solution of the Navier-Stokes equations. *J. Comput. Phys.*, **17**, 209–228.

Galloway, J.L., 1958: The three-front model: Its philosophy, nature, construction, and use. *Weather*, **13**, 3–10.

Gan, B., und L. Wu, 2014: Centennial trends in Northern Hemisphere winter storm tracks over the twentieth century. *Q.J.R. Meteorol. Soc.*, **140**, 1945–1957.

García-Herrera, R.G., D.G. Puyol, E.H. Martín, L.G. Presa und P.R. Rodríguez, 2001: Influence of the North Atlantic Oscillation on the Canary Islands precipitation. *J. Climate*, **14**, 3889–3903.

Garrat, J.R., 1994: *The Atmospheric Boundary Layer.*, Cambridge University Press, Cambridge, 336 pp.

Garreaud, R.D., und R.C. Muñoz, 2005: The low-level jet off the west coast of subtropical South America: structure and variability. *Mon. Wea. Rev.*, **133**, 2246–2261.

Gaudet, B.J., und W.R. Cotton, 2006: Low-level mesocyclonic concentration by nonaxisymmetric transport. Part I: Supercell and mesocycle evolution. *J. Atmos. Sci.*, **63**, 1113–1133.

Gerstengarbe, F.-W., und P.C. Werner, 1993: *Katalog der Großwetterlagen Europas nach Paul Hess und Helmuth Brezowsky 1881–1992.*, 4. Aufl., Ber. Dt. Wetterd. 113., 249 pp.

Gerstengarbe, F.-W., und P.C. Werner, 1999: *Katalog der Großwetterlagen Europas (1881–1998) nach Paul Hess und Helmuth Brezowsky.*, 5. Aufl., Potsdam, Offenbach a. M., 138 pp.

Gerstengarbe, F.-W., und P.C. Werner, 2005: *Katalog der Großwetterlagen Europas (1881–2004) nach Paul Hess und Helmut Brezowsky.*, 6. Auflg., Potsdam-Institut für Klimafolgenforschung, Potsdam. 148 pp.

Glaser, R., und R.P.D. Walsh, 1991: *Historical Climatology in Different Climatic Zones – Historische Klimatologie in verschiedenen Klimazonen.*, Würzburger Geographische Arbeiten, **80**, 251 pp.

Godske, C.L., T. Bergeron, J. Bjerknes und R.C. Bundgaard, 1957: *Dynamic Meteorology and Weather Forecasting.*, Amer. Meteor. Soc., Boston, 800 pp.

Godson, W.L., 1951: Synoptic properties of frontal surfaces. *Q.J.R. Meteorol. Soc.*, **77**, 633–653.

Graversen, R.G., und B. Christiansen, 2003: Downward propagation from the stratosphere to the troposphere: A comparison of the two hemispheres. *J. Geophys. Res.*, **108**, 4780–4790.

Grim, J.A., R.M. Rauber, M.K. Ramamurthy, B.F. Jewett und M. Han, 2007: High-resolution observations of the trowal-warm-frontal region of two continental winter cyclones. *Mon. Wea. Rev.*, **135**, 1629–1646.

Gyakum, J.R. 1983a: On the evolution of the *QE II*, Storm. I: Synoptic apsects. *Mon. Wea. Rev.*, **111**, 1137–1155.

Gyakum, J.R. 1983b: On the evolution of the *QE II*, Storm. II: Dynamic and thermodynamic structure. *Mon. Wea. Rev.*, **111**, 1156–1173.

Gyakum, J.R., 1991: Meteorological precursors to the explosive intensification of the *QE II*, Storm. *Mon. Wea. Rev.*, **119**, 1105–1131.

Gyakum, J.R., P.J. Roebber und T.A. Bullock, 1992: The role of antecedent surface vorticity development as a conditioning process in explosive cyclone intensification. *Mon. Wea. Rev.*, **120**, 1465–1489.

Hacker, M., 2016: *COSMO-PAFOG: Dreidimensionale Nebelvorhersage mit dem hochaufgelösten COSMO-Modell.*, Masterarbeit, Meteorologisches Institut der Rheinischen Friedrich-Wilhelms-Universität Bonn, 117 pp.

Hadley, G., 1735: Concerning the cause of the general trade-winds. *Phil.Trans.Roy.Soc.*, **39**, 58–62.

Halley, E., 1686: An historical account of the trade winds, and monsoons, observable in the seas between and near the tropicks, with an attempt to assign the phisical cause of the said winds. *Phil. Trans.*, **16**, 153–168.

Haltiner, G.J., und F.L. Martin, 1957: *Dynamical and Physical Meteorology.*, McGraw-Hill Book Company, New York, Toronto, London, 470 pp.

Haltiner, G.J., und R.T. Williams, 1980: *Numerical Weather Prediction and Dynamical Meteorology.*, John Wiley & Sons Ltd, New York, 477 pp.

Han, M., R.M. Rauber, M.K. Ramamurthy, B.F. Jewett und J.A. Grim, 2007: Mesoscale dynamics of the trowal and warm-frontal regions of two continental winter cyclones. *Mon. Wea. Rev.*, **135**, 1647–1670.

Harrold, T.W., 1973: Mechanisms influencing the distribution of precipitation within baroclinic disturbances. *Q.J.R. Meteorol. Soc.*, **99**, 232–251.

Hartmann, D., 1994: *Global Physical Climatology.*, Academic Press, New York, London, 411 pp.

Henry, A.J. 1922a: J. Bjerknes and H. Solberg on the life cycle of cyclones and the polar front theory of atmospheric circulation. *Mon. Wea. Rev.*, **50**, 468–473.

Henry, A.J. 1922b: Discussion. *Mon. Wea. Rev.*, **50**, 473–474.

Hense, A., und R. Glowienka-Hense, 2008: Auswirkungen der Nordatlantischen Oszillation. *promet*, **34**, 89–94.

Herckes, P., H. Chang, T. Lee und J.L. Collett, 2007: Air pollution processing by radiation fogs. *Water, Air, & Soil Pollution*, **181**, 65–75.

Hess, S.L., 1959: *Introduction to Theoretical Meteorology.*, Henry Holt and Company, New York, 362 pp.

Hess, P., und H. Brezowsky, 1952: *Katalog der Großwetterlagen Europas*, Berichte des Deutschen Wetterdienstes in der US-Zone, Nr. 33, 39 pp.

Hess, P., und H. Brezowsky, 1969: *Katalog der Großwetterlagen Europas.*, 2. neu bearbeitete und ergänzte Auflage. Berichte des Deutschen Wetterdienstes, Nr. 113, 56 pp.

Hess, P., und H. Brezowsky, 1977: *Katalog der Großwetterlagen Europas: (1881–1976).*, 3. verbesserte und ergänzte Auflage. Berichte des Deutschen Wetterdienstes, Nr. 113, Bd. 15, 68 pp.

Hewson, T.D., 1998: Objective fronts. *Meteor. Appl.*, **5**, 37–65.
Hobbs, P.V., 1978: Organization and structure of clouds and precipitation on the mesoscale and microscale in cyclonic storms. *Rev. Geophys. Space Phys.*, **16**, 741–755.
Hobbs, P.V., 2010: *Ice Physics.*, Oxford University Press, London, 864 pp.
Hobbs, P.V., und J.D. Locatelli, 1978: Rainbands, precipitation cores and generating cells in a cyclonic storm. *J. Atmos. Sci.*, **35**, 230–241.
Hobbs, P.V., J.D. Locatelli und J.E. Martin, 1990: Cold fronts aloft and the forecasting of precipitation and severe weather east of the Rocky Mountains. *Wea. Forecasting*, **5**, 613–626.
Hobbs, P.V., J.D. Locatelli und J.E. Martin, 1996: A new conceptual model for cyclones generated in the lee of the Rocky Mountains. *Bull. Am. Meteorol. Soc.*, **77**, 1169–1178.
Hoerling, M.P., 1992: Diabatic sources of potential vorticity in the general circulation. *J. Atmos. Sci.*, **49**, 2282–2292.
Holton, J.R., P.H. Haynes, M.E. McIntyre, A.R. Douglass, R.B. Rood und L. Pfister, 1995: Stratosphere-troposphere exchange. *Rev. Geophys.*, **33**, 403–439.
Holton, J.R., 2004: *An Introduction to Dynamic Meteorology. Fourth Edition.*, Elsevier Academic Press, New York, London, 535 pp.
Horel, J.D., und J.M. Wallace, 1981: Planetary-scale atmospheric phenomena associated with the Southern Oscillation. *Mon. Wea. Rev.*, **109**, 813–829.
Hoskins, B.J., 1975: The geostrophic momentum approximation and the semi-geostrophic equations. *J. Atmos. Sci.*, **32**, 233–242.
Hoskins, B.J., 1982: The mathematical theory of frontogenesis. *Ann. Rev. Fluid Mech.*, **14**, 131–151.
Hoskins, B.J., I. Draghici und H.C. Davies, 1978: A new look at the ω-equation. *Q.J.R. Meteorol. Soc.*, **104**, 31–38.
Hoskins, B.J., M.E. McIntyre und A.W. Robertson, 1985: On the use and significance of isentropic potential vorticity maps. *Q.J.R. Meteorol. Soc.*, **111**, 877–946.
Houghton, J.T., Ed., 1984: *The Global Climate.*, Cambridge University Press, New York, 233 pp.
Houze, R.A., 1993: *Cloud Dynamics.*, Academic Press, San Diego, New York, Boston, 573 pp.
Houze, R.A., und C.-P. Cheng, 1977: Radar characteristics of tropical convection observed during GATE: Mean properties and trends over the summer season. *Mon. Wea. Rev.*, **105**, 964–980.
Houze Jr R.A., M.I. Biggerstaff, S.A. Rutledge und B.F. Smull, 1989: Interpretation of Doppler weather radar displays of midlatitude mesoscale convective systems. *Bull. Am. Meteorol. Soc.*, **70**, 608–619.
Houze, R.A., B.F. Smull und P. Dodge, 1990: Mesoscale organization of springtime rainstorms in Oklahoma. *Mon. Wea. Rev.*, **118**, 613–654.
Huber-Pock, F., und C. Kress, 1981: Contributions to the problem of numerical frontal analysis. *Proceedings of the Symposium on Current Problems of Weather-Prediction. Vienna, June 23–26, 1981.*, ZAMG, **253**, 85–88.
Huber-Pock, F., und C. Kress, 1989: An operational model of objective frontal analysis based on ECMWF products. *Meteorol. Atmos. Phys.*, **40**, 170–180.
Huschke, R.E., 1959: *Glossary of Meteorology.*, Amer. Meteor. Soc., Boston, 638 pp.
Inatsu, M., H. Mukougawa und S.-P. Xie, 2002: Stationary eddy response to surface boundary forcing: Idealized GCM experiments. *J. Atmos. Sci.*, **59**, 1898–1915.
James, R.P., und P.M. Markowski, 2010: A numerical investigation of the effects of dry air aloft on deep convection. *Mon. Wea. Rev.*, **138**, 140–161.
Jascourt, S.D., S.S. Lindstrom, C.J. Seman und D.D. Houghton, 1988: An observation of banded convective development in the presence of weak symmetric stability. *Mon. Wea. Rev.*, **116**, 175–191.
Jeffreys, H., 1926: On the dynamics of geostrophic winds. *Q.J.R. Meteorol. Soc.*, **52**, 85–104.
Joly, A., und A.J. Thorpe, 1990: Frontal instability generated by tropospheric potential vorticity anomalies. *Q.J.R. Meteorol. Soc.*, **116**, 525–560.
Joly, A., D. Jorgensen, M.A. Shapiro, A. Thorpe, P. Bessemoulin, K.A. Browning, J.-P. Cammas, J.-P. Chalon, S.A. Clough, K.A. Emanuel, L. Eymard, R. Gall, P.H. Hildebrand, R.H. Langland,

Y. Lemaître, P. Lynch, J. A Moore, P.O.G. Persson, C. Snyder und R.M. Wakimoto, 1997: The Fronts and Atlantic Storm-Track EXperiment (FASTEX): Scientific objectives and experimental design. *Bull. Am. Meteorol. Soc.*, **78**, 1917–1940.

Juang, H.-M.H., und Y. Ogura, 1990: A case study of rapid cyclogenesis over Canada. Part II: Simulations. *Mon. Wea. Rev.*, **118**, 674–704.

Kaltenböck, R., 2004: The outbreak of severe storms along convergence lines northeast of the Alps. Case study of the 3 August 2001 mesoscale convective system with a pronounced bow echo. *Atmos. Res.*, **70**, 55–75.

Kašpar, M., 2003: Objective frontal analysis techniques applied to extreme/non-extreme precipitation events. *Geophysica et Geodaetica*, **47**, 605–631.

Kelbch, A., 2013: Theoretische und numerische Untersuchungen zur objektiven Frontenanalyse. Masterarbeit, Meteorologisches Institut der Rheinischen Friedrich-Wilhelms-Universität Bonn, 106 pp.

Kentarchos, A.S., und T.D. Davies, 1998: A climatology of cut-off lows at 200 hPa in the Northern Hemisphere, 1990–1994. *Int. J. Climatol.*, **18**, 379–390.

Keyser, D., M.J. Reeder und R.J. Reed, 1988: A generalization of Petterssen's frontogenesis function and its relation to the forcing of vertical motion. *Mon. Wea. Rev.*, **116**, 762–781.

Keyser, D., B.D. Schmidt und D.G. Duffy, 1992: Quasigeostrophic vertical motions diagnosed from along- and cross-isentrope components of the Q vector. *Mon. Wea. Rev.*, **120**, 731–741.

Kiefer, W., und G. Fischer, 1971: Statistische Untersuchungen über ageostrophische Windkomponenten in der freien Atmosphäre. Meteorol. Rundschau, **24**, 97–103.

Kitabatake, N., 2008: Extratropical transition of tropical cyclones in the western North Pacific: Their frontal evolution. *Mon. Wea. Rev.*, **136**, 2066–2090.

Klein, R., 2010: Scale-dependent models for atmospheric flows. *Ann. Rev. Fluid Mech.*, **42**, 249–274.

Klemp, J.B., 1987: Dynamics of tornadic thunderstorms. *Ann. Rev. Fluid Mech.*, **19**, 396–402.

Klemp, J., 2011: A terrain-following coordinate with smoothed coordinate surfaces. *Mon. Wea. Rev.*, **139**, 2163–2169.

Koch, S.E., 2001: Real-time detection of split fronts using mesoscale models and WSR-88D radar products. *Wea. Forecasting*, **16**, 35–55.

Kocin, P.J., und L.W. Uccellini, 2004: *Northeast Snowstorms*, Amer. Meteor. Soc., Chicago, 818 pp.

Kraus, H., 2004: Die Atmosphäre der Erde. Eine Einführung in die Meteorologie. Springer-Verlag, Berlin, Heidelberg, New York, 422 pp.

Kraus, H., und U. Ebel, 2003: *Risiko Wetter*, Springer-Verlag, Berlin, Heidelberg, New York, 250 pp.

Krishnamurti, T.N., 1961: The subtropical jet stream of winter. *J. Meteor.*, **18**, 172–191.

Küll, V., und A. Bott, 2008: A hybrid convection scheme for use in non-hydrostatic numerical weather prediction models. *Meteorol. Z.*, **17**, 775–783.

Küll, V., und A. Bott, 2009: Application of the hybrid convection parameterization scheme HYMACS to different meteorological situations. *Atmos. Res.*, **94**, 743–753.

Küll, V., und A. Bott, 2011: Simulation of non-local effects of convection with the hybrid mass flux convection scheme HYMACS. *Meteorol. Z.*, **20**, 227–241.

Küll, V., A. Gassmann und A. Bott, 2007: Towards a new hybrid cumulus parameterization scheme for use in non-hydrostatic weather prediction models. *Q.J.R. Meteorol. Soc.*, **133**, 479–490.

Kuo, H.L., 1949: Dynamic instability of two-dimensional nondivergent flow in a barotropic atmosphere. *J. Meteor.*, **6**, 105–122.

Kuo, H.L., 1973: Dynamics of quasigeostrophic flows and instability theory. *Adv. Appl. Mech.*, **13**, 247–300.

Kuo, H.L., 1978: A two-layer model study of the combined barotropic and baroclinic instability in the Tropics. *J. Atmos. Sci.*, **35**, 1840–1860.

Kuo, Y.-H., R.J. Reed und S. Low-Nam, 1992: Thermal structure and airflow in a model simulation of an occluded marine cyclone. *Mon. Wea. Rev.*, **120**, 2280–2297.

Kuroda, Y., und K. Kodera, 2001: Variability of the polar night jet in the Northern and Southern Hemispheres. *J. Geophys. Res.*, **106**, 20703–20713.

Kurz, M., 1990: *Synoptische Meteorologie.*, Selbstverlag des Deutschen Wetterdienstes, Offenbach, 197 pp.

Lafore, J.-P., und M.W. Moncrieff, 1989: A numerical investigation of the organization and interaction of the convective and stratiform regions of tropical squall lines. *J. Atmos. Sci.*, **46**, 521–544.

Langguth, M., 2016: *Analyse von zyklogenetischen Prozessen unter Verwendung von PV-Inversionstechniken.*, Masterarbeit, Meteorologisches Institut der Rheinischen Friedrich-Wilhelms-Universität Bonn, 124 pp.

Lamarque, J.-F., und P.G. Hess, 1994: Cross-tropopause mass exchange and potential vorticity budget in a simulated tropopause folding. *J. Atmos. Sci.*, **51**, 2246–2269.

Leary, C.A., und R.A. Houze Jr., 1979: Melting and evaporation of hydrometeors in precipitation from the anvil clouds of deep tropical convection. *J. Atmos. Sci.*, **36**, 669–679.

Leckebusch, G.C., A. Kapala, H. Mächel, J.G. Pinto und M. Reyers, 2008: Indizes der Nordatlantischen und Arktischen Oszillation. *promet*, **34**, 95–100.

Lee, S., und H.-K. Kim, 2003: The dynamical relationship between subtropical and eddy-driven jets. *J. Atmos. Sci.*, **60**, 1490–1503.

Lee, S.-S., J.-Y. Lee, K.-J. Ha, B. Wang, A. Kitoh, Y. Kajikawa und M. Abe, 2013: Role of the Tibetan plateau on the annual variation of mean atmospheric circulation and storm-track activity. *J. Climate*, **26**, 5270–5286.

LeMone, M.A., 1983: Momentum transport by a line of cumulonimbus. *J. Atmos. Sci.*, **40**, 1815–1834.

Lillesand, T., R.W. Kiefer und J.W. Chipman, 2008: *Remote Sensing and Image Interpretation, 6th Edition.*, John Wiley & Sons Ltd, New York, 804 pp.

Liming, L., H. Feng, C. Dongyan, L. Shikuo und W. Zhanggui, 2002: Thermal effects of the Tibetan Plateau on Rossby waves from the diabatic quasi-geostrophic equations of motion. *Adv. Atmos. Sci.*, **19**, 901–913.

Lin, Y.-L., 2007: *Mesoscale Dynamics.*, Cambridge University Press, Cambridge, 646 pp.

Lindzen, R.S., 1993: Baroclinic neutrality and the tropopause. *J. Atmos. Sci.*, **50**, 1148–1151.

Liou, K.N., 2002: *An Introduction to Atmospheric Radiation, Second Edition.*, Academic Press, London, San Diego, 583 pp.

Locatelli, J.D., J.E. Martin, J.A. Castle und P.V. Hobbs, 1995: Structure and evolution of winter cyclones in the central United States and their effects on the distribution of precipitation. Part III: The development of a squall line associated with weak cold frontogenesis aloft. *Mon. Wea. Rev.*, **123**, 2641–2662.

Locatelli, J.D., M.T. Stoelinga, R.D. Schwartz und P.V. Hobbs, 1997: Surface convergence induced by cold fronts aloft and prefrontal surges. *Mon. Wea. Rev.*, **125**, 2808–2820.

Locatelli, J.D., R.D. Schwartz, M.T. Stoelinga und P.V. Hobbs, 2002a: Norwegian-type and cold front aloft-type cyclones east of the Rocky Mountains. *Wea. Forecasting*, **17**, 66–82.

Locatelli, J.D., M.T. Stoelinga und P.V. Hobbs 2002b: Organization and structure of clouds and precipitation on the Mid-Atlantic coast of the United States. Part VII: Diagnosis of a nonconvective rainband associated with a cold front aloft. *Mon. Wea. Rev.*, **130**, 278–297.

Locatelli, J.D., M.T. Stoelinga und P.V. Hobbs 2005a: Re-examination of the split cold front in the British Isles cyclone of 17 July 1980. *Q.J.R. Meteorol. Soc.*, **131**, 3167–3181.

Locatelli, J.D., M.T. Stoelinga, M.F. Garvert und P.V. Hobbs, 2005b: The IMPROVE-1 storm of 1-2 February 2001. Part I: Development of a forward-tilted cold front and a warm occlusion. *J. Atmos. Sci.*, **62**, 3431–3455.

Lorenz, E.N., 1951: Seasonal and irregular variations of the Northern Hemisphere sea-level pressure profile. *J. Meteor.*, **8**, 52–59.

Lorenz, E.N., 1955: Available potential energy and the maintenance of the general circulation. *Tellus*, **7**, 157–167.

Lorenz, E.N., 1960: Energy and numerical weather prediction. *Tellus*, **12**, 364–373.

Lorenz, E.N., 1962: Simplified dynamic equations applied to the rotating-basin experiments. *J. Atmos. Sci.*, **19**, 39–51.
Lorenz, E.N. 1963a: Deterministic nonperiodic flow. *J. Atmos. Sci.*, **20**, 130–141.
Lorenz, E.N. 1963b: The mechanics of vacillation. *J. Atmos. Sci.*, **20**, 448–465.
Lorenz, E.N., 1986: The index cycle is alive and well. *Namias Symposium*, Scripps Inst. of Oceanography, 188–196.
Lorenz, E.N., 1991: The general circulation of the atmosphere: an evolving problem. *Tellus, AB*, **43**, 8–15.
Ludlam, F.H., 1980: *Clouds and Storms.*, The Pennsylvania State University Press, University Park and London, 405 pp.
Luterbacher, J., H. Wanner und S. Brönnimann, 2008: Historische Entwicklung der NAO-Forschung. *promet*, **34**, 79–88.
Maddox, R.A., 1980: Mesoscale convective complexes. *Bull. Am. Meteorol. Soc.*, **61**, 1374–1387.
Maddox, R.A., D.J. Perkey und J.M. Fritsch, 1981: Evolution of upper tropospheric features during the development of a mesoscale convective complex. *J. Atmos. Sci.*, **38**, 1664–1774.
Mahoney, K.M., und G.M. Lackmann, 2007: The effect of upstream convection on downstream precipitation. *Wea. Forecasting*, **22**, 255–277.
Mallet, I., J.-P. Cammas, P. Mascart und P. Bechtold, 1999: Effects of cloud diabatic heating on the early development of the FASTEX IOP17 cyclone. *Q.J.R. Meteorol. Soc.*, **125**, 3439– 3467.
Mantua, N.J., S.R. Hare, Y. Zhang, J.M. Wallace und R.C. Francis, 1997: A Pacific interdecadal climate oscillation with impacts on salmon production. *Bull. Am. Meteorol. Soc.*, **78**, 1069–1079.
Margules, M., 1903: Über die Energie der Stürme. Jahrb.der k.k. Central-Anstalt für Meteorol., und Erdmagn., **48**, 1–26.
Margules, M., 1906: Über Temperaturschichtung in stationär bewegter und ruhender Luft. *Meteorol. Z. Hann-Band*, 243–254.
Market, P.S., und J.T. Moore, 1998: Mesoscale evolution of a continental occluded cyclone. *Mon. Wea. Rev.*, **126**, 1793–1811.
Markowski, P.M., 2002: Hook echoes and rear-flank downdrafts: A review. *Mon. Wea. Rev.*, **130**, 852–876.
Markowski, P.M., C. Hannon, J. Frame, E. Lancaster, A. Pietrycha, R. Edwards und R.L. Thompson, 2003: Characteristics of vertical wind profiles near supercells obtained from the Rapid Update Cycle. *Wea. Forecasting*, **18**, 1262–1272.
Markowski, P., und Y. Richardson, 2010: *Mesoscale Meteorology in Midlatitudes.*, John Wiley & Sons Ltd, Chichester, UK, 407 pp.
Marshall, J.S., und W.M. Palmer, 1948: The distribution of raindrops with size. *J. Meteor.*, **5**, 165–166.
Martin, F.L., und V.V. Solomonson, 1970: Statistical characteristics of subtropical jet-stream features in terms of MRIR observations from Nimbus II. *J. Appl. Meteorol.*, **3**, 508–520.
Martin, J.E. 1998a: The structure and evolution of a continental winter cyclone. Part I: Frontal structure and the occlusion process. *Mon. Wea. Rev.*, **126**, 303–328.
Martin, J.E. 1998b: The structure and evolution of a continental winter cyclone. Part II: Frontal forcing of an extreme snow event. *Mon. Wea. Rev.*, **126**, 329–348.
Martin, J.E., 1999: Quasigeostrophic forcing of ascent in the occluded sector of cyclones and the trowal airstream. *Mon. Wea. Rev.*, **127**, 70–88.
Martin, J.E., und J.A. Otkin, 2004: The rapid growth and decay of an extratropical cyclone over the Central Pacific Ocean. *Wea. Forecasting*, **19**, 358–376.
Martin, J.E., und N. Marsili, 2002: Surface cyclolysis in the North Pacific Ocean. Part II: Piecewise potential vorticity diagnosis of a rapid cyclolysis event. *Mon. Wea. Rev.*, **130**, 1264–1281.
Martin, J.E., R.D. Grauman und N. Marsili, 2001: Surface cyclolysis in the North Pacific Ocean. Part I: A synoptic climatology. *Mon. Wea. Rev.*, **129**, 748–765.
McGinnigle, J.B., M.V. Young und M.J. Bader, 1988: The development of instant occlusions in the North Atlantic. *Meteor. Mag.*, **117**, 325–341.

McGinnigle, J.B., 1990: Numerical weather prediction model performance on instant occlusion developments. *Meteor. Mag.*, **119**, 149–163.
McIntyre, M.E., und W.A. Norton, 2000: Potential vorticity inversion on a hemisphere. *J. Atmos. Sci.*, **57**, 1214–1235.
McLay, J.G., und J.E. Martin, 2002: Surface cyclolysis in the North Pacific Ocean. Part III: Composite local energetics of tropospheric-deep cyclone decay associated with rapid surface cyclolysis. *Mon. Wea. Rev.*, **130**, 2507–2529.
McQueen, H.R., und R.H. Martin, 1956: A cool, damp period associated with the spring-like frontal waves over the eastern United States, July 18–25, 1956. *Mon. Wea. Rev.*, **84**, 277–298.
Meischner, P., 2004: *Weather Radar: Principles and Advanced Applications.*, Springer-Verlag, Berlin, Heidelberg, 337 pp.
Middleton, W.E.K., 1969: *Invention of the Meteorological Instruments.*, The John Hopkins Press, Baltimore, Maryland, 362 pp.
Miller, J.E., 1948: On the concept of frontogenesis. *J. Meteor.*, **5**, 169–171.
Mishra, S.K., V. Brahmananda Rao und S.H. Franchito, 2007: Genesis of the northeast Brazil upper-tropospheric cyclonic vortex: A primitive equation barotropic instability study. *J. Atmos. Sci.*, **64**, 1379–1392.
Moncrieff, M.W., und C. Liu, 1999: Convection initiation by density currents: Role of convergence, shear, and dynamical organization. *Mon. Wea. Rev.*, **127**, 2455–2464.
Monin, A.S., 1986: *An introduction to the theory of climate.*, D. Reidel Pub. Co., Dordrecht, Boston, 261 pp.
Montgomery, M.T., und B.F. Farrell, 1992: Polar low dynamics. *J. Atmos. Sci.*, **49**, 2484–2505.
Moore, G.W.K., und W.R. Peltier, 1987: Cyclogenesis in frontal zones. *J. Atmos. Sci.*, **44**, 384–409.
Moore, G.W.K., 1993: The development of tropopause folds in two-dimensional models of frontogenesis. *J. Atmos. Sci.*, **50**, 2321–2334.
Moore, R.W., M.T. Montgomery und H.C. Davies, 2008: The integral role of a diabatic Rossby vortex in a heavy snowfall event. *Mon. Wea. Rev.*, **136**, 1878–1897.
Mortimer, E., und U. Müller, 2007: *Chemie.*, 9. vollständig überarbeitete Auflage. Thieme Verlag, Stuttgart, 766 pp.
Müller, M.D., M. Masbou und A. Bott, 2010: Three-dimensional fog forecasting in complex terrain. *Q.J.R. Meteorol. Soc.*, **136**, 2189–2202.
Munger, J.W., D.J. Jacob, J.M. Waldman und M.R. Hoffmann, 1983: Fogwater chemistry in an urban atmosphere. *J. Geophys. Res.*, **88**, 5109–5121.
Namias, J., 1950: The index cycle and its role in the general circulation. *J. Meteor.*, **7**, 130–139.
Newton, C.W., und E. Palmén, 1963: Kinematic and thermal properties of a large-amplitude wave in the westerlies. *Tellus*, **15**, 99–119.
Nie, J., P. Wang, W. Yang und B. Tan, 2008: Northern Hemisphere storm tracks in strong AO anomaly winters. *Atmos. Sci. Lett.*, **9**, 153–159.
Nielsen, J.W., 1990: *Small scale cyclogenesis during the Genesis of Atlantic Lows Experiment.*, Ph.D. thesis, Massachusetts Institute of Technology, 354 pp.
Nielsen, J.W., und R.M. Dole, 1992: A survey of extratropical cyclone characteristics during GALE. *Mon. Wea. Rev.*, **120**, 1156–1168.
Nielsen-Gammon, J.W., und D.A. Gold, 2008: Potential vorticity diagnosis of the severe convective regime. Part II: The impact of idealized PV anomalies. *Mon. Wea. Rev.*, **136**, 1582–1592.
Nieto, R., L. Gimeno, L. de la Torre, P. Ribera, D. Gallego, R. García-Herrera, J.A. García, M. Nuñez, A. Redaño und J. Lorente, 2005: Climatological features of cutoff low systems in the Northern Hemisphere. *J. Climate*, **18**, 3085–3103.
Novak, D.R., B.A. Colle und A.R. Aiyyer, 2010: Evolution of mesoscale precipitation band environments within the comma head of northeast U.S. Cyclones. *Mon. Wea. Rev.*, **138**, 2354–2374.
Novak, D.R., B.A. Colle und S.E. Yuter, 2008: High-resolution observations and model simulations of the life cycle of an intense mesoscale snowband over the northeastern United States. *Mon. Wea. Rev.*, **136**, 1433–1456.

Ogura, Y., und H.-M.H. Juang, 1990: A case study of rapid cyclogenesis over Canada. Part I: Diagnostic study. *Mon. Wea. Rev.*, **118**, 655–672.

Orlanski, I., 1975: A rational subdivision of scales for atmospheric processes. *Bull. Am. Meteorol. Soc.*, **56**, 527–530.

Pagowski, M., I. Gultepe und P. King, 2004: Analysis and modeling of an extremely dense fog event in southern Ontario. *J. Appl. Meteorol.*, **43**, 3–16.

Palmén, E., 1948a: On the distribution of temperature and wind in the upper westerlies. *J. Meteor.*, **5**, 20–27.

Palmén, E., 1948b: On the formation and structure of tropical hurricanes. *Geophysica*, **3**, 26–38.

Palmén, E., und C.W. Newton, 1969: *Atmospheric Circulation Systems.*, Academic Press, New York, London, 603 pp.

Parish, T.R., und L.D. Oolman, 2010: On the role of sloping terrain in the forcing of the Great Plains low-level jet. *J. Atmos. Sci.*, **67**, 2690–2699.

Park, H.-S., S.-P. Xie und S.-W. Son, 2013: Poleward stationary eddy heat transport by the Tibetan Plateau and equatorward shift of westerlies during northern winter. *J. Atmos. Sci.*, **70**, 3288–3301.

Parker, D.J., und A.J. Thorpe, 1995: Conditional convective heating in a baroclinic atmosphere: A model of convective frontogenesis. *J. Atmos. Sci.*, **52**, 1699–1711.

Pedlosky, J., 1987: *Geophysical Fluid Dynamics. 2nd Edition.*, Springer-Verlag, Berlin, Heidelberg, New York, 710 pp.

Peixoto, J.P., und A.H. Oort, 1992: *Physics of Climate.*, American Institute of Physics, New York, 520 pp.

Penner, C.M., 1955: A three-front model for synoptic analyses. *Q.J.R. Meteorol. Soc.*, **81**, 89–91.

Pérez-Santos, I., W. Schneider, M. Sobarzo, R. Montoya-Sánchez, A. Valle-Levinson und J. Garcés-Vargas, 2010: Surface wind variability and its implications for the Yucatan basin-Caribbean Sea dynamics. *J. Geophys. Res.*, **115**, C10052, https://doi.org/10.1029/2010JC006292.

Pettersen, S., 1936: Contribution to the theory of frontogenesis. *Geofys. Publ.*, **11**, No. 6, 1–27.

Pettersen, S., 1956: *Weather Analysis and Forecasting, Vol. 1.*, McGraw-Hill Book Compnany, Inc., New York, Toronto, London, 428 pp.

Pettersen, S., und S.J. Smebye, 1971: On the development of extratropical cyclones. *Q.J.R. Meteorol. Soc.*, **97**, 457–482.

Pettersen, S., D.L. Bradbury und K. Pedersen, 1962: The Norwegian cyclone models in relation to heat and cold sources. *Geofys. Publ.*, **24**, No. 9, 243–280.

Pettersen, S., G.E. Dunn und L.L. Means, 1955: Report of an experiment in forecasting of cyclone development. *J. Meteor.*, **12**, 58–67.

Pichler, H., 1997: *Dynamik der Atmosphäre.*, Spektrum Akademischer Verlag, Heidelberg, Berlin, Oxford, 572 pp.

Pielke, R.A., 2002: *Mesoscale Meteorological Modeling, Second Edition.*, Academic Press, San Diego, New York, London, 676 pp.

Philipps, H., 1939: Die Abweichung vom geostrophischen Wind. *Meteorol. Zeitschrift*, **56**, 460–483.

Phillips, N.A., 1956: The general circulation of the atmosphere: A numerical experiment. *Q.J.R. Meteorol. Soc.*, **82**, 123–164.

Phillips, N.A., 1957: A coordinate system having some special advantages for numerical forecasting. *J. Meteor.*, **14**, 184–185.

Plant, R.S., G.C. Craig und S.L. Gray, 2003: On a threefold classification of extratropical cyclogenesis. *Q.J.R. Meteorol. Soc.*, **129**, 2989–3012.

Pruppacher, H.R., und J.D. Klett, 1997: *Microphysics of Clouds and Precipitation.*, Kluwer Academic Publishers, Dordrecht, The Netherlands, 954 pp.

Queney, P., 1947: *Theory of Perturbations in Stratified Currents with Application to Airflow over Mountain Barriers.*, Dept. Meteor. Univ. Chicago, Misc. Reports, no. 23, 81 pp.

Queney, P., 1948: The problem of air flow over mountains: A summary of theoretical studies. *Bull. Am. Meteorol. Soc.*, **29**, 16–26.

Rasmussen, E.A., und J. Turner, 2011: *Polar lows*, Cambridge University Press, Cambridge, 628 pp.

Ramage, C., 1971: *Monsoon Meteorology*, International Geophysics Series, Vol.15, Academic Press, San Diego, New York, 296 pp.

Ray, P.S., 1987: *Mesoscale Meteorology and Forecasting.*, *Amer. Meteor. Soc.*, Boston, 793 pp.

Raymond, D.J., und H. Jiang, 1990: A theory for long-lived mesoscale convective systems. *J. Atmos. Sci.*, **47**, 3067–3077.

Reed, R.J., 1955: A study of a characteristic type of upper-level frontogenesis. *J. Meteor.*, **12**, 226–237.

Reed, R.J., 1979: Cyclogenesis in polar air streams. *Mon. Wea. Rev.*, **107**, 38–52.

Reed, R.J., und M.D. Albright, 1997: Frontal structure in the interior of an intense mature ocean cyclone. *Wea. Forecasting*, **12**, 866–876.

Reid, H.J., und G. Vaughan, 2004: Convective mixing in a tropopause fold. *Q.J.R. Meteorol. Soc.*, **130**, 1195–1212.

Reiter, E.R., 1963: *Jet-stream Meteorology.*, The University of Chicago Press, Chicago, 515 pp.

Renard, R.J., und L.C. Clarke, 1965: Experiments in numerical objective frontal analysis. *Mon. Wea. Rev.*, **93**, 547–556.

Reuter, G.W., und M.K. Yau, 1990: Observations of slantwise convective instability in winter cyclones. *Mon. Wea. Rev.*, **118**, 447–458.

Rex, D.F., 1950a: Blocking action in the middle troposphere and its effect upon regional climate. I. An aerological study of blocking action. *Tellus*, **2**, 196–211.

Rex, D.F., 1950b: Blocking action in the middle troposphere and its effect upon regional climate. II. The climatology of blocking action. *Tellus*, **2**, 275–301.

Richardson, L.F., 2007: *Weather Prediction by Numerical Process. Second Edition*, Cambridge University Press, Cambridge, 250 pp.

Richardson, Y.P., K.K. Droegemeier und R.P. Davies-Jones, 2007: The influence of horizontal environmental variability on numerically simulated convective storms. Part I: Variations in vertical shear. *Mon. Wea. Rev.*, **135**, 3429–3455.

Rickenbach, T.M., R. Nieto-Ferreira, R.P. Barnhill und S.W. Nesbitt, 2011: Regional contrast of mesoscale convective system structure prior to and during monsoon onset across South America. *J. Climate*, **24**, 3753–3763.

Riehl, H., 1962: *Jet streams of the atmosphere.*, Technical Report 32, Dept. Atmospheric Science, Colorado State University, 177 pp.

Riehl, H., 1979: *Climate and Weather in the Tropics.*, Academic Press, London, New York, 600 pp.

Rinehart, R.E., 2004: *Radar for Meteorologists*, 4th Edition, Rinehart Publications, Columbia, 482 pp.

Rivière, G., und I. Orlanski, 2007: Characteristics of the Atlantic storm-track eddy activity and its relation with the North Atlantic Oscillation. *J. Atmos. Sci.*, **64**, 241–266.

Robinson, W.A., 1988: Analysis of LIMS data by potential vorticity inversion. *J. Atmos. Sci.*, **45**, 2319–2342.

Roebber, P.J., 1984: Statistical analysis and updated climatology of explosive cyclones. *Mon. Wea. Rev.*, **112**, 1577–1589.

Roebber, P.J., und M.R. Schumann, 2011: Physical processes governing the rapid deepening tail of maritime cyclogenesis. *Mon. Wea. Rev.*, **139**, 2776–2789.

Rogers, J.C., 1984: The association between the North Atlantic Oscillation and the Southern Oscillation in the Northern Hemisphere. *Mon. Wea. Rev.*, **112**, 1999–2015.

Rossa, A.M., H. Wernli und H.C. Davies, 2000: Growth and decay of an extra-tropical cyclone's PV-tower. *Meteor. Atmos. Phys.*, **73**, 139–156.

Rossby, C.G., 1940: Planetary flow patterns in the atmosphere. *Q.J.R. Meteorol. Soc.*, **66**, 68–87.

Rossby, C.G., und H.C. Willett, 1948: The circulation of the upper troposphere and lower stratosphere. *Science*, **108**, 643–652.
Rossby, C.G., und Mitarbeiter, 1939: Relation between variations in the intensity of the zonal circulation of the atmosphere and the displacements of the semi-permanent centers of action. *J. Marine Res.*, **2**, 38–55.
Røsting, B., und J.E. Kristjánsson, 2012: The usefulness of piecewise potential vorticity inversion. *J. Atmos. Sci.*, **69**, 934–941.
Rotunno, R., J.B. Klemp und M.L. Weisman, 1988: A theory for strong, long-lived squall lines. *J. Atmos. Sci.*, **45**, 463–485.
Rotunno, R., W.C. Skamarock und C. Snyder, 1994: An analysis of frontogenesis in numerical simulations of baroclinic waves. *J. Atmos. Sci.*, **51**, 3373–3398.
Rudari, R., D. Entekhabi und G. Roth, 2004: Terrain and multiple-scale interactions as factors in generating extreme precipitation events. *J. Hydrometeor*, **5**, 390–404.
Sadowski, A., 1958: Weather Note: Radar observations of the El Dorado Kans. tornado, June 10, 1958: *Mon. Wea. Rev.*, **86**, 405–407.
Sanders, F., 1955: An investigation of the structure and dynamics of an intense surface frontal zone. *J. Meteor.*, **12**, 542–552.
Sanders, F., und B.J. Hoskins, 1990: An easy method for estimation of Q-vectors from weather maps. *Wea. Forecasting*, **5**, 346–353.
Sanders, F., und J.R. Gyakum, 1980: Synoptic-dynamic climatology of the '"bomb". *Mon. Wea. Rev.*, **108**, 1589–1606.
Saucier, W.J., 1955: *Principles of Meteorological Analysis*, University of Chicago Press, 438 pp.
Saulo, C., J. Ruiz und Y.G. Skabar, 2007: Synergism between the low-level jet and organized convection at its exit region. *Mon. Wea. Rev.*, **135**, 1310–1326.
Sauvageot, H., 1992: *Radar Meteorology*, Artech House Publishers, 384 pp.
Sawyer, J.S., 1955: *The free atmosphere in the vicinity of fronts.*, Geophysical Memoirs, No. 96, v. 12, no. 4, London, Stationery Office, 24 pp.
Sawyer, J.S., 1956: The vertical circulation at meteorological fronts and its relation to frontogenesis. *Proc. Roy. Soc.*, **A 234**, 346–362.
Schayes, G., P. Thunis und R. Bornstein, 1996: Topographic vorticity-mode mesoscale-β (TVM) model. Part I: Formulation. *J. Atmos. Sci.*, **35**, 1815–1823.
Scherhag, R., 1948: *Neue Methoden der Wetteranalyse und Wetterprognose.*, Springer-Verlag, Berlin, Heidelberg, New York, 424 pp.
Schiemann, R., D. Lüthi und C. Schär, 2009: Seasonality and interannual variability of the westerly jet in the Tibetan Plateau region. *J. Climate*, **22**, 2940–2957.
Schmetz, J., P. Pili, S. Tjemkes, D. Just, J. Kerkmann, S. Rota und A. Ratier, 2002: An introduction to Meteosat Second Generation (MSG). *Bull. Am. Meteorol. Soc.*, **83**, 977–992.
Schneider, W., 2009: *Rapide Zyklogenese.*, Diplomarbeit, Meteorologisches Institut der Rheinischen Friedrich-Wilhelms-Universität Bonn, 176 pp.
Schraff, C., und R. Hess, 2002: Datenassimilation für das LM. *promet*, **27**, 156–164.
Schultz, D.M., 2001: Reexamining the cold conveyor belt. *Mon. Wea. Rev.*, **129**, 2205–2225.
Schultz, D.M., 2005: A review of cold fronts with prefrontal troughs and wind shifts. *Mon. Wea. Rev.*, **133**, 2449–2472.
Schultz, D.M., und C.F. Mass, 1993: The occlusion process in a midlatitude cyclone over land. *Mon. Wea. Rev.*, **121**, 918–940.
Schultz, D.M., und F. Sanders, 2002: Upper-level frontogenesis associated with the birth of mobile troughs in northwesterly flow. *Mon. Wea. Rev.*, **130**, 2593–2610.
Schultz, D.M., und P.N. Schumacher, 1999: The use and misuse of conditional symmetric instability. *Mon. Wea. Rev.*, **127**, 2709–2732.
Schultz, D.M., und W.J. Steenburgh, 1999: The formation of a forward-tilting cold front with multiple cloud bands during Superstorm 1993. *Mon. Wea. Rev.*, **127**, 1108–1124.
Schultz, D.M., und J.A. Knox, 2007: Banded convection caused by frontogenesis in a conditionally, symmetrically, and inertially unstable environment. *Mon. Wea. Rev.*, **135**, 2095–2110.

Schultz, D.M., und G. Vaughan, 2011: Occluded fronts and the occlusion process: A fresh look at conventional wisdom *Bull. Am. Meteorol. Soc.*, **92**, 443–466.

Semple, A.S., 2003: A review and unification of conceptual models of cyclogenesis. *Meteorol. Appl.*, **10**, 39–59.

Shapiro, M.A., 1980: Turbulent mixing within tropopause folds as a mechanism for the exchange of chemical constituents between the stratosphere and troposphere. *J. Atmos. Sci.*, **37**, 994–1004.

Shapiro, M.A., 1981: Frontogenesis and geostrophically forced secondary circulations in the vicinity of jet stream-frontal zone systems. *J. Atmos. Sci.*, **38**, 954–973.

Shapiro, M.A., und D. Keyser, 1990: Fronts, jet streams and the tropopause. Erschienen in: *Extratropical Cyclones: The Erik Palmén Memorial Volume*, Amer. Meteor. Soc., Boston, 167–191.

Shi, C., J. Yangb, M. Qiua, H. Zhanga, S. Zhanga und Z. Lib, 2010: Analysis of an extremely dense regional fog event in Eastern China using a mesoscale model. *Atmos. Res.*, **95**, 428–440.

Sievers, U., und W. Zdunkowski, 1986: A microscale urban climate model. *Beitr. Phys. Atmos.*, **59**, 13–40.

Simmons, A.J., 1981: The forcing of stationary wave motion by tropical diabatic heating. *Q.J.R. Meteorol. Soc.*, **108**, 503–534.

Sinclair, V.A., S.E. Belcher und S.L. Gray, 2010: Synoptic controls on boundary-layer characteristics. *Boundary-Layer Meteorol.*, **134**, 387–409.

Skolnik, M.I., 1990: *Radar Handbook*, 2nd Edition. McGraw-Hill Book Company, New York, 1200pp.

Smull, B.F., und R.A. Houze 1987a: Rear inflow in squall lines with trailing stratiform precipitation. *Mon. Wea. Rev.*, **115**, 2869–2889.

Smull, B.F., und R.A. Houze 1987b: Dual-Doppler radar analysis of a midlatitude squall line with a trailing region of stratiform rain. *J. Atmos. Sci.*, **44**, 2128–2149.

Snyder, C., und R.S. Lindzen, 1991: Quasi-geostrophic wave-CISK in an unbounded baroclinic shear. *J. Atmos. Sci.*, **48**, 76–86.

Song, J.-H., H.-S. Kang, Y.-H. Byun und S.-Y. Hong, 2010: Effects of the Tibetan Plateau on the Asian summer monsoon: A numerical case study using a regional climate model. *J. Int. Climatol.*, **30**, 743–759.

Starr, V.P., 1948: An essay on the general circulation of the earth's atmosphere. *J. Meteor.*, **5**, 39–43.

Stoelinga, M.T., 1996: A potential vorticity-based study of the role of diabatic heating and friction in a numerically simulated baroclinic cyclone. *Mon. Wea. Rev.*, **124**, 849–874.

Stoelinga, M.T., J.D. Locatelli und P.V. Hobbs, 2002: Warm occlusions, cold occlusions, and forward-tilting cold fronts. *Bull. Am. Meteorol. Soc.*, **83**, 709–721.

Stohl, A., H. Wernli, P. James, M. Bourqui, C. Forster, M.A. Liniger, P. Seibert und M. Sprenger, 2003: A new perspective of stratosphere-troposphere exchange. *Bull. Am. Meteorol. Soc.*, **84**, 1565–1573.

Stout, G.E., und F.A. Huff, 1953: Radar records Illinois tornadogenesis. *Bull. Am. Meteorol. Soc.*, **34**, 281–284.

Stull, R.B., 1988: *An Introduction to Boundary Layer Meteorology.*, Kluwer Academic Publishers, Dordrecht, The Netherlands, 666 pp.

Sun, D.-Z., und R.S. Lindzen, 1994: A PV view of the zonal mean distribution of temperature and wind in the extratropical troposphere. *J. Atmos. Sci.*, **51**, 757–772.

Sutcliffe, R.C., 1947: A contribution to the problem of development. *Q.J.R. Meteorol. Soc.*, **73**, 370–383.

Sutcliffe, R.C., und A.G. Forsdyke, 1950: The theory and use of upper air thickness patterns in forecasting. *Q.J.R. Meteorol. Soc.*, **76**, 189–217.

Takemi, T., 2006: Impacts of moisture profile on the evolution and organization of midlatitude squall lines under various shear conditions. *Atmos. Res.*, **82**, 37–54.

Takemi, T., 2007: A sensitivity of squall-line intensity to environmental static stability under various shear and moisture conditions. *Atmos. Res.*, **84**, 374–389.

Taylor, N.R., 1897: Highs and lows. *Mon. Wea. Rev.*, **25**, 350–351.
Thoma, C., W. Schneider, W.M. Masbou und A. Bott, 2012: Integration of local observations into the one dimensional fog model PAFOG. *Pure Appl. Geophys.*, **168**, 881–893.
Thompson, D.W.J., und J.M. Wallace, 1998: The Arctic Oscillation signature in the wintertime geopotential height and temperature fields. *Geophys. Res. Letters*, **25**, 1297–1300.
Thorpe, A.J., 1985: Diagnosis of balanced vortex structure using potential vorticity. *J. Atmos. Sci.*, **42**, 397–406.
Thorpe, A.J., 1986: Synoptic scale disturbances with circular symmetry. *Mon. Wea. Rev.*, **114**, 1384–1389.
Tibaldi, S., A. Buzzi und A. Speranza, 1990: Orographic cyclogenesis. Erschienen in: *Extratropical Cyclones: The Erik Palmén Memorial Volume*, Amer. Meteor. Soc., Boston, 107–127.
Trenberth, K.E., 1978: On the interpretation of the diagnostic quasi-geostrophic omega equation. *Mon. Wea. Rev.*, **106**, 131–137.
Uccellini, L.W., 1986: The possible influence of upstream upper-level baroclinic processes on the development of the *QE II*, Storm. *Mon. Wea. Rev.*, **114**, 1019–1027.
Uccellini, L.W., D. Keyser, K.F. Brill und C.H. Wash, 1985: The Presidents' Day cyclone of 18-19 February, 1979: Influence of upstream trough amplification and associated tropopause folding on rapid cyclogenesis. *Mon. Wea. Rev.*, **113**, 962–988.
Uccellini, L.W., P.J. Kocin, R.A. Petersen, C.H. Wash und K.F. Brill, 1984: The Presidents' Day cyclone of 18-19 February, 1979: Synoptic overview and analysis of the subtropical jet streak influencing the pre-cyclogenetic period. *Mon. Wea. Rev.*, **112**, 31–55.
Übel, M., 2011: *Konvergenzlinien mit Konvektion im Warmluftbereich.*, Diplomarbeit, Meteorologisches Institut der Rheinischen Friedrich-Wilhelms-Universität Bonn, 157 pp.
Vallis, G.K., 2017: *Atmospheric and Oceanic Fluid Dynamics: Fundamentals and Large-Scale Circulation, 2nd ed.*, Cambridge University Press, Cambridge, 964 pp.
van der Velde, I.R., G.J. Steeneveld, B.G.J. Wichers Schreur und A.A.M. Holtslag, 2010: Modeling and forecasting the onset and duration of severe radiation fog under frost conditions. *Mon. Wea. Rev.*, **138**, 4237–4253.
van den Broeke, M.S., J.M. Straka und E.N. Rasmussen, 2008: Polarimetric radar observations at low levels during tornado life cycles in a small sample of classic Southern Plains supercells. *J. Appl. Meteor. Climatol.*, **47**, 1232–1247.
Vila, D.A., L.A.T. Machado, H. Laurent und I. Velasco, 2008: Forecast and tracking the evolution of cloud clusters (ForTraCC) using satellite infrared imagery: Methodology and validation. *Wea. Forecasting*, **23**, 233–245.
Wakimoto, R.M., und B.L. Bosart, 2000: Airborne radar observations of a cold front during FASTEX. *Mon. Wea. Rev.*, **128**, 2447–2470.
Wakimoto, R.M., und J.W. Wilson, 1989: Non-supercell tornadoes. *Mon. Wea. Rev.*, **117**, 1113–1140.
Walker, G.T., 1924: Correlation in seasonal variations of weather. IX: A further study of world weather. *Memoirs of the India Meteorological Department*, **24**, 275–332.
Walker, G.T., 1925: Correlation in seasonal variations of weather — A further study of world weather. *Mon. Wea. Rev.*, **53**, 252–254.
Walker, G.T., 1928: World weather. *Mon. Wea. Rev.*, **56**, 167–170.
Walker, G.T., und E.W. Bliss, 1932: World weather V. *Mem. Roy. Meteor. Soc.*, **4**, 53–84.
Wallace, J.M., und D.S. Gutzler, 1981: Teleconnections in the geopotential height field during the Northern Hemisphere winter. *Mon. Wea. Rev.*, **109**, 784–812.
Wallace, J.M., G.-H. Lim und M.L. Blackmon, 1988: Relationship between cyclone tracks, anticyclone tracks and baroclinic waveguides. *J. Atmos. Sci.*, **45**, 439–462.
Wang, C.-C., und J.C. Rogers, 2001: A composite study of explosive cyclogenesis in different sectors of the North Atlantic. Part I: Cyclone structure and evolution. *Mon. Wea. Rev.*, **129**, 1481–1499.
Weisman, M.L., 1992: The role of convectively generated rear-inflow jets in the evolution of long-lived mesoconvective systems. *J. Atmos. Sci.*, **49**, 1826–1847.

Weisman, M.L., und J.B. Klemp, 1982: The dependence of numerically simulated convective storms on vertical wind shear and buoyancy. *Mon. Wea. Rev.*, **110**, 504–520.

Weisman, M.L., und R. Rotunno, 2004: "A theory for strong long-lived squall lines" revisited. *J. Atmos. Sci.*, **61**, 361–382.

Wergen, W., 2002: Datenassimilation – Ein Überblick. *promet*, **27**, 142–149.

Wergen, W., und M. Buchhold, 2002: Datenassimilation für das Globalmodell GME. *promet*, **27**, 150–155.

Werner, P.C., und F.-W. Gerstengarbe, 2010: *Katalog der Großwetterlagen Europas (1881–2009) nach Paul Hess und Helmut Brezowsky.*, 7. Auflg., Potsdam-Inst. f. Klimafolgenforschung, Potsdam, 140 pp.

Wernli, H., S. Dirren, M.A. Liniger und M. Zillig, 2002: Dynamical aspects of the life cycle of the winter storm 'Lothar' (24–26 December 1999). *Q.J.R. Meteorol. Soc.*, **128**, 405–429.

Whitaker, J.S., L.W. Uccellini und K.F. Brill, 1988: A model-based diagnostic study of the rapid development phase of the Presidents's Day cyclone. *Mon. Wea. Rev.*, **116**, 2337–2365.

Whiteman, C.D., X. Bian und S. Zhong, 1997: Low-level jet climatology from enhanced rawinsonde observations at a site in the southern Great Plains. *J. Appl. Meteorol.*, **36**, 1363–1376.

Wiin-Nielsen, A., 1971: On the motion of various vertical modes of transient, very long waves. Part I. Beta plane approximation. *Tellus*, **23**, 87–98.

Williams, M., und R.A. Houze, 1987: Satellite-observed characteristics of winter monsoon cloud clusters. *Mon. Wea. Rev.*, **115**, 505–519.

World Meteorological Organization (WMO), 1985: *Atmospheric Ozone 1985*, Global ozone research and monitoring project. Report No. 16, WMO, Geneva, 1181pp.

World Meteorological Organization (WMO), 1990: *International Cloud Atlas, Volume II.*, Deutsche Ausgabe im Selbstverlag des Deutschen Wetterdienstes, Offenbach, 280 pp.

World Meteorological Organization (WMO), 1995: *Manual on Codes, International Codes*, VOLUME I.1 Part A – Alphanumeric Codes, WMO-No. 306, Secretariat of the World Meteorological Organization, Geneva, Switzerland, 503 pp.

Wurman, J., K. Kosiba, P. Markowski, Y. Richardson, D. Dowell und P. Robinson, 2010: Finescale single- and dual-Doppler analysis of tornado intensification, maintenance, and dissipation in the Orleans, Nebraska, supercell. *Mon. Wea. Rev.*, **138**, 4439–4455.

Yanai, M., und G.-X. Wu, 2006: Effects of Tibetan Plateau. Erschienen in: *Asian Monsoon*, Springer-Verlag, Berlin, Heidelberg, New York, 514–549.

Zdunkowski, W.G., und A.E. Barr, 1972: A radiative-conductive model for the prediction of radiation fog. *Boundary-Layer Meteorol.*, **3**, 152–177.

Zdunkowski, W., und A. Bott, 2003: *Dynamics of the Atmosphere. A Course in Theoretical Meteorology.*, Cambridge University Press, Cambridge, 738 pp.

Zdunkowski, W., und A. Bott, 2004: *Thermodynamics of the Atmosphere. A Course in Theoretical Meteorology.*, Cambridge University Press, Cambridge, 251 pp.

Zdunkowski, W., T. Trautmann und A. Bott, 2007: *Radiation in the Atmosphere. A Course in Theoretical Meteorology.*, Cambridge University Press, Cambridge, 482 pp.

Zhang, D.-L., W.Y.Y. Cheng und J.R. Gyakum, 2002: The impact of various potential-vorticity anomalies on multiple frontal cyclogenesis events. *Q.J.R. Meteorol. Soc.*, **128**, 1847–1877.

Stichwortverzeichnis

A
Abgleitfront, 372
Ableitung, 48
    individuelle zeitliche, 48
    partielle, 48
    totale zeitliche, 48
absoluter Impuls, 134
    geostrophischer, 401
Absorptionsbande, 36
Addition to Mean State Methode, 187
Additionstheorem der Geschwindigkeiten, 110
adiabatischer Prozess, 62, 103
Advektionsterm, 48, 93, 146, 308
advektive Labilisierungstendenz, 79
advektive Stabilisierungstendenz, 79
aerologische Station, 78
ageostrophische Bewegung, 70, 85, 312
ageostrophische Querzirkulation, 106, 330, 345, 370, 399
Aktionszentrum, 212, 246
Albedo, 33, 408
Aleutentief, 212, 247
Aliasing-Effekt, 28
Alpenföhn, 341
Altocumulus, 22
Altostratus, 22
Amboss, 23, 433
Anafront, 371
Anemometer, 2
Anomalie, 11
Antizyklogenese, 249, 264, 306, 322, 331
Antizyklolyse, 249, 298, 318
antizyklonale Bewegung, 86, 136
Antizyklone, 56, 160, 221, 246, 305
AO-Index, 253

äquivalent-barotrope Atmosphäre, 91, 106, 173
Arktikfront, 205, 334, 397
Arktische Oszillation, 253
atmosphärische Grenzschicht, 87, 183
atmosphärische Schichtung, 75
    bedingt instabile, 76, 205
    indifferente, 76
    instabile, 76
    labile, 76
    neutrale, 76
    stabile, 75
atmosphärisches Fenster, 35
Attraktionspotential der Erde, 176
Aufgleitfront, 372
Auftriebsterm, 75, 441
Augenbeobachtung, 16
Auslösetemperatur, 436
AVHR Radiometer, 33
Azorenhoch, 202, 212, 235, 247

B
Back-to-Back Frontalzone, 389
Balancegleichung, 144
Baroclinic Waveguide, 212
barokline Atmosphäre, 79, 90, 178, 272
barokline Querzirkulation, 399
baroklines Modell, 80, 141
Baroklinität, 79, 138, 178, 200
barometrische Höhenformel, 69, 262, 359, 365
barometrische Mitteltemperatur, 89
barotrope Atmosphäre, 79, 90, 113, 133, 137, 178, 272
barotropes Modell, 80, 141, 255
Barotropie, 79, 113, 151, 178, 255

Berg- und Talwind Zirkulation, 69, 81, 89, 451
Bergen Schule, 305, 329
Bergeron (Maßeinheit), 343
Bergwind, 82
Bermudahoch, 202
β-Ebene, 51, 93, 142, 255
β-Effekt, 143, 194, 246, 255, 302
Bewegungsgleichung, 65, 127, 441
    Absolutsystem, 176
    Boussinesq Approximation, 441
    f-Ebene, 135
    horizontale, 65, 83, 92, 127, 362
    natürliches Koordinatensystem, 66
    p-System, 65
    quasigeostrophische, 95
    semigeostrophische, 95
    vertikale, 65
Bilanzgleichung, 58, 143, 271
    Advektionsform, 60
    Flussform, 60
Bise, 341
Bjerknes'sches Zirkulationstheorem, 199
Blaton-Gleichung, 107
Blitz, 32, 432
Blitzkanal, 432
blockierende Hochdrucklage, 229
Blocking-Lage, 147, 185, 249, 253
Bodenanalysekarte, 17, 88, 234, 327, 409, 425
Bodenbeobachtung, 16
Böenfront, 434
Boussinesq Approximation, 441
Breeding of Growing Modes, 7
Breiteneffekt, 98, 311
Brewer-Dobson Zirkulation, 370
Bright-Band, 25, 443
Brunt-Väisälä Frequenz, 75, 135, 192

C

Canterbury Northwester, 341
CAPE, 436
CAPPI-Darstellung, 25
chaotisches System, 5
charakteristische Kenngröße, 67
Chicago School, 208
χ-Gleichung, 149
Chinook, 341
Chromov-Ramage Monsunkriterium, 202
Cirrocumulus, 21
Cirrocumulus lenticularis, 21
Cirrostratus, 22, 378
Cirrus, 20, 21, 378
Clear Air Turbulence, 208

Cloud Head, 417
Clutter, 25
Cold Pool, 434
Comma Cloud, 392, 417
Comma Head, 392
Comma Tail, 392
Convective Inhibition, 436
Conveyor Belt, 375
    Cold, 375, 388, 417
    Dry, 375
    Warm, 355, 375, 408, 417
Coriolisablenkung, 97, 128, 203, 322
Corioliskraft, 3, 65, 83, 191, 197, 441
Coriolisparameter, 50, 65, 124, 177, 246
Coriolisterm, 66
COSMO, 65, 351
    -DE, 447
cross isobar angle, 88
Cumulonimbus, 22, 201, 432
Cumulus, 20, 22
    congestus, 432
    humilis, 309, 432
Cutoff-Prozess, 181, 214, 249, 281, 410, 419
Cutoff-Tief, 181, 419

D

Dark Stripe, 44, 181, 408, 417
Dark Zone, 408, 425
Datenassimilation, 5, 10, 23, 31
Deformation, 117, 121, 395
    Scherungs-, 121, 159, 395
    Streckungs-, 121, 159, 395
    thermische, 159
Deformationsdyade, 118
    anisotroper Anteil, 118
    isotroper Anteil, 118
Deformationsterm, 394
    horizontaler, 394
    vertikaler, 394
Deformationszone, 355
deformative Eigenbewegung, 59
deterministisch-chaotisches System, 6, 253, 431, 456
Detrainment, 392, 433
Diabatenterm, 64, 103, 182, 396
diabatischer Prozess, 62, 103, 400
Diffluenzeffekt, 100, 166, 215, 311, 385
Diffluenzgebiet, 100, 122
dimensionslose Zahl, 68
Diskontinuitätsfläche, 48, 358
Divergenz, 49, 117
    Geschwindigkeits-, 122

horizontale, 119
  Richtungs-, 122
divergenzfreies Niveau, 146, 275
Divergenzgleichung, 144
dominante Wellenlänge, 268
Donner, 432
Doppler-Effekt, 24
Doppler-Radar, 24
Downburst, 434
Downdraft, 244, 433
Drehterm, 128, 394
Druckaktionszentrum, 246
Druckgradientkraft, 65, 83
Drucktendenzeffekt, 99
Drucktendenzgleichung, 307, 373
Dry Intrusion, 44, 294, 330, 345, 369, 385, 410, 445
Dry-Line, 334
Dry-Trough, 334
Dunst, 450
DWD-Modellkette, 11
dynamisches Druckgebilde, 309

E
ECMWF, 7
Einheitsvektor, 45
Einzelzelle, 433
Eiskörner, 381
Eisregen, 381
Ekman-Pumping, 185, 318
Ekman-Spirale, 88, 318
Ekman-Suction, 318
El Niño, 254
El Niño Southern Oscillation, 254
Energiedissipation, 61, 183
Ensemblevorhersage, 6
Entropie, 46
Entropieänderung, 64
EOF-Analyse, 253
erdsynchrone Umlaufbahn, 19
erster Hauptsatz der Thermodynamik, 61, 102, 145
Ertel'scher Wirbelsatz, 176, 182
Euler'sche geostrophische Entwicklung, 93
Euler-Zahl, 68
EUMETSAT, 31
Exner-Funktion, 64, 90, 186

F
Fast Moving Front, 375
f-Ebene, 50, 93, 318, 401

Feldgröße, 46
  skalare, 46
  tensorielle, 47
  vektorielle, 46
Feldtheorie, 358, 400
Fennoskandien, 235
Ferrel-Zelle, 202
Ferrel-Zirkulation, 202
Feuchtadiabate, 63
  irreversible, 63
  reversible, 63
flaches Hoch, 113, 239
flaches Tief, 113, 240
Flugzeugmessung, 19
Föhnmauer, 341
Föhnsturm, 341
Föhnwind, 341
freie Troposphäre, 245
Front, 70, 76, 82, 358
  semigeostrophisches Verhalten, 70, 357, 400
Frontal Fracture, 333
Frontalwelle, 270, 279, 295, 313, 343, 382
Frontalzone, 82, 89, 203, 227, 358
Frontalzyklone, 316, 344, 383
Frontenanalyse, 406
  objektive, 409
  subjektive, 409
Frontogenese, 80, 121, 159, 166, 206, 312, 392
Frontogenesefläche, 393
Frontogenesefunktion, 104, 210, 392
  vektorielle, 393
Frontogeneselinie, 393
Frontolyse, 166, 392
Frontparameter, 408
  thermischer, 409
  thermischer Frontlokator, 409
  Windparameter, 409
Froude-Zahl, 68
fühlbarer Wärmefluss, 61
Führungsgeschwindigkeit, 50, 59

G
Gal-Chen Koordinate, 52
Gaußscher Integralsatz, 184
gefrierender Regen, 381
gefühlte Temperatur, 240
gemäßigte Luft, 203
generalisierte Vertikalgeschwindigkeit, 51, 60, 122
generalisierte Vertikalkoordinate, 51, 138, 176, 402

Genuazyklone, 339
Geopotential, 46, 70
  -tendenz, 148
  -tendenzgleichung, 149, 179, 389
geopotentielle Höhe, 70
geopotentielles Meter, 70
geostationärer Satellit, 19
geostrophische Antriebsfunktion, 105, 400
geostrophisches Gleichgewicht, 67, 96
GERB, 31
Gewitterlinie, 440
GFS Modell, 12, 152, 413
Glatteis, 381
Gleichgewichtswind, 67
Global Observing System, 16
GOES, 32
Gradient, 48
Gradientwind, 85, 97, 100
  subgeostrophischer, 86
  supergeostrophischer, 86
Grenzflächenbedingung, 371
  dynamische, 371
  kinematische, 371
Grenzhoch, 86, 109, 136, 220
Großtrombe, 74
Großwetterlage, 227
Gust Front, 434

H
Hadley-Zelle, 201
Hadley-Zirkulation, 201, 208, 398
Hamiltonoperator, 48
Hebungsantrieb, 101, 274, 314
  dynamisch erzeugter, 123
  quasigeostrophischer, 150
Hebungskondensationsniveau, 64
helles Band, 25
hemisphärische Wellenzahl, 246
High-over-Low, 250
Hitzetief, 240, 298, 309, 428, 445
Hoch Mitteleuropa, 232, 234
Hochdruckbrücke, 239
Hochdruckbrücke Mitteleuropa, 234
Hodogramm, 78
Hodograph, 78
Höhenfront, 363, 385, 390
Höhenkaltfront, 325, 384
Höhenrücken, 160, 262, 329
Höhentief, 168, 182, 419
Höhentrog, 114, 160, 261, 335
Hook Echo, 435
horizontale Vorticity, 441

Hot Tower, 201
Hurrikan, 320
hydrostatische Approximation, 51, 60, 69, 74, 260, 373
hydrostatische Grundgleichung, 69, 74, 359
hydrostatisches Gleichgewicht, 74
hydrostatisches Tief, 443
HYMACS, 447
hyperbarokline Zone, 82, 205, 369
Hyperbaroklinität, 205, 410
Hypergradient, 357

I
ICON, 11, 52, 61, 69
  -D2, 12
  -D2 EPS, 12
  -EU, 12
ideale Gasgleichung, 59, 198
Idealzyklone, 323
Index-Zyklus, 211, 248
inkompressibles Medium, 59
innertropische Konvergenzzone, 202
Instabilität, 73
  barokline, 82, 139, 173, 257, 264
  barotrope, 82, 257
  bedingte symmetrische, 139
  dynamische, 74, 133
  hydrostatische, 74, 133
  inflection point, 83
  isentrope Trägheits-, 139
  Partikel-, 74
  potentielle, 76, 139, 334, 355, 379, 417, 437
  potentielle symmetrische, 139
  Scherungs-, 82, 173
  sektorielle, 138
  sekundäre barokline, 270
  symmetrische, 139, 402
  Trägheits-, 74, 133, 296, 402
  Wellen-, 74, 82, 256, 264, 270
  Wendepunkt-, 82, 257
Integralsatz von Stokes, 199
Internationale Meteorologische Organisation, 15
irreversibler Prozess, 62
Isallobare, 46, 99
Isentrope, 46, 64, 111, 176
isentroper Prozess, 64
Islandtief, 212, 247, 343
Isobare, 46, 53
Isobarenknick, 363
Isobarenkrümmung, 107, 365

Isochore, 46
Isodop, 27
Isofläche, 46
Isohypse, 46, 53
Isolinie, 46
Isoplethe, 46, 53
Isopykne, 46, 79, 200
Isotache, 46, 368
Isotachenanalyse, 220
Isotherme, 46

J

Jetachse, 211, 317, 351, 376, 390
Jetogenese, 210, 398
Jetogenesefunktion, 210, 398
Jetstreak, 98, 136, 208, 212, 403
   Ausgang, 212
   Eingang, 212
Jetstream, 98, 111, 207, 329
   asiatischer, 212
   Eddy driven, 211
   nordamerikanischer, 212
   Polarfront, 204, 368
   Subtropen, 204
   thermally driven, 210
Jetstreamachse, 207

K

Kältehoch, 239, 298, 309
   sibirisches, 114, 309
Kältepool, 434
kaltes Hoch, 113
kaltes Tief, 113
Kaltfront, 323, 370
   Ana-, 374, 412
   erster Art, 375
   Kata-, 355, 374, 412
   maskierte, 382
   zweiter Art, 375
Kaltluftadvektion, 78, 90, 124, 150, 279, 307, 366
Kaltlufttropfen, 168, 194, 251, 320, 345, 419
katabatischer Wind, 82, 203
Katafront, 371
Kelvin-Helmholtz Welle, 208
K-Index, 437
Kinematik, 117
Kirchhoff'sches Strahlungsgesetz, 34
Kleintrombe, 73
KO-Index, 337, 437, 444
Komma-Wolke, 330, 392, 417

Kondensationswärme, 61
Konfluenzeffekt, 100, 166, 215, 311
Konfluenzgebiet, 122
Konfluenzzone, 100, 312, 398
Kontingenzwinkel, 54, 106, 164, 396
Kontinuitätsgleichung, 59
   anelastische Form, 59
   für die Partialmassen, 60
   inkompressible Form, 59
   p-System, 60
Konturfläche, 46
Konturlinie, 46
konvektiv verfügbare potentielle Energie, 436
konvektive Skala, 432
Konvergenz, 121
Konvergenzlinie, 29, 152, 242, 444
Koordinatensystem, 45
   θ-, 219
   geographisches, 49
   kartesisches, 45
   linkshändiges, 51
   natürliches, 54, 66
   orthonormales, 45
   p-System, 51, 60
   σ-System, 51, 52, 138, 176
   thermisches, 56, 360, 395
   z-System, 51
Kristallisationswärme, 62
Krümmung, 54
   antizyklonale, 56
   zyklonale, 56, 220
Krümmungseffekt, 100, 311
Krümmungsradius, 56, 86
   der Stromlinie, 56, 125
   der Trajektorie, 56, 66
Kürzestfristvorhersage, 11, 31
Kurzfristvorhersage, 11, 31

L

La Niña, 254
lagged average forecasting, 7
Lagrange'scher Index, 254
Land-Seewind Zirkulation, 81, 89, 198, 450
Landwind, 82
Langfristvorhersage, 11
latente Wärme, 61, 75
Leetief, 338
Leetrog, 247, 334, 339
Leezyklogenese, 247, 298, 313, 326, 338
Leezyklone, 338
Level of Free Convection, 436
Lifted Index, 437

Limb Effekt, 36
lokale Geschwindigkeitsdyade, 117, 395
lokale zeitliche Änderung, 48
Lorenzattraktor, 5
Lorenzsystem, 5
Low Level Jet, 220, 334, 379, 448
    Nocturnal, 221
Luftdrucktendenz, 46
Luftmasse, 203
Luftmassentransformation, 222
Luvkeil, 339

M
Macroburst, 434
Magnitude, 67
Makroturbulenz, 211
Margules-Formel, 362
Maritime Messung, 19
materielle Fläche, 199, 359, 393
materielle Linie, 393
materielles Volumen, 184
meso-γ Skala, 432
Mesohigh, 443
Mesolow, 443
mesoskaliger Prozess, 74
mesoskaliges konvektives Cluster, 439
mesoskaliges konvektives System, 74, 242, 439
Mesozyklone, 435
meteorologischer Lärm, 141
Meteosat, 31
Meteosat First Generation, MFG, 31
Meteosat Second Generation, MSG, 31
Meteosat Third Generation, MTG, 32
metrische Vereinfachung, 177
Microburst, 434
mikroskaliger Prozess, 73
Mikroturbulenz, 211
Mistral, 341
Mittelfristvorhersage, 11
MIUB, 25, 244
Modellklima, 8
Moist Symmetric Instability, 139
Monsun, 202
    Afrikanischer, 202
    Amerikanischer, 202
    Australischer, 202
    Indischer, 202, 207, 220
    Ostasiatischer, 202, 220
Monsunregen, 202
Monte Carlo Verfahren, 7
Montgomery-Potential, 66, 186, 219

MTG Twin-Setup, 32
Multizelle, 434
Muttertief, 325

N
Nablaoperator, 48
NAO-Index, 253
NCEP, 7
Nebel, 378, 385, 449
    Abkühlungs-, 450
    Advektions-, 450
    Eis-, 450
    leichter, 450
    mäßiger, 450
    Meer-, 450
    Mischungs-, 450
    Niederschlags-, 451
    orographischer, 451
    saurer, 449
    See-, 450
    starker, 450
    Strahlungs-, 451
    Verdunstungs-, 450
Nebelmodell, 452
    PAFOG, 452
Nestingverfahren, 11
neutrale Kurve, 268
Niederschlagsfluss, 60
Niederschlagsradar, 23
    gewöhnliches, 24
    polarimetrisches, 24, 28
Nimbostratus, 23
Nimbus, 20
NinJo, 12
Nordatlantische Oszillation, 253
Nordlage, 229
    zyklonale, 339
Nordostlage, 229, 237
Nordostpassat, 201
Nordpazifik Oszillation, 253
Nordwestlage, 229, 235
    zyklonale, 339
Norwegische Schule, 306, 384
Nowcasting, 11, 23, 31, 417, 449
Nudging Verfahren, 10

O
obere Frontogenese, 398, 411
Oberstrom, 276
Okklusion, 323, 384
    bent-back, 330

Stichwortverzeichnis

instantane, 330
kalte, 325, 387
Kaltfront-, 325, 387
neutrale, 325, 387
orographische, 326
warme, 325, 387
Warmfront-, 325, 387
Okklusionsfront, 323, 387
Okklusionsprozess, 316, 344
Okklusionspunkt, 317, 325, 387
Ombrometer, 28
ω-Gleichung, 106, 130, 144, 149, 343
   Q-Vektor-Form, 106, 161
   Trenberth-Form, 159
   Zweischichtenmodell, 266
Omega-Lage, 250
Optimum Interpolation Methode, 10
Orkantief, 343
Orographiefunktion, 52
orographische Zyklogenese, 326
Orthonormalbasis, 45
Ostlage, 237
Ozonloch, 370

P

Parametrisierung, 5
Passatinversion, 205
Passatwind, 197
Pazifik Dekaden Oszillation, 254
Pazifik-Nordamerika Muster, 254
Pazifisches Hoch, 202, 212, 247
Phase-Locking, 193, 302
Phasenkopplung, 193, 302, 314
Phasenumwandlungsrate, 61
Planck'sches Strahlungsgesetz, 34
planetare Grenzschicht, 87
Platten-Anemometer, 2
Polar Night Jet, 221
polare Ostwinde, 203
polare Zirkulationszelle, 203
polarer Wirbel, 253
Polarfront, 205, 322
Polarfronttheorie, 2, 306
Polarluft, 203
Polartief, 315
polarumlaufender Satellit, 19
PPI-Darstellung, 25
Presidents' Day Storm, 344
prognostisches Gleichungssystem, 57
   mikroturbulentes, 57
   molekulares, 57
Puelche, 341

PV-Anomalie, 176, 248, 344, 444
   antizyklonale, 176
   negative, 176
   positive, 176
   zyklonale, 176
PV-Denken, 175, 191, 257, 303, 335, 431
PV-Intrusion, 412
PV-Inversion, 175, 186, 345
   stückweise, 187
PV-Reservoir, 181, 410, 420
PV-Streamer, 181, 420
PV-Tower, 184
PVU, 179

Q

QE II storm, 344
quasigeostrophische Theorie, 92, 124, 141, 431
quasigeostrophisches System, 179
quasihorizontale Bewegung, 84, 141
quasihorizontale Strömung, 369
quasistationäre Aktionszentren, 248
quasistationäre Hochdruckgebiete, 202
quasistationäre Tiefdruckgebiete, 246
quasistatische Auslenkung, 74
Q-Vektor, 104, 161, 274, 312, 393
Q-Vektor-Analyse, 142

R

Radargleichung, 24
Radarkomposit, 28
Radarprodukt, 24, 28
Radarreflektivität, 24
Radiometer, 19
Radiosonde, 2
Radiosondenmessung, 18
RADOLAN, 28
Randtief, 235, 317, 326
Rear Inflow Jet, 443
Reflektivitätsradar, 24
Regenradar, 23
Reibungskraft, 83, 87, 176
   turbulente, 65
Reibungstensor, 89
   turbulenter, 89
Reibungsterm, 65
   turbulenter, 65
Reibungswind, 87
Relativsystem der rotierenden Erde, 49
Resublimationswärme, 62
Retrievalverfahren, 20

Reynolds'scher Spannungstensor, 65
Reynolds-Zahl, 68
RGB-Bildauswertetechnik, 38
RGB-Komposit, 38, 355, 407
RHI-Darstellung, 25
Richardsongleichung, 69, 144, 148
Rossbreiten, 202
Rossby-Parameter, 51, 124, 246, 256, 339
Rossby-Welle, 50, 92, 109, 134, 142, 151, 322, 339
   anomale Dispersion, 256
   barokline, 259
   barotrope, 133, 255
   diabatische, 248, 345
   diabatisches Forcing, 248
   erzwungene, 246
   freie, 246
   Gruppengeschwindigkeit, 256
   orographisches Forcing, 247
   progressive, 256
   reine, 256
   retrograde, 256
   stationäre, 256
   stehende, 246
Rossby-Zahl, 68, 86, 186, 357
Rotation, 49, 117
   antizyklonale, 56
   zyklonale, 56
Rotationsdyade, 118
Rückseitenwetter, 40, 355, 437

S

Satellitenmessung, 19
Sättigungsmischungsverhältnis, 63
Saturation Adjustment, 63
Sawyer-Eliassen-Gleichung, 402
Sawyer-Eliassen-Zirkulation, 106, 163, 345, 370, 400
Scheinkraft, 83
Scherungslinie, 425
Scherungswelle, 208
Schichtdicke, 89
Schichtdickenadvektion, 150, 168, 314
   differentielle, 389
Schmelzwärme, 62
Schmetterlingseffekt, 5
Schönwetterwolken, 309
Schwarzer Körper, 35
Schwerebeschleunigung, 65
Schwerewelle, 208
   externe, 133, 255
   interne, 208

Schwerkraft, 65, 83
Seerauch, 451
Seewind, 81
Seklusion, 323, 333, 387
sekundäre Zyklogenese, 325
selektive geostrophische Approximation, 143
semigeostrophische Theorie, 93, 141, 400, 431
SEVIRI, 31
SEVIRI Gewichtsfunktion, 36
Shapiro-Effekt, 217
Shear Line, 425
Showalter Index, 437
Singular Vector Method, 7
Skagerraktief, 326
Skala, 3
   Makro-, 3
   Meso-, 3, 70
   Mikro-, 3, 70
   molekulare, 57
   planetare, 3, 70, 431
   sub-synoptische, 3, 173, 431
   synoptische, 3, 70, 431
Skalarprodukt, 49
Skalenanalyse, 3, 67, 124, 144, 357
skaliger Prozess, 57
Slantwise Convective Instability, 139, 417
Slow Moving Front, 375
Solenoidterm, 200
sonnensynchrone Umlaufzeit, 19
Southern Oscillation, 253
Southern Oscillation Index, 254
spezifische Wärme, 61
   bei konstantem Druck, 61
   bei konstantem Volumen, 61
Spin-Down Zeit, 320
Split Storm, 438
   left moving, 438
   right moving, 438
Splitfront, 330, 355, 384
Spread, 6
Squall Line, 74, 242, 323, 334, 390, 440
Stabilität, 133
   dynamische, 187
   hydrostatische, 74, 257, 299
   hydrostatische, p-System, 105, 145, 402
   hydrostatische, θ-System, 178
   thermische, 179
   Trägheits-, 187
Stabilitätsindex, 437
Stationsmodell, 17
statische Stabilitätsregel, 388
Staubteufel, 73, 89
Steering Line, 323

Stefan-Boltzmann Gesetz, 35
Stefan-Boltzmann Konstante, 35
Storm Track, 212, 253
Strahlung, 28
  emittierte, 34
  infrarote, 33
  Oberflächen-, 33
  polarisierte, 28
  solare, 32
  thermische, 36, 206
  Volumen, 36
Strahlungsbilanz der Erde, 31
Strahlungsflussdichte, 61
Strahlungstransporttheorie, 32
Stratocumulus, 22, 205
Stratus, 20, 22, 205
Stromfunktions-Vorticity Methode, 255
Stromlinie, 55, 106
Stromlinienkrümmung, 107, 125
Strouhal-Zahl, 68
Sturmtief, 343
Sublimationswärme, 61
subskaliger Prozess, 57
Subtraction from the Total Methode, 187
Subtropenfront, 205, 363
subtropischer Hochdruckgürtel, 202
Südliche Oszillation, 253
Südostlage, 229
Südostpassat, 201
Südwestlage, 229, 240
Suedwestlage
  antizyklonale, 327
Superzelle, 129, 220, 434
Synop-Schlüssel, 17
synoptische Termine, 16
  Haupt-, 16
  prinzipielle, 16
  Zwischen-, 16

T

Talwind, 82
Tangentialebene, 50
T-Bone Frontenform, 333
Teiltief, 326
Telekonnektion, 253
Temperatur, 63
  potentielle, 46, 51, 62
  pseudopotentielle, 63, 75
  virtuelle, 59
Temperaturgradient, 75
  feuchtadiabatischer, 75
  trockenadiabatischer, 75

Temperaturregel, 387
Terminablesung, 16
thermische Windgleichung, 90, 102, 179, 208
thermisches Druckgebilde, 309
thermodynamisch gefiltertes System, 63
thermodynamisches
  Skew T-log p Diagramm, 19
  Stüve-Diagramm, 19
thermodynamisches Diagrammpapier, 19, 437
Thermometerhütte, 16
θ-Anomalie, 190, 193, 299, 428
Tiefdruckrinne, 152, 334, 407, 445
  subpolare, 203
Tilting Term, 128, 434
Topographie, 89
  relative, 89
Tornado, 74, 89, 435, 449
Toschtertief, 326
Total Totals Index, 437
totale potentielle Energie, 199, 270
totales Differential, 48
Trade Winds, 197
Trägheitsbewegung, 67
Trägheitskraft, 68
Trägheitskreis, 134
Trägheitsterm, 68
Trajektorie, 56, 106
Trajektorienkrümmung, 87, 107
Translationsbewegung, 119
Transportband, 375
  kaltes, 375
  trockenes, 375
  warmes, 375
Triple Point, 317
Trockenadiabate, 62
trockenadiabatischer Prozess, 62
Trog Mitteleuropa, 233
Tropical Easterly Jet, 220
tropische Luft, 203
tropische Nacht, 242
Tropopause, 179, 204, 245, 368
  chemische Definition, 370
  dynamische Definition, 180, 351
  erste, 204
  thermische Definition, 204
  zweite, 204
Tropopausenbruch, 204, 369
Tropopausenfaltung, 410
Tropopausensprung, 204, 410
Trowal, 390
Trowal-Achse, 391
turbulente Durchmischung, 57
turbulenter Austauschkoeffizient, 318

turbulenter Diffusionsfluss, 60
Twisting Term, 128

U
ultraviolette Katastrophe, 268
Unschärfe der Anfangsbedingungen, 5, 10
Unschärfe der Modellformulierung, 5
untere Frontogenese, 398
unterkühlter Regen, 381
Unterstrom, 276
Updraft, 433
UTC, Universal Time, Coordinated, 16

V
Vektor, 47
    Horizontalkomponente, 47
    Komponente, 47
    Maßzahl, 47
Vektorfeld, 47
Vektorprodukt, 49
Verdampfungswärme, 61
verfügbare potentielle Energie, 199, 270, 323, 343
Vergenz, 121
vertikaler Divergenzterm, 394
Viererdruckfeld, 172, 295, 346, 395
Virga, 21
viskoser Spannungstensor, 176
Volume Scan, 24
Vorhersagemodell, 69
    hydrostatisches, 69
    nichthydrostatisches, 69
Vorticity, 119
    ξ-, 441
    absolute, 124
    absolute geostrophische, 142
    antizyklonale, 125
    barotrope potentielle, 178
    Erd-, 125
    Ertel'sche potentielle, 177
    geostrophische, 126
    isentrope potentielle, 139, 173, 175
    Krümmungs-, 125, 166
    negative, 125
    planetare, 125
    positive, 125
    potentielle, 175, 224, 248, 377
    pseudopotentielle, 149, 179
    quasigeostrophische potentielle, 179
    relative, 125
    relative geostrophische, 142
    Rossby's potentielle, 177
    Scherungs-, 125, 135
    thermische, 159
    zyklonale, 125
Vorticityadvektion, 130
    antizyklonale, 130
    differentielle, 150, 314, 385
    negative, 130
    positive, 130
    vertikale, 129
    zyklonale, 130
Vorticitygleichung, 127, 144, 246, 310
    barotrope, 133, 151, 178, 255
    divergenzfreie barotrope, 96, 133
    geostrophische, 145
    im p-System, 127
Vorticitytendenz, 127

W
warme Wolke, 434
Wärmegleichung, 61
warmes Hoch, 113
warmes Tief, 113
Warmfront, 323, 370
    Ana-, 372, 374
    Bent-Back, 333
    Kata-, 374
    maskierte, 379
Warmluftadvektion, 78, 90, 124, 150, 193, 279, 307, 366
Warmluftsektor, 383
Warmsektor, 323, 383, 412
Warmsektorregel, 324
Warmsektorzyklone, 327, 335, 346, 384
Welle, 110
    äquivalent-barotrope, 166
    barotrope, 255
    kurze, 246
    lange, 246
    planetare, 74, 246, 322
    progressive, 110
    retrograde, 110
    stationäre, 110
Westlage, 229
    zyklonale, 231, 234
Westwindzone, 202
Wetteranalysekarte, 1
Wetterprognosekarte, 1
Wetterradar, 23
Wettersatellit, 31

Wettervorhersage, 1
　deterministische, 6
　probabilistische, 6
Wind, 73
　ageostrophischer, 73, 84, 88, 148, 373
　antitriptischer, 89
　geostrophischer, 67, 83
　geotriptischer, 87, 318
　isallobarischer, 99, 373
　subgeostrophischer, 97
　supergeostrophischer, 97
　thermischer, 90, 205
　zyklostrophischer, 89, 435
Windhose, 74, 89
Wind-Chill Effekt, 239
Wind-Chill Temperatur, 239
Windplatte, 2
Windprofiler, 23
Windsprung, 28
Winkelgeschwindigkeit der Erde, 49
Wintersturm „Lothar", 6, 346
Wirbel
　barokliner, 206, 211, 270
　barotroper, 83
　makroturbulenter, 211
　polarer, 203
　turbulenter, 208
Wirbelvektor, 120, 128, 441
Wolken, 20
　-art, 20
　-beobachtung, 20
　-familie, 20
　Feder-, 20
　-gattung, 20
　Haufen-, 20
　hohe, 20
　-klassifikation, 20
　mittelhohe, 20
　Mutter-, 21
　Regen-, 20
　Schicht-, 20
　-stockwerk, 20
　tiefe, 20
　-unterart, 20
Wolkenkopf, 417
Wolkenradar, 23
World Meteorological Organization, WMO, 11, 15, 180, 204, 370
World Weather Watch, 15
WRF Modell, 12, 69

Z

Zenitalregen, 201
Zentrifugalkraft, 83
Zentripetalbeschleunigung, 84
Zirkulation, 197
　allgemeine, 197
　globale, 197, 270
　meridionale, 197
　planetarische, 197
　thermisch direkte, 81, 198, 312
　thermisch indirekte, 199, 281, 312
Zirkulationsform, 228
　gemischte, 228
　meridionale, 228, 237, 251
　zonale, 228, 251
zonaler Index, 248, 273
Zustandsänderung, 63
　feuchtadiabatische, 63
　trockenadiabatische, 63
Zustandsvariable, 5, 58, 143
　extensive, 58
　intensive, 58
Zwangsorthogonalisierung, 51, 60, 178
Zweischichtenmodell, 265
Zwischenhoch, 231, 327
Zyklogenese, 80, 249, 264, 306, 322, 331, 388
　Boden-, 173
　Eigenentwicklung, 317, 351
　rapide, 248, 290, 341, 412
　rapide Entwicklungsphase, 344
　self-development, 317
　Typ A, 313, 344, 346
　Typ B, 313, 344
　Typ C, 314
　vorangehende Entwicklungsphase, 344, 346
Zyklolyse, 92, 195, 249, 298, 318, 343
　rapide, 343, 346
zyklonale Bewegung, 86, 341
Zyklone, 56, 160, 205, 246, 305, 382
　Boden-, 173, 296
　okkludierte, 323
　Tornado-, 435
Zyklonenfamilie, 187, 322, 326
Zyklonenmodell, 305
　Carlson, 376
　Norwegisches, 306, 329, 385
　Shapiro-Keyser, 331
　STORM, 334, 385

MIX
Papier aus verantwortungsvollen Quellen
Paper from responsible sources
FSC® C105338

If you have any concerns about our products,
you can contact us on
ProductSafety@springernature.com

In case Publisher is established outside the EU,
the EU authorized representative is:
**Springer Nature Customer Service Center GmbH
Europaplatz 3, 69115 Heidelberg, Germany**

Printed by Libri Plureos GmbH
in Hamburg, Germany